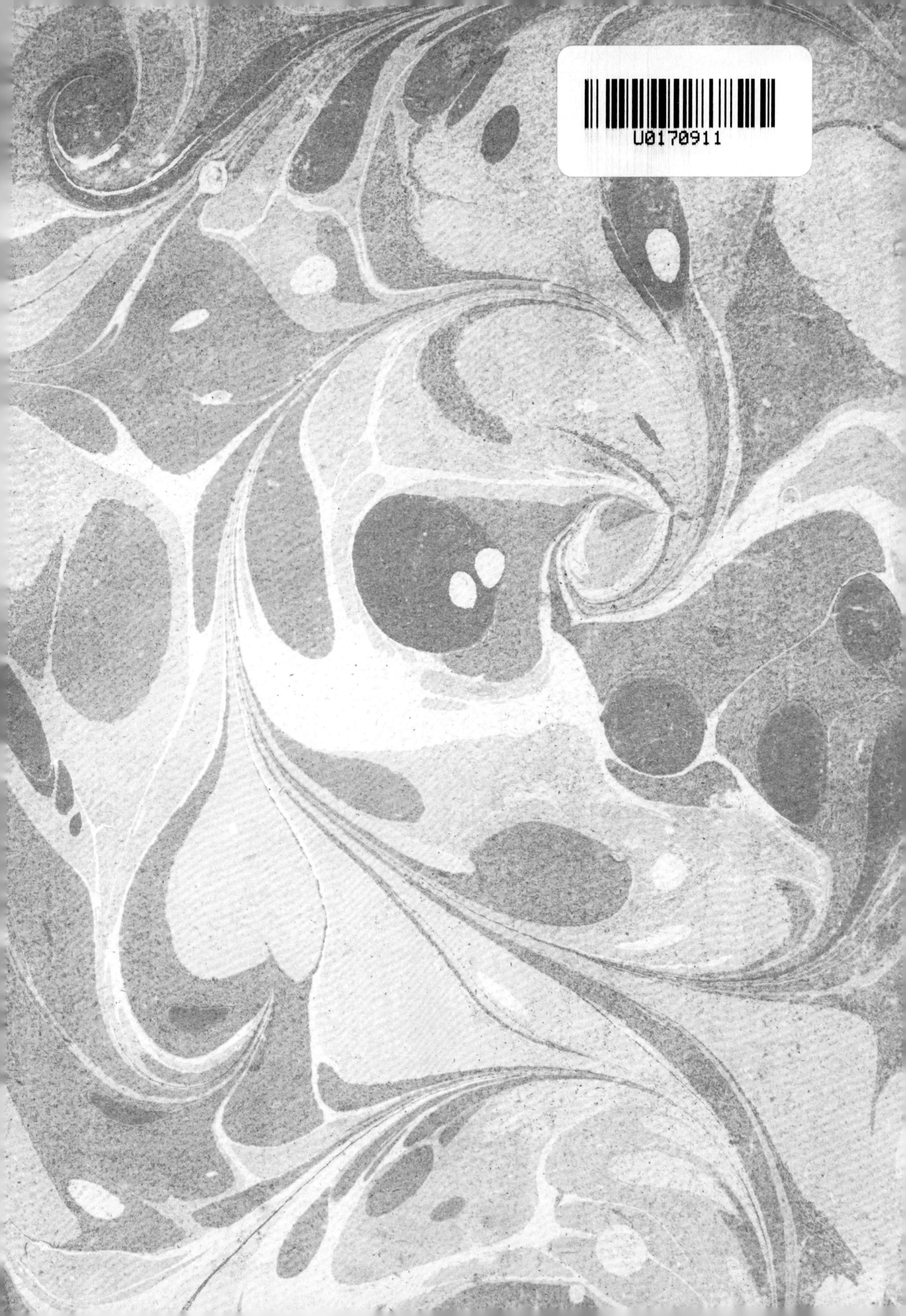

2024

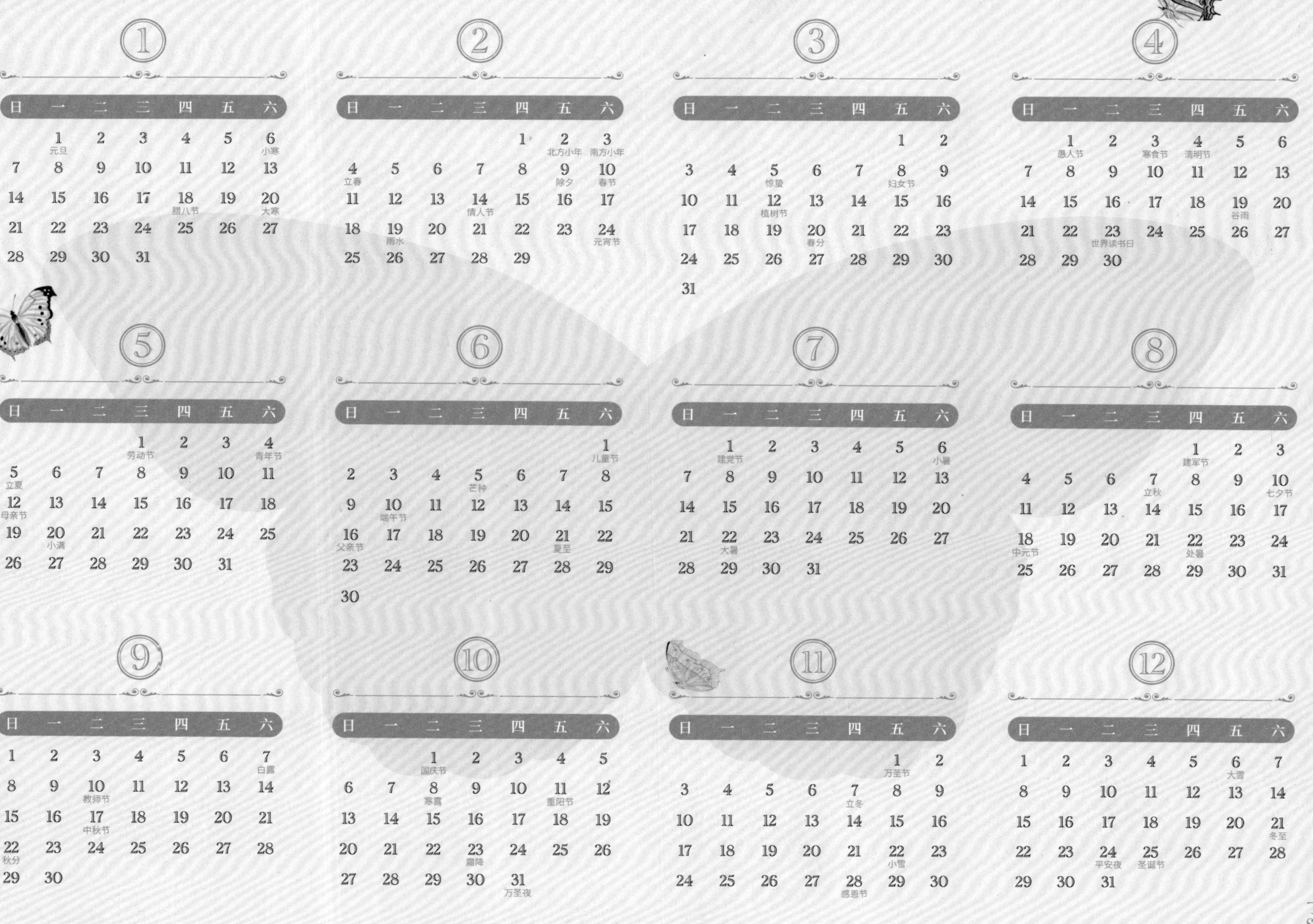

①

日	一	二	三	四	五	六
	1 元旦	2	3	4	5	6 小寒
7	8	9	10	11	12	13
14	15	16	17	18 腊八节	19	20 大寒
21	22	23	24	25	26	27
28	29	30	31			

②

日	一	二	三	四	五	六
				1	2 北方小年	3 南方小年
4 立春	5	6	7	8	9 除夕	10 春节
11	12	13	14 情人节	15	16	17
18	19 雨水	20	21	22	23	24 元宵节
25	26	27	28	29		

③

日	一	二	三	四	五	六
					1	2
3	4	5 惊蛰	6	7	8 妇女节	9
10	11	12 植树节	13	14	15	16
17	18	19	20 春分	21	22	23
24	25	26	27	28	29	30
31						

④

日	一	二	三	四	五	六
	1 愚人节	2	3 寒食节	4 清明节	5	6
7	8	9	10	11	12	13
14	15	16	17	18	19 谷雨	20
21	22	23 世界读书日	24	25	26	27
28	29	30				

⑤

日	一	二	三	四	五	六
			1 劳动节	2	3	4 青年节
5 立夏	6	7	8	9	10	11
12 母亲节	13	14	15	16	17	18
19	20 小满	21	22	23	24	25
26	27	28	29	30	31	

⑥

日	一	二	三	四	五	六
						1 儿童节
2	3	4	5 芒种	6	7	8
9	10 端午节	11	12	13	14	15
16 父亲节	17	18	19	20	21 夏至	22
23	24	25	26	27	28	29
30						

⑦

日	一	二	三	四	五	六
	1 建党节	2	3	4	5	6 小暑
7	8	9	10	11	12	13
14	15	16	17	18	19	20
21	22 大暑	23	24	25	26	27
28	29	30	31			

⑧

日	一	二	三	四	五	六
				1 建军节	2	3
4	5	6	7 立秋	8	9	10 七夕节
11	12	13	14	15	16	17
18 中元节	19	20	21	22 处暑	23	24
25	26	27	28	29	30	31

⑨

日	一	二	三	四	五	六
1	2	3	4	5	6	7 白露
8	9	10 教师节	11	12	13	14
15	16	17 中秋节	18	19	20	21
22 秋分	23	24	25	26	27	28
29	30					

⑩

日	一	二	三	四	五	六
		1 国庆节	2	3	4	5
6	7	8 寒露	9	10	11 重阳节	12
13	14	15	16	17	18	19
20	21	22	23 霜降	24	25	26
27	28	29	30	31 万圣夜		

⑪

日	一	二	三	四	五	六
					1 万圣节	2
3	4	5	6	7 立冬	8	9
10	11	12	13	14	15	16
17	18	19	20	21	22 小雪	23
24	25	26	27	28 感恩节	29	30

⑫

日	一	二	三	四	五	六
1	2	3	4	5	6 大雪	7
8	9	10	11	12	13	14
15	16	17	18	19	20	21 冬至
22	23	24 平安夜	25 圣诞节	26	27	28
29	30	31				

ICONOTYPES

A Compendium of Butterflies & Moths

牛津大学典藏图谱

蝴蝶圣经

ICONOTYPES

A Compendium of Butterflies & Moths

［英］威廉·琼斯（William Jones）　绘
［英］理查德·I. 文－赖特（Richard I. Vane-Wright）　撰文
罗心宇　译

中信出版集团 | 北京

目录

序言

保罗·史密斯教授（Professor Paul Smith）
牛津大学自然史博物馆馆长

作为启蒙时代的一部分，18世纪后半叶见证了科学的重大发展。和青铜时代以降的诸多知识和文化运动一样，启蒙运动在不列颠群岛发展缓慢，却在18世纪70—80年代迎来了高潮，出现了几个各具特点的活动中心——爱丁堡、曼彻斯特、伯明翰和伦敦。关于大自然，瑞典生物学家卡尔·林奈（Carl Linnaeus，1707—1778）尝试用一套双名法系统来对事物进行分类，先是植物，再是动物（以及矿物质，但不太成功），这给人们注入了动力，将自然神学的秩序赋予丰富多彩的生命世界。威廉·琼斯是这个领域不可或缺的一员，尤其是在伦敦，他同样从日益增长的殖民活动和全球贸易所带来的源源不断的标本中获益匪浅。

这一时期博物学发展的里程碑是1788年伦敦林奈学会的成立。牛津大学博物馆还保存着威廉·琼斯和詹姆斯·爱德华·史密斯爵士（Sir James Edward Smith，1759—1828）在1786年9月到1787年7月之间的通信，他们在信中讨论了建立一个致力于博物学研究的学会的相关事宜，这就是后来的林奈学会。琼斯于1791年11月15日被选为会员，而博物馆里还保存着他在当年12月7日缴纳10.50英镑（相当于今天的1600英镑）终身会费的收据。

博物馆里还有一个麻雀虽小，五脏俱全的琼斯档案馆（Jones archive），让人可以兴味盎然地了解他的博物学家生涯和工作方式。比如，除了琼斯关于建立林奈学会的往来信件和《琼斯图谱》，这里还有13幅画作和若干草稿，以及他艺术创作所用的颜料盒。《琼斯图谱》原书分为七卷，包含1300幅蝴蝶和蛾类插画，笔法皆是异乎寻常之精细，并且接近真实大小。尽管这些画作创作的具体日期并不明确，但普遍认为琼斯是在18世纪80年代退休移居切尔西之后开始创作这些图谱的，到90年代，大部分画作已经完成，虽然最后一批图直到19世纪初才画完。

威廉·琼斯把他的科学资料和标本收藏留给了表弟约翰·道特里·德鲁伊特（John Dawtrey Drewitt），之后又从约翰·道特里的儿子罗伯特·道特里·德鲁伊特（Robert Dawtrey Drewitt）传到了孙子弗雷德里克·道特里·德鲁伊特（Frederick Dawtrey Drewitt，1848—1942）手上。恰好，弗雷德里克既是一位科学家，也是一位艺术家。作为一位艺术家，他曾在皇家学院两度举办画展，而《自然》（*Nature*）杂志为他刊登的讣告表明，他还是约翰·罗斯金[1]（John Ruskin，1819—1900）的朋友。弗雷德里克的本职是伦敦医院的医生，但他的第一学位是1871年在牛津大学基督堂学院获得的自然科学学位。在牛津求学期间，他本可以攻读一个新学位。自然科学学位设立于1850年，授课地点从1860年开始转入新建成的一座科学楼——校立博物馆，也就是现在的牛津大学自然史博物馆。他的导师包括医学钦定讲座教授[2]亨利·阿克兰（Henry Acland，1815—1900），此人同时也在基督堂学院执教，并且是创建校立博物馆的主要推动力量，而罗斯金和拉斐尔前派则指点了博物馆的建筑设计。弗雷德里克还接受过昆虫学家约翰·韦斯特伍德（John Westwood，1805—1893）的教导，韦斯特伍德

第II页插图：一位收藏家的标本柜，引自雅各布·克里斯蒂安·舍费尔（Jacob Christian Schäffer，1718—1790）《昆虫学原本》（*Elementa entomologica*，1766）的开篇插画。
第IV页插图：一位英国收藏家标本柜中的两盒蝴蝶，约1900年。
第VI—VII页插图：精选《琼斯图谱》中的鳞翅目插画，展现了它们翅膀的下表面。

在 1857 年被指派到博物馆工作，并从 1861 年开始担任霍普动物学教授[3]。韦斯特伍德甚至在弗雷德里克大学本科期间就与他开始书信往来和社交会面，这位长者还向他传授了平版印刷术。一个多方关联的博物学圈子开始形成，而此时“霍普先生昆虫博物馆[4]”正在新博物馆的内部开始建成。昆虫学在牛津风头正盛，一切可谓恰逢其会。

有趣的是，弗雷德里克与自己的祖辈成了同道中人。1902 年，54 岁的弗雷德里克从医学领域退休，将自己的注意力转向大自然。他是英国鸟类学家联合会成员，同时也是英国动物学会、英国国家风景名胜信托基金会和英国自然保护促进会的理事会成员。他还深深地喜欢上了离庄园街上的琼斯故居很近的切尔西药用植物园，并出版了一本书——《切尔西药用植物园罗曼史》（*The Romance of the Apothecaries' Garden at Chelsea*，1923）——介绍它引人入胜的历史。弗雷德里克在读本科的时候，就开始与韦斯特伍德合作，尝试出版《琼斯图谱》，至少是其中一部分，但他们的努力以失败告终。1925—1933 年，弗雷德里克与接任韦斯特伍德霍普教授职位的爱德华·巴格诺尔·波尔顿（Edward Bagnall Poulton）联络，并接连将《琼斯图谱》和琼斯资料库捐赠给博物馆。在接受弗雷德里克 1925—1929 年捐赠的包括鳞翅目在内的其他昆虫标本之后，1931 年，博物馆又以 20 英镑的价格从弗雷德里克手中买下了琼斯的英国鳞翅目昆虫标本柜，共计 44 盒。

《琼斯图谱》的意义远远不止于启蒙时代的珍奇发现。1787 年，丹麦昆虫学家约翰·C. 法布里丘斯（Johan C. Fabricius，1745—1808）造访伦敦期间，趁机检视了琼斯存世的大部分蝶蛾标本画，并基于这些资料在其 1793 年出版的专著《系统昆虫学》（*Entomologia Systematica*）第三卷中描述了 231 个新物种。法布里丘斯是林奈的弟子中昆虫学研究的先驱，这本专著极大地拓展了林奈早前在 1758 年和 1767 年出版的两版《自然系统》（*Systema naturae*）中对鳞翅目物种的记载。由此，《琼斯图谱》成为蝴蝶分类学和系统学（阐释演化关系的学科）的基石之一。持续研究表明，全球的昆虫丰富度已经在半个世纪里下降了 45%。在这样一个时代，《琼斯图谱》这份对于全球蝴蝶区系的早期记录同样承载着保护生物学方面的重要信息。仅仅在欧洲，草原上的蝴蝶就在过去 30 年间经历了 40% 的衰减，这主要归咎于栖息地丧失和化学污染。值得注意的是，《琼斯图谱》记录了工业时代以前的蝴蝶世界，其中好几种蝴蝶如今有的已彻底灭绝，有的已区域性灭绝或者数量正在下降。

自 1818 年琼斯去世之后，人们曾数次试图出版这份科学上至关重要、艺术上精美绝伦的作品。在韦斯特伍德和弗雷德里克失败之后，黑尔·卡彭特（Hale Carpenter，第三任霍普教授）又和其他人一起尝试将《琼斯图谱》出版，但最终也未能成功。直到近期，《琼斯图谱》都只能在牛津大学自然史博物馆阅览原本，或者通过 20 世纪 70 年代末出品的一套非常稀有的 35 毫米胶片拍摄的复制品来传播。自 2013 年开始，人们可以在博物馆的网站上浏览这部作品的数字化影像了，但在努力推广威廉·琼斯杰作的漫长历程中，本书的成功出版仍然象征着我们迈出了令人振奋的一步。

《琼斯图谱》第二卷的开篇插画，这一卷所画的蝴蝶是琼斯认为属于林奈体系中蝴蝶的第二个主要分支——“赫利孔类”蝴蝶。在给七卷图谱中的蝴蝶进行分类和排序时，琼斯沿用了林奈在《自然系统》第12版中建立的分类系统。右页上是一幅据信为威廉·琼斯的侧面剪影肖像。

前言　威廉·琼斯与《琼斯图谱》的诞生

理查德·I. 文 – 赖特

孜孜不倦、思想开明的博物学家，来自切尔西的绅士，已故的威廉·琼斯阁下。

——爱德华·多诺万（Edward Donovan，1768—1837），1823 年，《博物学家的储藏室》（*Naturalist's Repository*），第一卷，图 19（图注文本）

一位优秀的昆虫学家，在科学界声名显赫，和其他天资卓绝的人一样，他谦逊地回避着自己应当得到的关注。

——普莱曾丝·史密斯夫人[1]（Lady Pleasance Smith，1773—1877），1832 年，《已故詹姆斯·爱德华·史密斯之回忆录》（*Memoir ... of the late James Edward Smith*），第 174 页

威廉·琼斯（1735—1818）是一位富有的伦敦酒商、博物学家、学者，据说他“退隐到切尔西”，居住在庄园街 10 号。根据托马斯·福克纳（Thomas Faulkner）出版于 1829 年的关于切尔西的著作，琼斯“学识和技艺都属于最卓越的那一档；他精通希伯来语和希腊语，并且文采斐然，能够创作诗歌。但原则上，他还是应当被视为一名博物学家，而上述这些优点也正是博物学家的品格”。虽然涉猎广泛，但琼斯最关注的还是昆虫学，尤其是蝴蝶。在伦敦林奈学会成立仅仅三年后的 1791 年 11 月 15 日，他就被推选为会员。1818 年 7 月 8 日，已故的琼斯被葬于切尔西的圣卢克公墓。

威廉·琼斯的遗嘱写于 1816 年 7 月 24 日，公证于 1818 年 7 月 21 日，上面显示他已婚，但他未提及名字的“爱妻”当时已经去世了。遗嘱的第一顺位继承人是表亲约翰·道特里·德鲁伊特，看来琼斯夫妇并没有子女。遗嘱还表明，约翰是威廉的外祖父——萨塞克斯郡佩特沃思的约翰·道特里（John Dawtrey of Petworth，Sussex）的兄弟约翰·道特里（John Dawtrey）的后代[2]。根据遗嘱中的种种此类线索，我们足以确定，琼斯的父母是老威廉·琼斯和玛丽·道特里，两人于 1734 年 5 月在佩特沃思郊外的一座小村庄蒂灵顿结婚。他们的长子琼斯于次年 4 月在佩特沃思受洗。这些信息证实琼斯终年 83 岁[3]，正如福克纳 1829 年的记述，以及他在同时期的伦敦报纸中同样提及的。遗嘱还披露，琼斯身后留下了超过 5000 英镑（相当于今天的 50 万英镑）的遗产和南安伯夏（今属西萨塞克斯郡）的田亩作为遗赠，这些都表明，琼斯终生都很富有。

琼斯于 1779 年 7 月 14 日在多塞特郡的费夫海德玛格达伦与萨拉·奥尔德顿（Sarah Alderton）成婚。几乎可以确定的是，萨拉与琼斯自幼相识——她同样来自佩特沃思地区，1734 年 12 月 30 日在蒂灵顿受洗。两人签署的手写结婚记录表明，琼斯当时是伦敦市居民。这说明琼斯“退隐到切尔西”的时间最早可能是 1780 年左右——当时他大约 45 岁。

琼斯作为博物学家活跃的时期，正是人类迅速扩大全球探索范围的非凡时期。就说他在

展示《琼斯图谱》中出现的 856 个鳞翅目物种分布的世界地图。图中每个方块代表一个物种，方块颜色标明了物种出自图谱的哪一卷，具体见右页图例。图谱第 VII 卷中出现的物种是参照其他出版物的插图临摹而来的，而非直接描绘收藏的标本，因此本书没有给出它们的现代学名和地理分布，也没有在地图上标注其分布。

第Ⅰ卷　第1—93页
第Ⅱ卷　第105—143页
第Ⅲ卷　第147—225页
第Ⅳ卷　第241—317页
第Ⅴ卷　第329—423页
第Ⅵ卷　第439—539页

伦敦的人脉当中的一位吧——约瑟夫·班克斯（Joseph Banks，1743—1820，后来受封为爵士）。关于他们何时相识并无记载，但琼斯第一次与他接触几乎可以确定是在 1768 年——班克斯乘坐皇家海军“尼日尔”号远赴纽芬兰和拉布拉多地区归来后的翌年，这场航行确立了班克斯英国科考带头人的地位，而仅仅几个月后，他与詹姆斯·库克船长（James Cook，1728—1779）那场史诗般的“奋进”号之旅就要开始了。

18 世纪中叶，随着全球贸易的步伐加快，博物学标本如雪崩般涌入欧洲。这促进了有组织的科学探索活动的快速增长。人们对植物学的热情尤为高涨，因为新作物和其他自然产品能够带来巨大的利润——这同时也引发了殖民主义国家之间的经济对抗。在这一时期，人们意识到地球上绝大多数生物都是某个特定区域所特有的，因此，在对未知物种的探索过程中，全世界每一个地方都吸引着人们的目光。受这一风潮的影响，富裕阶层喜爱的“珍奇柜”升级成了更迎合科学时代的东西——用于系统性研究的专项收藏。博物学的各个分支中，最符合这一需求的莫过于昆虫学。因此，尽管班克斯等探险家的声名越发显赫，但对琼斯的蝴蝶事业来说，最重要的人脉大多是收藏家，他们收集他人从世界各地带回来的标本，积攒起专业的私人收藏。标本成为商品，被交易，被买卖，价格往往很高。这一时期鲜少有人将此类私人收藏遗赠给公共博物馆：一位收藏者去世后，其藏品往往会被分成很多份，拿去拍卖，被其他收藏者抢购一空。

琼斯与伦敦的顶级收藏家关系紧密，包括德鲁·德鲁里（Dru Drury，1724—1803）、詹姆斯·爱德华·史密斯、约翰·莱瑟姆（John Latham，1740—1837）、约翰·弗朗西伦（John Francillon，1744—1816）和威廉·亨特（William Hunter，1718—1783）。其中一些同时也是标本经纪人，比如德鲁里，其闻名的事迹是经手并分散出售了“捕蝇手”亨利·斯米思曼（Henry ‘Flycatcher’ Smeathman，1742—1786）庞大的西非植物和昆虫收藏。当时藏品最丰富的收藏家可能是波特兰公爵夫人玛格丽特·卡文迪什·本廷克（Margaret Cavendish Bentinck，1715—1785），她住在距离伦敦市中心大约 20 英里（约 32 千米）的布尔斯特罗德府邸。1786 年，她那些以博物学藏品为主的收藏被分成 4000 小份，拍卖了 38 天，据说加起来卖了 10 965 英镑 10 先令 6 便士——相当于今天的 150 多万英镑。

很多收藏家并不仅仅是单纯的囤积者。德鲁里基于自己的收藏，加上摩西·哈里斯（Moses Harris，1730—约 1787）手工上色的图版，出版了一套三卷本的关于昆虫的杰作——《博物学图谱》（*Illustrations of Natural History*，1770—1782）。史密斯则与美国画家兼博物学家约翰·阿博特（John Abbot，1751—约 1840）紧密合作，出版了《佐治亚州珍稀鳞翅目昆虫自然史》（*The Natural History of the Rarer Lepidopterous Insects of Georgia*，1797）。这本书曾受益于琼斯给出的专业意见，并被认为是 18 世纪昆虫学的代表作。

虽然琼斯的海外鳞翅目标本肯定是购买、受赠或者交换得来的，但他的英国本土藏品，尤其是那本关于英国鳞翅目昆虫的笔记，却十分与众不同。只要加以出版，他便极有可能成为生态学的先驱，与吉尔伯特·怀特（Gilbert White，1720—1793）[4] 比肩。尤其是笔记中大量的“生物学特性表”，系统地展现了他在英国鳞翅目昆虫生活史方面的学识，其中大部分内容都取自他本人的观察。笔记所总结的信息涉及幼虫及其寄主植物的自然特性、它们在一年中取食的时间、化蛹的时间和场所、每年的世代数，以及它们的越冬虫态。直到几十年后，

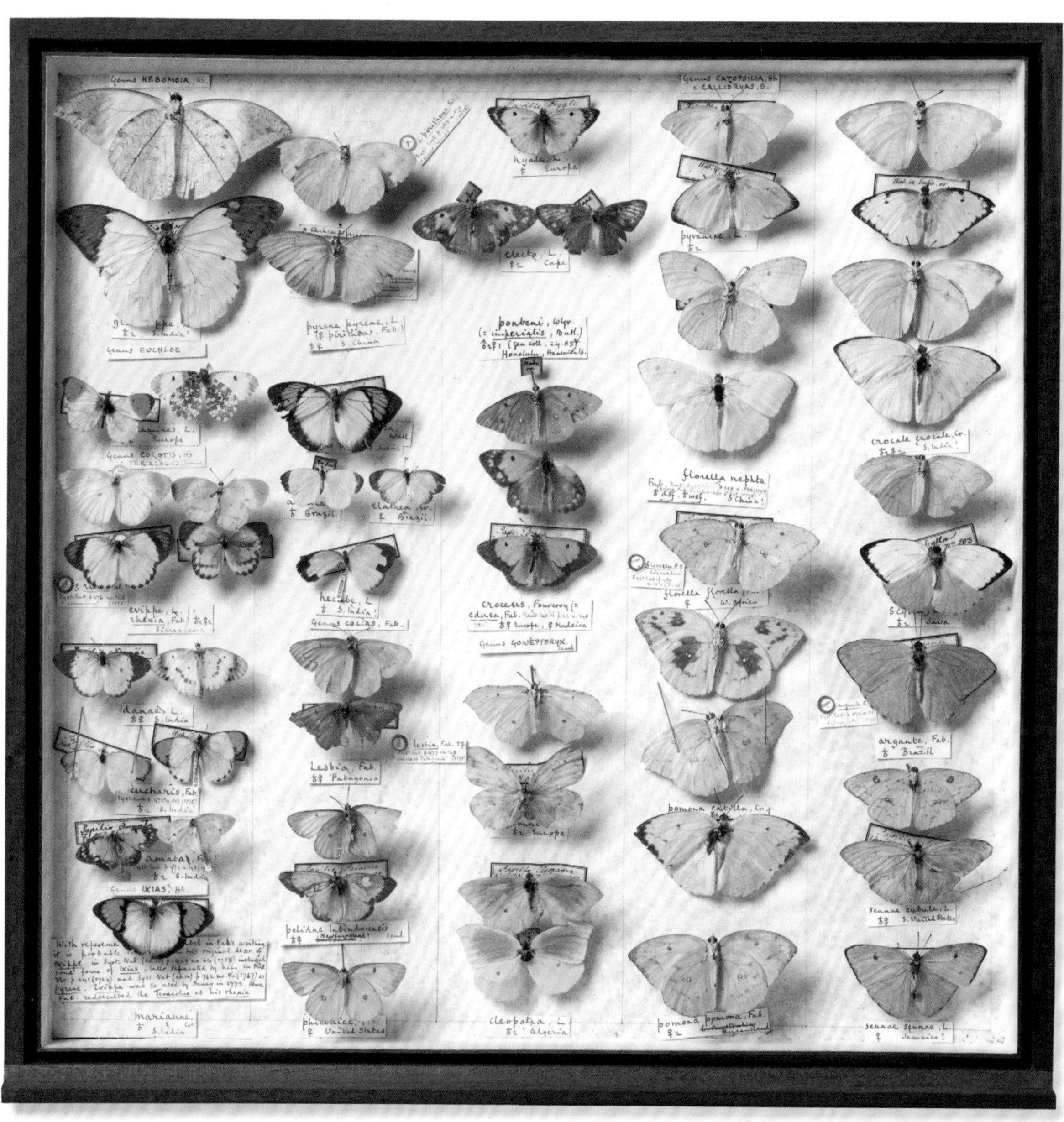

一盒蝴蝶标本，来自约瑟夫·班克斯爵士的昆虫藏品，现存于伦敦自然史博物馆。这份藏品包含班克斯一生收集的超过 4000 件蝴蝶、蛾类和其他昆虫的标本。林奈的学生约翰·C. 法布里丘斯研究了这些标本，并据此描述了很多新物种。《琼斯图谱》中的很多插画正是参照班克斯本人收藏的标本描绘的。

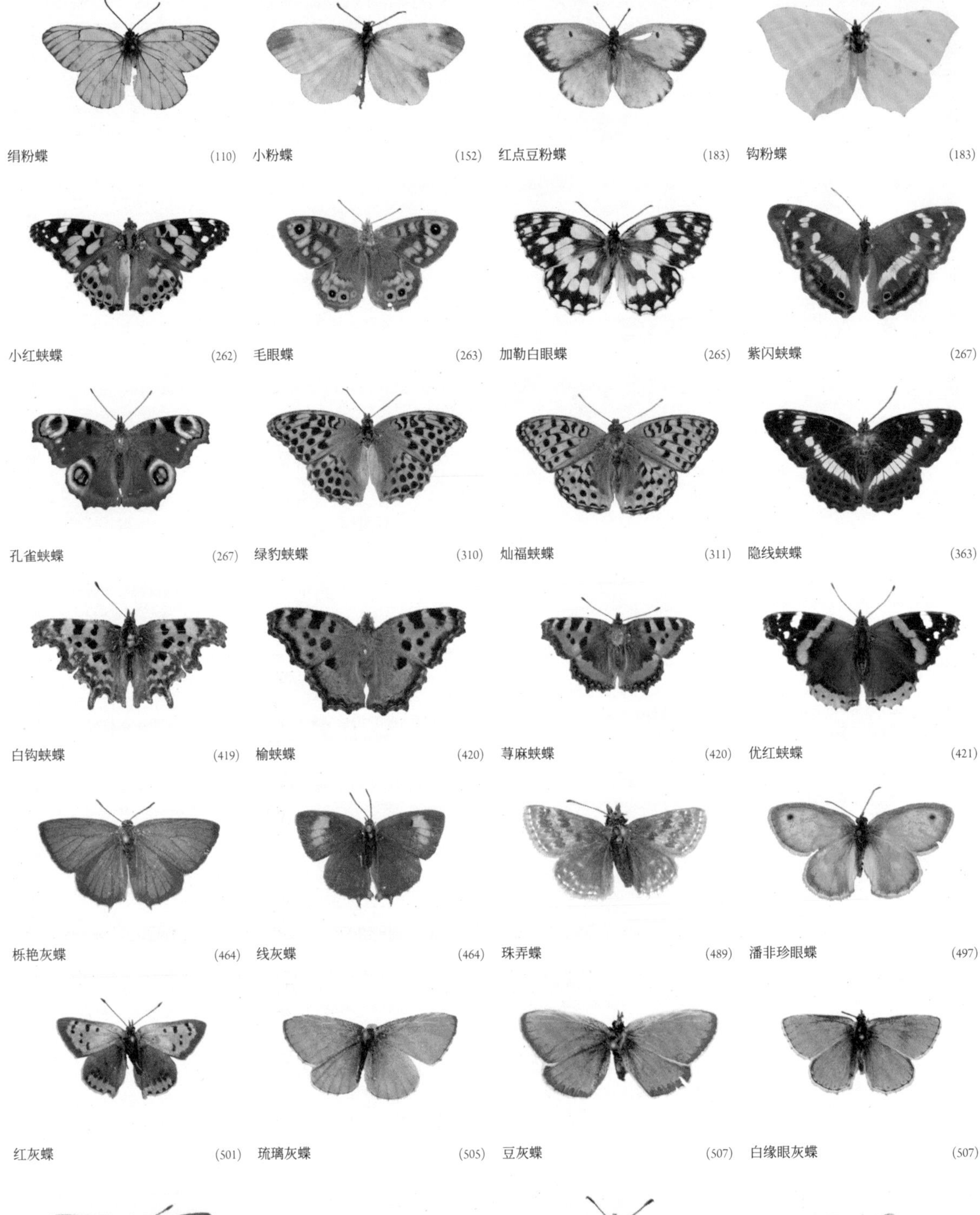

绢粉蝶 (110) 小粉蝶 (152) 红点豆粉蝶 (183) 钩粉蝶 (183)

小红蛱蝶 (262) 毛眼蝶 (263) 加勒白眼蝶 (265) 紫闪蛱蝶 (267)

孔雀蛱蝶 (267) 绿豹蛱蝶 (310) 灿福蛱蝶 (311) 隐线蛱蝶 (363)

白钩蛱蝶 (419) 榆蛱蝶 (420) 荨麻蛱蝶 (420) 优红蛱蝶 (421)

栎艳灰蝶 (464) 线灰蝶 (464) 珠弄蝶 (489) 潘非珍眼蝶 (497)

红灰蝶 (501) 琉璃灰蝶 (505) 豆灰蝶 (507) 白缘眼灰蝶 (507)

爱灰蝶 (508) 有斑豹弄蝶 (521) 弄蝶 (522) 锦葵花弄蝶 (527)

这类关于鳞翅目昆虫的信息才广泛地以可比较的列表形式出现在昆虫学文献中。作为一个科学博物学家，琼斯远远领先于他所处的时代。

收集蝴蝶标本

虽然《琼斯图谱》中多数插画是照着伦敦其他博物学者收藏的标本画的，但其中也有不少画的是琼斯个人的来自海外的藏品。和众多对世界各地的蝴蝶产生兴趣的英国昆虫学家一样，琼斯是从采集自家附近，也就是伦敦周边，可能还有故乡萨塞克斯郡的蝴蝶开始入门的。他的英国鳞翅目昆虫笔记最早可以追溯到1770年。威廉·琼斯收藏的英国蝴蝶和蛾类标本在牛津和詹姆斯·爱德华·史密斯成立的伦敦林奈学会保存至今。这些材料可能是由琼斯直接送给史密斯，也可能是经牧师塞缪尔·古迪纳夫博士（Rev. Dr. Samuel Goodenough，1743—1827）之手，辗转来到林奈学会的。在 1787 年 8 月 13 日给史密斯的一封信中，古迪纳夫写道："我的标本柜要装满了。琼斯正在给我干活。他说，这个季度结束前，希望能给我找来 200 件鳞翅目标本。"

很明显，琼斯能通过各种各样的手段得到英国的珍稀蝶蛾。他在其中一本笔记中记录着，自己在庄园街 10 号饲养 *Heliothis delphinii*（玫红夜蛾，现在的学名为 *Periphanes delphinii*），这种蛾子在 1795 年 6 月 22 日羽化了。虽然玫红夜蛾在英国有几份早期记录，但这种美丽的蛾子现在已经在英国区域性灭绝了。有人怀疑它是否真的曾经出现在英国——提出如此疑问的人似乎并不知道，琼斯亲手养出来的那件标本如今就在牛津。

英国好几种有名的蝴蝶都与琼斯有关。英国的橙灰蝶 *Lycaena dispar* 在 1803 年由阿德里安·哈迪·霍沃思（Adrian Hardy Haworth，1767—1833）基于自己和其他人采集的标本，描述并命名为 *Papilio dispar*，此人将琼斯视为自己的昆虫学导师。牛津有一对橙灰蝶标本，是弗雷德里克·道特里·德鲁伊特从琼斯的收藏中拿出来捐赠的。这些标本可能是如今已经灭绝的橙灰蝶英国种群最古老的材料，但却来源不明。琼斯为这个物种所绘的画作出现在第 VI 卷图版 LVI（第 501 页），错误地标名为 *Papilio hippothoe*，参照的是德鲁里收藏的标本。这些标本可能来自 1786 年出售的亨利·西摩（Henry Seymer，1715—1785）的藏品。西摩 1776 年从剑桥郡收集到这种蝴蝶，两年后又收集到一些英国的标本，同样鉴定错了。琼斯可能是通过这个途径得到这些材料——直接得到，或是在德鲁里的收藏 1805 年被出售时购入。

另一种极为有趣的英国蝴蝶，出现在第 VI 卷图版 LXIII（第 508 页），标注为 *Artaxerxes*。这种蝴蝶在 1793 年被法布里丘斯命名为 *Hesperia rurales artaxerxes*，引用了琼斯的图以及他的收藏（Dom. Jones），将它的来源记为"Anglia"（英格兰的拉丁名称）。如今，英国分布的白斑爱灰蝶 *Aricia artaxerxes* 被认定为两个亚种——一个分布在苏格兰，另一个则分布在英格兰北部的局部地区。有人表示，琼斯收藏中的模式标本来自爱丁堡的亚瑟王座，由"一位名叫琼斯的收藏者"采得。但据我们所知，威廉·琼斯从未去过爱丁堡，虽然他那位以助人建立收藏而闻名的朋友兼合作伙伴法布里丘斯曾在 1767 年到过那里，随后又骑马去了伦敦。原始材料如今可能已经遗失了。

琼斯所画的另外两种值得关注的蝴蝶是霾灰蝶 *Phengaris arion*（今学名为 *Maculinea arion*，

威廉·琼斯收藏的英国蝴蝶标本，现存于林奈学会的昆虫收藏中。可能是琼斯将个人收藏捐赠给了他的朋友詹姆斯·爱德华·史密斯，后者又于 1788 年创办了林奈学会。琼斯将自己的标本也画成了插画纳入《琼斯图谱》当中。此处图片下方标注的页码表示其所对应的琼斯画作出现在本书的位置。

第 VI 卷图版 LXI，第 506 页）和斑貉灰蝶 *Lycaena virgaureae*（第 VI 卷图版 LVII，第 502 页）。这些蝴蝶，再加上橙灰蝶和白斑爱灰蝶等，同样出现在另一位切尔西居民伊丽莎白·德尼尔（Elizabeth Denyer，1765/1766—1824）的英国鳞翅目昆虫绘画集中，她于 1800 年在琼斯的指导下创作了这些绘画。这本装订起来的画册题为“伦敦周边采集之鳞翅类昆虫写生画集”（Insects of the Lepidoptera Class Collected in the Environs of London Painted from Nature，其中插画可参见第 323 页），题记“据切尔西绅士威廉·琼斯标本柜中的昆虫所画——（除少数外）采集自伦敦周边几英里范围内，为大不列癫（原文如此）[5] 目前所发现的全部蝴蝶”，保存在大英图书馆里。这份了不起的工作给出了独立的证据，证实琼斯收藏中的很多英国蝴蝶在 18 世纪末之前的确分布在这里。

成为博物圈的一员

博物学如今已经通过一种国家权威，成为这个时代最受欢迎的研究。

——佚名，1763 年，《时政评论》（*The Critical Review*）16: 312

琼斯现身伦敦的最早记载，是他在 1768 年被明确地引荐给伟大的丹麦昆虫学家法布里丘斯。约翰·C. 法布里丘斯在《琼斯图谱》的成书历史和确立其重要意义的过程中起到了特殊的作用。他被父母“以开明和自由的精神”教育长大，从小便对博物学着迷，尤其喜欢植物和昆虫。1762 年，父亲安排他前往瑞典乌普萨拉，在那里跟随林奈学习了两年。作为林奈最杰出的学生之一，法布里丘斯成为 18 世纪地位最重要、成果最丰硕的系统昆虫学家。

20 岁时，法布里丘斯前往德国，随后又造访荷兰和苏格兰，从此开启了他环游欧洲、与其他博物学家会面并研究其收藏的多次旅行。在 1767 年秋天离开爱丁堡之后，他花了近三个月，骑着马一路游历，来到伦敦。琼斯后来形容法布里丘斯是“一个很难让人不喜欢的人，他开放、自由、平易近人、率真自然”。到达伦敦后，法布里丘斯很快就和林奈的另一位出师弟子——瑞典博物学家丹尼尔·索兰德（Daniel Solander，1733—1782）结下亲密的友谊，后者此时已经成为大英博物馆的文献馆员（他后来同样为波特兰公爵夫人工作过）。

已经立身于伦敦知识分子圈的索兰德将法布里丘斯引荐给科学界的一些顶尖人物，尤其是那些对博物学和昆虫学有兴趣的人。这个精英团体中有约瑟夫·班克斯（马上就要与库克和索兰德开始第一场环球航行了），有斯特兰德大街上的银匠兼收藏家德鲁·德鲁里（《琼斯图谱》中最重要的标本来源），还有杰出的昆虫插画家、版画家摩西·哈里斯。

我们并不确定 33 岁的琼斯当时融入科学博物学圈的程度有多深，但显而易见的是，随着这个团体的成长，他成为其中的重要一员。因此，他又结识了其他顶级博物学家或收藏家，比如珠宝商约翰·弗朗西伦、医生约翰·亨特（John Hunter，1728—1793）和威廉·亨特，还有詹姆斯·爱德华·史密斯。比琼斯小 24 岁的史密斯，未来将成为林奈学会的主要推动者和创始人。

琼斯与伦敦昆虫学家们的交往并不总是愉快的。18 世纪 40 年代，两位老一辈鳞翅学家中的佼佼者——本杰明·威尔克斯（Benjamin Wilkes，约 1690—1746）和约瑟夫·丹德里奇（Joseph Dandridge，1664—1746）正和其他一小群人共同活跃于蝶蛾学会——这个团体得名

18 世纪，欧洲各地都出版过以蝴蝶等昆虫绘画为特色的图谱，这很可能启发了琼斯。上排左图为玛利亚・西比拉・梅里安（Maria Sibylla Merian）影响深远的《苏里南昆虫变态图谱》（*Metamorphosis insectorum Surinamensium*，1705）的卷首图，上排右图为卡尔・A. 克莱克（Carl A. Clerck）的《珍稀昆虫图谱》第二卷（*Icones insectorum rariorum*，Vol. 2，1764）的卷首图；下排为奥古斯特・约翰・勒泽尔・冯・罗森霍夫（August Johann Rösel von Rosenhof，1705—1759）的《趣味昆虫》（*Insecten-Belustigung*，1746/1749）两个不同版本的卷首图。

摩西·哈里斯的《蛹者录：昆虫自然史》（*The Aurelian: or, Natural History of Insects*，1766）中的图版。作为一名技艺精湛的画家和色彩理论学家，摩西·哈里斯还为德鲁·德鲁里的《博物学图谱》绘制插图并制作印版，还担任重建的蝶蛾学会（Society of Aurelians）干事。琼斯一定了解他精美的画作，并从他身上学到了一些“画者的技艺”。

于某些蝴蝶金光闪闪的蛹壳。摩西·哈里斯于1742年入会，可是不到5年，一场火灾烧毁了他们集会的场所，所有的收藏和记录毁于一旦，一切以悲剧收场。1762年，哈里斯和德鲁里一起重建了蝶蛾学会——至少还是当年的名字，而琼斯几乎确定也加入了学会。然而，这个新团体却被内部紧张的关系搞得四分五裂，仅仅4年后就解散了。接下来，1780年，伦敦昆虫学会成立，德鲁里担任主席，琼斯担任干事，但分歧又一次成为主旋律，这个社团于1782年崩溃了，比蝶蛾学会更短命。几乎可以肯定的是，正是这些糟糕的经历导致脾气温和的琼斯在1786年9月20日的一封信中，给史密斯组建全新学会的想法泼了一盆冷水：

> 我参加过形形色色的学会，真是烦透顶，意难平……很抱歉地说，这帮聪明人之间相互鄙薄的风气太重了，（我希望）以后还是躲着点吧。简而言之，我最怕这种争吵不休的地方。

很明显，史密斯无视了这条建议，而琼斯也继续活跃于伦敦昆虫学家圈子，他的专业造诣广受赞誉，有口皆碑。1788年，林奈学会成立，琼斯也在三年后加入，成为终身会员。

学者们之间争论的主要导火索之一可能是同时期正在影响博物学的一场科学革命，也就是林奈本人。林奈通过逻辑划分来进行生物分类的方法并非广受拥戴。要推翻像大名鼎鼎的约翰·雷（John Ray，1627—1705）这样的本土系统分类学家倡导的更加“顺其自然”的方法，转而支持一种从国外传入的思想，这很可能激起民族主义情绪。再加上人们对于改变的习惯性抗拒，以及在面对林奈基于雄蕊和雌蕊的数量与排列方式进行植物分类的“性征系统”时，甚至还故作正经，装出一副“谈性色变”的样子，为人们拒绝林奈分类法提供了充分的理由。

在鼓励人们接受林奈分类法的英国先行者中，有植物学家本杰明·斯蒂林弗利特（Benjamin Stillingfleet，1702—1771）和理查德·普尔特尼（Richard Pulteney，1730—1801），虽然普尔特尼那本被认为极具影响力的《林奈作品通评》（*General View of the Writings of Linnaeus*）要到1781年才印刷面世。紧随伦敦昆虫学会之后，博物学促进协会成立了——又一个无甚建树的团体，里面有几位反对林奈方法的学者。而此时的琼斯，已经开始根据林奈1767年的分类系统组织内容，着手编撰《琼斯图谱》了。

《琼斯图谱》的灵感来源

琼斯沿袭启蒙时代英国昆虫学家的传统，注重于绘制出类拔萃的鳞翅目昆虫图像。这个“流派”可能由托马斯·彭尼（Thomas Penny，卒于1588年）开创，经约瑟夫·丹德里奇、埃利埃泽·阿尔宾（Eleazar Albin，活跃于1690—1742年）、本杰明·威尔克斯、亨利·西摩、摩西·哈里斯、威廉·卢因（William Lewin，卒于1795年）等杰出人物之手传承而来。哈里斯常居伦敦，他不仅有知名著作《蛹者录：昆虫自然史》（1766年，再版于1775年），还为德鲁里绘制插画，琼斯想必很熟悉他的作品。哈里斯同时也因色彩原理和调色方面的研究而闻名，几乎可以肯定琼斯曾直接跟随哈里斯学习或精进绘画技巧，同时也研习了这一流派最优秀的那些作品。在《切尔西药用植物园罗曼史》中，弗雷德里克·道特里·德鲁伊特这样记述：

> 琼斯住在药用植物园附近，他精确地描绘了当时英国收藏家手中几乎所有的蝴蝶种类，编成了厚厚的六卷书；琼斯使用不透明颜料作画，这些颜料至今仍未褪色。笔者手中还留有他用过一半的水彩颜料块，上面盖有中文印章，表明颜料来自中国。

显然，琼斯用的是市面上最优质的画材。根据福克纳的说法，他的油画技巧同样精湛。福克纳还特别强调了琼斯的学术素养，包括他在希伯来语和希腊语方面的知识。牛津大学自然史博物馆的琼斯档案也证明了他博学多才，其中有关于希伯来语的文章、对古代手稿的注解，以及大量关于经文、诗篇、民间传说和历史的笔记。

然而，琼斯的作品中并未正式提及英国这些伟大的昆虫画家中的任何一个。《琼斯图谱》的信息和灵感似乎更像是来自伦敦博物圈天南地北的收藏——其中以德鲁里、班克斯、弗朗西伦、史密斯、亨特和莱瑟姆的收藏最为显要，以及卡尔·A. 克莱克、欧根纽斯·J. C. 埃斯佩尔（Eugenius J. C. Esper，1742—1810）、卡尔·古斯塔夫·雅布隆斯基（Karl Gustav Jablonsky，1756—1787）和奥古斯特·克诺赫（August Knoch，1742—1818）等欧洲大陆鳞翅学家出版的图书。在欧洲大陆的鳞翅学家中，对琼斯而言最重要的一定是荷兰商人、矿物学家兼动物学家彼得·克拉默（Pieter Cramer，1721—1776）。克拉默基于自己以及很多荷兰博物学家，尤其是科内利斯·范伦内普（Cornelis van Lennep，1751—1813）的收藏，出版了四卷巨作《海外蝴蝶》（*De uitlandsche Kapellen/Papillons exotiques*），其第一卷问世于 1775 年。

林奈和法布里丘斯的大部分昆虫学著作完全依赖文字描述，与之相反，克拉默的作品中每个物种都配有精美的插图。琼斯可能是受到克拉默的启发，从而决定为伦敦知名收藏家的标本柜中保存的所有蝴蝶留下影像记录，不论这些物种是产自英国本土还是海外地区。琼斯显然不满足于仅参考他人的文字记载——他要亲眼观察不同种类的蝴蝶实物，越多越好，然后在画纸上如实地再现它们的形态。

1780 年左右，刚结婚不久的琼斯搬到了庄园街 10 号，当时的切尔西还是泰晤士河畔的一个村庄。琼斯的目标当然是享受全新的退休生活，并发展自己的学术爱好。《琼斯图谱》内页和封皮上出现的日期只有 1783 年、1784 年和 1785 年三个年份（见第 628 页），因此人们常常认为这些作品是在那几年之内完成的。1783 年倒是有可能标志着这项工作的开始，但 1785 年绝不可能大功告成。因为有一些后期的画作，比如第 IV 卷图版 LV 上图（第 286 页）描绘的是 1788 年以前不可能获得标本的种类。此外，第 VII 卷的最后一页（第 627 页）明确参考了著名的奥地利鳞翅学家雅各布·许布纳（Jacob Hübner，1761—1826）出版的作品中的一幅图，而这幅图在 1800 年以前都不可能见于伦敦。

法布里丘斯可能在 1768 年第一次造访伦敦期间结识了琼斯，在他的自传中有一段精彩的描写讲述了这段经历：

> 索兰德博士……促成了我与我们这个领域中所有饱学之士的相识和串联，有班克斯、两位亨特、福代斯（Fordyce）、李（Lee）、德鲁里、安·蒙森（Ann Monson）女士、伊顿（Eaton）、福瑟吉尔（Fothergil）、韦布（Webb）、埃利斯（Ellis）、彭南特（Pennant）、格雷维尔（Greville）等等，他们的住所、藏书楼和标本收藏很快就对我开放了。

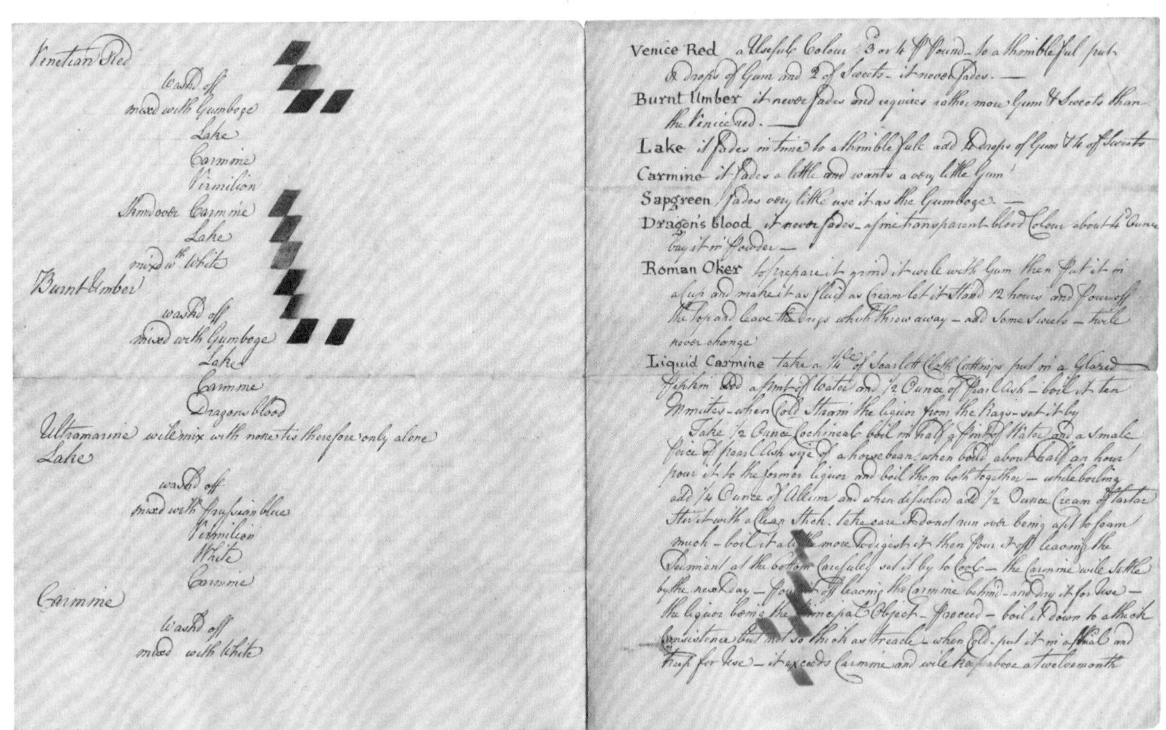
Venetian Red
washd off
mixed with Gumboge
Lake
Carmine
Vermilion
Shindoor Carmine
Lake
mixd wth White
Burnt Umber
washd off
mixed with Gumboge
Lake
Carmine
Dragons blood
Ultramarine wile mix with none tis therefore only alone
Lake
washd off
mixed with Prussian blue
Vermilion
White
Carmine
Carmine
washd off
mixed with White

Venice Red a Usefull Colour 3 or 4 lb Pound to a thimble ful put 8 drops of Gum and 2 of Sweets - it never fades —
Burnt Umber it never fades and requires rather more Gum & Sweets than the Venice red. —
Lake it fades in time to a thimble full add 8 drops of Gum & 4 of Sweets
Carmine it fades a little and wants a very little Gum
Sapgreen fades very little use it as the Gumboge —
Dragon's blood it never fades - a fine transparent blood Colour about 4s Ounce buy it in Powder —
Roman Oker to prepare it grind it wele with Gum then put it in a Cup and make it as fluid as Cream let it Stand 12 hours and Pour off the top and leave the Drugs which throw away - add some Sweets - twile never change
Liquid Carmine take a 1/4 of Scarlett Cloth Cuttings put in a Glazed Pipkin add a Pint of Water and 1/2 Ounce of Pearl Ash - boil it ten Minutes - when Cold Strain the liquor from the Rags - set it by
Take 1/2 Ounce Cochineal boil in half a Pint of Water and a Smale Piece of Pearl Ash size of a horsebean - when boild about half an hour pour it to the former liquor and boil them both together - while boiling add 1/4 Ounce of Allum and when dissolved add 1/2 Ounce Cream of tartar Stir it with a clean Stick. take care it done not run over being apt to foam much - boil it a little more to digest it then pour it off leaving the Sediment at the bottom carefully set it by to Cool - the Carmine wile settle by the next day - pour it off leaving the Carmine behind - and dry it for use - the liquor being the principal Object - proceed - boil it down to a thick consistence but not so thick as treacle - when Cold put it in a Phial and keep for use - it exceeds Carmine and wile keep above a twelvemonth

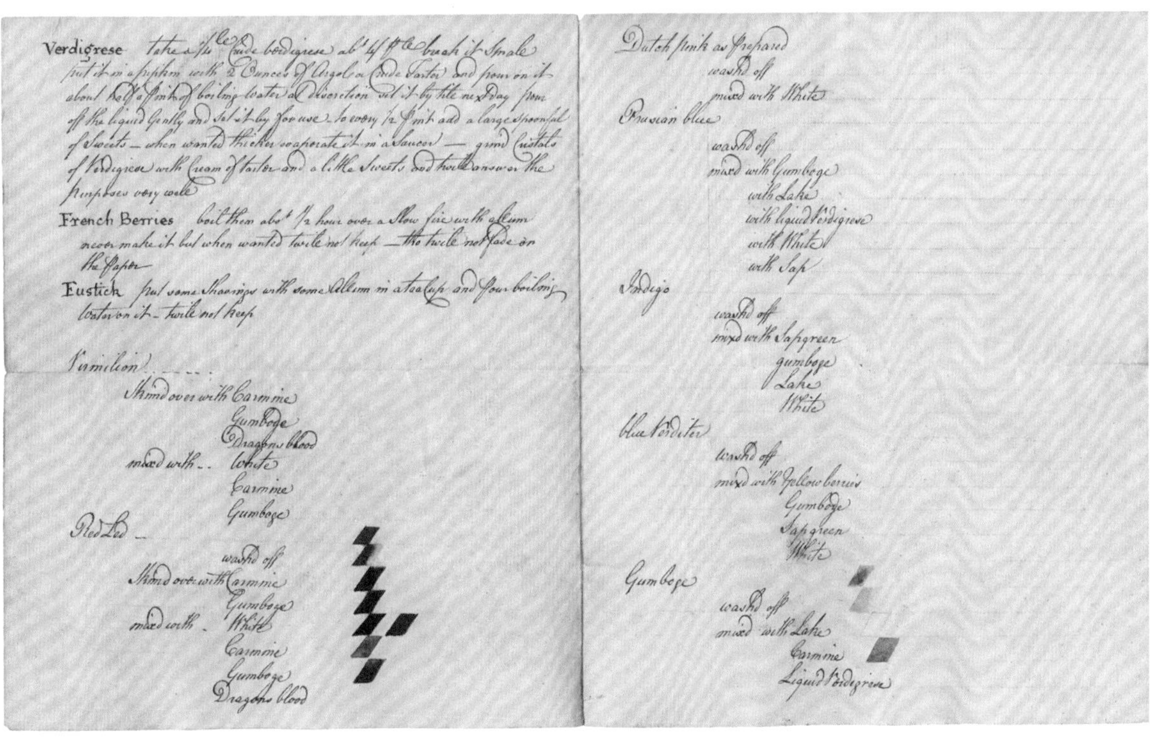
Verdigrese take a 1/4 lb of Crude Verdigrese abt 1/4 of a lb bruise it Smale put it in a Pipkin with 2 Ounces of Argol or Crude Tartar and pour on it about half a Pint of boiling water at discretion set it by tile next day pour off the liquid Gently and set it by for use - to every 1/2 Pint add a large Spoonful of Sweets - when wanted thicker evaporate it in a Saucer — grind Cristals of Verdigrese with Cream of tartar and a little Sweets and twile answer the purposes very well
French Berries boil them abt 1/2 hour over a Slow fire with allum never make it but when wanted twile not keep — tho twile not fade on the Paper
Eustick put some Shavings with some Allum in a teacup and pour boiling water on it - twile not keep
Vermilion ....
Shind over with Carmine
Gumboge
Dragons blood
mixed with .. White
Carmine
Gumboge
Red Led -
washd off
Shind over with Carmine
Gumboge
mixed with - White
Carmine
Gumboge
Dragons blood

Dutch Pink as Prepared
washd off
mixed with White
Prussian blue
washd off
mixed with Gumboge
with Lake
with liquid Verdigrese
with White
with Sap
Indigo
washd off
mixed with Sapgreen
gumboge
Lake
White
blue Verditer
washd off
mixed with Yellow berries
Gumboge
Sapgreen
White
Gumboge
washd off
mixed with Lake
Carmine
Liquid Verdigrese

琼斯的色彩笔记中的页面，他在其中列出了一些建议，如关于保存和制备颜料的最佳方法，以及哪些颜料适合用于水彩画，哪些最好不用，因为时间长了容易变色或者褪色。他还给出了调色指导，有时会在旁边涂上自己调出的颜色样品。通过对色彩原理的研究和对不同颜料的熟练使用，琼斯得以创造出逼真的色彩来描绘各种蝴蝶。

琼斯早期的植物画，体现出其对色彩准确而巧妙的运用，以及出色的形态感。图中叶子和花瓣的质感刻画得很精细，整体效果非常迷人。琼斯在上排的两幅画中还加入了四只蛾：上排左图有四枚“眼斑”、体型较大的那只是雌性蕾薇大蚕蛾 *Saturnia pavonia* (Linnaeus, 1758)，较小的是尺蛾科 Geometridae 的某种尺蛾；上排右图为栎枯叶蛾 *Lasiocampa quercus* (Linnaeus, 1758)，左雌右雄。

这里没有专门提到琼斯——虽然他有可能被列入了“等等”，而法布里丘斯在1775—1787年出版的最早的四部昆虫学巨著中也没有提及琼斯的名字。虽然法布里丘斯确实在1787年夏末与琼斯共度了一段很重要的时光，但直到1793年，他才在自己第五部关于昆虫的主要著作——《系统昆虫学》的第三卷中直接提到琼斯和《琼斯图谱》，并且在大量关于蝴蝶的记载中频繁提及，贯穿始终。

然而，在法布里丘斯来访时，《琼斯图谱》中的大部分画作可能已经完成了。1787年8月，在给身处巴黎的史密斯的一封信中，琼斯写道：

> 法布里丘斯正在伦敦，他很想见你，但等你回来他肯定已经走了。他正在一幅幅地检查我的画，进行修改和订正，然后加到他手头正在写的一本“拾遗”里面去；不过他待在这儿的时间有限，我的东西又太多，他看不完。

琼斯提到的“拾遗”是指法布里丘斯1793年出版的《系统昆虫学》，而不是1787年的《昆虫学拾遗》（*Mantissa insectorum*）。

显然，琼斯在搬到切尔西之前已经打入伦敦博物学精英圈，而《琼斯图谱》在1787年已经基本完成但尚未收工。弗雷德里克·道特里·德鲁伊特在同样保存于牛津大学的一份1871年的手稿中写道：“整个工作据说花了30年。”如果此言不虚，那么1780—1810年，琼斯45—75岁的这段时间很可能是目前对《琼斯图谱》创作期的最佳估测，尽管琼斯很可能从1790年以后就很少再往手稿中增补内容了。虽然《琼斯图谱》中出现的最早时间是1783年，也没有直接证据表明琼斯搬离伦敦市区移居切尔西的具体时间，但他参加命途多舛的伦敦昆虫学会的经历让我们有一定的理由相信，1780年就是琼斯退休并开始创作《琼斯图谱》的时间。

对林奈系统的改进

在编写凤蝶属 *Papilio* 的内容时，作者从他那位一丝不苟、慷慨大度的朋友——切尔西的琼斯先生那里得到了很大的帮助，琼斯对于该类群的了解可能是无与伦比的，而琼斯的画本身就是法布里丘斯教授近期发表的很多凤蝶类物种的出处，这些蝴蝶实际上就是根据琼斯的画作描述的。

——詹姆斯·爱德华·史密斯和约翰·阿博特，1797年，《佐治亚州珍稀鳞翅目昆虫自然史》

林奈的《自然系统》第10版分成了两卷出版：1758年是动物卷，1759年是植物卷。1758年的这卷将林奈此前在植物领域先行推广的双名法命名系统引入了整个动物界。这个应用于所有现生和灭绝动物的学名体系至今仍在世界范围内受到认可——虽然在持续不断且仍在进行的改进过程中做出了大量修订和扩充。林奈本人也是这个改进过程的参与者，而琼斯在《琼斯图谱》中使用的基本命名结构正是从更新后的《自然系统》第12版（1767）那里借鉴来的。

在《自然系统》的第10版和第12版中，林奈都将蝴蝶和蛾类一起归类为鳞翅目——昆虫纲下分的七个主要类群之一，而昆虫纲又是他提出的动物界六个主要的纲之一。在这两个版本中，林奈都将鳞翅目划分为三个庞大的属：凤蝶属（囊括所有通常被称为蝴蝶的昆虫）、天蛾属 *Sphinx*（多数是天蛾）和蛾属 *Phalaena*（其他所有蛾类）。在 1767 年的第 12 版中，林奈对蝴蝶物种的细分与此前的系统稍有不同。他用一些大多来自希腊语词源并经过拉丁化的古典神话中的名字，将凤蝶属细分为九个类群，分属五个高阶类目：

Equites（骑兵）[6]

  Troës（特洛伊骑兵）

  Achivi（希腊骑兵）

Heliconii（赫利孔山上的女神，这个类群没有下级分类）[7]

Danai（丹尼亚斯和埃古普托斯的众子女）[8]

  Candidi（丹尼亚斯的白色或纯血女儿）

  Festivi（埃古普托斯的多色或有色儿子）

Nymphales（宁芙仙女——自然女神）[9]

  Gemmati（戴珠宝的仙女——翅面上有眼斑）

  Phalerati（翅面上有花纹但缺少眼斑的仙女）

Plebeji（平民——小型蝴蝶）[10]

  Rurales（乡下平民）

  Urbicolae（城镇平民）

《自然系统》第 12 版出版后仅仅几年之内，随着人们发现未知物种的速度越来越快，像托马斯·帕廷森·耶茨〔Thomas Pattinson Yeats，1510—1565，著有《昆虫学体系》（*Institutions of Entomology*，1773）〕这样的昆虫学家开始对林奈的蝴蝶分类系统表达出越来越多的不满。部分基于这些反对意见，琼斯对林奈的构想做出了许多重大改进，但主要是基于对他所描绘的大量物种的直接检视。

在《琼斯图谱》第 I 卷（第 1—93 页）对“骑兵类”（Equites）蝴蝶的绘图记录中，琼斯画了 105 件标本，代表着由林奈命名的 26 个和由其他人（主要是法布里丘斯，此外还有德鲁里和克拉默）命名的 69 个物种，还有 7 个未定名的物种。绘图参照的标本来自琼斯个人藏品（4 件），以及德鲁里（62 件）、莱瑟姆（10 件）、班克斯（7 件）、弗朗西伦（12 件）、大英博物馆（1 件）、史密斯（2 件）、托马斯·马香（Thomas Marsham，1 件）和“霍尼”（Honey，1 件——图版 LXXX）的收藏，此外还有 5 件标本的来源未写明。图版的排序似乎表明，这一卷的内容多多少少是随着他所能接触到的标本而积累起来的（也就是说，在琼斯对于“骑兵类”蝴蝶的表现中，这些画作并未以任何系统性的顺序进行排列），而第 I 卷中的画很可能是在 1787 年完成的，因为法布里丘斯正是在那年造访伦敦，与琼斯交往了一段时间。

林奈命名的 26 个物种中，除了一个，其他的如今都被认定为凤蝶科 Papilionidae 的成员，而林奈在 1767 年对“骑兵类”的记载中包含的 13 个蛱蝶科 Nymphalidae 物种都没有出现在《琼斯图谱》第 I 卷中。此外，没有被林奈放在“骑兵类”的 3 个凤蝶科物种却被琼斯移入了

琼斯所画的毛虫，绘制于约1780年，表现了毛虫在植物枝叶上的状态，很可能取材于活着的毛虫。他记录了自己对英国蝶蛾生活史的大量观察，包括幼虫取食哪些植物、一年中的发育时间、何时进入蛹期，以及在生命周期的哪个阶段越冬等信息。下排右图中，可以看到二尾舟蛾 *Cerura vinula* (Linnaeus，1758) 的幼虫。

琼斯所绘的翅脉分解图，直接通过标本研究并绘制。琼斯认为翅脉上多种多样的差别是划分自然类群最佳的辨识特征之一。通过系统研究一个个物种的特征，并将包括脉序在内的一系列差异明显的特征列成图表，琼斯成功地对林奈那个有着明显不足的蝴蝶分类系统做出了相当程度的改进。

这个类群：*Papilio rumina*（缘锯凤蝶，现名 *Zerynthia rumina*）、*P. dissimilis*（斑凤蝶碎斑色型，现名 *Papilio clytia*）、*P. panope*（斑凤蝶海仙女色型，现名 *Papilio clytia*），见于第 47、62 页。值得注意的是，琼斯对于林奈的“骑兵类”蝴蝶的重新分类几乎与现代的凤蝶科完全一致。然而他没能看出阿波罗绢蝶 *Parnassius apollo* 同样是这个类群的成员，和林奈一样，将它们纳入了“赫利孔类”（Heliconii）（第 II 卷图版 II，第 109 页），还错误地沿用了林奈的观点，纳入了三种燕蛾中的一种（*Papilio leilus*，锦纹燕蛾，现名 *Urania leilus*，第 I 卷图版 LXXXIII，第 78 页）。很明显，他所画的那件标本的触角一定断掉了，因为画中它们的触角被添上了膨大的末梢，这其实是所有真正凤蝶科成员的典型特征，而与包括锦纹燕蛾在内的燕蛾科 Uraniidae 物种都不一样。这是琼斯为追求美学的完美而犯的错。不过正如他在序言中讨论的那样（第 XXXI 页），他还是认为这个物种有问题。

琼斯为何能够对林奈的“骑兵类”物种归类做出如此程度的改进？答案就在琼斯精心绘制的底稿，那些细致入微的线条中，尤其是他对翅脉的关注：不同蝴蝶之间的脉序差异颇大，但此前的研究者却鲜少注意到这一点。

囊括分类学在内的系统学是一门研究生命体的学科，目的在于发现生物的多样性，揭示物种之间的自然关系。如今，它通常被认为是一种建立谱系关联，或者更严格地使用查尔斯 · 达尔文 19 世纪提出的说法——**系统发生**关系的探索。反观此前的 18 世纪，林奈和他的追随者们却是在神创论的框架内进行研究的，没有任何清晰或可信的生命演化观念。因此，他们最初尝试系统性地将矿物、植物和动物划分进一个有等级高低的分类体系，实际上是为了揭示造物主的规划。然而，作为受到启蒙运动影响的科学家，他们同样也试图通过直接观察来确定各种不同生命体的特征，然后通过系统的比较过程，创造一个能够反映出造物主规划的合理的排序系统（分类学）。

琼斯的《蝴蝶新编》（*New Arrangement of Papilios*）最初附在一封信中寄给了詹姆斯 · 爱德华 · 史密斯，又在林奈学会 1791 年 7 月 5 日的会议上公开宣读，最终于 1794 年得以发表。琼斯记载道，林奈《自然系统》的最后一版只列出了 274 种蝴蝶，而仅仅 24 年后，他就“在伦敦各路收藏家的标本柜中”看到了超过 1000 种，此外又基于已发表的插画研究了 400 多种。他一边大度地指出，如果林奈看过更多种类的蝴蝶，就能做出一套更加清晰的分类，一边批判了林奈用翅的形状和大小作为主要分类依据的做法。琼斯写道，虽然蝴蝶的翅形确实多种多样，“但在那些翅形特征呈连续变化、彼此过渡的不同种类中，我发现自己无法画出一条辨识的界线。因此，我运用了解剖手段，找到那些能够确切区分各个类群的特征”。

琼斯是在寻找能用来识别定义清晰的类群的非连续特征。在一项独特的幼虫特征和一种特殊的翅脉排列的双重启发下，他重新规划了“骑兵类”的分类。在对这个类群的讨论中，他清楚地表明了自己的目标：“这些差别会清晰地将这个**具有自身独有特征的**（重点）家族与所有其他蝴蝶区分开来。”用现在的术语来说，这种方法对应于**独征（autapomorphy）**——一个任意级别的独立类群所独有的性状、属性或辨识特征，这一概念直到 20 世纪 50 年代才被明确地引入系统学。

琼斯列出了自己观察到的、以两种或更多截然不同状态出现的六项特征，并将蝴蝶的七个主要分支的这些特征列成了表格（见下表）。他所用的性状，或者说特征，包括触角

（2 种状态）、唇须（2 种状态）、前翅脉序（3 种状态）、后翅边缘的凹陷（3 种状态）、后翅脉序（2 种状态），以及胸部和腹部的宽度（2 种状态）。他将这些性状系统性地排列成一张 7×14 的表格，这一做法远远领先于时代。《琼斯图谱》中同样收录了这张表格的一个复原版。在系统学中，这种性状矩阵的应用直到 20 世纪 60 年代才普及，与分析当时出现的远远比这更庞大的数据集所需的二进制计算机的普及同一时期。

琼斯制作的解剖特征表（复原版），此表也被收入了《琼斯图谱》。“翅”一栏下所列的第一组特征指的是前翅，第二组指后翅。

		Equites “骑兵类”	Romani “罗马人类”	Heliconii “赫利孔类”	Danai “丹尼亚斯类”	Nymphales “仙女类”	Plebeji Rurales “乡下平民类”	Plebeji Urbicolae “城镇平民类”
触角	棒状							
	具钩突或呈钩状，末端尖锐或线状							
唇须	向前伸出							
	刷状							
翅	前翅，3 脉							
	4 脉							
	翅脉接近笔直							
翅	后翅，边缘明显凹陷							
	边缘轻微凹陷							
	边缘无凹陷							
	具一根连接脉							
	不具连接脉							
胸部和腹部	细长							
	短、粗或宽大							

琼斯由此成为应用翅脉等解剖性状，作为比简单的形状和大小更加可靠的依据，来给蝴蝶分类的先驱，同时也是寻找独特性状（衍征，apomorphy）和使用性状矩阵的开创者。他对

Preface

Whoever examines Linnæus's System attentively will remark notwithstand: his labourous Attention in dividing the Classes, in some he has not been sufficiently clear, and even himself in a few Instances has been at a loss where to place many of his Specimens; by changing them from One Class to another and in some particulars of again dividing confirms this Observation; But in no One Division has he been less clear than in defining the Classes of the Papilio's, which seems to arise chiefly from the fewness of the Specimens he had seen when compared to the — — Multitude since discovered. — The Caracter of his Equites is — Alis primoribus ab angulo postico ad apicem longioribus, quam ad basin — This is not a sufficient distinction there being many that will answer to the description which can by no means be placed in that Class; and by adhering to which he has anarged several with the Equites which has not the Distinction peculiar to them. —

The Papilio's in the following pages which I have selected as true Equites appear to want the Palpi which most if not all the others have and a vacancy in the under Wing by which the Abdomen is seen beneath as well as above the Wing a Circumstance belonging chiefly to this Class tho there are some few that have the same deficiency among the others: a further and principal Character is on the upper Wing.... where is One Vein more than in any other and which seems to constitute that length, Linnæus has affixed for his Criterion I know of but two without the additional Vein Leilus & another which tho deficient are true Equites the deficiency arising from a Construction of Veins peculiar to themselves. — I have therefore in this Volume omitted such Equites whose Abdomens are concealed underneath and whose

wings

《琼斯图谱》第I卷的序言。在讲述自己的创作目的时，琼斯宣称林奈的物种分类系统常常“不够清晰”，对蝴蝶分类而言尤其如此。他承认这可能是因为“林奈看过的标本与人们后来发现的相比太少了”。

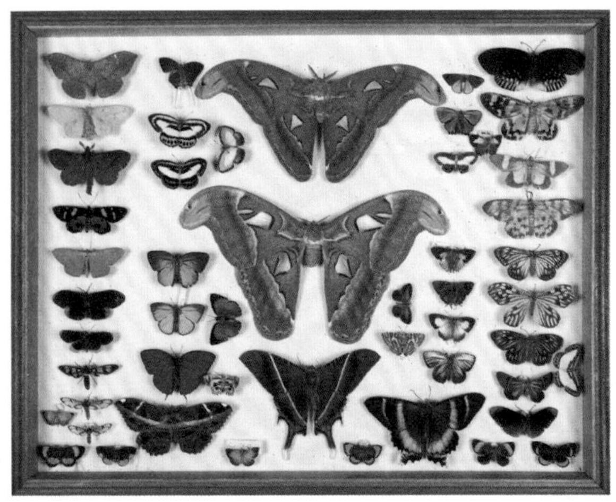

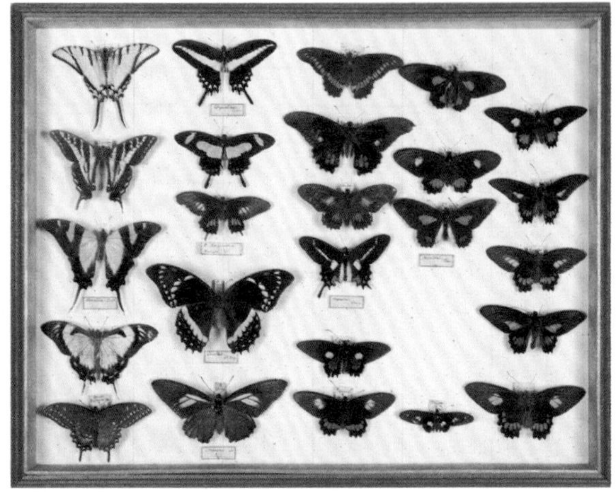

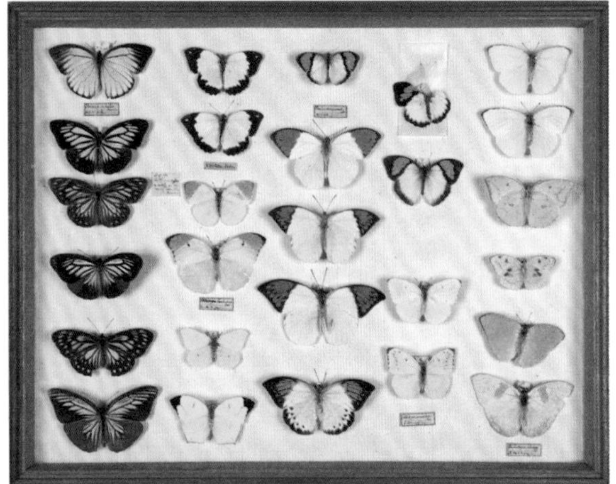

英国博物学家、探险家、生物学家及插画家阿尔弗雷德·拉塞尔·华莱士（Alfred Russel Wallace）收藏的蝴蝶标本。华莱士在亚马孙河流域和马来群岛做了大量野外工作，积累了数以千计的动物标本，其中一些不得已被卖掉，来为考察提供经费。这份规模可观的蝴蝶收藏帮助他发展出了独立于查尔斯·达尔文而构想的关于物种形成和自然选择的理论。

阿波罗绢蝶的归类就是一个确凿的成功案例。在《琼斯图谱》中，他仍和林奈的提法一样，把这个物种放在"赫利孔类"里（第 II 卷图版 II，第 109 页），但在《蝴蝶新编》中，基于脉序特征以及此前观察到的幼虫性状，他自信地表示阿波罗绢蝶属于他修订过的"骑兵类"。总的来说，琼斯创新性的观察结果和方法论让他得以对林奈构想的体系做出巨大改进，并区分出七个主要的科。虽然其中琼斯提出的"Romani"（罗马人类），确实包括那些仍被与蝴蝶混为一谈的日行性蛾类，但他的工作还是让我们对蝴蝶的理解迈出了大大的一步，逐渐接近人们在 21 世纪才刚刚采纳的那个分类系统——部分巧合的是，这个系统也将蝴蝶分为七个科。

位于牛津的琼斯档案馆

威廉·琼斯收藏的鳞翅目标本，还有画作、信件、笔记本、草稿，以及相关的设备物品等，被德鲁伊特家族保管了一百多年，先是从约翰传给他的儿子罗伯特，之后又传到了罗伯特的长子弗雷德里克·道特里·德鲁伊特手中。弗雷德里克就读于温彻斯特公学和牛津大学基督堂学院，1871 年毕业，获得自然科学学位。当时他正和时任牛津大学昆虫学霍普教授的约翰·韦斯特伍德合作，首次尝试出版《琼斯图谱》中的插图。在那之后，弗雷德里克成为一名成功的医生，但早早退休，投身于博物学和其他学术追求。他在自己首次出版于 1923 年的《切尔西药用植物园罗曼史》一书中提到了琼斯。弗雷德里克本身就是一名出色的水彩画家，在伦敦的英国皇家艺术学院办过画展。

在 1925—1938 年为《琼斯图谱》所做的一系列推介中，弗雷德里克最终将手中威廉·琼斯的遗产捐献给了母校牛津大学。虽然本书记载的内容着眼于《琼斯图谱》中所呈现的鳞翅目绘画精品辑录，但如今保存在牛津大学自然史博物馆的图书室和收藏馆中的那份弗雷德里克的馈赠，也向我们展示了一份物证，证明琼斯不仅仅是一位才华卓越的画家，同时还是一位成就斐然的古典学者、优秀的博物学家和见解独到的科学家。

《琼斯图谱》的体例和重要意义

《琼斯图谱》绘制于 1780—1810 年，其中包含 856 种鳞翅目昆虫的 1292 件标本的彩绘。这些蝴蝶绘画和物种描述的手稿最初装订成七卷，虽然在 20 世纪早期的某些时候，第 II 卷和第 III 卷被合订成了一本。我们按照琼斯最初设计的顺序和分卷复制了他的图版，大体沿用了林奈在 1767 年出版的《自然系统》第 12 版中的类群划分，但也有一些值得注意的区别。

在除第 VII 卷的其他各卷中，琼斯画的都是自己检视过的蝴蝶标本，或是出自他自己的收藏，或是来自德鲁·德鲁里、约翰·莱瑟姆、约瑟夫·班克斯等人的收藏。最后一卷中收录的是他从其他作品中临摹的蝴蝶绘画，他对这些蝴蝶并没有更多的了解。每幅画中的蝴蝶都接近真实大小，这就是为什么长袖凤蝶 *Papilio antimachus*（第 I 卷图版 XLI，第 40 页）的插画超出了边框。

琼斯在每个图版上都标注了关于各个标本的专门信息，我们在每个图版旁边的详情列表中给出了这些信息，以及现行的双名法学名和除第 VII 卷之外所有种类的推测产地，如下所示：

图　　版：图版编号和琼斯为自己所画的物种标注的种名。

参考文献：琼斯摘抄的物种描述所出自的昆虫学家和出版物，标示在图版的左上角。

收藏归属：琼斯作画所用标本所属收藏方的名字，标示在图版的右上角。

产地信息：目前推测的物种产地。一般是这个物种分布的地理范围，不过那些被用作模式标本图像的插画已经鉴定到亚种一级，因此给出的范围更加精确，表明琼斯所画标本的具体采集地点。

物种名片：该物种的现行名称，即琼斯所绘的这个物种在当代的双名法学名。

昆虫学家约翰·C. 法布里丘斯在 1787 年拜访了琼斯，并检视了琼斯的画作。在 1793 年的《系统昆虫学》第三卷中，他用到了其中 231 幅，为这些物种命名，而对于这些蝴蝶的标本实物，他其实从未见过。这些画因此成为“模式标本图像”（iconotypes），也就是学名的替代承载物（见右页），并在详情列表中以“ICO”符号表示。

什么是模式标本图像？

动物物种的学名受到《国际动物命名法规》约束。学名必须是有效发表且以双名法命名的，由一个属名（如凤蝶属 *Papilio*）和一个种加词（如巴黎翠凤蝶 *Papilio paris* 中的 *paris*，这种凤蝶被画在《琼斯图谱》第 I 卷图版 VI 中）组成。除了一个孤例，在林奈的《自然系统》第 10 版之前提出的动物学名均属无效。

图版示例

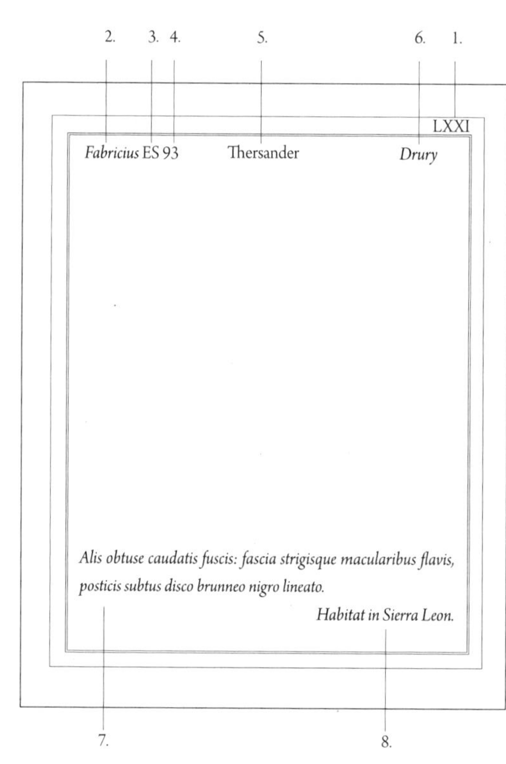

1. 图版 LXXI
2. 约翰·C. 法布里丘斯
3.《系统昆虫学》（*Entomologia Systematica* 的首字母缩写）
4.（1793 版，蝴蝶卷编号）93（的蝴蝶）
5. Thersander（法布里丘斯命名的种加词）
6.（来自德鲁·）德鲁里（的收藏）
7. 翅色暗淡，具深色尾突、黄色带斑和一列黄色点斑，翅下表面外缘褐色，具黑色线纹
8. 栖息于塞拉利昂

模式标本图像，寿青凤蝶
Graphium tynderaeus

正模，银纹裳凤蝶
Troides plato

选模，金斑蝶
Danaus chrysippus

新模，红带俏灰蝶
Calycopis cecrops

然而，第一版《国际动物命名法规》直到1905年才发表，此后又经过四次修订，而在19世纪，很多人将林奈的第12版而非第10版《自然系统》视为动物科学命名的起点。将现行的复杂规章溯及既往，应用于过去命名的物种势必会造成困难。

《国际动物命名法规》的基础是几大原则，其中有三条对于理解《琼斯图谱》和它的重大意义尤为重要。一是优先性原则——如果人们为如今所认定的同一物种提出过不止一个学名，那么其中某个学名必须被赋予优先权（通常采纳最早提出或者最“资深”的学名，但并非总是如此），其他学名则被称为异名。二是同名原则——如果相同的属名－种加词组合被分别独立地提出了不止一次，那么其中一个必须被赋予优先权——通常是最早的那个。其他学名则被称为次级同名——在多数情况下，它们会永久失效。被取了次级同名的物种必须改名——如果有异名就用异名，如果没有，那就需要提出一个新学名来替代。

三是指定模式标本。理想条件下，每个学名都会与作者进行原始描述时指定的一件（保存良好的）模式标本“绑定”——正模（holotype）。如果之后有人发现这个物种必须被分为两个或以上的物种，那么就有必要决定正模属于其中哪个物种，它所承载的学名也会被用于这个物种。如果原始描述中没有指定正模，但这个物种和它的学名所基于的标本有一件或多件保存了下来，那么后世的研究者就可以指定其中一件作为独一无二的学名承载物——这样的标本被称为选模（lectotype），其功能与正模相同。最后，如果连原始标本都找不到了（遗失或损毁），而相应学名的使用存在争议，那么研究者可以指定一件合适的标本作为新的学名承载物——新模（neotype）。

“模式标本”并不“定义”物种——它只是一个让某个学名的应用尽量客观的工具。那么模式标本图像又是什么呢？虽然在今天很罕见，但在过去，没有亲眼看到活体也并不参考任何标本，单纯参考另一个人所画的图像来命名新物种的做法相当常见。法布里丘斯基于琼斯作品集中的图像所新增的231个名义上的物种，可以认为就是这种情况，而这些图像就被称为模式标本图像。如果模式标本图像所基于的原始标本都没有保存下来，正如法布里丘斯命名的大多数物种，那么这些图像就作为学名的替代承载物，具有举足轻重的意义——虽然理论上来说，图像所代表的那件标本才是真正的“模式”。由于用图像代替标本作为学名承载物具有严重的局限性（图像不能切开来研究其解剖结构，也无法提取DNA，即脱氧核糖核酸），这些年来，越来越多的这类学名需要指定新模，于是其所对应的图像将不再在命名体系中扮演关键角色。即便如此，它们仍具有重要的历史意义。

琼斯手绘并纳入《琼斯图谱》，且被法布里丘斯为命名新物种而引用为学名的替代承载物，或者模式标本图像的231种蝴蝶的完整列表，可以在本书第644—647页找到。对每一幅模式标本图像，本书还给出了相应物种当前的状态和学名、历史上和当代的推测产地、原始标本所取自的收藏归属，以及该物种属于哪个科。

Fabricius N° 35 Polymnestor

VOLUME I

第I卷

Papiliones Equites: Troes & Achivi

“骑兵类”蝴蝶：
“特洛伊骑兵”和“希腊骑兵”

在林奈的分类系统中，“骑兵类”蝴蝶指翅膀大而华丽的蝴蝶，经琼斯整理后划分的“骑兵类”大致相当于今天的凤蝶科，另包括两种错误归类的燕蛾。

第Ⅰ卷 快速检索

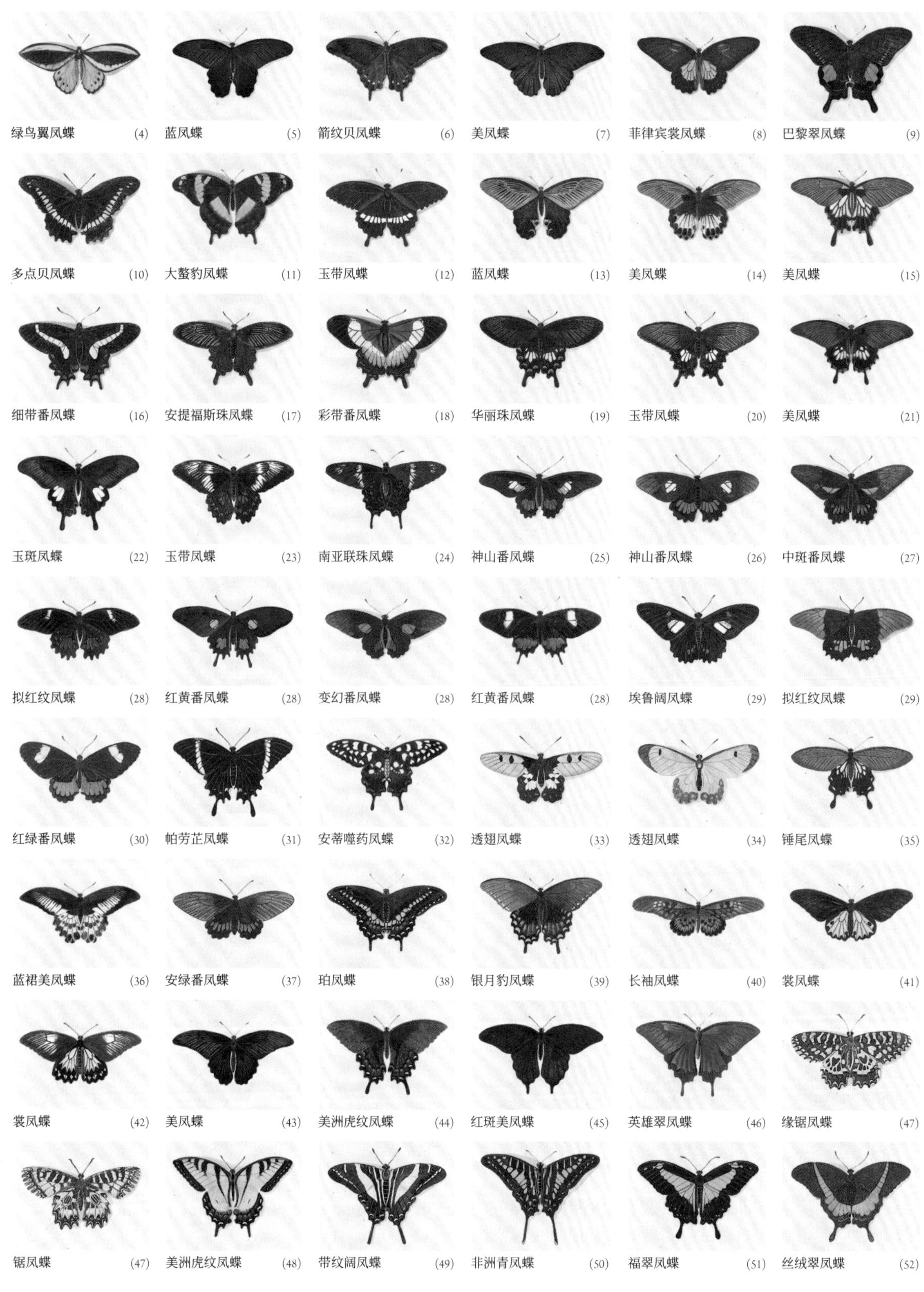

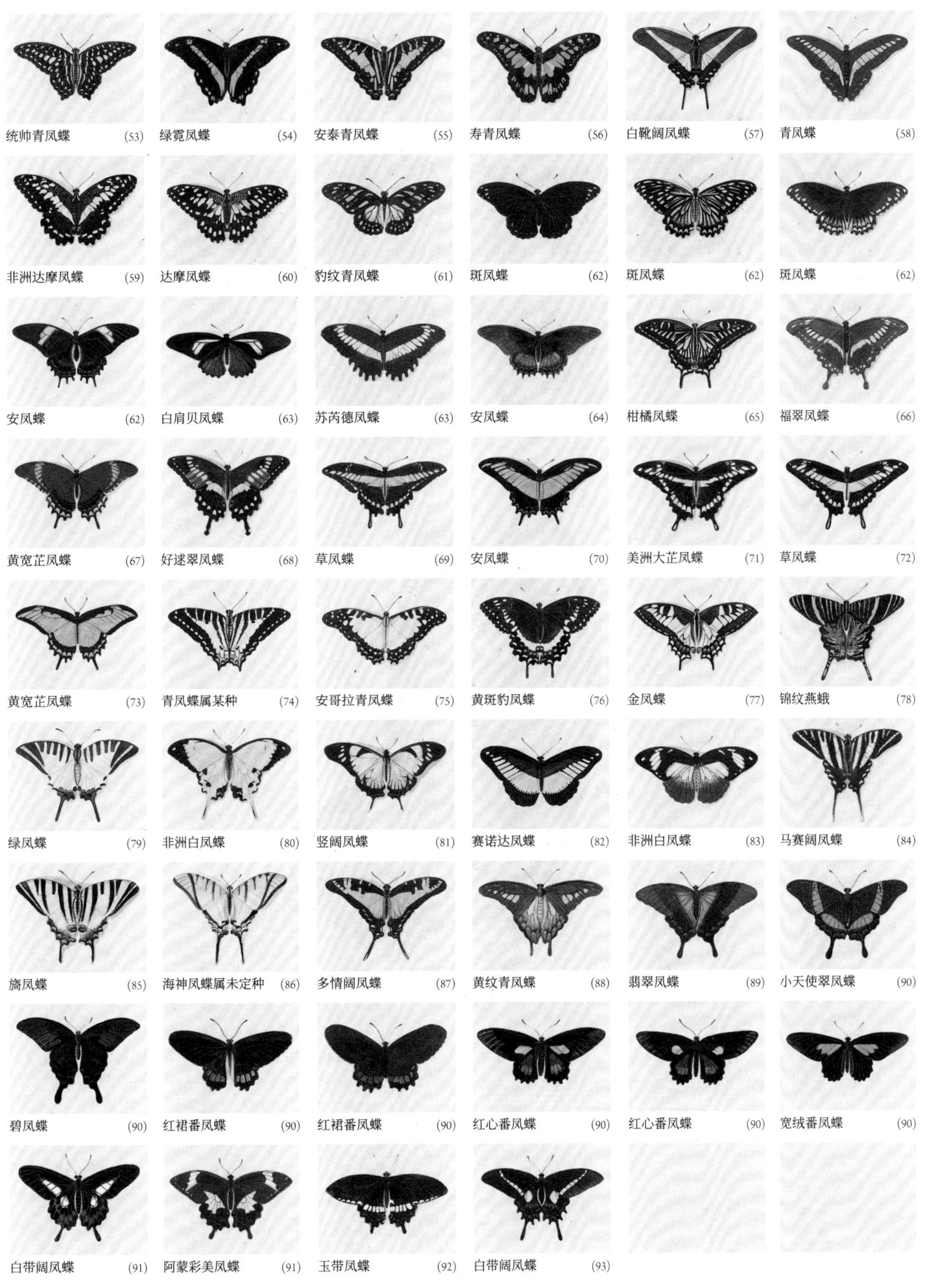

统帅青凤蝶 (53)　绿霓凤蝶 (54)　安泰青凤蝶 (55)　寿青凤蝶 (56)　白靴阔凤蝶 (57)　青凤蝶 (58)

非洲达摩凤蝶 (59)　达摩凤蝶 (60)　豹纹青凤蝶 (61)　斑凤蝶 (62)　斑凤蝶 (62)　斑凤蝶 (62)

安凤蝶 (62)　白肩贝凤蝶 (63)　苏芮德凤蝶 (63)　安凤蝶 (64)　柑橘凤蝶 (65)　福翠凤蝶 (66)

黄宽芷凤蝶 (67)　好逑翠凤蝶 (68)　草凤蝶 (69)　安凤蝶 (70)　美洲大芷凤蝶 (71)　草凤蝶 (72)

黄宽芷凤蝶 (73)　青凤蝶属某种 (74)　安哥拉青凤蝶 (75)　黄斑豹凤蝶 (76)　金凤蝶 (77)　锦纹燕蛾 (78)

绿凤蝶 (79)　非洲白凤蝶 (80)　竖阔凤蝶 (81)　赛诺达凤蝶 (82)　非洲白凤蝶 (83)　马赛阔凤蝶 (84)

旖凤蝶 (85)　海神凤蝶属未定种 (86)　多情阔凤蝶 (87)　黄纹青凤蝶 (88)　翡翠凤蝶 (89)　小天使翠凤蝶 (90)

碧凤蝶 (90)　红裙番凤蝶 (90)　红裙番凤蝶 (90)　红心番凤蝶 (90)　红心番凤蝶 (90)　宽绒番凤蝶 (90)

白带阔凤蝶 (91)　阿蒙彩美凤蝶 (91)　玉带凤蝶 (92)　白带阔凤蝶 (93)

Linnaeus N° 1
Priamus
6 Drury
I
Alis denticulatis tomentosis supra viridibus: institis atris; Posticis maculis sex nigris.
Habitat in Amboinā

图　版：	I. "*Priamus*"
参考文献：	C. Linnaeus, *Syst. nat.* (1767); No. 1
收藏归属：	德鲁・德鲁里
产地信息：	澳大拉西亚
物种名片：	绿鸟翼凤蝶 *Ornithoptera priamus* (Linnaeus, 1758)，雄

绿鸟翼凤蝶有诸多亚种，分布于印度尼西亚东部至所罗门群岛和澳大利亚北部。图中的雄性绿鸟翼凤蝶，虽然前翅腹面的图案存在变异，但仍能代表产自印度尼西亚安汶岛至塞兰岛的指名亚种 *O. p. priamus*——以香料群岛（马鲁古群岛）出产的标本最为有名。当时香料群岛处于荷兰的强力控制下，因此绿鸟翼凤蝶的标本在18世纪的英国收藏中十分罕见。

II.
Fabricius N°24
Protenor
Latham
Alis dentatis nigris, posticis subtus macula difformi rubra anguli ani. —
habitat Surinami
Alæ anticæ supra fuscæ, immaculatæ, posticæ atræ puncto gemino anguli ani,
Subtus atræ lunulis marginalibus rubris, macula difformi ad angulum ani rubra
puncto nigro. —
Cram: P. 49

图　　版：	II. “*Protenor*”
参考文献：	J. C. Fabricius, *Spec. insect.* (1781); No. 24
收藏归属：	约翰·莱瑟姆
产地信息：	亚洲
物种名片：	蓝凤蝶 *Papilio protenor* Cramer, 1775，雄

蓝凤蝶的分布范围从印度北部向东，跨越中国，直抵韩国和日本。图中的雄性蓝凤蝶是产自中国的指名亚种 *P. p. protenor*。雌性蓝凤蝶的斑纹略区别于雄性，琼斯将其当作“*Laomedon*”进行绘制（第 I 卷图版 X，第 13 页）。通过贸易，18 世纪的英国昆虫学家可以接触到中国广东地区的很多蝴蝶。

III
Drury Vol:1 Pl:11 Fig:1
Astinous
Jones
Philenor Alis caudatis nigris, posticis virescenti nitidis subtus maculis
Septem rubris subocellaribus – Habitat in America boreali
Cram: P: 208 Fabricius N°15 (Mantissa Ms.)

图　　版：III. “*Astinous*” / “*Philenor*”

参考文献：D. Drury, *Illus. Nat. Hist.*, Vol. 1 (1770); Pl. 11, f. 1, 4 / J. C. Fabricius, *Mant. insect.* (1787); No. 15

收藏归属：威廉·琼斯

产地信息：北美洲

物种名片：箭纹贝凤蝶指名亚种 *Battus philenor philenor* (Linnaeus, 1771)

箭纹贝凤蝶出现在从加拿大到美国东部和南部，再到墨西哥这一区域。德鲁·德鲁里依据“纽约、马里兰和弗吉尼亚”的标本所命名和描述的 *Papilio astinous* 是箭纹贝凤蝶指名亚种的一个异名，林奈只是简单地记载它来自“美洲”。贝凤蝶属 *Battus* 的蝴蝶体内会积累寄主植物的毒素，以避免被鸟类等天敌捕食，包括美洲虎纹凤蝶 *Papilio glaucus* 黑色型雌性（第 I 卷图版 XLV，第 44 页）在内的很多拟态性蝴蝶就是靠模仿它们来达到同样的效果。

图　　版：IV.“*Memnon*”

参考文献：—

收藏归属：德鲁·德鲁里

产地信息：亚洲

物种名片：美凤蝶 *Papilio memnon* Linnaeus, 1758，雄

这种蝴蝶是林奈描述命名的，包括一系列亚种，共计 12 个左右，分布范围从日本到中国再到马来群岛，最东可达阿洛岛，也就是林奈所说的“亚洲”。学界认可的模式产地是爪哇岛，而琼斯的插画也与其所参照的产自该地的雄性美凤蝶标本一致。雌性美凤蝶的色彩图案非常多变，而且有些雌性后翅具有长长的尾突，另一些则无尾突。尾突的有无可由一个单基因控制。

Linnaeus N°19
Helena
Latham
V
Alis dentatis atris concoloribus: posticis disco communi aurato.
Cram: P. 140
Habitat in floribus Areca Americes.

图　　版：V.“*Helena*”
参考文献：C. Linnaeus, *Syst. nat.* (1767); No. 19
收藏归属：约翰·莱瑟姆
产地信息：菲律宾
物种名片：菲律宾裳凤蝶 *Troides rhadamantus* Lucas, 1835，雌

琼斯将这种蝴蝶标注为裳凤蝶 *Papilio helena*。林奈记载的裳凤蝶“栖息地”为“*floribus Areca Americes*”（美洲，散尾葵），后来又记载成“*America meridionali, in Palma*”（中美洲，棕榈）。然而琼斯所画的这种蝴蝶并非林奈描述的裳凤蝶。此外，它也不是来自美洲，更与散尾葵无关。画中的物种其实是菲律宾裳凤蝶，只分布在菲律宾。琼斯所画的这件约翰·莱瑟姆采集的标本几乎可以确定是来自马尼拉，在18世纪英国收藏家的标本中，这是一个少见的产地。

VI
Linnaeus N°3
Paris
Vol.1. P.12
Drury
Alis caudatis nigris posticis macula cyanea ocelloque purpureo subtus
ocellis septem. — Habitat in asia
Cram: P.103

图　　版：VI. "*Paris*"

参考文献：C. Linnaeus, *Syst. nat.* (1767); No. 3

收藏归属：德鲁·德鲁里，*Illus. Nat. Hist.*, Vol. 1 (1770); Pl. 12, f. 1–2

产地信息：印度

物种名片：巴黎翠凤蝶 *Papilio paris* Linnaeus, 1758

在林奈的记述中，这种蝴蝶来自"亚洲"，因此后续指定的选模标本（保存在林奈学会）几乎可以确定是佩尔·奥斯贝克（Per Osbeck）从中国广东采集的。琼斯根据德鲁·德鲁里收藏的一件标本所作的插画属于泰米尔亚种 *P. p. tamilana*，只分布在印度南部。在大约 80 年前开展的一次非正式调查中，人们认为巴黎翠凤蝶是印度所有蝴蝶中最美丽的种类之一。

VII
Linnaeus N° 12
Polydamas
Vol 1. P. 17 Drury
Alis dentatis nigris fascia interrupta flava, posticis subtus maculis linearibus flexuosis rubris.
Habitat in Hibisco mutabili Americes.
Cram: P. 211

图　　版：VII. “*Polydamas*”

参考文献：C. Linnaeus, *Syst. nat.* (1767); No. 12

收藏归属：德鲁 · 德鲁里，*Illus. Nat. Hist.*, Vol. 1 (1770)，Pl. 17, f. 1–2

产地信息：美国东南部至南美洲

物种名片：多点贝凤蝶 *Battus polydamas* (Linnaeus, 1758)

林奈将多点贝凤蝶的栖息地记载为“*Hibisco mutabili, Americes*”，意为“美洲，木芙蓉”。这是因为玛利亚 · 西比拉 · 梅里安在《苏里南昆虫变态图谱》（1705 年，图版 31）里将多点贝凤蝶与木芙蓉 *Hibiscus mutabilis* 画在一起，林奈正是参考此书记述的。然而，和所有裳凤蝶族的蝴蝶一样，多点贝凤蝶的幼虫以马兜铃（马兜铃科植物）为食。

VIII
Fabricius ES 85
Homerus
Latham
alis caudatis nigris: fascia flava posticis subtus flavescentibus maculis ocellaribus Septem
habitat in Jamaica

图　　版：VIII.“*Homerus*”（ICO）

参考文献：J. C. Fabricius, *Ent. syst.* (1792–1799); No. 85

收藏归属：约翰 · 莱瑟姆

产地信息：牙买加

物种名片：大螯豹凤蝶 *Papilio homerus* Fabricius, 1793

约翰 · C. 法布里丘斯基于琼斯的插画描述命名了大螯豹凤蝶，因此这幅画也就成了模式标本图像。不过琼斯并不是第一个画这种蝴蝶的博物学家，因为亨利 · 西摩在 1768 年和 1773 年就已经画过了。根据琼斯的记载，他笔下这件标本的主人是约翰 · 莱瑟姆，尽管也有争议认为是爱德华 · 多诺万，但近来的研究强烈支持琼斯的记载。大螯豹凤蝶只分布在牙买加，因此受到的保护关注日益高涨，而且谢天谢地，实质的保护行动也越来越多。

IX
Linnaeus N° 8
Pammon
Alis caudatis nigris concoloribus, omnibus margine maculatis; posticis fascia maculis septem albis – Habitat in Asiâ
Cram: P. 141

图　　版：IX. "*Pammon*"
参考文献：C. Linnaeus, *Syst. nat.* (1767); No. 8
收藏归属：—
产地信息：亚洲
物种名片：玉带凤蝶 *Papilio polytes* Linnaeus, 1758

玉带凤蝶是在整个亚洲都很常见的一种凤蝶，因其雌性所表现出的拟态现象而闻名。玉带凤蝶没有，或者只有很弱的化学防御能力，人们认为其雌性的翅面图案是模拟像红珠凤蝶 *Pachliopta aristolochiae* 和南亚联珠凤蝶 *Pachliopta hector* 这样防御完备、身体呈红色的凤蝶。

X
Fabricius E.S. 35
Laomedon
Latham
Alis dentatis, anticis fuscis, posticis nigris: macula duplici fusa anguli ani.–
habitat in Chinâ

图　　版：X. "*Laomedon*"（ICO）

参考文献：J. C. Fabricius, *Ent. syst.* (1792–1799); No. 35

收藏归属：约翰·莱瑟姆

产地信息：中国

物种名片：蓝凤蝶指名亚种 *Papilio protenor protenor* Cramer, 1775

蓝凤蝶是一种具有一定程度二型性的蝴蝶。此处所画的是它的雌性，作为 *Papilio laomedon* Fabricius（*Papilio laomedon* Cramer, 1776 的无效同名）的模式标本图像，它的前翅较雄性（第 I 卷图版 II，第 5 页）颜色略浅，偏褐色，后翅背面的红斑范围更大。虽然在描述 *P. laomedon* 时，法布里丘斯将这只蝴蝶与蓝凤蝶进行了比较，但他没能发现两者之间的关联。

XI
Linnaeus N°14
Agenor
Latham
Alis dentatis nigris basi sanguineis: primoribus striatis; posticis disco albo maculis nigris. —
habitat in China

图　　版：XI.“*Agenor*”

参考文献：C. Linnaeus, *Syst. nat.* (1767); No. 14

收藏归属．约翰・莱瑟姆

产地信息：亚洲

物种名片：美凤蝶 *Papilio memnon* Linnaeus, 1758

美凤蝶广泛分布于亚洲。它有13个亚种，并具有多型性，其中很多雌性表现出对难以入口的蝶种的贝氏拟态[1]。

XII
Fabricius N.° 19
Achates
Drury
Alis caudatis subconcoloribus nigris basi rufis, posticis macula octuplici alba. —
Cram: P. 192. 243
habitat in Chinâ
nimis affinis videter P. Agenorii, at Caudatus, Ala antica fusca, striata basi utrinque
macula sanguinea postica fusca basi supra macula atra subtus sanguinea, in discô
macula magna alba sutulis octofida. Margo posticus lunulis rubris. — vide fol. 18

图　　版：XII.“*Achates*”

参考文献：J. C. Fabricius, *Spec. insect.* (1781); No. 19

收藏归属：德鲁 · 德鲁里

产地信息：亚洲

物种名片：美凤蝶 *Papilio memnon* Linnaeus, 1758

琼斯标注为 *Achates* 的插画其实描绘的是具有高度多型性的美凤蝶。描绘这个物种的还有题为 *Memnon*（第 I 卷图版 IV，第 7 页）、*Achates*（第 I 卷图版 XVIII，第 21 页）和 *Memnon*（第 I 卷图版 XLIV，第 43 页）的插画。

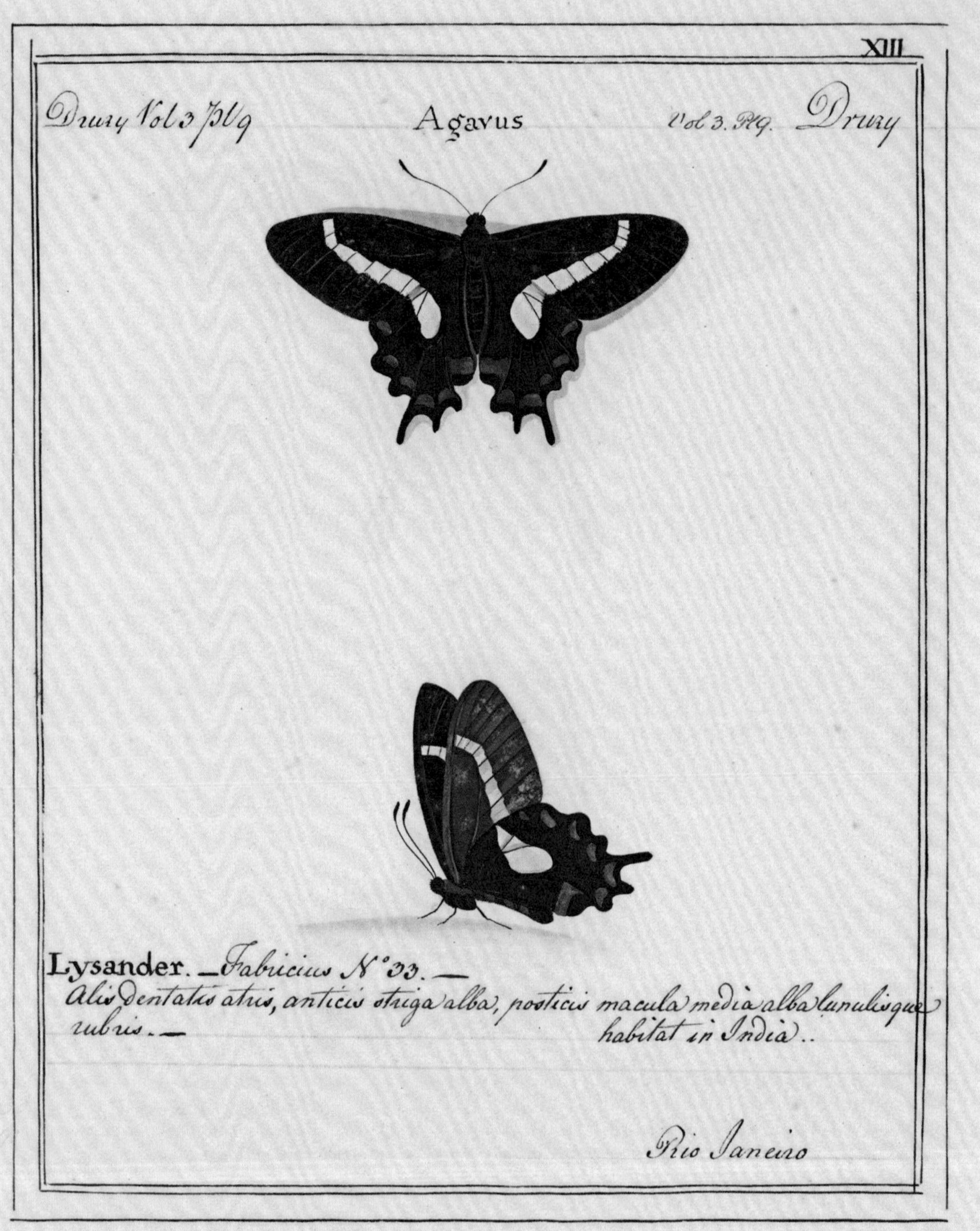
XIII
Drury Vol 3 pl 9
Agavus
Vol 3. Pl 9. Drury
Lysander. _Fabricius N° 33._
Alis dentatis atris, anticis striga alba, posticis macula media alba lunulisque rubris._
habitat in India..
Rio Janeiro

图　　版：XIII. “*Agavus*” / “*Lysander*”

参考文献：D. Drury, *Illus. Nat. Hist.*, Vol. 3 (1782); Pl. 9, f. 4 / J. C. Fabricius, *Spec. insect.* (1781); No. 33

收藏归属：德鲁·德鲁里

产地信息：巴西南部、巴拉圭、阿根廷东北部、乌拉圭

物种名片：细带番凤蝶 *Parides agavus* (Drury, 1782)

琼斯同时参考了德鲁·德鲁里对细带番凤蝶 *Papilio agavus* 的描述和约翰·C. 法布里丘斯对中斑番凤蝶 *Papilio lysander* 的记载，说明他认为这两个名字所指的是同一个物种。然而，由彼得·克拉默最先描述，并被琼斯以 *Æneas* 的名字绘制在第 I 卷图版 XXIV（第 27 页）的中斑番凤蝶，现在并不被认为与细带番凤蝶是同一物种。

XIV
Fabricius E.S 28
Antiphus
Drury
Alis caudatis concoloribus nigris posticis lunulis septem rubris
habitat in India
Affinis omnino P: Polydoro at paulo minor et macula alba alæ
posticæ deest.

图　　版：	XIV. “*Antiphus*”（ICO）
参考文献：	J. C. Fabricius, *Ent. syst.* (1792–1799); No. 28
收藏归属：	德鲁·德鲁里
产地信息：	印度尼西亚爪哇岛
物种名片：	安提福斯珠凤蝶指名亚种 *Pachliopta antiphus antiphus* (Fabricius, 1793)

沃尔特·罗斯柴尔德（Walter Rothschild）在1895年的著作[2]中认为这种蝴蝶是红珠凤蝶 *Pachliopta aristolochiae* (Fabricius, 1775) 的一个亚种。但正好100年后，研究显示罗斯柴尔德所指的红珠凤蝶是由四个近缘种组成的复合体，其中一些物种的分布有重叠。安提福斯珠凤蝶分布在爪哇岛、苏门答腊岛、婆罗洲和菲律宾。这个复合体的另一个成员是华丽珠凤蝶 *Pachliopta adamas*（第I卷图版XVI，第19页）。

XV
Drury Vol: 3 Pl 9.
Ascanius
Vol 3 Pl. 9. Drury
Fabricius N° 6. — Alis caudatis concoloribus atris, fascia communi alba, posticarum rubro nebulosa. —
habitat in Brasilia
Affinis P: Hectori. Corpus nigrum pectore sanguineo maculato. fascia communis nivea posticarum rubro insinuata marginem exteriorem haud attingit - Lunula rubra in alis posticis. —
Cram. P. 14
Rio Janeiro

图　　版：XV. "*Ascanius*"

参考文献：D. Drury, *Illus. Nat. Hist.*, Vol. 3 (1782); Pl. 9, f. 1

收藏归属：德鲁·德鲁里

产地信息：巴西里约热内卢

物种名片：彩带番凤蝶 *Parides ascanius* (Cramer, 1775)

彩带番凤蝶产自巴西里约热内卢州的滨海湿地，现已因栖息地丧失而成为易危物种。它的标本出现在18世纪和19世纪的很多蝴蝶收藏中，说明它曾经比较常见。

XVI
Linnæus N°10
Polydorus
Drury
Alis subcaudatis nigris concoloribus: posticis macula alba suturis sexfida
lunulisque septem rubris. —
habitat in India
Affinis Polythes, sed alæ vix caudata. —
Crain: P. 128

图　　版：XVI. "*Polydorus*"

参考文献：C. Linnaeus, *Syst. nat.* (1767); No. 10

收藏归属：德鲁·德鲁里

产地信息：从恩加诺岛和爪哇岛，沿小巽他群岛向东，至弗洛勒斯岛

物种名片：华丽珠凤蝶 *Pachliopta adamas* (Zinken, 1831)

和安提福斯珠凤蝶（第I卷图版XIV，第17页）一样，这种蝴蝶是从沃尔特·罗斯柴尔德所认为的红珠凤蝶中分出来的四个物种之一。它是四个物种中分布最靠东南的，从恩加诺岛向东至爪哇岛，并沿小巽他岛链直至弗洛勒斯岛。虽然人们对它的了解相当有限（因为目前还没有针对华丽珠凤蝶的专门研究），但我们知道它的幼虫只吃有毒的马兜铃藤蔓，并利用食物中的毒素作为化学防御自卫。

XVII
Linnaeus N°5
Polytes
Drury
Alis caudatis concoloribus nigris; posticis fascia maculis quinque albis lunulisque rubris.–
Habitat in Asia
Cram: P. 90. 265

图　　版：XVII. "*Polytes*"

参考文献：C. Linnaeus, *Syst. nat.* (1767); No. 5

收藏归属：德鲁 · 德鲁里

产地信息：亚洲

物种名片：玉带凤蝶 *Papilio polytes* Linnaeus, 1758

玉带凤蝶具有多型性，琼斯为它绘制的图像在《琼斯图谱》中多次出现。描绘玉带凤蝶的还有 *Pammon*（第 I 卷图版 IX，第 12 页），描绘其罗穆卢斯亚种 *P. p. romulus* 的有 *Astyanax*（第 I 卷图版 XX，第 23 页）和 *Cyrus*（第 I 卷图版 CI，第 92 页）。

XVIII
Fabricius N° 19
Achates
Latham
Alis caudatis subconcoloribus nigris basi rufis posticis macula octuplici alba.
habitat in China —
probably this differs from fo 8 12 only in Sex

图　　版：	XVIII. "*Achates*"
参考文献：	J. C. Fabricius, *Spec. insect.* (1781); No. 19
收藏归属：	约翰・莱瑟姆
产地信息：	亚洲
物种名片：	美凤蝶 *Papilio memnon* Linnaeus, 1758

美凤蝶和非洲白凤蝶 *Papilio dardanus*（第 I 卷图版 LXXXV、LXXVIII，第 80、83 页）并居于已知的多型性最强的凤蝶之列。它有大约 12 个亚种，其中好几个亚种的雌性都有多种色斑型，多数是模拟其他蝴蝶的外形。在 20 世纪六七十年代发表的一系列经典文献中，遗传学家菲利普・谢泼德（Philip Sheppard）和西里尔・克拉克爵士（Sir Cyril Clarke）揭示了孟德尔定律下控制这些色彩花纹的基本遗传机制。

XIX
Linnæus N°4
Helenus
Latham
Alis caudatis nigris: posticis macula alba: subtus tribus albidis lunulisque septem ferrugineis. — Habitat in Asia
Cram: P.153

图　　版：	XIX. "*Helenus*"
参考文献：	C. Linnaeus, *Syst. nat.* (1767); No. 4
收藏归属：	约翰·莱瑟姆
产地信息：	斯里兰卡至日本和马来群岛
物种名片：	玉斑凤蝶 *Papilio helenus* Linnaeus, 1758

玉斑凤蝶〔请勿与裳凤蝶 *Troides helena*（第 I 卷图版 XLII—XLIII，第 78—79 页）混淆〕广泛分布于整个亚洲大部分地区，包括中国、韩国和日本南部，而且通常数量繁多。此处所绘的约翰·莱瑟姆所藏标本最有可能来自中国。和热带地区的众多真凤蝶类一样，它的幼虫吃芸香科植物，包括花椒属 *Zanthoxylum* 和柑橘属 *Citrus* 的物种。

XX
Fabricius E.S.37
Astyanax
Drury
Alis dentatis concoloribus nigris anticis fascia sesquialtera, striata alba, posticis rubro maculatis. -
habitat in India

图　　版：	XX. “*Astyanax*” （ICO）
参考文献：	J. C. Fabricius, *Ent. syst.* (1792–1799); No. 37
收藏归属：	德鲁 · 德鲁里
产地信息：	印度
物种名片：	玉带凤蝶罗穆卢斯亚种 *Papilio polytes romulus* Cramer, 1775, “romulus”型

玉带凤蝶有很多亚种，并且雌性具有多型性，如“cyrus”“stichius”“romulus”等色斑型。琼斯此处所绘的是罗穆卢斯亚种的“romulus”型。在第I卷图版CI中，他还画了同一亚种的“cyrus”型（第92页）。

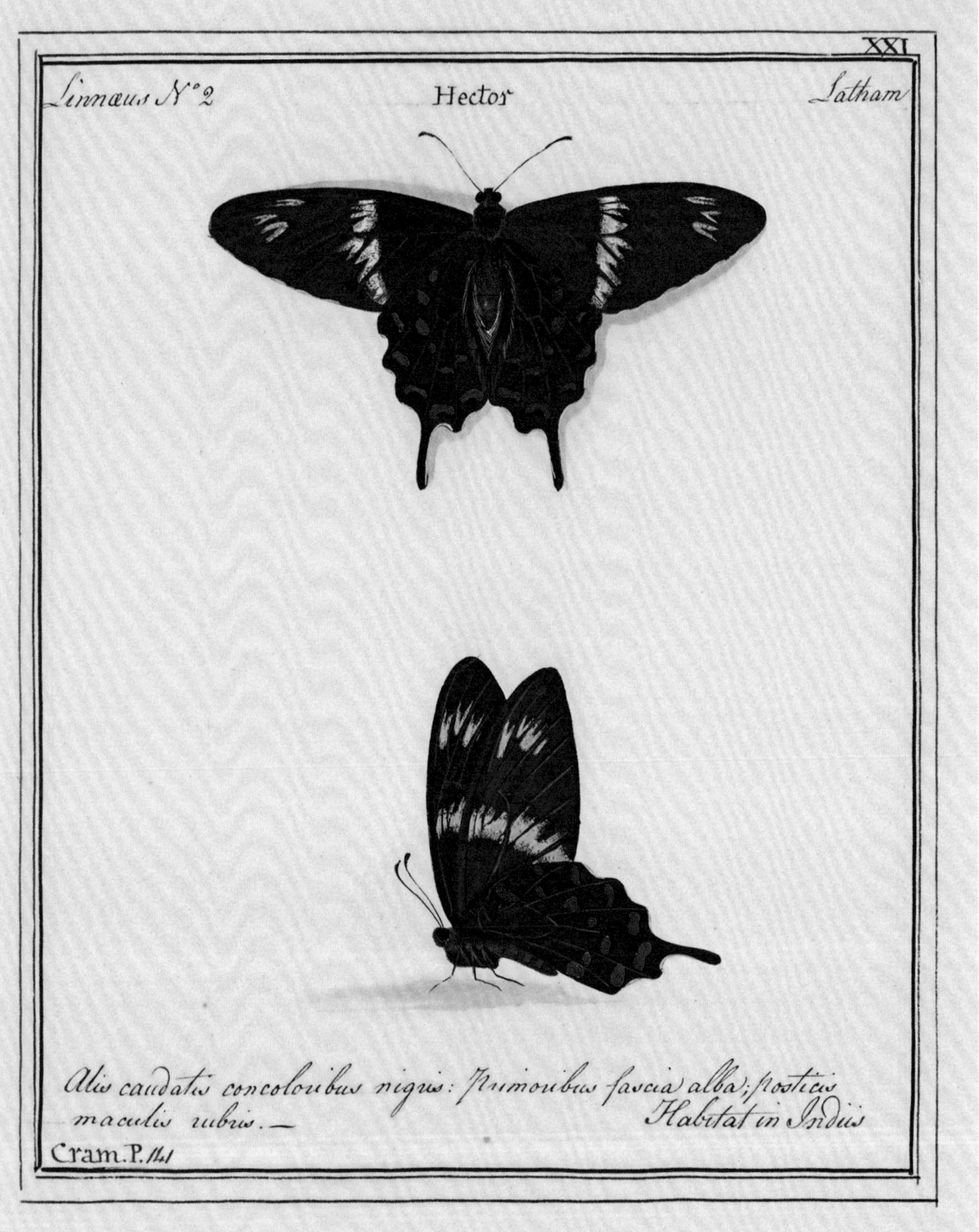

XXI
Linnæus N°2
Hector
Latham
Alis caudatis concoloribus nigris: Primoribus fascia alba; posticis maculis rubris.—
Habitat in Indiis
Cram. P. 141

图　　版：XXI.“*Hector*”
参考文献：C. Linnaeus, *Syst. nat.* (1767); No. 2
收藏归属：约翰·莱瑟姆
产地信息：印度和斯里兰卡
物种名片：南亚联珠凤蝶 *Pachliopta hector* (Linnaeus, 1758)

南亚联珠凤蝶身体红色、飞行缓慢，翅膀色彩鲜艳且花纹醒目，这一切都在警告捕食者它并不好吃。它也是玉带凤蝶“romulus”型雌性的拟态对象，而人们认为玉带凤蝶本身并不具备良好的化学防御能力。

XXII
Fabricius E.S 46
Zacynthus
Drury
Alis dentatis nigris: anticis macula viridi alba, posticis palmata sanguinea,.—
habitat in Brasilia

图　　版：XXII. “*Zacynthus*”（ICO）

参考文献：J. C. Fabricius, *Ent. syst.* (1792–1799); No. 46

收藏归属：德鲁 · 德鲁里

产地信息：巴西

物种名片：神山番凤蝶指名亚种 *Parides zacynthus zacynthus* (Fabricius, 1793)，雄

本图描绘的是神山番凤蝶的两个亚种之一（另一个是多惧亚种 *P. z. polymetus*），两者都是巴西东部特有的。和琼斯的众多画作一样，这幅模式标本图像是基于德鲁 · 德鲁里那卓越的收藏中的一件（或多件）标本所绘。它是生活在南美洲的许多以马兜铃为食的番凤蝶属物种之一。

XXIII
Fabricius ES 47
Dimas
Drury
Alis dentatis concoloribus nigris; anticis macula alba venis
venis divisa, posticis sanguinea palmata. —
habitat in Brasilea

图　　版：XXIII. “*Dimas*”（ICO）

参考文献：J. C. Fabricius, *Ent. syst.* (1792–1799); No. 47

收藏归属：德鲁·德鲁里

产地信息：巴西

物种名片：神山番凤蝶指名亚种 *Parides zacynthus zacynthus* (Fabricius, 1793)，雌

琼斯的 *Dimas* 插图描绘的是神山番凤蝶指名亚种的雌性，其雄性出现在上一个图版。雄性可以通过前翅上表面的蓝绿色斑块来识别。

XXIV.
Linnæus N°16
Æneas
Latham
Alis dentatis atris: Primoribus Supra macula viridi: posticis macula palmata sanguinea.—
Habitat in Asia
Cram: P. 29

图　　版：XXIV. "*Æneas*"

参考文献：C. Linnaeus, *Syst. nat.* (1767); No. 16

收藏归属：约翰·莱瑟姆

产地信息：南美洲

物种名片：中斑番凤蝶 *Parides lysander* (Cramer, 1775)

中斑番凤蝶是生活在南美洲北半部的奥里诺科、圭亚那地盾和亚马孙地区的一个裳凤蝶类物种。其指名亚种的分布局限于圭亚那，而琼斯研究并描绘的约翰·莱瑟姆所藏标本最有可能的来源地是苏里南。这些具备化学防御能力的物种是多个凤蝶属物种拟态的对象。

XXV
Fabricius E.S 40
Idæus
Drury
Alis dentatis nigris: anticis fascia abbreviata flava; posticis macula palmata trifida punctisque sanguineis
habitat in Madras

XXVI
Fabricius E.S 29
Dardanus
Drury
Alis caudatis: anticis macula viridi orbiculata; posticis macula palmata sanguinea; —
habitat in Brasilia

XXVII
Fabricius E.S 49
Vertumnus
Drury
Alis dentatis nigris: anticis macula media orbiculata viridi posticis macula palmata sanguinea: —
habitat Surinami
Cram. P. 211

XXVIII
Fabricius E.S 30
Tros
Drury
Alis dentato caudatis concoloribus nigris: anticis fascia abbreviata alba posticis sanguinea maculari. —
habitat in Brasilia

在琼斯的图谱中，*Dardanus*（图版 XXVI）和 *Tros*（图版 XXVIII）描绘的都是红黄番凤蝶指名亚种 *Parides tros tros* (Fabricius, 1793)，*Dardanus* 为雄，*Tros* 为雌。两者的区别在于雄性前翅后缘附近具一枚绿色斑点，而雌性前翅有一块白色区域。琼斯记录两者的产地均为巴西，这是正确的，因为这个物种是巴西特有种，分布于圣埃斯皮里图、里约热内卢和圣保罗。

XXIX
Fabricius E S
Ilus
Drury
Alis dentatis nigris; anticis macula alba, posticis subtus punctis baseos anguloque ani rubris. — habitat in America

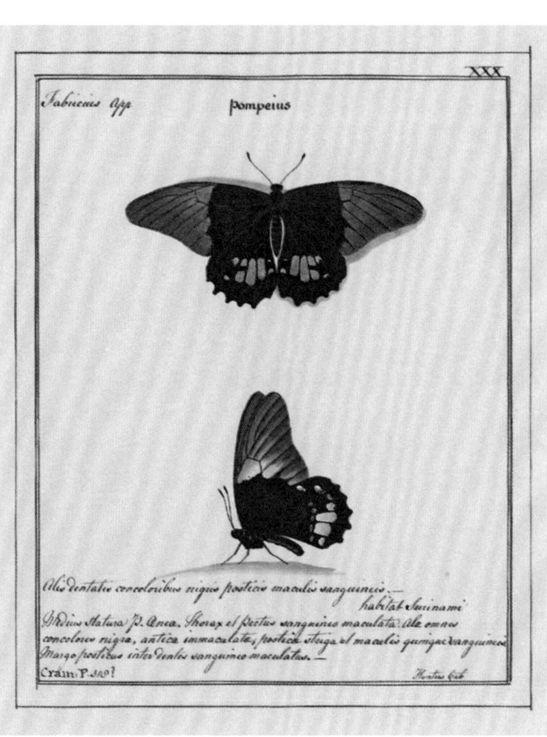
XXX
Fabricius App
Pompeius
Alis dentatis concoloribus nigris posticis maculis sanguineis. —
habitat Surinami

图　　版：XXV. “*Idæus*” （ICO）
参考文献：J. C. Fabricius, *Ent. syst.* (1792–1799); No. 48
收藏归属：德鲁 · 德鲁里
产地信息：巴拿马?
物种名片：拟红纹凤蝶伊代俄斯亚种 *Papilio anchisiades idaeus* Fabricius, 1793

图　　版：XXVI. “*Dardanus*” （ICO）
参考文献：J. C. Fabricius, *Ent. syst.* (1792–1799); No. 29
收藏归属：德鲁 · 德鲁里
产地信息：巴西
物种名片：红黄番凤蝶指名亚种 *Parides tros tros* (Fabricius, 1793)，雄

图　　版：XXVII. “*Vertumnus*”
参考文献：J. C. Fabricius, *Ent. syst.* (1792–1799); No. 49
收藏归属：德鲁 · 德鲁里
产地信息：南美洲
物种名片：变幻番凤蝶 *Parides vertumnus* (Cramer, 1779)

图　　版：XXVIII. “*Tros*” （ICO）
参考文献：J. C. Fabricius, *Ent. syst.* (1792–1799); No. 30
收藏归属：德鲁 · 德鲁里
产地信息：巴西
物种名片：红黄番凤蝶指名亚种 *Parides tros tros* (Fabricius, 1793)，雌

图　　版：XXIX. “*Ilus*” （ICO）
参考文献：J. C. Fabricius, *Ent. syst.* (1792–1799); No. 51
收藏归属：德鲁 · 德鲁里
产地信息：巴拿马?
物种名片：埃鲁阔凤蝶[3]指名亚种 *Mimoides ilus ilus* (Fabricius, 1793)

图　　版：XXX. “*Pompeius*”
参考文献：J. C. Fabricius, *Spec. insect.* (1782); 附录
收藏归属：—
产地信息：墨西哥至南美洲
物种名片：拟红纹凤蝶 *Papilio anchisiades* Esper, 1788

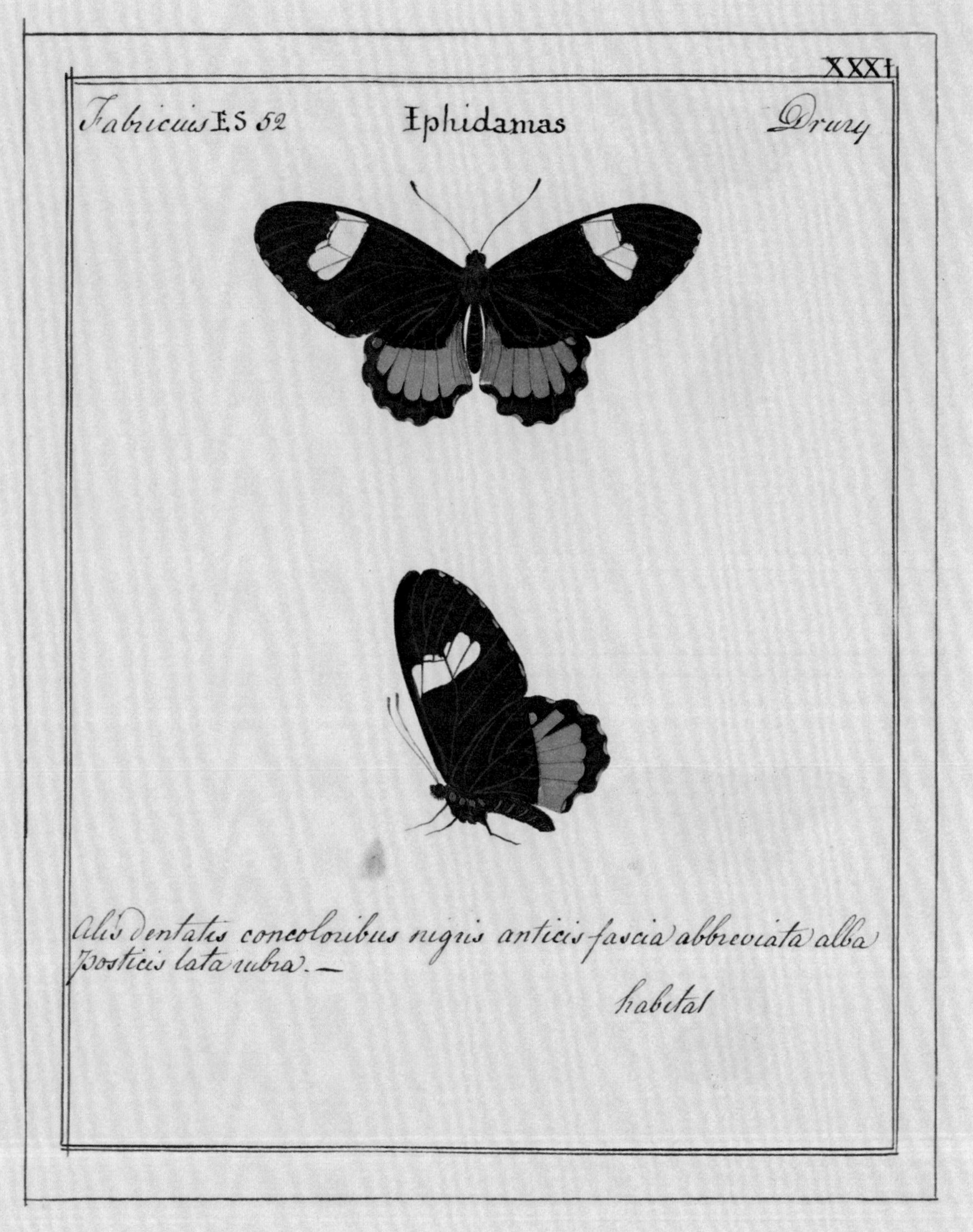
XXXI
Fabricius E.S 52
Iphidamas
Drury
Alis dentatis concoloribus nigris anticis fascia abbreviata alba posticis lata rubra. —
habitat

图　　版：XXXI.“*Iphidamas*”（ICO）

参考文献：J. C. Fabricius, *Ent. syst.* (1792–1799); No. 52

收藏归属：德鲁 · 德鲁里

产地信息：巴拿马?

物种名片：红绿番凤蝶指名亚种 *Parides iphidamas iphidamas* (Fabricius, 1793)

此画为红绿番凤蝶的模式标本图像。中南美洲有大量番凤蝶属物种，其中很多色型多变，并存在共拟态现象。因此，很难单纯基于翅面色彩来准确鉴定物种。这幅画一方面与红绿番凤蝶的某些个体特征相吻合，但另一方面也吻合于被鉴定为其他物种的番凤蝶属标本。有待更多研究。

XXXII
Fabicius N° 12
Pelaus
Drury
Alis caudatis atris, anticis fascia, posticis lunulis marginalibus albis punctisque duobus rubris. —
habitat in India

图　　版：XXXII. “*Pelaus*”

参考文献：J. C. Fabricius, *Spec. insect.* (1781); No. 12

收藏归属：德鲁·德鲁里

产地信息：大安的列斯群岛

物种名片：帕劳芷凤蝶 *Papilio pelaus* Fabricius, 1775

约翰·C. 法布里丘斯基于德鲁·德鲁里收藏的一件或数件标本描述了这个物种，因此这幅画并非严格意义上的模式标本图像。尽管如此，还是曾有人认为“琼斯的画可以被当作代表帕劳芷凤蝶的模式标本……（并且）与来自牙买加的标本最相吻合，德鲁里拥有来自这座岛屿的很多昆虫标本”（F. M. Brown & B. Heineman, *Jamaica and its Butterflies*, 1972, p331）。

XXXIII
Drury Vol 2 Pl: 3
Antenor
Drury
Alis caudatis concoloribus atris albo maculatis posticis lunulis marginalibus rubris — Habitat in India
Fabricius N° 8

图　　版：XXXIII. “*Antenor*”

参考文献：D. Drury, *Illus. Nat. Hist.*, Vol. 2 (1773); Pl. 3, f. 1

收藏归属：德鲁·德鲁里

产地信息：马达加斯加

物种名片：安蒂噬药凤蝶 *Pharmacophagus antenor* (Drury, 1773)

安蒂噬药凤蝶又称马达加斯加巨凤蝶，是噬药凤蝶属唯一的物种。顾名思义，它的翅展很宽，可达 12～14 厘米。这个马达加斯加特有物种是热带界已知的唯一一种裳凤蝶类蝴蝶。琼斯的画肯定是基于德鲁·德鲁里手上的一件孤品标本，这件标本是德鲁里从詹姆斯·莱曼（James Leman）那里得到的。在德鲁里于 1805 年去世后，约翰·莱瑟姆花 2 英镑 12 先令 6 便士（相当于今天的 200 多英镑）买下了它。

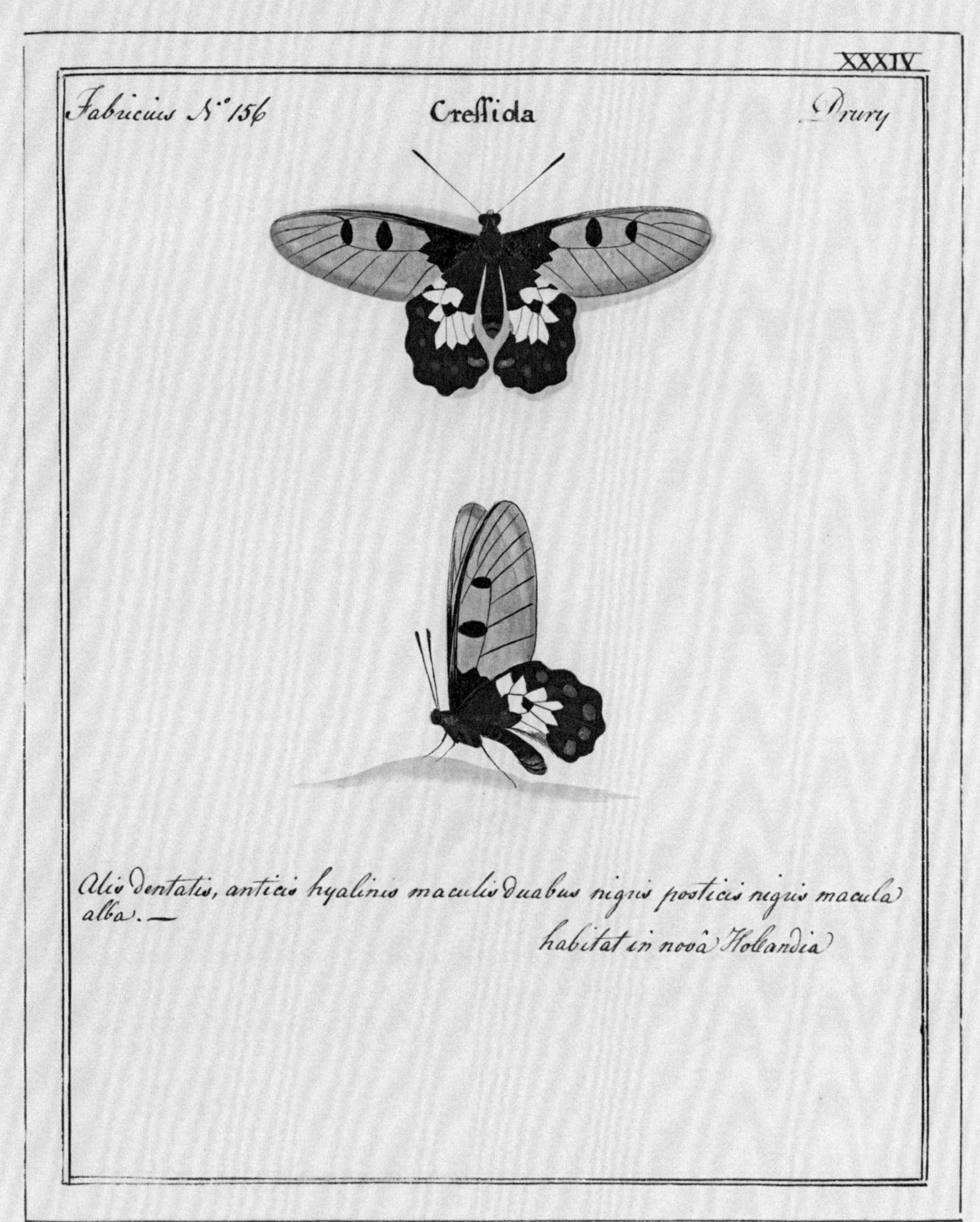

XXXIV
Fabricius N° 156
Cressida
Drury
Alis dentatis, anticis hyalinis maculis duabus nigris posticis nigris macula alba.—
habitat in novâ Hollandia

图　　版：XXXIV.“*Cressida*”

参考文献：J. C. Fabricius, *Spec. insect.* (1781); No. 156

收藏归属：德鲁 · 德鲁里

产地信息：澳大利亚

物种名片：透翅凤蝶 *Cressida cressida* (Fabricius, 1775)，雄

透翅凤蝶英文俗称 clearwing swallowtail 或 big greasy。琼斯将这个物种的雌性画在了下一个图版上，命名为 *Harmonia*。透翅凤蝶雌雄的身体均为黑色，具醒目的红色鳞片和透明的前翅，但雌性的鳞片和前翅底色是黄褐色的。雄性的翅展（8 厘米）通常大于雌性（7 厘米）。

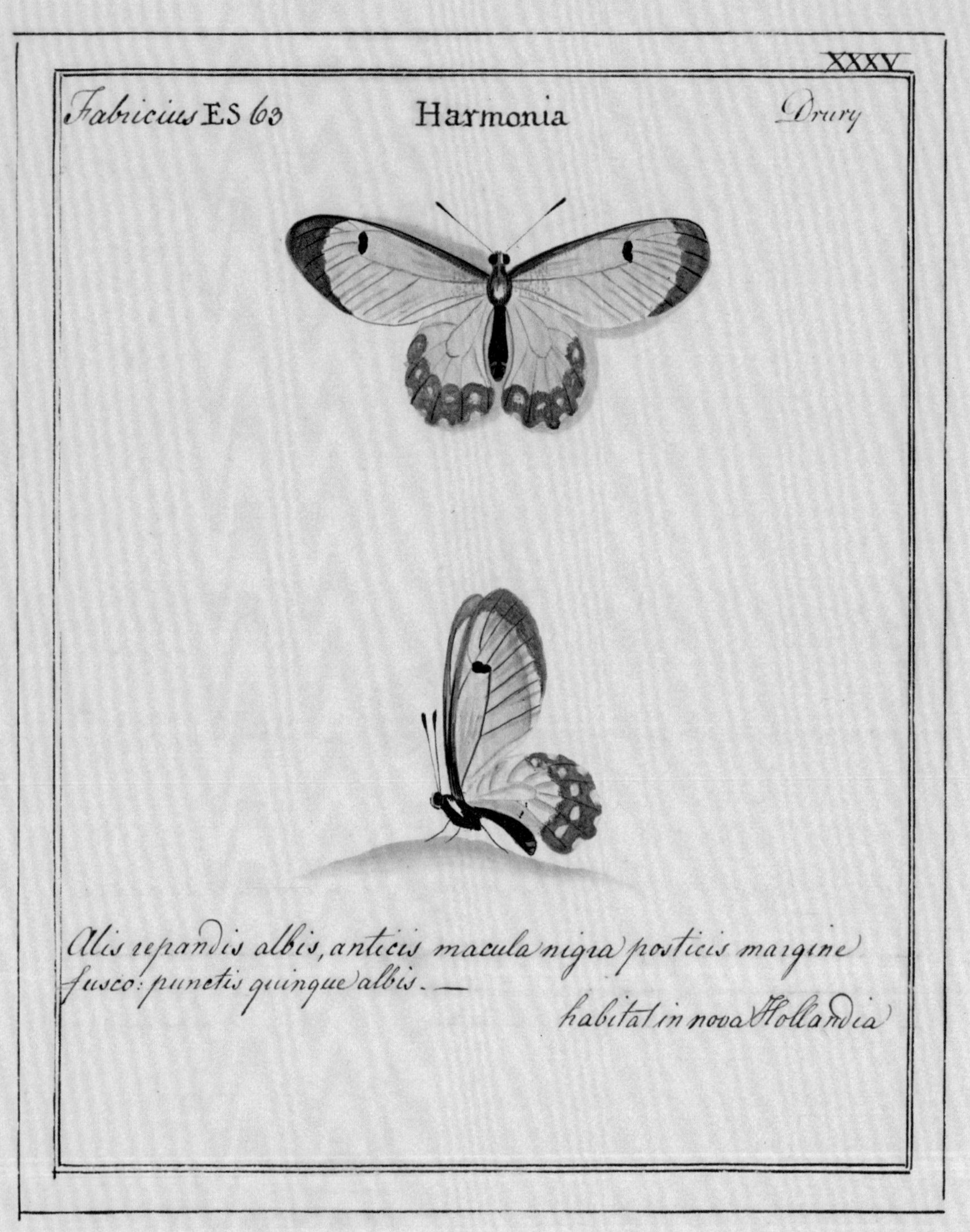

XXXV
Fabricius ES 63
Harmonia
Drury
Alis repandis albis, anticis macula nigra posticis margine
fusco: punctis quinque albis. —
habitat in nova Hollandia

图　　版：XXXV. “*Harmonia*”

参考文献：J. C. Fabricius, *Ent. syst.* (1792–1799); No. 63

收藏归属：德鲁·德鲁里

产地信息：澳大利亚

物种名片：透翅凤蝶 *Cressida cressida* (Fabricius, 1775)，雌

约翰·C. 法布里丘斯根据约瑟夫·班克斯收藏的标本描述了这个物种，而班克斯是在 1770 年首次跟随库克船长远航期间，在澳大利亚奋进河（Endeavour River）沿岸，今天的昆士兰州库克敦或附近位置采集到这些标本的。法布里丘斯将这个如今学名为 *Cressida cressida* 的物种的雄性和雌性分别命名为 *Cressida* 和 *Harmonia*，他显然认为这是两个不同的物种。

XXXVI
Fabricius E.S 27
Coon
Drury
alis caudatis concoloribus: anticis fuscis, posticis nigris basi
albo maculatis maculaque duplici anguli ani flava
habitat in China

图　　版：	XXXVI. “Coon” （ICO）
参考文献：	J. C. Fabricius, *Ent. syst.* (1792–1799); No. 27
收藏归属：	德鲁 · 德鲁里
产地信息：	印度尼西亚爪哇岛
物种名片：	锤尾凤蝶指名亚种 *Losaria coon coon* (Fabricius, 1793)

锤尾凤蝶属 *Losaria* 这个以马兜铃为食的小属中的物种常常被通称为锤尾凤蝶。安达曼锤尾凤蝶 *L. rhodifer* 和苏拉威西锤尾凤蝶 *L. palu* 的分布范围很窄，后者正在受到保护。此处所绘的普通锤尾凤蝶有大约 8 个亚种，其中一些看起来十分稀有。这张模式标本图像代表指名亚种，分布局限于爪哇岛西部（巴韦安岛上还有一个孤立种群）。

XXXVII
Fabricius N°55
Polymnestor
Drury
Alis dentatis subconcoloribus nigris posticis apice coerulescentibus nigro maculatis
habitat in Asia
Ala basi subtus sanguineo maculata. — Cram: P. 53

图　　版：XXXVII. “*Polymnestor*”

参考文献：J. C. Fabricius, *Ent. syst.* (1792–1799); No. 55

收藏归属：德鲁 · 德鲁里

产地信息：印度和斯里兰卡

物种名片：蓝裙美凤蝶 *Papilio polymnestor* Cramer, 1775

蓝裙美凤蝶分布在印度南部和斯里兰卡，尤其常见于降雨量大的地区。2015 年，它荣登印度马哈拉施特拉邦邦蝶的宝座。

XXXVIII
Linnaus N°11.
Anchises
Sr Josph Banks
Alis dentatis nigris concoloribus: posticis maculis septem
coccineis ovatis. —
habitat in Citro Americes.
Larva tentaculata

图　　版：XXXVIII. “*Anchises*”

参考文献：C. Linnaeus, *Syst. nat.* (1767); No. 11

收藏归属：约瑟夫·班克斯爵士

产地信息：墨西哥至南美洲

物种名片：安绿番凤蝶 *Parides anchises* (Linnaeus, 1758)

安绿番凤蝶产自美洲，拥有20个亚种。琼斯将它的栖息地记录为“*Citro Americes*”，可能是表明它取食柑橘属植物。然而，和多点贝凤蝶（第I卷图版VII，第10页）的情况一样，这则信息源于林奈对玛利亚·西比拉·梅里安（1705）的参考，后者描绘了一只外表相近的蝴蝶，其幼虫看上去正在一棵柠檬树上取食。事实上，安绿番凤蝶的幼虫和所有番凤蝶属的种类一样，以马兜铃为食。

XXXIX
Fabricius N16. ES Asterias Jones
Alis obtuse caudatis concoloribus fuscis: fasciis flavescentibus, angulo ani fulvo. Habitat in America boreali
Polixenes Fabricius N° 13. — Alis caudatis atris, fasciis duabus macularibus flavis, angulo ani fulvo puncto nigro. — habitat in America merid: Insulis
Affinis P: Troilo

图　　版：	XXXIX. "*Asterias*" / "*Polixenes*"
参考文献：	J. C. Fabricius, *Ent. syst.* (1792–1799); No. 16 /J. C. Fabricius, *Spec. insect.* (1781); No. 13
收藏归属：	威廉·琼斯
产地信息：	北美洲
物种名片：	珀凤蝶 *Papilio polyxenes* Fabricius, 1775

珀凤蝶出现在北美洲的大部分地区，并享有美国俄克拉何马和新泽西两州州蝶的殊荣。

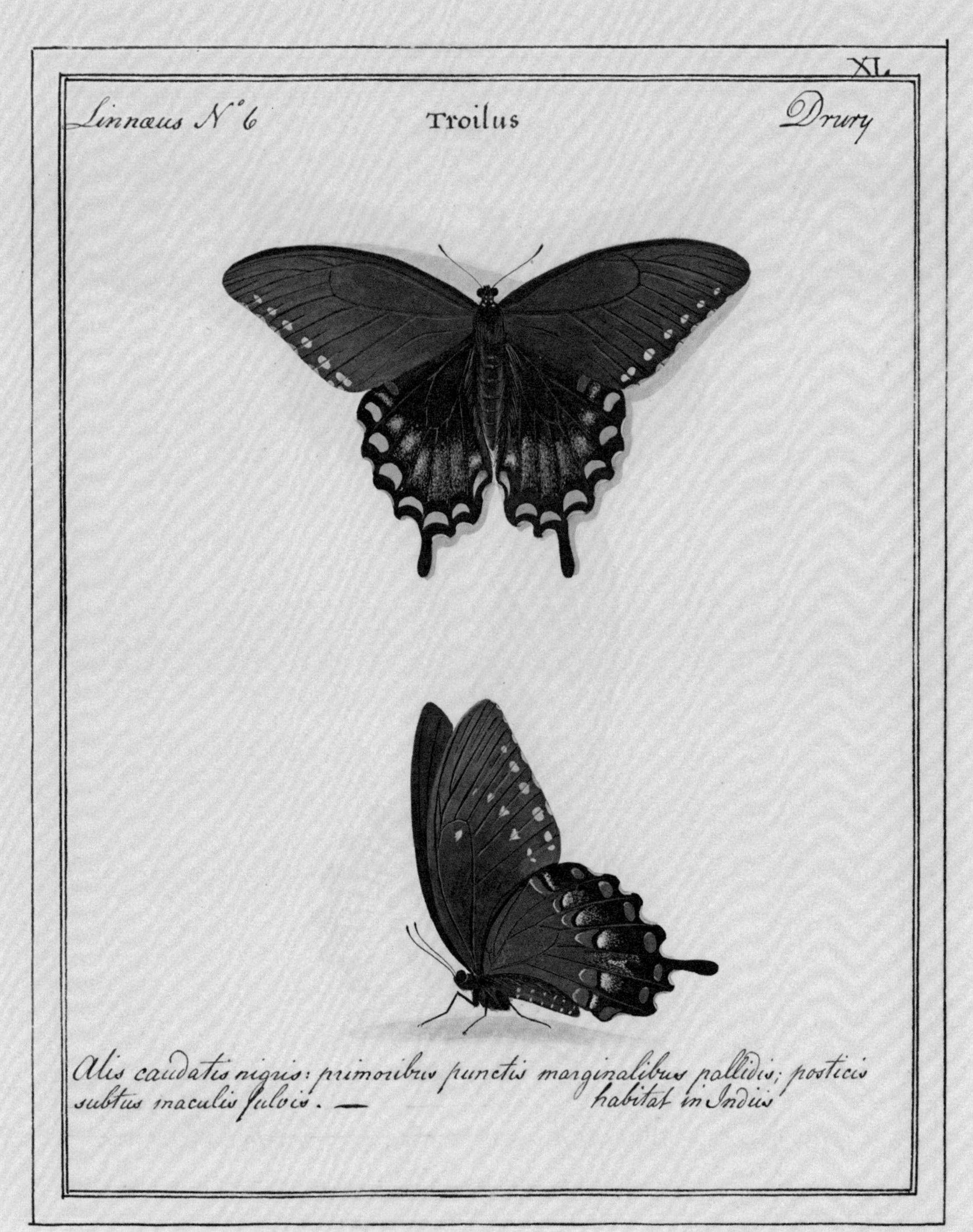

XL.
Linnaeus N° 6
Troilus
Drury
Alis caudatis nigris: primoribus punctis marginalibus pallidis; posticis subtus maculis fulvis. —
habitat in Indiis

图　　版：XL.“*Troilus*”

参考文献：C. Linnaeus, *Syst. nat.* (1767); No. 6

收藏归属：德鲁·德鲁里

产地信息：北美洲东部

物种名片：银月豹凤蝶 *Papilio troilus* Linnaeus, 1758

银月豹凤蝶又名山胡椒凤蝶，因为它最常见的寄主植物是山胡椒属 *Lindera*。它们的幼虫在低龄期阶段模拟鸟粪，在高龄期时模拟绿色的蛇。成虫同样会拟态不可取食的箭纹贝凤蝶。

XLI
Fabricius E.S.31
Antimachus
Drury
Alis dentatis elongatis nigris anticis maculis posticis disco
radiato rufo nigro punctato. —
habitat in Africa

图　　版：XLI. “*Antimachus*”

参考文献：J. C. Fabricius, *Ent. syst.* (1792–1799); No. 31

收藏归属：德鲁·德鲁里

产地信息：非洲

物种名片：长袖凤蝶 *Papilio antimachus* Drury, 1782

长袖凤蝶华丽而庞大，其雄性翅展能够超过23厘米，是非洲最大的蝴蝶，同时也是世界最大的蝴蝶之 。然而其雌性个体却明显小得多。50年前的一份对于博物馆馆藏标本的化学分析报告指出，它体内含有近似于君主斑蝶 *Danaus plexippus* 所具有的心脏毒素，于是人们纷纷声称长袖凤蝶也具备化学防御能力。然而，对于这一物种其他标本的后续研究并没有证实强心苷的存在。

XLII
Fabricius E.S 60
Heliacon
S Jos Banks
Alis dentatis concoloribus nigris: posticis disco flavo nigro punctato. —
habitat in India orientali

图　　版：XLII.“*Heliacon*”（ICO）
参考文献：J. C. Fabricius, *Ent. syst.* (1792–1799); No. 60
收藏归属：约瑟夫・班克斯爵士
产地信息：印度尼西亚爪哇岛
物种名片：裳凤蝶指名亚种 *Troides helena helena* (Linnaeus, 1758)，雄

裳凤蝶指名亚种分布在爪哇岛和苏门答腊岛东部。这幅画是它的次异名——*Papilio heliacon* Fabricius 的模式标本图像。这个物种总共包含 15 个目前认可的亚种，分布范围从印度东北部至中国南方局部地区，向东跨越马来群岛，直至苏拉威西岛和小巽他群岛的松巴哇岛。

XLIII
Fabricius N°38
Astenous
Sr Josph Banks
Alis dentatis concoloribus nigris, anticis macula radiata alba, posticis
disco flavo,
habitat ad Cap, bon, Sp. –
Cram: P. 25. 195

图　　版：XLIII. “*Astenous*”
参考文献：J. C. Fabricius, *Spec. insect.* (1781): No. 38
收藏归属：约瑟夫·班克斯爵士
产地信息：印度尼西亚
物种名片：裳凤蝶 *Troides helena* (Linnaeus, 1758)

1775 年，约翰·C. 法布里丘斯根据约瑟夫·班克斯收藏的一件雌性标本描述了 *Papilio astenous* 这种蝴蝶。琼斯这幅画描绘的几乎可以确定就是这件标本。*Papilio astenous* 现在被认为是裳凤蝶指名亚种的次异名（上一个图版展示了其雄性个体）。裳凤蝶雌雄两性的翅面图案都很多变，这导致了大量异名的出现。

XLIV
Linnaeus N°13
Memnon
S.r Jos.ph Banks
Alis dentatis nigris: omnibus basi subtus rubro notatis.—
habitat in China
Alae primores subtus basi macula ovata, rubra postica basi paribus 4,
subrotundis, rubris, confertis.—
Cram: P. 91 Androgeos

图 版：XLIV. “*Memnon*”

参考文献：C. Linnaeus, *Syst. nat.* (1767); No. 13

收藏归属：约瑟夫·班克斯爵士

产地信息：亚洲

物种名片：美凤蝶 *Papilio memnon* Linnaeus, 1758

这个复杂物种的雌性外形多变，其中一些后翅具尾突，还有很多被认为是在模仿其他具备化学防御能力的种类。美凤蝶的雄性从来没有尾突，也不被认为是模仿者。虽然在 19 世纪末，这些形态各异的变体已经被识别为同一物种，但毫不令人惊讶的是，林奈时代的昆虫学先驱们认为自己是在和好几种蝴蝶打交道。

XLV
Linnaeus N° 9
Glaucus
Francillon
Alis subcaudatis nebulosis concoloribus primoribus macula flava:
posticis macula ani fulva. — habitat in America
Alæ posticæ Linea transversa fusca bifida; ceterum Troilo Similis. —
Cram: P. 139

图　　版：XLV. "*Glaucus*"

参考文献：C. Linnaeus, *Syst. nat.* (1767); No. 9

收藏归属：约翰·弗朗西伦

产地信息：北美洲东部

物种名片：美洲虎纹凤蝶 *Papilio glaucus* Linnaeus, 1758，雌，深色型

美洲虎纹凤蝶的雌性有两种色型，一种是黄色带黑色虎斑的，类似雄性；另一种是黑色的，就像我们在这幅图中看到的那样。黄色型的插画被琼斯标作 *Turnus*（第 I 卷图版 XLIX，第 48 页）。其俗名"美洲虎纹凤蝶"就是源自黄色型的翅面花纹。

XLVI.
Linnaeus N° 7
Deiphobus
Brittish Museum
Alis caudatis nigris, subtus basi rubro maculatis, posticis maculis septem rubris subannularibus. —
habitat in Asiâ
Cram: P. 181

图　　版：	XLVI. "*Deiphobus*"
参考文献：	C. Linnaeus, *Syst. nat.* (1767); No. 7
收藏归属：	大英博物馆
产地信息：	菲律宾
物种名片：	红斑美凤蝶 *Papilio rumanzovia* Eschscholtz, 1821

红斑美凤蝶的学名 *Papilio rumanzovia* 由爱沙尼亚昆虫学家约翰·弗里德里希·冯·埃施朔尔茨（Johann Friedrich von Eschscholtz）以俄罗斯帝国财政大臣尼古拉斯·鲁曼佐夫（Nicholas Rumanzow）的姓氏命名。琼斯插画中后翅的尾突很可疑，因为红斑美凤蝶是诸多没有尾突的凤蝶之一。

XLVII
Linnæus N° 21
Ulysses
Smith
Alis caudatis nigris disco cæruleo radiante posticis subtus Ocellis septem - habitat in Asia -
Alæ primores: a basi ad medium macula cærulea septem dentata: maculis septem fusceis
lanceolatis parallelis, in parte alarum nigra simul aream cæruleam intrantibus. -
Cram: P. 121

图　　版：	XLVII. "*Ulysses*"
参考文献：	C. Linnaeus, *Syst. nat.* (1767); No. 21
收藏归属：	詹姆斯·爱德华·史密斯
产地信息：	马鲁古群岛至澳大利亚
物种名片：	英雄翠凤蝶 *Papilio ulysses* (Linnaeus, 1758)

英雄翠凤蝶最初由林奈基于一件或多件来自"亚洲"的标本描述，如今认为这些标本来自印度尼西亚的安汶岛。这种蝴蝶的选模保存于伦敦林奈学会，詹姆斯·爱德华·史密斯在标签上标注为"Ulysses 748, rariss"。琼斯的画是不是参照这件标本描绘的，尚需评估。英雄翠凤蝶目前公认的亚种多达 15 个。

XLVIII
Linnaeus N° 200
Rumina
Francillon
Alis dentatis variegatis: supra primoribus punctis sex, posticis quatuor rubris.
habitat in Europa Australi
Ala postica subtus maculis 8 albis.. —
Fabricius N° 417
Hypsipyle
Francillon
Alis dentatis flavis nigro variis apice radiatis, posticis punctis septem rubris
habitat in Europa Australiori Aristolochia Clematitis

图　　版：XLVIII.“*Rumina*”
参考文献：C. Linnaeus, *Syst. nat.* (1767); No. 200
收藏归属：约翰・弗朗西伦
产地信息：西班牙、北非
物种名片：缘锯凤蝶 *Zerynthia rumina* (Linnaeus, 1758)

图　　版：XLVIII.“*Hypsipyle*”
参考文献：J. C. Fabricius, *Spec. insect.* (1781); No. 417
收藏归属：约翰・弗朗西伦
产地信息：意大利至乌拉尔山脉
物种名片：锯凤蝶 *Zerynthia polyxena* (Denis & Schiffermüller, 1775)

XLIX
Fabicius N°66
Turnus
Jones
Alis caudatis concoloribus flavis, margine fasciisque abbreviatis nigris angulo ani fulvo
Cram: P.38 Alcidamas
Habitat in America

图　　版：XLIX.“*Turnus*”

参考文献：J. C. Fabricius, *Spec. insect.* (1781); No. 66

收藏归属：威廉 · 琼斯

产地信息：北美洲东部

物种名片：美洲虎纹凤蝶 *Papilio glaucus* Linnaeus, 1758，雌，黄色型

雄性个体黑黄相间的条纹以及雌性个体中类似雄性的色型，是“美洲虎纹凤蝶”这个俗名的由来。然而这个名字对琼斯以 *Glaucus* 为名所绘的雌性深色型（第 I 卷图版 XLV，第 44 页）来说却不太贴切。这种蝴蝶产于北美洲东部，并且是美国亚拉巴马州、特拉华州、佐治亚州、北卡罗来纳州和南卡罗来纳州的州蝶。

L.
Fabricius. N° 59
Sinon
Drury
Cram: P. 317
Alis caudatis viridi fasciatis maculatisque, posticis... subtus linea sanguinea angulo ani rubro. -
. Habitat in America Septentrionali

图　　版：L. “*Sinon*”

参考文献：J. C. Fabricius, *Syst. ent.* (1775); No. 39

收藏归属：德鲁·德鲁里

产地信息：牙买加

物种名片：带纹阔凤蝶 [4]*Protographium marcellinus* (Doubleday, 1845)

带纹阔凤蝶是牙买加特有种。它被 IUCN（世界自然保护联盟）评估为濒危物种，因有限的栖息地范围、幼虫食源植物（披针剑木 *Oxandra lanceolata*）狭窄的分布范围、矿业和农业的发展而面临灭绝的风险。

LI.
Fabricius ES 76
Agapenor
Drury
Alis caudatis nigris: fasciis macularibus viridibus, posticis subtus linea sanguinea. —
habitat in Africa

图　　版：	LI. “*Agapenor*”（ICO）
参考文献：	J. C. Fabricius, *Ent. syst.* (1792–1799); No. 76
收藏归属：	德鲁·德鲁里
产地信息：	塞拉利昂？
物种名片：	非洲青凤蝶指名亚种 *Graphium policenes policenes* (Cramer, 1775)

非洲青凤蝶广泛分布于非洲大部分地区，现在认定的亚种有两三个，但可能无法准确可靠地进行区分。幼虫取食多种番荔枝科植物，但也有一些有趣的记录显示它会取食卷枝藤属 *Landolphia*（夹竹桃科）植物——一类能产生乳汁、曾被用于生产橡胶的藤本植物。

LII
Fabricius N°72
Doreus
Drury
Alis caudatis fascia supra viridi subtus alba.–
habitat in Sierra Leon Africa
Cram: P2

图　　版：LII. “*Doreus*”

参考文献：J. C. Fabricius, *Spec. insect.* (1781); No. 72

收藏归属：德鲁 · 德鲁里

产地信息：非洲

物种名片：福翠凤蝶 *Papilio phorcas* Cramer, 1775

福翠凤蝶具有多型性，雌性有的像雄性，有的不像。雄性和拟雄雌性翅面的绿色形成方式十分独特。在绿色斑块出现的地方，翅脉会释放出一种蓝色的色素，覆盖在上面的鳞片则为黄色——却被一种类似胶水的物质“粘”（字面意义）在了翅面上。黄色和蓝色的色素叠加，就产生了这种炫目的绿色。

L.III
Fabricius E.S 13
Crino
Drury
Alis caudatis nigris: atomis viride aureis fascia communi cœruleo viridi, posticis subtus lunulis viridibus cœruleis cinereisque
habit: in Africâ

图　　版：LIII. "*Crino*"（ICO）
参考文献：J. C. Fabricius, *Ent. syst.* (1792–1799); No. 13
收藏归属：德鲁·德鲁里
产地信息：印度金奈？
物种名片：丝绒翠凤蝶 *Papilio crino* Fabricius, 1793

虽然目前还不是濒危物种，但作为一种依赖森林而生活的凤蝶，丝绒翠凤蝶的栖息地正不断丧失，这引发了人们越来越多的担忧。这种蝴蝶轻快地飞过森林下层和冠层，翅膀上下两面强烈的色彩反差让它看上去就像一连串闪烁不定的绿色炫彩。这幅模式标本图像可能描绘的是一件来自印度南部东海岸的标本。

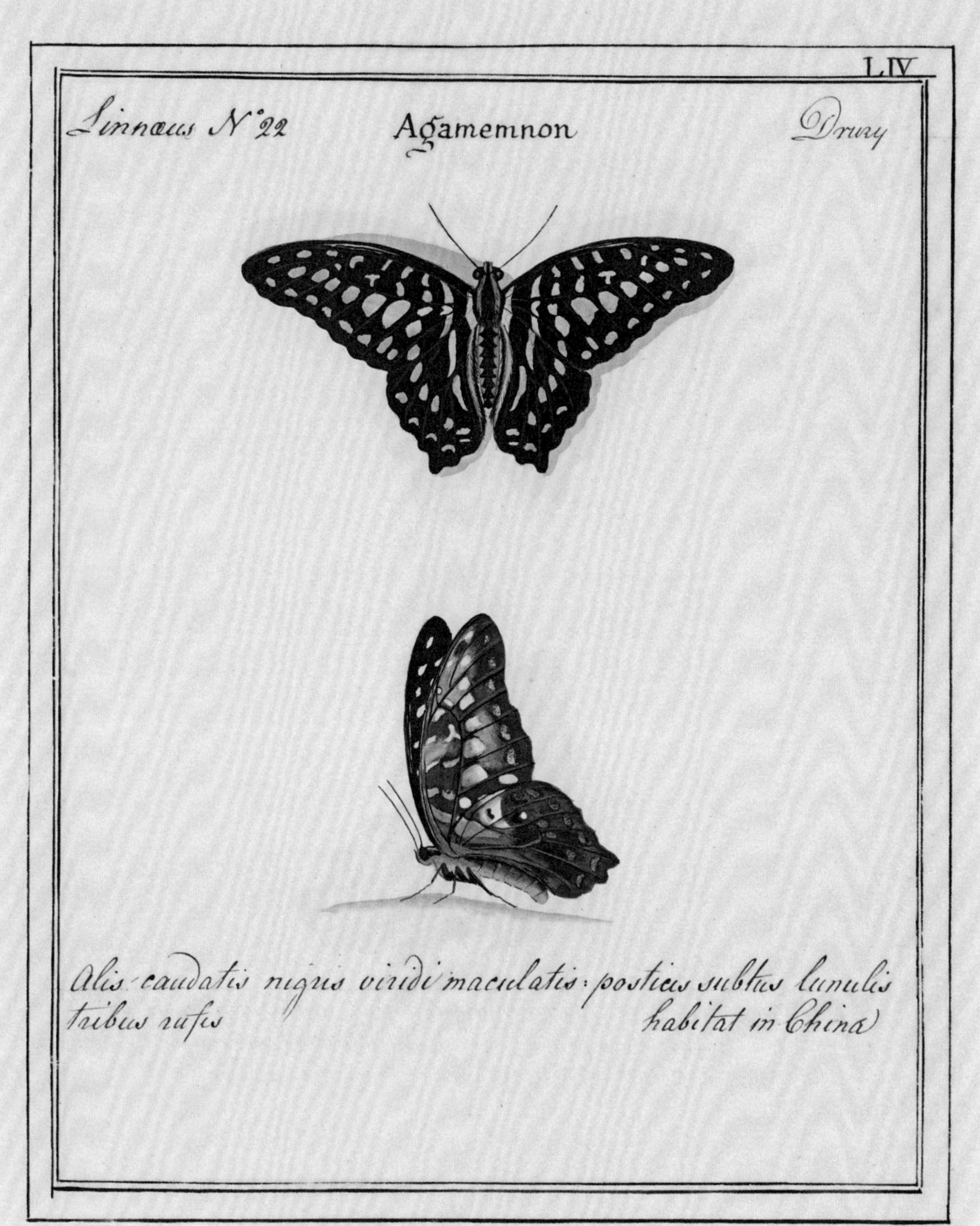
LIV
Linnaeus N°22
Agamemnon
Drury
Alis caudatis nigris viridi maculatis: posticis subtus lunulis tribus rufis
habitat in China

图　　版：LIV. “*Agamemnon*”

参考文献：C. Linnaeus, *Syst. nat.* (1767); No. 22

收藏归属：德鲁 · 德鲁里

产地信息：印度 – 澳大利亚区

物种名片：统帅青凤蝶 *Graphium agamemnon* (Linnaeus, 1758)

统帅青凤蝶是一种常见、飞行迅速的长尾突凤蝶，林奈用传说中的迈锡尼国王阿伽门农为其命名。虽然这种蝴蝶雌雄花纹相近，但雌性的尾突要稍长一些，相比之下，雄性的后翅尾突粗短，正如琼斯在此处所绘的那样。尽管在其广大的分布范围中，有超过 20 个亚种得到认定，但其指名亚种的分布仍然非常广，包括中国、泰国和爪哇岛。

LV
Linnaeus N°28
Nireus
Drury
Alis subcaudatis nigris: fascia inaurato-viridi; subtus nigricantibus
Habitat in Indiis
Mr Drury received it from Siena Leon
Cram: P.187. 378

图　　版：LV. “*Nireus*”

参考文献：C. Linnaeus, *Syst. nat.* (1767); No. 28

收藏归属：德鲁·德鲁里

产地信息：非洲

物种名片：绿霓凤蝶 *Papilio nireus* Linnaeus, 1758

琼斯在这个图版上加了一条笔记，“德鲁里先生从塞拉利昂收到了它”。这可能是准确的，因为绿霓凤蝶遍布整个撒哈拉以南的非洲。因此，林奈将它的产地描述为东印度群岛是一条误导信息。

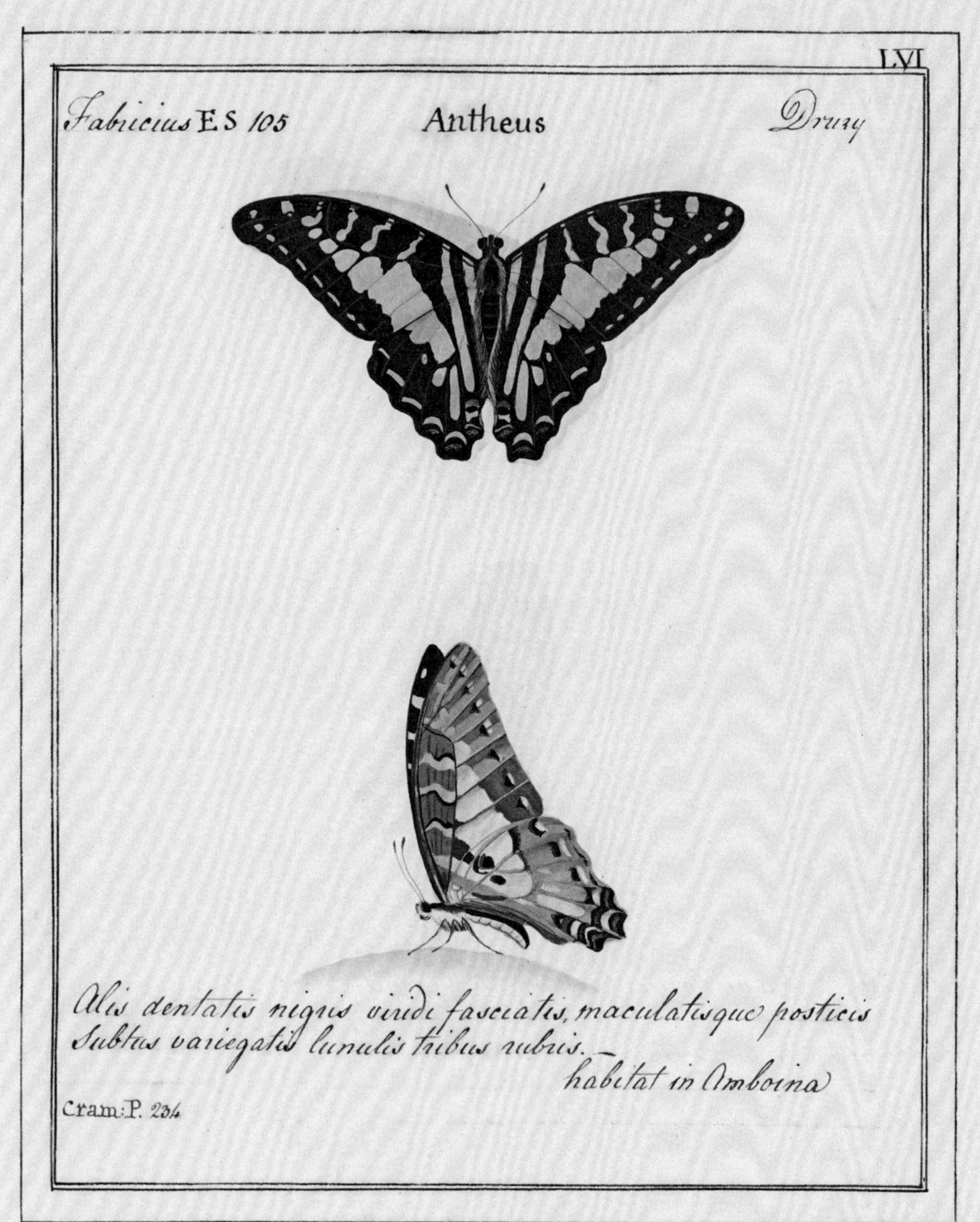
LVI
Fabricius E.S 105
Antheus
Drury
Alis dentatis nigris viridi fasciatis, maculatisque posticis
Subtus variegatis lunulis tribus rubris.
habitat in Amboina
Cram: P. 234
Should have tails

图　　版：LVI. "*Antheus*"

参考文献：J. C. Fabricius, *Ent. syst.* (1792–1799); No. 105

收藏归属：德鲁·德鲁里

产地信息：非洲

物种名片：安泰青凤蝶 *Graphium antheus* (Cramer, 1779)

这张图底部的铅笔标注可能是约翰·韦斯特伍德或者弗雷德里克·道特里·德鲁伊特加上的，它准确地指出，这幅插画"应该有尾突"。琼斯观察并描绘的是收藏于德鲁·德鲁里之手的标本，而那件标本可能有损坏。

LVII
Fabricius E.S 104
Tyndaræus
Drury
Alis dentatis nigris viridi maculatis posticis subtus fusco viridi ruboque variis: basi nigro punctatis. —
habitat

图　　版：LVII. “*Tyndaræus*” （ICO）

参考文献：J. C. Fabricius, *Ent. syst.* (1792–1799); No. 104

收藏归属：德鲁 · 德鲁里

产地信息：塞拉利昂?

物种名片：寿青凤蝶 *Graphium tynderaeus* (Fabricius, 1793)

寿青凤蝶是一种很难被错认的蝴蝶，只分布在热带非洲的西部和中部，包括塞拉利昂。我们基本可以确定德鲁 · 德鲁里是受惠于亨利 · 斯米思曼在此地兢兢业业的大量采集而收到了这个物种的标本。这种美丽的蝴蝶通常出现在林下，虽然在坦桑尼亚西部，人们也曾观察到它出现在开阔林地中。

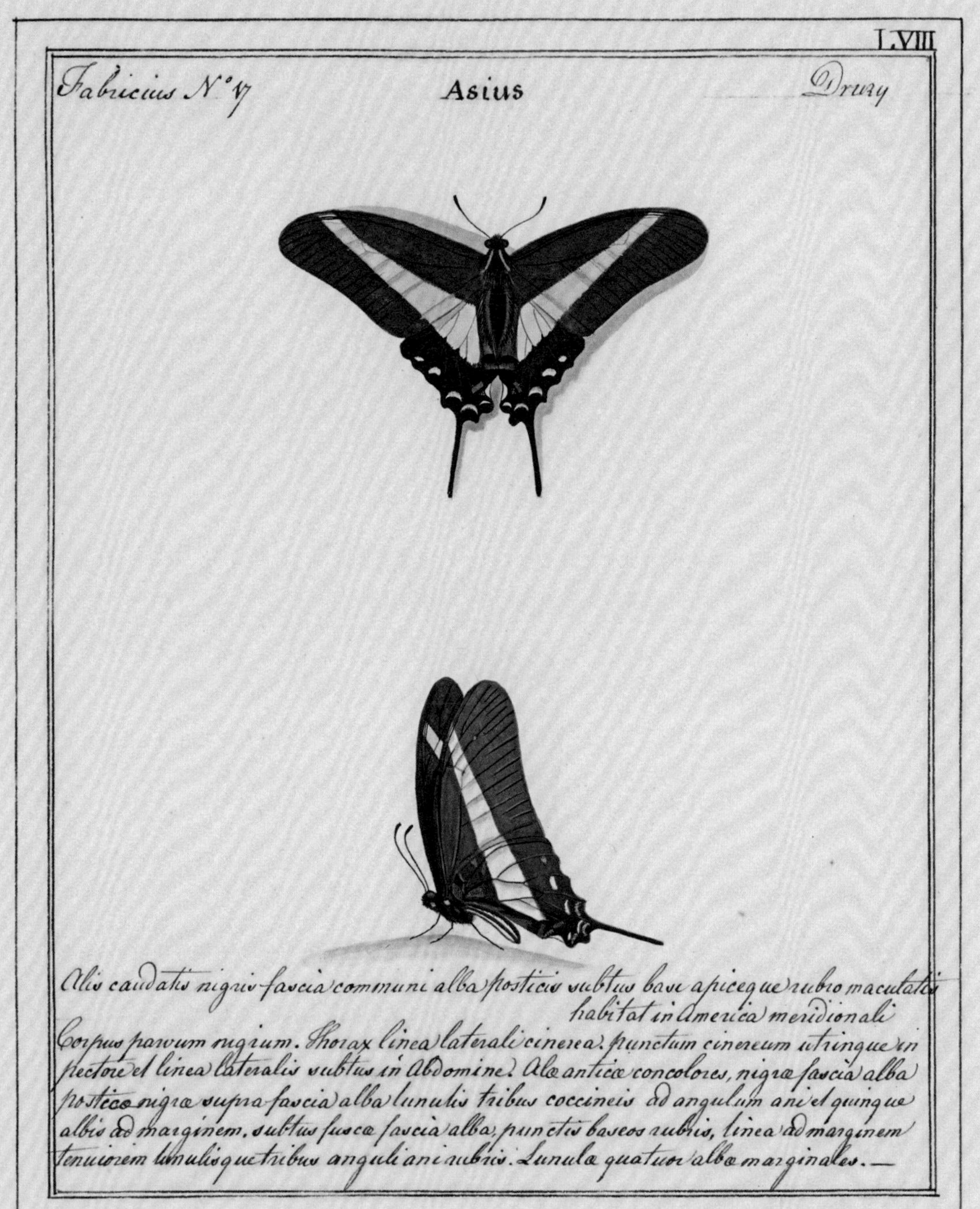

LVIII
Fabricius N° 17
Asius
Drury
Alis caudatis nigris fascia communi alba posticis subtus basi apiceque rubro maculatis
habitat in America meridionali
Corpus parvum nigrum. Thorax linea laterali cinerea. punctum cinereum utrinque in
pectore et linea lateralis subtus in Abdomine. Alae anticae concolores, nigrae fascia alba
posticae nigrae supra fascia alba lunulis tribus coccineis ad angulum ani et quinque
albis ad marginem. subtus fuscae fascia alba, punctis baseos rubris, linea ad marginem
tenuiorem lunulisque tribus anguli ani rubris. Lunulae quatuor albae marginales.—

图　　版：LVIII.“*Asius*”

参考文献：J. C. Fabricius, *Spec. insect.* (1781); No. 17

收藏归属：德鲁·德鲁里

产地信息：巴西

物种名片：白靴阔凤蝶[5] *Protographium asius* (Fabricius, 1781)

这种新大陆长尾突凤蝶最知名的产地是巴西南部各州，但它的分布范围一直延伸到巴拉圭东部。虽然南美洲这一地区的栖息地发生了很大的变化，但白靴阔凤蝶的分布范围估计达 200 万平方千米，目前的评估并不认为它特别受到威胁，专家在 2018 年的评估结果依旧如此。

LIX
Linnaeus N°15
Sarpedon
Drury
Alis dentatis nigricantibus fascia viridi, posticis subtus linea baseos
maculisque quinque rubris
habitat in Asia
Differt a P: Europylo quod in alis primoribus supra nulla puncta
virescentia, præter illa quæ fasciam constituunt, in Europylo vero maculæ
sive puncta præter fasciam, tam ad marginem anteriorem, quam
exteriorem.
Cram: P. 122

图　　版：LIX.“*Sarpedon*”

参考文献：C. Linnaeus, *Syst. nat.* (1767); No. 15

收藏归属：德鲁·德鲁里

产地信息：印度－澳大利亚区

物种名片：青凤蝶 *Graphium sarpedon* (Linnaeus, 1758)

青凤蝶是一种广布于印度－澳大利亚区的长尾突凤蝶，通常认定有多个亚种。它的典型生境是低海拔森林，常常在冠层上空飞行，又从空中降落到开花的灌丛中进食。琼斯的插画与中国的青凤蝶外观一致，因此是指名亚种，而非分布在马来群岛或爪哇岛的那些亚种。

LX
Linnaeus N°46
Demoleus
Drury
Alis dentatis fuscis: maculis fasciaque maculosa flavis: posticis ocellis binis. Habitat ad Cap. b. Spei
N 13 Ocellus caeruleus ad Marginem anteriorem, ruber ad angulum ani.-
Cram: P. 231

图　　版：LX. "*Demoleus*"

参考文献：C. Linnaeus, *Syst. nat.* (1767); No. 46

收藏归属：德鲁 · 德鲁里

产地信息：热带界

物种名片：非洲达摩凤蝶 *Papilio demodocus* Esper, 1798

非洲达摩凤蝶的雌性在柑橘类植物的叶片上产卵。孵化后，幼虫可能严重危害柑橘类植物，于是被当作害虫。其指名亚种 *P. d. demodocus* 分布在整个热带界，向北直至阿拉伯半岛。在非洲之角以东的索科特拉岛上，还分布着一个非常特殊的特有亚种——贝氏亚种 *P. d. bennetti* Dixey, 1898。

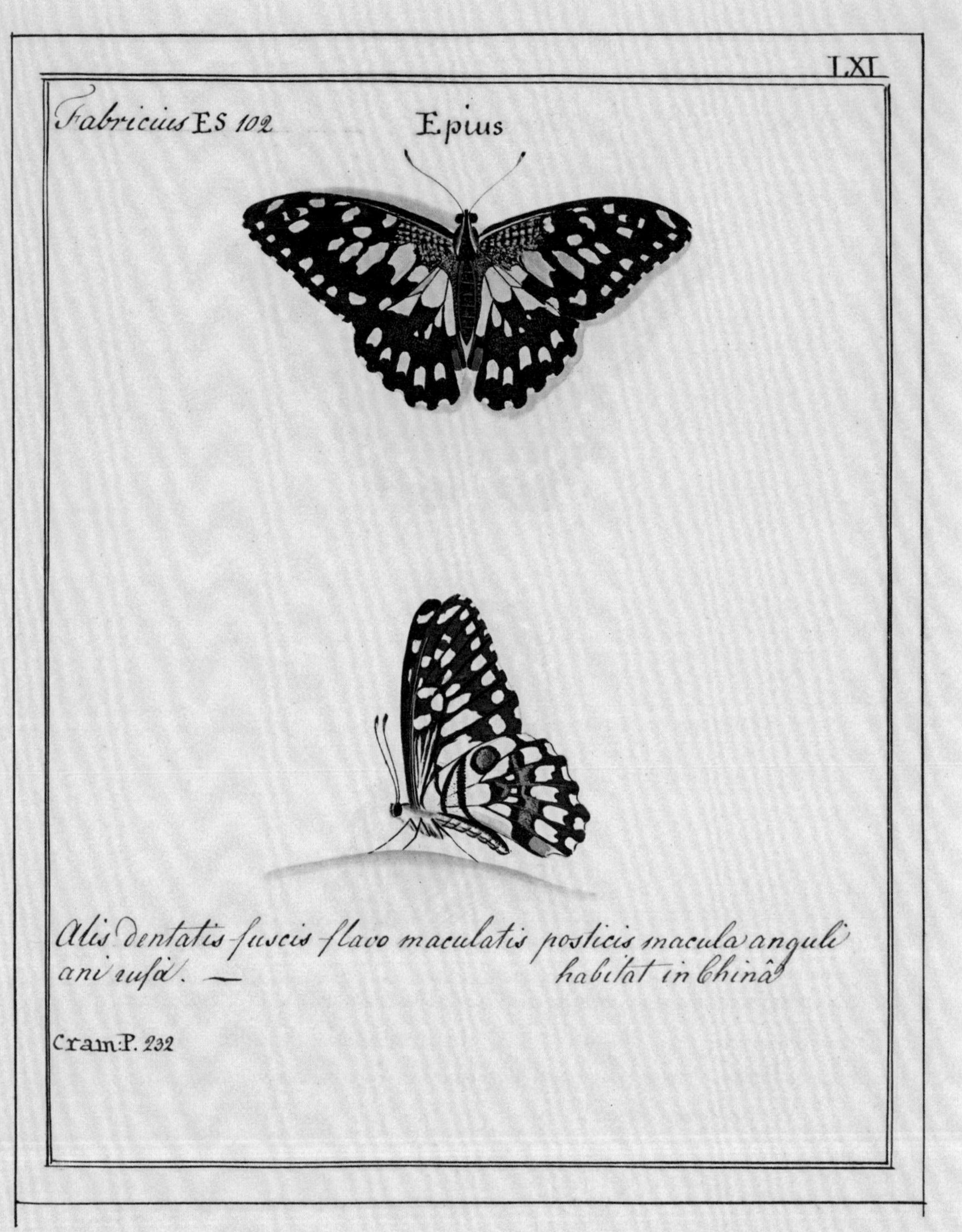

LXI
Fabricius ES 102
Epius
Alis dentatis fuscis flavo maculatis posticis macula anguli ani rufa. —
habitat in China
Cram: P. 232

图　　版：LXI.“*Epius*”（ICO）
参考文献：J. C. Fabricius, *Ent. syst.* (1792–1799); No. 102
收藏归属：—
产地信息：中国
物种名片：达摩凤蝶指名亚种 *Papilio demoleus demoleus* Linnaeus, 1758

达摩凤蝶是一种害虫——它的幼虫是柑橘类植物的一大威胁，并且在很多地区是入侵物种，近期已经扩散到伊斯帕尼奥拉岛（海地岛）和塞舌尔群岛，牙买加和波多黎各也曾报道过它。达摩凤蝶已经被商业化养殖，用于在婚礼上放飞，这也许是其远距离扩散至海外的原因。

LXII
Fabricius E.S 103
Leonidas
Drury
Alis dentatis subconcoloribus nigris viridi maculatis: posticis disco viridi. —
habitat in Africa. —

图　　版：LXII.“*Leonidas*”（ICO）
参考文献：J. C. Fabricius, *Ent. syst.* (1792–1799); No. 103
收藏归属：德鲁·德鲁里
产地信息：塞拉利昂？
物种名片：豹纹青凤蝶指名亚种 *Graphium leonidas leonidas* (Fabricius, 1793)

约翰·C. 法布里丘斯基于琼斯的手绘，以著名的斯巴达国王列奥尼达斯的名字，为豹纹青凤蝶取了一个颇具异域色彩的学名 *Papilio leonidas*。这种蝴蝶广泛分布于撒哈拉以南非洲的大部分地区，在普林西比岛、圣多美岛、奔巴岛和桑给巴尔岛上还分别有独立的亚种。活体状态下，豹纹青凤蝶翅面上的浅色区域呈现优美清澈的蓝色（死后通常会褪去），让它看起来与其拟态对象泛青斑蝶 *Tirumala petiverana* 更加相似。

LXIII
Fabricius E.S 107
Lacedemon
Drury
Alis dentatis nigris: lunulis marginalibus albidis: posticis
Subtus brunneis: lunulis nigris.
habitat in Malabaria

LXIV
Linnaeus N°195
Dissimilis
Drury
Alis dentatis dilatato venosis nigris subconcoloribus maculis
sagittatis albis, postremis subtus luteis.
habitat in Asia ...... in China
Cram. P. 82

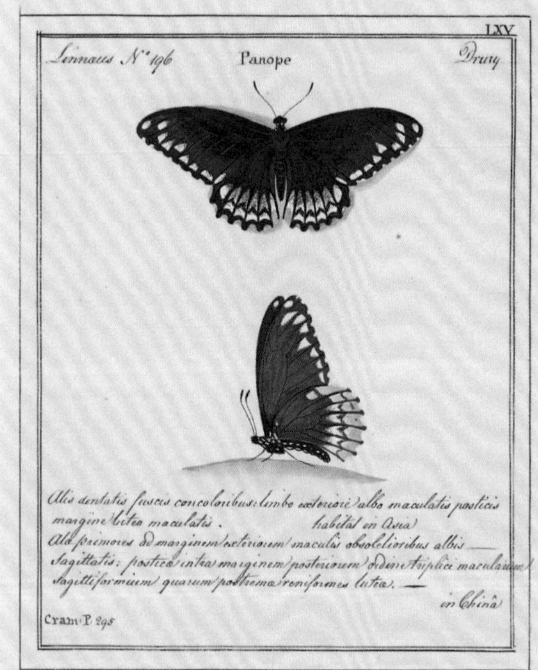
LXV
Linnaeus N°196
Panope
Drury
Alis dentatis fuscis concoloribus: limbo exteriori albo maculatis posticis
margine luteo maculatis. habitat in Asia
Alis primores ad marginem exteriorem maculis obsoletioribus albis
Sagittatis: posticis intra marginem posteriorem ordine triplici macularum
sagittiformium quarum postrema reniformes luteæ.
in China
Cram. P. 295

LXVI
Fabricius E.S 23
Laodocus
Drury
Alis dentato caudatis nigris: anticis fascia abbreviata flava
posticis subtus lunulis rufis caeruleis albisque.
habitat in Brasilia

琼斯图谱中的 *Lacedemon*、*Dissimilis* 和 *Panope* 都描绘了斑凤蝶[6] *Papilio clytia* Linnaeus, 1758 这个物种。斑凤蝶具有多型性，琼斯的 *Lacedemon* 这幅图像代表着“clytia”（标准）型，它模拟的是幻紫斑蝶 *Euploea core*；*Dissimilis* 和 *Panope* 则代表着模拟青斑蝶 *Tirumala limniace* 的“dissimilis”（碎斑）型。斑凤蝶表现出的拟态是为了防御天敌，对食虫鸟类来说，斑凤蝶更加可口，适于食用，而它所模仿的物种则看起来难以入口、不可食用，潜在天敌会主动避开这些物种。

LXVII
Fabricius N° 34
Belus
Drury
Alis dentatis virescentibus, posticis margine interiori pallido, subtus fasciis lunulis rubris.
habitat surinami
Alae subtus fuscae. pectus fuscum punctis flavis. abdomen supra pallidum, subtus fuscum utrinque punctis albis.
Variat interdum macula media flavescente alae anticae et striga punctorum flavescentium alae posticae.
Cram: P. 112

LXVIII
Fabricius N° 393
Zenobia
Drury
Alis dentatis nigris, fascia communi alba, posticis subtus basi flavis nigro striatis.
habitat in Sierra Leon

图　　版：LXIII. “*Lacedemon*”（ICO）
参考文献：J. C. Fabricius, *Ent. syst.* (1792–1799); No. 107
收藏归属：德鲁・德鲁里
产地信息：印度
物种名片：斑凤蝶指名亚种 *Papilio clytia clytia* Linnaeus, 1758

图　　版：LXIV. “*Dissimilis*”
参考文献：C. Linnaeus, *Syst. nat.* (1767); No. 195
收藏归属：德鲁・德鲁里
产地信息：斯里兰卡至菲律宾
物种名片：斑凤蝶 *Papilio clytia* Linnaeus, 1758，碎斑（“dissimilis”）型

图　　版：LXV. “*Panope*”
参考文献：C. Linnaeus, *Syst. nat.* (1767); No. 196
收藏归属：德鲁・德鲁里
产地信息：斯里兰卡至菲律宾
物种名片：斑凤蝶 *Papilio clytia* Linnaeus, 1758，碎斑（“dissimilis”）型

图　　版：LXVI. “*Laodocus*”
参考文献：J. C. Fabricius, *Ent. syst.* (1792–1799); No. 23
收藏归属：德鲁・德鲁里
产地信息：南美洲
物种名片：安凤蝶 *Papilio androgeus* Cramer, 1775

图　　版：LXVII. “*Belus*”
参考文献：J. C. Fabricius, *Spec. insect.* (1781); No. 34
收藏归属：德鲁・德鲁里
产地信息：南美洲
物种名片：白肩贝凤蝶 *Battus crassus* Cramer, 1777

图　　版：LXVIII. “*Zenobia*”
参考文献：J. C. Fabricius, *Spec. insect.* (1781); No. 393
收藏归属：德鲁・德鲁里
产地信息：非洲
物种名片：苏芮德凤蝶 *Papilio cyproeofila* Butler, 1868

LXIX
Fabricius N°30
Androgeus
Drury
Alis dentatis nigro aeneis, posticis subtus lunulis rubris cyaneis flavisque —
habitat in Surinami
Cram: P. 16 . 204

图　　版：LXIX. "*Androgeus*"

参考文献：J. C. Fabricius, *Spec. insect.* (1781); No. 30

收藏归属：德鲁·德鲁里

产地信息：南美洲

物种名片：安凤蝶 *Papilio androgeus* Cramer, 1775

安凤蝶在《琼斯图谱》中多次出现，此处名为 *Androgeus*，在第 I 卷图版 LXVI 中名为 *Laodocus*（第 62 页），在第 I 卷图版 LXXV 中名为 *Polycaon*（第 70 页）。这种蝴蝶有 3 个亚种，其中一些雌性具有多型性。

LXX
Linnaeus N 34
Xuthus
Drury
Alis caudatis nigris albido, Striato-maculatis: posticis subtus coeruleo fulvoque Subocellatis. —
Habitat in India orientali. —
N: B: Simillimus P: Ajaci: alae supra nigrae maculis obcuneatis (extimis duabus puncto nigro) lunulisque marginalibus albidis, subtus albidae nigro radiatae,
Inferiores subtus ordine e maculis coeruleis fulvisque connexis; supra aliquot maculae coerulescentes obsoletae. —
Cram: P. 73

图　　版：LXX. "*Xuthus*"

参考文献：C. Linnaeus, *Syst. nat.* (1767); No. 34

收藏归属：德鲁·德鲁里

产地信息：缅甸、中国和夏威夷

物种名片：柑橘凤蝶 *Papilio xuthus* Linnaeus, 1767

热带地区大多数真凤蝶类[7]的幼虫以芸香科植物为食，这些植物同样也是柑橘凤蝶的主要寄主。然而，近期的一份研究发现了令人惊奇的现象，柑橘凤蝶的幼虫偶尔会转而取食马兜铃科或菊科植物。

LXXI
Fabricius E S 93
Thersander
Drury
Alis obtuse caudatis fuscis: fascia strigisque macularibus flavis posticis subtus disco brunneo nigro lineato
habitat in Siena Leon

图　　版：LXXI. "*Thersander*"（ICO）

参考文献：J. C. Fabricius, *Ent. syst.* (1792–1799); No. 93

收藏归属：德鲁·德鲁里

产地信息：塞拉利昂

物种名片：福翠凤蝶 *Papilio phorcas* Cramer, 1775，"thersander"型，雌

福翠凤蝶的雄性有一个色型，雌性有两个色型。雄性翅上表面的底色是黑色，并且有绿色斑纹。雌性的典型色型与雄性外观相似，而此处展示的"thersander"色型则是深褐色的，翅上表面具有一列带状分布的黄色圆斑和醒目的亚缘斑。

LXXII
Fabricius E.S 22
Acamas
Drury
Alis dentato caudatis concoloribus fuscis: anticis fascia flava posticis lunulis rubris cœruleis flavisque. _ habitat in Jamaica

图　　版：LXXII. "*Acamas*"（ICO）

参考文献：J. C. Fabricius, *Ent. syst.* (1792–1799); No. 22

收藏归属：德鲁 · 德鲁里

产地信息：牙买加

物种名片：黄宽芷凤蝶 *Papilio thersites* Fabricius, 1775，雌

黄宽芷凤蝶是一种性二型蝴蝶，因此它被琼斯描绘了两次：一次在此处，名为 *Acamas*，画的是雌性；另一次是在第 I 卷图版 LXXVIII，第 73 页，名为 *Thersites*，画的是雄性。黄宽芷凤蝶是牙买加岛特有种，俄罗斯科学家安德烈 · 阿维诺夫（Andrey Avinoff）曾在此研究这种蝴蝶的习性，他发现这种蝴蝶偏好较为干燥的海岸丘陵，在每天正午阳光强烈时最为活跃。

LXXIII
Drury Vol:2 Pl 9
Menestheus
Drury
my specimen is from Africa aequin. D_
Fabricius N° 74. _Alis caudatis nigris, subtus albido striato maculatis, posticis lunulis rufis coerulescentibusque._
habitat in India._
Cram: P. 142

图　版：	LXXIII. "*Menestheus*"
参考文献：	D. Drury, *Illus. Nat. Hist.*, Vol. 2 (1773); Pl. 9, f. 1–2
收藏归属：	德鲁·德鲁里
产地信息：	非洲西部
物种名片：	好逑翠凤蝶 *Papilio menestheus* Drury, 1773

这个图版附有一条笔记，上面写着"所有标本均来自 Africa Aequin"。"Africa Aequin"是"*Africa aequinotiali*"的简写，现在认为它指的是非洲西部。这准确地反映了好逑翠凤蝶的产地；德鲁·德鲁里将它的栖息地记述为印度是错误的。此处所画的标本基本可以确定来自塞拉利昂，由亨利·斯米思曼采集。

LXXIV
Fabricius N°76
Thoas
Drury
Alis caudatis nigris, flavo fasciatis posticis subtus flavis fascia nigra
lunulis cyaneis. —
habitat in America meridionali. —
Cram: P. 166

图　　版：LXXIV. “*Thoas*”

参考文献：J. C. Fabricius, *Spec. insect.* (1781); No. 76

收藏归属：德鲁·德鲁里

产地信息：美国南部至阿根廷

物种名片：草凤蝶 *Papilio thoas* Linnaeus, 1771

草凤蝶公认有约 7 个亚种。在美国，这种蝴蝶会从墨西哥城零星扩散到得克萨斯州南部，偶尔出现在科罗拉多州，最北甚至可达堪萨斯州。草凤蝶雌雄两性的翅面图案相似。琼斯画过两次草凤蝶，一次在此处，名为 *Thoas*；另一次也叫 *Thoas*，在第 I 卷图版 LXXVII（第 72 页）。

LXXV
Fabricius N°78
Polycaon
Drury
Alis dentato caudatis nigris fascia flava, posticis subtus lunulis fulvis caeruleis flavisque
habitat in Althaeis Surinami
Affinis videtur P: Thoadis.
Cram: P. 203

图　　版：	LXXV. “*Polycaon*”
参考文献：	J. C. Fabricius, *Spec. insect*. (1781); No. 78
收藏归属：	德鲁 · 德鲁里
产地信息：	南美洲
物种名片：	安凤蝶 *Papilio androgeus* Cramer, 1775

Papilio polycaon 这个名字是彼得 · 克拉默于 1779 年首次提出的。它代表安凤蝶的雄性，而令人啼笑皆非的是，安凤蝶正是他四年前首次描述的一种雌雄二型并具有多型性的蝴蝶——*Papilio androgeus*，此名代表其雌性的一个色型。如图所示，雄性安凤蝶翅面具有宽阔的黄色带斑。在哥斯达黎加，人们记录到这种蝴蝶曾出现在牧场、次生林，甚至海滩上。

图　　版：LXXVI.“*Cresphontes*”
参考文献：—
收藏归属：德鲁·德鲁里
产地信息：北美洲东部和古巴
物种名片：美洲大芷凤蝶 *Papilio cresphontes* Cramer, 1777

美洲大芷凤蝶是北美洲最大的蝴蝶。它的雌性翅展可达18厘米，雄性可达19厘米。由于气候变化，近年来它正在向北扩散。和凤蝶属的多数物种一样，美洲大芷凤蝶的成虫会经常访花，吸食花蜜，而雄性还会落在泥巴和粪便上吸取水与盐分。

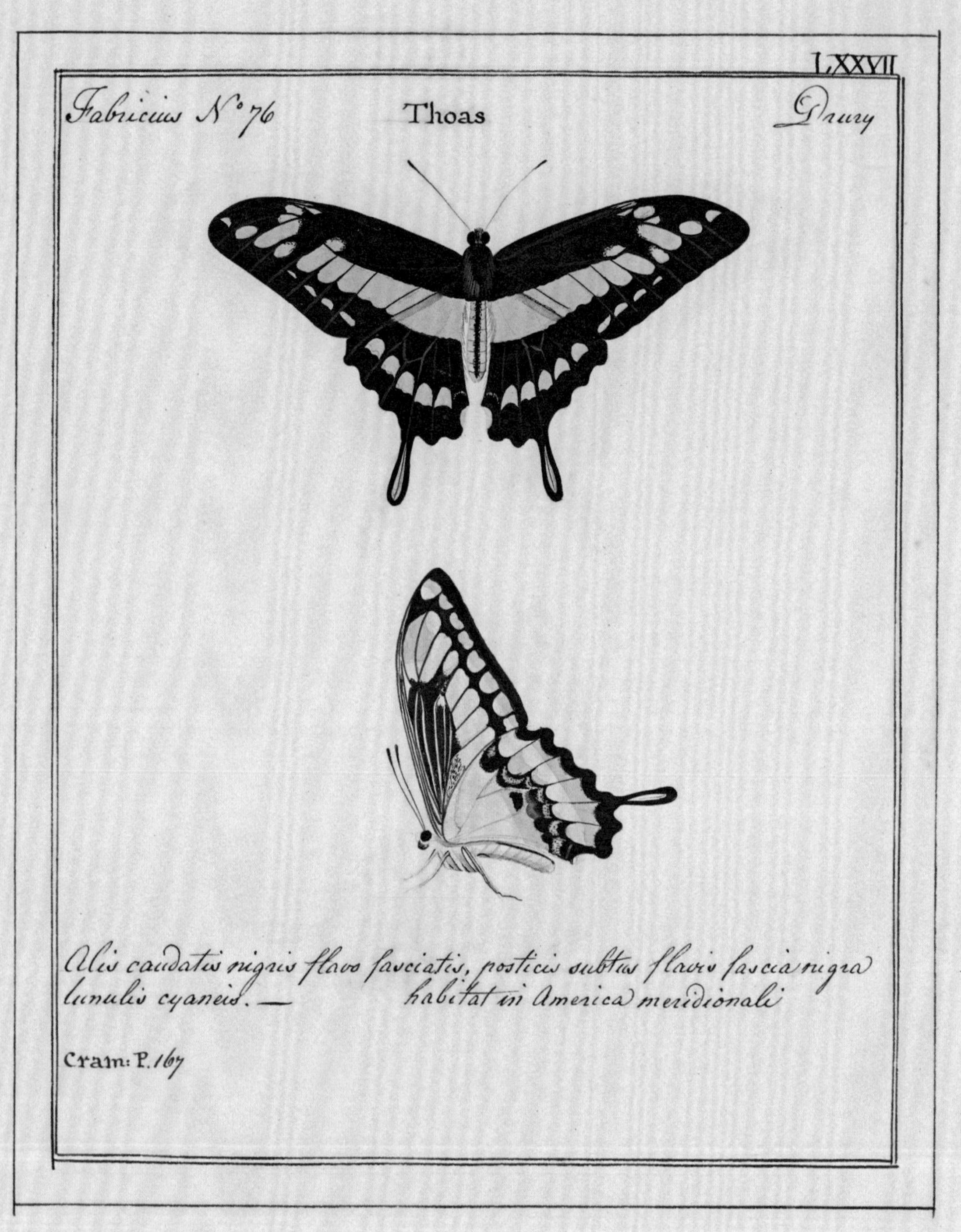
LXXVII
Fabricius N°76
Thoas
Drury
Alis caudatis nigris flavo fasciatis, posticis subtus flavis fascia nigra lunulis cyaneis. — habitat in America meridionali
Cram: P. 167

图　　版：	LXXVII. "*Thoas*"
参考文献：	J. C. Fabricius, *Spec. insect.* (1781); No. 76
收藏归属：	德鲁 · 德鲁里
产地信息：	美国南部至阿根廷
物种名片：	草凤蝶 *Papilio thoas* Linnaeus, 1771

这张图版是琼斯所绘的第二幅草凤蝶（另一幅见第I卷图版 LXXIV，第 69 页）。这种蝴蝶广泛分布于墨西哥至中美洲和南美洲大部分地区，其形态随着不同的地理区域而发生变化，现在分为 7 个亚种。琼斯所绘的两件标本之间的颜色差异很可能就反映了这一点，但当时它们还没有被确定为不同亚种。

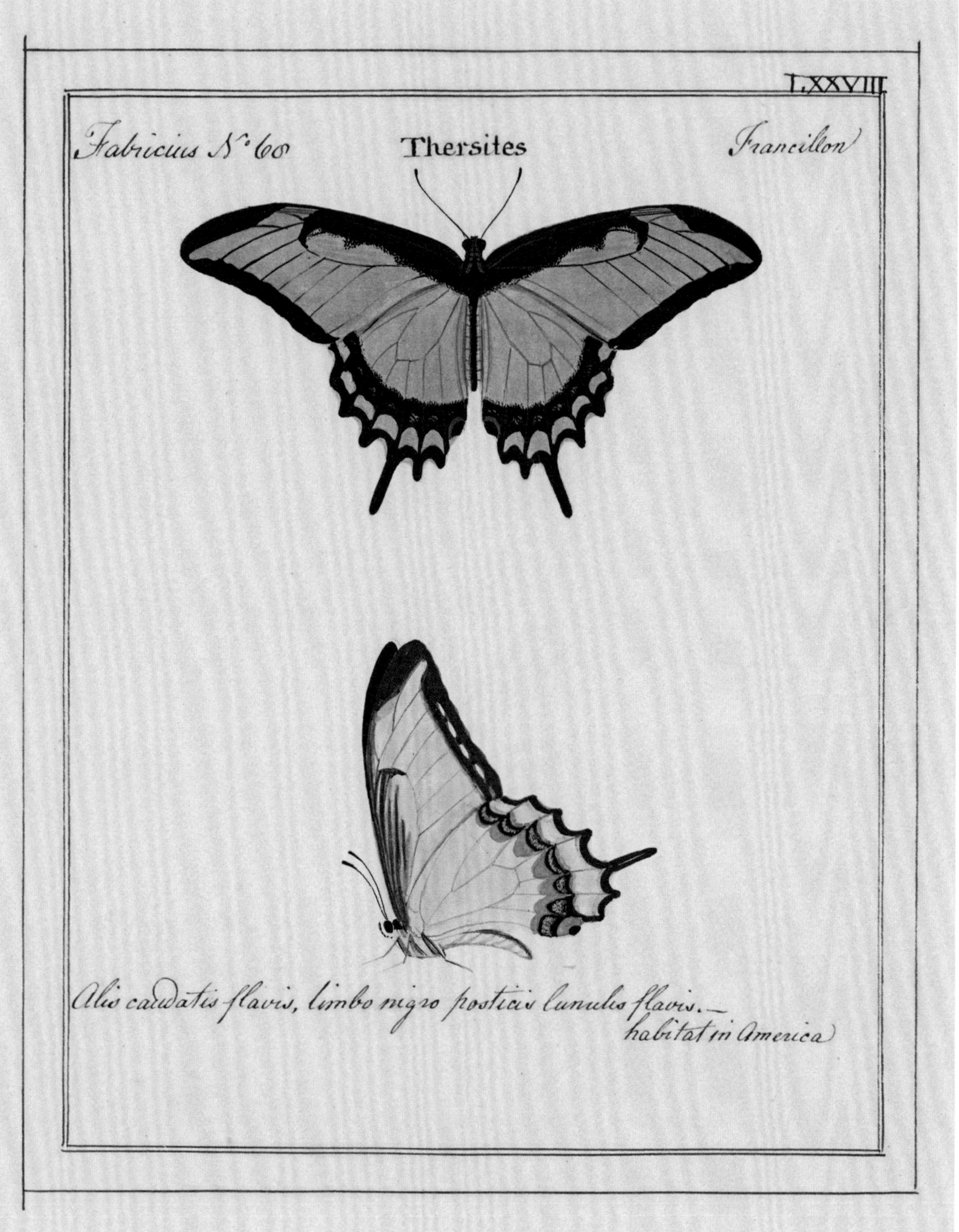

LXXVIII
Fabricius N° 68
Thersites
Francillon
Alis caudatis flavis, limbo nigro posticis lunulis flavis.—
habitat in America

图　　版：LXXVIII. "*Thersites*"

参考文献：J. C. Fabricius, *Spec. insect.* (1781); No. 68

收藏归属：约翰·弗朗西伦

产地信息：牙买加

物种名片：黄宽芷凤蝶 *Papilio thersites* Fabricius, 1775，雄

琼斯为黄宽芷凤蝶（另见第 I 卷图版 LXXII，第 67 页）所绘的第二幅插画展示了这种雌雄二型的牙买加凤蝶的雄性。前一幅画描绘了德鲁·德鲁里收藏的标本，而这幅画描绘的标本则属于约翰·弗朗西伦。弗朗西伦是一位英国珠宝商和博物学家，收藏了大量昆虫标本。

LXXIX
Fabricius ES 99
Orestes
Francillon
Alis subcaudatis supra atris subtus flavescentibus: omnibus disco niveo fasciis duabus.—
habitat in Africa
Should have long Tail

图　　版：	LXXIX. "*Orestes*"（ICO）
参考文献：	J. C. Fabricius, *Ent. syst.* (1792–1799); No. 99
收藏归属：	约翰·弗朗西伦
产地信息：	印度或斯里兰卡
物种名片：	青凤蝶属某种 *Graphium* sp.，可能是红绶绿凤蝶 *G. nomius* (Esper, 1799)

这张图版底部的一段铅笔记录表明此处所示的物种为红绶绿凤蝶，并且准确地标注说，如果展示的是这种亚洲蝴蝶，那么它“应该有长尾突”。琼斯在约翰·弗朗西伦的藏品中看到的标本可能是损坏的，因此画作中缺失了尾突。在沃尔特·罗斯柴尔德的大作于1895年出版之后，由于人们始终无法准确鉴定图中的物种，红绶绿凤蝶仍然沿用着欧根纽斯·J.C.埃斯佩尔所取的名字 *nomius*，即便它晚于法布里丘斯所取的 *orestes*。

LXXX
Fabricius ES 100
Pylades
Honey
alis dentatis niveis: limbo atro albo punctato, ocello anguli ani rufo.—
habitat in Africâ

图　　版：	LXXX. “*Pylades*” （ICO）
参考文献：	J. C. Fabricius, *Ent. syst.* (1792–1799); No. 100
收藏归属：	霍尼
产地信息：	非洲西部
物种名片：	安哥拉青凤蝶男爵亚种 *Graphium angolanus baronis* (Ungemach, 1932)

此处所绘标本的出处标记为“霍尼”，这个名字在《琼斯图谱》中只出现了一次，我们不知道他指的是谁。约翰·C. 法布里丘斯基于这幅画命名了 *Papilio pylades*，但不幸的是，这个名字是个无效的同名。这只蝴蝶现在被视为安哥拉青凤蝶 *Graphium angolanus* (Goeze, 1779) 的一个亚种，它的亚种名 *baronis* 是法国 / 摩洛哥昆虫学家兼矿物学家亨利·里昂·昂格马赫（Henri Léon Ungemach）研究后提出的。

LXXXI
Fabricius N°70
Chalcus
Drury
Alis caudatis nigris, fasciis duabus macularibus flavis, posticis subtus vitta flava, lunulisque rufis. –
Habitat in America
Palamedes Drury Vol 1 T: 19
Cram: P. 93

图　　版：LXXXI. "*Chalcus*" / "*Palamedes*"

参考文献：J. C. Fabricius, *Spec. insect.* (1781); No. 70 /D. Drury, *Illus. Nat. Hist.*, Vol. 1 (1770); Pl. 19, f. 1–2

收藏归属：德鲁 · 德鲁里

产地信息：美国东南部

物种名片：黄斑豹凤蝶 *Papilio palamedes* Drury, 1770

黄斑豹凤蝶原产于北美洲的森林沼泽和周边生境，已经记录到的范围北起美国宾夕法尼亚州，南至得克萨斯州，零星扩散的个体曾在更北的纽约州和更南的古巴都有报道。雄性黄斑豹凤蝶每天会长时间巡飞寻找雌性。在墨西哥东北部的一小块区域分布着一个单独的亚种——黄斑豹凤蝶莱昂亚种 *P. p. leontis*。

LXXXII
Linnaeus N° 33
Machaon
Alis caudatis concoloribus flavis limbo fusco lunulis flavis, Angulo ani fulvo.
Habitat in Europâ

图　　版：LXXXII. "*Machaon*"

参考文献：C. Linnaeus, *Syst. nat.* (1767); No. 33

收藏归属：—

产地信息：全北界

物种名片：金凤蝶 *Papilio machaon* Linnaeus, 1758

金凤蝶是凤蝶属的模式种，这意味着这个属必须永远包含这个物种。金凤蝶广泛分布于北美洲、亚洲和欧洲，不过在英国它只出现在东安格利亚地区的诺福克湖区，那里分布着一个生态上区别于其他种群的亚种——金凤蝶不列颠亚种 *P. m. britannicus* Seitz, 1907。不过金凤蝶的分类很复杂，随着新研究，尤其是分子研究的开展，分类意见一直在变。

LXXXIII
Linnaeus N 31
Leilus
Alis caudatis concoloribus nigris; fascia lineisque viridibus nitentibus numerosis
Habitat in Citro Americes
Cram: P. 85

图　　版：LXXXIII. “*Leilus*”

参考文献：C. Linnaeus, *Syst. nat.* (1767); No. 31

收藏归属：—

产地信息：南美洲

物种名片：锦纹燕蛾 *Urania leilus* (Linnaeus, 1758)

和林奈本人一样，琼斯也将锦纹燕蛾这种日间活动的蛾类囊括在蝴蝶的“骑兵类”分部中。琼斯所画标本的触角一定是断了，因为他将它们描绘为真正凤蝶科典型的端部膨大状，而不像这个物种真正所属的燕蛾科那样，其触角末端不膨大，而是非常纤细的丝状尖端。

LXXXIV
Fabricius ES 72
Antiphates
Drury
Alis caudatis albis: Margine fusco albo fasciato, posticis subtus basi flavescentibus nigro fasciatis. — habitat in China
Cramer 72

图　　版：LXXXIV. “*Antiphates*”

参考文献：J. C. Fabricius, *Ent. syst.* (1792–1799); No. 72

收藏归属：德鲁 · 德鲁里

产地信息：印度 – 马来区至中国

物种名片：绿凤蝶 *Graphium antiphates* (Cramer, 1775)

彼得 · 克拉默基于来自中国的材料描述并命名了这个物种。绿凤蝶有 12 个左右的亚种，其中两个产自中国，而琼斯所绘的图可能与其中一个相吻合。然而，它也可能代表泰国和爪哇岛出现的另外几个亚种，精确鉴定尚需更多研究。作为生活在低地森林的又一种快速飞行的长尾突凤蝶，绿凤蝶后翅的尾突令人过目难忘，虽然其长度尚不及其他一些长尾突种类。

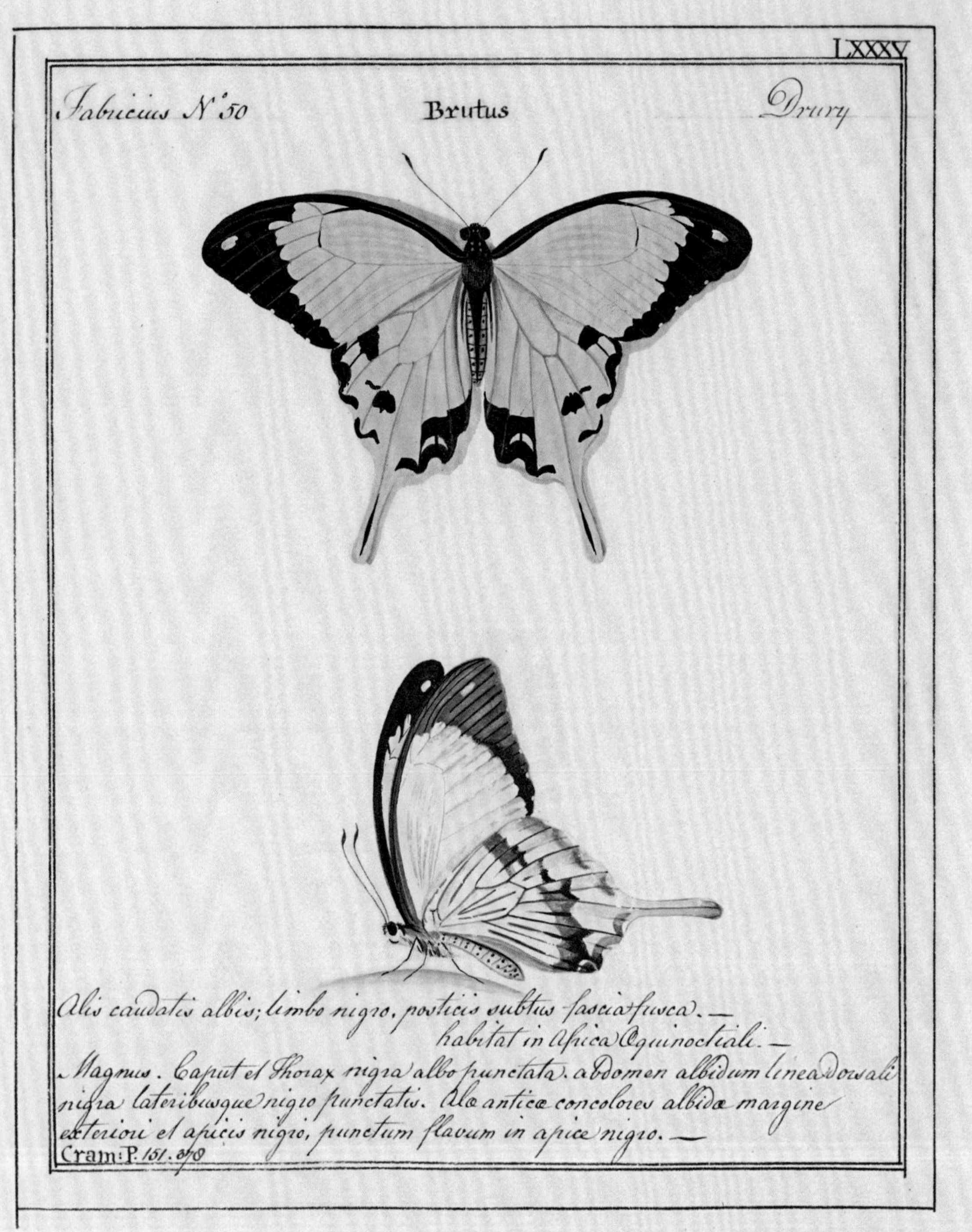
LXXXV
Fabricius N°50
Brutus
Drury
Alis caudatis albis; limbo nigro, posticis subtus fascia fusca.
habitat in Africa Aequinoctiali.
Magnus. Caput et Thorax nigra albo punctata. abdomen albidum linea dorsali nigra lateribusque nigro punctatis. Alae anticae concolores albidae margine exteriori et apicis nigro, punctum flavum in apice nigro.
Cram: P. 151. 378

图　　版：	LXXXV. "*Brutus*"
参考文献：	J. C. Fabricius, *Spec. insect.* (1781); No. 50
收藏归属：	德鲁 · 德鲁里
产地信息：	热带界
物种名片：	非洲白凤蝶 *Papilio dardanus* Yeats in Brown, 1776

在非洲大陆的很多地区，非洲白凤蝶的雌性表现出多型性，那些花纹各异的色型被认为是在模拟斑蝶和其他不可食用的鳞翅目昆虫。在埃塞俄比亚和奔巴岛，一些雌性非洲白凤蝶长得很像雄性，可能是为了避免在产卵时被求偶者骚扰，而在一些防御性拟态对雌性的生存看上去用处不大的地区，这种相似性也可能增加它们对雄性的吸引力。

LXXXVI
Fabricius N°51
Dolicaon
Drury
Alis caudatis albis, limbo communi nigro, posticis utrinque punctis
marginalibus albis. — habitat in America Meridionali. —
Alæ concolores at subtus annulus niger in disco albo alæ posticæ. Cauda
Nigra apice alba. —
Cram: P. 17

图　　版：LXXXVI.“*Dolicaon*”

参考文献：J. C. Fabricius, *Spec. insect.* (1781); No. 51

收藏归属：德鲁 · 德鲁里

产地信息：南美洲

物种名片：竖阔凤蝶 *Eurytides dolicaon* (Cramer, 1775)

这种拥有细长尾突的阔凤蝶分布相当广，遍及南美洲大部分地区，包括巴拿马，但在智利和乌拉圭并无分布。而壮阔凤蝶 *Eurytides iphitas* (Hübner, 1821) 已知的分布范围只有巴西东南部和中东部，被评估为极度濒危，甚至可能已经灭绝，其整体外观与竖阔凤蝶非常相似，一些专家认为它可能只是代表分布更广的竖阔凤蝶的一个季节型。

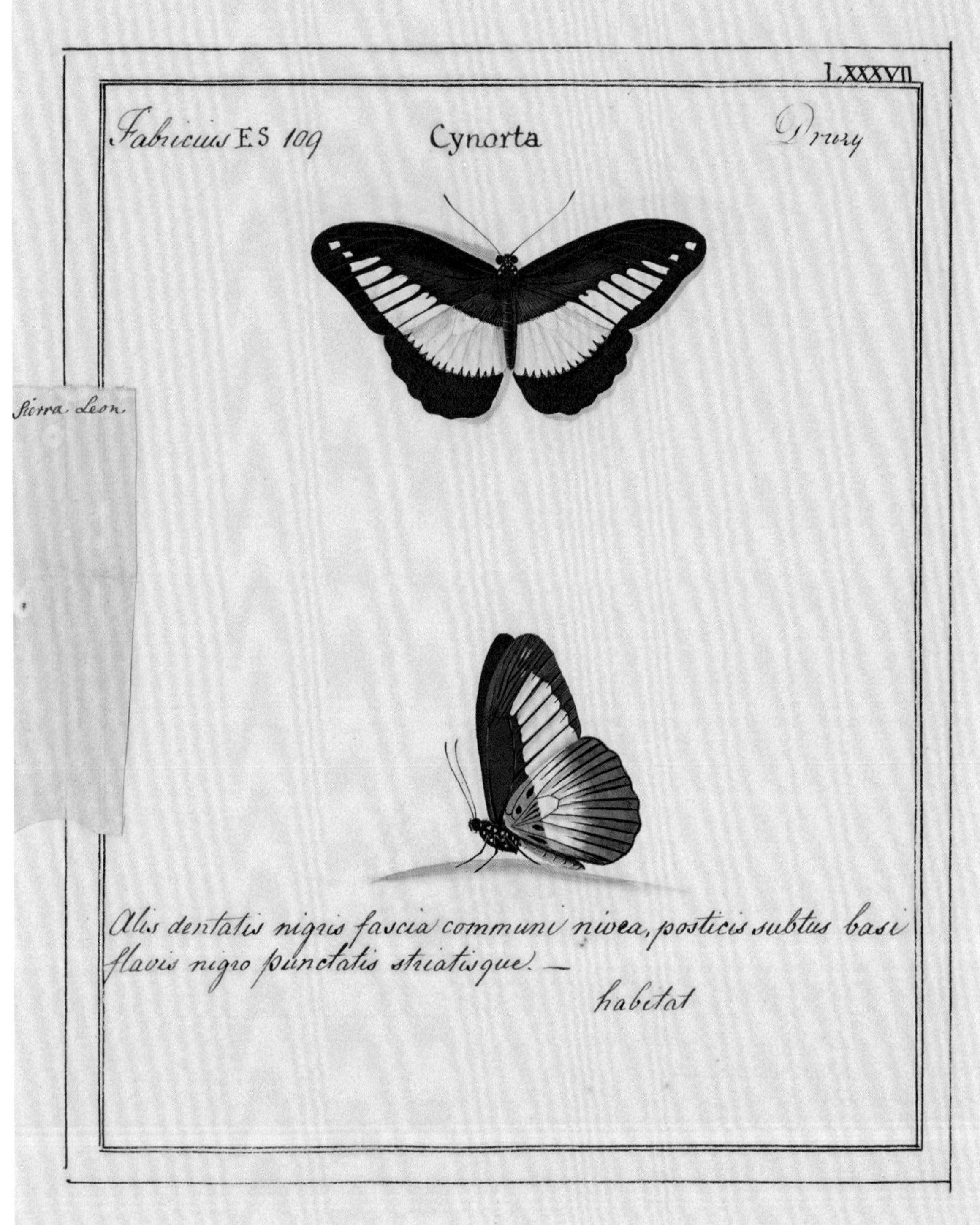

LXXXVII
Fabricius ES 109
Cynorta
Drury
Sierra Leon
Alis dentatis nigris fascia communi nivea, posticis subtus basi flavis nigro punctatis striatisque. —
habitat

图　　版：LXXXVII. "*Cynorta*"（ICO）
参考文献：J. C. Fabricius, *Ent. syst.* (1792–1799); No. 109
收藏归属：德鲁·德鲁里
产地信息：塞拉利昂?
物种名片：赛诺达凤蝶 *Papilio cynorta* Fabricius, 1793

赛诺达凤蝶在热带非洲区的西部和中部分布相当广泛。琼斯绘制的这幅模式标本图像基于德鲁·德鲁里收藏的标本，这件标本基本可以确定是亨利·斯米思曼在塞拉利昂的众多发现之一。这种蝴蝶雌性的外观不同于此处所画的雄性，人们认为它是在模拟窗斑蝶属 *Amauris* 的蝴蝶。

LXXXVIII
Fabricius E.S 112
Hippocoon
Drury
Alis dentatis nigris albo maculatis discoque communi albo. —
habitat in Sierra Leon

图　　版：LXXXVIII.“*Hippocoon*”（ICO）

参考文献：J. C. Fabricius, *Ent. syst.* (1792–1799); No. 112

收藏归属：德鲁 · 德鲁里

产地信息：塞拉利昂

物种名片：非洲白凤蝶指名亚种 *Papilio dardanus dardanus* Yeats, 1776, “hippocoon”型，雌

琼斯这幅题为 *Hippocoon* 的插画描绘的是非洲白凤蝶雌性的一个色型，其雄性外观与此大相径庭，令人称奇，在此书中同样有所体现，题为 *Brutus*（第 I 卷图版 LXXXV，第 80 页）。图中这个雌性色型被认为是对大白窗斑蝶 *Amauris niavius*（第 II 卷图版 XXIV，第 127 页）的贝氏拟态。这个物种的学名 *Papilio dardanus* 是鲜有人知的英国昆虫学家托马斯 · 帕廷森 · 耶茨取的，这篇论文也是彼得 · 布朗（Peter Brown）的《动物学新图集》（*New Illustrations of Zoology*, 1776）中的诸多外来供稿之一。

LXXXIX
Fabricius E.S 97
Ajax
Drury
Alis caudatis concoloribus fuscis: fasciis flavescentibus, posticis subtus
Strigis sanguineis anguloque ani fulvo.
Cramer 98
habitat in America boreali

图　　版：LXXXIX. “*Ajax*”

参考文献：J. C. Fabricius, *Ent. syst.* (1792–1799); No. 9

收藏归属：德鲁 · 德鲁里

产地信息：北美洲东部

物种名片：马赛阔凤蝶 [s]*Protographium marcellus* (Cramer, 1777)

马赛阔凤蝶产于美国东部和加拿大东南部，是美国田纳西州的州蝶。它的幼虫取食番荔枝科植物，尤其是巴婆果属的各个物种，那是它们已知的唯一一类寄主植物。

Linnaeus N°.36
Podalirius
Jones
XC.
Alis caudatis subconcoloribus flavescentibus: fasciis nigricantibus geminatis: posticis subtus linea sanguinea — Habitato Europâ
Cram: P. 152

图　　版：XC. "*Podalirius*"

参考文献：C. Linnaeus, *Syst. nat.* (1767); No. 36

收藏归属：威廉·琼斯

产地信息：欧洲中部和南部

物种名片：旖凤蝶 *Iphiclides podalirius* (Linnaeus, 1758)

作为旖凤蝶属 *Iphiclides* 仅有的3个物种之一，旖凤蝶在地中海地区很常见，这让它的英文俗名 scarce swallowtail（稀有凤蝶）显得名不副实。不过它在包括奥地利在内的好几个国家都被列为保护物种。也有人叫它梨树凤蝶（pear-tree swallowtail），也许这个俗名更贴切，因为它的幼虫取食梨属、李属、苹果属，以及山楂属的果树。

XCI.
Linnæus N° 39
Protesilaus
Latham
Alis caudatis subconcoloribus albidis: fasciis fuscis: unica subtus sanguinea, angulo ani rubro
Cram: P. 202
Habitat in America Septentrionali

图　　版：XCI.“*Protesilaus*”

参考文献：C. Linnaeus, *Syst. nat.* (1767): No. 39

收藏归属：约翰·莱瑟姆

产地信息：南美洲

物种名片：海神凤蝶属[9]未定种 *Protesilaus* sp. indet.

在南美洲，有大约12种长尾突凤蝶属于海神凤蝶属 *Protesilaus*，它们的整体外观都很相似。不借助详细的解剖而仅依靠翅面图案来鉴定显得很不可靠，尽管这幅图画的最有可能是银灰阔凤蝶[10] *P. glaucolaus* (Bates, 1864)，这个物种的原始描述基于来自巴拿马的标本。该属蝴蝶飞行姿态飘忽不定，速度很快，通常只在明亮的阳光中出没。

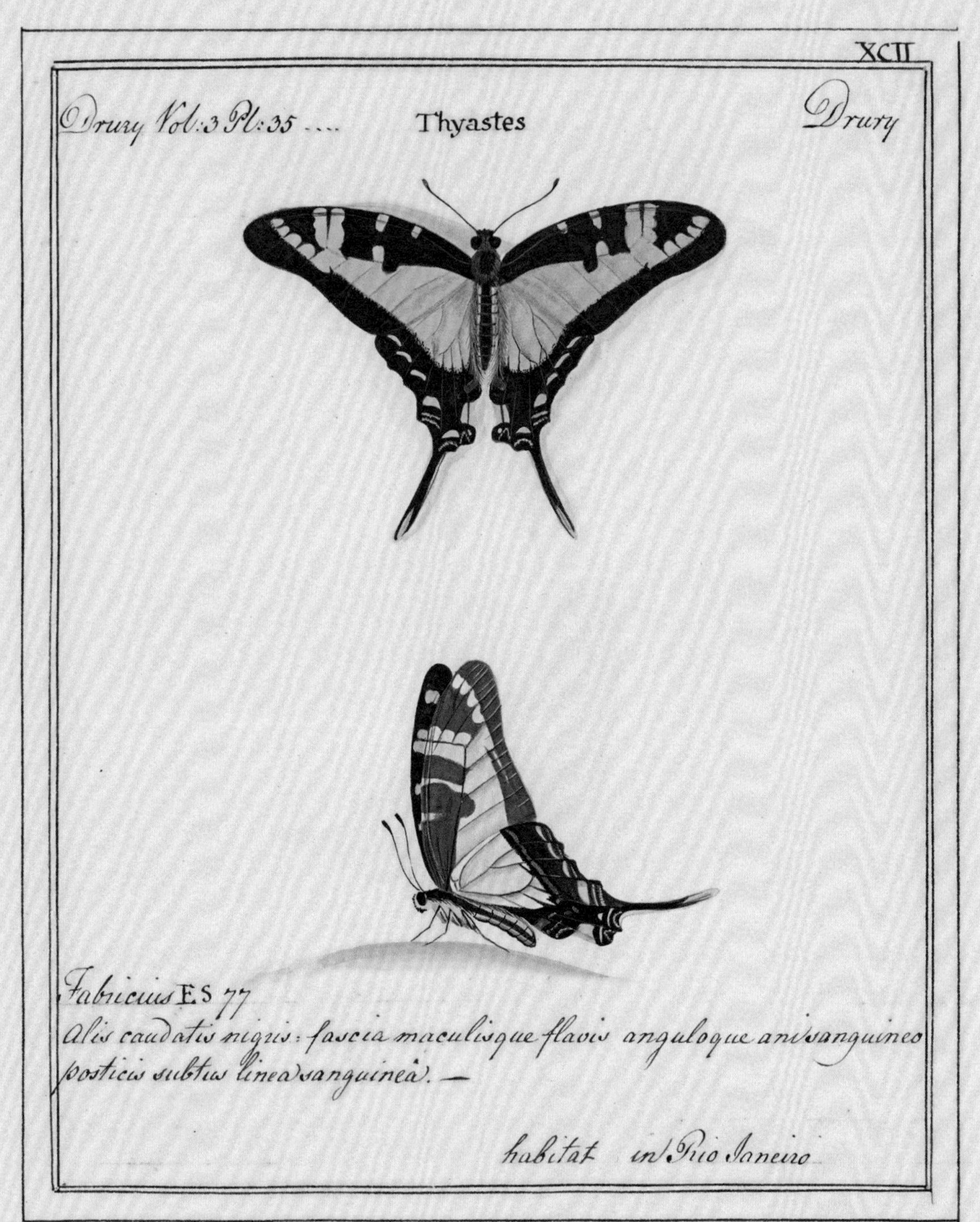

XCII
Drury Vol:3 Pl:35 ....
Thyastes
Drury
Fabricius E.S 77
Alis caudatis nigris: fascia maculisque flavis anguloque anisanguineo posticis subtus linea sanguinea. —
habitat in Rio Janeiro

图　　版：XCII. “*Thyastes*”

参考文献：D. Drury, *Illus. Nat. Hist.*, Vol. 3 (1782); Pl. 35, f. 1

收藏归属：德鲁·德鲁里

产地信息：墨西哥至南美洲

物种名片：多情阔凤蝶[11] *Protographium thyastes* (Drury, 1782)

这种南美洲的长尾突凤蝶出现在北起墨西哥，南至厄瓜多尔、秘鲁、玻利维亚和巴西东南部的广大地区，但是在亚马孙流域东部和圭亚那地盾东部并无分布。在这种蝴蝶首次被发现的巴西南部，幼虫的食源植物记录包括木兰科的 3 个属。琼斯画的肯定是指名亚种，而图版上标注的产地“里约热内卢”也完全说得通。

XCIII
Fabricius M 94
Empedocles
Sr Josh Banks
Alis caudatis fuscis: anticis fasciis abbreviata maculari viridi, posticis
subtus maculis duabus anguli ani — Habitat in India Orientali
Magnus. Antennæ nigræ, Caput et Thorax fusca Corpus lana alba tectum
Alæ anticæ utrinque fuscæ fascia in Medio abbreviata e maculis Sex viridibus
quarum quarta et sexta minutissimæ. posticæ caudatæ supra fuscæ basi
palidiores. apex Caudæ albicat, subtus fuscæ angulo Ani maculis duabus
atris lunula rufa. —
Codrus. Fabricius Sp: Ins: 69. Cram: P. 179

图　　版：XCIII. "*Empedocles*" / "*Codrus*"

参考文献：J. C. Fabricius, *Mant. insect.* (1787); No. 94 /J. C. Fabricius, *Spec. insect.* (1781); No. 69

收藏归属：约瑟夫·班克斯爵士

产地信息：马来群岛和大巽他群岛

物种名片：黄纹青凤蝶 *Graphium empedovana* (Corbet, 1941)

尽管琼斯给这幅画标了 *Empedocles* 和 *Codrus* 两个名字，但如今它们都没有用在这种蝴蝶身上。虽然最早用于该物种的学名是 *Papilio empedocles* Fabricius, 1787，但这是一个无效同名，最终在 1941 年被亚历山大·史蒂文·科比特（Alexander Steven Corbet）换掉了。黄纹青凤蝶曾被认为与黄斑带青凤蝶 *Graphium codrus* (Cramer, 1777) 关系密切，但现在又被认为区别很大。黄纹青凤蝶是一种相对稀有的长尾突凤蝶，分布在马来群岛和大巽他群岛，包括爪哇岛。

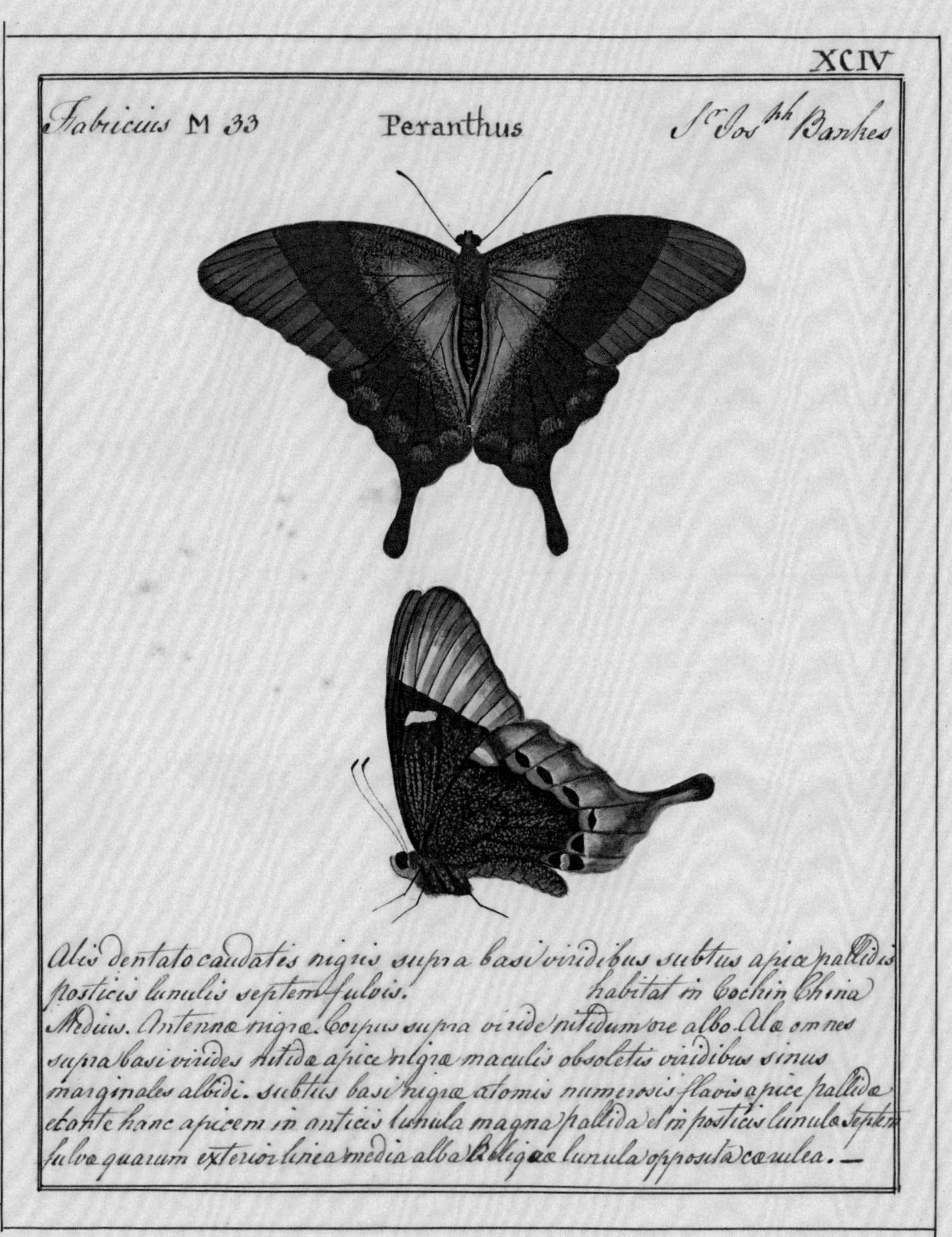
XCIV
Fabricius M 33
Peranthus
Sr Josph Bankes
Alis dentato caudatis nigris supra basi viridibus subtus apice pallidis
posticis lunulis septem fulvis.
habitat in Cochin China
Medius. Antennæ nigræ. Corpus supra viride nitidum ore albo. Alæ omnes
supra basi virides nitidæ apice nigræ maculis obsoletis viridibus sinus
marginales albidi. subtus basi nigræ atomis numerosis flavis apice pallidæ
et ante hanc apicem in anticis lunula magna pallida et in posticis lunulæ septem
fulvæ quarum exterior linea media alba lunula opposita cærulea.—

图　　版：	XCIV. “*Peranthus*”
参考文献：	J. C. Fabricius, *Mant. insect.* (1787); No. 33
收藏归属：	约瑟夫·班克斯爵士
产地信息：	爪哇岛和小巽他群岛
物种名片：	翡翠凤蝶 *Papilio peranthus* Fabricius, 1787

根据当下的物种认定，这种蝴蝶的分布范围很有趣，除了爪哇岛和小巽他群岛西部，还出现在苏拉威西岛。然而，苏拉威西亚种的体型相对更大，而一些专家似乎很有信心地认为，它最终会被证明是一个独立的物种。图中所绘的这件约瑟夫·班克斯爵士收藏的标本可能并非如琼斯标注的那样来自“*Cochin China*”（越南），而是来自爪哇岛，且很可能由班克斯亲手采集。

图版 C 中的插画如今被认定为阿蒙彩美凤蝶 *Papilio amynthor*，它描绘的是一个在《琼斯图谱》时代非常特殊的物种——1774 年 10 月，库克船长率船队前往太平洋的诺福克岛，这座岛位于新西兰和新喀里多尼亚岛之间，而阿蒙彩美凤蝶的标本只可能来自这次航行。在约瑟夫 · 班克斯就船上的食宿条件问题与人争吵，接着辞掉此次考察的职位之后，这次航行的博物学家就成了约翰 · 赖因霍尔德 · 福斯特（Johann Reinhold Forster）和他的儿子格奥尔格（Georg）。

图　　版：XCV. "*Palinurus*"

参考文献：J. C. Fabricius, *Ent. syst.* (1792–1799); No. 12

收藏归属：约瑟夫·班克斯爵士

产地信息：泰国至婆罗洲和苏门答腊岛

物种名片：小天使翠凤蝶 *Papilio palinurus* Fabricius, 1787

图　　版：XCVI. "*Bianor*"

参考文献：J. C. Fabricius, *Spec. insect.* (1781); No. 2

收藏归属：托马斯·马香

产地信息：老挝至中国和日本

物种名片：碧凤蝶 *Papilio bianor* Cramer, 1777

图　　版：XCVII. 未命名，雄

参考文献：—

收藏归属：约翰·弗朗西伦

产地信息：墨西哥至伯利兹

物种名片：红裙番凤蝶波吕泽鲁斯亚种 *Parides erithalion polyzelus* C. & R. Felder, 1865，雄

图　　版：XCVII. 未命名，雌

参考文献：—

收藏归属：约翰·弗朗西伦

产地信息：墨西哥至伯利兹

物种名片：红裙番凤蝶波吕泽鲁斯亚种 *Parides erithalion polyzelus* C. & R. Felder, 1865，雌

图　　版：XCVIII. 未命名

参考文献：—

收藏归属：约翰·弗朗西伦

产地信息：南美洲

物种名片：红心番凤蝶 *Parides aeneas* (Linnaeus, 1758)

图　　版：XCVIII. 未命名

参考文献：—

收藏归属：约翰·弗朗西伦

产地信息：南美洲

物种名片：红心番凤蝶 *Parides aeneas* (Linnaeus, 1758)

图　　版：XCIX. 未命名

参考文献：—

收藏归属：约翰·弗朗西伦

产地信息：墨西哥南部至南美洲北部

物种名片：宽绒番凤蝶 *Parides sesostris* (Cramer, 1779)

图　　版：XCIX. *Sesostius*

参考文献：—

收藏归属：约翰·弗朗西伦

产地信息：巴西

物种名片：白带阔凤蝶 [12]*Mimoides lysithous* (Hübner, 1821)

图　　版：C. 未命名

参考文献：—

收藏归属：约翰·弗朗西伦

产地信息：新喀里多尼亚岛至诺福克岛

物种名片：阿蒙彩美凤蝶 *Papilio amynthor* Boisduval, 1859

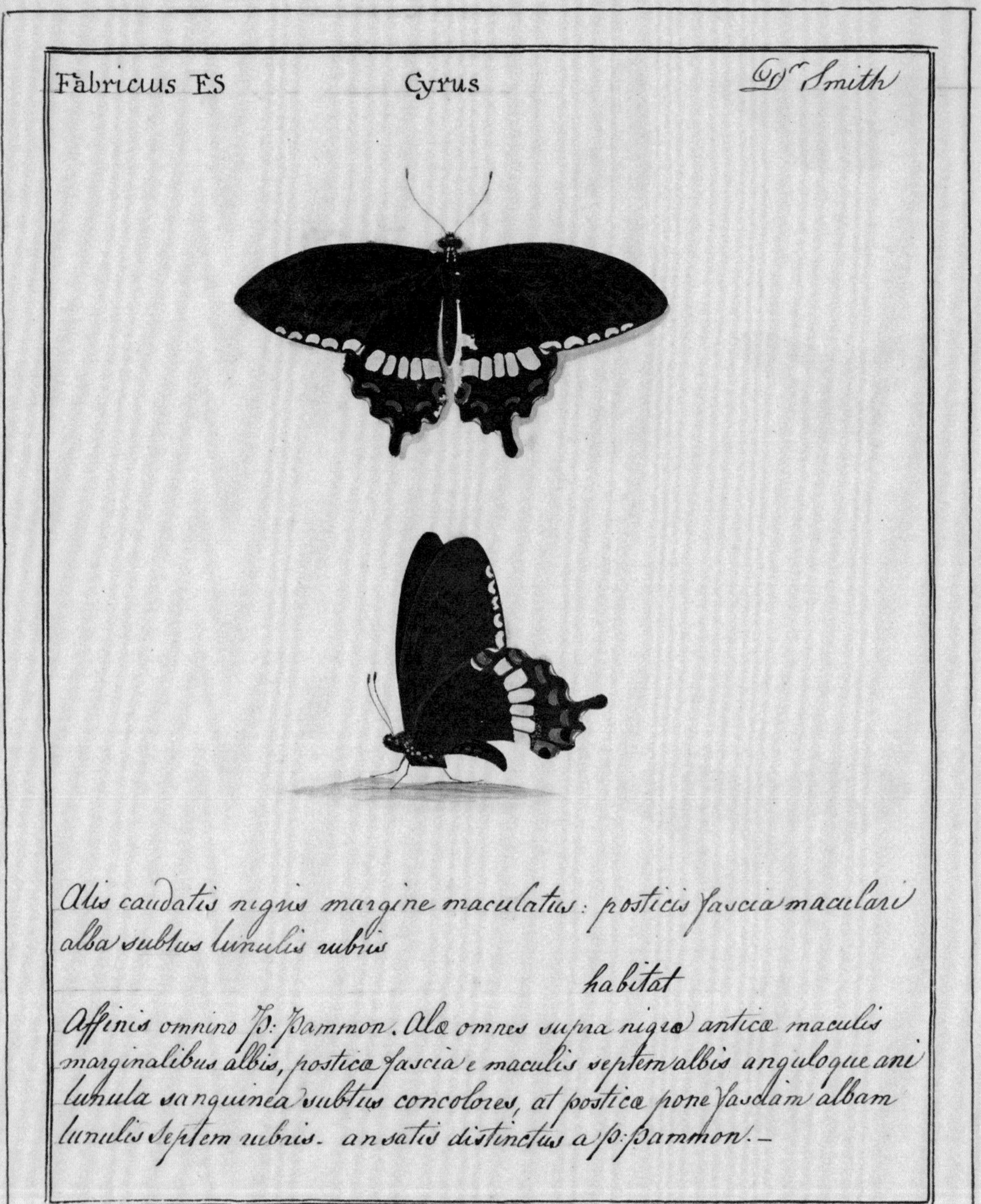

Fabricius ES
Cyrus
Dr Smith
Alis caudatis nigris margine maculatis: posticis fascia maculari alba subtus lunulis rubris
habitat
Affinis omnino P: Pammon. Alæ omnes supra nigræ anticæ maculis marginalibus albis, posticæ fascia e maculis septem albis anguloque ani lunula sanguinea subtus concolores, at posticæ pone fasciam albam lunulis septem rubris. an satis distinctus a P: Pammon.–

图　　版：CI. "*Cyrus*"（ICO）

参考文献：J. C. Fabricius, *Ent. syst.* (1792–1799); No. 19

收藏归属：詹姆斯·爱德华·史密斯

产地信息：印度

物种名片：玉带凤蝶罗穆卢斯亚种 *Papilio polytes romulus* Cramer, 1775, "cyrus"型，雌

琼斯在此处画了玉带凤蝶罗穆卢斯亚种的"cyrus"色型，这是玉带凤蝶雌性可能出现的 3 种色型之一，此外还有"stichius"型和"romulus"型（见第 I 卷图版 XX，第 23 页）。雌性的多型性让玉带凤蝶得到了 common mormon（常见摩门蝶）这一英文俗名，意指摩门教所推行的一夫多妻制。

图　版：CII. 未命名

参考文献：—

收藏归属：约翰 · 弗朗西伦

产地信息：巴西

物种名片：白带阔凤蝶 *Mimoides lysithous* (Hübner, 1821)

琼斯在第 I 卷图版 XCIX（见第 91 页）也画过一次白带阔凤蝶。两件标本明显的色彩差异源自该物种高度的多样性。白带阔凤蝶的化学防御能力强弱尚属未知，但它似乎与番凤蝶属的多个种类（比如彩带番凤蝶和细带番凤蝶）存在拟态方面的强烈关联，而番凤蝶是取食马兜铃属植物的，人们认为它们对很多潜在捕食者来说都是难以入口的。

物种分布图：欧洲

第Ⅰ卷	第 1—93 页
第Ⅱ卷	第 105—143 页
第Ⅲ卷	第 147—225 页
第Ⅳ卷	第 241—317 页
第Ⅴ卷	第 329—423 页
第Ⅵ卷	第 439—539 页

琼斯所绘的物种中有 125 个分布在欧洲。其中 3 个物种的模式标本图像出自《琼斯图谱》，它们在地图上以白色数字标记，并在左页的清单上以星号（*）标出。对于琼斯所绘的多数标本，此处给出的产地信息是其物种分布的地理范围。不过作为模式标本图像的标本画都被鉴定到了亚种一级，因此这里给出的产地信息更加具体，表示的是琼斯所绘标本的采集地。

1. 锯凤蝶：意大利至乌拉尔山脉 47
2. 缘锯凤蝶：西班牙至北非 47
3. 金凤蝶：全北界 77
4. 旖凤蝶：中欧和南欧 85
5. 阿波罗绢蝶：整个古北界 109
6. 福布绢蝶指名亚种*：俄罗斯阿尔泰共和国翁古达伊 109
7. 绢粉蝶：欧洲，在英国已灭绝 110
8. 觅梦绢蝶：欧洲 110
9. 小粉蝶：欧洲 152
10. 钩粉蝶：欧洲 153、183
11. 欧洲粉蝶：欧洲和北非 157
12. 菜粉蝶：古北界 157
13. 暗脉菜粉蝶：全北界 158
14. 黑缘豆粉蝶：全北界 169
15. 红襟凤蝶：欧洲 173
16. 绿纹荣粉蝶：伊比利亚半岛和北非 174
17. 克雷钩粉蝶：欧洲和北非 176
18. 红点豆粉蝶：欧洲 183
19. 豆粉蝶：欧洲 184
20. 云粉蝶：北非和欧洲 191
21. 红眼蝶属未定种：欧洲山区？ 224
22. 红眼蝶属某种，参考黑珠红眼蝶：欧洲山区 225
23. 原红眼蝶：达尔马提亚至乌拉尔山脉和小亚细亚半岛 225
24. 黄环链眼蝶：古北界 248
25. 指名仁眼蝶：欧洲 251
26. 尖纹仁眼蝶：欧洲 251
27. 八字岩眼蝶：北非和中欧东部 252、269
28. 白徘眼蝶：中欧和北非 253
29. 玛毛眼蝶：欧洲 254
30. 山麓红眼蝶：欧洲阿尔卑斯山脉 257
31. 暗红多眼蝶：欧洲东南部 260
32. 蛇眼蝶：西起西班牙，东至日本 260
33. 小红蛱蝶：欧洲、亚洲、北美洲、非洲和澳大拉西亚 262
34. 女神眼蝶：欧洲 263
35. 毛眼蝶：欧洲和北非 263
36. 莽眼蝶：欧洲和北非 264
37. 加勒白眼蝶：欧洲和北非 265
38. 火眼蝶：欧洲和北非 265
39. 阿芬眼蝶：欧洲 266
40. 帕眼蝶：欧洲和北非 266、286
41. 孔雀蛱蝶：西起英国，东至日本 267
42. 紫闪蛱蝶：西起英国，东至中国 267
43. 柳紫闪蛱蝶：法国和中欧东部 268
44. 红斑多眼蝶：俄罗斯南部 268
45. 森林红眼蝶指名亚种*：欧洲大陆 275
46. 细带仁眼蝶：欧洲和北非 276、281
47. 云眼蝶：欧洲至俄罗斯远东地区 279
48. 北非火眼蝶：欧洲西南部和北非 279
49. 玄裳眼蝶：摩洛哥、法国至中国 280
50. 波翅红眼蝶：西起欧洲，东至日本 283
51. 森林红眼蝶？：中欧至小亚细亚半岛 283
52. 西方白眼蝶：西班牙、法国南部和北非 286
53. 黄缘蛱蝶：北美洲和欧洲 299
54. 参考龙女宝蛱蝶：西起比利牛斯山脉，东至中国 302
55. 卵珍蛱蝶：古北界，包括英国 304
56. 北冷珍蛱蝶：全北界 304、316
57. 提珍蛱蝶：西起西欧，东至俄罗斯阿尔泰共和国 305
58. 小豹蛱蝶属某种，参考小豹蛱蝶：西起欧洲，东至日本 305
59. 丝网蜘蛱蝶：西起欧洲，东至日本 307
60. 女神珍蛱蝶：欧洲 308
61. 豹纹堇蛱蝶：西起阿尔卑斯山脉以北的欧洲，东至俄罗斯阿尔泰共和国 308、317
62. 金堇蛱蝶：西起英国，东至韩国 309
63. 黄蜜蛱蝶：西起英国，东至日本 309、316
64. 绿豹蛱蝶：西起英国，东至日本 310
65. 珠蛱蝶：加那利群岛、北非和欧洲，向东达中国西部 310
66. 灿福蛱蝶：爱尔兰至日本 311
67. 银斑豹蛱蝶：爱尔兰至日本 311
68. 狄网蛱蝶：西起欧洲，东至中亚 313、314、315
69. 橙红斑蚬蝶：西起英国和西班牙，东至俄罗斯 314
70. 庆网蛱蝶：西起英国，东至亚洲 314
71. 网蛱蝶属某种，未发表名"*ilythia*"，参考褐斑网蛱蝶：中欧和南欧 315
72. 老豹蛱蝶：西起斯堪的纳维亚半岛和东欧，东至日本 316
73. 潘豹蛱蝶：西起南欧，东至小亚细亚半岛和中国西部 316
74. 小豹蛱蝶：西起欧洲，东至日本 316
75. 欧洲小豹蛱蝶：欧洲西南部、俄罗斯、伊朗和中亚 316
76. 伊诺小豹蛱蝶：西起欧洲，东至日本 316
77. 福蛱蝶：西欧 316
78. 斑豹蛱蝶属未定种：全北界 316
79. 单环蛱蝶：古北界 360
80. 小环蛱蝶：欧洲至西伯利亚 361
81. 隐线蛱蝶：西起英国，东至日本 363
82. 棕黑线蛱蝶：欧洲至伊朗 370
83. 黄缘螯蛱蝶：南欧、地中海地区和非洲 379
84. 白矩朱蛱蝶：全北界 400
85. 红线蛱蝶：西起法国东南部，东至中亚和日本 418
86. 优红蛱蝶：全北界和中美洲 421
87. 榆蛱蝶：古北界和北美洲东部 420
88. 荨麻蛱蝶：古北界 420
89. 灰蝶科未定种，洒灰蝶属某种？：全北界 450
90. 栎艳灰蝶：欧洲和北非，向东至亚美尼亚 464
91. 线灰蝶：西起欧洲，东至韩国 464
92. 亮灰蝶：旧大陆、澳大利亚和夏威夷 466
93. 链弄蝶：西起西班牙北部，东至韩国 487
94. 珠弄蝶：古北界，西起英国，东至中国 489
95. 卡灰蝶：特内里费岛、北非和欧洲，向东至俄罗斯阿穆尔州 490
96. 离纹洒灰蝶：西起英国，东至日本 492
97. 潘非珍眼蝶：欧洲和北非，向东至西伯利亚 497
98. 隐藏珍眼蝶指名亚种：欧洲至乌拉尔山脉南段 498
99. 蟾眼蝶指名亚种：乌克兰至阿尔泰山脉 498
100. 英雄珍眼蝶：西起法国北部，东至日本 499、510
101. 珍眼蝶属某种，参考油庆珍眼蝶：西起西欧，东至西伯利亚 499
102. 图珍眼蝶：全北界 499
103. 橙灰蝶：西起欧洲，东至俄罗斯阿穆尔州 501
104. 红灰蝶：欧洲、北美洲和东非 501
105. 斑貉灰蝶：西起欧洲，东至蒙古 502
106. 尖翅貉灰蝶：西起西欧，东至伊朗 503
107. 琉璃灰蝶：英国和北非，向东至日本 503
108. 白灰蝶属某种，参考胡麻霾灰蝶：欧洲 505
109. 霾灰蝶：英国和西欧，向东至日本 506
110. 克里顿眼灰蝶：欧洲 506
111. 枯灰蝶属某种，参考奥枯灰蝶：西起西班牙，东至蒙古 507
112. 豆灰蝶：西起英国，东至日本 507
113. 白缘眼灰蝶：西起英国，东至俄罗斯和日本 507
114. 爱灰蝶：英国和西班牙北部，向东至俄罗斯阿穆尔州 508
115. 白斑爱灰蝶指名亚种*：苏格兰 508
116. 枯灰蝶：西起英国，东至蒙古 508
117. 珞灰蝶：西起西班牙，东至蒙古 508
118. 弄蝶亚科未定种，可能是赭弄蝶属某种：全北界 517
119. 有斑豹弄蝶：英国、北非，向东至伊朗 521
120. 弄蝶：全北界 522
121. 小赭弄蝶：西起英国，东至西伯利亚 522
122. 锦葵花弄蝶：西起英国，东至俄罗斯阿穆尔州 527
123. 琉璃灰蝶：英国和北非，向东至日本 539
124. 海驰橙灰蝶：西起西欧（不含英国），东至俄罗斯阿穆尔州 539
125. 灰蝶属某种：可能分布在欧洲 539

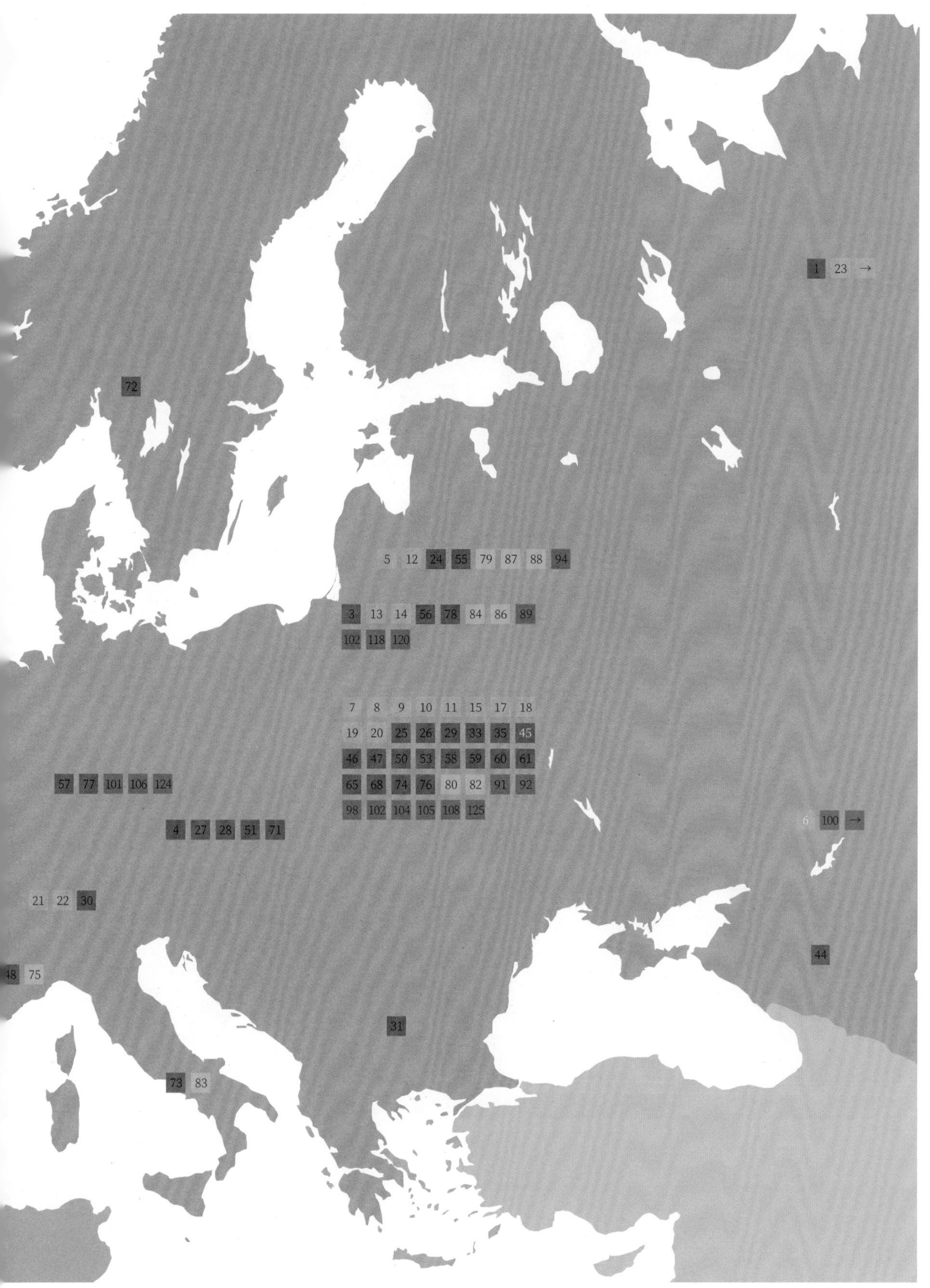
1 23 →
72
5 12 24 55 79 87 88 94
3 13 14 56 78 84 86 89
102 118 120
7 8 9 10 11 15 17 18
19 20 25 26 29 33 35 45
46 47 50 53 58 59 60 61
65 68 74 76 80 82 91 92
98 102 104 105 108 125
57 77 101 106 124
4 27 28 51 71
6 100 →
21 22 30
44
48 75
31
73 83

来自埃及底比斯内巴蒙墓的一幅壁画，创作年代约为公元前1350年，描绘了一名狩猎途中的男子。图中的野生动物画得很准确，包括数只金斑蝶 *Danaus chrysippus*。在一些古代文化中，蝴蝶象征着重生和逝者的灵魂，但埃及的绘画中并未出现它们的幼虫和蜕变过程，因此我们无法确定埃及人是否持有这种信仰。

鳞翅目的早期研究

阿尔贝托·齐利（Alberto Zilli）

你可能会好奇，是否有一条共同的线索，能够将新石器时代在世界各地的岩石上刻画蝴蝶和蛾的那些艺术家[1]，与早期学术团体中那些收藏和研究这些异彩纷呈的昆虫的饱学之士串联起来。无论是作为艺术的灵感源泉，还是作为使人好奇、引人遐想的奇珍异宝，长久以来，鳞翅目昆虫都令我们着迷不已。

人类语言的字里行间清晰地展露出种种迹象，表明人类与蝶蛾之间有着深入骨髓的羁绊：我们常把一个人突破困境、重获新生表达为“破茧而出”，而数不清的比喻也将人类生活的方方面面与蝶和蛾的变态发育过程联系在一起。对蝴蝶与人类之关联的表述，最深刻的可能莫过于古希腊语中的“psyche”一词，它具有双重含义，既指“灵魂”，也指“蝴蝶”（或者蛾）[2]，这源于灵魂转世犹如蝴蝶羽化的观念。这一观念的产生可能是由于蝴蝶羽化并飞离蛹壳时能够打破那些将它们困囿于地面的束缚，犹如灵魂升天，摆脱尘世的肉体束缚。

早期研究的实用主义推动者

长久以来，蝴蝶和蛾为装饰艺术、诗歌和文学提供着源源不断的灵感[3]，但人们能够找到的所有证据都表明，鳞翅学研究的最初几步是在功利主义动机的推动下迈出的[4]。在历史上，由于养蚕，鳞翅目昆虫变态发育的细节很早便为人们所熟知。在中国，这一历史可以追溯到至少 6700 年前[5]。中国的早期村社是有史可循的第一批熟知蛾类生活史的专家。当时，他们可能饲养了天蚕蛾科 Saturniidae 的几种蚕蛾——这个科的很多成员至今仍被养来产丝[6]。但中国古人养蚕最重要的成果还要数将野蚕 *Bombyx mandarina*（属于蚕蛾科 Bombycidae）的野生虫群驯化成丝腺更大、产丝量更高的家蚕 *Bombyx mori*[7]。这个人为选择的过程让蚕失去了大量的原始特征——如成虫的飞行能力，也让它们越来越依赖养蚕人提供的食物、清洁的环境，以及结茧时的物理支撑。

根据现有的图像资料判断[8]，其他古文明，比如古埃及，并不了解蝴蝶和蛾的变态发育[9]。不过在古希腊已经有人对其知晓一二（虽然带有一些错误），在亚里士多德（前 384—前 322）的著作中可见一斑。这位伟大的古希腊哲学家还提供了关于蝴蝶和蛾的一些其他信息。他记载了爱琴海科斯岛的养蚕传统，这里的人用另一种蛾（角丝枯叶蛾 *Pachypasa otus*，属于枯叶蛾科 Lasiocampidae）来生产所谓的科岛丝（Coan silk）[10]。长期以来，地中海周边文明就是使用这种丝（被称为 *bombykia* 或 *bombycina*）[11]，直到桑蚕丝（*sericum*）织成的丝绸经由连接东方的贸易线路逐渐普及，最终征服了西方，尤其是古罗马的市场[12]。在拜占廷帝国皇帝查士丁尼一世（Justinian I，约 482—565）在位期间，家蚕终于被盗运出来，引入西方[13]。除了养蚕，古代文明还因医药用途，以及农业害虫防治而发展出对鳞翅目昆虫的兴趣[14]。《圣经》和亚里士多德的著作中就曾出现对衣蛾的早期记载[15]。

以亚里士多德的作品为界，关于蝴蝶和蛾类的实用性文献中断了一段时间，但不久又被更加务实的古罗马作家捡了起来。除了学识广博的老普林尼（Pliny the Elder，23 或 24—79）这半个例外[16]，大部分古罗马作家都是从农业实践方面来论述这些昆虫的。有趣的是，其中一位可能是历史上第一个发明灯诱捕蛾法的人——卢修斯·科卢梅拉（Lucius Columella，4—70）在《农事论》（*De re rustica*）中描述了诱杀蜂巢害虫蜡螟的方法：

Russell and Colton, 1931; Schimitschek, 1978; Graziosi, 1980; Steinbring, 2014; Nazari, 2015; Hernbrode and Boyle, 2016.

Davies and Kathirithamby, 1986.

Schimitschek, 1977; Nazari, 2014.

Horn, 1926; Essig, 1936; Harpaz, 1973; Konishi and Ito, 1973a; Morge, 1973.

Konishi and Ito, 1973b.

Peigler, 2020.

Herrera and Garcia-Bertrand, 2018.

Haynes, 2013; Nazari and Evans, 2015.

Nazari and Evans, 2015, 258.

Aristoteles edn, 1854; Longo, 2002.

Porter, 1831; Aristoteles edn, 1854; Plinius Secundus edn, 1985, XI, 76.

Porter, 1831; Seneca edn 1844, VII, 9.5.

Porter, 1831; Figuier, 1867.

Harpaz 1973; Konishi and Ito, 1973.

Anonymous edn, 1592; Aristoteles edn, 1854.

Plinius Secundus edn, 1985.

将火焰置于窄口瓶底，就能诱集蜡螟并加以灭杀[17]。

在西方世界，从西罗马帝国灭亡到文艺复兴，鳞翅学几乎寸步未进。各种资料只是偶尔提及蝴蝶、蛾和毛虫，并且语焉不详，比较值得关注的是《自然学》（*Physiologus*）的一些版本——这本书最初是拜占廷帝国亚历山大港的学校教材，后来又出现了一些衍生品——圣伊西多尔（Isidore of Seville，约 560—636）和拉巴努斯·毛鲁斯·马格内恩提乌斯（Rabanus Maurus Magnentius，约 780—856）的著作，以及很多中世纪动物寓言集[18]。12 世纪后，值得关注的鳞翅学研究者有大阿尔伯图斯（Albertus Magnus，约 1200—1280）、巴托洛梅乌斯·安戈里克斯（Bartholomaeus Anglicus，约 1203—1272）和康坦普雷的托马斯（Thomas of Cantimpré，1201—1272），他们仍然基本遵循亚里士多德学派的研究方法，并在此基础上增加了对鳞翅目和其他昆虫的第一手观察[19]。这些早期文献通常探讨的是毛虫的生活史和取食习性、鳞翅目昆虫的生命周期，以及家蚕。有时研究内容会扩展到蚕丝的医疗用途，例如 1491 年出版于美因茨的《医药园地》（*Hortus sanitatis*）[20]。在中世纪，时常有人试图解释飞蛾奇特的趋光现象[21]，比如炼金术传统中的那句著名回文“in girum imus nocte et consumimur igni”（我们在暗夜游荡，以身投火），有人把这种现象归因于魔鬼的引诱[22]。

博物学标本的收藏与整理

15—16 世纪，富裕阶层的人们开始在私人收藏室内积累博物学标本和其他物品，这将对鳞翅目昆虫的科学研究产生重大影响。意大利文艺复兴时期，很多人家中会建有书房（studiolo）——一个摆放科学仪器、书籍、艺术品和标本的小房间，主人可以在里面静下心来沉思和研习。此时，这种传统的书房变成了规模更大、更有条理、意在对外展示的收藏室。这些收藏室一般被称为“珍奇柜”，它们是现代博物馆的雏形，并且风靡整个欧洲。尤其是对贵族和富商来说，它们显然是权力和财富的象征，也是将世间万物投射到一个可以掌控的小宇宙中，进行系统性整理的尝试。在这个宇宙的缩影中，收藏家能够探寻自然的法则，那是一个既丰富认知，又滋养灵魂的过程[23]。

在欧洲，部分最重要的珍奇柜是那些对生命（和死亡）的秘密有着职业兴趣的人收集起来的，比如药剂师和外科医生，其中最值得关注的有弗朗切斯科·卡尔佐拉里（Francesco Calzolari，1522—1609）、费兰特·因佩拉托（Ferrante Imperato，1550—1625）、巴西利乌斯·贝斯勒（Basilius Besler，1561—1629）、奥勒·沃尔姆（Ole Worm，1588—1654），还有晚一些的，像阿塔纳修斯·基歇尔（Athanasius Kircher，1602—1680）这样的神职人员。在英格兰，最早的珍奇柜之一属于园艺家约翰·特拉德斯坎德（John Tradescant，约 1570—1638）及其子小约翰·特拉德斯坎德（John Tradescant the Younger，1608—1662），后来又被并入了伊莱亚斯·阿什莫尔（Elias Ashmole，1617—1692）的收藏。不幸的是，在这些学者发表的配有精美插图的早期博物馆记录中，几乎没有关于蝴蝶和蛾的内容[24]，这可能是因为蝴蝶和蛾脆弱至极的天然属性，它们是最难保存的标本之一。

博物馆学的这段早期岁月让人们认识到生命惊人的多样性，欧洲人对新大陆的探索，以及在那里发现的前所未知的奇珍和生物在一定程度上推动了这种认识[25]。拥有自然标本，对它们进行分类，会让收藏者们产生一种幻觉，觉得自己就算还没有掌握生命的奥秘，至少也对它拥有某种独到的见解——他们意图通过展示生命体无穷无尽的多样性和神之造物完美的秩序来赞美上帝，因而显得十分正当，得到公众的普遍认可。研究大自然往往是教士、神学家和所谓“牧师博物学家”的事。德国神学家兼博物学家弗里德里希·克里斯蒂安·莱塞（Friedrich Christian Lesser，1692—1754）明确表示，他创作那些昆虫学图书的立意就是将昆虫与上帝联系起来，上帝的无上之能在这些动物身上体现得淋漓尽致。他的第一部作品是《以昆虫论智慧、全能和神之旨意》（*De sapientia, omnipotentia, et providentia divina ex partibus insectorum cognoscenda disquisitio*，1735），紧接着是《昆虫神学》（*Insecto-theologia*，1738—1740），后又被译为英文，题为《昆虫神学：从昆虫的结构

17. Columella edn, 1977, I
14.
18. Rabanus Maurus edn, 1
Isidorus Hispalensis ed
1911; Morge, 1973;
19. Morini, 1996.
Bartholomaeus Anglicu
edn, 1480; Albertus
Magnus edn, 1519; Th
Cantipratanus edn, 197
Morge, 1973.
20. Anonymous, 1491.
21. Bartholomaeus Anglicu
edn, 1480; Morini, 199
22. Authors' Team, 1841;
1894.
23. Beier, 1973; Impey and
MacGregor, 1985; Lugl
1990; HooperGreenhil
1992; Paraventi and
Cataldo, 2007; Mauriès
2019; Listri, 2020.
24. Imperato, 1599; Besler,
[1622]; Cerutus and
Chiocco, 1622; Worm,
1655; Imperato, 1672;
Buonanni, 1709; Hager
1887; Swann, 2001.
25. Masseti, 2018.

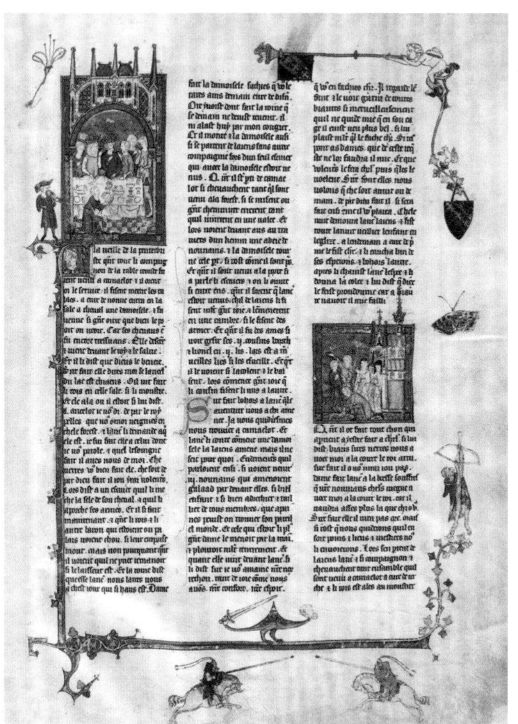

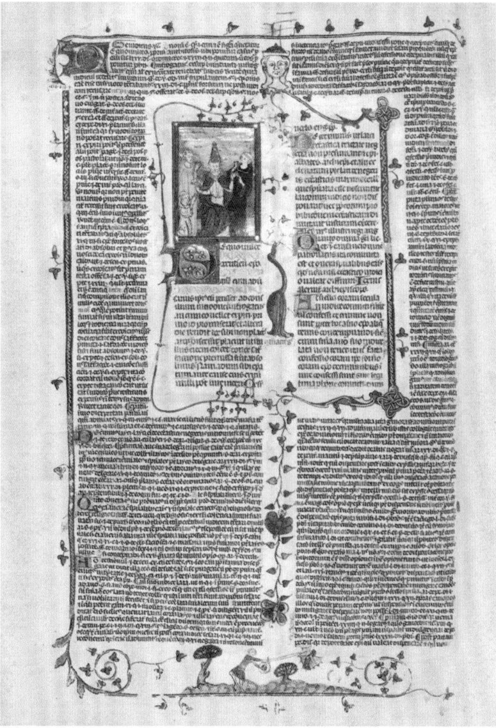

蝴蝶和蛾常常出现在带插图的中世纪图书中，既有抽象化的插图，也有充满细节的描绘，足以辨认出真实的物种（例如上排左图中的荨麻蛱蝶 *Aglais urticae*）。画面中常常有人、小天使和猴子正在追逐它们，试图徒手或是用帽子、衣服、棍棒和网等五花八门的工具抓住它们。

展示莱维努斯·文森特（Levinus Vincent）的昆虫和鸟类收藏的插图（1719），首次刊行于1706年。16—18世纪，自然珍奇的收藏柜在学者和富裕阶层中逐渐流行起来。它们反映了神之造物的完美秩序，是向同行——有时也向公众——展示地位的象征。如此图所示，价值最高的是那些从海外得来的标本。

和经济性，看上帝的存在与完美》（*Insecto-Theology: or, a Demonstration of the Being and Perfections of God, from a Consideration of the Structure and Economy of Insects*, 1799）[26]。对于其他人，尤其是那些不从事神职的人来说，收藏则成为地位的象征。

这个包罗万象的目标激励人们去梳理关于特定事物的知识，其中昆虫学领域的最佳代表是乌利塞·阿尔德罗万迪（Ulisse Aldrovandi，1522—1605）。他出版了一部里程碑式的著作，题为《昆虫类动物七卷》（*De animalibus insectis libri septem*，1602）[27]，书中正式记述了当时已知的鳞翅目物种，包括幼虫和蛹，并配有相应的插图，此外还有分类构架，以及对其解剖结构和生活习性的观察。定位类似的作品有托马斯·莫菲特（Thomas Mouffet，1553—1604）的《昆虫或小动物剧场》〔*Insectorum sive Minorum animalium theatrum*，首次出版于1634年，其中还包含爱德华·沃顿（Edward Wotton）、康拉德·格斯纳（Konrad Gessner）和托马斯·彭尼等早期作家的著述〕[28]和约翰·琼斯顿（John Jonston，1603—1675）的《昆虫自然史》第III卷（*Historiae naturalis de insectis libri III*，1653）[29]。这些专著成了那些收藏实物在概念上的副本。

17世纪下半叶，显微学的重大发展为昆虫学研究打开了新的大门。有两位顶尖的显微学家为鳞翅学做出了巨大贡献：一位是马尔切洛·马尔皮吉（Marcello Malpighi，1628—1694），他的著作《家蚕的解剖》（*Dissertatio Epistolica de bombyce*，1669）详尽讲述了蚕的解剖结构；另一位则是扬·斯瓦默丹（Jan Swammerdam，1637—1680），在其身后出版的《昆虫自然史通论》（*Historia insectorum generalis*，1685）[30]中将详细的解剖学观察和对多种昆虫变态发育过程的细致研究结合起来，其中一个研究案例就是古毒蛾 *Orgyia antiqua*[31]。

在16—18世纪持续不断的地理探索和发现的同时，贵族、资本家、富有的专业人士和经销商正积极投入，试图从地球上最偏远的地方获得出类拔萃的博物学标本，这种狂热同样影响到了各国统治者，例如哈布斯堡王朝皇帝鲁道夫二世（Rudolf II，1552—1612）、俄罗斯帝国的彼得大帝（Peter the Great，1672—1725）、瑞典国王阿道夫·弗雷德里克（Adolf Fredrik，1710—1771）和王后路易莎·乌尔莉卡（Queen Lovisa Ulrika，1720—1782）。

要想丰富自己的收藏，除了亲身参与远航，唯一的办法就是联系那些从欧洲港口启航、驶向海外领地的船长。为了获得海外的鳞翅目和其他博物学标本，视宝如命的收藏家们，比如伦敦的药剂师詹姆斯·佩蒂弗（James Petiver，约1663—1718）、德国－荷兰药剂师阿尔贝图斯·塞巴（Albertus Seba，1665—1736）和伦敦珠宝商德鲁·德鲁里，都花了重金来确保船老大们为他们效力，并且常常会给船上的长官提供详细的指导和采集工具[32]。

影响深远的推动者

在欧洲的收藏界，真正影响深远、贡献卓著、提升了人们对海外蝶蛾及其他昆虫兴趣的，是《苏里南昆虫变态图谱》的出版。这本书的作者是德裔荷兰籍博物学家玛利亚·西比拉·梅里安，她为苏里南的野生昆虫绘制了优美的插画，描述了它们的生活习性，这本精美的彩色图谱至今仍在重印[33]。在此之前，她就已经出版了两卷关于欧洲蝶蛾生活史的出色著作——《毛虫的奇妙变态和以花为食的奇特食性》（*Der Raupen wunderbare Verwandelung und sonderbare Blumennahrung*，1679—1683）[34]，这代表着在扬·胡达特（Jan Goedart，1617—1668）那三卷已经很详细的《昆虫的变态和自然史》（*Metamorphoseos et historiae naturalis insectorum*，1662—1669）[35]的基础上的重大进步，梅里安也因此扬名。梅里安的大部分苏里南蝶蛾原画都落入了另一位对鳞翅目昆虫感兴趣的君主——乔治三世（George III，1738—1820）之手，如今属于英国王室[36]。

奥古斯特·约翰·勒泽尔·冯·罗森霍夫的《趣味昆虫月刊》（*Der monatlich-herausgegebenen Insecten-Belustigung*，1746—1755）[37]前三卷同样为普及世界各地的昆虫多样性做出了贡献。这部著作最初是从1740年起作为月刊发行的，在准确的文字描述基础上配有漂亮的插图。这部作品与勒内－安托万·费尔绍·德

Lesser, 1735, 1738–1740, 1799.

Aldrovandi, 1602.

Mouffet, 1634.

Jonston, 1653.

原文此处是1669，这本书第一部分也的确出版于1669年，但文中提到身后出版，因此这里指的应该是后人整理斯瓦默丹留下的资料和修订意见出版的1685年版本。

Malpighi, 1669; Swammerdam, 1669; Beier, 1973.

Drury, 1768; Engel, 1937; Jarvis, 2018.

Merian, 1705.

Merian, 1679, 1683.

Goedart, [1662–1669].

Heard, 2016.

Rösel [von Rosenhof], 1746–1755.

雷奥米尔（René-Antoine Ferchault de Réaumur，1683—1757）的系列作品《昆虫史纪事》（*Mémoires pour servir à l'histoire des insectes*，1734—1742）在题材上有一定的重叠，但二者的特色完全不同。《昆虫史纪事》是一套着眼于欧洲类群的专著，综合考量并深度覆盖了昆虫的形态、行为和生态，是鳞翅学和昆虫学历史上的一座里程碑。在这部共计 6 卷的作品中，有将近三卷完全致力于记述鳞翅目[38]。

在英格兰，弗朗西斯·培根（Francis Bacon，1561—1626）那种强调基于客观观察和具体经验总结一般规律的经验主义为昆虫科学奠定了坚实的基础。人们对于蝴蝶和蛾的兴趣发展成为很多不同的方向。很多狂热的爱好者建立了自己的收藏，一些热衷于英国本土区系，而另一些（通常更富有）则望向了海外种类这个变幻无穷的万花筒。英国早期的鳞翅学者都不是专业的动物学家或昆虫学家——他们多半是爱好博物学并掌握相关技能的业余人士，最多也就是医生、药剂师，或者植物学家，他们在出于职业需求了解植物的过程中，也被鳞翅目和其他昆虫勾起了兴趣。

在《昆虫或小动物剧场》中，英国博物学家托马斯·莫菲特的意图明显是记录和描述自己所知的全部物种[39]。莫菲特掌握的大多数信息来自植物学家卡罗吕斯·克卢修斯（Carolus Clusius，1526—1609）在维也纳期间获得的，当然其中很多物种在英国也很常见。有趣的是，虽然莫菲特对鳞翅目的生活史一清二楚，但他还是将幼虫与成虫分开来写，因为幼虫长得跟成虫太不一样了，而且“用很多条腿行走”[40]。

与莫菲特的作品相反，牧师兼博物学家约翰·雷的身后之作《昆虫史》（*Historia insectorum*，1710）的主要（并且在当时令人惊讶地足够充分的）动力明显在于对物种进行分类。直到林奈时代到来之前，约翰·雷对世界鳞翅目昆虫的分类都极具影响力[41]。雷对蝴蝶很着迷，他说，它们来到世间的目的，是“为宇宙增光添彩，让人类赏心悦目”[42]。

詹姆斯·佩蒂弗可能是 17 世纪晚期英国博物学家狂热活动的最佳写照，他的作品经常被雷引用。詹姆斯·佩蒂弗的主业是药品供应商，并因对主业漫不经心，却持续专注于从世界各地的每个角落搜集各种各样的博物学标本而闻名。他既买标本，也卖标本；既和学者们保持联络，也可耻地同奴隶贩子打交道；他出版了一些记述个人收藏的著作〔《佩蒂弗博物馆“世纪谈”》（*Musei Petiveriani 'centuriae'*，1695—1703）；《自然艺术宝库“十年录”》（*Gazophylacii naturae & artis 'decades'*，1702—1706）〕，包括一本专门记述英国蝴蝶的插画精美的专著〔《英国蝴蝶图像与名称等辑录》（*Papilionum Britanniae icones, nomina, &c.*，1717）〕；他在自己的佩蒂弗博物馆中积累的混乱不堪的标本也将被世人铭记。佩蒂弗去世后，他的藏品被医生兼大收藏家汉斯·斯隆（Hans Sloane，1660—1753，我们现在知道他同样曾从奴隶贸易中获利）从佩蒂弗妹妹手中买下。斯隆又将这些财产遗赠给大英博物馆，构成了大英博物馆成立之初的核心藏品[43]。大英博物馆在博物学方面的馆藏后来独立出来，成为伦敦自然史博物馆。

和当时的其他收藏家一样，佩蒂弗保存蝴蝶和蛾类标本的方式是将它们夹在两片透明的云母之间。比起像植物标本馆那样将标本压扁后粘在台纸上的做法——专注于英国动物区系的收藏家伦纳德·普拉肯内特（Leonard Plukenet）所采用的基本体系——这种方法代表着长足的进步，虽然它仍然无法避免对虫体的破坏[44]。斯隆也了解使用带有玻璃盖的标本盒完整保存标本的方法，但这一方法当时还没有得到广泛应用。然而，当时荷兰的收藏家正在采用这种方法，从扬·范克塞尔（Jan van Kessel）的《四大洲》（*Four Continents*）系列画作，尤其是《美洲》（*America*，创作于 1666 年）就可以看出来，画面中可以清晰地看到墙上挂着的昆虫标本盒。佛兰德－荷兰的那些绘有精美蝴蝶形象的传统静物画同样表明，低地诸国的博物学家一直以来都专精于蝴蝶标本的保存[45]。

佩蒂弗也许不是一位杰出的学者，然而卡尔·林奈却频频将他与那些声名显赫的学者、艺术家和其他收藏家相提并论。彼时彼刻恰如此时此刻，在这个“公众科学”的时代里，鳞翅学正在从社会各界的贡献中吸取养分，无论来自专业人士还是业余爱好者。

38. Réaumur, 1734–1742.
39. Salmon, 2000; Raven ed 2010.
40. Mouffet, 1634, 178.
41. Beier, 1973.
42. Ray, 1710, 109.
43. Petiver, 1695–1703, 170 1711, 1717; Stearns, 195 Salmon, 2000; Murphy, 2013, 2020; Delbourgo, 2017; Jarvis, 2018; Coult 2020; Marples, 2020.
44. Salmon, 2000; Vane-Wright, 2020.
45. Salmon, 2000.

詹姆斯·佩蒂弗的斑蝶属 *Danaus* 标本收藏精选。鳞翅目昆虫的收藏一直很有挑战性，因为它们的翅和身体都很脆弱，也容易受到标本害虫的侵害，还会随着时间流逝而褪色。詹姆斯·佩蒂弗用的是一种想法独到却又颇为粗糙的方法——他将标本夹在两片透明的云母之间，再用胶带封边。

ES 499　　Clara

VOLUME II

第 II 卷

Papiliones Heliconii

“赫利孔类”蝴蝶

根据早期蝴蝶分类系统的划分，“赫利孔类”为前翅形状较长，且花纹美丽的蝴蝶。“Heliconii”意为赫利孔山上的缪斯，可能源于这些蝴蝶仙气飘飘的美感。在《琼斯图谱》中，“赫利孔类”主要包含现代分类系统中的袖蝶、绡蝶、珍蝶这几个类群，以及个别斑蝶、蛱蝶、眼蝶、蚬蝶、粉蝶和误入的灯蛾、尺蛾。这个名字的词根后来被沿用下来，衍生为蛱蝶科袖蝶族的学名（Heliconiini）。

培沙珍蝶 (130) 赏心珍蝶 (130) 小珍蝶 (130) 开米珍蝶 (130) 透翅珍蝶 (130) 和珍蝶 (130)

黑点白珍蝶 (130) 绡蝶属某种 (131) 暗神绡蝶 (131) 曲绡蝶 (131) 黑脉绡蝶 (131) 老莹绡蝶 (132)

缥缈美绡蝶 (132) 红晕绡眼蝶 (133) 蜡绡蝶 (133) 黄晶眼蝶 (134) 柔眼蝶 (134) 小珍蝶 (135)

犀利珍蝶 (135) 宁静珍蝶 (136) 宁静珍蝶 (136) 海神袖蝶 (136) 红裙晓绡蝶 (136) 苎麻珍蝶 (136)

海神袖蝶 (136) 白斑褐珍蝶 (137) 黑点褐珍蝶 (137) 卡西珍蝶 (137) 卡西珍蝶 (137) 未识别 (138)

白带彩粉蝶 (139) 克罗袖蛱蝶 (139) 白眉袖蝶 (140) 白璧紫斑蝶 (140) 草原珍蝶 (141) 虎纹谢灯蛾 (141)

袖蝶属未定种 (142) 红带袖蝶 (142) 花佳袖蝶 (142) 幽袖蝶 (142) 康健油绡蝶 (142) 多点袖斑蝶 (142)

黑缘鲛绡蝶 (142) 红带袖蝶 (143) 红裳佳袖蝶 (143) 帕粉蝶 (143) 福闩绡蝶 (143)

I
Drury Vol 2 Pl:7
Lynceus
Drury
Habitat Johannâ
Fabricius E.S 641
Charmione
Drury
alis rotundatis integerrimis concoloribus albis limbo nigro: anticarum maculis duabus flavis, posticarum unica. _ habitat

图　　版：I. “*Lynceus*”
参考文献：D. Drury, *Illus. Nat. Hist.*, Vol. 2 (1773); Pl. 7, f. 1
收藏归属：德鲁 · 德鲁里
产地信息：缅甸至婆罗洲
物种名片：黑点帛斑蝶 *Idea lynceus* (Drury, 1773)

图　　版：I. “*Charmione*”（ICO）
参考文献：J. C. Fabricius, *Ent. syst.* (1792–1799); No. 641
收藏归属：德鲁 · 德鲁里
产地信息：非洲大陆?
物种名片：自由获尺蛾 *Terina charmione* (Fabricius, 1793)

在《系统昆虫学》（1792—1799）中，约翰 · C. 法布里丘斯给出的 *Lynceus* 的采集地点是约翰纳岛（Johanna Island，今科摩罗的昂儒昂岛）。不过爱德华 · 多诺万曾记载，据琼斯所说，这一信息是错的。这种蝴蝶真正的模式产地可能是苏门答腊岛。由于琼斯画 *Charmione* 所参照的标本触角丢失，于是他进行了艺术加工，自己添上了触角。不幸的是，他把这对触角画成了棒状，而非原本的羽状，导致这一蛾类物种被错误地归为蝶类。

II
Linnaeus N°.50
Apollo
Drury
Alis oblongis integerrimis albis: posticis ocellis supra quatuor, subtus sex basique rubris .. Habitat in Sedo Telephio Saxifr: Cotyledone frequens in Suecia prodit Mense grossificationis tarde volitans.—
Fabricius ES 561
Phæbus
Drury
Alis rotundatis integerrimis concoloribus albis nigro maculatis: posticis maculis tribus rufis.—
Habitat Siberia

图　　版：II.“*Apollo*”

参考文献：C. Linnaeus, *Syst. nat.* (1767); No. 50

收藏归属：德鲁·德鲁里

产地信息：整个古北界

物种名片：阿波罗绢蝶 *Parnassius apollo* (Linnaeus, 1758)

图　　版：II.“*Phæbus*”（ICO）

参考文献：J. C. Fabricius, *Ent. syst.* (1792–1799); No. 561

收藏归属：德鲁·德鲁里

产地信息：俄罗斯阿尔泰共和国翁古达伊

物种名片：福布绢蝶指名亚种 *Parnassius phoebus phoebus* (Fabricius, 1793)

琼斯没能看出这两种蝴蝶以及下一页的觅梦绢蝶都是相当于今天凤蝶科的“骑兵类”的成员，而不属于他将其置于的“赫利孔类”。近期的研究表明，琼斯所画的 *Phæbus* 可能是爱侣绢蝶 *Parnassius ariadne*，而非福布绢蝶指名亚种，因此需要采取工作，以确定相应学名的正确用法。

III
Linnæus N° 51
Mnemosyne
Jones
Alis oblongis integerrimis albis nigronervosis: primoribus maculis
duabus nigris marginalibus — Habitat in Finlandiâ, Hungariâ
Apolloni similis, licet specie distinctissimus
Linnæus N° 72
Cratægi
Jones
Alis integerrimis rotundatis albis: venis nigris.
Habitat in Pruno Cratægo Sorbo Pyro
Heliconium esse indicant alæ apice denudatæ

图　　版：III.“*Mnemosyne*”
参考文献：C. Linnaeus, *Syst. nat.* (1767); No. 51
收藏归属：威廉·琼斯
产地信息：欧洲
物种名片：觅梦绢蝶 *Parnassius mnemosyne* (Linnaeus, 1758)

图　　版：III.“*Cratægi*”
参考文献：C. Linnaeus, *Syst. nat.* (1767); No. 72
收藏归属：威廉·琼斯
产地信息：欧洲，已于英国灭绝
物种名片：绢粉蝶 *Aporia crataegi* (Linnaeus, 1758)

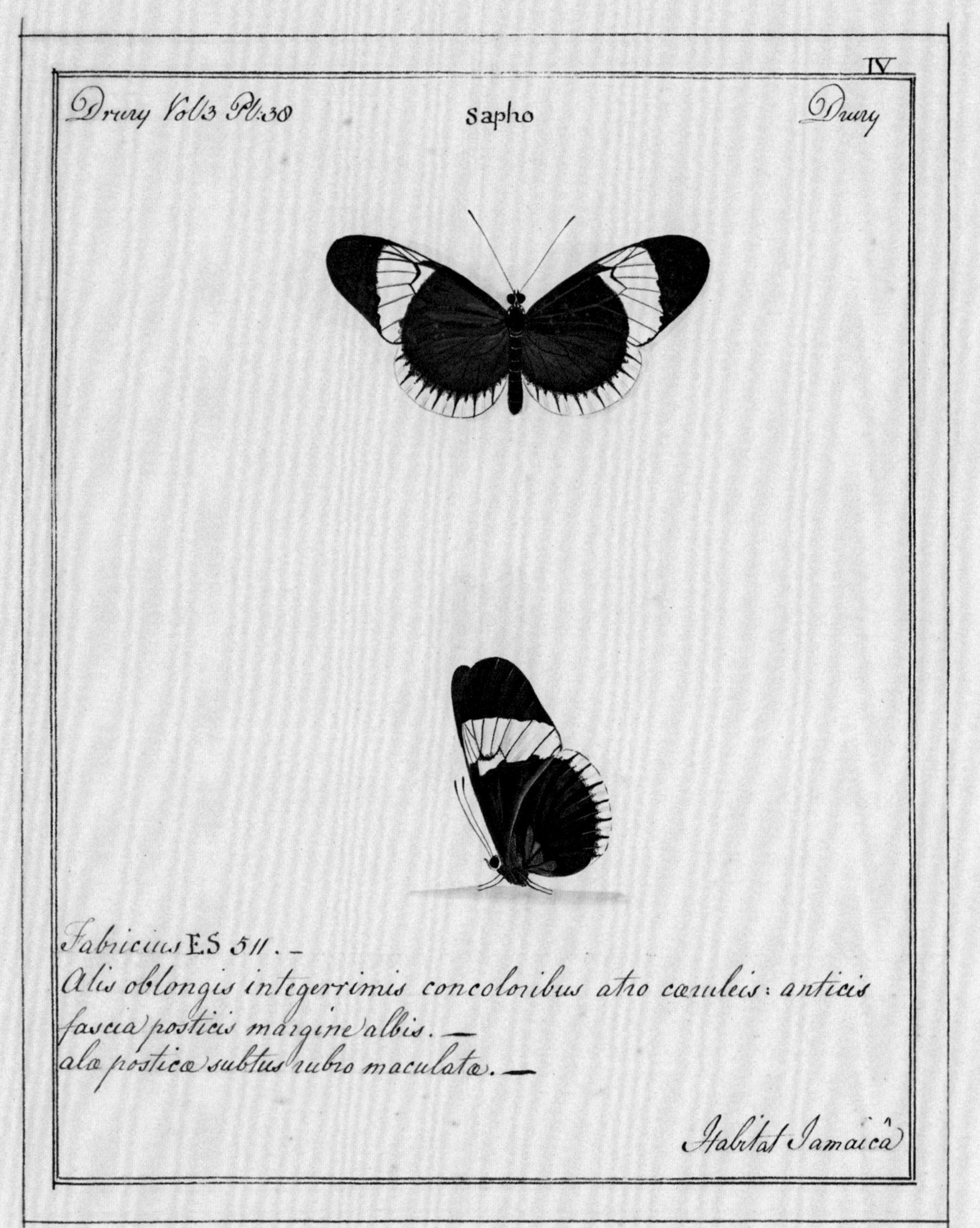
IV
Drury Vol3 Pl:38
Sapho
Drury
Fabricius E.S 511. –
Alis oblongis integerrimis concoloribus atro cœruleis: anticis
fascia posticis margine albis. –
alæ posticæ subtus rubro maculatæ. –
Habitat Jamaicâ

图　　版：	IV. “*Sapho*”
参考文献：	D. Drury, *Illus. Nat. Hist.*, Vol. 3 (1782); Pl. 38, f. 4
收藏归属：	威廉·琼斯
产地信息：	南美洲
物种名片：	白裳蓝袖蝶 *Heliconius sapho* (Drury, 1782)

琼斯所给出的产地“牙买加”并不正确，反之，这个物种来自墨西哥南部至南美洲北部。白裳蓝袖蝶以及其他一些袖蝶属物种，演化出一种不同寻常的繁殖策略——蛹期交配。雄性会寻找即将羽化的雌性蛹，在雌性羽化完成之前进行交配。

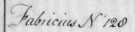

V

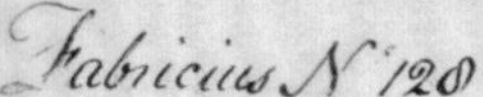

Phillis

Jones

Alis oblongis integerrimis nigris: primoribus fascia rubra; posticis basi subtus punctis sanguineis. _supra fascia flava

Cram: P. 45

Habitat in America

图　　版：V. “*Phillis*”

参考文献：J. C. Fabricius, *Syst. ent.* (1775); No. 128

收藏归属：威廉·琼斯

产地信息：南美洲

物种名片：艺神袖蝶 *Heliconius erato* (Fabricius, 1758)

图　　版：VI. 未命名

参考文献：—

收藏归属：德鲁·德鲁里

产地信息：南美洲

物种名片：红带袖蝶 *Heliconius melpomene* (Linnaeus 1758)

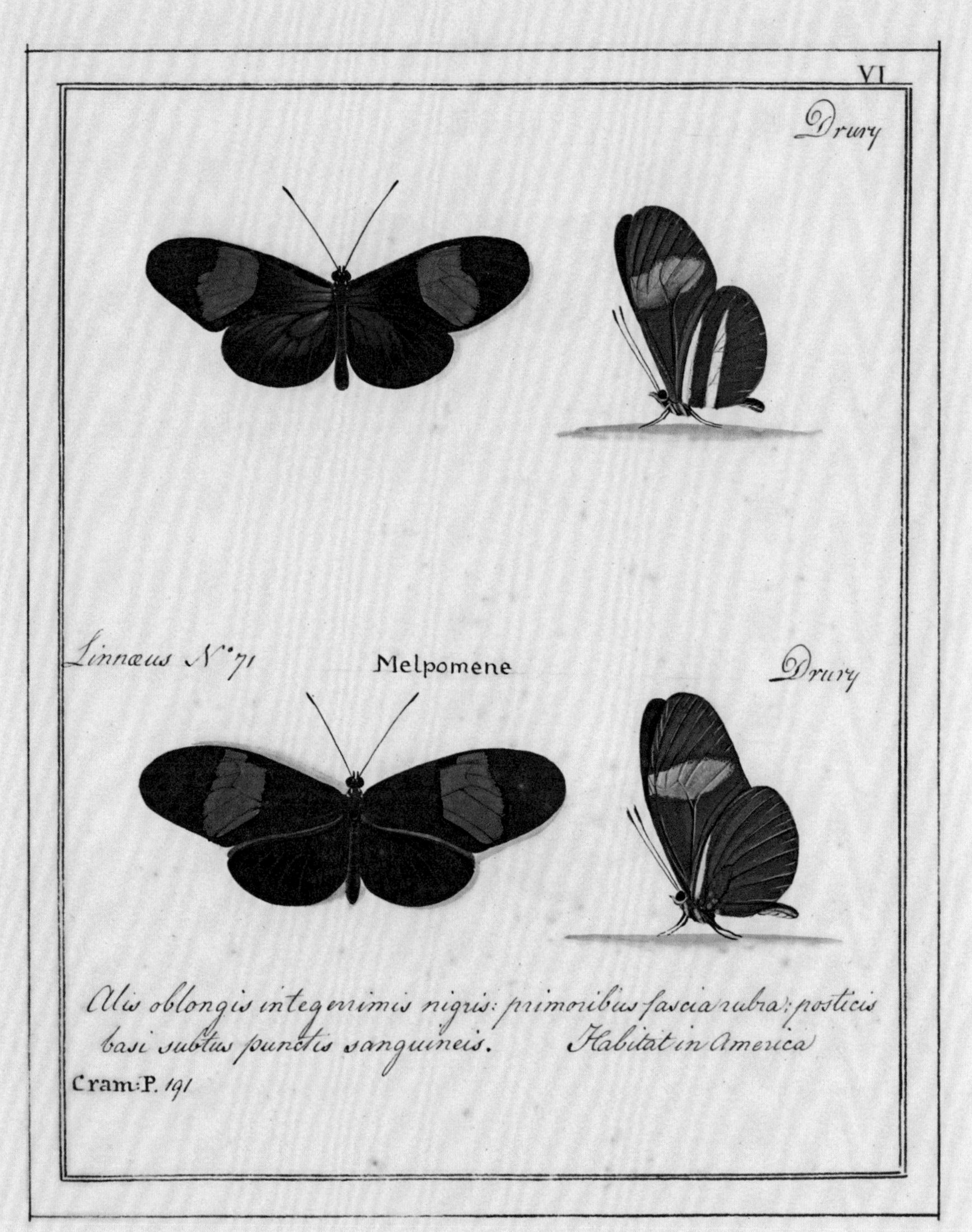
VI
Drury
Linnæus N°71
Melpomene
Drury
Alis oblongis integerrimis nigris: primoribus fascia rubra; posticis basi subtus punctis sanguineis. Habitat in America
Cram:P. 191

图　　版：VI. "*Melpomene*"

参考文献：C. Linnaeus, *Syst. nat.* (1767); No. 71

收藏归属：德鲁·德鲁里

产地信息：南美洲

物种名片：艺神袖蝶 *Heliconius erato* (Fabricius, 1758)

想要准确鉴定这些相互拟态的南美洲袖蝶非常困难。近两个世纪里，这两种蝴蝶（本页及左页）都被人们不可避免地相互混淆，它们拟态现象的复杂性可见一斑。林奈（1758）既命名了来自圭亚那地区的红带袖蝶，也命名了来自苏里南的艺神袖蝶，在这些地方，这些蝴蝶的外形千变万化。这导致了很多的分类困难，1967 年艺神袖蝶被指定了一个新模，在一定程度上解决了这些难题。

VII

Fabricius ES 497 | Lycaste | Drury

Alis oblongis integerrimis fulvis apice nigris: anticis flavo maculatis.
habitat

Linnaeus N°64 | Psidii | Drury

Alis oblongis integerrimis fuscis; primoribus fasciis tribus; — posticisque duabus hyalinis.—

Cram: P. 257 | *Habitat in Americæ, Asiæ psidio*

图　　版：VII. “*Lycaste*”（ICO）
参考文献：J. C. Fabricius, *Ent. syst.* (1792–1799); No. 497
收藏归属：德鲁 · 德鲁里
产地信息：巴拿马达连省
物种名片：红环闩绡蝶指名亚种 *Hypothyris lycaste lycaste* (Fabricius, 1793)

图　　版：VII. “*Psidii*”
参考文献：C. Linnaeus, *Syst. nat.* (1767); No. 64
收藏归属：德鲁 · 德鲁里
产地信息：南美洲
物种名片：窗绡蝶 *Thyridia psidii* (Linnaeus, 1758)

VIII
Fabricius E.S 498
Lysimnia
Jones
Alis oblongis integerrimis fulvis: fascia flava apice nigris: anticis macula alba. —
habitat

图　　版：VIII.“*Lysimnia*”（ICO）

参考文献：J. C. Fabricius, *Ent. syst.* (1792–1799); No. 498

收藏归属：威廉·琼斯

产地信息：巴西南部

物种名片：彩裙绡蝶指名亚种 *Mechanitis lysimnia lysimnia* (Fabricius, 1793)

彩裙绡蝶指名亚种是彩裙绡蝶的一个亚种。画中的标本来自琼斯的个人收藏。

IX
Fabricius ES 499
Clara
Drury
alis oblongis repandis nigris flavo maculatis: basi communi testacea.
habitat Surinami

X
Drury
Drury

XI
Fabricius ES 496
Mneme
Drury
alis oblongis integerrimis fulvis nigro maculatis: anticis apice atris flavo maculatis posticis nigris: fascia postica fulva.
Habitat Surinami
Drury

XII
Drury
Drury

图版 X 中用铅笔标注着“*eucrate* Hübner”和“*isabella* Hübner”。这些以及其他的铅笔标记大多数并非出自琼斯之手，比如此处，这些名字发表于琼斯去世之后。在这个例子中，铅笔标注可能是英国昆虫学家兼考古学家约翰·韦斯特伍德，或者琼斯的表侄孙弗雷德里克·道特里·德鲁伊特加上去的。19 世纪 70 年代，韦斯特伍德和弗雷德里克首次尝试出版《琼斯图谱》。然而，出版方提出的花费不菲，再加上缺少投资人，使得这次满怀热情的尝试失败了。注意，琼斯注名 *Mneme* 的这幅画此前已在文献中被鉴定为白条苹绡蝶 *Melinaea menophilus* (Hewitson, 1856)，但它看上去更符合美女苹绡蝶 *Melinaea mneme* 的特征。

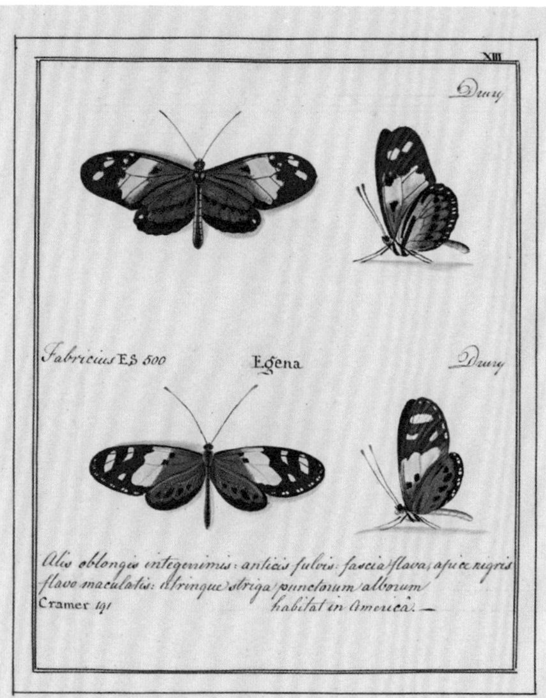
XIII
Drury
Fabricius E.S 500
Egena
Drury
Alis oblongis integerrimis: anticis fulvis: fascia flava, apice nigris
flavo maculatis: utrinque striga punctorum alborum
Cramer 191
habitat in America.—

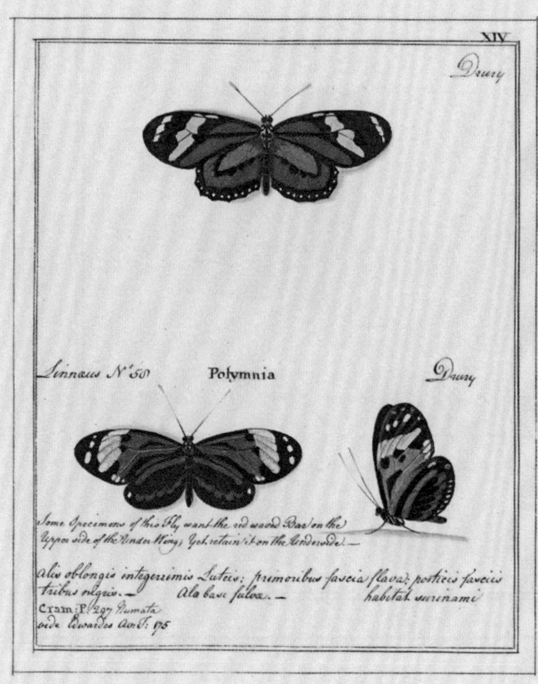
XIV
Drury
Polymnia
Drury
Alis oblongis integerrimis luteis; primoribus fascia flava; posticis fasciis
tribus nigris.—
Ala basi fulva.—
habitat surinami

图　　版：IX.“*Clara*”（ICO）

参考文献：J. C. Fabricius, *Ent. syst.* (1792–1799); No. 499

收藏归属：德鲁·德鲁里

产地信息：巴拿马？

物种名片：幽袖蝶梅利亚种 *Heliconius hecale melicerta* Bates, 1866

图　　版：X. 未命名

参考文献：—

收藏归属：德鲁·德鲁里

产地信息：巴拿马至巴西南部

物种名片：白顶袖蝶 *Heliconius ethilla* (Godart, 1819)

图　　版：X. 未命名

参考文献：—

收藏归属：德鲁·德鲁里

产地信息：南美洲

物种名片：伊莎佳袖蝶某亚种 *Eueides isabella* Stoll, 1781 subsp.，参考戴安娜亚种 *E. i. dianasa* (Hübner, 1806)

图　　版：XI.“*Mneme*”

参考文献：J. C. Fabricius, *Ent. syst.* (1792–1799); No. 496

收藏归属：德鲁·德鲁里

产地信息：南美洲

物种名片：苹绡蝶属某种 *Melinaea* sp.，参考美女苹绡蝶 *M. mneme* (Linnaeus, 1763)

图　　版：XI. 未命名

参考文献：—

收藏归属：德鲁·德鲁里

产地信息：南美洲

物种名片：伊莎佳袖蝶某亚种 *Eueides isabella* Stoll, 1781 subsp.，参考戴安娜亚种 *E. i. dianasa* (Hübner, 1806)

图　　版：XII. 未命名

参考文献：—

收藏归属：德鲁·德鲁里

产地信息：墨西哥至哥斯达黎加

物种名片：彩裙绡蝶 *Mechanitis lysimnia* (Fabricius, 1793)

图　　版：XII. 未命名

参考文献：—

收藏归属：德鲁·德鲁里

产地信息：巴西

物种名片：静绡蝶 *Placidina euryanassa* (C. & R. Felder, 1860)

图　　版：XIII. 未命名

参考文献：—

收藏归属：德鲁·德鲁里

产地信息：南美洲

物种名片：羽衣袖蝶 *Heliconius numata* (Cramer, 1780)

图　　版：XIII.“*Egena*”

参考文献：J. C. Fabricius, *Ent. syst.* (1792–1799); No. 500

收藏归属：德鲁·德鲁里

产地信息：苏里南

物种名片：黄带苹绡蝶 *Melinaea ludovica* (Cramer, 1780)

图　　版：XIV. 未命名

参考文献：—

收藏归属：德鲁·德鲁里

产地信息：美国南部（偶见）至加勒比海地区和巴西南部

物种名片：虎纹袖斑蝶 *Lycorea halia* (Hübner, 1816)

图　　版：XIV.“*Polymnia*”

参考文献：C. Linnaeus, *Syst. nat.* (1767); No. 58

收藏归属：德鲁·德鲁里

产地信息：巴拿马至巴西南部

物种名片：白顶袖蝶 *Heliconius ethilla* (Godart, 1819)

XV
Fabricius E.S 540
Macaria
Drury
Alis integris fuscis: anticis basi atris fasciaque lata media rufa posticis basi nigro punctatis. —
habitat
Drury Vol 3 Pl 20
Hirce
Drury
Gea. Fabricius N°136
Alis oblongis integerrimis nigris, anticis maculis duabus, posticis disco fulvo nigro striato, subtus basi nigro punctatis. —
Cram:P: 230
habitat in Africa Æquinoctiali
Habitat in Africa

图　　版：XV.“*Macaria*”（ICO）

参考文献：J. C. Fabricius, *Ent. syst.* (1792–1799); No. 540

收藏归属：德鲁·德鲁里

产地信息：塞拉利昂

物种名片：美线珍蝶[1] 指名亚种 *Acraea macaria macaria* (Fabricius, 1793)，雄

图　　版：XV.“*Hirce*” / “*Gea*”

参考文献：D. Drury, *Illus. Nat. Hist.*, Vol. 3 (1782); Pl. 28, f. 2 / J. C. Fabricius, *Spec. insect.* (1781); No. 136

收藏归属：德鲁·德鲁里

产地信息：非洲

物种名片：伪珍蛱蝶 *Pseudacraea eurytus* (Linnaeus, 1758)

XVI
Fabricius E.S 542
Persiphone
Drury
Alis integris fuscis nigro punctatis anticis macula alba, posticis margine nigro immaculato. —
habitat
Linnæus N°110
Zetes
Drury
Alis integerrimis; primoribus supra nebulosis punctatis: posticis fulvis nigro punctatis; —
habitat in Indiis. —

图　　版：XVI.“*Persiphone*”（ICO）

参考文献：J. C. Fabricius, *Ent. syst.* (1792–1799); No. 542

收藏归属：德鲁·德鲁里

产地信息：塞拉利昂

物种名片：雅贵珍蝶指名亚种 *Acraea egina egina* (Cramer, 1775)

图　　版：XVI.“*Zetes*”

参考文献：C. Linnaeus, *Syst. nat.* (1767); No. 110

收藏归属：德鲁·德鲁里

产地信息：非洲

物种名片：红褐珍蝶 *Acraea zetes* (Linnaeus, 1758)

XVII
Fabricius N°135
Camona
Drury
Alis subintegris fuscis nigro punctatis, posticis fascia rubra
habitat in Africa
Affinis videtur P: Zetes Linnai
Drury

图　　版：XVII. “*Camona*”
参考文献：J. C. Fabricius, *Spec. insect.* (1781); No. 135
收藏归属：德鲁・德鲁里
产地信息：非洲
物种名片：红褐珍蝶 *Acraea zetes* (Linnaeus, 1758)

图　　版：XVII. 未命名
参考文献：—
收藏归属：德鲁・德鲁里
产地信息：非洲
物种名片：拟雅贵珍蝶 *Acraea pseudegina* Westwood, 1852

XVIII
Linnæus N°69
Euryta
Drury
Alis Oblongis integerrimis concoloribus fuscis nigro striatis: fasciâ albâ
posticis punctis decem atris
habitat in Indiis. —
Cram: P. 233
Drury
Fabricius ES 535
Umbra
Alis oblongis integerrimis fuscis basi testaceis, posticis nigro
punctatis. —
habitat

图　　版：XVIII. “*Euryta*”
参考文献：C. Linnaeus, *Syst. nat.* (1767); No. 69
收藏归属：德鲁 · 德鲁里
产地信息：非洲
物种名片：美线珍蝶 *Acraea macaria* (Fabricius, 1793)，雌

图　　版：XVIII. “*Umbra*”
参考文献：J. C. Fabricius, *Ent. syst.* (1792–1799); No. 535
收藏归属：德鲁 · 德鲁里
产地信息：非洲
物种名片：线珍蝶 [2]*Acraea umbra* (Drury, 1782)

XIX
Linnaeus N°56
Calliope
Drury
Alis oblongis integerrimis luteis: primoribus striis tribus; posticis fasciis tribus nigris. —
habitat in Indiis. —
Cram: P. 246
Fabricius N°111
Lybia
Drury
Alis oblongis integerrimis, anticis atris, fasciis duabus fulvis, posticis fulvis, fascia marginali atra.
habitat in India

图　　版：XIX. “*Calliope*”
参考文献：C. Linnaeus, *Syst. nat.* (1767); No. 56
收藏归属：德鲁·德鲁里
产地信息：南美洲
物种名片：华丽滴蚬蝶 *Stalachtis calliope* (Linnaeus, 1758)

图　　版：XIX. “*Lybia*”
参考文献：J. C. Fabricius, *Spec. insect.* (1781); No. 111
收藏归属：德鲁·德鲁里
产地信息：南美洲
物种名片：黄佳袖蝶 *Eueides vibilia* (Godart, 1819)

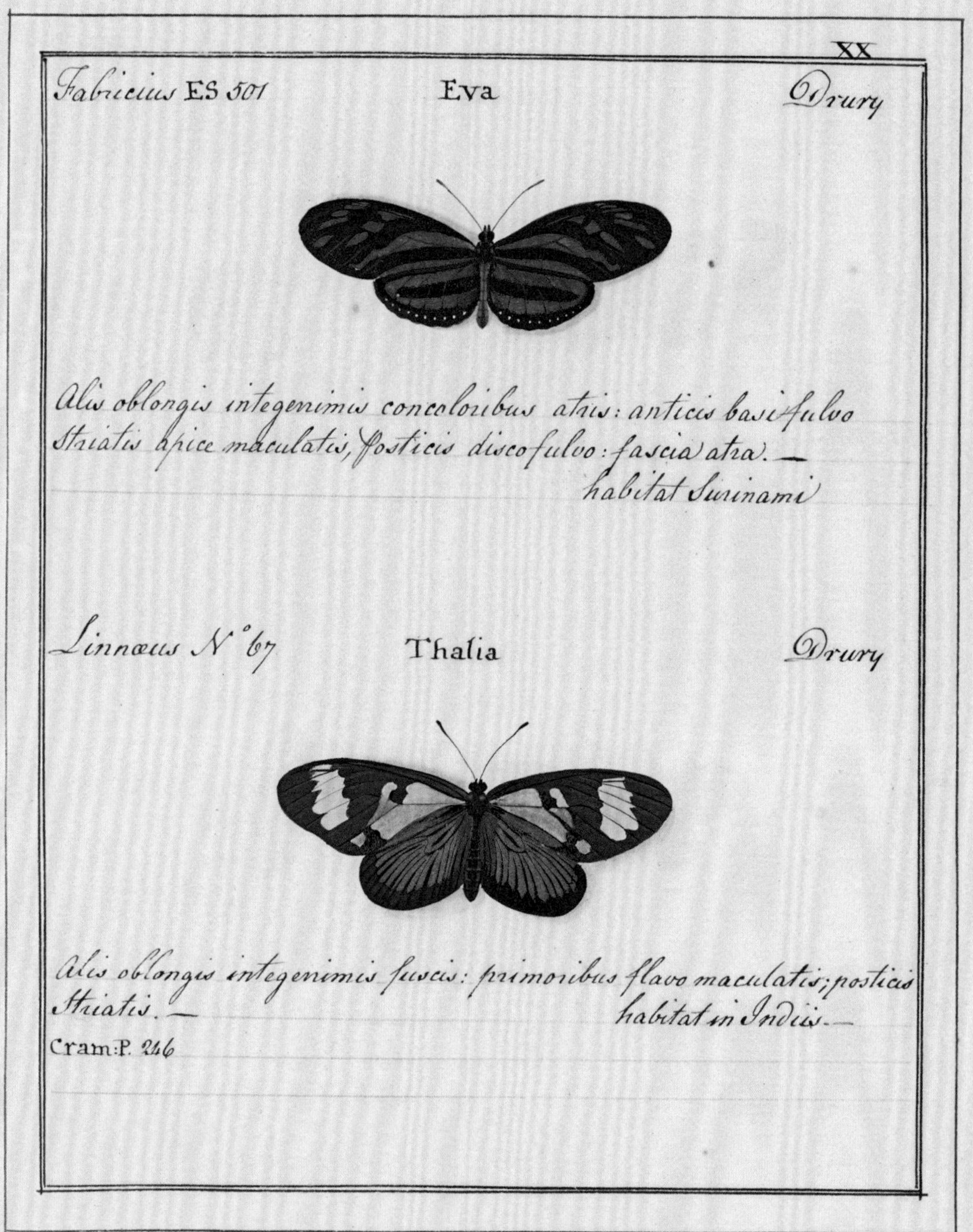
XX
Fabricius ES 501
Eva
Drury
Alis oblongis integenimis concoloribus atris: anticis basi fulvo striatis apice maculatis, posticis disco fulvo: fascia atra. —
habitat Surinami
Linnaeus N° 67
Thalia
Drury
Alis oblongis integenimis fuscis: primoribus flavo maculatis; posticis striatis. —
habitat in Indiis. —
Cram: P. 246

图　　版：XX.“*Eva*”（ICO）	图　　版：XX.“*Thalia*”（ICO）
参考文献：J. C. Fabricius, *Ent. syst.* (1792–1799); No. 501	参考文献：C. Linnaeus, *Syst. nat.* (1767); No. 67
收藏归属：德鲁·德鲁里	收藏归属：德鲁·德鲁里
产地信息：巴拿马?	产地信息：南美洲
物种名片：伊莎佳袖蝶伊娃亚种 *Eueides isabella eva* (Fabricius, 1793)	物种名片：束珍蝶 *Actinote thalia* (Linnaeus, 1758)

XXI
Fabricius E.S 544
Iodutta
Drury
Alis oblongis integris nigris anticis maculis duabus albis postico disco albo
nigro striato, subtus basi nigro punctatis.—
Fabricius E.S 547
Pyrrha
Drury
Alis integerrimis concoloribus fuscis flavo maculatis: posticis disco
ferrugineo nigro striato.—
habitat in Brasilia.—

图　　版：XXI.“*Jodutta*”（ICO）

参考文献：J. C. Fabricius, *Ent. syst.* (1792–1799); No. 544

收藏归属：德鲁·德鲁里

产地信息：塞拉利昂?

物种名片：草裙珍蝶指名亚种 *Acraea jodutta jodutta* (Fabricius, 1793)

图　　版：XXI.“*Pyrrha*”

参考文献：J. C. Fabricius, *Ent. syst.* (1792–1799); No. 547

收藏归属：德鲁·德鲁里

产地信息：南美洲

物种名片：束珍蝶火红亚种 *Actinote thalia pyrrha* (Fabricius, 1775)

XXII
Linnæus N 63
Ricini
Drury
Alis oblongis integerrimis fuscis; primoribus utrinque fasciis duabus flavis. —
habitat in Ricino Americes. —
Mas alas posticas basi purpureas gerit. —
Fabricius E.S 514
Olympia
Drury
Alis oblongis integris atris: anticis macula oblonga baseos fulva apicisque alba posticis basi fulvis. —
habitat in Americâ

图　　版：XXII.“*Ricini*”

参考文献：C. Linnaeus, *Syst. nat.* (1767); No. 63

收藏归属：德鲁·德鲁里

产地信息：南美洲

物种名片：蓖麻袖蝶 *Heliconius ricini* (Linnaeus, 1758)

图　　版：XXII.“*Olympia*”（ICO）

参考文献：J. C. Fabricius, *Ent. syst.* (1792–1799); No. 514

收藏归属：德鲁·德鲁里

产地信息：巴拿马?

物种名片：花佳袖蝶奥林匹亚亚种 *Eueides lybia olympia* (Fabricius, 1793)

XXIII

Linnæus N° 65 Charithonia Jones

Alis oblongis integerrimis atris concoloribus; primoribus fasciis flavis tribus; posticis duabus. Habitat in Americâ

Corpus medium, atrum; Caput luteo punctatum; Thorax luteo punctatus; puncto coccineo pectoris utrinque. Abdomen incisuris flavis et puncto utrinque. Antennæ clavatæ nigræ. Pedes nigri; sed primi flavi mutici; Alæ primores fasciis flavis, tribus quarum intima a basi adscendit; Margo baseos anticus subtus coccineus. A posticæ basi punctis 2 coccineis; dein fascia flava lanceolata; tum fascia e punctis 16 flavis; demum puncta marginalia postica 8 flava; ad angulum ani subtus puncta duo coccinea valde affinis P: Psidii. — —

Cram: P. 191

图　　版：XXIII. “*Charithonia*”

参考文献：C. Linnaeus, *Syst. nat.* (1767); No. 65

收藏归属：威廉・琼斯

产地信息：美洲

物种名片：黄条袖蝶 *Heliconius charithonia* (Linnaeus, 1767)

黄条袖蝶就是有名的斑马纹蝴蝶。这个物种分布广泛，栖息于南美洲北部以北，最远可达美国的佛罗里达州和得克萨斯州。

XXIV
Linnaeus N°109
Niavius
Drury
Alis integerrimis nigris primoribus fascia alba posticis macula baseos communi alba
habitat in Indiis
Alæ posticæ subtus coerulescentes, venis striatæ, basi albidæ
Cram: P. 2
Fabricius N° 230
Zoilus
Sr Josh Banks
Alis integerrimis atris, anticis maculis tribus, posticis disco albo. —
habitat in nova hollandiâ

图　　版：XXIV.“*Niavius*”
参考文献：C. Linnaeus, *Syst. nat.* (1767); No. 109
收藏归属：德鲁・德鲁里
产地信息：非洲
物种名片：大白窗斑蝶 *Amauris niavius* (Linnaeus, 1758)

图　　版：XXIV.“*Zoilus*”
参考文献：J. C. Fabricius, *Spec. insect.* (1781); No. 230
收藏归属：约瑟夫・班克斯爵士
产地信息：新几内亚岛和澳大利亚昆士兰州
物种名片：澳绡蝶 *Tellervo zoilus* (Fabricius, 1775)

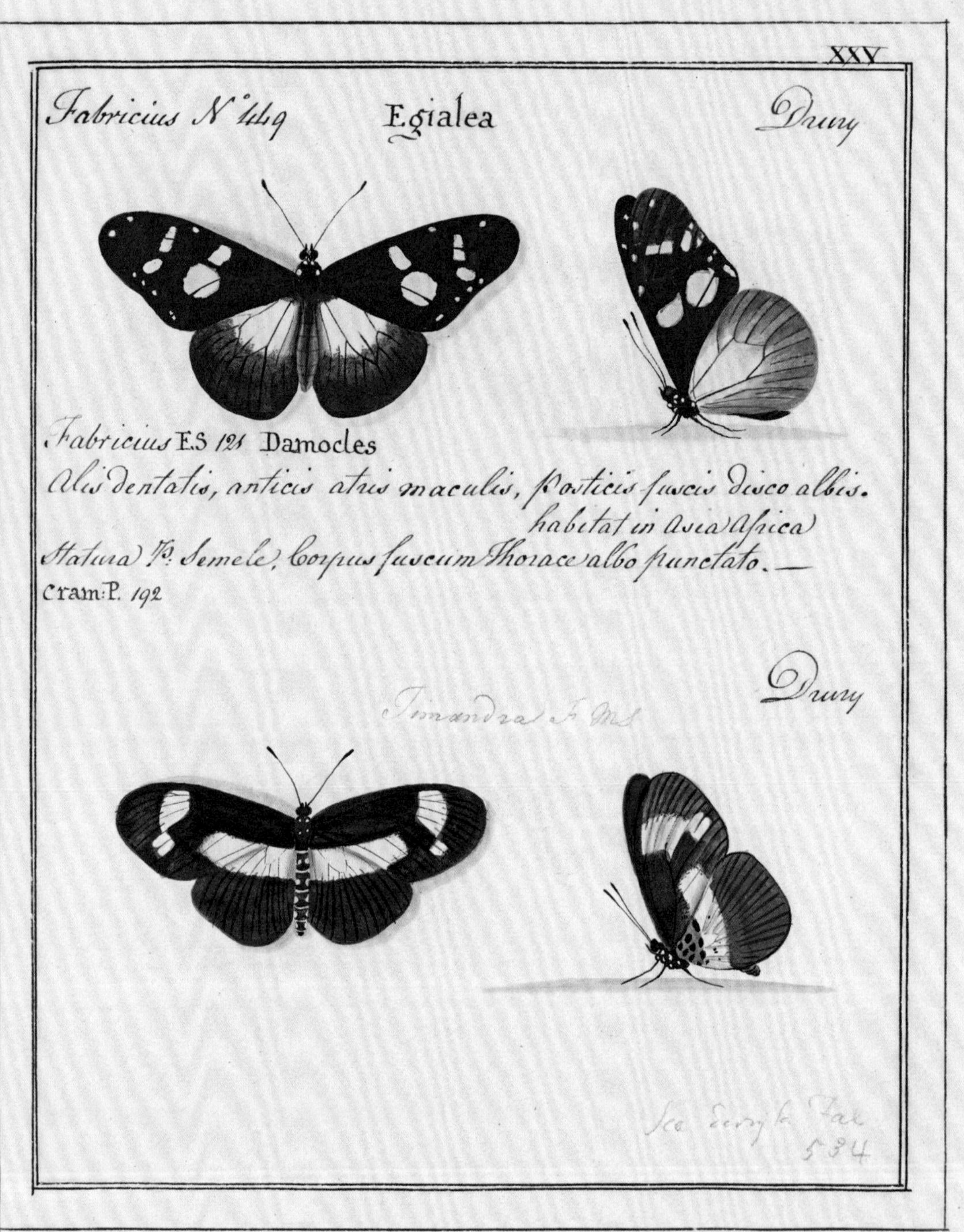

XXV
Fabricius N° 449
Egialea
Drury
Fabricius E.S 121 Damocles
Alis dentatis, anticis atris maculis, Posticis fuscis disco albis.
habitat in Asia Africa
Statura P: Semele, Corpus fuscum Thorace albo punctato. —
Cram:P. 192
Drury

图　　版：XXV.“*Egialea*”/“*Damocles*”

参考文献：J. C. Fabricius, *Spec. insect.* (1781); No. 449 /J. C. Fabricius, *Ent. syst.* (1792–1799); No. 121

收藏归属：德鲁·德鲁里

产地信息：非洲

物种名片：泰窗斑蝶 *Amauris tartarea* Mabille, 1876

图　　版：XXV. 未命名

参考文献：—

收藏归属：德鲁·德鲁里

产地信息：非洲

物种名片：依帕线珍蝶[3] *Acraea epaea* (Cramer, 1779)

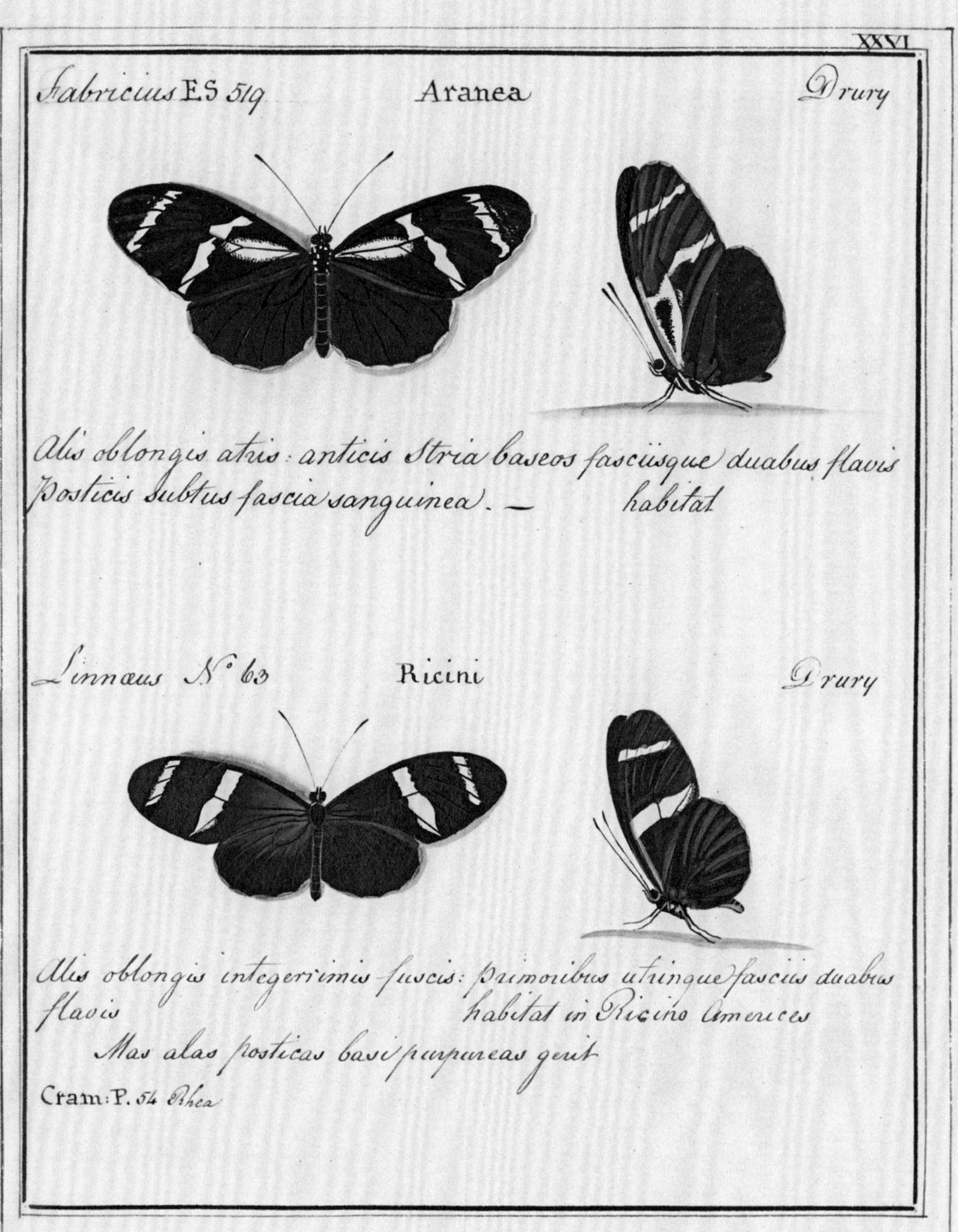

XXVI
Fabricius E.S. 519
Aranea
Drury
Alis oblongis atris: anticis Stria baseos fasciisque duabus flavis
Posticis subtus fascia sanguinea. — habitat
Linnæus N° 63
Ricini
Drury
Alis oblongis integerrimis fuscis: primoribus utrinque fasciis duabus flavis
habitat in Ricino Americes
Mas alas posticas basi purpureas gerit
Cram: P. 54 Rhea

图　　版：XXVI. “*Aranea*”（ICO）
参考文献：J. C. Fabricius, *Ent. syst.* (1792–1799); No. 519
收藏归属：德鲁·德鲁里
产地信息：委内瑞拉?
物种名片：白眉袖蝶蛛亚种 *Heliconius antiochus aranea* (Fabricius, 1793)

图　　版：XXVI. “*Ricini*”
参考文献：C. Linnaeus, *Syst. nat.* (1767); No. 63
收藏归属：德鲁·德鲁里
产地信息：南美洲
物种名片：拴袖蝶 *Heliconius sara* (Linnaeus, 1793)

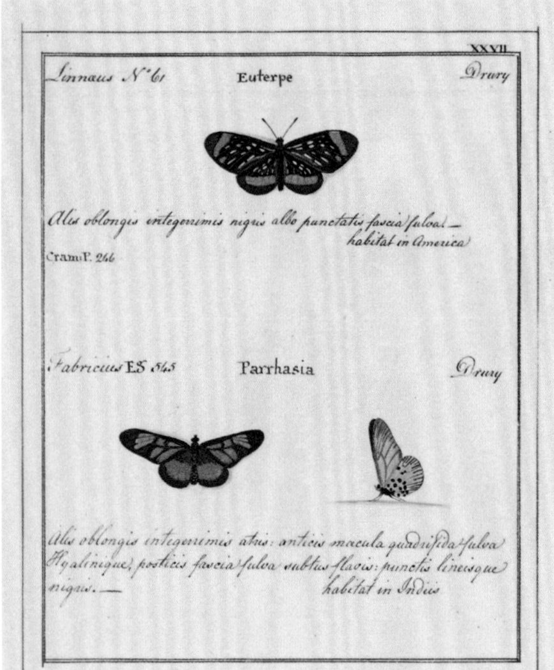
XXVII
Linnaeus N° 61
Euterpe
Drury
Alis oblongis integerrimis nigris albo punctatis fascia fulva.—
habitat in America
Cram: P. 266
Fabricius E.S. 845
Parrhasia
Drury
Alis oblongis integerrimis atris: anticis macula quadrifida fulva Hyalinique; posticis fascia fulva subtus flavis: punctis lineisque nigris.—
habitat in Indiis

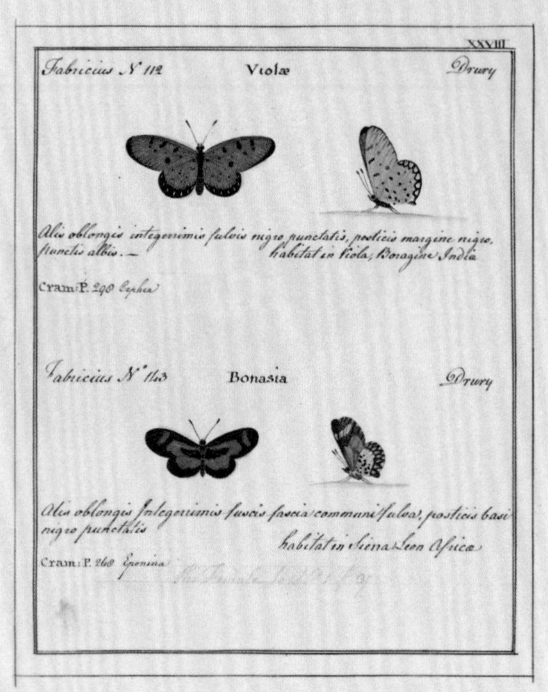
XXVIII
Fabricius N° 112
Violæ
Drury
Alis oblongis integerrimis fulvis nigro punctatis, posticis margine nigro, punctis albis.—
habitat in Viola, Boragine India
Cram: P. 298 Cephea
Fabricius N° 143
Bonasia
Drury
Alis oblongis Integerrimis fuscis fascia communi fulva, posticis basi nigro punctatis
habitat in Sierra Leon Africæ
Cram: P. 268 Eponina

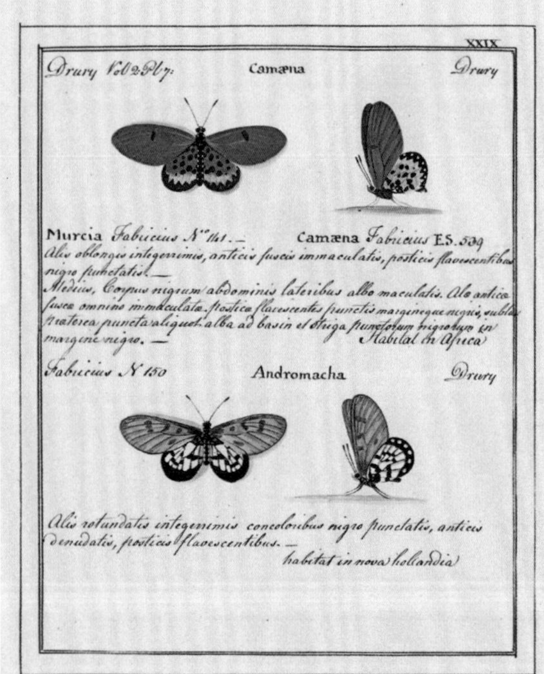
XXIX
Drury Vol 2 Pl 7.
Camæna
Drury
Murcia Fabricius N° 141.—
Camæna Fabricius E.S. 539
Alis oblongis integerrimis, anticis fuscis immaculatis, posticis flavescentibus nigro punctatis.—
Habitat in Africa
Fabricius N° 150
Andromacha
Drury
Alis rotundatis integerrimis concoloribus nigro punctatis, anticis denudatis, posticis flavescentibus.—
habitat in nova hollandia

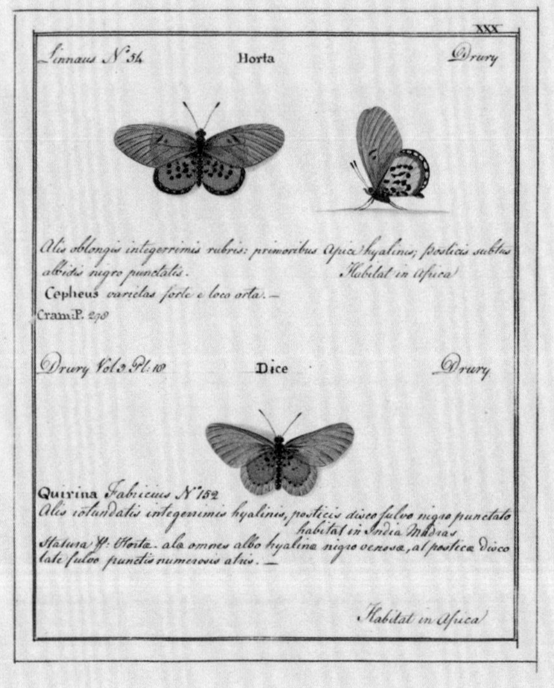
XXX
Linnaeus N° 34
Horta
Drury
Alis oblongis integerrimis rubris: primoribus apice hyalinis; posticis subtus albidis nigro punctatis.
Habitat in Africa
Cepheus varietas forte e loco orta.—
Cram: P. 298
Drury Vol 3 Pl: 10
Dice
Drury
Quirina Fabricius N° 152
Alis rotundatis integerrimis hyalinis, posticis disco fulvo nigro punctato
habitat in India Madras
Habitat in Africa

这两页所画的很多物种都属于珍蝶属 *Acraea*。此前影响这个属的几个错误鉴定至今仍让人混淆不清。1758 年，林奈描述并命名了 *Papilio terpsicore*（赏心珍蝶，现用名 *Acraea terpsicore*），该种后来被人错误地认定为约翰・C. 法布里丘斯 1775 年命名的 *Papilio serena* 的首异名。然而，近期的研究强烈表明它们代表不同的物种，前者来自亚洲，后者来自非洲。混淆的另一个源头是法布里丘斯 1793 年命名的 *Papilio violae*（因此琼斯将图版 XXVIII 标注为“*Violae*”），它长期被用在明显由林奈首先命名的这种亚洲蝴蝶身上。*Papilio violae* 现在被视为赏心珍蝶 *Acraea terpsicore* (Linnaeus, 1758) 的一个次异名。法布里丘斯命名的的 *serena* 也不再与 *terpsicore* 合并，而是被用作黄宝石珍蝶这个长期被称为 *Acraea eponina* (Cramer, 1780) 的非洲物种的首名。我们可能仍然需要为 *Papilio terpsicore* 指定一个新模，来将这种用法固定下来。注意，图版 XXXI 的上图此前曾在文献中被鉴定为油绡蝶属 *Oleria* 的某个物种，但其后翅脉序看起来并不符合这一结论。

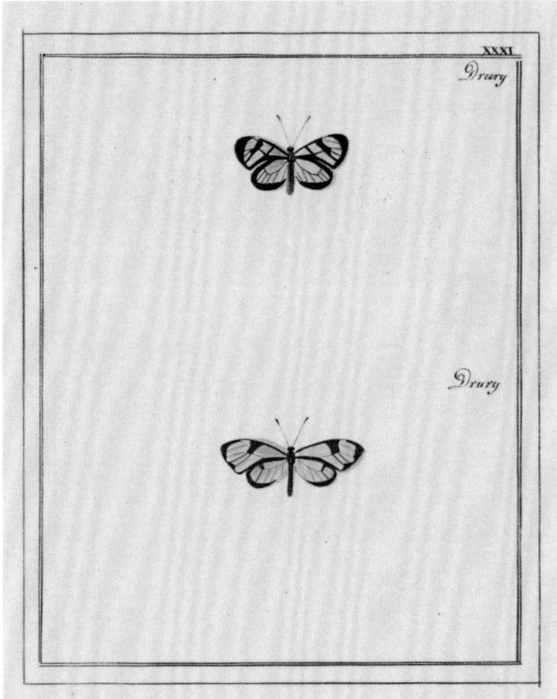

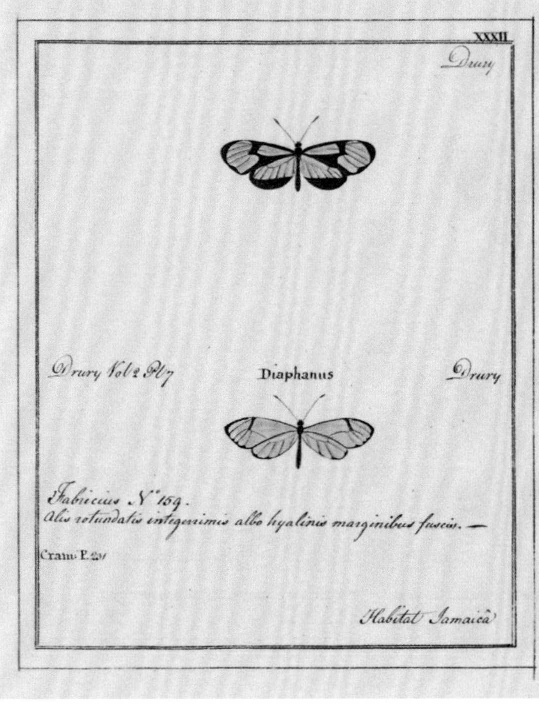

图　　版：XXVII. “*Euterpe*”
参考文献：C. Linnaeus, *Syst. nat.* (1767); No. 61
收藏归属：德鲁·德鲁里
产地信息：南美洲
物种名片：诗神滴蚬蝶 *Stalachtis euterpe* (Linnaeus, 1758)

图　　版：XXVII. “*Parrhasia*”（ICO）
参考文献：J. C. Fabricius, *Ent. syst.* (1792–1799); No. 545
收藏归属：德鲁·德鲁里
产地信息：塞拉利昂
物种名片：培沙珍蝶 *Acraea parrhasia* (Fabricius, 1793)

图　　版：XXVIII. “*Violæ*”
参考文献：J. C. Fabricius, *Spec. insect.* (1781); No. 112
收藏归属：德鲁·德鲁里
产地信息：印度 – 澳大利亚区
物种名片：赏心珍蝶 *Acraea terpsicore* (Linnaeus, 1758)

图　　版：XXVIII. “*Bonasia*”
参考文献：J. C. Fabricius, *Spec. insect.* (1781); No. 143
收藏归属：德鲁·德鲁里
产地信息：非洲
物种名片：？ 小珍蝶 *Acraea bonasia* (Fabricius, 1775)

图　　版：XXIX. “*Camæna*” / “*Murcia*”
参考文献：D. Drury, *Illus. Nat. Hist.*, Vol. 2 (1773); Pl. 7, f. 2 / J. C. Fabricius, *Spec. insect.* (1781); No. 141
收藏归属：德鲁·德鲁里
产地信息：非洲
物种名片：开米珍蝶 *Acraea camaena* (Drury, 1773)

图　　版：XXIX. “*Andromacha*”
参考文献：J. C. Fabricius, *Spec. insect.* (1781); No. 150
收藏归属：德鲁·德鲁里
产地信息：澳大利亚和新几内亚岛
物种名片：透翅珍蝶 *Acraea andromacha* (Fabricius, 1775)

图　　版：XXX. “*Horta*”
参考文献：C. Linnaeus, *Syst. nat.* (1767); No. 54
收藏归属：德鲁·德鲁里
产地信息：非洲南部
物种名片：和珍蝶 *Acraea horta* (Linnaeus, 1764)

图　　版：XXX. “*Dice*” / “*Quirina*”
参考文献：D. Drury, *Illus. Nat. Hist.*,Vol. 3 (1782); Pl. 18, f. 3–4 / J. C. Fabricius, *Spec. insect.* (1781); No. 152
收藏归属：德鲁·德鲁里
产地信息：非洲
物种名片：黑点白珍蝶 *Acraea quirina* (Fabricius, 1781)

图　　版：XXXI. 未命名
参考文献：—
收藏归属：德鲁·德鲁里
产地信息：中美洲和南美洲
物种名片：绡蝶属某种 *Ithomia* sp., 参考迪莎绡蝶 *I. diasia* Hewitson, 1854

图　　版：XXXI. 未命名
参考文献：—
收藏归属：德鲁·德鲁里
产地信息：巴西
物种名片：暗神绡蝶 *Ithomia drymo* Hübner, 1816

图　　版：XXXII. 未命名
参考文献：—
收藏归属：德鲁·德鲁里
产地信息：南美洲南部
物种名片：曲绡蝶 *Epityches eupompe* (Geyer, 1832)

图　　版：XXXII. “*Diaphanus*”
参考文献：D. Drury, *Illus. Nat. Hist.*,Vol. 2 (1773); Pl. 7, f. 3
收藏归属：德鲁·德鲁里
产地信息：牙买加和伊斯帕尼奥拉岛
物种名片：黑脉绡蝶 *Greta diaphanus* (Drury, 1773)

XXXIII

Fabricius E.S. 571 **Hyalinus** Drury

Alis rotundatis integris concoloribus: anticis hyalinis; margine fasciisque nigris posticis testaceis. — habitat

Fabricius E.S. 572 **Obscuratus** Drury

Alis rotundatis testaceo hyalinis, anticis fascia flava. — habitat

图　　版：XXXIII.“*Hyalinus*”（ICO）

参考文献：J. C. Fabricius, *Ent. syst.* (1792–1799); No. 571

收藏归属：德鲁·德鲁里

产地信息：巴拿马?

物种名片：老莹绡蝶 [4] 自由亚种 *Hypoleria lavinia libera* Godman & Salvin, 1879

图　　版：XXXIII.“*Obscuratus*”（ICO）

参考文献：J. C. Fabricius, *Ent. syst.* (1792–1799); No. 572

收藏归属：德鲁·德鲁里

产地信息：巴拿马?

物种名片：缥缈美绡蝶 *Pteronymia obscuratus* (Fabricius, 1793)

XXXIV
Drury Vol 3 Pl 38
Menander
Drury
Andromeda Fabricius ES 569
Alis rotundatis hyalino albis posticis apice rubris: ocello utrinque unico.
Cramer 315
Habitat Jamaica
S. Jos[h] Banks

图　　版：XXXIV.“*Menander*”

参考文献：D. Drury, *Illus. Nat. Hist.*, Vol. 3 (1782); Pl. 38, f. 3

收藏归属：德鲁・德鲁里

产地信息：南美洲和中美洲

物种名片：红晕绡眼蝶 *Cithaerias pireta* (Stoll, 1780)

图　　版：XXXIV. 未命名

参考文献：—

收藏归属：约瑟夫・班克斯爵士

产地信息：南美洲

物种名片：蜡绡蝶 *Ceratinia neso* (Hübner, 1806)

XXXV
Linnaus N°52
Piera
Drury
Alis Oblongis integerrimis hyalinis diaphanis posticis ocellis binis
Cram: P. 291
Habitat in Indiis
Drury Vol:3 Pl 35
Nereis
Drury
Fabricius E.S. 560
Alis repandis fuscis: posticis fascia nivea, discoque fulvo: ocellis duobus atris. —
Habitat in America meridionali

图　　版：	XXXV. "*Piera*"
参考文献：	C. Linnaeus, *Syst. nat.* (1767); No. 52
收藏归属：	德鲁・德鲁里
产地信息：.	南美洲
物种名片：	黄晶眼蝶 *Haetera piera* (Linnaeus, 1758)

图　　版：	XXXV. "*Nereis*"
参考文献：	D. Drury, *Illus. Nat. Hist.*, Vol. 3 (1782); Pl. 35, f. 2–3
收藏归属：	德鲁・德鲁里
产地信息：	巴西
物种名片：	柔眼蝶 *Pierella nereis* (Drury, 1782)

XXXVI
Drury Vol 3 Pl 37
Cyntheus
Drury
Fabricius ES 129
Alis integerrimis nigris testaceo venosis: fascia alba anticarum interrupta.
Habitat in Africa.
Drury Vol:3 Pl:18
Circeis
Drury
Fabricius ES 565_Mandane.
Alis oblongis integerrimis: anticis hyalinis nigro venosis, posticis atris fascia alba.
Habitat in Africa

图　　版：XXXVI. “*Cyntheus*”

参考文献：D. Drury, *Illus. Nat. Hist.*, Vol. 3 (1782); Pl. 37, f. 5–6

收藏归属：德鲁 · 德鲁里

产地信息：非洲

物种名片：小珍蝶指名亚种 *Acraea bonasia bonasia* (Fabricius, 1775)

图　　版：XXXVI. “*Circeis*” / “*Mandane*”

参考文献：D. Drury, *Illus. Nat. Hist.*, Vol. 3 (1782); Pl. 18, f. 6, 8 / J. C. Fabricius, *Ent. syst.* (1792–1799); No. 565

收藏归属：德鲁 · 德鲁里

产地信息：非洲

物种名片：犀利珍蝶 *Acraea circeis* (Drury, 1782)

XXXVII
Fabricius E.S. 507
Serena
Drury
Alis oblongis integerrimis fulvis posticis subtus basi nigro-punctatis.
Cramer 260
habitat in India
Drury

XXXVIII
Linnaeus N° 70
Erato
Drury
Alis oblongis integerrimis atris primoribus flavo maculatis basi rubris,
posticis rubro striatis
Habitat in Indiis

XXXIX
Drury Vol. 3 Pl. 30
Irene
Drury
Fabricius E.S. 510
Alis oblongis: anticis nigris flavo maculatis; linea baseos fulva
posticis fulvis margine nigro.
Habitat in Jamaica
Fabricius E.S. 503
Vesta
Drury
alis oblongis integerrimis flavescentibus: margine nigro punctato
Cramer 298 Terpsichore
habitat in China

XL.
Fabricius N° 110
Doris
Latham
Alis oblongis integerrimis atris, anticis flavo maculatis, posticis
supra basi cœrulis.
Cram: P. 65.337

琼斯标名 *Erato*（图版 XXXVIII）和 *Doris*（图版 XL）的两幅图画的都是海神袖蝶[5] *Laparus doris* (Linnaeus, 1771) 这个物种。这种蝴蝶具有多型性，意味着它拥有两种或以上明显不同的色型。海神袖蝶的所有色型翅膀底色均为黑色，前翅的乳白色斑纹也始终不变，然而后翅基部辐射出来的颜色则可能是红色（如 *Erato* 中所绘）、蓝色（如 *Doris* 中所绘）、橙色或深乳白色。

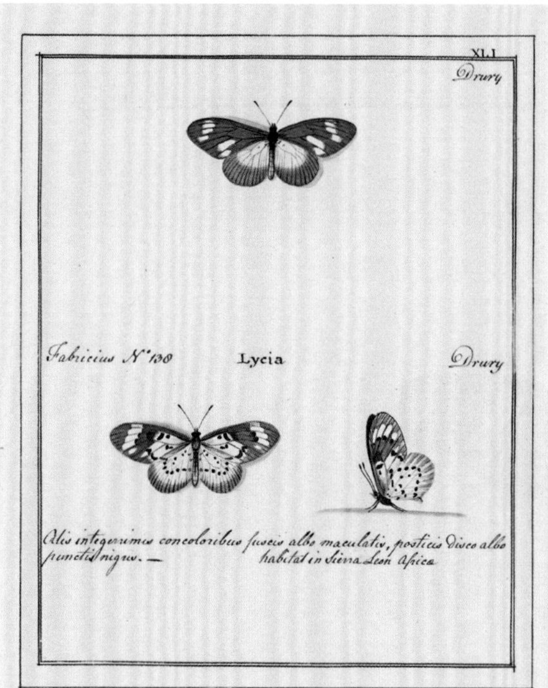

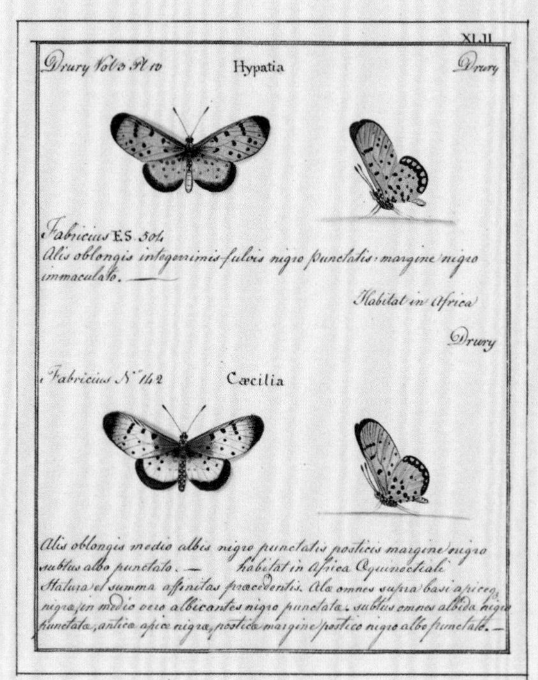

图　　版：XXXVII.“*Serena*”
参考文献：J. C. Fabricius, *Ent. syst.* (1792–1799); No. 507
收藏归属：德鲁·德鲁里
产地信息：非洲
物种名片：宁静珍蝶 *Acraea serena* (Fabricius, 1775)，上雄下雌

图　　版：XXXVIII.“*Erato*”
参考文献：C. Linnaeus, *Syst. nat.* (1767); No. 70
收藏归属：德鲁·德鲁里
产地信息：南美洲
物种名片：海神袖蝶 *Laparus doris* (Linnaeus, 1771)，红色型

图　　版：XXXIX.“*Irene*”
参考文献：D. Drury, *Illus. Nat. Hist.*, Vol. 3 (1782); Pl. 38, f. 1
收藏归属：德鲁·德鲁里
产地信息：中美洲和南美洲
物种名片：红裙晓绡蝶 *Tithorea harmonia* (Cramer, 1779)

图　　版：XXXIX.“*Vesta*”/“*Terpsichore*”
参考文献：J. C. Fabricius, *Ent. syst.* (1792–1799); No. 503
收藏归属：德鲁·德鲁里
产地信息：亚洲
物种名片：苎麻珍蝶 *Acraea issoria* (Hübner, 1819)

图　　版：XL.“*Doris*”
参考文献：J. C. Fabricius, *Spec. insect.* (1781); No. 118
收藏归属：约翰·莱瑟姆
产地信息：南美洲
物种名片：海神袖蝶 *Laparus doris* (Linnaeus, 1771)，蓝色型

图　　版：XLI. 未命名
参考文献：—
收藏归属：德鲁·德鲁里
产地信息：非洲
物种名片：白斑褐珍蝶 *Acraea lycoa* Godart, 1819，雌

图　　版：XLI.“*Lycia*”
参考文献：J. C. Fabricius, *Spec. insect.* (1781); No. 138
收藏归属：德鲁·德鲁里
产地信息：非洲
物种名片：黑点褐珍蝶 *Acraea encedon* (Linnaeus, 1758)，“lycia”型

图　　版：XLII.“*Hypatia*”
参考文献：D. Drury, *Illus. Nat. Hist.*, Vol. 3 (1782); Pl. 13, f. 1–2
收藏归属：德鲁·德鲁里
产地信息：非洲
物种名片：卡西珍蝶 *Acraea caecilia* (Fabricius, 1781)

图　　版：XLII.“*Cæcilia*”
参考文献：J. C. Fabricius, *Spec. insect.* (1781); No. 142
收藏归属：德鲁·德鲁里
产地信息：非洲
物种名片：卡西珍蝶 *Acraea caecilia* (Fabricius, 1781)

图　版：XLIII. 未命名

参考文献：—

收藏归属：约翰·莱瑟姆

产地信息：—

物种名片：—

对于琼斯的大多数画作来说，就算不能确定具体物种，至少也能鉴定到属。但这幅图版是个例外：它的整体图案会让人联想起各种带有蓝色和黄色花纹的“袖蝶”，也就是被其他一些种类模拟的具有化学防御的蝴蝶。然而，它的其他特征却排除了所有这些种类。

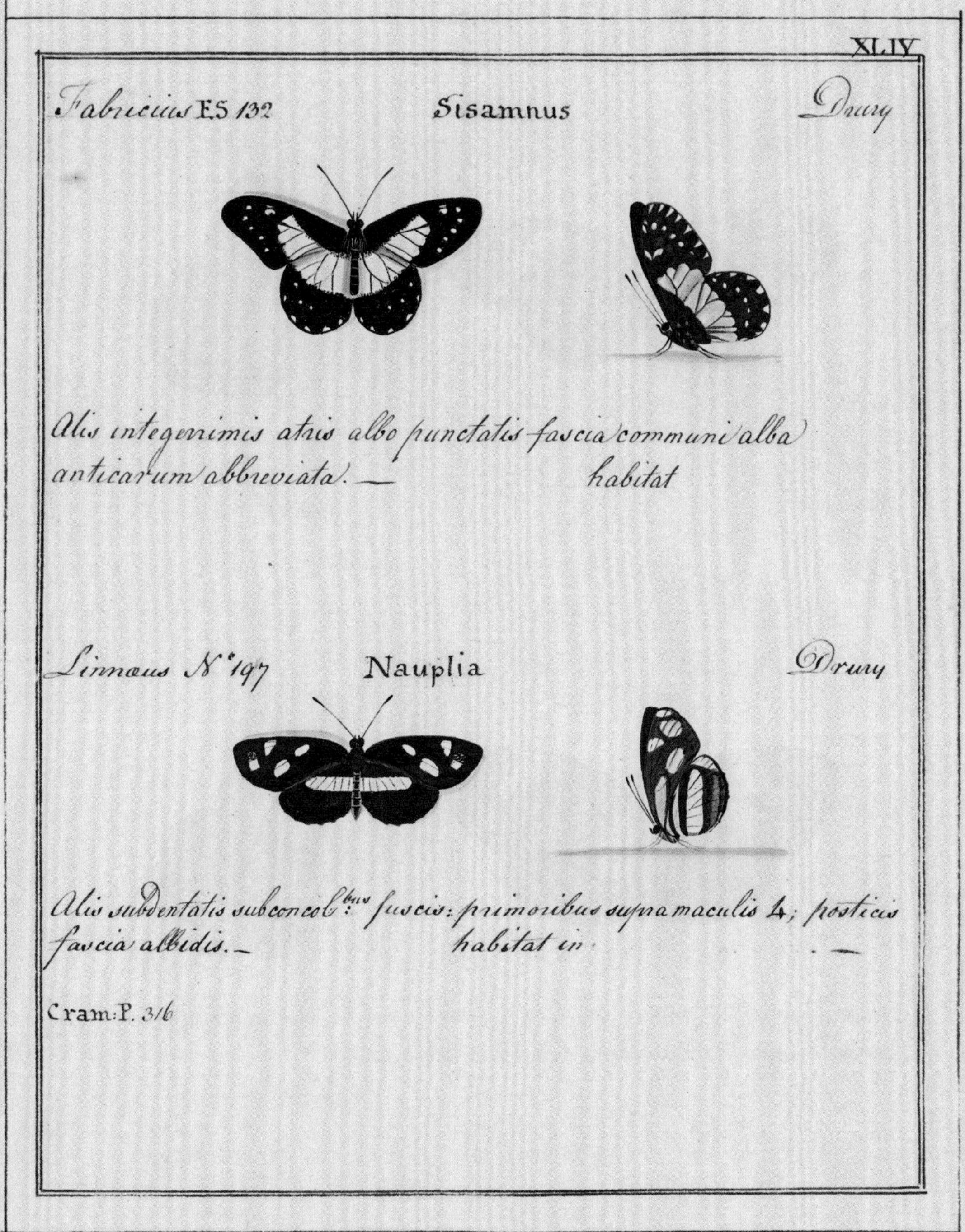
XLIV
Fabricius ES 132
Sisamnus
Drury
Alis integerrimis atris albo punctatis fascia communi alba anticarum abbreviata. —
habitat
Linnaeus N° 197
Nauplia
Drury
Alis subdentatis subconcol:bus fuscis: primoribus supra maculis 4; posticis fascia albidis. —
habitat in
Cram: P. 316

图　　版：XLIV.“*Sisamnus*”（ICO）

参考文献：J. C. Fabricius, *Ent. syst.* (1792–1799); No. 132

收藏归属：德鲁·德鲁里

产地信息：南美洲

物种名片：白带彩粉蝶指名亚种 *Catasticta sisamnus sisamnus* (Fabricius, 1793)

图　　版：XLIV.“*Nauplia*”

参考文献：C. Linnaeus, *Syst. nat.* (1767); No. 197

收藏归属：德鲁·德鲁里

产地信息：美国和中美洲

物种名片：克罗袖蛱蝶 [6]*Eresia clio* (Linnaeus, 1758)

XLV
Fabricius N°134
Antiocha
Smith
Alis oblongis integerrimis nigris, anticis fasciis duabus albis. –
Cram: P. 30
habitat in Indiis
Fabricius ES 127
Rhadamanthus
Smith
Alis integerimis nigris cœruleo micantibus anticis macula marginali
posticis macula lineolisque quatuor albis. –
habitat

图　　版：XLV. "*Antiocha*"

参考文献：J. C. Fabricius, *Spec. insect.* (1781); No. 134

收藏归属：詹姆斯·爱德华·史密斯

产地信息：南美洲

物种名片：白眉袖蝶 *Heliconius antiochus* (Linnaeus, 1767)

图　　版：XLV. "*Rhadamanthus*" (ICO)

参考文献：J. C. Fabricius, *Ent. syst.* (1792–1799); No. 127

收藏归属：詹姆斯·爱德华·史密斯

产地信息：中国广东

物种名片：白璧紫斑蝶指名亚种 *Euploea radamanthus radamanthus* (Fabricius, 1793)

XLVI
Terpsichore ?
Sr Josph Banks
Fabricius E.S. 523
Nasica
Francillon
alis oblongis integenimis atris: anticis fasciis duabus, posticis
disco flavis.—
habitat

图　　版：XLVI.“*Terpsichore*”

参考文献：—

收藏归属：约瑟夫·班克斯爵士

产地信息：乌干达至南非

物种名片：草原珍蝶 *Acraea rahira* Boisduval, 1833

图　　版：XLVI.“*Nasica*”（ICO）

参考文献：J. C. Fabricius, *Ent. syst.* (1792–1799); No. 523

收藏归属：约翰·弗朗西伦

产地信息：苏里南?

物种名片：虎纹谢灯蛾 *Chetone catilina* (Cramer, 1775)

XLVII
Francillon
Fabricius N° 145
Erythrea
British Museum
Alis oblongis atris, anticis rubro fasciatis, posticis striatis.—
habitat Surinami
Alæ anticæ basi fasciaque media rubris, posticæ striis sex rubris.—
Cramer says the posterior Wings are not always striated.—

XLVIII
Fabricius ES 502
Lybia
British Museum
Alis oblongis integerrimis: anticis atris fasciis duabus, posticis fulvis fascia marginali atra.—
habitat in India
Cramer 177

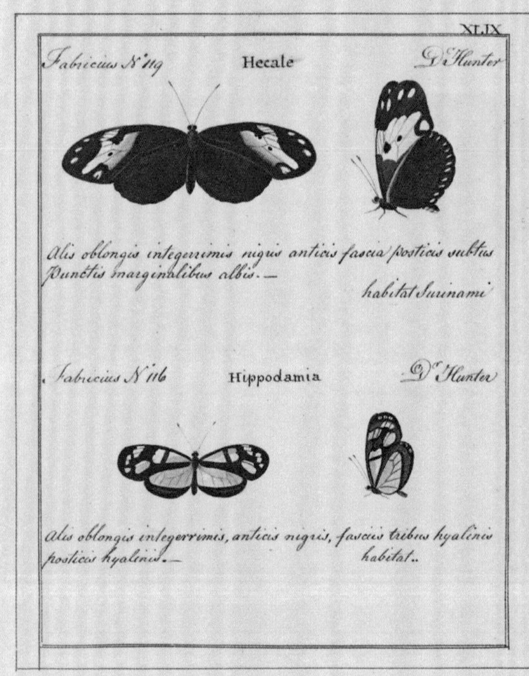
XLIX
Fabricius N° 119
Hecale
Dr Hunter
Alis oblongis integerrimis nigris anticis fascia posticis subtus punctis marginalibus albis.—
habitat Surinami
Fabricius N° 116
Hippodamia
Dr Hunter
Alis oblongis integerrimis, anticis nigris, fasciis tribus hyalinis posticis hyalinis.—
habitat..

L
Francillon
Francillon

图　　版：XLVII. 未命名
参考文献：—
收藏归属：约翰·弗朗西伦
产地信息：南美洲
物种名片：袖蝶属未定种 *Heliconius* sp. indet.

图　　版：XLVII. “*Erythrea*”
参考文献：J. C. Fabricius, *Spec. insect.* (1781); No. 145
收藏归属：大英博物馆
产地信息：南美洲
物种名片：？红带袖蝶 *Heliconius melpomene* (Linnaeus, 1758)，杂交型

图　　版：XLVIII. “*Lybia*”
参考文献：J. C. Fabricius, *Ent. syst.* (1792–1799); No. 502
收藏归属：大英博物馆
产地信息：南美洲
物种名片：花佳袖蝶 *Eueides lybia* (Fabricius, 1775)

图　　版：XLIX. “*Hecale*”
参考文献：J. C. Fabricius, *Spec. insect.* (1781); No. 119
收藏归属：亨特博士
产地信息：中美洲
物种名片：幽袖蝶 *Heliconius hecale* (Fabricius, 1776)

图　　版：XLIX. “*Hippodamia*”
参考文献：J. C. Fabricius, *Spec. insect.* (1781); No. 116
收藏归属：亨特博士
产地信息：南美洲
物种名片：康健油绡蝶 *Oleria aegle* (Fabricius, 1776)

图　　版：L. 未命名
参考文献：—
收藏归属：约翰·弗朗西伦
产地信息：南美洲
物种名片：多点袖斑蝶 *Lycorea ilione* (Cramer, 1775)

图　　版：L. 未命名
参考文献：—
收藏归属：约翰·弗朗西伦
产地信息：中美洲和南美洲
物种名片：黑缘鲛绡蝶 *Godyris zavaleta* (Hewitson, 1855)

图　　版：LI. 未命名
参考文献：—
收藏归属：约翰·弗朗西伦
产地信息：南美洲
物种名片：红带袖蝶 *Heliconius melpomene*，未定亚种

图　　版：LI. 未命名
参考文献：—
收藏归属：约翰·弗朗西伦
产地信息：南美洲
物种名片：红裳佳袖蝶 *Eueides tales* (Cramer, 1775)

图　　版：LII. 未命名
参考文献：—
收藏归属：约翰·弗朗西伦
产地信息：墨西哥至巴西
物种名片：帕粉蝶 *Perrhybris pamela* (Stoll, 1780)，雌

图　　版：LII. 未命名
参考文献：—
收藏归属：约翰·弗朗西伦
产地信息：南美洲
物种名片：福闩绡蝶 *Hypothyris fluonia* (Hewitson, 1854)

物种分布图：北美洲和中美洲

1. 箭纹贝凤蝶指名亚种：北美洲 6
2. 多点贝凤蝶：美国东南部、墨西哥和南美洲 10
3. 大螯豹凤蝶 *：牙买加 11
4. 拟红纹凤蝶伊代俄斯亚种 *：巴拿马？ 28
5. 埃鲁阔凤蝶指名亚种 *：巴拿马？ 29
6. 拟红纹凤蝶：墨西哥至南美洲 29
7. 红绿番凤蝶指名亚种：巴拿马？ 30
8. 帕劳芷凤蝶：大安的列斯群岛 31
9. 安绿番凤蝶：墨西哥至南美洲 37
10. 珀凤蝶：北美洲 38
11. 银月豹凤蝶：北美洲东部 39
12. 美洲虎纹凤蝶：北美洲东部 44、48
13. 带纹阔凤蝶：牙买加 49
14. 柑橘凤蝶：缅甸、中国和夏威夷 65
15. 黄宽芷凤蝶 *：牙买加 67
16. 草凤蝶：美国南部至阿根廷 69、72
17. 美洲大芷凤蝶：北美洲东部和古巴 71
18. 黄宽芷凤蝶：牙买加 73
19. 黄斑豹凤蝶：美国东南部 76
20. 金凤蝶：全北界，包括英国 77
21. 马赛阔凤蝶：北美洲东部 84
22. 多情阔凤蝶：墨西哥至南美洲 87
23. 红裙番凤蝶波吕泽鲁斯亚种：墨西哥至伯利兹 90
24. 宽绒番凤蝶：墨西哥南部至南美洲北部 91
25. 红环闩绡蝶指名亚种 *：巴拿马达连省 114
26. 幽袖蝶梅利亚种 *：巴拿马 116
27. 彩裙绡蝶：墨西哥至哥斯达黎加 116
28. 白顶袖蝶：巴拿马至巴西南部 117
29. 虎纹袖斑蝶：美国南部（偶见）至加勒比海地区和巴西南部 117
30. 伊莎佳袖蝶伊娃亚种 *：巴拿马？ 123
31. 花佳袖蝶奥林匹亚亚种 *：巴拿马？ 125
32. 黄条袖蝶：美洲 126
33. 黑脉绡蝶：牙买加和伊斯帕尼奥拉岛 131
34. 绡蝶属某种，参考迪莎绡蝶：中美洲和南美洲 131
35. 蛱蝶科绡蝶族未定种：新热带界 131
36. 老莹绡蝶自由亚种 *：巴拿马？ 132
37. 缥缈美绡蝶 *：巴拿马？ 132
38. 红晕绡眼蝶：南美洲和中美洲 133
39. 红裙晓绡蝶：中美洲和南美洲 136
40. 克罗袖蛱蝶：美国和中美洲 139
41. 黑缘鲛绡蝶：中美洲和南美洲 142
42. 幽袖蝶：中美洲 142
43. 帕粉蝶：墨西哥至巴西 143、170
44. 白翅弄蝶：中美洲和南美洲 158
45. 暗脉菜粉蝶：全北界 158
46. 黄纹菲粉蝶指名亚种：美洲，包括加勒比海地区 167
47. 黑缘豆粉蝶：全北界 169
48. 白纯粉蝶：中美洲和南美洲，包括加勒比海地区 170
49. 桔襟粉蝶指名亚种 *：美国佐治亚州 173
50. 高黄粉蝶：中美洲和南美洲，包括加勒比海地区 173
51. 矩黄粉蝶：墨西哥至秘鲁和加勒比海地区 175
52. 中美角翅大粉蝶：北美洲和南美洲，包括加勒比海地区 176
53. 黄粉蝶属未定种：热带地区 176、196
54. 菊黄花粉蝶指名亚种 *：美国至哥伦比亚 176
55. 杏菲粉蝶：中美洲和南美洲 181
56. 橙翅小黄粉蝶：北美洲 182、197
57. 菲罗豆粉蝶：北美洲 184
58. 高菲粉蝶：加勒比海地区 185
59. 黄基白翅尖粉蝶神泉亚种 *：牙买加 192
60. 黄菲粉蝶：美洲 192、194、195
61. 大白纯粉蝶牙买加亚种 *：牙买加 193
62. 土黄菲粉蝶：墨西哥、加勒比海地区和南美洲 195
63. 粉蝶科庞粉蝶属？：美洲 198
64. 黑猫头鹰环蝶：中美洲和南美洲 199
65. 君主斑蝶：北美洲 203
66. 女王斑蝶：美洲 204、205
67. 双带黄蝶蛾：中美洲和南美洲 210
68. 美眼蝶属某种，参考美眼蝶：牙买加 217
69. 红带咯环蝶：墨西哥至伯利兹 219
70. 尖翅棘眼蝶某亚种：墨西哥至南美洲 223
71. 卡咯海蚬蝶：墨西哥至玻利维亚 224
72. 褐纹蛱蝶：美洲 249
73. 真知星纹蛱蝶 *：古巴？ 252
74. 串珠眼蝶：北美洲 252
75. 双眼蝶美人亚种 *：美国佐治亚州 253
76. 蒙眼蝶：北美洲 255
77. 北美星纹蛱蝶指名亚种 *：美国 258
78. 小红蛱蝶：欧洲、亚洲、北美洲、非洲和澳大拉西亚 262
79. 北美红蛱蝶：北美洲 262
80. 双眼蝶：北美洲 282
81. 珂亮蛱蝶：牙买加 282
82. 星纹蛱蝶：北美洲 287
83. 巢蛱蝶：美国南部至哥伦比亚 287
84. 娜巢蛱蝶指名亚种 *：中美洲？ 292
85. 克火蛱蝶：中美洲和南美洲 293
86. 黄缘蛱蝶：北美洲和欧洲 299
87. 天后银纹袖蝶：美国南部至南美洲 300
88. 珠袖蝶：美国得克萨斯州至巴西 300
89. 钩翅蛱蝶：墨西哥至南美洲 300
90. 斑豹蛱蝶：北美洲 300
91. 翩蛱蝶：美洲 301
92. 黄翩蛱蝶：美洲 301
93. 扶蛱蝶属某种，参考（广义）红衫扶蛱蝶：墨西哥至中美洲和加勒比海地区 301
94. 巢蛱蝶属某种，参考女妖巢蛱蝶：北美洲 303
95. 银纹红袖蝶：美国得克萨斯州至中美洲和加勒比海地区 303
96. 环袖蝶：美国佛罗里达州南部至巴西 303
97. 北冷珍蛱蝶：全北界 304、316
98. 格斑堇蛱蝶：北美洲东部 312
99. 黄翩蛱蝶指名亚种 *：牙买加 313
100. 北美珍蛱蝶：美国东北部 316
101. 斑豹蛱蝶属未定种：全北界 316、317
102. 副王蛱蝶：北美洲 338
103. 图蛱蝶：墨西哥、中美洲和南美洲 341
104. 白纹蛱蝶指名亚种 *：墨西哥？ 345
105. 黄肱蛱蝶：南美洲和加勒比海地区 347
106. 黄褐余蛱蝶洪都拉斯亚种 *：中美洲 348
107. 奇纹美喙蝶：大安的列斯群岛 352
108. 卡丽美喙蝶：美洲 353
109. 橙斑黑蛱蝶：墨西哥至南美洲 356
110. 尖蛱蝶属未定种：墨西哥至南美洲 358
111. 鹞蛱蝶：墨西哥至南美洲 359
112. 剑尾凤蛱蝶：美洲 359
113. 火蛱蝶：墨西哥至巴拉圭 362
114. 拟斑蛱蝶指名亚种 *：美洲 365
115. 红帘悌蛱蝶：墨西哥至巴西 367
116. 巴西猫头鹰环蝶：南美洲和中美洲 372
117. 蓝斑猫头鹰环蝶：南美洲和中美洲 372
118. 大蓝闪蝶：墨西哥至巴西 372
119. 海伦闪蝶：墨西哥至阿根廷 377
120. 大古靴蛱蝶：墨西哥至南美洲，包括大安的列斯群岛 386
121. 绿帘维蛱蝶：美国南部至南美洲 393
122. 绿袖蝶属某种：参考绿袖蝶：中美洲和南美洲 394
123. 端突蛱蝶：美国南部至阿根廷 397
124. 拟斑蛱蝶：北美洲 400
125. 白矩朱蛱蝶：全北界 400
126. 白黄带荣蛱蝶：美国南部至南美洲 401
127. 金斑蛱蝶：泛热带地区 401、402
128. 双尾虎蛱蝶 *：牙买加 403
129. 蜚龙凤蛱蝶：美国南部和加勒比海地区至阿根廷 403
130. 火纹凤蛱蝶：巴拿马 404
131. 红矩安蛱蝶维京亚种 *：美属维京群岛圣托马斯 405
132. 暗环蝶林氏亚种 *：巴拿马？ 405
133. 道玫蛱蝶：牙买加 407
134. 黄褐余蛱蝶：美国最南部至墨西哥和南美洲 407
135. 尖尾端突蛱蝶：美国南部至墨西哥、加勒比海地区和南美洲 412
136. 蛤蟆蛱蝶：墨西哥至阿根廷，包括加勒比海地区 414
137. 白钩蛱蝶：古北界、北美洲东部 419
138. 神女悌蛱蝶：墨西哥至阿根廷 418
139. 朱履蛱蝶：美国南部、中美洲和南美洲，包括加勒比海地区 422
140. 白斑红纹蛱蝶：巴拿马至阿根廷 422
141. 长尾钩蛱蝶：北美洲 419
142. 克莱尖蛱蝶 *：巴拿马？ 423
143. 蓝伪灰蝶：中美洲和南美洲 446
144. 琼灰蝶属某种，参考盖宝绿灰蝶：墨西哥、特立尼达岛和南美洲 448
145. 帝王虹灰蝶：墨西哥和南美洲 449
146. 灰蝶科未定种，洒灰蝶属某种：全北界 450
147. 黎洒灰蝶 *（保护名）：美国 450
148. 宝绿灰蝶：北美洲，包括墨西哥 451、452
149. 陶线灰蝶 *：巴拿马？ 451
150. 海线灰蝶：墨西哥至南美洲 452
151. 巴潘灰蝶：墨西哥至巴西北部 455
152. 白 M 纹葩灰蝶 *（保护名）：美国 458
153. 帕莱余灰蝶：美国南部至南美洲，包括特立尼达岛 459
154. 雅斯灰蝶属未定种：墨西哥至南美洲 461
155. 细纹灰蝶：美国佛罗里达州、安的列斯群岛，向南至阿根廷 462
156. 海螺穹灰蝶 *：新热带界 463
157. 尖螯灰蝶 *：加勒比海地区 463
158. 俏灰蝶 *：美国佐治亚州 466
159. 克莱翁迷灰蝶：哥斯达黎加至巴西 467
160. 钩翅弄蝶：墨西哥至南美洲 468
161. 光蓝闪弄蝶 *：古巴？ 469
162. 美钩翅弄蝶指名亚种 *：牙买加 470
163. 网缎弄蝶指名亚种 *：美国东部 414
164. 磨石权蛱蝶：美国南部、墨西哥至南美洲 476
165. 亮褐螟蚬蝶：哥斯达黎加至巴西北部 477
166. 权蛱蝶：巴拿马至南美洲 478
167. 曼蛱蚬蝶：哥斯达黎加至巴西 479
168. 苔蛱蝶：墨西哥至阿根廷 479
169. 血塔蛱蝶：尼加拉瓜至南美洲 480
170. 红涡蛱蝶：中美洲和南美洲 482
171. 苔蛱蝶属某种，参考苔蛱蝶：墨西哥至阿根廷 483
172. 橙弄蝶 *：美国东部 485
173. 琉璃灰蝶属未定种：北美洲 487
174. 黑边红迷蚬蝶：墨西哥南部至南美洲 487
175. 波媚蚬蝶：中美洲和南美洲 488
176. 白雪盈灰蝶 *：美国东部 489
177. 哈根灰蝶指名亚种 *：北美洲 489
178. 棉蚜灰蝶 *：北美洲东部 490
179. 黑宝石眼蝶指名亚种 *：美国？ 494
180. 褐眼蝶：美国得克萨斯州至南美洲 497
181. 卡州褐眼蝶 *：美国？ 497
182. 图珍眼蝶：全北界 499
183. 红灰蝶：欧洲、北美洲、东非 501
184. 胡兰灰蝶：北美洲 502
185. 泥蛱蝶矮小亚种：牙买加 504
186. 潘灰蝶属某种，参考坤灰蝶：中美洲和南美洲 510
187. 白条松蚬蝶：中美洲和南美洲 512、513
188. 縐弄蝶：哥斯达黎加至巴拉圭 515
189. 骇弄蝶属某种，参考奈骇弄蝶：中美洲和南美洲 516
190. 弄蝶属某种：北美洲 517
191. 弄蝶亚科未定种，可能为赭弄蝶属某种：全北界 517
192. 黑褐玻弄蝶指名亚种 *：北美洲 517
193. 棉蚜灰蝶：北美洲 521
194. 弄蝶：全北界 522
195. 锈褐缎弄蝶：美国东部 523
196. 银点珠弄蝶指名亚种 *：美国东部？ 523
197. 碎滴弄蝶 *：北美洲 525
198. 花弄蝶属某种，参考满天星花弄蝶：美洲 525
199. 蓝条弄蝶属某种，参考红树林蓝条弄蝶：墨西哥至南美洲 528
200. 昏弄蝶：美国东部和加拿大 529
201. 饴弄蝶：北美洲至墨西哥北部 529
202. 绿背弄蝶：中美洲和南美洲，包括大安的列斯群岛 530
203. 巴西弄蝶 *：美洲 531
204. 镰弄蝶：美国最南部至阿根廷 535
205. 长尾弄蝶属未定种：美洲 536
206. 尖臀弄蝶属某种，参考尖臀弄蝶：美国南部和墨西哥，向南至巴拉圭和阿根廷 537
207. 克拉雀尾弄蝶：中美洲和南美洲 537
208. 幽弄蝶属某种，参考乳带幽弄蝶：墨西哥至南美洲 538
209. 文弄蝶：中美洲，包括加勒比海地区 538

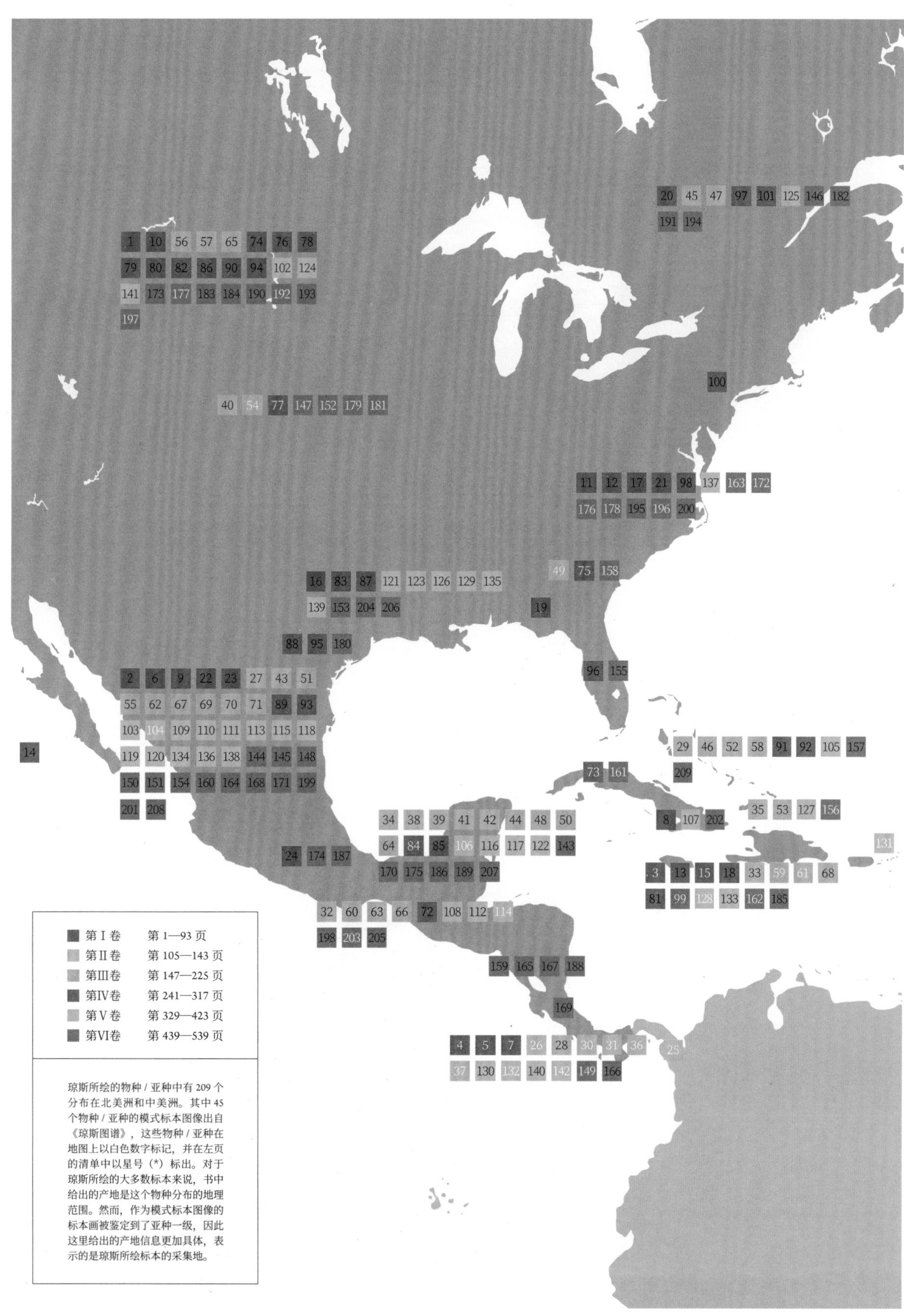

琼斯所绘的物种 / 亚种中有 209 个分布在北美洲和中美洲。其中 45 个物种 / 亚种的模式标本图像出自《琼斯图谱》，这些物种 / 亚种在地图上以白色数字标记，并在左页的清单中以星号（*）标出。对于琼斯所绘的大多数标本来说，书中给出的产地是这个物种分布的地理范围。然而，作为模式标本图像的标本画被鉴定到了亚种一级，因此这里给出的产地信息更加具体，表示的是琼斯所绘标本的采集地。

uus E.S 150

Archippus

VOLUME III

第 III 卷

Papiliones Danai: Candidi & Festivi

“丹尼亚斯类”蝴蝶：

“纯色类”和“彩色类”

根据早期蝴蝶分类系统的划分，“丹尼亚斯类”包括一系列色彩明快、花纹相对简单的蝴蝶，其中“纯色类”（Candidi，意为丹尼亚斯的白色或纯血女儿）包含大量白色或浅色蝴蝶，主要对应现代分类系统中的粉蝶科 Pieridae，同时也包含其他类群的零星浅色种类；“彩色类”（Festiv，意为埃古普托斯的多色或有色儿子）主要包含现代分类系统中的蛱蝶科的一些颜色较深的成员，其中值得注意的是本书中大部分的斑蝶亚科（Danainae，这个学名承袭自“Danai”）成员都被划入此类。

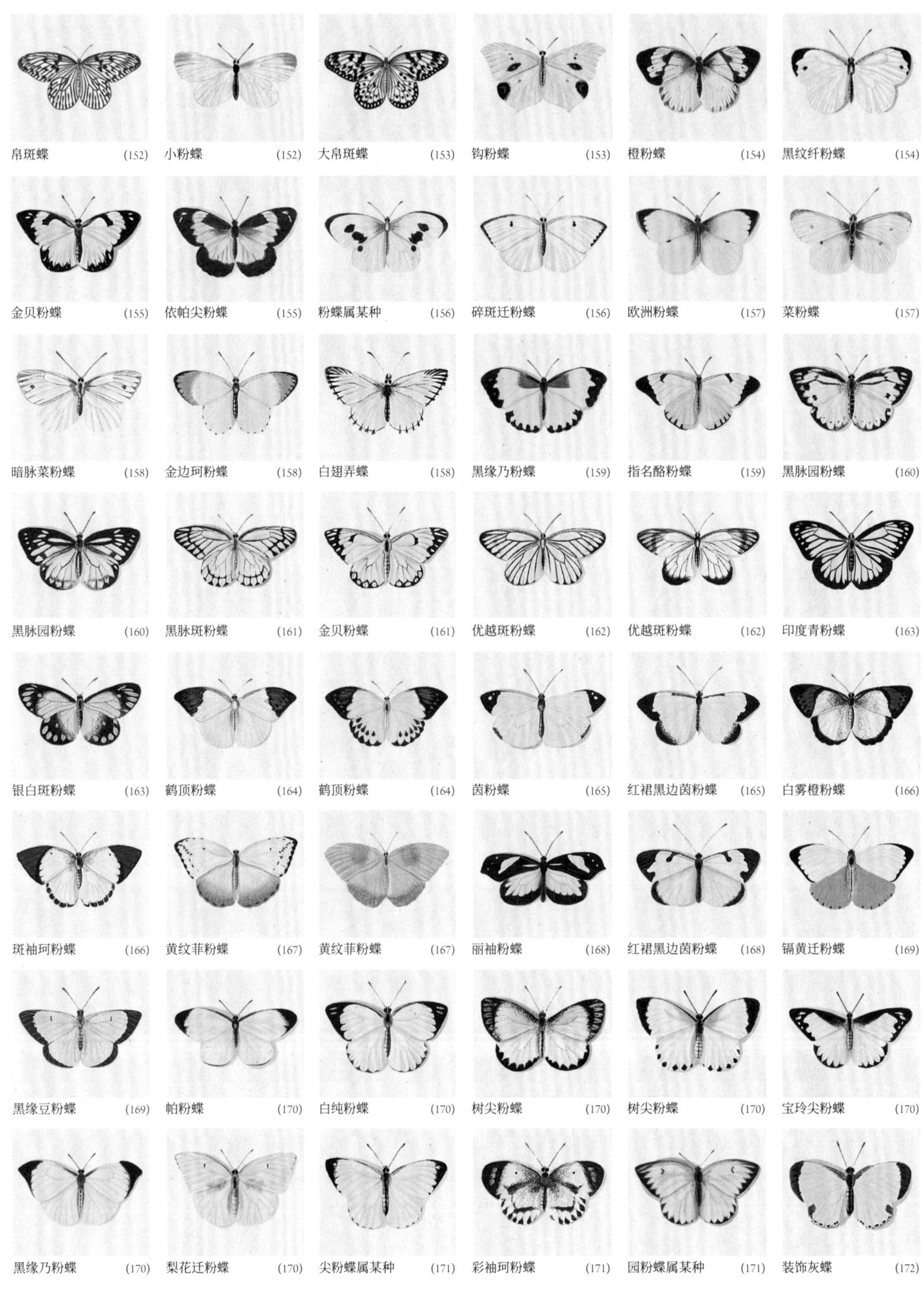

帛斑蝶 (152)　小粉蝶 (152)　大帛斑蝶 (153)　钩粉蝶 (153)　橙粉蝶 (154)　黑纹纤粉蝶 (154)

金贝粉蝶 (155)　依帕尖粉蝶 (155)　粉蝶属某种 (156)　碎斑迁粉蝶 (156)　欧洲粉蝶 (157)　菜粉蝶 (157)

暗脉菜粉蝶 (158)　金边珂粉蝶 (158)　白翅弄蝶 (158)　黑缘乃粉蝶 (159)　指名酪粉蝶 (159)　黑脉园粉蝶 (160)

黑脉园粉蝶 (160)　黑脉斑粉蝶 (161)　金贝粉蝶 (161)　优越斑粉蝶 (162)　优越斑粉蝶 (162)　印度青粉蝶 (163)

银白斑粉蝶 (163)　鹤顶粉蝶 (164)　鹤顶粉蝶 (164)　茵粉蝶 (165)　红裙黑边茵粉蝶 (165)　白雾橙粉蝶 (166)

斑袖珂粉蝶 (166)　黄纹菲粉蝶 (167)　黄纹菲粉蝶 (167)　丽袖粉蝶 (168)　红裙黑边茵粉蝶 (168)　镉黄迁粉蝶 (169)

黑缘豆粉蝶 (169)　帕粉蝶 (170)　白纯粉蝶 (170)　树尖粉蝶 (170)　树尖粉蝶 (170)　宝玲尖粉蝶 (170)

黑缘乃粉蝶 (170)　梨花迁粉蝶 (170)　尖粉蝶属某种 (171)　彩袖珂粉蝶 (171)　园粉蝶属某种 (171)　装饰灰蝶 (172)

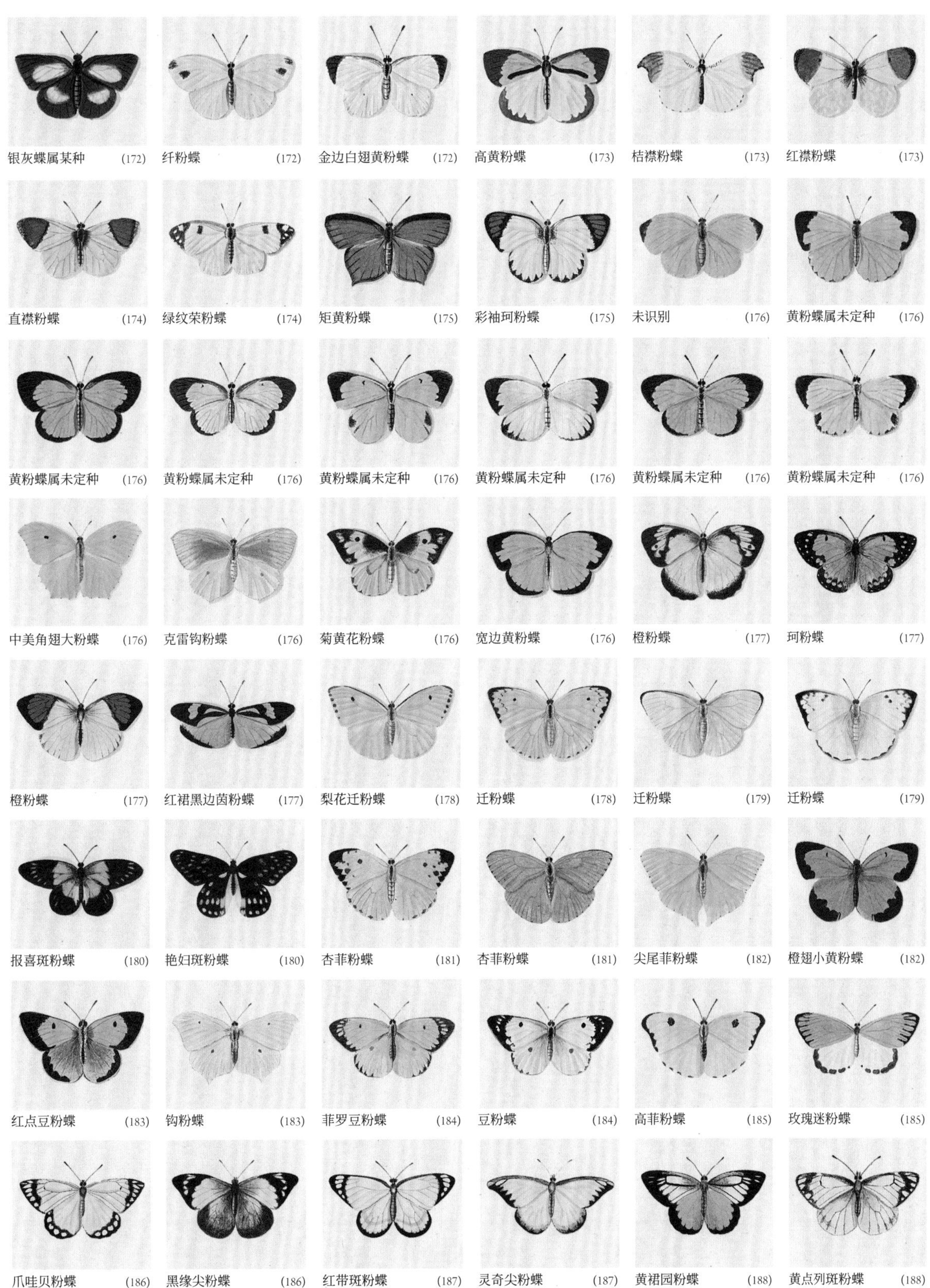

银灰蝶属某种 (172)
纤粉蝶 (172)
金边白翅黄粉蝶 (172)
高黄粉蝶 (173)
桔襟粉蝶 (173)
红襟粉蝶 (173)
直襟粉蝶 (174)
绿纹荣粉蝶 (174)
矩黄粉蝶 (175)
彩袖珂粉蝶 (175)
未识别 (176)
黄粉蝶属未定种 (176)
黄粉蝶属未定种 (176)
黄粉蝶属未定种 (176)
黄粉蝶属未定种 (176)
黄粉蝶属未定种 (176)
黄粉蝶属未定种 (176)
黄粉蝶属未定种 (176)
中美角翅大粉蝶 (176)
克雷钩粉蝶 (176)
菊黄花粉蝶 (176)
宽边黄粉蝶 (176)
橙粉蝶 (177)
珂粉蝶 (177)
橙粉蝶 (177)
红裙黑边茵粉蝶 (177)
梨花迁粉蝶 (178)
迁粉蝶 (178)
迁粉蝶 (179)
迁粉蝶 (179)
报喜斑粉蝶 (180)
艳妇斑粉蝶 (180)
杏菲粉蝶 (181)
杏菲粉蝶 (181)
尖尾菲粉蝶 (182)
橙翅小黄粉蝶 (182)
红点豆粉蝶 (183)
钩粉蝶 (183)
菲罗豆粉蝶 (184)
豆粉蝶 (184)
高菲粉蝶 (185)
玫瑰迷粉蝶 (185)
爪哇贝粉蝶 (186)
黑缘尖粉蝶 (186)
红带斑粉蝶 (187)
灵奇尖粉蝶 (187)
黄裙园粉蝶 (188)
黄点列斑粉蝶 (188)

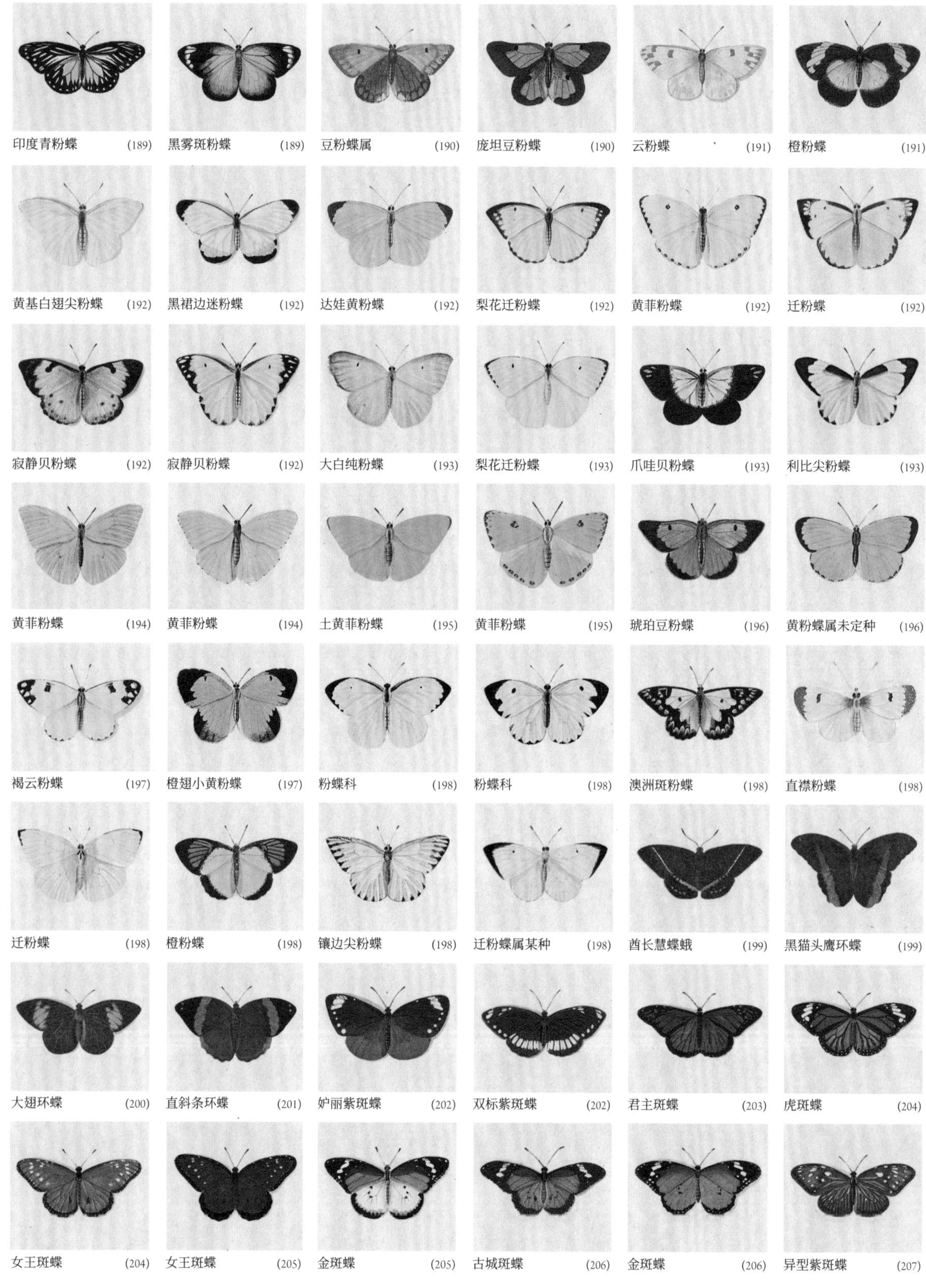

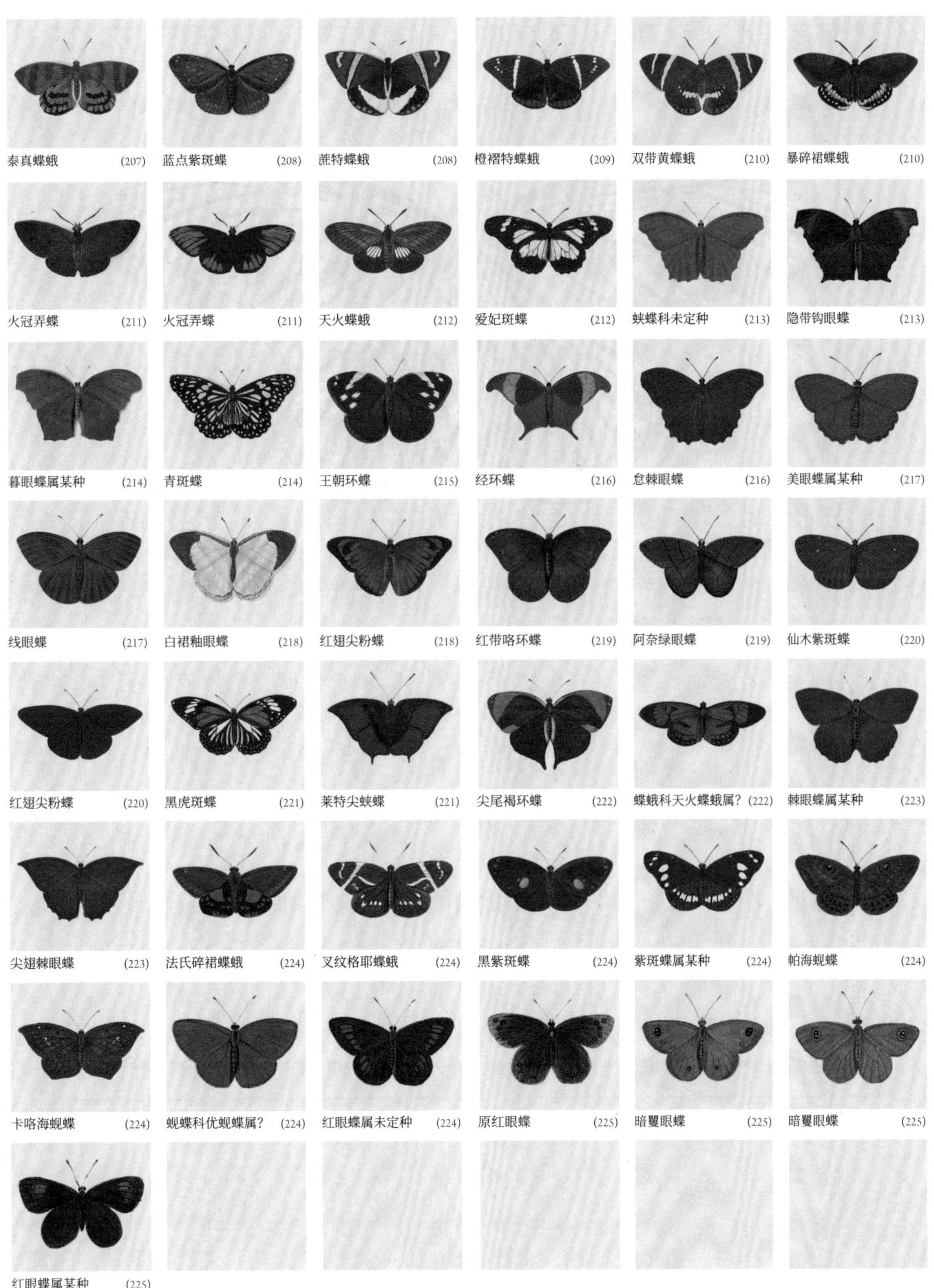

I
Linnaeus N°73
Idea
Smith
Alis integerrimis rotundatis albis: venis maculisque nigris primoribus
nigro margine albo punctato ..
Habitat in Indiis
Major reliquis Danais.—
Cram: P. 193. 362
Linnaeus N°79
Sinapis
Jones
Alis integerrimis rotundatis albis immaculatis: apicibus fuscentibus
habitat in Brassica et affinibus

图　　版：I.“*Idea*”

参考文献：C. Linnaeus, *Syst. nat.* (1767); No. 73

收藏归属：詹姆斯·爱德华·史密斯

产地信息：马鲁古群岛

物种名片：帛斑蝶 *Idea idea* (Linnaeus, 1763)

图　　版：I.“*Sinapis*”

参考文献：C. Linnaeus, *Syst. nat.* (1767); No. 79

收藏归属：威廉·琼斯

产地信息：欧洲

物种名片：小粉蝶 *Leptidea sinapis* (Linnaeus, 1758)

II
Brittish Museum
Linnaeus N° 107
Ecclipsis
Brittish Museum
Alis integerrimis angulatis flavis: primoribus punctis duobus maculaque nigris: posticis Ocello caeruleo. — habitat in America Septentrionali
Simillimus P. Rhamni, sed macula alarum nigra conspicuus. —

图　版：II. 未命名
参考文献：—
收藏归属：大英博物馆
产地信息：西起泰国，东至琉球群岛
物种名片：大帛斑蝶 *Idea leuconone* Erichson, 1834

图　版：II. “*Ecclipsis*”
参考文献：C. Linnaeus, *Syst. nat.* (1767); No. 107
收藏归属：大英博物馆
产地信息：欧洲
物种名片：钩粉蝶 *Gonepteryx rhamni* (Linnaeus, 1758)

Ecclipsis 是林奈基于詹姆斯・佩蒂弗的一段描述和插图，以 *Papilio ecclipsis* 为名描述的一个著名的“假”物种。这幅图应该是琼斯根据原始标本画的，这件标本当时保存于大英博物馆，后来随着造假暴露而被销毁。它的真实身份是钩粉蝶的雄性标本（见第 183 页），被人用画笔巧妙地加上了几笔。

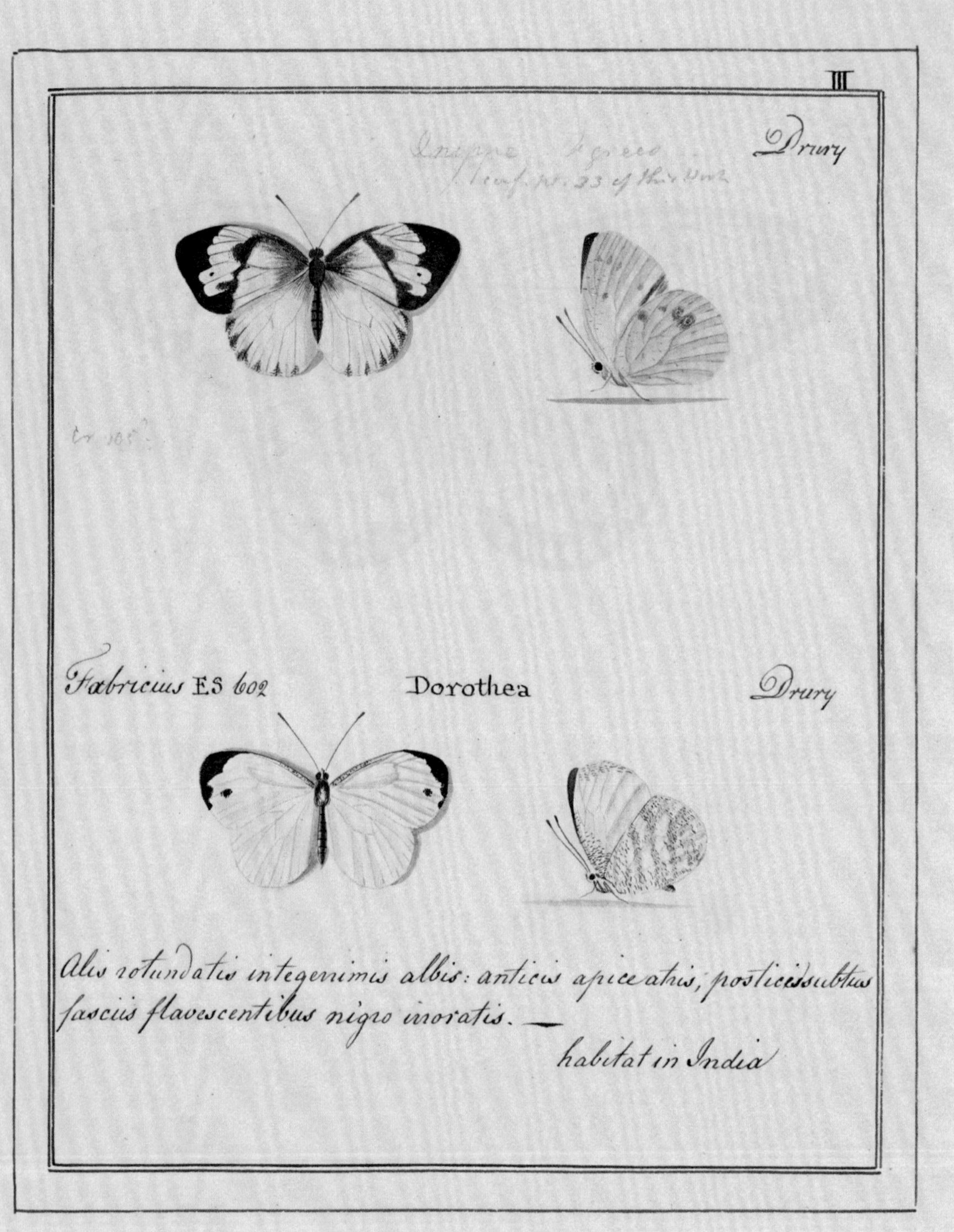

III
Drury
Fabricius ES 602
Dorothea
Drury
Alis rotundatis integerrimis albis: anticis apice atris, posticis subtus
fasciis flavescentibus nigro irroratis. —
habitat in India

图　　版：III. "*Anippe*"
参考文献：—
收藏归属：德鲁·德鲁里
产地信息：印度和东南亚
物种名片：橙粉蝶 *Ixias pyrene* (Linnaeus, 1764)，雌

图　　版：III. "*Dorothea*"（ICO）
参考文献：J. C. Fabricius, *Ent. syst.* (1792–1799); No. 602
收藏归属：德鲁·德鲁里
产地信息：塞拉利昂
物种名片：黑纹纤粉蝶 *Leptosia medusa* (Cramer, 1777)

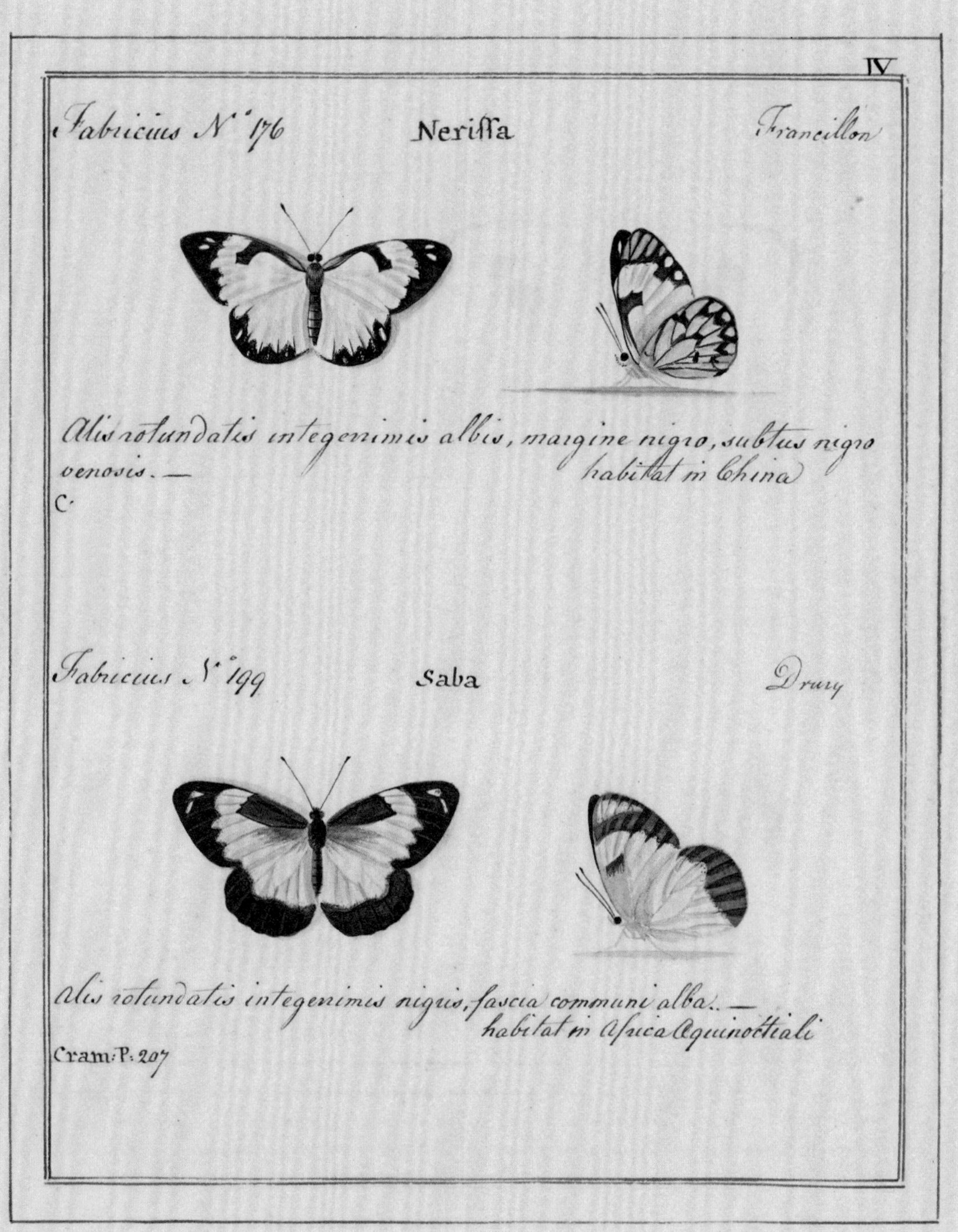

IV
Fabricius N° 176
Nerissa
Francillon
Alis rotundatis integerrimis albis, margine nigro, subtus nigro venosis. —
habitat in China
C.
Fabricius N° 199
Saba
Drury
Alis rotundatis integerrimis nigris, fascia communi alba. —
habitat in Africa Aequinoctiali
Cram: P: 207

图　　版：IV. “*Nerissa*”
参考文献：J. C. Fabricius, *Spec. insect.* (1781); No. 176
收藏归属：约翰・弗朗西伦
产地信息：非洲和印度
物种名片：金贝粉蝶 *Belenois aurota* (Fabricius, 1793)

图　　版：IV. “*Saba*”
参考文献：J. C. Fabricius, *Spec. insect.* (1781); No. 199
收藏归属：德鲁・德鲁里
产地信息：非洲
物种名片：依帕尖粉蝶 *Appias epaphia* (Cramer, 1779)

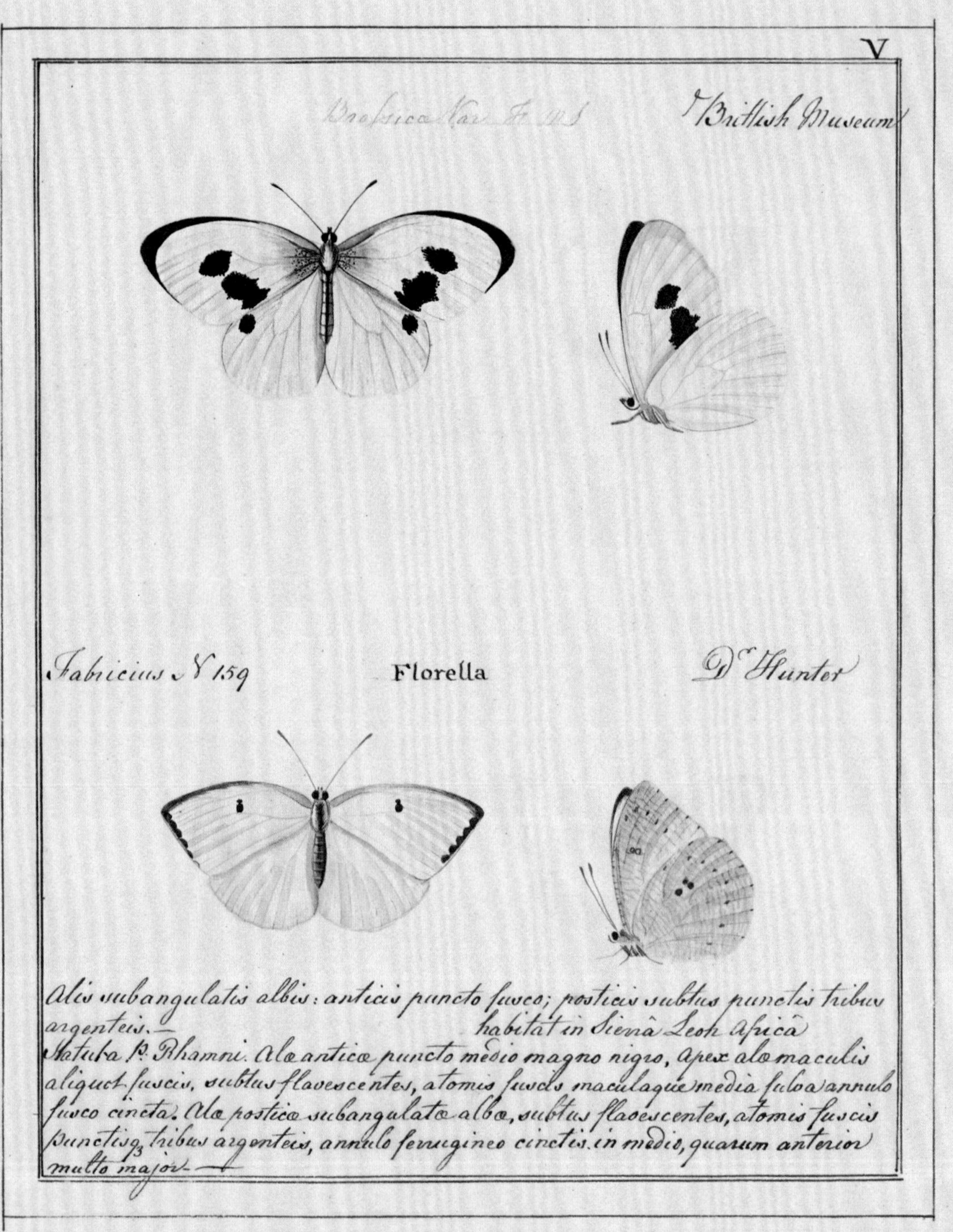

V
British Museum
Fabricius N 159
Florella
Dr Hunter
Alis subangulatis albis: anticis puncto fusco; posticis subtus punctis tribus argenteis. —
habitat in Sierra Leon Africa
Statura P. Rhamni. Ala antica puncto medio magno nigro, apex alae maculis aliquot fuscis, subtus flavescentes, atomis fuscis maculaque media fulva annulo fusco cincta. Ala postica subangulata alba, subtus flavescentes, atomis fuscis punctisq. tribus argenteis, annulo ferrugineo cinctis in medio, quarum anterior multo major —

图　　版：V.“*Brassica*”

参考文献：—

收藏归属：大英博物馆

产地信息：加那利群岛

物种名片：粉蝶属某种 *Pieris* sp.，参考加那利粉蝶 *P. cheiranthi* (Hübner, 1823)，雌，非典型个体？

图　　版：V.“*Florella*”

参考文献：J. C. Fabricius, *Syst. ent.* (1775); No. 159

收藏归属：亨特博士

产地信息：非洲

物种名片：碎斑迁粉蝶 *Catopsilia florella* (Fabricius, 1775)

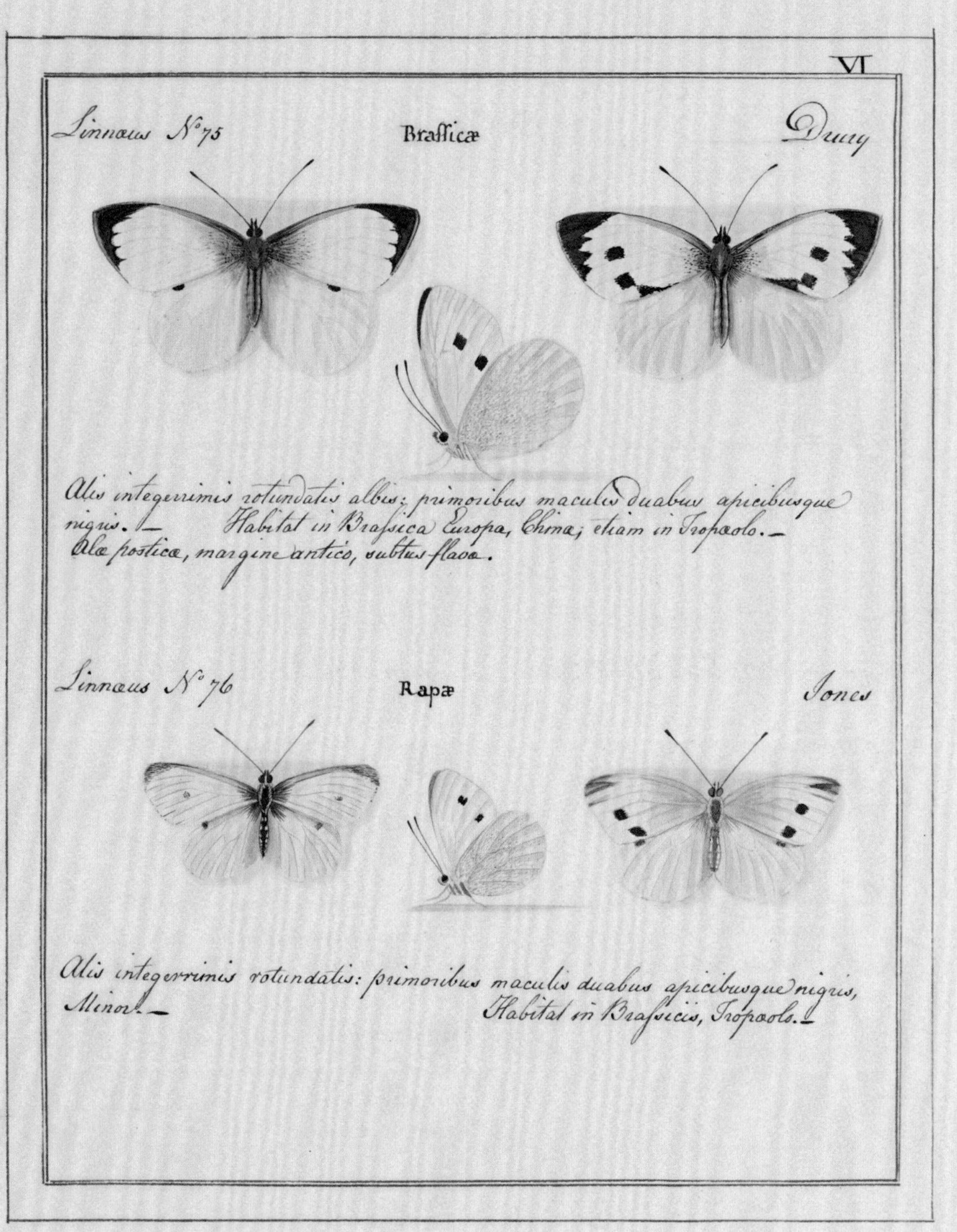
VI
Linnaeus N° 75
Brassicæ
Drury
Alis integerrimis rotundatis albis: primoribus maculis duabus apicibusque nigris. — Habitat in Brassica Europa, China; etiam in Tropaolo. —
Alæ posticæ, margine antico, subtus flavæ.
Linnaeus N° 76
Rapæ
Jones
Alis integerrimis rotundatis: primoribus maculis duabus apicibusque nigris, Minor. —
Habitat in Brassicis, Tropaolo. —

图　　版：VI. “*Brassicae*”
参考文献：C. Linnaeus, *Syst. nat.* (1767); No. 75
收藏归属：德鲁 · 德鲁里
产地信息：欧洲和北非
物种名片：欧洲粉蝶 *Pieris brassicae* (Linnaeus, 1758)

图　　版：VI. “*Rapæ*”
参考文献：C. Linnaeus, *Syst. nat.* (1767); No. 76
收藏归属：威廉 · 琼斯
产地信息：古北界
物种名片：菜粉蝶 *Pieris rapae* (Linnaeus, 1758)

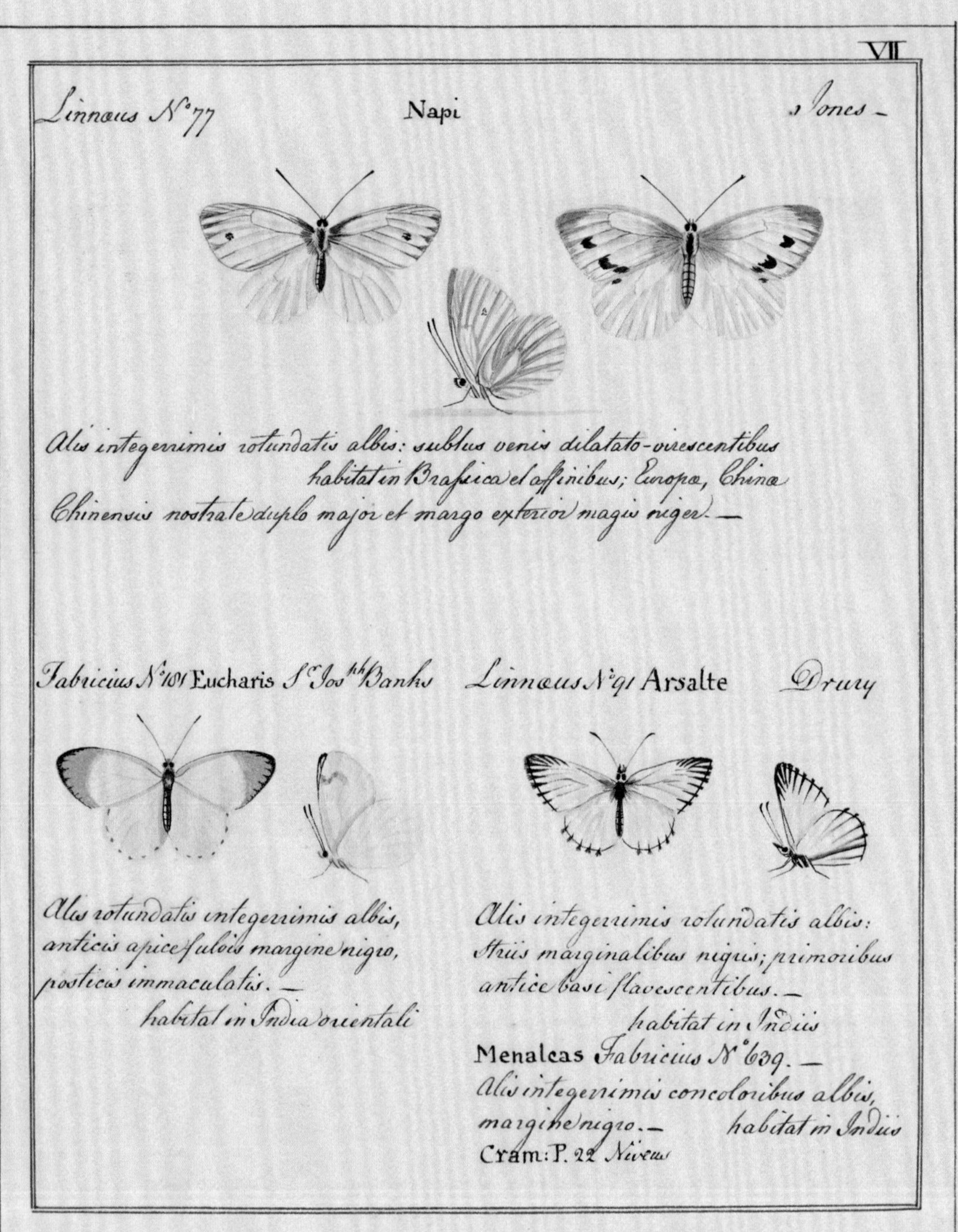
VII
Linnaeus N°77
Napi
Jones
Alis integerrimis rotundatis albis: subtus venis dilatato-virescentibus
habitat in Brassica et affinibus; Europa, China
Chinensis nostrate duplo major et margo exterior magis niger.
Fabricius N°181 Eucharis Sr Jos^h Banks
Linnaeus N°91 Arsalte
Drury
Alis rotundatis integerrimis albis,
anticis apice fulvis margine nigro,
posticis immaculatis.
habitat in India orientali
Alis integerrimis rotundatis albis:
striis marginalibus nigris; primoribus
antice basi flavescentibus.
habitat in Indiis
Menalcas Fabricius N°639.
Alis integerrimis concoloribus albis,
margine nigro.
habitat in Indiis
Cram: P. 22 Niveus

图　　版：VII. "*Napi*"
参考文献：C. Linnaeus, *Syst. nat.* (1767); No. 77
收藏归属：威廉・琼斯
产地信息：全北界
物种名片：暗脉菜粉蝶 *Pieris napi* (Linnaeus, 1758)

图　　版：VII. "*Eucharis*"
参考文献：J. C. Fabricius, *Spec. insect.* (1781); No. 181
收藏归属：约瑟夫・班克斯爵士
产地信息：非洲和印度
物种名片：金边珂粉蝶 *Colotis aurora* (Cramer, 1780)

图　　版：VII. "*Arsalte*" / "*Menaleas*"
参考文献：C. Linnaeus, *Syst. nat.* (1767); No. 91 / J. C. Fabricius, *Spec. insect* (1781); No. 639
收藏归属：德鲁・德鲁里
产地信息：中美洲和南美洲
物种名片：白翅弄蝶 *Heliopetes arsalte* (Linnaeus, 1758)

图　　版：VIII. “*Poppea*”

参考文献：J. C. Fabricius, *Spec. insect.* (1781); No. 165

收藏归属：德鲁 · 德鲁里

产地信息：非洲

物种名片：黑缘乃粉蝶 *Nepheronia argia* (Fabricius, 1775)

图　　版：VIII. “*Licea*” / “*Flippantha*” (ICO)

参考文献：J. C. Fabricius, *Mant. insect.* (1787); No. 210 / J. C. Fabricius, *Ent. syst.* (1792–1799); No. 631

收藏归属：德鲁 · 德鲁里

产地信息：巴西里约热内卢？

物种名片：指名酪粉蝶里约亚种 *Melete lycimnia flippantha* (Fabricius, 1793)

非洲有几种粉蝶的前翅基部有醒目的橙色，包括此处展示的黑缘乃粉蝶，它是外形独特的乃粉蝶族 Nepheroniini 的成员。类似的图案也出现在树尖粉蝶 *Appias sylvia*（第 III 卷图版 XX、XXI，第 170 页）身上，它属于粉蝶族 Pierini 尖粉蝶亚族 Appiadina。

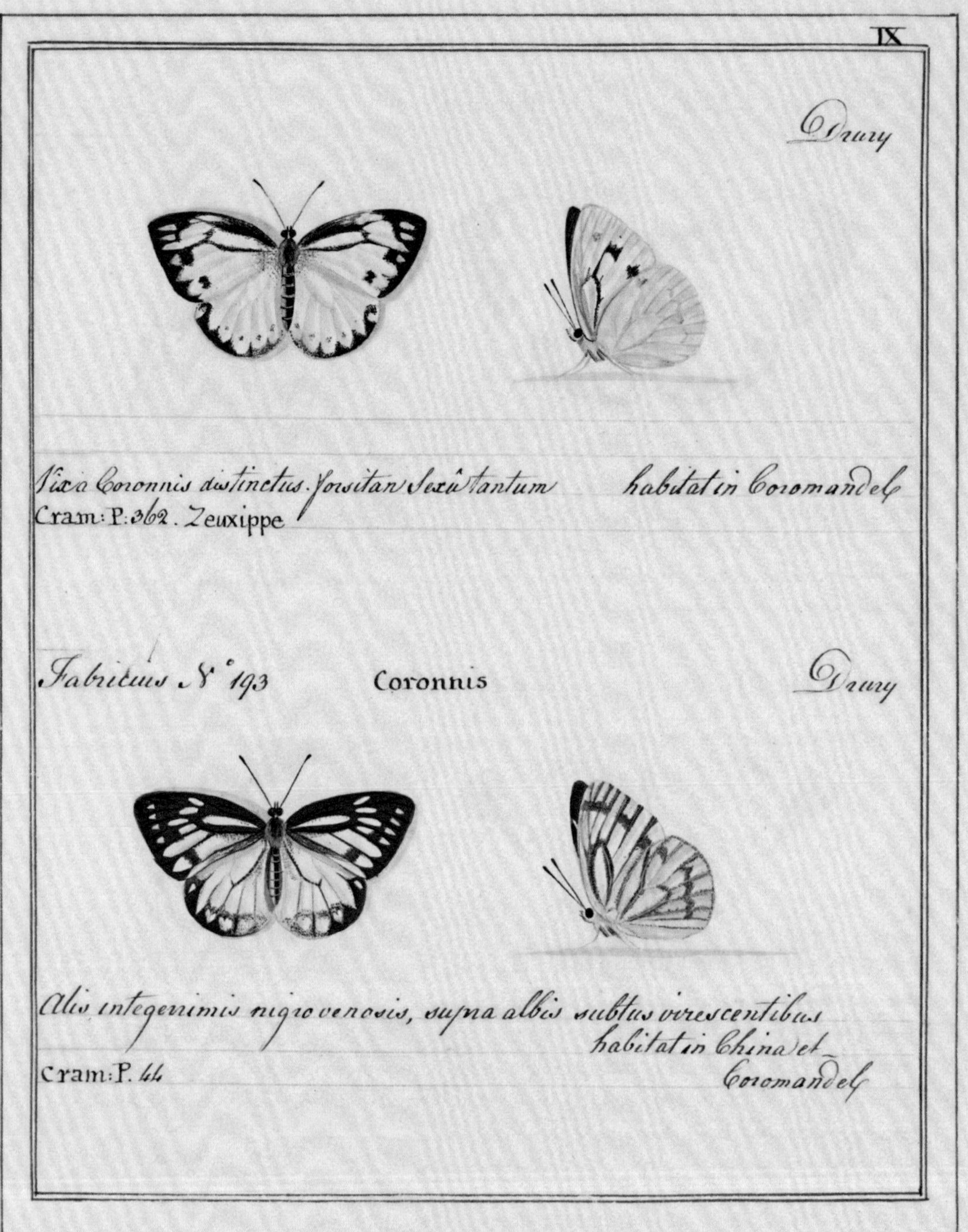
IX
Drury
Vix a Coronnis distinctus. forsitan Sexû tantum
habitat in Coromandel
Cram: P. 362. Zeuxippe
Fabricius N° 193
Coronnis
Drury
Alis integerrimis nigro venosis, supra albis subtus virescentibus
habitat in China et
Coromandel
Cram: P. 44

图　　版：IX. "*Zeuxippe*"
参考文献：P. Cramer, *De uit. Kap.* (1775–1782); Pl. 362, f. e–f
收藏归属：德鲁 · 德鲁里
产地信息：亚洲
物种名片：黑脉园粉蝶 *Cepora nerissa* (Fabricius, 1775)

图　　版：IX. "*Coronnis*".
参考文献：J. C. Fabricius, *Spec. insect.* (1781); No. 193
收藏归属：德鲁 · 德鲁里
产地信息：亚洲
物种名片：黑脉园粉蝶 *Cepora nerissa* (Fabricius, 1775)

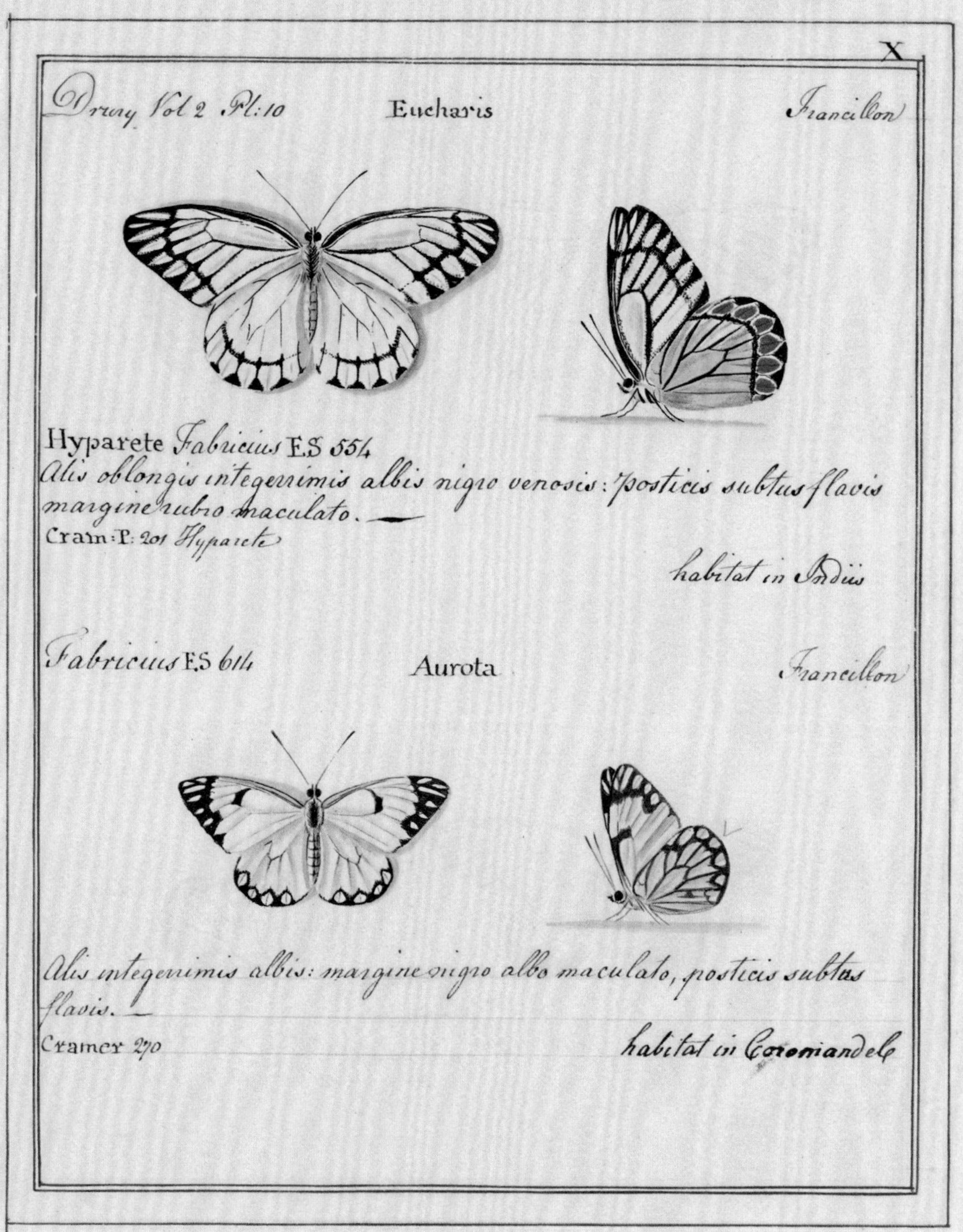

X
Drury Vol 2 Pl:10
Eucharis
Francillon
Hyparete Fabricius E.S 554
Alis oblongis integerrimis albis nigro venosis: posticis subtus flavis margine rubro maculato.
Cram: P: 201 Hyparete
habitat in Indiis
Fabricius E.S 614
Aurota
Francillon
Alis integerrimis albis: margine nigro albo maculato, posticis subtus flavis.
Cramer 270
habitat in Coromandel

图　　版：X.“*Eucharis*”/“*Hyparete*”

参考文献：D. Drury, *Illus. Nat. Hist.*, Vol. 2 (1773); Pl. 10, f. 5–6 / J. C. Fabricius, *Ent. syst.* (1792–1799); No. 554

收藏归属：约翰·弗朗西伦

产地信息：印度和东南亚

物种名片：黑脉斑粉蝶 *Delias eucharis* (Drury, 1773)

图　　版：X.“*Aurota*”/（ICO）

参考文献：J. C. Fabricius, *Ent. syst.* (1792–1799); No. 614

收藏归属：约翰·弗朗西伦

产地信息：印度科罗曼德海岸

物种名片：金贝粉蝶指名亚种 *Belenois aurota aurota* (Fabricius, 1793)

XI
Drury
this is the Hyparete in Lin Cabinet
Linnaeus N° 92
Hyparete
Drury
Alis integerrimis rotundatis albis; Posticis subtus venis maculisque sanguineis
habitat in Indiis
Cram: P. 187

图　　版：XI. “*Hyparete*”

参考文献：C. Linnaeus, *Syst. nat.* (1767); No. 92

收藏归属：德鲁 · 德鲁里

产地信息：印度、中国南部和东南亚

物种名片：优越斑粉蝶华南亚种 *Delias hyparete hierta* (Hübner, 1818)，雄（上）

优越斑粉蝶指名亚种 *Delias hyparete hyparete* (Linnaeus, 1758)，雄（下）

这幅图版画的是优越斑粉蝶的两个亚种。上图下方的铅笔标注写着“此为林氏标本柜中的 Hyparete”，可能指的是如今收藏于林奈学会的一件标本。

XII
Fabricius M 545
Hippia
Drury
Alis repandis virescenti albis venis limboque nigris. –
habitat in Pulicandor
Fabricius E.S 624
Argenthona
Drury
Alis rotundatis integerrimis albis limbo atro flavo maculato, posticis flavis apice atris: fascia maculari rufâ. –
Cramer 27.320
habitat.

图　　版：XII. "*Hippia*"

参考文献：J. C. Fabricius, *Mant. insect.* (1787); No. 545

收藏归属：德鲁·德鲁里

产地信息：印度

物种名片：印度青粉蝶 *Pareronia hippia* (Fabricius, 1787)

图　　版：XII. "*Argenthona*"（ICO）

参考文献：J. C. Fabricius, *Ent. syst.* (1792–1799); No. 624

收藏归属：德鲁·德鲁里

产地信息：澳大利亚昆士兰州库克敦

物种名片：银白斑粉蝶指名亚种 *Delias argenthona argenthona* (Fabricius, 1793)

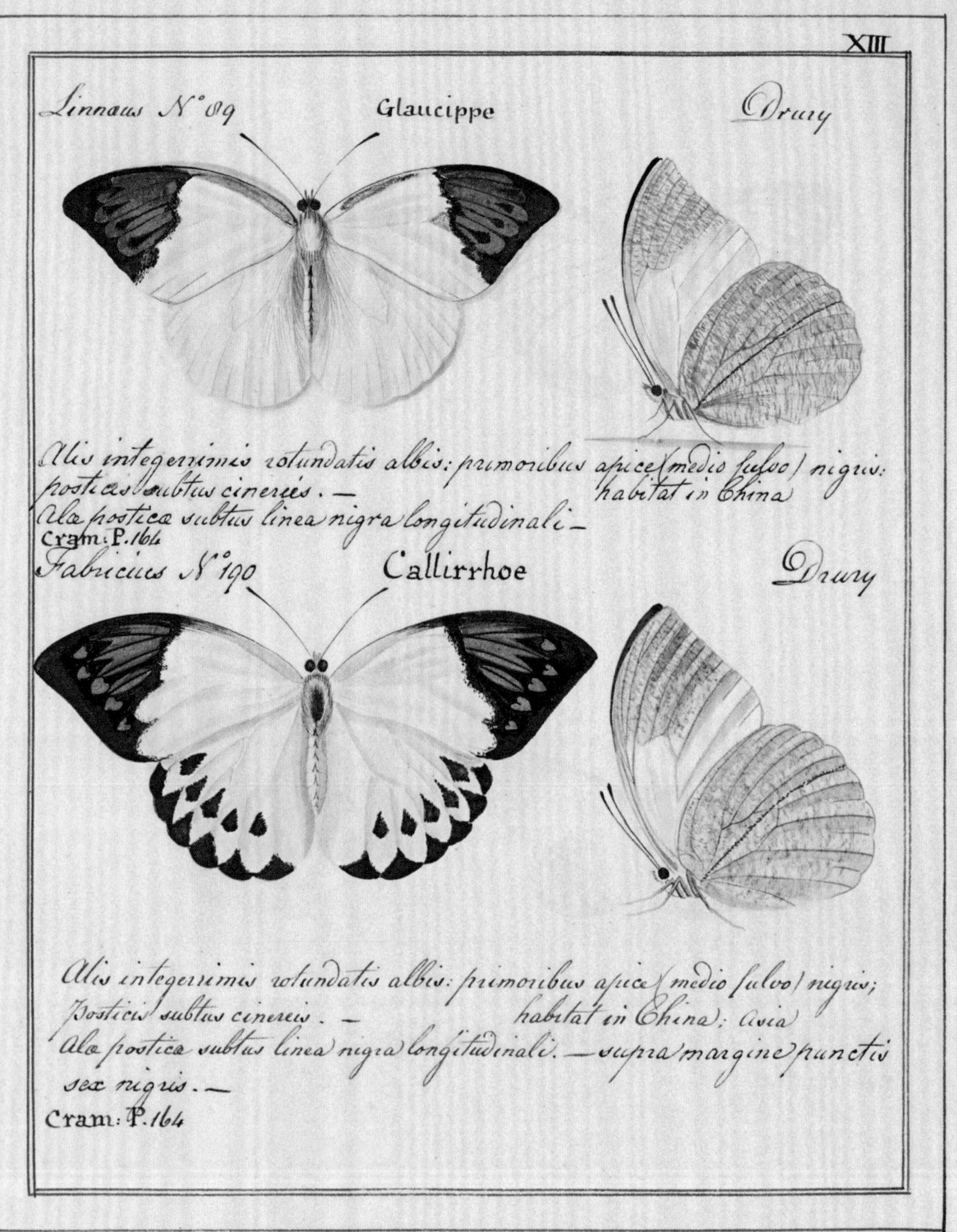

XIII
Linnaeus N° 89
Glaucippe
Drury
Alis integerrimis rotundatis albis: primoribus apice (medio fulvo) nigris: posticis subtus cinereis. — habitat in China
Alæ postica subtus linea nigra longitudinali —
Cram: P.164
Fabricius N° 190
Callirrhoe
Drury
Alis integerrimis rotundatis albis: primoribus apice (medio fulvo) nigris; posticis subtus cinereis. — habitat in China; Asia
Alæ postica subtus linea nigra longitudinali. — supra margine punctis sex nigris. —
Cram: P.164

图　　版：XIII. “*Glaucippe*”

参考文献：C. Linnaeus, *Syst. nat.* (1767); No. 89

收藏归属：德鲁·德鲁里

产地信息：亚洲

物种名片：鹤顶粉蝶 *Hebomoia glaucippe* (Linnaeus, 1758)，雄

图　　版：XIII. “*Callirrhoe*”

参考文献：J. C. Fabricius, *Spec. insect.* (1781); No. 190

收藏归属：德鲁·德鲁里

产地信息：亚洲

物种名片：鹤顶粉蝶 *Hebomoia glaucippe* (Linnaeus, 1758)，雌

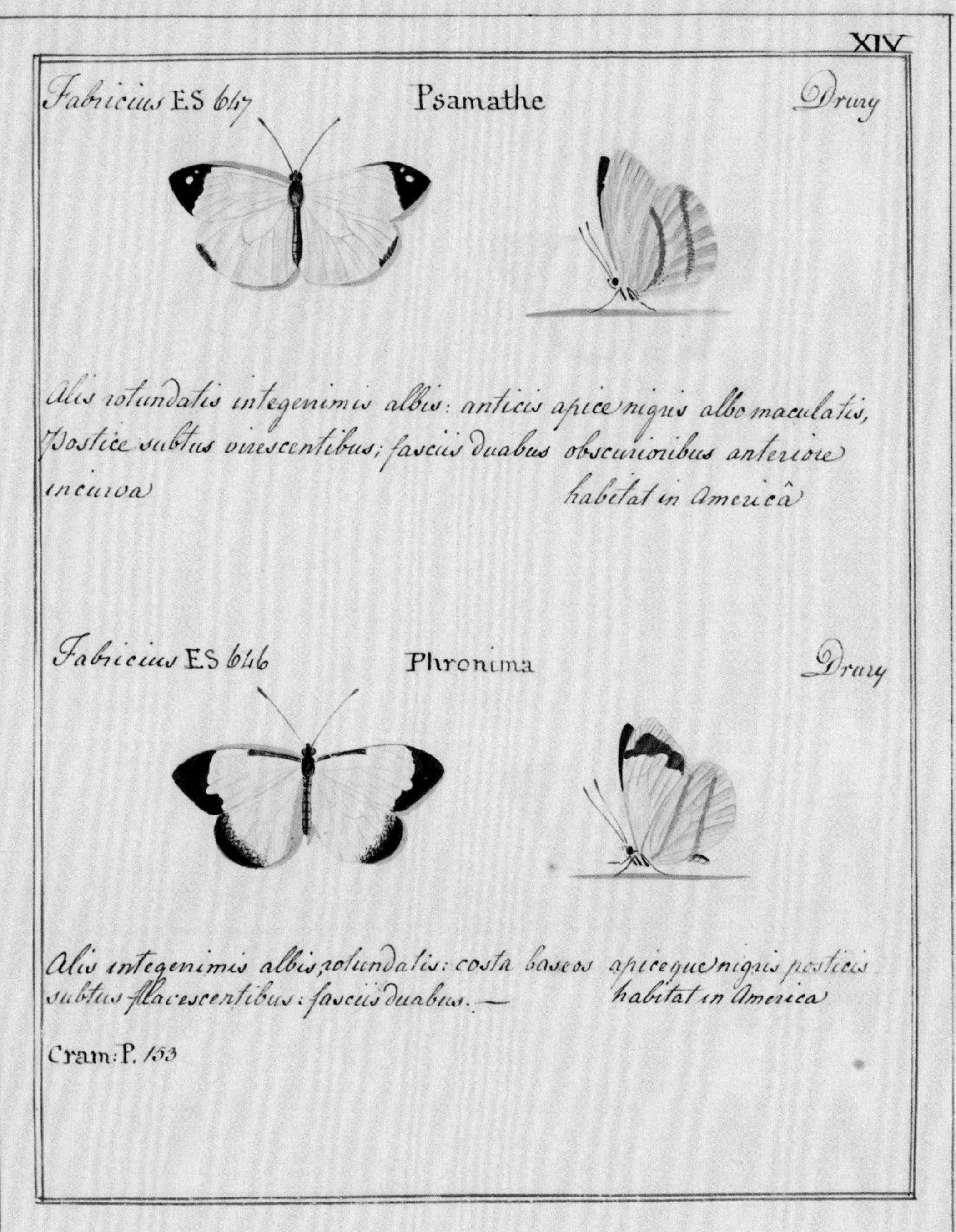

图　　版：XIV.“*Psamathe*”（ICO）

参考文献：J. C. Fabricius, *Ent. syst.* (1792–1799); No. 647

收藏归属：德鲁 · 德鲁里

产地信息：巴西里约热内卢?

物种名片：茵粉蝶海仙亚种 *Enantia lina psamathe* (Fabricius, 1793)

图　　版：XIV.“*Phronima*”

参考文献：J. C. Fabricius, *Ent. syst.* (1792–1799); No. 646

收藏归属：德鲁 · 德鲁里

产地信息：南美洲

物种名片：红裙黑边茵粉蝶 *Enantia melite* (Linnaeus, 1763)

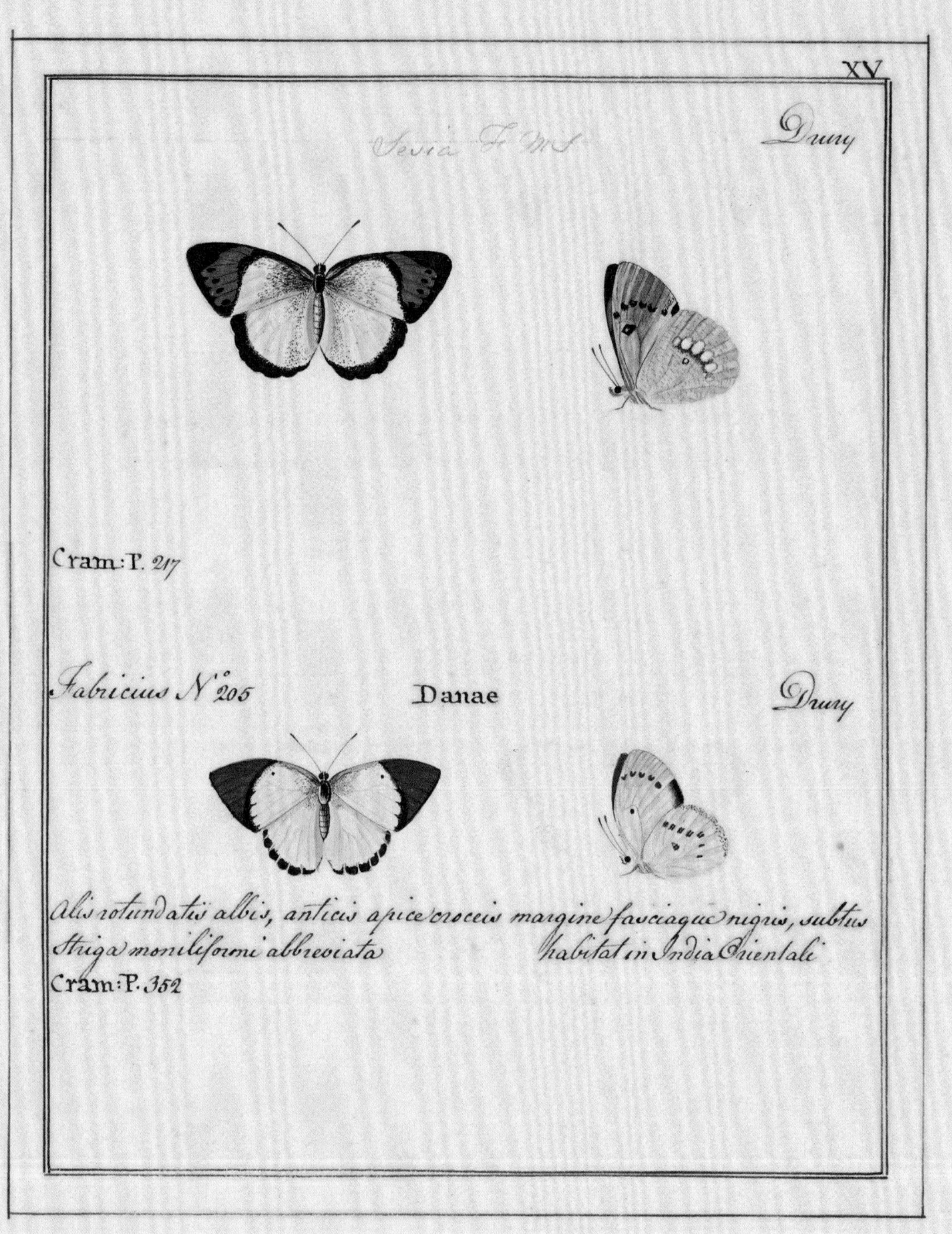
XV
Sesia F MS
Drury
Cram: P. 217
Fabricius N° 205
Danae
Drury
Alis rotundatis albis, anticis apice croceis margine fasciaque nigris, subtus striga moniliformi abbreviata
habitat in India Orientali
Cram: P. 352

图　　版：	XV. “*Sesia*”
参考文献：	P. Cramer, *De uit. Kap.* (1775–1782); Pl. 217, f. c
收藏归属：	德鲁 · 德鲁里
产地信息：	印度和斯里兰卡
物种名片：	白雾橙粉蝶 *Ixias marianne* (Cramer, 1779)

图　　版：	XV. “*Danae*”
参考文献：	J. C. Fabricius, *Spec. insect.* (1781); No. 205
收藏归属：	德鲁 · 德鲁里
产地信息：	非洲和亚洲
物种名片：	斑袖珂粉蝶 *Colotis danae* (Fabricius, 1775)

XVI
Drury
Linnaeus N°104
Philea
Dr Hunter
Alis integerrimis angulatis flavis; primoribus macula; posticis limbo luteis. —
habitat in Indiis
Cram: P. 173

图　　版：	XVI. “*Philea*”
参考文献：	C. Linnaeus, *Syst. nat.* (1767); No. 104
收藏归属：	德鲁·德鲁里 / 亨特博士
产地信息：	美洲，包括加勒比海地区
物种名片：	黄纹菲粉蝶指名亚种 *Phoebis philea philea* (Linnaeus, 1763)，上雌下雄

此图版的两组插图画的分别是黄纹菲粉蝶指名亚种的雌性和雄性。雄性的前翅有一块橙红色区域，后翅的外缘亦为橙红色。雌性具有多型性，一种色型为米黄色（如此图所示），另一种色型为橙黄色，不过两者的中室中都有一枚黑色斑点，并具有其他深色斑纹。

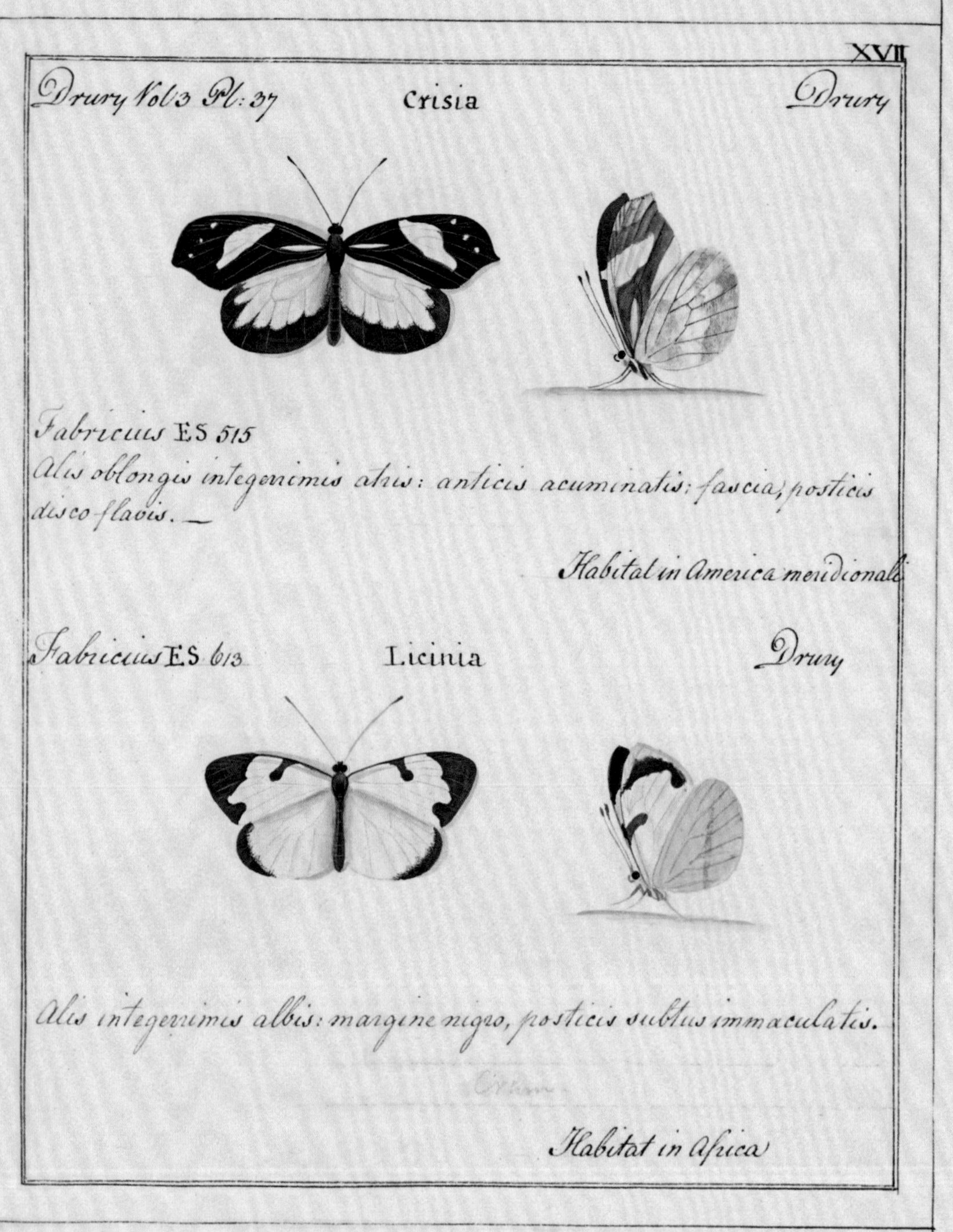

XVII
Drury Vol:3 Pl:37
Crisia
Drury
Fabricius ES 515
Alis oblongis integerrimis atris: anticis acuminatis: fascia, posticis disco-flavis. —
Habitat in America meridionali
Fabricius ES 613
Licinia
Drury
Alis integerrimis albis: margine nigro, posticis subtus immaculatis.
Habitat in Africa

图　　版：XVII. “*Crisia*”
参考文献：D. Drury, *Illus. Nat. Hist.*, Vol. 3 (1782); Pl. 37, f. 1–2
收藏归属：德鲁·德鲁里
产地信息：南美洲
物种名片：丽袖粉蝶 *Dismorphia crisia* (Drury, 1782)

图　　版：XVII. “*Licinia*”
参考文献：J. C. Fabricius, *Ent. syst.* (1792–1799); No. 613
收藏归属：德鲁·德鲁里
产地信息：南美洲
物种名片：红裙黑边茵粉蝶 *Enantia melite* (Linnaeus, 1763)

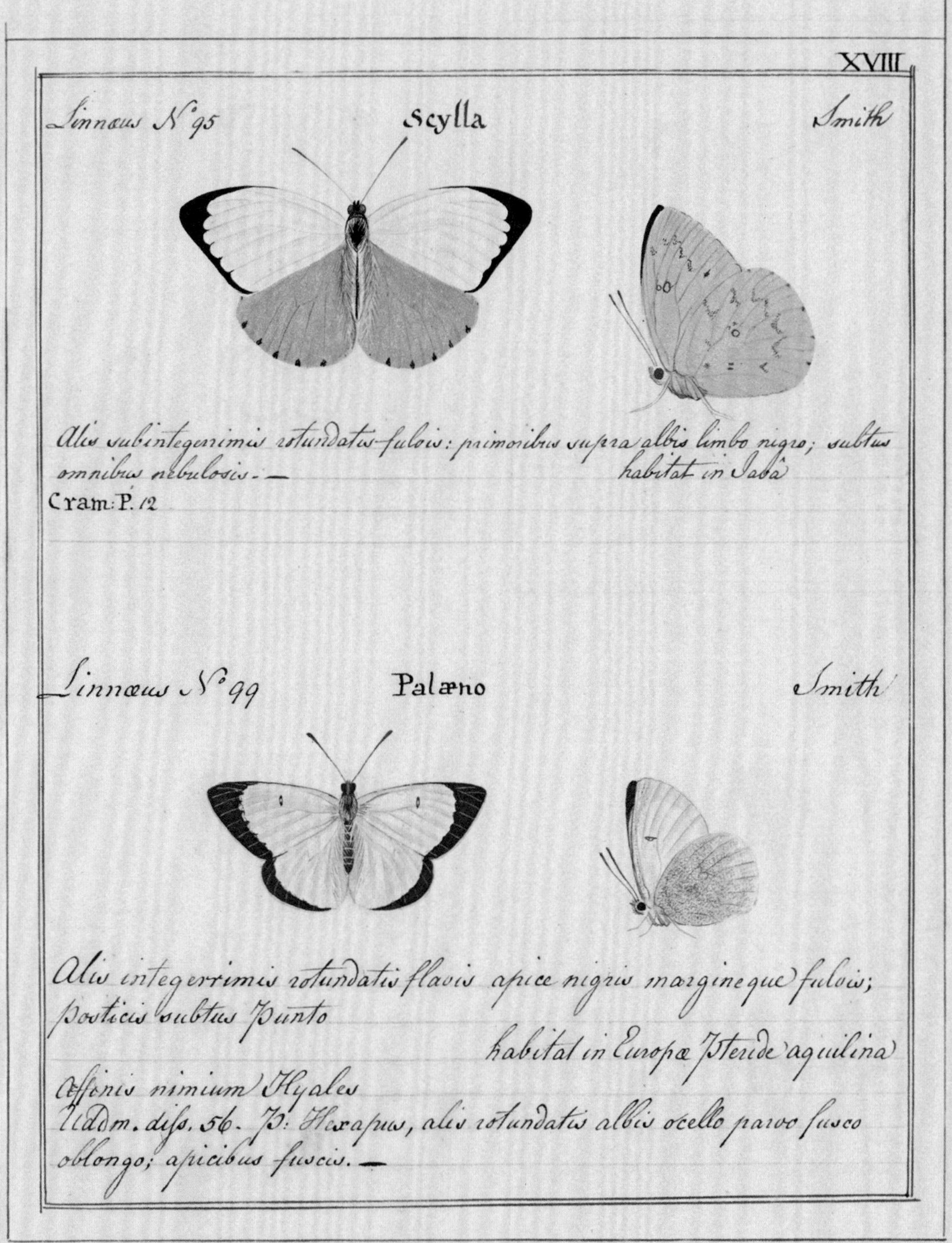

XVIII
Linnaeus N° 95
Scylla
Smith
Alis subintegerrimis rotundatis fulvis: primoribus supra albis limbo nigro; subtus omnibus nebulosis. —
habitat in Java
Cram: P. 12
Linnaeus N° 99
Palæno
Smith
Alis integerrimis rotundatis flavis apice nigris margineque fulvis; posticis subtus puncto
habitat in Europæ Pteride aquilina
Affinis nimium Hyales
Uddm. diss. 56. β: Hexapus, alis rotundatis albis ocello parvo fusco oblongo; apicibus fuscis. —

图　　版：XVIII.“*Scylla*”
参考文献：C. Linnaeus, *Syst. nat.* (1767); No. 95
收藏归属：詹姆斯・爱德华・史密斯
产地信息：印度－澳大利亚区
物种名片：镉黄迁粉蝶 *Catopsilia scylla* (Linnaeus, 1763)

图　　版：XVIII.“*Palæno*”
参考文献：C. Linnaeus, *Syst. nat.* (1767); No. 99
收藏归属：詹姆斯・爱德华・史密斯
产地信息：全北界
物种名片：黑缘豆粉蝶 *Colias palaeno* (Linnaeus, 1761)

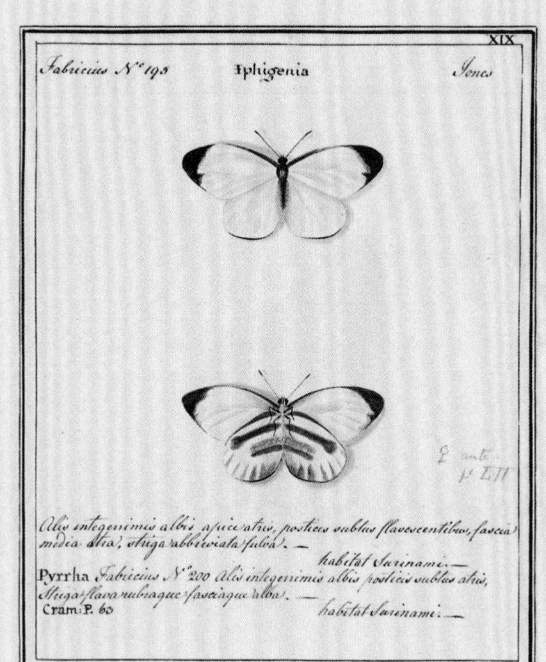

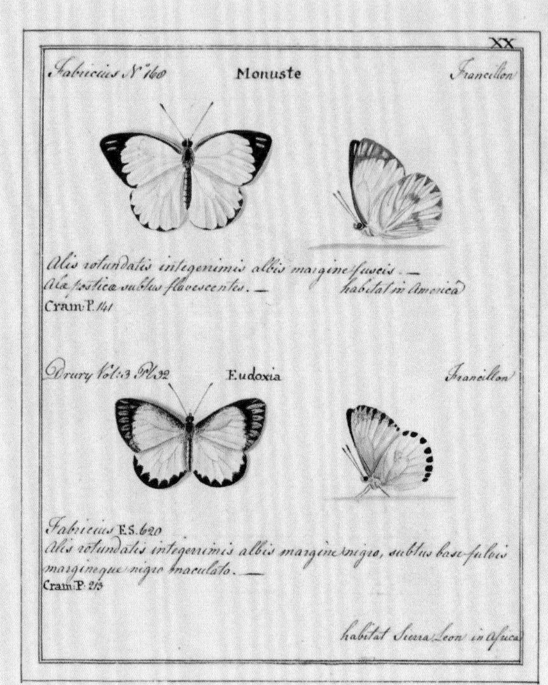

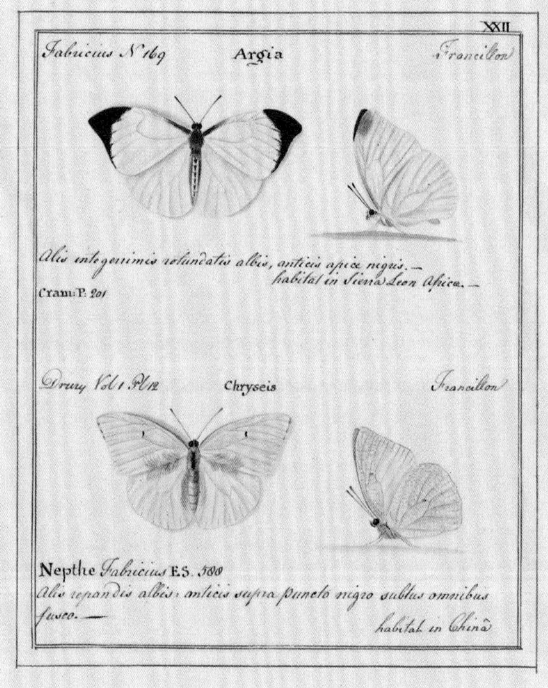

图版 XIX 展示的是帕粉蝶，一个性二型性显著的物种。雄性（此处所绘）为黑白相间的典型粉蝶配色。而雌性则拟态多种绡蝶（蛱蝶科绡蝶族），具有黑色、橙色和黄色的醒目花纹。

琼斯题为 *Eudoxia*（图版 XX）和 *Sylvia*（图版 XXI）的插画描绘的都是树尖粉蝶。这种蝴蝶出现在整个非洲的森林中。

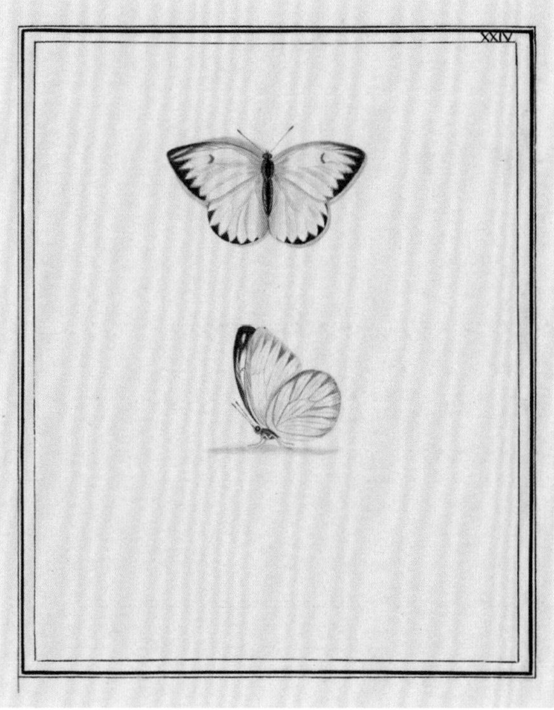

图　　版：XIX.“*Iphigenia*”/“*Pyrrha*”
参考文献：J. C. Fabricius, *Spec. insect.* (1781); No. 195 / J. C. Fabricius, *Spec. insect.* (1781); No. 168
收藏归属：威廉·琼斯
产地信息：墨西哥至巴西
物种名片：帕粉蝶 *Perrhybris pamela* (Stoll, 1780)

图　　版：XX.“*Monuste*”
参考文献：J. C. Fabricius, *Spec. insect.* (1781); No. 168
收藏归属：约翰·弗朗西伦
产地信息：中美洲和南美洲，包括加勒比海地区
物种名片：白纯粉蝶 *Ascia monuste* (Linnaeus, 1764)

图　　版：XX.“*Eudoxia*”
参考文献：D. Drury, *Illus. Nat. Hist.*, Vol. 3 (1782); Pl. 32, f. 1–2
收藏归属：约翰·弗朗西伦
产地信息：非洲
物种名片：树尖粉蝶 *Appias sylvia* (Fabricius, 1775)

图　　版：XXI.“*Sylvia*”
参考文献：J. C. Fabricius, *Spec. insect.* (1781); No. 166
收藏归属：约翰·弗朗西伦
产地信息：非洲
物种名片：树尖粉蝶 *Appias sylvia* (Fabricius, 1775)

图　　版：XXI.“*Paulina*”
参考文献：J. C. Fabricius, *Ent. syst.* (1792–1799); No. 503
收藏归属：约翰·弗朗西伦
产地信息：印度至萨摩亚
物种名片：宝玲尖粉蝶 *Appias paulina* (Cramer, 1777)

图　　版：XXII.“*Argia*”
参考文献：J. C. Fabricius, *Spec. insect.* (1781); No. 169
收藏归属：约翰·弗朗西伦
产地信息：非洲
物种名片：黑缘乃粉蝶 *Nepheronia argia* (Fabricius, 1775)

图　　版：XXII.“*Chryseis*”
参考文献：D. Drury, *Illus. Nat. Hist.*, Vol. 1 (1770); Pl. 12, f. 3–4
收藏归属：约翰·弗朗西伦
产地信息：印度–澳大利亚区
物种名片：梨花迁粉蝶 *Catopsilia pyranthe* (Linnaeus, 1758)

图　　版：XXIII.“*Cora*”
参考文献：—
收藏归属：约翰·弗朗西伦
产地信息：东洋界
物种名片：尖粉蝶属某种 *Appias* sp.，参考白翅尖粉蝶 *A. albina* (Boisduval, 1836)

图　　版：XXIII.“*Aritheusa*”
参考文献：D. Drury, *Illus. Nat. Hist.*, Vol. 2 (1773); Pl. 19, f. 5–6
收藏归属：约翰·弗朗西伦
产地信息：非洲
物种名片：彩袖珂粉蝶 *Colotis euippe* (Linnaeus, 1758)

图　　版：XXIV. 未命名
参考文献：—
收藏归属：—
产地信息：亚洲
物种名片：园粉蝶属某种 *Cepora* sp.，参考黑脉园粉蝶 *C. nerissa* (Fabricius, 1775)

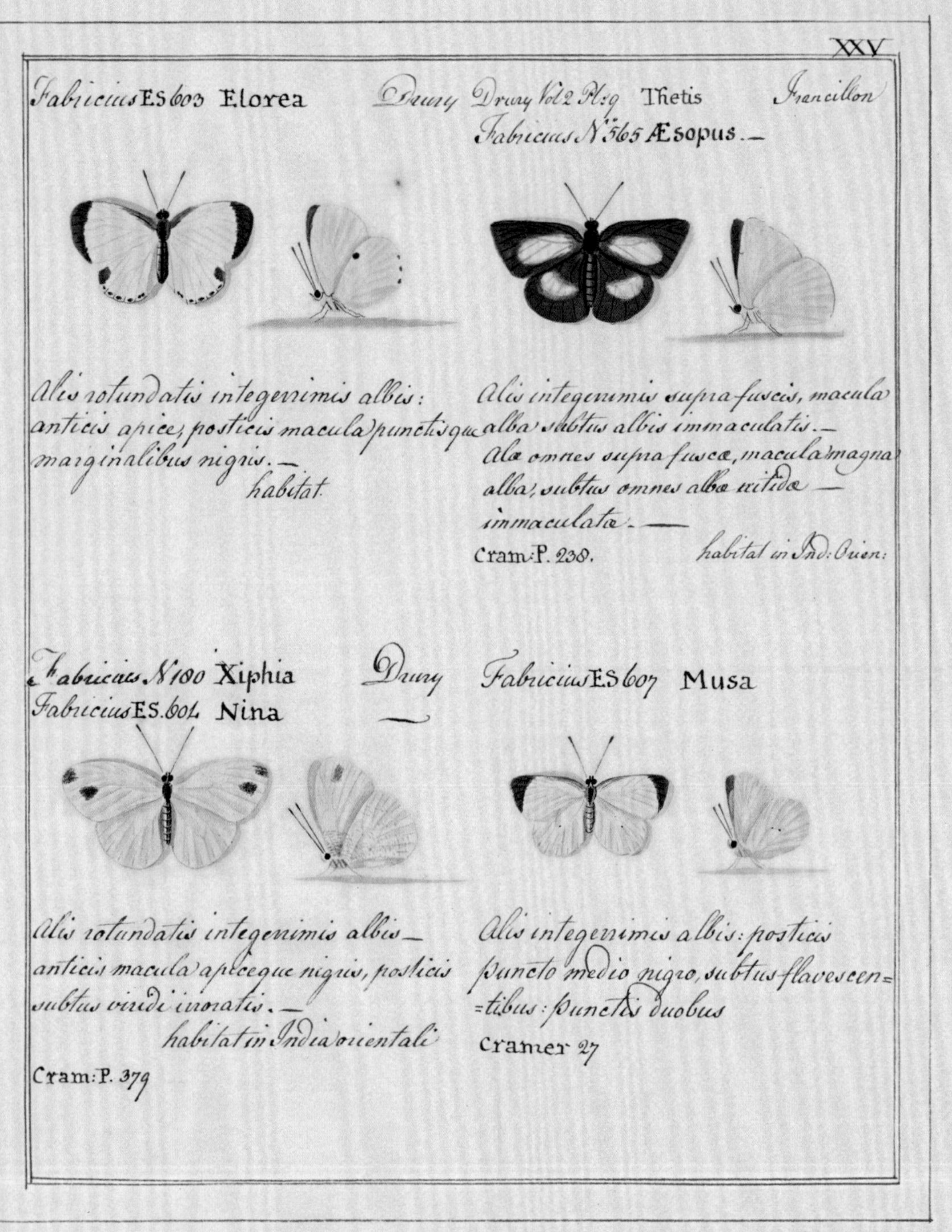

XXV
Fabricius ES 603 Elorea
Drury
Drury Vol 2 Pl: 9 Thetis
Francillon
Fabricius N° 565 Æsopus. —
Alis rotundatis integerrimis albis: anticis apice, posticis macula punctisque marginalibus nigris. —
habitat.
Alis integerrimis supra fuscis, macula alba subtus albis immaculatis. —
Alæ omnes supra fuscæ, macula magna alba; subtus omnes albæ nitidæ — immaculatæ. —
Cram: P. 238.
habitat in Ind: Orien:
Fabricius N 180 Xiphia
Fabricius ES. 604 Nina
Drury
Fabricius ES 607 Musa
Alis rotundatis integerrimis albis — anticis macula apiceque nigris, posticis subtus viridi irroratis. —
habitat in India orientali
Cram: P. 379
Alis integerrimis albis: posticis puncto medio nigro, subtus flavescen= =tibus: punctis duobus
Cramer 27

图　　版：XXV.“*Elorea*”（ICO）
参考文献：J. C. Fabricius, *Ent. syst.* (1792–1799); No. 603
收藏归属：德鲁 · 德鲁里
产地信息：塞拉利昂
物种名片：装饰灰蝶[1]指名亚种 *Oboronia ornata ornata* (Mabille, 1890)

图　　版：XXV.“*Thetis*”/“*Æsopus*”
参考文献：D. Drury, *Illus. Nat. Hist.*,Vol. 2 (1773); Pl. 9, f. 3–4 / J. C. Fabricius, *Spec.insect.* (1781); No. 565
收藏归属：约翰 · 弗朗西伦
产地信息：亚洲
物种名片：银灰蝶属某种 *Curetis* sp.，参考指名银灰蝶 *C. thetis* (Drury, 1773)，雌

图　　版：XXV.“*Xiphia*”/“*Nina*”
参考文献 J. C. Fabricius, *Spec. insect.* (1781); No. 180 / J. C. Fabricius, *Ent. syst.* (1792–1799); No. 604
收藏归属：德鲁 · 德鲁里
产地信息：亚洲
物种名片：纤粉蝶 *Leptosia nina* (Fabricius, 1793)

图　　版：XXV.“*Musa*”（ICO）
参考文献：J. C. Fabricius, *Ent. syst.* (1792–1799); No. 607
收藏归属：—
产地信息：苏里南
物种名片：金边白翅黄粉蝶指名亚种 *Eurema phiale phiale* (Cramer, 1775)

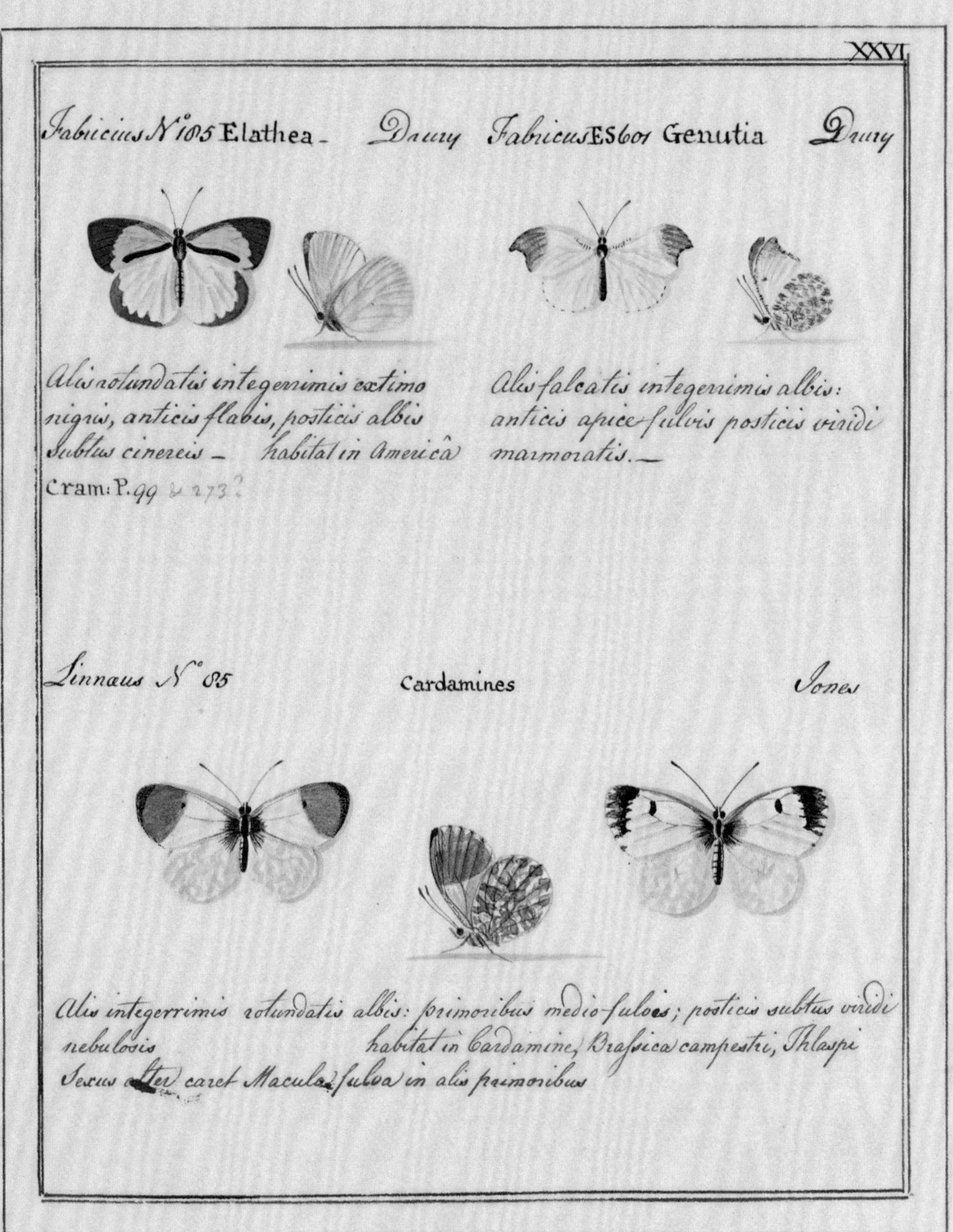
XXVI
Fabicius N° 185 Elathea - Drury
Fabicius E S 601 Genutia Drury
Alis rotundatis integerrimis extimo nigris, anticis flavis, posticis albis subtus cinereis - habitat in Americâ
Cram: P. 99 & 273 ?
Alis falcatis integerrimis albis: anticis apice fulvis posticis viridi marmoratis. -
Linnaeus N° 85
Cardamines
Jones
Alis integerrimis rotundatis albis: primoribus medio fulvis; posticis subtus viridi nebulosis
habitat in Cardamine, Brassica campestri, Thlaspi
Sexus alter caret Macula fulva in alis primoribus

图　　版：XXVI.“*Elathea*”
参考文献：J. C. Fabricius, *Spec. insect.* (1781); No. 185
收藏归属：德鲁·德鲁里
产地信息：中美洲和南美洲，包括加勒比海地区
物种名片：高黄粉蝶 *Eurema elathea* (Cramer, 1777)

图　　版：XXVI.“*Genutia*”（ICO）
参考文献：J. C. Fabricius, *Ent. syst.* (1792–1799); No. 601
收藏归属：德鲁·德鲁里
产地信息：美国佐治亚州
物种名片：桔襟粉蝶指名亚种 *Anthocharis midea midea* (Hübner, 1809)

图　　版：XXVI.“*Cardamines*”
参考文献：C. Linnaeus, *Syst. nat.* (1767); No. 85
收藏归属：威廉·琼斯
产地信息：欧洲
物种名片：红襟粉蝶 *Anthocharis cardamines* (Linnaeus, 1758)，左雄右雌

XXVII

Linnaeus N° 88 **Eupheno** Francillon

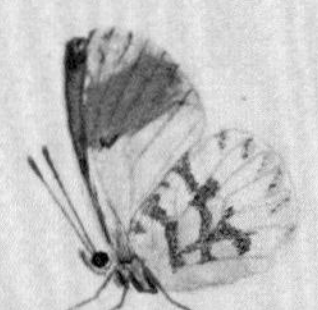

Alis integerrimis rotundatis flavis; primoribus apice (medio fulvo) nigris, posticis subtus lituris fuscis. — Habitat in Barbaria —

Simillimus P: Cardamines, paulo minor, Alae flavissimae; Primores supra apice fulvo non cincto nigredine, sed flavo communi, cum macula nigra ad basin fulvi. Secundariae utrinque flavae; subtus lituris tribus, fuscescentibus obsoletis, curvis, margine exteriore crassioribus

Linnaeus N° 84 **Belia** Francillon

Alis rotundatis albis; subtus flavis grisescente subfasciatis. — Habitat in Barbariâ

Simillimus P: Cardamines femina, sed minor; Corpore subtus flavo. Alae Primores concolores alba lunula fusca apiceque lutescentes, Posticae supra albae immaculatae; subtus flavissimae lituris aliquot transversis, griseis.

Cram: P. 397. N 13 this is an Error Vide the true Belia in Page 60

图　　版：XXVII. “*Eupheno*”
参考文献：C. Linnaeus, *Syst. nat.* (1767); No. 88
收藏归属：约翰·弗朗西伦
产地信息：北非
物种名片：直襟粉蝶 *Anthocharis belia* (Linnaeus, 1767)

图　　版：XXVII. “*Belia*”
参考文献：C. Linnaeus, *Syst. nat.* (1767); No. 84
收藏归属：约翰·弗朗西伦
产地信息：伊比利亚半岛和北非
物种名片：绿纹荣粉蝶 *Euchloe belemia* (Esper, 1800)

XXVIII
Fabricius N°216
Proterpia
Francillon
Alis integerrimis angulatis fulvis, anticis margine exteriori nigro. — habitat in Jamaica
Linnaeus N°87
Evippe
Francillon
Alis integerrimis rotundatis flavescentibus: primoribus apice (medio fulvo) nigris / posticis subtus albis. —
habitat in Asia
Macula fulva intra nigredinem apicum nec infra ut in precedente; ala postica, subtus alba nec nebulosa
Rhexia Fabricius N°208 Alis rotundatis integerrimis albis apice (medio fulvo) nigris Singulis subtus puncto medio atro. —
Cram: P. 91

图　　版：	XXVIII. "*Proterpia*"
参考文献：	J. C. Fabricius, *Spec. insect.* (1781); No. 216
收藏归属：	约翰·弗朗西伦
产地信息：	墨西哥至秘鲁和加勒比海地区
物种名片：	矩黄粉蝶 [2]*Pyrisitia proterpia* (Fabricius, 1775)

图　　版：	XXVIII. "*Euippe*" / "*Rhexia*"
参考文献：	C. Linnaeus, *Syst. nat.* (1767); No. 87 / J. C. Fabricius, *Spec. insect.* (1781); No. 208
收藏归属：	约翰·弗朗西伦
产地信息：	非洲
物种名片：	彩袖珂粉蝶 *Colotis euippe* (Linnaeus, 1758)

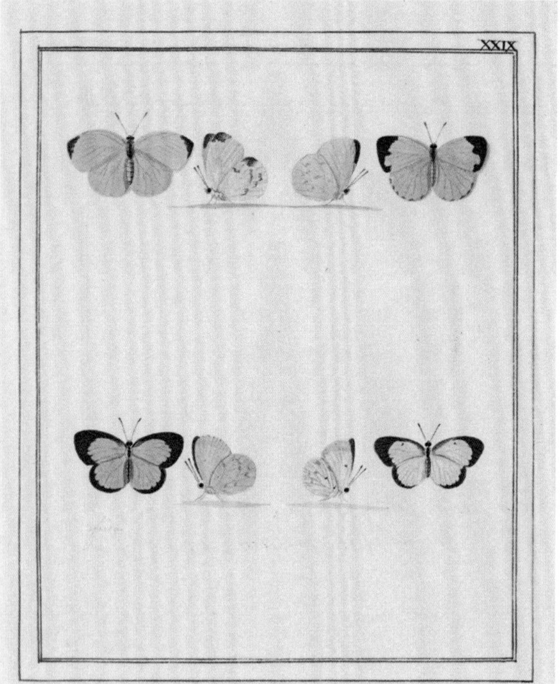
XXIX

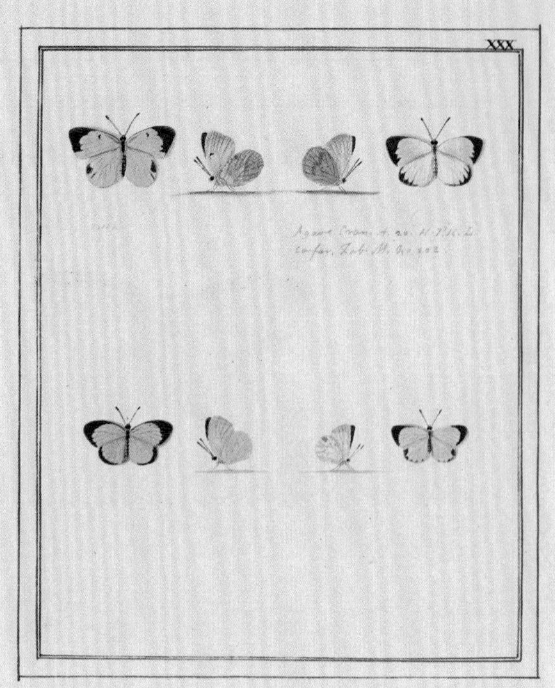
XXX

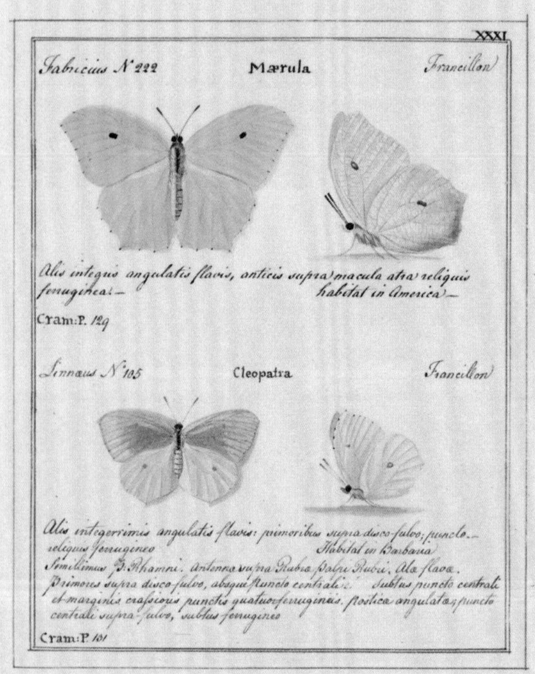
XXXI
Fabricius N 222
Mærula
Francillon
Alis integris angulatis flavis, anticis supra macula atra reliquis ferrugineae
habitat in America
Cram: P. 129
Linnaeus N 105
Cleopatra
Francillon
Alis integerrimis angulatis flavis: primoribus supra disco fulvo; puncto reliquis ferrugineo
Habitat in Barbaria
Cram: P. 101

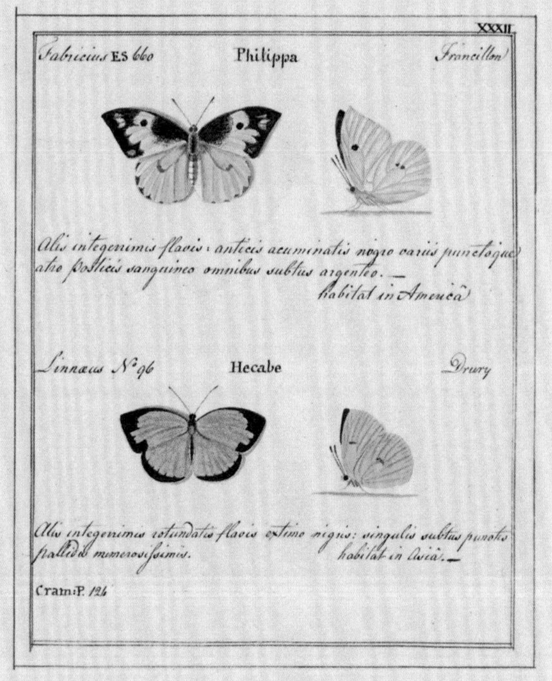
XXXII
Fabricius ES 660
Philippa
Francillon
Alis integerrimis flavis: anticis acuminatis nigro variis punctoque atro posticis sanguineo omnibus subtus argenteo.
habitat in America
Linnaeus N 96
Hecabe
Drury
Alis integerrimis rotundatis flavis extimo nigris: singulis subtus punctis pallidis numerosissimis.
habitat in Asia
Cram: P. 124

琼斯题为 *Ænippe*（图版 XXXIII）和 *Pyrene*（图版 XXXIV）的图版画的都是现在被称为橙粉蝶 *Ixias pyrene* 的物种。*Ænippe* 是这种蝴蝶的雌性，*Pyrene* 则为雄性。这种蝴蝶分布在斯里兰卡、印度和东南亚，兼具性二型性和雨季与旱季的不同季节型。雨季色型后翅边缘的深色带要宽得多，雌性的翅面底色则为淡黄色，而非白色略微发黄。琼斯在第 III 卷中还画了橙粉蝶的另外三个示例：*Anippe*（图版 III，第 154 页）、*Pirithous*（图版 XLVIII，第 191 页）和未命名（图版 LXI，第 198 页）。

XXXIII.
Fabricius ES 639
Ænippe
Drury
Alis rotundatis flavis: omnibus subtus punctis ocellaribus anticis sex posticis septem. —
Cramer 105
habitat in China
Fabricius N° 204
Amata
Drury
Alis rotundatis fulvis, limbo nigro, subtus virescentibus. —
habitat in India orientali
Cram: P. 351.

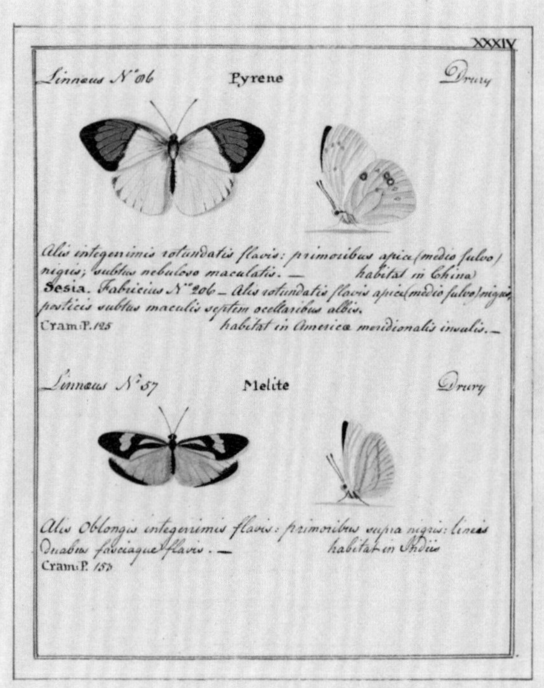
XXXIV.
Linnaeus N° 96
Pyrene
Drury
Alis integerrimis rotundatis flavis: primoribus apice (medio fulvo) nigris; subtus nebuloso maculatis. —
habitat in China
Sesia. Fabricius N° 206 — Alis rotundatis flavis apice (medio fulvo) nigris posticis subtus maculis septem ocellaribus albis.
Cram: P. 125
habitat in America meridionalis insulis. —
Linnaeus N° 57
Melite
Drury
Alis oblongis integerrimis flavis: primoribus supra nigris: lineis duabus fasciaque flavis. —
habitat in Indiis
Cram: P. 153

图　　版：XXIX. 未命名
参考文献：—
收藏归属：—
产地信息：—
物种名片：—

图　　版：XXIX. 未命名
参考文献：—
收藏归属：—
产地信息：热带地区
物种名片：（广义）黄粉蝶属未定种 *Eurema* (sensu lato) sp. indet

图　　版：XXIX. 未命名
参考文献：—
收藏归属：—
产地信息：热带地区
物种名片：（广义）黄粉蝶属未定种 *Eurema* (sensu lato) sp. indet

图　　版：XXIX. 未命名
参考文献：—
收藏归属：—
产地信息：热带地区
物种名片：（广义）黄粉蝶属未定种 *Eurema* (sensu lato) sp. indet

图　　版：XXX. 未命名
参考文献：—
收藏归属：—
产地信息：热带地区
物种名片：（广义）黄粉蝶属未定种 *Eurema* (sensu lato) sp. indet

图　　版：XXX. 未命名
参考文献：—
收藏归属：—
产地信息：热带地区
物种名片：（广义）黄粉蝶属未定种 *Eurema* (sensu lato) sp. indet

图　　版：XXX. 未命名
参考文献：—
收藏归属：—
产地信息：热带地区
物种名片：（广义）黄粉蝶属未定种 *Eurema* (sensu lato) sp. indet

图　　版：XXX. 未命名
参考文献：—
收藏归属：—
产地信息：热带地区
物种名片：（广义）黄粉蝶属未定种 *Eurema* (sensu lato) sp. indet

图　　版：XXXI. “*Mærula*”
参考文献：J. C. Fabricius, *Syst. ent.* (1775); No. 222
收藏归属：约翰·弗朗西伦
产地信息：北美洲和南美洲，包括加勒比海地区
物种名片：中美角翅大粉蝶 *Anteos maerula* (Fabricius, 1775)

图　　版：XXXI. “*Cleopatra*”
参考文献：C. Linnaeus, *Syst. nat.* (1767); No. 105
收藏归属：约翰·弗朗西伦
产地信息：欧洲和北非
物种名片：克雷钩粉蝶 *Gonepteryx cleopatra* (Linnaeus, 1767)

图　　版：XXXII. “*Philippa*” (ICO)
参考文献：J. C. Fabricius, *Ent. syst.* (1792–1799); No. 660
收藏归属：约翰·弗朗西伦
产地信息：美国至哥伦比亚
物种名片：菊黄花粉蝶指名亚种 *Zerene cesonia cesonia* (Stoll, 1790)

图　　版：XXXII. “*Hecabe*”
参考文献：C. Linnaeus, *Syst. nat.* (1767); No. 96
收藏归属：德鲁·德鲁里
产地信息：非洲和亚洲
物种名片：宽边黄粉蝶 *Eurema hecabe* (Linnaeus, 1758)

图　　版：XXXIII. “*Ænippe*”
参考文献：J. C. Fabricius, *Ent. syst.* (1792–1799); No. 639
收藏归属：德鲁·德鲁里
产地信息：印度和东南亚
物种名片：橙粉蝶 *Ixias pyrene* (Linnaeus, 1764)，雄

图　　版：XXXIII. “*Amata*”
参考文献：J. C. Fabricius, *Syst. ent.* (1775); No. 204
收藏归属：德鲁·德鲁里
产地信息：非洲和印度
物种名片：珂粉蝶 *Colotis amata* (Fabricius, 1775)

图　　版：XXXIV. “*Pyrene*”
参考文献：C. Linnaeus, *Syst. nat.* (1767); No. 86
收藏归属：德鲁·德鲁里
产地信息：印度和东南亚
物种名片：橙粉蝶 *Ixias pyrene* (Linnaeus, 1764)，雄

图　　版：XXXIV. “*Melite*”
参考文献：C. Linnaeus, *Syst. nat.* (1767); No. 57
收藏归属：德鲁·德鲁里
产地信息：南美洲
物种名片：红裙黑边茵粉蝶 *Enantia melite* (Linnaeus, 1763)

XXXV
Fabicius N°
Francillon
Fabricius N°223
Pomona.–
Francillon
Alis subangulatis albis anticis puncto nigro, subtus flavis, posticis punctis duobus argenteis.–
habitat in nova hollandia

图　　版：XXXV. 未命名
参考文献：J. C. Fabricius
收藏归属：约翰 · 弗朗西伦
产地信息：印度－澳大利亚区
物种名片：梨花迁粉蝶 *Catopsilia pyranthe* (Linnaeus, 1758)

图　　版：XXXV. “*Pomona*”
参考文献：J. C. Fabricius, *Spec. insect.* (1781); No. 223
收藏归属：约翰 · 弗朗西伦
产地信息：印度－澳大利亚区
物种名片：迁粉蝶 *Catopsilia pomona* (Fabricius, 1775)

XXXVI
Fabricius N° 186
Alcmeone
Francillon
Alis rotundatis concoloribus basi flavis, apice albis. —
habitat in Malabaria
Alæ omnes basi flavæ, apice albæ. Margo apicis alæ anticæ ater. —
Cram: P. 141
Francillon

图　　版：XXXVI. "*Alcmeone*"

参考文献：J. C. Fabricius, *Spec. insect.* (1781); No. 186

收藏归属：约翰・弗朗西伦

产地信息：印度 – 澳大利亚区

物种名片：迁粉蝶 *Catopsilia pomona* (Fabricius, 1775)

图　　版：XXXVI. 未命名

参考文献：—

收藏归属：约翰・弗朗西伦

产地信息：印度 – 澳大利亚区

物种名片：迁粉蝶 *Catopsilia pomona* (Fabricius, 1775)

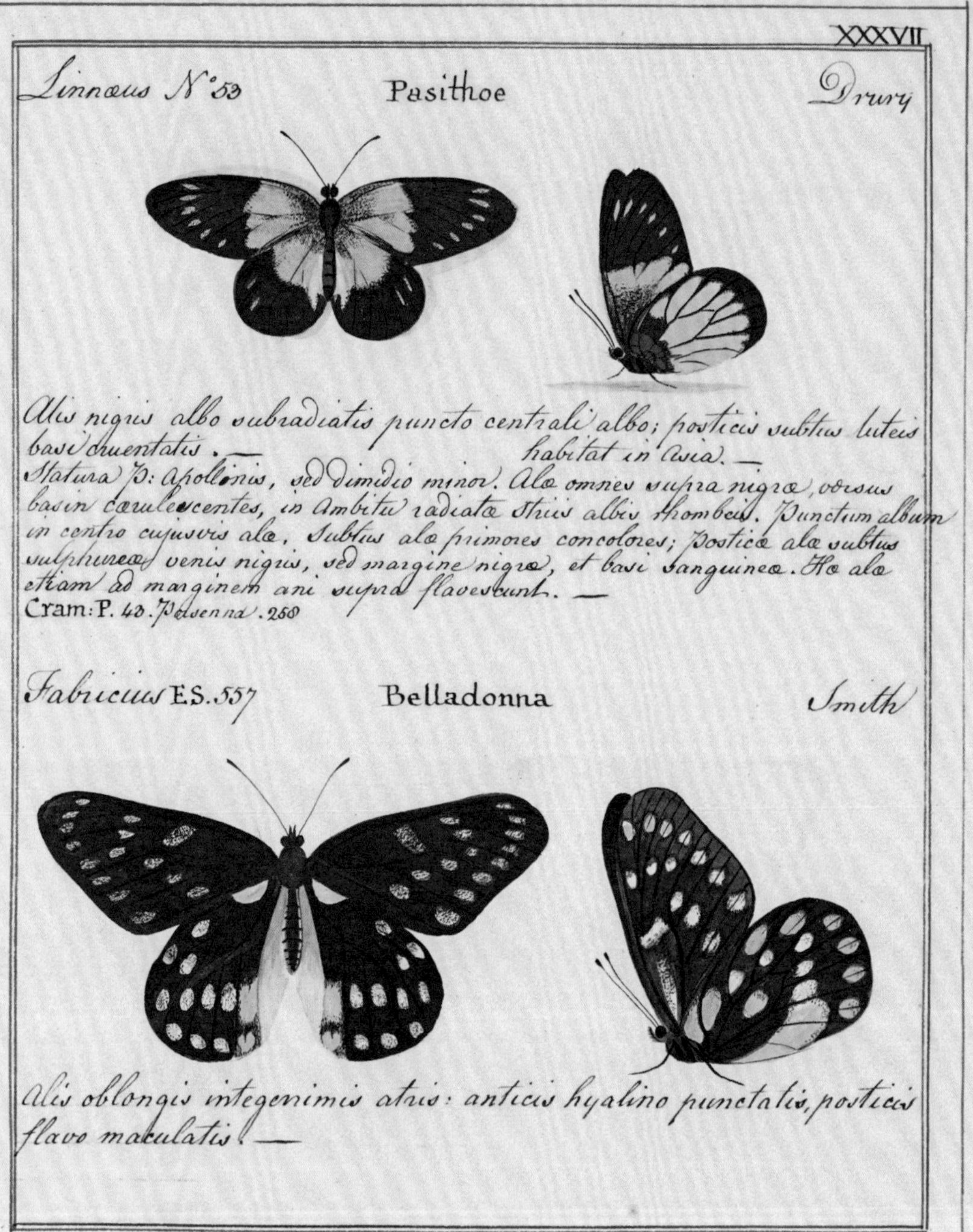

XXXVII
Linnaeus N°53
Pasithoe
Drury
Alis nigris albo subradiatis puncto centrali albo; posticis subtus luteis basi cruentatis. — habitat in Asia. —
Fabricius E.S.557
Belladonna
Smith
Alis oblongis integerrimis atris: anticis hyalino punctatis, posticis flavo maculatis. —

图　　版：XXXVII. "*Pasithoe*"

参考文献：C. Linnaeus, *Syst. nat.* (1767); No. 53

收藏归属：德鲁 · 德鲁里

产地信息：印度、中国南部至婆罗洲

物种名片：报喜斑粉蝶 *Delias pasithoe* (Linnaeus, 1758)

图　　版：XXXVII. "*Belladonna*"（ICO）

参考文献：J. C. Fabricius, *Ent. syst.* (1792–1799); No. 557

收藏归属：詹姆斯 · 爱德华 · 史密斯

产地信息：中国

物种名片：艳妇斑粉蝶指名亚种 *Delias belladonna belladonna* (Fabricius, 1793)

XXXVIII
Drury
Cipris Cramer N°99
habitat Surinami
Fabricius N°167
Argante
Drury
Alis integerrimis rotundatis fulvis, subtus ferrugineis inoratis.—
habitat in Brasilia
Cram: P. 173

图　　版：	XXXVIII. “*Cipris*”
参考文献：	P. Cramer, *De uit. Kap.* (1775–1782)
收藏归属：	德鲁 · 德鲁里
产地信息：	中美洲和南美洲，包括加勒比海地区
物种名片：	杏菲粉蝶 *Phoebis argante* (Fabricius, 1775)

图　　版：	XXXVIII. “*Argante*”
参考文献：	J. C. Fabricius, *Spec. insect.* (1781); No. 167
收藏归属：	德鲁 · 德鲁里
产地信息：	中美洲和南美洲，包括加勒比海地区
物种名片：	杏菲粉蝶 *Phoebis argante* (Fabricius, 1775)

XXXIX
Fabricius E.S 663
Cipris
Drury
alis subcaudatis flavis: margine nigro punctato
Fabricius E.S 651
Nicippe. Mas.
Drury
alis integerrimis fulvis apicibus fuscis anticis utrinque lunula nigra posticis subtus sanguineo irroratis. — habitat in Virginea
Nicippe Cramer N° 210 NB Vide Femina folio (58)

图　　版：XXXIX.“*Cipris*”（ICO）

参考文献：J. C. Fabricius, *Ent. syst.* (1792–1799); No. 663

收藏归属：德鲁·德鲁里

产地信息：巴西?

物种名片：尖尾菲粉蝶指名亚种 *Phoebis neocypris neocypris* (Hübner, 1823)

图　　版：XXXIX.“*Nicippe. Mas.*”

参考文献：J. C. Fabricius, *Ent. syst.* (1792–1799); No. 651

收藏归属：德鲁·德鲁里

产地信息：北美洲

物种名片：橙翅小黄粉蝶 *Abaeis nicippe* (Cramer, 1779)

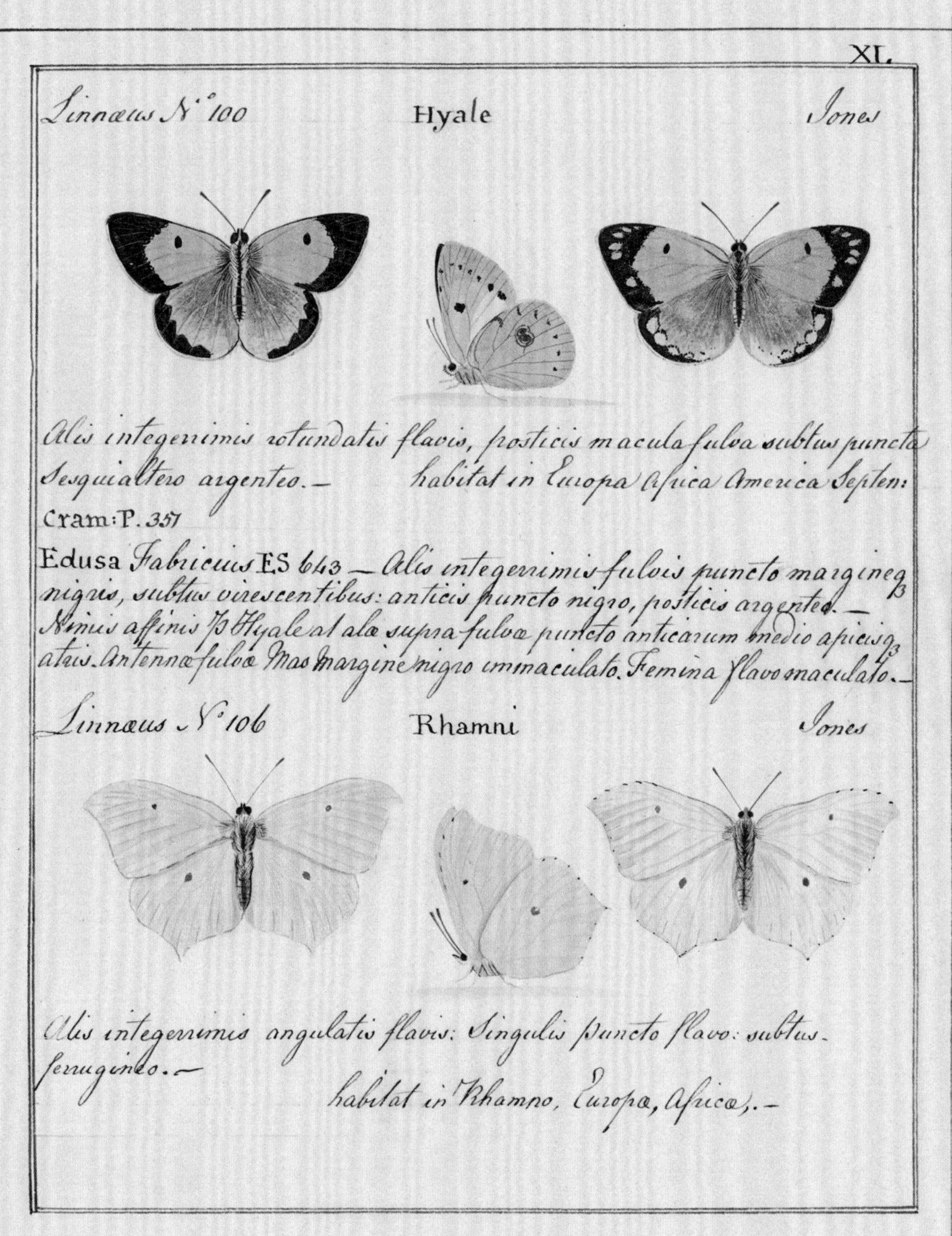

XL.
Linnæus N° 100
Hyale
Jones
Alis integerrimis rotundatis flavis, posticis macula fulva subtus puncto sesquialtero argenteo.— habitat in Europa Africa America Septen:
Cram: P. 351
Edusa Fabricius ES 643 — Alis integerrimis fulvis puncto margineq nigris, subtus virescentibus: anticis puncto nigro, posticis argenteo.— Nimis affinis P. Hyale at alæ supra fulvæ puncto anticarum medio apiceq atris. Antennæ fulvæ Mas margine nigro immaculato. Femina flavo maculato.—
Linnæus N° 106
Rhamni
Jones
Alis integerrimis angulatis flavis: singulis puncto flavo: subtus ferrugineo.—
habitat in Rhamno, Europa, Africa.—

图　　版：XL. "*Hyale*"

参考文献：C. Linnaeus, *Syst. nat.* (1767); No. 100

收藏归属：威廉・琼斯

产地信息：欧洲

物种名片：红点豆粉蝶 *Colias croceus* (Geoffroy, 1785)，左雄右雌

图　　版：XL. "*Rhamni*"

参考文献：C. Linnaeus, *Syst. nat.* (1767); No. 106

收藏归属：威廉・琼斯

产地信息：欧洲

物种名片：钩粉蝶 *Gonepteryx rhamni* (Linnaeus, 1758)，左雄右雌

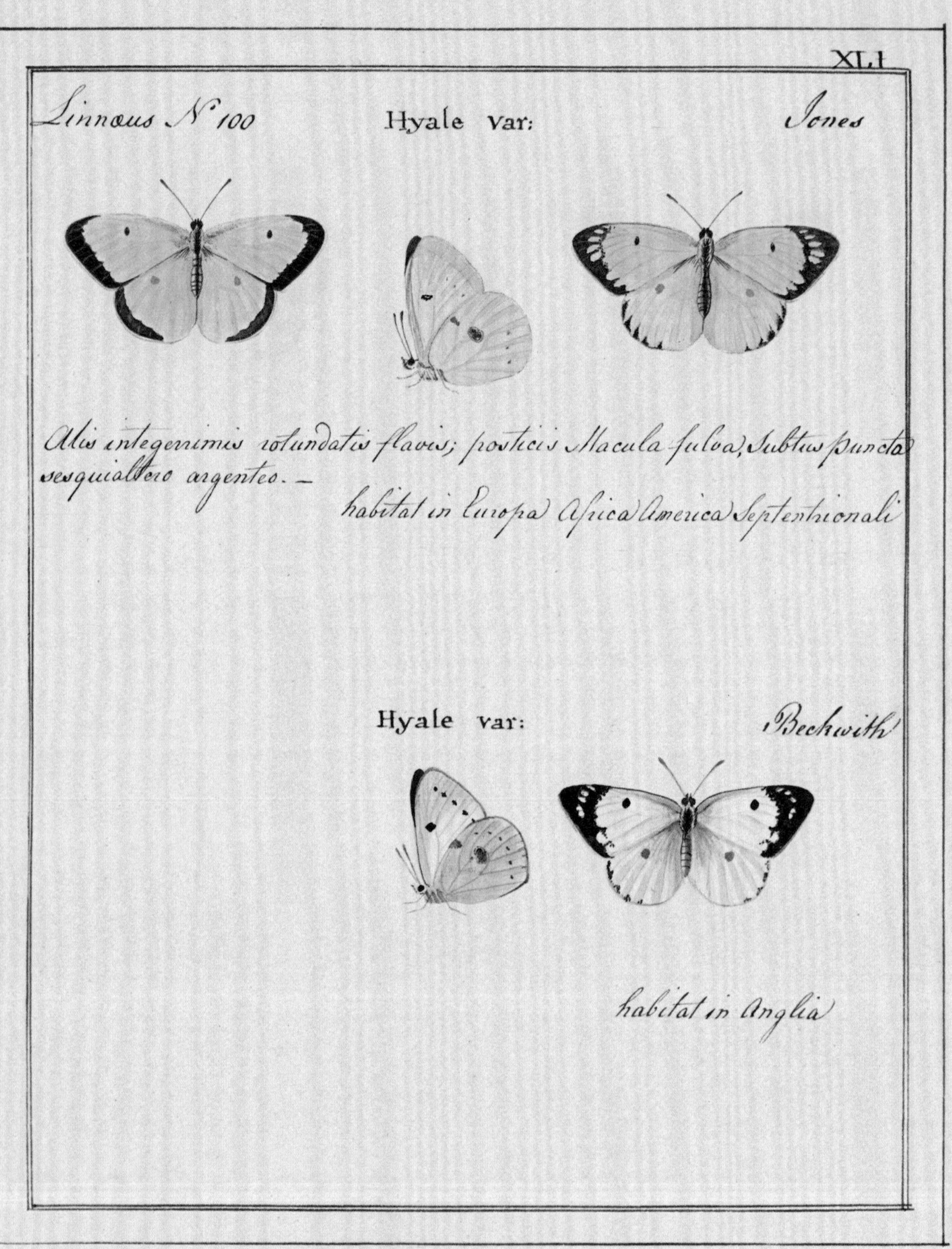
XLI
Linnaeus N° 100
Hyale var:
Jones
Alis integerrimis rotundatis flavis; posticis Macula fulva, Subtus puncta sesquialtero argenteo. –
habitat in Europa Africa America Septentrionali
Hyale var:
Beckwith
habitat in Anglia

图　　版：XLI. "*Hyale. Var.*"	图　　版：XLI. "*Hyale. Var.*"
参考文献：C. Linnaeus, *Syst. nat.* (1767); No. 100	参考文献：—
收藏归属：威廉·琼斯	收藏归属：约翰·贝克威思
产地信息：北美洲	产地信息：欧洲
物种名片：菲罗豆粉蝶 *Colias philodice* Godart, 1819	物种名片：豆粉蝶 *Colias hyale* (Linnaeus, 1758)，"alba"型，雌

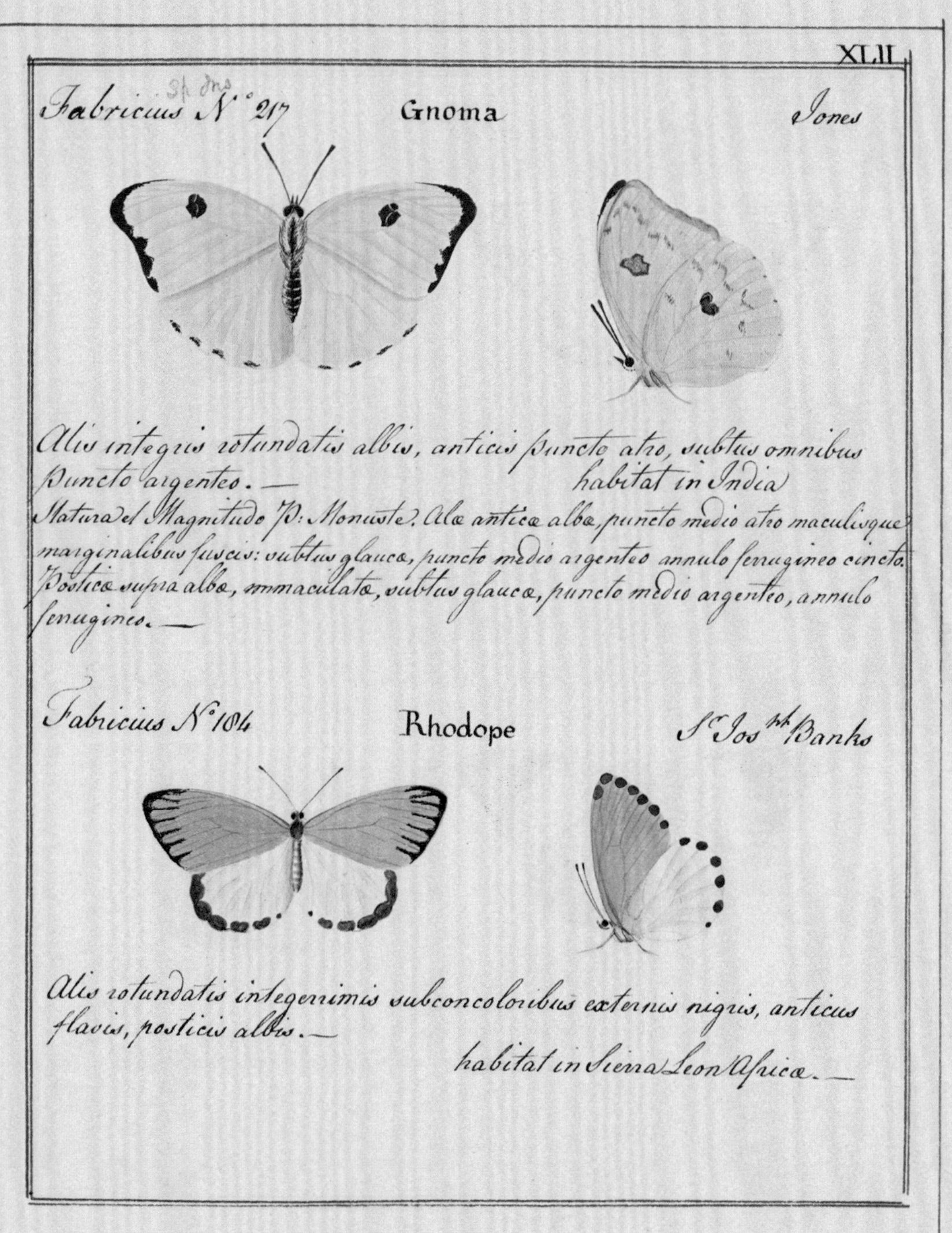
XLII
Fabricius N° 217
Gnoma
Jones
Alis integris rotundatis albis, anticis puncto atro, subtus omnibus puncto argenteo. —
habitat in India
Fabricius N° 184
Rhodope
Sr Josh Banks
Alis rotundatis integerrimis subconcoloribus externis nigris, anticus flavis, posticis albis. —
habitat in Sierra Leon Africa. —

图　　版：	XLII. "*Gnoma*"
参考文献：	J. C. Fabricius, *Spec. insect.* (1781); No. 217
收藏归属：	威廉・琼斯
产地信息：	加勒比海地区
物种名片：	高菲粉蝶 *Phoebis godartiana* (Swainson, 1821)

图　　版：	XLII. "*Rhodope*"
参考文献：	J. C. Fabricius, *Spec. insect.* (1781); No. 184
收藏归属：	约瑟夫・班克斯爵士
产地信息：	非洲
物种名片：	玫瑰迷粉蝶 *Mylothris rhodope* (Fabricius, 1775)

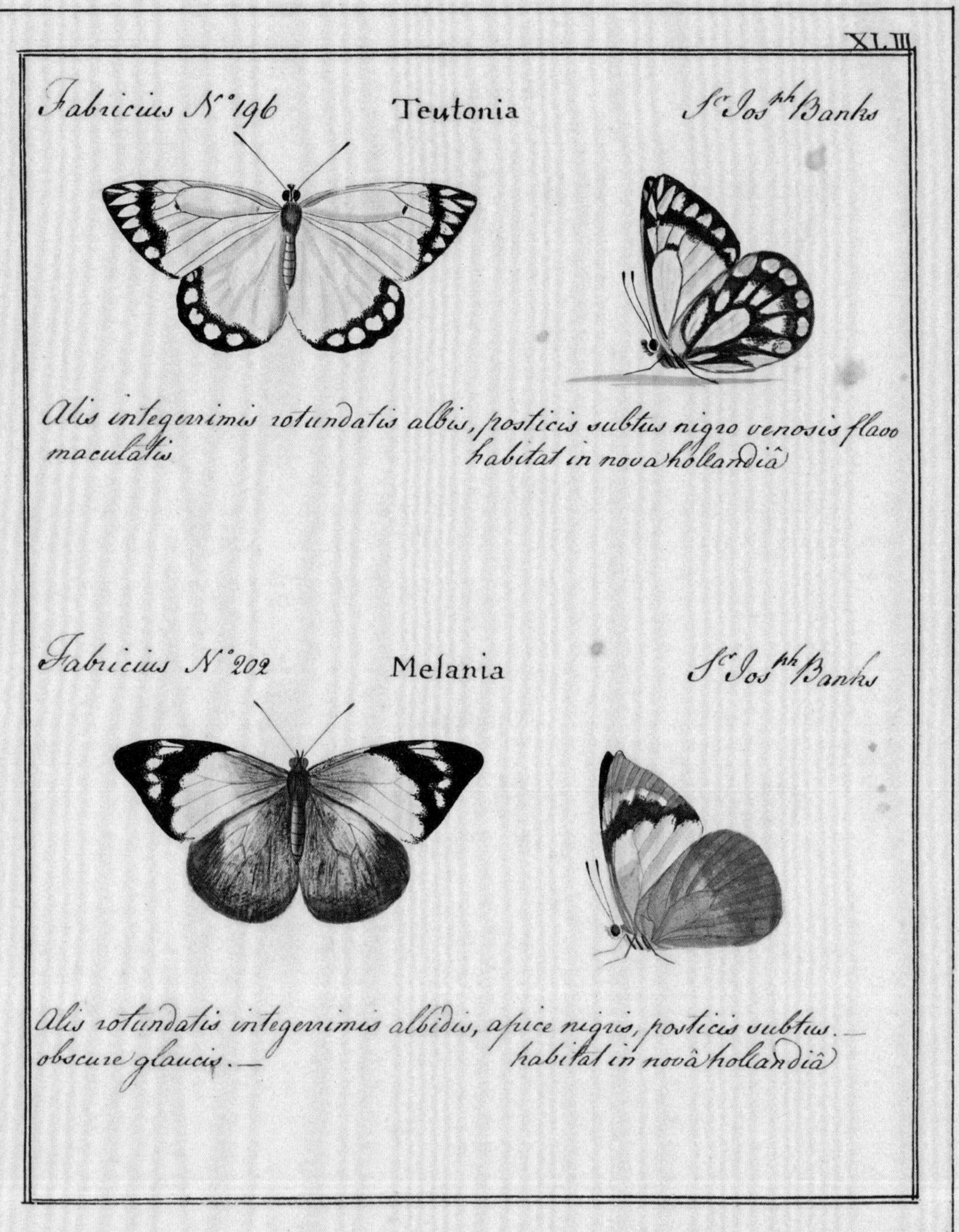
XLIII
Fabricius N°196
Teutonia
Sr Josph Banks
Alis integerrimis rotundatis albis, posticis subtus nigro venosis flavo maculatis
habitat in nova hollandiâ
Fabricius N°202
Melania
Sr Josph Banks
Alis rotundatis integerrimis albidis, apice nigris, posticis subtus obscure glaucis.
habitat in novâ hollandiâ

图　　版：XLIII.“*Teutonia*”	图　　版：XLIII.“*Melania*”
参考文献：J. C. Fabricius, *Spec. insect.* (1781); No. 196	参考文献：J. C. Fabricius, *Spec. insect.* (1781); No. 202
收藏归属：约瑟夫・班克斯爵士	收藏归属：约瑟夫・班克斯爵士
产地信息：印度尼西亚至澳大利亚和太平洋诸岛	产地信息：澳大利亚
物种名片：爪哇贝粉蝶 *Belenois java* (Linnaeus, 1768)	物种名片：黑缘尖粉蝶 *Appias melania* (Fabricius, 1775)

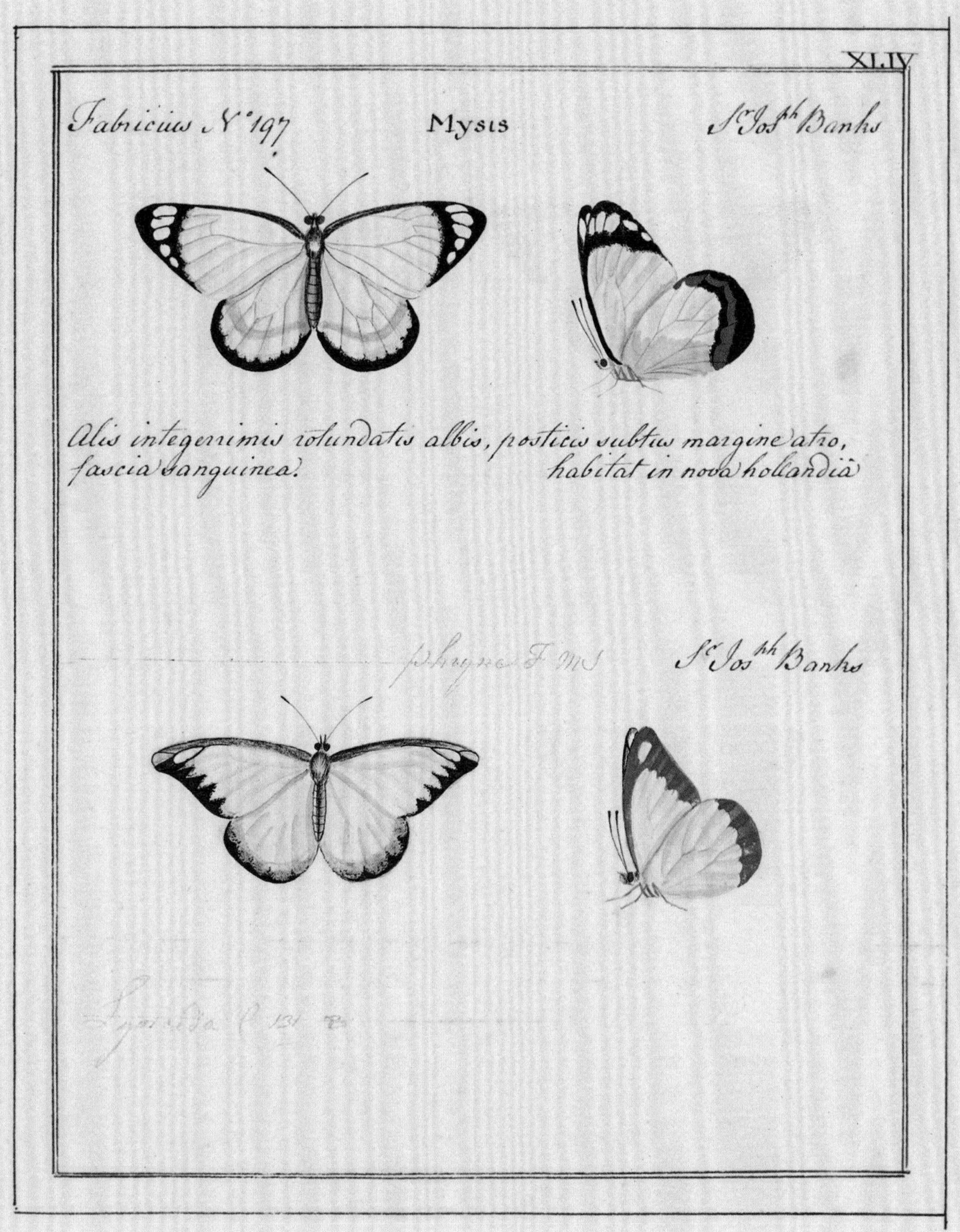
XLIV
Fabricius N° 197
Mysis
Sr Josh Banks
Alis integerrimis rotundatis albis, posticis subtus margine atro, fascia sanguinea.
habitat in nova hollandia
Sr Josh Banks

图　　版：XLIV.“*Mysis*”

参考文献：J. C. Fabricius, *Spec. insect.* (1781); No. 197

收藏归属：约瑟夫·班克斯爵士

产地信息：新几内亚岛和澳大利亚

物种名片：红带斑粉蝶 *Delias mysis* (Fabricius, 1775)

图　　版：XLIV.“*Phryne*”

参考文献：—

收藏归属：约瑟夫·班克斯爵士

产地信息：印度至中国海南岛

物种名片：灵奇尖粉蝶 *Appias lyncida* (Cramer, 1777)

Fabricius M 230 Iudith Sr Jos^ph Banks

Alis integerrimis subconcoloribus: anticis albis venis margineque nigris, posticis fulvis margine nigro. — habitat in Pulicandor

Fabricius N° 182 Nysa Sr Jos^ph Banks

Alis rotundatis integerrimis albis, posticis subtus fuscis, puncto albo lunulisque sex flavis. — habitat in nova Hollandiâ

图　　版：XLV.“*Iudith*”

参考文献：J. C. Fabricius, *Mant. insect.* (1787); No. 230

收藏归属：约瑟夫・班克斯爵士

产地信息：东南亚

物种名片：黄裙园粉蝶 *Cepora iudith* (Fabricius, 1787)

图　　版：XLV.“*Nysa*”

参考文献：J. C. Fabricius, *Syst. ent.* (1775); No. 182

收藏归属：约瑟夫・班克斯爵士

产地信息：澳大利亚和新喀里多尼亚

物种名片：黄点列斑粉蝶 *Delias nysa* (Fabricius, 1775)

XLVI
Fabricius E.S.79
Philomela
Sr Josph Banks
Alis repandis nigris albo maculatis posticis basi flavo radiatis. —
habitat in Indiis
Fabricius N° 198
Nigrina
Sr Josph Banks
Alis integerrimis rotundatis albis, apice nigris, subtus nigris, posticis
Striga flexuosa sanguinea.
habitat in nova hollandiâ

图　　版：XLVI. “*Philomela*”（ICO）

参考文献：J. C. Fabricius, *Ent. syst.* (1792–1799); No. 79

收藏归属：约瑟夫·班克斯爵士

产地信息：马来群岛或泰国

物种名片：印度青粉蝶 *Pareronia hippia* (Fabricius, 1887)，“lutea”型，Eliot, 1978

图　　版：XLVI. “*Nigrina*”

参考文献：J. C. Fabricius, *Syst. ent.* (1775); No. 198

收藏归属：约瑟夫·班克斯爵士

产地信息：澳大利亚

物种名片：黑雾斑粉蝶 *Delias nigrina* (Fabricius, 1775)

XLVII
Fabricius N° 212
Lesbia
Sr Josph Banks
Alis integerrimis fulvis, anticis puncto fusco omnibus subtus pallidis, puncto niveo.—
habitat in Patagoniæ Littoribus
Sr Josph Banks
habitat Cap: bonæ Spei

图　　版：XLVII. “*Lesbia*”	图　　版：XLVII. 未命名
参考文献：J. C. Fabricius, *Spec. insect.* (1781); No. 212	参考文献：—
收藏归属：约瑟夫·班克斯爵士	收藏归属：约瑟夫·班克斯爵士
产地信息：南美洲	产地信息：智利
物种名片：豆粉蝶属 *Colias* sp.，参考篱笆豆粉蝶 *C. lesbia* (Fabricius, 1775)	物种名片：庞坦豆粉蝶 *Colias ponteni* Wallengren, 1860

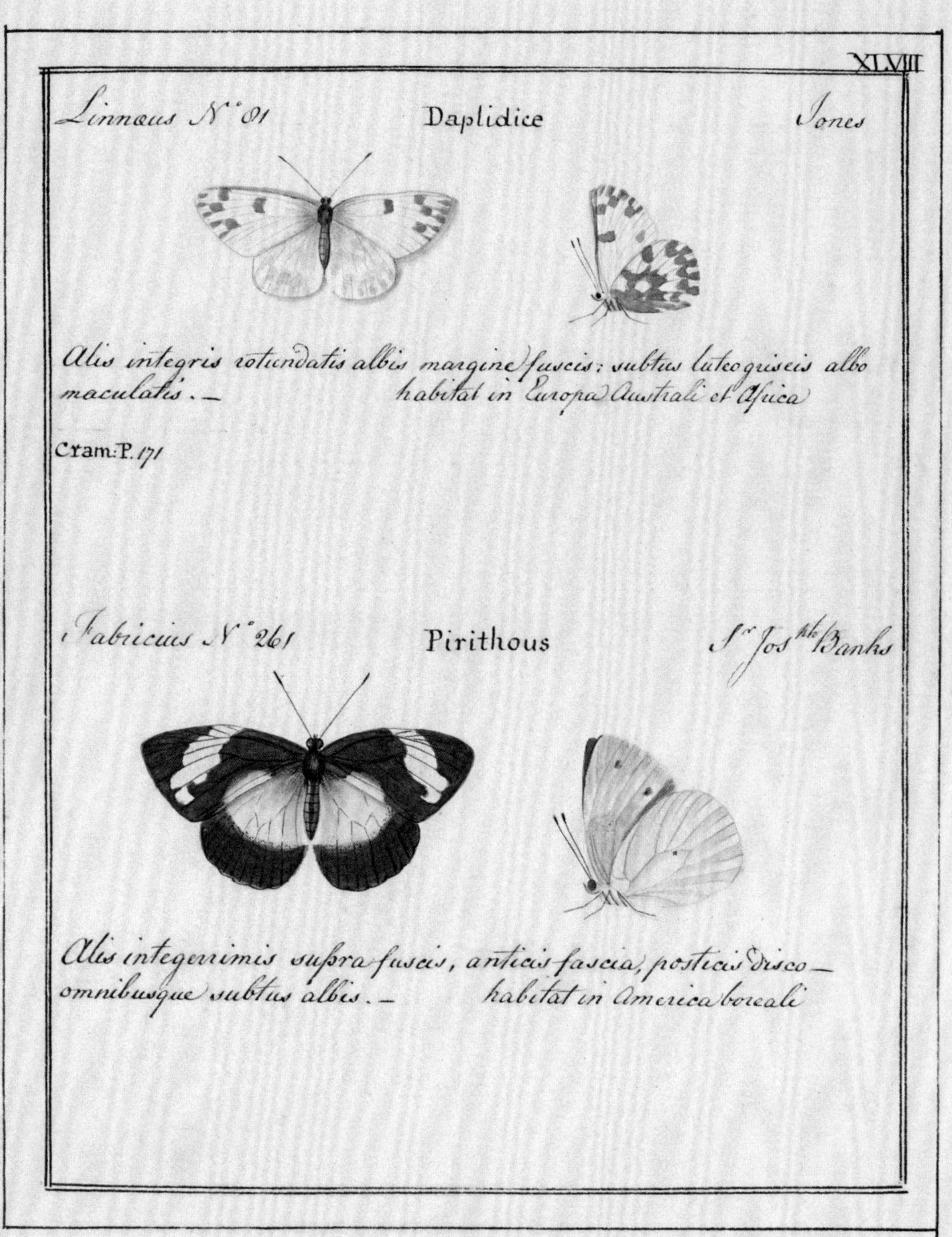
XLVIII
Linnaeus N° 81
Daplidice
Jones
Alis integris rotundatis albis margine fuscis: subtus luteogriseis albo maculatis. —
habitat in Europa Australi et Africa
Cram: P. 171
Fabricius N° 261
Pirithous
Sr Josph Banks
Alis integerrimis supra fuscis, anticis fascia, posticis disco—
omnibusque subtus albis. —
habitat in America boreali

图　　版：XLVIII. "*Daplidice*"

参考文献：C. Linnaeus, *Syst. nat.* (1767); No. 81

收藏归属：威廉 · 琼斯

产地信息：北美洲和欧洲

物种名片：云粉蝶 *Pontia daplidice* (Linnaeus, 1758)

图　　版：XLVIII. "*Pirithous*"

参考文献：J. C. Fabricius, *Spec. insect.* (1781); No. 261

收藏归属：约瑟夫 · 班克斯爵士

产地信息：印度和东南亚

物种名片：橙粉蝶 *Ixias pyrene* (Linnaeus, 1764)

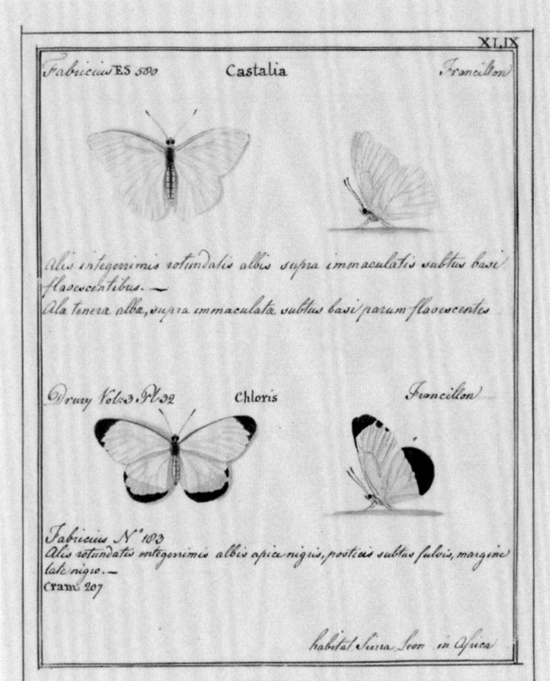
XLIX
Fabricius ES 580
Castalia
Francillon
Alis integerrimis rotundatis albis supra immaculatis subtus basi flavescentibus.
Ala tenera albe, supra immaculata subtus basi parum flavescentes
Drury Vol: 3 Pl: 32
Chloris
Francillon
Fabricius N° 183
Alis rotundatis integerrimis albis apice nigris, posticis subtus fulvis, margine late nigro.
Cram: 207
habitat Siera Leon in Africa

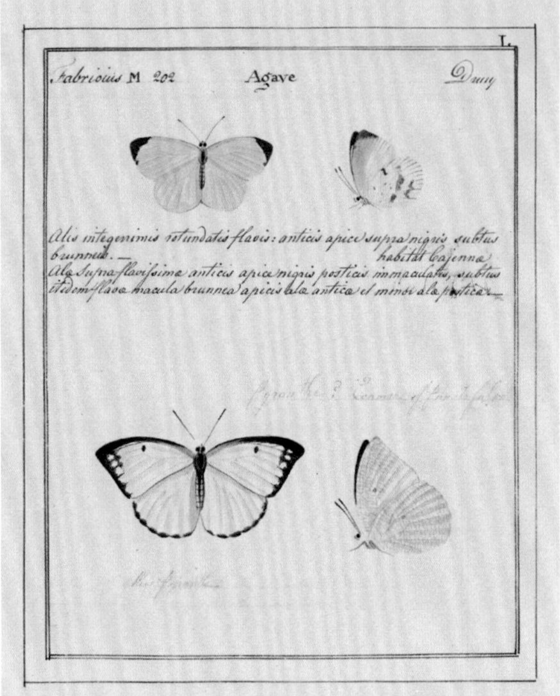
L.
Fabricius M 202
Agave
Drury
Alis integerrimis rotundatis flavis: anticis apice supra nigris subtus brunneis.
habitat Cajenna

LI
Jones
D. Hunter

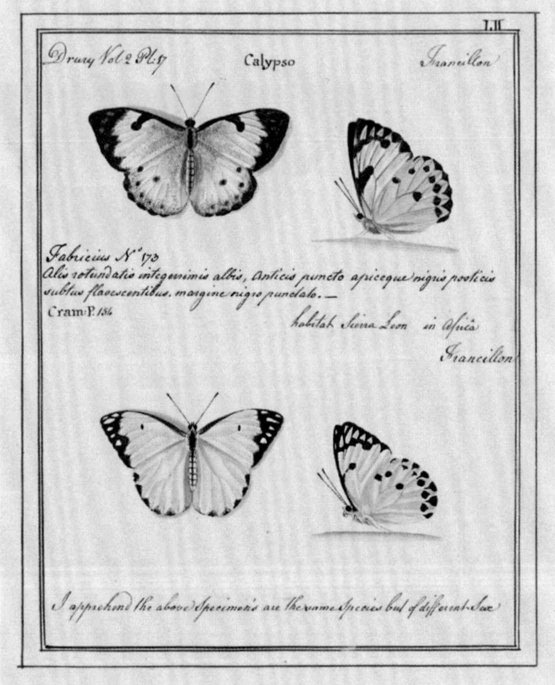
LII
Drury Vol 2 Pl: 17
Calypso
Francillon
Fabricius N° 173
Alis rotundatis integerrimis albis, Anticis puncto apiceque nigris posticis subtus flavescentibus. margine nigro punctato.
Cram: P. 184
habitat Siera Leon in Africa
Francillon
I apprehend the above Specimen's are the same Species but of different Sex

琼斯在《琼斯图谱》第 III 卷中画了四幅梨花迁粉蝶，即 *Pyranthe*（图版 L，上图）、*Chryseis*（图版 XXII，第 170 页），以及图版 XXXV（第 178 页）和图版 LIII（右页）下半部的两幅未命名插画。这种蝴蝶分布在南亚、东南亚和澳大利亚局部地区。

在图版 LII 的底部，琼斯写着“我怀疑上面这些标本是同一物种的不同性别”。他说对了，这两组插画画的都是寂静贝粉蝶指名亚种 *Belenois calypso calypso*，上方为雌性，下方为雄性。

LIII
Fabricius ES 586
Amaryllis
Dr Hunter
Alis rotundatis integerrimis concoloribus obscure albidis: anticis lunula media nigra. —
Dr Hunter

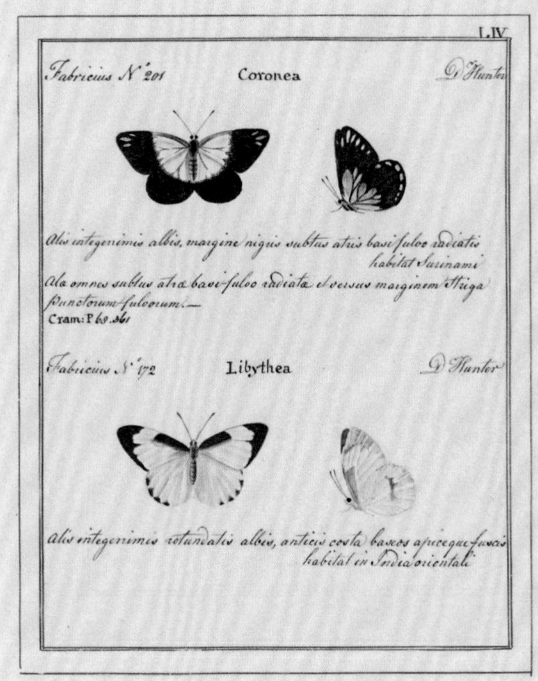
LIV
Fabricius N° 201
Coronea
Dr Hunter
Alis integerrimis albis, margine nigris subtus atris basi fulvo radiatis habitat Surinami
Alae omnes subtus atrae basi fulvo radiatae et versus marginem striga punctorum fulvorum. —
Fabricius N° 172
Libythea
Dr Hunter
Alis integerrimis rotundatis albis, anticis costa baseos apiceque fuscis habitat in India orientali

图　　版：XLIX.“*Castalia*”（ICO）
参考文献：J. C. Fabricius, *Ent. syst.*, 1792–1799; No. 580
收藏归属：约翰・弗朗西伦
产地信息：牙买加
物种名片：黄基白翅尖粉蝶[3]神泉亚种 *Glutophrissa drusilla castalia* (Fabricius, 1793)

图　　版：XLIX.“*Chloris*”
参考文献：D. Drury, *Illus. Nat. Hist.*, Vol. 3 (1782); Pl. 32, f. 3–4
收藏归属：约翰・弗朗西伦
产地信息：非洲
物种名片：黑裙边迷粉蝶 *Mylothris chloris* (Fabricius, 1775)

图　　版：L.“*Agave*”
参考文献：J. C. Fabricius, *Mant. insect.* (1787); No. 202
收藏归属：德鲁・德鲁里
产地信息：南美洲
物种名片：达娃黄粉蝶 *Eurema deva* (Doubleday, 1847)

图　　版：L.“*Pyranthe*”
参考文献：—
收藏归属：—
产地信息：印度 – 澳大利亚区
物种名片：梨花迁粉蝶 *Catopsilia pyranthe* (Linnaeus, 1758)

图　　版：LI. 未命名
参考文献：—
收藏归属：威廉・琼斯
产地信息：美洲
物种名片：黄菲粉蝶 *Phoebis sennae* (Linnaeus, 1758)

图　　版：LI. 未命名
参考文献：—
收藏归属：亨特博士
产地信息：印度 – 澳大利亚区
物种名片：迁粉蝶 *Catopsilia pomona* (Fabricius, 1775)

图　　版：LII.“*Calypso*”
参考文献：D. Drury, *Illus. Nat. Hist.*, Vol. 2 (1773) Pl. 17, f. 3–4
收藏归属：约翰・弗朗西伦
产地信息：非洲
物种名片：寂静贝粉蝶指名亚种 *Belenois calypso calypso* (Drury, 1773)，上雌下雄

图　　版：LIII.“*Amaryllis*”（ICO）
参考文献：J. C. Fabricius, *Ent. syst.* (1792–1799); No. 586
收藏归属：亨特博士
产地信息：牙买加
物种名片：大白纯粉蝶[4]牙买加亚种 *Ganyra josephina paramaryllis* (Comstock, 1943)

图　　版：LIII. 未命名
参考文献：—
收藏归属：亨特博士
产地信息：印度 – 澳大利亚区
物种名片：梨花迁粉蝶 *Catopsilia pyranthe* (Linnaeus, 1758)

图　　版：LIV.“*Coronea*”
参考文献：J. C. Fabricius, *Spec. insect.* (1781); No. 201
收藏归属：亨特博士
产地信息：印度尼西亚至澳大利亚和太平洋诸岛
物种名片：爪哇贝粉蝶 *Belenois java* (Linnaeus, 1768)

图　　版：LIV.“*Libythea*”
参考文献：J. C. Fabricius, *Spec. insect.* (1781); No. 172
收藏归属：亨特博士
产地信息：东南亚
物种名片：利比尖粉蝶 *Appias libythea* (Fabricius, 1775)

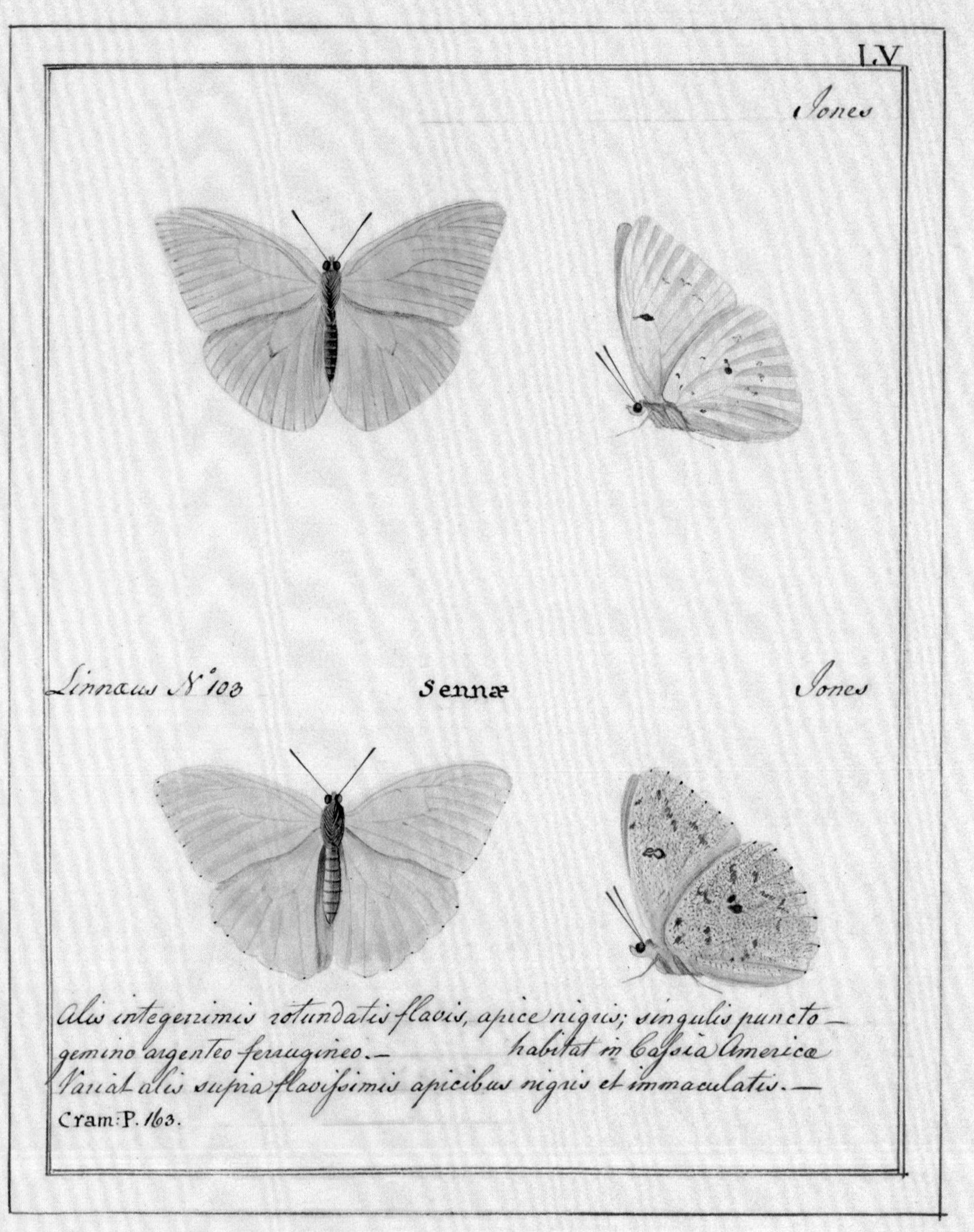
LV
Jones
Linnaeus N° 103
Sennæ
Jones
alis integerrimis rotundatis flavis, apice nigris; singulis puncto gemino argenteo ferrugineo. — habitat in Cassia America
Variat alis supra flavissimis apicibus nigris et immaculatis. —
Cram: P. 163.

图　　版：LV.“*Sennæ*”

参考文献：C. Linnaeus, *Syst. nat.* (1767); No. 103

收藏归属：威廉·琼斯

产地信息：美洲

物种名片：黄菲粉蝶尤贝尔亚种 *Phoebis sennae eubale* (Linnaeus, 1767)（上）

黄菲粉蝶指名亚种 *Phoebis sennae sennae* (Linnaeus, 1758)（下）

本版插图画的是黄菲粉蝶的两个亚种，两件标本都为琼斯本人所收藏。如琼斯的记录所示，它幼虫期的食源植物为豆科决明属 *Cassia* 植物。

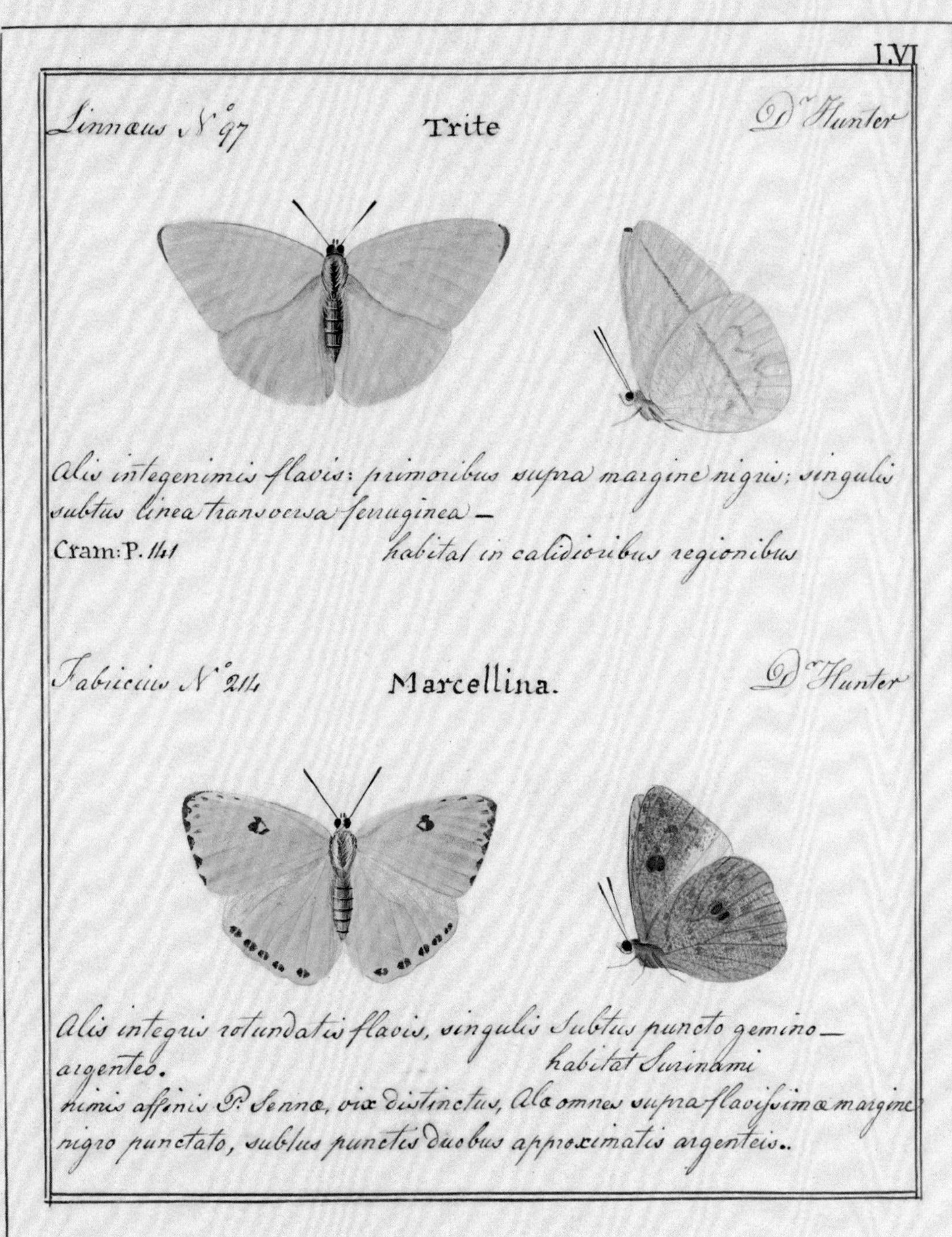
LVI
Linnaeus N° 97
Trite
Dr Hunter
Alis integerrimis flavis: primoribus supra margine nigris; singulis subtus linea transversa ferruginea —
Cram: P. 141
habitat in calidioribus regionibus
Fabricius N° 214
Marcellina.
Dr Hunter
Alis integris rotundatis flavis, singulis subtus puncto gemino — argenteo.
habitat Surinami
nimis affinis P. Sennae, vix distinctus, Alae omnes supra flavissimae margine nigro punctato, sublus punctis duobus approximatis argenteis..

图　　版：LVI. "*Trite*"

参考文献：C. Linnaeus, *Syst. nat.* (1767); No. 97

收藏归属：亨特博士

产地信息：墨西哥、加勒比海地区和南美洲

物种名片：土黄菲粉蝶 *Phoebis trite* (Linnaeus, 1758)

图　　版：LVI. "*Marcellina*"

参考文献：J. C. Fabricius, *Spec. insect.* (1781); No. 214

收藏归属：亨特博士

产地信息：美洲

物种名片：黄菲粉蝶 *Phoebis sennae* (Linnaeus, 1758)

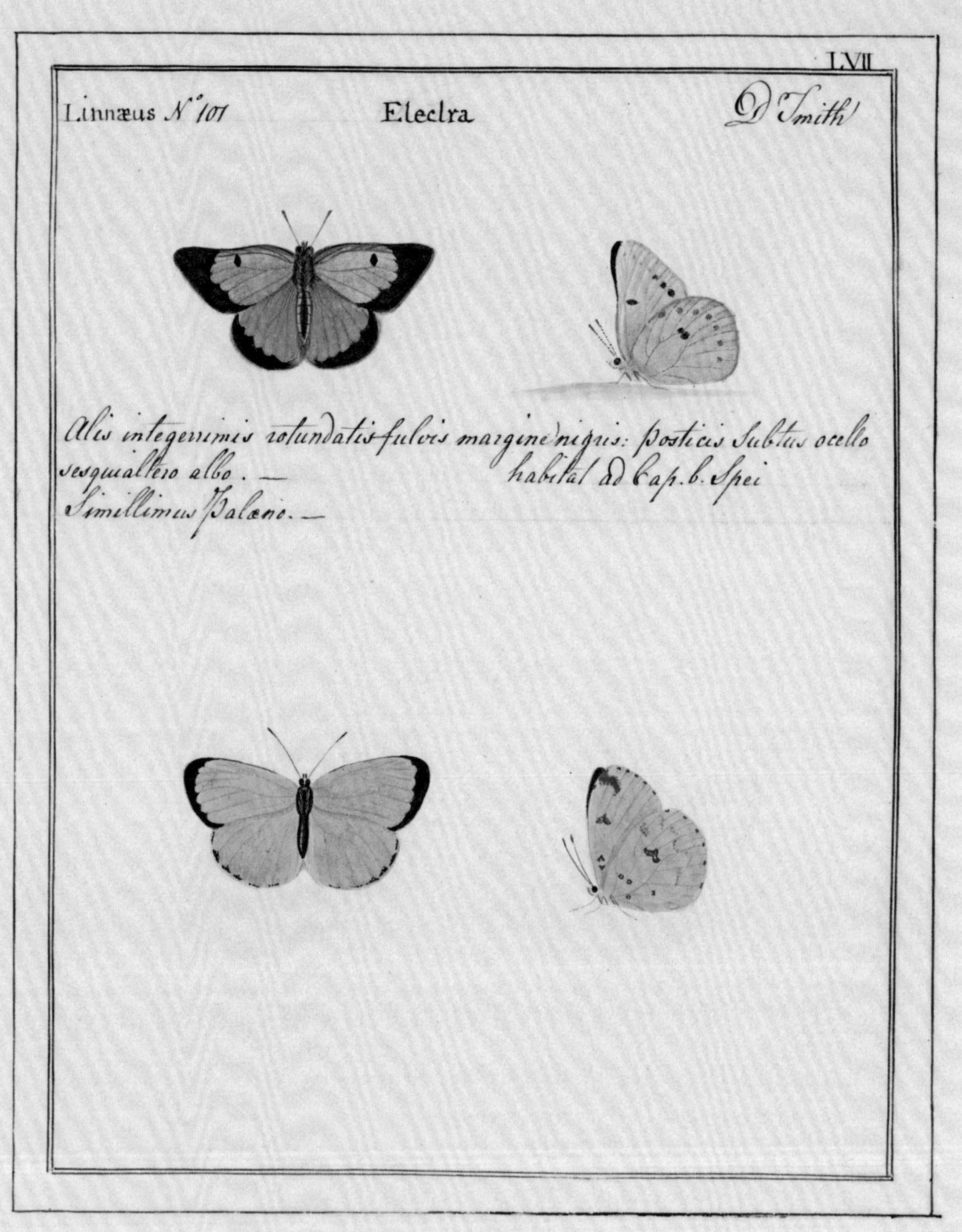

LVII
Linnæus N° 101
Electra
D Smith
Alis integerrimis rotundatis fulvis margine nigris: posticis Subtus ocello sesquialtero albo. —
habitat ad Cap. b. Spei
Simillimus Paleno. —

图　　版：LVII.“*Electra*”
参考文献：C. Linnaeus, *Syst. nat.* (1767); No. 101
收藏归属：詹姆斯·爱德华·史密斯
产地信息：非洲
物种名片：琥珀豆粉蝶 *Colias electo* (Linnaeus, 1763)

图　　版：LVII. 未命名
参考文献：—
收藏归属：—
产地信息：热带地区
物种名片：（广义）黄粉蝶属未定种 *Eurema* (sensu lato) sp. indet

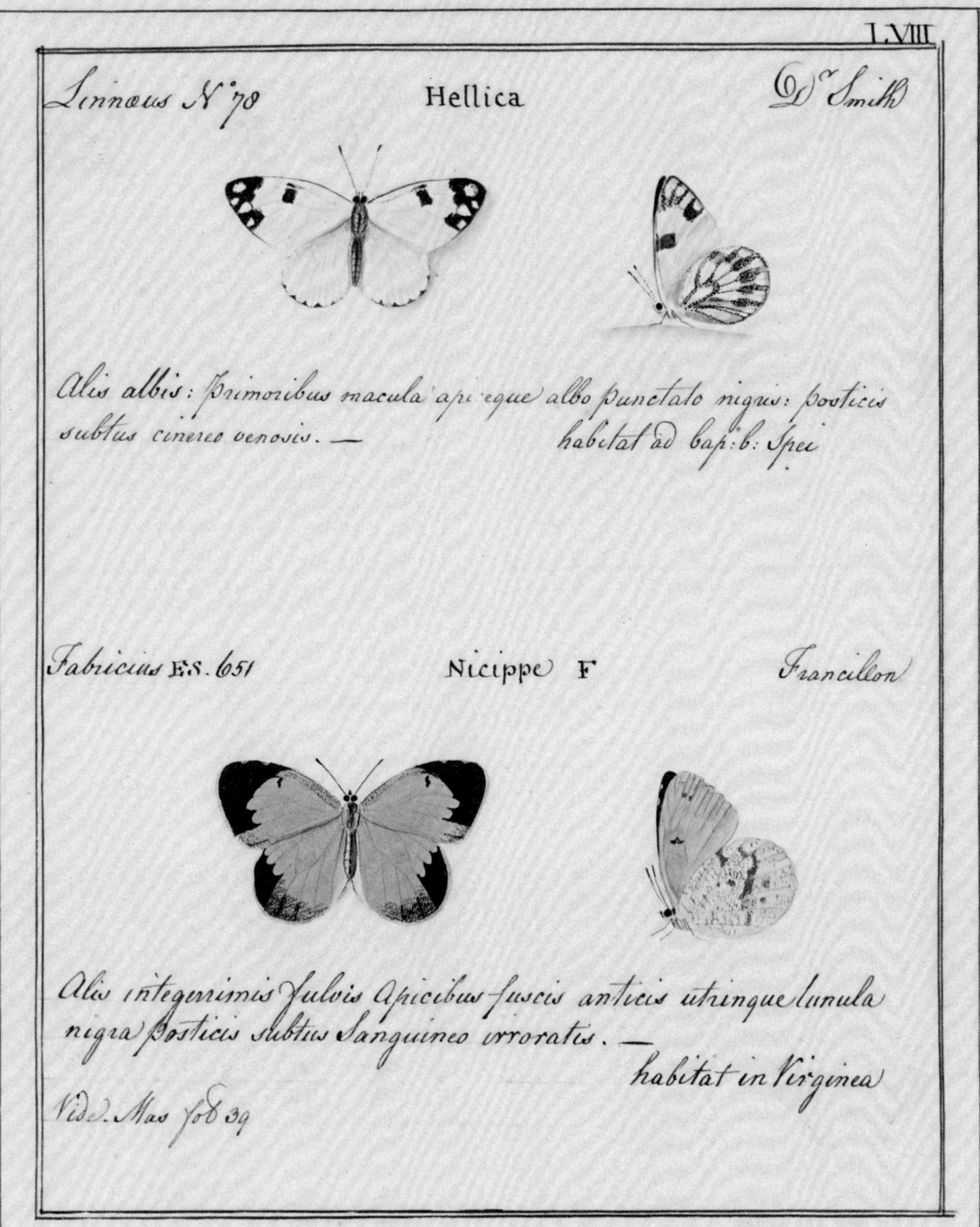
LVIII
Linnaeus N° 78
Hellica
Dr Smith
Alis albis: primoribus macula apiceque albo punctato nigris: posticis subtus cinereo venosis. —
habitat ad Cap: b: Spei
Fabricius E.S. 651
Nicippe F
Francillon
Alis integerrimis fulvis Apicibus fuscis anticis utrinque lunula nigra posticis subtus Sanguineo irroratis. —
habitat in Virginea
Vide. Mas fol 39

图　　版：LVIII. “*Hellica*”
参考文献：C. Linnaeus, *Syst. nat.* (1767); No. 78
收藏归属：詹姆斯 · 爱德华 · 史密斯
产地信息：非洲
物种名片：褐云粉蝶 *Pontia helice* (Linnaeus, 1764)

图　　版：LVIII. “*Nicippe*”
参考文献：J. C. Fabricius, *Ent. syst.* (1792–1799); No. 651
收藏归属：约翰 · 弗朗西伦
产地信息：北美洲
物种名片：橙翅小黄粉蝶 *Abaeis nicippe* (Cramer, 1779)

LIX
Francillon
Francillon

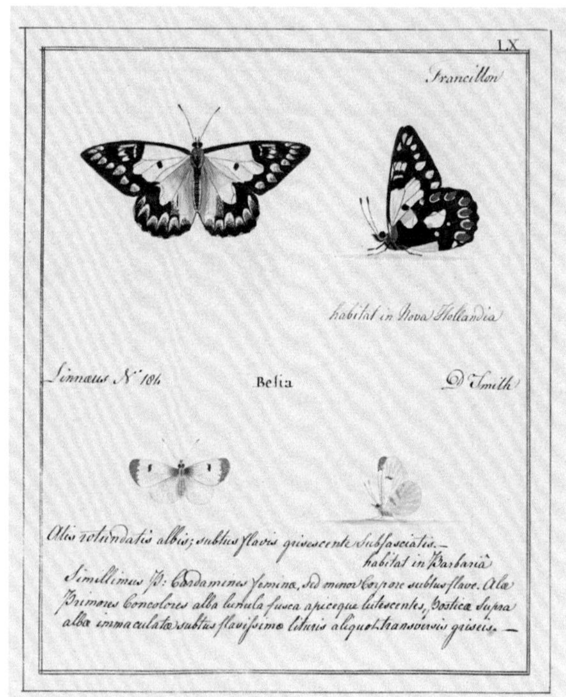
LX
Francillon
habitat in Nova Hollandia
Linnaeus N° 184
Belia
D. Smith
Alis rotundatis albis; subtus flavis grisescente Subfasciatis.—
habitat in Barbaria
Simillimus P: Cardamines femina, sed minor Corpore subtus flavo. Alae
Primores Concolores alba lunula fusca apiceque lutescentes, Posticae Supra
albae immaculatae subtus flavissimo lituris aliquot transversis griseis.—

LXI
Marsham
habitat in Bengal
Marsham
habitat in Bengal

Marsham
habitat in Bengal
Marsham
habitat in Bengal

这两个页面上描绘的物种展现了琼斯所绘标本之间巨大的体型差异。题为 *Belia* 的直襟粉蝶平均翅展仅 18～20 毫米，而图版 LXIV 上的黑猫头鹰环蝶翅展则达 140～160 毫米。琼斯所画的鳞翅目昆虫主要是蝴蝶，不过图版 LXIII 中却是一只酋长慧蝶蛾 *Amauta cacica*，这是蝶蛾科 Castniidae 的一种蛾。

图　　版：LIX. 未命名
参考文献：—
收藏归属：约翰·弗朗西伦
产地信息：美洲
物种名片：粉蝶科 Pieridae：庞粉蝶属 *Ganyra*？，雄

图　　版：LIX. 未命名
参考文献：—
收藏归属：约翰·弗朗西伦
产地信息：美洲
物种名片：粉蝶科 Pieridae：庞粉蝶属 *Ganyra*？，雌

图　　版：LX. 未命名
参考文献：—
收藏归属：约翰·弗朗西伦
产地信息：澳大利亚
物种名片：澳洲斑粉蝶 *Delias aganippe* (Donovan, 1805)

图　　版：LX. "*Belia*"
参考文献：C. Linnaeus, *Syst. nat.* (1767): No. 84
收藏归属：詹姆斯·爱德华·史密斯
产地信息：北非
物种名片：直襟粉蝶 *Anthocharis belia* (Linnaeus, 1767)，雌

图　　版：LXI. 未命名
参考文献：—
收藏归属：托马斯·马香
产地信息：印度－澳大利亚区
物种名片：迁粉蝶 *Catopsilia pomona* (Fabricius, 1775)

图　　版：LXI. 未命名
参考文献：—
收藏归属：托马斯·马香
产地信息：印度和东南亚
物种名片：橙粉蝶 *Ixias pyrene* (Linnaeus, 1764)

图　　版：LXII. 未命名
参考文献：—
收藏归属：托马斯·马香
产地信息：印度和东南亚
物种名片：镶边尖粉蝶 *Appias olferna* Swinhoe, 1890

图　　版：LXII. 未命名
参考文献：—
收藏归属：托马斯·马香
产地信息：东洋界
物种名片：迁粉蝶属某种 *Catopsilia* sp.，"Bengal"

图　　版：LXIII. 未命名
参考文献：—
收藏归属：约翰·弗朗西伦
产地信息：南美洲
物种名片：酋长慧蝶蛾 *Amauta cacica* (Herrich-Schäffer, 1854)

图　　版：LXIV. 未命名
参考文献：—
收藏归属：约翰·弗朗西伦
产地信息：中美洲和南美洲
物种名片：黑猫头鹰环蝶 *Caligo atreus* (Kollar, 1850)

LXV
Linnaeus N° 121
Sophoræ
Drury
Alis integerrimis fuscis fascia ferruginea; subtus primoribus ocello unico, posticis tribus.
habitat in Sophora Americes.

图　　版：	LXV. "*Sophoræ*"
参考文献：	C. Linnaeus, *Syst. nat.* (1767); No. 121
收藏归属：	德鲁 · 德鲁里
产地信息：	巴西
物种名片：	大翅环蝶 *Brassolis astyra* Godart, 1824

大翅环蝶和黄带大翅环蝶 *Brassolis sophorae* 在南美洲都被视为棕榈科植物的害虫，因为它们的幼虫取食椰子树的叶子。

LXVI
Linnaeus N° 120
Cassiæ
Drury
Alis integerrimis fuscis; primoribus posticarumque margine fascia ferruginea; omnibus subtus ocellatis. habitat in Cassiis Americes
Simillima P. Sophorae, sed Larva diversissima.
Cram: P. 105 F 106 M

图　　版：LXVI. “*Cassiæ*”

参考文献：C. Linnaeus, *Syst. nat.* (1767); No. 120

收藏归属：德鲁 · 德鲁里

产地信息：中美洲和南美洲

物种名片：直斜条环蝶 *Opsiphanes cassiae* (Linnaeus, 1758)

斜条环蝶属 *Opsiphanes* 是一个有十余个物种的属，只分布在新热带界，与华丽的猫头鹰环蝶属 *Caligo* 亲缘关系紧密。并且，和猫头鹰环蝶的幼虫一样，斜条环蝶的幼虫也专门取食多种单子叶植物的叶子，尤为常见的是棕榈（例如椰子）和芭蕉。直斜条环蝶目前被分为 7 个亚种，其中一个分布在墨西哥。

LXVII
Fabricius ES 123
Tulleolus
Alis integerrimis, anticis atris fascia macculari alba, posticis fuscis supra immaculatis, subtus albo punctatis. —
Fabricius ES 124
Sylvester
Alis integerrimis fuscis: fascia maculari alba. —

图　　版：LXVII. “*Tulleolus*” （ICO）

参考文献：J. C. Fabricius, *Ent. syst.* (1792–1799); No. 123

收藏归属：—

产地信息：澳大利亚昆士兰州库克敦

物种名片：妒丽紫斑蝶指名亚种 *Euploea tulliolus tulliolus* (Fabricius, 1793)

图　　版：LXVII. “*Sylvester*” （ICO）

参考文献：J. C. Fabricius, *Ent. syst.* (1792–1799); No. 124

收藏归属：—

产地信息：澳大利亚昆士兰州库克敦

物种名片：双标紫斑蝶指名亚种 *Euploea sylvester sylvester* (Fabricius, 1793)

LXVIII
Fabricius E.S 150
Archippus
alis repandis fulvis venis margineque albo punctato nigris: anticis apicis fulvis. —
habitat in America
Cram: P. 3
206

图　　版：	LXVIII. "*Archippus*"
参考文献：	J. C. Fabricius, *Ent. syst.* (1792–1799); No. 150
收藏归属：	—
产地信息：	北美洲
物种名片：	君主斑蝶 *Danaus plexippus* (Linnaeus, 1758)，雄

秋天，数百万只君主斑蝶（指名亚种 *Danaus plexippus plexippus*）会飞越长达 3000 千米的距离，从美国和加拿大南部迁飞到墨西哥的山林中休眠，那里温和的气候让这些不耐冰霜的蝴蝶得以在冬天存活。活过冬天的蝴蝶会在春季再次飞往北方，重回美国和加拿大繁衍生息。

LXIX
Linnaeus N° 117
Plexippus
Francillon
Alis integerrimis fulvis, venis nigris dilatatis margine nigro punctis albis-
habitat in America septentrionali
Alæ primores fascia alba, ut in sequente; cui similis viz Misippô
Cram. P. 206 Genutia
Fabricius N° 247
Gilippus
Drury
Alis integerrimis concoloribus fulvis albo maculatis margine atro
punctis albis.—
habitat in America meridionali
Cram. P. 26

图　　版：	LXIX. "*Plexippus*"
参考文献：	C. Linnaeus, *Syst. nat.* (1767); No. 117
收藏归属：	约翰·弗朗西伦
产地信息：	亚洲
物种名片：	虎斑蝶 *Danaus genutia* (Cramer, 1779)，雄

图　　版：	LXIX. "*Gilippus*"
参考文献：	J. C. Fabricius, *Spec. insect.* (1781); No. 247
收藏归属：	德鲁·德鲁里
产地信息：	美洲
物种名片：	女王斑蝶 *Danaus gilippus* (Cramer, 1775)，雄

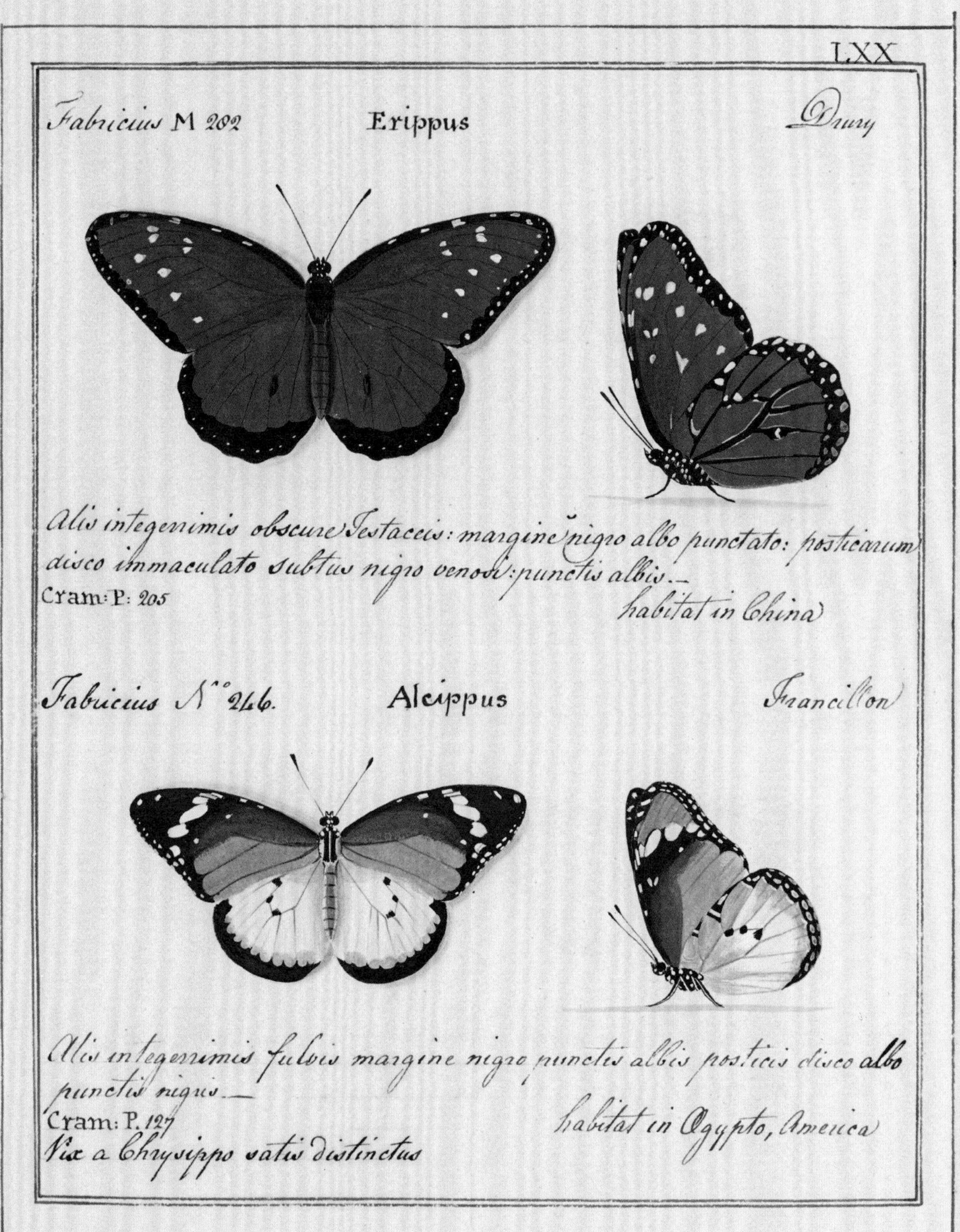
LXX
Fabricius M 282
Erippus
Drury
Alis integerrimis obscure Testaceis: margine nigro albo punctato: posticarum disco immaculato subtus nigro venoso: punctis albis.—
Cram: P: 205
habitat in China
Fabricius N°246.
Alcippus
Francillon
Alis integerrimis fulvis margine nigro punctis albis posticis disco albo punctis nigris.—
Cram: P. 127
Vix a Chrysippo satis distinctus
habitat in Aegypto, America

图　　版：LXX. “*Erippus*”

参考文献：J. C. Fabricius, *Mant. insect.* (1787); No. 282

收藏归属：德鲁·德鲁里

产地信息：美洲

物种名片：女王斑蝶 *Danaus gilippus* (Cramer, 1775)，雄

图　　版：LXX. “*Alcippus*”

参考文献：J. C. Fabricius, *Spec. insect.* (1781); No. 246

收藏归属：约翰·弗朗西伦

产地信息：非洲和亚洲，包括马来群岛

物种名片：金斑蝶 *Danaus chrysippus* (Linnaeus, 1758)，雌

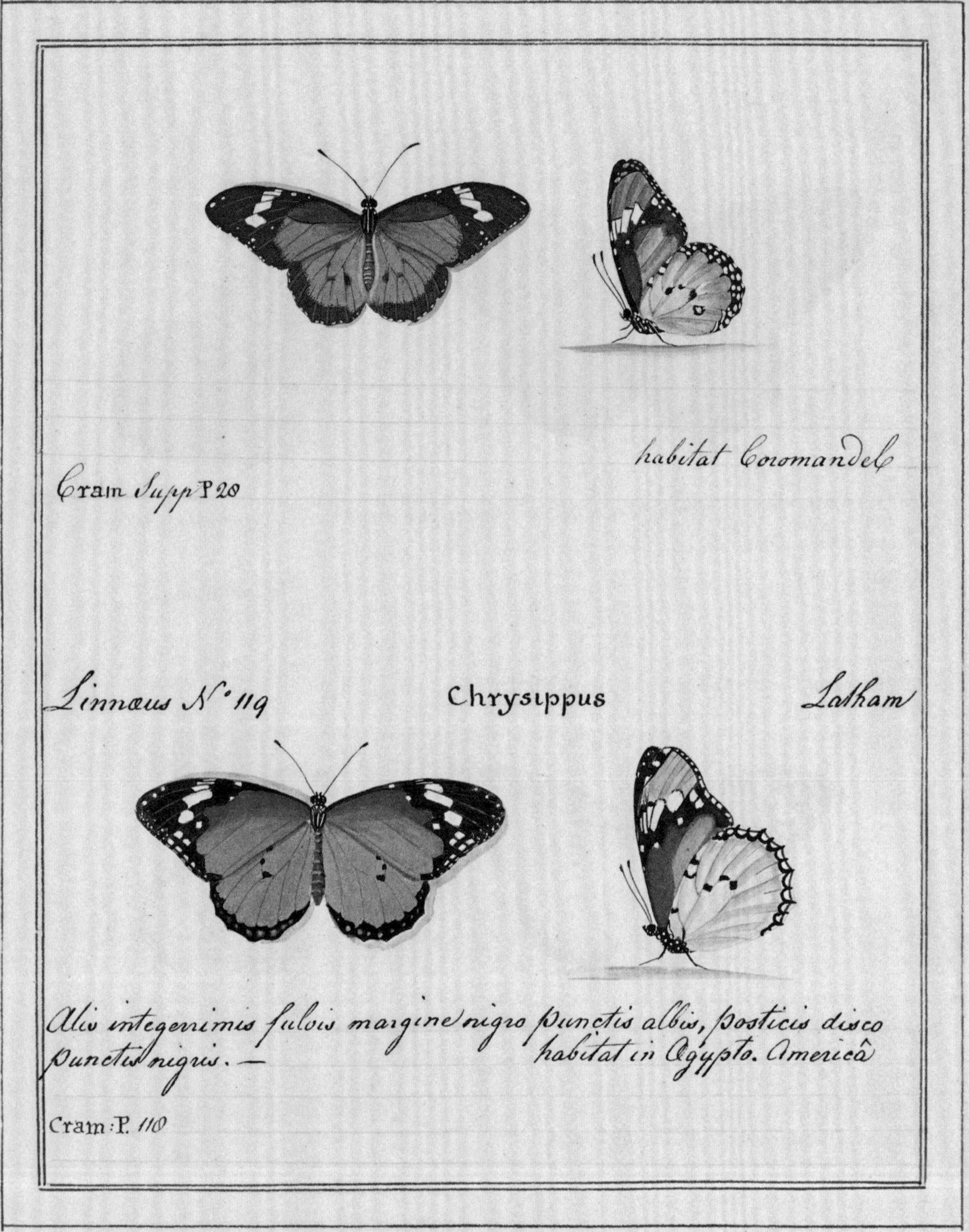
LXXI
habitat Coromandel
Cram Supp P 20
Linnaeus N° 119
Chrysippus
Latham
Alis integerrimis fulvis margine nigro punctis albis, posticis disco punctis nigris. —
habitat in Ægypto. Americâ
Cram: P. 110

图　　版：LXXI. 未命名
参考文献：—
收藏归属：—
产地信息：澳大利亚和太平洋诸岛
物种名片：古城斑蝶[5] *Danaus petilia* (Stoll, 1790)，雄

图　　版：LXXI. “*Chrysippus*”
参考文献：C. Linnaeus, *Syst. nat.* (1767); No. 119
收藏归属：约翰·莱瑟姆
产地信息：非洲和亚洲，包括马来群岛
物种名片：金斑蝶 *Danaus chrysippus* (Linnaeus, 1758)，雌

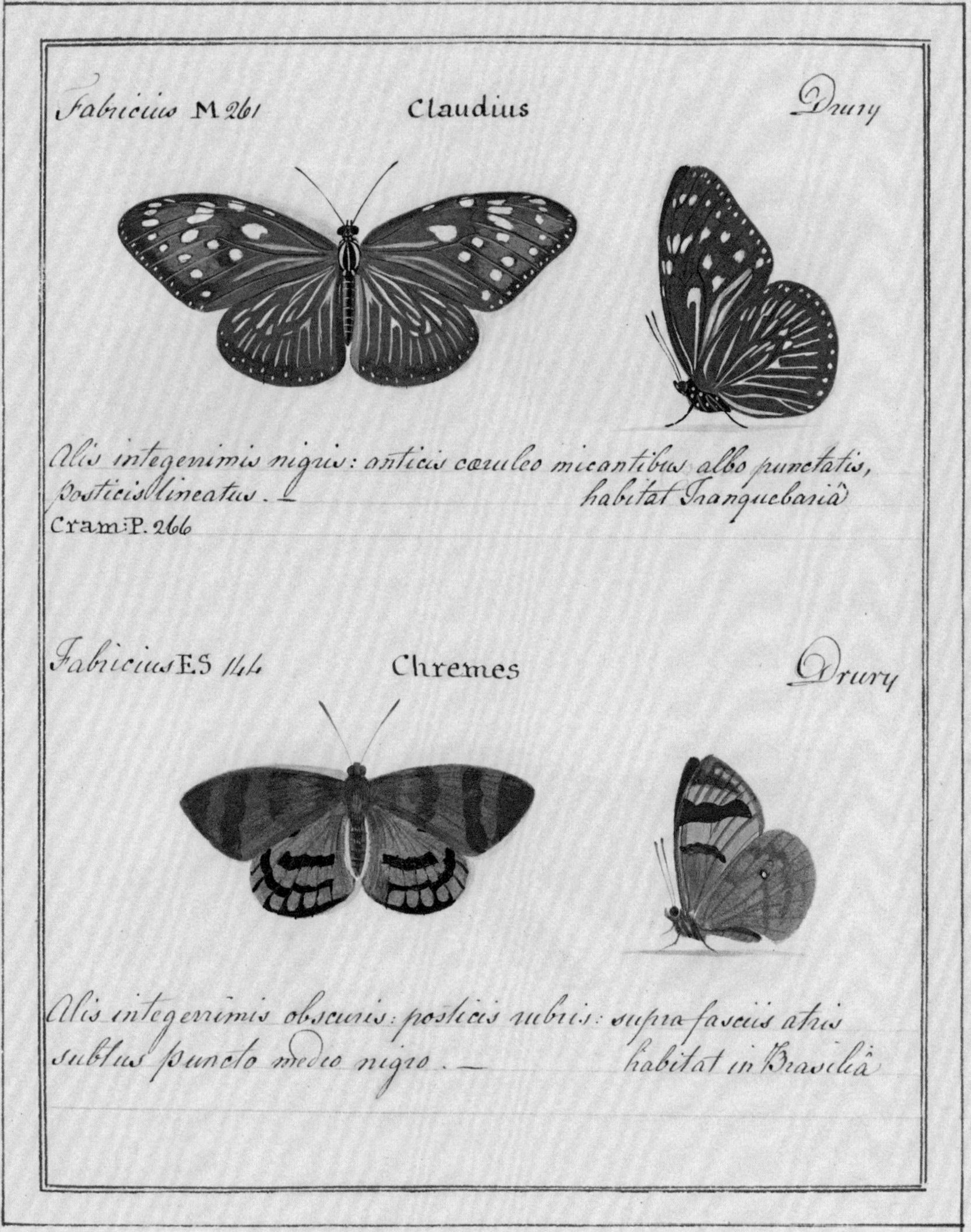
LXXII
Fabricius M 261
Claudius
Drury
Alis integerrimis nigris: anticis cæruleo micantibus albo punctatis,
posticis lineatis. —
habitat Tranquebariâ
Cram: P. 266
Fabricius ES 144
Chremes
Drury
Alis integerrimis obscuris: posticis rubris: supra fasciis atris
subtus puncto medio nigro. —
habitat in Brasiliâ

图　　版：LXXII.“*Claudius*”

参考文献：J. C. Fabricius, *Mant. insect.* (1787); No. 261

收藏归属：德鲁·德鲁里

产地信息：印度和东南亚，向东至阿洛群岛

物种名片：异型紫斑蝶 *Euploea mulciber* (Cramer, 1777)

图　　版：LXXII.“*Chremes*”（ICO）

参考文献：J. C. Fabricius, *Ent. syst.* (1792–1799); No. 144

收藏归属：德鲁·德鲁里

产地信息：巴西

物种名片：泰真蝶蛾 *Ceretes thais* (Drury, 1782)

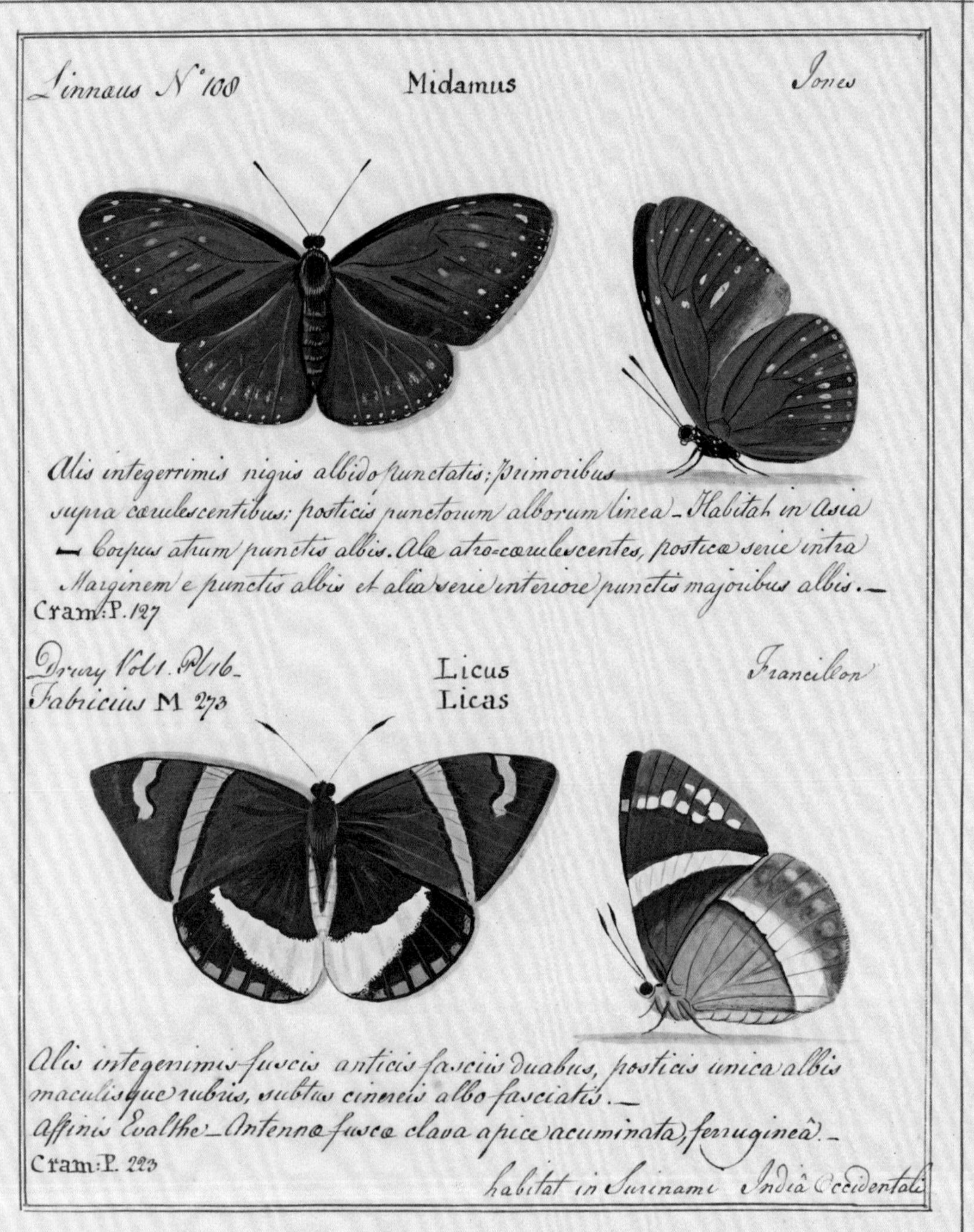

LXXIII
Linnaeus N°108
Midamus
Jones
Alis integerrimis nigris albido punctatis; primoribus
supra caerulescentibus; posticis punctorum alborum linea - Habitat in Asia
— Corpus atrum punctis albis. Alae atro-caerulescentes, posticae serie intra
Marginem e punctis albis et alia serie interiore punctis majoribus albis. —
Cram: P. 127
Drury Vol 1. Pl 16.
Fabricius M 273
Licus
Licas
Francillon
Alis integerrimis fuscis anticis fasciis duabus, posticis unica albis
maculisque rubris, subtus cinereis albo fasciatis. —
affinis Evalthe _ Antennae fuscae clava apice acuminata, ferrugineâ. —
Cram: P. 223
habitat in Surinami India Occidentali

图　　版：LXXIII. “*Midamus*”

参考文献：C. Linnaeus, *Syst. nat.* (1767); No. 108

收藏归属：威廉·琼斯

产地信息：亚洲，包括中国

物种名片：蓝点紫斑蝶 *Euploea midamus* (Linnaeus, 1758)

图　　版：LXXIII. “*Licus*” / “*Licas*”

参考文献：D. Drury, *Illus. Nat. Hist.*, Vol. 1 (1770); Pl. 16, f. 1 / J. C. Fabricius, *Mant. insect.* (1787); No. 273

收藏归属：约翰·弗朗西伦

产地信息：南美洲

物种名片：蔗特蝶蛾 *Telchin licus* (Drury, 1773)

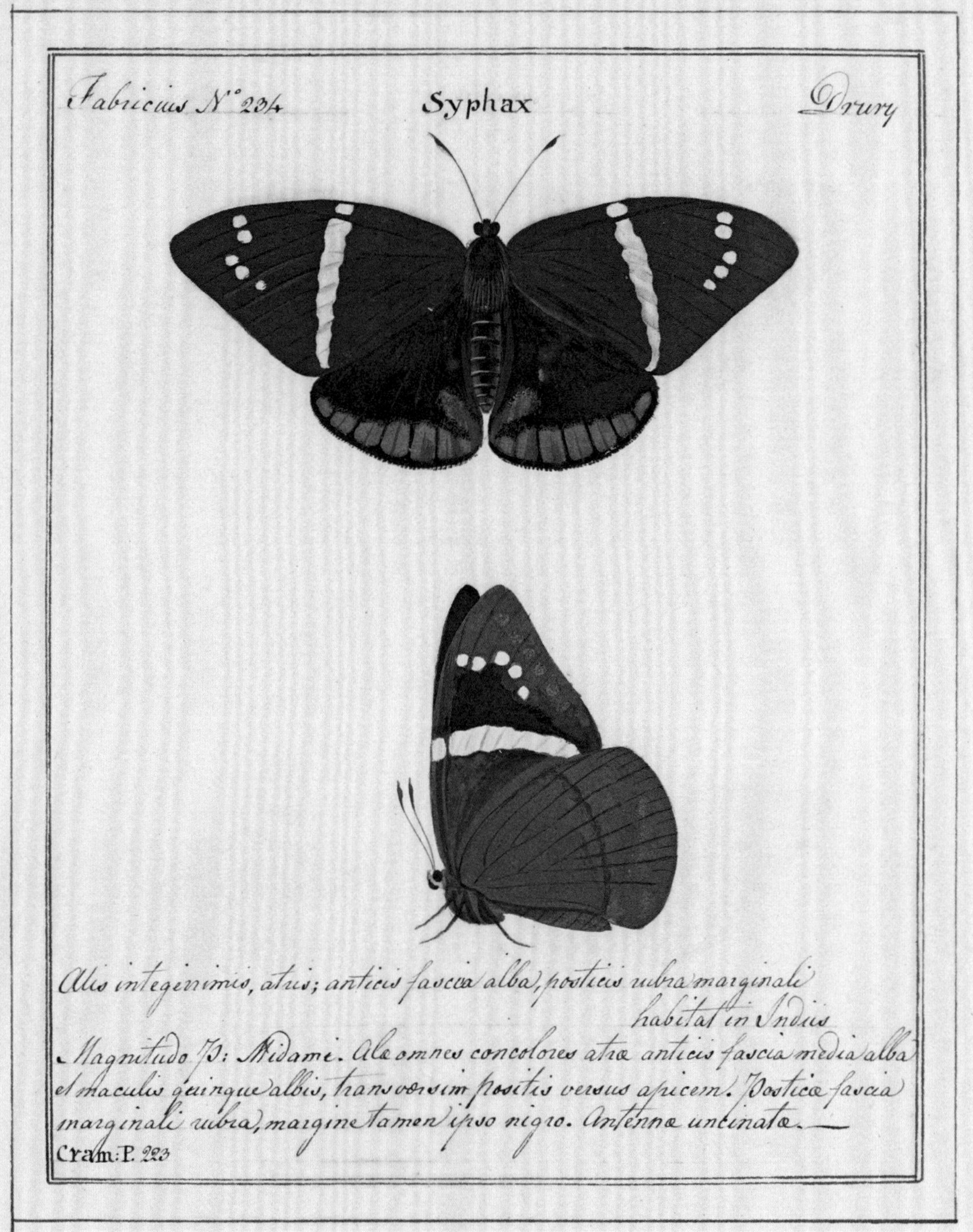

LXXIV
Fabricius N° 234
Syphax
Drury
Alis integerrimis, atris; anticis fascia alba, posticis rubra marginali
habitat in Indiis
Magnitudo P: Midame. Alæ omnes concolores atræ anticis fascia media alba et maculis quinque albis, transversim positis versus apicem. Posticæ fascia marginali rubra, margine tamen ipso nigro. Antennæ uncinatæ.
Cram: P. 223

图　　版：LXXIV.“*Syphax*”

参考文献：J. C. Fabricius, *Spec. insect.* (1781); No. 234

收藏归属：德鲁·德鲁里

产地信息：南美洲

物种名片：橙褶特蝶蛾 *Telchin syphax* (Fabricius, 1775)

虽然看起来像是一种蛱蝶，但橙褶特蝶蛾实际上是蝶蛾科的一种蝶蛾。琼斯给出的产地“*Indiis*”（印度群岛）并不正确，因为这个物种实际上分布在南美洲。

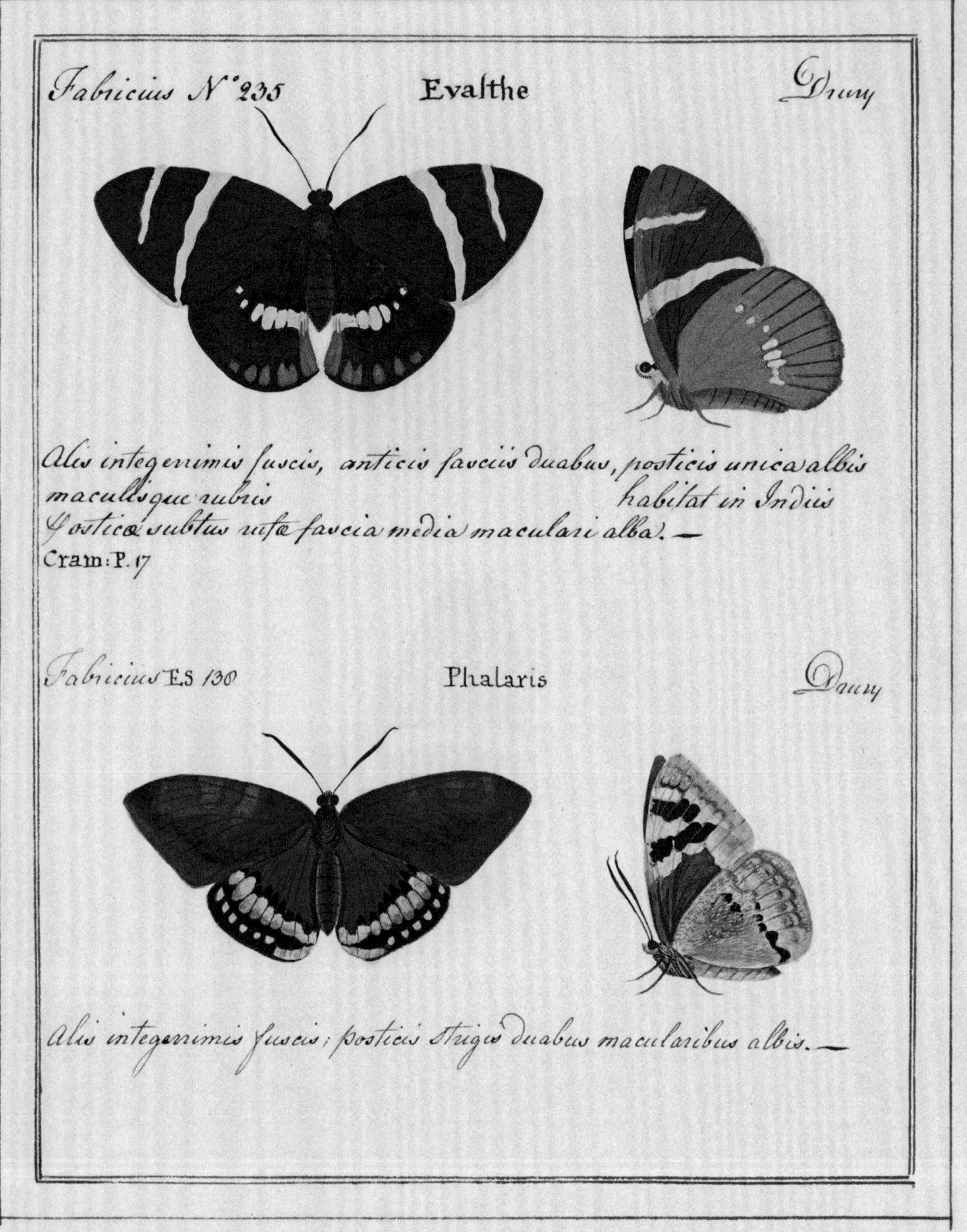

LXXV
Fabricius N°235
Evalthe
Drury
Alis integerrimis fuscis, anticis fasciis duabus, posticis unica albis
maculisque rubris
habitat in Indiis
Postica subtus rufa fascia media maculari alba.
Cram: P. 17
Fabricius ES 138
Phalaris
Drury
Alis integerrimis fuscis; posticis strigis duabus macularibus albis.

图　　版：LXXV.“*Evalthe*”
参考文献：J. C. Fabricius, *Spec. insect.* (1781); No. 235
收藏归属：德鲁·德鲁里
产地信息：中美洲和南美洲
物种名片：双带黄蝶蛾 *Xanthocastnia evalthe* (Fabricius, 1775)

图　　版：LXXV.“*Phalaris*”（ICO）
参考文献：J. C. Fabricius, *Ent. syst.* (1792–1799); No. 138
收藏归属：德鲁·德鲁里
产地信息：苏里南?
物种名片：暴碎裙蝶蛾 *Synpalamides phalaris* (Fabricius, 1793)

LXXVI
Drury Vol 2 Pl 15
Fabricius M 794
Iphis
Iupiter
Francillon
habitat in Africa
Alis ecaudatis atris viridi nitentibus subtus viridibus: venis margineque nigris, capite anoque Sanguineis
habitat in Sierra Leon Africa
Cram: P. 244.

图　　版：LXXVI.“*Iphis*”/“*Jupiter*”（ICO）

参考文献：D. Drury, *Illus. Nat. Hist.*, Vol. 2 (1773); Pl. 15, f. 3–4 / J. C. Fabricius, *Mant. insect.* (1787); No. 794

收藏归属：约翰·弗朗西伦

产地信息：塞拉利昂

物种名片：火冠弄蝶 *Pyrrhochalcia iphis* (Drury, 1773)，上雄下雌

1787 年，法布里丘斯将这种蝴蝶命名为 *Papilio jupiter*，当时他在引用这幅琼斯的画作之外，还引用了德鲁里描述 *Papilio iphis* 时所绘的插画，并提到了（但没有完全引用）*Papilio phidias* Cramer, 1779。这三个名字指的都是同一个物种，其中 *P. iphis* 被赋予优先地位。因此，*Papilio jupiter* 这个名字是基于三幅分别创作的插画和三件（或者更多）不同的标本描述的，这意味着它有三幅模式标本图像。

LXXVII
Fabricius M 263
Cochrus
Drury
Alis integerrimis concoloribus atris: fascia maculari alba, abdomine
Sanguineo cingulis atris. —
habitat
Fabricius N° 447
Affinis
Sr Jos^ph Banks
Alis dentatis nigris albo maculatis, posticis subtus limbo nigro flavo
alboque maculato. —
habitat in nova hollandia

图　　版：LXXVII. “*Cochrus*”

参考文献：J. C. Fabricius, *Mant. insect.* (1787); No. 263

收藏归属：德鲁·德鲁里

产地信息：巴西和巴拉圭

物种名片：天火蝶蛾 *Prometheus cochrus* (Fabricius, 1787)

图　　版：LXXVII. “*Affinis*”

参考文献：J. C. Fabricius, *Spec. insect.* (1781); No. 447

收藏归属：约瑟夫·班克斯爵士

产地信息：马来群岛和澳大利亚

物种名片：爱妃斑蝶 *Danaus affinis* (Fabricius, 1775)

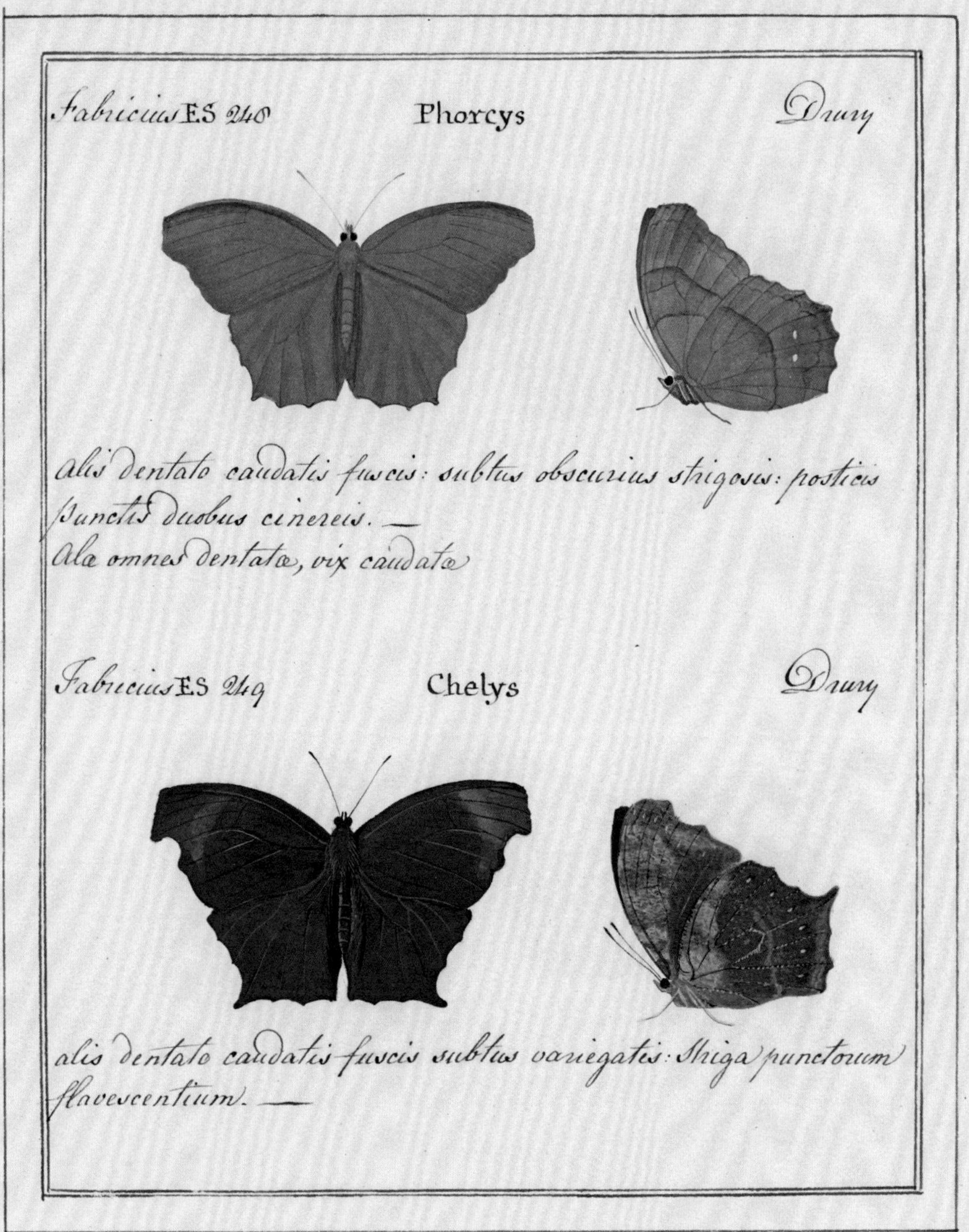
LXXVIII
Fabricius ES 248
Phorcys
Drury
alis dentato caudatis fuscis: subtus obscurius strigosis: posticis punctis duobus cinereis. —
Alæ omnes dentatæ, vix caudatæ
Fabricius ES 249
Chelys
Drury
alis dentato caudatis fuscis subtus variegatis: striga punctorum flavescentium. —

图　　版：LXXVIII. "*Phorcys*"（ICO）
参考文献：J. C. Fabricius, *Ent. syst.* (1792–1799); No. 248
收藏归属：德鲁 · 德鲁里
产地信息：巴西南部
物种名片：蛱蝶科未定种 Nymphalidae sp. indet.

图　　版：LXXVIII. "*Chelys*"（ICO）
参考文献：J. C. Fabricius, *Ent. syst.* (1792–1799); No. 249
收藏归属：德鲁 · 德鲁里
产地信息：塞拉利昂
物种名片：隐带钩眼蝶 *Gnophodes chelys* (Fabricius, 1793)

琼斯题为 *Phorcys* 的插画画的是一个无法识别的蛱蝶科眼蝶亚科物种。它可能是红目棘眼蝶 [6]*Taygetomorpha celia* (Cramer, 1779) 的一件畸变标本，目前被处理为该物种的次主观异名，也可能是暮眼蝶属 *Melanitis* 的某个亚洲物种。

LXXIX
Francillon
Linnaeus N°193
Similis
Jones
Alis subrepandis nigris concoloribus: punctis coerulescenti-albidis basin versus lineatis. —
habitat in Asiâ
Cram: P. 59 Limniace

图　　版：LXXIX. “*Evening papilio*”

参考文献：—

收藏归属：约翰·弗朗西伦

产地信息：印度－太平洋地区

物种名片：暮眼蝶属某种 *Melanitis* sp.

图　　版：LXXIX. “*Similis*” / “*Limniace*”

参考文献：C. Linnaeus, *Syst. nat.* (1767); No. 193 / P. Cramer, *De uit. Kap.* (1775–1782); Pl. 59, f. d–e

收藏归属：威廉·琼斯

产地信息：南美洲

物种名片：青斑蝶 *Tirumala limniace* (Cramer, 1775)

LXXX
Fabricius N° 249
Darius
Sr Josph Banks
Alis integerrimis fuscis, anticis albo maculatis, posticis subtus arcu nigro. –
habitat in Brasilia
Cram. P. 95 Anaxarete

图　　版：	LXXX. “*Darius*”
参考文献：	J. C. Fabricius, *Spec. insect.* (1781); No. 249
收藏归属：	约瑟夫·班克斯爵士
产地信息：	南美洲
物种名片：	王朝环蝶 *Dynastor darius* (Fabricius, 1775)

这种蝴蝶是一个出色拟态案例：它的蛹非常像蛇头，上面有惟妙惟肖的眼斑，并且受到惊扰时还会像蛇一样来回摆动。一些网络信息认为它的外形近似非洲的加蓬咝蝰 *Bitis gabonica*，但其真正的模拟对象是中美洲和南美洲的剧毒蝮蛇——矛头蝮属 *Bothrops* 的物种。

LXXXI
Fabricius N°266
Chorinæus
Drury
Alis integerrimis fuscis, anticis falcatis fascia fulva, posticis caudatis. —
habitat Surinami
Cram: P. 294
Fabricius E.S.717
Laches
Drury
Alis dentatis fuscis: fascia cærulea: ocellis anticarum quinque
posticarum sex. —

图　　版：LXXXI. "*Chroniæus*"
参考文献：J. C. Fabricius, *Syst. ent.* (1775); No. 266
收藏归属：德鲁 · 德鲁里
产地信息：苏里南、圭亚那地区和秘鲁
物种名片：经环蝶 *Caerois chorinaeus* (Fabricius, 1775)

图　　版：LXXXI. "*Laches*"（ICO）
参考文献：J. C. Fabricius, *Ent. syst.* (1792–1799); No. 717
收藏归属：德鲁 · 德鲁里
产地信息：圭亚那
物种名片：怠棘眼蝶 *Taygetis laches* (Fabricius, 1793)

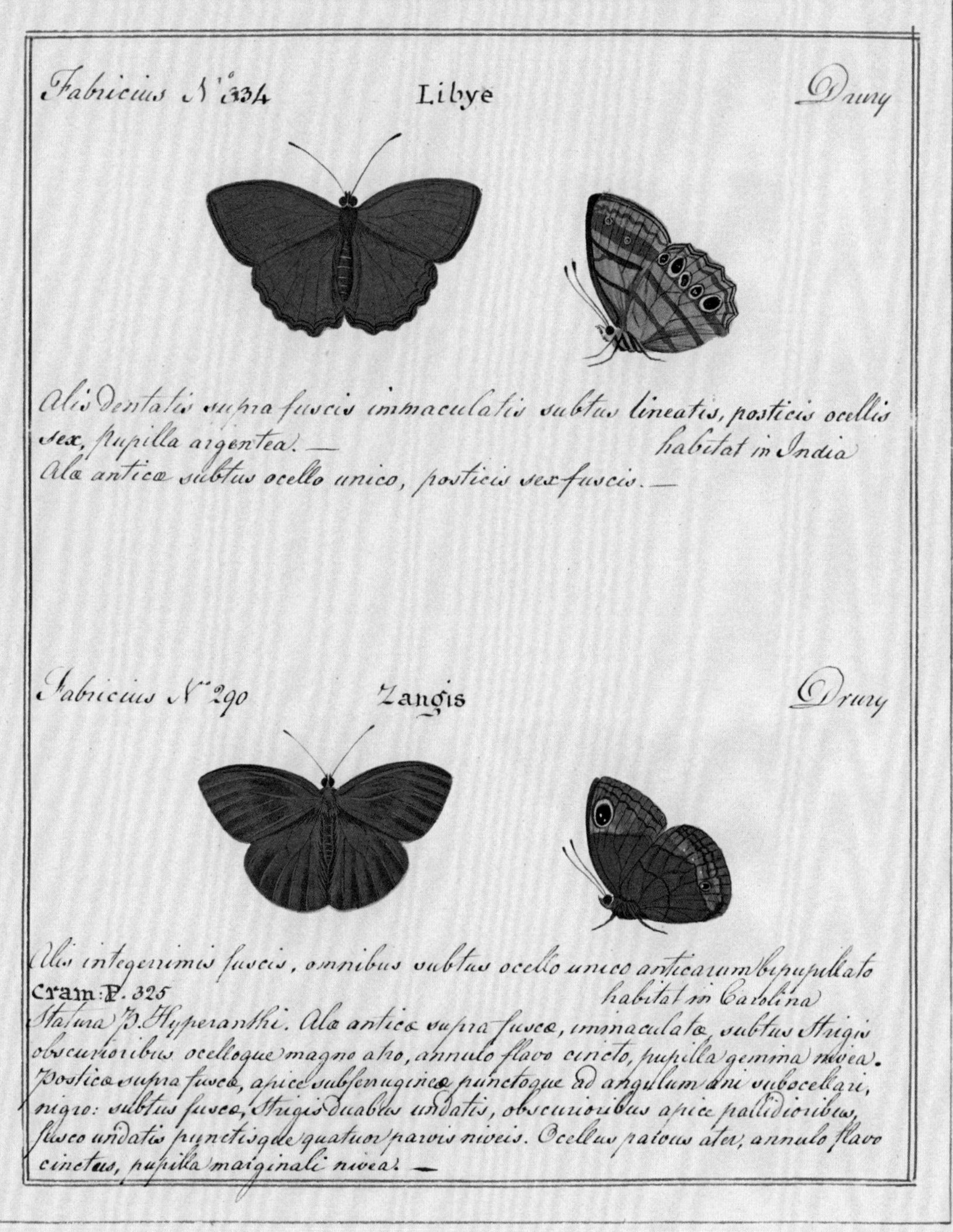
LXXXII
Fabricius N°334
Libye
Drury
Alis dentatis supra fuscis immaculatis subtus lineatis, posticis ocellis sex, pupilla argentea. —
habitat in India
Alae anticae subtus ocello unico, posticis sex fuscis. —
Fabricius N°290
Zangis
Drury
Alis integerrimis fuscis, omnibus subtus ocello unico anticarum bipupillato
Cram: P. 325
habitat in Carolina
Statura P. Hyperanthi. Alae anticae supra fuscae, immaculatae, subtus strigis obscurioribus ocelloque magno atro, annulo flavo cincto, pupilla gemina nivea. Posticae supra fuscae, apice subferruginea punctoque ad angulum ani subocellari, nigro: subtus fuscae, strigis duabus undatis, obscurioribus apice pallidioribus, fusco undatis punctisque quatuor parvis niveis. Ocellus parvus ater, annulo flavo cinctus, pupilla marginali nivea. —

图　　版：LXXXII. "*Libye*"

参考文献：J. C. Fabricius, *Spec. insect.* (1781); No. 334

收藏归属：德鲁・德鲁里

产地信息：牙买加

物种名片：美眼蝶属某种 *Magneuptychia* sp.，很可能为美眼蝶 ?*Magneuptychia libye* (Linnaeus, 1767)

图　　版：LXXXII. "*Zangis*"

参考文献：J. C. Fabricius, *Spec. insect.* (1781); No. 290

收藏归属：德鲁・德鲁里

产地信息：南美洲

物种名片：线眼蝶 *Calisto zangis* (Fabricius, 1775)

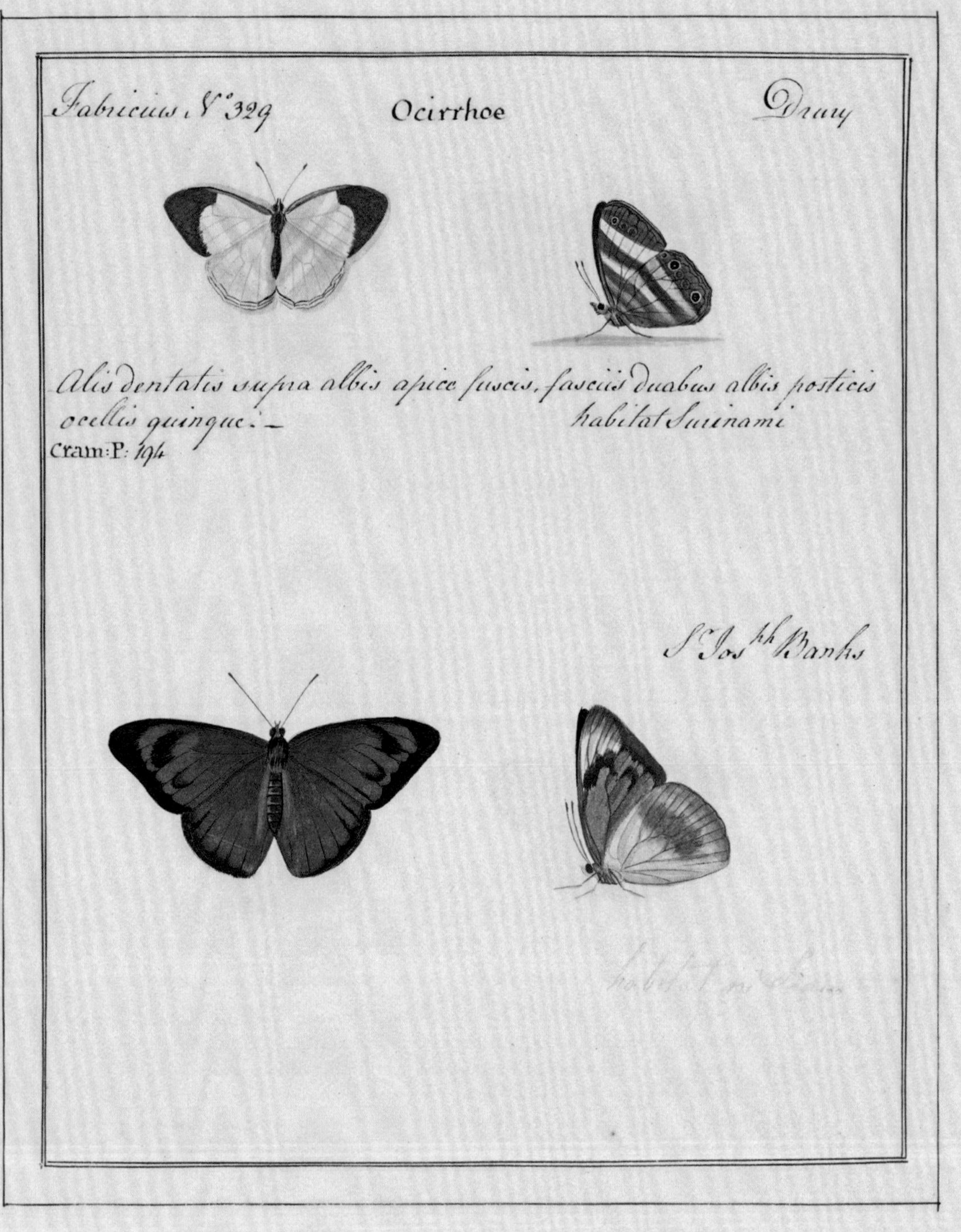
LXXXIII
Fabricius N° 329
Ocirrhoe
Drury
Alis dentatis supra albis apice fuscis, fasciis duabus albis posticis ocellis quinque. —
habitat Surinami
Cram: P: 194
Sr Josph Banks

图　　版：LXXXIII.“*Ocirrhoe*”

参考文献：J. C. Fabricius, *Spec. insect.* (1781); No. 329

收藏归属：德鲁 · 德鲁里

产地信息：东南亚

物种名片：白裙釉眼蝶[8]*Pareuptychia ocirrhoe* (Fabricius, 1776)

图　　版：LXXXIII. 未命名

参考文献：—

收藏归属：约瑟夫 · 班克斯爵士

产地信息：印度至东南亚

物种名片：红翅尖粉蝶 *Appias nero* (Fabricius, 1793)，雌

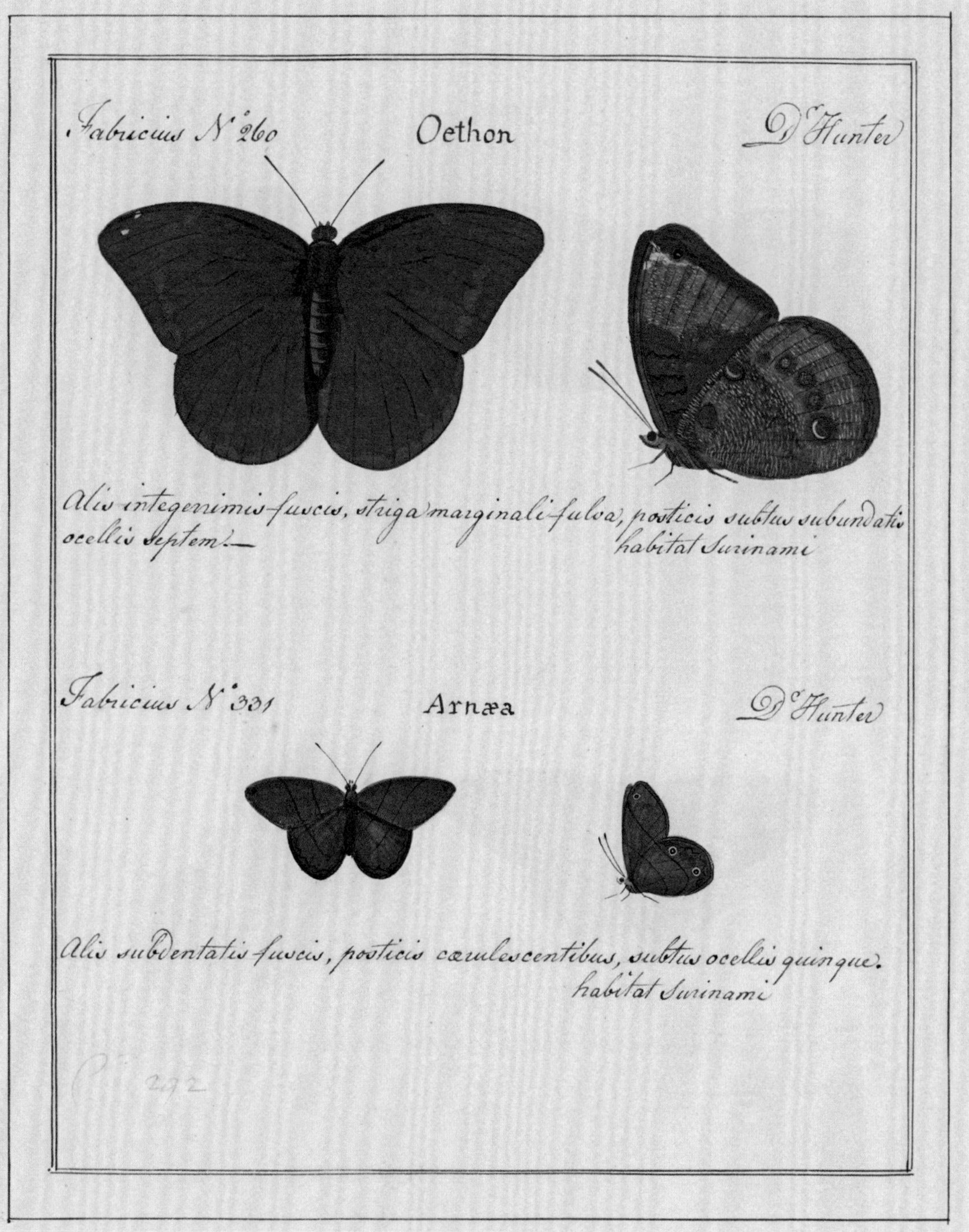
LXXXIV
Fabricius N°260
Oethon
Dr Hunter
Alis integerrimis fuscis, striga marginali fulva, posticis subtus subundatis ocellis septem.
habitat Surinami
Fabricius N°331
Arnæa
Dr Hunter
Alis subdentatis fuscis, posticis cærulescentibus, subtus ocellis quinque.
habitat Surinami

图　　版：LXXXIV. “*Oethon*”
参考文献：J. C. Fabricius, *Spec. insect.* (1781); No. 260
收藏归属：亨特博士
产地信息：墨西哥至巴西
物种名片：红带咯环蝶 *Catoblepia berecynthia* (Cramer, 1777)

图　　版：LXXXIV. “*Arnæa*”
参考文献：J. C. Fabricius, *Spec. insect.* (1781); No. 331
收藏归属：亨特博士
产地信息：印度－澳大利亚区
物种名片：阿奈绿眼蝶[9] *Amiga arnaca* (Fabricius, 1776)

有趣的是，蝴蝶分类学家 Shinichi Nakahara 等人在 2019 年发表的文章中讨论了一件现存于英国亨特博物馆的阿奈绿眼蝶的损坏标本——琼斯的画很可能就是参照这件标本创作的。

LXXXV
Fabricius ES 117
Dryasis
Brittish Museum
Alis integerrimis fuscis anticis punctis duobus, subtus omnibus plurimis albis. —
Fabricius ES 471
Nero
Brittish Museum
Alis integerrimis sanguineis: margine fuscescente, posticis subtus aurantiis. —

图　　版：LXXXV. "*Dryasis*"（ICO）	图　　版：LXXXV. "*Nero*"（ICO）
参考文献：J. C. Fabricius, *Ent. syst.* (1792–1799); No. 117	参考文献：J. C. Fabricius, *Ent. syst.* (1792–1799); No. 471
收藏归属：大英博物馆	收藏归属：大英博物馆
产地信息：东南亚?	产地信息：印度尼西亚爪哇岛
物种名片：仙木紫斑蝶 *Euploea dryasis* (Fabricius, 1793)	物种名片：红翅尖粉蝶指名亚种 *Appias nero nero* (Fabricius, 1793)，雄

LXXXVI
Fabricius N° 248
Hegesippus
Brittish Museum
Alis integerrimis concoloribus nigris albo maculatis, anticis basi fulvo posticis albo lineatis
habitat in Sumatra
Cram: P. 127. 180
Fabricius N° 267
Eribotes
Dr Hunter
Alis integerrimis subcaudatis fulvis, basi cœrulescentibus, subtus griseis.
habitat in Indiâ

图　　版：LXXXVI. "*Hegesippus*"	图　　版：LXXXVI. "*Eribotes*"
参考文献：J. C. Fabricius, *Spec. insect.* (1781); No. 248	参考文献：J. C. Fabricius, *Spec. insect.* (1781); No. 267
收藏归属：大英博物馆	收藏归属：亨特博士
产地信息：南美洲	产地信息：圭亚那
物种名片：黑虎斑蝶 *Danaus melanippus* (Cramer, 1777)，雄	物种名片：莱特尖蛱蝶 *Memphis laertes* (Cramer, 1775)

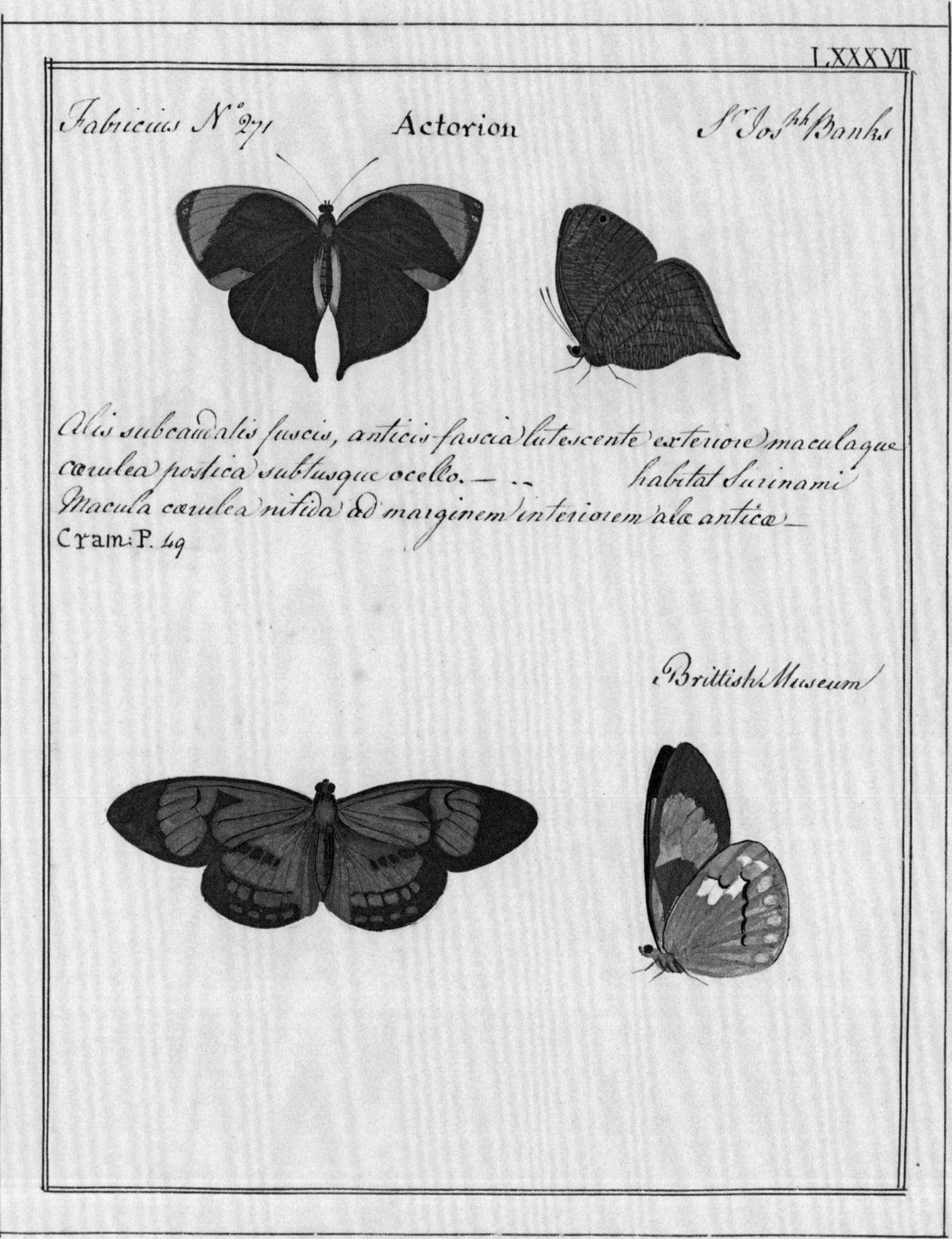
LXXXVII
Fabricius N° 271
Actorion
Sr Jos^ph Banks
Alis subcaudatis fuscis, anticis fascia lutescente exteriore maculaque cærulea postica subtusque ocello. — .. habitat Surinami
Macula cærulea nitida ad marginem interiorem alæ anticæ —
Cram: P. 49
Brittish Museum

图　　版：LXXXVII. "*Actorion*"

参考文献：J. C. Fabricius, *Spec. insect.* (1781); No. 271

收藏归属：约瑟夫·班克斯爵士

产地信息：南美洲

物种名片：尖尾褐环蝶 *Bia actorion* (Linnaeus, 1763)

图　　版：LXXXVII. 未命名

参考文献：—

收藏归属：大英博物馆

产地信息：南美洲

物种名片：蝶蛾科 Castniidae：天火蝶蛾属 *Prometheus*？

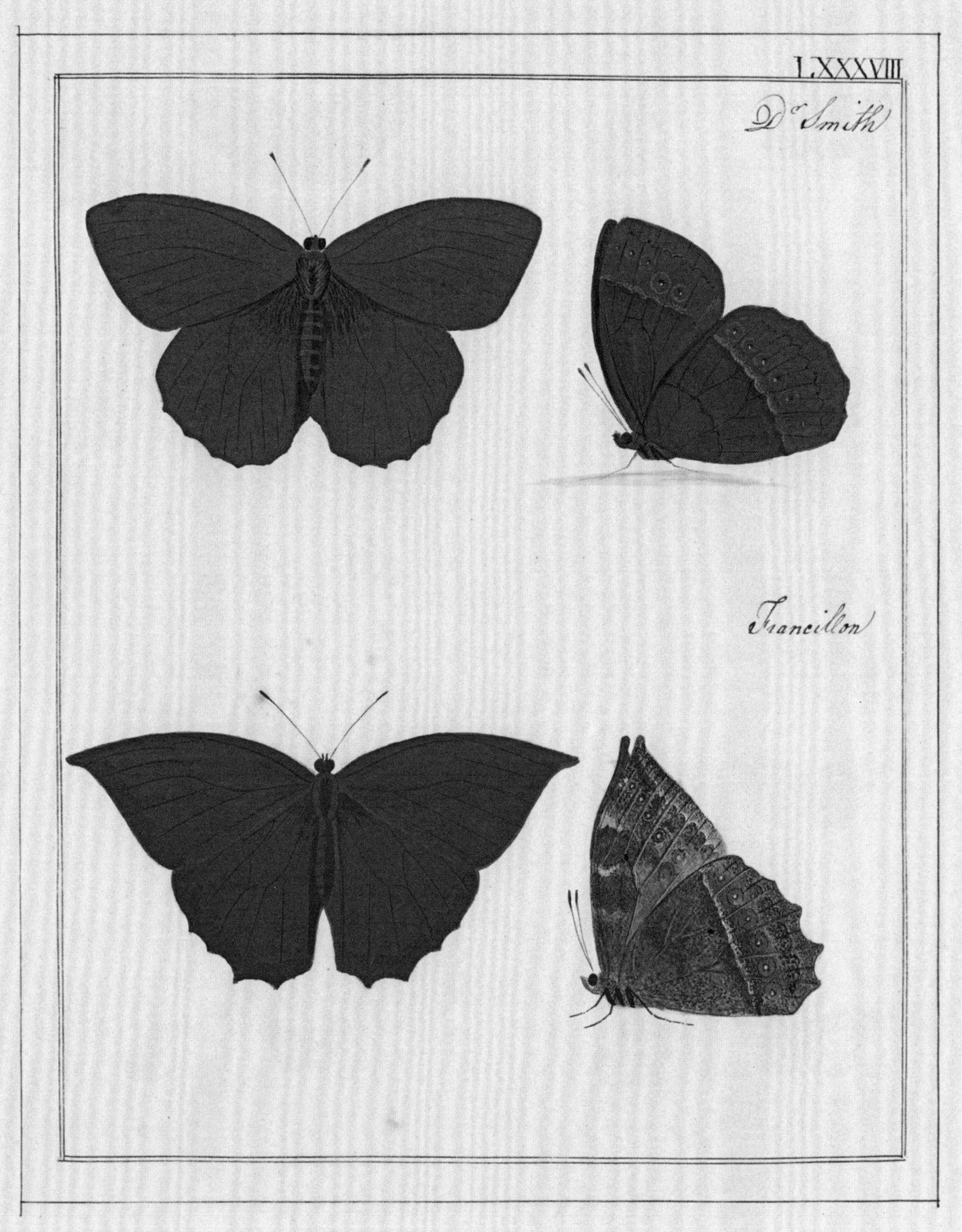

图　　版：LXXXVIII. 未命名

参考文献：—

收藏归属：詹姆斯·爱德华·史密斯

产地信息：南美洲

物种名片：棘眼蝶属某种 *Taygetis* sp.，参考尖翅棘眼蝶指名亚种 *T. mermeria mermeria* (Cramer, 1776)

图　　版：LXXXVIII. 未命名

参考文献：—

收藏归属：约翰·弗朗西伦

产地信息：墨西哥至南美洲

物种名片：尖翅棘眼蝶某亚种 *Taygetis mermeria* subsp. (Cramer, 1776)

卡咯海蚬蝶 *Eurybia carolina*（未命名，图版 XCI）似乎非常稀有，出现在巴西最南部及其以南的地区。琼斯在图版 LXXXIX 下半部所绘的叉纹格耶蝶蛾 *Geyeria decussata* 是《琼斯图谱》中为数不多的蛾类，因为这套书主要画的是蝴蝶。图版 XCII—XCIV 画的都是蛱蝶科眼蝶亚科 Satyrinae 的物种，这个亚科的蝶种一般不善飞行，很多偏好潮湿、半荫蔽的生境。

图　　版：LXXXIX. 未命名
参考文献：—
收藏归属：约翰·弗朗西伦
产地信息：南美洲
物种名片：法氏碎裙蝶蛾 *Synpalamides fabricii* (Swainson, 1823)

图　　版：LXXXIX. 未命名
参考文献：—
收藏归属：约翰·弗朗西伦
产地信息：亚洲
物种名片：叉纹格耶蝶蛾 *Geyeria decussata* (Godart, 1824)

图　　版：XC. 未命名
参考文献：—
收藏归属：约翰·弗朗西伦
产地信息：印度－澳大利亚区
物种名片：黑紫斑蝶 *Euploea eunice* (Godart, 1819)

图　　版：XC. 未命名
参考文献：—
收藏归属：约翰·弗朗西伦
产地信息：印度－澳大利亚区
物种名片：紫斑蝶属某种 *Euploea* sp.，参考澳洲幻紫斑蝶[9] *E. corinna* (Macleay, 1826)

图　　版：XCI. 未命名
参考文献：—
收藏归属：约翰·弗朗西伦
产地信息：墨西哥至玻利维亚
物种名片：帕海蚬蝶 *Eurybia patrona* Weymer, 1875

图　　版：XCI. 未命名
参考文献：—
收藏归属：约翰·弗朗西伦
产地信息：巴西
物种名片：卡咯海蚬蝶 *Eurybia carolina* Godart, 1824

图　　版：XCII. 未命名
参考文献：—
收藏归属：约翰·弗朗西伦
产地信息：南美洲?
物种名片：蚬蝶科 Riodinidae：优蚬蝶属 *Euselasia*?

图　　版：XCII. 未命名
参考文献：—
收藏归属：约翰·弗朗西伦
产地信息：欧洲山区?
物种名片：红眼蝶属未定种 *Erebia* sp. indet.

图　　版：XCIII. 未命名
参考文献：—
收藏归属：约翰·莱瑟姆
产地信息：达尔马提亚至乌拉尔山脉和小亚细亚半岛
物种名片：原红眼蝶 *Proterebia afra* (Fabricius, 1787)

图　　版：XCIII. 未命名
参考文献：—
收藏归属：约翰·弗朗西伦
产地信息：澳大利亚
物种名片：暗矍眼蝶 *Ypthima arctous* (Fabricius, 1775)

图　　版：XCIII. 未命名
参考文献：—
收藏归属：约翰·弗朗西伦
产地信息：澳大利亚
物种名片：暗矍眼蝶 *Ypthima arctous* (Fabricius, 1775)

图　　版：XCIV. 未命名
参考文献：—
收藏归属：—
产地信息：欧洲山区
物种名片：红眼蝶属某种 *Erebia* sp.，参考黑珠红眼蝶 *E. epiphron* (Knoch, 1783)

物种分布图：南美洲

1. 多点贝凤蝶：美国东南部至南美洲 10
2. 细带番凤蝶：巴西南部、巴拉圭、阿根廷东北部和乌拉圭 16
3. 彩带番凤蝶：巴西里约热内卢 18
4. 神山番凤蝶指名亚种*：巴西 25、26
5. 中斑番凤蝶：南美洲 27
6. 红黄番凤蝶指名亚种*：巴西 28
7. 变幻番凤蝶：南美洲 28
8. 拟红纹凤蝶：墨西哥至南美洲 29
9. 安绿番凤蝶?：墨西哥至南美洲 37
10. 白靴阔凤蝶：巴西 57
11. 安凤蝶：南美洲 62、64、70
12. 白肩贝凤蝶：南美洲 63
13. 草凤蝶：美国南部至阿根廷 69、72
14. 锦纹燕蛾：南美洲 78
15. 竖阔凤蝶：南美洲 81
16. 海神凤蝶属未定种：南美洲 86
17. 多情阔凤蝶：墨西哥至南美洲 87
18. 宽绒番凤蝶：墨西哥南部至南美洲北部 91
19. 红心番凤蝶：南美洲 90
20. 白带阔凤蝶：巴西 91、93
21. 白裳蓝袖蝶：南美洲 111
22. 艺神袖蝶：南美洲 112、113、116、117
23. 红带袖蝶：南美洲 113、142、143
24. 窗绡蝶：南美洲 114
25. 彩裙绡蝶指名亚种*：巴西南部 115
26. 伊莎佳袖蝶戴安娜亚种：南美洲 116
27. 白顶袖蝶：巴拿马至巴西南部 117
28. 美女苹绡蝶：南美洲 116
29. 静绡蝶：巴西 116
30. 羽衣袖蝶：南美洲 117
31. 虎纹袖斑蝶：美国南部（偶见）至巴西南部 117
32. 黄带苹绡蝶指名亚种*：苏里南 117
33. 黄佳袖蝶：南美洲 122
34. 华丽滴蚬蝶：南美洲 122
35. 束珍蝶：南美洲 123
36. 束珍蝶火红亚种：南美洲 124
37. 蓖麻袖蝶：南美洲 125
38. 黄条袖蝶：美洲 126
39. 白眉袖蝶蛛亚种*：委内瑞拉? 129
40. 拴袖蝶：南美洲 129
41. 诗神滴蚬蝶：南美洲 130
42. 暗神绡蝶：巴西 131
43. 绡蝶属某种，参考迪莎绡蝶：中美洲和南美洲 131
44. 曲绡蝶：南美洲南部 131
45. 蜡绡蝶：南美洲 133
46. 红晕绡眼蝶：南美洲和中美洲 133
47. 黄晶眼蝶：南美洲 134
48. 柔眼蝶：巴西 134
49. 海神袖蝶：南美洲 136
50. 红裙晓绡蝶：中美洲和南美洲 136
51. 白带彩粉蝶指名亚种*：南美洲 139
52. 白眉袖蝶：南美洲 140
53. 虎纹谢灯蛾*：苏里南? 141
54. 花佳袖蝶：南美洲 142
55. 黑缘鲛绡蝶：中美洲和南美洲 142
56. 袖蝶属未定种：南美洲 142
57. 多点袖斑蝶：南美洲 142
58. 油绡蝶属，参考康健油绡蝶：南美洲 142
59. 红裳佳袖蝶：南美洲 143
60. 福门绡蝶：南美洲 143
61. 帕粉蝶：墨西哥至巴西 143、170
62. 白翅弄蝶：中美洲和南美洲 158
63. 指名酪粉蝶怠亚种*：巴西里约热内卢? 159
64. 茵粉蝶海仙亚种*：巴西里约热内卢? 165
65. 红裙黑边茵粉蝶：南美洲 165、168、177
66. 黄纹菲粉蝶指名亚种：美洲 167
67. 丽袖粉蝶：南美洲 168
68. 白纯粉蝶：中美洲和南美洲 170
69. 金边白翅黄粉蝶指名亚种*：苏里南 172
70. 高黄粉蝶：中美洲和南美洲 173
71. 矩黄粉蝶：墨西哥至秘鲁 175
72. 中美角翅大粉蝶：北美洲和南美洲 176
73. 菊黄花粉蝶指名亚种*：美国至哥伦比亚 176
74. 黄粉蝶属未定种：热带地区 176、196
75. 杏菲粉蝶：中美洲和南美洲 181
76. 尖尾菲粉蝶指名亚种*：巴西? 182
77. 庞坦豆粉蝶：智利 190
78. 豆粉蝶属，参考篱笆豆粉蝶：南美洲 190
79. 达娃黄粉蝶：南美洲 192
80. 黄菲粉蝶：美洲 192、195
81. 黄菲粉蝶尤贝尔亚种：美洲 194
82. 黄菲粉蝶指名亚种：美洲 194
83. 土黄菲粉蝶：墨西哥、加勒比海地区和南美洲 195
84. 粉蝶科，庞粉蝶属?：美洲 198
85. 酋长慧蝶蛾：南美洲 199
86. 黑猫头鹰环蝶：中美洲和南美洲 199
87. 大翅环蝶：巴西 200
88. 直斜条环蝶：南美洲 201
89. 女王斑蝶：南美洲 204、205
90. 泰真蝶蛾*：巴西 207
91. 蔗特蝶蛾：南美洲 208
92. 橙褶特蝶蛾：南美洲 209
93. 暴碎裙蝶蛾*：苏里南? 210
94. 双带黄蝶蛾：中美洲和南美洲 210
95. 天火蝶蛾：巴西和巴拉圭 212
96. 红目棘眼蝶*：巴西南部 213
97. 青斑蝶：南美洲 214
98. 王朝环蝶：南美洲 215
99. 经环蝶：苏里南、圭亚那地区和秘鲁 216
100. 愈棘眼蝶*：圭亚那 216
101. 线眼蝶：南美洲 217
102. 红带咯环蝶：墨西哥至巴西 219
103. 黑虎斑蝶：南美洲 221
104. 莱特尖蛱蝶：圭亚那 221
105. 尖尾褐环蝶：南美洲 222
106. 蝶蛾科天火蝶蛾属?：南美洲 222
107. 尖翅棘眼蝶：南美洲 223
108. 卡咯海蚬蝶：墨西哥至玻利维亚 224
109. 帕海蚬蝶：巴西 224
110. 蚬蝶科优蚬蝶属?：南美洲? 224
111. 法氏碎裙蝶蛾：南美洲 224
112. 褐纹蛱蝶：美洲 249
113. 高地经环蝶*：南美洲 250
114. 银粉釉眼蝶：巴西 252
115. 女妖柔眼蝶：南美洲 252
116. 黧柔眼蝶：南美洲 252
117. 月亮柔眼蝶指名亚种*：苏里南 252
118. 尼克海蚬蝶：南美洲 258
119. 门塞釉眼蝶*：苏里南? 259
120. 埃娃眼蛱蝶弗勒亚种*：巴西南部? 260
121. 鞘拟眼蛱蝶指名亚种*：巴西? 261
122. 美神闪蝶：巴西南部 284、285
123. 巢蛱蝶：美国南部至哥伦比亚 287
124. 黄带鸭蛱蝶：亚马孙河流域 288
125. 白点滴蚬蝶：南美洲 292
126. 克火蛱蝶：中美洲和南美洲 293
127. 天后银纹袖蝶：美国南部至南美洲 300
128. 珠袖蝶：美国得克萨斯州至加勒比海地区和巴西 300
129. 钩翅蛱蝶：墨西哥、南美洲 300
130. 翩蛱蝶：美洲 301
131. 黄翩蛱蝶：南美洲 301
132. 扶蛱蝶属某种，参考（广义）红衫扶蛱蝶：墨西哥至南美洲 301
133. 环袖蝶：佛罗里达州南部至巴西 303
134. 择蛱蝶：法属圭亚那和苏里南 306
135. 紫悌蛱蝶：南美洲 339
136. 伊斯缺翅蛱蝶：南美洲 340
137. 图蛱蝶：中美洲和南美洲 341
138. 四瞳图蛱蝶：南美洲 341
139. 黑蛱蝶：南美洲 342、349
140. 蓝云鼠蛱蝶*：巴西 343、422
141. 红螟蚬蝶指名亚种*：苏里南 346
142. 黄肱蛱蝶：南美洲和加勒比海地区 347
143. 虎蛱蝶*：巴西? 351
144. 卡丽美喙蝶：美洲 353
145. 橙斑黑蛱蝶：墨西哥至南美洲 356
146. 没药蛱蝶*：巴西 357
147. 尖蛱蝶属未定种：墨西哥至南美洲 358
148. 鹞蛱蝶：墨西哥至南美洲 359
149. 剑尾凤蛱蝶：美洲 359
150. 火蛱蝶：墨西哥至巴拉圭 362
151. 鼠神蛱蝶：南美洲 365
152. 五月神蛱蝶：巴西 366
153. 红帘悌蛱蝶：墨西哥至巴西 367
154. 白斑褐荣蛱蝶：巴西、巴拉圭和阿根廷 371
155. 巴西猫头鹰环蝶：南美洲和中美洲 372
156. 蓝斑猫头鹰环蝶：南美洲和中美洲 372
157. 大蓝闪蝶：墨西哥至巴西 372
158. 尖翅蓝闪蝶：南美洲 372
159. 丹顶猫头鹰环蝶：巴西 373
160. 细带猫头鹰环蝶：南美洲 373
161. 夜明闪蝶：南美洲 375
162. 双列闪蝶：南美洲 376
163. 海伦闪蝶：墨西哥至阿根廷 377
164. 暗环蝶：南美洲 378
165. 大古靴蛱蝶：墨西哥至南美洲 386
166. 绿帘维蛱蝶：美国南部至南美洲 393
167. 绿袖蝶属某种，参考绿袖蝶：中美洲和南美洲 394
168. 端突蛱蝶：美国南部至阿根廷 397
169. 合法凤蛱蝶*：巴西? 399
170. 悌蛱蝶属，参考变性悌蛱蝶 / 阴变性悌蛱蝶：巴西 400
171. 悌蛱蝶属，参考蛇纹悌蛱蝶：巴西 400
172. 白黄带荣蛱蝶：美国南部至南美洲 401
173. 丽蛤蟆蛱蝶：巴西南部和阿根廷 402
174. 蚩龙凤蛱蝶：美国南部至阿根廷 403
175. 美丽虎蛱蝶*：巴西? 408
176. 菲蛤蟆蛱蝶：南美洲 414
177. 红锯蛱蝶：南美洲 415
178. 神女悌蛱蝶：墨西哥至阿根廷 418
179. 朱履蛱蝶：美国南部至南美洲 422
180. 白斑红纹蛱蝶：巴拿马至阿根廷 422
181. 金斑蛱蝶：泛热带地区 422
182. 蓝伪灰蝶：中美洲和南美洲 446
183. 蜜崖灰蝶*：巴西? 447
184. 坤灰蝶*：苏里南? 447
185. 宝绿灰蝶属某种，参考盖宝绿灰蝶：墨西哥、特立尼达和南美洲 448
186. 余灰蝶*：苏里南? 448
187. 苦黑顶灰蝶*：南美洲 448
188. 安蚬蝶属某种，参考雅安蚬蝶：南美洲 449
189. 帝王虹灰蝶：墨西哥和南美洲 449
190. 无为螯灰蝶*：巴西? 449
191. 黄斑优蚬蝶指名亚种*：巴西? 451
192. 海线灰蝶：墨西哥至南美洲 452
193. 须缘蚬蝶：南美洲 453
194. 黑顶灰蝶属某种，参考绞黑顶灰蝶：南美洲 454
195. 爱托崖灰蝶：南美洲 455
196. 巴潘灰蝶：墨西哥至巴西北部 455
197. 灰蝶科，疑问名*：南美洲? 456
198. 安蚬蝶属某种，参考安蚬蝶：南美洲 457
199. 艾潘灰蝶：南美洲 457
200. 宝绿灰蝶属某种，参考雅宝绿灰蝶：南美洲 458
201. 索半蓝灰蝶*：巴西? 458
202. 塔遨灰蝶*：南美洲 459
203. 帕莱余灰蝶：美国南部至南美洲 459
204. 雅斯灰蝶属未定种：墨西哥至南美洲 461
205. 细纹灰蝶：佛罗里达州至阿根廷 462
206. 海螺穹灰蝶*：新热带界 463
207. 克莱翁迷灰蝶：哥斯达黎加至巴西 467
208. 钩翅弄蝶：墨西哥至南美洲 468
209. 蓝条弄蝶指名亚种*：苏里南? 469
210. 红臀弄蝶指名亚种*：苏里南? 470
211. 阿密红臀弄蝶指名亚种*：苏里南? 471
212. 弄蝶科，红臀弄蝶族，参考尖蓝翅弄蝶：南美洲 472
213. 派洛霾弄蝶*：南美洲 472
214. 红臀弄蝶红木亚种：南美洲 472
215. 轮弄蝶*：南美洲 473
216. 纹蚬蝶：南美洲 474
217. 赛后权蛱蝶：美国南部至南美洲 476
218. 眼镜权蛱蝶指名亚种*：巴西? 477
219. 亮褐蚬蝶：哥斯达黎加至巴西北部 477
220. 红螟蚬蝶指名亚种*：苏里南? 377
221. 权蛱蝶：巴拿马至南美洲 478
222. 阿赞拟蛱蚬蝶：南美洲 478
223. 蛱蚬蝶：南美洲 478
224. 蚬蝶科未定种：南美洲 478
225. 曼蛱蚬蝶：哥斯达黎加至巴西 479
226. 苔蛱蝶：墨西哥至阿根廷 479
227. 血塔蛱蝶：尼加拉瓜至南美洲 480
228. 细纹眼蚬蝶*：巴西? 480
229. 蓝釉眼蝶：南美洲 516、499
230. 泰勒优蚬蝶*：法属圭亚那 481
231. 黑纹蚬蝶*：巴西 481
232. 原娆蚬蝶*：南美洲 481
233. 四瞳图蛱蝶*：巴西 482
234. 红涡蛱蝶：中美洲和南美洲 482
235. 爱叶蚬蝶*：南美洲 482
236. 维尔娆蚬蝶*：南美洲 482
237. 苔蛱蝶属某种，参考苔蛱蝶：墨西哥至阿根廷 483
238. 螟蚬蝶指名亚种*：南美洲 484
239. 亮黑纹蚬蝶*：南美洲 484
240. 卡多蚬蝶*：巴西? 485
241. 参考阿查灰蝶*：南美洲 486
242. 黑边红迷蚬蝶：墨西哥南部至南美洲 487
243. 波媚蚬蝶：中美洲和南美洲 488
244. 贾巴斜黄蚬蝶溪前亚种：巴西 488
245. 贾巴斜黄蚬蝶指名亚种：巴西 488
246. 斜带蚬蝶：南美洲 488
247. 苞蚬蝶属某种，参考苞蚬蝶：南美洲 491
248. 美纳树蚬蝶*：苏里南? 491
249. 帝王拟螟蚬蝶*：巴西 491
250. 彩带丽灰蝶：南美洲 492
251. 坤海蚬蝶*：巴西 495
252. 褐眼蝶：美国得克萨斯州至南美洲 497
253. 昌弄蝶：南美洲 500
254. 丛权蛱蝶指名亚种*：巴西南部? 500
255. 莫尼蚬蝶*：苏里南 500
256. 条蚬蝶：南美洲 500
257. 花迷蚬蝶*：巴西南部? 504
258. 醉弄蝶属某种，参考醉弄蝶：南美洲 509、538
259. 美眼蚬蝶属某种，参考美眼蚬蝶：南美洲 509
260. 潘灰蝶属某种，参考坤灰蝶：中美洲和南美洲 510
261. 迷蚬蝶属某种，参考色来迷蚬蝶：巴西 511
262. 白条松蚬蝶：中美洲和南美洲 512、513
263. 凤蚬蝶属某种，参考哥伦比亚凤蚬蝶：南美洲 513
264. 蝸弄蝶：哥斯达黎加至巴拉圭 515
265. 维电弄蝶*：苏里南? 515、531
266. 骇弄蝶属某种，参考奈骇弄蝶：中美洲和南美洲 516
267. 塞青项弄蝶*：巴西? 516
268. 占弄蝶*：南美洲 518
269. 花柔弄蝶*：南美洲 520
270. 咖蚬蝶指名亚种*：巴西? 520
271. 白裙纳蚬蝶*：南美洲 524
272. 花弄蝶属某种，参考满天星花弄蝶：美洲 525
273. 好适约弄蝶：南美洲 528
274. 红树林蓝条弄蝶：墨西哥至南美洲 528
275. 绿背弄蝶：中美洲和南美洲 530
276. 橙头银光弄蝶指名亚种*：法属圭亚那 530
277. 巴西弄蝶*：美洲 531
278. 双带蓝闪弄蝶指名亚种*：苏里南? 532
279. 杖新形弄蝶指名亚种*：巴西南部? 532
280. 红帮弄蝶*：苏里南? 533
281. 芳弄蝶*：法属圭亚那 535
282. 镰弄蝶：美国最南部至阿根廷 535
283. 矩弄蝶*：苏里南? 536
284. 长尾弄蝶属未定种：美洲 536
285. 尖臀弄蝶属某种，参考尖臀弄蝶：美国南部至巴拉圭和阿根廷 537
286. 克氏雀尾弄蝶：中美洲和南美洲 537
287. 幽弄蝶属某种，参考乳带幽弄蝶：墨西哥至南美洲 538
288. 牌弄蝶法布亚种*：巴西 538
289. 阿丝白心弄蝶指名亚种：南美洲 538
290. 透翅弄蝶*：苏里南? 538

琼斯所绘的物种/亚种中有290个分布在南美洲。其中76个物种/亚种的模式标本图像出自《琼斯图谱》，这些物种/亚种在地图上以白色数字表示，并在左页的清单中以星号（*）标注。对于琼斯所绘的大多数标本来说，书中给出的产地是这个物种分布的地理范围。然而，作为模式标本图像的标本画被鉴定到了亚种一级，因此提供的产地更加具体，表示的是琼斯所画标本的采集地。

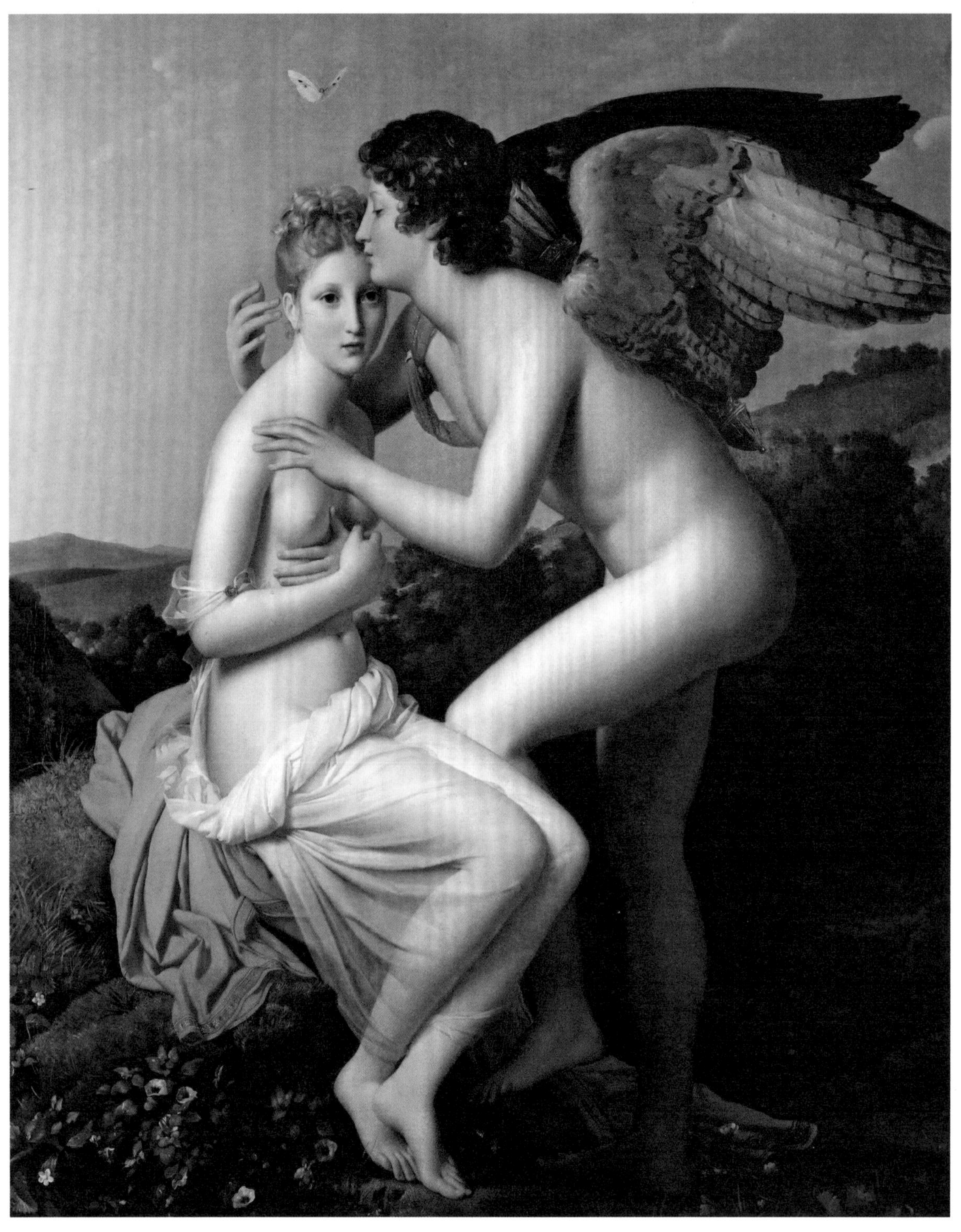

弗朗索瓦·热拉尔（François Gérard）的《普绪克与丘比特》（*Psyche and Cupid*），1798 年。古希腊和古罗马神话中普绪克和丘比特的故事有几个象征意义，比如普绪克代表着灵魂，经历了艰难险阻的重重挑战，却又从冥界复活并赢得爱情。在古希腊语中，普绪克（Psyche）这个名字拥有“灵魂”和“蝴蝶”两重含义，她也通常被描绘为长着蝴蝶翅膀的形象，或是像这幅画作一样身边飞舞着一只蝴蝶。

鳞翅目研究活动的盛行

阿尔贝托·齐利

17、18 世纪之交，英国正在因世界地位的提升而日渐繁荣，信息流通也变得越发便捷，这两者都使得当时的鳞翅目研究活动兴盛起来，尤以伦敦为甚。

博物画家在这个过程中扮演着关键角色，他们出于对昆虫发自肺腑的喜爱，而在自己的书籍插图中描绘了精美的蝴蝶和蛾类图像。在这些自然绘画界的明星中，有一位叫埃利埃泽·阿尔宾[1]，他在《英格兰昆虫自然史》（*A Natural History of English Insects*，1720）中绘制的插画至今仍广受赞誉，这些插图刻画了与其寄主植物在一起的蝴蝶和蛾类，以及它们的幼体各龄期。而同样值得注意的是，这部作品抛弃了拉丁语，转而使用英语写作[2]。诚然，其他泛博物学和游记作家，比如汉斯·斯隆，此时已经更偏向使用英语写作了，拉丁语只用于物种名和描述识别要点[3]。英语的使用促进了鳞翅目新作以及鳞翅目研究本身的普及。不过，拉丁语并不会被完全摒弃，尤其是在卡尔·林奈和约翰·C. 法布里丘斯用拉丁语写就的几部里程碑之作出版之后。始终有作者坚持用拉丁语写作，特别是阿德里安·哈迪·霍沃思，他在《英国鳞翅目志》（*Lepidoptera Britannica*，1803—1828）中至少在描述物种正式的识别要点时用的是拉丁语[4]。在从拉丁语写作转向英文写作的过程中，阿尔宾打破了表示鳞翅目昆虫蛹的两个同义术语“*aurelia*”和“*chrysalis*”之间的平衡，更偏向使用后者。它们的意思完全一样，但词源不同：“aurelia”来自拉丁语单词 aurum，而“chrysalis”来自希腊语单词 chrysós，两个词源的本义都是“黄金”。这两个术语长期以来都用于指代鳞翅目昆虫的蛹（虽然严格来说，两者都不应该用于蛾类的蛹，因为只有蝴蝶的蛹上有金色的斑点，而且并非所有蝶蛹都如此），人们（比如乌利塞·阿尔德罗万迪和扬·斯瓦默丹）也反复强调它们的同等地位，但阿尔宾却独辟蹊径，一边转向使用更加现代的语言，一边采用词源最古老的术语。

阿尔宾与伦敦昆虫学浪潮中的关键人物约瑟夫·丹德里奇交情甚厚。丹德里奇与众多志同道合的人物联络交际，并激发他们对昆虫的热爱，其影响之深，令人可以断言世界上第一个昆虫学会——蝶蛾学会，就算不是他发起的，也肯定有他的一份推动之功[5]。

当时，一众科学社团已经出现：英国皇家学会成立于 1660 年，法国皇家科学院成立于 1666 年，而年代更早的意大利山猫学会（成立于 1603 年）已经进入了一段长时间的停滞。这些社团涉猎的题材都很广泛，与之相反，命名自蝶蛹（aurelia）一词，聚焦于鳞翅目昆虫的蝶蛾学会则有一个专门的目标——将对昆虫和它们的“变态”（生活史）感兴趣的人们聚在一起。学会成立的确切日期无人知晓，但可知应该是在 1720—1742 年，一群昆虫学家决定要为他们的集会找一个相对固定且正规一些的场所。当时，这些集会是在伦敦市交换巷〔Exchange Alley，现在叫变化巷（Change Alley）〕的天鹅酒馆举行的[6]。

尽管我们不知道蝶蛾学会成立的具体细节，但第一代学会是在何时以何种方式结束却是确切可知的：1748 年，一场大火从一间假发作坊中燃起，烧毁了所在街巷和街区的近 100 间房屋，包括天鹅酒馆和其他酒馆。蝶蛾学会的图书资料和标本收藏都保管在酒馆里，一切都付之一炬。摩西·哈里斯热衷于蝶蛾学会的精神，推动学会于 1762 年二度成立。他在自己那本恰如其名的《蛹者录：英格兰昆虫自然史》中回顾了 1748 年那场令学会早期成员措手不及的大火。当时的地方志留下了更详细的记载，表明大火起于 3 月 25 日

Salmon, 2000.
Albin, 1720.
Sloane, 1707–1725.
Haworth, 1803–1828.
Allen, 1966; Salmon, 2000.
Salmon, 2000.

的凌晨 1 点，正值当时的新年第一天[7]，学会成员们正相谈甚欢[8]。

蝶蛾学会的初代成员都是男性，但这并不意味着鳞翅学是某个性别专享的特权。有些贵族女性也跻身声名显赫的博物学收藏家之列，比如玛丽·萨默塞特（Mary Somerset，1630—1715）和玛格丽特·卡文迪什·本廷克[9]，还有瑞典的路易莎·乌尔莉卡王后。庆网蛱蝶 *Melitaea cinxia* 的英文俗名（Glanville Fritillary）便是以埃莉诺·格兰维尔（Eleanor Glanville，约 1654—1709）的姓氏为名，她与詹姆斯·佩蒂弗长期联络，是一位终生不辍的收藏家，但她的晚辈声称她因过于沉迷蝴蝶而精神失常，试图推翻她的遗嘱[10]。很多女性还是最早订购英格兰鳞翅目昆虫相关书籍的读者，虽然她们肯定不像那些男性同好那样频繁光顾酒馆[11]。

对于鳞翅目学者们来说，无论是不是蝶蛾学会的成员，那都是一个繁忙的时代，他们专注于对蝴蝶的探索、发现、收藏、繁育、展示，并参与相关的会议、讨论、交换、绘画、贸易和出版。有一部鳞翅学专著在那个时期风头无两，这就是《英格兰蝶蛾志》（*The English Moths and Butterflies*，1749），由丹德里奇的另一位朋友本杰明·威尔克斯所著，在阿尔宾和哈里斯的作品之间树立了标杆[12]。不过，这一时期鳞翅学家展示出的忘我投入和干劲十足却多少有些盲目，需要引导。当来自瑞典的杰出学者卡尔·林奈加入这股浪潮时，引导者终于出现了。

林奈新体系的开创

林奈 1736 年就已经造访过英格兰，他在牛津受到植物学教授约翰·雅各布·蒂伦尼乌斯（Johann Jacob Dillenius，1684—1747）的热情招待，并结识了英国最有名的博物学家们。当然，他也渴望见到卓越的英国收藏家斯隆，希望有机会检视斯隆那举世闻名的博物学标本柜——林奈通过英国皇家学会成员赫尔曼·布尔哈弗（Herman Boerhaave，1668—1738）那一封封热情洋溢的推荐信得知了斯隆的收藏。布尔哈弗是荷兰莱顿大学德高望重的前辈，在林奈访英一年后，他组织出版了斯瓦默丹的遗作——两卷本《自然圣经：昆虫自然史》（*Biblia naturae; sive historia insectorum*，1737—1738）。然而，据传记作家的记载，林奈在斯隆那里多少遭到冷遇，后者这样做很可能是因为不满于林奈早期的植物学著作对约翰·雷的植物分类系统的颠覆[13]。另一方面，又有证据表明斯隆和林奈之间的关系是基于学术声望的彼此尊重。事实上，斯隆给自己收藏的一些标本标记过"林奈已过目"，以此表达了对这位瑞典学者的学术权威性的认可。

林奈的确是一位开创性的人物[14]。他成形于《自然系统》第 10 版（1758）的新分类系统，为所有动物提供了一套基于客观性状且层层分级的分类框架，并且决定性地创立了双名法。每个物种都用一个分为两部分的名字来表示：一个属名，表示它属于一个由相似物种组成的类群；一个种加词，与属名结合构成独一无二的组合名[15]。人们抛弃了用冗长而不实用的描述性语言来称呼一个物种的做法，转而爱上了这种新命名法——全世界热爱自然的人都满意极了，从这一刻起，他们拥有了相互理解的共同基础。新发现的物种能够轻易融入这个框架。真正的分类学进入了动物学领域，就像它在林奈的《植物种志》（*Species plantarum*，1753）出版后降临到植物学领域一样。

人们时有评论，林奈对鳞翅目的涉猎相对少于其他类群[16]，但他肯定意识到了这些昆虫强大的魅力，尤其是那些最为摄人心魄的物种。林奈与卡尔·A. 克莱克的往来通信很好地证明了这一点，他迫切依赖后者为他描绘路易莎王后收藏的鳞翅目物种。林奈近乎着魔地发表瑞典王后拥有的鳞翅目宝藏，并计划彻底研究她在卓宁霍姆宫中的收藏，但他日益痴迷于学术，无暇亲身频繁造访王宫，因此需要一位代理人为他绘制这些标本。然而克莱克必须得到经费支持才能持续作画，最终瑞典王后直接提供了这笔资助。为了取悦王后，保证她源源不断地提供经费支持，林奈明确叮嘱克莱克，在第一批图版中要画那些又大又漂亮的蝴蝶，比如"*Priamus*"（绿鸟翼凤蝶）、"*Helena*"（裳凤蝶）和"*Menelaus*"（大蓝闪蝶），把所有灰突突的蛾子都放到后面画[17]。

7. 3 月 25 日为圣母领[illegible]节，中世纪时期，[illegible]洲大多数国家以这[illegible]天为新年第一天。[illegible]年，教会颁行格里[illegible]利历后，英国拒绝[illegible]欧洲其他国家一起[illegible]用新历，继续以 3[illegible] 25 日为法定的新年[illegible]一天，直到 1752 年[illegible]采用格里高利历。
8. Harris, 1766; Stainton, 1858; Allen, 1966; Salm[illegible] 2000.
9. Salmon, 2000.
10. Salmon, 2000.
11. Salmon, 2000.
12. Salmon, 2000.
13. Pulteney, 1790; Stöver, 1792.
14. Tuxen, 1973.
15. Linnaeus, 1758; McGre[illegible] Reid, 2009.
16. Salmon, 2000, 35.
17. Linnaeus, 1759a, 1759b.

The Works of the Lord are Great, Sought out of all them
that have pleasure therein. Ps. CXI. v.2.

摩西·哈里斯的《蛹者录：英格兰昆虫自然史》，1766年。摩西·哈里斯在这本拥有绝妙书名的著作的卷首插画中，描绘了一位典型的“蝶蛾人”——一个在18世纪的英格兰采集蝴蝶等昆虫的人。蝶蛾人（Aurelian）的名字源于蝶蛹的别称“aurelia”，他们以世界上第一个昆虫学社团——蝶蛾学会为组织进行集会。

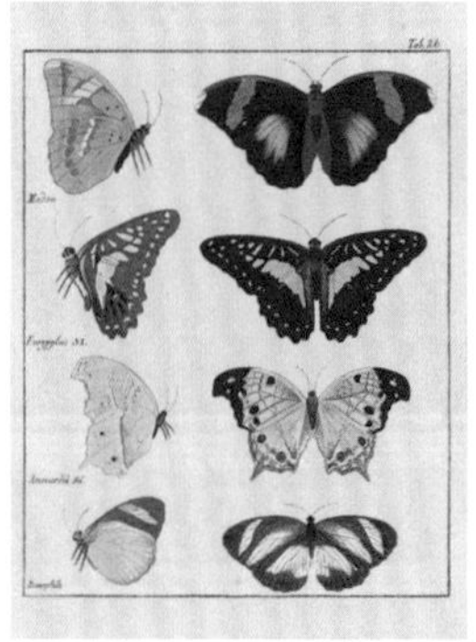

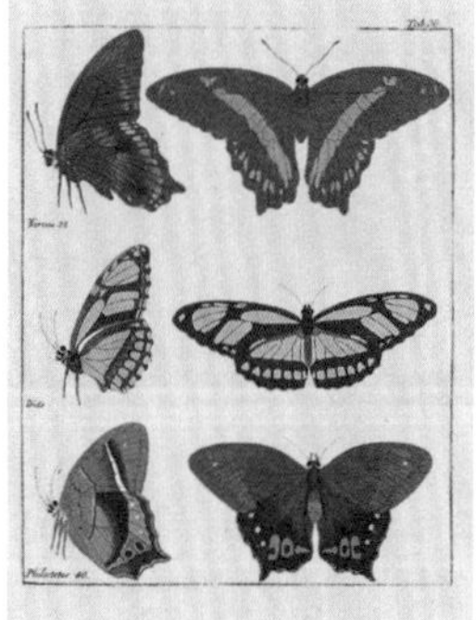
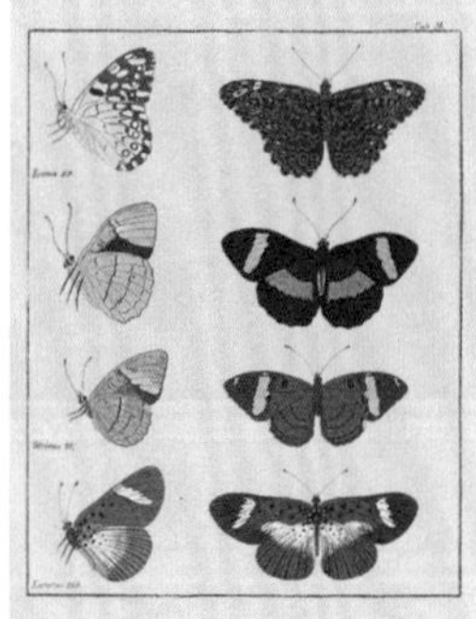

卡尔·A. 克莱克的《珍稀昆虫图谱》第 2 卷，1764 年。在欧洲统治阶层中，博物学标本收藏柜很流行。瑞典的路易莎·乌尔莉卡王后就保存着这样一份收藏，其中多数是贝壳和昆虫，尤其以热带地区的蝴蝶标本居多。这些蝴蝶得到了卡尔·林奈的研究，并被瑞典昆虫学家卡尔·A. 克莱克画成了精美的插画，此处展示的即是克莱克画作的精选。

出版计划最终发生了改变：林奈出版了一份不含插图的王后藏品名录[18]，而描绘其标本的图版则直接由克莱克出版，多数出现在他的《珍稀昆虫图谱》第二卷（1764）中。我们由此得知，克莱克确实听从了林奈的意见，因为这本书开篇便是绿鸟翼凤蝶，其他蝴蝶紧随其后，中间夹杂着一些令人惊艳的华美的海外蝶种，而蛾子，除了零星的一些颜色鲜艳的种类之外，都被堆在了最后[19]。

标本交易中的欺诈行为

有这么一条市场定律，任何东西只要受到追捧，相关交易就会迅速崛起，可供收藏的这些物件显然也不例外。人们对于小巧、精致、多彩的鳞翅目昆虫的狂热吊起了标本贩子们的胃口，驱使他们为收藏家供应最有趣、最珍稀的标本，以此牟利。这无可避免地催生了一些坑蒙拐骗的手段。

臭名昭著的“钩粉蝶骗局”很可能就是某个未知肇事者用来骗人的伎俩：有人在一件钩粉蝶标本的翅上画了几个斑点，让它看起来像是另外一个未知物种。故事始于威廉·查尔顿〔William Charlton，又名威廉·库尔唐（William Courten），1642—1702〕，一个极其富有，却在一系列争端和官司中失去了大部分财产的家族的后裔。从他为自己的私人博物馆所做的藏品购买细目中，我们可以轻易看出他出类拔萃的败家能力[20]。不出意外地，他是斯隆最好的朋友之一——查尔顿将自己的收藏遗赠给了后者（也可能是卖了一笔多少有点象征性的小钱，对于此事有着不同的记载），同时也是佩蒂弗的朋友。故事的经过是，查尔顿将这件伪造的标本送给了佩蒂弗，后者在其“藏宝阁”的一份笔记中提到，这种蝴蝶和另外一种（分别被称为 *Papilio sulphureus* 和 *P. surinamesis*）都是他的“挚友威廉·查尔顿先生”送给他的[21]。

我们可以排除查尔顿本人设局骗钱的可能性，同样，他也不太可能跟自己的朋友搞恶作剧。他曾经买下各种各样的藏品，从珊瑚到别人膀胱里掏出来的结石，还有罗马钱币，没有明确的重点，也没有很留意自己购买的是不是原样真品。讽刺的是，他怀疑自己送给佩蒂弗的另一种蝴蝶标本（今天的须缘蚬蝶 *Helicopis cupido*）是假货，因为它“后翅腹面有银色的斑点”，这在当时被佩蒂弗描述为“*verruculis ex aureo argenteis*”（具银色光泽的金色水渍状斑点）。不幸的是，查尔顿的记载中没有哪条明确提到那件伪造的钩粉蝶标本，但它很有可能是被他当作一件不寻常的标本买来放进自己的标本柜的[22]。

这件假标本甚至骗过了伟大的林奈，他在 1763 年以 *Papilio ecclipsis* 为名将它描述了两次[23]。指出这件标本是伪造（《系统昆虫学》第 3 卷，第 1 部分，1793）的功劳被记在法布里丘斯头上[24]。当时此标本已经通过斯隆的遗赠进入大英博物馆，因为他的遗赠中也包含佩蒂弗的收藏。不过我们现在可以确认的是，识别出假货的人其实是威廉·琼斯，他检视了这件标本并在《琼斯图谱》中描绘了它，可能还把这一信息传递给了法布里丘斯[25]。安·莱瑟姆的文章记录了琼斯意识到此事的那一刻。她那幅 *P. ecclipsis* 的图很有可能临摹自《琼斯图谱》第 III 卷图版 II（第 153 页），上面写着笔记，“在一次去大英（博物馆）的时候，琼斯先生和我（约翰·莱瑟姆）通过严格的检视发现了这处谬误”。这件冒充 *P. ecclipsis* 的标本实际上是 *Papilio rhamni*（钩粉蝶，第 III 卷图版 XL，第 183 页）经过了人为涂改，看起来像是个未知种一样[26]。林奈学会的创立者詹姆斯·爱德华·史密斯后来在 1814 年关于佩蒂弗的一个百科全书条目中详细记述了更加令人震惊的结局：“林奈命名为 *Ecclipsis* 的……这种蝴蝶……被琼斯先生在查看原始标本时发现不过是 *P. rhamni*，它被人涂改过，给我们的作者造成了麻烦。已故的格雷博士〔爱德华·惠特克·格雷（Edward Whitaker Gray，1748—1806），大英博物馆国家珍奇馆的馆员〕把这件标本踩成了碎片。”[27]

法布里丘斯对林奈系统的开发

法布里丘斯是林奈在昆虫学领域最出色的学生。他将这个学科带到了一个全新的高度，不同于林奈

Linnaeus, 1764.
Clerck, 1764.
Kusukawa, 2017.
Petiver, 1702; Vane-Wright and Whalley, 1985; Salmon, 2000.
Petiver, 1702; Kusukawa, 2017.
Linnaeus, 1763a, 1763b.
Fabricius, 1793–1794, 211.
Vane-Wright and Whalley, 1985.
Latham, 1793.
Smith, 1814.

对翅面特征的强调，转而为依据“*Instrumenta cibaria*”（口器）划分自然类群奠定了新的基础，并根据更加可靠的性状来划定不同属之间的界限[28]。在他鲜为人知却名副其实的代表作《昆虫学原理》（*Philosophia entomologica*，1778）中，他以惊人的敏锐头脑，基本编排出了系统昆虫学的原理。他回顾了前人的贡献，确立了成虫和幼期各虫态的形态学术语，综述了昆虫变态发育和繁殖行为的方方面面，讨论了昆虫分类（*dispositio*）和命名（*denominatio*）的基础，思考了性状的稳定性和可变性，提出了物种描述的准则和优秀实例，分析了昆虫的生活习性和生态，并且考察了应用昆虫学的各个方面[29]。法布里丘斯在描述物种方面同样成果颇丰，他命名了来自世界各地的约 10 000 个新物种。人们反对他的唯一一点，也是很重要的一点，在于他理论上反对在物种描述中使用插图，笃信物种的鉴别特征只能用语言来铭记，并且相信这种手段能够最好地确定单个物种在系统学框架中的位置。

彼得·克拉默的做法与法布里丘斯完全不同。克拉默是一位富有的荷兰商人，住在阿姆斯特丹，写了一套关于海外蝴蝶的专著——《海外蝴蝶》（1775—1782）。这套书部分出版于克拉默去世后，书中图文穿插，交替出现他自己承认没什么用的评述和委托画家赫里特·瓦特纳尔·兰贝茨（Gerrit Wartenaar Lambertz，1747—1803）绘制的精美插画[30]。《海外蝴蝶》大获成功，成为有史以来最有价值的鳞翅目作品之一。克拉默的方法似乎正是法布里丘斯在很多作品中反对的那种：“*Novissimi ideo entomologi ad figuras refugiunt, systema relinquunt*”（由于这个原因，近期的大多数昆虫学家都依赖于图像，而忽略了系统分类）[31]。

1758 年，林奈用三个涵盖非常广泛的属梳理了鳞翅目的分类，分别是 *Papilio*（凤蝶属）、*Sphinx*（天蛾属）和 *Phalaena*（蛾属）。每个属都进一步细分成很多更小的类群。*Papilio*（所有被称为蝴蝶的昆虫，以及一些像蝴蝶的蛾，比如锦纹燕蛾）被分成六个“分支”，这些分支的名字，和它们所包含的很多物种的种加词一样，灵感来自传统神话和古罗马的社会阶层。除了两个分支，其他分支都被分成更多的下级单元（见第 XXVI 页）[32]。*Sphinx* 属的蛾类被分为了 *Legitimae*（“合法公民”）和 *Adscitae*（“外国人”），而 *Phalaenae* 则被分为了 *Bombyces*（蚕蛾类）、*Noctuae*（夜蛾类）、*Geometrae*（尺蛾类）、*Pyralides*（螟蛾类）、*Tineae*（蕈蛾类）和 *Alucitae*（翼蛾类）[33]。迄今为止，林奈给这些属和下级阶元所取的名字很多仍在以单数形式[34]被使用，以指代鳞翅目命名系统中那些有效的属。不过，他最初划分的阶元相比人们现在公认的自然类群，还是有诸多不一致之处。

彻底抛弃用描述性短句指代物种之后，林奈转而将古代经典作为物种名取之不尽的来源，对于没有寄主植物信息作为灵感来源的海外物种尤其如此[35]。那些可以用来将物种归入一个或另一个类群的性状多种多样，从翅和触角的形状，到特殊的图案元素或形态特征的有无，比如喙的形状或胸部是否存在冠状突起，具体用哪些性状来作为划分标准没有一定之规。有趣的是，有些类群是基于成虫停栖姿态或者幼虫特征来划分的[36]。

1767 年，林奈基本维持了同样的蝴蝶分类系统（虽然他将一个分支拆解并将其中的物种重新归入了其他分支，还重新命名了一个下级阶元），并加入了 *Attaci*，作为 *Phalaenae*（蛾属）的一个新分支[37]。林奈的系统得到了广泛应用，并被其他作者和收藏家用于物种分类与标本整理[38]。然而，人们很快就发现，这个系统构思的初衷是为了区分数量有限的蝴蝶和蛾类，当新物种的发现开始加快，这个系统就无法有效应对鳞翅目昆虫那令人震惊的丰富多样性了[39]。

最初，法布里丘斯[40]并不敢推翻自己恩师提出的构架，虽然他也给 *Papilio* 加入了一个下级类群——*Parnassii*（绢蝶类），并且在触角之外，他更加坚持使用下唇须和喙的特征来划分各属。这清晰地反映了他偏好用口器来划定昆虫高级分类阶元的特点。他创立了一些蛾类新属，分别是 *Sesia*（透翅蛾属）、*Zygaena*（斑蛾属）、*Hepialus*（蝠蛾属）和 *Pterophorus*（羽蛾属），并且对林奈涵盖过于广泛的 *Phalaenae*（蛾属）进行了重新分类。在《系统昆虫学》中，法布里丘斯更加明确地批评了林奈（礼貌地向读者致歉，表示他

28. Tuxen, 1967.
29. Fabricius, 1778.
30. Cramer, 1775–1782; Wartenaar Lambertz,
31. Fabricius, [1776].
32. Vane-Wright, 2007.
33. Linnaeus, 1758.
34. 前面提到的那些
阶元的名字，结
为“-ae”或“-es”
是拉丁文中名词
形式的结尾
35. Heller, 1945.
36. Linnaeus, 1758.
37. Linnaeus, 1767.
38. Yeat, 1773; Drury, 1784[–1789].
39. Jones, 1794.
40. Fabricius, 1775.

约翰·C. 法布里丘斯（左列）和德鲁·德鲁里（右列）的鳞翅目藏品。昆虫藏品是生物多样性的资料库。老标本往往是现在已经被人类改变的生境的唯一见证，有时也是已灭绝物种留下的唯一痕迹。人们对博物馆标本的研究能够揭示物种演化的步伐和生态与生物地理上的变迁。

德鲁·德鲁里的《博物学图谱》第I卷，1770年。伦敦珠宝商德鲁·德鲁里是一位狂热的海外昆虫收藏家，他与很多船主保持联络，以从各个遥远国度获得标本。他在《博物学图谱》中细致描述了自己的一部分收藏。另一方面，他的很多鳞翅目标本后来也得到了约翰·C.法布里丘斯的研究，并被威廉·琼斯画下，收录在《琼斯图谱》中。

bricius, 1793–1794.
bricius, 1938.
imsen, 1964.
oquebert, 1799–1804.
nes, 1794; Vane-Wright,
010.
abricius, 1784; Hope,
845.
abricius, 1792, iv.
rury, 1778; Smith, 1842;
Chalmers-Hunt, 1976
rury, 1770–1782.
abricius, 1784.
rury, 1768.
nonymous, 1780.

的导师只能接触到很少的鳞翅目物种），重构了蝴蝶和蛾的一些类群，并有所新增。然而，在考虑蝴蝶的下级分类时，法布里丘斯采用的鉴别特征与林奈大同小异，各类群基本是被基于翅的形状和翅缘形态重新解读了一遍[41]。

除了划分各属的标准以外，法布里丘斯对物种的描述通常由一段林奈风格的简短的识别要点和一段比较长的形态描述构成，除了那些已经被人们所熟悉，并且在很多文献中都有插图的物种。鳞翅目分类的一次重大进步出现在法布里丘斯的一部未完成作品中——其中缺少了很多蛾类类群——此书直到他去世130年后才得以完整出版[42]。

法布里丘斯拒绝给新种画插图的做法造成了数不清的问题，因为当时没有人怀疑看似相同的形态种实际上包含着很多隐含种或者形态相似的近缘种。此外，法布里丘斯更多的是一位东游西逛的博物馆昆虫学家，而非收藏家，他游历整个欧洲，检视公立和私人收藏中的标本，人们并不总是知道他发表的新种是基于哪些标本描述的。今天的昆虫学家正在持续搜寻法布里丘斯描述的原始标本（模式标本），以此评估一群相似物种中哪一个才是真正由法布里丘斯描述的那个[43]。幸运的是，一些博物画家用画作记录了这位丹麦昆虫学家检视的很多模式标本[44]。其中就有威廉·琼斯，他本人便修订了林奈的——还有法布里丘斯的——分类系统，检视了“伦敦各家标本柜中的超过1000（个物种），还有不同作者出版的各种图谱上的另外400多种”，基于更加可靠的性状重新界定了它们，把很多物种重新归入不同的类群[45]。

琼斯的绘画和德鲁里的收藏的重要意义

毫无疑问，在他去过的所有城市中，法布里丘斯特别钟爱伦敦，他在那里找到了“谈笑有鸿儒”的治学氛围，感到自己特别受欢迎。他多次造访英国首都，常常一待就是很久，并在此期间与当地很多博物学家和收藏家建立起亲密联系[46]。根据他在《系统昆虫学》第一卷序言中的回忆可知[47]，他见过琼斯，并且两人在各自的作品中频繁地相互参考和引用（见第XVIII—XXII页）。

《琼斯图谱》中描绘的标本大部分归德鲁·德鲁里所有，并且这些物种大多被法布里丘斯描述过。德鲁里既是金银匠，也是狂热的昆虫收藏家，他积攒起当时世界上最大的昆虫收藏之一，据说有“来自英国人曾踏足的世界各地”的超过11 000件标本，而根据1788年的一份统计，其中包含2148个蝴蝶和蛾类物种[48]。他在自己那本由摩西·哈里斯绘制精美插画的三卷《博物学图谱》中描述了自己收藏的很多物种[49]，虽然仍有很多未能尽述。

法布里丘斯经由瑞典人丹尼尔·索兰德的介绍结识了德鲁里，将其视为自己在英格兰最亲密的老友之一，并形容他的收藏是这个国家最好的之一[50]。如法布里丘斯在《系统昆虫学》中所言，他当然检视过德鲁里的标本，但很多物种似乎又是仅基于琼斯的绘画来描述的。法布里丘斯在伦敦研究的另一个主要标本来源是约瑟夫·班克斯的收藏（另见第325页）。

在德鲁里的《寄往不同人等的各箱捕虫器具等物之账目》〔*Account of Boxes with Instruments &c for catching Insects deliv(er)d to Different Persons &c*, 1768〕中，我们很容易了解到德鲁里从世界各地获取标本的努力。在这个账目中，他记录了自己的联系人（往往是船主）、船的名字和目的地港口，最有意思的是关于他与联系人协商结果的记录。我们能够从中体会到当时的此类旅程是何等的多灾多难：“船只沉没”“失踪”“船只被占领”“死亡”“再无更多消息”。我们很容易看出德鲁里记录下“空手而归”或者“只带（回）2件”时的失望，也能读出他在有人“带（回）极多”或者自己“收（到）一个很大的包裹”时的心满意足。有时，他的记录相当直白：“人已死，从他的继任者凯尔先生处收（到）80件”[51]。是的，这位野外采集者去世了，但德鲁里还是能得到80件标本！

如此狂热的收藏是一门昂贵的爱好，就连德鲁里也在晚年尝试过卖掉自己的收藏——“*la plus parfait Collection au Monde*”（最完美的世界级收藏）[52]——虽然这些藏品最终在他去世后被拍卖了。拍卖时间是1805

年[53]。不幸的是，这份收藏被拆成了小份，包括鳞翅目在内的德鲁里的标本散布到众多买家手中。幸好，有一本拍卖手册流传了下来，一位匿名人物——最有可能是爱德华·多诺万，本身也是一位收藏家——在手册上用铅笔记录了每一笔交易的买家。最重要的购买者有亚历山大·麦克利（Alexander Macleay）、乔治·米尔恩（George Milne，也作 Mylne，1754—1838）、约翰·弗朗西伦、阿德里安·哈迪·霍沃思、乔治·亨弗莱（George Humphrey，1739—1826）、莱瑟姆家族的某位成员——约翰·莱瑟姆或他的女儿安·莱瑟姆，以及多诺万自己。其他一些人得到的拍品较少[54]。

多亏了这些关于德鲁里标本的各路买家及其收藏的信息——一些材料至今仍保存在公立机构中——还有最关键的琼斯的插图，我们才得以追查到一些模式标本，或者至少知道它们的准确形态。例如，近期解决的 *Hesperia busiris*（崩王力虎蛾，见第 468 页）的悬案。法布里丘斯根据德鲁里收藏的一件标本将它描述为一个弄蝶科物种，但后来人们发现它其实是夜蛾科虎蛾亚科 Agaristine 的一种颜色鲜艳的蛾类。得益于琼斯对原始标本的完美描绘，人们能够通过历代所有者和收藏方追查到这件标本，并证明它是一个现在很可能已经灭绝的物种已知的唯一样本[55]。

收藏显然是一项靠热爱推动的事业，但它同样能为我们解锁了不起的知识。通过同一类目下的仅仅两件藏品，我们能够依据它们的外观、结构、功能和起源来确认其亲缘关系，得到的信息远远超过从两件独立选取的藏品身上得到的。因此，收藏很大程度上是人们彼此协作的结晶。而如果藏品是从自然界得来的，那么它们所包含的信息就能帮助任何愿意钻研它的人去探索自然的组织方式和运作方式，了解那些让它成为今天这样的过程，以及它如何应对变化与干扰。林奈和法布里丘斯完全认识到收藏的重要性，他们造访英格兰和其他地区，检视各家出类拔萃的收藏。如果没有蝴蝶和蛾类对一群发烧友散发出的迷人魅力，没有那种令收藏者、饲养者、业余爱好者、学者和绘者动心的，对这些飞舞的小生灵非理性的热爱，那么我们今天对于自然很多方面的了解就会欠缺许多。

53. Anonymous, 1805; Chalmers-Hunt, 197
54. Anonymous, 1805.
55. Zilli and Grishin, 20

B.WILKES del.
PLATE II.
1. The Swallow-tail Butterfly, breeds twice a Year; it first appears the beginning of May, the Caterpillar feeds on wild Fennel, Changes to Chrysalis the beginning of July, and the second breed appears in about fifteen days after. 2. The Cliefden-Beauty. taken by beating the Hedges in July. 3. The Admirable Butterfly. The Caterpillar feeds inclosed in the Leaves of Nettles, changes to Chrysalis the end of July, the Fly appears in August. 4. The High Brown Fritillary Butterfly. is Taken in Rough Grounds near Woods, the end of June. 5. The Cliefden Carpet Moth, taken as the Cliefden Beauty. 6. The Large Tortoiseshell Butterfly. The Caterpillar feeds on Elms, changes to Chrysalis in June, the Fly appears in July.
Printed for Carington Bowles, No. 69 St. Pauls Church Yard, London.

在开始创作他的主要作品《英格兰蝶蛾志》（1749）之前，本杰明·威尔克斯于 1742 年“将他的英格兰蝴蝶新图样 12 种”献给了“蝶蛾学会可敬的会员们”，图中精准描绘的蝴蝶和蛾对称排列成万花筒式构图。此处所示是其中一幅作品 1764 年的复印版。

Fabricius N° 100 Telemachus Fœ

VOLUME IV

第 IV 卷

Papiliones Nymphales: Gemmati & Phalerati

“仙女类”蝴蝶：

“有眼斑类”和“无眼斑类”

根据早期蝴蝶分类系统的划分，“仙女类”包含一系列体型中等、飞行轻捷、花纹美丽的蝴蝶，根据其翅面是否有眼斑又分为“有眼斑类”和“无眼斑类”。这个拉丁语词根后来演变成了现代分类系统中最庞杂的蛱蝶科的学名 Nymphalidae，而此卷所包含物种也主要是现代分类系统中蛱蝶科的成员。但需要注意的是，仍有很多蛱蝶科成员在当时被归入其他类群分散在其他各卷中。

第 IV 卷 快速检索

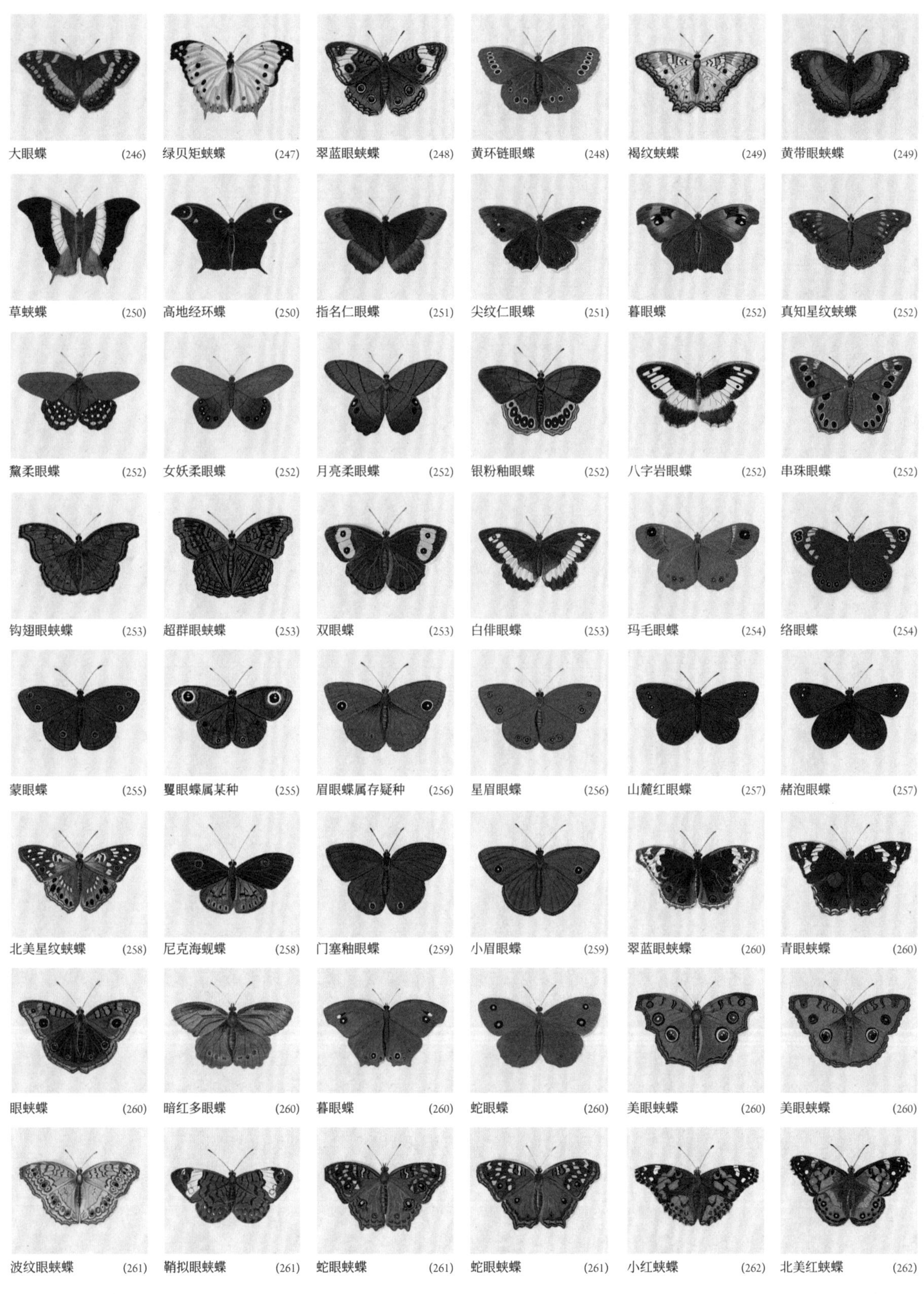

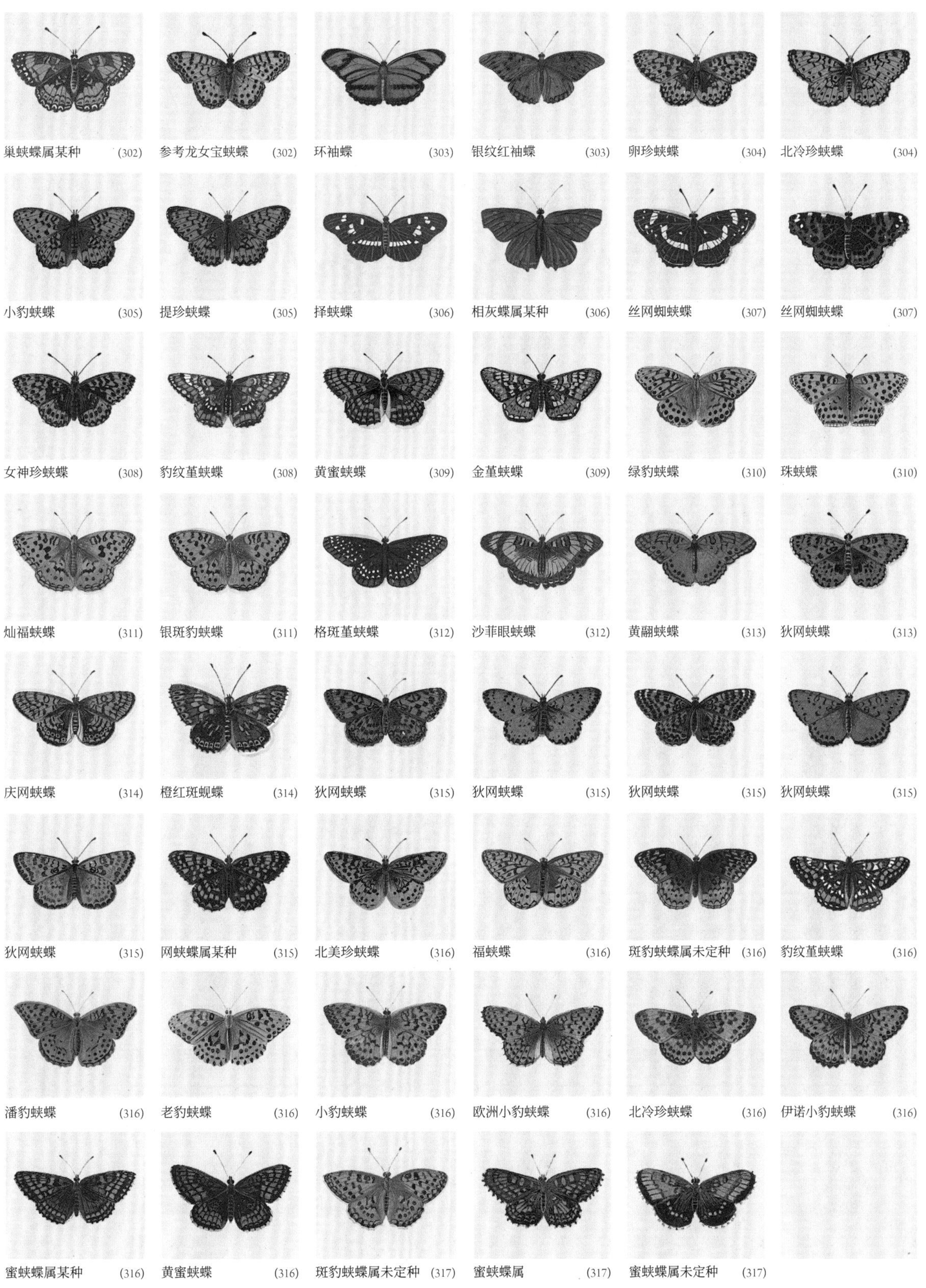
巢蛱蝶属某种 (302)
参考龙女宝蛱蝶 (302)
环袖蝶 (303)
银纹红袖蝶 (303)
卵珍蛱蝶 (304)
北冷珍蛱蝶 (304)
小豹蛱蝶 (305)
提珍蛱蝶 (305)
择蛱蝶 (306)
相灰蝶属某种 (306)
丝网蜘蛱蝶 (307)
丝网蜘蛱蝶 (307)
女神珍蛱蝶 (308)
豹纹堇蛱蝶 (308)
黄蜜蛱蝶 (309)
金堇蛱蝶 (309)
绿豹蛱蝶 (310)
珠蛱蝶 (310)
灿福蛱蝶 (311)
银斑豹蛱蝶 (311)
格斑堇蛱蝶 (312)
沙菲眼蛱蝶 (312)
黄翮蛱蝶 (313)
狄网蛱蝶 (313)
庆网蛱蝶 (314)
橙红斑蚬蝶 (314)
狄网蛱蝶 (315)
狄网蛱蝶 (315)
狄网蛱蝶 (315)
狄网蛱蝶 (315)
狄网蛱蝶 (315)
网蛱蝶属某种 (315)
北美珍蛱蝶 (316)
福蛱蝶 (316)
斑豹蛱蝶属未定种 (316)
豹纹堇蛱蝶 (316)
潘豹蛱蝶 (316)
老豹蛱蝶 (316)
小豹蛱蝶 (316)
欧洲小豹蛱蝶 (316)
北冷珍蛱蝶 (316)
伊诺小豹蛱蝶 (316)
蜜蛱蝶属某种 (316)
黄蜜蛱蝶 (316)
斑豹蛱蝶属未定种 (317)
蜜蛱蝶属 (317)
蜜蛱蝶属未定种 (317)

Linnaeus N° 158
Tulbaghia
Drury
I
Alis dentatis subconcoloribus fuscentibus fascia lutea; posticis ocellis quinque.
Habitat ad Cap b: Spei.
Missus ab illustri Tulbaghio Cap: b: spei Gubernatore, cum reliquis capensibus, facile primus, qui orbi innotuere, hujus classis incolis ex hemisphaerio antarctico.
Cram: P.3

图　　版：I. “*Tulbaghia*”

参考文献：C. Linnaeus, *Syst. nat.* (1767); No. 158

收藏归属：德鲁 · 德鲁里

产地信息：南非和津巴布韦东部边界

物种名片：大眼蝶 *Aeropetes tulbaghia* (Linnaeus, 1764)

大眼蝶确如琼斯所记录，分布于好望角，但也同样见于非洲南部的其他山区。萼距兰 *Disa uniflora* 完全依靠这种蝴蝶来传粉。

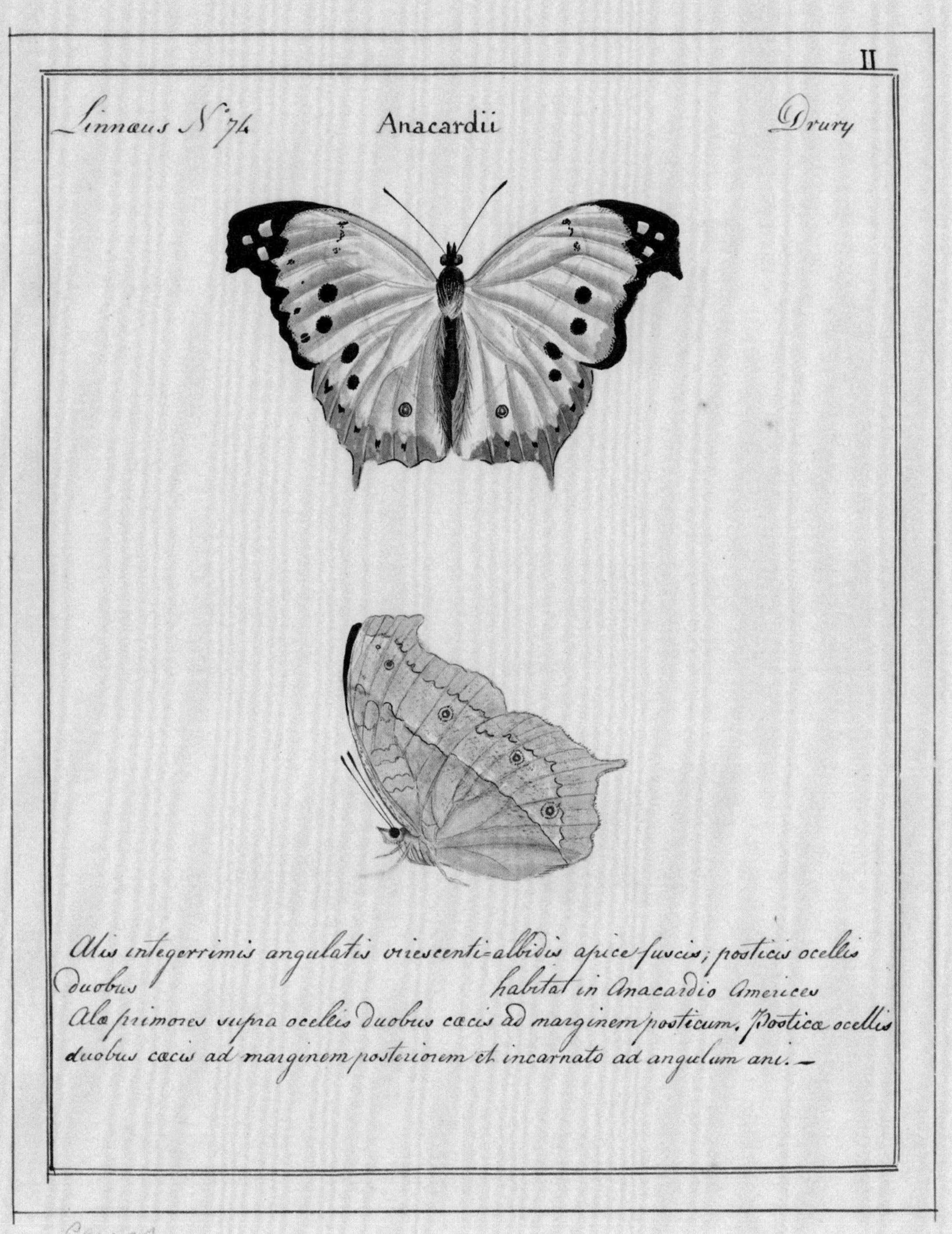
II
Linnaeus N° 74
Anacardii
Drury
Alis integerrimis angulatis virescenti-albidis apice fuscis; posticis ocellis duobus
habitat in Anacardio Americes
Alæ primores supra ocellis duobus cæcis ad marginem posticum. Posticæ ocellis duobus cæcis ad marginem posteriorem et incarnato ad angulum ani.—

图　　版：II. "*Anacardii*"

参考文献：C. Linnaeus, Syst. nat. (1767); No. 74

收藏归属：德鲁・德鲁里

产地信息：非洲

物种名片：绿贝矩蛱蝶[1] *Protogoniomorpha parhassus* (Drury, 1782)

绿贝矩蛱蝶是一种乳白色的大型蛱蝶，广泛分布于非洲的森林中。它与安矩蛱蝶[2] *Protogoniomorpha anacardia* (Linnaeus, 1758) 十分相似。已故的丹麦蝴蝶专家托本・拉森（Torben Larsen）在谈起绿贝矩蛱蝶时说："在雨林的林间空地中，很少有什么景象比这些柔美的蝴蝶上下翻飞的样子更令人激动了，那珠母般的底色上闪烁着从白色到玫红色再到紫色的光泽。"曾有记录表明这种蝴蝶会集大群飞行，犹如浓密的云雾遮天蔽日，甚至会让人无法安全地驾车通行。

III
Orithya var:
Jones
Cram: 290
Linnaeus N° 154
Dejanira
Francillon
Alis dentatis fuscis: primoribus utrinque ocellis quinque: posticis vex fasciaque alba repanda habitat in Rhamno Alpino Germania

图　　版：III.“*Orithya*”
参考文献：—
收藏归属：威廉·琼斯
产地信息：旧大陆热带地区
物种名片：翠蓝眼蛱蝶 *Junonia orithya* (Linnaeus, 1758)，雌

图　　版：III.“*Dejanira*”
参考文献：C. Linnaeus, *Syst. nat.* (1767); No. 154
收藏归属：约翰·弗朗西伦
产地信息：古北界
物种名片：黄环链眼蝶 *Lopinga achine* (Scopoli 1763)

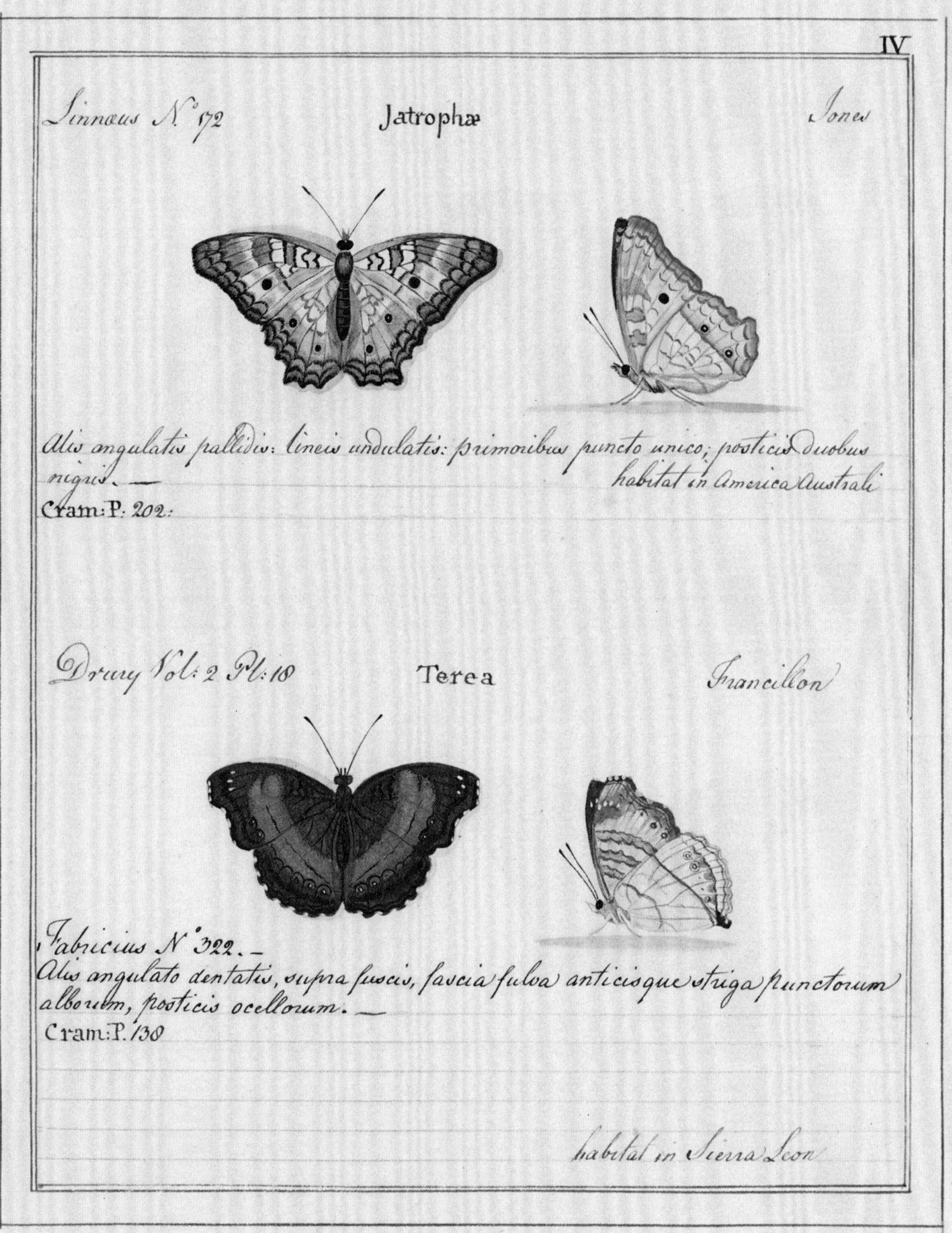

IV
Linnæus N° 172
Jatrophæ
Jones
Alis angulatis pallidis: lineis undulatis: primoribus puncto unico; posticis duobus nigris. —
habitat in America Australi
Cram: P. 202:
Drury Vol: 2 Pl: 18
Terea
Francillon
Fabricius N° 322. —
Alis angulato dentatis, supra fuscis, fascia fulva anticisque striga punctorum alborum, posticis ocellorum. —
Cram: P. 130
habitat in Sierra Leon

图　　版：IV. "*Jatrophæ*"
参考文献：C. Linnaeus, *Syst. nat.* (1767); No. 172
收藏归属：威廉·琼斯
产地信息：美洲
物种名片：褐纹蛱蝶 *Anartia jatrophae* (Linnaeus, 1763)

图　　版：IV. "*Terea*"
参考文献：D. Drury, *Illus. Nat. Hist.*, Vol. 2 (1773); Pl. 18, f. 3–4
收藏归属：约翰·弗朗西伦
产地信息：非洲
物种名片：黄带眼蛱蝶 *Junonia terea* (Drury, 1773)

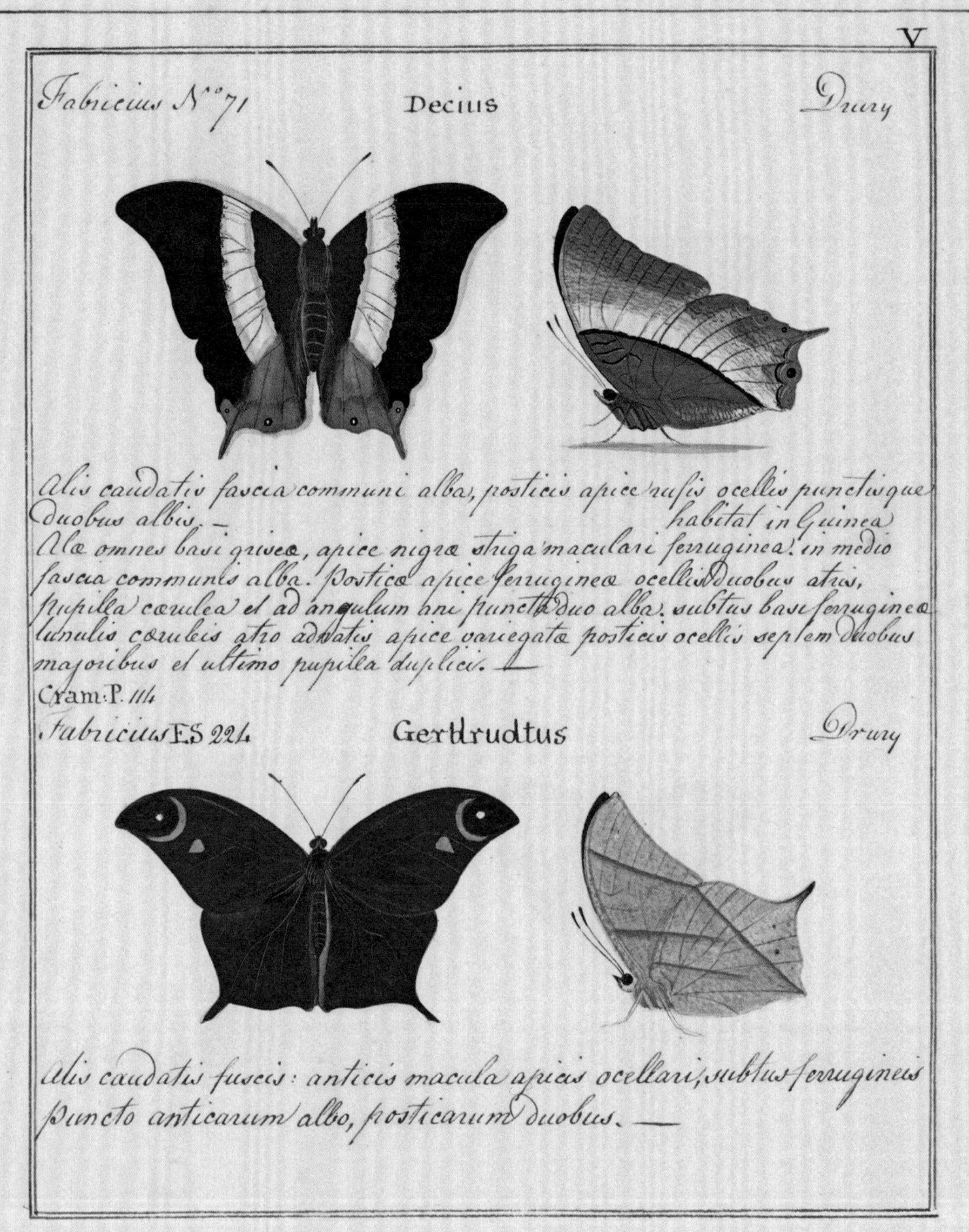
V
Fabricius N°71
Decius
Drury
Alis caudatis fascia communi alba, posticis apice rufis ocellis punctisque duobus albis. —
habitat in Guinea
Alæ omnes basi griseæ, apice nigræ striga maculari ferruginea: in medio fascia communis alba. Posticæ apice ferrugineæ ocellis duobus atris, pupilla cærulea et ad angulum ani puncta duo alba. subtus basi ferrugineæ lunulis cæruleis atro adnatis apice variegatæ posticis ocellis septem duobus majoribus et ultimo pupila duplici. —
Cram: P. 114
Fabricius E.S 224
Gertdrudtus
Drury
Alis caudatis fuscis: anticis macula apicis ocellari, subtus ferrugineis puncto anticarum albo, posticarum duobus. —

图　　版：V. “*Decius*”
参考文献：J. C. Fabricius, *Spec. insect.* (1781); No. 71
收藏归属：德鲁・德鲁里
产地信息：非洲
物种名片：草蛱蝶 *Palla decius* (Cramer, 1777)

图　　版：V. “*Gerdrudtus*” （ICO）
参考文献：J. C. Fabricius, *Ent. syst.* (1792–1799); No. 224
收藏归属：德鲁・德鲁里
产地信息：南美洲
物种名片：高地经环蝶 *Caerois gerdrudtus* (Fabricius, 1793)

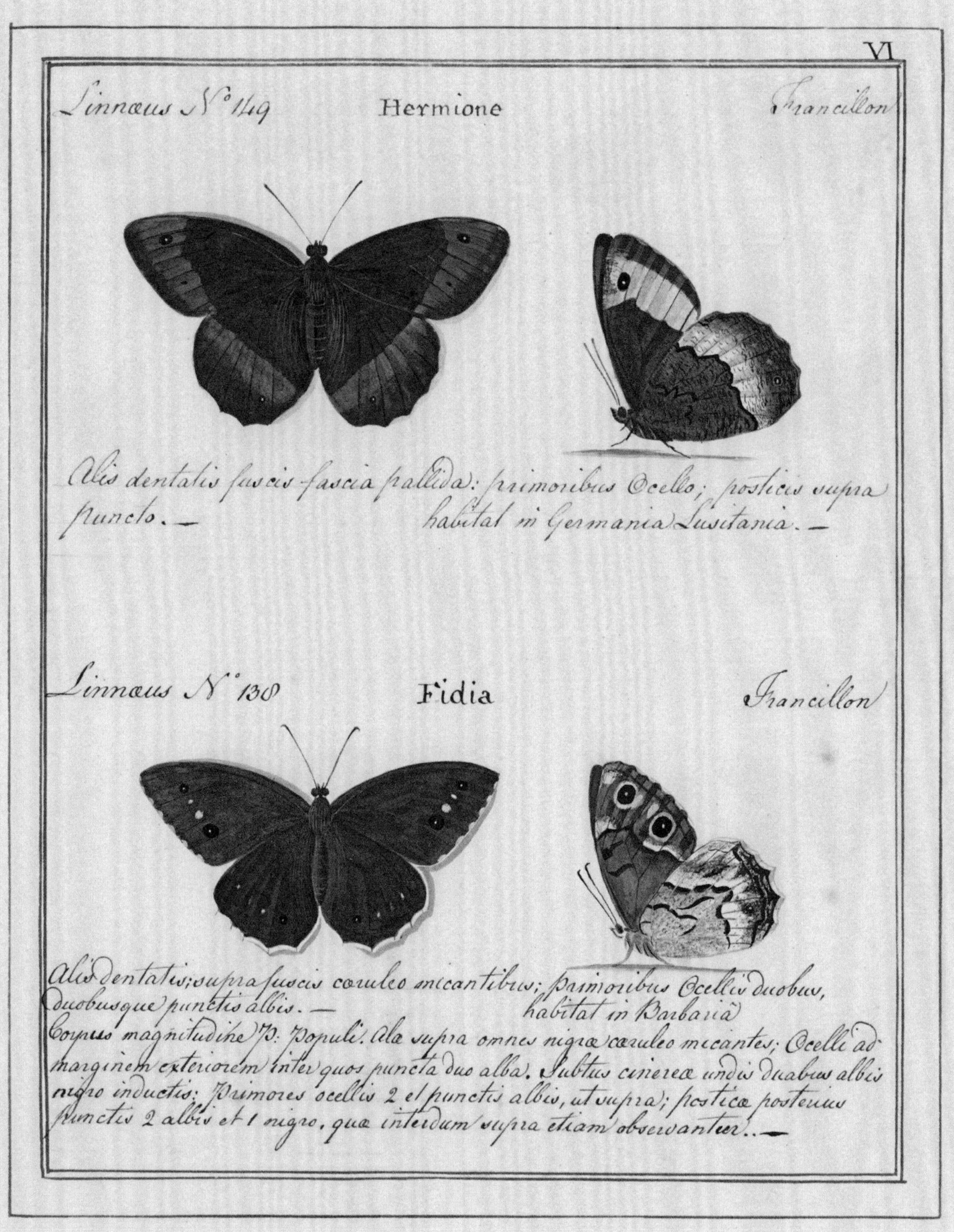

VI
Linnaeus N° 149
Hermione
Francillon
Alis dentatis fuscis-fascia pallida: primoribus Ocello; posticis supra puncto. —
habitat in Germania Lusitania. —
Linnaeus N° 138
Fidia
Francillon
Alis dentatis; supra fuscis caeruleo micantibus; primoribus Ocellis duobus, duobusque punctis albis. —
habitat in Barbaria
Corpus magnitudine P. Populi. Alae supra omnes nigrae caeruleo micantes; Ocelli ad marginem exteriorem inter quos puncta duo alba. Subtus cinereae undis duabus albis nigro inductis: Primores ocellis 2 et punctis albis, ut supra; posticae posterius punctis 2 albis et 1 nigro, quae interdum supra etiam observantur. —

图　　版：VI.“*Hermione*”
参考文献：C. Linnaeus, *Syst. nat.* (1767); No. 149
收藏归属：约翰·弗朗西伦
产地信息：欧洲
物种名片：指名仁眼蝶 *Hipparchia fagi* (Scopoli, 1763)

图　　版：VI.“*Fidia*”
参考文献：C. Linnaeus, *Syst. nat.* (1767); No. 138
收藏归属：约翰·弗朗西伦
产地信息：欧洲
物种名片：尖纹仁眼蝶 *Hipparchia fidia* (Linnaeus, 1767)

VII.
Fabricius N° 371
Bankia
Drury
Alis angulatis supra fuscis, anticis disco flavescente; Ocello atro, Pupilla gemina. —
habitat in nova Hollandia
Fabricius E.S. 710
Herse
Drury
Alis dentatis fusco ferrugineis: anticis albo punctatis, posticis utrinque ocellis septem cæcis. —

VIII
Linnaeus N° 206
Lena
Drury
Alis subdentatis fuscis; posticis postice atris albo caeruleoque punctatis: subtus biocellatis
habitat in America meridionali. —
Cram: P.190.
Fabricius N° 378
Dyndimene
Drury
Alis dentatis fuscis, posticis supra violaceis, punctis quatuor albis. —
habitat Surinami
Rhea Fabricius N° 157
Cram: P.190

IX
Fabricius E.S. 336
Luna
Drury
Alis dentatis fuscis obscurius strigosis posticis ocellis duobus: subtus omnibus punctis quatuor albis. —
habitat Surinami
Fabricius E.S. 716
Clueria
Drury
Alis dentatis fuscis: posticis fascia caerulea: ocellis quinque atris
subtus fascia fusca ocellis quinque
habitat in Brasilia

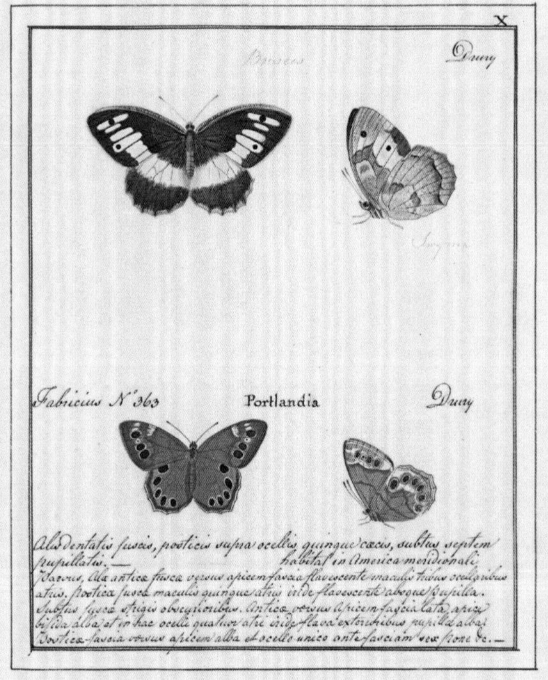
X
Drury
Fabricius N° 363
Portlandia
Drury
Alis dentatis fuscis, posticis supra ocellis quinque cæcis, subtus septem pupillatis. —
habitat in America meridionali

串珠眼蝶[3]（*Lethe portlandia*，图版 X）是约翰·C.法布里丘斯为了向硕果累累的收藏家——波特兰公爵夫人玛格丽特·本廷克致敬而命名的，基于托马斯·帕廷森·耶茨收藏的一件或多件标本。而琼斯所画的、德鲁·德鲁里收藏的标本归根结底很可能同样来自耶茨。北美洲有 5 种黛眼蝶属（*Lethe*，现在也包含串珠眼蝶属 *Enodia* Hübner, 1819）蝴蝶，其中有两种单靠花纹很难与串珠眼蝶区分。

XI
Drury
Drury
Cram 374 Ida

XII
Fabricius ES 715
Alope
Francillon
Alis dentatis fuscis anticis utrinque fascia flava: ocellis duobus, posticis ocello supra unico subtus sex. — habitat
Fabricius N° 342
Circe
Drury
Alis dentatis fuscis, fascia utrinque alba, anticis ocello unico. — habitat in Europa Gramine

图　　版：VII. “*Bankia*”
参考文献：J. C. Fabricius, *Spec. insect.* (1781); No. 371
收藏归属：德鲁 · 德鲁里
产地信息：旧大陆热带地区
物种名片：暮眼蝶 *Melanitis leda* (Linnaeus, 1758)

图　　版：VII. “*Herse*”（ICO）
参考文献：J. C. Fabricius, *Ent. syst.* (1792–1799); No. 718
收藏归属：德鲁 · 德鲁里
产地信息：古巴?
物种名片：真知星纹蛱蝶[4] *Asterocampa idyja* (Geyer, 1828)

图　　版：VIII. “*Lena*”
参考文献：C. Linnaeus, *Syst. nat.* (1767); No. 206
收藏归属：德鲁 · 德鲁里
产地信息：南美洲
物种名片：黧柔眼蝶 *Pierella lena* (Linnaeus, 1767)

图　　版：VIII. “*Dyndimene*”
参考文献：J. C. Fabricius, *Spec. insect.* (1781); No. 378
收藏归属：德鲁 · 德鲁里
产地信息：南美洲
物种名片：女妖柔眼蝶 *Pierella lamia* (Sulzer, 1776)

图　　版：IX. “*Luna*”（ICO）
参考文献：J. C. Fabricius, *Ent. syst.* (1792–1799); No. 336
收藏归属：德鲁 · 德鲁里
产地信息：苏里南
物种名片：月亮柔眼蝶指名亚种 *Pierella luna luna* (Fabricius, 1793)

图　　版：IX. “*Clueria*”
参考文献：J. C. Fabricius, *Ent. syst.* (1792–1799); No. 716
收藏归属：德鲁 · 德鲁里
产地信息：巴西
物种名片：银粉釉眼蝶[5] *Archeuptychia cluena* (Drury, 1782)

图　　版：X. “*Briseis*”
参考文献：—
收藏归属：德鲁 · 德鲁里
产地信息：北非和中欧以东地区
物种名片：八字岩眼蝶 *Chazara briseis* (Linnaeus, 1764)

图　　版：X. “*Portlandia*”
参考文献：J. C. Fabricius, *Spec. insect.* (1781); No. 363
收藏归属：德鲁 · 德鲁里
产地信息：北美洲
物种名片：串珠眼蝶 *Lethe portlandia* (Fabricius, 1781)

图　　版：XI. 未命名
参考文献：—
收藏归属：德鲁 · 德鲁里
产地信息：印度、中国南部和东南亚
物种名片：钩翅眼蛱蝶 *Junonia iphita* (Cramer, 1779)

图　　版：XI. “*Hedonia/Ida*”
参考文献：P. Cramer, *De uit. Kap.* (1775–1782)，Pl. 374, f. c–d
收藏归属：德鲁 · 德鲁里
产地信息：非洲
物种名片：超群眼蛱蝶 *Junonia chorimene* (Guérin-Méneville, 1844)

图　　版：XII. “*Alope*”（ICO）
参考文献：J. C. Fabricius, *Ent. syst.* (1792–1799); No. 715
收藏归属：约翰 · 弗朗西伦
产地信息：美国佐治亚州
物种名片：双眼蝶美人亚种 *Cercyonis pegala alope* (Fabricius, 1793)

图　　版：XII. “*Circe*”
参考文献：J. C. Fabricius, *Spec. insect.* (1781); No. 342
收藏归属：德鲁 · 德鲁里
产地信息：中欧和北非
物种名片：白俳眼蝶 *Brintesia circe* (Fabricius, 1775)

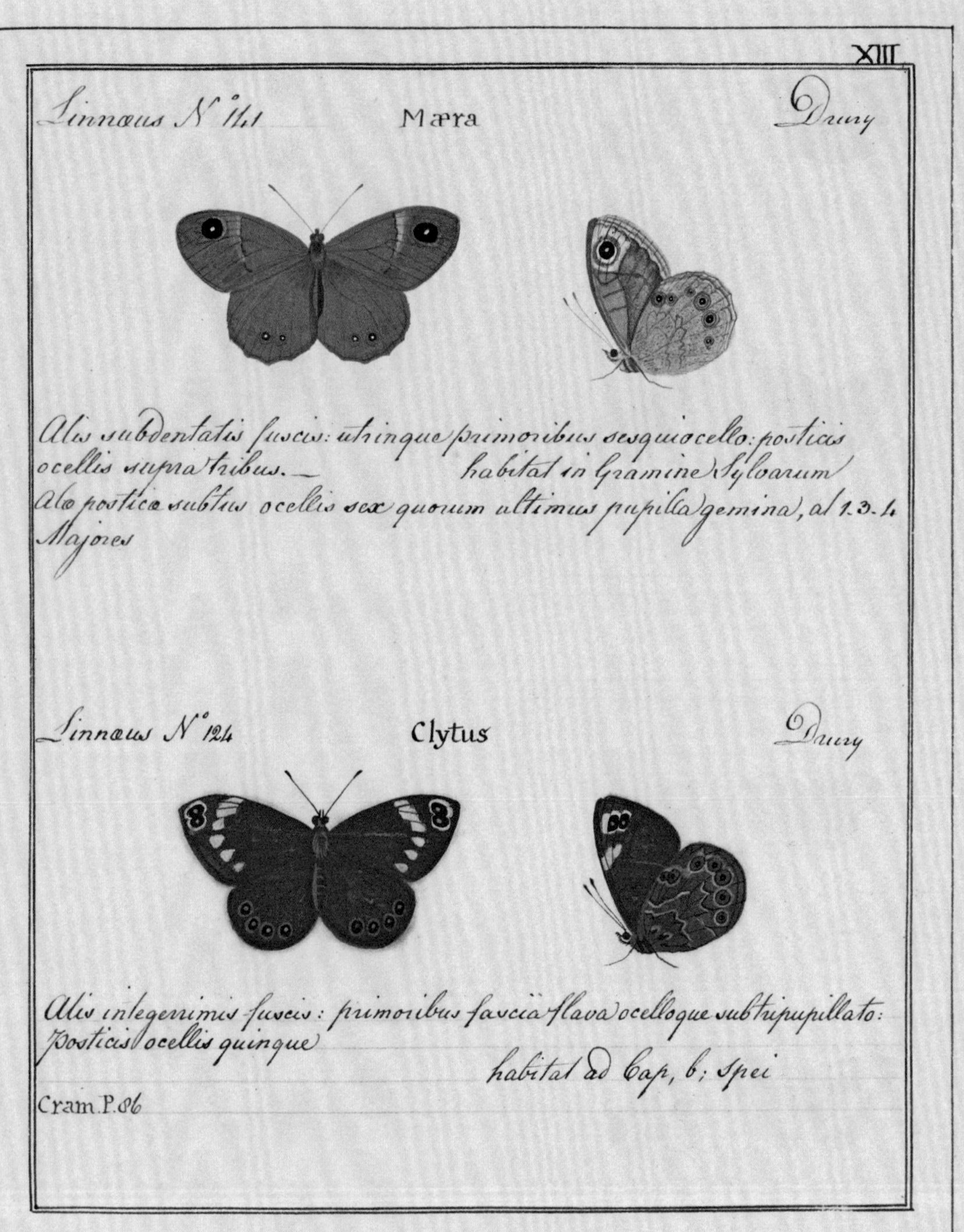

XIII
Linnaeus N° 141
Mæra
Drury
Alis subdentatis fuscis: utrinque primoribus sesquiocello: posticis ocellis supra tribus.
habitat in Gramine Sylvarum
Alæ posticæ subtus ocellis sex quorum ultimus pupilla gemina, al 1.3.4. Majores
Linnaeus N° 124
Clytus
Drury
Alis integerrimis fuscis: primoribus fascia flava ocelloque subtripupillato: Posticis ocellis quinque
habitat ad Cap, b: Spei
Cram. P. 86

图　　版：XIII.“*Mæra*”

参考文献：C. Linnaeus, *Syst. nat.* (1767); No. 141

收藏归属：德鲁 · 德鲁里

产地信息：欧洲

物种名片：玛毛眼蝶 *Lasiommata maera* (Linnaeus, 1758)

图　　版：XIII.“*Clytus*”

参考文献：C. Linnaeus, *Syst. nat.* (1767); No. 124

收藏归属：德鲁 · 德鲁里

产地信息：南非

物种名片：络眼蝶 *Dira clytus* (Linnaeus, 1764)

XIV
Fabicius N°291
Eurytus
Drury
Alis integerrimis fuscis, anticis ocellis utrinque duobus, posticis supra
unico subtus quatuor omnibus pupilla gemina.—
habitat in Jamaica
Cram: P. 132
Fabricius N°304
Arctous
Drury
Alis integerrimis fuscis, anticis utrinque ocello bipupillato, posticis
supra subcoecis. —
habitat in nova hollandia

图　　版：XIV. "*Eurytus*"

参考文献：J. C. Fabricius, *Spec. insect.* (1781); No. 291

收藏归属：德鲁·德鲁里

产地信息：北美洲

物种名片：蒙眼蝶 *Megisto cymela* (Cramer, 1777)

图　　版：XIV. "*Arctous*"

参考文献：J. C. Fabricius, *Spec. insect.* (1781); No. 304

收藏归属：德鲁·德鲁里

产地信息：—

物种名片：矍眼蝶属某种 *Ypthima* sp.

XV
Fabricius ES 678
Clerimon
Drury
Alis subrepandis fuscis: anticis supra ocello atro omnibus subtus
quatuor minutis. —
habitat
Fabricius ES 679
Zachæus
Drury
Alis integris fuscis: supra ocellis duobus subtus anticis quatuor
posticis sex. —

图　　版：XV. “*Clerimon*”（ICO）
参考文献：J. C. Fabricius, *Ent. syst.* (1792–1799); No. 678
收藏归属：德鲁·德鲁里
产地信息：印度？
物种名片：眉眼蝶属 *Mycalesis*，存疑种

图　　版：XV. “*Zachæus*”（ICO）
参考文献：J. C. Fabricius, *Ent. syst.* (1792–1799); No. 679
收藏归属：德鲁·德鲁里
产地信息：澳大利亚
物种名片：星眉眼蝶指名亚种 *Mydosama sirius sirius* (Fabricius, 1775)

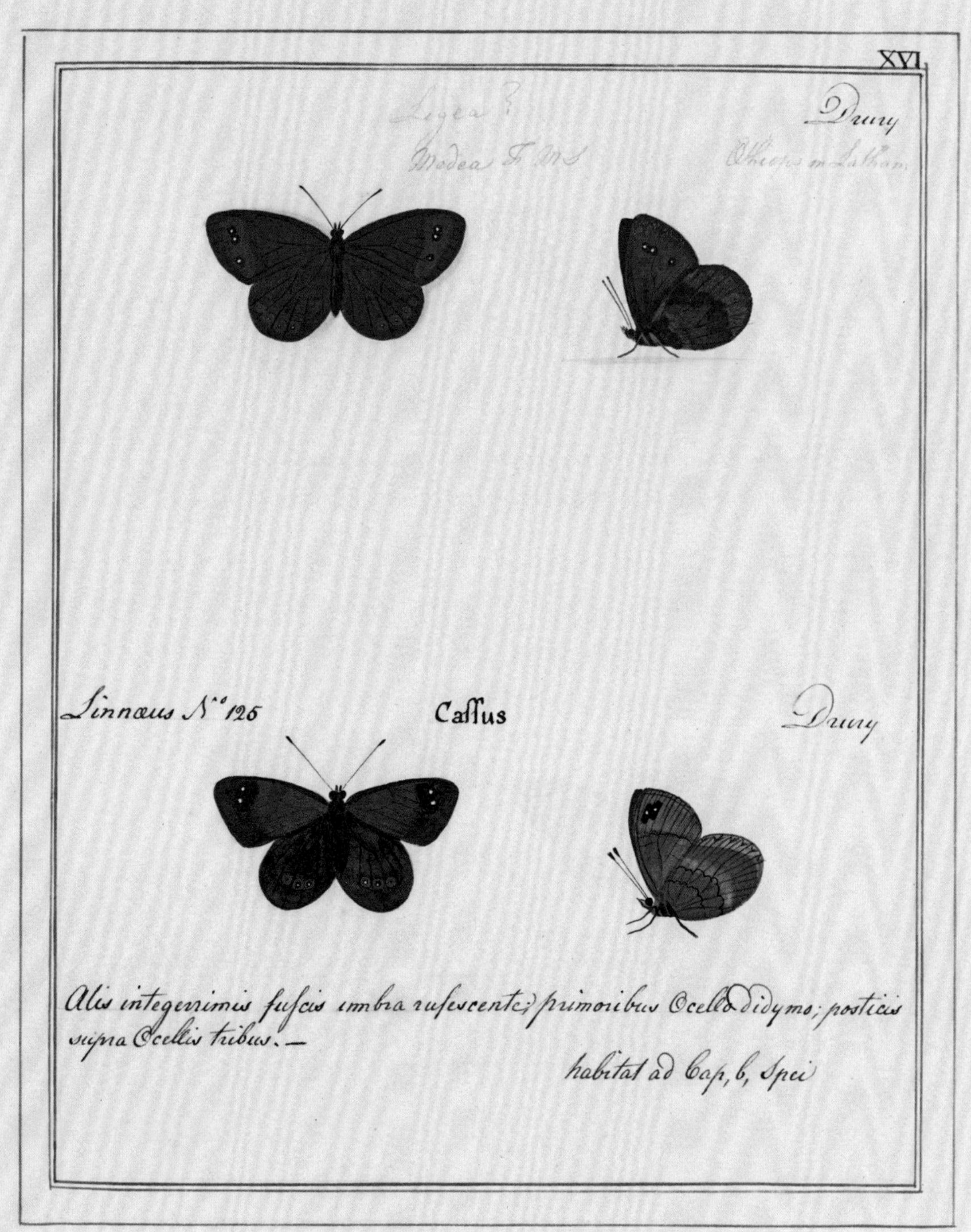
XVI
Drury
Linnæus N° 125
Cassus
Drury
Alis integerrimis fuscis umbra rufescente; primoribus Ocello didymo; posticis supra Ocellis tribus.—
habitat ad Cap, b, Spei

图　　版：XVI. “*Ligea*” / “*Medea*”

参考文献：—

收藏归属：德鲁 · 德鲁里

产地信息：欧洲阿尔卑斯山脉

物种名片：山麓红眼蝶 *Erebia meolans* (de Prunner, 1798)

图　　版：XVI. “*Cassus*”

参考文献：C. Linnaeus, *Syst. nat.* (1767); No. 125

收藏归属：德鲁 · 德鲁里

产地信息：南非

物种名片：赭泡眼蝶 *Tarsocera cassus* (Linnaeus, 1764)

XVII.
Fabricius ES 714
Lycaon
Drury
Alis dentatis anticis fuscis flavo alboque maculatis posticis
ferrugineis ocellis sex cæcis subtus variegatis; ocellis octo.—
Fabricius N°251
Nicæus
Drury
Alis integerrimis fuscis, anticis Ocello posticis supra fascia rubra
marginali punctisque nigris ocellaribus.—
habitat in India
variat Sexu absque ocello alæ anticæ.—
Cram. P. 12

图　　版：XVII. “*Lycaon*”（ICO）

参考文献：J. C. Fabricius, *Ent. syst.* (1792–1799); No. 714

收藏归属：德鲁 · 德鲁里

产地信息：美国

物种名片：北美星纹蛱蝶指名亚种 *Asterocampa celtis celtis* (Boisduval & Leconte, 1835)

图　　版：XVII. “*Nicæus*”

参考文献：J. C. Fabricius, *Spec. insect.* (1781); No. 251

收藏归属：德鲁 · 德鲁里

产地信息：南美洲

物种名片：尼克海蚬蝶 *Eurybia nicaeus* (Fabricius, 1775)

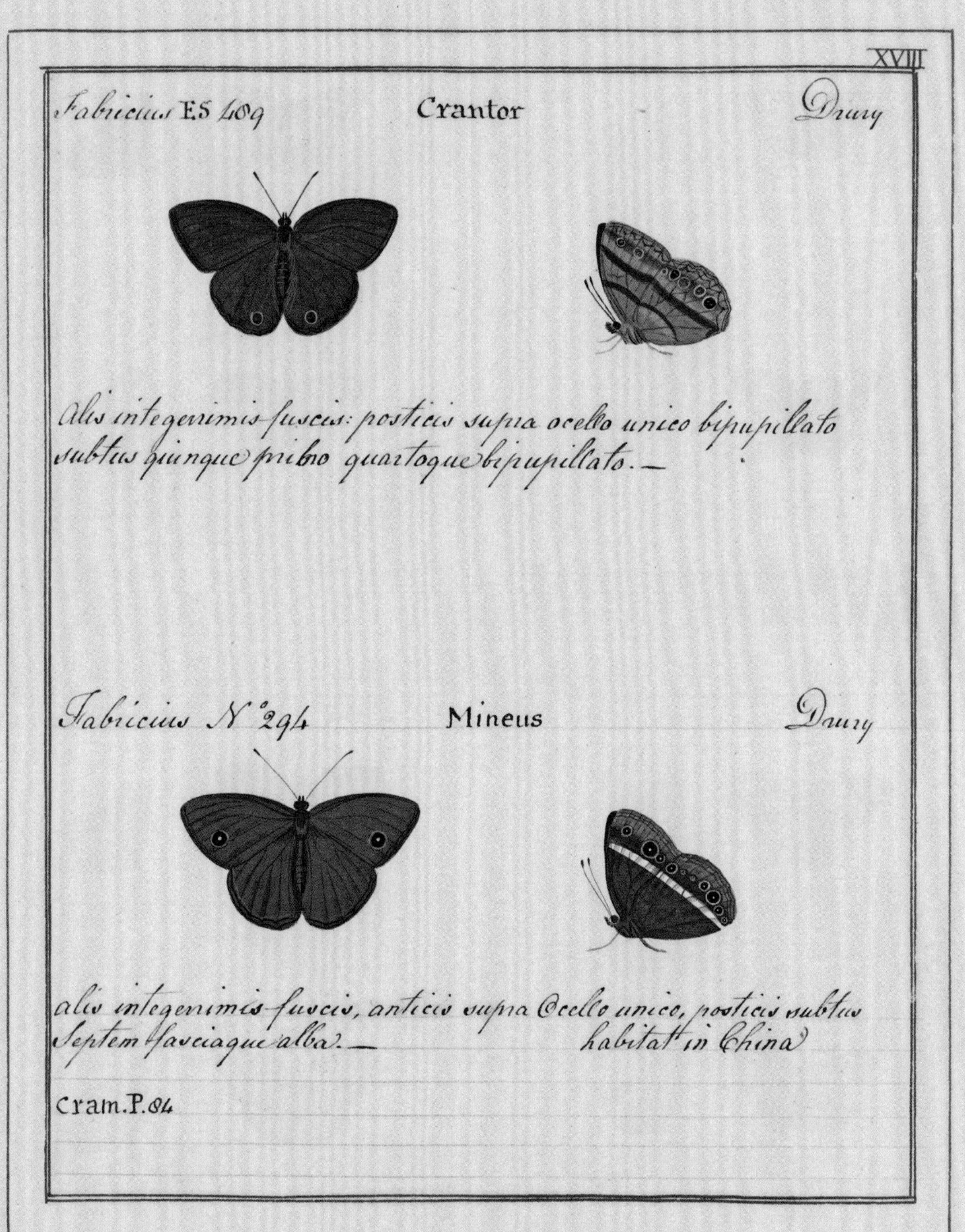
XVIII
Fabricius E.S 489
Crantor
Drury
alis integerrimis fuscis: posticis supra ocello unico bipupillato subtus quinque primo quartoque bipupillato.—
Fabricius N°294
Mineus
Drury
alis integerrimis fuscis, anticis supra Ocello unico, posticis subtus Septem fasciaque alba.—
habitat in China
Cram. P. 84

图　　版：XVIII.“*Crantor*”（ICO）	图　　版：XVIII.“*Mineus*”
参考文献：J. C. Fabricius, *Ent. syst.* (1792–1799); No. 489	参考文献：J. C. Fabricius, *Spec. insect.* (1781); No. 294
收藏归属：德鲁·德鲁里	收藏归属：德鲁·德鲁里
产地信息：苏里南?	产地信息：亚洲
物种名片：门塞釉眼蝶[6] *Cissia myncea* (Cramer, 1780)	物种名片：小眉眼蝶 *Mycalesis mineus* (Linnaeus, 1758)

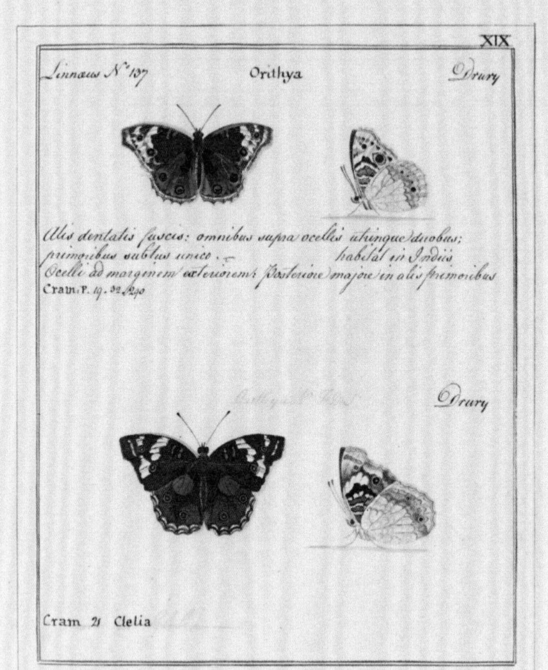

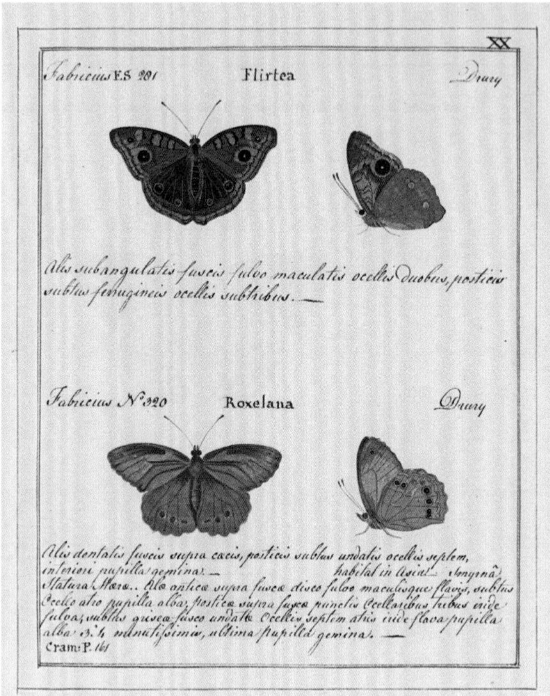

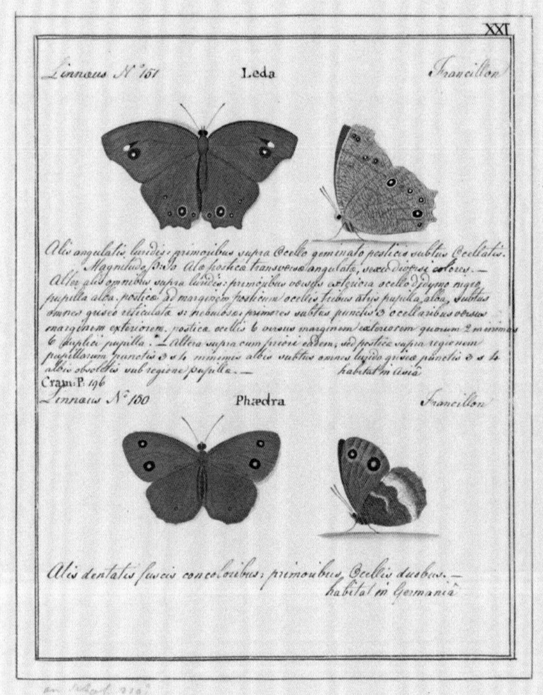

在图版 XXIV 上，琼斯同时描绘了蛇眼蛱蝶的旱季型和雨季型：雨季型的花纹鲜艳而醒目，翅形稍圆；旱季型的花纹则较为浅淡模糊，尤其是翅下表面的花纹。这一变化有利于蛇眼蛱蝶在它所栖息的庭院和林地的干枯落叶层中通过伪装来隐藏自己。本页所绘的蝴蝶有好几种都来自蛱蝶科的眼蛱蝶属 *Junonia*，这个属由德国昆虫学家雅各布 · 许布纳于 1819 年首次描述。

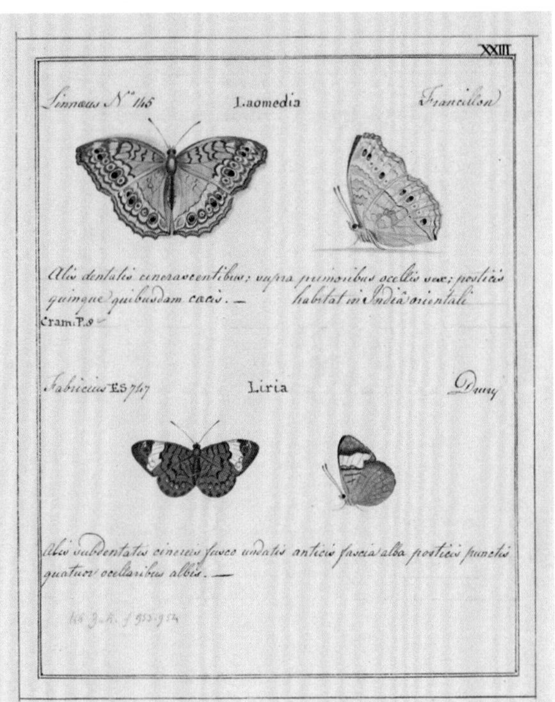

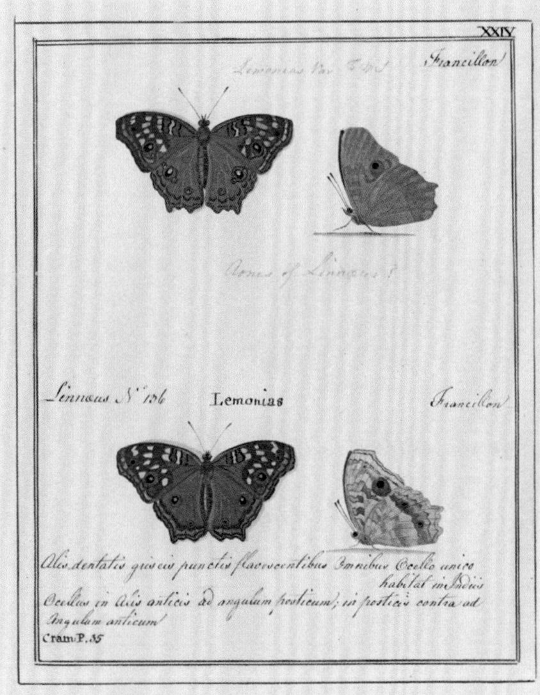

图　　版：XIX. “*Orithya*”
参考文献：C. Linnaeus, *Syst. nat.* (1767); No. 137
收藏归属：德鲁·德鲁里
产地信息：旧大陆热带地区
物种名片：翠蓝眼蛱蝶 *Junonia orithya* (Linnaeus, 1758)

图　　版：XIX. “*Orithya*” / “*Clelia*”
参考文献：P. Cramer, *De uit. Kap.* (1775–1782); Pl. 21, f. c–d
收藏归属：德鲁·德鲁里
产地信息：非洲和马达加斯加
物种名片：青眼蛱蝶 *Junonia oenone* (Linnaeus, 1758)

图　　版：XX. “*Flirtea*” (ICO)
参考文献：J. C. Fabricius, *Ent. syst.* (1792–1799); No. 281
收藏归属：德鲁·德鲁里
产地信息：巴西南部?
物种名片：眼蛱蝶弗勒亚种 *Junonia evarete flirtea* (Fabricius, 1793)

图　　版：XX. “*Roxelana*”
参考文献：J. C. Fabricius, *Spec. insect.* (1781); No. 320
收藏归属：德鲁·德鲁里
产地信息：欧洲东南部
物种名片：暗红多眼蝶 *Kirinia roxelana* (Cramer, 1777)

图　　版：XXI. “*Leda*”
参考文献：C. Linnaeus, *Syst. nat.* (1767); No. 151
收藏归属：约翰·弗朗西伦
产地信息：旧大陆热带地区
物种名片：暮眼蝶 *Melanitis leda* (Linnaeus, 1758)

图　　版：XXI. “*Phædra*”
参考文献：C. Linnaeus, *Syst. nat.* (1767); No. 150
收藏归属：约翰·弗朗西伦
产地信息：西起西班牙，东至日本
物种名片：蛇眼蝶 *Minois dryas* (Scopoli, 1763)

图　　版：XXII. “*Almana*”
参考文献：C. Linnaeus, *Syst. nat.* (1767); No. 132
收藏归属：德鲁·德鲁里
产地信息：亚洲，包括马来群岛
物种名片：美眼蛱蝶 *Junonia almana* (Linnaeus, 1758)

图　　版：XXII. “*Asterie*”
参考文献：C. Linnaeus, *Syst. nat.* (1767); No. 133
收藏归属：德鲁·德鲁里
产地信息：亚洲，包括马来群岛
物种名片：美眼蛱蝶 *Junonia almana* (Linnaeus, 1758)

图　　版：XXIII. “*Laomedia*”
参考文献：C. Linnaeus, *Syst. nat.* (1767); No. 145
收藏归属：约翰·弗朗西伦
产地信息：印度至中国和东南亚
物种名片：波纹眼蛱蝶 *Junonia atlites* (Linnaeus, 1763)

图　　版：XXIII. “*Liria*” (ICO)
参考文献：J. C. Fabricius, *Ent. syst.* (1792–1799); No. 747
收藏归属：德鲁·德鲁里
产地信息：巴西?
物种名片：鞘拟眼蛱蝶指名亚种 *Ectima thecla thecla* (Fabricius, 1796)

图　　版：XXIV. “*Lemonias*”
参考文献：C. Linnaeus, *Syst. nat.* (1767); No. 136
收藏归属：约翰·弗朗西伦
产地信息：印度至中国
物种名片：蛇眼蛱蝶 *Junonia lemonias* (Linnaeus, 1758)，旱季型（上），雨季型（下）

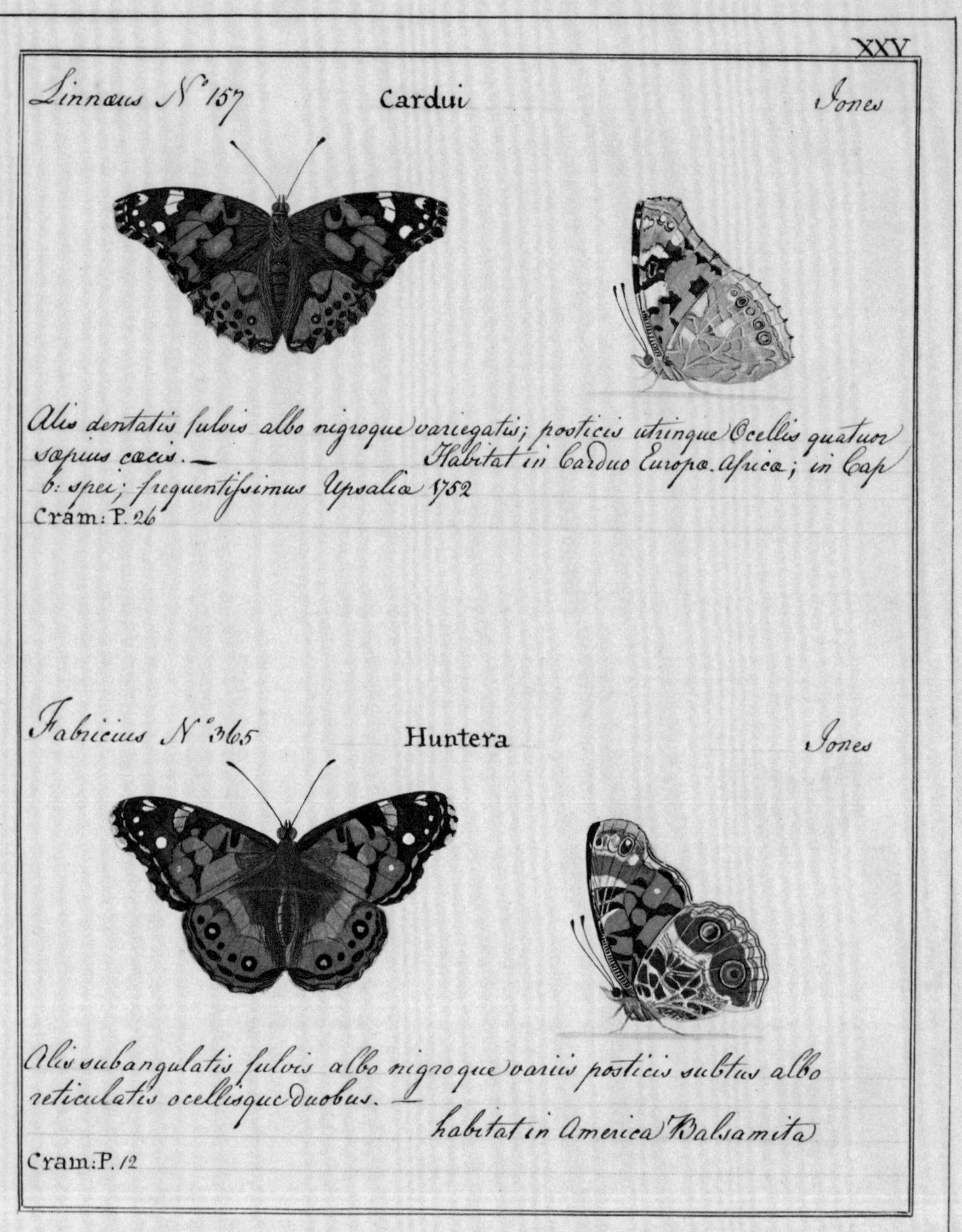

XXV
Linnaeus N° 157
Cardui
Jones
Alis dentatis fulvis albo nigroque variegatis; posticis utrinque Ocellis quatuor sapius cacis. — Habitat in Carduo Europa. Africa; in Cap b: spei; frequentissimus Upsaliæ 1752
Cram: P. 26
Fabricius N° 365
Huntera
Jones
Alis subangulatis fulvis albo nigroque variis posticis subtus albo reticulatis ocellisque duobus. —
habitat in America Balsamita
Cram: P. 12

图　　版：XXV.“*Cardui*”
参考文献：C. Linnaeus, *Syst. nat.* (1767); No. 157
收藏归属：威廉·琼斯
产地信息：欧洲、亚洲、北美洲、非洲和大洋洲
物种名片：小红蛱蝶 *Vanessa cardui* (Linnaeus, 1758)

图　　版：XXV.“*Huntera*”
参考文献：J. C. Fabricius, *Spec. insect.* (1781); No. 365
收藏归属：威廉·琼斯
产地信息：北美洲
物种名片：北美红蛱蝶 *Vanessa virginiensis* (Drury, 1773)

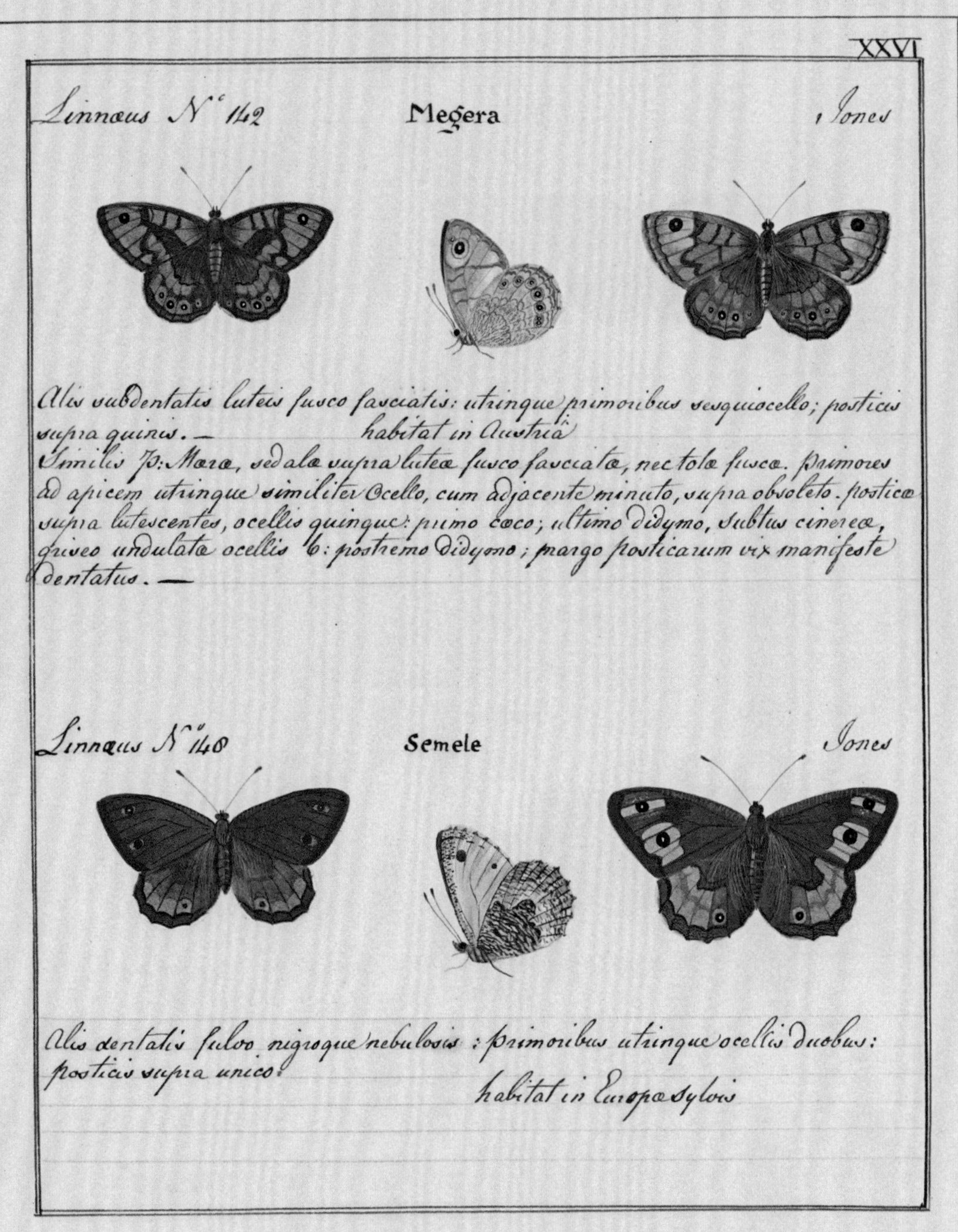

XXVI
Linnaeus N° 142
Megera
Jones
Alis subdentatis luteis fusco fasciatis: utrinque primoribus sesquiocello; posticis supra quinis. —
habitat in Austria
Similis 75: Maera, sed ala supra lutea fusco fasciata, nec tota fusca. Primores ad apicem utrinque similiter Ocello, cum adjacente minuto, supra obsoleto. posticae supra lutescentes, ocellis quinque: primo caeco; ultimo didymo, subtus cinereae, griseo undulatae ocellis 6: postremo didymo; margo posticarum vix manifeste dentatus. —
Linnaeus N° 148
Semele
Jones
Alis dentatis fulvo nigroque nebulosis: primoribus utrinque ocellis duobus: posticis supra unico.
habitat in Europae sylvis

图　　版：XXVI. “*Megera*”

参考文献：C. Linnaeus, *Syst. nat.* (1767); No. 142

收藏归属：威廉·琼斯

产地信息：欧洲和北非

物种名片：毛眼蝶 *Lasiommata megera* (Linnaeus, 1767)

图　　版：XXVI. “*Semele*”

参考文献：C. Linnaeus, *Syst. nat.* (1767); No. 148

收藏归属：威廉·琼斯

产地信息：欧洲

物种名片：女神眼蝶 [8]*Hipparchia semele* (Linnaeus, 1758)

XXVII
Linnaeus N° 156
Janira
Jones
Alis dentatis fuscis: primoribus subtus Luteis ocello utrinque unico; posticis
Subtus punctis tribus
habitat in Europa Sylvis
Facies P: Jurtinae absque Litura flava supra primores alas, sed puncta 3 fusca
sub posticis
Linnaeus N° 155
Jurtina
Jones
Alis subdentatis fuscis; primoribus supra litura flava Ocello utrinque unico
habitat in Gramine Europae, Africae

图　　版：XXVII. "*Janira*"
参考文献：C. Linnaeus, *Syst. nat.* (1767); No. 156
收藏归属：威廉·琼斯
产地信息：欧洲和北非
物种名片：莽眼蝶 *Maniola jurtina* (Linnaeus, 1758)，雄

图　　版：XXVII. "*Jurtina*"
参考文献：C. Linnaeus, *Syst. nat.* (1767); No. 155
收藏归属：威廉·琼斯
产地信息：欧洲和北非
物种名片：莽眼蝶 *Maniola jurtina* (Linnaeus, 1758)，雌

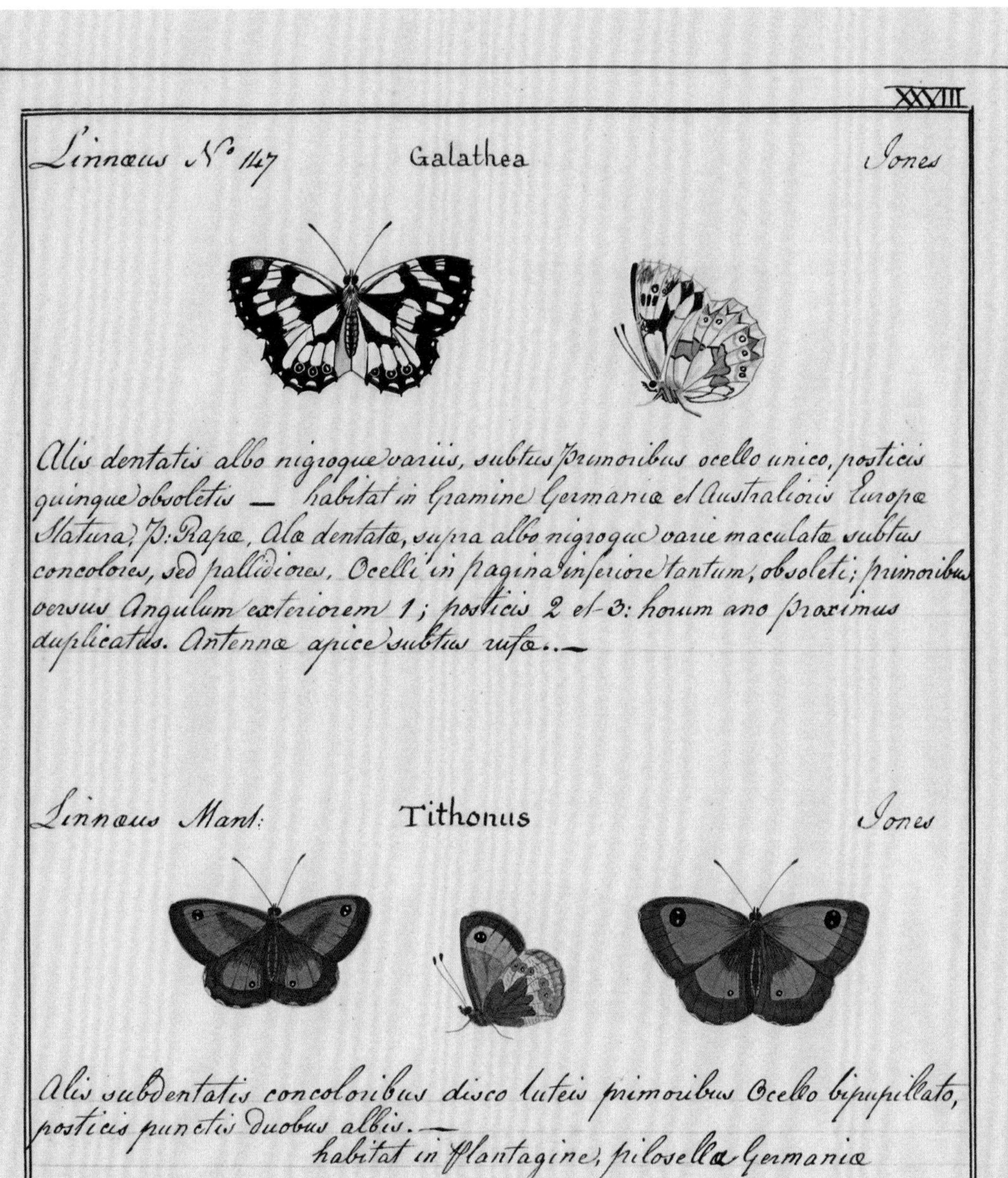

XXVIII
Linnæus N° 147
Galathea
Jones
Alis dentatis albo nigroque variis, subtus primoribus ocello unico, posticis quinque obsoletis — habitat in Gramine Germaniæ et Australioris Europæ
Natura; P: Rapæ, Alæ dentatæ, supra albo nigroque varie maculatæ subtus concolores, sed pallidiores. Ocelli in pagina inferiore tantum; obsoleti; primoribus versus Angulum exteriorem 1; posticis 2 et 3: horum ano proximus duplicatus. Antennæ apice subtus rufæ.—
Linnæus Mant:
Tithonus
Jones
Alis subdentatis concoloribus disco luteis primoribus Ocello bipupillato, posticis punctis duobus albis.—
habitat in Plantagine, pilosella Germaniæ
Pilosellæ Fabricius N° 355

图　　版：XXVIII. “*Galathea*”

参考文献：C. Linnaeus, *Syst. nat.* (1767); No. 147

收藏归属：威廉・琼斯

产地信息：欧洲和北非

物种名片：加勒白眼蝶 *Melanargia galathea* (Linnaeus, 1758)

图　　版：XXVIII. “*Tithonus*” / “*Pilosellæ*”

参考文献：C. Linnaeus, *Mantissa plantarum* (1771); page 537/J. C. Fabricius, *Spec. insect.* (1781); No. 355

收藏归属：威廉・琼斯

产地信息：欧洲和北非

物种名片：火眼蝶 *Pyronia tithonus* (Linnaeus, 1758)

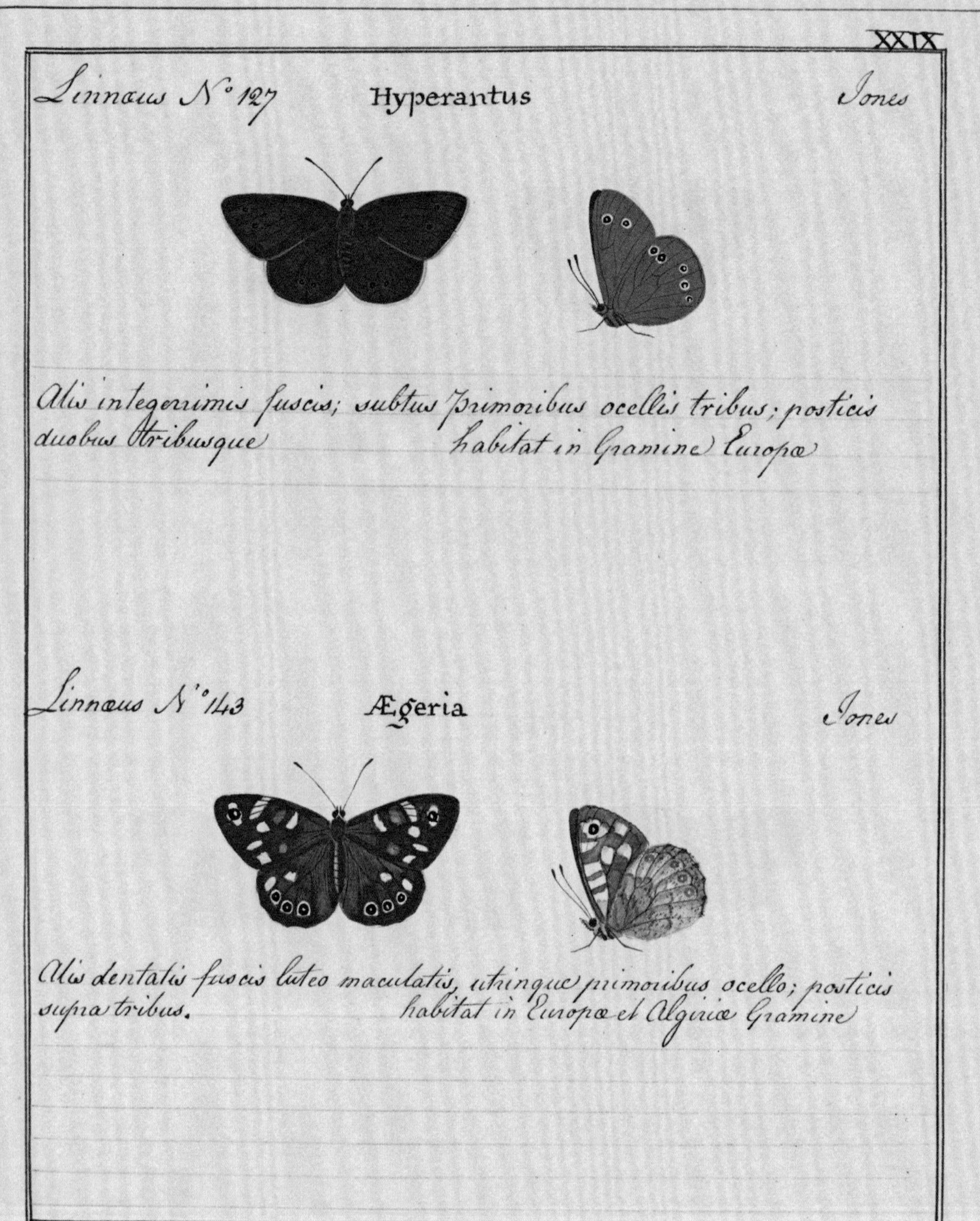

XXIX
Linnaeus N° 127
Hyperantus
Jones
Alis integerrimis fuscis; subtus primoribus ocellis tribus; posticis duobus tribusque
habitat in Gramine Europae
Linnaeus N° 143
Ægeria
Jones
Alis dentatis fuscis luteo maculatis, utrinque primoribus ocello; posticis supra tribus.
habitat in Europae et Algiriae Gramine

图　　版：XXIX.“*Hyperantus*”

参考文献：C. Linnaeus, *Syst. nat.* (1767); No. 127

收藏归属：威廉·琼斯

产地信息：欧洲

物种名片：阿芬眼蝶 *Aphantopus hyperantus* (Linnaeus, 1758)

图　　版：XXIX.“*Ægeria*”

参考文献：C. Linnaeus, *Syst. nat.* (1767); No. 143

收藏归属：威廉·琼斯

产地信息：欧洲和北非

物种名片：帕眼蝶 *Pararge aegeria* (Linnaeus, 1758)

XXX
Linnaeus N° 161
Iris
Jones
Alis subdentatis subtus griseis; fascia utrinque alba interrupta; posticis supra uniocellatis. — habitat in Quercu Germaniæ Angliæ &c
Linnaeus N° 131
Io. —
Jones
Alis angulato-dentatis fulvis nigro-maculatis: singulis subtus ocello cœruleo. — habitat in Urtica dioica, humulo; frequentissimus Upsaliæ 1757

图　　版：XXX. “*Iris*”
参考文献：C. Linnaeus, *Syst. nat.* (1767); No. 161
收藏归属：威廉·琼斯
产地信息：西起英国，东至中国
物种名片：紫闪蛱蝶 *Apatura iris* (Linnaeus, 1758)

图　　版：XXX. “*Io*”
参考文献：C. Linnaeus, *Syst. nat.* (1767); No. 131
收藏归属：威廉·琼斯
产地信息：西起英国，东至日本
物种名片：孔雀蛱蝶 *Aglais io* (Linnaeus, 1758)

XXXI
Fabricius M 461
Ilia
Jones
Alis dentatis cœruleo micantibus utrinque fascia alba interrupta: omnibus ocello unico
Habitat in Germania _ Salice
Fabricius M 434
Clymene
Latham
Alis dentatis fuscis: litura ferruginea, posticis ocellis supra subtribus subtus subseptem. —
habitat in Russia australioris Sylvaticis

图　　版：XXXI. “*Ilia*”

参考文献：J. C. Fabricius, *Mant. insect.* (1787); No. 461

收藏归属：威廉·琼斯

产地信息：法国和中欧以东地区

物种名片：柳紫闪蛱蝶 *Apatura ilia* (Denis & Schiffermüller, 1775)

图　　版：XXXI. “*Clymene*”

参考文献：J. C. Fabricius, *Mant. insect.* (1787); No. 434

收藏归属：约翰·莱瑟姆

产地信息：俄罗斯南部

物种名片：红斑多眼蝶 *Kirinia climene* (Esper, 1783)

XXXII
Linnæus N°139
Briseis
Latham
Latham
Alis subdentatis supra fuscis viridi micantibus: primoribus Ocellis duobus; subtus nigro bimaculatis. —
habitat in Germania —

图　　版：XXXII. “*Briseis*”

参考文献：C. Linnaeus, *Syst. nat.* (1767); No. 139

收藏归属：约翰 · 莱瑟姆

产地信息：中欧和北非

物种名片：八字岩眼蝶 *Chazara briseis* (Linnaeus, 1764)，雄

图　　版：XXXII. 未命名

参考文献：—

收藏归属：约翰 · 莱瑟姆

产地信息：中欧和北非

物种名片：八字岩眼蝶 *Chazara briseis* (Linnaeus, 1764)，雌

XXXIII
Fabricius ES 700
Magus
Drury
Alis integerrimis obscure fulvis: anticis utrinque ocello; pupilla
gemina posticis supra duobus, subtus tribus.
Fabricius N° 297
Terminus
Sr Josph Banks
Alis integris fuscis area rufis, supra anticis ocello unico posticis quatuor
habitat in nova hollandia

图　　版：XXXIII. “*Magus*”（ICO）

参考文献：J. C. Fabricius, *Ent. syst.* (1792–1799); No. 700

收藏归属：德鲁 · 德鲁里

产地信息：南非好望角

物种名片：魔幻仙眼蝶 *Pseudonympha magus* (Fabricius, 1793)

图　　版：XXXIII. “*Terminus*”

参考文献：J. C. Fabricius, *Spec. insect.* (1781); No. 297

收藏归属：约瑟夫 · 班克斯爵士

产地信息：马鲁古群岛、新几内亚岛和澳大利亚

物种名片：橙翅眉眼蝶 [9]*Mydosama terminus* (Fabricius, 1775)

XXXIV
Sr Josph Banks
Fabricius N° 372
Solandra
Sr Josph Banks
Alis angulatis fuscis, anticis Ocello sesquialtero, posticis supra duobus, subtus quatuor.—
habitat in Insulâ Otaheity maris pacifici

图　　版：XXXIV.“*Ismene*”
参考文献：—
收藏归属：约瑟夫·班克斯爵士
产地信息：旧大陆热带地区
物种名片：暮眼蝶 *Melanitis leda* (Linnaeus, 1758)

图　　版：XXXIV.“*Solandra*”
参考文献：J. C. Fabricius, *Spec. insect.* (1781); No. 372
收藏归属：约瑟夫·班克斯爵士
产地信息：旧大陆热带地区
物种名片：暮眼蝶 *Melanitis leda* (Linnaeus, 1758)

Fabricius N°326 Xiphia Sr Jos^ph Banks

Alis dentatis fuscis flavo maculatis, utrinque anticis ocello posticisque supra tribus subtus quatuor. — Habitat in Madera

Fabricius N°361 Gonerilla Sr Jos^ph Banks

Alis dentatis nigris albo maculatis, fascia communi rufa, posticis ocellis quatuor habitat in nova Zelandia

图　　版：XXXV.“*Xiphia*”

参考文献：J. C. Fabricius, *Spec. insect.* (1781); No. 326

收藏归属：约瑟夫·班克斯爵士

产地信息：马德拉群岛

物种名片：星帕眼蝶 *Pararge xiphia* (Fabricius, 1775)

图　　版：XXXV.“*Gonerilla*”

参考文献：J. C. Fabricius, *Spec. insect.* (1781); No. 361

收藏归属：约瑟夫·班克斯爵士

产地信息：新西兰

物种名片：眉红蛱蝶 *Vanessa gonerilla* (Fabricius, 1775)

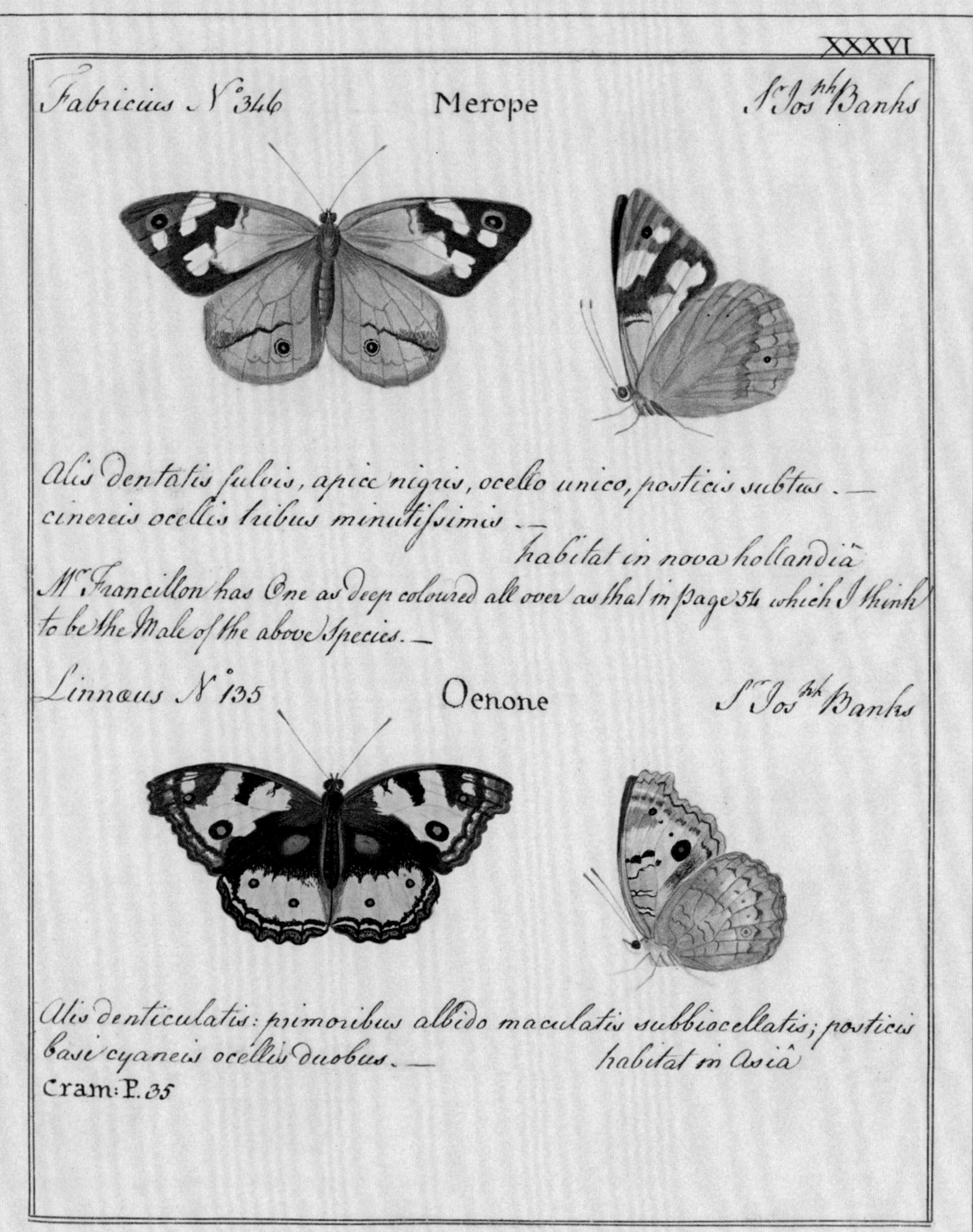

XXXVI
Fabricius N°346
Merope
Sr Josph Banks
Alis dentatis fulvis, apice nigris, ocello unico, posticis subtus —
cinereis ocellis tribus minutissimis —
habitat in nova hollandiâ
Mr Francillon has One as deep coloured all over as that in page 54 which I think
to be the Male of the above Species. —
Linnaeus N°135
Oenone
Sr Josph Banks
Alis denticulatis: primoribus albido maculatis subbiocellatis; posticis
basi cyaneis ocellis duobus. —
habitat in Asiâ
Cram: P. 35

图　　版：XXXVI. “*Merope*”

参考文献：J. C. Fabricius, *Spec. insect.* (1781); No. 346

收藏归属：约瑟夫 · 班克斯爵士

产地信息：澳大利亚南部

物种名片：浓框眼蝶 *Heteronympha merope* (Fabricius, 1775)，雌

图　　版：XXXVI. “*Oenone*”

参考文献：C. Linnaeus, *Syst. nat.* (1767); No. 135

收藏归属：约瑟夫 · 班克斯爵士

产地信息：非洲和亚洲

物种名片：黄裳眼蛱蝶 *Junonia hierta* (Fabricius, 1798)

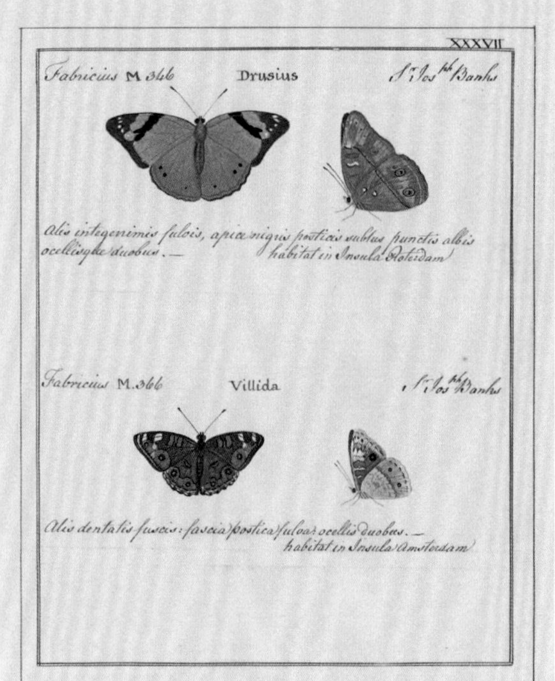

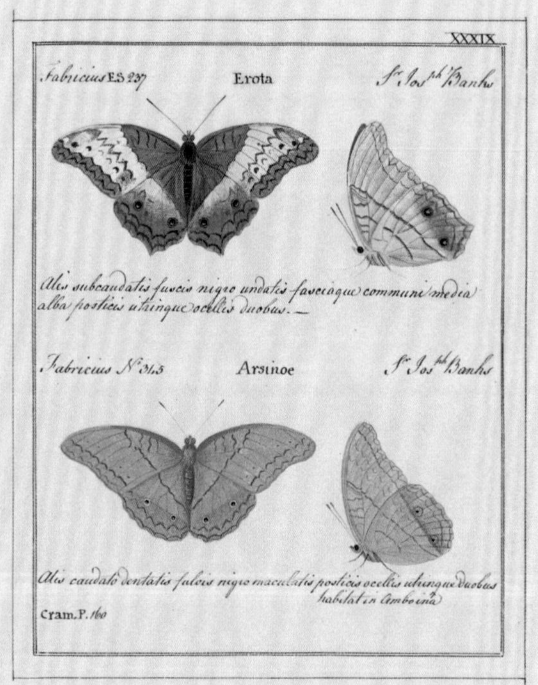

琼斯为 *Drusius*（图版 XXXVII）标注的栖息地是“*Insula Roterdam*”，指的是汤加的诺穆卡岛，旧称鹿特丹岛。画中物种是铜蠹叶蛱蝶 *Doleschallia tongana*，他所绘的标本应该缺失了后翅臀角。

琼斯将 *Villida*（图版 XXXVII）的栖息地记录为“*Insula Amsterdam*”，这可能指的是南印度洋的阿姆斯特丹岛。而为 *Solandra*（图版 XL）标注的栖息地“*Insula Otaheity, maris pacifici*”指塔希提岛。

XLI
Fabricius N° 298
Sirius
Sr Jos^ph Banks
Alis integerrimis obscure rufis, supra anticis ocellis duobus posticis quatuor
habitat in nova hollandia
Fabricius ES 490
Mergus
Sr Jos^ph Banks
Alis integerrimis concoloribus fuscis anticis ocellis quatuor anteriore pupilla gemina, posticis quinque

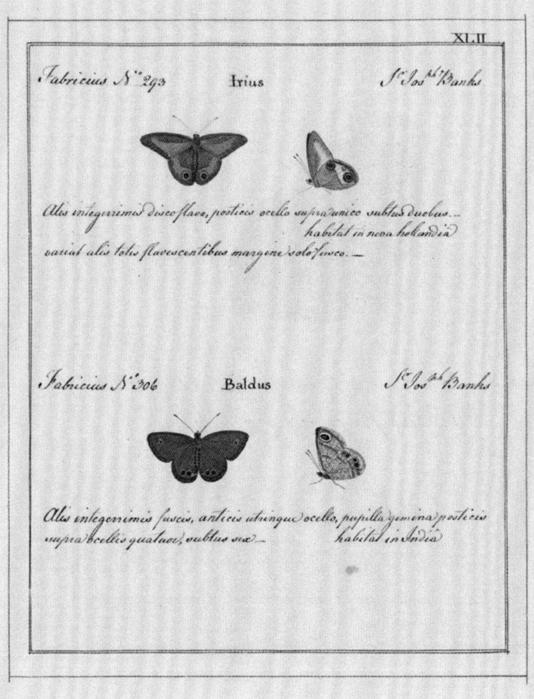
XLII
Fabricius N° 293
Irius
Sr Jos^ph Banks
Alis integerrimis disco flavo, posticis ocello supra unico subtus duobus.
habitat in nova hollandia
variat alis totis flavescentibus margine solo fusco.
Fabricius N° 306
Baldus
Sr Jos^ph Banks
Alis integerrimis fuscis, anticis utrinque ocello, pupilla gemina posticis supra ocellis quatuor, subtus sex
habitat in India

图　　版：XXXVII.“*Drusius*”
参考文献：J. C. Fabricius, *Mant. insect.* (1787); No. 346
收藏归属：约瑟夫·班克斯爵士
产地信息：太平洋诸岛
物种名片：铜囊叶蛱蝶[10]*Doleschallia tongana* Hopkins, 1927

图　　版：XXXVII.“*Villida*”
参考文献：J. C. Fabricius, *Mant. insect.* (1787); No. 366
收藏归属：约瑟夫·班克斯爵士
产地信息：爪哇岛至澳大利亚和太平洋诸岛
物种名片：敏捷眼蛱蝶 *Junonia villida* (Fabricius, 1787)

图　　版：XXXVIII.“*Perseus*”
参考文献：J. C. Fabricius, *Spec. insect.* (1781); No. 296
收藏归属：约瑟夫·班克斯爵士
产地信息：印度－澳大利亚区
物种名片：裴斯眉眼蝶 *Mycalesis perseus* (Fabricius, 1775)

图　　版：XXXVIII.“*Hyperbius*”
参考文献：J. C. Fabricius, *Spec. insect.* (1781); No. 284
收藏归属：约瑟夫·班克斯爵士
产地信息：南非
物种名片：蜜眼蝶 *Melampias huebneri* van Son, 1955

图　　版：XXXIX.“*Erota*”（ICO）
参考文献：J. C. Fabricius, *Ent syst.* (1792–1799); No. 237
收藏归属：约瑟夫·班克斯爵士
产地信息：泰国
物种名片：文蛱蝶指名亚种 *Vindula erota erota* (Fabricius, 1793)

图　　版：XXXIX.“*Arsinoe*”
参考文献：J. C. Fabricius, *Spec. insect.* (1781); No. 345
收藏归属：约瑟夫·班克斯爵士
产地信息：印度、中国南部和东南亚
物种名片：文蛱蝶 *Vindula erota* (Fabricius, 1793)，雄

图　　版：XL.“*Itea*”
参考文献：J. C. Fabricius, *Spec. insect.* (1781); No. 362
收藏归属：约瑟夫·班克斯爵士
产地信息：澳大利亚和新西兰，包括豪勋爵岛
物种名片：黄眉红蛱蝶 *Vanessa itea* (Fabricius, 1775)

图　　版：XL.“*Solandra*”
参考文献：J. C. Fabricius, *Spec. insect.* (1781); No. 372
收藏归属：约瑟夫·班克斯爵士
产地信息：旧大陆热带地区
物种名片：暮眼蝶 *Melanitis leda* (Linnaeus, 1758)

图　　版：XLI.“*Sirius*”
参考文献：J. C. Fabricius, *Spec. insect.* (1781); No. 298
收藏归属：约瑟夫·班克斯爵士
产地信息：马鲁古群岛、新几内亚岛和澳大利亚
物种名片：星眉眼蝶 *Melanitis sirius* (Fabricius, 1775)

图　　版：XLI.“*Mergus*”（ICO）
参考文献：J. C. Fabricius, *Ent. syst.* (1792–1799); No. 490
收藏归属：约瑟夫·班克斯爵士
产地信息：欧洲大陆
物种名片：森林红眼蝶指名亚种 *Erebia medusa medusa* (Fabricius, 1787)

图　　版：XLII.“*Irius*”
参考文献：J. C. Fabricius, *Spec. insect.* (1781); No. 293
收藏归属：约瑟夫·班克斯爵士
产地信息：澳大利亚
物种名片：黄带慧眼蝶 *Hypocysta irius* (Fabricius, 1775)

图　　版：XLII.“*Baldus*”
参考文献：J. C. Fabricius, *Spec. insect.* (1781); No. 306
收藏归属：约瑟夫·班克斯爵士
产地信息：泰国和越南
物种名片：矍眼蝶属某种 *Ypthima* sp.，参考矍眼蝶 *Y. baldus* (Fabricius, 1775)

XLIII
Fabricius N°. 366
Allionia
Dr. Gray
Alis dentatis fuscis, anticis subtus ocellis duobus, posteriori caeco..
habitat in Lusitania
Fabricius N° 321
Zelima
Sr Jos. Banks
Alis angulatis flavis fusco subfasciatis, posticis utrinque ocellis sex
subtus Striga alba. —
habitat in nova hollandia
Cram: P. 374 Hedonia

图　　版：XLIII. “*Allionia*”
参考文献：J. C. Fabricius, *Spec. insect.* (1781); No. 366
收藏归属：格雷博士
产地信息：欧洲和北非
物种名片：细带仁眼蝶 *Hipparchia statilinus* (Hufnagel, 1766)

图　　版：XLIII. “*Zelima*”
参考文献：J. C. Fabricius, *Spec. insect.* (1781); No. 321
收藏归属：约瑟夫·班克斯爵士
产地信息：印度－澳大利亚区
物种名片：欢乐眼蛱蝶 *Junonia hedonia* (Linnaeus, 1764)

XLIV
Fabricius N°281
Iairus
Brittish Museum
Alis integerrimis fuscis, posticis disco albo, supra Ocello, subtus duabus.
habitat in India Orientali
Cram: P. 6 .185

图　　版：XLIV. “*Iairus*”

参考文献：J. C. Fabricius, *Spec. insect.* (1781); No. 281

收藏归属：大英博物馆

产地信息：印度尼西亚中马鲁古

物种名片：巨眼环蝶 *Taenaris urania* (Linnaeus, 1758)

Iairus 是琼斯根据大英博物馆收藏的标本所绘图版之一，标本现在藏于伦敦自然史博物馆。图中所绘物种是巨眼环蝶，因其后翅上下两面醒目的眼斑而闻名。

XLV
Fabricius N° 381
Calisto
Brittish Museum
Alis dentatis atris, posticis fascia sanguinea, ocellis supra quinque subtus septem.—
habitat in Africa
Cram: P. 24

图　　版：XLV.“*Calisto*”

参考文献：J. C. Fabricius, *Spec. insect.* (1781); No. 381

收藏归属：大英博物馆

产地信息：印度尼西亚中马鲁古至卡伊群岛

物种名片：斑蛱蝶 *Hypolimnas pandarus* (Linnaeus, 1758)

在性二型现象的误导下，林奈在1758年将这个物种描述了两次：雄性被命名为*Papilio pandarus*，置于“特洛伊骑兵”类群下，雌性被命名为*Papilio pipleis*（第VII卷图版XLV，第591页），置于“仙女类无眼斑类”。克拉默后来又给雄蝶取名为*Papilio calisto*（本图版），和*Papilio pipleis*一样，如今都被认为是分布于安汶岛、塞兰岛和萨帕鲁阿岛的斑蛱蝶*Hypolimnas pandarus*的异名。

XLVI
Fabricius M 435
Eudora
Latham
Alis dentatis fuscis: anticis utrinque disco ferrugineo: ocello maris
unico, foeminae duobus
habitat in Germaniae Sylvis
Fabricius M 419
Salome
Latham
Alis anticis fuscis: fascia rufa, anticis ocello posticis tribus subtus striga
dentata alba ocellisque quinque —
habitat in Gibralter

图　　版：XLVI. “*Eudora*”

参考文献：J. C. Fabricius, *Mant. insect.* (1787); No. 435

收藏归属：约翰·莱瑟姆

产地信息：欧洲至俄罗斯远东地区

物种名片：云眼蝶 *Hyponephele lycaon* (Kühn, 1774)

图　　版：XLVI. “*Salome*”

参考文献：J. C. Fabricius, *Mant. insect.* (1787); No. 419

收藏归属：约翰·莱瑟姆

产地信息：欧洲西南部和北非

物种名片：北非火眼蝶 *Pyronia bathseba* (Fabricius, 1793)

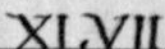

Fabricius M 369 Actæa Latham

Alis repandis supra fuscis: anticis ocellis duobus punctisque duobus albis posticis subtus marmoratis. — habitat in Russia Australiori

Fabricius M 398 Autonoe Latham

Alis dentatis fuscis flavo subfasciatis ocellisque duobus pupillatis anticis subtus basi fuscis — habitat in Russia australiori

图　　版：XLVII. “*Actæa*”
参考文献：J. C. Fabricius, *Mant. insect.* (1787); No. 369
收藏归属：约翰·莱瑟姆
产地信息：摩洛哥、法国至中国
物种名片：玄裳眼蝶 *Satyrus ferula* (Fabricius, 1793)

图　　版：XLVII. “*Autonoe*”
参考文献：J. C. Fabricius, *Mant. insect.* (1787); No. 398
收藏归属：约翰·莱瑟姆
产地信息：高加索地区至中国北部
物种名片：仁眼蝶 *Hipparchia autonoe* (Esper, 1783)

XLVIII
Fabricius M 338
Tarpeius
Latham
Alis integris fulvis, omnibus ocellis quatuor coecis.—
habitat in Russia Australiori
Cram: P. 375 Climene
Wolga
Fabricius M 371
Fauna
Latham
Alis dentatis supra fuscis: anticis ocellis duobus punctisque duobus
albis, posticis subtus griseis.— habitat in Germaniae pinetis

图　　版：XLVIII. “*Tarpeius*”	图　　版：XLVIII. “*Fauna*”
参考文献：J. C. Fabricius, *Mant. insect.* (1787); No. 338	参考文献：J. C. Fabricius, *Mant. insect.* (1787); No. 371
收藏归属：约翰 · 莱瑟姆	收藏归属：约翰 · 莱瑟姆
产地信息：高加索地区至蒙古	产地信息：欧洲和北非
物种名片：多酒眼蝶 *Oeneis tarpeja* (Pallas, 1771)	物种名片：细带仁眼蝶 *Hipparchia statilinus* (Hufnagel, 1766)

XLIX
Fabricius N°338
Pegala
Dr Hunter
Alis dentatis fuscis, anticis fascia rufa ocelloque unico, posticis supra
ocello subtus sex. —
habitat in America
Variat interdum ocello primo et quarto obsoletis. —
Fabricius N°356
Cadma
Dr Hunter
Alis dentatis fulvis, posticis subtus disco albo, ocellis duobus, pupilla
didyma coerulea. —
habitat in America meridionali

图　　版：	XLIX. “*Pegala*”
参考文献：	J. C. Fabricius, *Spec. insect.* (1781); No. 338
收藏归属：	亨特博士
产地信息：	北美洲
物种名片：	双眼蝶 *Cercyonis pegala* (Fabricius, 1775)

图　　版：	XLIX. “*Cadma*”
参考文献：	J. C. Fabricius, *Spec. insect.* (1781); No. 356
收藏归属：	亨特博士
产地信息：	牙买加
物种名片：	珂亮蛱蝶 *Lucinia cadma* (Drury, 1773)

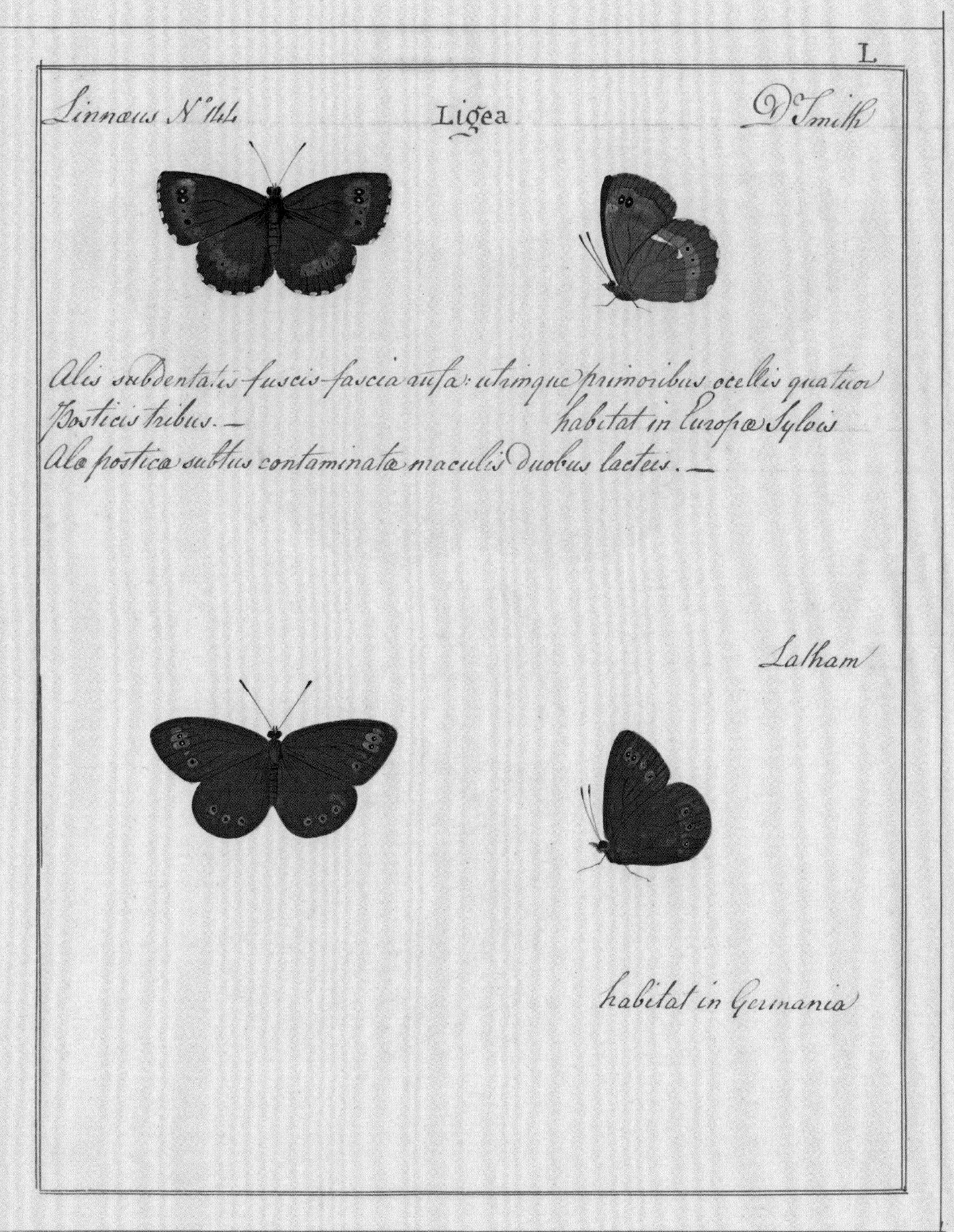

L
Linnaeus N° 144
Ligea
Dr Smith
Alis subdentatis fuscis fascia rufa: utrinque primoribus ocellis quatuor
Posticis tribus.—
habitat in Europæ Sylvis
Alæ posticæ subtus contaminatæ maculis duobus lacteis.—
Latham
habitat in Germania

图　　版：L. “*Ligea*”

参考文献：C. Linnaeus, *Syst. nat.* (1767); No. 144

收藏归属：詹姆斯·爱德华·史密斯

产地信息：西起欧洲，东至日本

物种名片：波翅红眼蝶 *Erebia ligea* (Linnaeus, 1758)

图　　版：L. 未命名

参考文献：—

收藏归属：约翰·莱瑟姆

产地信息：中欧至小亚细亚半岛

物种名片：森林红眼蝶 *Erebia medusa* (Fabricius, 1787)

LI
Fabricius N°100
Telemachus Fœm:
Francillon
Alis dentatis fuscis, area communi cærulea radiata, singulis
subtus ocellis Sex. —
habitat in America meridionali. —

图　　版：LI. "*Telemachus Foem*"

参考文献：J. C. Fabricius, *Spec. insect.* (1781); No. 100

收藏归属：约翰·弗朗西伦

产地信息：巴西南部

物种名片：美神闪蝶 *Morpho anaxibia* (Esper, 1801)，雌

琼斯给这幅插画取的标题是 *Telemachus Foem*，表明它是这个物种的雌性，而下一页的插画 *Telemachus Mas* 则是这个物种的雄性。这种蝴蝶是巴西的特有种美神闪蝶。

LII
Fabricius N°100
Telemachus mas
Francillon
Alis dentatis fuscis, area communi cærulea radiata, singulis
subtus ocellis Sex. —
habitat in America meridionali

图　　版：LII. “*Telemachus Mas*”

参考文献：J. C. Fabricius, *Spec. insect.* (1781); No. 100

收藏归属：约翰·弗朗西伦

产地信息：巴西南部

物种名片：美神闪蝶 *Morpho anaxibia* (Esper, 1801)，雄

琼斯检视的这件标本来自约翰·弗朗西伦的收藏，此人是伦敦的珠宝商，同时也是一名博物学标本和画作的经销商。1816年的《绅士杂志》（*Gentleman's Magazine*）上为他刊登的讣告记载着，他拥有“一柜付出了多年努力得到的出类拔萃的外国昆虫”。

在图版 LIV 上图所绘的标本下方，琼斯写道：“我怀疑这是第 36 页上名为 *Merope* 的那种蝴蝶的雄性。”他说对了，因为这幅插画和本卷图版 XXXVI（第 273 页）的 *Merope* 画的都是浓框眼蝶。琼斯为两者给出的栖息地都是 *Nova Hollandia*，即澳大利亚，这是正确的，因为这种蝴蝶是澳大利亚南半部的特有种。研究表明，由于全球气候变暖，如今浓框眼蝶春季羽化的时间比 65 年前平均早了 10 天。《琼斯图谱》第 IV 卷图版 LIII、LVII、LVIII 和 LIX 都被琼斯留为空白，因此本书并未收录。

LXI
Francillon
Francillon
habitat in Africa

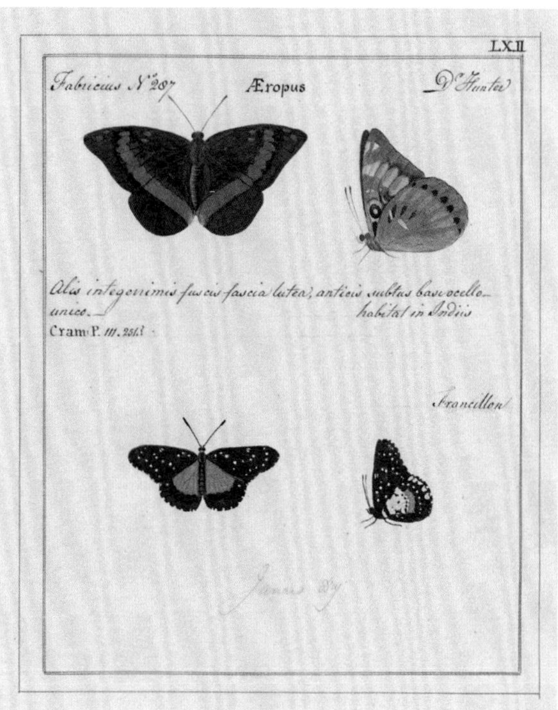
LXII
Fabricius N° 287
Æropus
Dr Hunter
Alis integerrimis fuscis fascia lutea; anticis subtus basi ocello unico.
habitat in Indiis
Cram. P. III. 231.
Francillon

图　　版：LIV. 未命名
参考文献：—
收藏归属：约翰·弗朗西伦
产地信息：澳大利亚南部
物种名片：浓框眼蝶 *Heteronympha merope* (Fabricius, 1775)，雄

图　　版：LIV. 未命名
参考文献：—
收藏归属：约翰·弗朗西伦
产地信息：澳大利亚东南部
物种名片：刺纹结眼蝶 *Geitoneura acantha* (Donovan, 1805)

图　　版：LV. 未命名
参考文献：—
收藏归属：约翰·弗朗西伦
产地信息：澳大利亚东南部
物种名片：勺眼蝶 *Tisiphone abeona* (Donovan, 1805)

图　　版：LV. 未命名
参考文献：—
收藏归属：托马斯·马香
产地信息：西班牙、法国南部和北非
物种名片：西方白眼蝶 *Melanargia occitanica* (Esper, 1793)

图　　版：LVI. 未命名
参考文献：—
收藏归属：托马斯·马香
产地信息：欧洲和北非
物种名片：帕眼蝶 *Pararge aegeria* (Linnaeus, 1758)

图　　版：LX. 未命名
参考文献：—
收藏归属：托马斯·马香
产地信息：斯里兰卡、印度、中国南部和东南亚
物种名片：矛翠蛱蝶 *Euthalia aconthea* (Cramer, 1777)

图　　版：LXI. 未命名
参考文献：—
收藏归属：约翰·弗朗西伦
产地信息：北美洲
物种名片：星纹蛱蝶 *Asterocampa clyton* (Boisduval & Le Conte, 1835)

图　　版：LXI. 未命名
参考文献：—
收藏归属：约翰·弗朗西伦
产地信息：非洲
物种名片：伪珍蛱蝶 *Pseudacraea eurytus* (Linnaeus, 1758)

图　　版：LXII. “*Æropus*”
参考文献：J. C. Fabricius, *Spec. insect.* (1781); No. 287
收藏归属：亨特博士
产地信息：马鲁古群岛至澳大利亚昆士兰州北部
物种名片：雀眼律蛱蝶 *Lexias aeropa* (Linnaeus, 1758)

图　　版：LXII. 未命名
参考文献：—
收藏归属：约翰·弗朗西伦
产地信息：美国南部至哥伦比亚
物种名片：巢蛱蝶 *Chlosyne janais* (Drury, 1782)

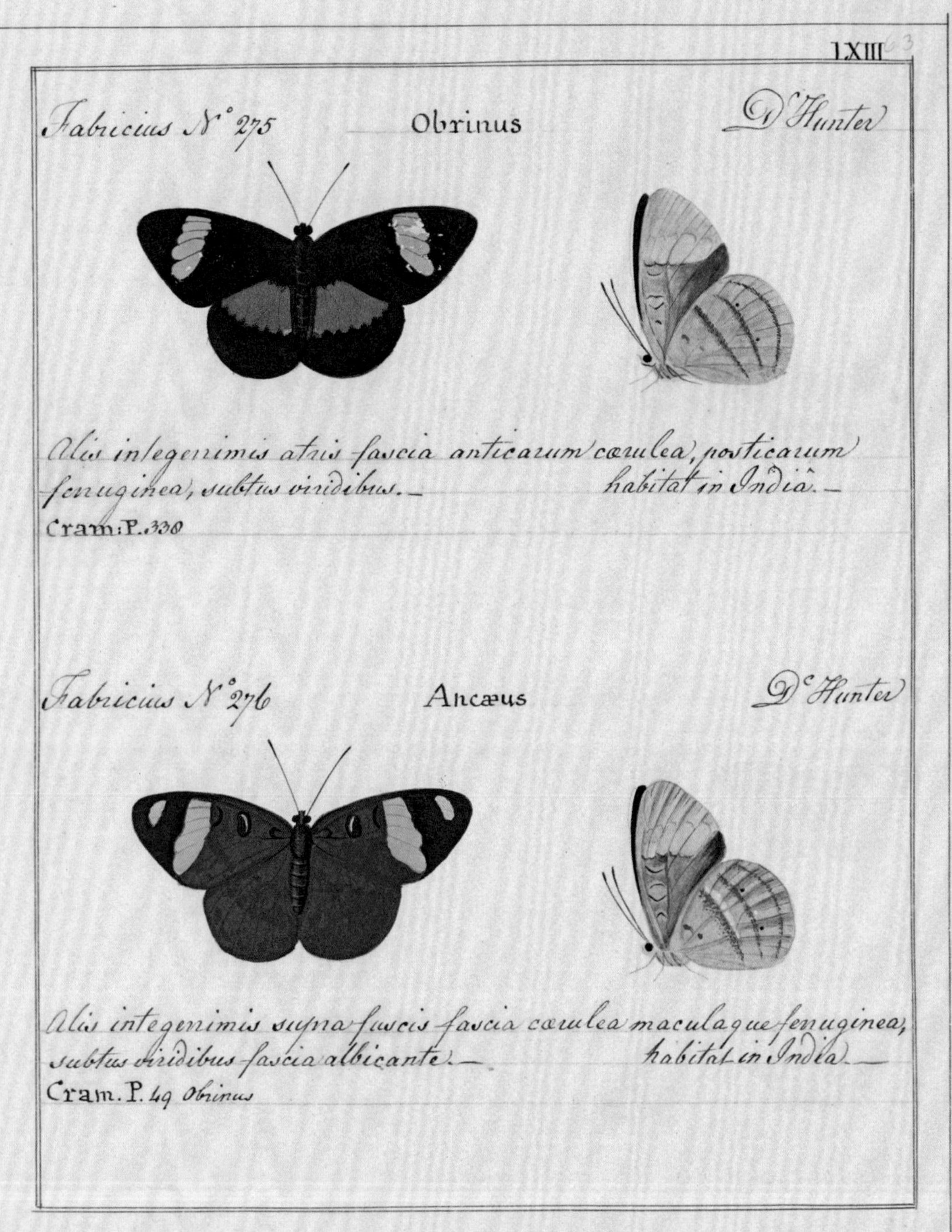

LXIII
Fabricius N° 275
Obrinus
Dr Hunter
Alis integerrimis atris fascia anticarum caerulea, posticarum ferruginea; subtus viridibus. — habitat in India. —
Cram: P. 330
Fabricius N° 276
Ancæus
Dr Hunter
Alis integerrimis supra fuscis fascia caerulea maculaque ferruginea, subtus viridibus fascia albicante. — habitat in India —
Cram. P. 49 Obrinus

图　　版：LXIII. "*Obrinus*"
参考文献：J. C. Fabricius, *Spec. insect.* (1781); No. 275
收藏归属：亨特博士
产地信息：亚马孙河流域
物种名片：黄带鸭蛱蝶 *Nessaea obrinus* (Linnaeus, 1758)，雄

图　　版：LXIII. "*Ancæus*"
参考文献：J. C. Fabricius, *Spec. insect.* (1781); No. 276
收藏归属：亨特博士
产地信息：亚马孙河流域
物种名片：黄带鸭蛱蝶 *Nessaea obrinus* (Linnaeus, 1758)，雌

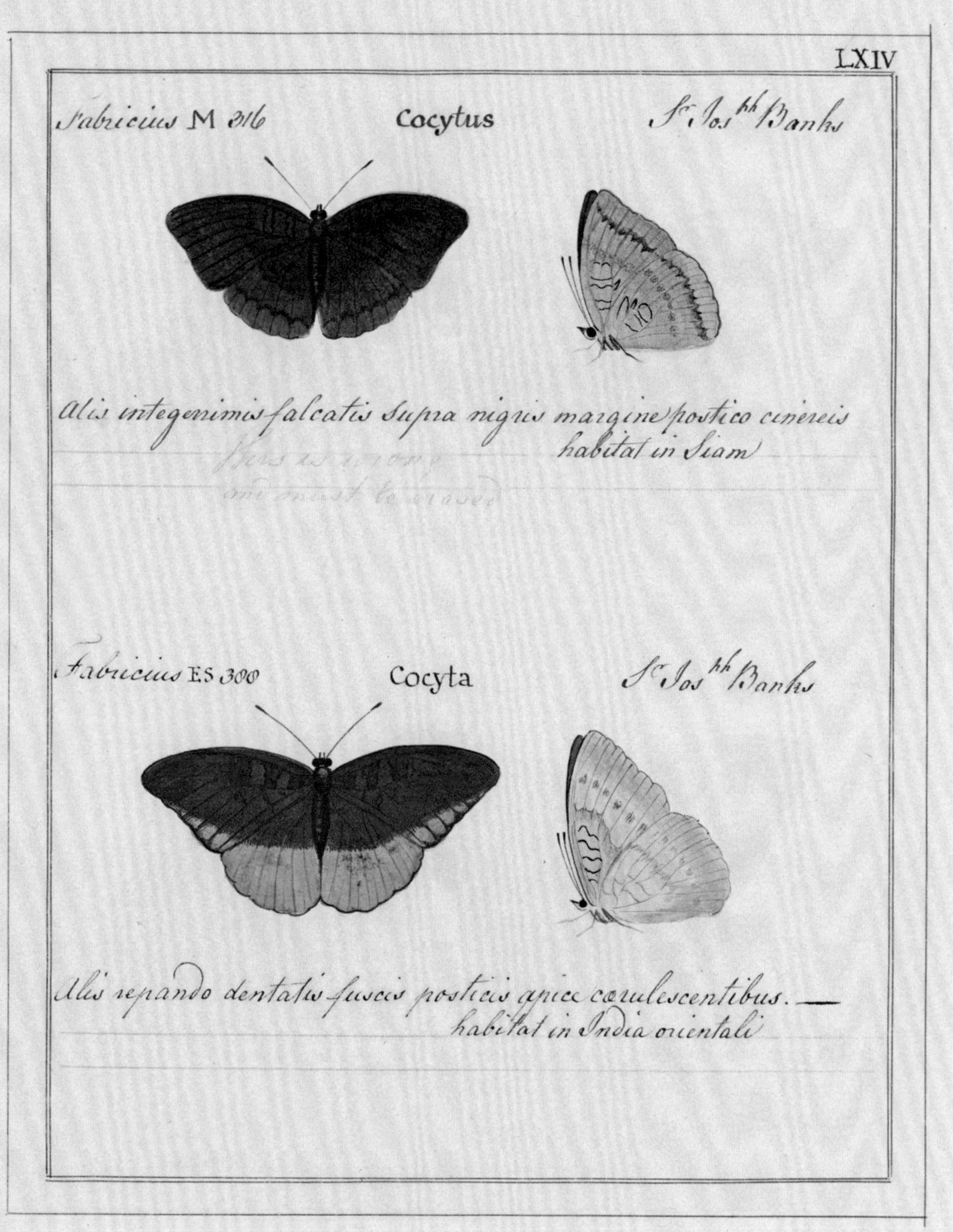

LXIV
Fabricius M 316
Cocytus
Sr Josph Banks
Alis integerrimis falcatis supra nigris margine postico cinereis
habitat in Siam
Fabricius ES 388
Cocyta
Sr Josph Banks
Alis repando dentatis fuscis posticis apice coerulescentibus.
habitat in India orientali

图　　版：LXIV.“*Cocytus*”
参考文献：J. C. Fabricius, *Mant. insect.* (1787); No. 316
收藏归属：约瑟夫·班克斯爵士
产地信息：印度阿萨姆邦至大巽他群岛
物种名片：暗斑翠蛱蝶 *Euthalia monina* (Fabricius, 1787)，雄

图　　版：LXIV.“*Cocyta*”（ICO）
参考文献：J. C. Fabricius, *Ent. syst.* (1792–1799); No. 388
收藏归属：约瑟夫·班克斯爵士
产地信息：泰国
物种名片：白条玳蛱蝶泰国亚种 *Tanaecia iapis puseda* (Moore, 1853)

名为 *Cocytus* 的插图旁边用铅笔标注着：“这是错的，必须擦掉。”确实，这幅插画并不符合法布里丘斯对这个物种的简短描述，也不符合将 *cocytus* 视为玳蛱蝶属 *Tanaecia* 物种的现代观点。错误鉴定的责任可能在法布里丘斯本人。

LXV
Fabricius E.S 184
Dirtea
Brittish Museum
alis dentatis concoloribus nigris flavo punctatis.
habitat in Bengal
Fabricius E.S 223
Bernardus
Marsham
alis caudatis fulvis: anticis apice atris fascia flava posticis striga punctorum ocellatorum.
Cramer 54
habitat in China

图　　版：LXV.“*Dirtea*”（ICO）

参考文献：J. C. Fabricius, *Ent. syst.* (1792–1799); No. 184

收藏归属：大英博物馆

产地信息：印度那加丘陵

物种名片：黑角律蛱蝶指名亚种 *Lexias dirtea dirtea* (Fabricius, 1793)

图　　版：LXV.“*Bernardus*”（ICO）

参考文献：J. C. Fabricius, *Ent. syst.* (1792–1799); No. 223

收藏归属：托马斯·马香

产地信息：中国

物种名片：白带螯蛱蝶指名亚种 *Charaxes bernardus bernardus* (Fabricius, 1793)

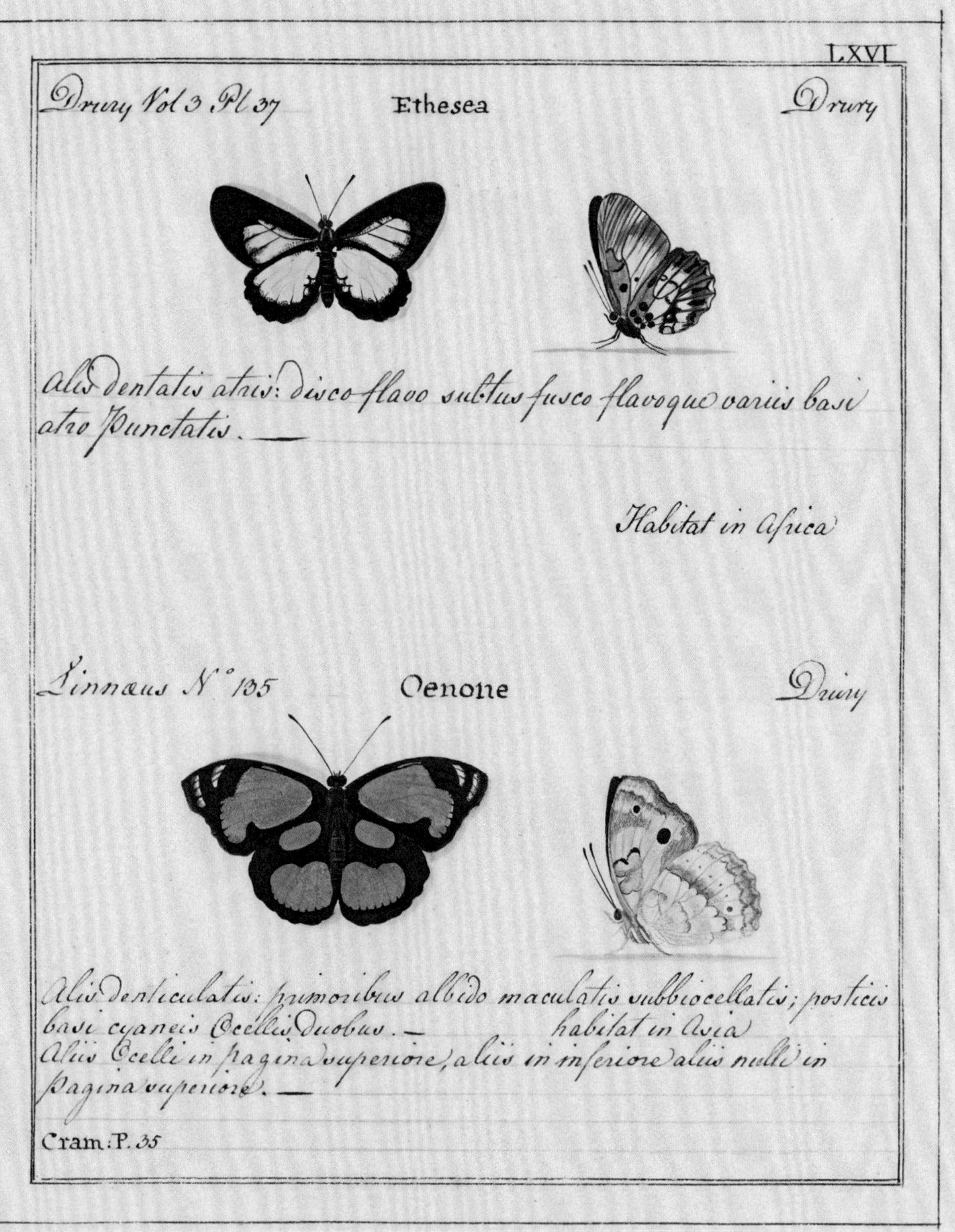
LXVI.
Drury Vol 3 Pl 37
Ethesea
Drury
Alis dentatis atris: disco flavo subtus fusco flavoque variis basi atro Punctatis. —
Habitat in Africa
Linnaeus N° 135
Oenone
Drury
Alis denticulatis: primoribus albido maculatis subbiocellatis; posticis basi cyaneis Ocellis duobus. — habitat in Asia
Aliis Ocelli in pagina superiore, aliis in inferiore aliis nulli in pagina superiore. —
Cram: P. 35

图　　版：	LXVI. “*Ethesea*”
参考文献：	D. Drury, *Illus. Nat. Hist.*, Vol. 3 (1782); Pl. 37, f. 3–4
收藏归属：	德鲁 · 德鲁里
产地信息：	非洲
物种名片：	中黄蛱蝶 *Mesoxantha ethosea* (Drury, 1782)

图　　版：	LXVI. “*Oenone*”
参考文献：	C. Linnaeus, *Syst. nat.* (1767); No. 135
收藏归属：	德鲁 · 德鲁里
产地信息：	非洲和亚洲
物种名片：	黄裳眼蛱蝶 *Junonia hierta* (Fabricius, 1798)

LXVII
Fabricius ES 775
Narva
Drury
Alis dentatis atris striga postica punctorum alborum, anticis maculis posticis disco flavis.
Fabricius N° 577
Phlegeus
Drury
Alis integerrimis atris, albo punctatis maculaque baseos oblonga fulva.
habitat Surinami
Cram: P. 197

图　　版：LXVII. “*Narva*”（ICO）
参考文献：J. C. Fabricius, *Ent. syst.* (1792–1799); No. 775
收藏归属：德鲁·德鲁里
产地信息：中美洲?
物种名片：娜巢蛱蝶指名亚种 *Chlosyne narva narva* (Fabricius, 1793)

图　　版：LXVII. “*Phlegeus*”
参考文献：J. C. Fabricius, *Spec. insect.* (1781); No. 577
收藏归属：德鲁·德鲁里
产地信息：南美洲
物种名片：白点滴蚬蝶 *Stalachtis phlegia* (Cramer, 1779)

Fabricius N°337
Chrysippe
Sr Josph Banks
Alis dentatis nigris, area communi rufa, posticis subtus fuscis atro maculatis. —
habitat in novâ hollandiâ
Linnœus N°190
Neæria
Sr Josph Banks
Alis dentatis supra fuscis albo-maculatis, subtus maculis albis linea rubra cinctis
habitat in Indiis
Cram. P. 75

图　　版：LXVIII. "*Chrysippe*"
参考文献：J. C. Fabricius, *Spec. insect.* (1781); No. 387
收藏归属：约瑟夫·班克斯爵士
产地信息：马鲁古群岛至新几内亚岛和澳大利亚
物种名片：锯蛱蝶 *Cethosia cydippe* (Linnaeus, 1767)

图　　版：LXVIII. "*Neæria*"
参考文献：C. Linnaeus, *Syst. nat.* (1767); No. 190
收藏归属：约瑟夫·班克斯爵士
产地信息：中美洲和南美洲
物种名片：克火蛱蝶 *Pyrrhogyra crameri* Aurivillius, 1882

LXIX

Alis caudatis concoloribus albis flavo fasciatis apice fuscis albo strigosis
habitat in India orientali

Fabricius M 510 Allica Sr Josph Banks

Alis dentatis subconcoloribus obscure fulvis: punctis nigris numerosis albo fotis
habitat in Siam.—

Cram: P. 280

图　　版：LXIX. “*Periander*”

参考文献：J. C. Fabricius, *Mant. insect.* (1787); No. 74

收藏归属：约瑟夫・班克斯爵士

产地信息：东南亚

物种名片：黑缘丝蛱蝶 *Cyrestis themire* Honrath, 1884

图　　版：LXIX. “*Allica*”

参考文献：J. C. Fabricius, *Mant. insect.* (1787); No. 510

收藏归属：约瑟夫・班克斯爵士

产地信息：印度阿萨姆邦、中国至苏拉威西岛

物种名片：波蚬蝶 *Zemeros flegyas* (Cramer, 1780)

LXX
Fabricius ES 776
Mardania
Drury
Alis dentatis fulvis, anticis apice nigris. fascia alba posticis punctis quatuor ocellaribus flavis. —
Fabricius ES 777
Cocalia
Drury —
Alis dentatis fuscis: anticis nigro flavoque maculatis, subtus omnibus griseis: striga punctorum alborum! —

图　　版：LXX.“*Mardania*”（ICO）

参考文献：J. C. Fabricius, *Ent. syst.* (1792–1799); No. 776

收藏归属：德鲁·德鲁里

产地信息：塞拉利昂

物种名片：马丁舟蛱蝶指名亚种 *Bebearia mardania mardania* (Fabricius, 1793)

图　　版：LXX.“*Cocalia*”（ICO）

参考文献：J. C. Fabricius, *Ent. syst.* (1792–1799); No. 777

收藏归属：德鲁·德鲁里

产地信息：塞拉利昂

物种名片：马丁舟蛱蝶指名亚种 *Bebearia mardania mardania* (Fabricius, 1793)

LXXI
Fabricius ES 772
Doriclea
Drury
Alis repandis fuscis: posticis fascia fulva nigro punctata subtus puncto atro.
habitat in Sierra Leon
Fabricius ES 773
Auge
Drury
Alis dentatis fuscis anticis fasciis viridibus posticis fulva nigro maculata subtus puncto baseos atro.

图　　版：LXXI. “*Doriclea*”

参考文献：J. C. Fabricius, *Ent. syst.* (1792–1799); No. 772

收藏归属：德鲁·德鲁里

产地信息：非洲

物种名片：多丽幽蛱蝶 *Euriphene doriclea* (Drury, 1782)

图　　版：LXXI. “*Auge*”（ICO）

参考文献：J. C. Fabricius, *Ent. syst.* (1792–1799), No. 773

收藏归属：德鲁·德鲁里

产地信息：塞拉利昂

物种名片：晨幽蛱蝶 *Euriphene auge*，存疑种

LXXII
Fabricius E.S 141
Sophus
Drury
Alis integerrimis: anticis nigris disco fulvo nigro maculato posticis fuscis punctis strigaque nigris. —
Drury

图　　版：LXXII. “*Sophus*”（ICO）
参考文献：J. C. Fabricius, *Ent. syst.* (1792–1799); No. 141
收藏归属：德鲁 · 德鲁里
产地信息：塞拉利昂?
物种名片：慧舟蛱蝶指名亚种 *Bebearia sophus sophus* (Fabricius, 1793)

图　　版：LXXII. 未命名
参考文献：—
收藏归属：德鲁 · 德鲁里
产地信息：非洲
物种名片：珂舟蛱蝶[11] *Euriphene cocalia* (Fabricius, 1793)，雄

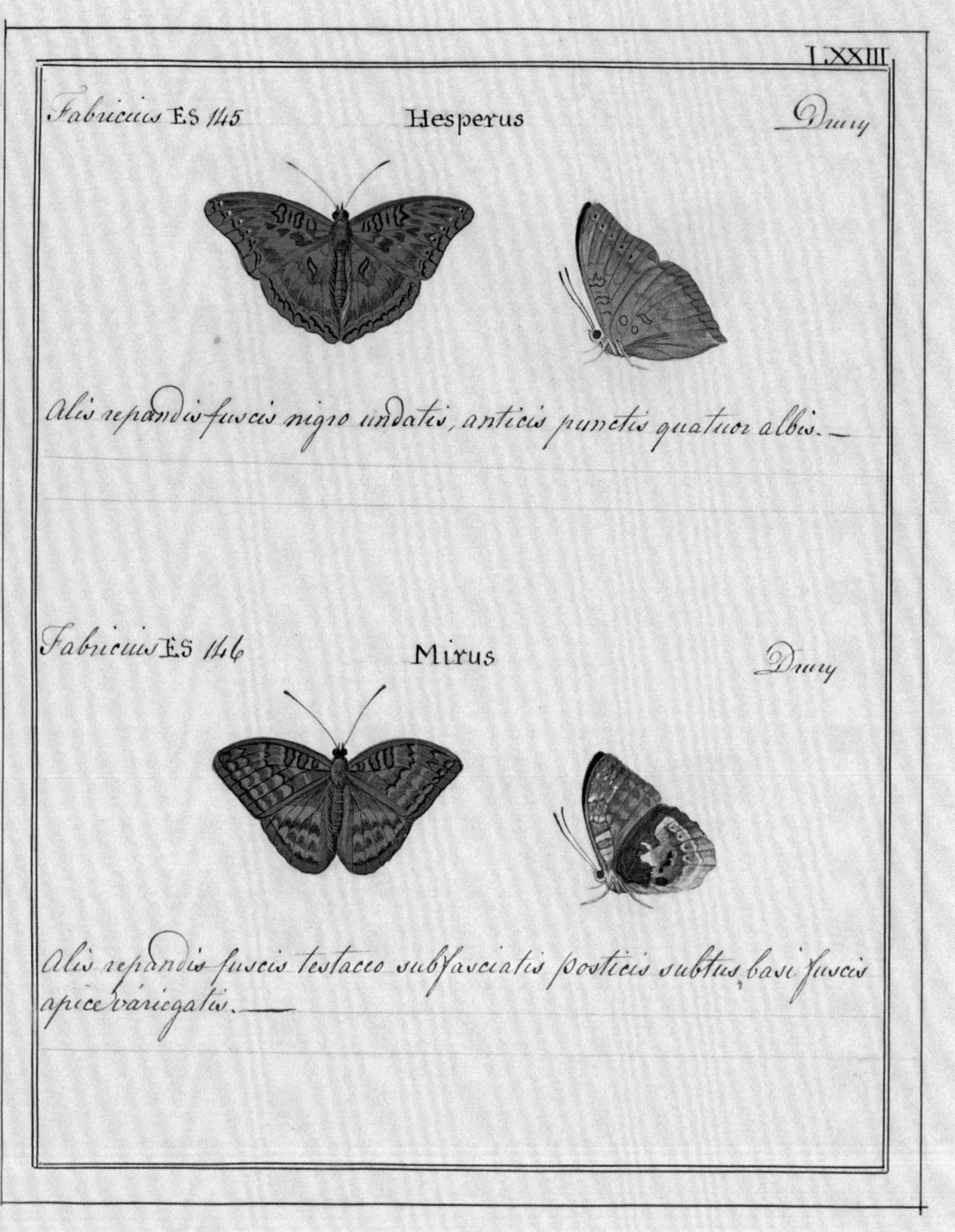

LXXIII
Fabricius ES 145
Hesperus
Drury
alis repandis fuscis nigro undatis, anticis punctis quatuor albis.
Fabricius ES 146
Mirus
Drury
alis repandis fuscis testaceo subfasciatis posticis subtus basi fuscis apice variegatis.

图　　版：LXXIII. “*Hesperus*” （ICO）
参考文献：J. C. Fabricius, *Ent. syst.* (1792–1799); No. 145
收藏归属：德鲁 · 德鲁里
产地信息：塞拉利昂?
物种名片：金肋蛱蝶指名亚种 *Euryphura chalcis chalcis* (C. & R. Felder, 1860)

图　　版：LXXIII. “*Mirus*” （ICO）
参考文献：J. C. Fabricius, *Ent. syst.* (1792–1799); No. 146
收藏归属：德鲁 · 德鲁里
产地信息：塞拉利昂?
物种名片：冈比亚幽蛱蝶信念亚种 *Euriphene gambiae vera* Hecq, 2002

LXXIV.
Drury
Linnaeus N° 165
Antiopa
Jones
Alis angulatis nigris limbo albido. —
habitat in Betula, Salice, etiam in America

图　　版：	LXXIV. 未命名
参考文献：	—
收藏归属：	德鲁·德鲁里
产地信息：	非洲
物种名片：	花斑蛱蝶 *Hypolimnas anthedon* (Doubleday, 1845)

图　　版：	LXXIV. "*Antiopa*"
参考文献：	C. Linnaeus, *Syst. nat.* (1767); No. 165
收藏归属：	威廉·琼斯
产地信息：	北美洲和欧洲
物种名片：	黄缘蛱蝶 *Nymphalis antiopa* (Linnaeus, 1758)

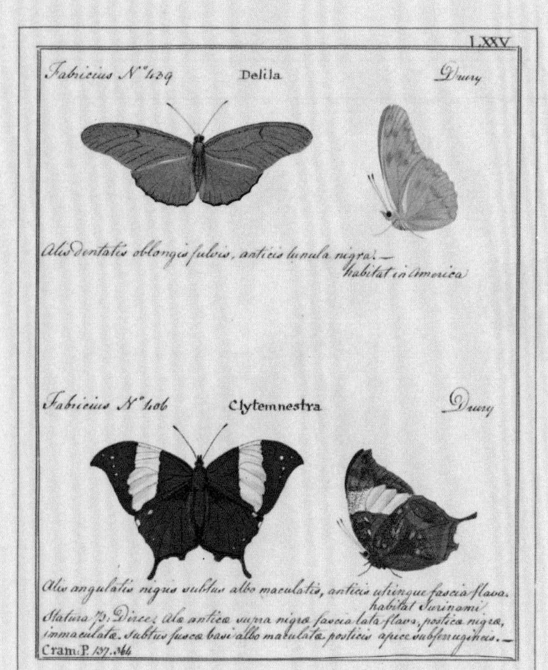

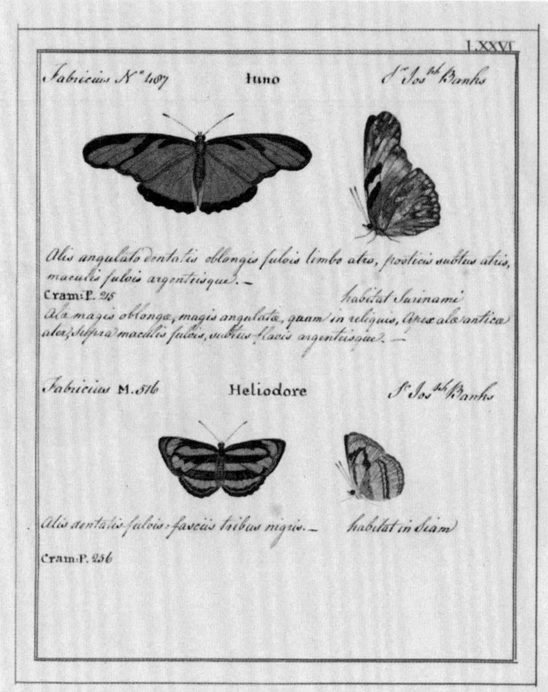

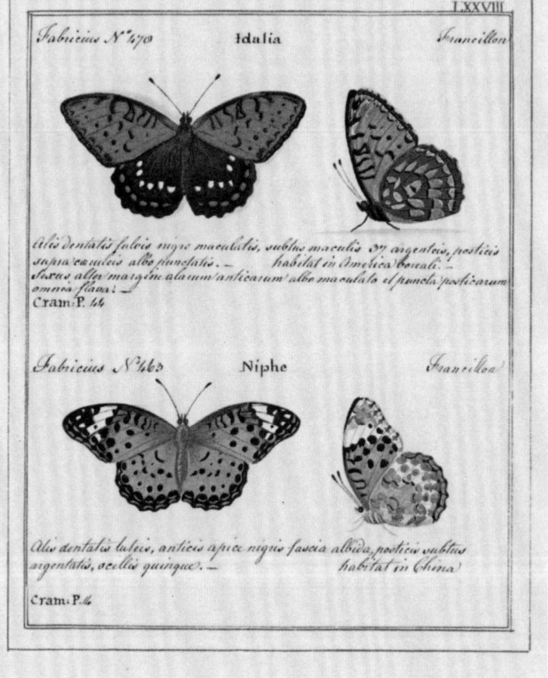

琼斯题为“*Thais*”（图版 LXXX）的图版为我们提出了一个有趣的问题：到底是谁给这个图版加上标题的呢？因为这个现在被称为翩蛱蝶 *Euptoieta claudia* 的物种，直到 1848 年才拥有了 *thais* 这个种加词。

在图版 LXXVII 的 *Niphe* 下方，琼斯写道：“这应该是下一页的 *Niphe* 的另一个性别。”没错，这两幅插画展示的都是斐豹蛱蝶，图版 LXXVII 为雄性，图版 LXXVIII 为雌性。

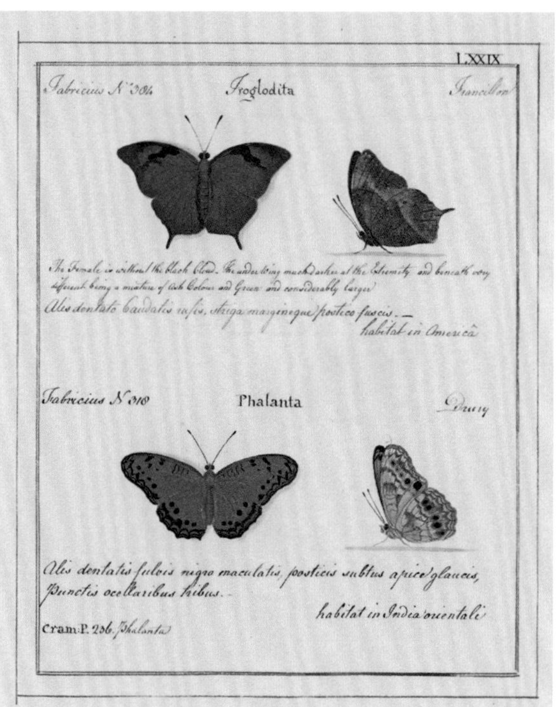
LXXIX
Fabricius N°384
Troglodita
Francillon
habitat in America
Fabricius N°318
Phalanta
Drury
Alis dentatis fulvis nigro maculatis, posticis subtus apice glaucis, punctis ocellaribus tribus.
habitat in India orientali
Cram:P. 206 Phalanta

LXXX
Fabricius E.S 456
Thais
Drury
Alis dentatis fulvis margine nigro strigoso, subtus glaucis posticis fascia argentea punctisque ocellaribus.
Drury

图　　版：LXXV. “*Delila*”
参考文献：J. C. Fabricius, *Spec. insect.* (1781); No. 439
收藏归属：德鲁·德鲁里
产地信息：美国得克萨斯州至加勒比海地区和巴西
物种名片：珠袖蝶 *Dryas iulia* (Fabricius, 1775)

图　　版：LXXV. “*Clytemnestra*”
参考文献：J. C. Fabricius, *Spec. insect.* (1781); No. 406
收藏归属：德鲁·德鲁里
产地信息：墨西哥、南美洲和加勒比海地区
物种名片：钩翅蛱蝶 *Hypna clytemnestra* (Cramer, 1777)

图　　版：LXXVI. “*Iuno*”
参考文献：J. C. Fabricius, *Spec. insect.* (1781); No. 487
收藏归属：约瑟夫·班克斯爵士
产地信息：美国南部至南美洲
物种名片：天后银纹袖蝶 *Dione juno* (Cramer, 1779)

图　　版：LXXVI. “*Heliodore*”
参考文献：J. C. Fabricius, *Mant. insect.* (1787); No. 516
收藏归属：约瑟夫·班克斯爵士
产地信息：印度阿萨姆邦、泰国至爪哇岛
物种名片：日光蜡蛱蝶 *Lassipa heliodore* (Fabricius, 1787)

图　　版：LXXVII. “*Iulia*”
参考文献：J. C. Fabricius, *Spec. insect.* (1781); No. 435
收藏归属：德鲁·德鲁里
产地信息：美国得克萨斯州至加勒比海地区和巴西
物种名片：珠袖蝶 *Dryas iulia* (Fabricius, 1775)

图　　版：LXXVII. “*Niphe*”
参考文献：J. C. Fabricius, *Spec. insect.* (1781); No. 463
收藏归属：德鲁·德鲁里
产地信息：埃塞俄比亚至中国、日本、马来群岛和澳大利亚
物种名片：斐豹蛱蝶 *Argynnis hyperbius* (Linnaeus, 1763)，雄

图　　版：LXXVIII. “*Idalia*”
参考文献：J. C. Fabricius, *Spec. insect.* (1781); No. 478
收藏归属：约翰·弗朗西伦
产地信息：北美洲
物种名片：斑豹蛱蝶 *Speyeria idalia* (Drury, 1773)

图　　版：LXXVIII. “*Niphe*”
参考文献：J. C. Fabricius, *Spec. insect.* (1781); No. 463
收藏归属：约翰·弗朗西伦
产地信息：埃塞俄比亚至中国、日本、马来群岛和澳大利亚
物种名片：斐豹蛱蝶 *Argynnis hyperbius* (Linnaeus, 1763)，雌

图　　版：LXXIX. “*Troglodita*”
参考文献：J. C. Fabricius, *Spec. insect.* (1781); No. 384
收藏归属：约翰·弗朗西伦
产地信息：墨西哥至南美洲
物种名片：扶蛱蝶属某种 *Fountainea* sp.，参考（广义）红衫扶蛱蝶 *F. glycerium* (Doubleday, 1849)

图　　版：LXXIX. “*Phalanta*”
参考文献：J. C. Fabricius, *Syst. ent.* (1775); No. 318
收藏归属：德鲁·德鲁里
产地信息：旧大陆热带地区
物种名片：珐蛱蝶 *Phalanta phalantha* (Drury, 1773)

图　　版：LXXX. “*Thais*”
参考文献：J. C. Fabricius, *Ent. syst.* (1792–1799); No. 456
收藏归属：德鲁·德鲁里
产地信息：美洲，包括加勒比海地区
物种名片：翩蛱蝶 *Euptoieta claudia* (Cramer, 1775)

图　　版：LXXX. 未命名
参考文献：—
收藏归属：德鲁·德鲁里
产地信息：美洲，包括加勒比海地区
物种名片：黄翩蛱蝶 *Euptoieta hegesia* (Cramer, 1779)

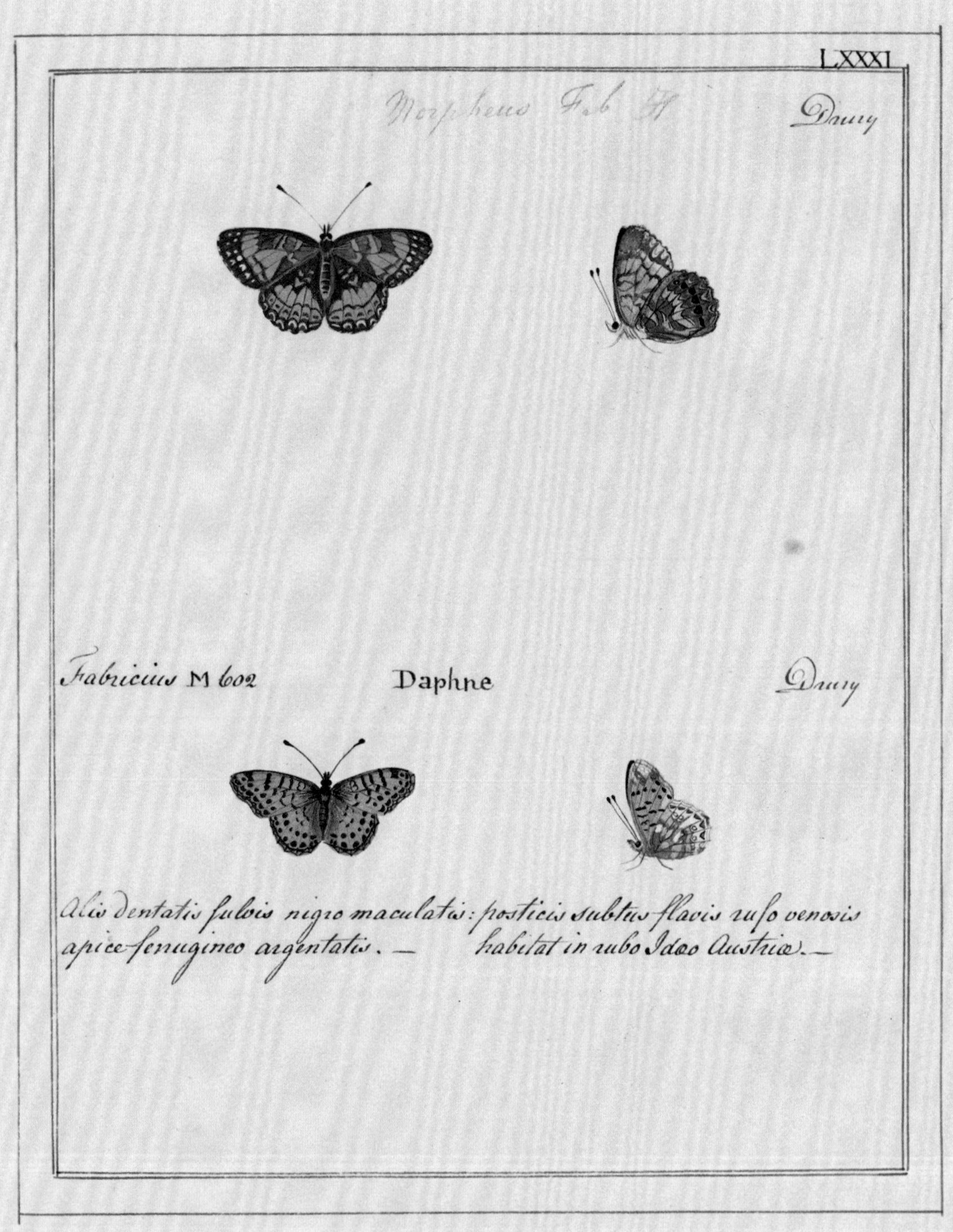
LXXXI
Morpheus Fab H
Drury
Fabricius M 602
Daphne
Drury
Alis dentatis fulvis nigro maculatis: posticis subtus flavis rufo venosis
apice ferrugineo argentatis. — habitat in rubo Idaeo Austriae. —

图　　版：LXXXI.“*Morpheus*”

参考文献：—

收藏归属：德鲁·德鲁里

产地信息：北美洲

物种名片：巢蛱蝶属某种 *Chlosyne* sp.，参考女妖巢蛱蝶 *C. gorgone* (Hübner, 1810)

图　　版：LXXXI.“*Daphne*”

参考文献：J. C. Fabricius, *Mant. insect.* (1787); No. 602

收藏归属：德鲁·德鲁里

产地信息：西起比利牛斯山，东至中国

物种名片：参考龙女宝蛱蝶 *Boloria pales* Denis & Schiffermüller, 1775

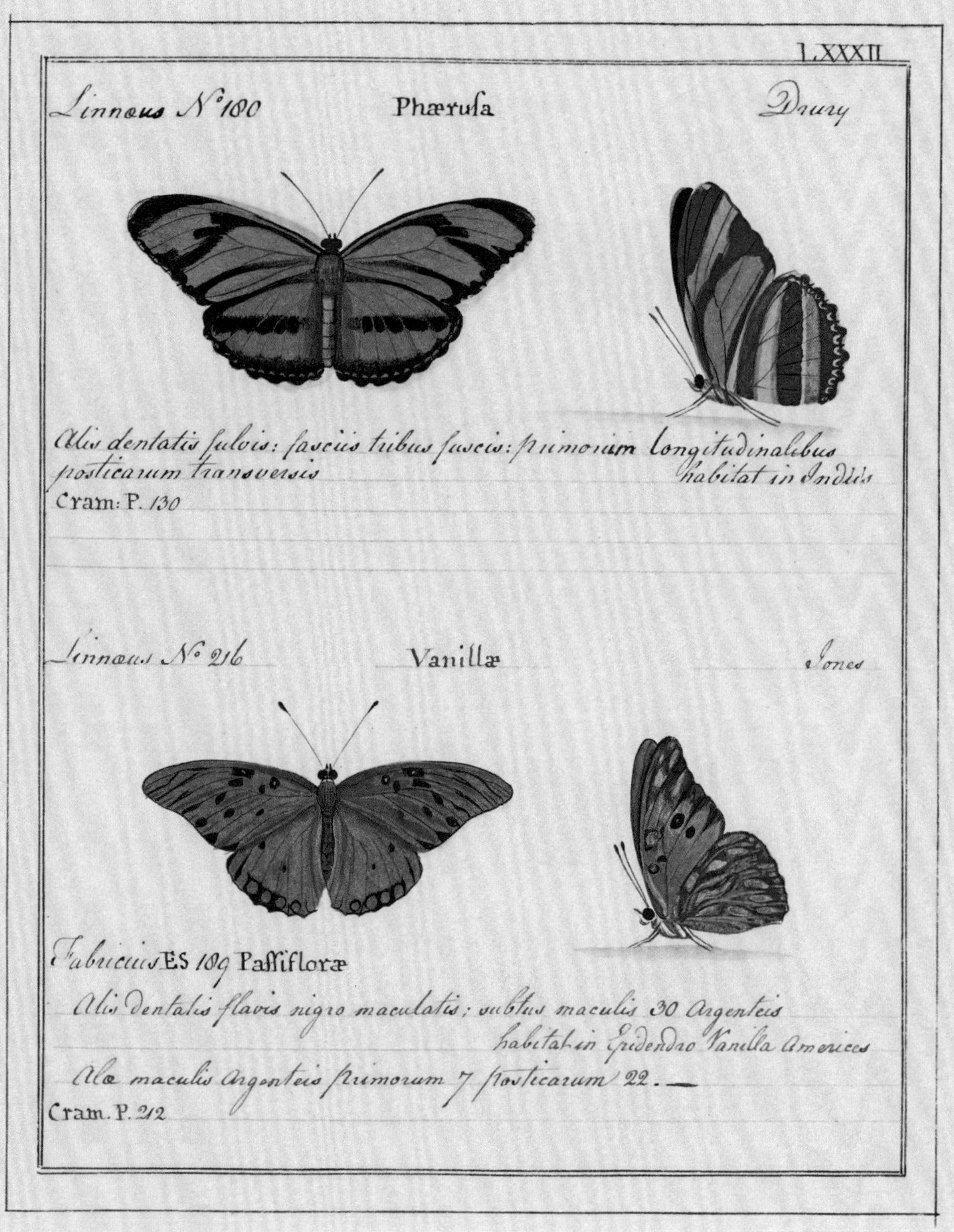

LXXXII
Linnæus N° 180
Phærusa
Drury
Alis dentatis fulvis: fasciis tribus fuscis: primorum longitudinalibus
posticarum transversis
habitat in Indiis
Cram: P. 130
Linnæus N° 216
Vanillæ
Jones
Fabricius ES 189 Passifloræ
Alis dentatis flavis nigro maculatis; subtus maculis 30 Argenteis
habitat in Epidendro Vanilla Americes
Alæ maculis Argenteis primorum 7 posticarum 22.
Cram. P. 212

图　　版：LXXXII. “*Phærusa*”

参考文献：C. Linnaeus, *Syst. nat.* (1767); No. 180

收藏归属：德鲁 · 德鲁里

产地信息：美国佛罗里达州南部至巴西

物种名片：环袖蝶 *Dryadula phaetusa* (Linnaeus, 1758)

图　　版：LXXXII. “*Vanillæ*” / “*Passifloræ*”

参考文献：C. Linnaeus, *Syst. nat.* (1767); No. 216 / J. C. Fabricius, *Ent. syst.* (1792–1799); No. 189

收藏归属：威廉 · 琼斯

产地信息：美国得克萨斯州至中美洲，包括加勒比海地区

物种名片：银纹红袖蝶 *Agraulis vanillae* (Linnaeus, 1758)

LXXXIII

Linnaeus N° 214 **Euphrosyne** Jones

Alis dentatis fulvis nigro maculatis: subtus maculis novem Argenteis habitat in Europa et America Septentrionali
Ala maculis argenteis: posticarum 9: harum 1 disci, 1 Baseos. —

Fabricius ES 451 **Selene** Jones

Alis dentatis fulvis nigro maculatis, subtus posticis maculis argenteis 12 Punctoque distincto baseos Strigaque postica atris. — *habitat Anglia*
Affinis omnino praecedenti attamen distinctus videtur. differt in primis Puncto distincto baseos subtus in alis Posticis macula argentea ad angulum ani aliisque 3 oppositis ad marginem exteriorem maculis denique duabus magnis, brunneis postice et per has Striga e Punctis distinctis atris. —

图　　版：LXXXIII. "*Euphrosyne*"
参考文献：C. Linnaeus, *Syst. nat.* (1767); No. 214
收藏归属：威廉·琼斯
产地信息：古北界，包括英国
物种名片：卵珍蛱蝶 [12]*Boloria euphrosyne* (Linnaeus, 1758)

图　　版：LXXXIII. "*Selene*"
参考文献：J. C. Fabricius, *Ent. syst.* (1792–1799); No. 451
收藏归属：威廉·琼斯
产地信息：全北界
物种名片：北冷珍蛱蝶 *Boloria selene* (Denis & Schiffermüller, 1775)

LXXXIV
Fabricius M 578
Hecate
Latham
Alis dentatis fulvis nigro maculatis: omnibus apice strigis duabus punctorum nigrorum
Habitat in Austria
Vide fol 98
Fabricius M.580
Amathusia
Latham
Alis dentatis fulvis: maculis strigaque punctata nigris, posticis subtus variegatis: basi puncto apice striga punctorum. – habitat in Russiâ

图　　版：LXXXIV. “*Hecate*”

参考文献：J. C. Fabricius, *Mant. insect.* (1787); No. 578

收藏归属：约翰・莱瑟姆

产地信息：欧洲至日本（古北界）

物种名片：小豹蛱蝶属某种 *Brenthis* sp.，参考小豹蛱蝶 *B. daphne* (Bergsträsser, 1780)

图　　版：LXXXIV. “*Amathusia*”

参考文献：J. C. Fabricius, *Mant. insect.* (1787); No. 580

收藏归属：约翰・莱瑟姆

产地信息：西起西欧，东至俄罗斯阿尔泰共和国

物种名片：提珍蛱蝶 *Boloria titania* (Esper, 1793)

LXXXV

Fabricius N°.354 Ianthe Drury

Alis dentatis, supra fuscis albo subfasciatis posticis subtus Ocellis quinque caecis. — habitat Cayenna

Linnaeus N°.219 Thero Francillon

Drury

Alis dentatis subcaudatis nigricantibus: maculis fulvis; subtus maculis argenteis habitat ad Cap: b: Spei. —

Fabricius M. Erosine

Alis dentatis fuscis: anticis punctis septem posticis tribus rubris, subtus anticis punctis tribus argenteis. —

Cram: P.341..

图　　版：LXXXV.“*Ianthe*”

参考文献：J. C. Fabricius, *Spec. insect.* (1781); No. 354

收藏归属：德鲁·德鲁里

产地信息：法属圭亚那和苏里南

物种名片：择蛱蝶 *Janatella hera* (Cramer, 1779)

图　　版：LXXXV.“*Thero*”

参考文献：C. Linnaeus, *Syst. nat.* (1767); No. 219

收藏归属：约翰·弗朗西伦

产地信息：南非好望角

物种名片：相灰蝶属某种 *Phasis* sp.，参考相灰蝶 *P. thero* (Linnaeus, 1764)

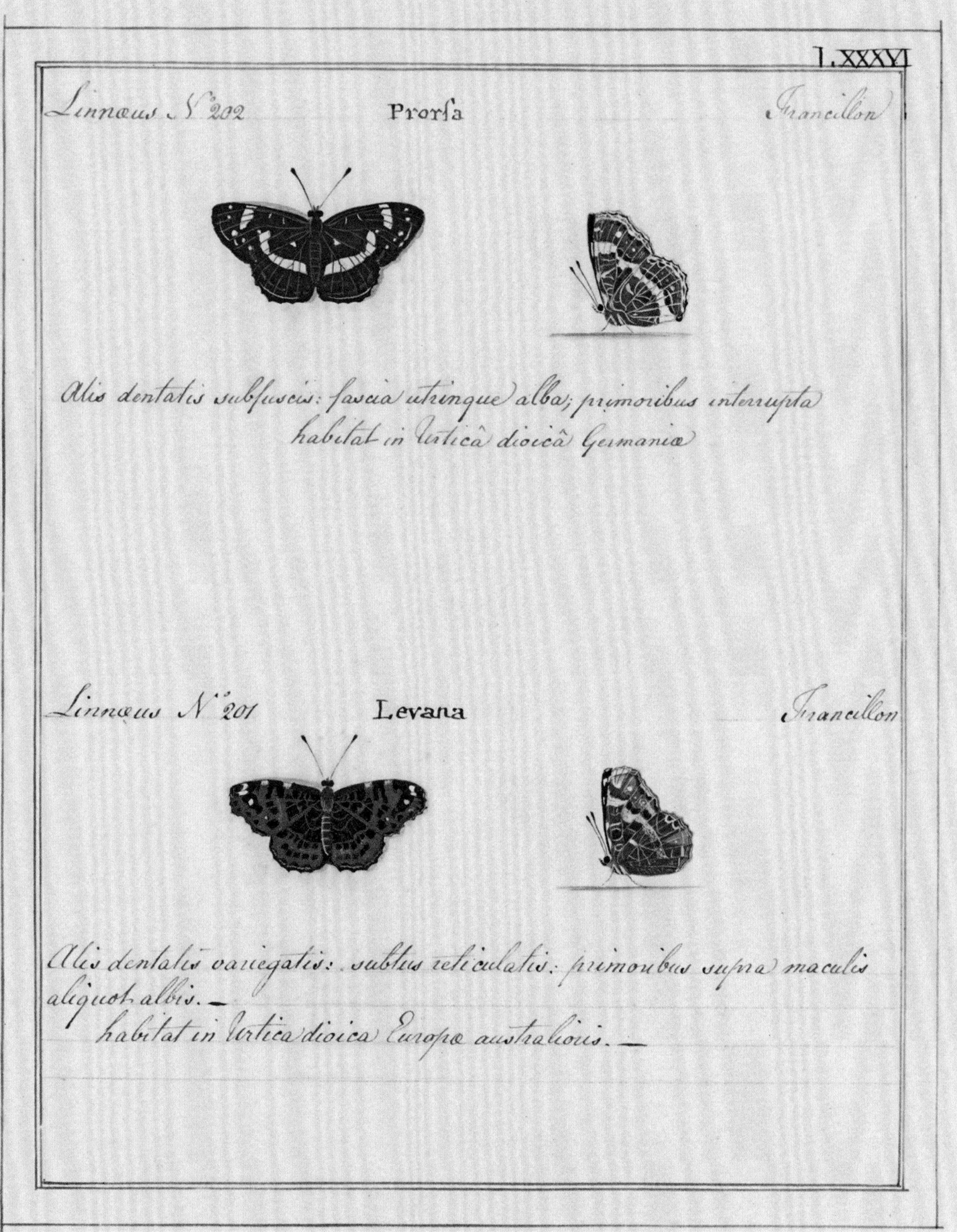
LXXXVI
Linnæus N° 202
Prorsa
Francillon
Alis dentatis subfuscis: fascia utrinque alba; primoribus interrupta
habitat in Urtica dioica Germaniæ
Linnæus N° 201
Levana
Francillon
Alis dentatis variegatis: subtus reticulatis: primoribus supra maculis aliquot albis.
habitat in Urtica dioica Europæ australioris.

图　　版：LXXXVI.“*Prorsa*”
参考文献：C. Linnaeus, *Syst. nat.* (1767); No. 202
收藏归属：约翰·弗朗西伦
产地信息：西起欧洲，东至日本
物种名片：丝网蜘蛱蝶 *Araschnia levana* (Linnaeus, 1758)，夏型

图　　版：LXXXVI.“*Levana*”
参考文献：C. Linnaeus, *Syst. nat.* (1767); No. 201
收藏归属：约翰·弗朗西伦
产地信息：西起欧洲，东至日本
物种名片：丝网蜘蛱蝶 *Araschnia levana* (Linnaeus, 1758)，冬型

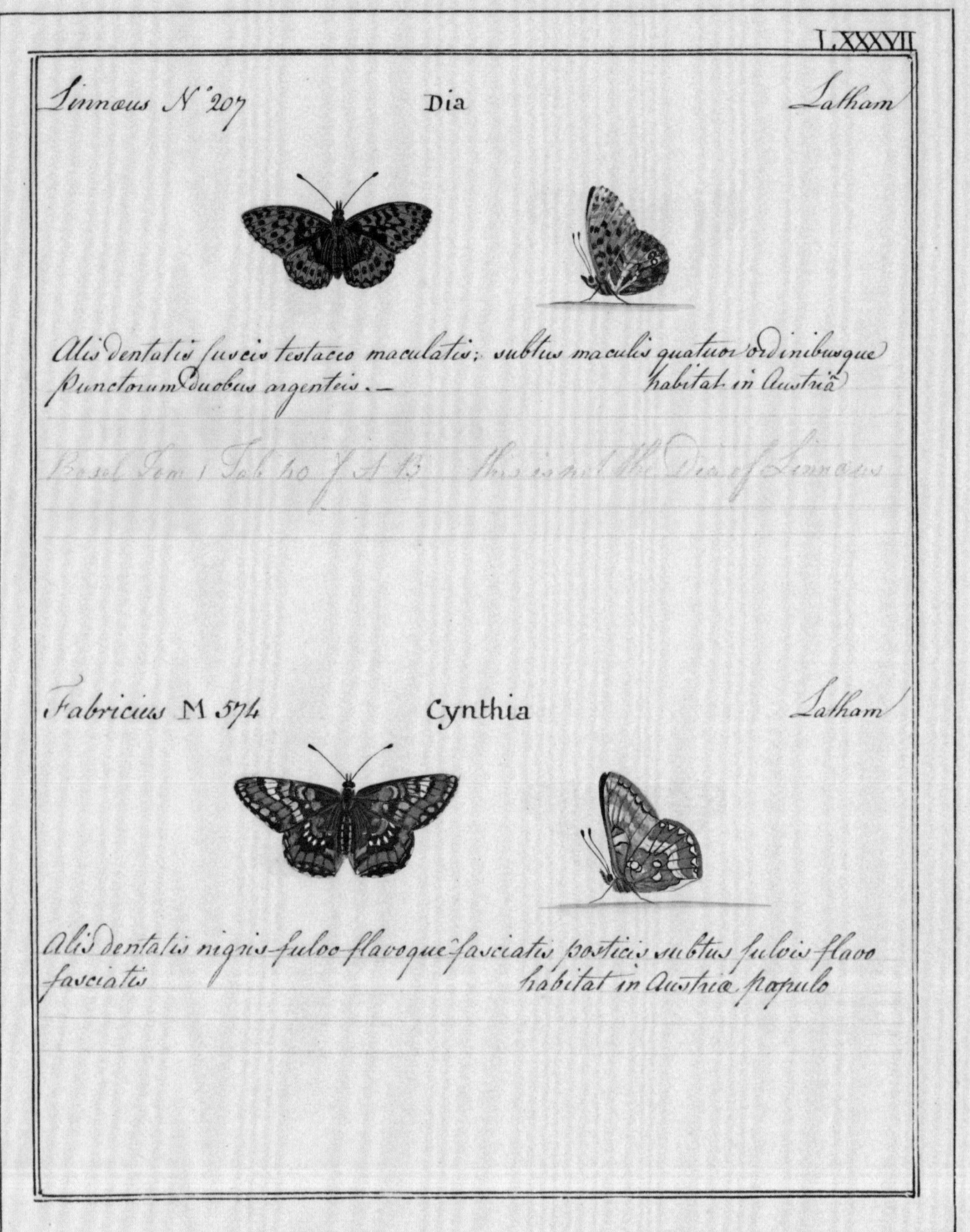

LXXXVII
Linnaeus N° 207
Dia
Latham
Alis dentatis fuscis testaceo maculatis; subtus maculis quatuor ordinibusque punctorum duobus argenteis. —
habitat in Austria
Fabricius M 574
Cynthia
Latham
Alis dentatis nigris fulvo flavoque fasciatis posticis subtus fulvis flavo fasciatis
habitat in Austria populo

图　　版：LXXXVII. “*Dia*”

参考文献：C. Linnaeus, *Syst. nat.* (1767); No. 207

收藏归属：约翰 · 莱瑟姆

产地信息：欧洲

物种名片：女神珍蛱蝶 *Boloria dia* (Linnaeus, 1767)

图　　版：LXXXVII. “*Cynthia*”

参考文献：J. C. Fabricius, *Mant. insect.* (1787); No. 574

收藏归属：约翰 · 莱瑟姆

产地信息：欧洲阿尔卑斯山脉以北至俄罗斯阿尔泰共和国

物种名片：豹纹堇蛱蝶 *Euphydryas maturna* (Linnaeus, 1758)

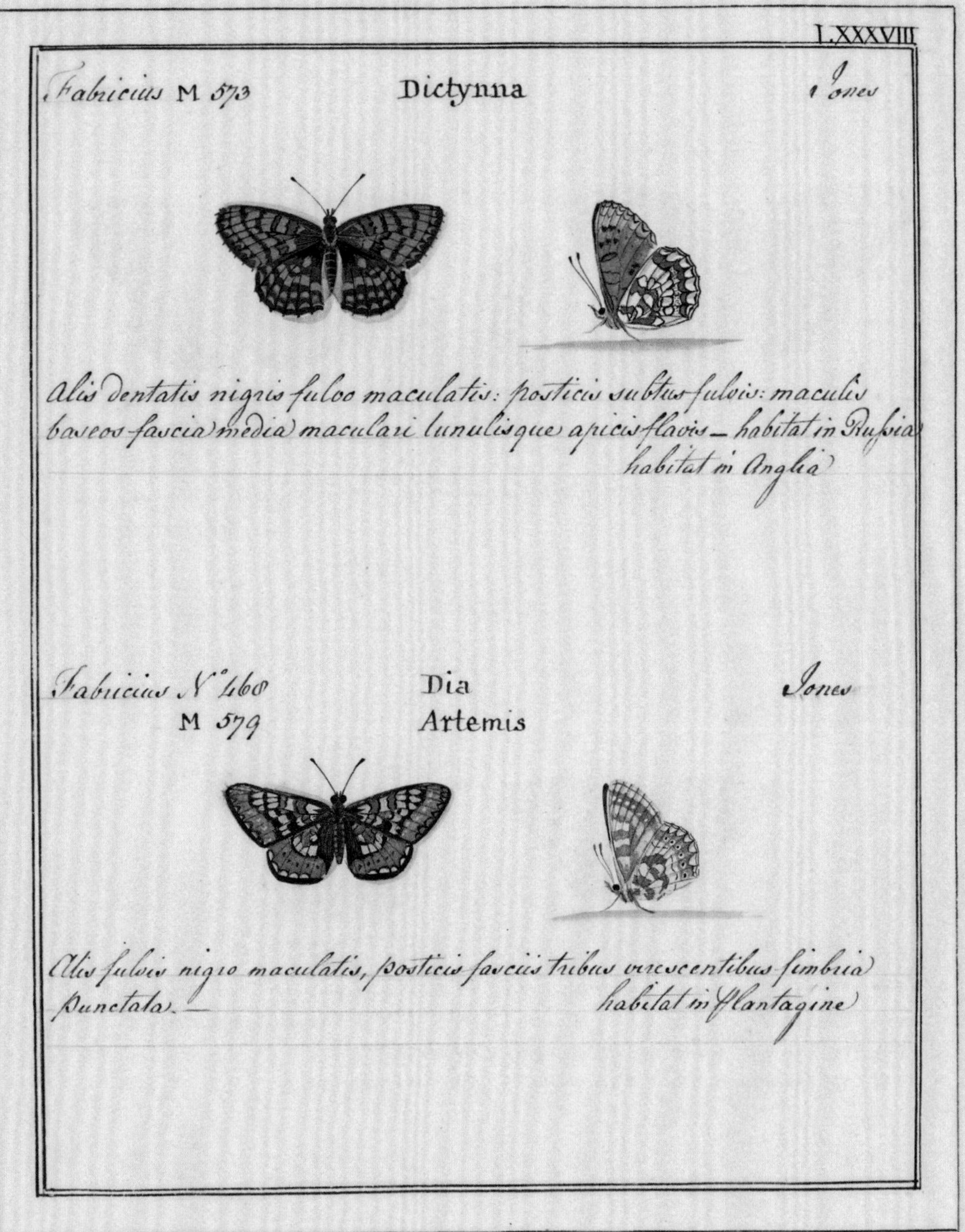

LXXXVIII
Fabricius M 573
Dictynna
Jones
Alis dentatis nigris fulvo maculatis: posticis subtus fulvis: maculis baseos fascia media maculari lunulisque apicis flavis – habitat in Russia
habitat in Anglia
Fabricius N° 468
M 579
Dia
Artemis
Jones
Alis fulvis nigro maculatis, posticis fasciis tribus virescentibus fimbria punctata –
habitat in Plantagine

图　　版：LXXXVIII. “*Dictynna*”

参考文献：J. C. Fabricius, *Mant. insect.* (1787); No. 573

收藏归属：威廉・琼斯

产地信息：西起英国，东至日本

物种名片：黄蜜蛱蝶 *Mellicta athalia* (Rottemburg, 1775)

图　　版：LXXXVIII. “*Dia*” / “*Artemis*”

参考文献：J. C. Fabricius, *Spec. insect.*, 1781; No. 468 / J. C. Fabricius, *Mant. insect.*, 1787; No. 579

收藏归属：威廉・琼斯

产地信息：西起英国，东至韩国

物种名片：金堇蛱蝶 *Euphydryas aurinia* (Rottemburg, 1775)

LXXXIX
Linnæus N° 209
Paphia
Jones
Alis dentatis luteis nigro maculatis: subtus lineis argenteis transversis.–
habitat in Urtica
Linnæus N° 213
Lathonia
Jones
Alis dentatis luteis, nigro maculatis; subtus maculis 37 argenteis.–
habitat in Europa:
frequentissima Upsaliæ 1750 vere primo.–
Alæ maculis argenteis primorum 7, posticarum 21.

图　　版：LXXXIX. "*Paphia*"
参考文献：C. Linnaeus, *Syst. nat.* (1767); No. 209
收藏归属：威廉·琼斯
产地信息：西起英国，东至日本
物种名片：绿豹蛱蝶 *Argynnis paphia* (Linnaeus, 1758)

图　　版：LXXXIX. "*Lathonia*"
参考文献：C. Linnaeus, *Syst. nat.* (1767); No. 213
收藏归属：威廉·琼斯
产地信息：加那利群岛、北非和欧洲，向东至中国西部
物种名片：珠蛱蝶 *Issoria lathonia* (Linnaeus, 1758)

像 *Paphia* 和 *Lathonia* 这样的插画说明琼斯肯定使用了含铅白颜料。绿豹蛱蝶后翅下表面的条纹应该是银色的，而珠蛱蝶后翅下表面的斑点应该是珍珠色的，图中两者显然都随着时间的推移而失去了光泽。

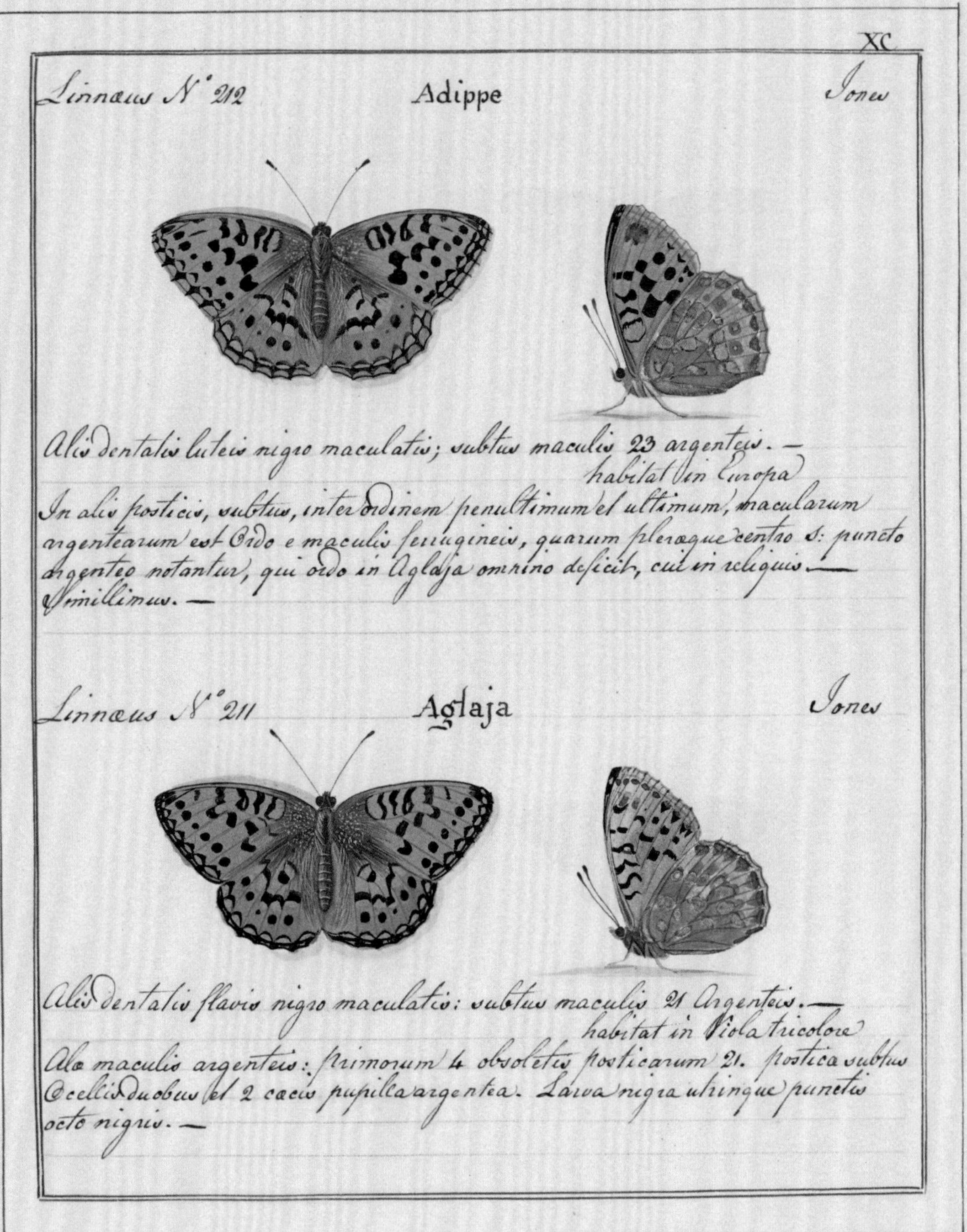

XC
Linnaeus N° 212
Adippe
Jones
Alis dentatis luteis nigro maculatis; subtus maculis 23 argenteis. —
habitat in Europa
In alis posticis, subtus, inter ordinem penultimum et ultimum, macularum argentearum est Ordo e maculis ferrugineis, quarum pleraque centro s: puncto argenteo notantur, qui ordo in Aglaja omnino deficit, cui in reliquis — Simillimus. —
Linnaeus N° 211
Aglaja
Jones
Alis dentatis flavis nigro maculatis: subtus maculis 21 Argenteis. —
habitat in Viola tricolore
Alae maculis argenteis: primorum 4 obsoletis posticarum 21. postica subtus Ocellis duobus et 2 caecis pupilla argentea. Larva nigra utrinque punctis octo nigris. —

图　　版：XC. “*Adippe*”
参考文献：C. Linnaeus, *Syst. nat.* (1767); No. 212
收藏归属：威廉·琼斯
产地信息：爱尔兰至日本
物种名片：灿福蛱蝶 *Fabriciana adippe* (Denis & Schiffermüller, 1775)

图　　版：XC. “*Aglaja*”
参考文献：C. Linnaeus, *Syst. nat.* (1767); No. 211
收藏归属：威廉·琼斯
产地信息：爱尔兰至日本
物种名片：银斑豹蛱蝶 *Speyeria aglaja* (Linnaeus, 1758)

同左页的 *Paphia* 和 *Lathonia* 一样，*Adippe* 和 *Aglaja* 显然也使用了含铅白颜料，它们后翅下表面的斑点本应是银色或者白色的，但随着时间的推移而失去了光泽，现在呈灰色。

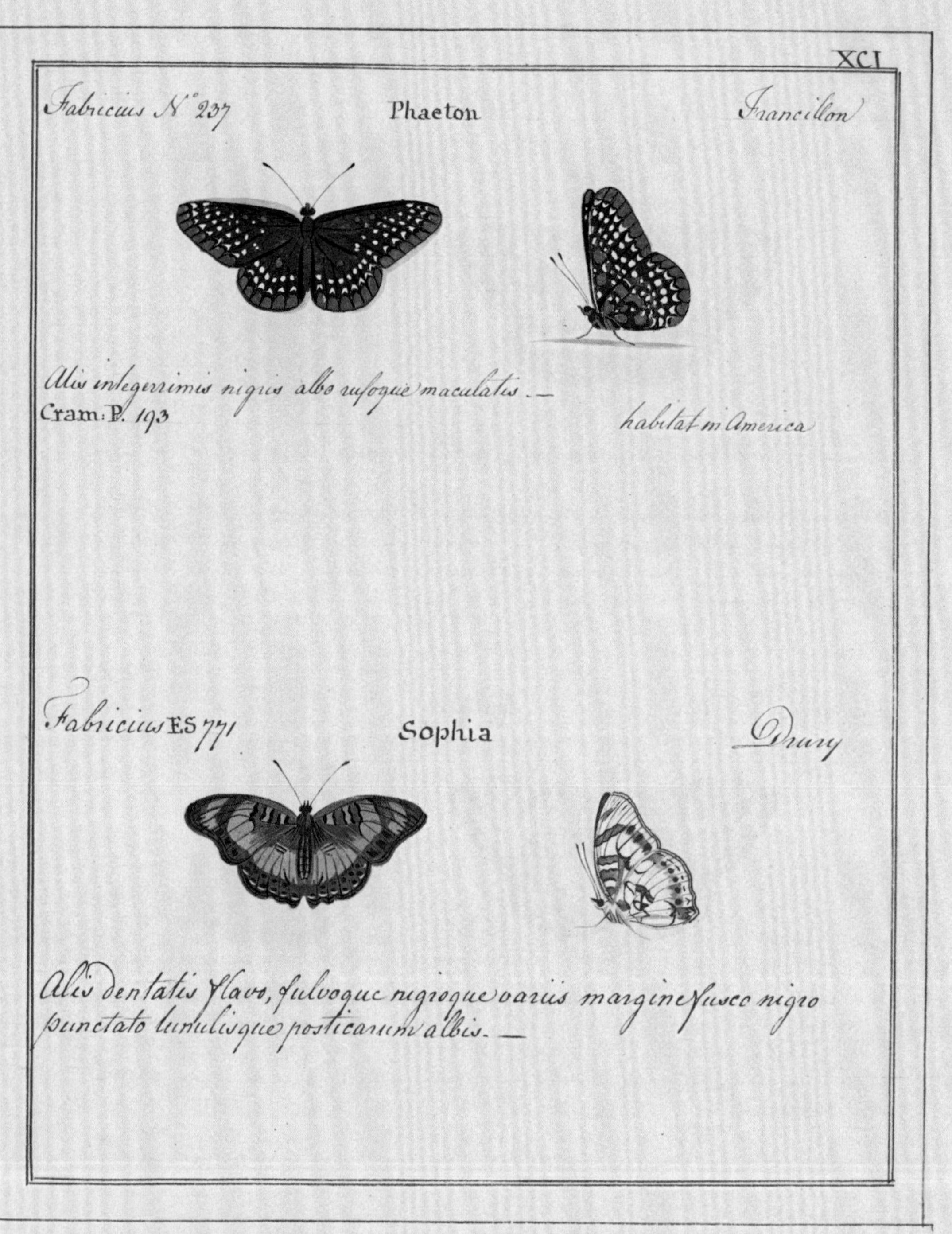

XCI
Fabricius N° 237
Phaeton
Francillon
Alis integerrimis nigris albo rufoque maculatis.—
Cram: P. 193
habitat in America
Fabricius ES 771
Sophia
Drury
Alis dentatis flavo, fulvoque nigroque variis margine fusco nigro punctato lunulisque posticarum albis.—

图　　版：XCI. "*Phaeton*"
参考文献：J. C. Fabricius, *Spec. insect.* (1781); No. 237
收藏归属：约翰·弗朗西伦
产地信息：北美洲东部
物种名片：格斑堇蛱蝶 *Euphydryas phaeton* (Drury, 1773)

图　　版：XCI. "*Sophia*"（ICO）
参考文献：J. C. Fabricius, *Ent. syst.* (1792–1799); No. 771
收藏归属：德鲁·德鲁里
产地信息：塞拉利昂
物种名片：沙菲眼蛱蝶指名亚种 *Junonia sophia sophia* (Fabricius, 1793)

XCII
Fabricius E.S 796
Pandora
Drury
Alis dentatis fulvis nigro maculatis posticis subtus coccineis immaculatis. —
Cram: P. 209 Hegesia
Drury

图　　版：XCII.“*Pandora*”（ICO）
参考文献：J. C. Fabricius, *Ent. syst.* (1792–1799); No. 796
收藏归属：德鲁·德鲁里
产地信息：牙买加
物种名片：黄翩蛱蝶指名亚种 *Euptoieta hegesia hegesia* (Cramer, 1779)

图　　版：XCII.“*Athalia*”
参考文献：—
收藏归属：德鲁·德鲁里
产地信息：西起欧洲，东至中亚
物种名片：狄网蛱蝶 *Melitaea didyma* (Esper, 1779)

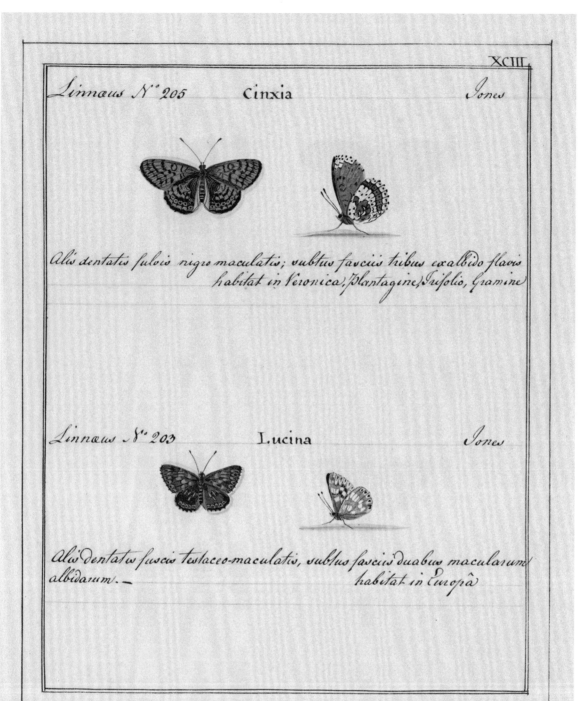

XCIII.

Linnæus N° 205 Cinxia Jones

Alis dentatis fulvis nigro maculatis; subtus fasciis tribus exalbido flavis habitat in Veronica, Plantagine, Trifolio, Gramine

Linnæus N° 203 Lucina Jones

Alis dentatis fuscis testaceo-maculatis, subtus fasciis duabus macularum albidarum. — habitat in Europâ

图　　版：XCIII.“*Cinxia*”
参考文献：C. Linnaeus, *Syst. nat.* (1767); No. 205
收藏归属：威廉 · 琼斯
产地信息：欧洲至亚洲
物种名片：庆网蛱蝶 *Melitaea cinxia* (Linnaeus, 1758)

图　　版：XCIII.“*Lucina*”
参考文献：C. Linnaeus, *Syst. nat.* (1767); No. 203
收藏归属：威廉 · 琼斯
产地信息：英国和西班牙，向东至俄罗斯
物种名片：橙红斑蚬蝶 *Hamearis lucina* (Linnaeus, 1758)

图　　版：XCIV.“*Fascelis*”
参考文献：J. C. Fabricius, *Mant. insect.* (1787); No. 570
收藏归属：约翰 · 莱瑟姆
产地信息：中欧、北非、中东、中亚和西伯利亚
物种名片：狄网蛱蝶 *Melitaea didyma* (Esper, 1779)

图　　版：XCIV.“*Didyma*”
参考文献：J. C. Fabricius, *Mant. insect.* (1787); No. 569
收藏归属：约翰 · 莱瑟姆
产地信息：中欧、北非、中东、中亚和西伯利亚
物种名片：狄网蛱蝶 *Melitaea didyma* (Esper, 1779)

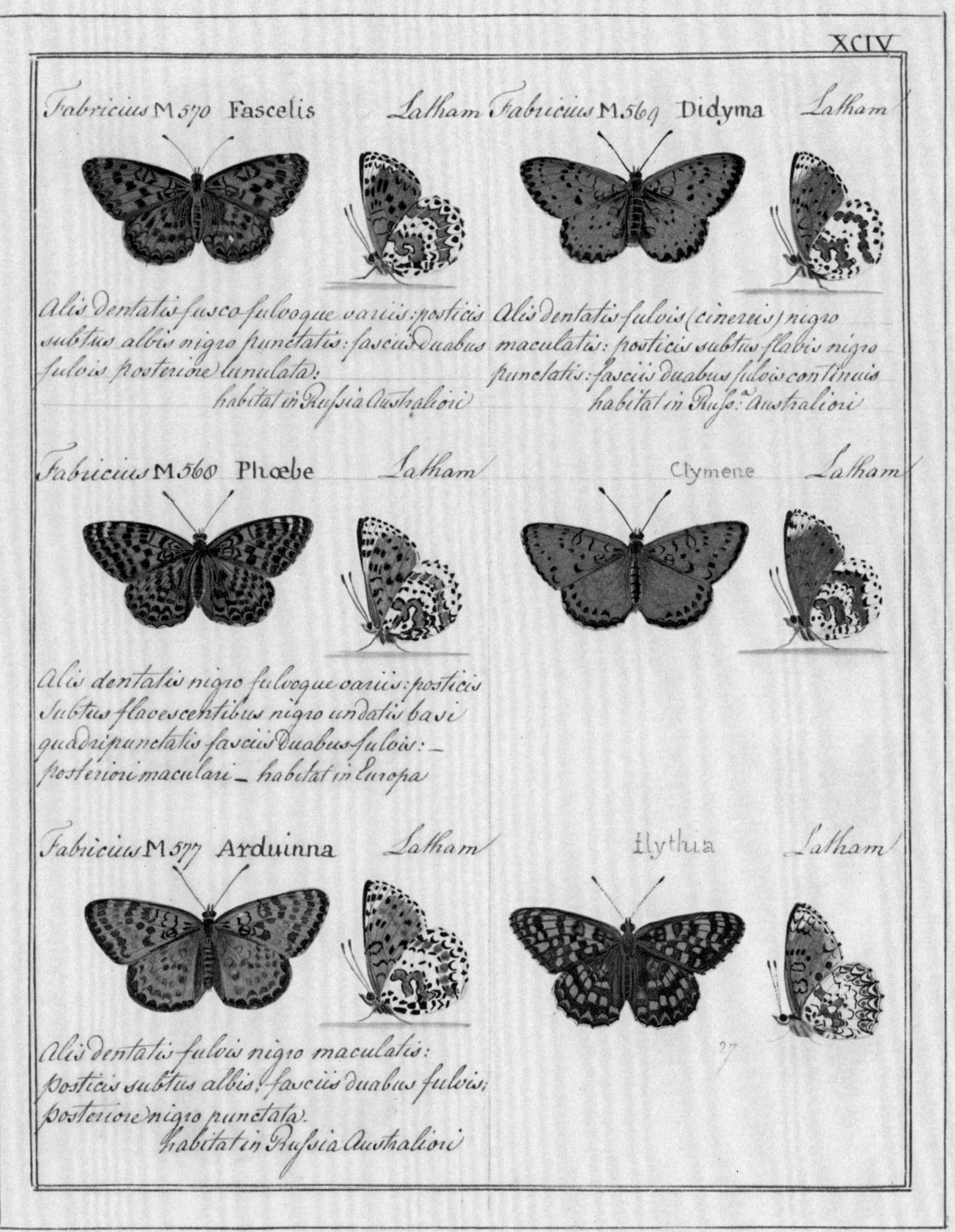
XCIV
Fabricius M 570 Fascelis Latham
Fabricius M.569 Didyma Latham
Alis dentatis fusco fulvoque variis: posticis subtus albis nigro punctatis: fasciis duabus fulvis posteriore lunulata:
habitat in Russia Australiori
Alis dentatis fulvis (cinereis) nigro maculatis: posticis subtus flavis nigro punctatis: fasciis duabus fulvis continuis
habitat in Russ: Australiori
Fabricius M.568 Phoebe Latham
Clymene Latham
Alis dentatis nigro fulvoque variis: posticis Subtus flavescentibus nigro undatis basi quadripunctatis fasciis duabus fulvis: posteriori maculari habitat in Europa
Fabricius M 577 Arduinna Latham
Ilythia Latham
Alis dentatis fulvis nigro maculatis: posticis subtus albis: fasciis duabus fulvis: posteriore nigro punctata.
habitat in Russia Australiori
27

图　　版：XCIV.“*Phoebe*”
参考文献：J. C. Fabricius, *Mant. insect.* (1787); No. 568
收藏归属：约翰·莱瑟姆
产地信息：中欧、北非、中东、中亚和西伯利亚
物种名片：狄网蛱蝶 *Melitaea didyma* (Esper, 1779)

图　　版：XCIV.“*Clymene*”
参考文献：—
收藏归属：约翰·莱瑟姆
产地信息：中欧、北非、中东、中亚和西伯利亚
物种名片：狄网蛱蝶 *Melitaea didyma* (Esper, 1779)

图　　版：XCIV.“*Arduinna*”
参考文献：J. C. Fabricius, *Mant. insect.* (1787); No. 577
收藏归属：约翰·莱瑟姆
产地信息：中欧、北非、中东、中亚和西伯利亚
物种名片：狄网蛱蝶 *Melitaea didyma* (Esper, 1779)

图　　版：XCIV.“*Ilythia*”
参考文献：—
收藏归属：约翰·莱瑟姆
产地信息：古北界
物种名片：网蛱蝶属某种 *Melitaea* sp.（未发表名“ilythia”），参考褐斑网蛱蝶 *M. phoebe* (Denis & Schiffermüller, 1775)

XCV
Fabricius N° 481
Bellona
British Museum
Alis dentatis fulvis, nigro maculatis, posticis subtus apice argenteis, maculis ocellaribus fulvis sex. —
habitat in America boreali
Linnaeus N° 215
Niobe
Sr Jos. Banks
Alis dentatis fulvis nigro maculatis: subtus maculis pallidis: punctis tribus argenteis ocellatis. —
habitat in Europa
Ala maculis argenteis: posticarum septem marginalibus puncta 6 disci.

XCVI
Fabricius N° 477
Cybele
Jones
Alis dentatis fulvis nigro maculatis subtus maculis 34 Argenteis. —
habitat in America —
Cram. P. 57 Daphnis
Linnaeus N° 204
Maturna
Dr Smith
Alis dentatis purpurascentibus nigro maculatis: subtus fasciis tribus flavis
habitat in Corylo, Erica, Scabiosa

琼斯为 *Maturna*（图版 XCVI）给出的生境是"*Corylo, Erica, Scabiosa*"，意为榛树、欧石南和蓝盆花。*Maturna* 所画的物种是豹纹堇蛱蝶 *Euphydryas maturna*，它产卵于梣树的叶片背面，经常在林地或开花灌丛的上空出没。豹纹堇蛱蝶在中欧是濒危物种，受胁原因据信为林业砍伐和湿地排干导致的栖息地丧失。琼斯将本卷最后一个图版留为了空白。

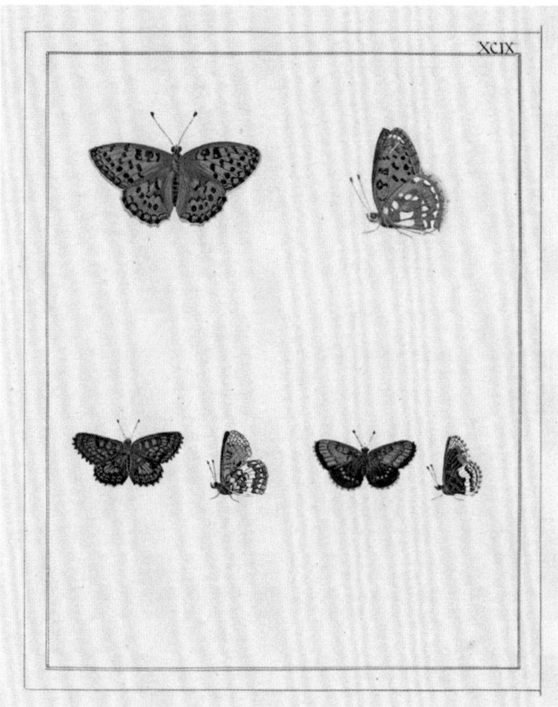

图　　版：XCV.“*Bellona*”
参考文献：J. C. Fabricius, *Spec. insect.* (1781); No. 484
收藏归属：大英博物馆
产地信息：美国东北部
物种名片：北美珍蛱蝶 *Boloria bellona* (Fabricius, 1775)

图　　版：XCV.“*Niobe*”
参考文献：C. Linnaeus, *Syst. nat.* (1767); No. 215
收藏归属：约瑟夫·班克斯爵士
产地信息：西欧
物种名片：福蛱蝶 *Fabriciana niobe* (Linnaeus, 1758)

图　　版：XCVI.“*Cybele*”
参考文献：J. C. Fabricius, *Spec. insect.* (1781); No. 477
收藏归属：威廉·琼斯
产地信息：北美洲
物种名片：斑豹蛱蝶属未定种 *Speyeria* sp. indet.

图　　版：XCVI.“*Maturna*”
参考文献：C. Linnaeus, *Syst. nat.* (1767); No. 204
收藏归属：詹姆斯·爱德华·史密斯
产地信息：欧洲阿尔卑斯山以北地区，向东至俄罗斯阿尔泰共和国
物种名片：豹纹堇蛱蝶 *Euphydryas maturna* (Linnaeus, 1758)

图　　版：XCVII.“*Pandora*”
参考文献：—
收藏归属：约翰·莱瑟姆
产地信息：南欧至小亚细亚半岛和中国西部
物种名片：潘豹蛱蝶 *Argynnis pandora* (Denis & Schiffermüller, 1775)

图　　版：XCVII.“*Laodice*”
参考文献：—
收藏归属：约翰·莱瑟姆
产地信息：斯堪的纳维亚半岛、东欧至日本
物种名片：老豹蛱蝶 *Argynnis laodice* (Pallas, 1771)

图　　版：XCVIII.“*Chloris*”
参考文献：—
收藏归属：约翰·莱瑟姆
产地信息：欧洲至日本（古北界）
物种名片：小豹蛱蝶 *Brenthis daphne* (Bergsträsser, 1780)

图　　版：XCVIII.“*Hecate*”
参考文献：J. C. Fabricius, *Ent. syst.* (1792–1799); No. 789
收藏归属：约翰·莱瑟姆
产地信息：欧洲西南部至俄罗斯、伊朗和中亚
物种名片：欧洲小豹蛱蝶 *Brenthis hecate* (Denis & Schiffermüller, 1775)

图　　版：XCVIII. 未命名
参考文献：—
收藏归属：约翰·莱瑟姆
产地信息：全北界
物种名片：北冷珍蛱蝶 *Boloria selene* (Denis & Schiffermüller, 1775)

图　　版：XCVIII.“*Ino*”
参考文献：—
收藏归属：约翰·莱瑟姆
产地信息：西起欧洲，东至日本
物种名片：伊诺小豹蛱蝶 *Brenthis ino* (Rottemburg, 1775)

图　　版：XCVIII.“*Alkalia*”
参考文献：—
收藏归属：约翰·莱瑟姆
产地信息：欧洲
物种名片：蜜蛱蝶属某种 *Mellicta* sp.（未发表名“alkalia”），参考黄蜜蛱蝶 *M. athalia* (Rottemburg, 1775)

图　　版：XCVIII.“*Phoebe*”
参考文献：—
收藏归属：约翰·莱瑟姆
产地信息：西起英国，东至日本
物种名片：黄蜜蛱蝶 *Mellicta athalia* (Rottemburg, 1775)

图　　版：XCIX. 未命名
参考文献：—
收藏归属：—
产地信息：全北界
物种名片：斑豹蛱蝶属未定种 *Speyeria* sp. indet.

图　　版：XCIX. 未命名
参考文献：—
收藏归属：—
产地信息：古北界
物种名片：蜜蛱蝶属 *Mellicta*，参考黄蜜蛱蝶 *M. athalia* (Rottemburg, 1775)

图　　版：XCIX. 未命名
参考文献：—
收藏归属：—
产地信息：—
物种名片：蜜蛱蝶属未定种 *Mellicta* sp. indet.，斑点延长的变型

物种分布图：亚洲

1. 蓝凤蝶：亚洲 5
2. 美凤蝶：亚洲 7、14、15、21、43
3. 菲律宾裳凤蝶：菲律宾 8
4. 巴黎翠凤蝶：印度 9
5. 玉带凤蝶：亚洲 12、20
6. 蓝凤蝶指名亚种*：中国 13
7. 安提福斯珠凤蝶指名亚种*：印度尼西亚爪哇岛 17
8. 华丽珠凤蝶：从恩加诺岛和爪哇岛，沿小巽他群岛向东，至弗洛勒斯岛 19
9. 玉斑凤蝶：斯里兰卡至日本和马来群岛 22
10. 玉带凤蝶罗穆卢斯亚种*，“romulus”型：印度 23
11. 南亚联珠凤蝶：印度和斯里兰卡 24
12. 锤尾凤蝶指名亚种*：印度尼西亚爪哇岛 35
13. 蓝裙美凤蝶：印度和斯里兰卡 36
14. 裳凤蝶指名亚种*：印度尼西亚爪哇岛 41
15. 裳凤蝶：印度尼西亚 42
16. 红斑美凤蝶：菲律宾 45
17. 英雄翠凤蝶：马鲁古群岛至澳大利亚 46
18. 丝绒翠凤蝶*：印度金奈？ 52
19. 统帅青凤蝶：印度－澳大利亚区 53
20. 青凤蝶：印度－澳大利亚区 58
21. 达摩凤蝶指名亚种*：中国 60
22. 斑凤蝶指名亚种*：印度 62
23. 斑凤蝶：斯里兰卡至菲律宾 62
24. 柑橘凤蝶：缅甸、中国和夏威夷 65
25. 青凤蝶属*某种，很可能为红绶绿凤蝶：印度或斯里兰卡 74
26. 金凤蝶：全北界，包括英国 77
27. 绿凤蝶：印度－马来区至中国 79
28. 黄纹青凤蝶：马来群岛和大巽他群岛 88
29. 翡翠凤蝶：爪哇岛和小巽他群岛 89
30. 碧凤蝶：老挝至中国和日本 90
31. 小天使翠凤蝶：泰国至婆罗洲和苏门答腊岛 90
32. 玉带凤蝶罗穆卢斯亚种*，“cyrus”型：印度 92
33. 黑点帛斑蝶：缅甸至婆罗洲 108
34. 阿波罗绢蝶：古北界全境 109
35. 赏心珍蝶：印度－澳大利亚区 130
36. 苎麻珍蝶：亚洲 136
37. 白璧紫斑蝶指名亚种*：中国广东 140
38. 帛斑蝶：马鲁古群岛 152
39. 大帛斑蝶：西起泰国，东至琉球群岛 153
40. 橙粉蝶：印度、中国南部和东南亚 154、177、191、198
41. 金贝粉蝶：非洲和印度 155
42. 菜粉蝶：古北界 157
43. 金珂粉蝶：非洲和印度 158
44. 暗脉菜粉蝶：全北界 158
45. 黑脉园粉蝶：亚洲 160、171
46. 金贝粉蝶指名亚种*：印度科罗曼德海岸 161
47. 黑脉斑粉蝶：印度和东南亚 161
48. 优越斑粉蝶：印度、中国南部和东南亚 162
49. 印度青粉蝶：印度 163
50. 鹤顶粉蝶：亚洲 164
51. 斑袖珂粉蝶。非洲和亚洲 166
52. 白雾橙粉蝶：印度和斯里兰卡 167
53. 镉黄迁粉蝶：印度－澳大利亚区 169
54. 黑缘豆粉蝶：全北界 169
55. 宝玲尖粉蝶：印度至萨摩亚 170
56. 尖粉蝶属某种，参考白翅尖粉蝶：东洋界 170
57. 梨花迁粉蝶：印度－澳大利亚区 170、178、192、193
58. 银灰蝶属某种：亚洲 172
59. 纤粉蝶：亚洲 172
60. 黄粉蝶属未定种：热带地区 175、196
61. 宽边黄粉蝶：非洲和亚洲 176
62. 珂粉蝶：非洲和印度 177
63. 迁粉蝶：印度－澳大利亚区 178、179、190、198
64. 艳妇斑粉蝶指名亚种*：中国 180
65. 报喜斑粉蝶：印度和中国南部至婆罗洲 180
66. 爪哇贝粉蝶：印度尼西亚至澳大利亚和太平洋诸岛 186、193
67. 灵奇尖粉蝶：印度至中国海南岛 187
68. 黄裙园粉蝶：东南亚 188
69. 印度青粉蝶*，“lutea”型：马来群岛和泰国 189
70. 利比尖粉蝶：中国南部和东南亚 193
71. 镶边尖粉蝶：印度、中国南部和东南亚 198
72. 迁粉蝶属某种，“孟加拉”：东洋界 198
73. 虎斑蝶：亚洲 204
74. 金斑蝶：非洲和亚洲，包括马来群岛 205、206
75. 异型紫斑蝶：印度和东南亚，东至阿洛群岛 207
76. 蓝点紫斑蝶：亚洲，包括中国 208
77. 爱妃斑蝶：马来群岛和澳大利亚 212
78. 白裙釉眼蝶：东南亚 218
79. 阿奈绿眼蝶：印度－澳大利亚区 219
80. 红翅尖粉蝶指名亚种*：印度尼西亚爪哇岛 220
81. 仙木紫斑蝶*：东南亚？ 220
82. 黑紫斑蝶：印度－澳大利亚区 224
83. 紫斑蝶属某种，参考澳洲幻紫斑蝶：印度－澳大利亚区 224
84. 叉纹格耶蝶蛾：亚洲 224
85. 原红眼蝶：达尔马蒂亚至乌拉尔山脉和小亚细亚半岛 225
86. 翠兰眼蛱蝶：旧大陆热带地区 248、250
87. 黄环链眼蝶：古北界 248
88. 暮眼蝶：旧大陆热带地区 252、260、271、274
89. 钩翅眼蛱蝶：印度、中国南部和东南亚 253
90. 眉眼蝶属*存疑种：印度？ 256
91. 小眉眼蝶：亚洲，包括马来群岛 259
92. 美眼蛱蝶：亚洲，包括马来群岛 260
93. 蛇眼蝶：西起西班牙，东至日本 260
94. 波纹眼蛱蝶：印度、中国和东南亚 261
95. 蛇眼蛱蝶：印度至中国 261
96. 小红蛱蝶：欧洲、亚洲、北美洲、非洲和大洋洲 262
97. 孔雀蛱蝶：西起英国，东至日本 267
98. 紫闪蛱蝶：西起英国，东至中国 267
99. 橙翅眉眼蝶：马鲁古群岛、新几内亚岛和澳大利亚 207
100. 黄裳眼蛱蝶：非洲和亚洲 273、291
101. 敏捷眼蛱蝶：爪哇岛至澳大利亚和太平洋诸岛 274
102. 裴斯眉眼蝶：印度－澳大利亚区 274
103. 文蛱蝶：印度、中国南部和东南亚 274
104. 文蛱蝶指名亚种：泰国 274
105. 星眉眼蝶：马鲁古群岛、新几内亚岛和澳大利亚 275
106. 矍眼蝶属某种，参考矍眼蝶：泰国和越南 275
107. 欢乐眼蛱蝶：印度－澳大利亚区 276
108. 巨眼环蝶：印度尼西亚中马鲁古 277
109. 斑蛱蝶：印度尼西亚中马鲁古至卡伊群岛 278
110. 云眼蝶：欧洲至俄罗斯远东地区 279
111. 仁眼蝶：高加索地区至中国北部 280
112. 玄裳眼蝶：摩洛哥、法国至中国 280
113. 多酒眼蝶：高加索地区至蒙古 281
114. 波翅红眼蝶：西起欧洲，东至日本 283
115. 森林红眼蝶？：中欧至小亚细亚半岛 283
116. 矛翠蛱蝶：斯里兰卡、印度、中国南部和东南亚 286
117. 雀眼律蛱蝶：马鲁古群岛至澳大利亚昆士兰州北部 287
118. 暗斑翠蛱蝶：印度阿萨姆邦至大巽他群岛 289
119. 白条玳蛱蝶仿亚种*：泰国 289
120. 白带螯蛱蝶指名亚种*：中国 290
121. 黑角律蛱蝶指名亚种*：印度那加丘陵 290
122. 锯蛱蝶：马鲁古群岛至新几内亚岛和澳大利亚 293、417
123. 黑缘丝蛱蝶：东南亚 294
124. 波蚬蝶：印度阿萨姆邦、中国至苏拉威西岛 294
125. 斐豹蛱蝶：埃塞俄比亚至中国、日本、马来群岛和澳大利亚 300
126. 日光蜡蛱蝶：印度阿萨姆邦、泰国至爪哇岛 300
127. 珐蛱蝶：旧大陆热带地区 301
128. 参考龙女宝蛱蝶：西起比利牛斯山，东至中国 302
129. 卵珍蛱蝶：古北界，包括英国 304
130. 北冷珍蛱蝶：全北界 304、316
131. 小豹蛱蝶属某种，参考小豹蛱蝶：西起欧洲，东至日本 305
132. 蜘蛱蝶：西起欧洲，东至日本 307
133. 金堇蛱蝶：西起英国，东至韩国 309
134. 黄蜜蛱蝶：西起英国，东至日本 309、316
135. 绿豹蛱蝶：西起英国，东至日本 310
136. 珠蛱蝶：加那利群岛、北非和欧洲，向东至中国西部 310
137. 灿福蛱蝶：西起爱尔兰，东至日本 311
138. 银斑豹蛱蝶：西起爱尔兰，东至日本 311
139. 狄网蛱蝶：中欧、北非、中东地区、中亚和西伯利亚地区 313、314、315
140. 庆网蛱蝶：英国、欧洲至亚洲 314
141. 老豹蛱蝶：斯堪的纳维亚半岛、东欧至日本 316
142. 潘豹蛱蝶：南欧至小亚细亚半岛和中国西部 316
143. 小豹蛱蝶：欧洲至日本 316
144. 欧洲小豹蛱蝶：欧洲西南部至俄罗斯、伊朗和中亚 316
145. 伊诺小豹蛱蝶：西起欧洲，东至日本 316
146. 斑豹蛱蝶属未定种：全北界 316
147. 丽蛱蝶：斯里兰卡至所罗门群岛 335
148. 黄裙翠蛱蝶：印度和东南亚 336
149. 八目丝蛱蝶：印度至马来群岛 337
150. 锁龙螯蛱蝶：南亚和东南亚 338
151. 珐蛱蝶指名亚种*：印度？ 340
152. 长纹黛眼蝶：印度和东南亚 343
153. 翠袖锯眼蝶：印度至中国南部和东南亚 346
154. 黄襟蛱蝶：斯里兰卡至中国和东南亚 350
155. 串珠环蝶：中国和东南亚 351
156. 波蛱蝶：印度、中国和东南亚 352
157. 褐串珠环蝶：东南亚 357
158. 单环蛱蝶：古北界 360
159. 隐线蛱蝶：西起英国，东至日本 363
160. 棕黑线蛱蝶：欧洲至伊朗 370
161. 大燕蛾：印度阿萨姆邦、中国南部和东南亚 374
162. 凤尾蛱蝶：印度锡金邦至越南 378
163. 菲第环蝶：印度至东南亚 385
164. 森林方环蝶指名亚种*：印度尼西亚爪哇岛 390
165. 锁龙螯蛱蝶指名亚种*：印度？ 392
166. 黑脉蛱蝶：中国、韩国和日本 398
167. 琉璃蛱蝶：亚洲 400
168. 黄钩蛱蝶：中南半岛至日本 400
169. 白纹朱蛱蝶：全北界 400
170. 阿丽斑蛱蝶：马鲁古群岛至所罗门群岛和澳大利亚 401
171. 金斑蛱蝶：泛热带地区 401
172. 橙红翠蛱蝶*：印度？ 408
173. 白带锯蛱蝶：印度、中国南部至新加坡 417
174. 黎蛱蝶：东南亚，包括泰国 416
175. 红线蛱蝶：法国东南部至中亚和日本 418
176. 优红蛱蝶：全北界、中美洲 421
177. 榆蛱蝶：古北界和北美洲东部 420
178. 大红蛱蝶：斯里兰卡至中国 421
179. 荨麻蛱蝶：古北界 420
180. 龙女锯眼蝶：印度至东南亚 422
181. 黄星玳灰蝶*：印度 447
182. 铁木莱异灰蝶指名亚种*：中国 448
183. 灰蝶科未定种，酒灰蝶属某种？：全北界 450
184. 细灰蝶指名亚种*：印度？ 456
185. 豹纹灰蝶：斯里兰卡、印度 456
186. 金尾灰蝶指名亚种*：泰国普吉岛 457
187. 鹿灰蝶：印度亚区至新加坡和婆罗洲 457
188. 雅灰蝶属某种，可能为锡冷雅灰蝶：东南亚 458
189. 雅灰蝶大陆亚种*：印度至中国 459
190. 史家燕灰蝶*：印度？ 460
191. 豹灰蝶：印度至东南亚 461
192. 红紫灰蝶指名亚种*：印度？ 461
193. 栎艳灰蝶：欧洲和北非，向东至亚美尼亚 464
194. 线灰蝶：西起欧洲，东至韩国 464
195. 红带银线灰蝶：斯里兰卡、印度、缅甸、泰国、爪哇岛、布顿岛 465
196. 亮灰蝶：旧大陆至澳大利亚和夏威夷 466
197. 森娆灰蝶：印度至东南亚 467
198. 黄褐杜灰蝶柯氏亚种：昆山岛 467
199. 弄蝶科未定种，可能为锷弄蝶属物种：东洋界？ 475
200. 长腹灰蝶：广布于旧大陆热带地区 486
201. 链弄蝶：西起西班牙北部，东至韩国 487
202. 珠弄蝶：古北界，西起英国，东至中国 487
203. 阿链灰蝶：阿鲁群岛至新几内亚岛和澳大利亚 490
204. 娜链灰蝶：马鲁古群岛至新几内亚岛和澳大利亚东北部 490
205. 艾坎灰蝶：西起小巽他群岛，东至新几内亚岛和澳大利亚 492
206. 离纹洒灰蝶：西起英国，东至日本 492
207. 蛇目褐蚬蝶指名亚种*：中国？ 493
208. 奥眼蝶：斯里兰卡、东南亚，向东至所罗门群岛 497
209. 慧眼蝶属未定种：阿鲁群岛至澳大利亚 498
210. 英雄珍眼蝶：西起法国北部，东至日本 499、510
211. 图珍眼蝶：全北界 499
212. 指名银灰蝶：印度至缅甸 502
213. 斑貉灰蝶：西起欧洲，东至蒙古 502
214. 尖翅貉灰蝶：西起西欧，东至伊朗 503
215. 琉璃灰蝶：英国、北非，向东至日本 505、539
216. 霾灰蝶：英国、西欧，向东至日本 506
217. 枯灰蝶属，参考奥枯灰蝶：西起西班牙，东至蒙古 507
218. 豆灰蝶：西起英国，东至日本 507
219. 白缘眼灰蝶：西起英国，东至日本 507
220. 枯灰蝶：西起英国，东至蒙古 508
221. 珞灰蝶：西起西班牙，东至日本 508
222. 蕉弄蝶：印度北部至马鲁古群岛，包括爪哇岛 514
223. 燕凤蝶：东南亚，包括泰国 514
224. 弄蝶亚科未定种，可能为赭弄蝶属某种：全北界 517
225. 弄蝶亚科黄弄蝶族未定种，可能为长标弄蝶属某种：印度－澳大利亚区 518
226. 有斑豹弄蝶：英国、北非，向东至伊朗 521
227. 弄蝶：全北界 522
228. 紫翅长标弄蝶：印度－澳大利亚区 522
229. 弄蝶科未定种，趾弄蝶属某种？：印度－澳大利亚区 537
230. 趾弄蝶属未定种：印度－澳大利亚区 538
231. 灰蝶科未定种：旧大陆热带地区？ 538
232. 姜弄蝶：亚洲 538

113 213 217 220

34 42 87 129 158 177 179 202

26 44 54 130 146 169 176 183
211 224 227

133 194 201

85 115 139 144 160 193 214 226

6 21 37 56 64 72 76 98
111 112 120 124 125 128 136 142
155 161 166 173 182 198 207

30 93 97 110 114 131 132 134
135 137 138 141 143 145 159 168
175 206 210 214 216 218 219 221

1 36 45 50 51 58 59 61
91 96 100 140

4 5 10 11 13 18 22 25
32 40 41 43 46 47 48 49
52 55 62 65 67 71 75 89
90 94 95 103 121 148 149 150
151 152 153 156 163 165 172 180
181 184 187 189 190 191 192 197
212

24 33

2 68 70 73 78
81 84 123 157 174
188 223

162 198

3 16

31 39 104 106 119 186

9 23 116 147 154 178 185 195
208

60 86 88 127
171 196 200 231

27 28 69 74 77 92

17 38 99 105 108 109 117 122
170 203 204 209

7 8 12 14 29 80 101 126
164 167 222

118 205 232

15 19 20 35 53 57 63 66
79 82 83 102 107 225 228 229
230

第Ⅰ卷	第 1—93 页
第Ⅱ卷	第 105—143 页
第Ⅲ卷	第 147—225 页
第Ⅳ卷	第 241—317 页
第Ⅴ卷	第 329—423 页
第Ⅵ卷	第 439—539 页

琼斯所绘物种 / 亚种中有 232 个分布在亚洲。其中 32 个物种 / 亚种的模式标本图像出自《琼斯图谱》，这些物种 / 亚种在地图上以白色数字标记，并在左页的清单中以星号（*）标出。对于琼斯所绘的大多数标本来说，书中给出的产地是这个物种分布的地理范围。然而，作为模式标本图像的标本画被鉴定到了亚种一级，因此这里给出的产地信息更加具体，表示的是琼斯所绘标本的采集地。

ANTARTICK·CIRCLE
ARTICK·CIRCLE
Whipcord del.
The FLY CATCHING MACARONI.
I rove from Pole to Pole, you ask me why,
I tell you Truth, to catch a ——— Fly.
Pub by MDarly accor to Act July 12th 1772 (39) Strand.

M.达利（M. Darly）1772年出版的“捉虫子的潮男”。这幅讽刺漫画画的是杰出的英格兰博物学家约瑟夫·班克斯爵士，他手持蝶网，双脚各踩一个地球，一个标着“南极圈”，另一个标着“北极圈”。下方的图注写道：“我东游西逛，从北极到南极，你问我为了什么，实话对你讲，就为了抓——会飞的虫子。”

18—19 世纪的鳞翅目收藏活动

阿琳·莱斯（Arlene Leis）

在威廉·柯比（William Kirby）和威廉·斯潘塞（William Spencer）的《昆虫学概论：昆虫史概要》（*Introduction to Entomology: Or Elements of the History of Insects*, 1815）一书中，两位作者提醒世人，无论男人还是女人，都可能因收藏昆虫这种“玩物丧志”的追求而沦为笑柄。他们指出，这项活动在很多人看来“无异于一切无谓且幼稚的事物”[1]。虽然柯比和斯潘塞明显反对这种观点，但此类观点还是出现在其他形式的印刷品，尤其是 18—19 世纪的讽刺画中。画家们频频借用蝴蝶的图案来表示轻浮或幼稚，尤其是在揶揄博物学收藏者的时候。然而对很多人来说，收藏鳞翅目昆虫是一种严肃认真的行为。

标本的采集、保存和归类

在 18—19 世纪，收藏者们绞尽脑汁试图保存蝴蝶和蛾类标本以及相关信息，以备长期研究所需。想要采集和保存这些吹弹即破的标本，需要一些精细的操作，以及专门的工具：捕虫网、毒瓶、羊皮纸信封、展翅板、镊子和昆虫针等。这套装备让收藏者能够快速对蝴蝶进行捕捉、处死、晾干、回软、展翅和插针等操作，并且损坏极小。他们会将幼虫保存在装有药液的小瓶中，并给触角、翅、足和外生殖器等微小的身体部件制作显微玻片，以便仔细检视标本的结构和组织方式。

为了运输这些娇贵的标本，人们同样发明出创新的办法。举个例子，野外采集时，一些采集者会在礼帽里填充一层软木板，把采到的样本用针插在上面瞒天过海；其他人则将标本保存在特制的纸质信封里[2]。在将虫子从美国佐治亚州寄给身在英国伦敦的出资人时，美国昆虫学家兼画家约翰·阿博特用到了专门设计的盒子，带有软木铺底的抽屉，他会小心翼翼地将标本钉在里面；重要的是，这些抽屉底下有夹层，可以隐藏他的画稿，而一些短期有用的小物件，如收据、信件、名片和其他一些须知等，可能也被巧妙地藏在里面，逃过了海关官员的检查[3]。

旺盛的求知欲，以及瑞典科学家卡尔·林奈等创建的为生命体命名的专业分类系统的普及，都有助于重塑启蒙时代的学术氛围，将收藏家转变成系统分类学研究的推动者。鳞翅目被划定为“四翅覆盖着形似细羽的微小鳞片，具有可随意屈伸的盘卷舌头”[4]的生物。收藏者追逐、捕捉并研究蝴蝶，他们建立的丰富馆藏成为人们描述、命名和分类自然万物的有力辅助。

众所周知，约瑟夫·班克斯爵士担任过好几次重要考察中的植物学家。1771 年，他刚刚结束了一场与詹姆斯·库克船长同行、令二人声名鹊起的南太平洋探索之旅。不久后的 1772 年，班克斯就要动身前往冰岛。作为官方指派给库克船长的“奋进”号的自然科学家，班克斯抓住机会，尽可能多地搜集了包括蝴蝶在内的各类不同的自然标本。在他返航后，这些标本都被展陈在他位于伦敦新伯灵顿街的家中，占了好几个房间。终其一生，班克斯建立了一份了不起的昆虫学收藏，有超过 4000 件标本，包括在今天看来仍具有科学价值的鳞翅目珍稀物种[5]。他的收藏体量越来越大，以至于不得不寻找一座更大的楼来容纳它们，这促使他搬到了苏豪广场。班克斯的标本构成了今天的伦敦自然史博物馆（1963 年前为大英博物馆的一部分）成立之初的部分馆藏。

Kirby and Spence 1815, 1: vi.

Williams 2020, 6.

Tobin 2020, 61. 阿博特这个特殊的盒子是德鲁·德鲁里设计的。

Winsor 1976, 57–67.

Lotzof, n.d.

绘画与学术的合作

在收藏标本之外，一些收藏家还发表了他们的发现，而另一些则与画家合作，为他们所拥有的标本留下影像记录。在筹备《琼斯图谱》的过程中，威廉·琼斯参观了大量公立博物馆和私人“珍奇柜”，检视标本并为之作画。他还将自己琳琅满目的鳞翅目收藏和画稿对研究科学的绅士们开放，并为从事收藏和学术研究的女性提供帮助。1793 年，英国首席鸟类学家约翰·莱瑟姆的女儿——水彩画家安·莱瑟姆出品了一部两卷本的绘画集，名为《珍稀及未经描述之蝴蝶绘画集》（*Drawings of Rare and Uncommon Non-Descript Butterflies*）。书中展示了来自世界各地的标本，第一册包括 144 幅鳞翅目昆虫绘画，排版在 56 页纸的正面；而第二册则有 71 页，276 幅画[6]。父亲在科学界的显要地位让安能够从伦敦最重要的一些公立和私人收藏中获取素材，包括大英博物馆、班克斯、威廉·亨特、德鲁·德鲁里和琼斯。此书还附有较薄的第三册，介绍了琼斯和安的父亲约翰·莱瑟姆之间的亲密关系，以及其他材料，其中包括三张肯定出自琼斯之手但未完成的夜行蛾类图版[7]。此外，安的插画中融入的“琼斯式”画风表明，她接受过琼斯的指导[8]。

1800 年，图书管理员伊丽莎白·德尼尔与琼斯合作，完成了她的书稿“伦敦周边采集之鳞翅类昆虫写生画集”。这部作品现在保存在大英图书馆，包含鳞翅目的有关信息，比如一份物种索引，接着是一张蝴蝶生物学习性表。这些对于标本分类很有用的信息后面还附有用于鉴定的插画：展示 181 幅英国蝴蝶图像的 46 张图版，以及共计 25 幅英国蛾类的 12 张图版[9]。德尼尔用“写生”的方式画下了每一件标本，而跟在卷首插画后面的一段注释则证实了人们的想法——每一幅图都是“依照切尔西绅士威廉·琼斯柜藏的昆虫所画”，标本是“在伦敦周围方圆几英里内采集的”[10]。虽然接受过琼斯的指导，但德尼尔似乎发展出自己的绘画风格。除了两张之外，她的每张图版通常包含两个物种或四幅图像，这样人们就可以从两种不同角度去观察每一件标本——一种是像被插针固定住的展翅姿态，还有一种是侧面观——从而能够全面观察到这种生物翅的上下两面。

全球贸易网络和鳞翅目昆虫市场

追逐和捕捉鳞翅目昆虫不是收藏家获取标本的唯一方法。得益于地理大发现的蓬勃兴旺以及其后殖民地之间的贸易增长，世界上出现了品类齐全的博物学标本市场。很多收藏家丰富自己的标本柜的途径是借助标本贩子——这些男男女女乘船漂洋过海，有时甚至还会到一些危险地区，只为采集标本用于出售。1699 年，专事昆虫的德国画家兼收藏家玛利亚·西比拉·梅里安带着她最小的女儿多罗特娅·玛利亚（Dorothea Maria）从阿姆斯特丹前往南美洲的苏里南，去采集、研究当地丰富多样的鳞翅目昆虫和植物，并为之绘图。我们不知道梅里安是如何凑足旅费的，但她也许从一些密友那里得到了资助，比如阿姆斯特丹市长兼东印度学会主席尼古拉斯·维岑（Nicolas Witsen）博士，以及他的弟弟约纳斯·维岑（Jonas Witsen，阿姆斯特丹的一位部长），兄弟两人都建立有珍稀蝴蝶的重要收藏。梅里安和女儿在苏里南一直待到 1701 年，带着大量标本回到阿姆斯特丹，成为她首次出版于 1705 年的重要著作《苏里南昆虫变态图谱》的主要素材。为了凑齐出版的费用，梅里安可能卖掉了一些标本，还接了大量的零工，并且卖掉了一些画[11]。

青年探险家亨利·沃尔特·贝茨（Henry Walter Bates，1825—1892）于 1848 年来到南美洲，研究当地的昆虫和其他动物，当时他主要靠出售自己在热带地区发现的重复标本维持生活。1851 年，贝茨算了一笔账，他的 7553 件昆虫标本，每件按 4 便士卖，总共能给他带来 125 英镑 17 先令 8 便士的收入，比他应该付给代理商的委托费和运费还少 25%[12]。一些出海远行的收藏家会从富有的金主那里得到资助，而另一些就只能靠在全球市场内交易和出售标本。回到英国后，贝茨基于自己在南美洲的研究和经历写了一些论文，包括“亚马孙河谷昆虫区系补充记录：鳞翅目袖蝶科”（1862）[13]。

6. 关于安·莱瑟姆
平，参见 Jackson
and Vane-Wright 20
15–30.
7. Ibid., 28.
8. Ibid.
9. 参见 Drimmer and
Wright, 2012, 239–4
10. Denyer, 1800.
11. Schmidt-Loske, 2020
69–73.
12. Clark, 2009, 115.
13. 著名的昆虫拟态
就是在这篇论文
次描述的。“袖
是当时的提法，
类群现在的分类
是蛱蝶科袖蝶亚

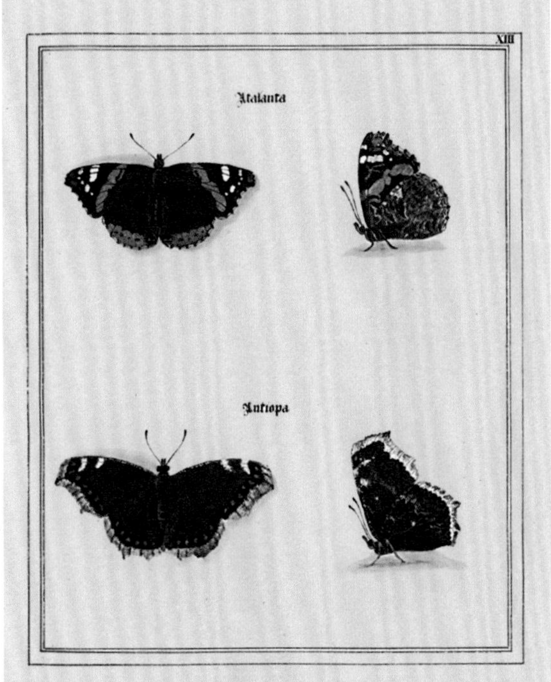

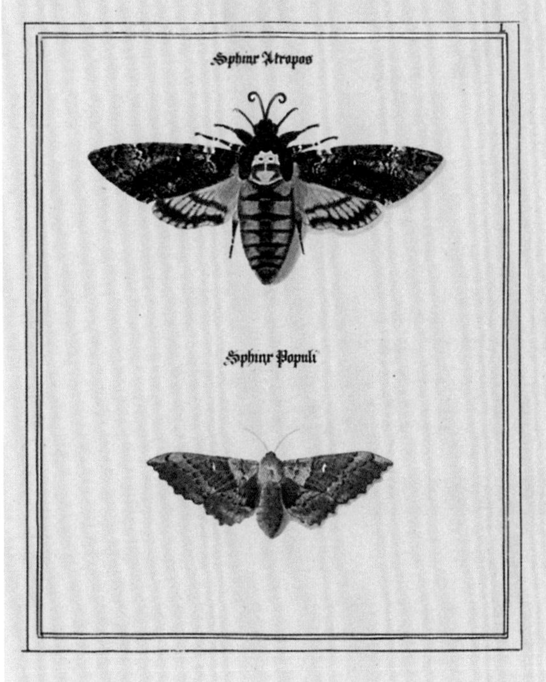

伊丽莎白·德尼尔的“伦敦周边采集之鳞翅类昆虫写生画集”，1800年。德尼尔的书稿中收录了88件标本的图像，全是照着她的邻居威廉·琼斯的收藏画下来的。画旁边伴有每种蝴蝶的详细注释，包括它们幼虫期的食物、进食频率、如何越冬以及经常出没的地点。

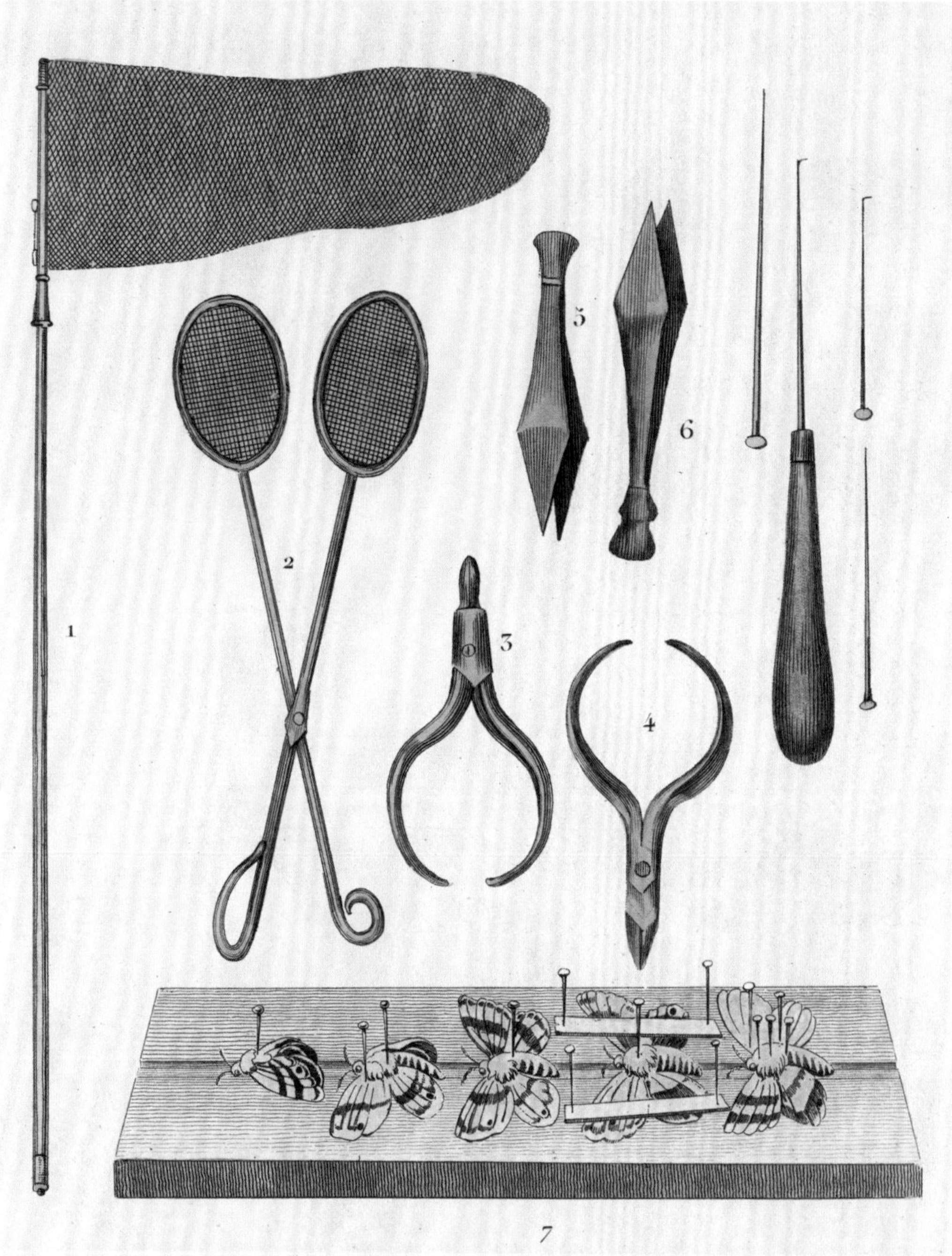

一位蝴蝶收藏家的工具，引自伊波利特·波凯（Hippolyte Pauquet）和波利多尔·波凯（Polydor Pauquet）的《给青年的自然博物馆：蝴蝶自然史》（*Musée du naturaliste dédié à la jeunesse, histoire des papillons*，1833）。图中所画的工具有捕蝶网、捕虫夹、镊子和昆虫针，图版底部是蝴蝶插针、展翅、整姿的方法示例。书中的其他插图展示了各种鳞翅目物种，以及女性昆虫学家在花园中捕捉蝴蝶的场面。

要想仔细探查支撑鳞翅目昆虫早期收藏与研究的社会经历和全球网络，最好的一扇窗口是 18 世纪最著名的业余昆虫学家之一——德鲁·德鲁里的信件册[14]。德鲁里的本职是一位银匠，从他的名片上，你绝对看不出这位业余人士拥有英国最大的昆虫学收藏。在世时，德鲁里出版了三卷《博物学图谱》，记录自己购入、保存的海外昆虫。他的信件册披露了很多关于收藏活动的内情，包括收藏鳞翅目昆虫作为提升社会地位的潜在途径[15]。德鲁里巧妙地将蝴蝶标本画赠送给了夏洛特王后的侍女们，并且开玩笑说，他打算“找个时间”把“来自非洲海岸的昆虫”运到“王后娘娘的壁橱里”[16]。

和很多杰出的同行一样，德鲁里从未出国。事实上，他和其他一些有钱的金主，比如教友派信徒约翰·福瑟吉尔（John Fothergill，1712—1780）、医生威廉·皮特凯恩（William Pitcairn，1712—1791）、波特兰公爵夫人玛格丽特·卡文迪许·本廷克，以及约瑟夫·班克斯爵士等人，都资助过几次寻找和采集昆虫学标本的考察，包括亨利·斯米思曼的塞拉利昂之旅和约翰·威廉·卢因（John William Lewin，1770—1819）的澳大利亚科考[17]。建立起相当规模的收藏后，业余科学家和收藏家就会雇用圈子里的饱学之士来帮助管理自己这堆藏品。事实上，德鲁里和班克斯都聘请过以涉猎广泛的分类学研究而闻名的丹麦昆虫学家约翰·C. 法布里丘斯来描述他们的昆虫学收藏[18]。热衷于用外国标本充实收藏柜的收藏家会资助博物学家，让他们前往千里之外的广阔天地，寻找珍稀或未知的样本，以协助他们在国内进行系统分类学研究。

与奴隶贸易的交集

和其他博物学标本一样，鳞翅目昆虫的收藏处在帝国扩张的旋涡中心。于是，这些被收藏的海外昆虫的意义和价值让人难以评价，因为它们的历史常常与从远方同船而来的，包括被捉来的奴隶在内的其他货物纠葛在一起[19]。玛利亚·西比拉·梅里安和女儿前往苏里南的时候，这个国家正处在荷兰的殖民统治之下。荷兰西印度公司拥有这个殖民地的部分所有权，并从西非引入了很多奴隶，让他们在这里耕种新开垦的大量种植园。梅里安正是在这样的殖民背景下开展她的鳞翅目研究的。她的《苏里南昆虫变态图谱》的图版上偶尔夹杂着她的个人见闻。她意识到荷兰殖民统治下的种族等级制度所导致的紧张氛围，以及殖民者对印第安人和奴隶，尤其是黑人女奴的虐待。“印第安人没有得到好的待遇”，她写道，而且“殖民者待之十分苛酷”[20]。但在其他地方，她对殖民主义和奴隶贸易那貌似批判的立场又会变得非常复杂，例如，她曾将一名当地工人称为“我的那个印第安人”，并且提到了这名工人为梅里安效劳的任务，包括为她的花园采挖植物[21]。她还写道，“因为林子里荆棘丛生，我不得不派我的奴隶走在前面，用斧子给我开路”[22]。

梅里安并非职业生涯曾受益于奴隶贸易的唯一一位博物学家。亨利·斯米思曼曾乘坐贩奴船去塞拉利昂寻找新的昆虫[23]。德鲁·德鲁里曾与一位霍夫先生（Mr. Hough）通信讨论蝗虫和蠡斯，根据德鲁里的记载，后者正在“同约翰逊船长（Capt. Johnson）前往非洲（以便将奴隶运去牙买加）”[24]。这段通信进一步揭示了昆虫学与帝国主义之间的相互纠葛，并且收藏家同样会去往奴隶贸易的关键地点，依靠奴隶的劳动来开展工作。随着研究者对档案的解析不断深入，他们发现了更多关于被奴役与被殖民的人参与采集工作的证据，和那些社会地位显赫的人不同，这些人在采集上付出的努力并没有得到承认。

女性开始接触昆虫学

和男性同好一样，女收藏家也会聘请经销商、管理员和画家来帮助自己建立规模可观的收藏。第一代博福特公爵夫人玛丽·萨默塞特就研究过鳞翅目昆虫，伯明顿庄园的图书馆里至今仍然保存着她的英格兰鳞翅目画稿。她还为痴迷昆虫学的画家埃利埃泽·阿尔宾提供资助，并帮助他的专著项目《英格兰昆虫自然史》获得“来自上流社会的人们的订购”（其中一半以上是女性）[25]。当阿尔宾“通过一位同样收藏

Drury, 1761–1783. 也可参见 Cockerell, 1922, 57–82.
Coleman, 2018, 120–121.
Drury, 1761–1783, 27 April 1772, 246.
Coleman, 2018, 1–2.
Cockerell, 1922, 80.
Coleman, 2018, 10.
Merian, 1705, pl. 45. 也可参见 Davis, 1997.
Merian, 1705, pl. 36.
Ibid.
Coleman, 2018, 10.
Cockerell, 1922, 69.
Albin, 1720.

蝴蝶的名医的遗孀豪夫人（Mrs. How）被引荐给公爵夫人”时，他已经在为汉斯·斯隆爵士画昆虫了[26]。《英格兰昆虫自然史》装帧奢华，包含100幅由作者亲手上色的铜版画，展示了英国本土的蝴蝶和蛾类物种。类似于梅里安描绘她所收藏的昆虫时开创的艺术风格，阿尔宾同样将蝴蝶和蛾跟它们所吃的植物画在一起，并展示了变态发育的不同阶段。

波特兰公爵夫人玛格丽特·卡文迪许·本廷克是艺术品、贝壳以及其他博物学标本方面最著名的女性收藏家之一，也成为国内外蝴蝶和蛾类的收藏名家。1772年，德鲁里在他的信件册中记录道，在丹尼尔·索兰德的协助和引导下，公爵夫人成为“一位矢志不渝的昆虫学家”[27]。到1776年，她收藏了约530种鳞翅目昆虫的标本[28]。公爵夫人在世时，其收藏赫赫有名，是当时博物学研究的中心。她与自然科学家相互联络，资助科学考察，并且允许人们参观她家——布尔斯特罗德庄园的收藏。1767—1772年，博物画家约翰·阿博特还曾为她的鳞翅目收藏画过几幅画[29]。

在那个时代，越来越多的女性开始收藏鳞翅目昆虫，而收集蝴蝶和蛾类标本需要诱捕并杀死这些虫子，这可能会在无形中危及女性收藏者的名声。然而，作家普丽西拉·韦克菲尔德（Priscilla Wakefield）的《姐妹家书中的昆虫自然史与分类入门》（*An Introduction to the Natural History and Classification of Insects in a Series of Familiar Letters*, 1816）另辟蹊径，通过费丽西娅（Felicia）和康丝坦斯（Constance）两姐妹间的一系列书信往来，将鳞翅目昆虫和对它们的收藏介绍给了广大女性[30]。书中用书信体的格式介绍并描述了林奈的昆虫七大目，其中就包括鳞翅目。作者由此创造了一个道德且友善的空间，让年轻的女性得以接触昆虫学。

收藏的重要意义

除了藏品本身，收藏家们还搜罗起丰富的资料——线稿、书籍、彩绘、图册以及各类收藏物，这些资料在今天仍然具有重要的意义和参考价值。参考伊丽莎白的书稿和她为琼斯的收藏所作的画，研究者们成功确定了琼斯收藏中几个重要物种标本的来源，包括霾灰蝶、橙灰蝶和斑貉灰蝶，将其追溯到波特兰公爵夫人的收藏[31]。因此，对鳞翅目昆虫的捕捉、记录和展示，在18—19世纪对人们更好地理解大自然具有关键意义，在今天依然如此。

26. Ibid, introduction.
27. Drury, 1761–1783, 27
April 1772, 246.
28. Vane-Wright and Hug
2005, 272.
29. Tobin, 2020, 61.
30. 关于女性和科学
作，参见 George, 2
487–505; Shteir, 1985
29–36.
31. Drimmer and Vane-W
2012.

Plate XXIV.
View of an Arched Rock, on the Coast of New Zealand; with an Hippa, or Place of Retreat, on the Top of it.

Plate X.
A Morai, or Burial Place, in the Island of Yoolee-Etea.

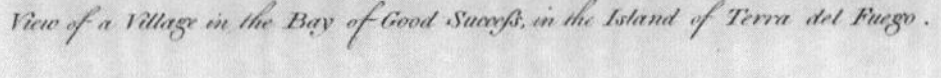

View of a Village in the Bay of Good Success, in the Island of Terra del Fuego.

Plate VI.
House and Plantation of a Chief of the Island of Otaheite.

Plate XII.
A Boat-House, in which the Natives of Yoolee-Etea, and the Neighbouring Islands, preserve their Canoes of State from the Weather.

Plate XX.
View of a curious Arched Rock, having a River running under it, in Tolaga Bay, on the East Coast of New Zealand.

悉尼·帕金森（Sydney Parkinson，1745—1771）的《皇家战舰“奋进”号南方诸海航行记：配有首席艺术家刻版的风景画和设计图样》（*A Journal of a Voyage to the South Seas: in His Majesty's ship, the Endeavour... embellished with views and designs engraved by capital artists*, 1784）详细记述了詹姆斯·库克在1768—1771年航行期间对所到之处的自然地理和遇到的当地原住民的发现。这本游记既是一份航行记录，也有助于推动全球探险考察。

Drury Vol 3 Pl: 15

Laertes

VOLUME V

第V卷

Papiliones Nymphales

“仙女类”蝴蝶

“仙女类”蝴蝶种类繁多，占了《琼斯图谱》两卷的内容。

本卷所包含物种仍然基本为现代分类系统中蛱蝶科的成员。

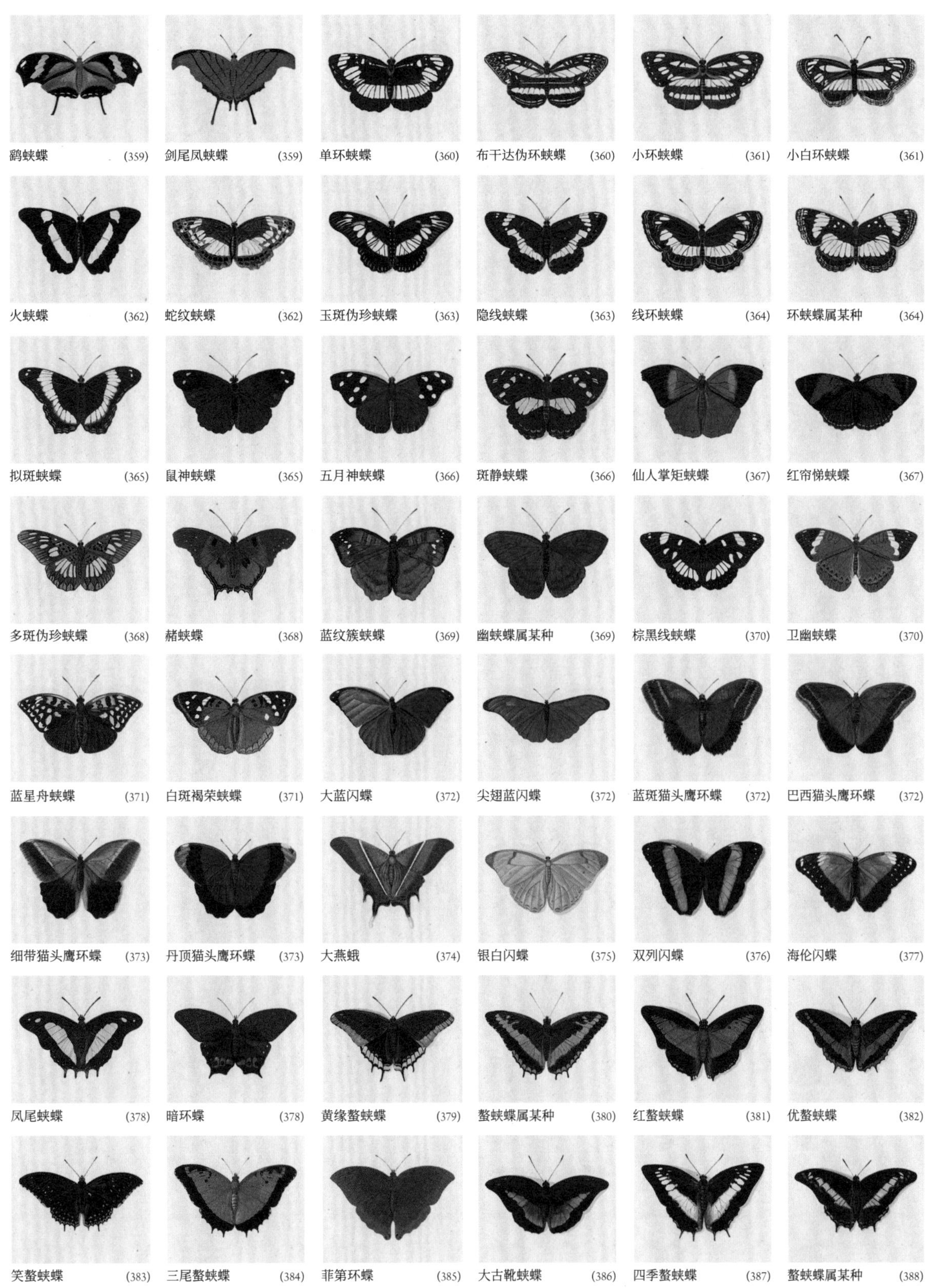

鹞蛱蝶 (359)
剑尾凤蛱蝶 (359)
单环蛱蝶 (360)
布干达伪环蛱蝶 (360)
小环蛱蝶 (361)
小白环蛱蝶 (361)
火蛱蝶 (362)
蛇纹蛱蝶 (362)
玉斑伪珍蛱蝶 (363)
隐线蛱蝶 (363)
线环蛱蝶 (364)
环蛱蝶属某种 (364)
拟斑蛱蝶 (365)
鼠神蛱蝶 (365)
五月神蛱蝶 (366)
斑静蛱蝶 (366)
仙人掌矩蛱蝶 (367)
红帘悌蛱蝶 (367)
多斑伪珍蛱蝶 (368)
赭蛱蝶 (368)
蓝纹簇蛱蝶 (369)
幽蛱蝶属某种 (369)
棕黑线蛱蝶 (370)
卫幽蛱蝶 (370)
蓝星舟蛱蝶 (371)
白斑褐荣蛱蝶 (371)
大蓝闪蝶 (372)
尖翅蓝闪蝶 (372)
蓝斑猫头鹰环蝶 (372)
巴西猫头鹰环蝶 (372)
细带猫头鹰环蝶 (373)
丹顶猫头鹰环蝶 (373)
大燕蛾 (374)
银白闪蝶 (375)
双列闪蝶 (376)
海伦闪蝶 (377)
凤尾蛱蝶 (378)
暗环蝶 (378)
黄缘螯蛱蝶 (379)
螯蛱蝶属某种 (380)
红螯蛱蝶 (381)
优螯蛱蝶 (382)
笑螯蛱蝶 (383)
三尾螯蛱蝶 (384)
菲第环蝶 (385)
大古靴蛱蝶 (386)
四季螯蛱蝶 (387)
螯蛱蝶属某种 (388)

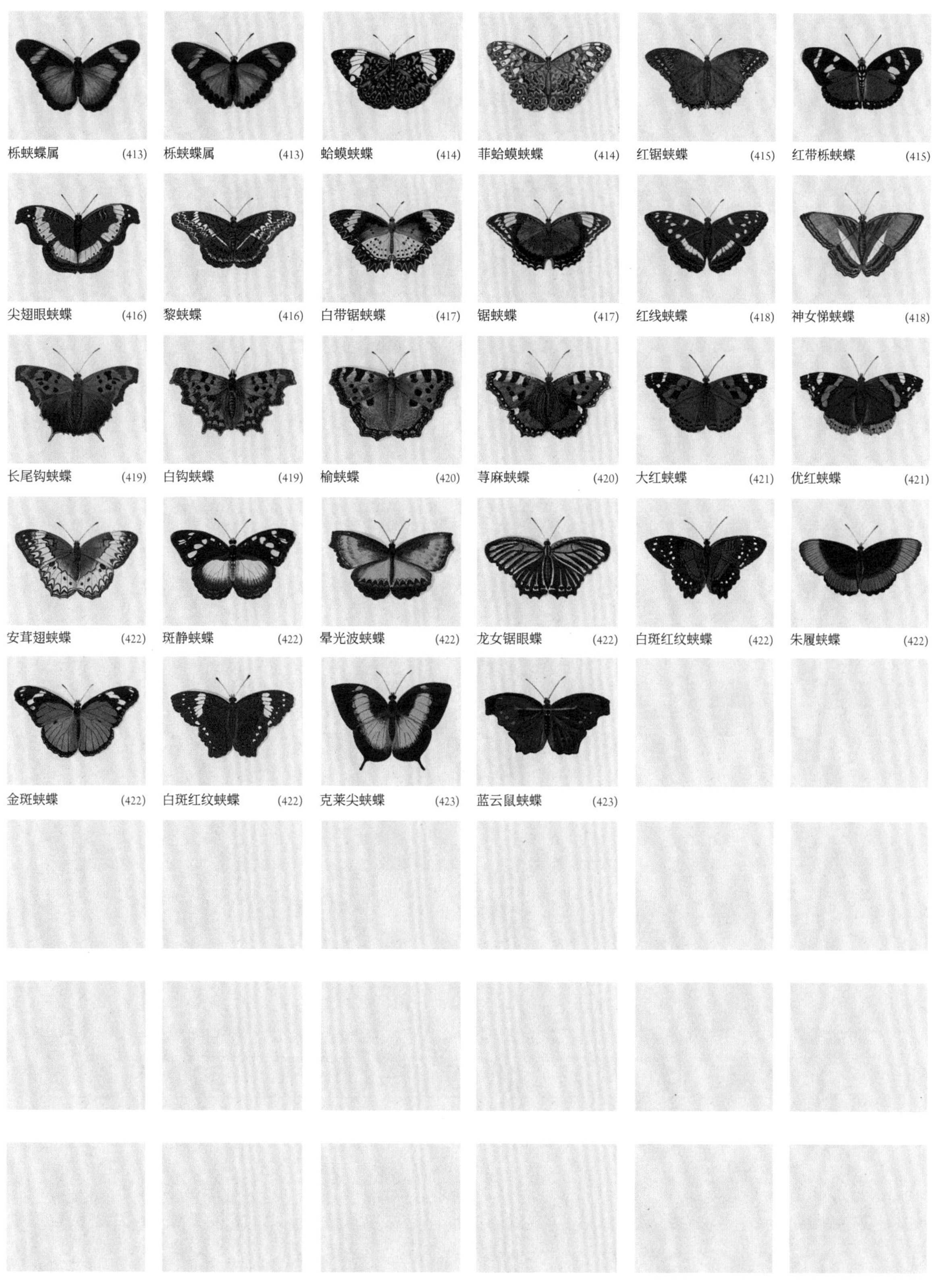

栎蛱蝶属 (413)
栎蛱蝶属 (413)
蛤蟆蛱蝶 (414)
菲蛤蟆蛱蝶 (414)
红锯蛱蝶 (415)
红带栎蛱蝶 (415)
尖翅眼蛱蝶 (416)
黎蛱蝶 (416)
白带锯蛱蝶 (417)
锯蛱蝶 (417)
红线蛱蝶 (418)
神女悌蛱蝶 (418)
长尾钩蛱蝶 (419)
白钩蛱蝶 (419)
榆蛱蝶 (420)
荨麻蛱蝶 (420)
大红蛱蝶 (421)
优红蛱蝶 (421)
安茸翅蛱蝶 (422)
斑静蛱蝶 (422)
晕光波蛱蝶 (422)
龙女锯眼蝶 (422)
白斑红纹蛱蝶 (422)
朱履蛱蝶 (422)
金斑蛱蝶 (422)
白斑红纹蛱蝶 (422)
克莱尖蛱蝶 (423)
蓝云鼠蛱蝶 (423)

Fabricius E.S. 346
Marica
Sr Josph Banks
1
Alis dentatis testaceis apice nigris anticarum fascia alba posticarum
punctis cyaneis
habitat in Africâ

图　　版：I. “*Marica*”（ICO）
参考文献：J. C. Fabricius, *Ent. syst.* (1792–1799); No. 346
收藏归属：约瑟夫・班克斯爵士
产地信息：塞拉利昂？
物种名片：笑螯蛱蝶指名亚种 *Charaxes tiridates tiridates* (Cramer, 1777)

除了此处，琼斯还在第V卷图版LIV（第383页）画了笑螯蛱蝶，题为*Tiridates*。在整个非洲的低地常绿林，以及植被较密的稀树草原上，我们都能看到笑螯蛱蝶的身影。和螯蛱蝶属*Charaxes*的很多物种一样，这种性二型的蝴蝶幼虫取食多种多样的树木。雄蝶经常在动物粪便上进食，而雌雄两性都很喜欢腐烂水果的味道。

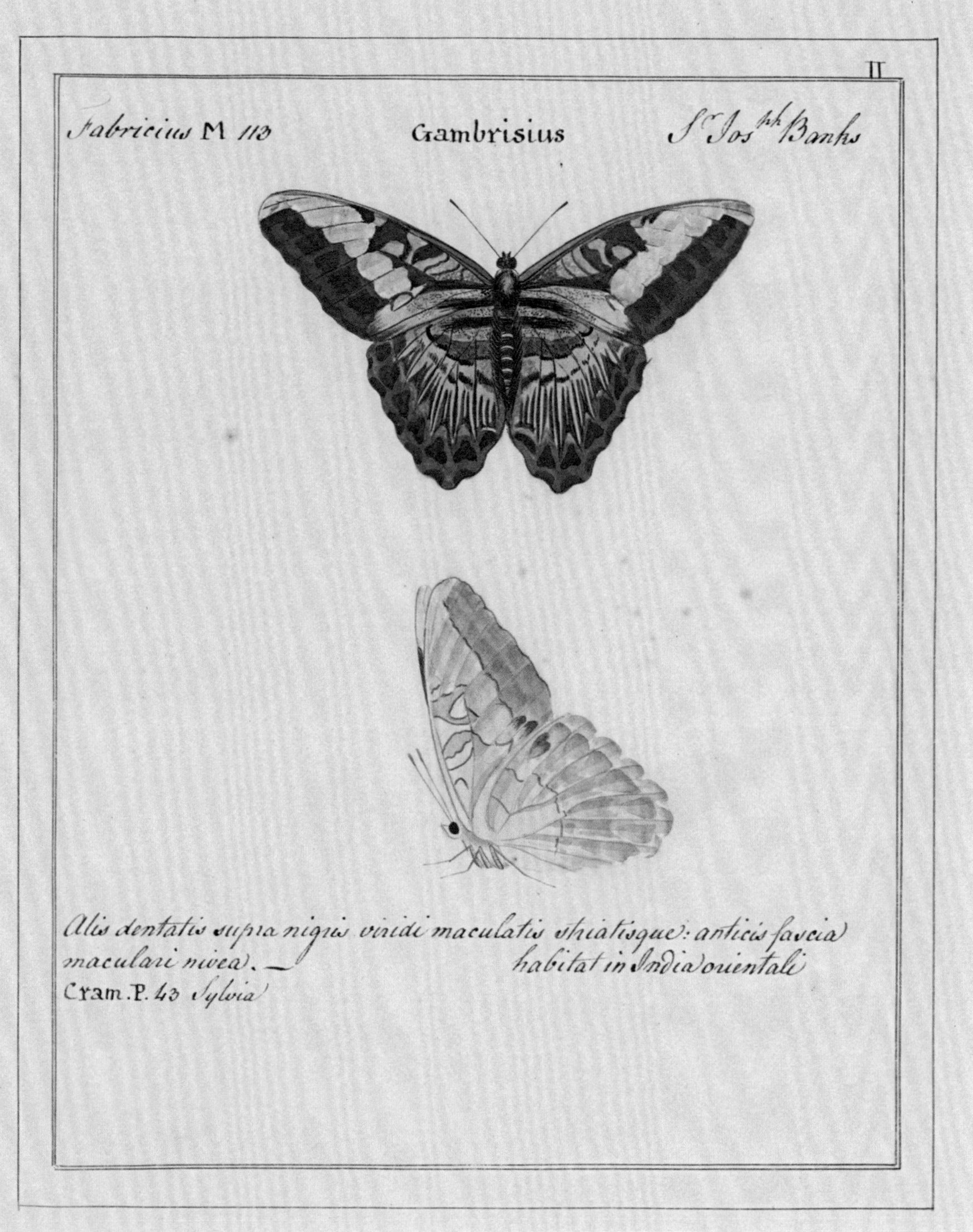

II
Fabricius M 113
Gambrisius
Sr Josph Banks
Alis dentatis supra nigris viridi maculatis striatisque: anticis fascia maculari nivea. —
habitat in India orientali
Cram. P. 43 Sylvia

图　　版：II. “*Gambrisius*” / “*Sylvia*”

参考文献：J. C. Fabricius, *Mant. insect.* (1787); No. 113/P. Cramer, *De uit. Kap.* (1775–1782); Pl. 43, f. f–g

收藏归属：约瑟夫·班克斯爵士

产地信息：斯里兰卡至所罗门群岛

物种名片：丽蛱蝶 *Parthenos sylvia* (Cramer, 1776)

丽蛱蝶出现在数千座岛屿上，如今公认的地理亚种超过 30 个。尽管有些亚种之间的区别显得微不足道，但从整体来看，种内差异还是很明显的，有绿色、蓝紫色、黄色和橄榄色，以及白色斑点或多或少等不同种群。丽蛱蝶甘布亚种 *P. s. gambrisius* (Fabricius, 1787) 分布在印度北部和东南亚，此处所画的班克斯收藏的标本可能就是来自这一地区。

III
Sr Josph Banks
habitat in Siam
Fabricius M 316
Cocytus
Sr Josph Banks
Alis integerrimis falcatis supra nigris margine postico cinereis.—
habitat in Siam.—

图　　版：III. 未命名

参考文献：—

收藏归属：约瑟夫 · 班克斯爵士

产地信息：印度和东南亚

物种名片：黄裙翠蛱蝶[1] *Tanaecia cocytus* (Fabricius, 1787)，雌

图　　版：III. “*Cocytus*”

参考文献：J. C. Fabricius, *Mant. insect.* (1787); No. 316

收藏归属：约瑟夫 · 班克斯爵士

产地信息：印度和东南亚

物种名片：黄裙翠蛱蝶 *Tanaecia cocytus* (Fabricius, 1787)，雄

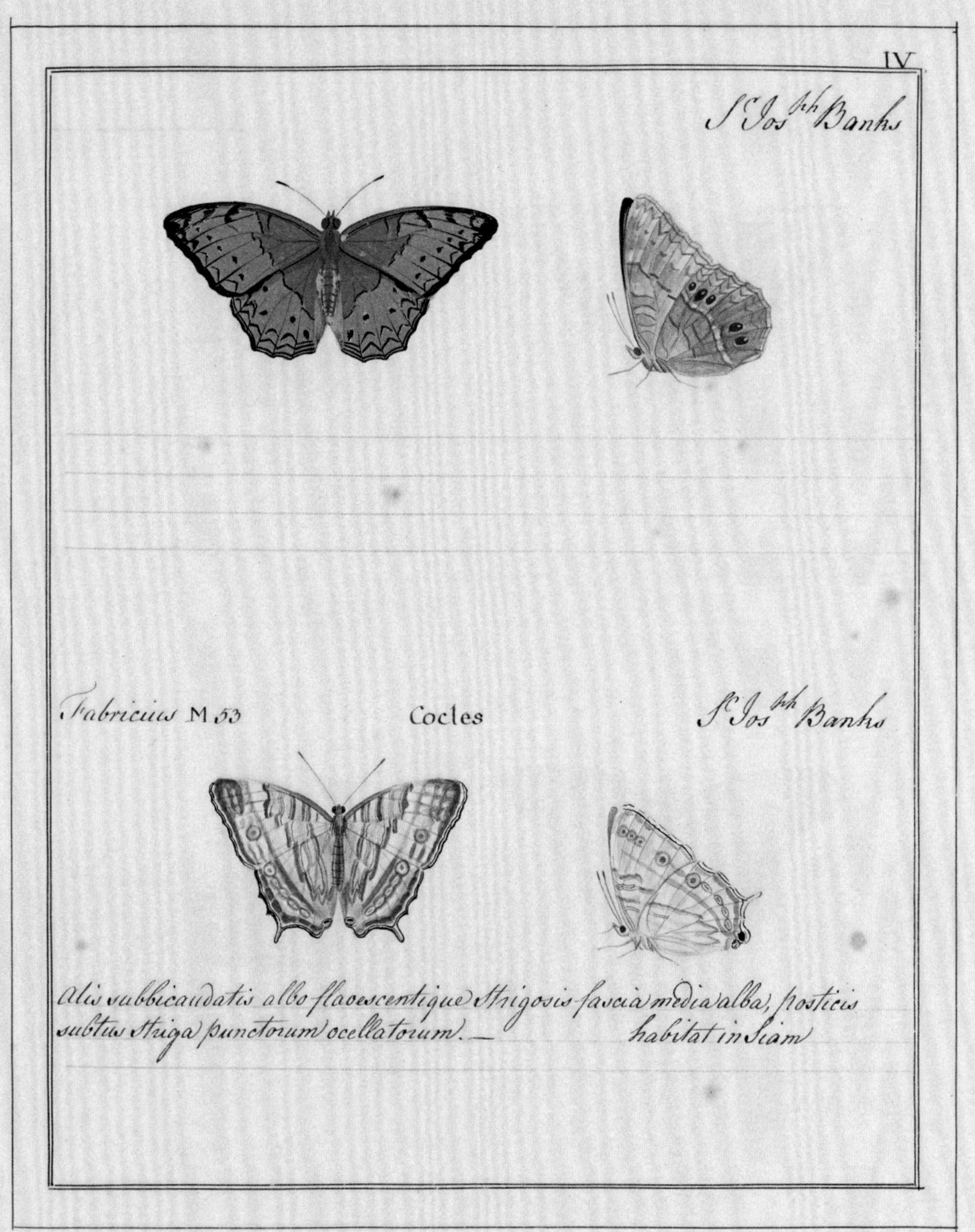

IV
Sr Josph Banks
Fabricius M 53
Cocles
Sr Josph Banks
Alis subbicaudatis albo flavescentique strigosis fascia media alba, posticis
subtus striga punctorum ocellatorum. —
habitat in Siam

图　　版：IV. 未命名

参考文献：—

收藏归属：约瑟夫 · 班克斯爵士

产地信息：非洲

物种名片：安茸翅蛱蝶 *Lachnoptera anticlia* (Hübner, 1819)，雌

图　　版：IV. “*Cocles*”

参考文献：J. C. Fabricius, *Mant. insect.* (1787); No. 53

收藏归属：约瑟夫 · 班克斯爵士

产地信息：印度至马来群岛

物种名片：八目丝蛱蝶 *Cyrestis cocles* (Fabricius, 1787)

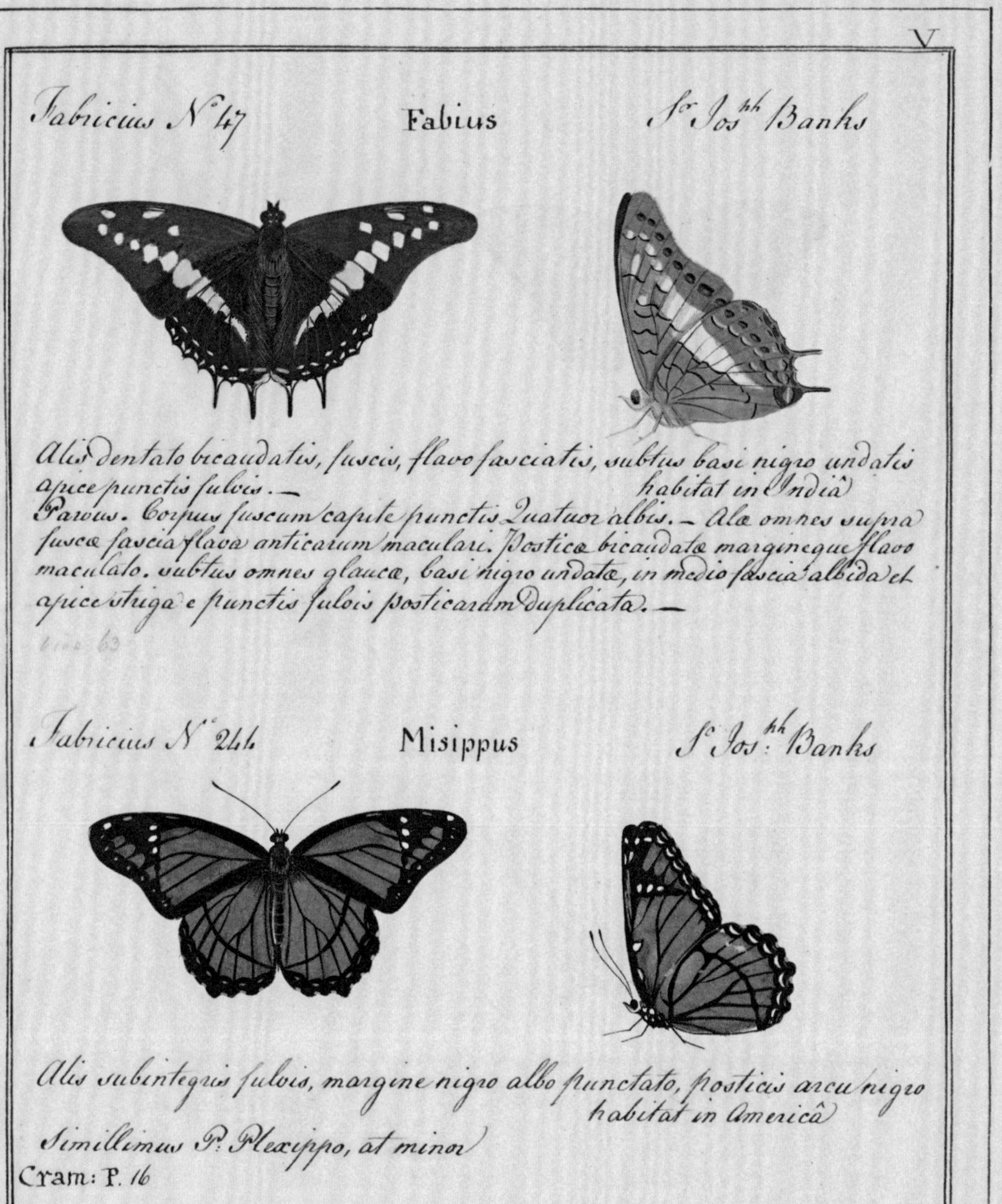

V
Fabricius N° 47
Fabius
Sr Jos:h Banks
Alis dentato bicaudatis, fuscis, flavo fasciatis, subtus basi nigro undatis apice punctis fulvis. —
habitat in Indiâ
Parvus. Corpus fuscum capite punctis Quatuor albis. — Alae omnes supra fuscae fascia flava anticarum maculari. Posticae bicaudatae margineque flavo maculato. subtus omnes glaucae, basi nigro undatae, in medio fascia albida et apice striga e punctis fulvis posticarum duplicata. —
Fabricius N° 244
Misippus
Sr Jos:h Banks
Alis subintegris fulvis, margine nigro albo punctato, posticis arcu nigro
habitat in Americâ
Simillimus P. Plexippo, at minor
Cram: P. 16

图　　版：V.“*Fabius*”
参考文献：J. C. Fabricius, *Spec. insect.* (1781); No. 47
收藏归属：约瑟夫·班克斯爵士
产地信息：印度和东南亚
物种名片：锁龙螯蛱蝶 *Charaxes solon* (Fabricius, 1793)

图　　版：V.“*Misippus*”
参考文献：J. C. Fabricius, *Spec. insect.* (1781); No. 244
收藏归属：约瑟夫·班克斯爵士
产地信息：北美洲
物种名片：副王蛱蝶 *Limenitis archippus* (Cramer, 1776)

副王蛱蝶因拟态君主斑蝶、女王斑蝶和热带女王斑蝶 *Danaus eresimus* 而闻名。1991 年，有人证实副王蛱蝶本身也是不可食用的，这与此前学界长期持有的观点相反，人们本以为这种蝴蝶没有抵御天敌的化学防御手段。

VI
Fabricius N°348
Iole
Drury
Alis dentatis fulvis nigro punctatis posticis subtus Ocellis quinque ultimo bipupillato.—
habitat in Guinea
Cram: P. 157
Linnaeus N°183
Elea
Drury
Alis dentatis fusco nebulosis concoloribus: fascia primoribus flava posticis alba.—
habitat in Indiis
Cram: P. 242

图　　版：VI. "*Iole*"	图　　版：VI. "*Elea*"
参考文献：J. C. Fabricius, *Spec. insect.* (1781); No. 348	参考文献：C. Linnaeus, *Syst. nat.* (1767); No. 183
收藏归属：德鲁 · 德鲁里	收藏归属：德鲁 · 德鲁里
产地信息：非洲	产地信息：南美洲
物种名片：安茸翅蛱蝶 *Lachnoptera anticlia* (Hübner, 1819)，雄	物种名片：紫悌蛱蝶 *Adelpha viola* Fruhstorfer, 1913

VII
Fabricius E.S 244
Isidore
Drury
Alis falcatocaudatis fulvis anticis punctis duobus mediis pallidis apiceque nigris. —
Cram: P. 235
Fabricius E.S 453
Columbina
Drury
Alis dentatis fulvis nigro maculatis posticis subtus strigis duabus argentatis. —
Cramer. 337

图　　版：VII.“*Isidore*”

参考文献：J. C. Fabricius, *Ent. syst.* (1792–1799); No. 244

收藏归属：德鲁 · 德鲁里

产地信息：南美洲

物种名片：伊斯缺翅蛱蝶 *Zaretis isidora* (Cramer, 1779)

图　　版：VII.“*Columbina*”（ICO）

参考文献：J. C. Fabricius, *Ent. syst.* (1792–1799); No. 453

收藏归属：德鲁 · 德鲁里

产地信息：印度？

物种名片：珐蛱蝶指名亚种 *Phalanta phalantha phalantha* (Drury, 1773)

VIII

Fabricius N°253 Codomannus Sr Jos^ph Banks

Alis integerrimis atris sanguineo fasciatis posticis subtus lineis annularibus flavis punctisque cœruleis. — habitat in Brasiliâ

Cram: P. 256

Fabricius N° 254 Hystaspes Sr Jos:^ph Banks

Alis integerrimis fuscis cœruleo micantibus posticis subtus flavis lineis annularibus nigris punctisque tribus cœruleis. — habitat in Brasiliâ

图　　版：VIII.“*Codomannus*”
参考文献：J. C. Fabricius, *Spec. insect.* (1781); No. 253
收藏归属：约瑟夫·班克斯爵士
产地信息：中美洲和南美洲
物种名片：图蛱蝶 *Callicore astarte* (Cramer, 1779)

图　　版：VIII.“*Hystaspes*”
参考文献：J. C. Fabricius, *Spec. insect.* (1781); No. 254
收藏归属：约瑟夫·班克斯爵士
产地信息：南美洲
物种名片：四瞳图蛱蝶 *Callicore hydaspes* (Drury, 1782)

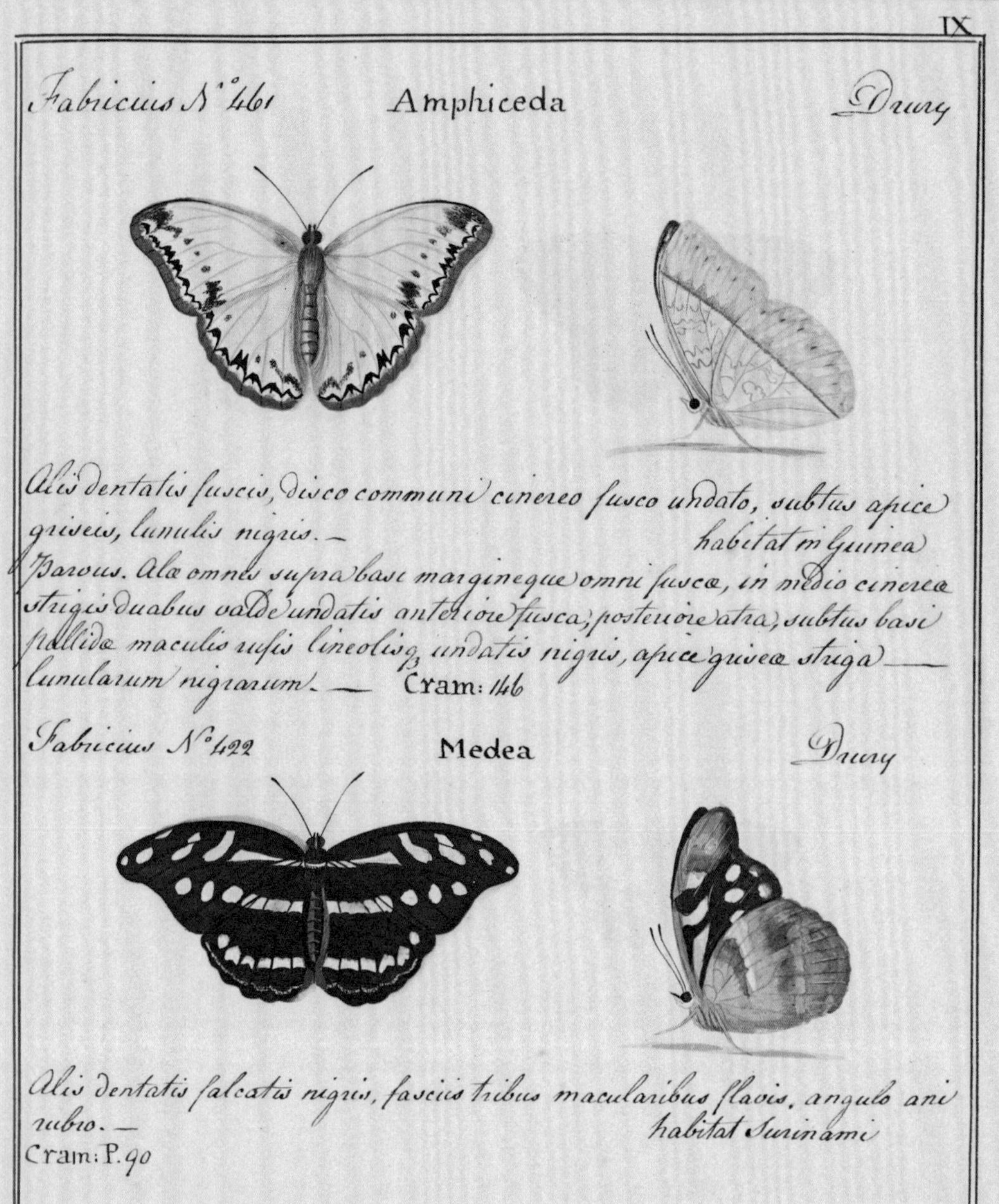

IX
Fabricius N°461
Amphiceda
Drury
Alis dentatis fuscis, disco communi cinereo fusco undato, subtus apice griseis, lunulis nigris. —
habitat in Guinea
Barous. Alæ omnes supra basi margineque omni fuscæ, in medio cinereæ strigis duabus valde undatis anteriore fusca, posteriore atra, subtus basi pallidæ maculis rufis lineolisq. undatis nigris, apice griseæ striga — lunularum nigrarum. —
Cram: 146
Fabricius N°422
Medea
Drury
Alis dentatis falcatis nigris, fasciis tribus macularibus flavis, angulo ani rubro. —
habitat Surinami
Cram: P. 90

图　　版：IX.“*Amphiceda*”

参考文献：J. C. Fabricius, *Spec. insect.* (1781); No. 461

收藏归属：德鲁・德鲁里

产地信息：非洲

物种名片：新生漪蛱蝶 *Cymothoe caenis* (Drury, 1773)

图　　版：IX.“*Medea*”

参考文献：J. C. Fabricius, *Spec. insect.* (1781); No. 422

收藏归属：德鲁・德鲁里

产地信息：南美洲

物种名片：黑蛱蝶 *Catonephele acontius* (Linnaeus, 1771)，雌

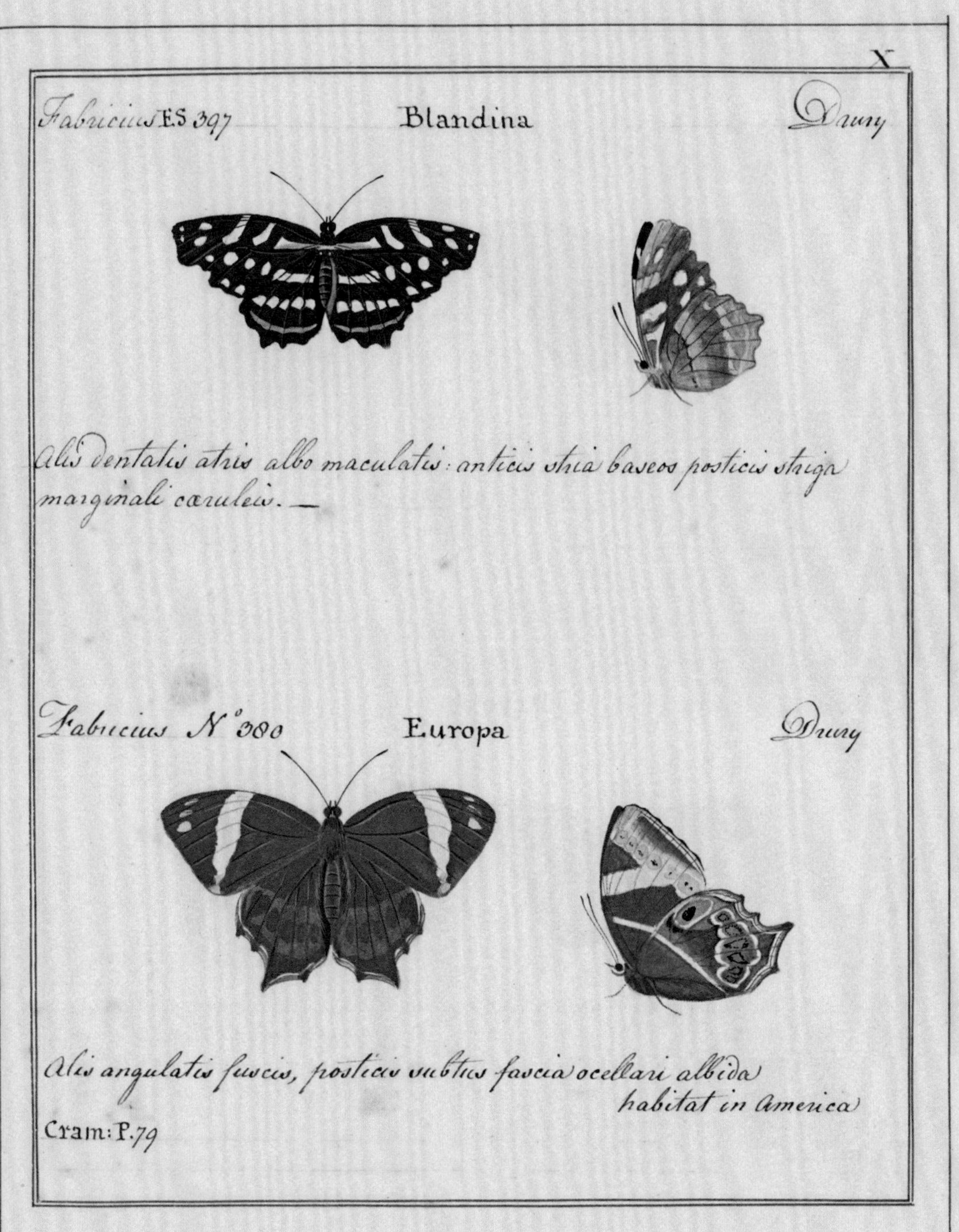

X
Fabricius E.S 397
Blandina
Drury
Alis dentatis atris albo maculatis: anticis stria baseos posticis striga marginali caeruleis.
Fabricius N° 380
Europa
Drury
Alis angulatis fuscis, posticis subtus fascia ocellari albida habitat in America
Cram: P.79

图　　版：X.“*Blandina*”（ICO）
参考文献：J. C. Fabricius, *Ent. syst.* (1792–1799); No. 397
收藏归属：德鲁·德鲁里
产地信息：巴西
物种名片：蓝云鼠蛱蝶 *Myscelia orsis* (Drury, 1782)

图　　版：X.“*Europa*”
参考文献：J. C. Fabricius, *Spec. insect.* (1781); No. 380
收藏归属：德鲁·德鲁里
产地信息：印度和东南亚
物种名片：长纹黛眼蝶 *Lethe europa* (Fabricius, 1775)，雌

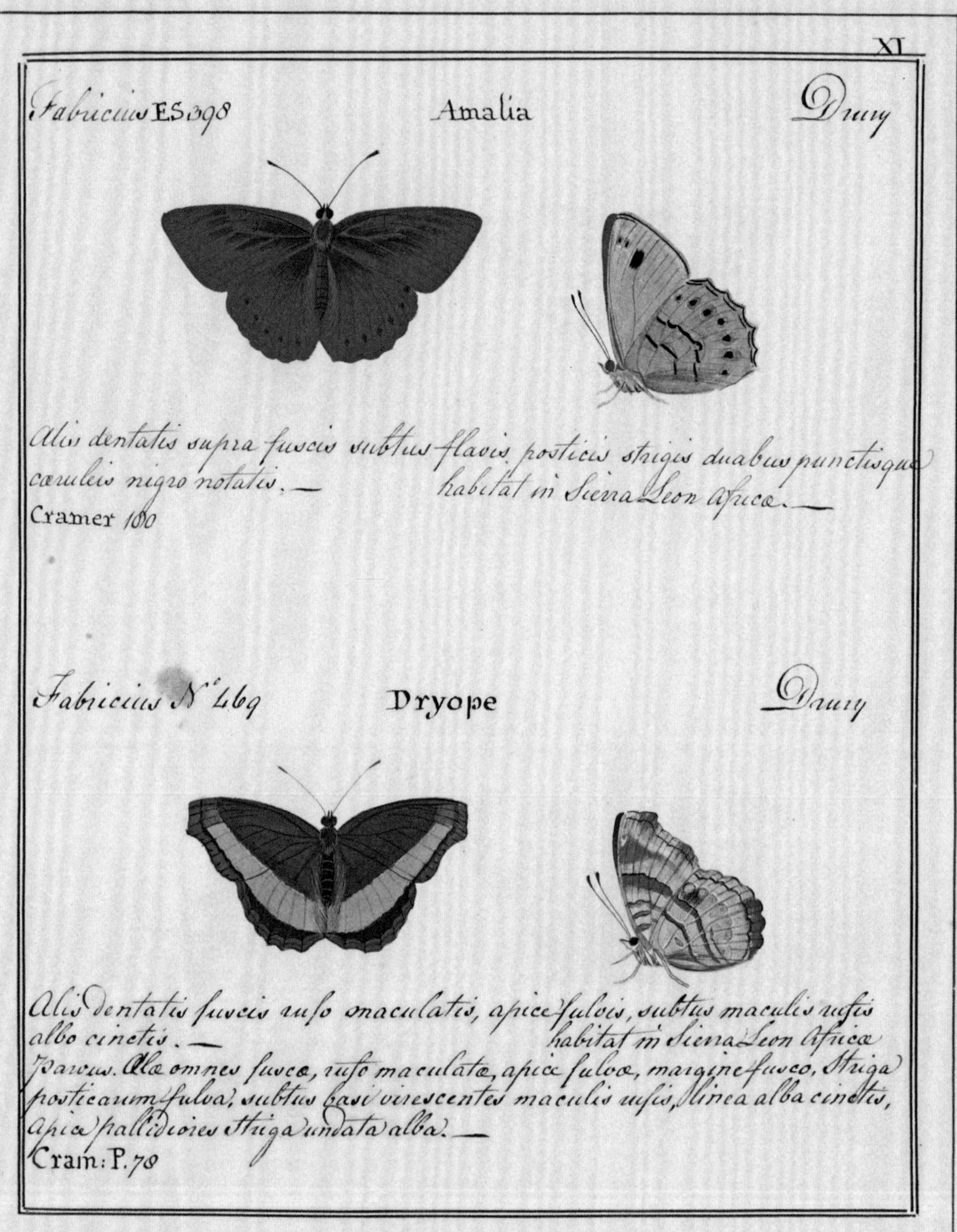

图　　版：XI. “*Amalia*”（ICO）

参考文献：J. C. Fabricius, *Ent. syst.* (1792–1799); No. 398

收藏归属：德鲁·德鲁里

产地信息：塞拉利昂

物种名片：星蛱蝶[2]指名亚种 *Sevenia amulia amulia* (Cramer, 1777)

图　　版：XI. “*Dryope*”

参考文献：J. C. Fabricius, *Spec. insect.* (1781); No. 469

收藏归属：德鲁·德鲁里

产地信息：非洲

物种名片：宽蛱蝶 *Eurytela dryope* (Cramer, 1775)

XII
Fabricius E.S 252
Fatima
Drury
Alis subcaudatis atris fascia communi flava, posticarum abbreviata maculisque rubris. —
Fabricius E.S 360
Amestris
Drury
Alis angulato dentatis nigris: lunulis rufis cyaneisque subtus obscuris.
habitat in Africâ

图　　版：	XII. "*Fatima*"（ICO）
参考文献：	J. C. Fabricius, *Ent. syst.* (1792–1799); No. 252
收藏归属：	德鲁 · 德鲁里
产地信息：	墨西哥?
物种名片：	白纹蛱蝶指名亚种 *Anartia fatima fatima* (Fabricius, 1793)

图　　版：	XII. "*Amestris*"
参考文献：	J. C. Fabricius, *Ent. syst.* (1792–1799); No. 360
收藏归属：	德鲁 · 德鲁里
产地信息：	非洲
物种名片：	八眼蛱蝶[3] *Precis octavia* (Cramer, 1777)

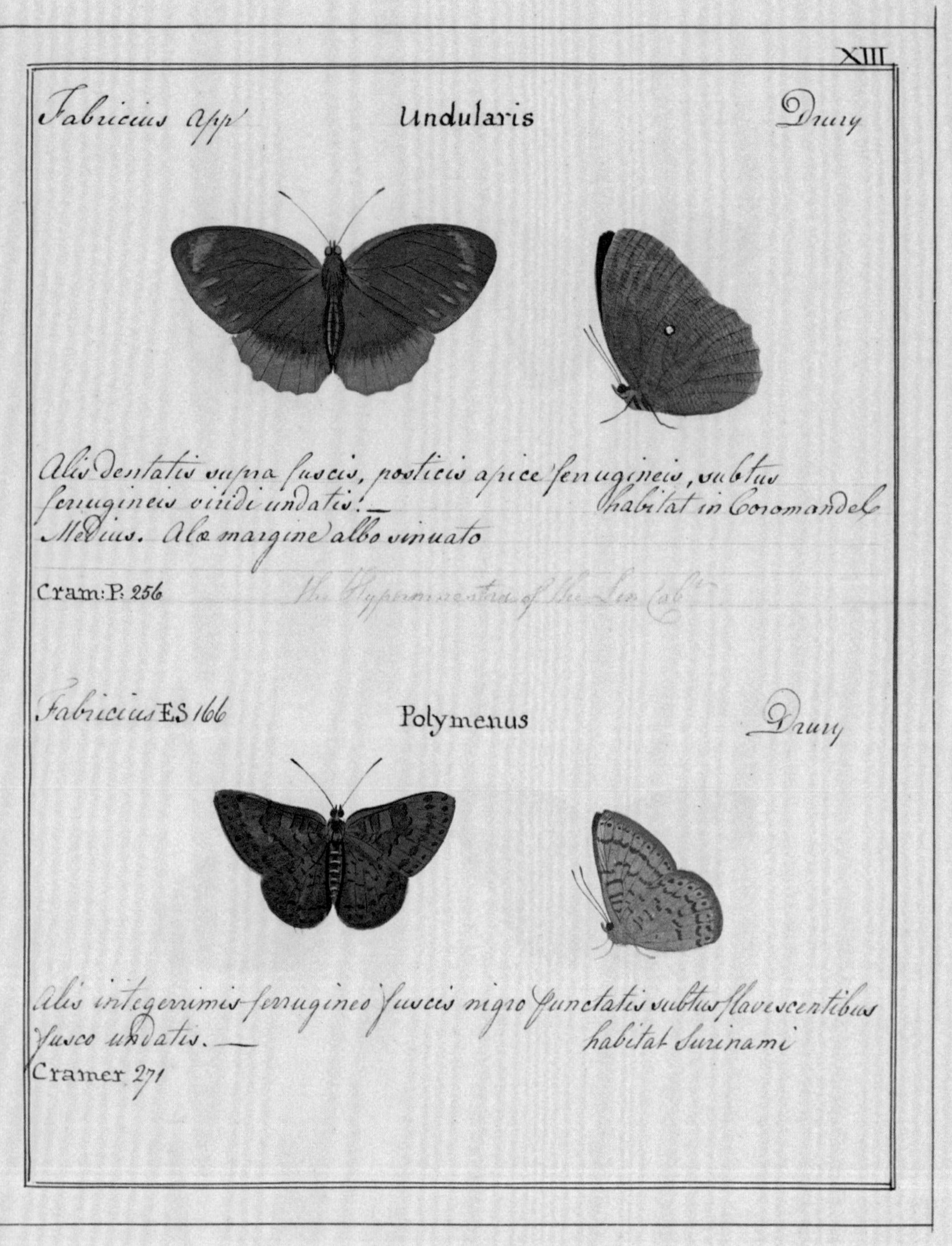
XIII
Fabricius App
Undularis
Drury
Alis dentatis supra fuscis, posticis apice ferrugineis, subtus ferrugineis viridi undatis. habitat in Coromandel
Medius. Alae margine albo sinuato
Cram: P: 256
Fabricius ES 166
Polymenus
Drury
Alis integerrimis ferrugineo fuscis nigro punctatis subtus flavescentibus fusco undatis. habitat Surinami
Cramer 271

图　　版：	XIII. “*Undularis*”
参考文献：	J. C. Fabricius, *Spec. insect.*, (1782); Appendix
收藏归属：	德鲁 · 德鲁里
产地信息：	印度至中国南部和东南亚
物种名片：	翠袖锯眼蝶 *Elymnias hypermnestra* (Linnaeus, 1763)

图　　版：	XIII. “*Polymenus*” （ICO）
参考文献：	J. C. Fabricius, *Ent. syst.* (1792–1799); No. 166
收藏归属：	德鲁 · 德鲁里
产地信息：	苏里南
物种名片：	红螟蚬蝶指名亚种 *Emesis mandana mandana* (Cramer, 1780)

XIV
Linnaeus N°171
Dirce
Drury
Alis angulatis fuscis, primoribus fascia flava subtus nigro undulatus
habitat in Indiis
Cram: P. 212

图　　版：XIV.“*Dirce*”
参考文献：C. Linnaeus, *Syst. nat.* (1767); No. 171
收藏归属：德鲁·德鲁里
产地信息：南美洲和加勒比海地区
物种名片：黄肱蛱蝶 *Colobura dirce* (Linnaeus, 1758)

图　　版：XIV. 未命名
参考文献：—
收藏归属：—
产地信息：西非
物种名片：蔽眼蝶属某种 *Bicyclus* sp.，参考监官蔽眼蝶 *B. ephorus* Weymer, 1892

XV
Fabricius ES 418
Liberia
Drury
Alis dentatis fulvis anticis arcu apicis posticis supra puncto atro
Subtus tribus ocellaribus.
Fabricius ES 419
Amasia
Drury
Alis dentatis viridibus posticis supra punctis marginalibus
nigris subtus ocellaribus.
habitat in Sierra Leon Africa

图　　版：XV. “*Liberia*” （ICO）
参考文献：J. C. Fabricius, *Ent. syst.* (1792–1799); No. 418
收藏归属：德鲁 · 德鲁里
产地信息：中美洲
物种名片：黄褐余蛱蝶洪都拉斯亚种 *Temenis laothoe hondurensis* (Fruhstorfer, 1907)

图　　版：XV. “*Amasia*” （ICO）
参考文献：J. C. Fabricius, *Ent. syst.* (1792–1799); No. 419
收藏归属：德鲁 · 德鲁里
产地信息：塞拉利昂
物种名片：翠无螯蛱蝶指名亚种 *Charaxes eupale eupale* (Drury, 1782)

XVI
Fabricius N°233
Antiochus
Drury
Alis integerrimis rotundatis nigris, supra fascia communi fulva.—
habitat in China.—
Cram: P. 143
Fabricius E.S 202
Horatius
Drury
Alis dentata bicaudatis atris posticis apice sanguineis punctis
ocellaribus atris.—
habitat in Sierra Leon Africa

图　　版：XVI. “*Antiochus*”
参考文献：J. C. Fabricius, *Spec. insect.* (1781); No. 233
收藏归属：德鲁 · 德鲁里
产地信息：南美洲
物种名片：黑蛱蝶 *Catonephele acontius* (Linnaeus, 1771)，雄

图　　版：XVI. “*Horatius*” （ICO）
参考文献：J. C. Fabricius, *Ent. syst.* (1792–1799); No. 202
收藏归属：德鲁 · 德鲁里
产地信息：塞拉利昂
物种名片：红裙螯蛱蝶指名亚种 *Charaxes anticlea anticlea* (Drury, 1782)

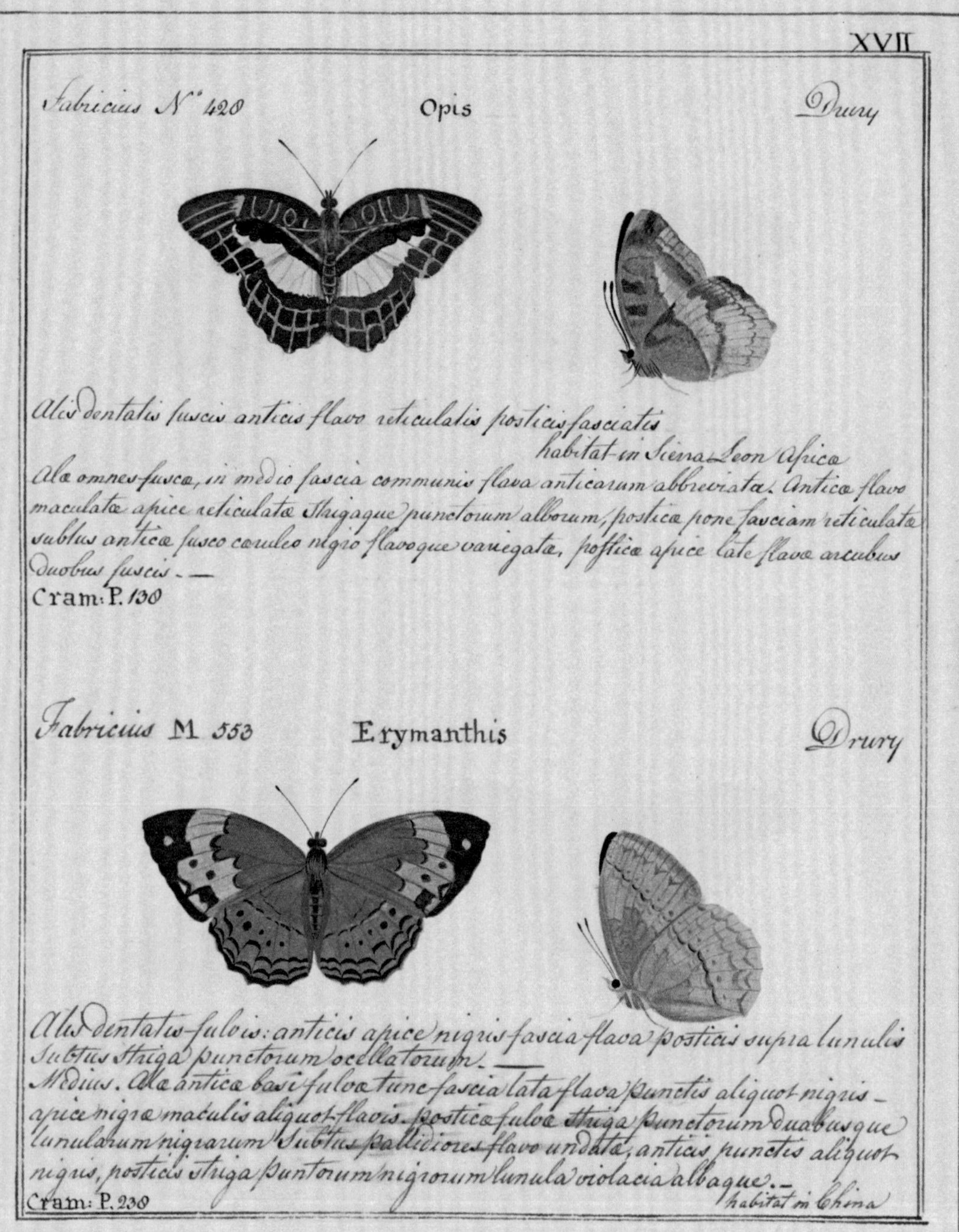
XVII
Fabricius N° 428
Opis
Drury
Alis dentatis fuscis anticis flavo reticulatis posticis fasciatis
habitat in Sierra Leon Africa
Alæ omnes fuscæ, in medio fascia communis flava anticarum abbreviata. Anticæ flavo maculatæ apice reticulatæ strigaque punctorum alborum, posticæ pone fasciam reticulatæ subtus anticæ fusco cœruleo nigro flavoque variegatæ, posticæ apice late flavæ arcubus duobus fuscis.—
Cram: P. 130
Fabricius M 553
Erymanthis
Drury
Alis dentatis fulvis: anticis apice nigris fascia flava posticis supra lunulis Subtus striga punctorum ocellatorum.—
Medius. Alæ anticæ basi fulvæ tunc fascia lata flava punctis aliquot nigris apice nigræ maculis aliquot flavis. posticæ fulvæ striga punctorum duabusque lunularum nigrarum Subtus pallidiores flavo undata, anticis punctis aliquot nigris, posticis striga puntorum nigrorum lunula violacia albaque.—
Cram: P. 230
habitat in China

图　　版：XVII. “*Opis*”

参考文献：J. C. Fabricius, *Spec. insect.* (1781); No. 428

收藏归属：德鲁 · 德鲁里

产地信息：非洲中西部

物种名片：蓝纹簇蛱蝶 *Cynandra opis* (Drury, 1773)，雌

图　　版：XVII. “*Erymanthis*”

参考文献：J. C. Fabricius, *Mant. insect.* (1787); No. 553

收藏归属：德鲁 · 德鲁里

产地信息：斯里兰卡至中国和东南亚

物种名片：黄襟蛱蝶 *Cupha erymanthis* (Drury, 1773)

XVIII
Fabricius N°255
Gripus
Drury
alis integris subfuscis, subtus striga puntorum alborum.—
habitat in India
Cramer alas pingit dentatas, forte potius papilio Nymphalis.—
Cram: P. 183
Fabricius E.S 250
Lethe
Drury
alis dentato caudatis fulvis anticis apice nigris fascia apiceque
flavis.—

图　　版：XVIII. "*Gripus*"	图　　版：XVIII. "*Lethe*"（ICO）
参考文献：J. C. Fabricius, *Spec. insect.* (1781); No. 255	参考文献：J. C. Fabricius, *Ent. syst.* (1792–1799); No. 250
收藏归属：德鲁·德鲁里	收藏归属：德鲁·德鲁里
产地信息：中国和东南亚	产地信息：巴西？
物种名片：串珠环蝶 *Faunis eumeus* (Drury, 1773)	物种名片：虎蛱蝶 *Hypanartia lethe* (Fabricius, 1793)

XIX

Linnaeus N° 170 Ariadne Drury

Alis angulatis, supra subferrugineis strigis: nigro undulatis primoribus antice puncto niveo. —

Cram: P. 86. 144

habitat in Java

Fabricius N° 455 Carinenta Francillon

Alis falcato dentatis fuscis, flavo maculatis, anticis apice atris maculis quatuor albis. —

habitat Surinami

Statura Maia. Corpus fuscum: palpi porrecti acuminati, alae anticae falcato dentatae basi fuscae apice atrae maculis quatuor albis in medio macula duae oblongae flavae, subtus basi fulvae medio fusca albo maculata, apice caerulescentes nigro irrorata. posticae supra fuscae macula magna flava, subtus caerulescentes nigro irrorata. —

图　　版：XIX.“*Ariadne*”

参考文献：C. Linnaeus, *Syst. nat.* (1767); No. 170

收藏归属：德鲁 · 德鲁里

产地信息：印度、中国和东南亚

物种名片：波蛱蝶 *Ariadne ariadne* (Linnaeus, 1763)

图　　版：XIX.“*Carinenta*”

参考文献：J. C. Fabricius, *Spec. insect.* (1781); No. 455

收藏归属：约翰 · 弗朗西伦

产地信息：大安的列斯群岛

物种名片：奇纹美喙蝶 *Libytheana terena* (Godart, 1819)

XX
Fabricius N° 455
Carinenta
Drury
Alis falcato dentatis fuscis flavo maculatis anticis apice atris maculis quatuor albis. —
habitat Surinami
Cram: P. 108

图　　版：XX. “*Carinenta*”
参考文献：J. C. Fabricius, *Spec. insect.* (1781); No. 455
收藏归属：德鲁·德鲁里
产地信息：美洲
物种名片：卡丽美喙蝶 *Libytheana carinenta* (Cramer, 1777)

图　　版：XX. 未命名
参考文献：—
收藏归属：—
产地信息：—
物种名片：蛱蝶科未定种 Nymphalidae sp. indet，苾蛱蝶亚科 Biblidinae？

XXI.
Fabricius ES 407
Phegea
Drury
Alis dentatis fuscis: anticis fascia posticis disco ferrugineo aut albo
subtus pallidioribus nigro undatis.

图　　版：XXI.“*Phegea*”（ICO）

参考文献：J. C. Fabricius, *Ent. syst.* (1792–1799); No. 407

收藏归属：德鲁·德鲁里

产地信息：塞拉利昂

物种名片：横波锯眼蝶指名亚种 *Elymnias bammakoo bammakoo* (Westwood, 1851)，上雄下雌

锯眼蝶属 *Elymnias* 是一个分布于印度–澳大利亚区的大属，横波锯眼蝶是该属在非洲唯一的代表，它有两个亚种，指名亚种（此处琼斯所绘）和拉氏亚种 *E. b. rattrayi*。历史上，这个物种的学名曾被认为是 *Elymniopsis phegea* (Fabricius, 1793)。然而，约翰·C. 法布里丘斯所取的这个名字是无效的，因为它是 *Papilio phegea* Borkhausen, 1788 的次同名，而现在 *Papilio phegea* Borkhausen, 1788 本身又被认为是原红眼蝶 *Proterebia afra* (Fabricius, 1787) 的主观次异名。

XXII
Fabricius N° 443
Eurinome
Drury
Alis dentatis nigris, albo maculatis, posticis basi albis. —
Statura omnino P. Dissimilis
habitat in India orientali
Cram: P. 70
Fabricius ES 156
Eleus
Drury
Alis integerrimis fulvis, margine atro anticarum fascia posticarum
punctis albis.
habitat in Sierra Leon Africa

图　　版：XXII. “*Eurinome*”

参考文献：J. C. Fabricius, *Spec. insect.* (1781); No. 443

收藏归属：德鲁·德鲁里

产地信息：非洲

物种名片：白斑圆蛱蝶 *Euxanthe eurinome* (Cramer, 1775)

图　　版：XXII. “*Eleus*”

参考文献：J. C. Fabricius, *Ent. syst.* (1792–1799); No. 156

收藏归属：德鲁·德鲁里

产地信息：非洲

物种名片：黄褐栎蛱蝶 *Euphaedra eleus* (Drury, 1782)

XXIII
Fabricius N° 252
Numilius
Sr Josph Banks
Alis integerrimis atris, anticis maculis duabus, posticis unica fulvis.
habitat in Brasiliâ.
Cram: P. 91
Fabricius N° 400
Prosope
Sr Josph Banks
Alis dentatis fuscis, fascia communi fulva, anticarum punctis duobus nigris.
habitat in nova hollandia

图　　版：XXIII. “*Numilius*”
参考文献：J. C. Fabricius, *Spec. insect.* (1781); No. 252
收藏归属：约瑟夫·班克斯爵士
产地信息：墨西哥至南美洲
物种名片：橙斑黑蛱蝶 *Catonephele numilia* (Cramer, 1775)，雄

图　　版：XXIII. “*Prosope*”
参考文献：J. C. Fabricius, *Spec. insect.* (1781); No. 400
收藏归属：约瑟夫·班克斯爵士
产地信息：新几内亚岛和澳大利亚
物种名片：黑缘襟蛱蝶 *Cupha prosope* (Fabricius, 1775)

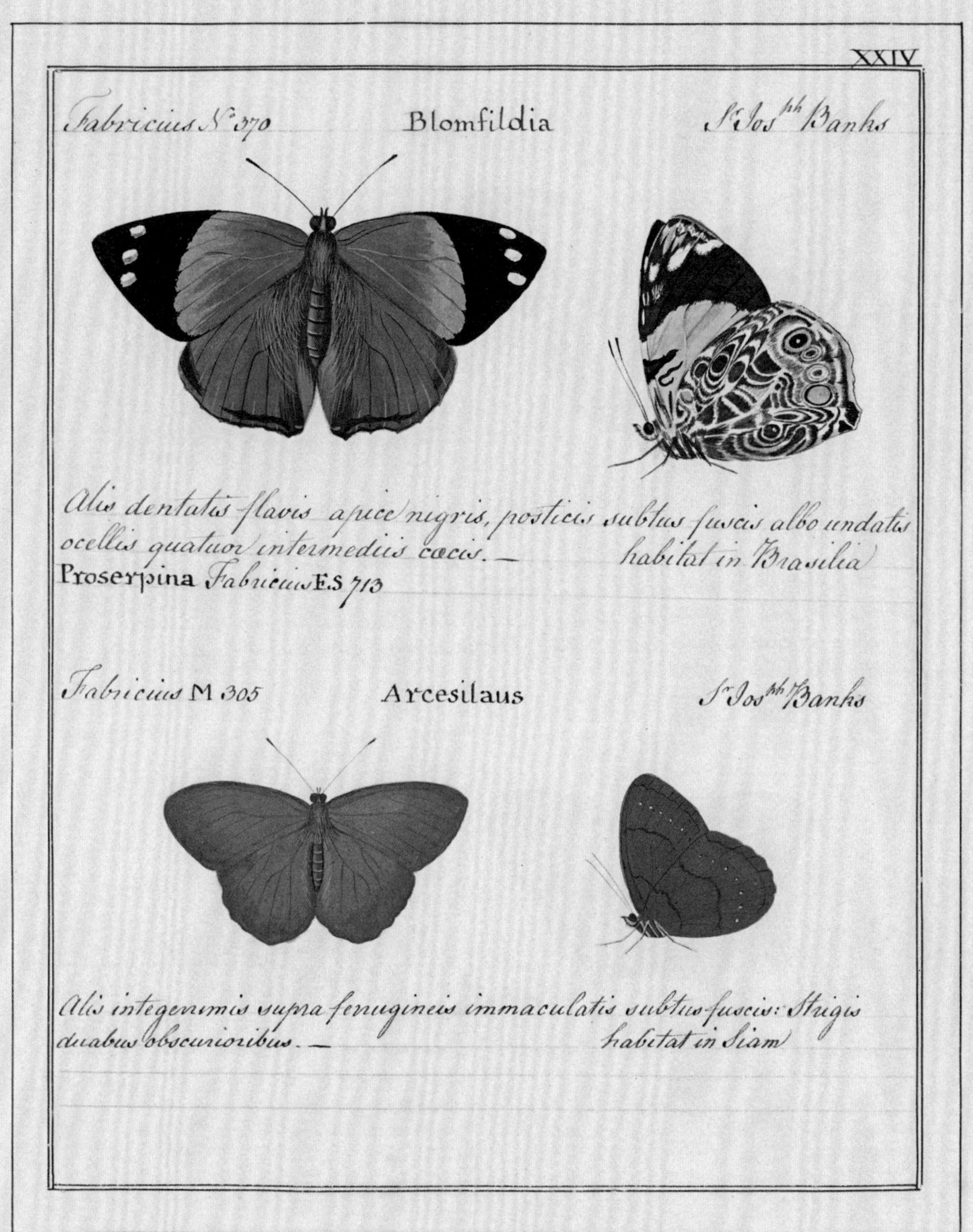

XXIV
Fabricius N° 370
Blomfildia
Sr Josph Banks
Alis dentatis flavis apice nigris, posticis subtus fuscis albo undatis
ocellis quatuor intermediis coecis. —
habitat in Brasilia
Proserpina Fabricius E.S 713
Fabricius M 305
Arcesilaus
Sr Josph Banks
Alis integerrimis supra ferrugineis immaculatis subtus fuscis: Strigis
duabus obscurioribus. —
habitat in Siam

图　　版：XXIV. “*Blomfildia*” / “*Prosperpina*” （ICO）

参考文献：J. C. Fabricius, *Spec. insect.* (1781); No. 370 /J. C. Fabricius, *Ent. syst.* (1792–1799); No. 713

收藏归属：约瑟夫 · 班克斯爵士

产地信息：巴西

物种名片：没药蛱蝶 *Smyrna blomfildia* (Fabricius, 1781)

图　　版：XXIV. “*Arcesilaus*”

参考文献：J. C. Fabricius, *Mant. insect.* (1787); No. 305

收藏归属：约瑟夫 · 班克斯爵士

产地信息：东南亚

物种名片：褐串珠环蝶 *Faunis canens* (Hübner, 1826)

XXV
Fabricius N°389
Althea
Drury
Alis dentatis fuscis, fascia strigaque angulato dentatis albis. —
habitat in Guinea
Statura et Magnitudo P: Cydippe. — Alæ basi fuscæ anticis maculis
duabus, posticis unica obscure ferrugineis. — in medio fascia angulato
dentata alba, pone hanc striga angulato dentata alba nigræ innata.
subtus flavescentes lituris atris fascia strigisque iisdem. —
Cram: P. 89
Fabricius N° 270
Morvus
Drury
Alis integris caudatis, supra fuscis, basi cæruleis, subtus griseo virescentibus
habitat in India
Medius. Alæ anticæ fuscæ, basi cærulescentes margineque interiori valde
emarginato. Posticæ caudatæ fuscæ, basi cærulescentes. Subtus omnes griseo
virescentes. ... —
Cram: P. 380

图　　版：	XXV. "*Althea*"
参考文献：	J. C. Fabricius, *Spec. insect.* (1781); No. 389
收藏归属：	德鲁·德鲁里
产地信息：	西非
物种名片：	埃漪蛱蝶 *Cymothoe althea* (Cramer, 1776)

图　　版：	XXV. "*Morvus*"
参考文献：	J. C. Fabricius, *Spec. insect.* (1781); No. 270
收藏归属：	德鲁·德鲁里
产地信息：	墨西哥至南美洲
物种名片：	尖蛱蝶属未定种 *Memphis* sp. indet.

XXVI.
Fabricius N 434
Hippona
Drury
Alis dentato caudatis, flavo nigroque variis posticis punctis quatuor albis.—
habitat in India
Cram: P. 90
Fabricius N°. 385
Thetys
Drury
Alis bicaudatis dentatis fulvis, striis nigris posticis subtus glaucis nigro punctatis.—
habitat in America meridionali
Cram: P. 87

图　　版：XXVI.“*Hippona*”

参考文献：J. C. Fabricius, *Spec. insect.* (1781); No. 434

收藏归属：德鲁·德鲁里

产地信息：墨西哥至南美洲

物种名片：鹞蛱蝶 *Consul fabius* (Cramer, 1776)

图　　版：XXVI.“*Thetys*”

参考文献：J. C. Fabricius, *Spec. insect.* (1781); No. 385

收藏归属：德鲁·德鲁里

产地信息：美洲

物种名片：剑尾凤蛱蝶 *Marpesia petreus* (Cramer, 1776)

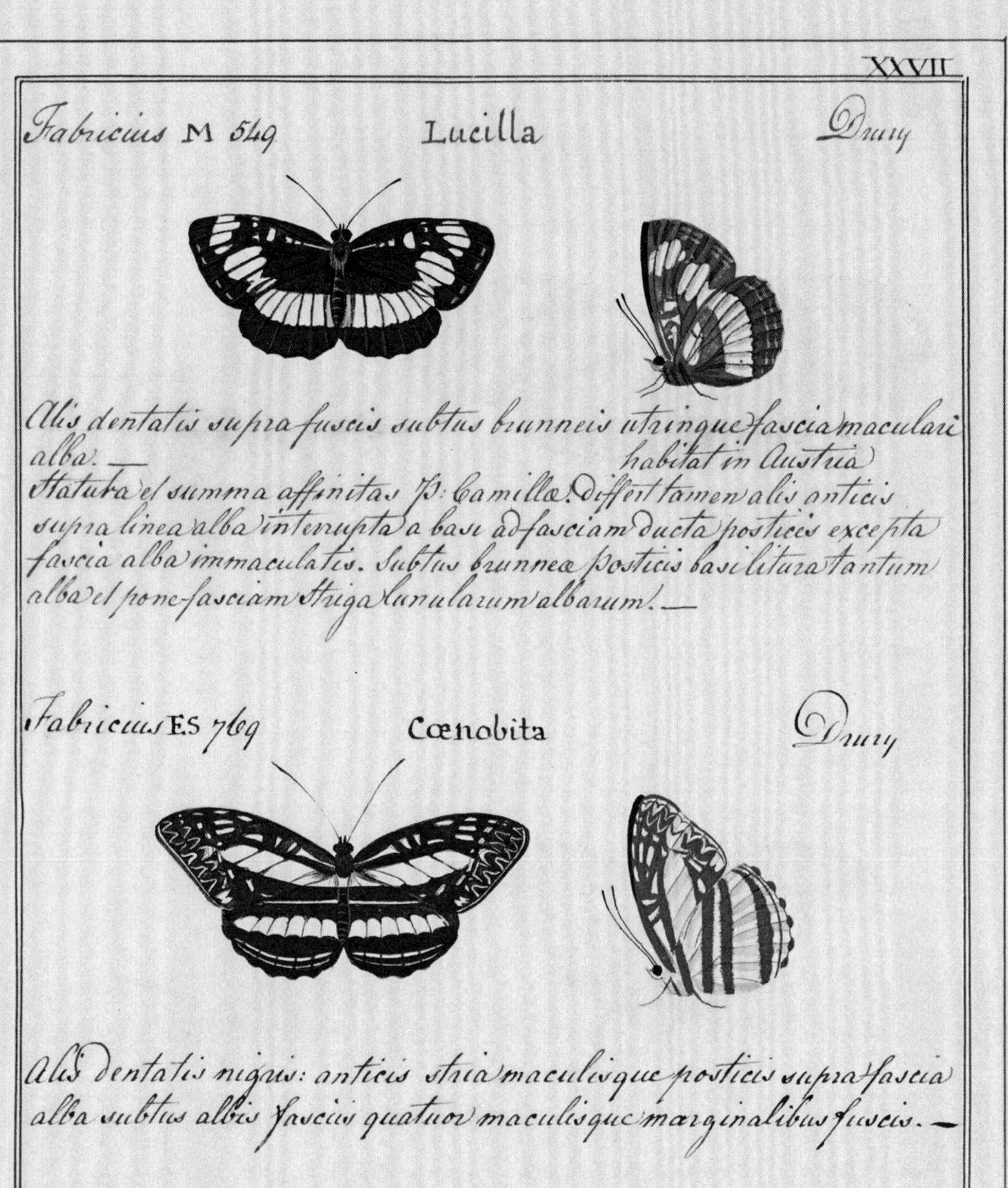

XXVII
Fabricius M 549
Lucilla
Drury
Alis dentatis supra fuscis subtus brunneis utrinque fascia maculari alba. —
habitat in Austria
Statura et summa affinitas P: Camillae. Differt tamen alis anticis supra linea alba interrupta a basi ad fasciam ducta posticis excepta fascia alba immaculatis. Subtus brunnea posticis basi litura tantum alba et pone fasciam striga lunularum albarum. —
Fabricius ES 769
Cœnobita
Drury
Alis dentatis nigris: anticis stria maculisque posticis supra fascia alba subtus albis fasciis quatuor maculisque marginalibus fuscis. —

图　　版：XXVII.“*Lucilla*”

参考文献：J. C. Fabricius, *Mant. insect.* (1787); No. 549

收藏归属：德鲁·德鲁里

产地信息：古北界

物种名片：单环蛱蝶 *Neptis rivularis* (Scopoli, 1763)

图　　版：XXVII.“*Coenobita*”（ICO）

参考文献：J. C. Fabricius, *Ent. syst.* (1792–1799); No. 769

收藏归属：德鲁·德鲁里

产地信息：塞拉利昂

物种名片：布干达伪环蛱蝶紫花亚种 *Pseudoneptis bugandensis ianthe* Hemming, 1964

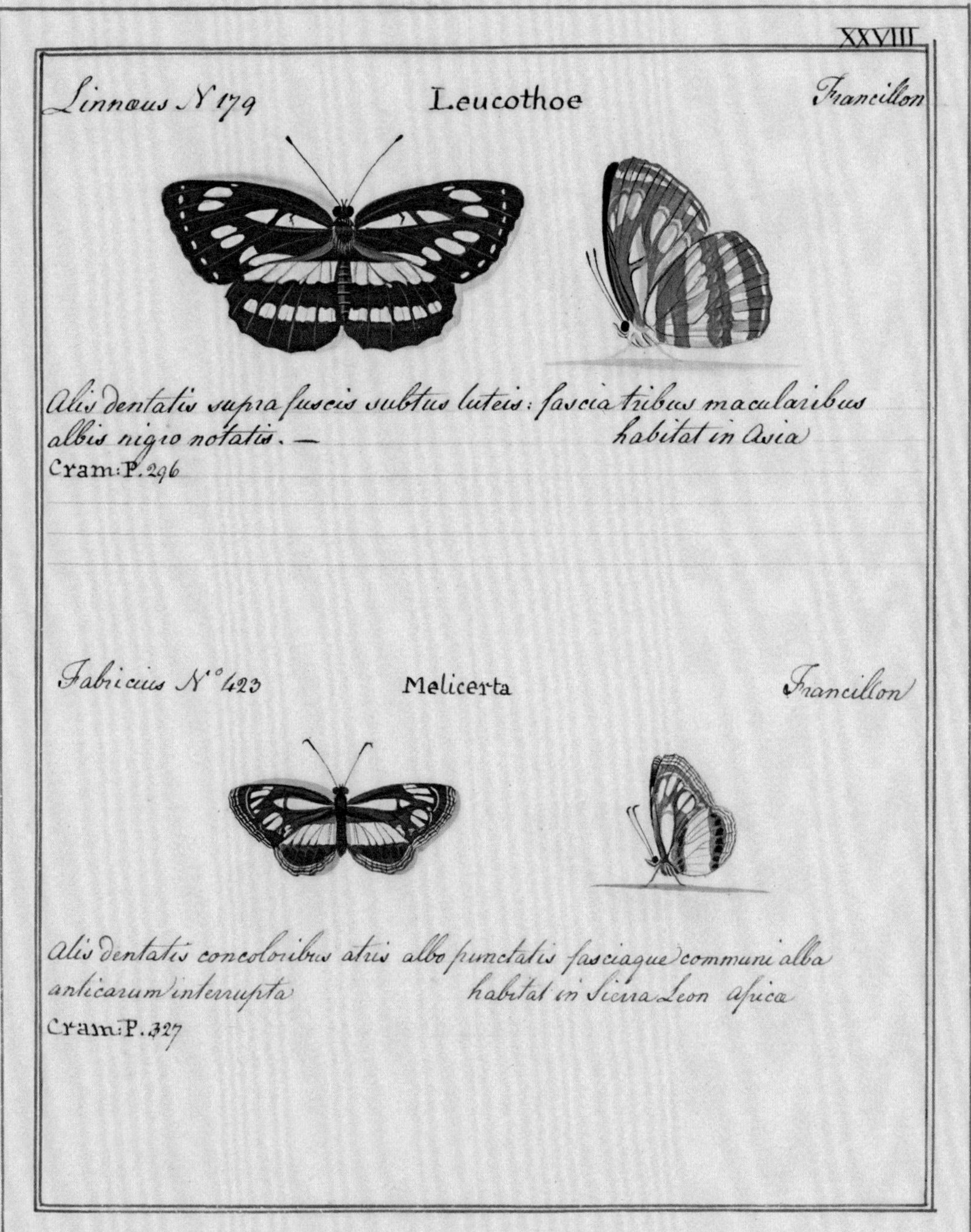

XXVIII
Linnæus N 179
Leucothoe
Francillon
alis dentatis supra fuscis subtus luteis: fascia tribus macularibus
albis nigro notatis.—
habitat in Asia
Cram: P. 296
Fabricius N° 423
Melicerta
Francillon
alis dentatis concoloribus atris albo punctatis fasciaque communi alba
anticarum interrupta
habitat in Sierra Leon africa
Cram: P. 327

图　　版：XXVIII. “*Leucothoe*”

参考文献：C. Linnaeus, *Syst. nat.* (1767); No. 179

收藏归属：约翰·弗朗西伦

产地信息：欧洲至西伯利亚地区

物种名片：小环蛱蝶 *Neptis sappho* (Pallas, 1771)

图　　版：XXVIII. “*Melicerta*”

参考文献：J. C. Fabricius, *Spec. insect.* (1781); No. 423

收藏归属：约翰·弗朗西伦

产地信息：非洲

物种名片：小白环蛱蝶 *Neptis melicerta* (Drury, 1773)

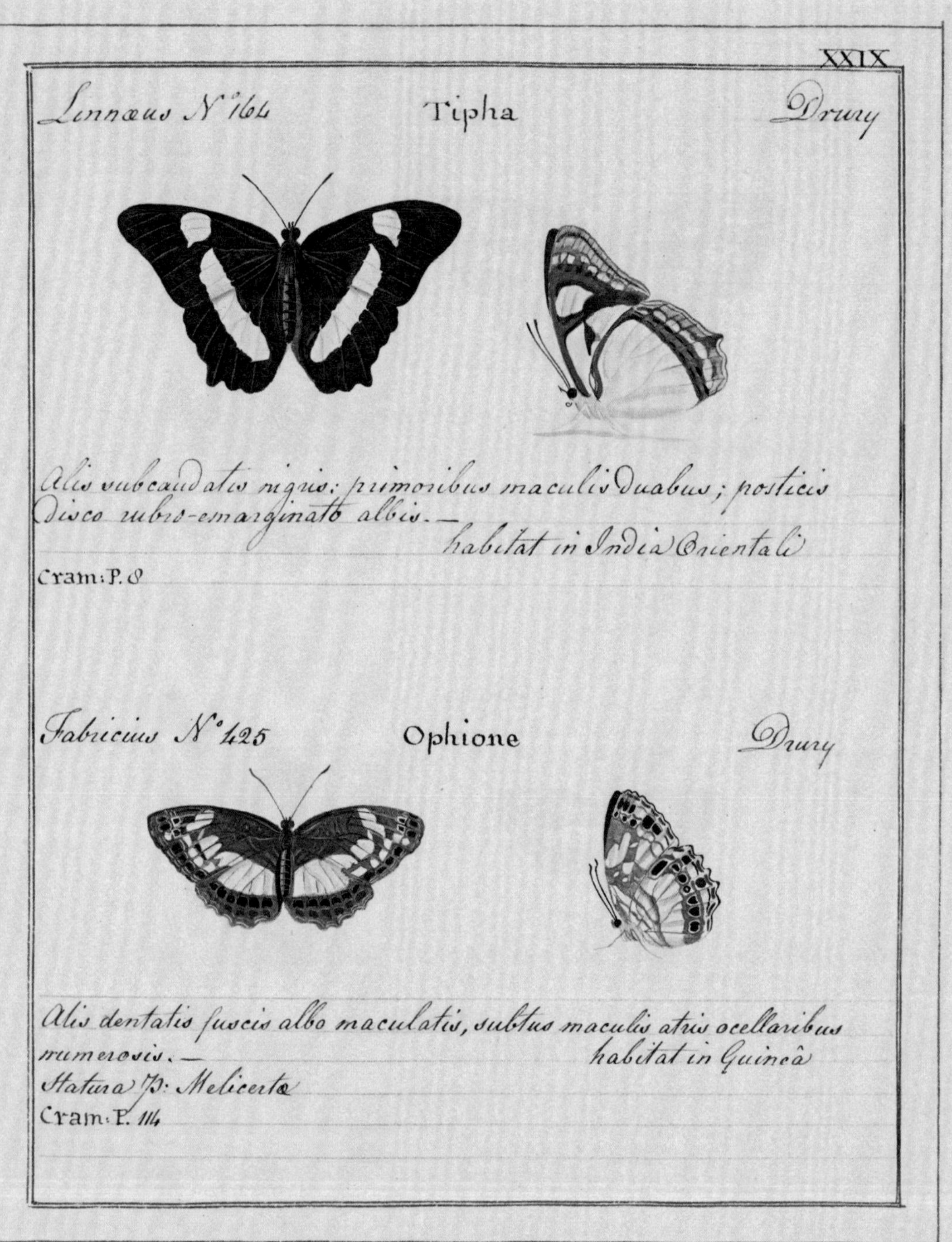

XXIX
Linnæus N°164
Tipha
Drury
Alis subcaudatis nigris: primoribus maculis duabus; posticis disco rubro-emarginato albis.—
habitat in India Orientali
Cram: P. 8
Fabricius N°425
Ophione
Drury
Alis dentatis fuscis albo maculatis, subtus maculis atris ocellaribus numerosis.—
habitat in Guineâ
Statura 73: Melicerta
Cram: P. 114

图　　版：XXIX. “*Tipha*”

参考文献：C. Linnaeus, *Syst. nat.* (1767); No. 164

收藏归属：德鲁・德鲁里

产地信息：墨西哥至巴拉圭

物种名片：火蛱蝶 *Pyrrhogyra neaerea* (Linnaeus, 1758)

图　　版：XXIX. “*Ophione*”

参考文献：J. C. Fabricius, *Spec. insect.* (1781); No. 425

收藏归属：德鲁・德鲁里

产地信息：非洲

物种名片：蛇纹蛱蝶 *Neptidopsis ophione* (Cramer, 1777)

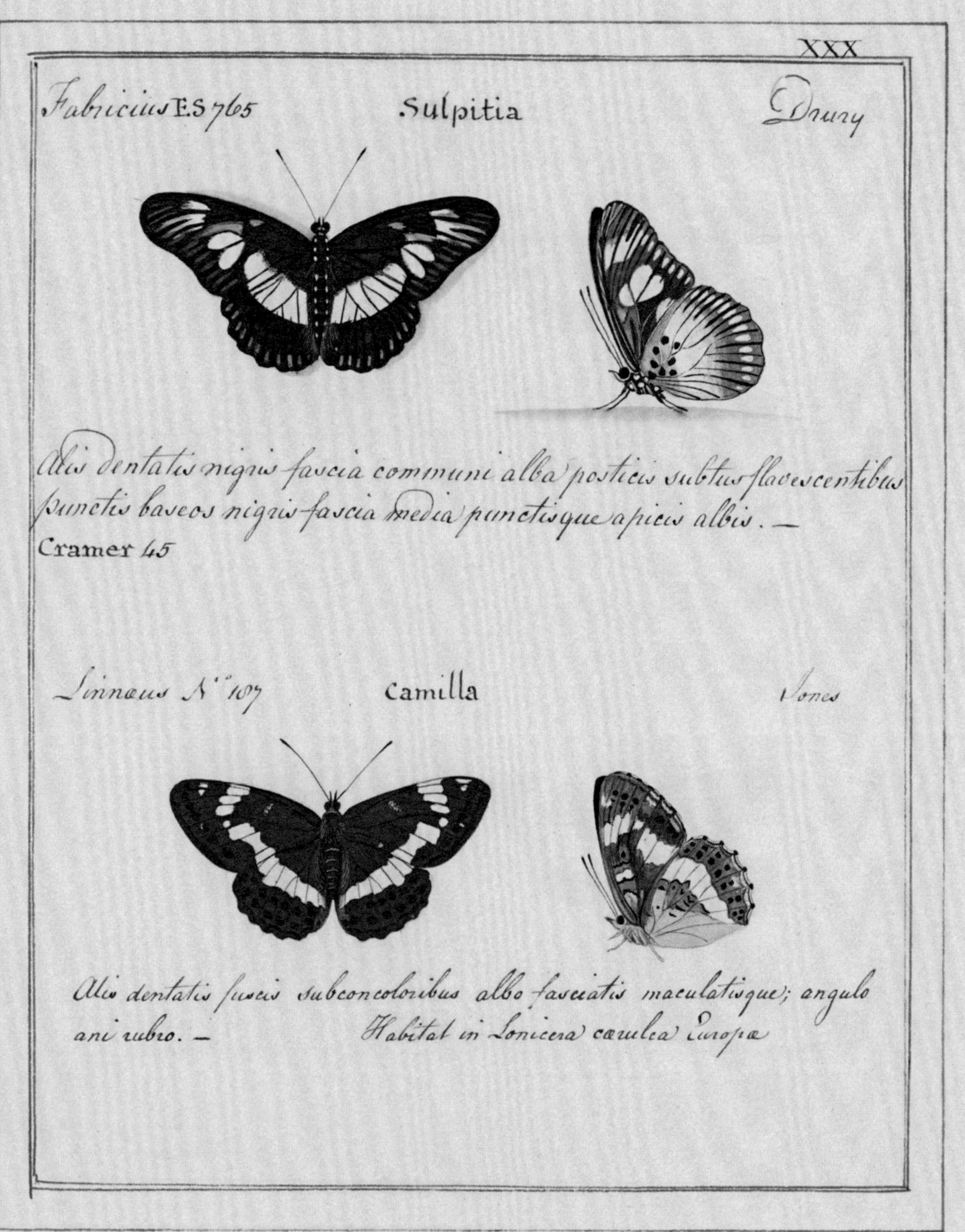

XXX
Fabricius E.S 765
Sulpitia
Drury
Alis dentatis nigris fascia communi alba posticis subtus flavescentibus punctis baseos nigris fascia media punctisque apicis albis. —
Cramer 45
Linnaeus N° 187
Camilla
Jones
Alis dentatis fuscis subconcoloribus albo fasciatis maculatisque; angulo ani rubro. —
Habitat in Lonicera caerulea Europa

图　　版：XXX.“*Sulpitia*”（ICO）

参考文献：J. C. Fabricius, *Ent. syst.* (1792–1799); No. 765

收藏归属：德鲁·德鲁里

产地信息：塞拉利昂

物种名片：玉斑伪珍蛱蝶指名亚种 *Pseudacraea lucretia lucretia* (Cramer, 1775)

图　　版：XXX.“*Camilla*”

参考文献：C. Linnaeus, *Syst. nat.* (1767); No. 187

收藏归属：威廉·琼斯

产地信息：西起英国，东至日本

物种名片：隐线蛱蝶 *Limenitis camilla* (Linnaeus, 1764)

XXXI

Fabricius M 514 Aceris Drury

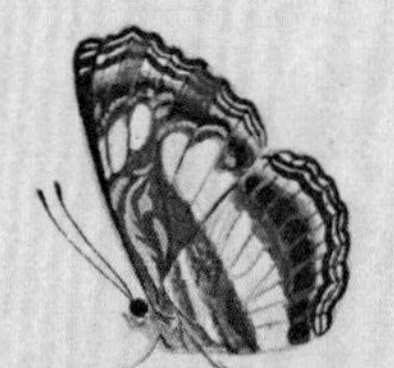

Alis dentatis albo fasciatis supra nigris subtus fulvis.—
Cram: P. 327 C. D habitat in Acere Europa Asia
Major a minore vix distinctus

Melicerta_ Cram 327 AB habitat in Amboina

图　　版：XXXI.“*Aceris*”

参考文献：J. C. Fabricius, *Mant. insect.* (1787); No. 514

收藏归属：德鲁 · 德鲁里

产地信息：非洲

物种名片：线环蛱蝶 *Neptis nemetes* Hewitson, 1868

图　　版：XXXI. 未命名

参考文献：—

收藏归属：—

产地信息：非洲

物种名片：环蛱蝶属某种 *Neptis* sp.，参考恩氏环蛱蝶 *N. nzedurui* Richardson, 2020

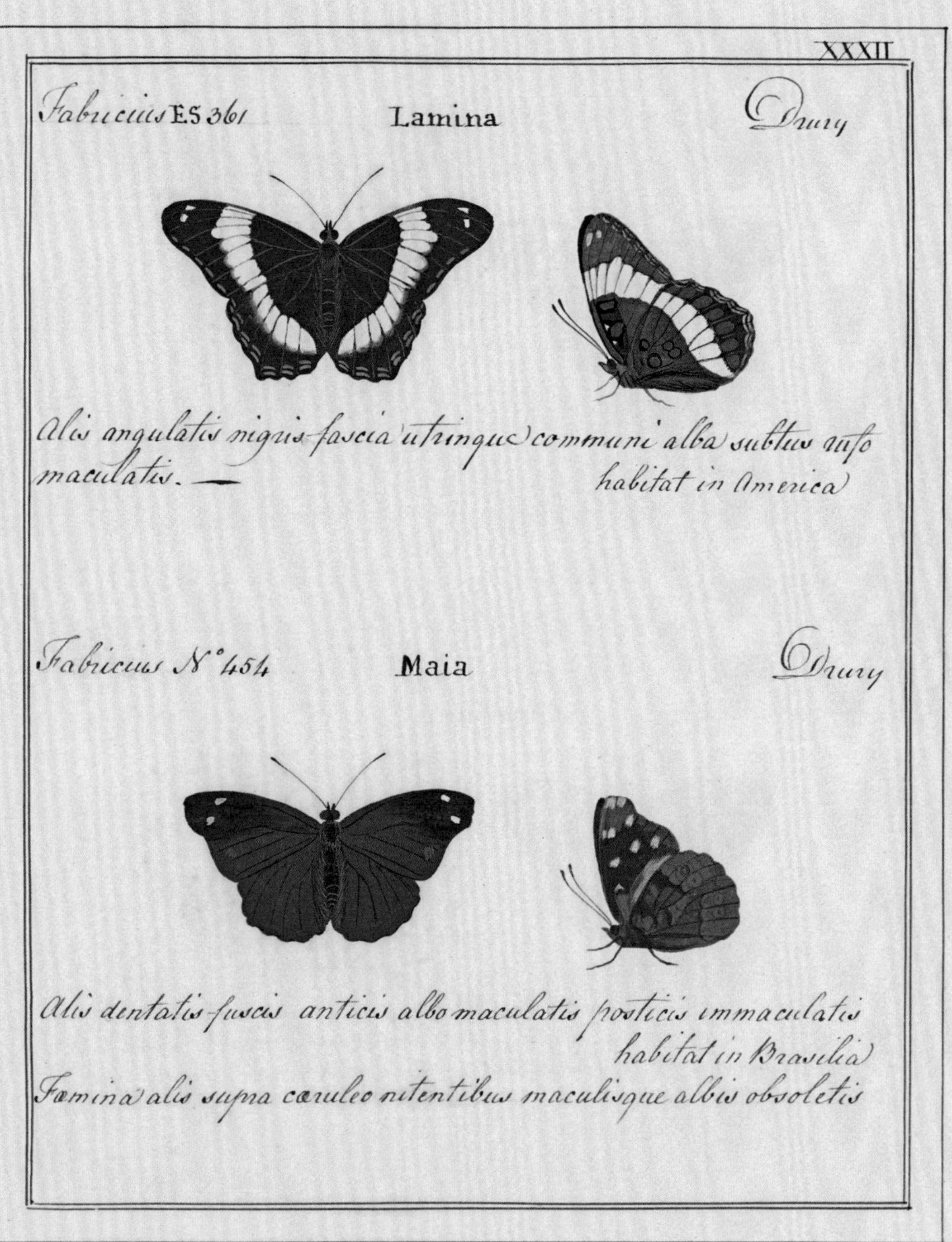

XXXII
Fabricius ES 361
Lamina
Drury
Alis angulatis nigris fascia utrinque communi alba subtus rufo maculatis.
habitat in America
Fabricius N° 454
Maia
Drury
Alis dentatis fuscis anticis albo maculatis posticis immaculatis
habitat in Brasilia
Fœmina alis supra cœruleo nitentibus maculisque albis obsoletis

图　　版：XXXII. “*Lamina*”（ICO）

参考文献：J. C. Fabricius, *Ent. syst.* (1792–1799); No. 361

收藏归属：德鲁 · 德鲁里

产地信息：美洲

物种名片：拟斑蛱蝶[4]指名亚种 *Limenitis arthemis arthemis* (Drury, 1773)

图　　版：XXXII. “*Maja*”

参考文献：J. C. Fabricius, *Spec. insect.* (1781); No. 454

收藏归属：德鲁 · 德鲁里

产地信息：南美洲

物种名片：鼠神蛱蝶 *Eunica mygdonia* (Godart, 1824)

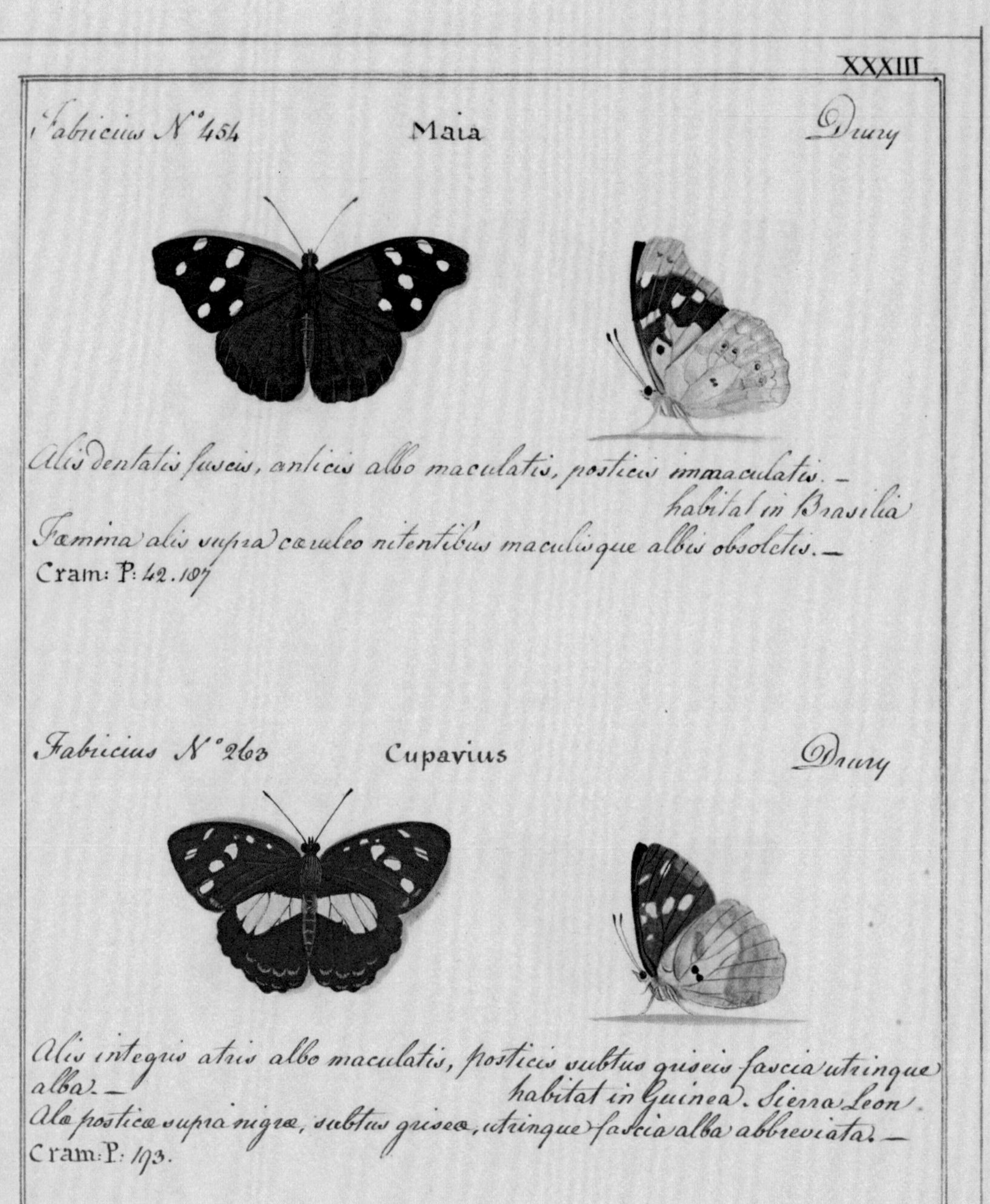
XXXIII
Fabricius N° 454
Maia
Drury
Alis dentatis fuscis, anticis albo maculatis, posticis immaculatis. —
habitat in Brasilia
Fæmina alis supra cæruleo nitentibus maculisque albis obsoletis. —
Cram: P: 42.187
Fabricius N° 263
Cupavius
Drury
Alis integris atris albo maculatis, posticis subtus griseis fascia utrinque alba. —
habitat in Guinea. Sierra Leon.
Alæ posticæ supra nigræ, subtus griseæ, utrinque fascia alba abbreviata. —
Cram: P: 193.

图　　版：	XXXIII. “*Maja*”
参考文献：	J. C. Fabricius, *Spec. insect.* (1781); No. 454
收藏归属：	德鲁 · 德鲁里
产地信息：	巴西
物种名片：	五月神蛱蝶 *Eunica maja* (Fabricius, 1775)

图　　版：	XXXIII. “*Cupavius*”
参考文献：	J. C. Fabricius, *Spec. insect.* (1781); No. 263
收藏归属：	德鲁 · 德鲁里
产地信息：	非洲
物种名片：	斑静蛱蝶 *Aterica galene* (Yeats in Brown, 1776)

XXXIV
Fabricius E.S 356
Cacta
Drury
Alis angulato dentatis: anticis nigris basi purpureis: macula fulva. —
Fabricius E.S 377
Isis
Drury
Alis dentatis: anticis atris macula disci sanguinea omnibus subtus viridi lineatis. —
habitat in Brasiliis

图　　版：XXXIV.“*Cacta*”（ICO）
参考文献：J. C. Fabricius, *Ent. syst.* (1792–1799); No. 356
收藏归属：德鲁 · 德鲁里
产地信息：塞拉利昂
物种名片：仙人掌矩蛱蝶 *Salamis cacta* (Fabricius, 1793)

图　　版：XXXIV.“*Isis*”
参考文献：J. C. Fabricius, *Ent. syst.* (1792–1799); No. 377
收藏归属：德鲁 · 德鲁里
产地信息：墨西哥至巴西
物种名片：红帘悌蛱蝶 *Adelpha lycorias* (Godart, 1824)

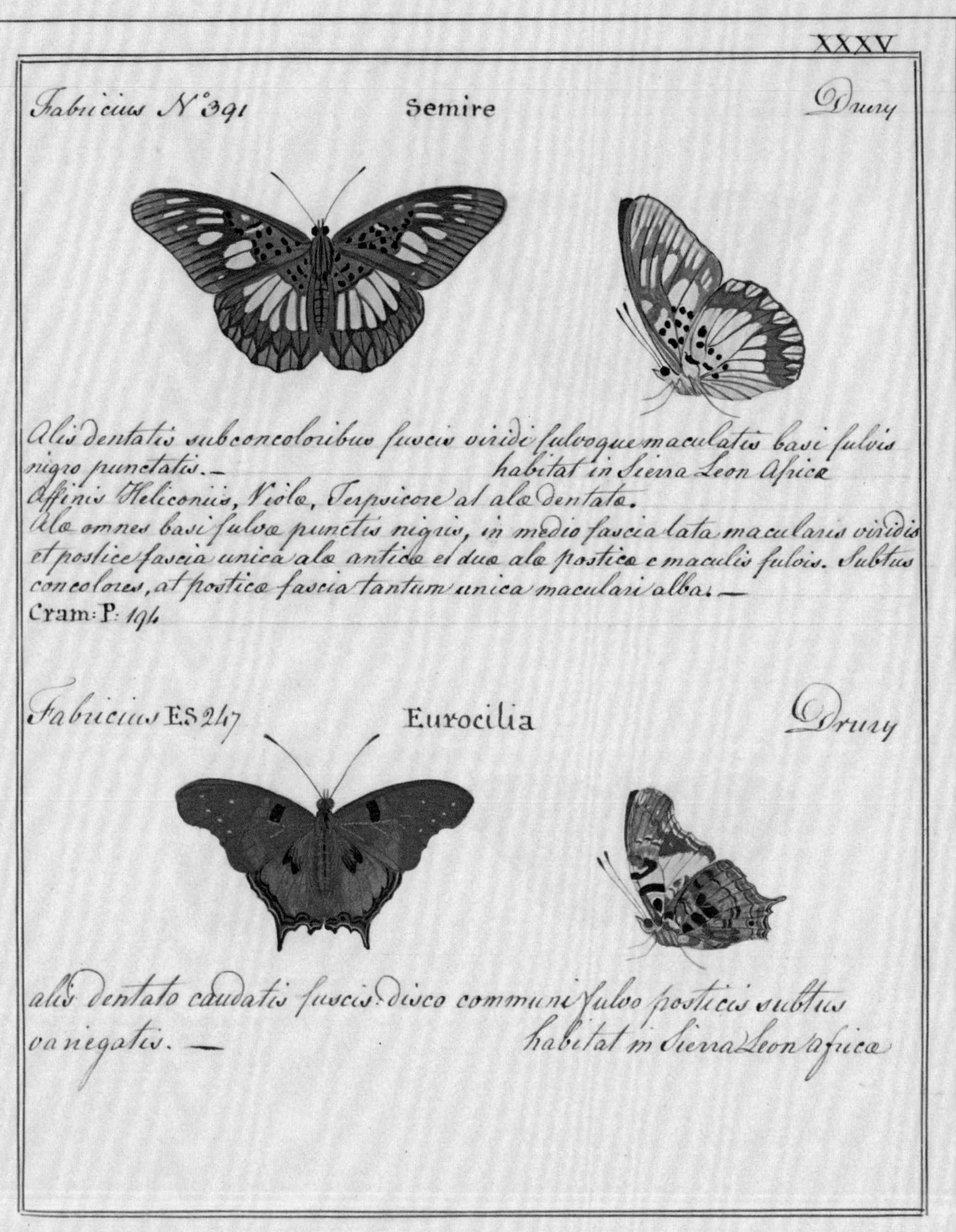

XXXV
Fabricius N°391
Semire
Drury
Alis dentatis subconcoloribus fuscis viridi fulvoque maculatis basi fulvis
nigro punctatis. — habitat in Sierra Leon Africa
Affinis Heliconiis, Viola, Terpsicore at alæ dentatæ.
Alæ omnes basi fulvæ punctis nigris, in medio fascia lata macularis viridis
et postice fascia unica alæ anticæ et duæ alæ posticæ e maculis fulvis. Subtus
concolores, at posticæ fascia tantum unica maculari alba. —
Cram: P: 194
Fabricius ES 247
Eurocilia
Drury
alis dentato caudatis fuscis: disco communi fulvo posticis subtus
variegatis. — habitat in Sierra Leon Africa

图　　版：XXXV. “*Semire*”

参考文献：J. C. Fabricius, *Spec. insect.* (1781); No. 391

收藏归属：德鲁・德鲁里

产地信息：非洲

物种名片：多斑伪珍蛱蝶 *Pseudacraea semire* (Cramer, 1779)

图　　版：XXXV. “*Eurocilia*” （ICO）

参考文献：J. C. Fabricius, *Ent. syst.* (1792–1799); No. 247

收藏归属：德鲁・德鲁里

产地信息：塞拉利昂

物种名片：赭蛱蝶指名亚种 *Antanartia delius delius* (Drury, 1782)

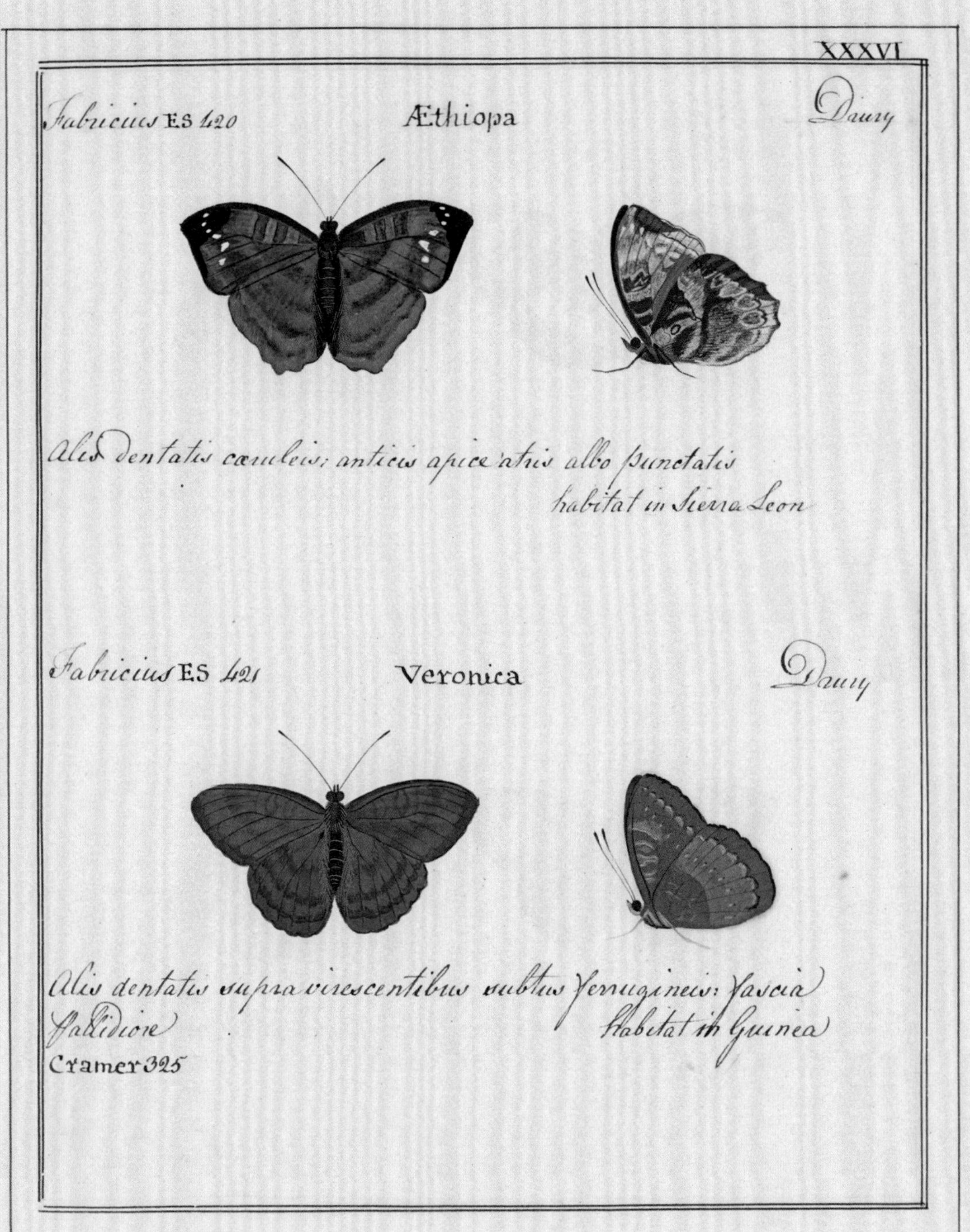
XXXVI
Fabricius ES 420
Æthiopa
Drury
Alis dentatis cæruleis: anticis apice atris albo punctatis
habitat in Sierra Leon
Fabricius ES 421
Veronica
Drury
Alis dentatis supra virescentibus subtus ferrugineis: fascia pallidiore
habitat in Guinea
Cramer 325

图　　版：XXXVI. "*Æthiopa*"（ICO）	图　　版：XXXVI. "*Veronica*"
参考文献：J. C. Fabricius, *Ent. syst.* (1792–1799); No. 420	参考文献：J. C. Fabricius, *Ent. syst.* (1792–1799); No. 421
收藏归属：德鲁 · 德鲁里	收藏归属：德鲁 · 德鲁里
产地信息：塞拉利昂	产地信息：西非
物种名片：蓝纹簇蛱蝶指名亚种 *Cynandra opis opis* (Drury, 1773)	物种名片：幽蛱蝶属某种 *Euriphene* sp.，参考幽蛱蝶 *E. coerulea* Boisduval, 1847

XXXVII
Linnaeus N° 186
Sibilla
Drury
Alis dentatis fuscis concoloribus fascia alba; subtus lutescentibus
habitat in Germania
Similis Camillæ
Cram: P. 114
Fabricius ES 422
Gnidia
Drury
Alis dentatis testaceis: anticis apice fuscis fascia alba posticis striga
fulva lunulis nigris. —

图　　版：XXXVII. “*Sibilla*”

参考文献：C. Linnaeus, *Syst. nat.* (1767); No. 186

收藏归属：德鲁·德鲁里

产地信息：欧洲至日本

物种名片：棕黑线蛱蝶 *Limenitis reducta* Staudinger, 1901

图　　版：XXXVII. “*Gnidia*” (ICO)

参考文献：J. C. Fabricius, *Ent. syst.* (1792–1799); No. 422

收藏归属：德鲁·德鲁里

产地信息：塞拉利昂

物种名片：卫幽蛱蝶 *Euriphene veronica* (Stoll, 1780)

XXXVIII
Fabricius ES 463
Arcadius
Drury
Alis integerrimis: anticis nigris cœruleo alboque maculatis posticis fuscis subtus brunneis. —

图　　版：XXXVIII. “*Arcadius*”（ICO）
参考文献：J. C. Fabricius, *Ent. syst.* (1792–1799); No. 463
收藏归属：德鲁·德鲁里
产地信息：塞拉利昂
物种名片：蓝星舟蛱蝶 *Bebearia arcadius* (Fabricius, 1793)

图　　版：XXXVIII. 未命名
参考文献：—
收藏归属：—
产地信息：巴西、巴拉圭和阿根廷
物种名片：白斑褐荣蛱蝶 *Doxocopa kallina* (Staudinger, 1886)

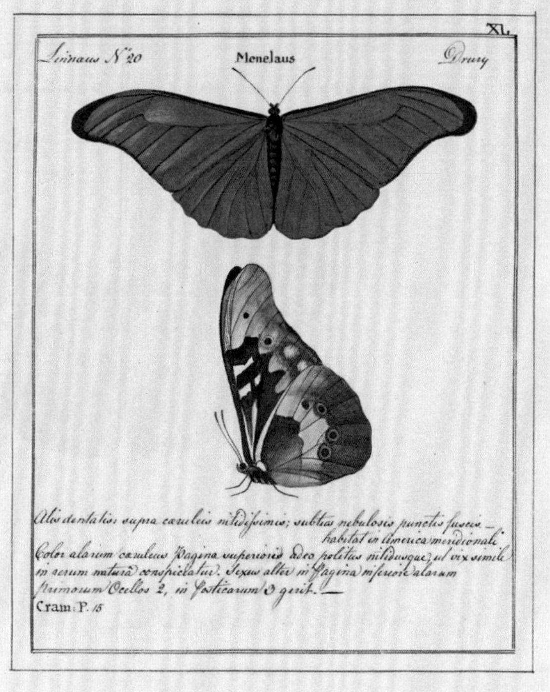

虽然琼斯给图版 XXXIX 和 XL 的插画命名为“*Menalaus*”和“*Menelaus*”，事实上只有图版 XXXIX 画的才是大蓝闪蝶 *Morpho menelaus*，而图版 XL 则是尖翅蓝闪蝶 *M. rhetenor*。这两页所画的其他蝴蝶都是猫头鹰环蝶属 *Caligo* 的物种：蓝斑猫头鹰环蝶、巴西猫头鹰环蝶、细带猫头鹰环蝶和丹顶猫头鹰环蝶，该属物种以其后翅下表面的大型眼斑而闻名。

XLIII
Linnaeus N° 45
Idomeneus
Francillon
Alis subcrenatis caerulescenti fuscentibus, subtus nebulosis; ocellis duobus; postico magno flavescente. — Habitat in America Meridionali.
N°13 Sexu tantum a Teucro distinguit. — D. Gronovius —
Cram. P. 51

XLIV
Drury

图　　版：XXXIX. “*Menalaus*”
参考文献：C. Linnaeus, *Syst. nat.* (1767); No. 20
收藏归属：约翰·弗朗西伦
产地信息：墨西哥至巴西
物种名片：大蓝闪蝶 *Morpho menelaus* (Linnaeus, 1758)

图　　版：XL. “*Menelaus*”
参考文献：C. Linnaeus, *Syst. nat.* (1767); No. 20
收藏归属：德鲁·德鲁里
产地信息：南美洲
物种名片：尖翅蓝闪蝶 *Morpho rhetenor* (Cramer, 1775)

图　　版：XLI. “*Teucer*”/“*Illionous*”
参考文献：C. Linnaeus, *Syst. nat.* (1767); No. 44 / P. Cramer, *De uit. Kap.* (1775–1782); Pl. 52, f. a–b
收藏归属：詹姆斯·爱德华·史密斯
产地信息：南美洲和中美洲
物种名片：蓝斑猫头鹰环蝶 *Caligo illioneus* (Cramer, 1775)

图　　版：XLII. “*Eurilochus*”
参考文献：P. Cramer, *De uit. Kap.* (1775–1782); Pl. 34, f. a
收藏归属：德鲁·德鲁里
产地信息：南美洲和中美洲
物种名片：巴西猫头鹰环蝶 *Caligo brasiliensis* (Felder, 1862)

图　　版：XLIII. “*Idomeneus*”
参考文献：C. Linnaeus, *Syst. nat.* (1767); No. 45
收藏归属：约翰·弗朗西伦
产地信息：南美洲
物种名片：细带猫头鹰环蝶 *Caligo idomeneus* (Linnaeus, 1758)

图　　版：XLIV. 未命名
参考文献：—
收藏归属：德鲁·德鲁里
产地信息：巴西
物种名片：丹顶猫头鹰环蝶 *Caligo beltrao* (Illiger, 1801)

XLV
Linnaeus N° 24
Patroclus
Smith
Alis caudatis concoloribus fuscis; fascia lineari alba apicibusque albis
Cram: P. 109. 198
habitat in Indiis
Antennæ filiformes ut in Idomeneo, Telepho, Achille.

图　　版：XLV. “*Patroclus*”

参考文献：C. Linnaeus, *Syst. nat.* (1767); No. 24

收藏归属：詹姆斯·爱德华·史密斯

产地信息：印度阿萨姆邦、中国南部和东南亚

物种名片：大燕蛾 *Lyssa zampa* (Butler, 1869)

大燕蛾是燕蛾科的一种蛾，翅展可达 16 厘米。它以在 4—8 月大量羽化而闻名，这可能与它们的寄主黄桐属 *Endospermum*（大戟科）植物的生长状态有关。

XLVI
Drury Vol 3 Pl:15
Laertes
Drury
Fabricius E.S. 262. Alis dentatis cinereo albis anticis apice nigris, posticis subtus striga ocellarum flavorum. —
Habitat in Americâ Meridionali

图　　版：XLVI. “*Laertes*”

参考文献：D. Drury, *Illus. Nat. Hist.*, Vol. 3 (1782); Pl. 15, f. 1

收藏归属：德鲁·德鲁里

产地信息：南美洲

物种名片：银白闪蝶 [5]*Morpho epistrophus* (Fabricius, 1796)

这种浅蓝白色的闪蝶（不是所有闪蝶都是炫目的蓝色）更为人所熟知的学名可能是本图版上方那个——*M. laertes*。不过 *Papilio laertes* (Drury, 1782) 是一个同名，而法布里丘斯明确地将它换成了 *Papilio epistrophus*。银白闪蝶分布在南美洲南部，包括巴西部分地区、阿根廷和巴拉圭。

XLVII
Linnaeus N°42
Achilles
Jones
Alis dentatis: supra nigris fasciâ caerulea subtus fuscis: Ocellis tribus quinisque. —
habitat in Psidio Americes. —
Cram: P.86

图　　版：	XLVII. "*Achilles*"
参考文献：	C. Linnaeus, *Syst. nat.* (1767): No. 42
收藏归属：	威廉·琼斯
产地信息：	南美洲
物种名片：	双列闪蝶 *Morpho achilles* (Linnaeus, 1758)

双列闪蝶在南美洲的很多国家都有分布，包括阿根廷、苏里南、玻利维亚、哥伦比亚、秘鲁、厄瓜多尔、委内瑞拉、巴拉圭和巴西。琼斯从林奈处引述其栖息地为"*Psidio Americes*"，说明它会出现在美洲的番石榴上。虽然双列闪蝶的幼虫并不取食番石榴属 *Psidium* 植物，但喜食果实汁液的成虫很可能会取食腐烂的番石榴。

XLVIII
Linnaeus N° 40
Nestor
Drury
Alis dentatis: supra fuscis maculis discoque caeruleis, subtus Ocellis tribus binisque. —
habitat in punicâ Americes
Cram. P. 19

图　　版：XLVIII. "*Nestor*"

参考文献：C. Linnaeus, *Syst. nat.* (1767); No. 40

收藏归属：德鲁·德鲁里

产地信息：墨西哥至阿根廷

物种名片：海伦闪蝶 *Morpho helenor* (Cramer, 1776)

琼斯又一次引述了林奈和玛利亚·西比拉·梅里安的说法，将这个物种的栖息地标注为"*punica Americes*"，意为美洲的石榴。这或许并不完全是天方夜谭，因为海伦闪蝶分布在整个拉丁美洲，而它的成虫惯常取食果实汁液。然而，人们从未记录到哪种南美洲蝴蝶的幼虫取食石榴属 *Punia* 植物——该属植物直到 16 世纪才被引入新大陆。

XLIX
Linnaeus N°25
Pyrrhus
Smith
Alis bicaudatis fuscis fascia communi alba; primorum dimidiata
habitat in Indiis
Alæ posticæ dentibus duobus longioribus; his margo flavus lunulis tribus
rufis: quarta remotiore.
Cram: P. 69
Linnaeus N°29
Philoctetes
Smith
Alis subcaudatis fuscis; posticis ocellis duobus cæruleis pupilla nigra
punctisque tribus albis.
habitat in Indiis
Alæ primores, subtus fascia lineari alba et linea transversa atra baseos
posticæ punctis tribus albis et maculis duabus violaceis.
Cram: P. 20

图　　版：XLIX. "*Pyrrhus*"
参考文献：C. Linnaeus, *Syst. nat.* (1767); No. 25
收藏归属：詹姆斯·爱德华·史密斯
产地信息：印度锡金邦至越南
物种名片：凤尾蛱蝶 [6]*Charaxes arja* C. & R. Felder, 1867

图　　版：XLIX. "*Philoctetes*"
参考文献：C. Linnaeus, *Syst. nat.* (1767); No. 29
收藏归属：詹姆斯·爱德华·史密斯
产地信息：南美洲
物种名片：暗环蝶 *Antirrhea philoctetes* (Linnaeus, 1758)

L.
Linnaeus N° 26
Jasius
Smith
Alis bicaudatis fuscis postice lutescentibus, subtus fascia characteribusque albis
habitat in Barbariâ
Cram: P. 186. 329

图　　版：	L. "*Jasius*"
参考文献：	C. Linnaeus, *Syst. nat.* (1767); No. 26
收藏归属：	詹姆斯·爱德华·史密斯
产地信息：	南欧、地中海地区和非洲
物种名片：	黄缘螯蛱蝶 *Charaxes jasius* (Linnaeus, 1767)

琼斯题为*Jasius*的插画画的是螯蛱蝶属的模式种——黄缘螯蛱蝶。琼斯在图版上标注的栖息地是“*Barbaria*”，这是北非地区的古称，但这种蝴蝶同样出现在南欧和地中海地区。事实上，它是广泛分布于热带界和印度－太平洋地区、物种众多的螯蛱蝶属在欧洲唯一的代表。

图　　版：LI. "*Pelias*"
参考文献：P. Cramer, *De uit. Kap.* (1775–1782); Pl. 3, f. c–d
收藏归属：德鲁·德鲁里
产地信息：非洲
物种名片：螯蛱蝶属某种 *Charaxes* sp.，参考朱衣螯蛱蝶 *C. druceanus* Butler, 1869

泥螯蛱蝶 *Charaxes pelias* (Cramer, 1775) 是黄缘螯蛱蝶种组的成员之一，已知的分布地只有南非。图版上标注的栖息地"*Cap. bon. Spei.*"（好望角）无疑是摘录自克拉默的描述。然而图中画的并非泥螯蛱蝶，不过，琼斯明显是照着黄缘螯蛱蝶种组的另一个成员画的。虽然尚未能确切鉴定，但它在许多方面都很像朱衣螯蛱蝶，一个直到琼斯去世后半个世纪才发表的物种。

LII
Drury Vol 3 Pl: 11
Berenice
Drury
Fabricius M 471
Alis dentato caudatis nigris: fascia communi rubra: posticis subtus
nigro albo ferrugineo flavoque variis.—
Antennæ extrorsum crassiores nigræ. Palpi subtus albi apice nigri. Thorax niger
apice albo punctatus. Alæ omnes nigræ fascia lata rufa quæ in anticis marginem
haud attingit. Puncta aliquot nigra in fascia rubra alæ anticæ. Lunulæ aliquot
rubræ punctaque alba ad marginem posticum alæ posticæ. Alæ anticæ subtus
subrufescentes, nigro maculatæ apice fusco albo striatæ. posticæ variegatæ
basi albidæ nigro punctatæ.—
Cram: P. 315
Habitat in Africa S. Leon

图　　版：LII.“*Berenice*”

参考文献：D. Drury, *Illus. Nat. Hist.*, Vol. 3, (1782); Pl. 11, f. 1–2

收藏归属：德鲁·德鲁里

产地信息：非洲中西部

物种名片：红螯蛱蝶 *Charaxes zingha* (Stoll, 1780)

这种来自非洲的螯蛱蝶（1782 年被德鲁·德鲁里命名为 *Papilio berenice*）拥有与众不同的独特花纹，并且曾被置于一个它自己专属的、与种加词同名的属 *Zingha*（朵蛱蝶属）。红螯蛱蝶公认的模式产地是塞拉利昂，并且几乎可以肯定的是，它是在德鲁里本人的作品出版之前就在彼得·克拉默的大作中被描述的几个物种之一，而克拉默的描述是基于亨利·斯米思曼所采集并由德鲁里供应给荷兰收藏家的标本。

LIII
Drury Vol:3 Pl:33
Eudexus
Drury
Eudoxus Fabricius E.S 203.
Alis caudatis nigris fascia communi rubra subtus maculis argenteis
nigro fatis.
Habitat in Africâ

图　　版：LIII. “*Eudexus*” / “*Eudoxus*”

参考文献：D. Drury, *Illus. Nat. Hist.*, Vol. 3 (1782); Pl. 33, f. 1, 4 / J. C. Fabricius, *Ent. syst.* (1792–1799); No. 203

收藏归属：德鲁·德鲁里

产地信息：非洲

物种名片：优螯蛱蝶 *Charaxes eudoxus* (Drury, 1782)

这又是一种非常精美的螯蛱蝶，无疑也是德鲁·德鲁里基于亨利·斯米思曼在塞拉利昂采集的标本命名的。优螯蛱蝶在热带界的分布比红螯蛱蝶（上一图版）更广，目前被分为十余个亚种，其中有一个亚种仅分布于几内亚湾中的比奥科岛。优螯蛱蝶的栖息地主要是低地常绿林和稀树草原上的小块林地。

LIV
Fabricius N: 43
Tiridates
Drury
Alis dentato bicaudatis supra nigris cæruleo maculis margineque albo punctato
habitat in Amboinâ
Alæ omnes supra nigræ strigis duobus punctorum cæruleorum strigaque marginali e punctis albis. subtus fuscæ flavo cæruleoque maculatæ maculis posticis alarum posticarum pupilla albas.
Cram: P. 161

图　　版：LIV. "*Tiridates*"

参考文献：J. C. Fabricius, *Spec. insect.* (1781); No. 43

收藏归属：德鲁 · 德鲁里

产地信息：非洲

物种名片：笑螯蛱蝶 *Charaxes tiridates* (Cramer, 1777)，雄

琼斯在这里画的是笑螯蛱蝶的雄性，之所以能分辨性别，是因为它翅上表面的底色是闪着黑色光泽的蓝色，而雌性的翅上表面底色主要为褐色，并且前翅上有一条宽阔的白色斜带。笑螯蛱蝶指名亚种可以在第 V 卷图版 I（第 334 页）中看到。

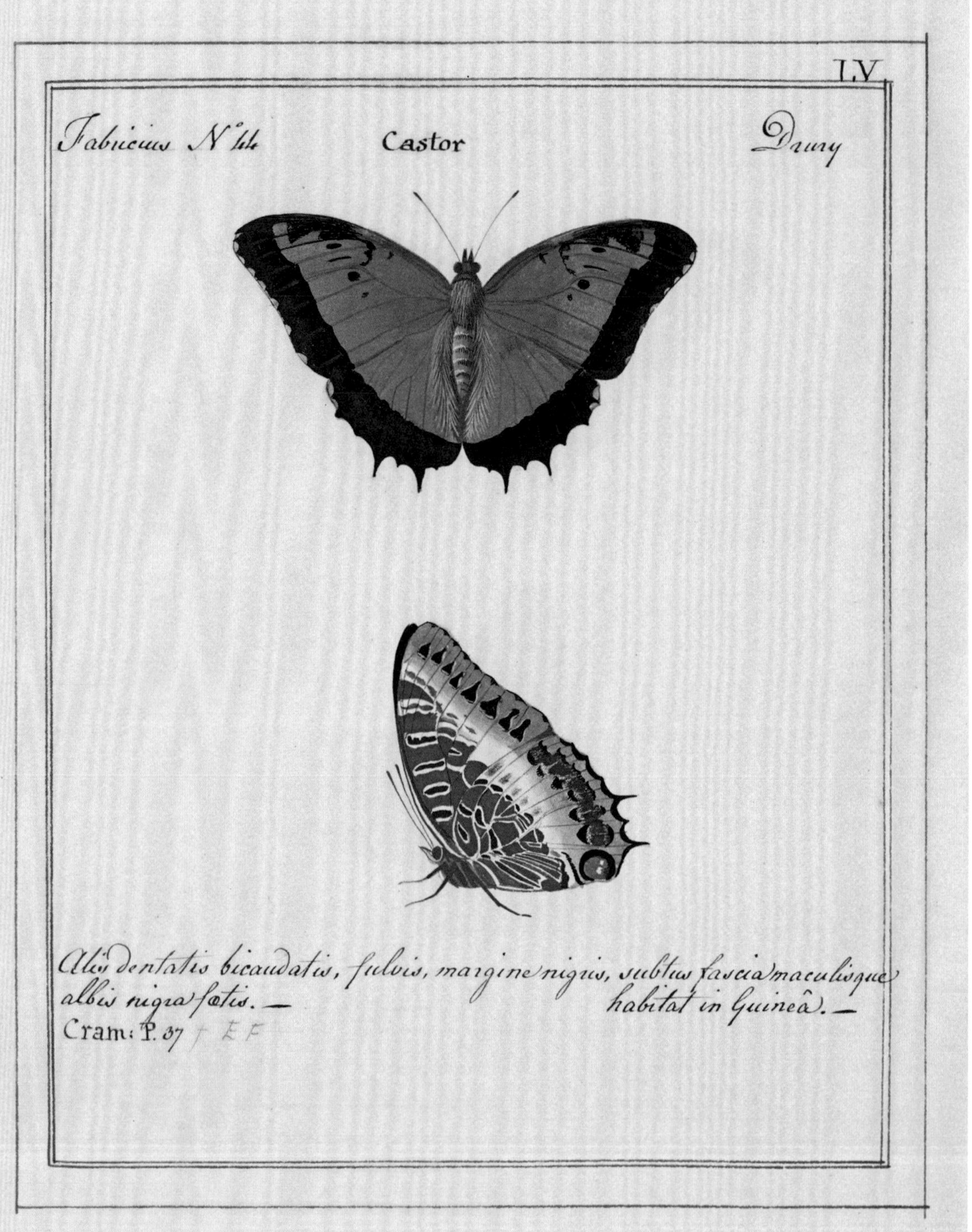

LV.
Fabricius N° 44
Castor
Drury
Alis dentatis bicaudatis, fulvis, margine nigris, subtus fascia maculisque albis nigra fotis. —
habitat in Guineâ. —
Cram: P. 37

图　　版：LV.“*Castor*”

参考文献：J. C. Fabricius, *Spec. insect.* (1781); No. 44

收藏归属：德鲁 · 德鲁里

产地信息：非洲

物种名片：三尾螯蛱蝶 *Charaxes pollux* (Cramer, 1775)

很多非洲的螯蛱蝶外观都很相似，搞得人晕头转向，而它们翅下表面的花纹又如此复杂而炫目，人们很容易匆忙草率地下结论。因此，三尾螯蛱蝶和玉牙螯蛱蝶（第 V 卷图版 LIX，第 388 页）等种类就很容易混淆。这种蝴蝶分布于非洲，与优螯蛱蝶（第 V 卷图版 LIII，第 382 页）的分布范围大致相当，但被认定的亚种较少，且没有已知的离岸岛屿种群。

LVI
Linnaeus N° 37
Phidippus
Smith
Alis subcaudatis fuscis, subtus fasciis albidis biocellatis, caudaque ocellis geminis. —
habitat in Javâ
Cram: P: 69

图　　版：	LVI. "*Phidippus*"
参考文献：	C. Linnaeus, *Syst. nat.* (1767); No. 37
收藏归属：	詹姆斯・爱德华・史密斯
产地信息：	印度至东南亚
物种名片：	菲第环蝶 *Amathusia phidippus* (Linnaeus, 1763)

菲第环蝶俗称棕榈王蝶（palm king），因为它经常出现在椰子林里，其幼虫取食椰子树的叶子。据人们所知，它的幼虫同样会取食棕榈科其他几个属，以及芭蕉属的植物。成虫在晨昏活动，最活跃的时间是黄昏时分。

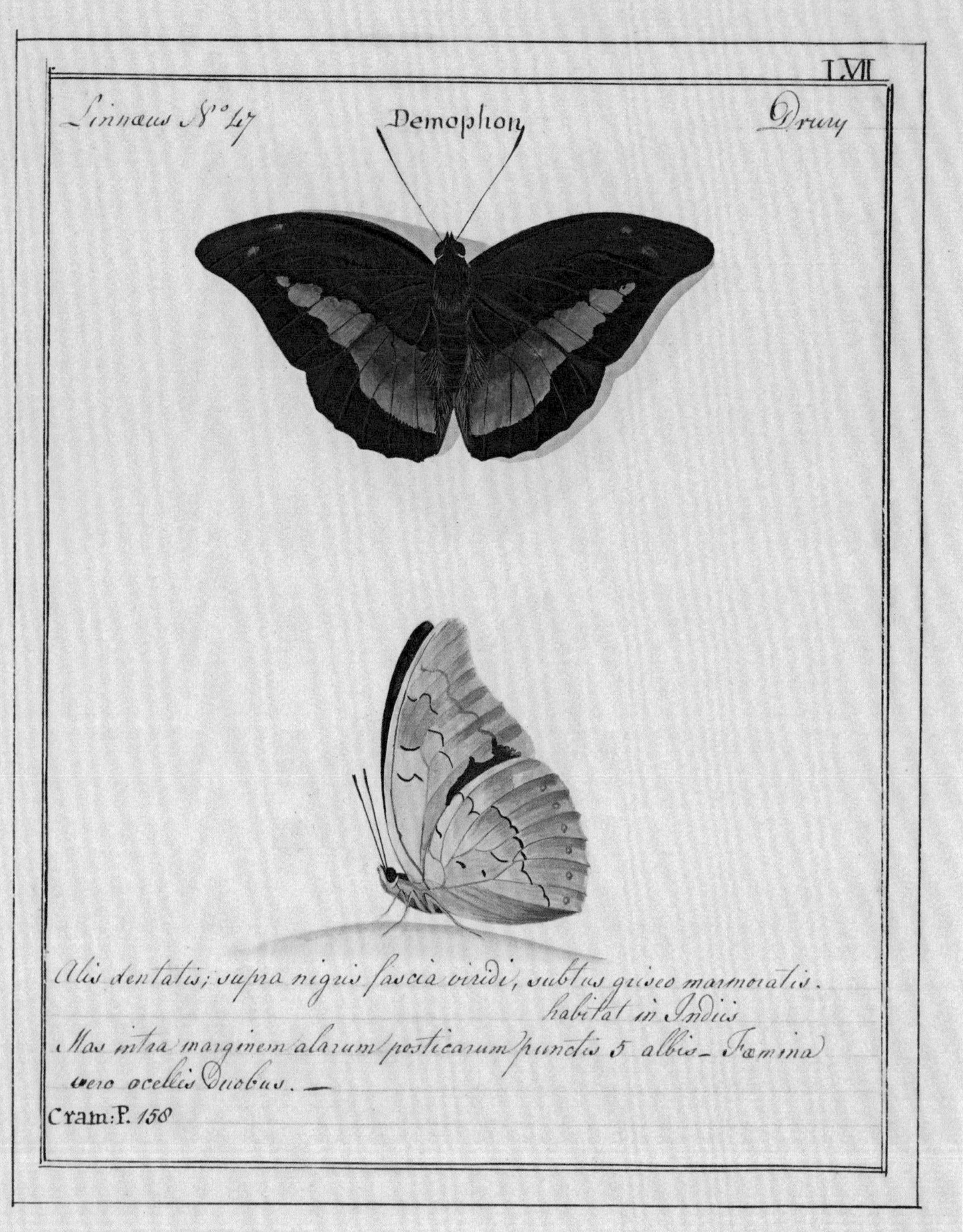
LVII
Linnaeus N° 47
Demophon
Drury
Alis dentatis; supra nigris fascia viridi, subtus griseo marmoratis.
habitat in Indiis
Mas intra marginem alarum posticarum punctis 5 albis – Fœmina
vero ocellis Duobus. —
Cram: P. 158

图　　版：	LVII. "*Demophon*"
参考文献：	C. Linnaeus, *Syst. nat.* (1767); No. 47
收藏归属：	德鲁·德鲁里
产地信息：	墨西哥至南美洲，包括大安的列斯群岛
物种名片：	大古靴蛱蝶 *Archaeoprepona demophon* (Linnaeus, 1758)

这种蝴蝶所属的螯蛱蝶亚科 Charaxinae 是蛱蝶科中主要分布于泛热带地区的重要子类群。在旧大陆，这个类群中占据主导地位的是螯蛱蝶属的众多物种，但在新大陆却分布有很多个属，包括古靴蛱蝶属 *Archaeoprepona*（如此图）、安蛱蝶属 *Anaea*（第 V 卷图版 LXXX，第 405 页）、尖蛱蝶属 *Memphis*（第 III 卷图版 LXXXVI，第 221 页）、缺翅蛱蝶属 *Zaretis*（第 V 卷图版 VII，第 340 页），还有华美的彩袄蛱蝶属 *Agrias* 和靴蛱蝶属 *Prepona*。

LVIII
Drury Vol 3. Pl: 10
Etheocles
Drury
Alis bicaudatis, caeruleo fuscis, utrinque fascia alba, posticis margine viridi
Fabricius N° 46. —
habitat in Africa Aequinoctiali
Cram: P. 119
Habitat Sierra Leon

图　　版：	LVIII. “*Etheocles*”
参考文献：	D. Drury, *Illus. Nat. Hist.*, Vol. 3 (1782); Pl. 10, f. 1–2
收藏归属：	德鲁 · 德鲁里
产地信息：	非洲
物种名片：	四季螯蛱蝶 *Charaxes etesipe* (Godart, 1824)

童男螯蛱蝶 *Charaxes etheocles* (Cramer, 1777) 为人们所熟知，并且雌性的背面观看上去很像琼斯这幅画。然而，图中后翅下表面浅白色的前缘室和前翅下表面带黑色镶边的红色斑块都让这一鉴定结果无法成立。反之，这幅图画的只能是人们相对陌生的四季螯蛱蝶，一种来自非洲的螯蛱蝶，不过这幅画在某些方面也不完全符合四季螯蛱蝶的典型特征。

LIX
Fabricius N° 45
Pollux
Drury
Alis dentato bicaudatis, fuscis fascia flava subtus fascia maculisque albis nigra fotis. — habitat in Guinea. —

图　　版：LIX.“*Pollux*”

参考文献：J. C. Fabricius, *Spec. insect.* (1781); No. 45

收藏归属：德鲁 · 德鲁里

产地信息：非洲

物种名片：螯蛱蝶属某种 *Charaxes* sp.，参考玉牙螯蛱蝶 *C. castor* (Cramer, 1775)

这绝对不是目前名为 *C. pollux*（三尾螯蛱蝶，见第 V 卷图版 LV，第 384 页）的这个物种。它具备玉牙螯蛱蝶的很多花纹特征，但由于后翅下表面边缘的栗色宽带中缺少纤细的银色斑纹，无法明确地鉴定为该种。玉牙螯蛱蝶后翅还具备两个明显的尾突，而不是图中的一个。细节的缺失可能是由于琼斯看到的标本有损坏。

LX
Drury Vol. 3 Pl. 26
Laodice
Drury
Lycurgus Fabricius E.S. 209
Alis caudatis nigris lunulis marginalibus coeruleis posticisque punctis albis.
Habitat in Africâ

图　　版：LX.“*Laodice*”/“*Lycurgus*”（ICO）

参考文献：D. Drury, *Illus. Nat. Hist.*, Vol. 3 (1782); Pl. 26, f. 1–2 / J. C. Fabricius, *Ent. syst.* (1792–1799); No. 209

收藏归属：德鲁·德鲁里

产地信息：塞拉利昂？

物种名片：老鳌蛱蝶指名亚种 *Charaxes lycurgus lycurgus* (Fabricius, 1793)

德鲁·德鲁里最初在 1782 年将这个物种命名为 *Papilio laodice*，但这是个无效的同名。约翰·C.法布里丘斯在对 *Papilio lycurgus* 的描述中同时参考了琼斯的这张图版和德鲁里给 *laodice* 画的插图。也许 *Papilio lycurgus* 应该被视为替代名，如此一来，其基于的就是德鲁里手中的模式标本，琼斯这幅图就失去了模式标本图像的地位，但法布里丘斯所命的这个名字也曾长期被认为是一个具备完整有效性的独立指名单元。

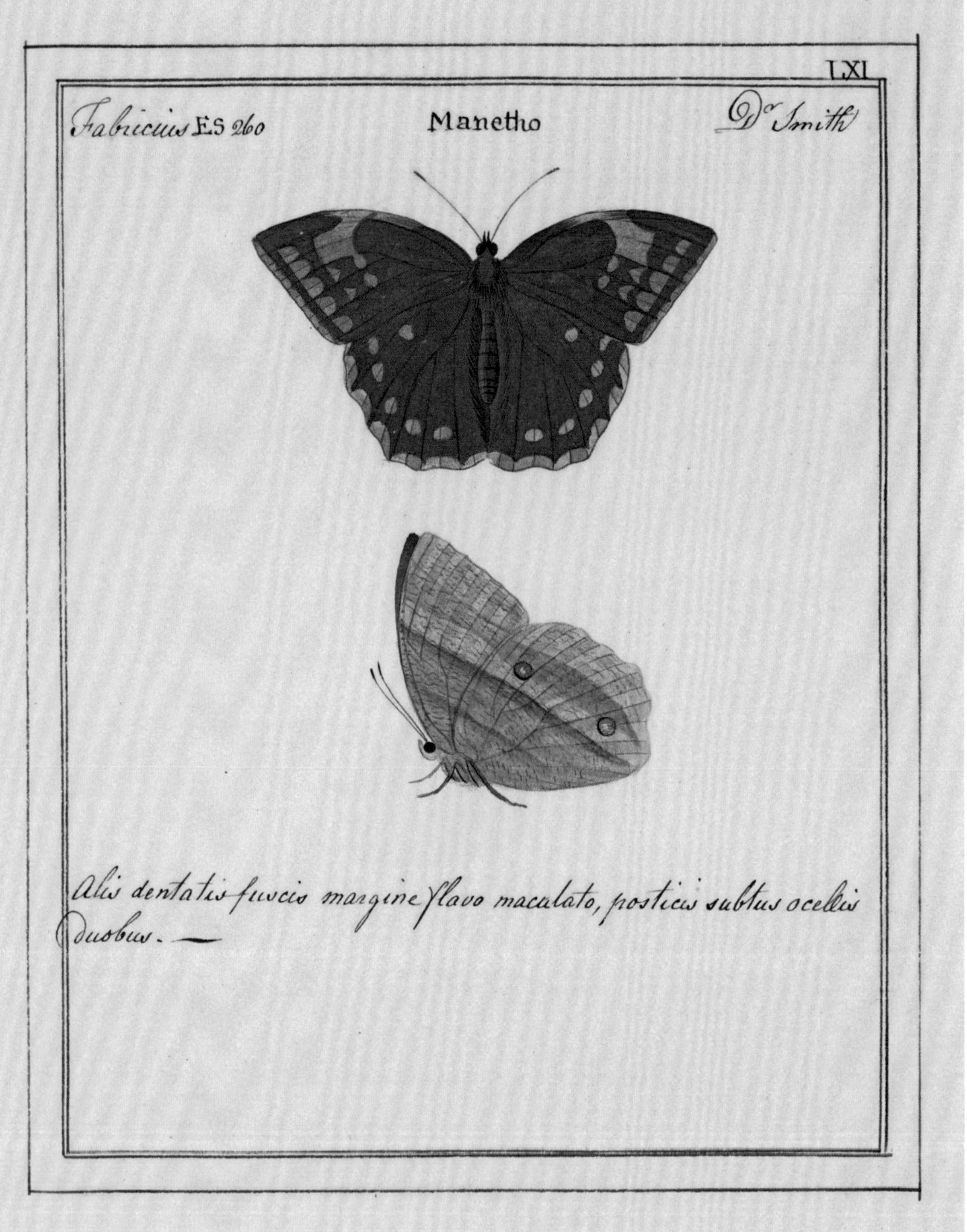
LXI
Fabricius ES 260
Manetho
Dr Smith
Alis dentatis fuscis margine flavo maculato, posticis subtus ocellis duobus. —

图　　版：LXI. “*Manetho*”（ICO）

参考文献：J. C. Fabricius, *Ent. syst.* (1792–1799); No. 260

收藏归属：詹姆斯·爱德华·史密斯

产地信息：印度尼西亚爪哇岛

物种名片：森林方环蝶指名亚种 *Discophora celinde celinde* (Stoll, 1790)，雌

在《系统昆虫学》中，约翰·C. 法布里丘斯对 *Papilio menetho* 和 *Papilio aristides* 的描述都引用了琼斯这幅插图，因此这张图版成了某种意义上的“双料模式标本图像”。这两个名字都被认为是森林方环蝶指名亚种 *Discophora celinde celinde* 的异名。有趣的是，法布里丘斯虽然给同一只蝴蝶命名了两次，但两段描述虽说不是一模一样，却也是很相似的。

LXII
Fabricius ES 187
Iacintha
Drury
Alis repando dentatis fuscis anticis striga punctorum alborum posticis apice albis.
habitat in India orientali

图　　版：LXII. “*Jacintha*”

参考文献：J. C. Fabricius, *Ent. syst.* (1792–1799); No. 187

收藏归属：德鲁·德鲁里

产地信息：西起马达加斯加，东至太平洋

物种名片：幻紫斑蛱蝶 *Hypolimnas bolina* (Linnaeus, 1758)

幻紫斑蛱蝶的雌性具有多型性，有些情况下是拟态具有化学防御的紫斑蝶属 *Euploea* 物种。琼斯另外还画过两幅幻紫斑蛱蝶，即 *Nerina*（第 V 卷图版 LXVII，第 396 页）和 *Lasinassa*（第 V 卷图版 LXXVI，第 401 页）。

LXIII
Fabricius ES 408
Salmacis
Drury
Alis dentatis atris cæruleo radiatis subtus fuscis: fascia alba.
habitat in Sierra Leon Africa
Fabricius ES 216
Solon
Drury
Alis caudatis nigris fascia flavescente basi fuscis.
videtur tantum sexu distinctus a Fabio_ Folio-5

图　　版：LXIII.“*Salmacis*”

参考文献：J. C. Fabricius, *Ent. syst.* (1792–1799); No. 408

收藏归属：德鲁 · 德鲁里

产地信息：非洲

物种名片：弱水斑蛱蝶 *Hypolimnas salmacis* (Drury, 1773)

图　　版：LXIII.“*Solon*”（ICO）

参考文献：J. C. Fabricius, *Ent. syst.* (1792–1799); No. 216

收藏归属：德鲁 · 德鲁里

产地信息：印度?

物种名片：锁龙螯蛱蝶指名亚种 *Charaxes solon solon* (Fabricius, 1793)

LXIV
Linnaeus N°30
Stelenes
Jones
Alis subcaudatis supra fuscis: fasciâ virencente obtusâ interruptâ
habitat in America calidiore
Cram: P. 79

图　　版：	LXIV. “*Stelenes*”
参考文献：	C. Linnaeus, *Syst. nat.* (1767); No. 30
收藏归属：	威廉 · 琼斯
产地信息：	美国南部至南美洲
物种名片：	绿帘维蛱蝶 *Siproeta stelenes* (Linnaeus, 1758)

绿帘维蛱蝶的英文俗名是“malachite”（孔雀石蝶），因为它翅上鲜亮的绿色与孔雀石的颜色相似。不过琼斯这幅插图看起来并没有把握好这种亮绿色，也许是他所用的颜料随着时间流逝而褪色了。作为一种广泛分布于中南美洲和加勒比海地区的蝴蝶，绿帘维蛱蝶同样可以在美国得克萨斯州南部和佛罗里达州南部看到。

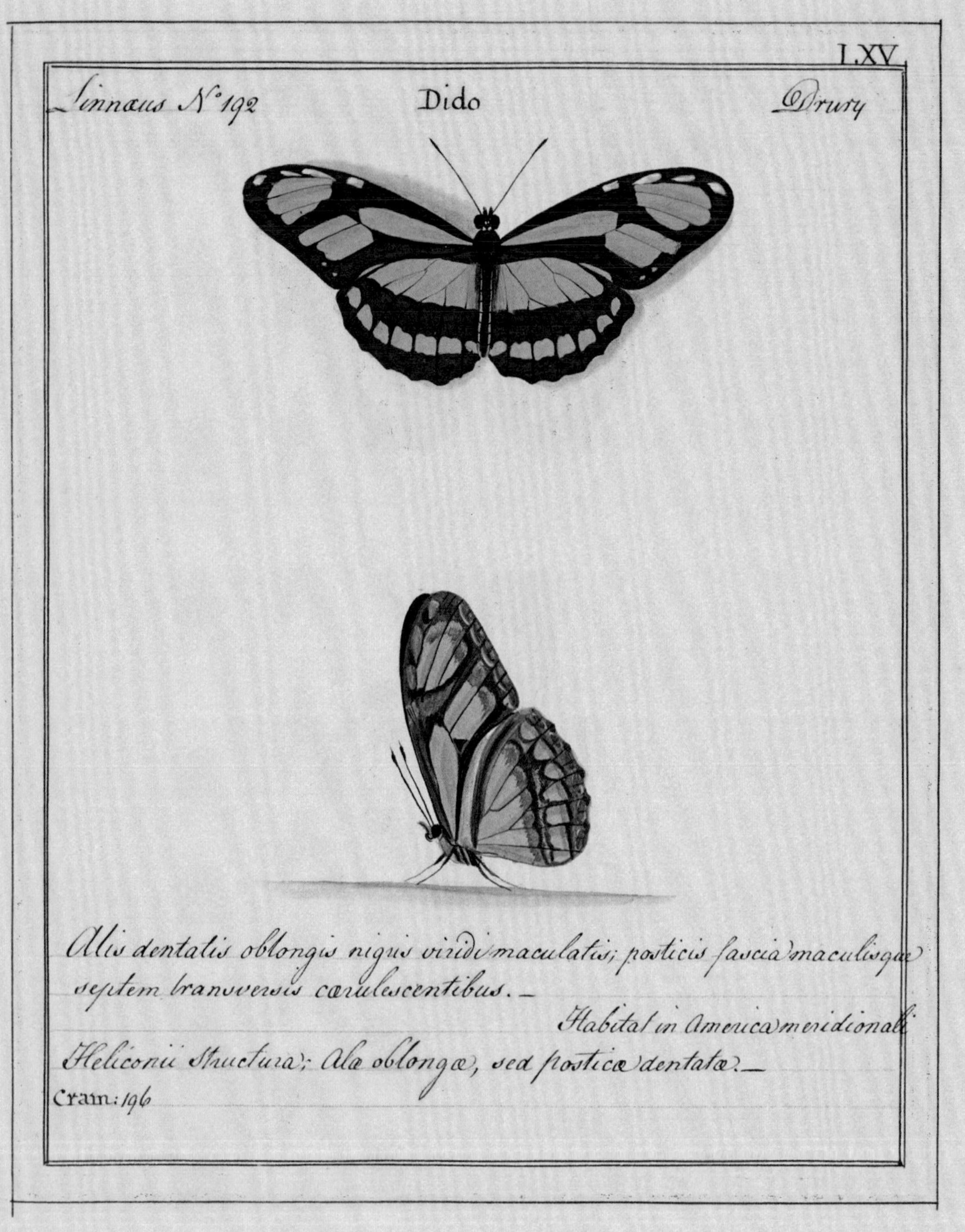

LXV.
Linnaeus N°192
Dido
Drury
Alis dentatis oblongis nigris viridi maculatis; posticis fascia maculisque septem transversis cærulescentibus.—
Habitat in America meridionali
Heliconii Structura; Alæ oblongæ, sed posticæ dentatæ.—
Cram: 196

图　　版：LXV.“*Dido*”

参考文献：C. Linnaeus, *Syst. nat.* (1767); No. 192

收藏归属：德鲁·德鲁里

产地信息：中美洲和南美洲

物种名片：绿袖蝶属某种 *Philaethria* sp.，参考绿袖蝶 *P. dido* (Linnaeus, 1763)

绿袖蝶属 *Philaethria* 是一个完全分布于新热带界的属，近期一篇针对绿袖蝶复合种的综述认定了该属的 10 个物种，关键的区分要点是基于染色体数目和雄性外生殖器的细微差别。虽然翅的斑纹也存在一些差异，但它们都非常相似，目前还无法对琼斯的画做出确切鉴定。

LXVI
Fabricius ES 194
Sempronius
Drury
Alis bicaudatis albis margine atro albo punctato.

图　　版：LXVI. "*Sempronius*" （ICO）

参考文献：J. C. Fabricius, *Ent. syst.* (1792–1799); No. 194

收藏归属：德鲁·德鲁里

产地信息：澳大利亚

物种名片：皇尾蛱蝶[8]指名亚种 *Charaxes sempronius sempronius* (Fabricius, 1793)

皇尾蛱蝶是澳大利亚特有种，除了指名亚种，在澳大利亚的豪勋爵岛上还有一个已被描述的亚种。约翰·C. 法布里丘斯是基于琼斯的图版描述了这一蝴蝶新种。德鲁·德鲁里收藏的这件或这些标本肯定是某人在库克船长第一次环球航行期间（1768—1771 年）得到的，但此人显然不是约瑟夫·班克斯爵士。

LXVII
Fabricius N°430
Nerina
Drury
Alis dentatis atris, fascia alba, anticarum terminata macula rufa
habitat in nova Hollandia
Magnæ. Alæ atræ, fascia abbreviata, ante apicem e maculis quinque
albis ad marginem tenuiorem terminata macula magna rufa; puncta
aliquot alba marginalia; subtus concolores, at pallidiores – posticæ atræ
in medio fascia lata alba, marginibus cærulescentibus.
Cram: P. 67 Iphigenia

图　　版：LXVII. “*Nerina*”

参考文献：J. C. Fabricius, *Spec. insect.* (1781); No. 430

收藏归属：德鲁·德鲁里

产地信息：西起马达加斯加，东至太平洋

物种名片：幻紫斑蛱蝶 *Hypolimnas bolina* (Linnaeus, 1758)

关于幻紫斑蛱蝶的研究向我们展现了迄今为止在自然种群中观察到的速度最快的自然选择案例：在萨摩亚群岛中的乌波卢岛和萨瓦伊岛上，存在一种致其雄性死亡的寄生生物，导致2001年幻紫斑蛱蝶的雄性比例仅为1%；然而，到了2007年，仅仅过了10代，幻紫斑蛱蝶的雄性就对这种寄生生物演化出了免疫力，雄性比例已经上升到约40%。

LXVIII
Fabricius N°274
Orion
Francillon
Alis integerrimis, anticis falcatis rufis, apice nigris, macula marginali alba
habitat Surinami
Odius Fabricius N°95 Alis falcatis subdentatis fuscis anticis disco flavo
habitat in Indiis
Cram: P. 84

图　　版：	LXVIII. “*Orion*” / “*Odius*”
参考文献：	J. C. Fabricius, *Spec. insect.* (1781); No. 274/J. C. Fabricius, *Spec. insect.* (1781); No. 95
收藏归属：	约翰·弗朗西伦
产地信息：	美国南部至阿根廷
物种名片：	端突蛱蝶 *Historis odius* (Fabricius, 1775)

法布里丘斯在1775年给这种蝴蝶命名了两次——*Papilio orion*（以古希腊神话中的猎手俄里翁命名，在皮奥夏地区的传说中他是从埋在地下的公牛皮中出生的）和 *Papilio odius*（以特洛伊人的盟友奥德修斯为名，同时也有“仇恨、厌恶”之意）。前者是一个无效同名，人们采纳了后者，并据此创造出一个很离谱的俗名——stinky leafwing（臭螯蛱蝶）。我们最好还是叫它 Orion cecropian（俄里翁号角树蛱蝶），事实上它的确是一种“牛气冲天”的蝴蝶——在牙买加，人们有时称它为“Hardfe-dead”（死不了），暗指这种非常顽强的蝴蝶很难被杀死。

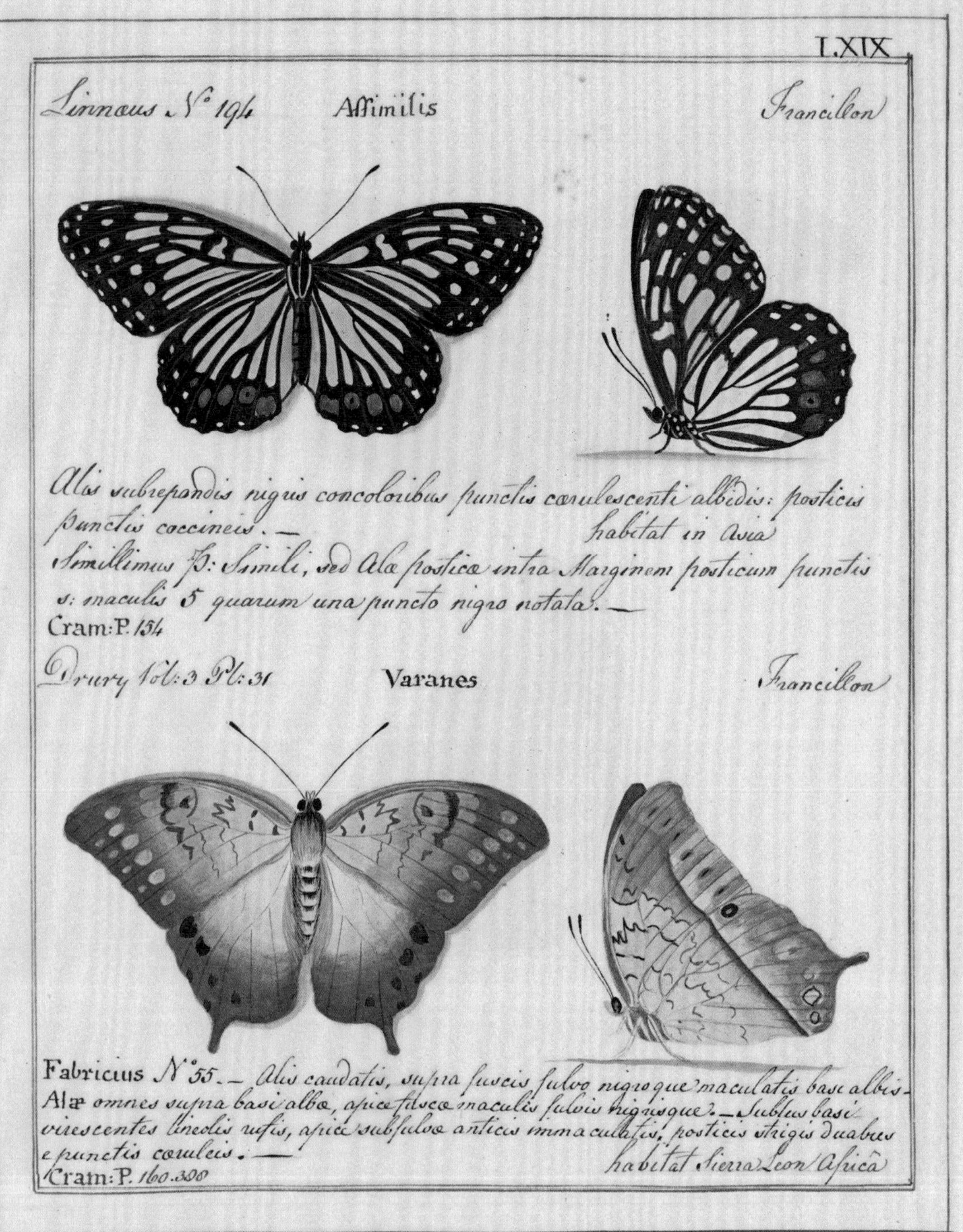
LXIX
Linnaeus N° 194
Assimilis
Francillon
Alis subrepandis nigris concoloribus punctis cœrulescenti albidis: posticis punctis coccineis. —
habitat in Asia
Simillimus P: Simili, sed Ala postica intra Marginem posticum punctis s: maculis 5 quarum una puncto nigro notata. —
Cram: P. 154
Drury Vol: 3 Pl: 31
Varanes
Francillon
Fabricius N° 55. — Alis caudatis, supra fuscis fulvo nigroque maculatis basi albis. Alæ omnes supra basi albæ, apice fusco maculis fulvis nigrisque. — Subtus basi virescentes lineolis rufis, apice subfulvo anticis immaculatis, posticis strigis duabus e punctis cœruleis. —
habitat Sierra Leon Africa
Cram: P. 160. 320

图　　版：LXIX. “*Assimilis*”

参考文献：C. Linnaeus, *Syst. nat.* (1767); No. 194

收藏归属：约翰·弗朗西伦

产地信息：中国、韩国和日本

物种名片：黑脉蛱蝶 *Hestina assimilis* (Linnaeus, 1758)

图　　版：LXIX. “*Varanes*”

参考文献：D. Drury, *Illus. Nat. Hist.*, Vol. 3, (1782); Pl. 31, f. 1–2

收藏归属：约翰·弗朗西伦

产地信息：非洲

物种名片：白基螯蛱蝶 *Charaxes varanes* (Cramer, 1777)

需要注意的是，人们普遍把白基螯蛱蝶的命名人和年代写为“Cramer, 1764”是基于一次误会的错误信息。1764 年，荷兰动物学家阿尔贝图斯·塞巴给疑似为这个物种的标本画了插图，不过并未给它命名，而克拉默在 1777 年发表这种蝴蝶时回过头去参考了这幅画。

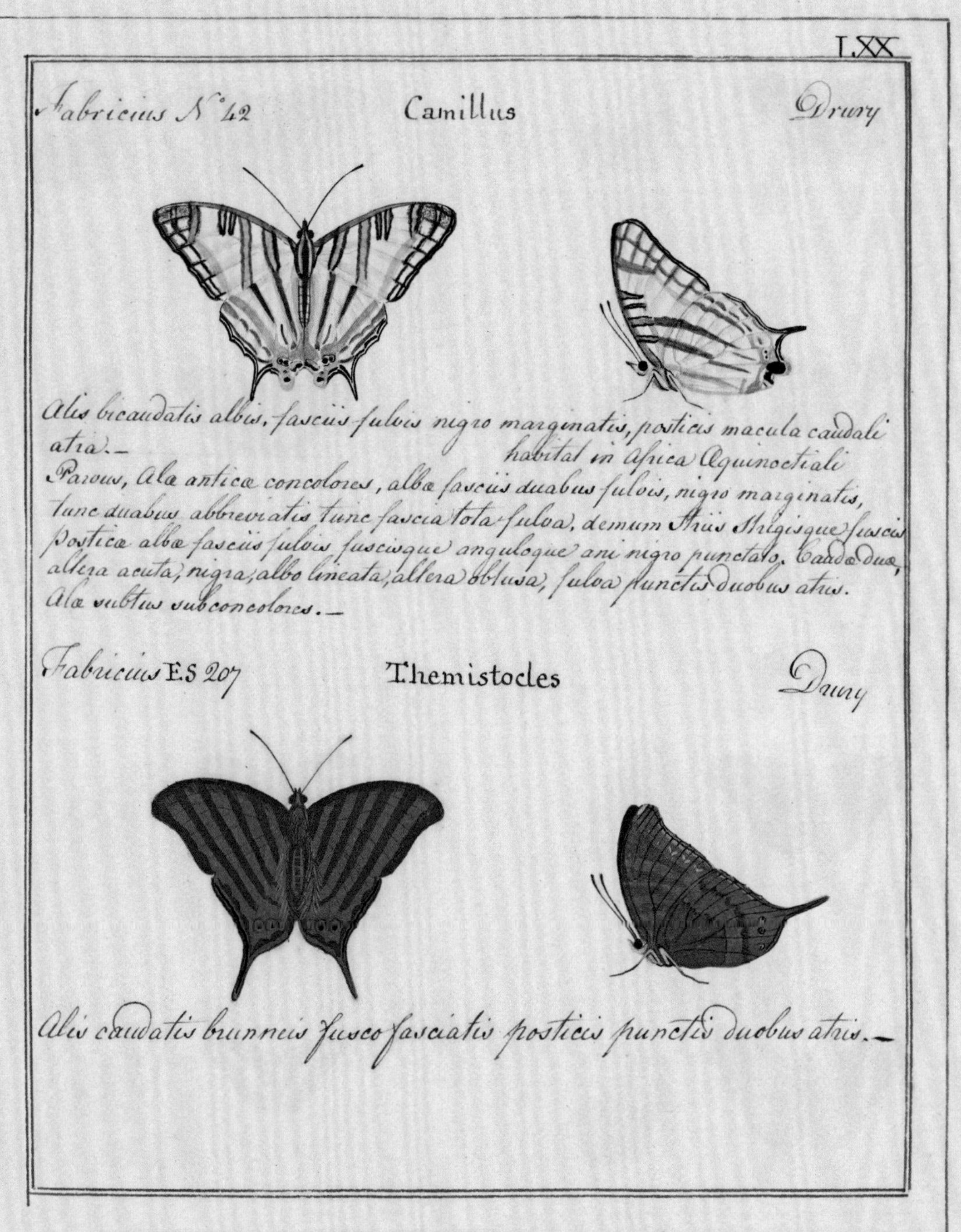

LXX
Fabricius N°42
Camillus
Drury
Alis bicaudatis albis, fasciis fulvis nigro marginatis, posticis macula caudali atra.—
habitat in Africa Aequinoctiali
Parvus, Alae anticae concolores, albae fasciis duabus fulvis, nigro marginatis, tunc duabus abbreviatis tunc fascia tota fulva, demum striis strigisque fuscis
Posticae albae fasciis fulvis, fuscisque anguloque ani nigro punctato. Caudae duae, altera acuta, nigra, albo lineata, altera obtusa, fulva punctis duobus atris.
Alae subtus subconcolores.—
Fabricius E.S 207
Themistocles
Drury
Alis caudatis brunneis fusco fasciatis posticis punctis duobus atris.—

图　　版：LXX.“*Camillus*”

参考文献：J. C. Fabricius, *Spec. insect.* (1781); No. 42

收藏归属：德鲁·德鲁里

产地信息：非洲

物种名片：榕丝蛱蝶 *Cyrestis camillus* (Fabricius, 1781)

图　　版：LXX.“*Themistocles*”（ICO）

参考文献：J. C. Fabricius, *Ent. syst.* (1792–1799); No. 207

收藏归属：德鲁·德鲁里

产地信息：巴西?

物种名片：合法凤蛱蝶 *Marpesia themistocles* (Fabricius, 1793)

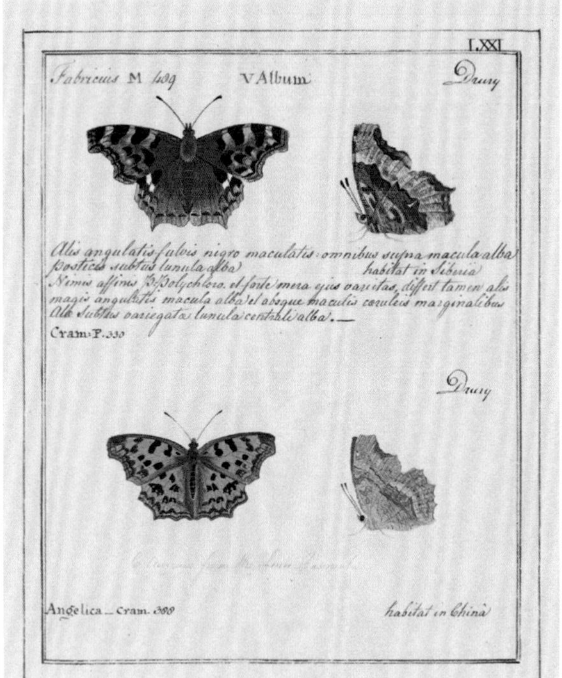
LXXI
V Album
Drury
Alis angulatis fulvis nigro maculatis: omnibus supra macula alba
habitat in Siberia
Cram: P. 330
Drury
Angelica _ Cram. 389
habitat in China

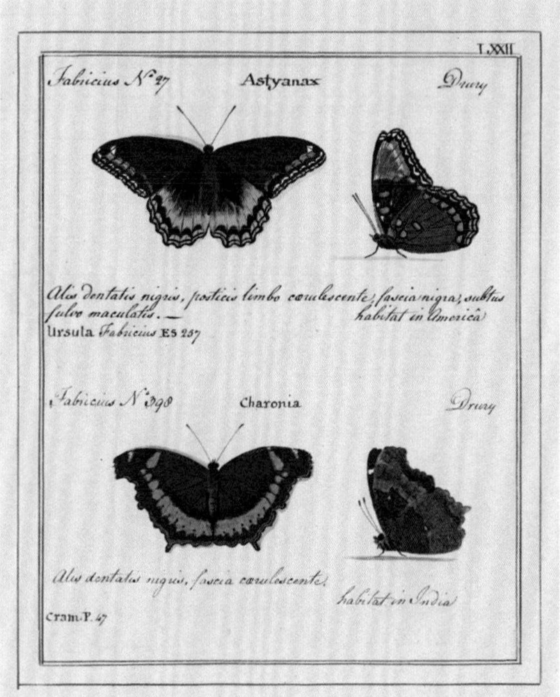
LXXII
Fabricius N° 27
Astyanax
Drury
Alis dentatis nigris, posticis limbo coerulescente; fascia nigra; subtus fulvo maculatis. _
habitat in America
Ursula Fabricius ES 257
Fabricius N° 398
Charonia
Drury
Alis dentatis nigris, fascia coerulescente.
habitat in India
Cram. P. 47

LXXIII
Linnaeus N° 43
Medon
Drury
Alis supra nigris: primoribus fascia lutea apiceque albo; posticis disco coerulescentibus. _
habitat in India
Fabricius N° 241
Eupalus
Drury
Erithonius Fabricius M. 103
habitat in Africa Aequinoctiali. _
Cram: P. 145

LXXIV
Drury
Fabricius N° 430
Iphicla
Drury
Alis dentatis supra fuscis, fascia communi alba maculaque ferruginea anguli ani. _
habitat in America meridionali

琼斯在图版 LXII 上同时标注了约翰·C. 法布里丘斯为这个物种所取的名字“*Astyanax*”和彼得·克拉默所取的名字“*Ursula*”。这个物种现在被认定为 *Limenitis arthemis*（拟斑蛱蝶），琼斯在第 V 卷的图版 XXXII 上也画过它，题为 *Lamina*（第 365 页）。然而，*Lamina* 画的是指名亚种，而 *Astyanax* 则画的是城主亚种。拟斑蛱蝶城主亚种是著名的贝氏拟态者，模拟不可食用的箭纹贝凤蝶。琼斯为箭纹贝凤蝶所画的插图出现在第 I 卷的图版 III 上，题为 *Astinous*（第 6 页）。琼斯将拟斑蛱蝶城主亚种后翅的上表面画成了绿色，但它其实是蓝色的。

LXXV
Drury Vol 2 Pl. 17
Laure
Jones
Fabricius N° 436 Laura
Alis angulato dentatis fuscis, fascia communi demidiato fulva, posticis subtus argenteis, fascia nivea.
habitat in Jamaica
Linnaeus N° 188
Bolina
Francillon
Alis dentatis nigris: primoribus maculis duabus; posticis solitaria albo caerulea.
habitat in India
Cram: P. 65

LXXVI
Fabricius E.S. 306
Lasinassa
Drury
Alis dentatis atris macula cyanea nitida, subtus fuscis lunulis albis.
Cram: P. 205
Linnaeus N° 178
Alimena
Drury
Alis dentatis atris fascia caerulea interrupta singulis punctis septem albidis marginalibus.
habitat in Indiis
Cram: P. 221

图　　版：LXXI. “*V-album*”
参考文献：J. C. Fabricius, *Mant. insect.* (1787); No. 489
收藏归属：德鲁 · 德鲁里
产地信息：全北界（不含英国）
物种名片：白矩朱蛱蝶[9] *Nymphalis (Roddia) l-album* (Esper, 1781)

图　　版：LXXI. “*Angelica*”
参考文献：P. Cramer, *De uit. Kap.* (1775–1782); Pl. 388, f. g–h
收藏归属：德鲁 · 德鲁里
产地信息：中南半岛至日本
物种名片：黄钩蛱蝶 *Nymphalis (Polygonia) c-aureum* (Linnaeus, 1758)

图　　版：LXXII. “*Astyanax*”/“*Ursula*”
参考文献：J. C. Fabricius, *Spec. insect.* (1781); No. 27 / J. C. Fabricius, *Ent. syst.* (1792–1799); No. 257
收藏归属：德鲁 · 德鲁里
产地信息：北美洲
物种名片：拟斑蛱蝶城主亚种 *Limenitis arthemis astyanax* (Fabricius, 1775)

图　　版：LXXII. “*Charonia*”
参考文献：J. C. Fabricius, *Spec. insect.* (1781); No. 398
收藏归属：德鲁 · 德鲁里
产地信息：亚洲
物种名片：琉璃蛱蝶 *Nymphalis (Kaniska) canace* (Linnaeus, 1763)

图　　版：LXXIII. “*Medon*”
参考文献：C. Linnaeus, *Syst. nat.* (1767); No. 43
收藏归属：德鲁 · 德鲁里
产地信息：非洲
物种名片：绿衬栎蛱蝶 *Euphaedra harpalyce* (Cramer, 1777)

图　　版：LXXIII. “*Eupalus*” / “*Erithonius*”
参考文献：J. C. Fabricius, *Spec. insect.* (1781); No. 241 / J. C. Fabricius, *Mant. insect.* (1787); No. 103
收藏归属：德鲁 · 德鲁里
产地信息：非洲（非洲赤道沿线）
物种名片：大褐栎蛱蝶 *Euphaedra eupalus* (Fabricius, 1781)

图　　版：LXXIV. 未命名
参考文献：—
收藏归属：德鲁 · 德鲁里
产地信息：巴西
物种名片：悌蛱蝶属 *Adelpha*，参考蛇纹悌蛱蝶指名亚种 *Adelpha serpa serpa* (Boisduval, 1836)

图　　版：LXXIV. “*Iphicla*” / “*Basilia*”
参考文献：J. C. Fabricius, *Spec. insect.* (1781); No. 438 / P. Cramer, *De uit Kap.* (1775–1782); Pl. 376, f. c–d
收藏归属：德鲁 · 德鲁里
产地信息：巴西
物种名片：悌蛱蝶属 *Adelpha*，参考变性悌蛱蝶 *Adelpha iphiclus* (Linnaeus, 1758) / 阴变性悌蛱蝶 *Adelpha iphicleola* (Bates, 1864)

图　　版：LXXV. “*Laure*” / “*Laura*”
参考文献：D. Drury, *Illus. Nat. Hist.*, Vol. 2 (1773); Pl. 17, f. 5–6 / J. C. Fabricius, *Spec. insect.* (1781); No. 436
收藏归属：威廉 · 琼斯
产地信息：美国南部至南美洲
物种名片：白黄带荣蛱蝶 *Doxocopa laure* (Drury, 1773)

图　　版：LXXV. “*Bolina*”
参考文献：C. Linnaeus, *Syst. nat.* (1767); No. 188
收藏归属：约翰 · 弗朗西伦
产地信息：泛热带地区
物种名片：金斑蛱蝶 *Hypolimnas misippus* (Linnaeus, 1754)，雄

图　　版：LXXVI. “*Lasinassa*”
参考文献：J. C. Fabricius, *Ent. syst.* (1792–1799); No. 306
收藏归属：德鲁 · 德鲁里
产地信息：西起马达加斯加，东至太平洋
物种名片：幻紫斑蛱蝶 *Hypolimnas bolina* (Linnaeus, 1758)

图　　版：LXXVI. “*Alimena*”
参考文献：C. Linnaeus, *Syst. nat.* (1767); No. 178
收藏归属：德鲁 · 德鲁里
产地信息：西起马鲁古群岛，东至所罗门群岛和澳大利亚
物种名片：阿丽斑蛱蝶 *Hypolimnas alimena* (Linnaeus, 1758)

LXXVII
Fabricius N°231
Arethusus
Drury
Alis integerrimis atris cœruleo maculatis posticis subtus punctis.—
Sanguineis
habitat in Surinami
Corpus atrum thorace punctis cœruleis. alæ omnes supra atræ maculis
plurimis cœruleis. subtus anticæ immaculatæ, posticæ punctis baseos
apicisque coccineis.—
Cram. P. 77
Fabricius E.S 458
Posthumus
Drury
Alis falcatis integerrimis fuscis disco cœruleo, posticis subtus griseis
immaculatis.—

图　　版：LXXVII. "*Arethusus*"
参考文献：J. C. Fabricius, *Spec. insect.* (1781); No. 231
收藏归属：德鲁・德鲁里
产地信息：巴西南部和阿根廷
物种名片：丽蛤蟆蛱蝶 *Hamadryas arete* (Doubleday, 1847)

图　　版：LXXVII. "*Posthumus*"（ICO）
参考文献：J. C. Fabricius, *Ent. syst.* (1792–1799); No. 458
收藏归属：德鲁・德鲁里
产地信息：塞拉利昂
物种名片：蛱灰蝶 *Epitola posthumus* (Fabricius, 1793)

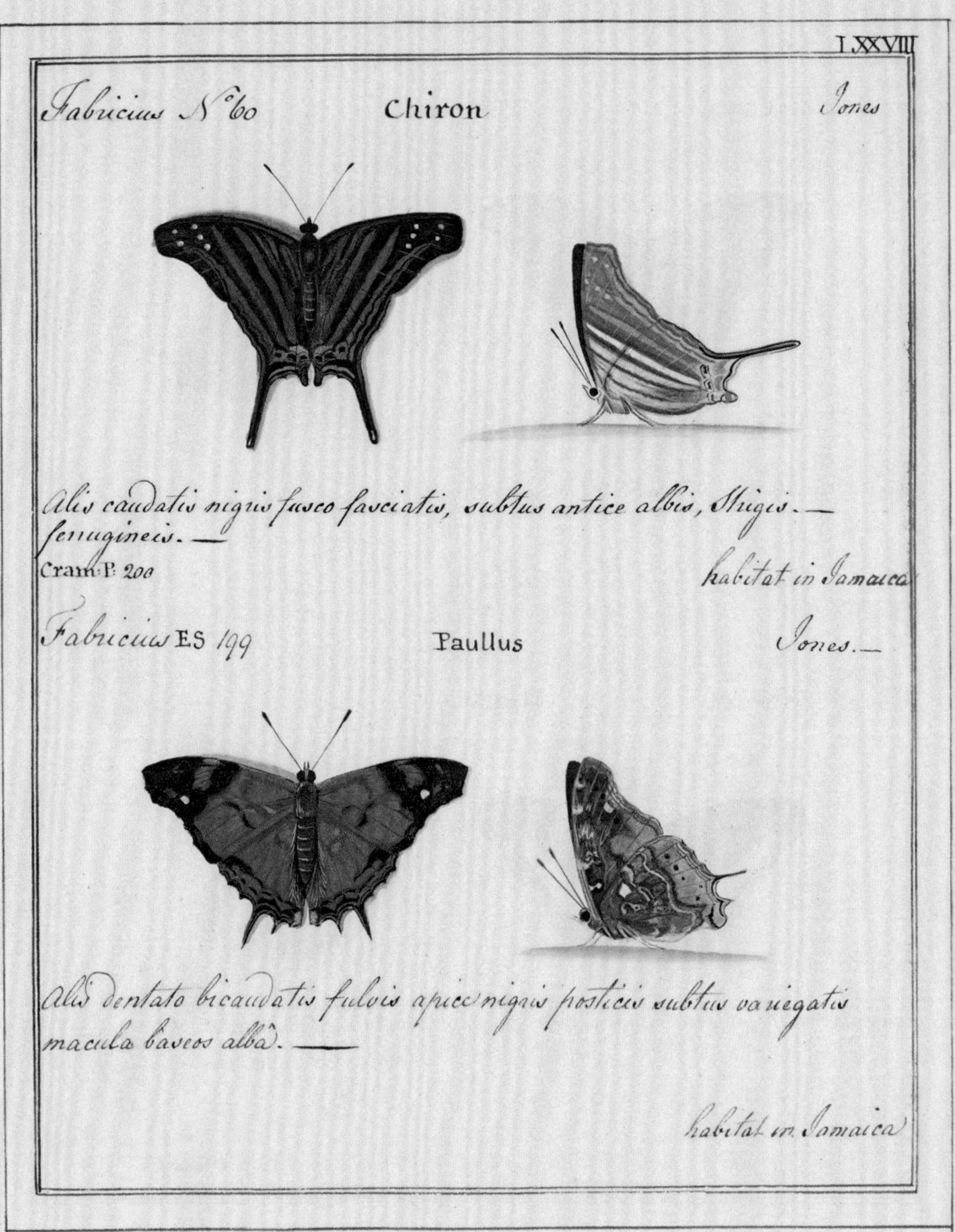
LXXVIII
Fabricius N°60
Chiron
Jones
Alis caudatis nigris fusco fasciatis, subtus antice albis, Strigis — ferrugineis. —
Cram. P. 200
habitat in Jamaica
Fabricius ES 199
Paullus
Jones. —
Alis dentato bicaudatis fulvis apice nigris posticis subtus variegatis macula baseos albâ. —
habitat in Jamaica

图　　版：LXXVIII. "*Chiron*"

参考文献：J. C. Fabricius, *Spec. insect.* (1781); No. 60

收藏归属：威廉·琼斯

产地信息：美国南部和加勒比海地区至阿根廷

物种名片：蛊龙凤蛱蝶 *Marpesia chiron* (Fabricius, 1775)

图　　版：LXXVIII. "*Paullus*"（ICO）

参考文献：J. C. Fabricius, *Ent. syst.* (1792–1799); No. 199

收藏归属：威廉·琼斯

产地信息：牙买加

物种名片：双尾虎蛱蝶 *Hypanartia paullus* (Fabricius, 1793)

LXXIX
Fabricius ES 246
Furcula
Drury
Alis caudatis fuscis basi fulvis anticis fascia coerulea.
habitat in Jamaica
Fabricius ES 391
Hiarba
Drury
Alis dentatis nigris fascia communi alba anticarum abbreviata.
habitat in Sierra Leon Africa

图　　版：LXXIX．“*Furcula*”
参考文献：J. C. Fabricius, *Ent. syst.* (1792–1799); No. 246
收藏归属：德鲁 · 德鲁里
产地信息：巴拿马
物种名片：火纹凤蛱蝶 *Marpesia furcula* (Fabricius, 1793)

图　　版：LXXIX．“*Hiarba*”
参考文献：J. C. Fabricius, *Ent. syst.* (1792–1799); No. 391
收藏归属：德鲁 · 德鲁里
产地信息：非洲
物种名片：白条宽蛱蝶 *Eurytela hiarbas* (Drury, 1770)

LXXX
Fabricius E.S 251
Astina
Drury
Alis caudatis fuscis disco communi fulvo anticis lunula aträ
habitat in Insula Stæ Thomas
Fabricius E.S 205
Miltiades
Drury
Alis caudatis fuscis posticis macula alba subtus omnibus fascia
communi alba ocelloque unico. —

图　　版：LXXX. “*Astina*”（ICO）

参考文献：J. C. Fabricius, *Ent. syst.* (1792–1799); No. 251

收藏归属：德鲁 · 德鲁里

产地信息：美属维京群岛圣托马斯岛

物种名片：红矩安蛱蝶维京亚种 *Anaea troglodyta astina* (Fabricius, 1793)

图　　版：LXXX. “*Miltiades*”（ICO）

参考文献：J. C. Fabricius, *Ent. syst.* (1792–1799); No. 205

收藏归属：德鲁 · 德鲁里

产地信息：巴拿马?

物种名片：暗环蝶林氏亚种 *Antirrhea philoctetes lindigii* (C. & R. Felder, 1862)

LXXXI
Drury Vol 3 Pl: 28
Hoſtilia
Francillon
Fabricius E.S 399
Alis dentatis fuscis basi fulvis nigro punctatis anticis apice flavo maculatis.
habitat Sierra Leon in Africâ
Drury Vol:2 Pl 16
Crithea
Francillon
Fabricius E.S 406
Alis dentatis fuscis maculis ocellaribus posticis subtus cinereis punctis duobus strigaque fuscis
Cram 138
habitat in Africâ

图　　版：LXXXI. “*Hostilia*”

参考文献：D. Drury, *Illus. Nat. Hist.*, Vol. 3 (1782); Pl. 28, f. 3

收藏归属：约翰 · 弗朗西伦

产地信息：西非

物种名片：豹纹伪珍蛱蝶 *Pseudacraea hostilia* (Drury, 1782)

图　　版：LXXXI. “*Crithea*”

参考文献：D. Drury, *Illus. Nat. Hist.*, Vol. 2 (1773); Pl. 16, f. 5–6

收藏归属：约翰 · 弗朗西伦

产地信息：西非至坦桑尼亚西部

物种名片：奥珂蛱蝶 [10]*Evena oberthueri* (Karsch, 1894)

LXXXII
Fabricius N°459
Hersilia
Drury
Alis dentatis albis, limbo fulvo, posticis subtus fulvis, fasciis duabus punctisque medio albis. — habitat in America
Dorcas Alis Dentatis albis margine flavo, posticis subtus flavis fasciis duabus albis. Fabricius N°424. habitat in Carolinâ
Cram: P 213
Drury

图　　版：LXXXII. “*Hersilia*”
参考文献：J. C. Fabricius, *Spec. insect.* (1781); No. 459
收藏归属：德鲁・德鲁里
产地信息：牙买加
物种名片：道玫蛱蝶 *Mestra dorcas* (Fabricius, 1775)

图　　版：LXXXII. 未命名
参考文献：—
收藏归属：德鲁・德鲁里
产地信息：美国最南部至墨西哥和南美洲
物种名片：黄褐余蛱蝶 *Temenis laothoe* (Cramer, 1777)

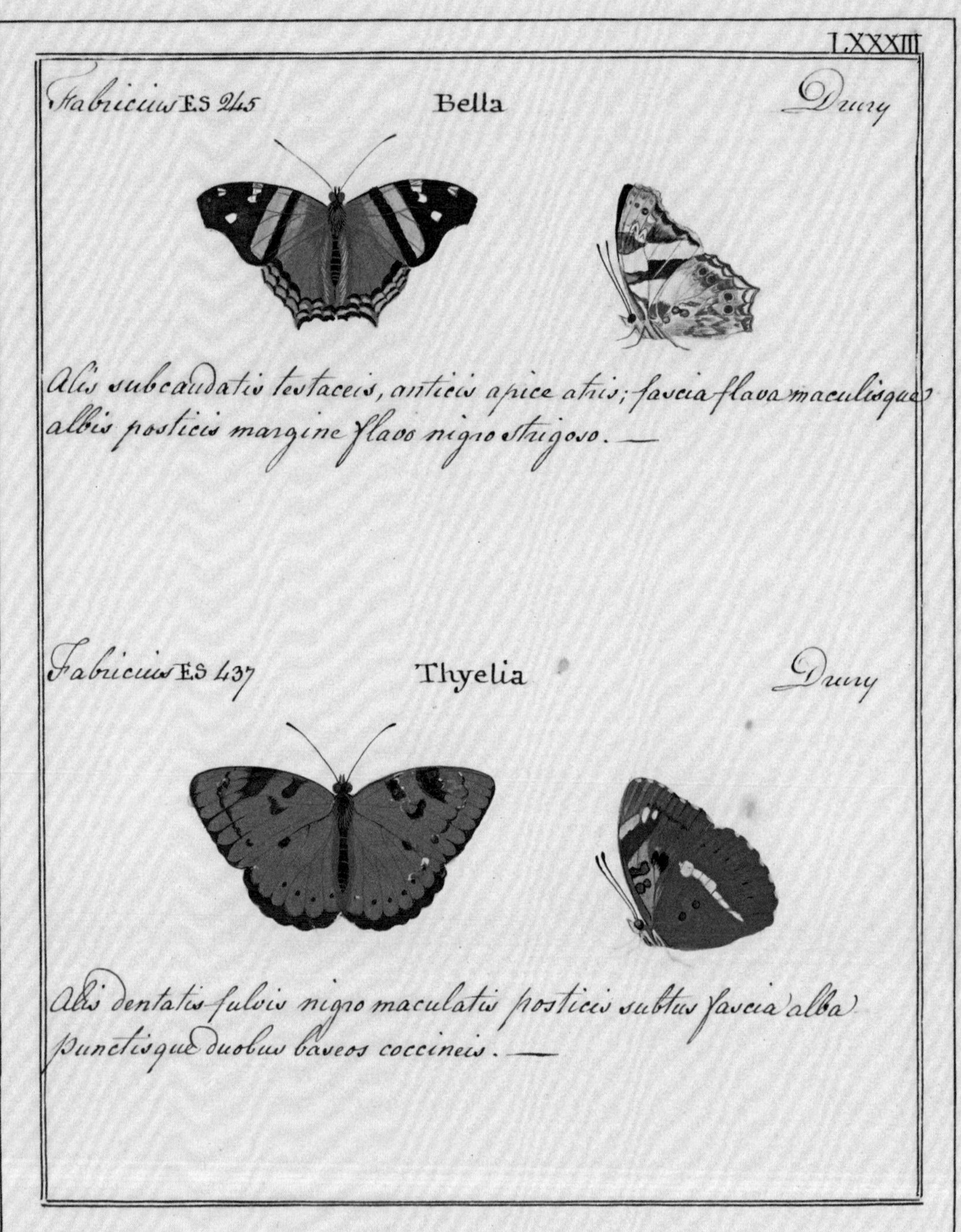

LXXXIII
Fabricius ES 245
Bella
Drury
Alis subcaudatis testaceis, anticis apice atris; fascia flava maculisque
albis posticis margine flavo nigro strigoso. —
Fabricius ES 437
Thyelia
Drury
Alis dentatis fulvis nigro maculatis posticis subtus fascia alba
punctisque duobus baseos coccineis. —

图　　版：LXXXIII. “*Bella*”（ICO）

参考文献：J. C. Fabricius, *Spec. insect.* (1/81); No. 459

收藏归属：德鲁·德鲁里

产地信息：巴西?

物种名片：美丽虎蛱蝶 *Hypanartia bella* (Fabricius, 1793)

图　　版：LXXXIII. “*Thyelia*”（ICO）

参考文献：J. C. Fabricius, *Ent. syst.* (1792–1799); No. 437

收藏归属：德鲁·德鲁里

产地信息：印度?

物种名片：橙红翠蛱蝶 *Euthalia nais* (Forster, 1771)

Drury Vol 2 Pl 17 Ilithyia Francillon

Fabricius N° 426 Ilithuia Alis dentatis fulvis nigro fasciatis, posticis subtus fasciis albis nigro maculatis.—
Alæ Subtus fulvæ anticis nigro fasciatis lituris albis, posticis fasciis duabus baseos albis, quarum anterior lineis duabus punctorum nigriorum, posterior unica, tunc fascia nigra albo punctata, Margo niger Striga alba.—
Cram:P. 213. 214. 374 5

habitat Senegal in Africâ

Fabricius N° 323 Laodice Francillon

Alis angulatis supra nigris fascia utrinque virescente, striga punctorum Ocellatorum.— habitat in Guineâ
Alæ anticæ nigræ basi maculis fulvis albo marginatis in medio fascia sinuata, communis, virescens, quæ tamen marginem crassiorem haud attingit, et in hac puncta aliquot ocellaria atra. Apice puncta aliquot alba. posticæ nigræ fascia media virescente, in qua striga punctorum nigrorum. ad angulum ani lineolæ duæ albæ. subtus omnes variegatæ fascia virescente et in hac striga punctorum alborum iride atrâ. — Pelarga Fabricius N° 457— Cram:P.138

图　　版：LXXXIV.“*Ilithyia*”

参考文献：D. Drury, *Illus. Nat. Hist.*, Vol. 2 (1773); Pl. 17, f. 1–2

收藏归属：约翰 · 弗朗西伦

产地信息：撒哈拉以南非洲、科摩罗群岛和马达加斯加

物种名片：安苾蛱蝶 *Byblia anvatara* (Boisduval, 1833)，旱季型下表面（中），雨季型下表面（右）

图　　版：LXXXIV.“*Laodice*”/“*Pelarga*”

参考文献：J. C. Fabricius, *Spec. insect.* (1781); No. 323 / J. C. Fabricius, *Spec. insect.* (1781); No. 457

收藏归属：约翰 · 弗朗西伦

产地信息：非洲

物种名片：尖翅眼蛱蝶 [11]*Precis pelarga* (Fabricius, 1775)

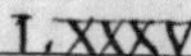

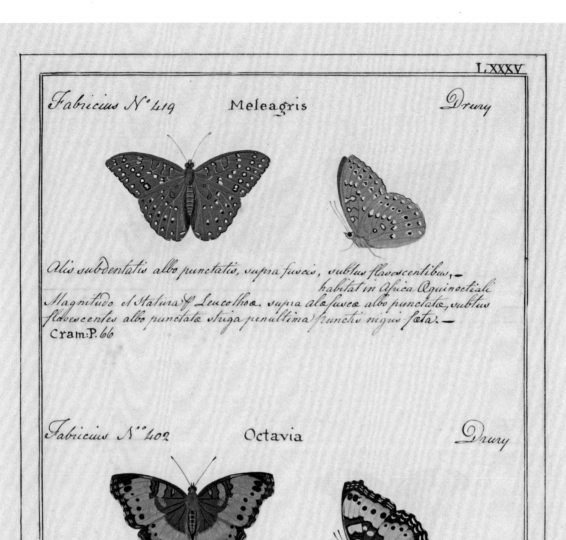

Fabricius N° 419 Meleagris Drury

Alis subdentatis albo punctatis, supra fuscis, subtus flavescentibus, —
habitat in Africa Aequinoctiali
Magnitudo et Statura P. Leucothoe. supra alæ fuscæ albo punctatæ, subtus flavescentes albo punctatæ striga penultima punctis nigris fœta. —
Cram: P. 66

Fabricius N° 402 Octavia Drury

Alis dentatis fuscis, disco angulato fulvo nigro punctato, subtus maculis baseos flavis. —
habitat in Sierra Leon Africa
Magnitudo P. Biblis. Corpus fulvum annulis abdominalibus nigris. Limbus alarum supra fuscus lunulis marginalibus albis anticarum punctis aliquot fulvis cœruleisque, posticarum strigis atris anguloque ani cœruleo. Discus varie angulatus, fulvis punctis aliquot nigris. Subtus omnes basi nigra flavo maculatæ, in medio albæ fulvo marginatæ strigaque punctorum nigrorum. —
Cram: P. 135

图　　版：LXXXV.“*Meleagris*”
参考文献：J. C. Fabricius, *Spec. insect.* (1781); No. 419
收藏归属：德鲁·德鲁里
产地信息：非洲
物种名片：星点蛱蝶 *Hamanumida daedalus* (Fabricius, 1775)

图　　版：LXXXV.“*Octavia*”
参考文献：J. C. Fabricius, *Spec. insect.* (1781); No. 402
收藏归属：德鲁·德鲁里
产地信息：非洲
物种名片：八眼蛱蝶 *Precis octavia* (Cramer, 1777)，雨季型

LXXXVI
Fabricius N° 396
Ceres
Sr Josph Banks
Alis dentatis nigris anticis fascia alba posticis disco coerulescente puncto atro. —
habitat in Sierra Leon Africa
Fabricius N° 420
Melantha.
Sr Josph Banks
Alis dentatis supra fuscis albo punctatis, subtus brunneis. —
habitat in Guinea. —

图　　版：	LXXXVI. "*Ceres*"
参考文献：	J. C. Fabricius, *Spec. insect.* (1781); No. 396
收藏归属：	约瑟夫·班克斯爵士
产地信息：	非洲中西部
物种名片：	蜡栎蛱蝶 *Euphaedra ceres* (Fabricius, 1775)

图　　版：	LXXXVI. "*Melantha*"
参考文献：	J. C. Fabricius, *Spec. insect.* (1781); No. 420
收藏归属：	约瑟夫·班克斯爵士
产地信息：	非洲
物种名片：	星点蛱蝶 *Hamanumida daedalus* (Fabricius, 1775)

图　　版：	LXXXVII. "*Acheronta*"
参考文献：	J. C. Fabricius, *Spec. insect.* (1781): No. 383
收藏归属：	德鲁 · 德鲁里
产地信息：	美国南部至墨西哥、加勒比海地区和南美洲
物种名片：	尖尾端突蛱蝶 *Historis acheronta* (Fabricius, 1775)

图　　版：	LXXXVII. "*Cyparissa*" / "*Cato*"
参考文献：	J. C. Fabricius, *Spec. insect.* (1781); No. 137 / J. C. Fabricius, *Mant. insect.* (1787); No. 105
收藏归属：	德鲁 · 德鲁里
产地信息：	非洲
物种名片：	三色栎蛱蝶 *Euphaedra cyparissa* (Cramer, 1775)

图　　版：LXXXVIII. 未命名

参考文献：—

收藏归属：约翰 · 弗朗西伦

产地信息：非洲

物种名片：栎蛱蝶属 *Euphaedra*，参考瑰带栎蛱蝶 *Euphaedra gausape* (Butler, 1866)

图　　版：LXXXVIII. 未命名

参考文献：—

收藏归属：约翰 · 弗朗西伦

产地信息：非洲

物种名片：栎蛱蝶属 *Euphaedra*，参考阿福栎蛱蝶 *Euphaedra afzelii* (C. & R. Felder, 1867)

LXXXIX
Linnaeus N° 176
Amphinome
Francillon
Alis dentatis nigris coeruleo nebulosis: primoribus fascia utrinque alba, posticis rubro radiatis.
habitat in America meridionali.
Cram: P. 54
Linnaeus N° 140
Feronia
Francillon
Alis dentatis supra coeruleo fuscoque undulatis omnibus Ocellis sex
habitat in India et Surinami
Cram: P. 192.362

图　　版：LXXXIX. “*Amphinome*”

参考文献：C. Linnaeus, *Syst. nat.* (1767); No. 176

收藏归属：约翰 · 弗朗西伦

产地信息：墨西哥至阿根廷，包括加勒比海地区

物种名片：蛤蟆蛱蝶 *Hamadryas amphinome* (Linnaeus, 1767)

图　　版：LXXXIX. “*Feronia*”

参考文献：C. Linnaeus, *Syst. nat.* (1767); No. 140

收藏归属：约翰 · 弗朗西伦

产地信息：南美洲

物种名片：菲蛤蟆蛱蝶 *Hamadryas feronia* (Linnaeus, 1758)

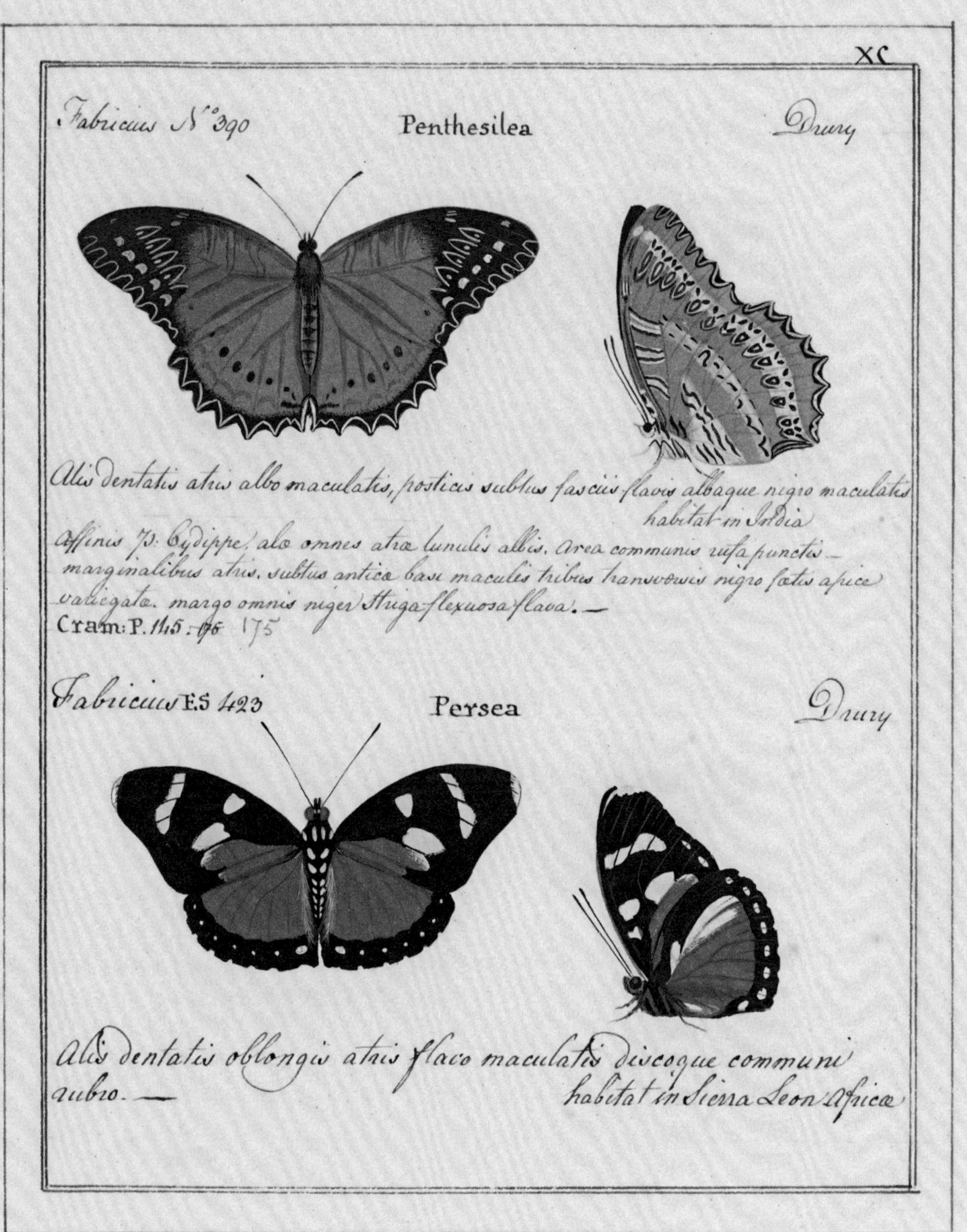

XC
Fabricius N°390
Penthesilea
Drury
Alis dentatis atris albo maculatis, posticis subtus fasciis flavis albaque nigro maculatis
habitat in India
Affinis 75: Cydippe. alæ omnes atræ lunulis albis. area communis rufa punctis marginalibus atris. subtus anticæ basi maculis tribus transversis nigro fætis apice variegatæ. margo omnis niger striga flexuosa flava.
Cram: P. 145: 175
Fabricius E.S 423
Persea
Drury
Alis dentatis oblongis atris flavo maculatis discoque communi rubro.
habitat in Sierra Leon Africæ

图　　版：XC.“*Penthesilea*”

参考文献：J. C. Fabricius, *Spec. insect.* (1781); No. 390

收藏归属：德鲁·德鲁里

产地信息：南美洲

物种名片：红锯蛱蝶 *Cethosia biblis* (Drury, 1773)

图　　版：XC.“*Persea*”

参考文献：J. C. Fabricius, *Ent. syst.* (1792–1799); No. 423

收藏归属：德鲁·德鲁里

产地信息：非洲

物种名片：红带栎蛱蝶 *Euphaedra perseis* (Drury, 1773)

XCI

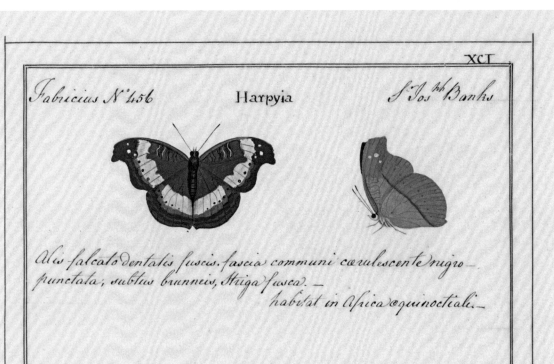

Fabricius N° 456　　Harpyia　　Sr Jos^ph Banks

Alis falcato dentatis fuscis. fascia communi cœrulescente nigro-punctata; subtus brunneis, striga fusca. –
habitat in Africa æquinoctiali. –

Fabricius M 555　　Martha　　Sr Jos^ph Banks

Alis dentatis fusco fulvoque variis, anticis lunulis ternatis, posticis fascia albis. –
habitat in Siam

图　　版：XCI.“*Harpyia*”
参考文献：J. C. Fabricius, *Spec. insect.* (1781); No. 456
收藏归属：约瑟夫·班克斯爵士
产地信息：非洲
物种名片：尖翅眼蛱蝶 *Precis pelarga* (Fabricius, 1775)

图　　版：XCI.“*Martha*”
参考文献：J. C. Fabricius, *Mant. insect.* (1787); No. 555
收藏归属：约瑟夫·班克斯爵士
产地信息：东南亚，包括泰国
物种名片：黎蛱蝶 *Lebadea martha* (Fabricius, 1787)

XCII
Fabricius N 392
Cyane
Drury
Alis dentatis nigris anticis fascia, posticis disco nigro punctato albis.—
Cram: P. 295
habitat in Indiâ
Linnaeus N° 163
Cydippe
Drury
Alis dentatis nigro coerulescentibus albo maculatis area communi rubra;
subtus marmoratis.—
habitat in Indiâ
Cram: P. 62

图　　版：XCII.“*Cyane*”
参考文献：J. C. Fabricius, *Spec. insect.* (1781); No. 392
收藏归属：德鲁 · 德鲁里
产地信息：印度、中国南部至新加坡
物种名片：白带锯蛱蝶 *Cethosia cyane* (Drury, 1773)

图　　版：XCII.“*Cydippe*”
参考文献：C. Linnaeus, *Syst. nat.* (1767); No. 163
收藏归属：德鲁 · 德鲁里
产地信息：马鲁古群岛至新几内亚岛和澳大利亚
物种名片：锯蛱蝶 *Cethosia cydippe* (Linnaeus, 1767)

XCIII
Linnaeus N° 162
Populi
Drury
Alis dentatis fuscis albo fasciatis maculatisque; subtus luteis albo fasciatis: maculis caerulescentibus. — habitat in populo tremula
Linnaeus N° 210
Cytherea
Latham
Alis crenatis flavis fascia communi argentea: subtus fascia lanceolata argentea.
habitat in Indiis
Alae supra cinereo nebulosae: primores disco flavo. —
Cram: P. 242 Elea

图　　版：XCIII. “*Populi*”
参考文献：C. Linnaeus, *Syst. nat.* (1767); No. 162
收藏归属：德鲁·德鲁里
产地信息：法国东南部至中亚和日本
物种名片：红线蛱蝶 *Limenitis populi* (Linnaeus, 1758)

图　　版：XCIII. “*Cytherea*”
参考文献：C. Linnaeus, *Syst. nat.* (1767); No. 210
收藏归属：约翰·莱瑟姆
产地信息：墨西哥至阿根廷
物种名片：神女悌蛱蝶 *Adelpha cytherea* (Linnaeus, 1758)

XCIV
Linnæus N° 169
C aureum
Jones
Alis angulatis fulvis nigro maculatis: posticis subtus C aureo notatis
habitat in Asiâ
Simillimus Pap: C albo sed duplo major, subtus magis luteo-nebulosus
et C aureo minori notatus. —
Cram: P. 19
Linnæus N 168
C album
Jones
Alis angulatis fulvis nigro maculatis; posticis subtus C albo notatis. —
habitat in Grossularia, Humulo, Urtica

图　　版：XCIV.“*C-aureum*”

参考文献：C. Linnaeus, *Syst. nat.* (1767); No. 169

收藏归属：威廉·琼斯

产地信息：北美洲

物种名片：长尾钩蛱蝶 *Nymphalis* (*Polygonia*) *interrogationis* (Fabricius, 1798)

图　　版：XCIV.“*C-album*”

参考文献：C. Linnaeus, *Syst. nat.* (1767); No. 168

收藏归属：威廉·琼斯

产地信息：古北界和北美洲东部

物种名片：白钩蛱蝶 *Nymphalis* (*Polygonia*) *c-album* (Linnaeus, 1758)

XCV
Linnaeus N° 166
Polychlorus
Jones
Alis angulatis fulvis nigro maculatis: primoribus supra punctis quatuor nigris. — habitat in Pyro, Ceraso, Salice; frequentissimus Upsaliæ 1758. —
Linnaeus N° 167
Urticæ
Jones
Alis angulatis fulvis nigro maculatis: primoribus supra punctis tribus nigris. — habitat in Urtica vulgatissimus, prodit inter primos, sed fallax veris indicium. —

图　　版：XCV.“*Polychlorus*”

参考文献：C. Linnaeus, *Syst. nat.* (1767), No. 166

收藏归属：威廉·琼斯

产地信息：古北界和北美洲东部

物种名片：榆蛱蝶 *Nymphalis (Nymphalis) polychloros* (Linnaeus, 1758)

图　　版：XCV.“*Urticæ*”

参考文献：C. Linnaeus, *Syst. nat.* (1767), No. 167

收藏归属：威廉·琼斯

产地信息：古北界

物种名片：荨麻蛱蝶 *Nymphalis (Aglais) urticae* (Linnaeus, 1758)

琼斯将荨麻蛱蝶的栖息地记录为荨麻（*Urtica*），这是参考自林奈的原始描述，其雌蝶会将卵产在幼虫所取食的异株荨麻 *Urtica dioica* 上。这个广布于整个欧洲和亚洲温带地区的物种如今在西欧的数量正在下降，其原因尚未确定。

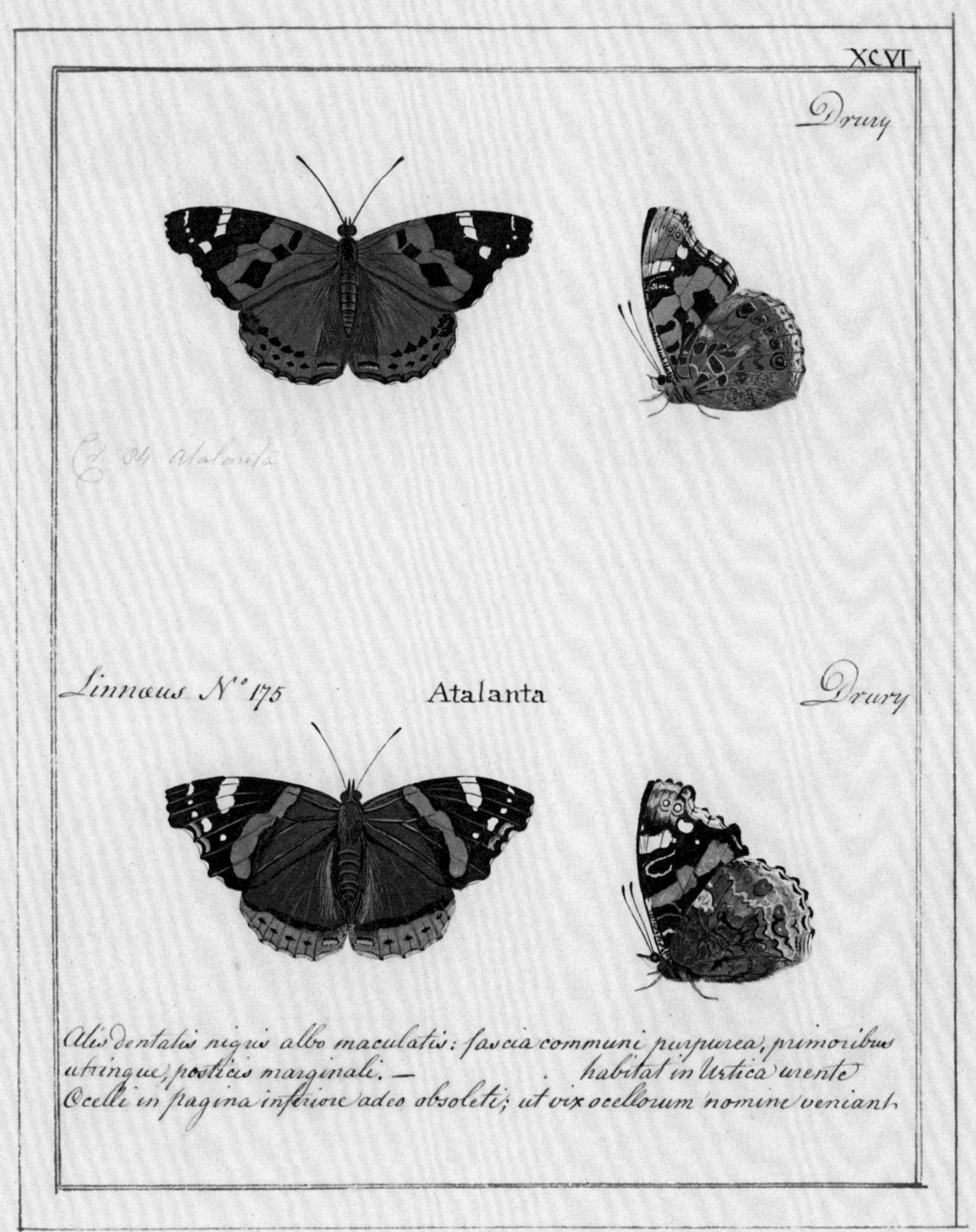

XCVI
Drury
Linnaeus N° 175
Atalanta
Drury
Alis dentatis nigris albo maculatis: fascia communi purpurea, primoribus utrinque, posticis marginali. — habitat in Urtica urente
Ocelli in pagina inferiore adeo obsoleti; ut vix ocellorum nomine veniant.

图　　版：XCVI. 未命名

参考文献：—

收藏归属：德鲁 · 德鲁里

产地信息：斯里兰卡至中国

物种名片：大红蛱蝶 *Vanessa indica* (Herbst, 1794)

图　　版：XCVI. "*Atalanta*"

参考文献：C. Linnaeus, *Syst. nat.* (1767); No. 175

收藏归属：德鲁 · 德鲁里

产地信息：全北界和中美洲

物种名片：优红蛱蝶 *Vanessa atalanta* (Linnaeus, 1758)

XCVII
Drury
Drury

XCVIII
Fabricius ES 183
Enolrea
Francillon
Alis dentatis nigris disco viridi subtus atris puncto costali albo. —
Cramer 236
habitat in Sierra Leon
Fabricius N° 440
Lais
Drury
Alis dentatis nigris caerulescenti striatis, subtus fuscis.
habitat in India Orientali
Cram: P. 110

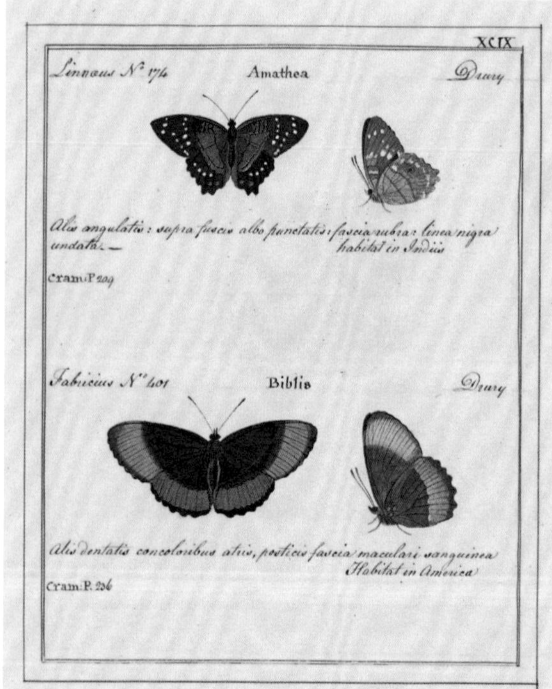
XCIX
Linnaeus N° 174
Amathea
Drury
habitat in Indiis
Cram: P. 209
Fabricius N° 401
Biblis
Drury
Alis dentatis concoloribus atris, posticis fascia maculari sanguinea
Habitat in America
Cram: P. 236

C
Linnaeus N° 110
Misippus
Drury
Alis subintegerrimis fulvis margine nigro alboque lineatis, posticis macula nigra. —
habitat in America
Drury

需要注意的是，琼斯给 *Lais*（龙女锯眼蝶）的上色严重夸张，其翅上表面的蓝色其实是浅蓝灰色，不是此处所示的海蓝色。这种失真可能是由于他在这幅插图中使用的颜料随着时间流逝而变色了。琼斯题为 *Misippus* 的图画的是金斑蛱蝶的雌性，其雄性可见于第Ⅴ卷图版 LXXV，第 401 页，被琼斯（错误地）命名为 *Bolina*。金斑蛱蝶雄性前后翅的上表面为丝绒质感的黑色，带有一层泛着虹彩的紫色光泽，翅中部还有一枚白色的卵圆形大斑。雌性翅上表面与雄性大相径庭，如此处所示，大部分为橙色，带有或多或少的黑色和白色。雌性金斑蛱蝶的各个色型与金斑蝶的不同色型非常相似——金斑蝶是一种具有化学防御能力的蝴蝶，在金斑蛱蝶广大的分布区内也多有分布。琼斯将本卷最后一张图版留为了空白。

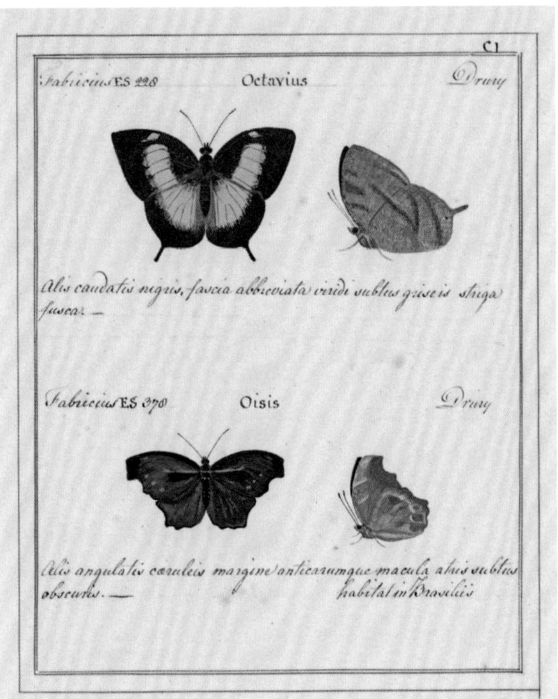
CI
Fabricius ES 228
Octavius
Drury
Alis caudatis nigris, fascia abbreviata viridi subtus griseis striga fusca. —
Fabricius ES 378
Oisis
Drury
Alis angulatis caeruleis margine anticarumque macula albis subtus obscuris. —
habitat in Brasilia

图　　版：XCVII. 未命名
参考文献：—
收藏归属：德鲁・德鲁里
产地信息：非洲
物种名片：安茸翅蛱蝶 *Lachnoptera anticlia* (Hübner, 1819)，雌

图　　版：XCVII. 未命名
参考文献：—
收藏归属：德鲁・德鲁里
产地信息：非洲
物种名片：斑静蛱蝶 *Aterica galene* (Yeats in Brown, 1776)

图　　版：XCVIII. “*Enotrea*”
参考文献：J. C. Fabricius, *Ent. syst.* (1792–1799); No. 103
收藏归属：约翰・弗朗西伦
产地信息：非洲
物种名片：晕光波蛱蝶 *Ariadne enotrea* (Cramer, 1779)

图　　版：XCVIII. “*Lais*”
参考文献：J. C. Fabricius, *Spec. insect.* (1781); No. 448
收藏归属：德鲁・德鲁里
产地信息：印度至东南亚
物种名片：龙女锯眼蝶 *Elymnias nesaea* (Linnaeus, 1764)

图　　版：XCIX. “*Amathea*”
参考文献：C. Linnaeus, *Syst. nat.* (1767); No. 174
收藏归属：德鲁・德鲁里
产地信息：巴拿马至阿根廷
物种名片：白斑红纹蛱蝶 *Anartia amathea* (Linnaeus, 1758)

图　　版：XCIX. “*Biblis*”
参考文献：J. C. Fabricius, *Spec. insect.* (1781); No. 401
收藏归属：德鲁・德鲁里
产地信息：美国南部、中美洲和南美洲，包括加勒比海地区
物种名片：朱履蛱蝶 *Biblis hyperia* (Cramer, 1779)

图　　版：C. “*Misippus*”
参考文献：C. Linnaeus, *Syst. nat.* (1767); No. 118
收藏归属：德鲁・德鲁里
产地信息：泛热带地区
物种名片：金斑蛱蝶 *Hypolimnas misippus* (Linnaeus, 1764)，雌

图　　版：C. 未命名
参考文献：—
收藏归属：德鲁・德鲁里
产地信息：巴拿马至阿根廷
物种名片：白斑红纹蛱蝶 *Anartia amathea* (Linnaeus, 1758)

图　　版：CI. “*Octavius*” （ICO）
参考文献：J. C. Fabricius, *Ent. syst.* (1792–1799); No. 228
收藏归属：德鲁・德鲁里
产地信息：巴拿马？
物种名片：克莱尖蛱蝶 *Memphis cleomestra* (Hewitson, 1869)

图　　版：CI. “*Oisis*” （ICO）
参考文献：J. C. Fabricius, *Ent. syst.* (1792–1799); No. 378
收藏归属：德鲁・德鲁里
产地信息：巴西
物种名片：蓝云鼠蛱蝶 *Myscelia orsis* (Drury, 1782)

物种分布图：非洲

1. 安蒂噬药凤蝶：马达加斯加 32
2. 长袖凤蝶：非洲 40
3. 缘锯凤蝶：西班牙和北非 47
4. 非洲青凤蝶指名亚种 *：塞拉利昂？ 50
5. 福翠凤蝶：非洲 51
6. 绿霓凤蝶：非洲 54
7. 安泰青凤蝶：非洲 55
8. 寿青凤蝶 *：塞拉利昂？ 56
9. 非洲达摩凤蝶：非洲区 59
10. 豹纹青凤蝶指名亚种 *：塞拉利昂？ 61
11. 苏芮德凤蝶：非洲 63
12. 福翠凤蝶 *，“thersander”型，雌：塞拉利昂 66
13. 好逑翠凤蝶：西非 68
14. 安哥拉青凤蝶男爵亚种 *：西非 75
15. 非洲白凤蝶：非洲区 80
16. 赛诺达凤蝶 *：塞拉利昂？ 82
17. 非洲白凤蝶指名亚种 *，“hippocoon”型，雌：塞拉利昂 83
18. 自由获尺蛾 *：非洲大陆 108
19. 阿波罗绢蝶：整个古北界 109
20. 美线珍蝶指名亚种 *：塞拉利昂 118
21. 伪珍蛱蝶：非洲 118、287
22. 雅贵珍蝶指名亚种 *：塞拉利昂 119
23. 红褐珍蝶：非洲 119、120
24. 拟雅贵珍蝶：非洲 120
25. 美线珍蝶：非洲 121
26. 线珍蝶：非洲 121
27. 草裙珍蝶指名亚种 *：塞拉利昂？ 124
28. 大白窗斑蝶：非洲 127
29. 依帕线珍蝶：非洲 128
30. 泰窗斑蝶：非洲 128
31. 开米珍蝶：非洲 130
32. 和珍蝶：非洲南部 130
33. 培沙珍蝶 *：塞拉利昂 130
34. 黑点白珍蝶：非洲 130
35. 小珍蝶？：非洲 130、135
36. 犀利珍蝶：非洲 135
37. 宁静珍蝶：非洲 136
38. 卡西珍蝶：非洲 137
39. 黑点褐珍蝶：非洲 137
40. 白斑褐珍蝶：非洲 137
41. 草原珍蝶：乌干达至南非 141
42. 黑纹纤粉蝶 *：塞拉利昂 154
43. 依帕尖粉蝶：非洲 155
44. 金贝粉蝶：非洲和印度 155
45. 碎斑迁粉蝶：非洲 156
46. 粉蝶属某种，参考加那利粉蝶：加那利群岛 156
47. 欧洲粉蝶：欧洲和北非 157
48. 菜粉蝶：古北界 157
49. 金珂粉蝶：非洲和印度 158
50. 黑缘乃粉蝶：非洲 159、170
51. 斑袖珂粉蝶：非洲和亚洲 166
52. 树尖粉蝶：非洲 170
53. 彩袖珂粉蝶：非洲 171、175
54. 装饰灰蝶指名亚种 *：塞拉利昂 172
55. 绿纹荣粉蝶：伊比利亚半岛和北非 174
56. 直襟粉蝶：北非 174、198
57. 宽边黄粉蝶：非洲和亚洲 176
58. 克雷钩粉蝶：欧洲和北非 176
59. 黄粉蝶属未定种，热带地区 176、196
60. 珂粉蝶：非洲和印度 177
61. 玫瑰迷粉蝶：非洲 185
62. 云粉蝶：北非和欧洲 191
63. 寂静贝粉蝶：非洲 192
64. 黑裙边迷粉蝶：非洲 192
65. 琥珀豆粉蝶：非洲 196
66. 褐云粉蝶：非洲 197
67. 金斑蝶：非洲和亚洲，包括马来群岛 205、206
68. 火冠弄蝶 *：塞拉利昂 211
69. 隐带钩眼蝶 *：塞拉利昂 213
70. 大眼蝶：南非和津巴布韦东部边界 246
71. 绿贝矩蛱蝶：非洲 247
72. 黄环链眼蝶：古北界 248
73. 翠蓝眼蛱蝶：旧大陆热带地区 248、260
74. 黄带眼蛱蝶：非洲 249
75. 草蛱蝶：非洲 250
76. 暮眼蝶：旧大陆热带地区 252、260、271、274
77. 八字岩眼蝶：北非和中欧以东地区 252、269
78. 白俳眼蝶：中欧和北非 253
79. 超群眼蛱蝶：非洲 253
80. 络眼蝶：南非 254
81. 赭泡眼蝶：南非 257
82. 青眼蛱蝶：非洲和马达加斯加 260
83. 小红蛱蝶：欧洲、亚洲、北美洲、非洲及大洋洲 262
84. 毛眼蝶：欧洲和北非 263
85. 莽眼蝶：欧洲和北非 264
86. 加勒白眼蝶：欧洲和北非 265
87. 火眼蝶：欧洲和北非 265
88. 帕眼蝶：欧洲和北非 266、286
89. 魔幻仙眼蝶 *：南非好望角 270
90. 星帕眼蝶：马德拉群岛 272
91. 黄裳眼蛱蝶：非洲和亚洲 273、291
92. 蜜眼蝶：南美洲 274
93. 细带仁眼蝶：欧洲和北非 276、281
94. 北非火眼蝶：欧洲东南部和北非 279
95. 玄裳眼蝶：摩洛哥、法国至中国 280
96. 西方白眼蝶：西班牙、法国南部和北非 286
97. 中黄蛱蝶：非洲 291
98. 马丁舟蛱蝶指名亚种 *：塞拉利昂 295
99. 晨幽蛱蝶 *，存疑种：塞拉利昂 296
100. 多丽幽蛱蝶：非洲 296
101. 慧舟蛱蝶指名亚种 *：塞拉利昂？ 297
102. 珂舟蛱蝶？：非洲 297
103. 冈比亚幽蛱蝶信念亚种 *：塞拉利昂？ 298
104. 金肋蛱蝶指名亚种 *：塞拉利昂？ 298
105. 花斑蛱蝶：非洲 299
106. 斐豹蛱蝶：埃塞俄比亚至中国、日本、马来群岛和澳大利亚 300
107. 珐蛱蝶：旧大陆热带地区 301
108. 卵珍蛱蝶：古北界，包括英国 304
109. 相灰蝶属某种，参考相灰蝶：南非好望角 306
110. 珠蛱蝶：加那利群岛、北非和欧洲，向东至中国西部 310
111. 沙菲眼蛱蝶指名亚种 *：塞拉利昂 312
112. 狄网蛱蝶：中欧、北非、中东地区、中亚和西伯利亚地区 313、314、315
113. 蜜蛱蝶属，参考黄蜜蛱蝶：古北界 317
114. 笑螯蛱蝶指名亚种 *：塞拉利昂？ 334
115. 安茸翅蛱蝶：非洲 337、339、422
116. 漪蛱蝶：非洲 342
117. 宽蛱蝶：非洲 344
118. 星蛱蝶指名亚种 *：塞拉利昂 344
119. 八眼蛱蝶：非洲 345、410
120. 蔽眼蝶属某种，参考监官蔽眼蝶：西非 347
121. 翠无螯蛱蝶指名亚种 *：塞拉利昂 348
122. 红裙螯蛱蝶指名亚种 *：塞拉利昂 349
123. 蓝纹簇蛱蝶：非洲中西部 350
124. 横波锯眼蝶指名亚种 *：塞拉利昂 354
125. 黄褐栎蛱蝶：非洲 355
126. 白斑圆蛱蝶：非洲 355
127. 埃漪蛱蝶：西非 358
128. 单环蛱蝶：古北界 360
129. 布干达伪环蛱蝶紫花亚种 *：塞拉利昂 360
130. 小白环蛱蝶：非洲 361
131. 蛇纹蛱蝶：非洲 362
132. 玉斑伪珍蛱蝶指名亚种 *：塞拉利昂 363
133. 线环蛱蝶：非洲 364
134. 环蛱蝶属某种，参考恩氏环蛱蝶：非洲 364
135. 斑静蛱蝶：非洲 366、422
136. 仙人掌矩蛱蝶 *：塞拉利昂 367
137. 赭蛱蝶指名亚种 *：塞拉利昂 368
138. 多斑伪珍蛱蝶：非洲 368
139. 蓝纹簇蛱蝶指名亚种 *：塞拉利昂 369
140. 幽蛱蝶属某种，参考幽蛱蝶：西非 369
141. 卫幽蛱蝶 *：塞拉利昂 370
142. 蓝星舟蛱蝶 *：塞拉利昂 371
143. 黄缘螯蛱蝶：南欧、地中海地区和非洲 379
144. 螯蛱蝶属某种，参考朱衣螯蛱蝶：非洲 380
145. 红螯蛱蝶：非洲中西部 381
146. 优螯蛱蝶：非洲 382
147. 笑螯蛱蝶：非洲 383
148. 三尾螯蛱蝶：非洲 384
149. 四季螯蛱蝶：非洲 387
150. 螯蛱蝶属某种，参考玉牙螯蛱蝶：非洲 388
151. 刀笔螯蛱蝶指名亚种 *：塞拉利昂？ 389
152. 幻紫斑蛱蝶：西起马达加斯加，东至太平洋 391、396、401
153. 弱水斑蛱蝶：非洲 392
154. 白基螯蛱蝶：非洲 398
155. 榕丝蛱蝶：非洲 399
156. 大褐栎蛱蝶：非洲 400
157. 绿衬栎蛱蝶：非洲 400
158. 金斑蛱蝶：泛热带地区 401
159. 蛱灰蝶 *：塞拉利昂 402
160. 白条宽蛱蝶：非洲 404
161. 奥胜灰蝶：西非至坦桑尼亚西部 406
162. 豹纹伪珍蛱蝶：西非 406
163. 尖翅眼蛱蝶：非洲 409、416
164. 安苾蛱蝶：撒哈拉以南非洲、科摩罗群岛和马达加斯加 409
165. 星点蛱蝶：非洲 410、411
166. 蜡栎蛱蝶：非洲中西部 411
167. 三色栎蛱蝶：非洲 412
168. 栎蛱蝶属，参考阿福栎蛱蝶：非洲 413
169. 栎蛱蝶属，参考瑰带栎蛱蝶：非洲 413
170. 红带栎蛱蝶：非洲 415
171. 榆蛱蝶：古北界和北美洲东部 420
172. 荨麻蛱蝶：古北界 420
173. 晕光波蛱蝶：非洲 422
174. 将相瑶灰蝶：非洲 446
175. 道玫蛱蝶 *：塞拉利昂 449
176. 树尖角灰蝶：西非 450
177. 膜双色灰蝶：西非 453
178. 瑶灰蝶：西非 453
179. 黯旖灰蝶：非洲 454
180. 宽尾灰蝶：非洲 454
181. 尖尾灰蝶指名亚种 *：塞拉利昂 454
182. 尖尾灰蝶：西非 455
183. 竹尖角灰蝶 *：塞拉利昂 459
184. 刺尾灰蝶 *：马达加斯加 460
185. 和烟灰蝶 *：塞拉利昂？ 462
186. 指名尖角灰蝶 *：塞拉利昂 463
187. 指名丁字灰蝶 *：非洲 463
188. 栎艳灰蝶：欧洲和北非，向东至亚美尼亚 464
189. 菲利普旖灰蝶指名亚种 *：塞拉利昂 465
190. 彩裙轴灰蝶：非洲 465、502
191. 亮灰蝶：旧大陆、澳大利亚和夏威夷 466
192. 崩王力虎蛾 *：西非？ 468
193. 蓝竖翅弄蝶：非洲 471
194. 庇神竖翅弄蝶 *：塞拉利昂 471
195. 紫晕蔽眼蝶指名亚种 *：塞拉利昂 477
196. 毛足灰蝶 *：塞拉利昂 479、484
197. 伊斯素灰蝶 *：塞拉利昂 479、491
198. 七带鳞灰蝶 *：塞拉利昂 480
199. 赫灰蝶属某种，西非 481
200. 暗闪灰蝶属，参考亚蓝暗闪灰蝶：西非 483
201. 靡灰蝶属某种，参考魔靡灰蝶 *：塞拉利昂？ 483
202. 海豹粉弄蝶：西非 485
203. 长腹灰蝶：广布于旧大陆热带地区 486
204. 珠弄蝶：古北界，西起英国，东至中国 489
205. 卡灰蝶：特内里费岛、北非、欧洲，向东至俄罗斯阿穆尔州，包括巴基斯坦吉德拉尔和俾路支省 490
206. 鳞灰蝶属某种，参考松鳞灰蝶：西非 492
207. 马蒂蔽眼蝶 *：塞拉利昂 494
208. 粗俗蔽眼蝶：非洲 493
209. Bicyclus florimel*：西非？ 495
210. 埃娃蔽眼蝶：热带非洲中西部 496
211. 纵带哈雷眼蝶 *：塞拉利昂 496
212. 潘非珍眼蝶：欧洲、北非，向东至西伯利亚地区 497
213. 老褐蚬蝶：西非 498
214. 红灰蝶：欧洲、北美洲、东非 501
215. 秀灰蝶：南非 501、515
216. 乐灰蝶 *：南非 503
217. 梨幻灰蝶：南非 503
218. 金闪灰蝶属未定种，南非 503、504
219. 琉璃灰蝶：英国和北非，向东至日本 505、539
220. 明窗乐灰蝶：南非 509
221. 金闪灰蝶属某种，参考蜘金闪灰蝶：南非 509
222. 苔藤灰蝶：南非 510
223. 烁眼蝶：非洲，包括南非北部一些地区 510
224. 白衬裳灰蝶 *：塞拉利昂 512
225. 橙色星弄蝶 *：塞拉利昂？ 516
226. 橙星弄蝶属未定种：非洲 516
227. 嵌弄蝶：西非 519
228. 诗人嵌弄蝶 *：塞拉利昂？ 519
229. 靡弄蝶：南非 520
230. 有斑豹弄蝶：英国和北非，向东至伊朗 521
231. 昂弄蝶指名亚种 *：塞拉利昂？ 524
232. 粉弄蝶：非洲中西部 524
233. 脉肯弄蝶指名亚种 *：南非 524
234. 先知刷胫弄蝶 *：塞拉利昂？ 526
235. 弄蝶科未定种：非洲？ 527
236. 饰弄蝶属某种，参考斯比奥饰弄蝶：非洲 627
237. 史诗橙晕弄蝶 *：塞拉利昂 534
238. 隐斑裙弄蝶：非洲 537
239. 旖灰蝶属某种，参考疑旖灰蝶：西非 538
240. 灰蝶科未定种：旧大陆热带地区？ 538

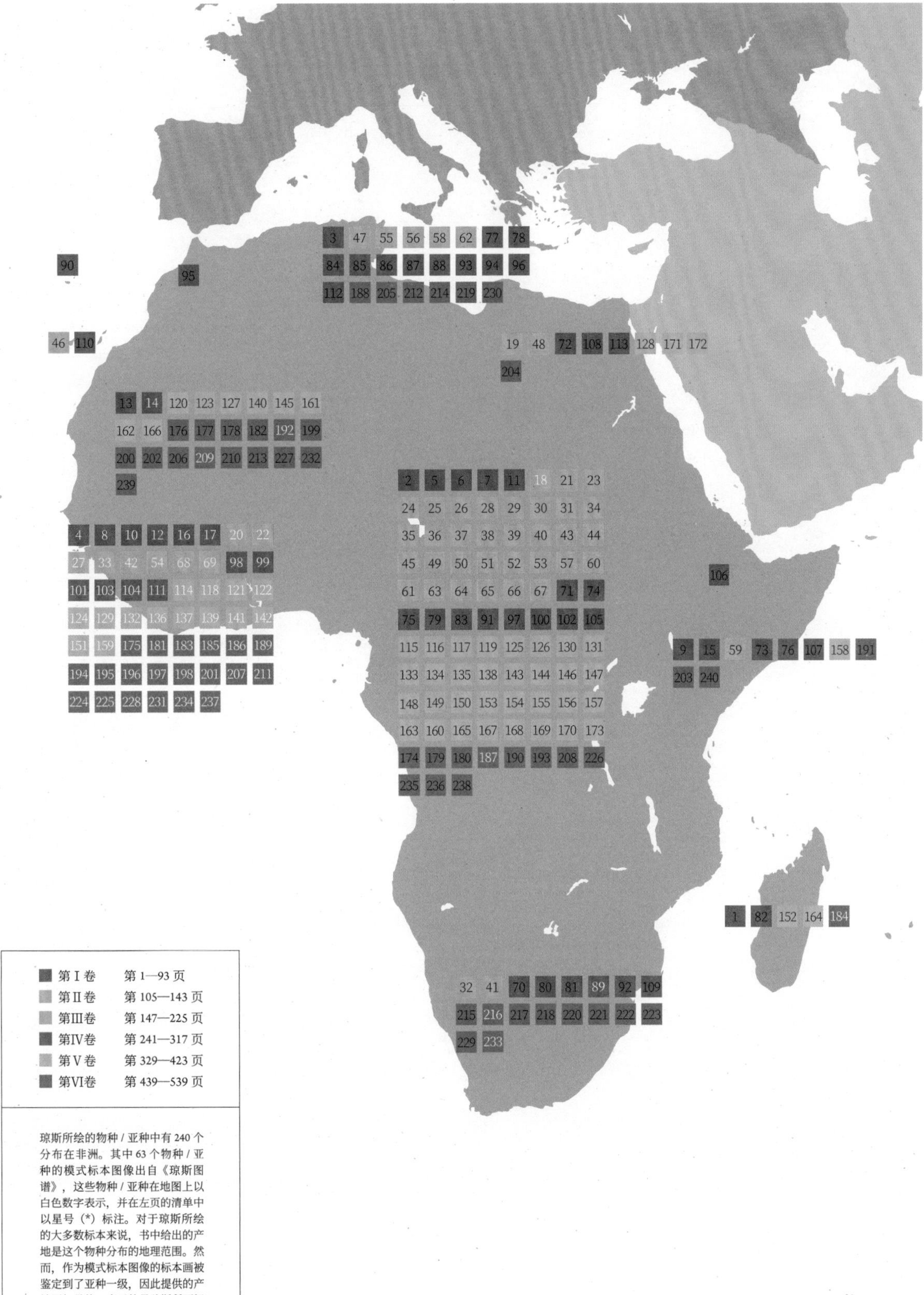

第 I 卷	第 1—93 页
第 II 卷	第 105—143 页
第 III 卷	第 147—225 页
第 IV 卷	第 241—317 页
第 V 卷	第 329—423 页
第 VI 卷	第 439—539 页

琼斯所绘的物种 / 亚种中有 240 个分布在非洲。其中 63 个物种 / 亚种的模式标本图像出自《琼斯图谱》，这些物种 / 亚种在地图上以白色数字表示，并在左页的清单中以星号（*）标注。对于琼斯所绘的大多数标本来说，书中给出的产地是这个物种分布的地理范围。然而，作为模式标本图像的标本画被鉴定到了亚种一级，因此提供的产地更加具体，表示的是琼斯所画标本的采集地。

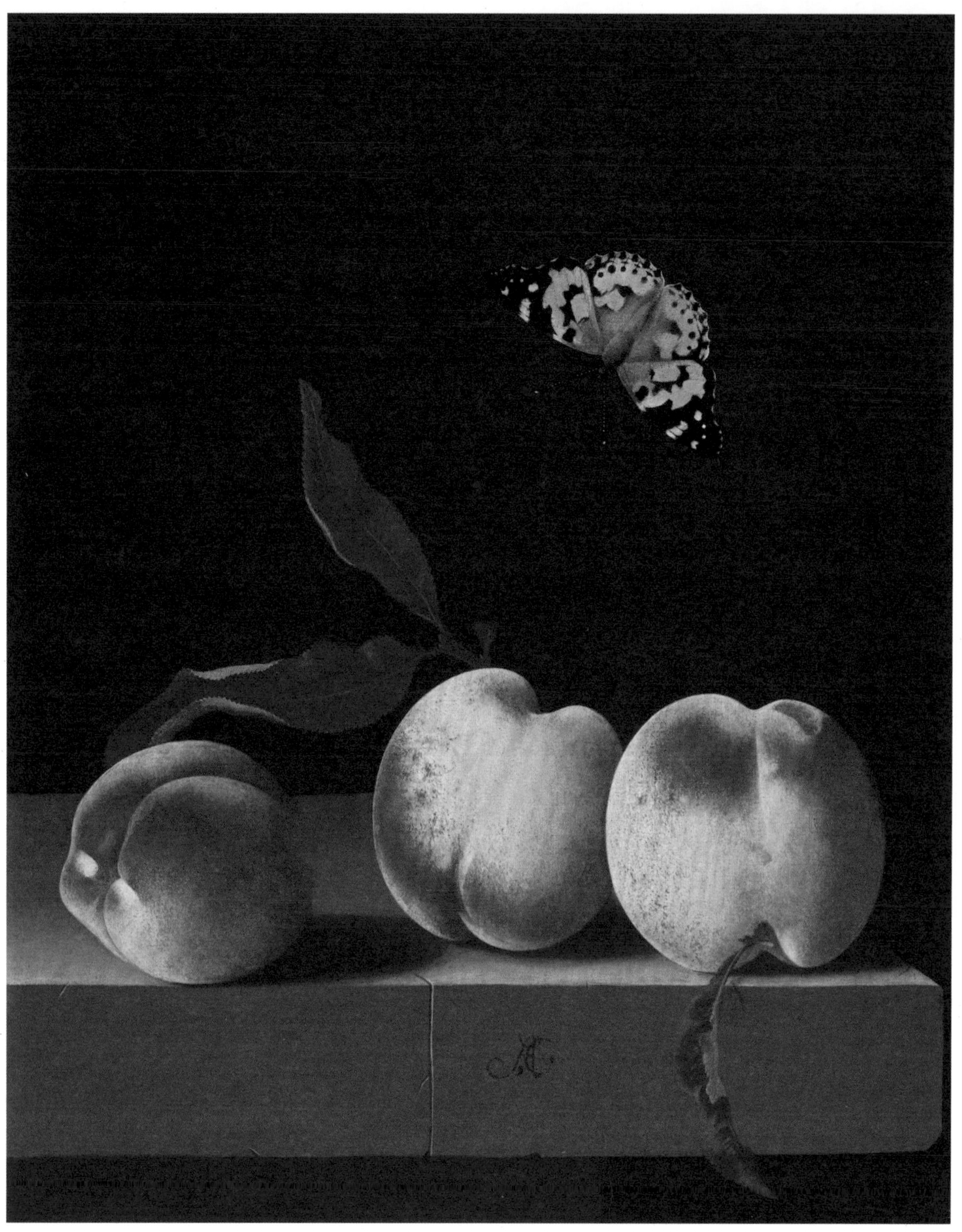

阿德里安·库厄特（Adriaen Coorte）的《石窗台上的三个桃子与一只优红蛱蝶》（*Three Peaches on a Stone Ledge with a Red Admiral Butterfly*，约 1693—1695）。荷兰静物画以细致入微的观察著称。与玛利亚·西比拉·梅里安所表现出的科学方面的兴趣不同，库厄特擅长的是象征性的隐喻：经常出现在圣母玛利亚画像中的桃子可以解读为一种救赎之果，而这只蝴蝶（实际上是小红蛱蝶 *Vanessa cardui*，而非作品名中标称的优红蛱蝶 *V. atalanta*）则可视为玛利亚本人的象征。

描绘蝴蝶的艺术

斯蒂芬妮·约万诺维奇－克鲁斯佩尔（Stefanie Jovanovic-Kruspel）

1 Brückner, 1973, 13.
2 Gilbert, 2000, 6.
3 Hutchinson, 1974, 1.

即使在图书文化的早期，图像也发挥着与文字同样重要的作用。15 世纪，西方印刷术的问世让文字与木版画和铜版画的组合版面比之前更容易重复印刷，带插图的书也随之被瞬间推广开来。这让图像以前所未有的速度产出和传播，科学家很快便抓住了这次机遇。科学插画让知识不仅变得更加直观易懂，也远比此前更易于传播。通过插画，科学思想可以跨越国界，接触到新的受众，因此加快了科学传播的进程。正是这一进步促成了欧洲现代史上的第一次知识革命[1]。

尽管其重要性无可置辩，科学绘画却仍在学术界饱受忽视，在艺术史上更是如此。威廉·琼斯的《琼斯图谱》在昆虫学史上的重要地位毋庸置疑，但它同样标志着蝴蝶绘画史上的艺术高峰。

科学绘画是科学的视觉载体和传播媒介

蝴蝶科学绘画跨越了艺术与科学的边界，它们的创作者也同样如此。“在蝴蝶研究中，画家、作家和收藏家是密不可分的——在科学史的早期，研究者往往兼具这三重身份。[2]”因此，科学绘画不但受到创作者个人研究兴趣的巨大影响，也被当时主宰科学思想的各项理念左右。

16 世纪早期至 18 世纪末，蝴蝶绘画发展出一定的体例，以呈现符合科学目标的风格和图案。这些体例引导了观者的理念并启发了其他艺术家，最终影响了科学和艺术两方面的发展。有些图像的视觉影响力十分强大，流传几个世纪而绵延不绝。因此，我们必须认识到，科学绘画是科学发展过程中的时代记录者和强有力的传播媒介。精选蝴蝶绘画的里程碑作品进行研究，追溯其重要的风格演变，这开辟了一个至今被人们忽视的知识领域，首次绘制出这一画种的艺术史图谱，从而为评价《琼斯图谱》的艺术史地位奠定了基础。

16世纪的高度自然主义

随着中世纪行至尾声，人们对自然的呈现方式开始发生显著的变化。在中世纪书稿的页边装饰画[3]和 15 世纪的荷兰绘画中，包括蝴蝶在内的逼真动物图像屡见不鲜。

16 世纪初，阿尔布雷希特·丢勒（Albrecht Dürer, 1471—1528）的作品带来了绘画范式的另一次转变。突然间，单独的自然写生画就取得了独立艺术作品的地位。丢勒的《锹甲》（*Stag Beetle*，1505）是世人对昆虫逐渐产生兴趣的鲜明标志。这幅用水彩和水粉描绘的“错视画”体现出高度自然主义的风格，画中的锹甲高昂着头，身体和足投下阴影，看上去就像是正在爬过纸面，栩栩如生。

16 世纪，人们开始用科学手段研究昆虫。乌利塞·阿尔德罗万迪是最早拥有大型博物学收藏的人之一，他的藏品中就包含昆虫，而昆虫同样也成为整个欧洲贵族收藏的一大核心主题。至 16 世纪末，佛兰德画家约里斯·赫夫纳格尔〔Joris Hoefnagel，又名格奥尔格·赫夫纳格尔（Georg Hoefnagel），1542—1600〕基于此类收藏开创了描绘动物的多种写实手法。赫夫纳格尔一定研究过收藏家“珍奇柜”中保存的标本，例如鲁道夫二世位于布拉格的收藏和斐迪南二世（Ferdinand II，1529—1595）位于蒂罗尔的收藏，否则无法解释他那些栩栩如生的画作是如何描绘而来的。尽管这些画作的自然主义风格无与伦比，但仔细验看就能发现，它们仍然表现出兼具科学准确性和艺术传统的特点。赫夫纳格尔同样研究了丢勒的作品[4]。在他如今被称为《四大元素》（*Four Elements*，1575—1582）的四卷细密画集的第一卷——《灵长动物及昆虫（火卷）》〔*Animalia rationalia et insecta (ignis)*〕的图版5中，赫夫纳格尔临摹了丢勒的《锹甲》并修改了细节和阴影。赫夫纳格尔的儿子雅各布·赫夫纳格尔（Jacob Hoefnagel，1575—约1632）是一位极具天赋的版画家，他将父亲的细密画作转刻为铜版画，并将转印出来的作品辑录为《家父格奥尔格·赫夫纳格尔写生画稿集》（*Archetypa studiaque patris Georgii Hoefnagelii*，1592，以下简称《画稿集》），让它们得以突破贵族收藏的小圈子，触及更加广大的受众。

昆虫的朴素绘画手法

雅各布·赫夫纳格尔的昆虫铜版画流传到世界各地，并成功打入私人收藏领域。例如在法国，布列塔尼政治家、历史学家兼博物学家克里斯托夫-保罗·德罗宾（Christophe-Paul de Robien，1698—1756）就不仅收藏有大量昆虫标本，还收藏有赫夫纳格尔的《画稿集》中的20张图版[5]。这些图像被陈列在动物标本旁边，似乎在自然与艺术之间建立起一座桥梁。父亲去世后，雅各布·赫夫纳格尔出版了另一部作品，题为《百变昆虫》（*Diversae insectarum volatilium*，1630）。与《画稿集》中的表现手法相反，雅各布在这本新书中没有添加任何装饰性元素，而是完全专注于动物，这反映了自17世纪初从阿尔德罗万迪开始的对自然的兴趣日渐专门化的趋势。

阿尔德罗万迪曾于1602年出版过史上第一部完全讲昆虫的科学图书——《昆虫类动物七卷》。它效法自康拉德·格斯纳的《动物自然史》（*Historia animalium*，1551—1558、1587），并且和格斯纳的作品一样采用木刻版印制插图。由于印刷媒介是木刻版，书中的插图很粗糙，缺乏精细的细节。不过，尽管画质粗劣，格斯纳和阿尔德罗万迪的插画仍对后来的科学绘画产生了持久的影响。它们在接下来的几十年间几乎完全取代了丢勒和赫夫纳格尔开创的生动翔实的画风，可见其影响力之大。举个例子，托马斯·莫菲特的《昆虫或小动物剧场》就是基于格斯纳搜集的未出版素材编撰的，书中那些粗糙的木版画插图完全没法用来辅助鉴定。在约翰·琼斯顿的百科著作《博物学》（*Historiae naturalis*，1653）中，对自然的描述同样是基于格斯纳和阿尔德罗万迪的插画，而非直接观察，但在创作自己的插画时，琼斯顿采用了雅各布·赫夫纳格尔的新标准。他的插画没有采用粗劣的木刻版印制，而是改以铜版印刷，呈现出不可思议的精美图案和令人震撼的丰富细节。这些作品出品于版画名家马特伊斯·梅里安（Matthäus Merian，1593—1650）的工坊，其艺术品质在很长时间内无人能出其右。

科学准确性与装饰的结合

马特伊斯·梅里安的女儿玛利亚·西比拉·梅里安女承父业，并青出于蓝。作为画家和版画家培养起来的梅里安自幼喜爱昆虫，她对自然的研究和对艺术的钻研齐头并进。梅里安将赫夫纳格尔父子的昆虫细密画视为艺术上的仿效对象[6]。她在自己关于毛虫的书《毛虫的奇妙变态和以花为食的奇特食性》（1679—1683）中描述了蝴蝶幼虫变态发育的各个阶段，细节翔实，却又进行了艺术处理。梅里安的作品引发了人们对科学的巨大兴趣，并为她树立起声望，尽管她并不是对昆虫的变态发育产生兴趣的第一人。将近20年前，荷兰画家、版画家兼博物学家扬·胡达特就曾出版过《昆虫的变态和自然史》（1662—1669）。和梅里安一样，胡达特热衷于将昆虫从幼虫阶段养大，并在书中记录自己的观察结果。胡达特的作品从荷兰语被翻译成拉丁语、英语和法语出版，广为流传且影响深远。梅里安熟悉胡达特的作品，她自己手上就有好几本。她还研究过扬·斯瓦默丹的《昆虫自然史通论》（1669），书中有根据标本解剖绘制的昆虫结构图[7]。

虽然胡达特和斯瓦默丹已经描述过昆虫变态发育的各个阶段，但梅里安还是开创了一种全新的方式来表现这一过程——更加准确、全面，着眼于昆虫的生

4. Neri, 2003, 24–30.
5. Cordier, 2015a.
6. Grabowski, 2017, 31.
7. Grabowksi, 2017, 45.

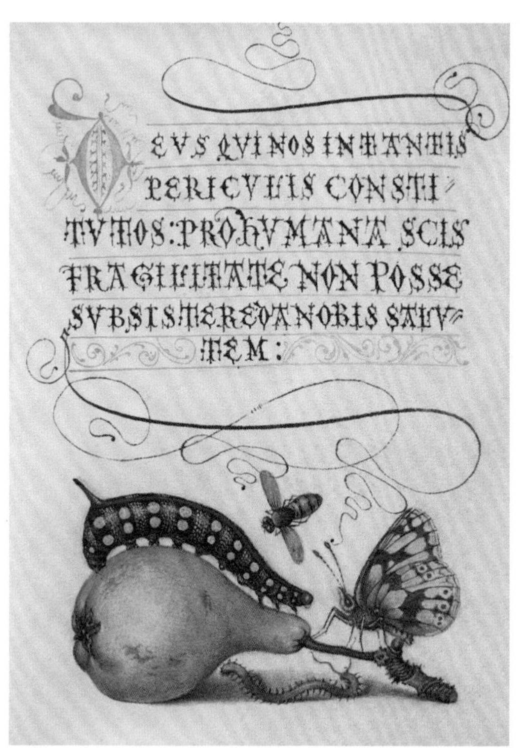

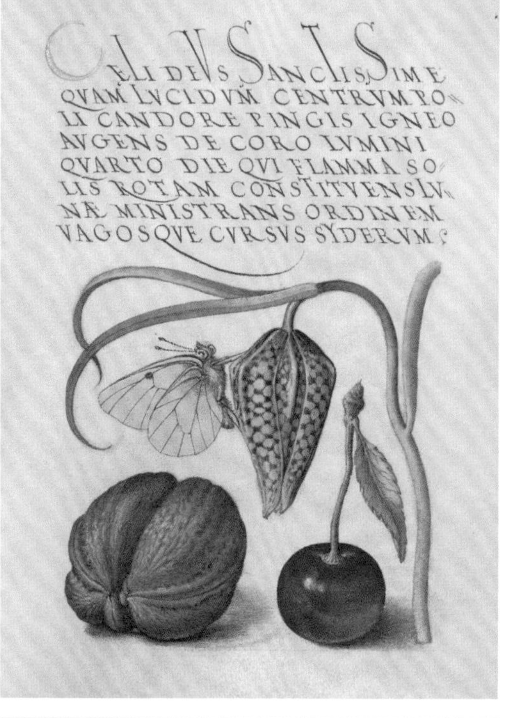

《书法指南》（*Manual Mira Calligraphiae*，1561—1596）。这套详尽的书法指导最初是格奥尔格·博奇考伊（Georg Bocskay）为神圣罗马帝国皇帝斐迪南一世创作的。1591—1596 年，约里斯·赫夫纳格尔受鲁道夫二世的委托，为本书绘制了插图，他融合自然主义和传统艺术风格，将动物、果实和植物组合在一起绘制成装饰画。

玛利亚·西比拉·梅里安的《苏里南昆虫变态图谱》（1719）。这套描绘苏里南动植物的博物画集首次出版于1705年的阿姆斯特丹，它象征着梅里安创作的最高水准：对植物和昆虫的表现几可乱真，细致严谨的观察和登峰造极的艺术观赏性相得益彰。

Himmel, 2009, 42.
Carteret and Hamonou-Mahieu, 2010.
Cordier, 2015b.

活方式。她完全抛弃了示意性的线稿，不仅描绘了虫卵、雌雄差异和翅膀上下表面的不同色彩，还描绘了食源植物。在当时，“生命自发发生”的理论仍然广为流行，描绘虫卵是梅里安迈出的尤为勇敢的一步。梅里安对昆虫变态发育的全新理解，以及对动物与环境之间相互依存关系的观察，代表着蝴蝶研究范式的一次转变。在艺术创作上，梅里安结合了赫夫纳格尔的精准描摹和荷兰观赏花卉画的传统风格。她最著名的作品《苏里南昆虫变态图谱》（1705）中对昆虫和植物的描绘极为精准，代表了她个人的艺术巅峰。梅里安笔下的昆虫那色彩鲜艳的形态和令人震撼的特征十分准确，甚至可以用来鉴定物种，而与此同时，它们又生动得近乎刻意，十分美观。这些画面为身处她那个时代的人们提供了一种十分迷人、近乎超越现实的视角，让他们得以重新审视大自然，以及自然界中昆虫与植物之间的关系。这个在今天看来极为现代化的切入点，即将对整个18世纪的科学绘画产生强烈的影响。

玛利亚·西比拉·梅里安的作品的影响

梅里安的作品影响深远，启发了整个欧洲的科学画家，美术教师埃利埃泽·阿尔宾就是其中之一。阿尔宾最初是出于个人爱好开始画花卉和昆虫，但很快就得到了博物学家约瑟夫·丹德里奇和汉斯·斯隆爵士的委托，开始为他们描绘博物学藏品。阿尔宾的《英格兰昆虫自然史》（1720）中的插图是先用黑白铜版印制，然后再由他按要求亲手上色的。在他精心创作的插画中，也描绘了一些蛾类的生活史以及它们所吃的植物。阿尔宾在序言中表示，他的画是照着实物描绘的，这和他眼中“对它们的花纹看得不够仔细，或者倾向于用画面夸大自然”的前人不一样。他所有的插图旁边都标着一个检索用的字母，对应着关于这种生物的生命周期和变态发育规律的“大段记述和很多奇特的观察结果”。

另一位受到玛利亚·西比拉·梅里安影响的英国科学画家是马克·凯茨比（Mark Catesby，1683—1749）。凯茨比以他第二次北美之行期间搜集的速写和标本为基础，创作了《卡罗来纳、佛罗里达和巴哈马群岛自然史》（*Natural History of Carolina, Florida and the Bahama Islands*，1731—1747）。为了画出尽量准确且贴近自然的插图，他只在植物“刚刚采集，还新鲜”的时候对其作画，并且只描绘活着的动物。凯茨比甚至学会了自己雕刻印版，以备印制插图。虽然他无论如何也算不上一位受过专业培训的画家，但他的插画质量却极高。凯茨比的作品受到同时代人们的交口称赞，其影响力不容小觑。他的绘画风格是程式化的，并非自然写实，却又十分逼真，以至于连林奈都参考这些画作来为美洲鸟类进行分类。

在德国，奥古斯特·约翰·勒泽尔·冯·罗森霍夫同样受到梅里安的启发。在看过她的《苏里南昆虫变态图谱》后，罗森霍夫决定对德国的动物进行类似研究。1740年4月，他开始刊行自己的月报《趣味昆虫》（*Insecten-Belustigung*），每一期都主打一幅由他本人刻印的铜版插画——在这份报纸发行期间，总共刻印了375张图版[8]。罗森霍夫的绘画手法精准得不可思议，他自己也尤为看重这一点。为了改进自己的观察设备，他甚至自己动手磨制镜片。和梅里安一样，他的插图不仅形态准确，并且囊括了动物的生命周期和生长过程。

梅里安的《苏里南昆虫变态图谱》在法国也留下了自己的印记。第一个注意到梅里安对于蝴蝶变态发育的关注的是细密画家、知名博物画家克劳德·奥布列（Claude Aubriet，约1665—1742）。奥布列想要进行一项关于昆虫及其变态发育的汇总研究，然而终其一生也未能完成[9]。从1704年开始，奥布列正式为王室的动植物收藏设计插图，这些插画主要画在牛皮纸上，最终汇编为一本题为《王室牛皮纸博物画》（*Les Vélins du Roi*）的作品集，其中有28幅插画描绘了蝴蝶和它们的发育历程[10]。奥布列与梅里安两人的作品虽然内容相似，但风格却大相径庭。奥布列似乎承袭了约里斯·赫夫纳格尔的艺术风格，但又让自己的画面布局更加标准化。奥布列的插图主要聚焦于动物，他笔下的蝴蝶和蛾类仿佛活生生地趴在牛皮纸上，向纸面投下清晰可见的阴影。

奥布列还为博物学家勒内－安托万·费尔绍·德雷奥米尔创作插画。德雷奥米尔收藏有大量鸟类和昆虫标本，出版有《昆虫史纪事》，其中的插图由版画家菲利普·西莫诺（Philippe Simonneau，1685—1753）创作[11]。与《王室牛皮纸博物画》相比，《昆虫史纪事》的插图风格要朴素得多，其教育意义大于艺术价值。无论是奥布列的《王室牛皮纸博物画》，还是《昆虫史纪事》中的插画，都预示着新的科学绘画风格正在孕育中，即在卡尔·林奈的影响下形成的对大自然更加标准化的表现手法。

作为科学工具的细致插画

卡尔·林奈的《自然系统》（1735）完全改变了人们对自然的理解。在此书的第1版中，林奈为科学的分类方法和动植物物种命名法奠定了必要的基础，虽然其中尚未包含昆虫。终其一生，林奈不断扩展他的分类系统，而在《自然系统》的第10版（1758）中，他对昆虫也进行了描述。

林奈对昆虫学的影响很快传遍了欧洲。在奥地利，乔瓦尼·安东尼奥·斯科波利（Giovanni Antonio Scopoli，1723—1788）在自己的《卡尼奥拉昆虫》（*Entomologia carniolica*，1763）中沿用了林奈的分类法则。虽然这部作品只有很少的插图，但这些图像却反映了一种新的观察方式，并成为对林奈分类法的补充。对形态的仔细观察，包括对个体间细微差别的分辨，成为识别物种和在分类学上定义物种的必要手段。画像需要帮助人们对不同物种进行比较，这使得科学绘画摈弃了其他方面的信息（比如变态发育历程、食源植物）。

英国收藏家兼昆虫学家德鲁·德鲁里同样依据林奈的分类系统来组织他的作品。德鲁里的《博物学图谱》中的插画出自版画家兼昆虫学家摩西·哈里斯之手，描绘了超过240种外国昆虫——主要是蝴蝶，画面没有任何附加元素，甚至没有一片阴影来将它们固定在一个假想的空间里。

风格上与此颇为相似的作品还有荷兰商人兼昆虫学家彼得·克拉默的《海外蝴蝶》（1775—1782）。克拉默采用了林奈的分类系统来对亚洲、非洲和美洲的蝴蝶进行命名和分类。这部作品中精美的插图由赫里特·瓦特纳尔·兰贝茨用实物大小、手工上色的精细印版印制，不加任何装饰地表现动物。这些图像在科学上十分准确，但兰贝茨在画面中对蝴蝶的排布方式却多少有些死板，让人想起这些标本在克拉默的收藏柜中的状态。

由于有了林奈的分类系统，对于动物形态的视觉比较成为分类鉴定的主要方法。这一转变让插画成为科学工具，得到前所未有的重视，威廉·琼斯的《琼斯图谱》就是这一发展历程中真正的高峰。

威廉·琼斯的分类学见解

威廉·琼斯的《琼斯图谱》大部分创作于1780—1800年（见第XXV页），由大约1500幅蝴蝶和个别蛾类的水彩画组成。书中的插画基于约瑟夫·班克斯、德鲁·德鲁里和约翰·弗朗西伦等知名收藏家的标本绘制，也有少量标本来自大英博物馆和林奈学会。林奈的学生、丹麦昆虫学家约翰·C. 法布里丘斯于1787年造访英格兰，并研究了琼斯此时已完成的所有昆虫插画[12]。基于这些图像，他描述了200多个新种。在法布里丘斯来访的十几年后，1805年，爱德华·多诺万在出版自己的作品时也参考了法布里丘斯的作品以及《琼斯图谱》，作为其资料来源。法布里丘斯能够用《琼斯图谱》来描述新物种，这说明琼斯的描绘是多么精准到位，令人印象深刻。

《琼斯图谱》展示了林奈的分类系统所带来的真正根本性的视角转变。琼斯将所有说明性的细节剔除出画面，摒弃了前人作品中的变态发育过程和食源植物，没有采用梅里安那种面面俱到、以系统性为导向的视角，而是专注于丝毫不差地描绘每件标本的外观。琼斯的插画可以理解为林奈分类系统的可视化缩影。这些插画反映了标本在收藏中的呈现方式。在这一时期，制作昆虫插针标本的技术，以及将它们排布

11. Smeaton, 1983, 40.
12. Hope, 1845, cited in Va[illegible] Wright, 2010.

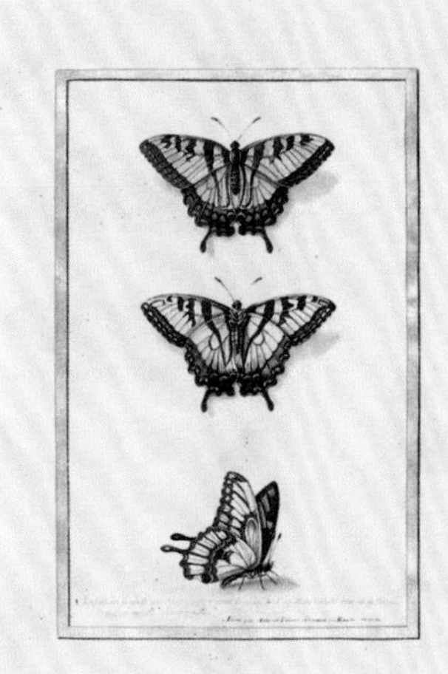

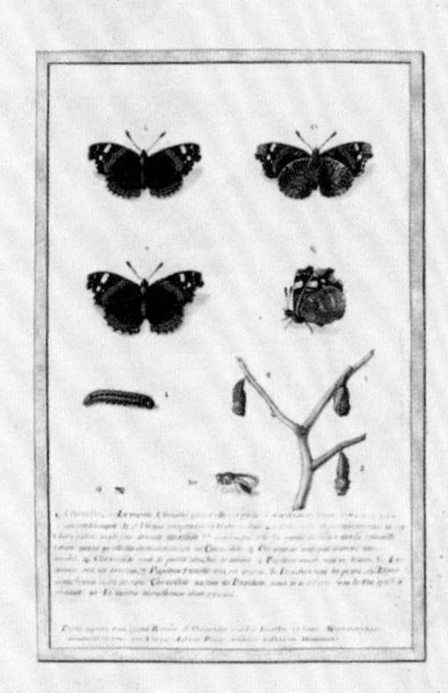
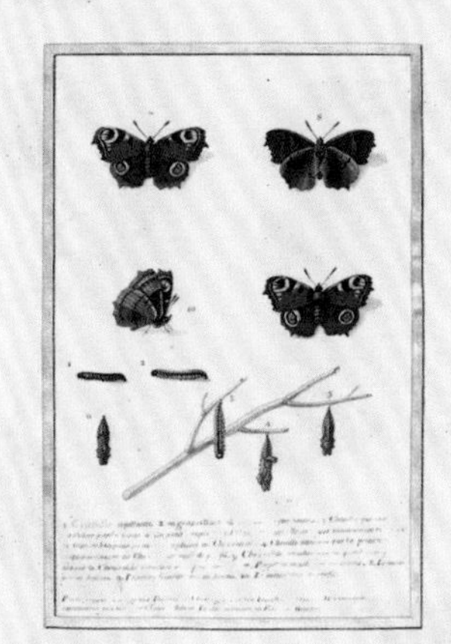
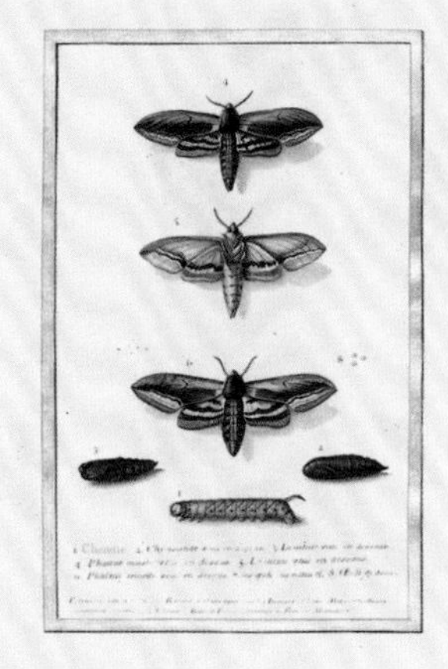

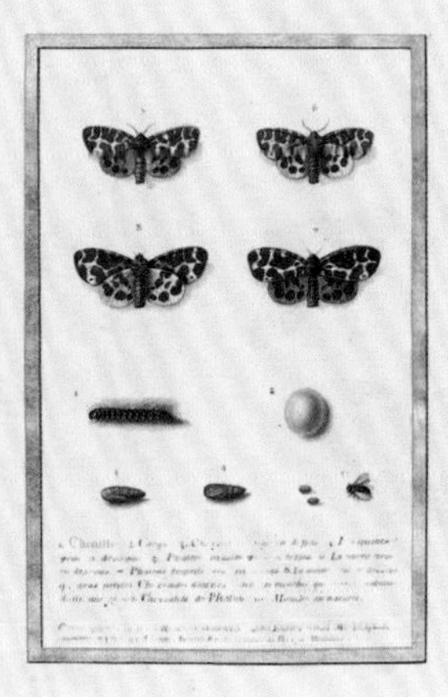
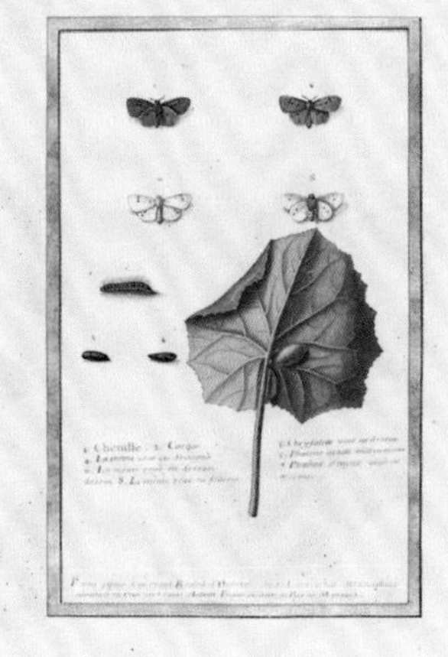

克劳德·奥布列描绘的鳞翅目昆虫图版，18 世纪。奥布列是一套开始于 17 世纪、名为《王室牛皮纸博物画》的动植物绘画集的众多创作者之一。与梅里安的作品相比，奥布列的画面更加朴素，偏重知识传达，并不强调观赏性和艺术性，它反映了在林奈的影响下对大自然越来越标准化的呈现方式。

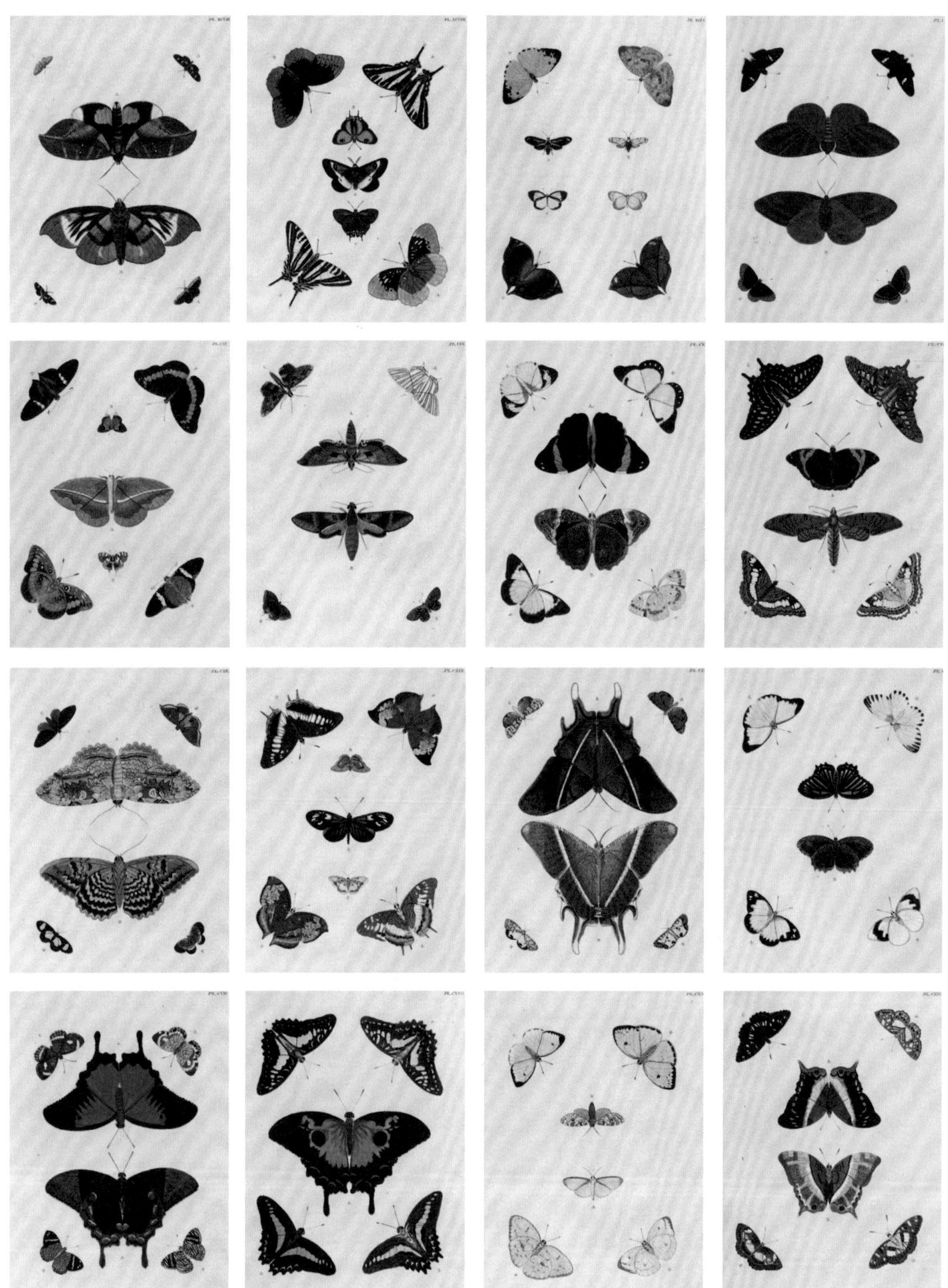

彼得·克拉默的《海外蝴蝶》。克拉默作品中的插图由画家赫里特·瓦特纳尔·兰贝茨绘制，具有高度的准确性和科学性。为了偏重标准化的呈现，它省略了所有的装饰，画面的排布似乎反映了克拉默收藏中的标本摆放方式。

Drimmer and Vane-Wright, 2012, 241–242.
Jones 2013, 214.
Catesby, Hartopp and Hunnewell, 1731–1743, xi–xii.
Denis and Schiffermülller, 1775.
Drimmer and Vane-Wright, 2012.

在软木或蜡质衬底的玻璃盖标本盒中的做法成为国际通行标准，这显然并非巧合。蝴蝶都被以同样的方式保存，翅被人为地展开，放在玻璃下面，以便观察，正如琼斯描绘的蝴蝶上表面插图中呈现的那样。然而在表现翅的下表面时，琼斯没有遵循这个新的惯例，而是让蝴蝶将翅并拢，以近似活着时的姿态停落，从侧面加以展示，用阴影赋予它们一种立体的，也因此更加自然的观感——这是沿袭自丢勒和赫夫纳格尔的体例特色。

无论藏品的展示技术，还是科学著作中的艺术插画，这些手段的出现都是为了让人们能够尽可能容易地进行详细观察和比较，为物种的鉴定提供基础。事实上，琼斯在分类学上的见解比林奈开创的分类系统还要超前。根据《琼斯图谱》第 I 卷序言中的说法，他认为林奈的物种分类系统“不够清晰”，尤其是在对蝴蝶的分类上。琼斯是一位真正的科学家，他广泛阅读各种科学文献，遍览当时最杰出的博物学家的收藏，尽己所能地为《琼斯图谱》中的鳞翅目昆虫进行了准确命名。通过《琼斯图谱》，琼斯想要创造一个有序的、可视化的载体来展示新发现的蝴蝶物种，由此为林奈系统的改良做出贡献。

创立色彩标准

在人们探索绘画技法、试图呈现尽量准确且生动逼真的蝴蝶图像的过程中，对色彩及其表现力和还原度的可靠性的研究具有了新的重要意义。琼斯对于制造颜料的技术很感兴趣，并且研究了这项工艺在中世纪的起源[13]。我们可以猜想，他这么做是为了提高画技，为自己的蝴蝶绘画调配出生动逼真的色彩。

有趣的是，人们对色彩和蝴蝶的研究似乎是紧密交织在一起的，色彩原理在 18 世纪的鳞翅学研究和绘画艺术中起到了同样重要的作用。乔瓦尼·安东尼奥·斯科波利在他的《卡尼奥拉昆虫》中尝试为色彩建立一套标准名称。为了让物种描述更加易于互相比较，他倡导一套以少数几种颜料的精确比例来定义的色彩命名法[14]。

虽然马克·凯茨比没有尝试过为色彩确立标准，但他也认为色彩至关重要：“绘画对于完善理解博物学尤为必要，我可以断言，人们从着色准确的动植物插画中得到的认识，比从没有图的最确切的文字描述中得到的要更加清晰。[15]”

和斯科波利一样，摩西·哈里斯也想为色彩制定一套可标准化、可相互比较的识别特征。哈里斯对色彩进行了大量研究，在其专著《色彩的自然系统》（*The Natural System of Colours*，1766）中，他推出了一个详细的色轮，展示用红、黄、蓝三原色可以调配出多么丰富的颜色。

奥地利知名昆虫学家约翰·伊格纳茨·席费尔米勒（Johann Ignaz Schiffermüller，1727—1806）编写了维也纳地区鳞翅目昆虫的第一部系统名录[16]。出于对蝴蝶的喜爱，他也通过大量研究建立了一个色彩系统。由于对斯科波利的工作不满意，他想要为自然界的色彩创造一套标准化的分类〔《创建色彩系统之尝试》（*Versuch eines Farbensystems*，1772）〕。

所有这些努力都体现了科学绘画如何转向一种新的标准化的风格，它围绕着形状、图案，以及对蝴蝶具有特殊重要性的——色彩而建立。

对中世纪手稿的兴趣

在 18 世纪，昆虫学常常与人们对中世纪手稿的兴趣结合在一起[17]。亨利·诺埃尔·亨弗里斯（Henry Noel Humphreys，1807—1879）、约翰·韦斯特伍德和约翰·哈里斯（John Harris，1767—1832）等英国学者是这方面最典型的例子，但这份名单想要扩充起来相当容易，足以将全欧洲有名的昆虫学家们都囊括其中：克里斯托夫－保罗·德罗宾，他的收藏中同样有大量中世纪手稿；迈克尔·丹尼斯（Michael Denis，1729—1800），耶稣会的昆虫学家，约翰·伊格纳茨·席费尔米勒的搭档，研究过中世纪神学书籍的抄本；还有本尼迪克特·波德温（Benedikt Podevin，1754—1826），比利时的蝴蝶和书籍收藏家。我们可以假设，在很多情况下，人们对于中世纪手稿的兴趣同样伴随着对历史上的昆虫记录和描述的兴趣。当然，对于琼斯，我们只能推测他了解哪些作品，或是将哪些作品作为《琼斯图谱》的灵感来源，但他似乎很可能熟悉赫夫纳格尔和梅里安的作品。

通过模式绘画鉴定蝴蝶物种

所有重要的蝴蝶绘画创作者都和琼斯一样，兼有画家和科学家的双重身份，既研究鳞翅目昆虫，通常也同样收藏蝴蝶标本。因此，这些图像成为科学思想的符号，是创作者科学假说的视觉呈现。在这种意义上，《琼斯图谱》是林奈法则的视觉具象，即便它已经超越了后者。

图像，比如赫夫纳格尔、梅里安和琼斯创作的那些插画，有时具有十分强大的力量，深刻影响着艺术和科学两方面的发展。画面引导着研究者们提出的问题，蝴蝶绘画的艺术历程因此成为一面寓意深远的镜子，反映了鳞翅学的发展。虽然未能出版，《琼斯图谱》存在的消息还是在科学圈里传播开了，而琼斯描绘蝴蝶的手法成为记录科学收藏的标准范式。

对蝴蝶和蛾类纤毫毕现的描绘为我们打开了一扇窗，让我们得以一窥过去的鳞翅学研究。由于老旧的原始标本遗失，很多早期著作中描述的昆虫物种至今仍然谜团重重。像《琼斯图谱》之类的过去的蝴蝶画像让科学家们能够重建已经遗失的收藏（例如席费尔米勒的收藏[18]），并解决某些蝴蝶物种的真实身份问题[19]。

琼斯的蝴蝶绘画向我们展示了众多已知的事物，同时，它们也在滔滔不绝地讲述那些被遗失和遗忘的一切。

18. 参见 Lödl, Jovanovic Kruspel and Gaal-Has[illegible] 待发表.
19. 例如，参见 Zilli an[illegible] Grishin, 2019.

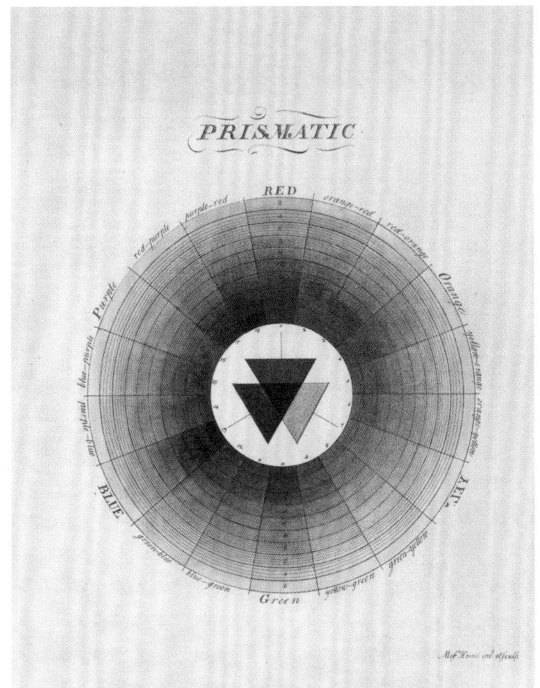

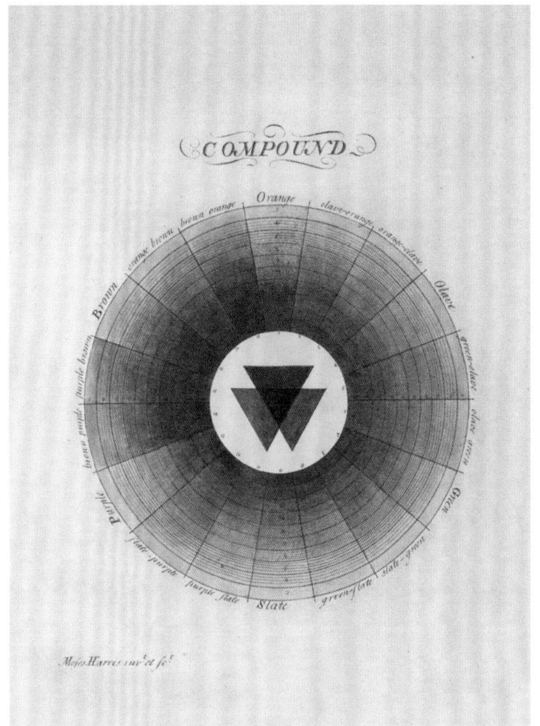

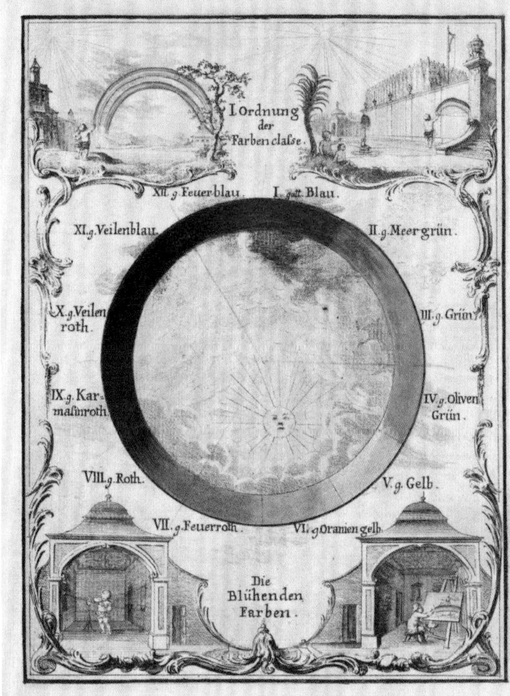

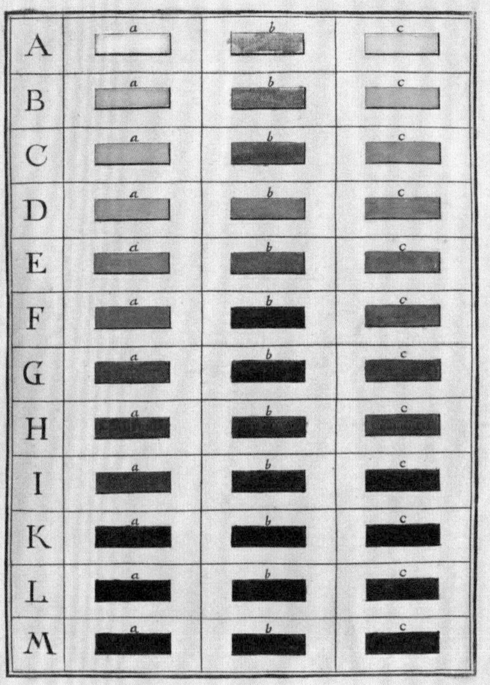

摩西·哈里斯的《色彩的自然系统》(1766，上排）和约翰·伊格纳茨·席费尔米勒的《创建色彩系统之尝试》（1772，下排）。为了绘制作为科学工具的蝴蝶博物画，人们对色彩研究赋予了特殊的重要意义。像摩西·哈里斯和约翰·伊格纳茨·席费尔米勒这样的科学家开展了大量的研究，来将色彩标准化，从而让它们可以互相比较。

Fabricius N.º 545 Apelles Sr Jos. Bankhs Fabricius N.º 544

Alis dentatis fulvis limbo fusco, posticis subtus fasciis rufis argenteo marginatis habitat in nova Hollandiā

Alis dentatis f
Subtus-fasciis m
habit

Linnæus N.º 237 Rubi Jones Fabricius E.S. 20

Alis dentato subcaudatis: supra fuscis, subtus viridibus. —
habitat in Rubo aculeato

Alis integerrim
oblonga baseos
ani flavo nigro

VOLUME VI

第 VI 卷

Papiliones Plebeji

“平民类”蝴蝶

根据早期蝴蝶分类系统的划分，“平民类”包含的是各种小型蝴蝶，不起眼的它们是蝴蝶中的“平民”。《琼斯图谱》中的“平民类”大致包含现代分类系统中的灰蝶科 Lycaenidae、蚬蝶科 Rionidae 和弄蝶科 Hesperidae，以及相对小型的蛱蝶科成员和一种误认的夜蛾。

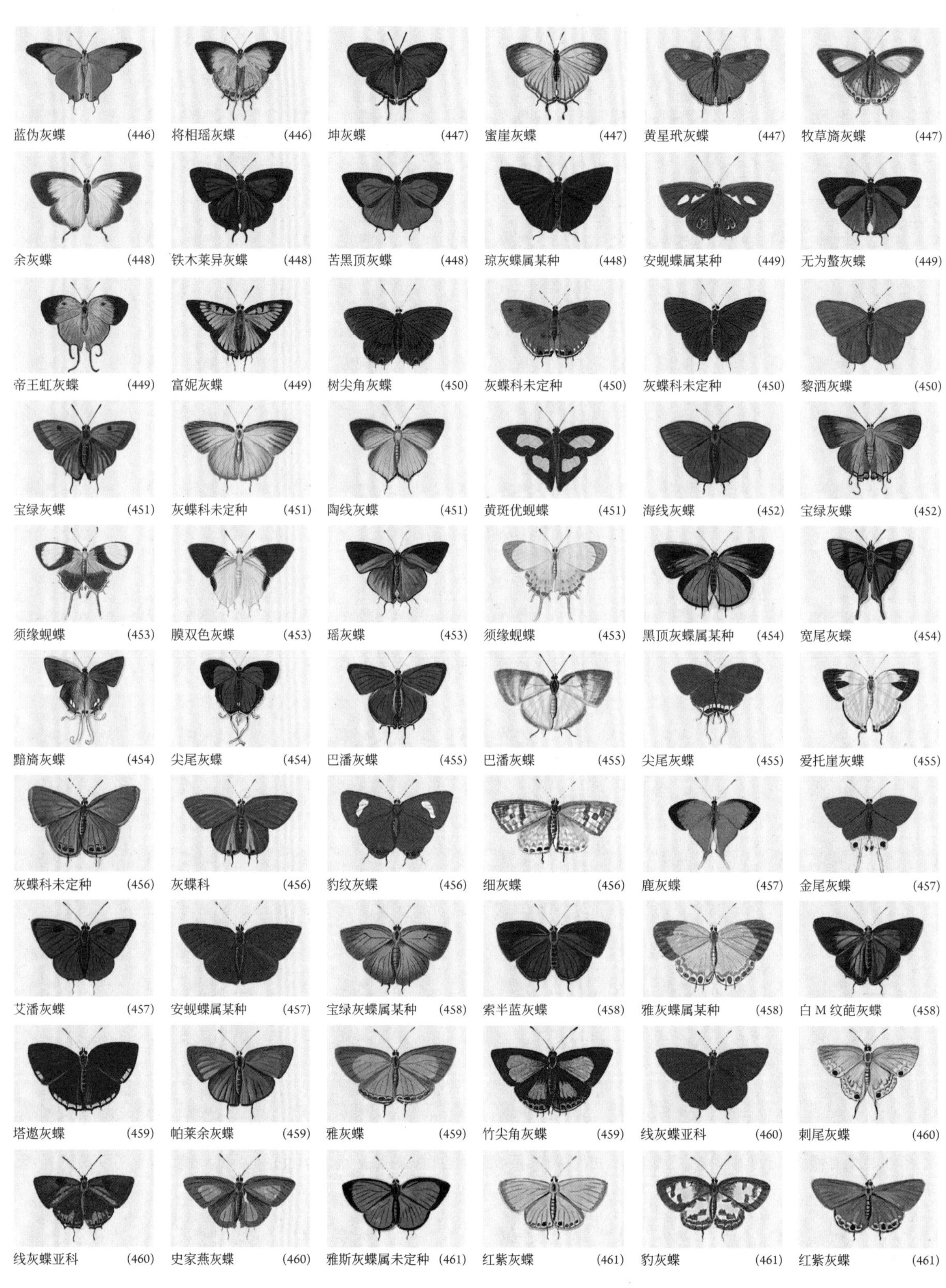

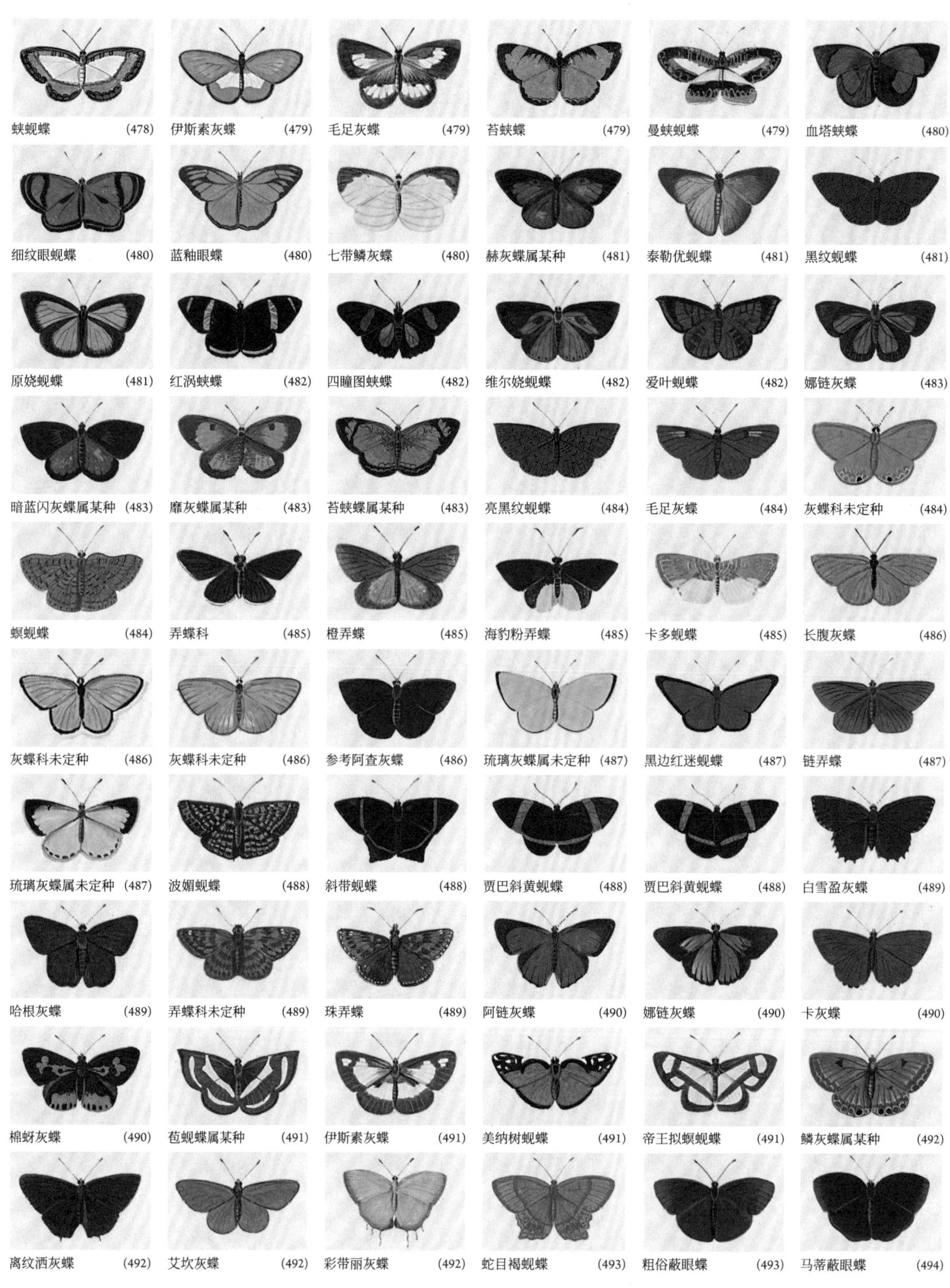

蛱蚬蝶 (478) 伊斯素灰蝶 (479) 毛足灰蝶 (479) 苔蛱蝶 (479) 曼蛱蚬蝶 (479) 血塔蛱蝶 (480)

细纹眼蚬蝶 (480) 蓝釉眼蝶 (480) 七带鳞灰蝶 (480) 赫灰蝶属某种 (481) 泰勒优蚬蝶 (481) 黑纹蚬蝶 (481)

原娆蚬蝶 (481) 红涡蛱蝶 (482) 四瞳图蛱蝶 (482) 维尔娆蚬蝶 (482) 爱叶蚬蝶 (482) 娜链灰蝶 (483)

暗蓝闪灰蝶属某种 (483) 靡灰蝶属某种 (483) 苔蛱蝶属某种 (483) 亮黑纹蚬蝶 (484) 毛足灰蝶 (484) 灰蝶科未定种 (484)

螟蚬蝶 (484) 弄蝶科 (485) 橙弄蝶 (485) 海豹粉弄蝶 (485) 卡多蚬蝶 (485) 长腹灰蝶 (486)

灰蝶科未定种 (486) 灰蝶科未定种 (486) 参考阿查灰蝶 (486) 琉璃灰蝶属未定种 (487) 黑边红迷蚬蝶 (487) 链弄蝶 (487)

琉璃灰蝶属未定种 (487) 波媚蚬蝶 (488) 斜带蚬蝶 (488) 贾巴斜黄蚬蝶 (488) 贾巴斜黄蚬蝶 (488) 白雪盈灰蝶 (489)

哈根灰蝶 (489) 弄蝶科未定种 (489) 珠弄蝶 (489) 阿链灰蝶 (490) 娜链灰蝶 (490) 卡灰蝶 (490)

棉蚜灰蝶 (490) 苞蚬蝶属某种 (491) 伊斯素灰蝶 (491) 美纳树蚬蝶 (491) 帝王拟螟蚬蝶 (491) 鳞灰蝶属某种 (492)

离纹洒灰蝶 (492) 艾坎灰蝶 (492) 彩带丽灰蝶 (492) 蛇目褐蚬蝶 (493) 粗俗蔽眼蝶 (493) 马蒂蔽眼蝶 (494)

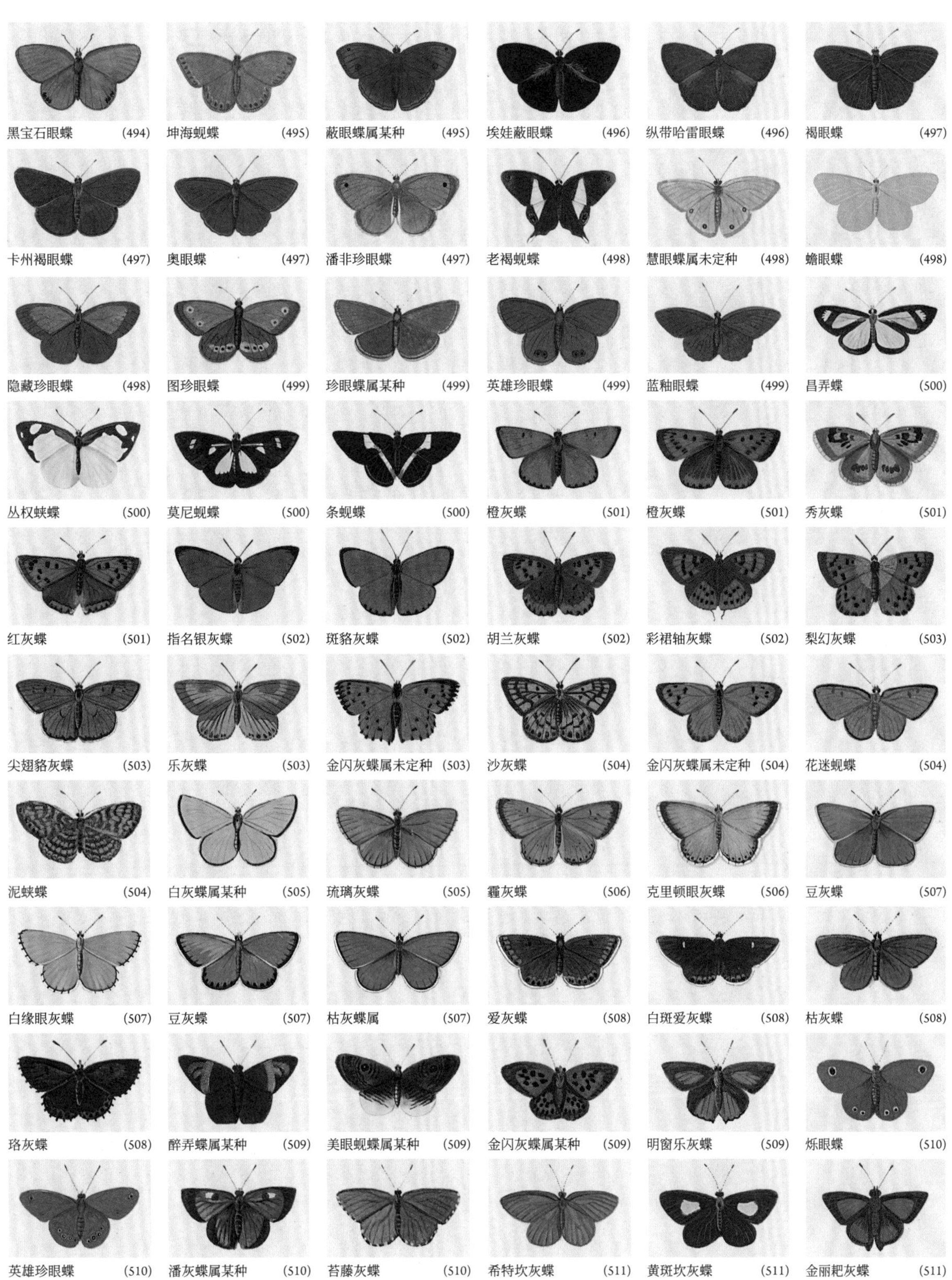

黑宝石眼蝶 (494)　坤海蚬蝶 (495)　蔽眼蝶属某种 (495)　埃娃蔽眼蝶 (496)　纵带哈雷眼蝶 (496)　褐眼蝶 (497)

卡州褐眼蝶 (497)　奥眼蝶 (497)　潘非珍眼蝶 (497)　老褐蚬蝶 (498)　慧眼蝶属未定种 (498)　蟾眼蝶 (498)

隐藏珍眼蝶 (498)　图珍眼蝶 (499)　珍眼蝶属某种 (499)　英雄珍眼蝶 (499)　蓝釉眼蝶 (499)　昌弄蝶 (500)

丛权蛱蝶 (500)　莫尼蚬蝶 (500)　条蚬蝶 (500)　橙灰蝶 (501)　橙灰蝶 (501)　秀灰蝶 (501)

红灰蝶 (501)　指名银灰蝶 (502)　斑貉灰蝶 (502)　胡兰灰蝶 (502)　彩裙轴灰蝶 (502)　梨幻灰蝶 (503)

尖翅貉灰蝶 (503)　乐灰蝶 (503)　金闪灰蝶属未定种 (503)　沙灰蝶 (504)　金闪灰蝶属未定种 (504)　花迷蚬蝶 (504)

泥蛱蝶 (504)　白灰蝶属某种 (505)　琉璃灰蝶 (505)　霾灰蝶 (506)　克里顿眼灰蝶 (506)　豆灰蝶 (507)

白缘眼灰蝶 (507)　豆灰蝶 (507)　枯灰蝶属 (507)　爱灰蝶 (508)　白斑爱灰蝶 (508)　枯灰蝶 (508)

珞灰蝶 (508)　醉弄蝶属某种 (509)　美眼蚬蝶属某种 (509)　金闪灰蝶属某种 (509)　明窗乐灰蝶 (509)　烁眼蝶 (510)

英雄珍眼蝶 (510)　潘灰蝶属某种 (510)　苔藤灰蝶 (510)　希特坎灰蝶 (511)　黄斑坎灰蝶 (511)　金丽耙灰蝶 (511)

迷蚬蝶属某种 (511) 白衬裳灰蝶 (512) 白条松蚬蝶 (512) 白条松蚬蝶 (513) 凤蚬蝶属某种 (513) 燕凤蝶 (514)

蕉弄蝶 (514) 维电弄蝶 (515) 娟弄蝶 (515) 弄蝶科未定种 (515) 秀灰蝶 (515) 塞青项弄蝶 (516)

骇弄蝶属某种 (516) 橙色星弄蝶 (516) 橙星弄蝶属未定种 (516) 弄蝶科未定种 (517) 弄蝶科未定种 (517) 弄蝶属某种 (517)

弄蝶科未定种 (517) 占弄蝶 (518) 弄蝶科未定种 (518) 弄蝶科未定种 (518) 黄弄蝶族未定种 (518) 诗人嵌弄蝶 (519)

黑褐玻弄蝶 (519) 嵌弄蝶 (519) 弄蝶科未定种 (519) 咖蚬蝶 (520) 糜弄蝶 (520) 花柔弄蝶 (520)

弄蝶科未定种 (520) 棉蚜灰蝶 (521) 弄蝶科未定种 (521) 雅梯弄蝶 (521) 有斑豹弄蝶 (521) 弄蝶 (522)

大赭弄蝶 (522) 紫翅长标弄蝶 (522) 灰蝶属未定种 (522) 银点珠弄蝶 (523) 弄蝶科未定种 (523) 弄蝶科未定种 (523)

锈褐缎弄蝶 (523) 粉弄蝶 (524) 白裙纳蚬蝶 (524) 脉肯弄蝶 (524) 昂弄蝶 (524) 花弄蝶属某种 (525)

碎滴弄蝶 (525) 弄蝶科未定种 (525) 弄蝶科未定种 (525) 先知刷胫弄蝶 (526) 弄蝶科未定种 (526) 弄蝶科未定种 (526)

弄蝶科未定种 (526) 锦葵花弄蝶 (527) 锦葵花弄蝶 (527) 弄蝶科未定种 (527) 饰弄蝶属某种 (527) 蓝条弄蝶属某种 (528)

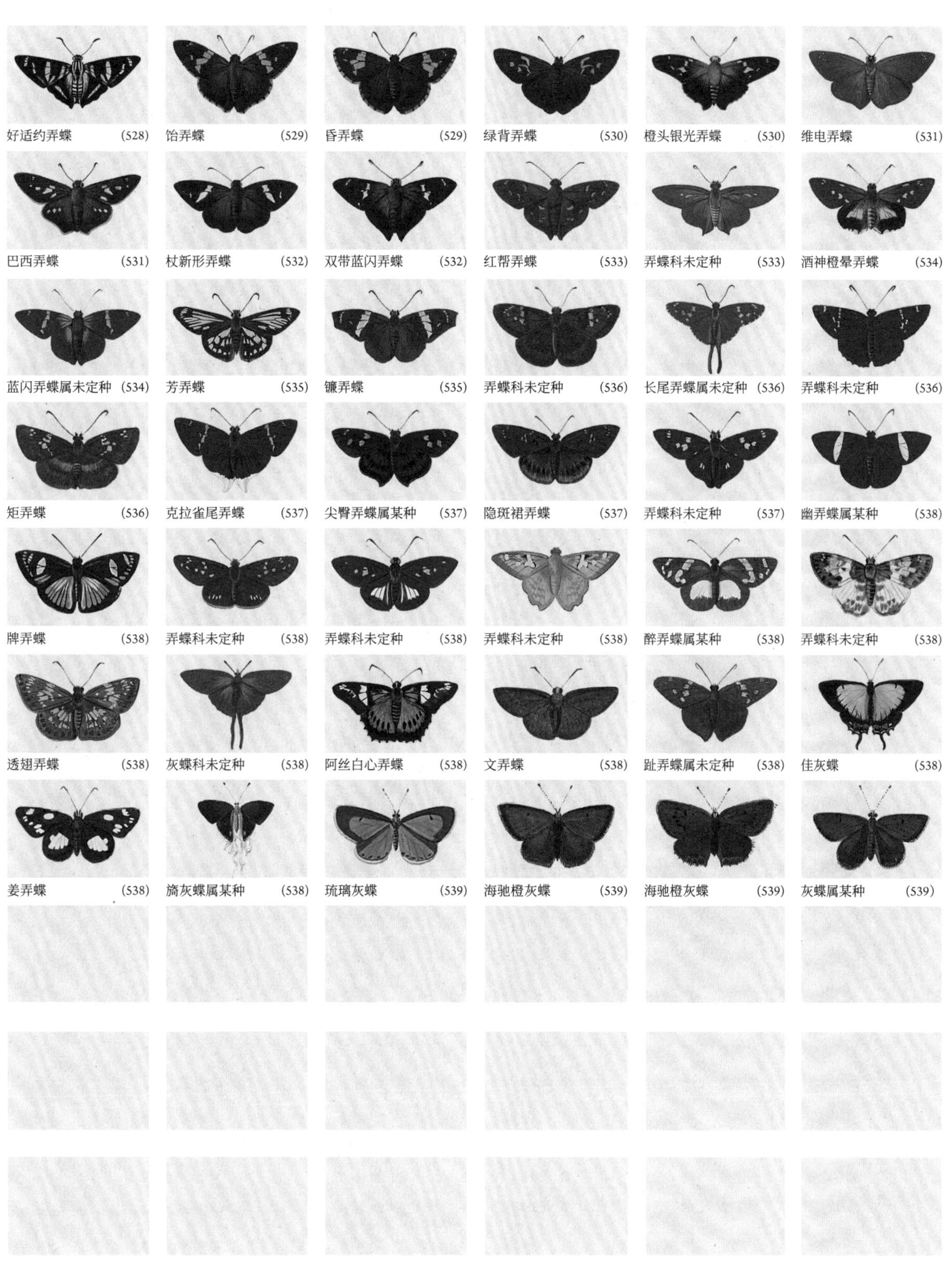

I
Linnaeus N°. 223
Marsyas
Drury
Alis bicaudatis supra cæruleis; subtus cærulescentibus punctis nigris.–
habitat in Calidis regionibus
Cram: P. 332
Fabricius M 611
Timon
Drury
Alis tricaudatis fuscis basi viriescentibus, subtus albis: posticis fascia abbreviata Sanguinea
habitat in America Meridionali

图　　版：I.“*Marsyas*”
参考文献：C. Linnaeus, *Syst. nat.* (1767); No. 223
收藏归属：德鲁·德鲁里
产地信息：中美洲和南美洲
物种名片：蓝伪灰蝶 *Pseudolycaena marsyas* (Linnaeus, 1758)

图　　版：I.“*Timon*”
参考文献：J. C. Fabricius, *Mant. insect.* (1787); No. 611
收藏归属：德鲁·德鲁里
产地信息：非洲
物种名片：将相瑶灰蝶 *Iolaus alcibiades* Kirby, 1871

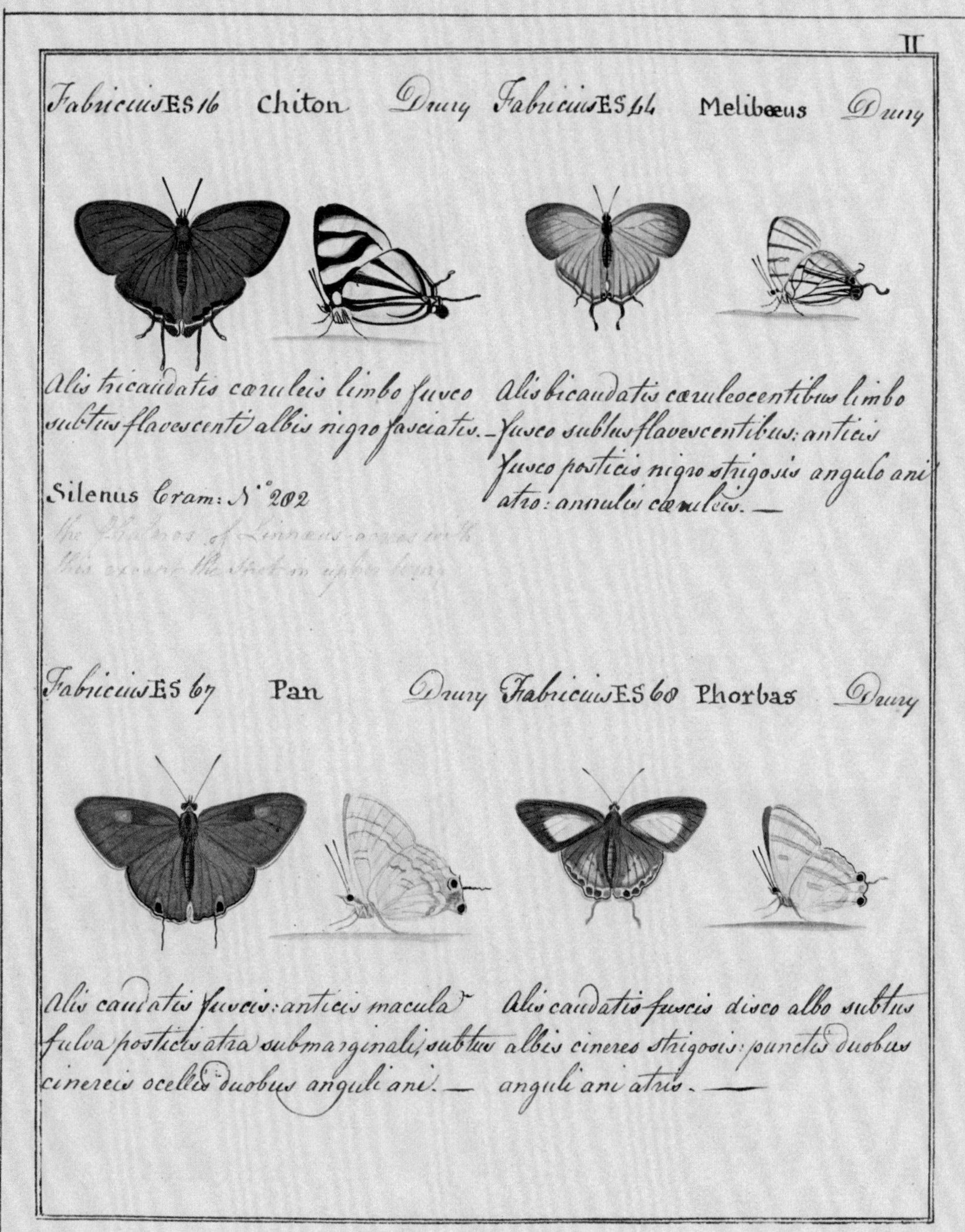

II
Fabricius ES 16 Chiton Drury
Fabricius ES 44 Melibæus Drury
Alis tricaudatis cæruleis limbo fusco subtus flavescenti albis nigro fasciatis.
Alis bicaudatis caruleocentibus limbo fusco subtus flavescentibus: anticis fusco posticis nigro strigosis angulo ani atro: annulis cæruleis.
Silenus Cram: N°202
Fabricius ES 67 Pan Drury
Fabricius ES 60 Phorbas Drury
Alis caudatis fuscis: anticis macula fulva posticis atra submarginali, subtus cinereis ocellis duobus anguli ani.
Alis caudatis fuscis disco albo subtus albis cinereo strigosis: punctis duobus anguli ani atris.

图　版：II. "*Chiton*"（ICO）
参考文献：J. C. Fabricius, *Ent. syst.* (1792–1799); No. 16
收藏归属：德鲁·德鲁里
产地信息：苏里南?
物种名片：坤灰蝶 [1]*Panthiades phaleros* (Linnaeus, 1767)

图　版：II. "*Melibæus*"（ICO）
参考文献：J. C. Fabricius, Ent. syst. (1792–1799); No. 44
收藏归属：德鲁·德鲁里
产地信息：巴西?
物种名片：蜜崖灰蝶 *Arawacus meliboeus* (Fabricius, 1793)

图　版：II. "*Pan*"（ICO）
参考文献：J. C. Fabricius, *Ent. syst.* (1792–1799); No. 67
收藏归属：德鲁·德鲁里
产地信息：印度
物种名片：黄星玳灰蝶 *Deudorix isocrates* (Fabricius, 1793)

图　版：II. "*Phorbas*"（ICO）
参考文献：J. C. Fabricius, *Ent. syst.* (1792–1799); No. 68
收藏归属：德鲁·德鲁里
产地信息：澳大利亚昆士兰州库克敦
物种名片：牧草旖灰蝶指名亚种 *Hypolycaena phorbas phorbas* (Fabricius, 1793)

III

Fabricius ES 62 Augustus Drury

Fabricius ES 45. Mæcenas Drury

alis caudatis albis: limbo fusco subtus ferrugineo flavoque variis posticis strigis duabus cinereis. —

Cram: P. 201

alis bicaudatis atris disco cæruleo subtus brunneo nebulosis. —

habitat in China

Fabricius E.S. 3. Agrippa Drury

Fabricius ES 66. Ceranus Drury

alis tricaudatis caeruleis limbo atro subtus cinereis striga alba maculisque duabus rufis anguli ani

Cramer 27

alis caudatis cærulescentibus subtus brunneis basi albo maculatis. —

Caranus Cram: N° 332

图　版：III. "*Augustus*"（ICO）
参考文献：J. C. Fabricius, *Ent. syst.* (1792–1799); No. 62
收藏归属：德鲁・德鲁里
产地信息：苏里南?
物种名片：余灰蝶 *Rekoa meton* (Cramer, 1779)

图　版：III. "*Maecenas*"（ICO）
参考文献：J. C. Fabricius, *Ent. syst.* (1792–1799); No. 45
收藏归属：德鲁・德鲁里
产地信息：中国
物种名片：铁木莱异灰蝶指名亚种 *Iraota timoleon timoleon* (Stoll, 1790)

图　版：III. "*Agrippa*"（ICO）
参考文献：J. C. Fabricius, *Ent. syst.* (1792–1799); No. 3
收藏归属：德鲁・德鲁里
产地信息：南美洲
物种名片：苫黑顶灰蝶 *Strephonota agrippa* (Fabricius, 1793)

图　版：III. "*Ceranus*"
参考文献：J. C. Fabricius, *Ent. syst.* (1792–1799); No. 66
收藏归属：德鲁・德鲁里
产地信息：墨西哥、特立尼达岛和南美洲
物种名片：琼灰蝶属某种 *Brangas* sp.，参考盖宝绿灰蝶[2] *Brangas getus* (Fabricius, 1787)

Fabricius ES 53 Achæus — Drury

Alis subbicaudatis fuscis maculis flavis subtus flavis auro maculatis. —

Acheus Cram. N° 352

Fabricius ES 40 Dindus Drury

Alis bicaudatis atris: margine tenuiori cœruleo, subtus cinereis albo maculatis maculaque duplici rufa anguli ani. —

Fabricius N° 507 Venus Drury

Alis bicaudatis, subtus anticis viridibus, auro irroratis, posticis aureis viridi atroque maculatis. — habitat Surinami

Actæon Alis tricaudatis cœrulescentibus, Apice nigris, subtus aureis, atomis nigris. —
Fabricius N° 494 Cram P. 76

Fabricius ES 15 Pindarus Drury

Alis subtricaudatis cœruleis: limbo atro subtus fuscis argenteo fulvoque maculatis. —

图　　版：IV. “*Achaeus*”
参考文献：J. C. Fabricius, *Ent. syst.* (1792–1799); No. 53
收藏归属：德鲁·德鲁里
产地信息：南美洲
物种名片：安蚬蝶属某种 *Anteros* sp.，参考雅安蚬蝶 *Anteros acheus* (Stoll, 1781)

图　　版：IV. “*Dindus*”（ICO）
参考文献：J. C. Fabricius, *Ent. syst.* (1792–1799); No. 40
收藏归属：德鲁·德鲁里
产地信息：巴西？
物种名片：无为螯灰蝶 *Strymon dindus* (Fabricius, 1793)

图　　版：IV. “*Venus*” / “*Actæon*”
参考文献：J. C. Fabricius, *Spec. insect.* (1781); No. 507, No. 494
收藏归属：德鲁·德鲁里
产地信息：墨西哥和南美洲
物种名片：帝王虹灰蝶 *Arcas imperialis* (Cramer, 1775)

图　　版：IV. “*Pindarus*”（ICO）
参考文献：J. C. Fabricius, *Ent. syst.* (1792–1799); No. 15
收藏归属：德鲁·德鲁里
产地信息：塞拉利昂
物种名片：富妮灰蝶 *Aphnaeus orcas* (Drury, 1782)

V
Fabricius N° 492 Moncus
Drury
Drury
Alis tricaudatis fuscis subtus niveis, nigro subfasciatis posticis ocellis duobus auratis.— habitat in Africa Æquinoctiali
Drury
Fabricius ES 34 Anacreon
Drury
Alis bicaudatis fuscis subtus albo undatis Strigaque postica maculari fulva.—

图　　版：V.“*Moncus*”

参考文献：J. C. Fabricius, *Spec. insect.* (1781); No. 492

收藏归属：德鲁·德鲁里

产地信息：西非

物种名片：树尖角灰蝶 *Anthene sylvanus* (Drury, 1773)

图　　版：V. 未命名

参考文献：

收藏归属：德鲁·德鲁里

产地信息：全北界

物种名片：灰蝶科未定种 Lycaenidae sp. indet.，洒灰蝶属某种 *Satyrium* sp.？

图　　版：V. 未命名

参考文献：—

收藏归属：德鲁·德鲁里

产地信息：全北界

物种名片：灰蝶科未定种 Lycaenidae sp. indet.，洒灰蝶属某种 *Satyrium* sp.？

图　　版：V.“*Anacreon*”（ICO）

参考文献：J. C. Fabricius, *Ent. syst.* (1792–1799); No. 34

收藏归属：德鲁·德鲁里

产地信息：美国

物种名片：黎洒灰蝶 *Satyrium liparops* (Le Conte, 1833)，保护名

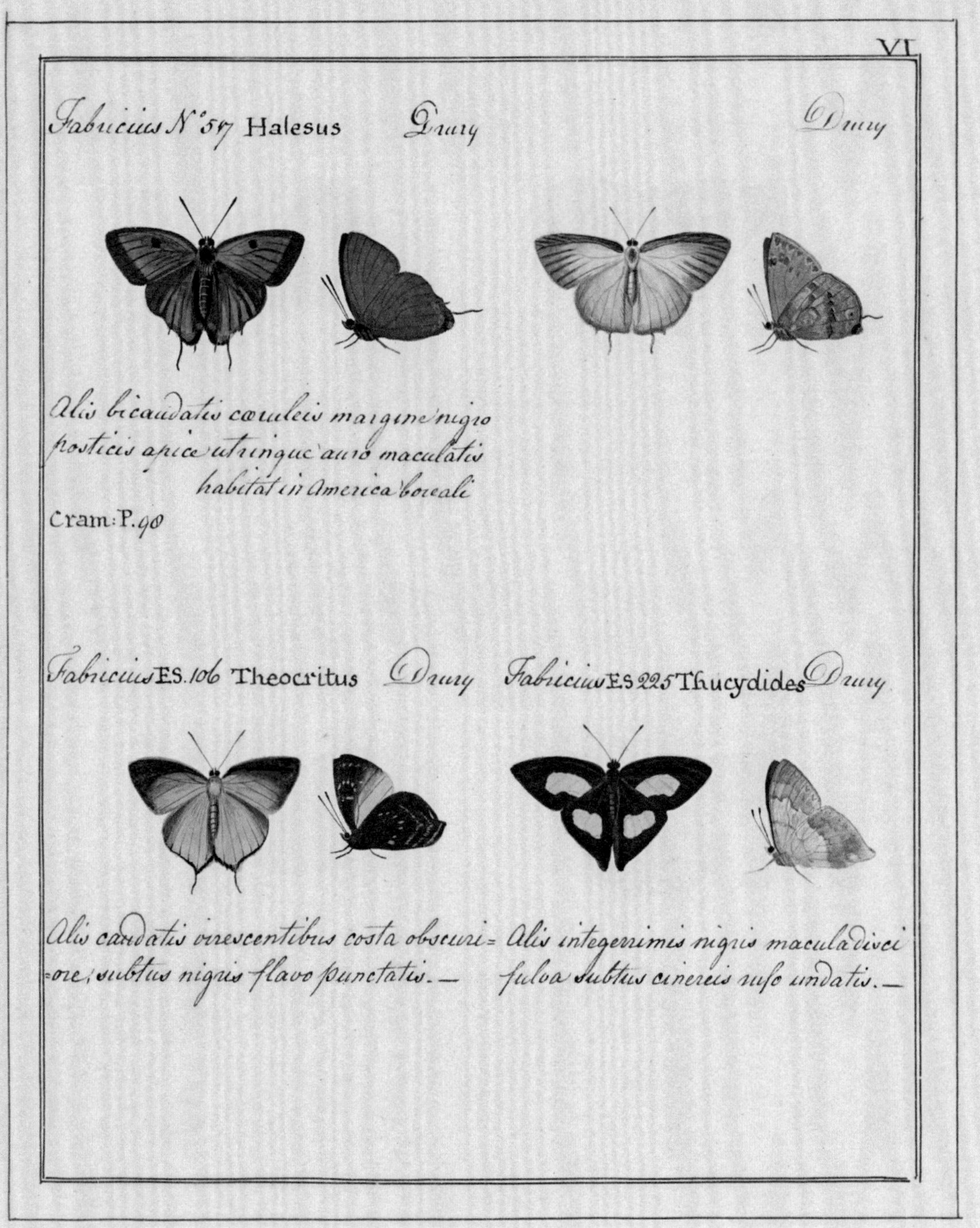

VI
Fabricius N°517 Halesus Drury
Drury
Alis bicaudatis coeruleis margine nigro
posticis apice utrinque auro maculatis
habitat in America boreali
Cram: P. 90
Fabricius ES. 106 Theocritus Drury
Fabricius ES 225 Thucydides Drury
Alis caudatis virescentibus costa obscuri=
=ore, subtus nigris flavo punctatis.—
Alis integerrimis nigris macula disci
fulva subtus cinereis rufo undatis.—

图　　版：VI.“*Halesus*”
参考文献：J. C. Fabricius, *Spec. insect.* (1781); No. 517
收藏归属：德鲁・德鲁里
产地信息：北美洲，包括墨西哥
物种名片：宝绿灰蝶 *Atlides halesus* (Cramer, 1777)，雄

图　　版：VI. 未命名
参考文献：—
收藏归属：德鲁・德鲁里
产地信息：—
物种名片：灰蝶科未定种 Lycaenidae sp. indet.

图　　版：VI.“*Theocritus*”（ICO）
参考文献：J. C. Fabricius, *Ent. syst.* (1792–1799); No. 106
收藏归属：德鲁・德鲁里
产地信息：巴拿马?
物种名片：陶线灰蝶[3] *Theritas theocritus* (Fabricius, 1793)

图　　版：VI.“*Thucydides*”（ICO）
参考文献：J. C. Fabricius, *Ent. syst.* (1792–1799); No. 225
收藏归属：德鲁・德鲁里
产地信息：巴西?
物种名片：黄斑优蚬蝶指名亚种 *Euselasia thucydides thucydides* (Fabricius, 1793)

Fabricius N°512 Acmon Drury

Alis bicaudatis cæruleis, posticis subtus atris apice strigis viridi aureis. — habitat Surinami

Alæ supra cæruleæ, nitidæ anticis macula centrali atrâ

Cram: P. 51. 341

Fabricius N°517 Halesus Drury

Alis bicaudatis cæruleis margine nigro, posticis apice utrinque auro maculatis. — habitat in America boreali

图　　版：VII.“*Acmon*”

参考文献：J. C. Fabricius, *Spec. insect.* (1781); No. 512

收藏归属：德鲁·德鲁里

产地信息：墨西哥至南美洲

物种名片：海线灰蝶 [4]*Theritas hemon* (Cramer, 1775)

图　　版：VII.“*Halesus*”

参考文献：J. C. Fabricius, *Spec. insect.* (1781); No. 517

收藏归属：德鲁·德鲁里

产地信息：北美洲，包括墨西哥

物种名片：宝绿灰蝶 *Atlides halesus* (Cramer, 1777)，雌

VIII
Linnaeus N° 217 Cupido Drury
Fabricius N° 495 Hymen Drury
Alis posticis sexdentato caudatis; subtus albidis maculis argenteis.— habitat in Gossypio Americes
Cram: P. 164
Alis tricaudatis fuscis, subtus albo maculatis posticis supra albis habitat in Sierra Leon Africa
Fabricius N° 409 Helius Drury
Linnaeus N° 217 Cupido Drury
Alis tricaudatis, anticis nigris posticis caeruleis, subtus cinereis, strigis duabus brunneis ocellisq duobus anguli ani habitat in Africa Aequinoctiali
Alis posticis sexdentato caudatis subtus albidis maculis argenteis habitat in Gossypio Americes
Cram: P. 164

图　　版：VIII. "*Cupido*"
参考文献：C. Linnaeus, *Syst. nat.* (1767); No. 217
收藏归属：德鲁 · 德鲁里
产地信息：南美洲
物种名片：须缘蚬蝶 *Helicopis cupido* (Linnaeus, 1758)

图　　版：VIII. "*Hymen*"
参考文献：J. C. Fabricius, *Spec. insect.* (1781); No. 495
收藏归属：德鲁 · 德鲁里
产地信息：西非
物种名片：膜双色灰蝶 *Dapidodigma hymen* (Fabricius, 1775)

图　　版：VIII. "*Helius*"
参考文献：J. C. Fabricius, *Spec. insect.* (1781); No. 489
收藏归属：德鲁 · 德鲁里
产地信息：西非
物种名片：瑶灰蝶 *Iolaus eurisus* (Cramer, 1779)

图　　版：VIII. "*Cupido*"
参考文献：C. Linnaeus, *Syst. nat.* (1767); No. 217
收藏归属：德鲁 · 德鲁里
产地信息：南美洲
物种名片：须缘蚬蝶 *Helicopis cupido* (Linnaeus, 1758)

图　　版：IX. “*Strephon*”
参考文献：J. C. Fabricius, *Spec. insect.* (1781); No. 531
收藏归属：德鲁·德鲁里
产地信息：南美洲
物种名片：黑顶灰蝶属某种 *Strephonota* sp.，参考绞线灰蝶 [5]*Strephonota strephon* (Fabricius, 1775)

图　　版：IX. “*Alcides*”
参考文献：J. C. Fabricius, *Spec. insect.* (1781), No. 533
收藏归属：德鲁·德鲁里
产地信息：非洲
物种名片：宽尾灰蝶 *Myrina silenus* (Fabricius, 1775)

图　　版：IX. “*Echion*”
参考文献：J. C. Fabricius, *Spec insect* (1781); No. 508
收藏归属：德鲁·德鲁里
产地信息：非洲
物种名片：黯旖灰蝶 *Hypolycaena antifaunus* (Westwood, 1851)

图　　版：IX. “*Hesiodus*” （ICO）
参考文献：J. C. Fabricius, *Ent. syst.* (1792–1799); No. 8
收藏归属：德鲁·德鲁里
产地信息：塞拉利昂
物种名片：尖尾灰蝶指名亚种 *Oxylides faunus faunus* (Drury, 1773)

X
Fabricius N°514 Bathis
Drury
Drury
Alis bicaudatis caeruleis ocello atro subtus
fuscis albo fasciatis angulo ani rufo.—
habitat Surinami
Cram: P. 51
Fabricius N°493 Faunus
Drury
Fabricius N°542. Linus
Drury
Alis tricaudatis fuscis, subtus albis
strigis duabus fulvis.—
habitat in Sierra Leon Africae
Cram: P. 39
Alis caudatis albis, apice fuscis, subtus
albo atroque fasciatis, angulo ani punctis
tribus albis.— habitat Surinami
Lincus Fab ES 107

图　　版：X.“*Bathis*”
参考文献：J. C. Fabricius, *Spec. insect.* (1781); No. 514
收藏归属：德鲁·德鲁里
产地信息：墨西哥至巴西北部
物种名片：巴潘灰蝶 *Panthiades bathildis* (C. & R. Felder, 1865)，雄

图　　版：X.未命名
参考文献：—
收藏归属：德鲁·德鲁里
产地信息：墨西哥至巴西北部
物种名片：巴潘灰蝶 *Panthiades bathildis* (C. & R. Felder, 1865)，雌

图　　版：X.“*Faunus*”
参考文献：J. C. Fabricius, *Spec. insect.* (1781); No. 493
收藏归属：德鲁·德鲁里
产地信息：西非
物种名片：尖尾灰蝶 *Oxylides faunus* (Drury, 1773)

图　　版：X.“*Linus*”
参考文献：J. C. Fabricius, *Spec. insect.* (1781); No. 542
收藏归属：德鲁·德鲁里
产地信息：南美洲
物种名片：爱托崖灰蝶 *Arawacus aetolus* (Sulzer, 1776)

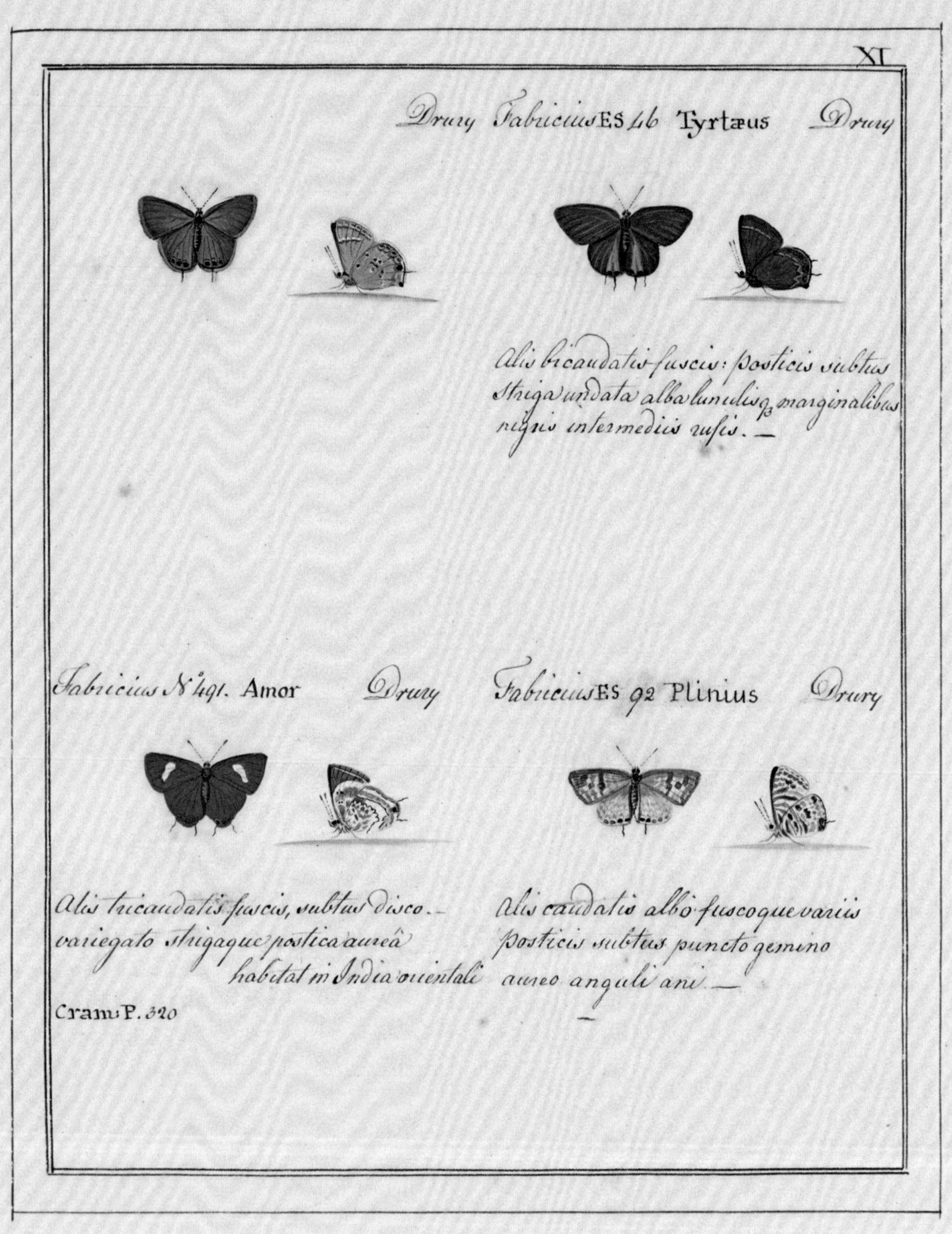

XI
Drury Fabricius ES 46 Tyrtæus Drury
Alis bicaudatis fuscis: posticis subtus striga undata alba lunulisq marginalibus nigris intermediis rufis.
Fabricius N° 491. Amor Drury
Fabricius ES 92 Plinius Drury
Alis tricaudatis fuscis, subtus disco variegato strigaque postica aureâ
habitat in India orientali
Cram: P. 320
Alis caudatis albo fuscoque variis posticis subtus puncto gemino aureo anguli ani.

图　　版：XI. 未命名
参考文献：一
收藏归属：德鲁·德鲁里
产地信息：一
物种名片：灰蝶科未定种 Lycaenidae sp. indet.

图　　版：XI.“*Tyrtaeus*”（ICO）
参考文献：J. C. Fabricius, *Ent. syst.* (1792–1799); No. 46
收藏归属：德鲁·德鲁里
产地信息：南美洲？
物种名片：灰蝶科 Lycaenidae，疑难名

图　　版：XI.“*Amor*”
参考文献：J. C. Fabricius, *Spec insect* (1781); No. 491
收藏归属：德鲁·德鲁里
产地信息：斯里兰卡和印度
物种名片：豹纹灰蝶 *Rathinda amor* (Fabricius, 1775)

图　　版：XI.“*Plinius*”（ICO）
参考文献：J. C. Fabricius, *Ent. syst.* (1792–1799); No. 92
收藏归属：德鲁·德鲁里
产地信息：印度?
物种名片：细灰蝶 *Leptotes plinius plinius* (Fabricius, 1793)

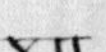

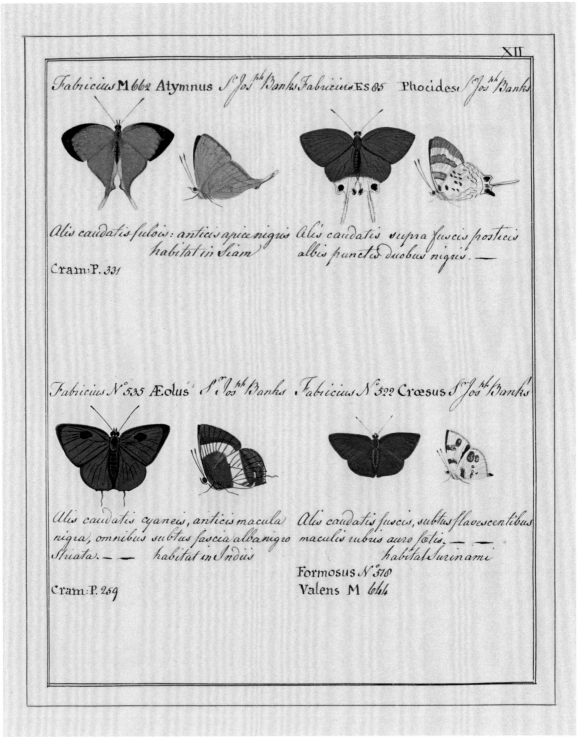

Fabricius M 662 Atymnus Sr Josph Banks Fabricius ES 85 Phocides Sr Josph Banks

Alis caudatis fulvis: anticis apice nigris habitat in Siam

Cram: P. 331

Alis caudatis supra fuscis posticis albis punctis duobus nigris. —

Fabricius No 535 Æolus Sr Josph Banks Fabricius No 522 Crœsus Sr Josph Banks

Alis caudatis cyaneis, anticis macula nigra, omnibus subtus fascia alba nigro striata. — — habitat in Indiis

Cram: P. 259

Alis caudatis fuscis, subtus flavescentibus maculis rubris auro fotis. — — habitat Surinami

Formosus No 518

Valens M 644

图　　版：XII. "*Atymnus*"
参考文献：J. C. Fabricius, *Mant. insect.* (1787); No. 662
收藏归属：约瑟夫·班克斯爵士
产地信息：印度亚区至新加坡和婆罗洲
物种名片：鹿灰蝶 *Loxura atymnus* (Cramer, 1782)

图　　版：XII. "*Phocides*"（ICO）
参考文献：J. C. Fabricius, *Ent. syst.* (1792–1799); No. 85
收藏归属：约瑟夫·班克斯爵士
产地信息：泰国普吉岛
物种名片：金尾灰蝶指名亚种 *Bindahara phocides phocides* (Fabricius, 1793)

图　　版：XII. "*Æolus*"
参考文献：J. C. Fabricius, *Spec. insect.* (1781); No. 535
收藏归属：约瑟夫·班克斯爵士
产地信息：南美洲
物种名片：艾潘灰蝶[6] *Panthiades aeolus* (Fabricius, 1775)

图　　版：XII. "*Croesus*"
参考文献：J. C. Fabricius, *Spec. insect.* (1781); No. 522
收藏归属：约瑟夫·班克斯爵士
产地信息：南美洲
物种名片：安蚬蝶属某种 *Anteros* sp., 参考安蚬蝶 *Anteros formosus* (Cramer, 1777)

XIII

Fabricius ES 30 Atys Drury

Alis bicaudatis fuscis: disco caeruleo subtus cinereis fusco venosis: basi macula fulva punctisque albis. —
Atys Cramer N° 259

Fabricius ES 31 Sophocles Drury

Alis bicaudatis nigris disco communi caeruleo subtus albis. Strigis undatis flavescentibus, posticis puncto apicis fulvo. —

Fabricius N° 502 Celerio Drury

Alis bicaudatis albis, subtus fasciis fuscis Albisque alternis, angulo ani ocello ... triplici rufo.. — habitat Surinami
Cram: P. 31

Fabricius ES 32 Euripedes Drury

Alis bicaudatis atris disco caeruleo subtus fuscis: posticis strigis angulis albis maculaque ocellari rufa. —

图　　版：XIII. “*Atys*”
参考文献：J. C. Fabricius, *Ent. syst.* (1792–1799); No. 30
收藏归属：德鲁·德鲁里
产地信息：南美洲
物种名片：宝绿灰蝶属某种 *Atlides* sp.，参考雅宝绿灰蝶 *Atlides atys* (Cramer, 1779)

图　　版：XIII. “*Sophocles*”（ICO）
参考文献：J. C. Fabricius, *Ent. syst.* (1792–1799); No. 31
收藏归属：德鲁·德鲁里
产地信息：巴西?
物种名片：索半蓝灰蝶 *Ostrinotes sophocles* (Fabricius, 1793)

图　　版：XIII. “*Celerio*”
参考文献：J. C. Fabricius, *Spec. insect.* (1781); No. 502
收藏归属：德鲁·德鲁里
产地信息：苏里南
物种名片：雅灰蝶属某种 *Jamides* sp.，可能为锡冷雅灰蝶 *Jamides celeno* (Fabricius, 1793)

图　　版：XIII. “*Euripedes*”（ICO）
参考文献：J. C. Fabricius, *Ent. syst.* (1792–1799); No. 32
收藏归属：德鲁·德鲁里
产地信息：美国
物种名片：白 M 纹葩灰蝶 *Parrhasius m-album* (Boisduval & Le Conte, 1883)，保护名

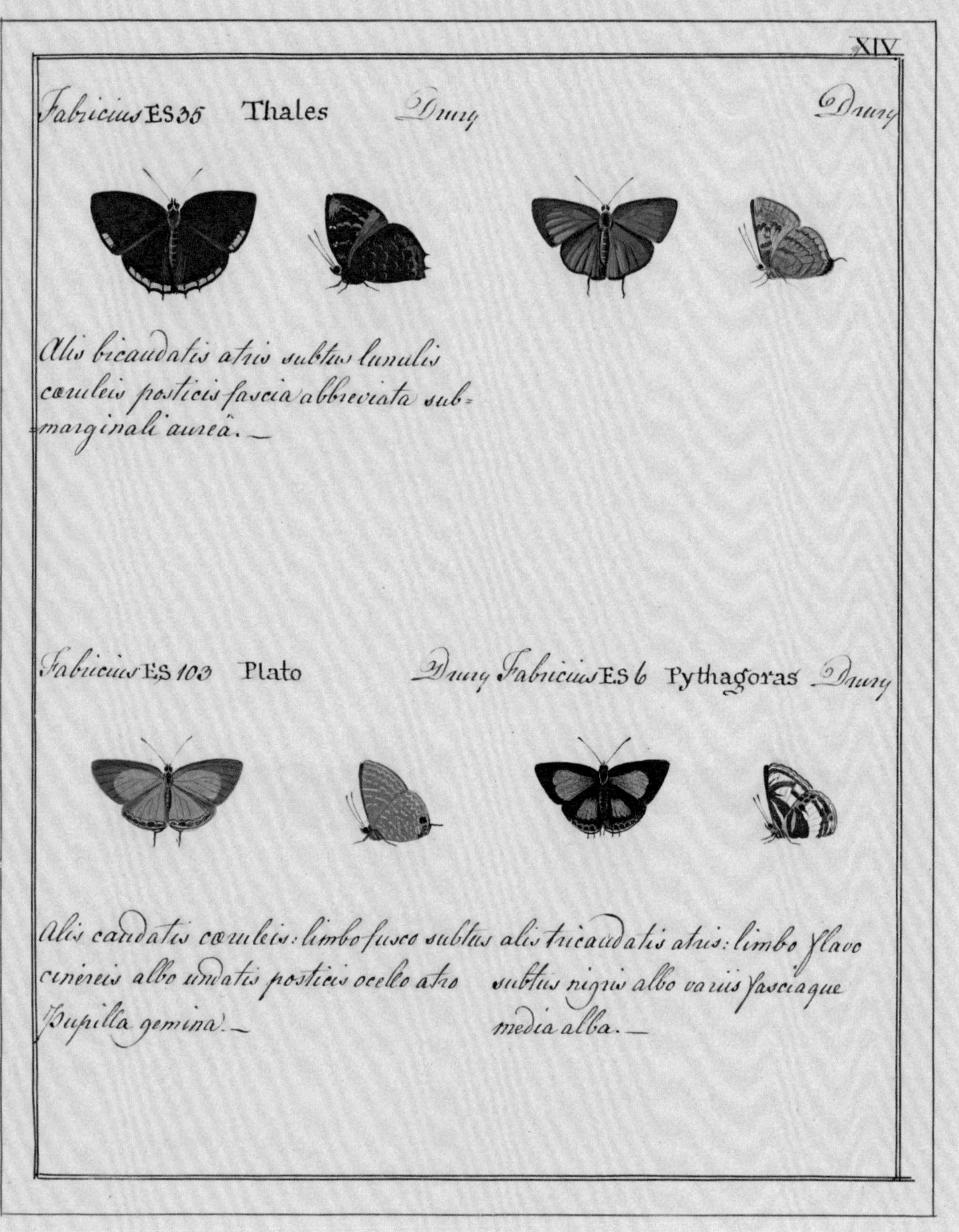
XIV
Fabricius ES 35 Thales Drury
Drury
Alis bicaudatis atris subtus lunulis
coeruleis posticis fascia abbreviata sub=
=marginali aureâ.—
Fabricius ES 103 Plato
Drury Fabricius ES 6 Pythagoras Drury
Alis caudatis coeruleis: limbo fusco subtus
cinereis albo undatis posticis ocello atro
pupilla gemina.—
alis tricaudatis atris: limbo flavo
subtus nigris albo variis fasciaque
media alba.—

图　　版：XIV.“*Thales*”（ICO）
参考文献：J. C. Fabricius, *Ent. syst.* (1792–1799); No. 35
收藏归属：德鲁 · 德鲁里
产地信息：南美洲
物种名片：塔遨灰蝶 *Ocaria thales* (Fabricius, 1793)

图　　版：XIV.未命名
参考文献：—
收藏归属：德鲁 · 德鲁里
产地信息：美国南部至南美洲，包括特立尼达岛
物种名片：帕莱余灰蝶 *Rekoa palegon* (Cramer, 1780)

图　　版：XIV.“*Plato*”（ICO）
参考文献：J. C. Fabricius, *Ent. syst.* (1792–1799); No. 103
收藏归属：德鲁 · 德鲁里
产地信息：印度至中国
物种名片：雅灰蝶大陆亚种 *Jamides bochus plato* (Fabricius, 1793)

图　　版：XIV.“*Pythagoras*”（ICO）
参考文献：J. C. Fabricius, *Ent. syst.* (1792–1799); No. 6
收藏归属：德鲁 · 德鲁里
产地信息：塞拉利昂
物种名片：竹尖角灰蝶 *Anthene juba* (Fabricius, 1787)

XV
Drury Fabricius ES 99 Phidias Drury
Alis caudatis cœrulescentibus: limbo
fusco subtus cinereis: omnibus puncto
anguli ani atro.—
Drury Fabricius ES 47 Xenophon Drury
Alis bicaudatis fuscis: disco flavo
subtus cinereo striga media alba fuscæ
innata.—

图　　版：XV. 未命名
参考文献：—
收藏归属：德鲁・德鲁里
产地信息：—
物种名片：灰蝶科 Lycaenidae，线灰蝶亚科未定种 Theclinae sp. indet.

图　　版：XV. “*Phidias*”（ICO）
参考文献：J. C. Fabricius, *Ent. syst.* (1792–1799); No. 99
收藏归属：德鲁・德鲁里
产地信息：马达加斯加
物种名片：刺尾灰蝶 *Leptomyrina phidias* (Fabricius, 1793)

图　　版：XV. 未命名
参考文献：—
收藏归属：德鲁・德鲁里
产地信息：—
物种名片：灰蝶科 Lycaenidae，线灰蝶亚科未定种 Theclinae sp. indet.

图　　版：XV. “*Xenophon*”（ICO）
参考文献：J. C. Fabricius, *Ent. syst.* (1792–1799); No. 47
收藏归属：德鲁・德鲁里
产地信息：印度?
物种名片：史家燕灰蝶 *Rapala xenophon* (Fabricius, 1793)

XVI.

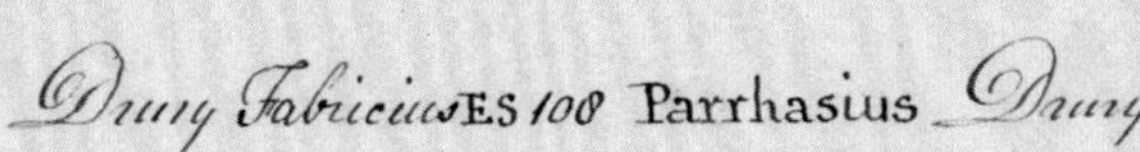

Alis caudatis cæruleis: fuscis subtus cinereis albo strigosis: posticis punctis marginalibus aureis. —

Fabricius N°541 Rosimon. Drury Fabricius ES 108 Parrhasius Drury

Alis caudatis albis, supra limbo punctisq3 disci nigris, subtus angulo ani punctis tribus aureis. habitat in India

Cram: P. 67 Clyton. 340

Alis caudatis cæruleis (fuscis) subtus cinereis albo strigosis: posticis punctis marginalibus aureis. —

图　　版：XVI. 未命名
参考文献：—
收藏归属：德鲁·德鲁里
产地信息：墨西哥至南美洲
物种名片：雅斯灰蝶属未定种 *Iaspis* sp. indet.

图　　版：XVI. “*Parrhasius*”（ICO）
参考文献：J. C. Fabricius, *Ent. syst.* (1792–1799); No. 108
收藏归属：德鲁·德鲁里
产地信息：印度?
物种名片：红紫灰蝶指名亚种 *Chilades parrhasius parrhasius* (Fabricius, 1793)

图　　版：XVI. “*Rosimon*”/“*Clyton*”
参考文献：J. C. Fabricius, *Spec. insect.* (1781); No. 541 / P. Cramer, *De uit. Kap.* (1775–1782); Pl. 67, f. f–g
收藏归属：德鲁·德鲁里
产地信息：印度至东南亚
物种名片：豹灰蝶 *Castalius rosimon* (Fabricius, 1775)

图　　版：XVI. “*Parrhasius*”（ICO）
参考文献：J. C. Fabricius, *Ent. syst.* (1792–1799); No. 108
收藏归属：德鲁·德鲁里
产地信息：南亚和中东地区
物种名片：红紫灰蝶指名亚种 *Chilades parrhasius parrhasius* (Fabricius, 1793)

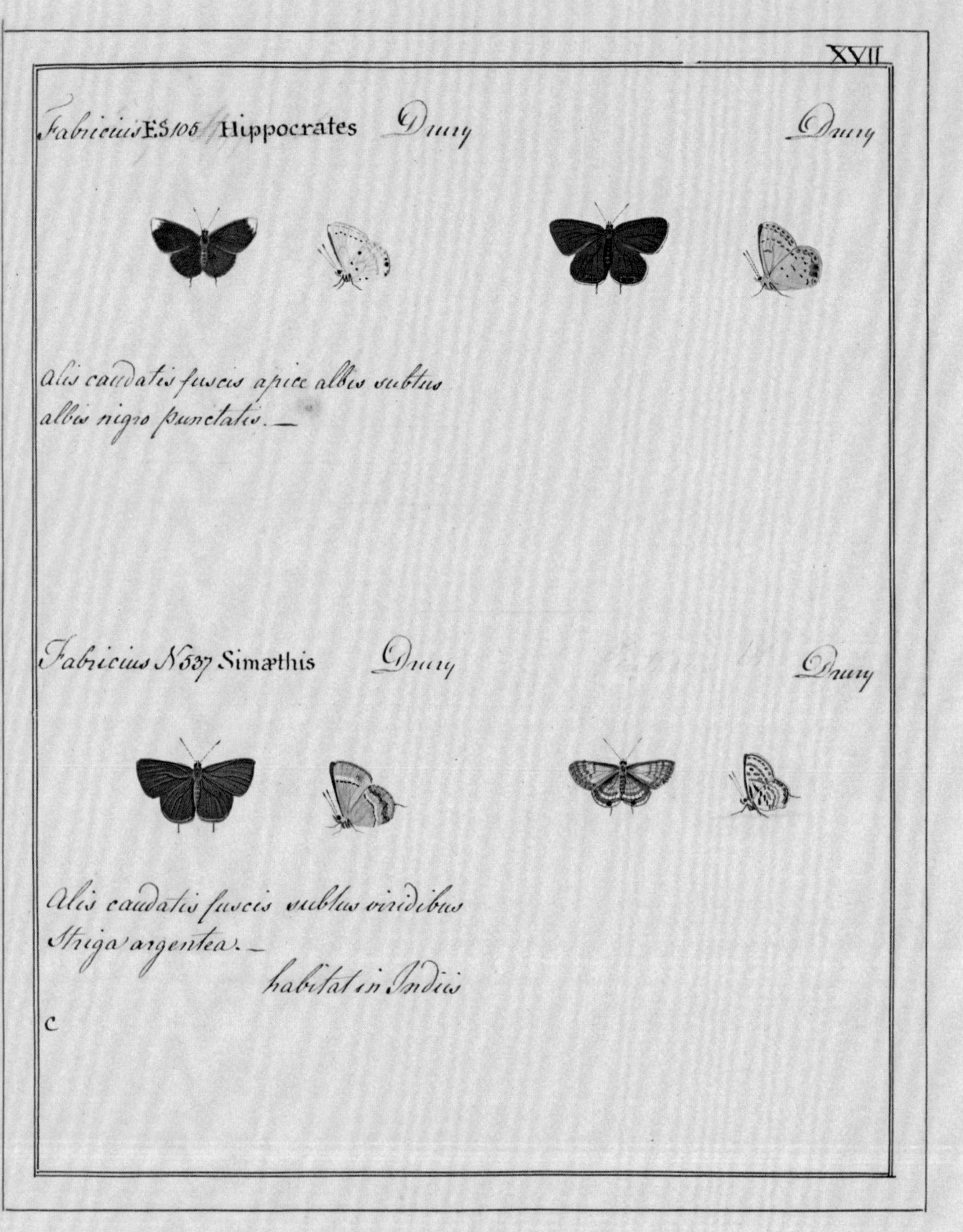

XVII
Fabricius ES 105 Hippocrates Drury
Drury
alis caudatis fuscis apice albis subtus albis nigro punctatis. —
Fabricius N 537 Simæthis Drury
Drury
alis caudatis fuscis subtus viridibus Striga argentea. —
habitat in Indiis
C

图　　版：XVII. “*Hippocrates*”（ICO）
参考文献：J. C. Fabricius, *Ent. syst.* (1792–1799); No. 105
收藏归属：德鲁 · 德鲁里
产地信息：塞拉利昂?
物种名片：和烟灰蝶 *Eicochrysops hippocrates* (Fabricius, 1793)

图　　版：XVII. 未命名
参考文献：—
收藏归属：德鲁 · 德鲁里
产地信息：—
物种名片：灰蝶科未定种 Lycaenidae sp. indet.

图　　版：XVII. “*Simæthis*”
参考文献：J. C. Fabricius, *Spec. insect.* (1781); No. 537
收藏归属：德鲁 · 德鲁里
产地信息：美国佛罗里达州、安的列斯群岛，向南至阿根廷
物种名片：细纹灰蝶 *Chlorostrymon simaethis* (Drury, 1773)

图　　版：XVII. 未命名
参考文献：—
收藏归属：德鲁 · 德鲁里
产地信息：—
物种名片：灰蝶科未定种 Lycaenidae sp. indet.

XVIII

Fabricius ES 100 Herodotus Drury

Alis caudatis cæruleis subtus viridibus posticis striga punctorum nigro alborum—

Fabricius N° 501 Mars Drury

Alis bicaudatis fuscis posticis macula rufa subtus punctis duobus fasciaque obliqua albis

habitat in America meridionali

Cram: 175

Fabricius ES 54 Pericles Drury

Alis bicaudatis nigris subtus fuscis albo undatis angulo ani macula duplici argentea.—

Fabricius ES 81 Ericus Drury

Alis caudatis cærulescentibus subtus albo fuscoque variis: posticis punctis duobus anguli ani.—

Lingeus Cramer N° 379

图　版：XVIII. "*Herodotus*" （ICO）
参考文献：J. C. Fabricius, *Ent. syst.* (1792–1799); No. 100
收藏归属：德鲁·德鲁里
产地信息：新热带界
物种名片：海螺穹灰蝶 *Cyanophrys herodotus* (Fabricius, 1793)

图　版：XVIII. "*Mars*"
参考文献：J. C. Fabricius, *Genera insectorum* (1776); No. 501
收藏归属：德鲁·德鲁里
产地信息：加勒比海地区
物种名片：尖螯灰蝶 *Strymon acis* (Drury, 1773)

图　版：XVIII. "*Pericles*" （ICO）
参考文献：J. C. Fabricius, *Ent. syst.* (1792–1799); No. 54
收藏归属：德鲁·德鲁里
产地信息：塞拉利昂
物种名片：指名尖角灰蝶 *Anthene larydas* (Cramer, 1780)

图　版：XVIII. "*Ericus*" / "*Lingeus*" （ICO）
参考文献：J. C. Fabricius, *Ent. syst.* (1792–1799); No. 81 / P. Cramer, *De uit. Kap.* (1775–1782); Pl. 379, f. f–g
收藏归属：德鲁·德鲁里
产地信息：非洲
物种名片：指名丁字灰蝶 *Cacyreus lingeus* (Stoll, 1782)，雄

XIX.
Linnæus N° 222
Quercus
Jones
Alis subcaudatis supra cæruleis; subtus cinereis linea alba; puncto ani gemino fulvo. –
habitat in Quercu
Linnæus N° 220
Betulæ
Jones
Alis subcaudatis fuscis; primoribus macula reneformi fulva subtus luteis fascia fulva. –
habitat in Betula pruno spinosa

图　　版：XIX. “*Quercus*”

参考文献：C. Linnaeus, *Syst. nat.* (1767); No. 222

收藏归属：威廉·琼斯

产地信息：欧洲和北非，向东至亚美尼亚

物种名片：栎艳灰蝶 *Favonius quercus* (Linnaeus, 1758)

图　　版：XIX. “*Betulae*”

参考文献：C. Linnaeus, *Syst. nat.* (1767); No. 220

收藏归属：威廉·琼斯

产地信息：西起欧洲，东至韩国

物种名片：线灰蝶 *Thecla betulae* (Linnaeus, 1758)

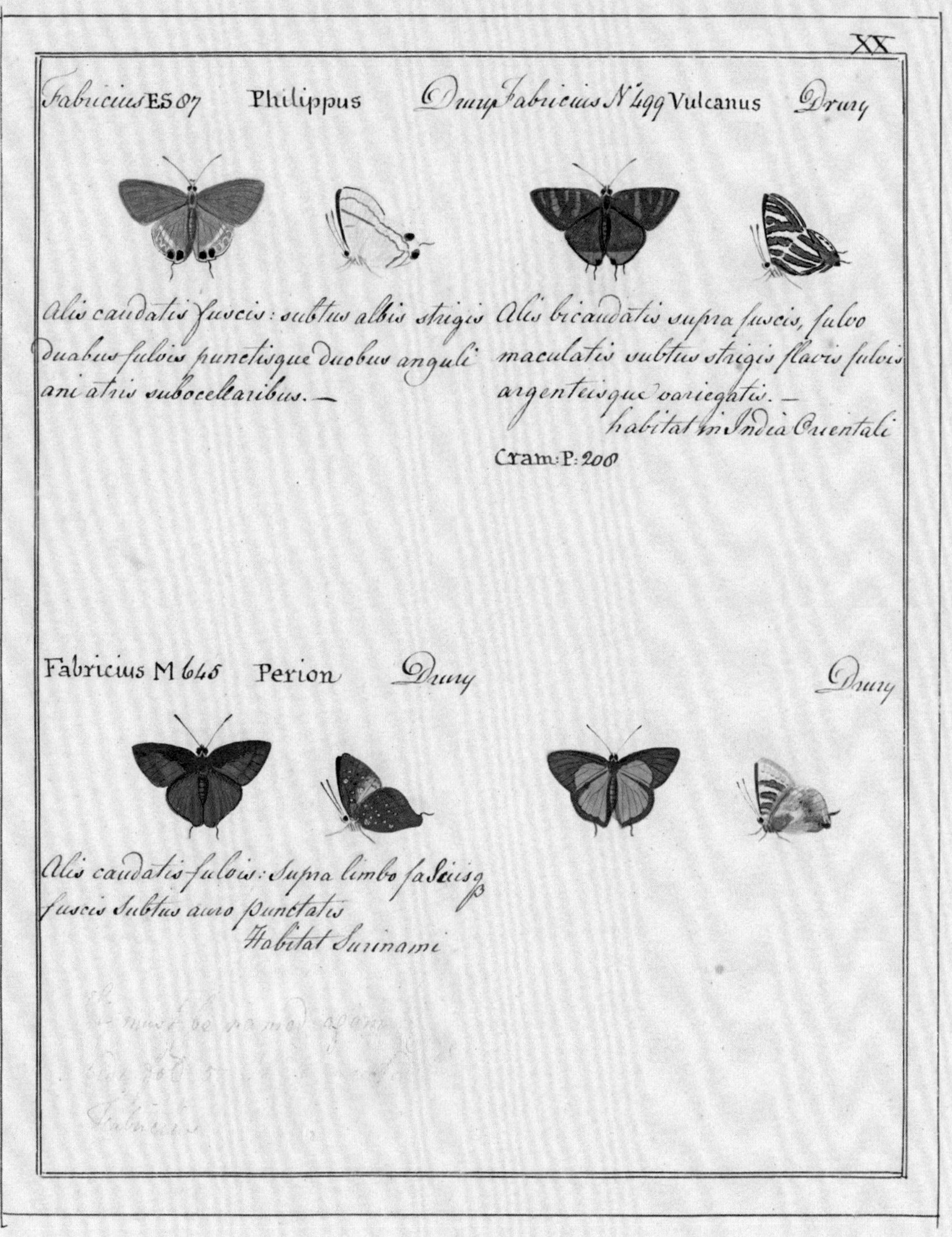
XX
Fabricius ES 87 Philippus Drury
Fabricius N° 499 Vulcanus Drury
Alis caudatis fuscis: subtus albis strigis duabus fulvis punctisque duobus anguli ani atris subocellaribus. —
Alis bicaudatis supra fuscis, fulvo maculatis subtus strigis flavis fulvis argenteisque variegatis. —
habitat in India Orientali
Cram: P: 200
Fabricius M 645 Perion Drury
Drury
Alis caudatis fulvis: supra limbo fasciisque fuscis subtus auro punctatis
Habitat Surinami

图　　版：XX.“*Philippus*”（ICO）
参考文献：J. C. Fabricius, *Ent. syst.* (1792–1799); No. 87
收藏归属：德鲁·德鲁里
产地信息：塞拉利昂
物种名片：菲利普旖灰蝶指名亚种 *Hypolycaena philippus philippus* (Fabricius, 1793)

图　　版：XX.“*Vulcanus*”
参考文献：J. C. Fabricius, *Spec. insect.* (1781); No. 499
收藏归属：德鲁·德鲁里
产地信息：斯里兰卡、印度、爪哇岛、缅甸和泰国
物种名片：红带银线灰蝶 *Spindasis vulcanus* (Fabricius, 1775)

图　　版：XX.“*Perion*”
参考文献：J. C. Fabricius, *Mant. insect.* (1787); No. 645
收藏归属：德鲁·德鲁里
产地信息：非洲
物种名片：彩裙轴灰蝶 *Axiocerses harpax* (Fabricius, 1775)，雄

图　　版：XX. 未命名
参考文献：—
收藏归属：德鲁·德鲁里
产地信息：—
物种名片：灰蝶科未定种 Lycaenidae sp. indet.

XXI

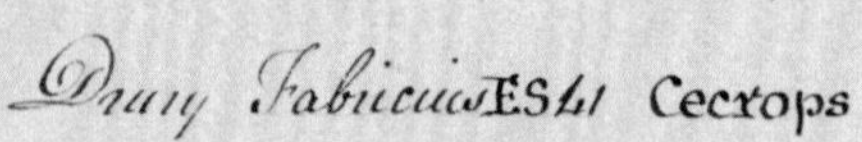

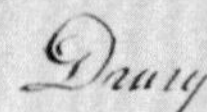

Alis bicaudatis nigris subtus fascia sanguinea.—

Linnaeus N° 226 Bœticus D° Gray

Fabricius N° 558 Damœtes S. Jos. Banks

Alis caudatis fusco-cœrulescentibus: subtus subtus cinerescentibus albido undulatis; Angulo ani Ocellis duobus.— habitat in Barbariâ

Alis integerrimis fuscis, subtus cinereo undatis, posticis ocello gemino aurato. habitat in novâ hollandiâ

图　　版：XXI. 未命名
参考文献：—
收藏归属：德鲁·德鲁里
产地信息：—
物种名片：灰蝶科 Lycaenidae，线灰蝶亚科未定种 Theclinae sp. indet.

图　　版：XXI. “*Cecrops*”（ICO）
参考文献：J. C. Fabricius, *Ent. syst.* (1792–1799); No. 41
收藏归属：德鲁·德鲁里
产地信息：美国佐治亚州
物种名片：俏灰蝶 *Calycopis cecrops* (Fabricius, 1793)

图　　版：XXI. “*Boeticus*”
参考文献：C. Linnaeus, *Syst. nat.* (1767), No. 226
收藏归属：格雷博士
产地信息：旧大陆至澳大利亚，以及夏威夷
物种名片：亮灰蝶 *Lampides boeticus* (Linnaeus, 1767)

图　　版：XXI. “*Damoetes*”
参考文献：J. C. Fabricius, *Spec. insect.* (1781); No. 558
收藏归属：约瑟夫·班克斯爵士
产地信息：旧大陆至澳大利亚，以及夏威夷
物种名片：亮灰蝶 *Lampides boeticus* (Linnaeus, 1767)

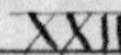

Fabricius N° 523 Centaurus Sr Jos^h Banks

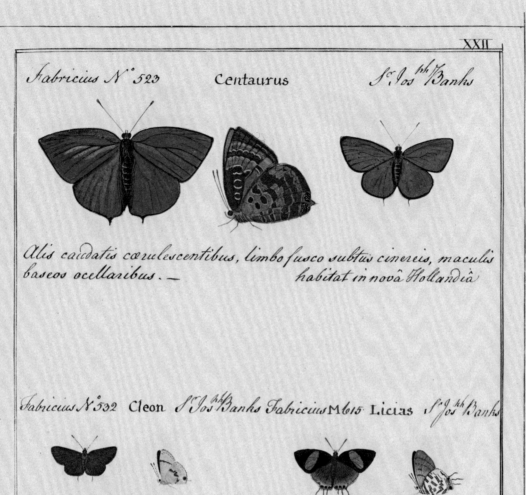

Alis caudatis coerulescentibus, limbo fusco subtus cinereis, maculis baseos ocellaribus. —

habitat in nova Hollandia

Fabricius N° 532 Cleon Sr Jos^h Banks

Fabricius M 615 Licias Sr Jos^h Banks

Alis caudatis fuscis, subtus cinereis, an=ticis Striga, posticis fascia Sanguinea, angulo ani Ocello gemino rufo. —

habitat in Brasilia

Alis tricaudatis: anticis fuscis: macula fulva; posticis subtus albis nigro maculatis —

habitat in pulicandor

图　　版：XXII.“*Centaurus*”（左及中）
参考文献：J. C. Fabricius, *Spec. insect.* (1781); No. 523
收藏归属：约瑟夫·班克斯爵士
产地信息：印度至东南亚
物种名片：森娆灰蝶 *Arhopala centaurus* (Fabricius, 1775)

图　　版：XXII. 未命名（右）
参考文献：—
收藏归属：—
产地信息：—
物种名片：灰蝶科未定种 Lycaenidae sp. indet.

图　　版：XXII.“*Cleon*”
参考文献：J. C. Fabricius, *Spec. insect.* (1781); No. 532
收藏归属：约瑟夫·班克斯爵士
产地信息：哥斯达黎加至巴西
物种名片：克莱翁迷灰蝶 *Ministrymon cleon* (Fabricius, 1775)

图　　版：XXII.“*Licias*”
参考文献：J. C. Fabricius, *Mant. insect.* (1787); No. 615
收藏归属：约瑟夫·班克斯爵士
产地信息：东南亚
物种名片：黄褐杜灰蝶柯氏亚种 *Drupadia ravindra corbeti* Cowan, 1974

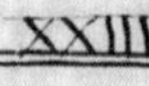

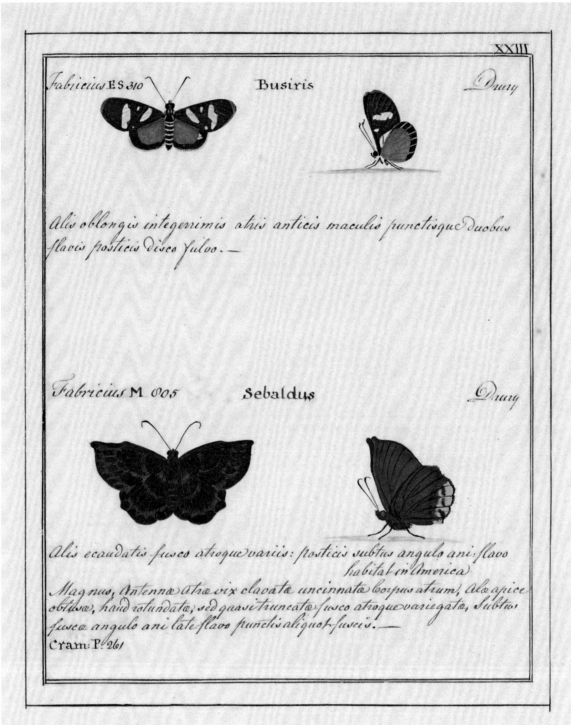

Fabricius E S 310 Busiris Drury

Alis oblongis integerrimis atris anticis maculis punctisque duobus flavis posticis disco fulvo.—

Fabricius M 805 Sebaldus Drury

Alis ecaudatis fusco atroque variis: posticis subtus angulo ani flavo
habitat in America

Magnus, Antennæ atræ vix clavatæ uncinnatæ Corpus atrum, Alæ apice obtusæ, haud rotundatæ, sed quasi truncatæ fusco atroque variegatæ, Subtus fuscæ angulo ani late flavo punctis aliquot fuscis.—

Cram: P. 261

图　　版：XXIII. “*Busiris*”（ICO）
参考文献：J. C. Fabricius, *Ent. syst.* (1792–1799); No. 310
收藏归属：德鲁 · 德鲁里
产地信息：西非?
物种名片：崩王力虎蛾 *Heraclia busiris* (Fabricius, 1793)

图　　版：XXIII. “*Sebaldus*”
参考文献：J. C. Fabricius, *Mant. insect.* (1787); No. 805
收藏归属：德鲁 · 德鲁里
产地信息：墨西哥至南美洲
物种名片：钩翅弄蝶 *Achlyodes busirus* (Cramer, 1779)

XXIV
Fabricius E.S 280
Caſſander
Drury
Alis ecaudatis concoloribus fuscis immaculatis.
Fabricius E.S 281
Polybius
Drury
Alis ecaudatis atris: anticis macula fulva posticis angulo ani flavo

图　　版：XXIV.“*Cassander*”（ICO）
参考文献：J. C. Fabricius, *Ent. syst.* (1792–1799); No. 280
收藏归属：德鲁 · 德鲁里
产地信息：古巴?
物种名片：光蓝闪弄蝶 *Astraptes cassander* (Fabricius, 1793)

图　　版：XXIV.“*Polybius*”（ICO）
参考文献：J. C. Fabricius, *Ent. syst.* (1792–1799); No. 281
收藏归属：德鲁 · 德鲁里
产地信息：苏里南?
物种名片：蓝条弄蝶指名亚种 *Phocides polybius polybius* (Fabricius, 1793)

XXV
Fabricius E.S. 278
Mithridates
Drury
Alis rotundatis atris macula fasciaque postica purpurea lunulis pallidioribus. —
Fabricius ES 317
Zelucius
Drury
Alis integris concoloribus atris, posticis margine albo capite caudaque sanguineis. —

图　　版：XXV.“*Mithridates*”（ICO）

参考文献：J. C. Fabricius, *Ent. syst.* (1792–1799); No. 278

收藏归属：德鲁·德鲁里

产地信息：牙买加

物种名片：美钩翅弄蝶指名亚种 *Achlyodes mithridates mithridates* (Fabricius, 1793)

图　　版：XXV.“*Zelucius*”（ICO）

参考文献：J. C. Fabricius, *Ent. syst.* (1792–1799); No. 317

收藏归属：德鲁·德鲁里

产地信息：苏里南?

物种名片：红臀弄蝶指名亚种 *Pyrrhopyge phidias phidias* (Linnaeus, 1758)

XXVI
Fabricius ES.311. Pisistratus Drury
Linnæus N° 264. Bixæ Drury
Alis integerrimis fuscis: posticis supra disco flavo; subtus fascia nivea nigro punctata
Alis rotundatis fuscis basi virescentibus Posticis subtus fascia lactea.
habitat in America
Fabricius ES 320 Amiatus Drury
Bixæ Drury
Alis integerrimis atris margine postico flavo, capite anoque sanguineis.
Amyclas Cramer 199

图　　版：XXVI.“*Pisistratus*”（ICO）
参考文献：J. C. Fabricius, *Ent. syst.* (1792–1799); No. 311
收藏归属：德鲁·德鲁里
产地信息：塞拉利昂
物种名片：庇神竖翅弄蝶 *Coeliades pisistratus* (Fabricius, 1793)

图　　版：XXVI.“*Bixæ*”
参考文献：C. Linnaeus, *Syst. nat.* (1767); No. 264
收藏归属：德鲁·德鲁里
产地信息：非洲
物种名片：蓝竖翅弄蝶 *Coeliades chalybe* (Westwood, 1852)

图　　版：XXVI.“*Amiatus*”（ICO）
参考文献：J. C. Fabricius, *Ent. syst.* (1792–1799); No. 320
收藏归属：德鲁·德鲁里
产地信息：苏里南?
物种名片：阿密红臀弄蝶指名亚种 *Pyrrhopyge amyclas amyclas* (Cramer, 1779)

图　　版：XXVI.“*Bixæ*”
参考文献：—
收藏归属：德鲁·德鲁里
产地信息：非洲
物种名片：蓝竖翅弄蝶 *Coeliades chalybe* (Westwood, 1852)

XXVII
Linnæus N° 263 Phidias
Drury
Fabricius ES 331 . Pelopidas
Drury
Alis rotundatis atris nitentibus mar=
=gine albis ore anoque rubris.—
habitat in Asia
Cram. P. 41 Acastus
P. 199 phidias
Alis integerrimis anticis obscure
cinereis: lineola media fusca posticis
cinereis.—
Drury
Fabricius M813 Mænas
Sr Jos Banks
Alis integris viridi atris nitentibus
margine albis: posticis subtus fascia
alba ore anoque rubris
Cram: P. 199
habitat in America
NB this is the Phidias of Linnæus vide Clerck

图　　版：XXVII.“*Phidias*”
参考文献：C. Linnacus, *Syst. nat.* (1767); No. 263
收藏归属：德鲁·德鲁里
产地信息：南美洲
物种名片：弄蝶科 Hesperiidae，红臀弄蝶族 Pyrrhopygini，参考尖蓝翅弄蝶 *Mysoria barcastus* (Sepp, 1851)

图　　版：XXVII.“*Pelopidas*”（ICO）
参考文献：J C Fabricius, *Ent syst* (1792–1799); No. 331
收藏归属：德鲁·德鲁里
产地信息：南美洲
物种名片：派洛霾弄蝶 *Mylon pelopidas* (Fabricius, 1793)

图　　版：XXVII. 未命名
参考文献：—
收藏归属：德鲁·德鲁里
产地信息：—
物种名片：弄蝶科未定种 Hesperiidae sp. indet.

图　　版：XXVII.“*Mænas*”
参考文献：J. C. Fabricius, *Mant. insect.* (1787); No. 813
收藏归属：约瑟夫·班克斯爵士
产地信息：南美洲
物种名片：红臀弄蝶红木亚种 *Pyrrhopyge phidias bixae* (Linnaeus, 1758)

XXVIII
Fabricius ES 315. Thrasibulus Drury
Drury
Alis integerrimis atris: lunulis caeruleis posticis subtus angulo ani cinereo fusco punctato.
Drury
Drury

图　　版：XXVIII.“*Thrasibulus*”（ICO）
参考文献：J. C. Fabricius, *Ent. syst.* (1792–1799); No. 315
收藏归属：德鲁·德鲁里
产地信息：南美洲
物种名片：轮弄蝶 *Cycloglypha thrasibulus* (Fabricius, 1793)

图　　版：XXVIII. 未命名
参考文献：—
收藏归属：德鲁·德鲁里
产地信息：—
物种名片：弄蝶科未定种 Hesperiidae sp. indet.

图　　版：XXVIII. 未命名
参考文献：—
收藏归属：德鲁·德鲁里
产地信息：—
物种名片：弄蝶科未定种 Hesperiidae sp. indet.

图　　版：XXVIII. 未命名
参考文献：—
收藏归属：德鲁·德鲁里
产地信息：—
物种名片：弄蝶科未定种 Hesperiidae sp. indet.

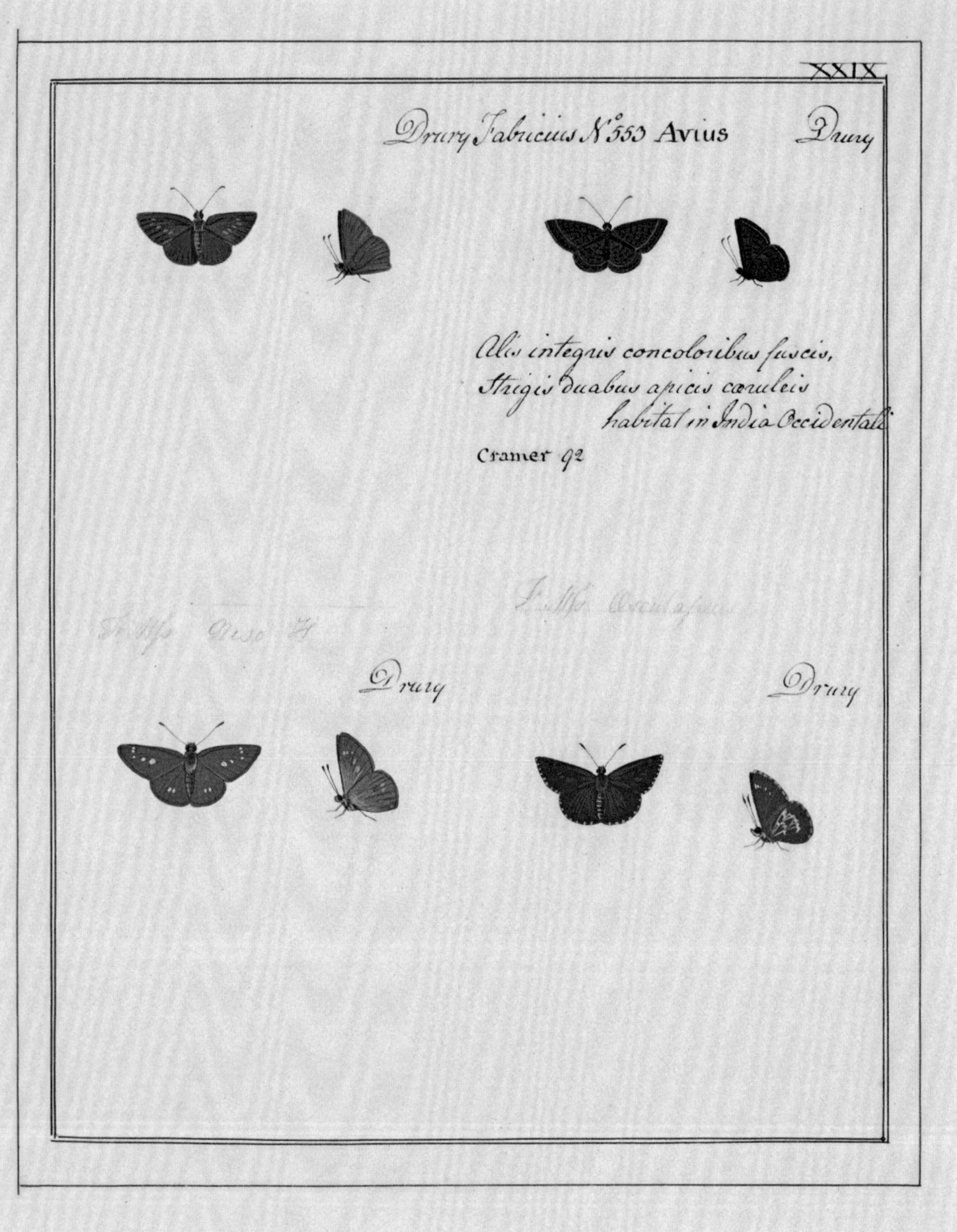
XXIX
Drury Fabricius N°553 Avius
Drury
Alis integris concoloribus fuscis,
Strigis duabus apicis caeruleis
habitat in India Occidentali
Cramer 92
Drury
Drury

图　　版：XXIX. 未命名
参考文献：—
收藏归属：德鲁·德鲁里
产地信息：—
物种名片：弄蝶科未定种 Hesperiidae sp. indet.

图　　版：XXIX.“*Auius*”
参考文献：J. C. Fabricius, *Spec. insect.* (1781); No. 553
收藏归属：德鲁·德鲁里
产地信息：南美洲
物种名片：纹蚬蝶 *Charis anius* (Cramer, 1776)

图　　版：XXIX. 未命名
参考文献：—
收藏归属：德鲁·德鲁里
产地信息：—
物种名片：弄蝶科未定种 Hesperiidae sp. indet.

图　　版：XXIX.“*Aesculapius*”(ICO)
参考文献：—
收藏归属：德鲁·德鲁里
产地信息：美国东部
物种名片：网缎弄蝶指名亚种 *Amblyscirtes aesculapius aesculapius* (Fabricius, 1793)

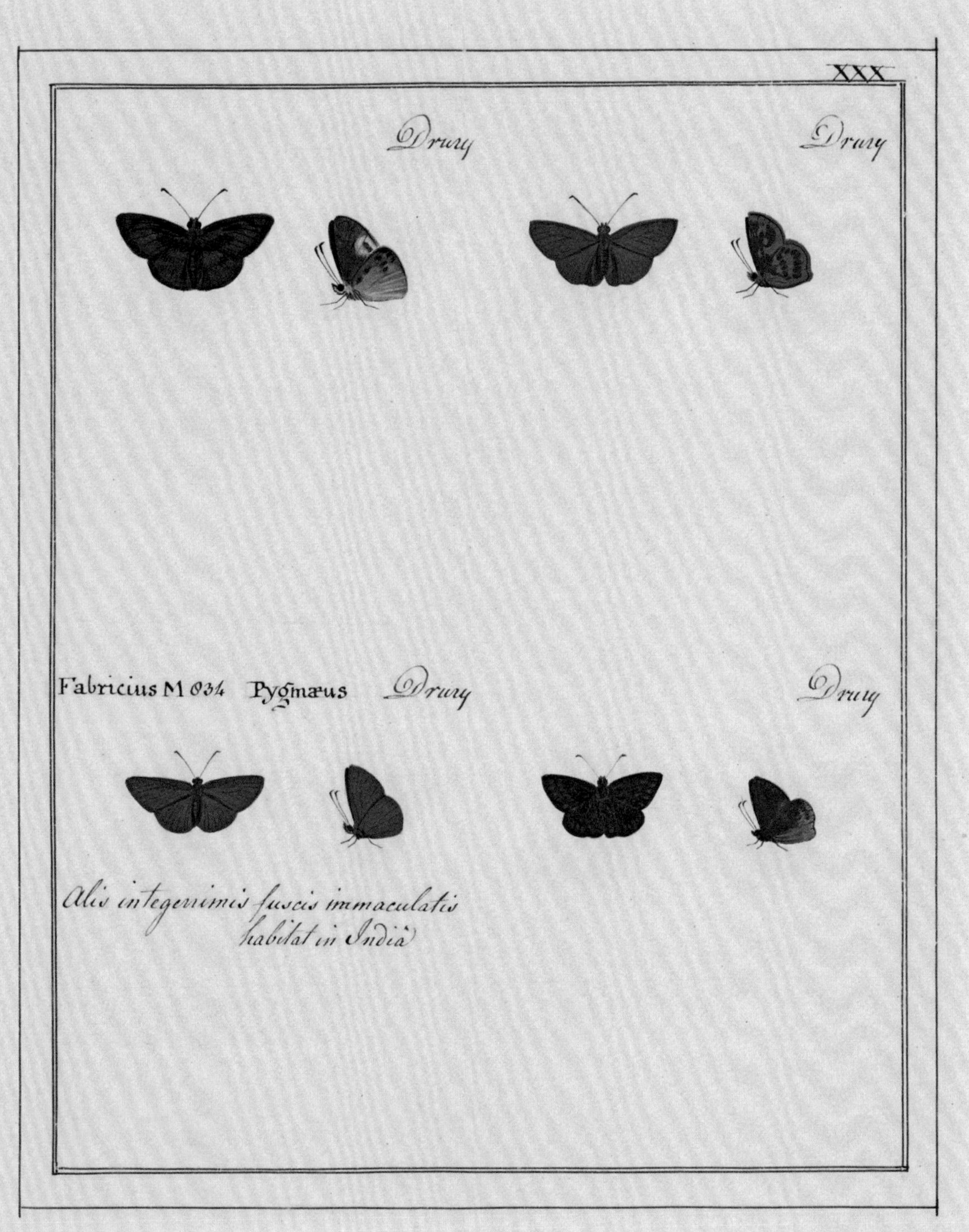

图　　版：XXX. 未命名
参考文献：—
收藏归属：德鲁·德鲁里
产地信息：—
物种名片：弄蝶科未定种 Hesperiidae sp. indet.

图　　版：XXX. 未命名
参考文献：—
收藏归属：德鲁·德鲁里
产地信息：—
物种名片：弄蝶科未定种 Hesperiidae sp. indet.

图　　版：XXX. "*Pygmaeus*"
参考文献：J. C. Fabricius, *Mant. insect.* (1787); No. 834
收藏归属：德鲁·德鲁里
产地信息：东洋界？
物种名片：弄蝶科未定种 Hesperiidae sp. indet.，可能为锷弄蝶属某种 *Aeromachus* sp.

图　　版：XXX. 未命名
参考文献：—
收藏归属：德鲁·德鲁里
产地信息：—
物种名片：弄蝶科未定种 Hesperiidae sp. indet.

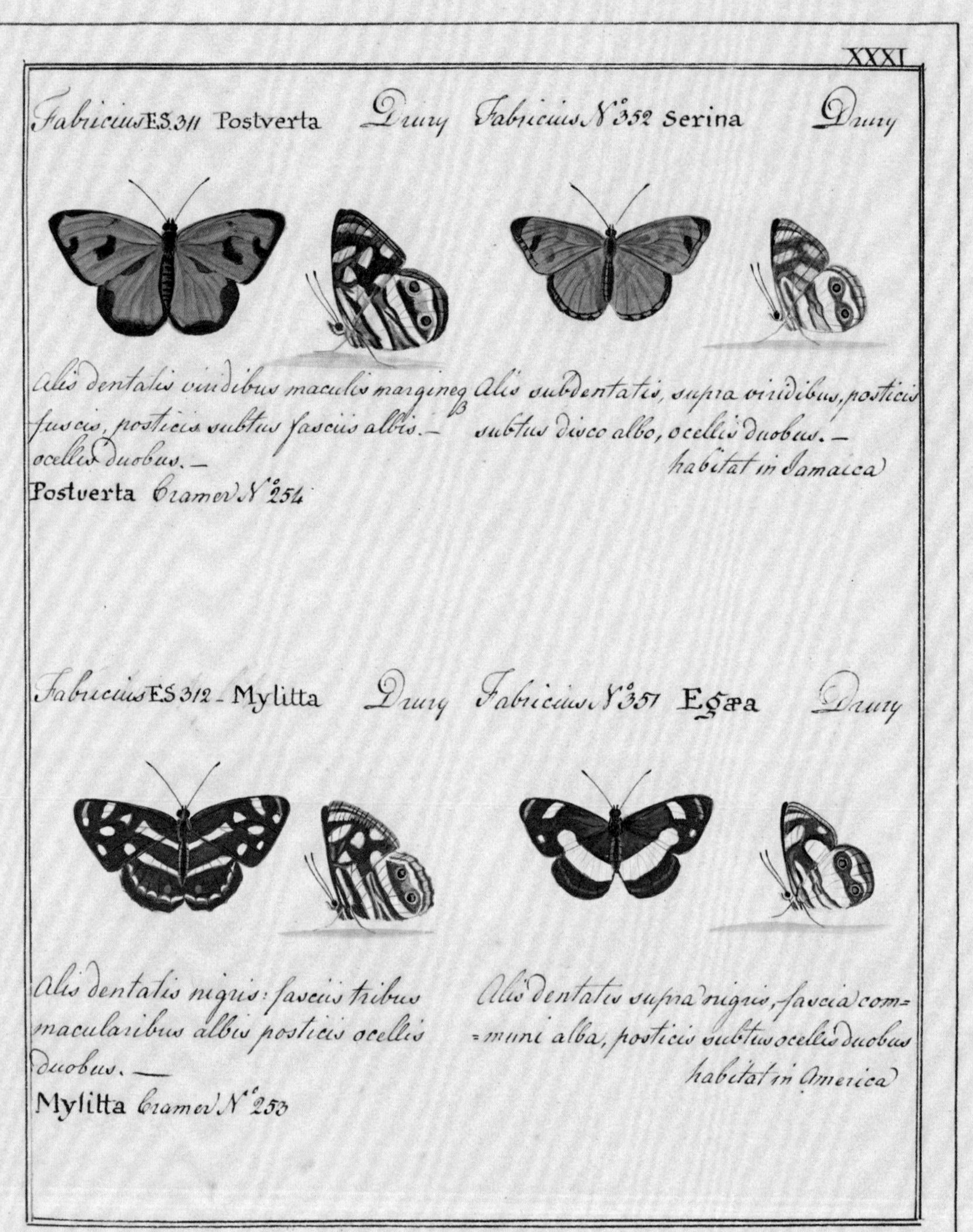

XXXI
Fabricius E.S. 311 Postverta Drury
Fabricius N° 352 Serina Drury
Alis dentatis viridibus maculis margineque fuscis, posticis subtus fasciis albis. — ocellis duobus. —
Postverta Cramer N° 254
Alis subdentatis, supra viridibus, posticis subtus disco albo, ocellis duobus. —
habitat in Jamaica
Fabricius E.S. 312 Mylitta Drury
Fabricius N° 351 Egæa Drury
Alis dentatis nigris: fasciis tribus macularibus albis posticis ocellis duobus. —
Mylitta Cramer N° 253
Alis dentatis supra nigris, fascia com=munì alba, posticis subtus ocellis duobus
habitat in America

图　　版：XXXI. “*Postverta*”
参考文献：J. C. Fabricius, *Ent. syst.* (1792–1799); No. 311
收藏归属：德鲁·德鲁里
产地信息：美国南部至南美洲
物种名片：磨石杈蛱蝶[7] *Dynamine postverta* (Cramer, 1779)，雄

图　　版：XXXI. “*Serina*”
参考文献：J. C. Fabricius, *Spec. insect.* (1781); No. 352
收藏归属：德鲁·德鲁里
产地信息：加勒比海地区
物种名片：褐杈蛱蝶[8] *Dynamine serina* (Fabricius, 1775)

图　　版：XXXI. “*Mylitta*”
参考文献：J. C. Fabricius, *Ent. syst.* (1792–1799); No. 312
收藏归属：德鲁·德鲁里
产地信息：美国南部至南美洲
物种名片：磨石杈蛱蝶 *Dynamine postverta* (Cramer, 1779)，雌

图　　版：XXXI. “*Egæa*”
参考文献：J. C. Fabricius, *Spec. insect.* (1781); No. 351
收藏归属：德鲁·德鲁里
产地信息：加勒比海地区
物种名片：褐杈蛱蝶 *Dynamine serina* (Fabricius, 1775)

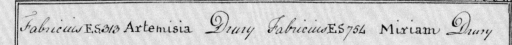

XXXII

Fabricius E.S.313 Artemisia Drury

Alis dentatis nigris anticis maculis posticis fascia albis posticis subtus ocellis duobus argenteis. —

Fabricius E.S 754 Miriam Drury

Alis dentatis fuscis subtus cinereis anticis ocellis duobus posticis septem. —

Dorothea Cramer N.o 204

Fabricius N.o 277 Lucindus Drury

Alis integerrimis nigro fasciatis supra coeruleis subtus fulvis. —

habitat Surinami

Lucinda Cramer N.o 1

Fabricius E.S 470 Arminius Drury

Alis integris concoloribus fulvis lunulis punctisque rufescentibus. —

Fatima Cramer N.o 271

图　　版：XXXII. “*Artemisia*”（ICO）
参考文献：J. C. Fabricius, *Ent. syst.* (1792–1799); No. 313
收藏归属：德鲁·德鲁里
产地信息：巴西？
物种名片：眼镜权蛱蝶指名亚种 *Dynamine artemisia artemisia* (Fabricius, 1793)

图　　版：XXXII. “*Miriam*” / “*Dorothea*”（ICO）
参考文献：J. C. Fabricius, *Ent. syst.* (1792–1799); No. 754 / P. Cramer, *De uit. Kap.* (1775–1782); Pl. 204, f. e–f
收藏归属：德鲁·德鲁里
产地信息：塞拉利昂
物种名片：紫晕蔽眼蝶指名亚种 *Bicyclus dorothea dorothea* (Cramer, 1779)

图　　版：XXXII. “*Lucindus*” / “*Lucinda*”
参考文献：J. C. Fabricius, *Spec. insect.* (1781); No. 277 / P. Cramer, *De uit. Kap.* (1775–1782); Pl. 1, f. e–f
收藏归属：德鲁·德鲁里
产地信息：哥斯达黎加至巴西
物种名片：亮褐螟蚬蝶 *Emesis lucinda* (Cramer, 1775)

图　　版：XXXII. “*Arminius*” / “*Fatima*”（ICO）
参考文献：J. C. Fabricius, *Ent. syst.* (1792–1799); No. 478 / P. Cramer, *De uit. Kap.* (1775–1782); Pl. 271, f. a–b
收藏归属：德鲁·德鲁里
产地信息：苏里南？
物种名片：红螟蚬蝶指名亚种 *Emesis mandana mandana* (Cramer, 1780)

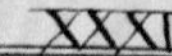

Linnaeus N°243 Athemon Drury Fabricius M714 Lamis Drury

Alis integerrimis subfuscis: disco communi albo: fascia postica dimidiata fusca. — habitat in America

Alis integris fuscis: fascia communi abbreviata alba fulvaque habitat Cajennæ

Lamis Cramer N°335

Drury Linnaeus N°244 Caricæ

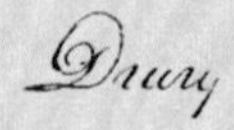

Alis integerrimis fulvis, disco communi albo limbo cinereo ocellato. — habitat in Carica Americes

Cram: P. 170

图　　版：XXXIII. "*Athemon*"
参考文献：C. Linnaeus, *Syst. nat.* (1767); No. 243
收藏归属：德鲁·德鲁里
产地信息：巴拿马至南美洲
物种名片：权蛱蝶 *Dynamine athemon* (Linnaeus, 1758)

图　　版：XXXIII. "*Lamis*"
参考文献：J. C. Fabricius, *Mant. insect.* (1787); No. 714
收藏归属：德鲁·德鲁里
产地信息：南美洲
物种名片：阿赞拟蛱蚬蝶 *Juditha azan* (Westwood, 1851)

图　　版：XXXIII. 未命名
参考文献：—
收藏归属：德鲁·德鲁里
产地信息：南美洲
物种名片：蚬蝶科未定种 Riodinidae sp. indet.

图　　版：XXXIII. "*Caricæ*"
参考文献：C. Linnaeus, *Syst. nat.* (1767); No. 244
收藏归属：德鲁·德鲁里
产地信息：南美洲
物种名片：蛱蚬蝶 *Nymphidium caricae* (Linnaeus, 1758)

XXXIV

Fabricius ES 198 **Isarchus** Drury

Alis integerrimis cœruleis: posticis fascia alba subtus albo nigroque variis. —

Camillus Cramer N°300

Fabricius ES 199 **Laches** Drury

alis integerrimis fuscis: macula disci alba, subtus variegatis: posticis fascia fascia fusca argento, marginata; —

Fabricius M 320 **Thymetus** Drury

Alis oblongis integerrimis flavis: limbo communi fusco. —

habitat

Fabricius M.717 **Mantus** Drury

Alis oblongis integerrimis cœruleo fuscoque variis: fascii communi alba —

habitat in Africa Æquinoctiali

Cram. P. 47

图　　版：XXXIV. “*Isarchus*” / “*Camillus*”（ICO）

参考文献：J. C. Fabricius, *Ent. syst.* (1792–1799); No. 198 / P. Cramer, *De uit. Kap.* (1775–1782); No. 300

收藏归属：德鲁 · 德鲁里

产地信息：塞拉利昂

物种名片：伊斯素灰蝶 *Azanus isis* (Drury, 1773)

图　　版：XXXIV. “*Laches*”（ICO）

参考文献：J. C. Fabricius, *Ent. syst.* (1792–1799); No. 199

收藏归属：德鲁 · 德鲁里

产地信息：塞拉利昂

物种名片：毛足灰蝶 *Lachnocnema bibulus* (Fabricius, 1793)

图　　版：XXXIV. “*Thymetus*”

参考文献：J. C. Fabricius, *Mant. insect.* (1787); No. 320

收藏归属：德鲁 · 德鲁里

产地信息：墨西哥至阿根廷

物种名片：苔蛱蝶 *Tegosa claudina* (Eschscholtz, 1821)

图　　版：XXXIV. “*Mantus*”

参考文献：J. C. Fabricius, *Mant. insect.* (1787); No. 717

收藏归属：德鲁 · 德鲁里

产地信息：哥斯达黎加至巴西

物种名片：曼蛱蚬蝶 *Nymphidium mantus* (Cramer, 1775)

XXXV

Fabricius N°590 Pyramus Drury

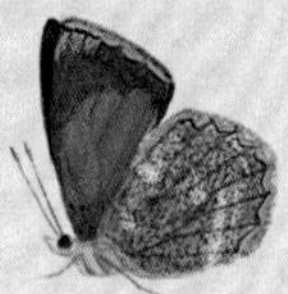

Alis integerrimis fuscis cæruleo mican=tibus macula fulva, posticis subtus griseis. — habitat Caiennæ

Fabricius ES 220 Geminus Drury

Alis rotundatis cæruleis: limbo atro striga cærulea posticis subtus fusco subfasciatis. —

Fabricius N°279 Lysidice Drury

Alis integerrimis cæruleis, supra limbo, subtus fasciis atris. — habitat Surinami

Alæ anticæ cæruleæ nervis marginibusque atris, posticæ cæruleæ margine atro, subtus omnes cæruleæ fasciis atris. —

Cram: P. 169

Fabricius ES 597 Vanessa Drury

Alis integerrimis albis: anticis margine fusco exteriori punctoque atro — posticis fusco strigosis. —

图　　版：XXXV. “*Pyramus*”
参考文献：J. C. Fabricius, *Spec. insect.* (1781); No. 590
收藏归属：德鲁·德鲁里
产地信息：尼加拉瓜至南美洲
物种名片：血塔蛱蝶 *Haematera pyrame* (Hübner, 1819)

图　　版：XXXV. “*Geminus*” (ICO)
参考文献：J. C. Fabricius, *Ent. syst.* (1792–1799); No. 220
收藏归属：德鲁·德鲁里
产地信息：巴西?
物种名片：细纹眼蚬蝶 *Semomesia geminus* (Fabricius, 1793)

图　　版：XXXV. “*Lysidice*”
参考文献：J. C. Fabricius, *Spec. insect.* (1781); No. 279
收藏归属：德鲁·德鲁里
产地信息：南美洲
物种名片：蓝釉眼蝶[10] *Cepheuptychia cephus* (Fabricius, 1775)

图　　版：XXXV. “*Vanessa*” (ICO)
参考文献：J. C. Fabricius, *Ent. syst.* (1792–1799); No. 597
收藏归属：德鲁·德鲁里
产地信息：塞拉利昂
物种名片：七带鳞灰蝶 *Liptena septistrigata* (Bethune-Baker, 1903)

XXXVI.
Drury Fabricius ES 208 Gemellus Drury
Alis integerrimis flavescentibus
limbo fusco subtus albis: striga media
lunulisque marginalibus sanguineis.
Fabricius E.S 209 Ptolomæus Drury
Fabricius E.S. 210 Archimedes Drury
Alis integerrimis ferrugineis fusco
strigosis subtus cæruleis basi
pallidioribus.
Alis integerrimis nigris disco cæruleo
subtus fuscis immaculatis.

图　　版：XXXVI. 未命名
参考文献：—
收藏归属：德鲁 · 德鲁里
产地信息：—
物种名片：赫灰蝶属某种 *Hypophytala* sp.

图　　版：XXXVI. "*Gemellus*"（ICO）
参考文献：J. C. Fabricius, *Ent. syst.* (1792–1799); No. 208
收藏归属：德鲁 · 德鲁里
产地信息：法属圭亚那
物种名片：泰勒优蚬蝶 *Euselasia teleclus* (Stoll, 1787)

图　　版：XXXVI. "*Ptolomæus*"（ICO）
参考文献：J. C. Fabricius, *Ent. syst.* (1792–1799); No. 209
收藏归属：德鲁 · 德鲁里
产地信息：巴西
物种名片：黑纹蚬蝶 *Metacharis ptolomaeus* (Fabricius, 1793)

图　　版：XXXVI. "*Archimedes*"（ICO）
参考文献：J. C. Fabricius, *Ent. syst.* (1792–1799); No. 210
收藏归属：德鲁 · 德鲁里
产地信息：南美洲
物种名片：原娆蚬蝶 *Theope archimedes* (Fabricius, 1793)

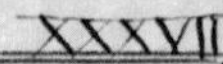

Fabricius N.e 232 Clymenus Drury Fabricius ES 112 Heraclitus Drury

Alis integris fascia cyanea, subtus anticis sanguineis, posticis albis, annulis puntisque atris. —
Cram: P. 24 habitat in Brasilia

Alis dentatis atris; anticis macula fulva posticis caerulea subtus posticis strigis flavis punctisque caeruleis. —

Fabricius ES 226 Virgilius Drury Fabricius ES 227 Petronius Drury

Alis integerrimis nigris: margine tenuiore caeruleo subtus griseis posticis lunulis tribus albidis: puncto atro. —

Alis integerrimis caeruleis nigro stri=gosis subtus fusco cinereis nigro punctatis. —

图　　版：XXXVII. "*Clymenus*"
参考文献：J. C. Fabricius, *Spec. insect.* (1781); No. 232
收藏归属：德鲁·德鲁里
产地信息：中美洲和南美洲
物种名片：红涡蛱蝶 *Diaethria clymena* (Cramer, 1775)

图　　版：XXXVII. "*Heraclitus*" (ICO)
参考文献：J. C. Fabricius, *Ent. syst.* (1792–1799); No. 112
收藏归属：德鲁·德鲁里
产地信息：巴西
物种名片：四瞳图蛱蝶 *Callicore hydaspes* (Drury, 1782)

图　　版：XXXVII. "*Virgilius*" (ICO)
参考文献：J. C. Fabricius, *Ent. syst.* (1792–1799); No. 226
收藏归属：德鲁·德鲁里
产地信息：南美洲
物种名片：维尔娆蚬蝶 *Theope virgilius* (Fabricius, 1793)

图　　版：XXXVII. "*Petronius*" (ICO)
参考文献：J. C. Fabricius, *Ent. syst.* (1792–1799); No. 227
收藏归属：德鲁·德鲁里
产地信息：南美洲
物种名片：爱叶蚬蝶 *Hypophylla argenissa* (Stoll, 1790)

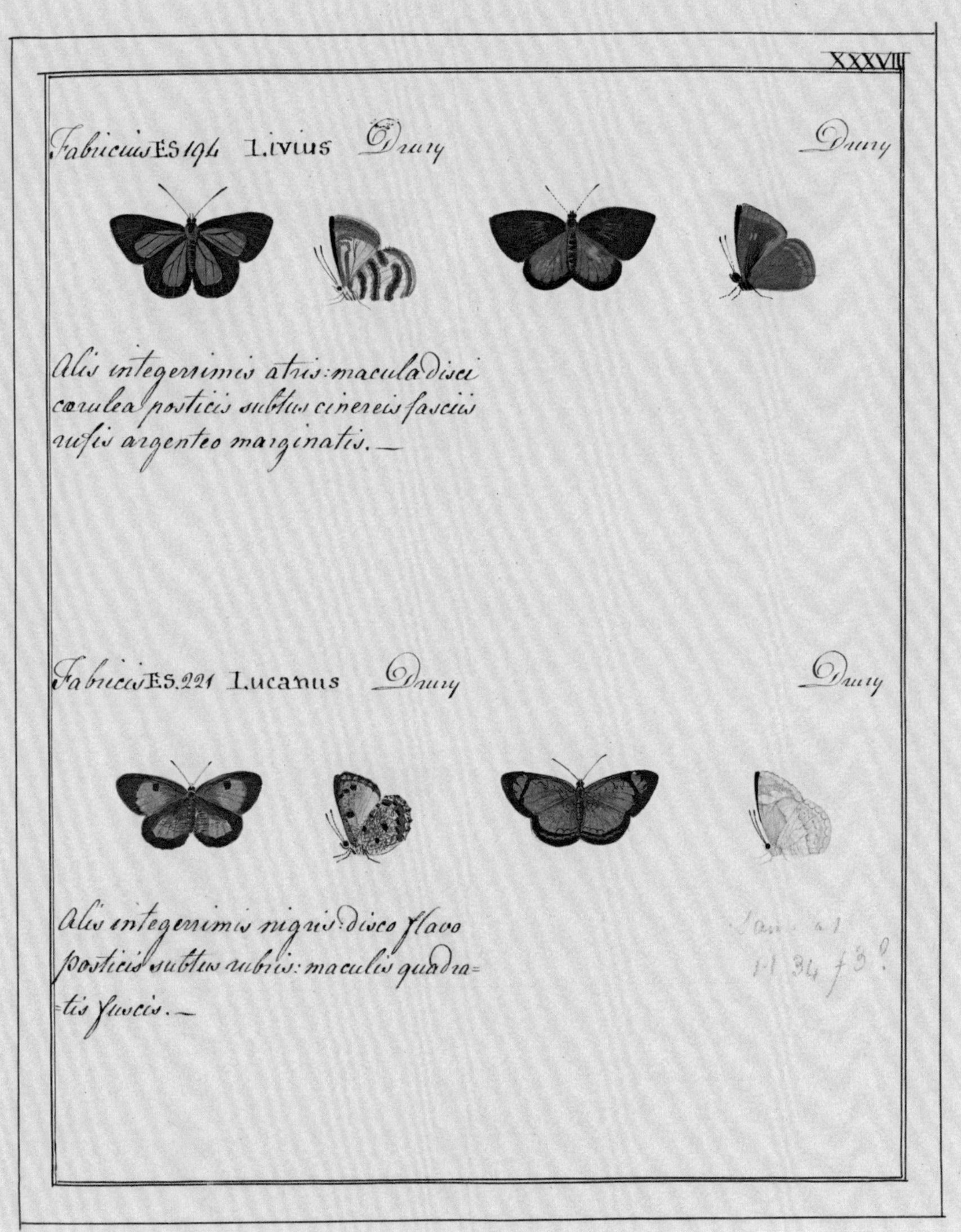
XXXVIII
Fabricius ES 194 Livius Drury
Drury
Alis integerrimis atris: macula disci
coerulea posticis subtus cinereis fasciis
rufis argenteo marginatis.—
Fabricius ES.221 Lucanus Drury
Drury
Alis integerrimis nigris: disco flavo
posticis subtus rubris: maculis quadra=
=tis fuscis.—

图　　版：XXXVIII.“*Livius*”（ICO）
参考文献：J. C. Fabricius, *Ent. syst.* (1792–1799); No. 194
收藏归属：德鲁 · 德鲁里
产地信息：澳大利亚昆士兰州
物种名片：娜链灰蝶指名亚种 *Hypochrysops narcissus narcissus* (Fabricius, 1775)

图　　版：XXXVIII. 未命名
参考文献：—
收藏归属：德鲁 · 德鲁里
产地信息：西非
物种名片：暗闪灰蝶属某种 *Cephetola* sp.，参考亚蓝暗闪灰蝶 [11]*C. subcoerulea* (Roche, 1954)

图　　版：XXXVIII.“*Lucanus*”（ICO）
参考文献：J. C. Fabricius, *Ent. syst.* (1792–1799); No. 221
收藏归属：德鲁 · 德鲁里
产地信息：塞拉利昂?
物种名片：靡灰蝶属某种 *Mimeresia* sp.，参考魔靡灰蝶 *M. moyambina* (Bethune-Baker, 1904)

图　　版：XXXVIII. 未命名
参考文献：—
收藏归属：德鲁 · 德鲁里
产地信息：墨西哥至阿根廷
物种名片：苔蛱蝶属某种 *Tegosa* sp.，参考苔蛱蝶 *T. claudina* (Eschscholtz, 1821)

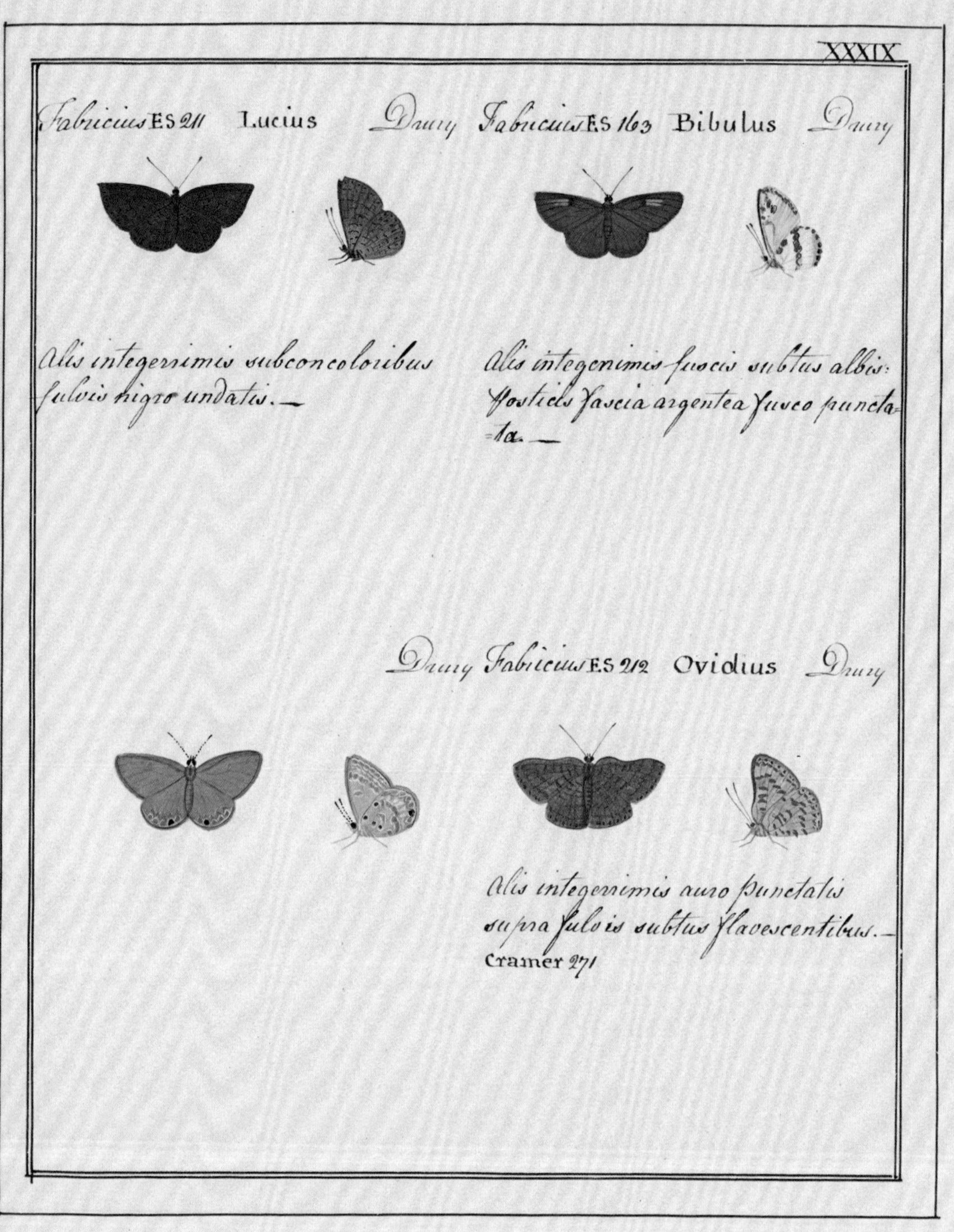
XXXIX
Fabricius ES 211 Lucius Drury
Fabricius ES 163 Bibulus Drury
Alis integerrimis subconcoloribus
fulvis nigro undatis.—
Alis integerrimis fuscis subtus albis:
Posticis fascia argentea fusco puncta-
-ta.—
Drury
Fabricius ES 212 Ovidius Drury
Alis integerrimis auro punctatis
supra fulvis subtus flavescentibus.—
Cramer 271

图　　版：XXXIX.“*Lucius*”（ICO）
参考文献：J. C. Fabricius, *Ent. syst.* (1792–1799); No. 211
收藏归属：德鲁·德鲁里
产地信息：南美洲
物种名片：亮黑纹蚬蝶 *Metacharis lucius* (Fabricius, 1793)，雌

图　　版：XXXIX.“*Bibulus*”（ICO）
参考文献：J. C. Fabricius, *Ent. syst.* (1792–1799); No. 163
收藏归属：德鲁·德鲁里
产地信息：塞拉利昂
物种名片：毛足灰蝶 *Lachnocnema bibulus* (Fabricius, 1793)

图　　版：XXXIX. 未命名
参考文献：—
收藏归属：德鲁·德鲁里
产地信息：—
物种名片：灰蝶科未定种 Lycaenidae sp. indet.

图　　版：XXXIX.“*Ovidius*”（ICO）
参考文献：J. C. Fabricius, *Ent. syst.* (1792–1799); No. 212
收藏归属：德鲁·德鲁里
产地信息：南美洲
物种名片：螟蚬蝶指名亚种 *Emesis cereus cereus* (Linnaeus, 1767)

XL.

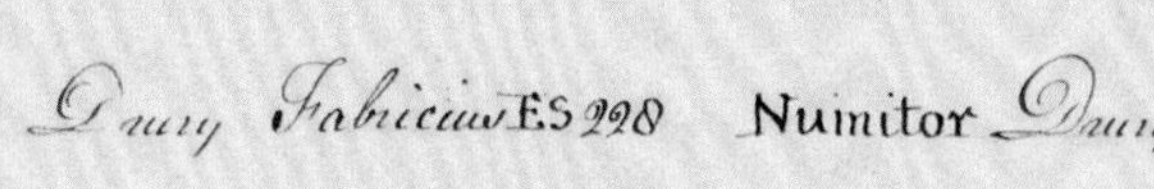

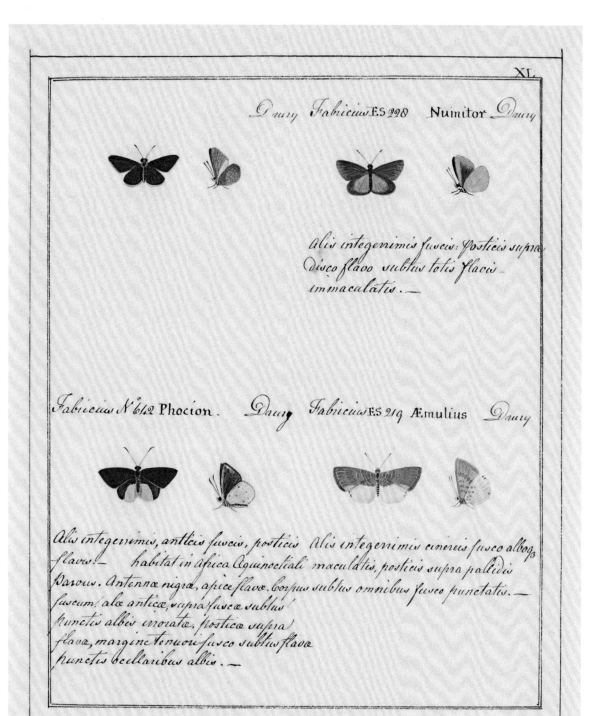

Alis integerrimis fuscis: posticis supra disco flavo subtus totis flavis immaculatis.—

Fabricius N°642 Phocion. Drury Fabricius E.S 219 Æmulius Drury

Alis integerrimis, anticis fuscis, posticis flavis.— habitat in Africa Aequinoctiali Parvus. Antennae nigrae, apice flavae. Corpus fuscum. alae anticae, supra fuscae subtus punctis albis inoratae, posticae supra flavae, margine tenuiori fusco subtus flavae punctis ocellaribus albis.—

Alis integerrimis cinereis fusco alboque maculatis, posticis supra pallidis subtus omnibus fusco punctatis.—

图　　版：XL. 未命名
参考文献：—
收藏归属：德鲁·德鲁里
产地信息：—
物种名片：弄蝶科 Hesperiidae，属、种未定

图　　版：XL. “*Numitor*”（ICO）
参考文献：J. C. Fabricius, *Ent. syst.* (1792–1799); No. 228
收藏归属：德鲁·德鲁里
产地信息：美国东部
物种名片：橙弄蝶 *Ancyloxypha numitor* (Fabricius, 1793)

图　　版：XL. “*Phocion*”
参考文献：J. C. Fabricius, *Spec. insect.* (1781); No. 642
收藏归属：德鲁·德鲁里
产地信息：西非
物种名片：海豹粉弄蝶 *Ceratrichia phocion* (Fabricius, 1781)

图　　版：XL. “*Æmulius*”（ICO）
参考文献：J. C. Fabricius, *Ent. syst.* (1792–1799); No. 219
收藏归属：德鲁·德鲁里
产地信息：巴西？
物种名片：卡多蚬蝶 *Catocyclotis aemulius* (Fabricius, 1793)

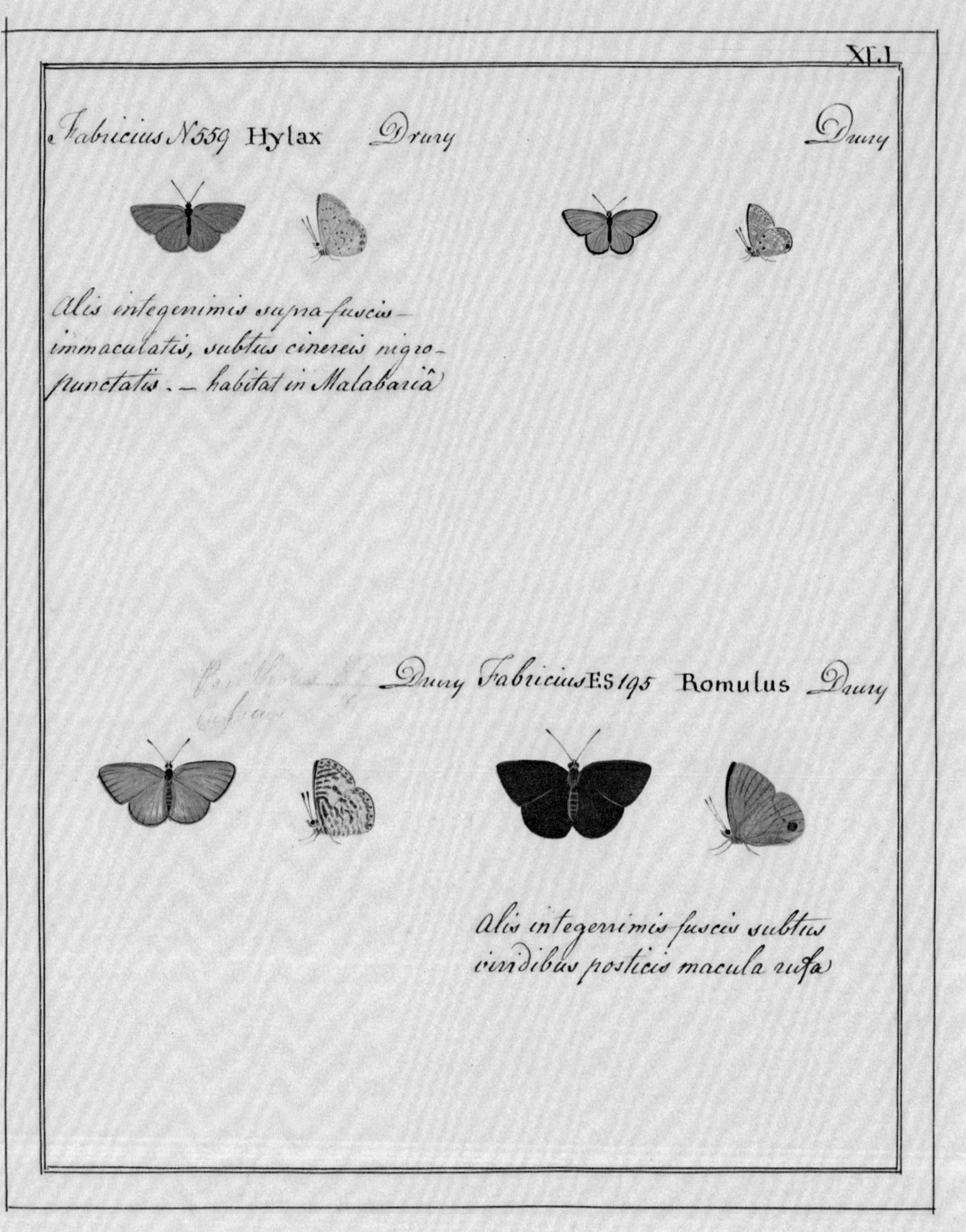
XLI
Fabricius N559 Hylax Drury
Drury
Alis integenimis supra fuscis immaculatis, subtus cinereis nigro-punctatis. — habitat in Malabariâ
Drury Fabricius ES 195 Romulus Drury
Alis integerrimis fuscis subtus viridibus posticis macula rufa

图　　版：XLI.“*Hylax*”
参考文献：J. C. Fabricius, *Spec. insect.* (1781), No. 559
收藏归属：德鲁·德鲁里
产地信息：旧大陆热带地区
物种名片：长腹灰蝶 *Zizula hylax* (Fabricius, 1775)

图　　版：XLI. 未命名
参考文献：—
收藏归属：德鲁·德鲁里
产地信息：—
物种名片：灰蝶科未定种 Lycaenidae sp. indet.

图　　版：XLI. 未命名
参考文献：—
收藏归属：德鲁·德鲁里
产地信息：—
物种名片：灰蝶科未定种 Lycaenidae sp. indet.，参考细灰蝶属 *Leptotes*

图　　版：XLI.“*Romulus*”（ICO）
参考文献：J. C. Fabricius, *Ent. syst.* (1792–1799); No. 195
收藏归属：德鲁·德鲁里
产地信息：南美洲
物种名片：参考阿查灰蝶 *Chalybs hassan* (Stoll, 1790)

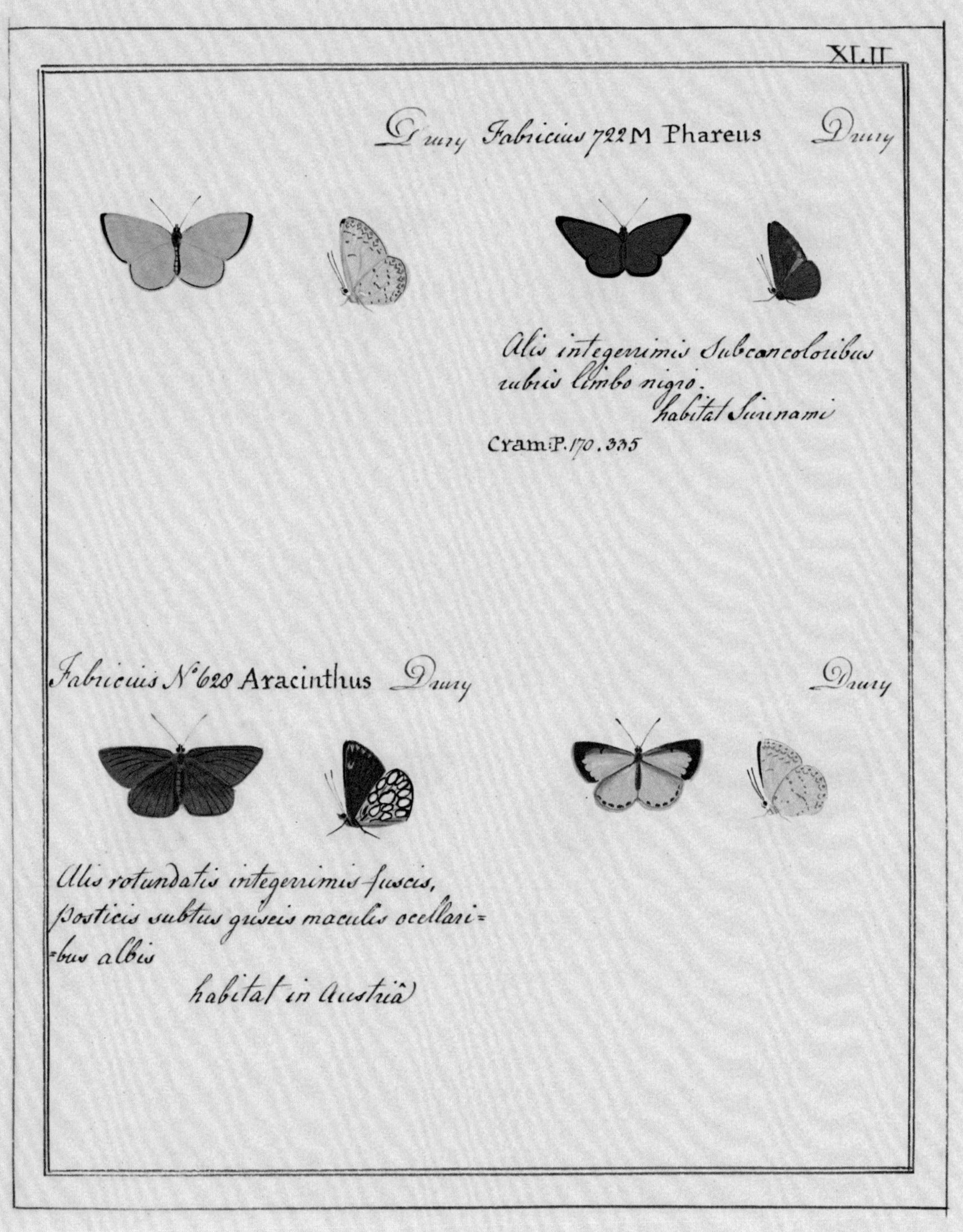

XLII
Drury Fabricius 722 M Phareus Drury
Alis integerrimis Subconcoloribus rubris llimbo nigro.
habitat Surinami
Cram.P.170.335
Fabricius N°628 Aracinthus Drury
Drury
Alis rotundatis integerrimis fuscis, posticis subtus griseis maculis ocellari=
=bus albis
habitat in Austriâ

图　　版：XLII. 未命名
参考文献：—
收藏归属：德鲁 · 德鲁里
产地信息：北美洲
物种名片：琉璃灰蝶属未定种 *Celastrina* sp. indet.，雄

图　　版：XLII. “*Phareus*”
参考文献：J. C. Fabricius, *Mant. insect.* (1787); No. 722
收藏归属：德鲁 · 德鲁里
产地信息：墨西哥南部至南美洲
物种名片：黑边红迷蚬蝶 *Mesene phareus* (Cramer, 1777)

图　　版：XLII. “*Aracinthus*”
参考文献：J. C. Fabricius, *Spec. insect.* (1781); No. 628
收藏归属：德鲁 · 德鲁里
产地信息：西起西班牙北部，东至韩国
物种名片：链弄蝶 *Heteropterus morpheus* (Pallas, 1771)

图　　版：XLII. 未命名
参考文献：—
收藏归属：德鲁 · 德鲁里
产地信息：北美洲
物种名片：琉璃灰蝶属未定种 *Celastrina* sp. indet.，雌

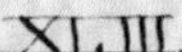

Fabricius N°610 Pretus Drury Linnaeus N°250 Lysippus Drury

Alis subcaudatis atris, viride maculatis, subtus subferrugineis flavo maculatis.
habitat ad Cap: bon: Sp:
Cram: P. 182

Alis subangulatis utrinque atris: omnibus fascia linearis rubra
habitat in America

Fabricius ES 222 Perditus Drury

Drury

Alis integerrimis atris concoloribus fascia fulva. habitat in Brasilia

图　　版：XLIII. "*Pretus*"

参考文献：J. C. Fabricius, *Spec. insect.* (1781); No. 610

收藏归属：德鲁 · 德鲁里

产地信息：中美洲和南美洲

物种名片：波媚蚬蝶 *Menander pretus* (Cramer, 1777)

图　　版：XLIII. "*Lysippus*"

参考文献：C. Linnaeus, *Syst nat* (1767); No. 250

收藏归属：德鲁 · 德鲁里

产地信息：南美洲

物种名片：斜带蚬蝶 *Riodina lysippus* (Linnaeus, 1758)

图　　版：XLIII. "*Perditus*"

参考文献：J. C. Fabricius, *Ent. syst.* (1792–1799); No. 222

收藏归属：德鲁 · 德鲁里

产地信息：巴西

物种名片：贾巴斜黄蚬蝶指名亚种 *Panara jarbas jarbas* (Drury, 1782)，左；

贾巴斜黄蚬蝶溪前亚种 *P. j. episatnius* (Prittwitz, 1865)，右

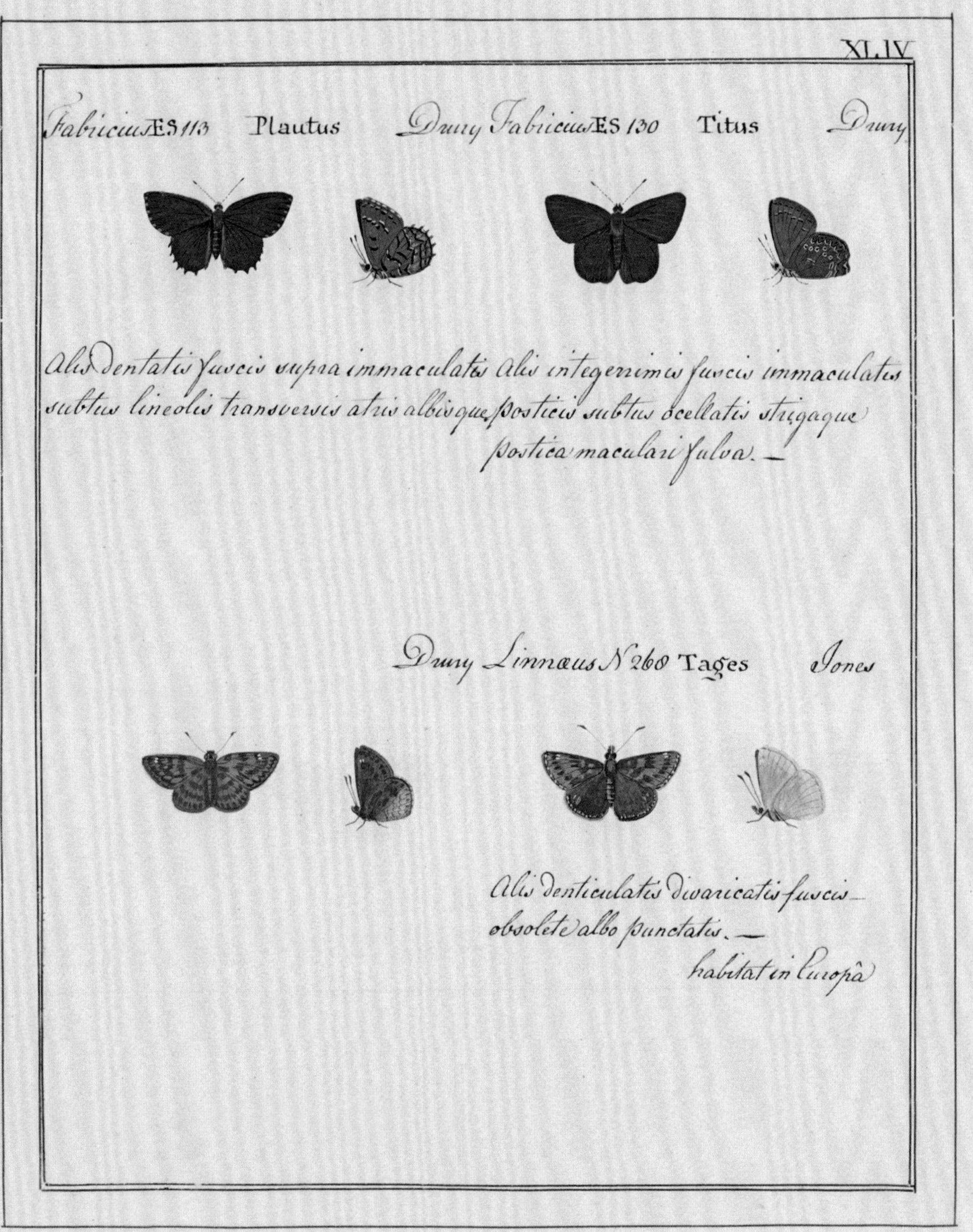

XLIV
Fabricius ES 113 Plautus Drury Fabricius ES 130 Titus Drury
Alis dentatis fuscis supra immaculatis subtus lineolis transversis atris albisque
Alis integerrimis fuscis immaculatis posticis subtus ocellatis strigaque postica maculari fulva.—
Drury Linnæus N 268 Tages Jones
Alis denticulatis divaricatis fuscis obsolete albo punctatis.—
habitat in Europâ

图　　版：XLIV.“*Plautus*”（ICO）
参考文献：J. C. Fabricius, *Ent. syst.* (1792–1799); No. 113
收藏归属：德鲁·德鲁里
产地信息：美国东部
物种名片：白雪盈灰蝶[12] *Callophrys niphon* (Hübner, 1819)

图　　版：XLIV.“*Titus*”（ICO）
参考文献：J. C. Fabricius, *Ent. syst.* (1792–1799); No. 130
收藏归属：德鲁·德鲁里
产地信息：北美洲
物种名片：哈根灰蝶[13]指名亚种 *Satyrium titus titus* (Fabricius, 1793)

图　　版：XLIV. 未命名
参考文献：—
收藏归属：德鲁·德鲁里
产地信息：—
物种名片：弄蝶科未定种 Hesperiidae sp. indet.

图　　版：XLIV.“*Tages*”
参考文献：C. Linnaeus, *Syst. nat.* (1767); No. 268
收藏归属：威廉·琼斯
产地信息：古北界，从英国向东至中国
物种名片：珠弄蝶 *Erynnis tages* (Linnaeus, 1758)

XLV

Fabricius N°545 Apelles Sr Josh Banks Fabricius N°544 Narcissus Sr Josh Banks

Alis dentatis fulvis limbo fusco, posticis subtus fasciis rufis argenteo marginatis habitat in nova Hollandiâ

Alis dentatis fuscis disco caerulescente Subtus fasciis maculisque sanguineis habitat in nova hollandiâ

Linnaeus N°237 Rubi

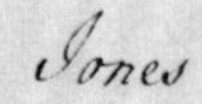

Fabricius E.S.207 Tarquinius Francillon

Alis dentato subcaudatis: supra fuscis, subtus viridibus.— habitat in Rubo aculeato

Alis integerrimis nigris anticis macula oblonga baseos sinuata posticis angulo ani flavo nigro maculato.—

图　　版：XLV. “*Apelles*”

参考文献：J. C. Fabricius, *Spec. insect.* (1781); No. 545

收藏归属：约瑟夫·班克斯爵士

产地信息：阿鲁群岛至新几内亚岛和澳大利亚

物种名片：阿链灰蝶 *Hypochrysops apelles* (Fabricius, 1775)

图　　版：XLV. “*Narcissus*”

参考文献：J. C. Fabricius, *Spec. insect* (1781); No. 544

收藏归属：约瑟夫·班克斯爵士

产地信息：马鲁古群岛至新几内亚岛和澳大利亚北部

物种名片：娜链灰蝶 *Hypochrysops narcissus* (Fabricius, 1775)

图　　版：XLV. “*Rubi*”

参考文献：C. Linnaeus, *Syst. nat.* (1767); No. 237

收藏归属：威廉·琼斯

产地信息：特内里费岛、北非和欧洲，向东至俄罗斯阿穆尔州

物种名片：卡灰蝶 *Callophrys rubi* (Linnaeus, 1758)

图　　版：XLV. “*Tarquinius*” （ICO）

参考文献：J. C. Fabricius, *Ent. syst.* (1792–1799); No. 207

收藏归属：约翰·弗朗西伦

产地信息：北美洲东部

物种名片：棉蚜灰蝶 *Feniseca tarquinius* (Fabricius, 1793)

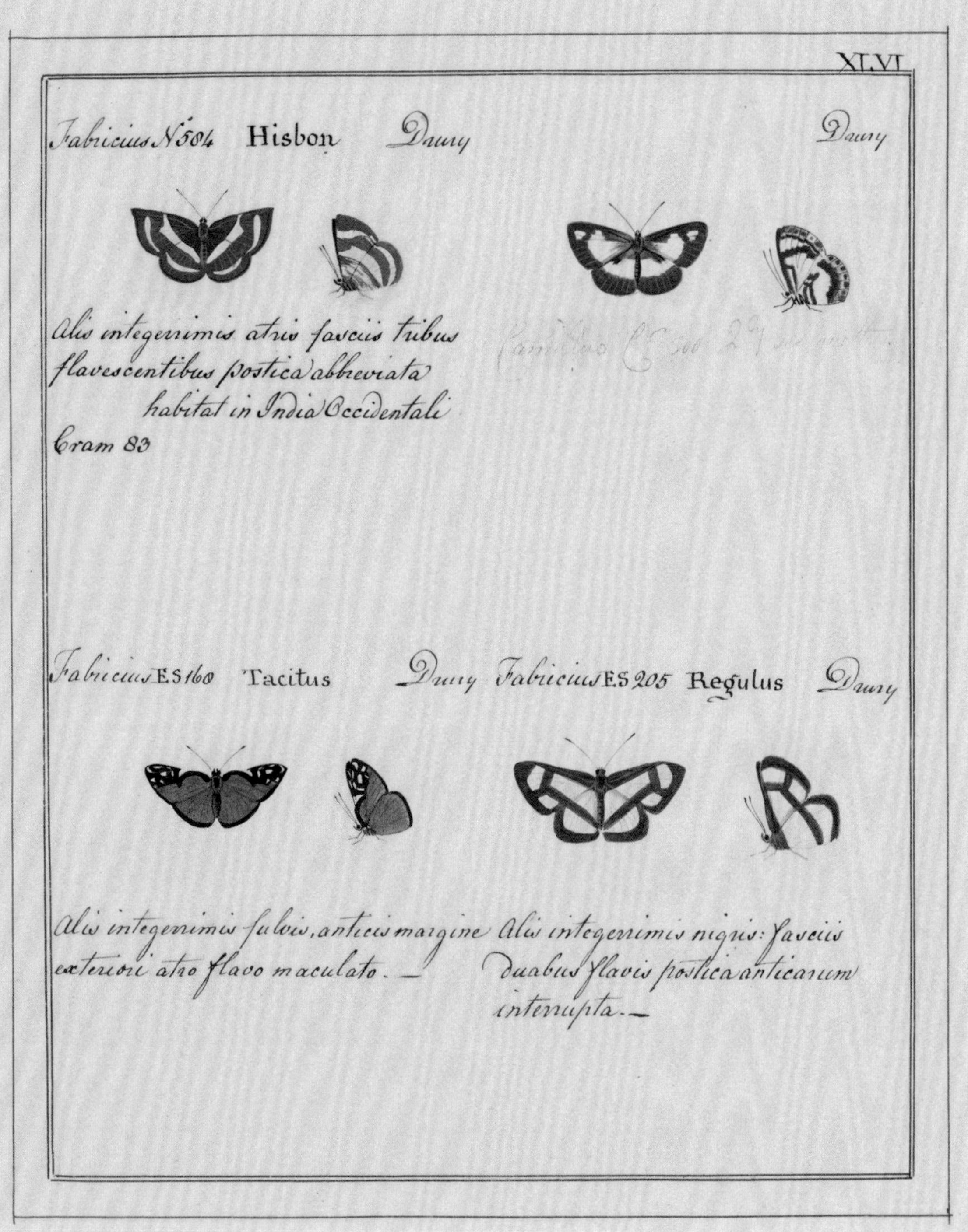

XLVI
Fabricius N°584 Hisbon Drury
Drury
Alis integerrimis atris fasciis tribus flavescentibus postica abbreviata
habitat in India Occidentali
Cram 83
Fabricius ES 160 Tacitus Drury
Fabricius ES 205 Regulus Drury
Alis integerrimis fulvis, anticis margine exteriori atro flavo maculato.
Alis integerrimis nigris: fasciis duabus flavis postica anticarum interrupta.

图　　版：XLVI. “*Hisbon*”
参考文献：J. C. Fabricius, *Spec. insect.* (1781); No. 584
收藏归属：德鲁・德鲁里
产地信息：南美洲
物种名片：苞蚬蝶属某种 *Baeotis* sp.，参考苞蚬蝶 *B. hisbon* (Cramer, 1775)

图　　版：XLVI. 未命名
参考文献：—
收藏归属：德鲁・德鲁里
产地信息：非洲
物种名片：伊斯素灰蝶 *Azanus isis* (Drury, 1773)

图　　版：XLVI. “*Tacitus*” （ICO）
参考文献：J. C. Fabricius, *Ent. syst.* (1792–1799); No. 160
收藏归属：德鲁・德鲁里
产地信息：苏里南?
物种名片：美纳树蚬蝶 *Symmachia menetas* (Drury, 1782)

图　　版：XLVI. “*Regulus*” （ICO）
参考文献：J. C. Fabricius, *Ent. syst.* (1792–1799); No. 205
收藏归属：德鲁・德鲁里
产地信息：巴西
物种名片：帝王拟螟蚬蝶 *Synargis regulus* (Fabricius, 1793)

Fabricius N° 557 Parsimon Sr Jos^ph Banks Linnaeus N° 221 Pruni Jones

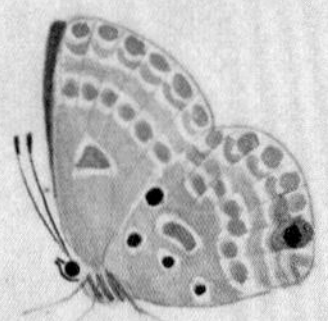

Alis integris fuscis, subtus cinereis albo undatis, posticis basi punctis ocellaribus nigris apiceque ocello. —
habitat in Siera Leon Africa

Alis subcaudatis supra fuscis; posticis subtus fascia marginali fulva nigro punctata. — habitat in pruno domestica

Fabricius N° 555 Erinus Sr Jos^ph Banks Fabricius N° 496 Gabrielis Dr Hunter

Alis integerrimis fuscis subtus cinereis, anticis angulo postico puncto gemino nigro. —
habitat in novâ hollandiâ

Alis subtricaudatis caeruleis nitidissimis posticis subtus fuscis ante apicem albo fasciatis. —
habitat in America meridionali

Cram: P. 6

图　　版：XLVII. “*Parsimon*”
参考文献：J. C. Fabricius. *Spec. insect.* (1781); No. 557
收藏归属：约瑟夫·班克斯爵士
产地信息：西非
物种名片：鳞灰蝶属某种 *Lepidochrysops* sp.，参考松鳞灰蝶 *L. synchrematiza* (Bethune-Baker, 1923)

图　　版：XLVII. “*Pruni*”
参考文献：C. Linnaeus, *Syst. nat.* (1767); No. 221
收藏归属：威廉·琼斯
产地信息：西起英国，东至日本
物种名片：离纹洒灰蝶 *Satyrium w-album* (Knoch, 1782)

图　　版：XLVII. “*Erinus*”
参考文献：J. C. Fabricius, *Spec. insect.* (1781); No. 555
收藏归属：约瑟夫·班克斯爵士
产地信息：西起小巽他群岛，东至新几内亚岛和澳大利亚
物种名片：艾坎灰蝶 *Candalides erinus* (Fabricius, 1775)

图　　版：XLVII. “*Gabrielis*”
参考文献：J. C. Fabricius, *Spec. insect.* (1781); No. 496
收藏归属：亨特博士
产地信息：南美洲
物种名片：彩带丽灰蝶 *Evenus gabriela* (Cramer, 1775)

XLVIII
Fabricius ES 91
Coriolanus
Drury
Alis dentatis caudatis obscure cinereis striga communi ferruginea.
Drury

图　　版：XLVIII. “*Coriolanus*”（ICO）
参考文献：J. C. Fabricius, *Ent. syst.* (1792–1799); No. 91
收藏归属：德鲁·德鲁里
产地信息：中国?
物种名片：蛇目褐蚬蝶指名亚种 *Abisara echerius echerius* (Stoll, 1790)

图　　版：XLVIII. 未命名
参考文献：—
收藏归属：德鲁·德鲁里
产地信息：非洲
物种名片：粗俗蔽眼蝶 *Bicyclus vulgaris* (Butler, 1868)

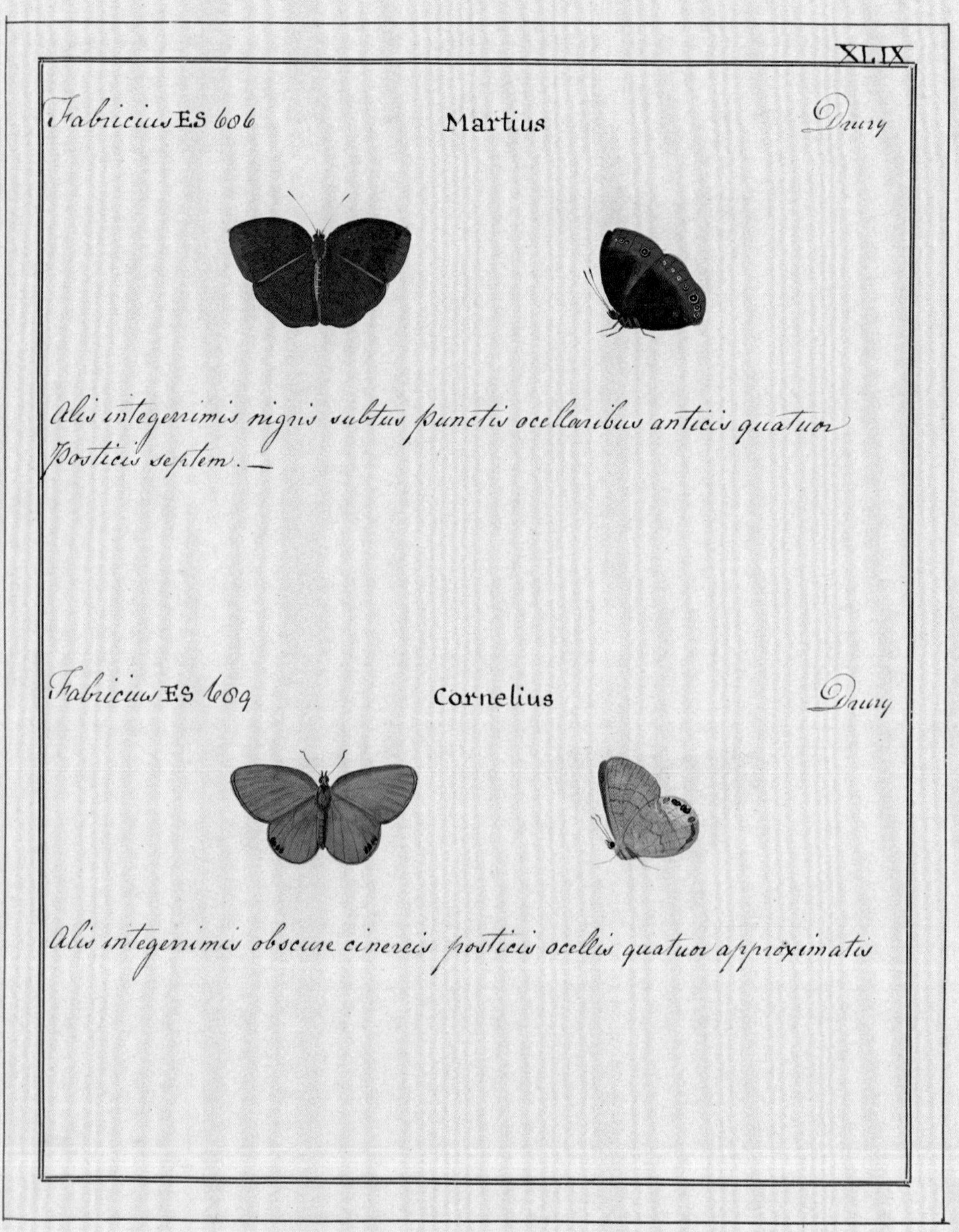

XLIX
Fabricius ES 606
Martius
Drury
Alis integerrimis nigris subtus punctis ocellaribus anticis quatuor Posticis septem.
Fabricius ES 609
Cornelius
Drury
Alis integerrimis obscure cinereis posticis ocellis quatuor approximatis

图　　版：XLIX.“*Martius*”（ICO）
参考文献：J. C. Fabricius, *Ent. syst.* (1792–1799); No. 606
收藏归属：德鲁·德鲁里
产地信息：塞拉利昂
物种名片：马蒂蔽眼蝶 *Bicyclus martius* (Fabricius, 1793)

图　　版：XLIX.“*Cornelius*”（ICO）
参考文献：J. C. Fabricius, *Ent. syst.* (1792–1799); No. 689
收藏归属：德鲁·德鲁里
产地信息：美国?
物种名片：黑宝石眼蝶指名亚种 *Cyllopsis gemma gemma* (Hübner, 1808)

I.
Fabricius ES 468
Constantius
Drury
Alis integerrimis obscure cinereis: striga marginali punctorum fuscorum. —
Fabricius ES 673
Florimel
Drury
Alis integerrimis fuscis: subtus anticis ocellis duobus posticis septem

图　　版：L. "*Constantius*"（ICO）
参考文献：J. C. Fabricius, *Ent. syst.* (1792–1799); No. 468
收藏归属：德鲁·德鲁里
产地信息：巴西
物种名片：坤海蚬蝶[14] *Aricoris constantius* (Fabricius, 1793)

图　　版：L. "*Florimel*"（ICO）
参考文献：J. C. Fabricius, *Ent. syst.* (1792–1799); No. 673
收藏归属：德鲁·德鲁里
产地信息：西非？
物种名片：蔽眼蝶属某种 *Bicyclus* sp.，参考埃娃蔽眼蝶 *B. evadne* (Cramer, 1779)

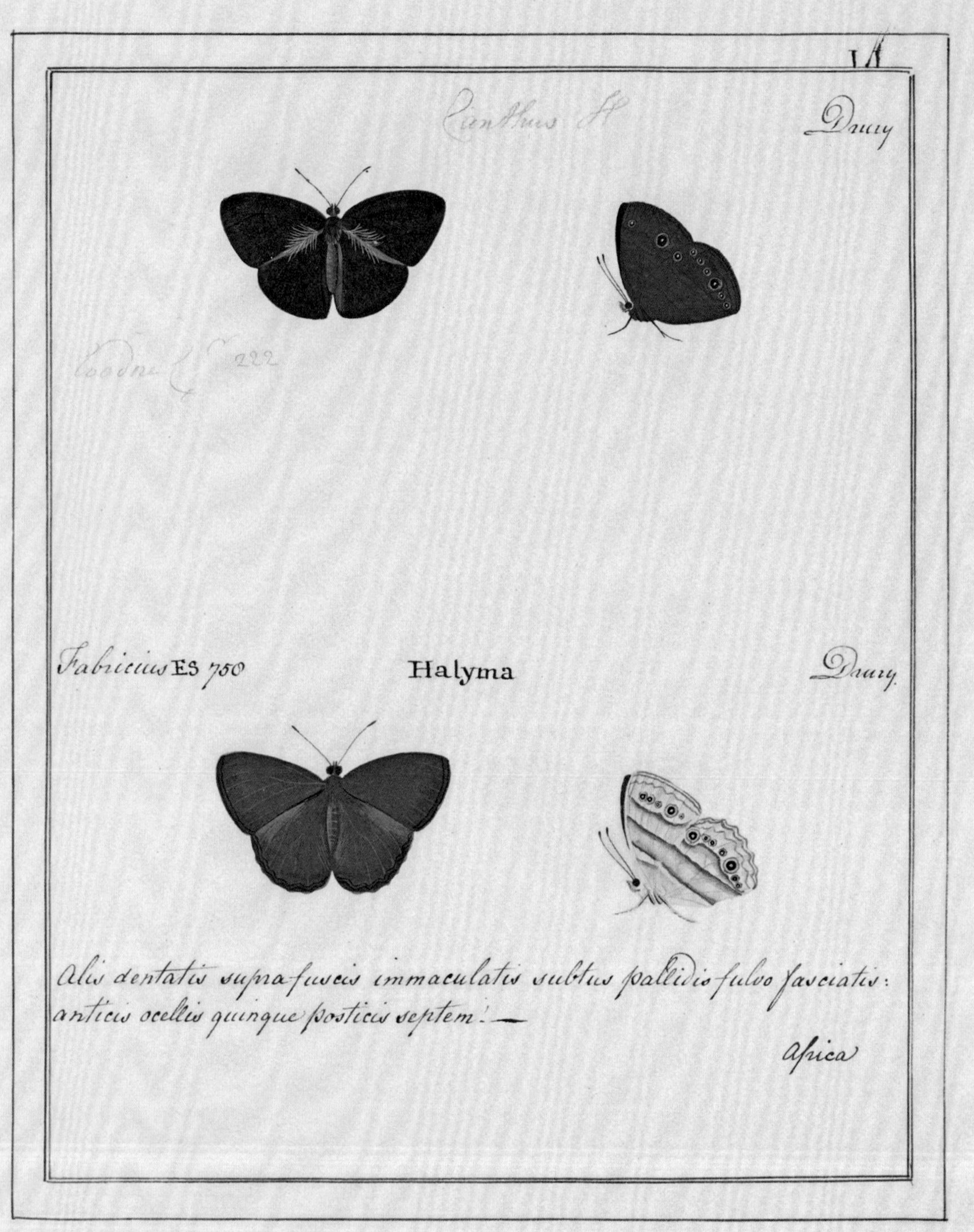
Drury
Fabricius ES 750
Halyma
Drury
Alis dentatis supra fuscis immaculatis subtus pallidis fulvo fasciatis: anticis ocellis quinque posticis septem.
Africa

图　　版：LI. 未命名
参考文献：—
收藏归属：德鲁·德鲁里
产地信息：非洲西部和中部热带地区
物种名片：埃娃蔽眼蝶 *Bicyclus evadne* (Cramer, 1779)

图　　版：LI.“*Halyma*”（ICO）
参考文献：J. C. Fabricius, *Ent. syst.* (1792–1799); No. 750
收藏归属：德鲁·德鲁里
产地信息：塞拉利昂
物种名片：纵带哈雷眼蝶 *Hallelesis halyma* (Fabricius, 1793)

L.II

Fabricius N°292 Hermes Sr Jos^ph Banks Fabricius ES 684 Sosybius Drury

Alis integerrimis supra fuscis immacula=tis posticis subtus ocellis sex tribus coecis.— habitat in Brasilia

Alis integerrimis supra fuscis imma=culatis, subtus anticis ocellis quinque posticis sex: intermediis coecis.—

Fabricius N°295 Medus Sr Jos^ph Banks Linnaeus N°239 Pamphilus Jones

Alis integerrimis fuscis, subtus striga nivea ocellisque anticarum duobus posticarum tribus.— habitat ad Cap. bon. Sp.

Hesione Fabricius N°350 Alis dentatis fus=cis, subtus striga obliqua alba, anticis ocellis duobus, posticis sesequitertiis.— habitat Surinami

Alis integerrimis flavis: subtus primoribus ocello; posticis cinereis fascia ocellisque quatuor obliteratis habitat in Europa

图　　版：LII.“*Hermes*”
参考文献：J. C. Fabricius, *Spec. insect.* (1781); No. 292
收藏归属：约瑟夫·班克斯爵士
产地信息：美国得克萨斯州至南美洲
物种名片：褐眼蝶 *Hermeuptychia hermes* (Fabricius, 1775)

图　　版：LII.“*Sosybius*”（ICO）
参考文献：J. C. Fabricius, *Ent. syst.* (1792–1799); No. 684
收藏归属：德鲁·德鲁里
产地信息：美国？
物种名片：卡州褐眼蝶 *Hermeuptychia sosybius* (Fabricius, 1793)

图　　版：LII.“*Medus*”
参考文献：J. C. Fabricius, *Spec. insect.* (1781); No. 295
收藏归属：约瑟夫·班克斯爵士
产地信息：西起斯里兰卡，东至所罗门群岛
物种名片：奥眼蝶 *Orsotriaena medus* (Fabricius, 1775)

图　　版：LII.“*Pamphilus*”
参考文献：C. Linnaeus, *Syst. nat.* (1767); No. 239
收藏归属：威廉·琼斯
产地信息：欧洲和北非，向东至西伯利亚地区
物种名片：潘非珍眼蝶 *Coenonympha pamphilus* (Linnaeus, 1758)

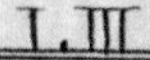

LIII

Fabricius No. 524 Gerontes Drury

Drury

Alis caudatis nigris, macula communi transversa alba, anticis ocello, posticis geminato.
habitat in Africa Aequinoctiali

Fabricius M. 354 Phryneus Drury

Linnaeus No. 242 Arcanius. Drury

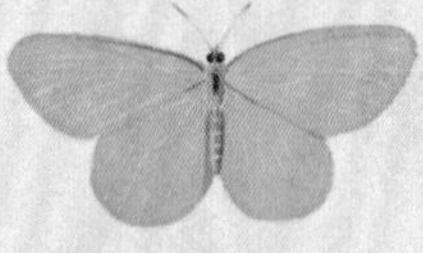

Alis integerrimis supra albis subtus fuscis albo venosis: ocellis quinque. —
habitat in Russiae australioris Desertis.

Alis integerrimis ferrugineis: Subtus primoribus ocello unico, posticis quinis: primo fascia remoto
habitat in Europa

图　　版：LIII. “*Gerontes*”
参考文献：J. C. Fabricius, *Spec. insect.* (1781); No. 524
收藏归属：德鲁·德鲁里
产地信息：西非
物种名片：老褐蚬蝶[15] *Afriodinia gerontes* (Fabricius, 1781)

图　　版：LIII. 未命名
参考文献：—
收藏归属：德鲁·德鲁里
产地信息：阿鲁群岛至澳大利亚
物种名片：慧眼蝶属未定种 *Hypocysta* sp. indet.

图　　版：LIII. “*Phryneus*”
参考文献：J. C. Fabricius, *Mant. insect.* (1787); No. 354
收藏归属：德鲁·德鲁里
产地信息：乌克兰至俄罗斯阿尔泰共和国
物种名片：蟾眼蝶指名亚种 *Triphysa phryne phryne* (Pallas, 1771)

图　　版：LIII. “*Arcanius*”
参考文献：C. Linnaeus, *Syst. nat.* (1767); No. 242
收藏归属：德鲁·德鲁里
产地信息：欧洲至乌拉尔山脉南段
物种名片：隐藏珍眼蝶指名亚种 *Coenonympha arcania arcania* (Linnaeus, 1761)

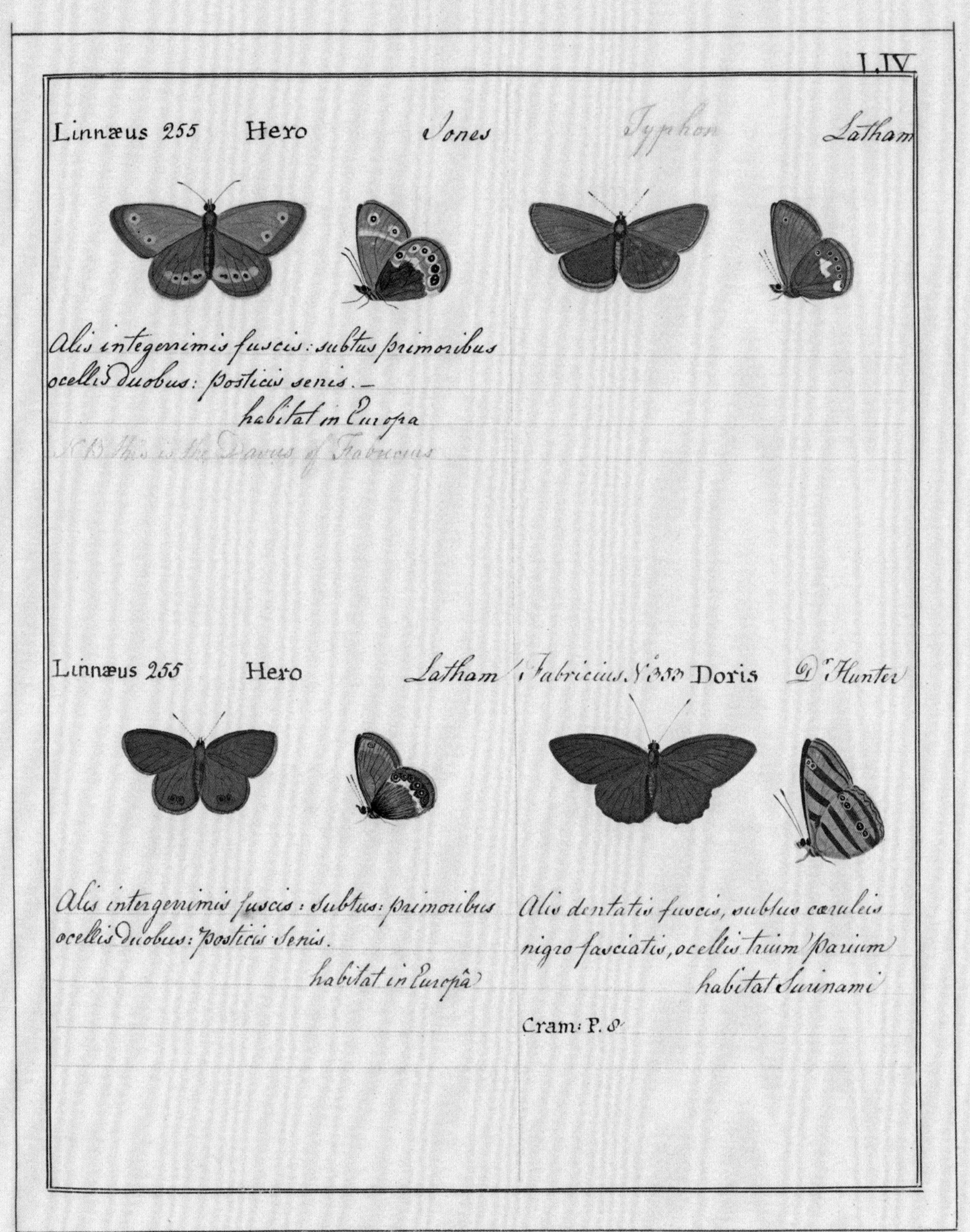
LIV
Linnæus 255
Hero
Jones
Typhon
Latham
Alis integerrimis fuscis: subtus primoribus
ocellis duobus: posticis senis.—
habitat in Europa
NB This is the Davus of Fabricius
Linnæus 255
Hero
Latham
Fabricius N° 353 Doris
Dr Hunter
Alis intergerrimis fuscis: subtus: primoribus
ocellis duobus: posticis senis.
habitat in Europâ
Alis dentatis fuscis, subtus cœruleis
nigro fasciatis, ocellis trium parium
habitat Surinami
Cram: P. 8

图　　版：LIV. “*Hero*”
参考文献：C. Linnaeus, *Syst. nat.* (1767); No. 255
收藏归属：威廉・琼斯
产地信息：全北界
物种名片：图珍眼蝶 *Coenonympha tullia* (Müller, 1764)

图　　版：LIV. “*Typhon*”
参考文献：—
收藏归属：约翰・莱瑟姆
产地信息：西起西欧，东至西伯利亚地区
物种名片：珍眼蝶属某种 *Coenonympha* sp.，参考油庆珍眼蝶 *C. glycerion* (Borkhausen, 1788)

图　　版：LIV. “*Hero*”
参考文献：C. Linnaeus, *Syst. nat.* (1767); No. 255
收藏归属：约翰・莱瑟姆
产地信息：西起法国北部，东至日本
物种名片：英雄珍眼蝶 *Coenonympha hero* (Linnaeus, 1761)

图　　版：LIV. “*Doris*”
参考文献：J. C. Fabricius, *Spec. insect.* (1781); No. 353
收藏归属：亨特博士
产地信息：南美洲
物种名片：蓝釉眼蝶 *Cepheuptychia cephus* (Fabricius, 1775)，雌

Fabricius E.S 170 Procas Drury Fabricius E.S 169 Cœnus Drury

Alis integerrimis concoloribus atris: disco maculaque anticarum flavis. — Alis integerrimis albis anticis margine exteriore fusco albo maculato. —

Procas Cramer P. 179

Fabricius E.S 171 Alphonsus Drury Fabricius E.S. 200 - Ouranus Drury

Alis integerrimis atris anticis maculis duabus, posticis unica baseos flavis. — Alis integerrimis concoloribus atris fascia communi alba macula sanguinea terminata

Ouranus Cramer N 335

图　　版：LV. "*Procas*"
参考文献：J. C. Fabricius, *Ent. syst.* (1792–1799); No. 170
收藏归属：德鲁 · 德鲁里
产地信息：南美洲
物种名片：昌弄蝶 *Cabirus procas* (Cramer, 1777)

图　　版：LV. "*Coenus*"（ICO）
参考文献：J. C. Fabricius, *Ent. syst.* (1792–1799); No. 169
收藏归属：德鲁 · 德鲁里
产地信息：巴西南部?
物种名片：丛权蛱蝶指名亚种 *Dynamine coenus coenus* (Fabricius, 1793)

图　　版：LV. "*Alphonsus*"（ICO）
参考文献：J. C. Fabricius, *Ent. syst.* (1792–1799); No. 171
收藏归属：德鲁 · 德鲁里
产地信息：苏里南
物种名片：莫尼蚬蝶 *Monethe alphonsus* (Fabricius, 1793)

图　　版：LV. "*Ouranus*"
参考文献：J. C. Fabricius, *Ent. syst.* (1792–1799); No. 200
收藏归属：德鲁 · 德鲁里
产地信息：南美洲
物种名片：条蚬蝶 *Notheme erota* (Cramer, 1780)

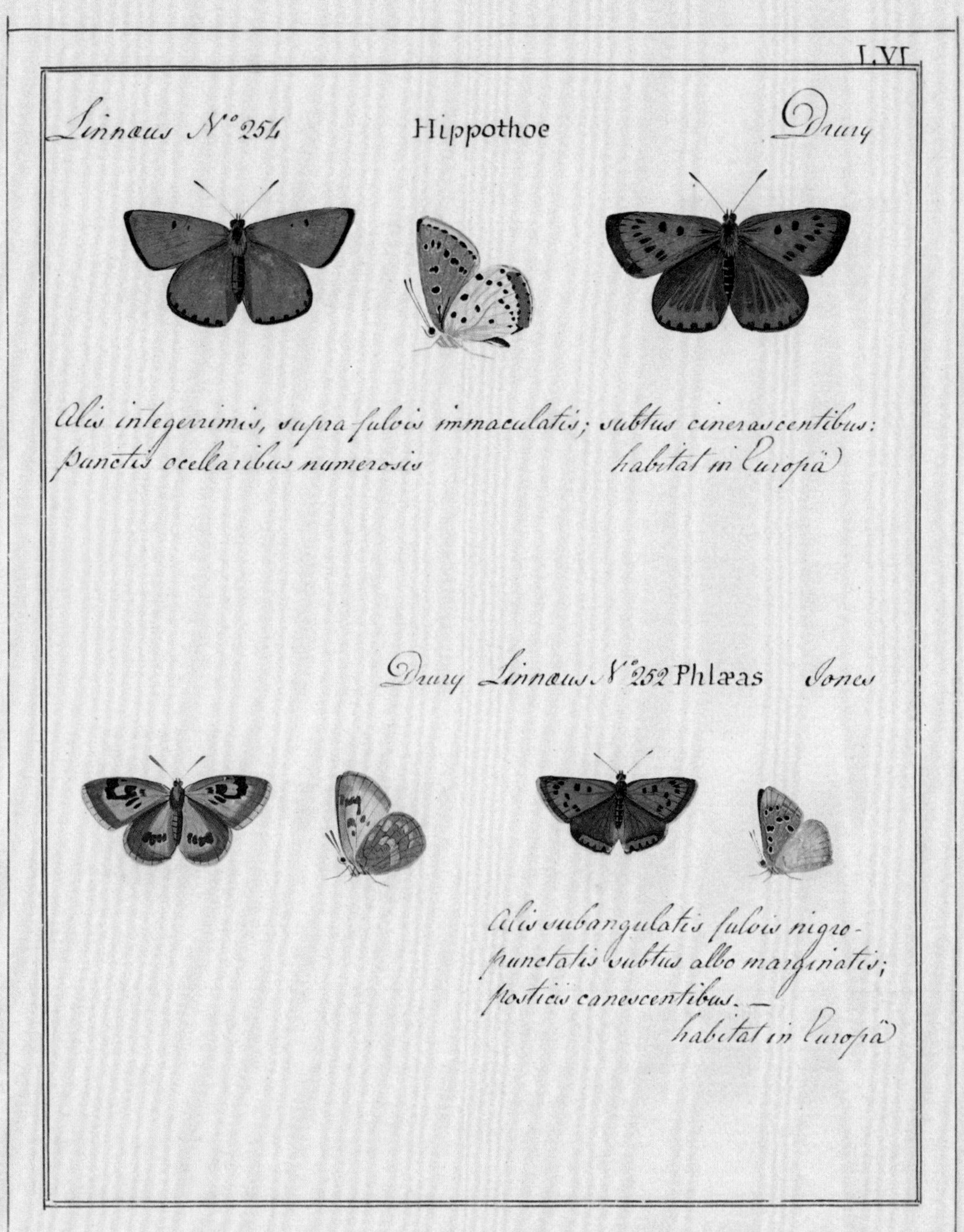

LVI.
Linnaeus N° 254
Hippothoe
Drury
Alis integerrimis, supra fulvis immaculatis; subtus cinerascentibus:
punctis ocellaribus numerosis
habitat in Europâ
Drury Linnaeus N° 252 Phlæas Jones
Alis subangulatis fulvis nigro-
punctatis subtus albo marginatis;
posticis canescentibus.—
habitat in Europâ

图　　版：LVI.“*Hippothoe*”
参考文献：C. Linnaeus, *Syst. nat.* (1767); No. 254
收藏归属：德鲁·德鲁里
产地信息：西起欧洲，东至俄罗斯阿穆尔州
物种名片：橙灰蝶 *Lycaena dispar* (Haworth, 1802)，右为雌

图　　版：LVI. 未命名
参考文献：—
收藏归属：德鲁·德鲁里
产地信息：南非
物种名片：秀灰蝶 *Thestor protumnus* (Linnaeus, 1764)

图　　版：LVI.“*Phlaeas*”
参考文献：C. Linnaeus, *Syst. nat.* (1767); No. 252
收藏归属：威廉·琼斯
产地信息：欧洲、北美洲和东非
物种名片：红灰蝶 *Lycaena phlaeas* (Linnaeus, 1761)

“*Hippothoe*”于 1803 年被琼斯的“学生”阿德里安·霍沃思命名为 *Papilio dispar*，俗称橙灰蝶。然而不幸的是，橙灰蝶现在已经在英国灭绝了。

图　　版：LVII. “*Phædrus*”
参考文献：J. C. Fabricius, *Spec. insect.* (1781); No. 566
收藏归属：威廉·琼斯
产地信息：印度至缅甸
物种名片：指名银灰蝶 *Curetis thetis* (Drury, 1773)

图　　版：LVII. “*Virgauriæ*”
参考文献：C. Linnaeus, *Syst. nat.* (1767); No. 253
收藏归属：威廉·琼斯
产地信息：西起欧洲，东至蒙古
物种名片：斑貉灰蝶[16] *Lycaena virgaureae* (Linnaeus, 1758)

图　　版：LVII. “*Hylla*”
参考文献：J. C. Fabricius, *Spec. insect.* (1781); No. 466
收藏归属：德鲁·德鲁里
产地信息：北美洲
物种名片：胡兰灰蝶[17] *Lycaena hyllus* (Cramer, 1775)

图　　版：LVII. “*Perion*”
参考文献：P. Cramer, *De uit. Kap.* (1775–1782)，No. 379
收藏归属：德鲁·德鲁里
产地信息：非洲
物种名片：彩裙轴灰蝶 *Axiocerses harpax* (Fabricius, 1775)，雌

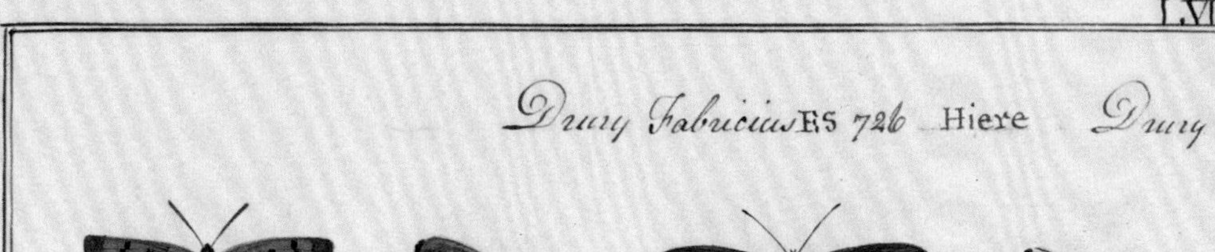

Alis aureis: margine cœrulescente posticis subdentatis subtus obscure griseis: punctis ocellaribus numerosis.

Fabricius ES 213 Suetonius Drury Linnæus N° 228 Thysbe Drury

Alis integerrimis flavis: limbo fusco subtus anticis punctis atro argenteis posticis cinereis.—

Alis unicaudatis denticulatis fulvis nigro maculatis; posticis imprimis subtus striatis auroq maculatis.—
habitat ad Cap: b: spei

Cram: P. 341

图　　版：LVIII. 未命名
参考文献：—
收藏归属：德鲁·德鲁里
产地信息：南非
物种名片：梨幻灰蝶[18] *Chrysoritis pyroeis* (Trimen, 1864)

图　　版：LVIII. "*Hiere*"
参考文献：J. C. Fabricius, *Ent. syst.* (1792–1799); No. 726
收藏归属：德鲁·德鲁里
产地信息：西起西欧，东至伊朗
物种名片：尖翅貉灰蝶[19] *Lycaena alciphron* (Rottemburg, 1775)

图　　版：LVIII. "*Suetonius*"（ICO）
参考文献：J. C. Fabricius, *Ent. syst.* (1792–1799); No. 213
收藏归属：德鲁·德鲁里
产地信息：南非
物种名片：乐灰蝶 *Aloeides pierus* (Cramer, 1779)

图　　版：LVIII. "*Thysbe*"
参考文献：C. Linnaeus, *Syst. nat.* (1767); No. 228
收藏归属：德鲁·德鲁里
产地信息：南非
物种名片：金闪灰蝶属未定种 *Chrysoritis* sp. indet.

LIX

Fabricius E.S 175 Salustius Drury Fabricius E.S Drury

Alis integerrimis fulvis nigro variis anticis subtus nigro punctatis posticis cinereis, fusco maculatis.—

Fabricius E.S 176 Florus Drury Fabricius 594 Aegon Latham

Alis integerrimis fulvis margine nigro subtus basi nigro punctatis.—

Alis integerrimis fuscis, fasciis plurimis macularibus fulvis—

habitat in Jamaica Insula

Minutus. Alae omnes supra fuscae fasciis pluribus inaequalibus macularibus fulvis. Alae posticae subtus cinerascentes.—

图　　版：LIX.“*Salustius*”（ICO）
参考文献：J. C. Fabricius, *Ent. syst.* (1792–1799); No. 175
收藏归属：德鲁·德鲁里
产地信息：新西兰南岛
物种名片：沙灰蝶指名亚种 *Lycaena salustius salustius* (Fabricius, 1793)

图　　版：LIX. 未命名
参考文献：J. C. Fabricius, *Ent. syst.* (1792–1799)
收藏归属：德鲁·德鲁里
产地信息：南非
物种名片：金闪灰蝶属未定种 *Chrysoritis* sp. indet.

图　　版：LIX.“Florus”（ICO）
参考文献：J. C. Fabricius, *Ent. syst.* (1792–1799); No. 176
收藏归属：德鲁·德鲁里
产地信息：巴西南部?
物种名片：花迷蚬蝶 *Mesene florus* (Fabricius, 1793)

图　　版：LIX.“*Aegon*”
参考文献：J. C. Fabricius, *Spec. insect.* (1781); No. 594
收藏归属：约翰·莱瑟姆
产地信息：牙买加
物种名片：泥蛱蝶矮小亚种 *Antillea pelops pygmaea* (Godart, 1819)

LX
Fabricius M. 682
Erebus
Drury
Alis integerrimis fuscis: omnibus subtus striga puntorum ocellatorum
habitat in Germania
Linnæus N° 234
Argiolus
Jones
Alis ecaudatis: supra cæruleis margine nigris: subtus cærulescentibus punctis nigris dispersis.—
habitat in Europa
Similis Philiasi—, sed Minor: subtus puncta pauciora dissita absque ocellis nigris.—

图　　版：LX.“*Erebus*”
参考文献：J. C. Fabricius, *Mant. insect.* (1787); No. 682
收藏归属：德鲁·德鲁里
产地信息：欧洲
物种名片：白灰蝶属某种 *Phengaris* sp.，参考胡麻霾灰蝶[20] *P. teleius* (Bergsträsser, 1779)

图　　版：LX.“*Argiolus*”
参考文献：C. Linnaeus, *Syst. nat.* (1767); No. 234
收藏归属：威廉·琼斯
产地信息：英国和北非，向东至日本
物种名片：琉璃灰蝶 *Celastrina argiolus* (Linnaeus, 1758)

题为“*Erebus*”的图像很令人困惑。左图（可能是雄性）颜色非常浅，缺少斑点，与任何“正常的”白灰蝶属 *Phengaris* 或霾灰蝶属 *Maculinea* 物种都不一样。也许琼斯并没有画完这幅画。

Linnæus N°230 Arion Jones

Alis ecaudatis supra fuscis disco cæruleo maculis atris; subtus canis punctis ocellaribus. — habitat in Europa

Fabricius M 693 Corydon Jones

Alis integris cæruleo argenteis: margine nigro, subtus cinereis: punctis ocellaribus, posticis macula centrali alba — Habitat in Austria et Anglia
Mas Antennæ annulatæ: clava subtus ferruginea — Alæ supra argenteæ, nitidæ margine fusco posticarum maculari. Subtus anticæ albidæ punctis numerosis nigris fere simplicibus, posticæ obscuriores annulo e punctis duodecem ocellatis nigris. in medio hujus annuli macula alba et pene annulum lunulæ marginales fulvæ nigro notatæ — Fæmina antennarum clava subtus ferruginea, Alæ fuscæ cæruleo micantes, anticis lunula media atra posticis lunulis marginalibus fulvis. Subtus punctis magis ocellatis lunulisque fulvis distinctioribus. —

图　　版：LXI. “*Arion*”
参考文献：C. Linnaeus, *Syst. nat.* (1767); No. 230
收藏归属：威廉·琼斯
产地信息：英国（重引入）和西欧，向东至日本
物种名片：霾灰蝶[21] *Phengaris arion* (Linnaeus, 1758)

图　　版：LXI. “*Corydon*”
参考文献：J. C. Fabricius, *Mant. insect.* (1787); No. 693
收藏归属：威廉·琼斯
产地信息：欧洲
物种名片：克里顿眼灰蝶 *Polyommatus* (*Lysandra*) *coridon* (Poda, 1761)

“*Arion*”俗称霾灰蝶，是威廉·琼斯收藏的蝴蝶之一，并被收录在伊丽莎白·德尼尔出品的鳞翅目画集中。

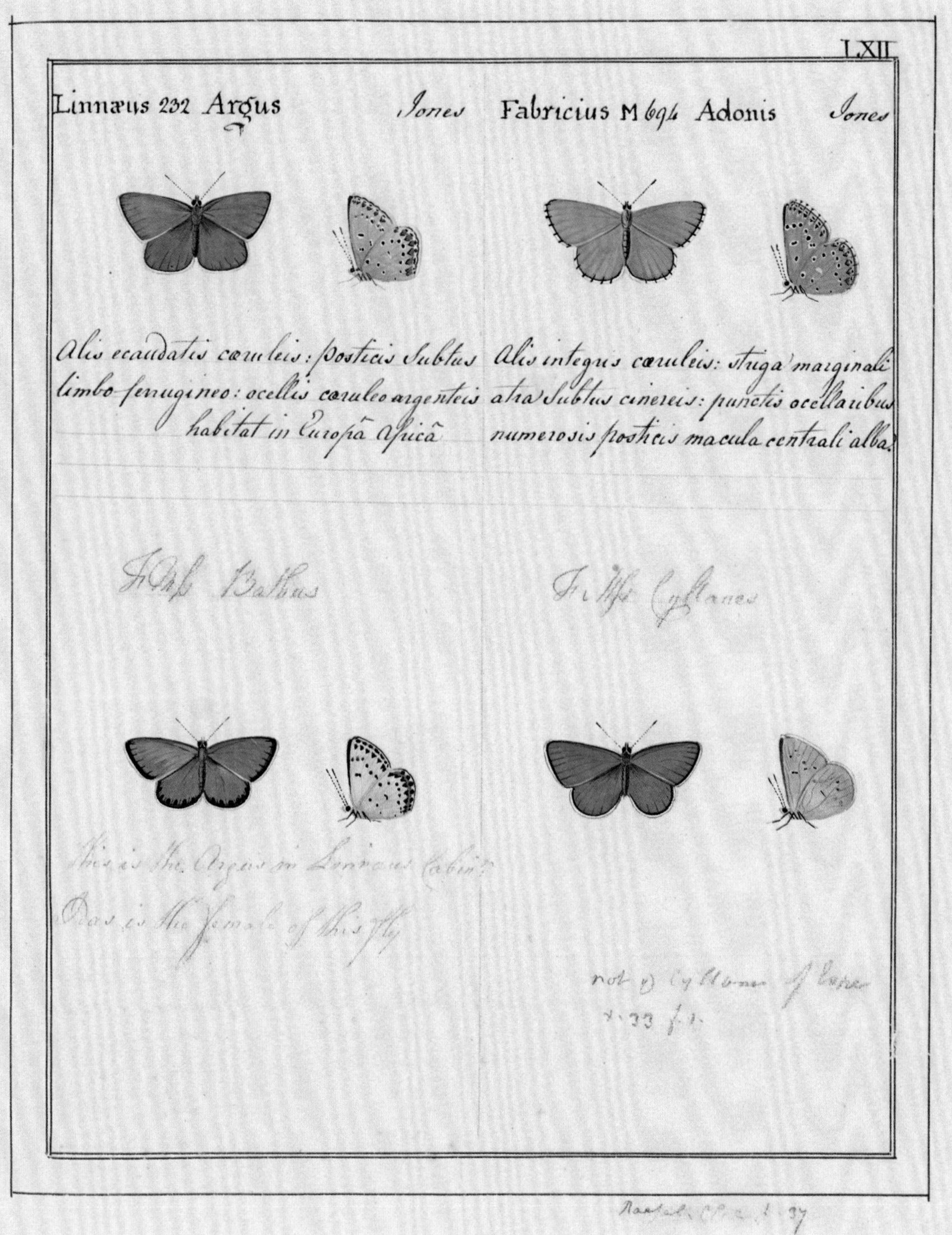

LXII
Linnæus 232 Argus
Jones
Fabricius M 694 Adonis
Jones
Alis ecaudatis cœruleis: posticis subtus limbo ferrugineo: ocellis cœruleo argenteis habitat in Europa Africa
Alis integris cœruleis: striga marginali atra subtus cinereis: punctis ocellaribus numerosis posticis macula centrali alba

图　　版：	LXII. “*Argus*”
参考文献：	C. Linnaeus, *Syst. nat.* (1767); No. 232
收藏归属：	威廉・琼斯
产地信息：	西起英国，东至日本
物种名片：	豆灰蝶 *Plebejus argus* (Linnaeus, 1758)

图　　版：	LXII. “*Adonis*”
参考文献：	J. C. Fabricius, *Mant. insect.* (1787); No. 694
收藏归属：	威廉・琼斯
产地信息：	西起英国，东至日本
物种名片：	白缘眼灰蝶 *Polyommatus* (*Lysandra*) *bellargus* (Rottemburg, 1775)

图　　版：	LXII. “*Bacchus*”
参考文献：	—
收藏归属：	—
产地信息：	西起英国，东至日本
物种名片：	豆灰蝶 *Plebejus argus* (Linnaeus, 1758)

图　　版：	LXII. 未命名
参考文献：	—
收藏归属：	—
产地信息：	西起西班牙，东至蒙古
物种名片：	枯灰蝶属 *Cupido*，参考奥枯灰蝶 *C. osiris* (Meigen, 1829)

Idas Lewin, nec Linn.

LXIII

Linnæus N.232 Idas Jones

Linnæus supposes this to be the Female of Argus but he is mistaken

Fabricius ES129 Artaxerxes. Jones

Alis integerrimis nigris anticis puncto medio albo posticis lunulis rufis subtus margine albo rufo punctato.—
habitat in Brit.

Fabricius M 688 Alsus Jones

Alis integerrimis fuscis immaculatis subtus cinereis: striga punctorum ocellatorum
habitat in Austria, Anglia,
Minor Argo – Ala omnes supra-fusca nitidula Subtus cinerea, anticis lunula media strigaque e punctis 7 nigris annulo albo cinctis, posticis punctis octo aut novem

Fabricius N.538 Sedi Sr Jos.h Banks

Alis caudatis cœruleis, margine albo maculato, subtus albis, maculis quadratis nigris fasciaque rufa
habitat in Sedo Telephio Germania

Bathus M 697 Alis integris nigris cœruleo nitidis subtus albidis punctis atris numerosis, posticis fascia fulva continua
habitat in Austria.—

图　　版：LXIII. "*Idas*"
参考文献：C. Linnaeus, *Syst. nat.* (1767); No. 232
收藏归属：威廉·琼斯
产地信息：英国和西班牙北部，向东至俄罗斯阿穆尔州
物种名片：爱灰蝶 *Aricia agestis* (Denis & Schiffermüller, 1775)，雌

图　　版：LXIII. "*Artaxerxes*"（ICO）
参考文献：J. C. Fabricius, *Ent. syst.* (1792–1799); No. 129
收藏归属：威廉·琼斯
产地信息：苏格兰
物种名片：白斑爱灰蝶指名亚种 *Aricia artaxerxes artaxerxes* (Fabricius, 1793)

图　　版：LXIII. "*Alsus*"
参考文献：J. C. Fabricius, *Mant. insect.* (1787); No. 688
收藏归属：威廉·琼斯
产地信息：西起英国，东至蒙古
物种名片：枯灰蝶 *Cupido minimus* (Fuessly, 1775)

图　　版：LXIII. "*Sedi*" / "*Bathus*"
参考文献：J. C. Fabricius, *Spec. insect.* (1781); No. 438 / J. C. Fabricius, *Mant. insect.* (1787); No. 697
收藏归属：约瑟夫·班克斯爵士
产地信息：西起西班牙，东至日本
物种名片：珞灰蝶 *Scolitantides orion* (Pallas, 1771)

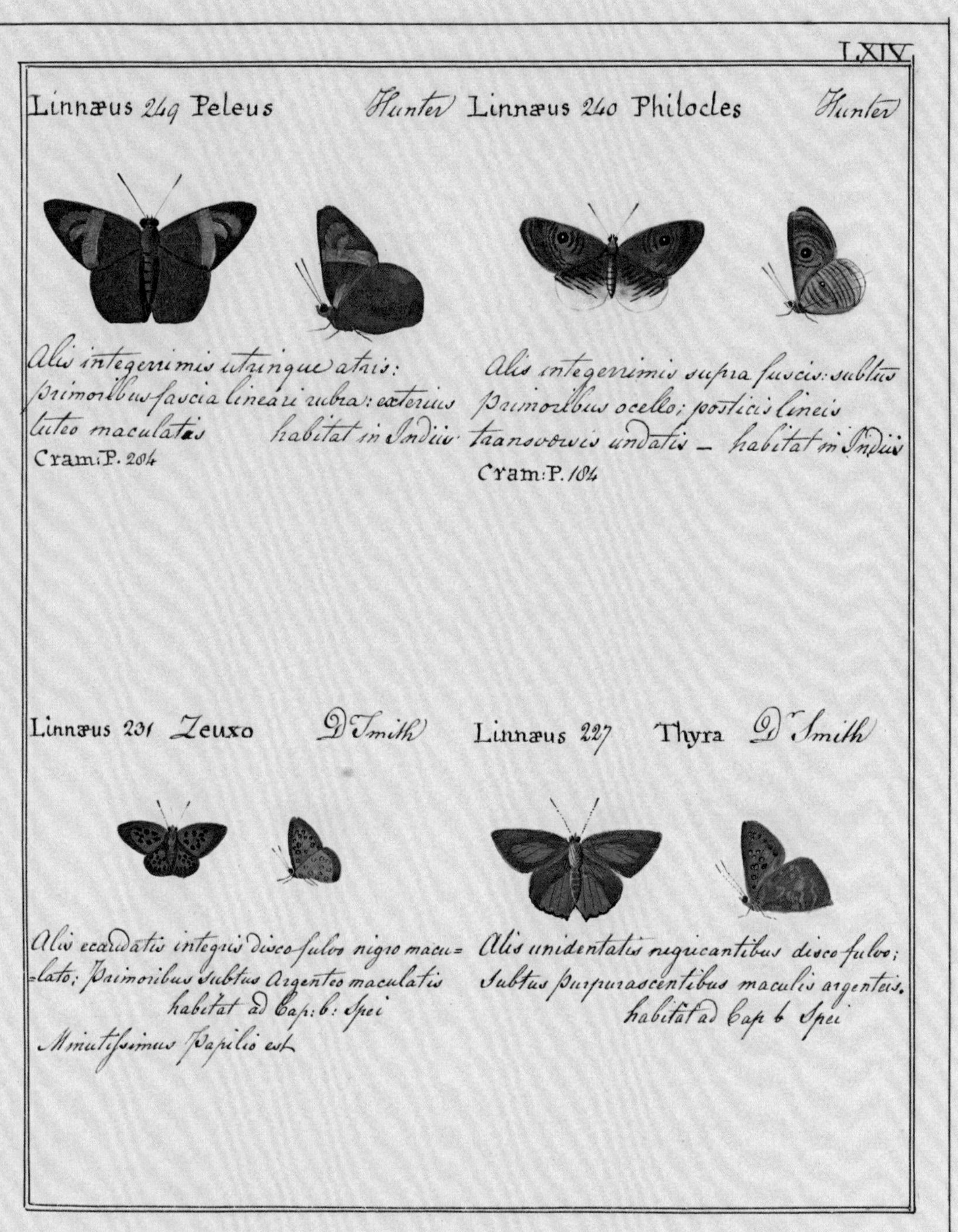

LXIV
Linnæus 249 Peleus
Hunter
Linnæus 240 Philocles
Hunter
Alis integerrimis utrinque atris: primoribus fascia lineari rubra: exterius luteo maculatis
habitat in Indiis
Cram: P. 204
Alis integerrimis supra fuscis: subtus primoribus ocello: posticis lineis transversis undatis — habitat in Indiis
Cram: P. 184
Linnæus 231 Zeuxo
Dr Smith
Linnæus 227 Thyra
Dr Smith
Alis ecaudatis integris disco fulvo nigro macu=lato: Primoribus subtus argenteo maculatis
habitat ad Cap: b: Spei
Minutissimus Papilio est
Alis unidentatis nigricantibus disco fulvo: Subtus purpurascentibus maculis argenteis.
habitat ad Cap b Spei

图　　版：LXIV.“*Peleus*”
参考文献：C. Linnaeus, *Syst. nat.* (1767); No. 249
收藏归属：亨特博士
产地信息：南美洲
物种名片：醉弄蝶属某种 *Entheus* sp.，参考醉弄蝶 *E. priassus* (Linnaeus, 1758)

图　　版：LXIV.“*Philocles*”
参考文献：C. Linnaeus, *Syst. nat.* (1767); No. 240
收藏归属：亨特博士
产地信息：南美洲
物种名片：美眼蚬蝶属某种 *Mesosemia* sp.，参考美眼蚬蝶 *M. philocles* (Linnaeus, 1758)

图　　版：LXIV.“*Zeuxo*”
参考文献：C. Linnaeus, *Syst. nat.* (1767); No. 231
收藏归属：詹姆斯·爱德华·史密斯
产地信息：南非
物种名片：金闪灰蝶属某种 *Chrysoritis* sp.，参考蜘金闪灰蝶 *C. zeuxo* (Linnaeus, 1764)

图　　版：LXIV.“*Thyra*”
参考文献：C. Linnaeus, *Syst. nat.* (1767); No. 227
收藏归属：詹姆斯·爱德华·史密斯
产地信息：南非
物种名片：明窗乐灰蝶 *Aloeides thyra* (Linnaeus, 1764)

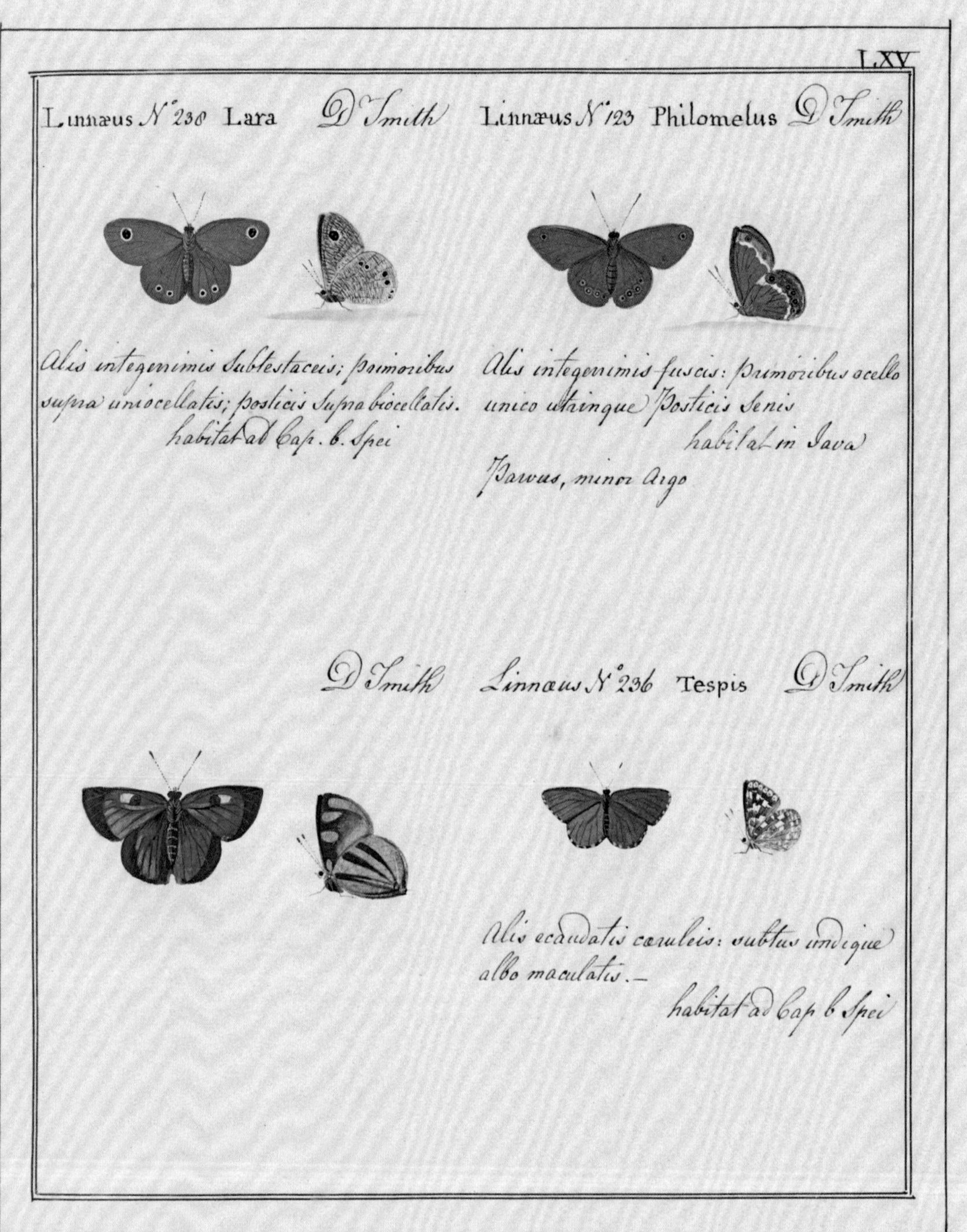
LXV
Linnæus N°238 Lara D Smith
Linnæus N°123 Philomelus D Smith
Alis integerrimis subtestaceis; primoribus supra uniocellatis; posticis supra biocellatis.
habitat ad Cap. b. Spei
Alis integerrimis fuscis: primoribus ocello unico utrinque Posticis Senis
habitat in Java
Parvus, minor Argo
D Smith
Linnaeus N°236 Tespis D Smith
Alis ecaudatis caeruleis: subtus undique albo maculatis.
habitat ad Cap b Spei

图　　版：LXV.“*Lara*”
参考文献：C. Linnaeus, *Syst. nat.* (1767), No. 238
收藏归属：詹姆斯·爱德华·史密斯
产地信息：非洲
物种名片：烁眼蝶 *Ypthimomorpha itonia* (Hewitson, 1865)

图　　版：LXV.“*Philomelus*”
参考文献：C. Linnaeus, *Syst. nat.* (1767); No. 123
收藏归属：詹姆斯·爱德华·史密斯
产地信息：西起法国北部，东至日本
物种名片：英雄珍眼蝶 *Coenonympha hero* (Linnaeus, 1761)

图　　版：LXV. 未命名
参考文献：—
收藏归属：詹姆斯·爱德华·史密斯
产地信息：南美洲和中美洲
物种名片：潘灰蝶属某种 *Panthiades* sp.，参考坤灰蝶 *P. phaleros* (Linnaeus, 1767)

图　　版：LXV.“*Tespis*”
参考文献：C. Linnaeus, *Syst. nat.* (1767); No. 236
收藏归属：詹姆斯·爱德华·史密斯
产地信息：中美洲和南美洲
物种名片：苔藤灰蝶 *Tarucus thespis* (Linnaeus, 1764)

图　　版：LXVI. 未命名
参考文献：—
收藏归属：约翰·弗朗西伦
产地信息：澳大利亚
物种名片：希特坎灰蝶 *Candalides heathi* (Cox, 1873)

图　　版：LXVI. 未命名
参考文献：—
收藏归属：约翰·弗朗西伦
产地信息：澳大利亚，包括豪勋爵岛
物种名片：黄斑坎灰蝶 *Candalides xanthospilos* (Hübner, 1817)

图　　版：LXVI. 未命名
参考文献：—
收藏归属：约翰·弗朗西伦
产地信息：澳大利亚，包括塔斯马尼亚岛
物种名片：金丽耙灰蝶 *Paralucia aurifer* (Blanchard, 1848)

图　　版：LXVI. 未命名
参考文献：—
收藏归属：约翰·弗朗西伦
产地信息：巴西
物种名片：迷蚬蝶属某种 *Mesene* sp.，参考色来迷蚬蝶 *M. celetes* Bates, 1868

LXVII
Fabricius ES 464
Honorius
Drury
Alis integerrimis cæruleis: anticis apice atris costaque fusca, posticis basi nigro punctatis apice striatis.

图　　版：LXVII.“*Honorius*”（ICO）
参考文献：J. C. Fabricius, *Ent. syst.* (1792–1799); No. 464
收藏归属：德鲁·德鲁里
产地信息：塞拉利昂
物种名片：白衬裳灰蝶 *Aethiopana honorius* (Fabricius, 1793)

图　　版：LXVII. 未命名
参考文献：—
收藏归属：—
产地信息：中美洲和南美洲
物种名片：白条松蚬蝶 *Rhetus periander* (Cramer, 1777)，雄

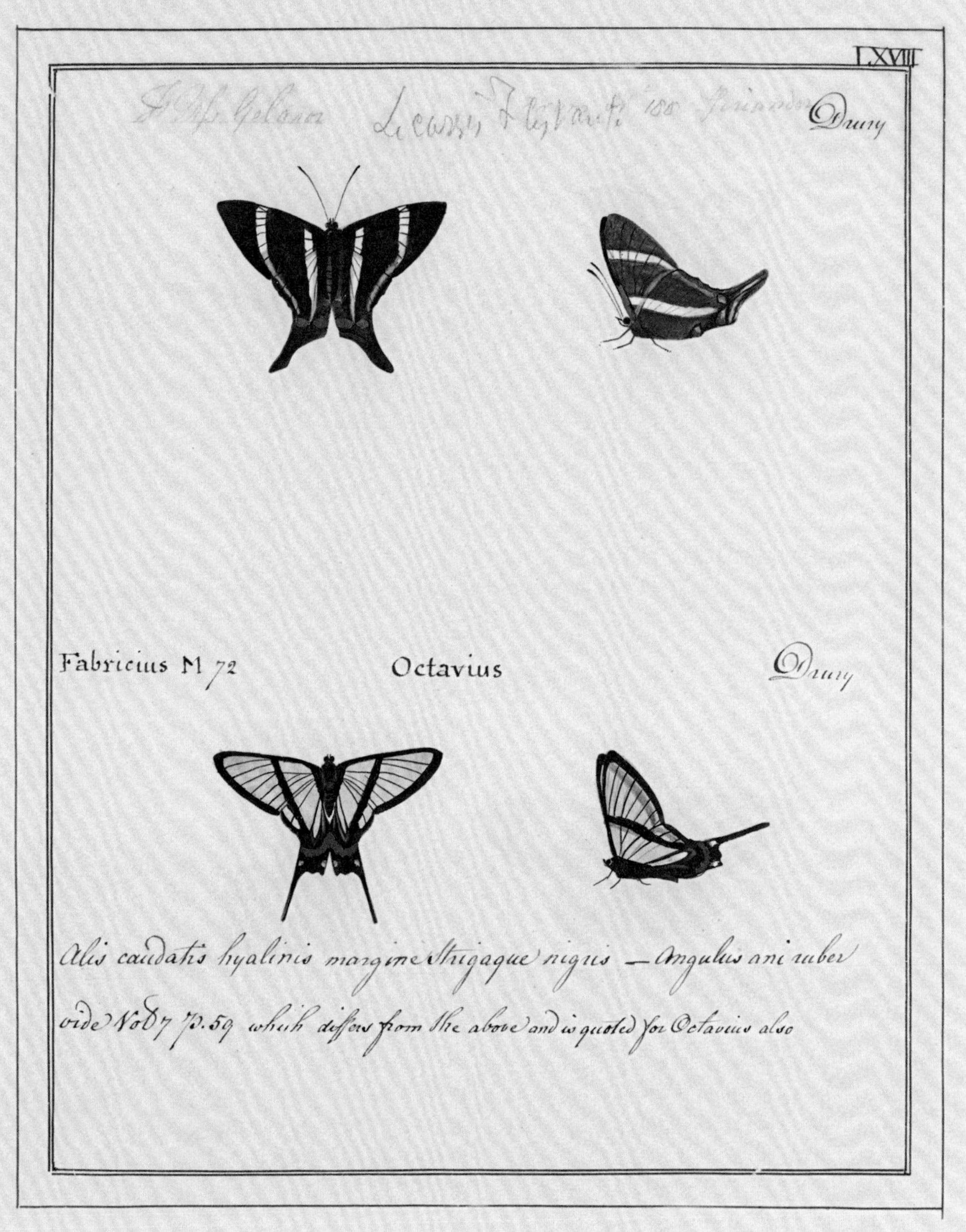
LXVIII
Drury
Fabricius M 72
Octavius
Drury
alis caudatis hyalinis margine strigaque nigris — Angulus ani ruber
vide No 87 p.59 which differs from the above and is quoted for Octavius also

图　　版：LXVIII. 未命名

参考文献：—

收藏归属：德鲁 · 德鲁里

产地信息：中美洲和南美洲

物种名片：白条松蚬蝶 *Rhetus periander* (Cramer, 1777)，雌

图　　版：LXVIII.“*Octavius*”

参考文献：J. C. Fabricius, *Mant. insect.* (1787); No. 72

收藏归属：德鲁 · 德鲁里

产地信息：南美洲

物种名片：凤蚬蝶属某种 *Chorinea* sp.，参考哥伦比亚凤蚬蝶 *C. heliconides* (Swainson, 1833)

LXIX
Fabricius M 71
Curius
Sr Josph Banks
Alis caudatis concoloribus atris: anticis fasciis duabus Hyalinis, posticis
unica alba
Habitat in Siam
Corpus parvum supra fuscum subtus albidum abdominis lateribus nigro
punctatis, Alae anticae concolores, nigrae fasciis duabus hyalinis posteriori
latiori venis nigris, posticae atrae fascia abbreviata alba. Cauda longissima
nigra margine exteriori apiceque albis.—
Linnaeus N° 260
Thrax
Dr Smith
Alis ecaudatis fuscis: Maculis tribus fenestratis antennis subuncinatis
habitat in Java
Simillimus P: Proteo sed Alae absque Cauda: Superiores maculis fenestratis 3, exteriore
minore, Antennae Subulatae apice, ad angulum rectum fere reflexo.—

图　　版：LXIX.“*Curius*”
参考文献：J. C. Fabricius, *Mant. insect.* (1787); No. 71
收藏归属：约瑟夫·班克斯爵士
产地信息：东南亚，包括泰国
物种名片：燕凤蝶 *Lamproptera curius* (Fabricius, 1787)

图　　版：LXIX.“*Thrax*”
参考文献：C. Linnaeus, *Syst. nat.* (1767); No. 260
收藏归属：詹姆斯·爱德华·史密斯
产地信息：印度北部至马鲁古群岛
物种名片：蕉弄蝶 *Erionota thrax* (Linnaeus, 1767)

“*Curius*”中的图像据信画的是来自泰国的燕凤蝶 *Papilio curius* Fabricius, 1775 的选模标本。然而，基于这件选模，最近有研究表明，燕凤蝶属 *Lamproptera*（凤蝶科）物种的身份和命名非常需要重新评估。

LXX
Fabricius E S 344 Curtius Drury
Fabricius N° 641 Virbius Drury
Alis integerrimis concoloribus nigris
anticis punctis quatuor albis, posticis
immaculatis. —
Alis integerrimis nigris, anticis
puntis tribus, posticis apice albis
habitat Surinami
Apex alæ posticæ terminatur macula
magna alba. —
Cram: P. 143
Linnaeus N° 258 Protumnus Dr Smith
Alis integerrimis lutescentibus fusco contam=
=inatis, subtus canescentibus nebulosis
habitat ad Cap: b: Spei.

图　　版：LXX.“*Curtius*”（ICO）
参考文献：J. C. Fabricius, *Ent. syst.* (1792–1799); No. 344
收藏归属：德鲁·德鲁里
产地信息：苏里南?
物种名片：维电弄蝶 *Telemiades vespasius* (Fabricius, 1793)

图　　版：LXX.“*Virbius*”
参考文献：J. C. Fabricius, *Spec. insect.* (1781); No. 641
收藏归属：德鲁·德鲁里
产地信息：哥斯达黎加至巴拉圭
物种名片：緺弄蝶 *Cobalus virbius* (Cramer, 1777)

图　　版：LXX. 未命名
参考文献：—
收藏归属：—
产地信息：—
物种名片：弄蝶科未定种 Hesperiidae sp. indet.

图　　版：LXX.“*Protumnus*”
参考文献：C. Linnaeus, *Syst. nat.* (1767); No. 258
收藏归属：詹姆斯·爱德华·史密斯
产地信息：南非
物种名片：秀灰蝶 *Thestor protumnus* (Linnaeus, 1764)

LXXI

Fabricius ES Celsus Drury Linnaeus N°246 Neleus Drury

Alis integerrimis concoloribus atris anticis fascia flava: —

Alis integerrimis concoloribus nigris: primoribus punctis decem albis; — posticis disco toto albis. — habitat in Indiis

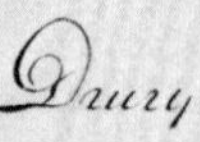

Fabricius ES 332 Galenus Drury

Alis integerrimis concoloribus fuscis flavo maculatis. —

图　　版：LXXI.“*Celsus*”（ICO）
参考文献：J. C. Fabricius, *Ent. syst.* (1792–1799)
收藏归属：德鲁·德鲁里
产地信息：巴西?
物种名片：塞青项弄蝶 *Lychnuchus celsus* (Fabricius, 1793)

图　　版：LXXI.“*Neleus*”
参考文献：C. Linnaeus, *Syst. nat.* (1767); No. 246
收藏归属：德鲁·德鲁里
产地信息：中美洲和南美洲
物种名片：骇弄蝶属某种 *Hyalothyrus* sp.，参考奈骇弄蝶 *H. neleus* (Linnaeus, 1758)

图　　版：LXXI.“*Galenus*”（ICO）
参考文献：J. C. Fabricius, *Ent. syst.* (1792–1799); No. 332
收藏归属：德鲁·德鲁里
产地信息：塞拉利昂?
物种名片：橙色星弄蝶[22] *Apallaga galenus* (Fabricius, 1793)

图　　版：LXXI. 未命名
参考文献：—
收藏归属：—
产地信息：非洲
物种名片：橙星弄蝶属未定种 *Apallaga* sp. indet.

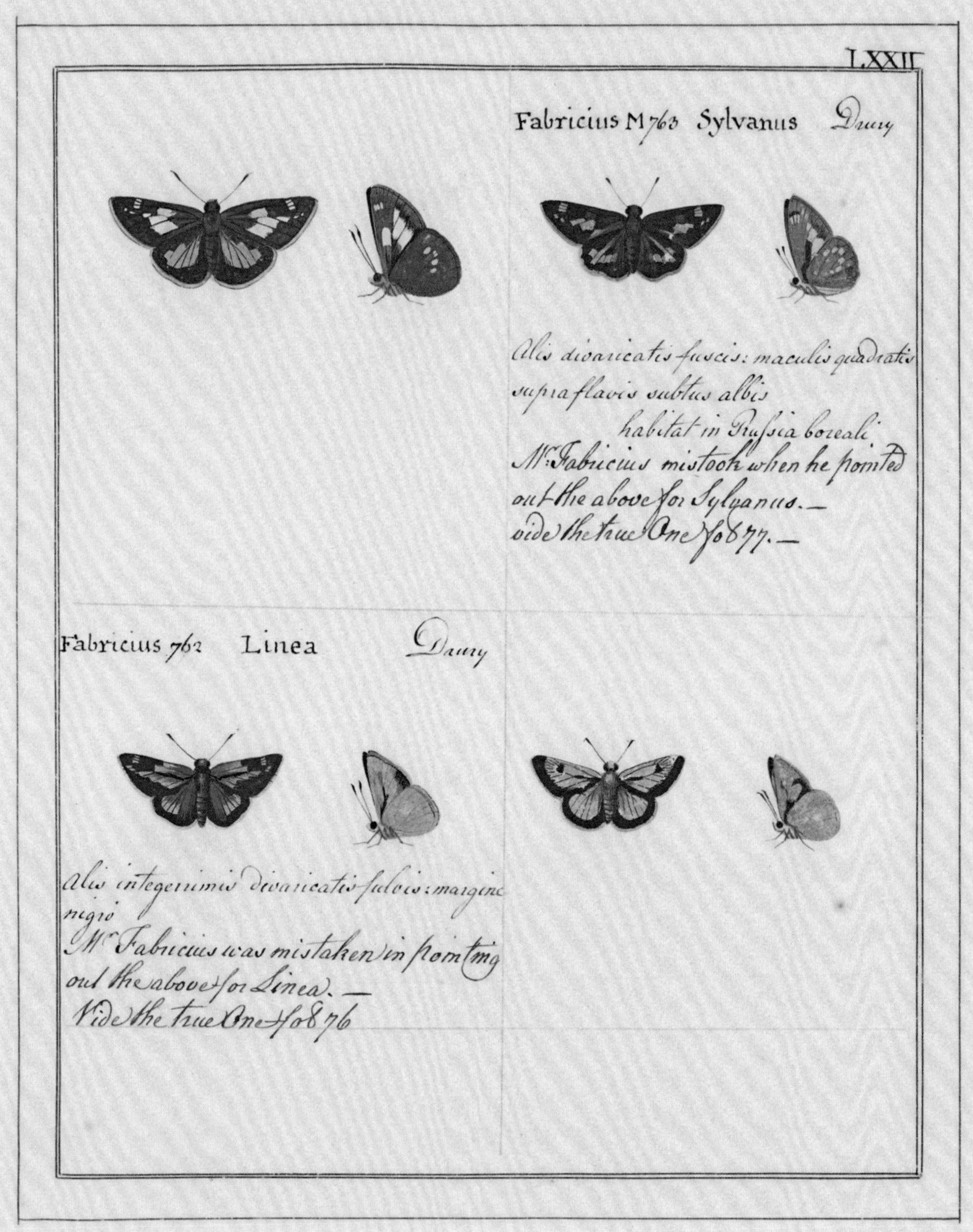

LXXII.
Fabricius M763 Sylvanus Drury
Alis divaricatis fuscis: maculis quadratis supra flavis subtus albis
habitat in Russia boreali
Mr. Fabricius mistook when he pointed out the above for Sylvanus.—
vide the true One fo 877.—
Fabricius 762 Linea Drury
Alis integerrimis divaricatis fulvis: margine nigro
Mr. Fabricius was mistaken in pointing out the above for Linea.—
Vide the true One fo 876

图　　版：LXXII. 未命名
参考文献：—
收藏归属：—
产地信息：—
物种名片：弄蝶科未定种 Hesperiidae sp. indet.

图　　版：LXXII. "*Sylvanus*"
参考文献：J. C. Fabricius, *Mant. insect.* (1787); No. 763
收藏归属：德鲁 · 德鲁里
产地信息：全北界
物种名片：弄蝶亚科未定种 Hesperiinae sp. indet.，或为赭弄蝶属某种 *Ochlodes* sp.

图　　版：LXXII. "*Linea*"
参考文献：J. C. Fabricius, *Mant. insect.* (1787); No. 762
收藏归属：德鲁 · 德鲁里
产地信息：北美洲
物种名片：弄蝶属某种 *Hesperia* sp.

图　　版：LXXII. 未命名
参考文献：—
收藏归属：—
产地信息：—
物种名片：弄蝶科未定种 Hesperiidae sp. indet.

LXXIII
Fabricius ES 234 Propertius Drury
Alis divaricatis nigris flavomaculatis
posticis subtus fasciis rufis flavisque
alternis. —
Fabricius 598 Colon Drury
Alis divaricatis fulvis macula media
margineque striato fuscis
habitat in India

图　　版：LXXIII.“*Propertius*”（ICO）
参考文献：J. C. Fabricius, *Ent. syst.* (1792–1799); No. 234
收藏归属：德鲁·德鲁里
产地信息：南美洲
物种名片：占弄蝶 *Propertius propertius* (Fabricius, 1793)

图　　版：LXXIII. 未命名
参考文献：—
收藏归属：—
产地信息：—
物种名片：弄蝶科未定种 Hesperiidae sp. indet.

图　　版：LXXIII. 未命名
参考文献：—
收藏归属：—
产地信息：—
物种名片：弄蝶科未定种 Hesperiidae sp. indet.

图　　版：LXXIII.“*Colon*”
参考文献：J. C. Fabricius, *Spec. insect.* (1781); No. 598
收藏归属：德鲁·德鲁里
产地信息：印度－澳大利亚区
物种名片：弄蝶亚科 Hesperiinae，黄弄蝶族未定种 Taractrocerini sp. indet.，可能为长标弄蝶属某种 *Telicota* sp.

LXXIV
Fabricius ES 235 Tibullus Drury Fabricius ES 245 Origines Drury
Alis integerrimis: anticis nigris flavo maculatis posticis flavis: limbo nigro.
Alis divaricatis concoloribus fuscis striga punctorum alborum anticis basi testaceis.

图　　版：LXXIV.“*Tibullus*”（ICO）
参考文献：J. C. Fabricius, *Ent. syst.* (1792–1799); No. 235
收藏归属：德鲁・德鲁里
产地信息：塞拉利昂?
物种名片：诗人嵌弄蝶 *Pardaleodes tibullus* (Fabricius, 1793)

图　　版：LXXIV.“*Origines*”（ICO）
参考文献：J. C. Fabricius, *Ent. syst.* (1792–1799); No. 245
收藏归属：德鲁・德鲁里
产地信息：北美洲
物种名片：黑褐玻弄蝶指名亚种 *Polites origenes origenes* (Fabricius, 1793)

图　　版：LXXIV. 未命名
参考文献：—
收藏归属：—
产地信息：西非
物种名片：嵌弄蝶 *Pardaleodes edipus* (Stoll, 1781)

图　　版：LXXIV. 未命名
参考文献：—
收藏归属：—
产地信息：—
物种名片：弄蝶科未定种 Hesperiidae sp. indet.

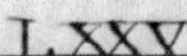

Fabricius ES 251 Plutargus Drury

Linnaeus N° 245 Metis Drury

Alis integerrimis fuscis auro irroratis anticis supra macula apicis, subtus margine exteriori testaceis. —

Alis integerrimis ferrugineo-fuscis maculis fulvis sparsis; posticis subtus immaculatis. habitat ad Cap. b. Spei.
Cram: P 162

Fabricius ES 252 Epictetus

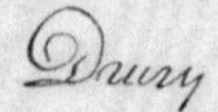

Alis integerrimis nigris disco flavo anticis macula fusca, lunula flava posticis subtus flavis immaculatis. —

图　　版：LXXV.“*Plutargus*”（ICO）
参考文献：J. C. Fabricius, *Ent. syst.* (1792–1799); No. 251
收藏归属：德鲁·德鲁里
产地信息：巴西?
物种名片：咖蚬蝶指名亚种 *Caria plutargus plutargus* (Fabricius, 1793)

图　　版：LXXV.“*Metis*”
参考文献：C. Linnaeus, *Syst. nat.* (1767); No. 245
收藏归属：德鲁·德鲁里
产地信息：南非
物种名片：糜弄蝶 *Metisella metis* (Linnaeus, 1764)

图　　版：LXXV.“*Epictetus*”（ICO）
参考文献：J. C. Fabricius, *Ent. syst.* (1792–1799); No. 252
收藏归属：德鲁·德鲁里
产地信息：南美洲
物种名片：花柔弄蝶 *Anthoptus epictetus* (Fabricius, 1793)

图　　版：LXXV. 未命名
参考文献：—
收藏归属：—
产地信息：—
物种名片：弄蝶科未定种 Hesperiidae sp. indet.

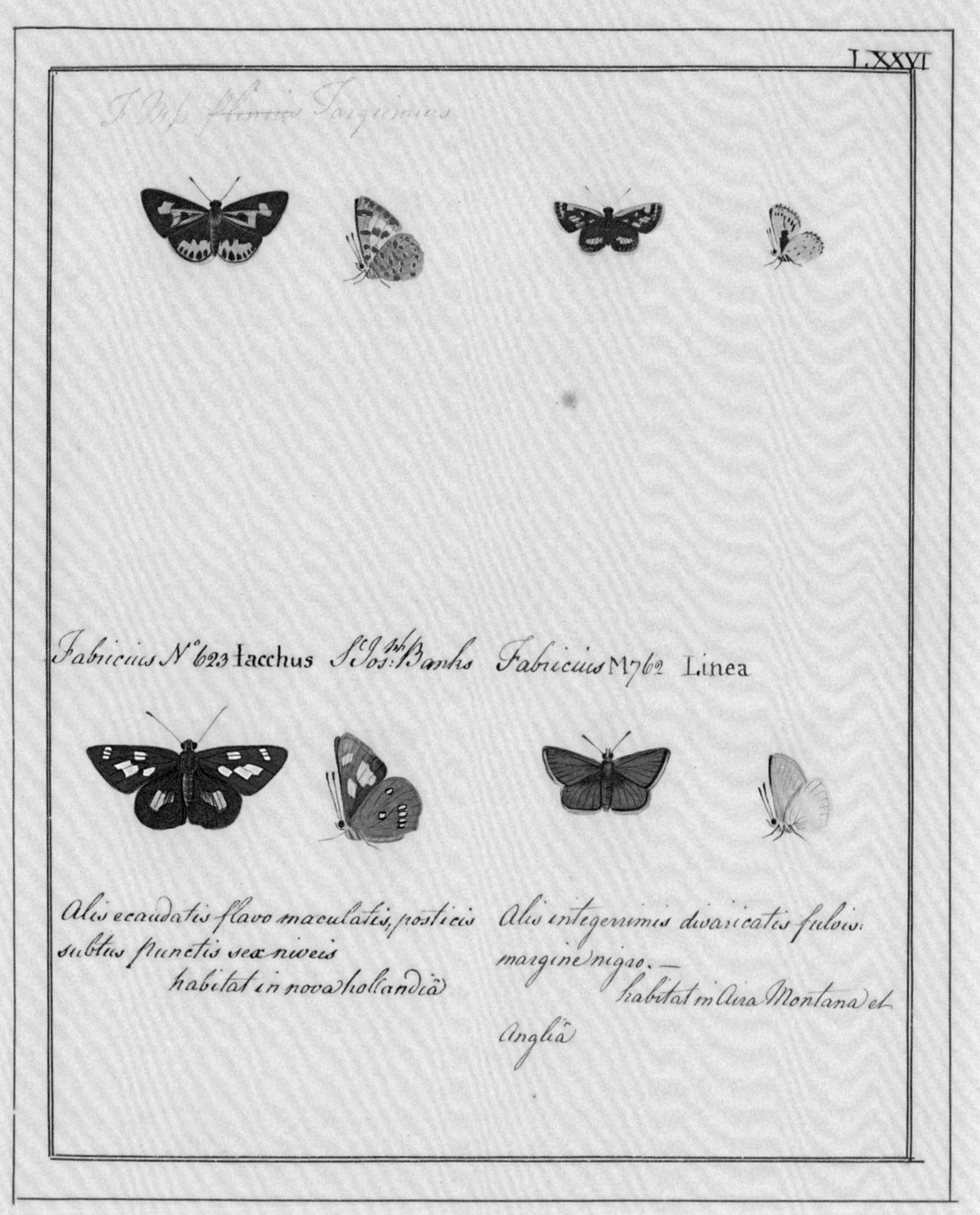
LXXVI
Fabricius N°623 Iacchus
Fabricius M762 Linea
Alis ecaudatis flavo maculatis, posticis subtus punctis sex niveis
habitat in nova hollandia
Alis integerrimis divaricatis fulvis: margine nigro. —
habitat in Aira Montana et Anglia

图　　版：LXXVI.“*Tarquinius*”
参考文献：—
收藏归属：—
产地信息：北美洲
物种名片：棉蚜灰蝶 *Feniseca tarquinius* (Fabricius, 1993)

图　　版：LXXVI. 未命名
参考文献：—
收藏归属：—
产地信息：—
物种名片：弄蝶科未定种 Hesperiidae sp. indet.

图　　版：LXXVI.“*Iacchus*”
参考文献：J. C. Fabricius, *Spec. insect.* (1781); No. 623
收藏归属：约瑟夫·班克斯爵士
产地信息：澳大利亚
物种名片：雅梯弄蝶 *Trapezites iacchus* (Fabricius, 1775)

图　　版：LXXVI.“*Linea*”
参考文献：J. C. Fabricius, *Mant. insect.* (1787); No. 762
收藏归属：—
产地信息：英国和北非，向东至伊朗
物种名片：有斑豹弄蝶 *Thymelicus sylvestris* (Poda, 1761)

LXXVII
Linnaeus N° 256 Comma
Jones Fabricius M763 Sylvanus
Alis integerrimis divaricatis fulvis: punctis albis lineolaque nigra
habitat in Europa
Alis divaricatis fuscis: maculis quadratis supra flavis subtus albis
habitat in Russ. boreali et Anglia
Linnaeus N° 257 Augias
D Smith
D Smith
Alis divaricatis fulvis fascia obliqua margineque postico nigris..
habitat in Java
Affinis Commati. – Antenna mucronata

图　　版：LXXVII.“*Comma*”

参考文献：C. Linnaeus, *Syst. nat.* (1767); No. 256

收藏归属：威廉·琼斯

产地信息：全北界

物种名片：弄蝶 *Hesperia comma* (Linnaeus, 1758)

图　　版：LXXVII.“*Sylvanus*”

参考文献：J. C. Fabricius, *Mant. insect.* (1787); No. 763

收藏归属：—

产地信息：西起英国，东至西伯利亚地区

物种名片：大赭弄蝶[23] *Ochlodes sylvanus* (Esper, 1777)

图　　版：LXXVII.“*Augias*”

参考文献：C. Linnaeus, *Syst. nat.* (1767); No. 257

收藏归属：詹姆斯·爱德华·史密斯

产地信息：印度–澳大利亚区

物种名片：紫翅长标弄蝶 *Telicota augias* (Linnaeus, 1763)

图　　版：LXXVII. 未命名

参考文献：—

收藏归属：詹姆斯·爱德华·史密斯

产地信息：—

物种名片：（广义）灰蝶属未定种 *Lycaena* sensu lato sp. indet.

LXXVIII
Fabricius E.S 291 Iuvenalis
Drury
Alis ecaudatis fuscis: anticis atro macu=
=latis alboque punctatis. —
habitat in America

图　　版：LXXVIII.“*Juvenalis*”（ICO）
参考文献：J. C. Fabricius, *Ent. syst.* (1792–1799); No. 291
收藏归属：德鲁・德鲁里
产地信息：美国东部?
物种名片：银点珠弄蝶指名亚种 *Erynnis juvenalis juvenalis* (Fabricius, 1793)

图　　版：LXXVIII. 未命名
参考文献：—
收藏归属：—
产地信息：—
物种名片：弄蝶科未定种 Hesperiidae sp. indet.

图　　版：LXXVIII. 未命名
参考文献：—
收藏归属：—
产地信息：—
物种名片：弄蝶科未定种 Hesperiidae sp. indet.

图　　版：LXXVIII. 未命名
参考文献：—
收藏归属：—
产地信息：美国东部
物种名片：锈褐缎弄蝶 *Amblyscirtes reversa* F. Jones, 1926

LXXIX

Fabricius ES 298 Nothus Drury

Fabricius ES 292 Nepos Jones

Alis ecaudatis fuscis: anticis punctis fenestratis, posticis subtus albis margine fusco: punctis sex ocellaribus. —

Alis rotundatis nigris anticis albo punctatis posticis supra angulo ani subtus disco albis. —

Fabricius ES 293 Nerva Drury

Fabricius ES 294 Cæsar Drury

Alis integerrimis: anticis fuscis albo maculatis posticis supra nigris imma-=culatis. —

Alis integerrimis anticis fuscis fenes=trato maculatis: posticis atris; macu=la media nivea. —

图　　版：LXXIX. "*Nothus*"
参考文献：J. C. Fabricius, *Ent. syst.* (1792–1799); No. 298
收藏归属：德鲁·德鲁里
产地信息：非洲中西部
物种名片：粉弄蝶 *Ceratrichia nothus* (Fabricius, 1787)

图　　版：LXXIX. "*Nepos*" (ICO)
参考文献：J. C. Fabricius, *Ent. syst.* (1792–1799); No. 292
收藏归属：威廉·琼斯
产地信息：南美洲
物种名片：白裙纳蚬蝶 *Napaea nepos* (Fabricius, 1793)

图　　版：LXXIX. "*Nerva*" (ICO)
参考文献：J. C. Fabricius, *Ent. syst.* (1792–1799); No. 293
收藏归属：德鲁·德鲁里
产地信息：南非
物种名片：脉肯弄蝶指名亚种 *Kedestes nerva nerva* (Fabricius, 1793)

图　　版：LXXIX. "*Caesar*" (ICO)
参考文献：J. C. Fabricius, *Ent. syst.* (1792–1799); No. 294
收藏归属：德鲁·德鲁里
产地信息：塞拉利昂？
物种名片：昂弄蝶指名亚种 *Andronymus caesar caesar* (Fabricius, 1793)

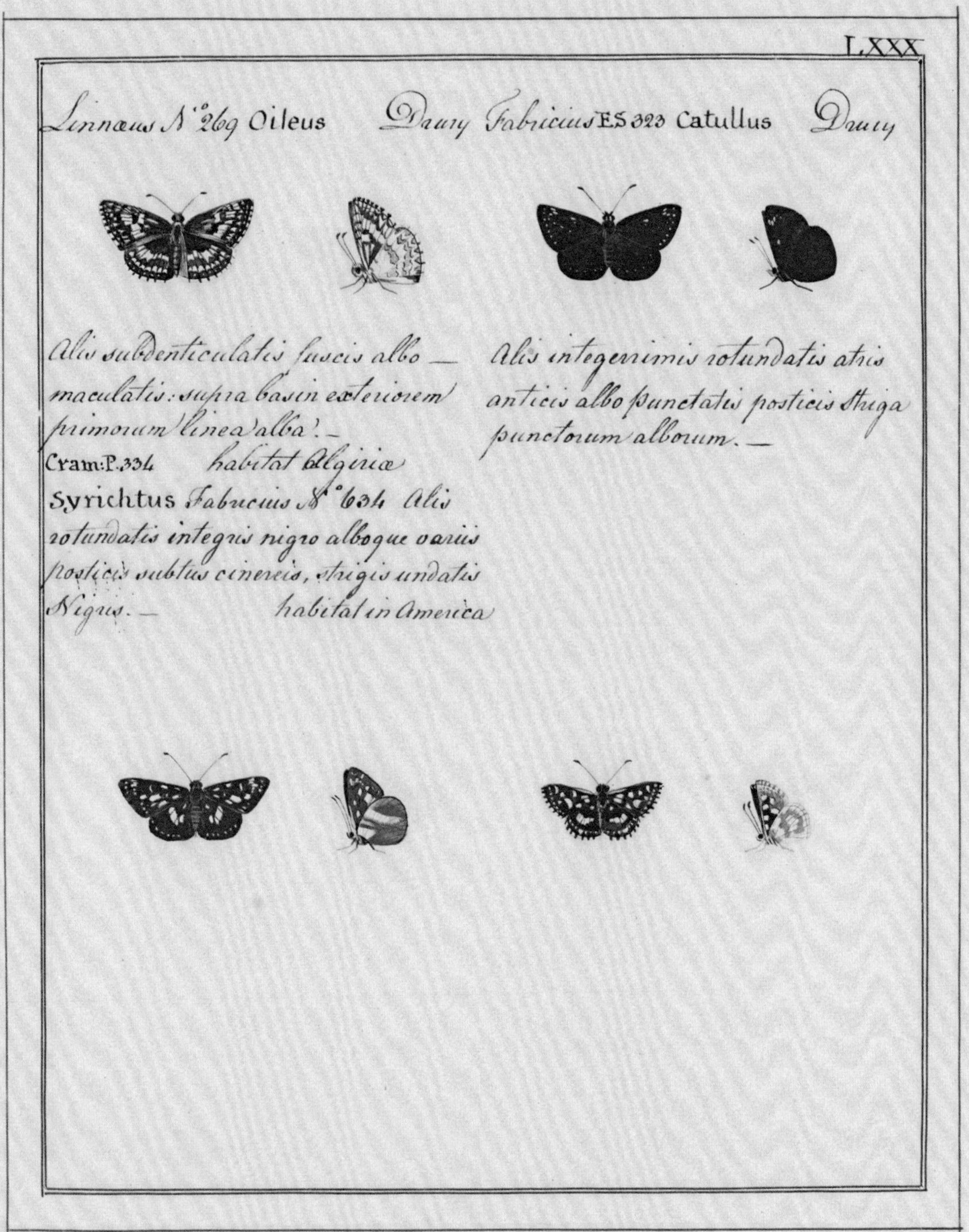

LXXX
Linnaeus N°269 Oileus Drury Fabricius ES 323 Catullus Drury
Alis subdenticulatis fuscis albo-maculatis: supra basin exteriorem primorum linea alba.
Cram: P.334 habitat Algiria
Syrichtus Fabricius N°634 Alis rotundatis integris nigro alboque variis posticis subtus cinereis, strigis undatis Nigris. habitat in America
Alis integerrimis rotundatis atris anticis albo punctatis posticis striga punctorum alborum.

图　版：LXXX.“*Oileus*”/“*Syrichtus*”
参考文献：C. Linnaeus, *Syst. nat.* (1767); No. 269 / J. C. Fabricius, *Spec. insect.* (1781); No. 634
收藏归属：德鲁·德鲁里
产地信息：美洲
物种名片：花弄蝶属某种 *Pyrgus* sp.，参考满天星花弄蝶 *P. oileus* (Linnaeus, 1767)

图　版：LXXX.“*Catullus*”（ICO）
参考文献：J. C. Fabricius, *Ent. syst.* (1792–1799); No. 323
收藏归属：德鲁·德鲁里
产地信息：北美洲
物种名片：碎滴弄蝶 *Pholisora catullus* (Fabricius, 1793)

图　版：LXXX. 未命名
参考文献：—
收藏归属：—
产地信息：—
物种名片：弄蝶科未定种 Hesperiidae sp. indet.

图　版：LXXX. 未命名
参考文献：—
收藏归属：—
产地信息：—
物种名片：弄蝶科未定种 Hesperiidae sp. indet.

LXXXI
Fabricius E.S. 295 Tertullianus Drury
Alis integerrimis rotundatis cœrulescen=
=tibus nigro maculatis anticisque albo
punctatis. —

图　　版：LXXXI. “*Tertullianus*”（ICO）
参考文献：J. C. Fabricius, *Ent syst* (1792–1799); No. 295
收藏归属：德鲁·德鲁里
产地信息：塞拉利昂？
物种名片：先知刷胫弄蝶 *Sarangesa tertullianus* (Fabricius, 1793)

图　　版：LXXXI. 未命名
参考文献：—
收藏归属：—
产地信息：—
物种名片：弄蝶科未定种 Hesperiidae sp. indet.

图　　版：LXXXI. 未命名
参考文献：—
收藏归属：—
产地信息：—
物种名片：弄蝶科未定种 Hesperiidae sp. indet.

图　　版：LXXXI. 未命名
参考文献：—
收藏归属：—
产地信息：—
物种名片：弄蝶科未定种 Hesperiidae sp. indet.

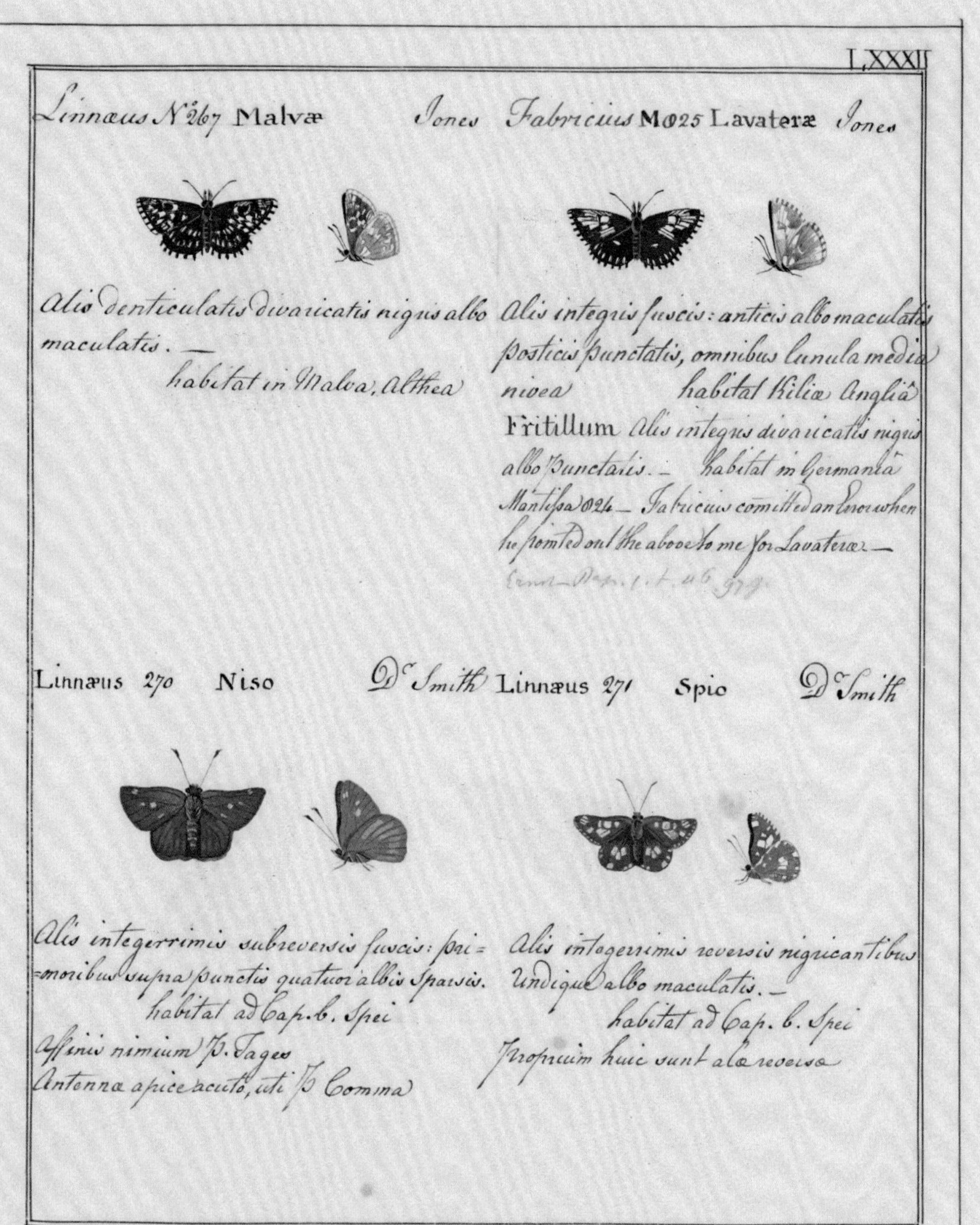

LXXXII
Linnaeus N° 267 Malvæ Jones
Fabricius M 825 Lavateræ Jones
Alis denticulatis divaricatis nigris albo maculatis. —
habitat in Malva, Althea
Alis integris fuscis: anticis albo maculatis posticis punctatis, omnibus lunula media nivea habitat Kiliæ Angliâ
Fritillum Alis integris divaricatis nigris albo punctatis. — habitat in Germania
Linnaeus 270 Niso Dr Smith
Linnaeus 271 Spio Dr Smith
Alis integerrimis subreversis fuscis: pri=moribus supra punctis quatuor albis sparsis.
habitat ad Cap. b. Spei
Alis integerrimis reversis nigricantibus undique albo maculatis. —
habitat ad Cap. b. Spei

图　　版：LXXXII. "*Malvae*"（ICO）
参考文献：C. Linnaeus, *Syst. nat.* (1767); No. 267
收藏归属：威廉·琼斯
产地信息：西起英国，东至俄罗斯阿穆尔州
物种名片：锦葵花弄蝶 *Pyrgus malvae* (Linnaeus, 1758)

图　　版：LXXXII. "*Lavaterae*"/"*Fritillum*"
参考文献：J. C. Fabricius, *Mant. insect.* (1787); No. 825
收藏归属：威廉·琼斯
产地信息：西起英国，东至俄罗斯阿穆尔州
物种名片：锦葵花弄蝶 *Pyrgus malvae* (Linnaeus, 1758)

图　　版：LXXXII. "*Niso*"
参考文献：C. Linnaeus, *Syst. nat.* (1767); No. 270
收藏归属：詹姆斯·爱德华·史密斯
产地信息：非洲
物种名片：弄蝶科未定种 Hesperiidae sp. indet.

图　　版：LXXXII. "*Spio*"
参考文献：C. Linnaeus, *Syst. nat.* (1767); No. 271
收藏归属：詹姆斯·爱德华·史密斯
产地信息：非洲
物种名片：饰弄蝶属某种 *Spialia* sp.，参考斯比奥饰弄蝶 *S. spio* (Linnaeus, 1764)

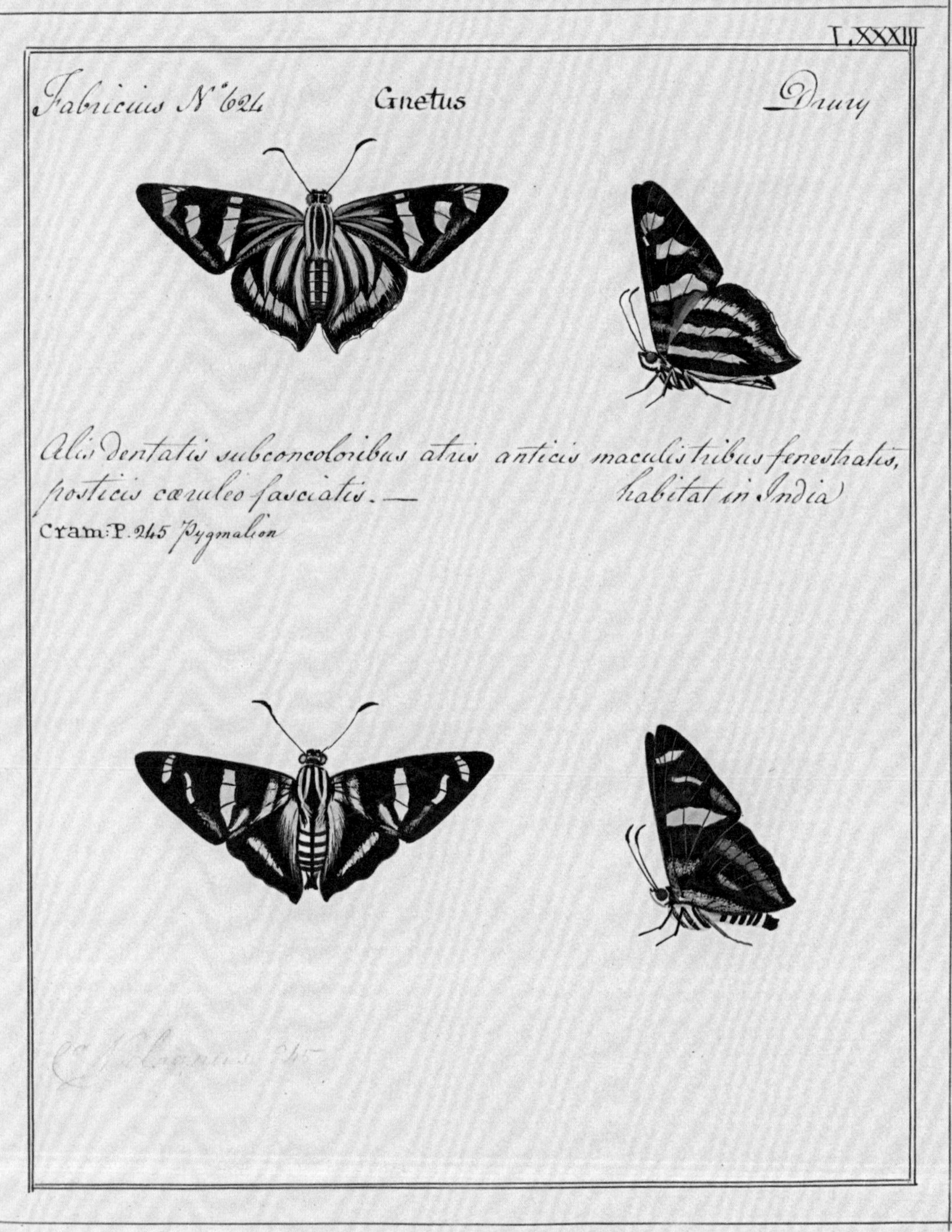

LXXXIII
Fabricius N° 624
Gnetus
Drury
Alis dentatis subconcoloribus atris anticis maculis tribus fenestratis,
posticis cæruleo fasciatis. — habitat in India
Cram: P. 245 Pygmalion

图　　版：LXXXIII. “*Gnetus*”

参考文献：J. C. Fabricius, *Spec. insect.* (1781): No. 624

收藏归属：德鲁·德鲁里

产地信息：墨西哥至南美洲

物种名片：蓝条弄蝶属某种 *Phocides* sp.，参考红树林蓝条弄蝶 *P. pigmalion* (Cramer, 1779)

图　　版：LXXXIII. 未命名

参考文献：—

收藏归属：—

产地信息：南美洲

物种名片：好适约弄蝶 *Jemadia hospita* (Butler, 1877)

LXXXIV.
Fabricius No. 607
Tityrus
Drury
Alis subcaudatis fuscis, anticis utrinque fascia flava, posticis subtus nivea. —
habitat in America
Cram. P. 41. Clarus

图　　版：LXXXIV.“*Tityrus*”

参考文献：J. C. Fabricius, *Spec. insect.* (1781); No. 607

收藏归属：德鲁·德鲁里

产地信息：南美洲

物种名片：饴弄蝶 *Epargyreus clarus* (Cramer, 1775)

图　　版：LXXXIV. 未命名

参考文献：—

收藏归属：—

产地信息：美国东部和加拿大

物种名片：昏弄蝶 *Achalarus lyciades* (Geyer, 1832)

LXXXV
Fabricius N° 616
Corydon
Drury
Alis subcaudatis fuscis, anticis flavo-maculatis, posticis subtus fusco glaucoque variis. —
habitat in Jamaica. —
Fabricius E.S 263
Mercurius
Drury
Alis subcaudatis fuscis basi flavis: anticis punctis hyalinis posticis subtus nigris fascia cinereâ. —
Idas Cramer N° 260

图　　版：LXXXV. “*Corydon*”
参考文献：J. C. Fabricius, *Spec. insect.* (1781), No. 616
收藏归属：德鲁·德鲁里
产地信息：中美洲和南美洲，包括大安的列斯群岛
物种名片：绿背弄蝶 *Perichares philetes* (Gmelin, 1790)

图　　版：LXXXV. “*Mercurius*” / “*Idas*” （ICO）
参考文献：J. C. Fabricius, *Ent. syst.* (1792–1799); No. 263 / P. Cramer, *De uit. Kap.* (1775–1782); No. 260
收藏归属：德鲁·德鲁里
产地信息：法属圭亚那
物种名片：橙头银光弄蝶指名亚种 *Proteides mercurius mercurius* (Fabricius, 1793)

LXXXVI
Fabricius ES 269
Vespasius
Drury
alis subcaudatis ferrugineis fuscis anticis apice punctis flavescentibus.
Fabricius ES 257
Chemnis
Drury
alis subcaudatis fuscis hyalino maculatis margineque postico flavo.

图　　版：LXXXVI. “*Vespalius*” （ICO）
参考文献：J. C. Fabricius, *Ent. syst.* (1792–1799); No. 269
收藏归属：德鲁・德鲁里
产地信息：南美洲
物种名片：维电弄蝶 *Telemiades vespasius* (Fabricius, 1793)

图　　版：LXXXVI. “*Chemnis*” （ICO）
参考文献：J. C. Fabricius, *Ent. syst.* (1792–1799); No. 257
收藏归属：德鲁・德鲁里
产地信息：美洲
物种名片：巴西弄蝶 *Calpodes ethlius* (Stoll, 1782)

LXXXVII

Scipio

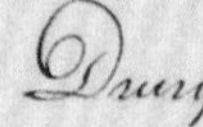

Alis ecaudatis: anticis utrinque fascia hyalina alba, supra nigris subtus viridibus. —

Fabricius E.S.260

Mercatus

Drury

Alis subcaudatis atris anticis maculis hyalinis posticis subtus fuscis: fascia baseos alba. —

图　　版：LXXXVII.“*Scipio*”（ICO）

参考文献：J. C. Fabricius, *Ent. syst.* (1792–1799); No. 284

收藏归属：德鲁·德鲁里

产地信息：巴西南部?

物种名片：杖新形弄蝶指名亚种 *Neoxeniades scipio scipio* (Fabricius, 1793)

图　　版：LXXXVII.“*Mercatus*”（ICO）

参考文献：J. C. Fabricius, *Ent. syst.* (1792–1799); No. 260

收藏归属：德鲁·德鲁里

产地信息：苏里南?

物种名片：双带蓝闪弄蝶指名亚种 *Astraptes fulgerator fulgerator* (Walch, 1775)

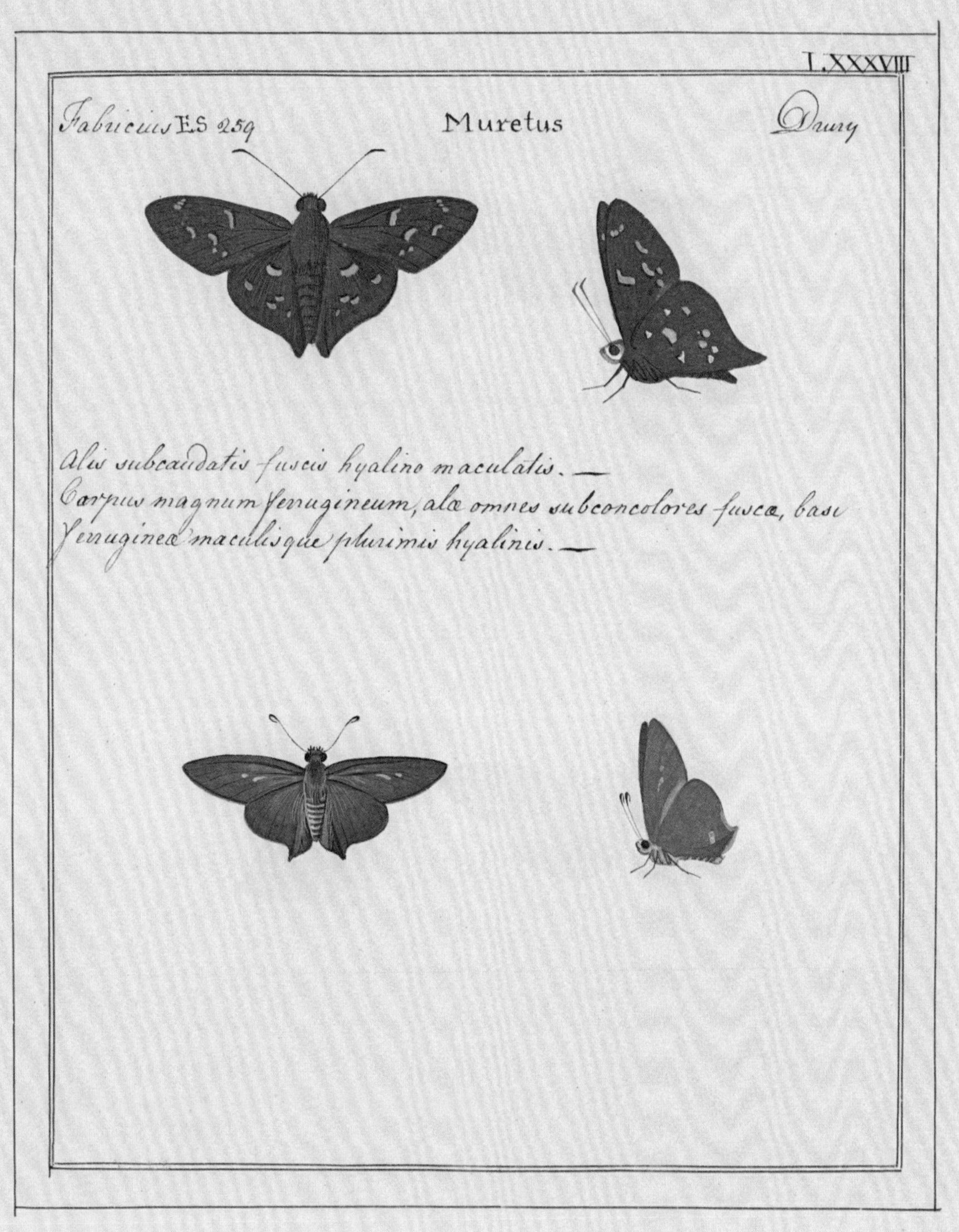

LXXXVIII
Fabricius E.S 259
Muretus
Drury
Alis subcaudatis fuscis hyalino maculatis. —
Corpus magnum ferrugineum, alæ omnes subconcolores fuscæ, basi ferrugineæ maculisque plurimis hyalinis. —

图　　版：LXXXVIII.“*Muretus*”（ICO）

参考文献：J. C. Fabricius, *Ent. syst.* (1792–1799); No. 259

收藏归属：德鲁·德鲁里

产地信息：苏里南?

物种名片：红帮弄蝶 *Bungalotis erythus* (Cramer, 1775)

图　　版：LXXXVIII. 未命名

参考文献：—

收藏归属：—

产地信息：—

物种名片：弄蝶科未定种 Hesperiidae sp. indet.

LXXXIX
Fabricius E.S 283
Ennius
Drury
Alis fuscis: anticis hyalino maculatis posticis supra atris: disco flavo, subtus fuscis: disco albo. —

图　　版：LXXXIX.“*Ennius*”（ICO）

参考文献：J. C. Fabricius, *Ent. syst.* (1792–1799); No. 283

收藏归属：德鲁·德鲁里

产地信息：塞拉利昂

物种名片：酒神橙晕弄蝶[24] *Artitropa ennius* (Fabricius, 1793)

图　　版：LXXXIX. 未命名

参考文献：—

收藏归属：—

产地信息：—

物种名片：蓝闪弄蝶属未定种 *Astraptes* sp. indet.

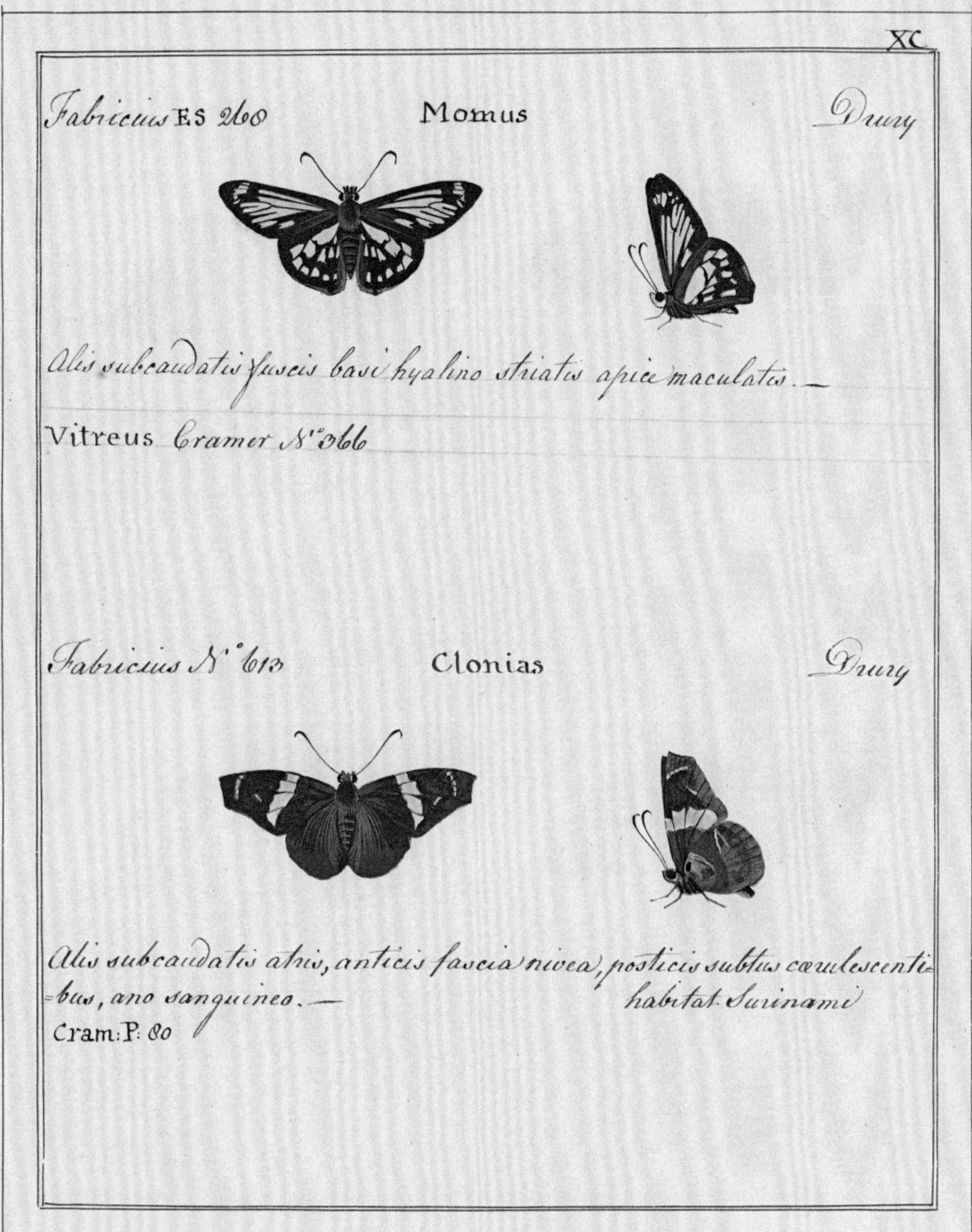

XC.
Fabricius ES 268
Momus
Drury
Alis subcaudatis fuscis basi hyalino striatis apice maculatis. —
Vitreus Cramer N°366
Fabricius N° 613
Clonias
Drury
Alis subcaudatis atris, anticis fascia nivea, posticis subtus cærulescenti-
=bus, ano sanguineo. —
habitat Surinami
Cram: P: 80

图　　版：XC. “*Momus*” （ICO）
参考文献：J. C. Fabricius, *Ent. syst.* (1792–1799); No. 268
收藏归属：德鲁 · 德鲁里
产地信息：法属圭亚那
物种名片：芳弄蝶 *Phanus vitreus* (Stoll, 1781)

图　　版：XC. “*Clonias*”
参考文献：J. C. Fabricius, *Spec. insect.* (1781); No. 613
收藏归属：德鲁 · 德鲁里
产地信息：美国最南部至阿根廷
物种名片：镰弄蝶 *Spathilepia clonius* (Cramer, 1775)

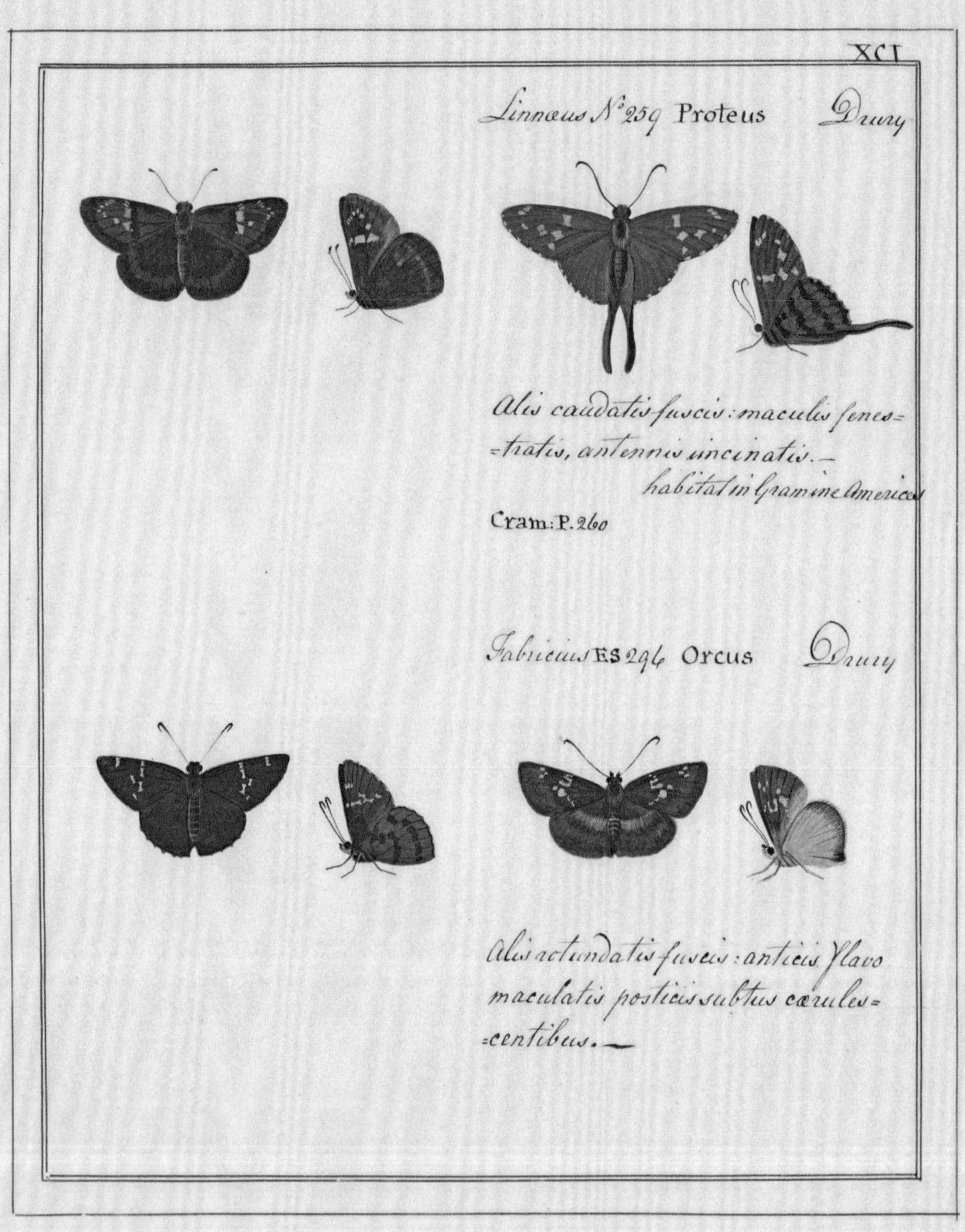
XCI
Linnæus N°259 Proteus Drury
Alis caudatis fuscis: maculis fenes=
=tratis, antennis uncinatis.—
habitat in Gramine America
Cram: P. 260
Fabricius ES 296 Orcus Drury
Alis rotundatis fuscis: anticis flavo
maculatis posticis subtus cærules=
=centibus.—

图　版：XCI. 未命名
参考文献：—
收藏归属：—
产地信息：—
物种名片：弄蝶科未定种 Hesperiidae sp. indet.

图　版：XCI. "*Proteus*"
参考文献：C. Linnaeus, *Syst. nat.* (1767); No. 259
收藏归属：德鲁·德鲁里
产地信息：美洲
物种名片：长尾弄蝶属未定种 *Urbanus* sp. indet.

图　版：XCI. 未命名
参考文献：—
收藏归属：—
产地信息：—
物种名片：弄蝶科未定种 Hesperiidae sp. indet.

图　版：XCI. "*Orcus*"（ICO）
参考文献：J. C. Fabricius, *Ent. syst.* (1792–1799); No. 296
收藏归属：德鲁·德鲁里
产地信息：苏里南?
物种名片：矩弄蝶 *Quadrus cerialis* (Stoll, 1782)

XCII.
Fabricius N° 605 Orion Drury
Fabricius N° 784 M Amyntas Drury
Alis caudatis fuscis anticis maculis fenestratis, posticis caudis albis. –
Cram: P. 155
habitat Surinami
Alis subcaudatis fuscis fenestrato maculatis, posticis subtus puncto baseos atro. –
Fabricius N° 621 Flesus Drury
Fabricius N° 795 M Thrax Drury
Alis ecaudatis fuscis, anticis fenestrato maculatis, posticis subtus disco albo nigro punctato. –
habitat in Africa Æquinoctiali
Alis ecaudatis fuscis: maculis aliquot fenestratis, antennis uncinnatis, variat colore baseos alarum flavescente virescente vel caerulescente. –

图　　版：XCII.“*Orion*”
参考文献：J. C. Fabricius, *Spec. insect.* (1781); No. 605
收藏归属：德鲁·德鲁里
产地信息：中美洲和南美洲
物种名片：克拉雀尾弄蝶 *Typhedanus crameri* (McHenry, 1960)

图　　版：XCII.“*Amyntas*”
参考文献：J. C. Fabricius, *Mant. insect.* (1787); No. 784
收藏归属：德鲁·德鲁里
产地信息：美国南部和墨西哥，向南至阿根廷
物种名片：尖臀弄蝶属某种 *Polygonus* sp.，参考尖臀弄蝶 *P. leo* (Gmelin, 1790)

图　　版：XCII.“*Flesus*”
参考文献：J. C. Fabricius, *Spec. insect.* (1781); No. 621
收藏归属：德鲁·德鲁里
产地信息：非洲
物种名片：隐斑裙弄蝶 *Tagiades flesus* (Fabricius, 1781)

图　　版：XCII.“*Thrax*”
参考文献：J. C. Fabricius, *Mant. insect.* (1787); No. 795
收藏归属：德鲁·德鲁里
产地信息：印度－澳大利亚区
物种名片：弄蝶科未定种 Hesperiidae sp. indet.，趾弄蝶属某种 *Hasora* sp.？

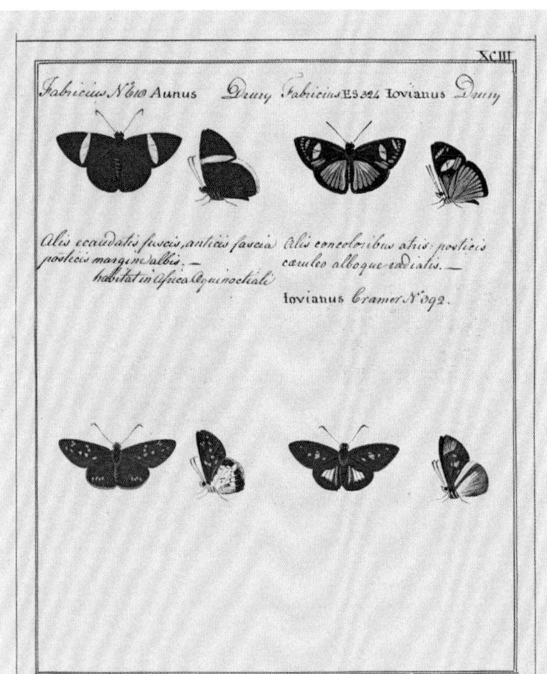
XCIII
Fabricius N°610 Aunus Drury
Fabricius E.S.324 Iovianus Drury
Alis ecaudatis fuscis, anticis fascia posticis margine albis. —
habitat in Africa Aequinoctiali
Alis concoloribus atris: posticis caeruleo alboque radiatis. —
Iovianus Cramer N°392.

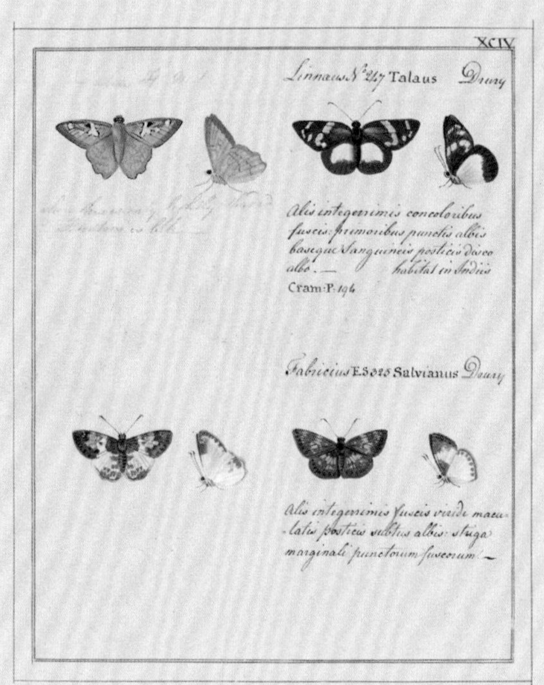
XCIV
Linnaeus N°247 Talaus Drury
Alis integerrimis concoloribus fuscis: primoribus punctis albis basique Sanguineis posticis disco albo. — habitat in Indiis
Cram: P. 196
Fabricius E.S.025 Salvianus Drury
Alis integerrimis fuscis viride maculatis posticis subtus albis: striga marginali punctorum fuscorum —

XCV
Fabricius N°601 Silenus Sr Josh Banks
Fabricius E.S.303 Alsarius Sr Josh Banks
Alis caudatis fuscis, subtus brunneis, striga flavescente —
habitat in Sierra Leon Africa
Alis dentatis atris: anticis maculis flavis albisque, posticis disco flavo punctis nigris. —
Alsarius Cramer N°261
Fabricius N°631 Philemon Sr Josh Banks
Fabricius N°619 Alexis Dr Hunter
Alis rotundatis integerrimis atris immaculatis, antennis uncinatis —
habitat in America meridionalis Insulis. —
Alis ecaudatis nigricantibus, posticis subtus fascia caerulescente
Cram: P. 366
habitat in India

XCVI
Francillon
Marsham
habitat in nova hollandia
habitat in Bengala
Marsham

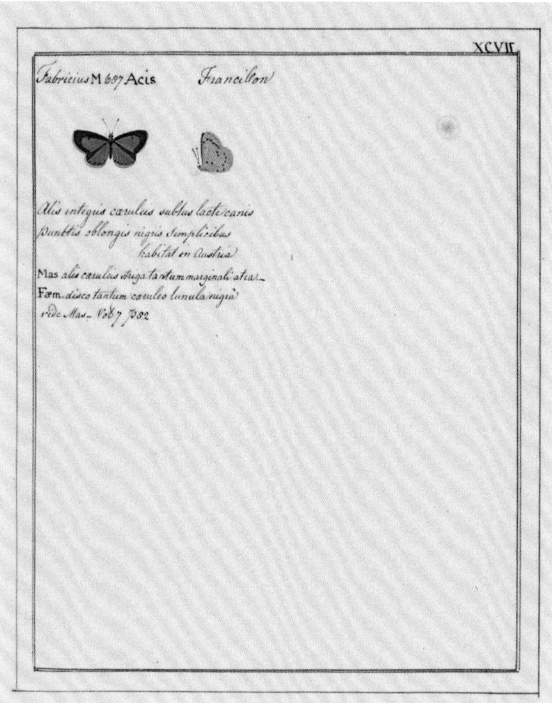

图　　版：XCIII.“*Aunus*”
参考文献：J. C. Fabricius, *Mant. insect.* (1787); No. 618
收藏归属：德鲁·德鲁里
产地信息：墨西哥至南美洲
物种名片：幽弄蝶属某种 *Autochton* sp.，参考乳带幽弄蝶 *A. zarex* (Hübner, 1818)

图　　版：XCIII.“*Jovianus*”（ICO）
参考文献：J. C. Fabricius, *Ent. syst.* (1792–1799); No. 324
收藏归属：德鲁·德鲁里
产地信息：巴西
物种名片：牌弄蝶法布亚种 *Pythonides jovianus* (Stoll, 1782) *fabricii* Kirby, 1871

图　　版：XCIII. 未命名
参考文献：—
收藏归属：—
产地信息：—
物种名片：弄蝶科未定种 Hesperiidae sp. indet.

图　　版：XCIII. 未命名
参考文献：—
收藏归属：—
产地信息：—
物种名片：弄蝶科未定种 Hesperiidae sp. indet.

图　　版：XCIV. 未命名
参考文献：—
收藏归属：—
产地信息：—
物种名片：弄蝶科未定种 Hesperiidae sp. indet.

图　　版：XCIV.“*Talaus*”
参考文献：C. Linnaeus, *Syst. nat.* (1767); No. 247
收藏归属：德鲁·德鲁里
产地信息：南美洲
物种名片：醉弄蝶属某种 *Entheus* sp.，参考醉弄蝶 *E. priassus* (Linnaeus, 1758)，雌

图　　版：XCIV. 未命名
参考文献：—
收藏归属：—
产地信息：—
物种名片：弄蝶科未定种 Hesperiidae sp. indet.

图　　版：XCIV.“*Salvianus*”（ICO）
参考文献：J. C. Fabricius, *Ent. syst.* (1792–1799); No. 325
收藏归属：德鲁·德鲁里
产地信息：苏里南?
物种名片：透翅弄蝶 *Xenophanes tryxus* (Stoll, 1780)

图　　版：XCV.“*Silenus*”
参考文献：J. C. Fabricius, *Spec. insect.* (1781); No. 604
收藏归属：约瑟夫·班克斯爵士
产地信息：旧大陆热带地区
物种名片：灰蝶科未定种 Lycaenidae sp. indet.

图　　版：XCV.“*Alsarius*”
参考文献：J. C. Fabricius, *Ent. syst.* (1792–1799); No. 303
收藏归属：约瑟夫·班克斯爵士
产地信息：南美洲
物种名片：阿丝白心弄蝶指名亚种 *Myscelus assaricus assaricus* (Cramer, 1779)

图　　版：XCV.“*Philemon*”
参考文献：J. C. Fabricius, *Spec. insect.* (1781); No. 631
收藏归属：约瑟夫·班克斯爵士
产地信息：中美洲，包括加勒比海地区
物种名片：文弄蝶 *Ephyriades arcas* (Drury, 1773)

图　　版：XCV.“*Alexis*”
参考文献：J. C. Fabricius, *Spec. insect.* (1781); No. 619
收藏归属：亨特博士
产地信息：印度
物种名片：趾弄蝶属未定种 *Hasora* sp. indet.

图　　版：XCVI. 未命名
参考文献：—
收藏归属：约翰·弗朗西伦
产地信息：澳大利亚
物种名片：佳灰蝶 *Jalmenus evagoras* (Donovan, 1805)

图　　版：XCVI. 未命名
参考文献：—
收藏归属：托马斯·马香
产地信息：亚洲
物种名片：姜弄蝶 *Udaspes folus* (Cramer, 1775)

图　　版：XCVI. 未命名
参考文献：—
收藏归属：托马斯·马香
产地信息：西非
物种名片：旖灰蝶属某种 *Hypolycaena* sp.，参考疑旖灰蝶 *Hypolycaena dubia* Aurivillius, 1895

图　　版：XCVII.“*Acis*”
参考文献：J. C. Fabricius, *Mant. insect.* (1787); No. 687
收藏归属：约翰·弗朗西伦
产地信息：英国和北非，向东至日本
物种名片：琉璃灰蝶 *Celastrina argiolus* (Linnaeus, 1758)

图　　版：XCVIII.“*Chryseis*”
参考文献：J. C. Fabricius, *Mant. insect.* (1787); No. 725
收藏归属：普拉斯特德
产地信息：西起西欧（不含英国），东至俄罗斯阿穆尔州
物种名片：海驰橙灰蝶 [25]*Lycaena hippothoe* Linnaeus, 1761

图　　版：XCVIII. 未命名
参考文献：—
收藏归属：—
产地信息：可能为欧洲
物种名片：灰蝶属某种 *Lycaena* sp.

物种分布图：大洋洲

1. 绿鸟翼凤蝶：大洋洲 4
2. 透翅凤蝶：澳大利亚 33、34
3. 英雄翠凤蝶：马鲁古群岛至澳大利亚 46
4. 统帅青凤蝶：印度 - 澳大利亚区 53
5. 青凤蝶：印度 - 澳大利亚区 58
6. 阿蒙彩美凤蝶：新喀里多尼亚和诺福克岛 91
7. 澳绡蝶：巴布亚地区，包括澳大利亚昆士兰州 127
8. 透翅珍蝶：澳大利亚和新几内亚岛 130
9. 赏心珍蝶：印度 - 澳大利亚区 130
10. 银白斑粉蝶指名亚种 *：澳大利亚昆士兰州库克敦 163
11. 镉黄迁粉蝶：印度 - 澳大利亚区 169
12. 梨花迁粉蝶：印度 - 澳大利亚区 169、178、192、193
13. 黄粉蝶属未定种，热带地区 176、196
14. 迁粉蝶：印度 - 澳大利亚区 178、179、192、198
15. 黑缘尖粉蝶：澳大利亚 186
16. 爪哇贝粉蝶：印度尼西亚至澳大利亚和太平洋诸岛 186、193
17. 红带斑粉蝶：新几内亚岛和澳大利亚 187
18. 黄点列斑粉蝶：澳大利亚和新喀里多尼亚 188
19. 黑雾斑粉蝶：澳大利亚 189
20. 澳洲斑粉蝶：澳大利亚 198
21. 双标紫斑蝶指名亚种 *：澳大利亚昆士兰州库克敦 202
22. 妒丽紫斑蝶指名亚种 *：澳大利亚昆士兰州库克敦 202
23. 古城斑蝶：澳大利亚和太平洋诸岛 206
24. 爱妃斑蝶：马来群岛和澳大利亚 212
25. 暮眼蝶属某种：印度 - 澳大利亚区 214
26. 阿奈绿眼蝶：印度 - 澳大利亚区 219
27. 黑紫斑蝶：印度 - 澳大利亚区 224
28. 紫斑蝶属某种，参考澳洲幻紫斑蝶：印度 - 澳大利亚区 224
29. 暗矍眼蝶：澳大利亚 225
30. 翠蓝眼蛱蝶：旧大陆热带地区 248、260
31. 暮眼蝶：旧大陆热带地区 252、260、271、274
32. 星眉眼蝶指名亚种 *：澳大利亚 256
33. 小红蛱蝶：欧洲、亚洲、北美洲、非洲和大洋洲 262
34. 橙翅眉眼蝶：马鲁古群岛、新几内亚岛和澳大利亚 270
35. 眉红蛱蝶：新西兰 272
36. 浓框眼蝶：澳大利亚南部 273、286
37. 铜翿叶蛱蝶：太平洋诸岛 274
38. 敏捷眼蛱蝶：爪哇岛至澳大利亚和太平洋诸岛 274
39. 裴斯眉眼蝶：印度 - 澳大利亚区 274
40. 黄眉红蛱蝶：澳大利亚和新西兰，包括豪勋爵岛 274
41. 黄带慧眼蝶：澳大利亚 275
42. 星眉眼蝶：马鲁古群岛、新几内亚岛和澳大利亚 275
43. 欢乐眼蛱蝶：印度 - 澳大利亚区 276
44. 刺纹结眼蝶：澳大利亚东南部 286
45. 勺眼蝶：澳大利亚东南部 286
46. 雀眼律蛱蝶：马鲁古群岛至澳大利亚昆士兰州北部 287
47. 锯蛱蝶：马鲁古群岛至新几内亚岛和澳大利亚 293、417
48. 斐豹蛱蝶：埃塞俄比亚至中国、日本、马来群岛和澳大利亚 300
49. 珐蛱蝶：旧大陆热带地区 301
50. 黑缘襟蛱蝶：新几内亚岛和澳大利亚 356
51. 幻紫斑蛱蝶：西起马达加斯加，东至太平洋 391、396、401
52. 皇尾蛱蝶指名亚种 *：澳大利亚 395
53. 阿丽斑蛱蝶：西起马鲁古群岛，东至所罗门群岛和澳大利亚 401
54. 金斑蛱蝶：泛热带地区 401
55. 牧草旖灰蝶指名亚种 *：澳大利亚昆士兰州库克敦 447
56. 亮灰蝶：旧大陆至澳大利亚，及夏威夷 466
57. 娜链灰蝶指名亚种：澳大利亚昆士兰州 483
58. 长腹灰蝶：广布于旧大陆热带地区 486
59. 阿链灰蝶：阿鲁群岛至新几内亚岛和澳大利亚 490
60. 娜链灰蝶：马鲁古群岛至新几内亚岛和澳大利亚北部 490
61. 艾坎灰蝶：西起小巽他群岛，东至新几内亚岛和澳大利亚 492
62. 慧眼蝶属未定种：阿鲁群岛至澳大利亚 498
63. 沙灰蝶指名亚种 *：新西兰南岛 504
64. 希特坎灰蝶：澳大利亚 511
65. 黄斑坎灰蝶：澳大利亚，包括豪勋爵岛 511
66. 金丽耙灰蝶：澳大利亚，包括塔斯马尼亚 511
67. 弄蝶亚科，黄弄蝶族未定种，可能为长标弄蝶属某种：印度 - 澳大利亚区 518
68. 雅梯弄蝶：澳大利亚 521
69. 紫翅长标弄蝶：印度 - 澳大利亚区 522
70. 弄蝶科未定种，趾弄蝶属某种？：印度 - 澳大利亚区 537
71. 趾弄蝶属未定种：印度 - 澳大利亚区 538
72. 佳灰蝶：澳大利亚 538
73. 灰蝶科未定种：旧大陆热带地区？ 538

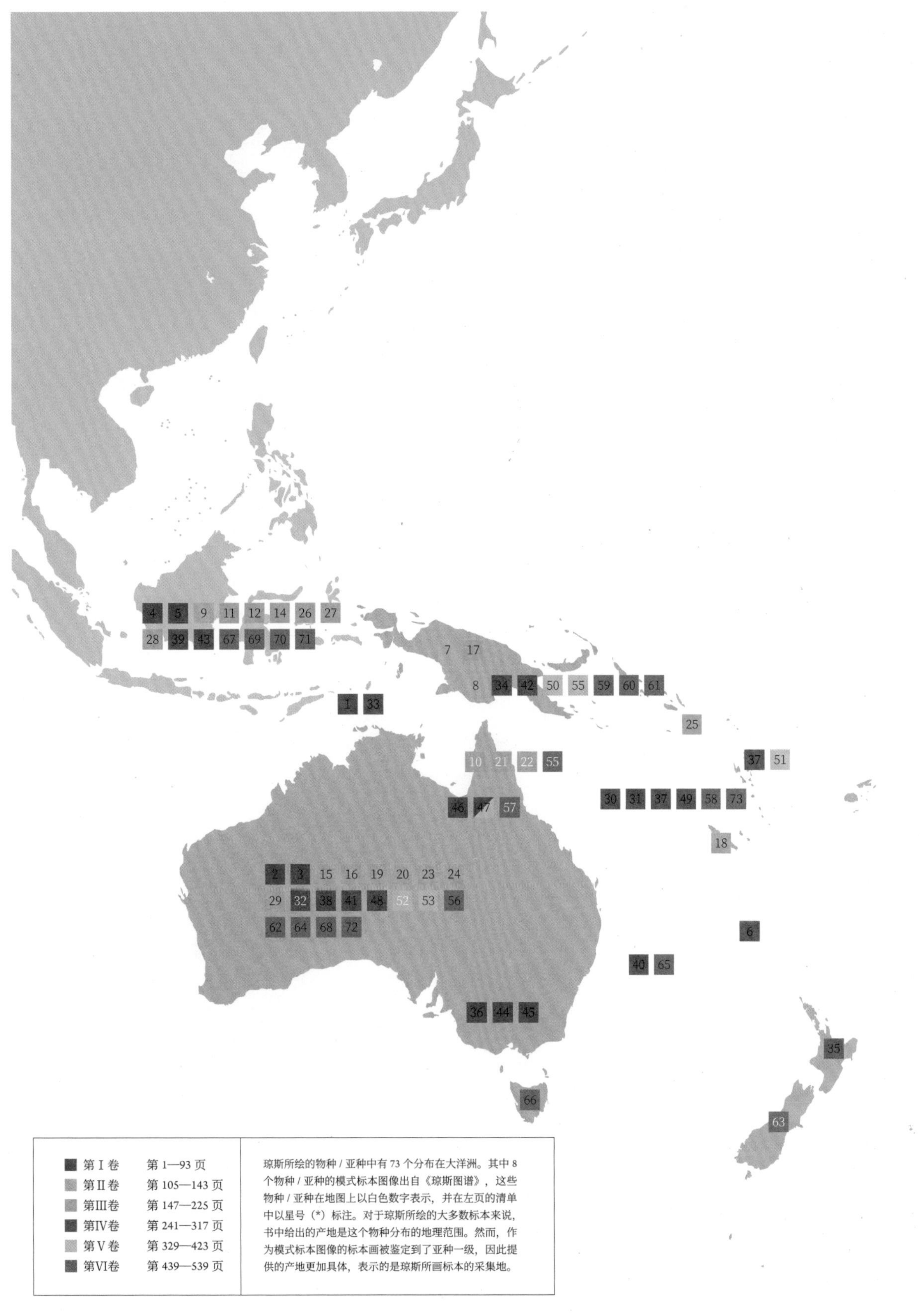

琼斯所绘的物种/亚种中有73个分布在大洋洲。其中8个物种/亚种的模式标本图像出自《琼斯图谱》，这些物种/亚种在地图上以白色数字表示，并在左页的清单中以星号（*）标注。对于琼斯所绘的大多数标本来说，书中给出的产地是这个物种分布的地理范围。然而，作为模式标本图像的标本画被鉴定到了亚种一级，因此提供的产地更加具体，表示的是琼斯所画标本的采集地。

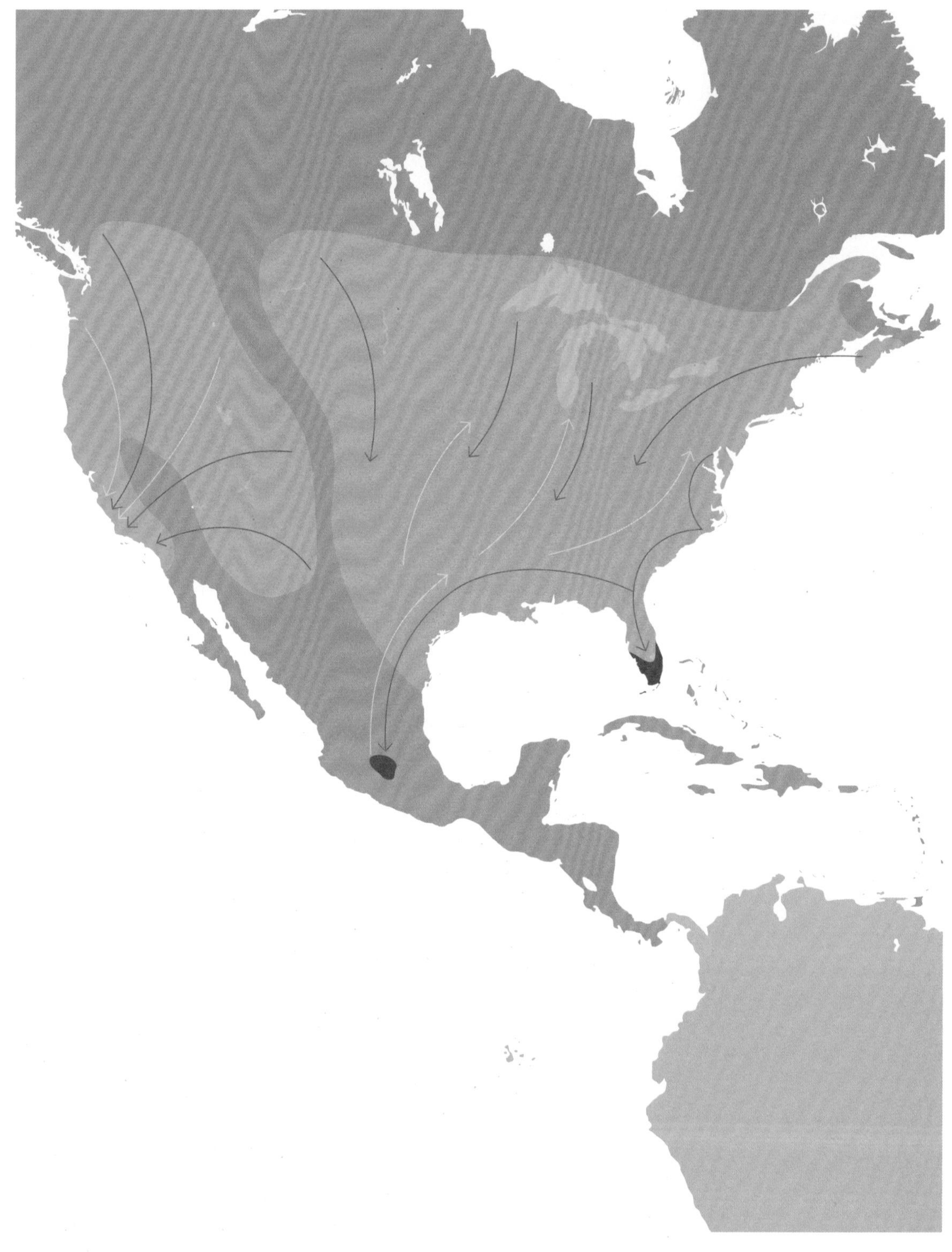

北美洲君主斑蝶的迁飞规律。这种蝴蝶在美国佛罗里达州或者墨西哥的一片山系越冬。春季，新的世代会向北迁移，前往美国和加拿大的夏季繁殖区。向南迁飞的旅程只需一个世代即可完成，而向北迁飞则要经历三四个世代。由于气候变化和栖息地丧失，君主斑蝶在澳大利亚和北美洲的种群正在衰退。

全球鳞翅目昆虫的衰退

弗朗西斯科・桑切斯－巴约（Francisco Sánchez-Bayo）

1. Maes and Van Dyck, 2001; Warren, Hill, Thomas, Asher, Fox, et al., 2001.
2. Thomas, 2016.
3. Sánchez-Bayo and Wyckhuys, 2021.
4. Hallmann, Zeegers, van Klink, Vermeulen, van Wielink, et al., 2020.
5. Thomas, Telfer, Roy, Preston, Greenwood, et al., 2004.
6. Ollerton, Winfree and Tarrant, 2011.
7. Aizen, Garibaldi, Cunningham and Klein, 2009.
8. Vanbergen and Initiative, 2013.
9. Thomas, Telfer, Roy, Preston, Greenwood, et al., 2004; Fox, Brereton, Asher, August, Botham, et al., 2015; Warren, Maes, van Swaay, Goffart, Van Dyck, et al., 2021.
10. Thomas, Telfer, Roy, Preston, Greenwood, et al., 2004.

蝴蝶是昆虫中最引人注目的一类，也是最为人类熟知、被研究得最完善的类群之一。蝴蝶的色彩和花纹变幻莫测，令人眼花缭乱，而且在野外很容易被发现并识别，这让它们成为对博物学家和画家富有吸引力的研究对象。在分类学方兴未艾，人们正积极从英格兰和遥远的美洲、亚洲和澳大利亚采集标本的时代，蝴蝶的这些特性很可能激励了威廉・琼斯，让他决定着手开展自己彪炳史册的绘画工作。18 世纪和 19 世纪早期，随着越来越多的蝴蝶被德鲁里和班克斯发现，首次描绘这些物种并将之纳入《琼斯图谱》，对琼斯来说一定是种收获颇丰的经历。彼时通过此类发现而逐渐展露的蝴蝶和蛾类多样性，与近几十年间很多种群的衰退及一些物种在整个地区的消失形成了可悲的对比。

事实上，从 21 世纪初至今，学界已经发表了大约 40 份报道世界各地蝴蝶和蛾类“丧失”的长期研究结果，为人们敲响了警钟。这里说的“丧失”，是指物种内部个体数量的下降，这会导致种群规模变小，也常常造成物种在各地区的分布范围缩小。这种现象最终会导致物种在一个区域内绝迹。这样的衰退首先在英国[1]和比利时得到报道，那里保存有超过一个世纪的蝴蝶和蛾类记录，人们得以通过比较，总结出虫口数量随时间变化的趋势。在查阅本国历史记录并进行近期调研后，其他很多昆虫学家也相继报道了类似的发现[2]。迄今为止，已发表的研究来自 4 个大洲的 12 个不同的国家，并覆盖了至少 6 个不同的生物地理区域。衰退的情况令人担忧，因为这表明大约一半的蝴蝶和蛾类物种正在走向灭绝[3]。尽管有大约 20% 的物种数量正在上升，但它们增加的数量并不足以弥补衰退物种的损失，因此，在欧洲，生物量的净值下降越来越明显，其他地区可能也是如此[4]。

报道中的衰退提醒我们注意蝴蝶和蛾类在生态系统运转中的重要意义。的确，全球有约 18 700 种蝴蝶和 10 倍于此的蛾类物种，它们的生态作用不可低估。因为蝴蝶和蛾类栖息在多种类型的景观中，而且很多种类依存于特定的植物，所以它们被认为是反映生物多样性和生态系统健康度的优质指标[5]。毛虫在防止杂草扩散方面发挥着关键作用，并且是很多食虫鸟类及其他动物的食物来源，而它们的成虫则是不可或缺的传粉者，其传粉作用堪与蜜蜂和食蚜蝇比肩。包括 3/4 的粮食作物在内[6]，全球有超过 80% 的植物需要昆虫为之传粉[7]，因此，鳞翅目昆虫的衰退也降低了生态系统的生产能力和作物的产量[8]。夜行性蛾类还是小型蝙蝠和其他夜行生物的猎物。因此人们估计，蝴蝶和蛾类虫口数量的下降，将通过食物网对其他动植物的生物多样性产生负面影响，因为由它们提供的很多生态服务都将大打折扣。

世界各地区的种群衰退

英国

有人估计，英国 37% 的蝴蝶种类的虫口数量正在下降，它们的丰度自 1970 年以后已经下降了 3/4[9]。衰退主要影响那些对生境要求严格、移动能力差或者栖息在低海拔欧石南荒地的专适性物种。随着北方物种的分布面积萎缩，英国蝴蝶的总体分布范围缩小了 13%[10]。与此相反，移动能力强的种类和那些栖息在林地、灌丛、绿篱和城市环境的种类，则响应对它们有利的气候条件，向北扩张。同一时期内，蛾类的种群也表现出类似的趋势：据报道，整个大不列颠岛 66% 的物种 [11] 和苏格兰 60% 的物种 [12] 正在衰退，严重的虫口数量下降影响着 39% 的蛾类物种 [13]。至于蝴蝶，广布种、对人类用地敏感的种类，以及依赖贫氮草原和湿地的种类衰退得最为严重，在城市和农业用地有所增加的大不列颠岛南部，情况尤其如此 [14]。人们估计，过去 50 年间，蛾类丰度整体下降了 31%[15]，生物量每年下降率为 1.8%[16]。正在衰退的蝴蝶包括小粉蝶 *Leptidea sinapis*、离纹洒灰蝶 *Satyrium w-album*、主网蛱蝶 *Melitaea athalia* 和红灰蝶 *Lycaena phlaeas*[17]。在蛾类中，暗切夜蛾 *Euxoa nigricans*、暗条潢尺蛾 *Xanthorhoe ferrugata*、驼尺蛾 *Pelurga comitata*、红底溢尺蛾 *Catarhoe rubidata* 和浊夜蛾 *Tholera cespitis* 衰退得最为迅速。

西欧和中欧

佛兰德（比利时）和荷兰绵延一个多世纪的蝴蝶历史记录表明，这两个国家蝴蝶的丰度和分布范围分别下降了 69% 和 59%。在这一时期，佛兰德失去了 19 个物种，而荷兰则失去了 15 个 [18]。针对德国西南部跨越 250 多年的历史记录的一份类似研究发现，66% 的蝴蝶和斑蛾科物种正在衰退 [19]。多数种类的丰度丧失自 20 世纪 50 年代以来最为严重，而且这种丰度丧失出现在所有生境的广适性物种（能够在多种环境中生存的物种）和专适性物种（对环境和食物的要求严格得多的物种）身上。和英国一样，移动能力较差的蝴蝶，还有那些栖息在草原、欧石南荒地、泥炭沼泽，以及按传统措施管理、很少施用化肥的农田生境中的蝴蝶，经历了最严重的衰退。也有人在较短的时间区间（15 ～ 30 年）内对这几个国家进行了小范围系统调查，得到的估算结果是，衰退中的物种所占比例为 38% ～ 55%[20]。荷兰蛾类的命运甚至更为惨淡，据估计，自 1980 年以来，荷兰全部蛾类物种中有 71% 正在衰退 [21]，栖息在泥炭沼泽的种类衰退比例更是高达 84%[22]。因此，从世纪之交至今，荷兰蝴蝶和蛾类的生物量年下降率估计为 3.3%[23]。与此相反，针对匈牙利两片森林地区的蛾类的一项长期研究发现，20 世纪后 40 年间，其整体生物量上升了 32%，也就是每年上升 0.8%，尤其是那些适应较温暖、较干旱气候的种类 [24]。这一地区正在衰退的蝴蝶有孔雀蛱蝶 *Aglais io*、毛眼蝶 *Lasiommata megera*、钩粉蝶 *Gonepteryx rhamni*、阿波罗绢蝶 *Parnassius apollo* 和豹纹堇蛱蝶 Euphydryas maturna；正在衰退的蛾类则有苇实夜蛾 *Heliothis maritima*、缬草球果尺蛾 *Eupithecia valerianata*、五点斑蛾 *Zygaena trifolii*、黄紫美冬夜蛾 *Xanthia togata* 和泥苔蛾 *Pelosia muscerda*。

北欧

有人比较了瑞典南部一片复合生境地区自 1955 年以来的蝴蝶和蛾类采集记录与近期的调查结果，发现约 45% 的蝴蝶和 20% 的蛾类消失了，其中 2/3 的灭绝事件发生在依赖湿地和开阔草原的种类中 [25]。在其邻国芬兰的北欧农业景观中，自 1955 年以来，31% 的蝴蝶物种发生了衰退，而 36% 的物种则数量有所上升。大多数衰退发生在栖息于半天然草原的种类身上，而生活在开阔的田地边缘和林间空地的种类则数量有所上升，这反映了该国现代林业和其他人类活动的发展趋势 [26]。然而，在拉普兰地区的亚极地森林中，随着气候变化，过去 30 年间只有 10% 的蛾类物种衰退，而有 33% 的物种丰度上升 [27]。在这两个国家中，移动力强的种类和以成虫越冬的种类都比以幼虫越冬的种类生存得更好。据报道，冰岛蛾类的整体丰度自 1995 年后一直在下降 [28]。这一地区正在衰退的物种有捷灰蝶 *Lycaena hippothoe*、弄蝶 *Hesperia comma*、灿福蛱蝶 *Fabriciana adippe* 和黑缘豆粉蝶 *Colias palaeno*。在区域性灭绝的物种当中，云眼蝶 *Hyponephele lycaon* 已经在芬兰绝迹，而绢粉蝶 *Aporia crataegi* 和金凤蝶 *Papilio machaon* 则不再出现于瑞典。

地中海地区

从 1994 年开始，针对整个加泰罗尼亚地区蝴蝶的年度调查表明，在这个监测计划实施的头 15 年中，53% 的种类发生了衰退 [29]；而近期对跨越 20 年的扩大数据集的分析则表明，70% 的物种出现衰退，23% 的物种有所增长 [30]。在专适性蝴蝶和广适性蝴蝶中都同样观察到了衰退，虽然草原和灌丛的专适性种类衰退得

11. Conrad, Warren, Fox, Parsons and Woiwod, 200
12. Dennis, Brereton, Morgan Fox, Shortall et al., 2019.
13. Fox, Oliver, Harrower, Parsons, Thomas and Roy, 2014.
14. Ibid.
15. Bell, Blumgart and Shortall 2020.
16. Macgregor, Williams, Bell and Thomas, 2019.
17. Fox, Brereton, Asher, August, Botham, et al., 201
18. Maes and Van Dyck, 2001; van Strien, van Swaay, van Strien-van Liempt, Poot an Wallis DeVries, 2019.
19. Habel, Trusch, Schmitt, Ochse and Ulrich, 2019.
20. van Swaay, Warren and Lo 2006; Wenzel, Schmitt, Weitzel and Seitz, 2006; va Dyck, van Strien, Maes and van Swaay, 2009; Hallmann Zeegers, van Klink, Vermeulen, van Wielink, et al., 2020.
21. Groenendijk and Ellis, 2011.
22. Hallmann, Zeegers, van Klink, Vermeulen, van Wielink, et al., 2020.
23. Szentkirályi, Leskó and Kádár, 2007.
24. Groenendijk and van der Meulen, 2004.
25. Franzén and Johannesson, 2007.
26. Kuussaari, Heliölä, Pöyry and Saarinen, 2007.
27. Hunter, Kozlov, Itämies, Pulliainen, Bäck, et al., 2014.
28. Gillespie, Alfredsson, Barrio, Bowden, Convey, et al., 2020.
29. Stefanescu, Torre, Jubany and Páramo, 2011.
30. Melero, Stefanescu and Pino, 2016.

詹姆斯·邓肯（James Duncan）的《英国蝴蝶志》（*British Butterflies*，1855）。图中展示了来自英国的蝴蝶，其中红襟粉蝶（左上）和艾诺红眼蝶 *Erebia aethiops*（左下）的数量目前都在上升；小粉蝶（左上）、橙红斑蚬蝶和卵宝蛱蝶（右上），以及红灰蝶（右下）则正在衰退；波翅红眼蝶（左下）和橙灰蝶（右下）现在已经在英国灭绝了。

皮埃尔·伊波利特·卢卡斯（Pierre Hippolyte Lucas）的《欧洲鳞翅目自然史》（*Histoire naturelle des lépidoptères d'Europe*，1834）。图中展示了欧洲的蝴蝶，包括豹蛱蝶类（上排左）、粉蝶属（上排中）、毛眼蝶属（上排右）、豆粉蝶属（下排左）、凤蝶属（下排中）和白眼蝶属（下排右）的常见物种。这些物种的种群数量目前比较稳定，虽然有些经历过地区性衰退。

更严重，而林地的专适性种类则表现出略微的增长。而且，多化性（一年繁殖不止一个世代）和幼虫专食性的种类看上去比单化性（一年只繁殖一个世代）的种类衰退得更多，北欧和北美洲的蝴蝶衰退则并未表现出这种特征。地中海地区正在衰退的物种有霾灰蝶 *Maculinea arion*、西方白眼蝶 *Melanargia occitanica*、油庆珍眼蝶 *Coenonympha glycerion*、南方火眼蝶 *Pyronia cecilia* 和埃舍眼灰蝶 *Polyommatus escheri*。

北美洲

在美国东北部和中西部地区，人们可以通过关于蝴蝶的长期监测数据了解其种群动态，而物种丰富度的下降在加利福尼亚州也有记录[31]。各类报道中，发生衰退的物种比例在30%～83%[32]，其中最低值来自威斯康星州泥炭沼泽地带12年间的蝴蝶监测数据[33]，而最高值则对应明尼苏达州的牧场自1979年以来的数据[34]。分布于北方的种类大多在马萨诸塞州和俄亥俄州有所衰退，而分布于南方的种类则经历了种群数量的上升[35]。和欧洲一样，在俄亥俄州，每年世代数较少的蝴蝶衰退得更快[36]；而在马萨诸塞州，以卵或幼虫越冬的种类则比其他种类表现出更严重的衰退[37]。在明尼苏达州的草原上，相比其他因素，正在衰退的蝴蝶看起来更容易受到火灾防治措施的影响[38]；而在威斯康辛州的泥炭沼泽中，正在衰退的蝴蝶更容易被土壤湿度而非温度的变化干扰[39]。美国正在衰退的物种有马萨诸塞州和俄亥俄州的女神斑豹蛱蝶 *Speyeria aphrodite*、所有中西部州的奥桃弄蝶 *Hesperia ottoe*[40]、威斯康星州的山宝蛱蝶 *Boloria montinus*、明尼苏达州的黑斑橙翅弄蝶 *Hesperia dacotae* 和灿弄蝶 *Oarisma poweshiek*，以及整个美洲大陆上的君主斑蝶 *Danaus plexippus*，而斑豹蛱蝶 *Speyeria idalia* 已经在俄亥俄州消失了。

日本

关于日本蝴蝶的最新综述表明，全部物种中有15%濒危，且有80%的草原物种自1960年以来发生了衰退。在所有草原种类中，衰退最严重的是大网蛱蝶 *Melitaea scotosia* 和蟾福蛱蝶 *Fabriciana nerippe*。典型栖息地为林地的蝴蝶，比如山灰蝶 *Shijimia moore*，同样在人们抛弃传统的土地利用方式和里山景观（一种水稻田、撂荒草地、绿篱和萌生林交错的复合景观，如今正在被精耕细作的稻田和柏树及其他针叶树的工业化种植林取代）退化后发生了衰退[41]。在全国范围内，已经有7个物种灭绝，而濒危蝴蝶则包括胡麻霾灰蝶 *Maculinea teleius*、欣灰蝶 *Shijimiaeoides divina*、茄下豆灰蝶 *Plebejus subsolanus* 和日本虎凤蝶 *Luehdorfia japonica*。而在岛屿尺度上，灭绝和衰退的比例更高。

东南亚

这片热带地区是鳞翅目生物多样性热点地区，生活着很多体型硕大、色彩艳丽的种类，包括世界上最大的蛾类——乌桕大蚕蛾 *Attacus atlas*。自19世纪初以来，大英博物馆保存的记录和标本让人们得以对新加坡的蝴蝶区系进行详细研究。虽然无法通过比较得出虫口数量的发展趋势，但历史记录显示，这座岛上已经有32%～38%的种类灭绝了[42]。这种高灭绝率超出了类似大小的岛屿上的物种自然灭绝速率，是原始景观中的热带雨林和湿地转变为城市和农业用地的结果。像小木神旖斑蝶 *Ideopsis gaura* 和埃萨锯眼蝶 *Elymnias esaca* 这样的物种在它们最后的寄主植物从岛上绝迹后也紧跟着灭绝了，而裳凤蝶 *Troides helena* 和红珠凤蝶 *Pachliopta aristolochiae* 也因同样的原因而岌岌可危。[43] 在婆罗洲的基纳巴卢山，人们观察到，自1965年以来，栖息在高山地区（海拔高于2500米）的热带蛾类中有20%的物种海拔分布区间有所收缩，说明它们的分布范围正在缩小，因此种群规模也在萎缩，而这些物种多数都是当地特有的。与此相反，来自较低海拔的种类则随着气候变暖将它们的分布范围扩展到更高海拔。[44]

澳大利亚

历史数据结合近期调查的分析表明，从1981年至今，在墨尔本周边地区，有36%～48%的蝴蝶物种在当地范围内发生了衰退，而在过去80年间，则有26%的种类在更大的地区范围（100平方千米）内虫口有所

31. Forister, Cousens, Harrison, Anderson, Thorne, et al., 2016.
32. Schlicht, Swengel and Swengel, 2009; Breed, Stichter and Crone, 2013; Swengel and Swengel, 2015; Wepprich, Adrion, Ries, Wiedmann and Haddad, 2019.
33. Swengel and Swengel, 2015.
34. Schlicht, Swengel and Swengel, 2009.
35. Breed, Stichter and Crone, 2013; Wepprich, Adrion, Ries, Wiedmann and Haddad, 2019.
36. Wepprich, Adrion, Ries, Wiedmann and Haddad, 2019.
37. Breed, Stichter and Crone, 2013.
38. Schlicht, Swengel and Swengel, 2009.
39. Swengel and Swengel, 2015.
40. Swengel, Schlicht, Olsen and Swengel, 2011.
41. Nakamura, 2011.
42. Brook, Sodhi and Ng, 2003; Jain, Khew Sin, Cheong Weei and Webb, 2018; Theng, Jusoh, Jain, Huertas, Tan, et al., 2020.
43. Theng, Jusoh, Jain, Huertas, Tan, et al., 2020.
44. Chen, Hill, Shiu, Holloway, Benedick, et al., 2011.

减少。灭绝事件主要发生在取食草类和槲寄生的专适性物种当中[45]。在新南威尔士州的一小片区域内，21 种蝴蝶的整体丰度在 12 年间下降了 57%[46]。在位于悉尼盆地的越冬地，君主斑蝶的虫口数量从 20 世纪 60 年代到 70 年代末下降了超过 90%[47]，而迁飞性的布冈夜蛾 *Agrotis infusa* 从 1951 年开始种群数量也在稳步下降[48]。在澳大利亚被评估为濒危的物种有昆士兰州的依散灰蝶 *Acrodipsas illidgei* 和帝拟叶夜蛾史氏亚种 *Phyllodes imperialis smithersi*，新南威尔士州的斐豹蛱蝶 *Argynnis hyperbius* 和帝拟叶夜蛾，维多利亚州的耙灰蝶 *Paralucia pyrodiscus* 和平日蝶蛾 *Synemon plana*，南澳大利亚州的白小灰蝶 *Theclinesthes albocincta*，以及北部地区的伊澳灰蝶陶氏亚种 *Ogyris iphis doddi* 和沃德大蚕蛾 *Attacus wardi*[49]。

衰退的原因

生活在贫氮草原和泥炭沼泽的专适性蝴蝶生态特征十分多样，是欧洲和北美洲衰退得最快的蝴蝶类群。这一现象说明其衰退的原因可能是土壤含氮量的上升——无论是施肥导致的还是空气沉降造成的[50]。然而更令人担忧的是，在这些地区以及其他区域中，常见种和广布种同样也在衰退。科学家一致认为，这样的衰退由多种因素造成，并且受影响的不仅仅是蝴蝶和蛾类，还包括其他昆虫类群[51]。由于长期报道仅限于欧洲、亚洲和北美洲人口稠密的地区，学界普遍认为从传统的土地管理方式向现代农业和林业活动的转变才是问题的根源[52]。

这样的转变始于 20 世纪 50 年代的绿色革命，它推动了作物的工业化种植，将最初纷繁交错的大地景观变成了对当地动物并不友好的栖息环境。将农田兼并成为更大规模的农场使得人们移除了绿篱，在化肥的帮助下每年种植并收获单一物种的作物，修建混凝土灌溉渠，将萌生林替换成了松柏等经济树种的工业化种植林。多数长期研究都表明，这些土地变化当中的一项或多项是我们观察到的物种丧失的主要原因[53]。除此之外，还有城市的扩张和工业活动，因此我们很难将单一因素摘出来独立讨论。

农业和林业集约化还向生态环境输入了一套对昆虫有毒害的化学治理手段。很多杀虫剂是用来杀死毛虫的，这些年来，它们在作物和林木上的常规应用常常让昆虫沾染飘散的喷雾，或是取食被污染的植株、花粉和花蜜，从而造成损害[54]。尤其是水溶性的内吸杀虫剂——新烟碱类，它对美国加利福尼亚州和英国蝴蝶的损害和土地变化一样多[55]。广谱除草剂会消灭很多蝴蝶幼虫所取食的多种多样的植物[56]。由于农药的使用在世界范围内持续增长[57]，随着英国和美国内吸杀虫剂的使用以指数级增长[58]，又鉴于欧洲 40% ～ 70% 的土地属于农业用地，杀虫剂和除草剂对鳞翅目昆虫的合并效应是无法忽视的。

在世界其他各地，人类的发展驱使着当地的森林、草原和湿地转化成农田和城市，对生物多样性造成了全方位的负面影响，并导致蝴蝶的区域性灭绝[59]。然而多数国家缺乏关于蝴蝶的长期数据，无法评估此类影响。为了向世界各地供应木材、棕榈油和大豆，热带地区的森林持续减少[60]，我们只能推测数不胜数的蝴蝶和其他昆虫将会消失，而其中半数都生活在这些地区[61]。

气候变化通过改变昆虫依存的植物群落，间接导致蝴蝶种群的丧失。气候变暖对多数蝴蝶和蛾类起着正面作用，除了那些栖息在山顶或适应较凉爽环境的种类[62]。南方物种的扩张和北方物种的退缩无疑是气候变暖的结果，然而，这样的分布变化意味着大多数物种的数量增加而非种群衰退[63]。更值得关注的是土壤和空气湿度的变化，这些因素影响幼虫的生存和发育，并且与各个物种（单化性）的世代特性相叠加，对美国和斯堪的纳维亚半岛的专适性蝴蝶造成负面影响[64]。

光污染是蛾类衰退的另一个因素，虽然它仅限于城市化地区和道路[65]。没有人评估过车辆撞蛾的问题，但当蛾类被光源吸引后又被蝙蝠等夜行动物大量捕食，也会遭受很大程度的损失[66]。

最后，外来入侵的掠食动物和植物导致了小笠原群岛特有的小笠原琉璃灰蝶 *Celastrina ogasawaraensis* 的虫口暴跌[67]。然而，当蝴蝶在整片区域绝迹时，其原因与其说是入侵物种的扩张，倒不如说是本土植物物种的消失（岛屿除外，入侵物种在岛屿上通常是主要问题）[68]。

45. Braby, Williams, Douglas, Beardsell, Crosby, 2021.
46. Newland, 2006.
47. James and James, 2019.
48. Green, Caley, Baker, Dreye Wallace, Warrant, 2021.
49. Taylor, Braby, Moir, Harvey Sands, et al., 2018.
50. Fox, 2013.
51. Harvey, Heinen, Armbrech Basset, Baxter-Gilbert, et al. 2020.
52. Wagner, 2020.
53. Fox, 2013; Franzén and Johannesson, 2007; Nakamura, 2011; Habel, Trusch, Schmitt, Ochse and Ulrich, 2019; Wepprich, Adrion, Ries, Wiedmann and Haddad, 2019; Warren Maes, van Swaay, Goffart, Van Dyck, et al., 2021.
54. Brittain, Vighi, Bommarco, Settele and Potts, 2010; Azpiazu, Bosch, Viñuela, Medrzycki, Teper and Sgolastra, 2019.
55. Gilburn, Bunnefeld, Wilson Botham, Brereton et al., 2015; Forister, Cousens, Harrison, Anderson, Thorne et al., 2016.
56. Marshall, Brown, Boatman, Lutman, Squire and Ward, 2003.
57. Bernhardt, Rosi and Gessner, 2017.
58. Douglas, Sponsler, Lonsdorf and Grozinger, 2020; Goulson, Thompson and Croombs, 2018.
59. Theng, Jusoh, Jain, Huertas, Tan, et al., 2020; Braby, Williams, Douglas, Beardsell and Crosby, 2021.
60. Watson, Shanahan, Di Marco, Allan, Laurance, et al., 2016.
61. Stork, 2018.
62. Menéndez, Megías, Hill, Braschler, Willis, et al., 2006; Gillespie, Alfredsson, Barrio, Bowden, Convey, et al., 2020.
63. Szentkirályi, Leskó and Kádár, 2007; Hunter, Kozlov, Itämies, Pulliainen, Bäck, et al., 2014.
64. Mattila, Kaitala, Komonen, Kotiaho Janne and Päivinen, 2006; Breed, Stichter and Crone, 2013; Swengel and Swengel, 2015.
65. van Langevelde, Braamburg-Annegarn, Huigens, Groendijk, Poitevin, et al., 2018.
66. Owens, Cochard, Durrant, Farnworth, Perkin and Seymoure, 2020.
67. Nakamura, 2011.
68. Theng, Jusoh, Jain, Huertas, Tan, et al., 2020.

上排：彼得·克拉默的《海外蝴蝶》，左图展示了巴西的凤蝶、亚洲的豹蛱蝶和牙买加的粉蝶，右图描绘了苏里南的阿努木光天蛾 *Xylophanes anubus* 和拟玉带凤蝶 *Papilio pitmani*，外加一些来自东南亚的物种。下排：约翰·韦斯特伍德主编，德鲁·德鲁里所作的《海外昆虫图谱》（*Illustrations of Exotic Entomology*，1837），左图展示了印度的斐豹蛱蝶，右图描绘了南美洲的大蓝闪蝶、东南亚的乌桕大蚕蛾和欧洲的孔雀蛱蝶，以及其他一些物种。

不列颠群岛不复存在的蝴蝶。从左至右、从上至下分别为：短尾枯灰蝶 *Cupido argiades*，橙灰蝶指名亚种 *Lycaena dispar dispar*，霾灰蝶圣言亚种 *Phengaris arion eutyphron*，艾诺红眼蝶指名亚种 *Erebia aethiops aethiops*，豆灰蝶白垩亚种 *Plebejus argus cretaceus*，银弄蝶 *Carterocephalus palaemon*。

69. Warren, Hill, Thomas, Asher, Fox, et al., 2001.

70. Schowalter, Noriega and Tscharntke, 2018.

71. 中国常将其置于幻灰蝶属 *Poecilmitis*，学名 *Poecilmitis aureus*。

72. 中国常将其置于幻灰蝶属 *Poecilmitis*，学名 *Poecilmitis dicksoni*。

73. 中国常将其置于幻灰蝶属 *Poecilmitis*，学名 *Poecilmitis rileyi*。

74. 有时认为是玎眼蝶的亚种。

75. 中国此前将该属种置于灰蝶科，称“茭灰蝶”。

76. 中国曾将其置于棕灰蝶属 *Euchrysops*，名为瘦棕灰蝶 *Euchrysops ariadne*。

77. 中国曾将其置于棕灰蝶属 *Euchrysops*，名为妮棕灰蝶 *Euchrysops niobe*。

78. *Plebejus* 为豆灰蝶属，但目前多将本种置于灿灰蝶属 *Agriades*，学名 *Agriades zullichi*。

79. 有时被认为是巴塞灰蝶 *Pseudophilotes bavius* 的一个亚种。

恢复平衡

由于蝴蝶衰退的主因是栖息地破坏、化学污染和气候变化，人们必须采取措施逆转这些因素，才能恢复这一标志性昆虫类群的生物多样性。有些从景观层面进行保护的行动取得了成功，恢复了英国的橙红斑蚬蝶和比利时泥炭沼泽地带的几种蝴蝶种群[69]，但这些还不够。为了取得完全恢复，我们需要让农业系统变得对昆虫友好，比如减少农药和化肥的使用，恢复绿篱等旧时的景观特征；而要阻止气候变化，则必须大量减少碳排放。如果我们要保护蝴蝶，维持昆虫为生态系统提供的服务，那么就迫切需要推行相关政策和激励措施促进此类转变[70]。

世界濒危鳞翅目物种名录

物种	受胁等级
依散灰蝶 *Acrodipsas illidgei*	EN
寒武金羽蛾 *Agdistis cambriana*	EN
玛氏金羽蛾 *Agdistis marionae*	CR
发地夜蛾 *Agrotis crinigera*	EX
带地夜蛾 *Agrotis fasciata*	EX
克氏地夜蛾 *Agrotis kerri*	EX
莱桑地夜蛾 *Agrotis laysanensis*	EX
喜光地夜蛾 *Agrotis photophila*	EX
前室地夜蛾 *Agrotis procellaris*	EX
哥伦比亚翼灰蝶 *Alaena margaritacea*	CR
芭芭拉乐灰蝶 *Aloeides barbarae*	EN
克莱乐灰蝶 *Aloeides clarki*	EN
暗黄乐灰蝶 *Aloeides lutescens*	EN
淡蓝乐灰蝶 *Aloeides nubilus*	EN
罗索乐灰蝶 *Aloeides rossouwi*	CR
斯泰乐灰蝶 *Aloeides stevensoni*	CR
科摩罗窗斑蝶 *Amauris comorana*	EN
南美崖灰蝶 *Arawacus aethesa*	EN
阿克阿勒眼蝶 *Arethusana aksouali*	EN
栗银蛾 *Argyresthia castaneella*	EX
细鳞银蛾 *Argyresthia minusculella*	EN
澳大利亚维灰蝶 *Aslauga australis*	EN
卢氏曙凤蝶 *Atrophaneura luchti*	EN
短角宝凤蝶 *Baronia brevicornis*	EN
不丹尾凤蝶 *Bhutanitis ludlowi*	EN
褐调甘麦蛾 *Brachmia infuscatella*	EN
金黄幻灰蝶 [71]*Chrysoritis aureus*	EN
考金闪灰蝶 *Chrysoritis cotrelli*	CR
狄幻灰蝶 [72]*Chrysoritis dicksoni*	CR
赖利幻灰蝶 [73]*Chrysoritis rileyi*	EN
淡色鞘蛾 *Coleophora leucochrysella*	EX
黛灰蝶 *Deloneura immaculata*	EX
清玎眼蝶 *Dingana clara*	EN
玎眼蝶 *Dingana dingana*	EN
兄弟玎眼蝶 [74]*Dingana fraterna*	CR
栗外微蛾 *Ectoedemia castaneae*	EX
弗吉尼亚栗外微蛾 *Ectoedemia phleophaga*	EX
三带小潜蛾 *Elachista trifasciata*	CR
埃氏艾丽灰蝶 *Erikssonia edgei*	CR
大西洋幽蕈蛾 *Eudarcia atlantica*	EN
蓑衣球果尺蛾 *Eupithecia ogilviata*	CR
白缘紫斑蝶 *Euploea albicosta*	EN
墨菲紫斑蝶 *Euploea caespes*	EN
塞舌尔紫斑蝶 *Euploea mitra*	EN
三点紫斑蝶 *Euploea tripunctata*	EN
魏氏真波翅天蛾 *Euproserpinus wiesti*	CR
壮阔凤蝶 *Eurytides iphitas*	EN
利氏戟蝘蛾 *Genophantis leahi*	EX
加利福尼亚甜灰蝶 *Glaucopsyche xerces*	EX
马代拉钩粉蝶 *Gonepteryx maderensis*	EN
格兰特混夜蛾 *Graphania granti*	EN
莱青凤蝶 *Graphium levassori*	EN
阿波青凤蝶 *Graphium sandawanum*	EN
亚速尔盗夜蛾 *Hadena azorica*	CR
赫勒拿赫苔螟 *Helenoscoparia helenensis*	EN
火花赫苔螟 *Helenoscoparia scintillulalis*	EN
娜袖蝶 *Heliconius nattereri*	CR
迷惑实夜蛾 *Helicoverpa confusa*	EX
小实夜蛾 *Helicoverpa minuta*	EX
黑斑橙翅弄蝶 *Hesperia dacotae*	EN
克里斯仁眼蝶 *Hipparchia christenseni*	EN
斯博多尼仁眼蝶 *Hipparchia sbordonii*	EN
米格尔同斑螟 *Homoeosoma miguelensis*	CR
皮库同斑螟 *Homoeosoma picoensis*	CR
莱桑长须夜蛾 *Hypena laysanensis*	EX
纽氏长须夜蛾 *Hypena newelli*	EX
窃长须夜蛾 *Hypena plagiota*	EX
六尾长须夜蛾 *Hypena senicula*	EX
海氏旖斑蝶 *Ideopsis hewitsonii*	EN
茭蚬蝶 [75]*Joiceya praeclarus*	EN
萨肯弄蝶 *Kedestes sarahae*	CR
北非毛眼蝶 *Lasiommata meadewaldoi*	EN
轻美鳞灰蝶 *Lepidochrysops hypopolia*	EX
杰美鳞灰蝶 *Lepidochrysops jefferyi*	CR
开普省美鳞灰蝶 *Lepidochrysops littoralis*	EN
洛美鳞灰蝶 *Lepidochrysops lotana*	EN
普莱鳞灰蝶 *Lepidochrysops praeterita*	EN
矢美鳞灰蝶 *Lepidochrysops swanepoeli*	CR
椰青红斑蛾 *Levuana irridescens*	EX
琦喙蝶 *Libythea cinyras*	EX
哈利莽眼蝶 *Maniola halicarnassus*	EN
双条翼细蛾 *Micrurapteryx bistrigella*	EN
不定新玛遮颜蛾 *Neomariania incertella*	CR
字纹新玛遮颜蛾 *Neomariania scriptella*	EN
妮蚬蝶 *Nirodia belphegor*	EN
灿弄蝶 *Oarisma powesheik*	CR
泥丫纹弄蝶 *Ocybadistes knightorum*	EN
菜螟属新种 *Oeobia* sp. nov	EX
瘦岸灰蝶 [76]*Orachrysops ariadne*	EN
米氏岸灰蝶 *Orachrysops mijburghi*	EN
妮岸灰蝶 [77]*Orachrysops niobe*	CR
皇家岸灰蝶 *Orachrysops regalis*	EN
艳岸灰蝶 *Orachrysops violescens*	EN
亚历山大鸟翼凤蝶 *Ornithoptera alexandrae*	EN
耀珠凤蝶 *Pachliopta jophon*	EN
芒德凤蝶 *Papilio aristophontes*	EN
吕宋翠凤蝶 *Papilio chikae*	EN
墨西哥豹凤蝶 *Papilio esperanza*	EN
高台美凤蝶 *Papilio godeffroyi*	EN
大螯豹凤蝶 *Papilio homerus*	EN
腊美凤蝶 *Papilio lampsacus*	EN
巴瑟斯特耙灰蝶 *Paralucia spinifera*	EN
戴维绢斑蝶 *Parantica davidi*	CR
黄绢斑蝶 *Parantica kuekenthali*	EN
比阿克岛绢斑蝶 *Parantica marcia*	EN
采拉格罗绢斑蝶 *Parantica milagros*	EN
斯科宁绢斑蝶 *Parantica schoenigi*	EN
朋达因绢斑蝶 *Parantica sulewattan*	EN
惊恐绢斑蝶 *Parantica timorica*	EN
星帕眼蝶 *Pararge xiphia*	EN
布尔番凤蝶 *Parides burchellanus*	EN
克鲁格衫夜蛾 *Phlogophora kruegeri*	CR
加那利粉蝶 *Pieris cheiranthi*	EN
马代拉粉蝶 *Pieris wollastoni*	CR
沃豆灰蝶 *Plebejus vogelii*	EN
西班牙灿灰蝶 [78]*Plebejus zullichi*	EN
斯氏幻灰蝶 *Poecilmitis swanepoeli*	EN
博兰眼灰蝶 *Polyommatus bollandi*	CR
戴眼灰蝶 *Polyommatus dama*	EN
蓝变眼灰蝶 *Polyommatus humedasae*	EN
兽眼灰蝶 *Polyommatus theresiae*	EN
埃米寿眼蝶 *Pseudochazara amymone*	EN
辛氏寿眼蝶 *Pseudochazara cingovskii*	CR
黄带寿眼蝶 *Pseudochazara euxina*	EN
云斑仙眼蝶 *Pseudonympha swanepoeli*	EN
保姆塞灰蝶 [79]*Pseudophilotes fatma*	EN
曲棍塞灰蝶 *Pseudophilotes sinaicus*	CR
巨钩尖尺蛾 *Scotorythra megalophylla*	EX
海岛钩尖尺蛾 *Scotorythra nesiotes*	EX
银基魃眼蝶 *Stygionympha dicksoni*	CR
蛮秀灰蝶 *Thestor barbatus*	CR
克拉森秀灰蝶 *Thestor claassensi*	EN
凯秀灰蝶 *Thestor kaplani*	CR
斯特拉特秀灰蝶 *Thestor strutti*	CR
诗谷蛾 *Tinea poecilella*	CR
华丽翠天蛾 *Tinostoma smaragditis*	EN
拓斑蝶 *Tiradelphe schneideri*	EN
迷乱冠潜蛾 *Tischeria perplexa*	EX
曙灰蝶 *Trimenia wallengrenii*	EN
循尺蛾 *Tritocleis microphylla*	EX

EN：濒危　CR：极危　EX：灭绝

世界濒危鳞翅目昆虫分布图

1. 依散灰蝶：澳大利亚
2. 寒武金羽蛾：圣赫勒拿岛
3. 玛氏金羽蛾：圣赫勒拿岛
4. 发地夜蛾：夏威夷
5. 带地夜蛾：中途岛
6. 克氏地夜蛾：法兰西护卫舰暗沙
7. 莱桑地夜蛾：莱桑岛
8. 喜光地夜蛾：夏威夷
9. 前室地夜蛾：莱桑岛
10. 哥伦比亚翼灰蝶：南非
11. 芭芭拉乐灰蝶：南非
12. 克莱乐灰蝶：南非
13. 暗黄乐灰蝶：南非
14. 淡蓝乐灰蝶：南非
15. 罗索乐灰蝶：南非
16. 斯泰乐灰蝶：南非
17. 科摩罗窗斑蝶：大科摩罗岛
18. 南美崖灰蝶：巴西
19. 阿克阿勒眼蝶：摩洛哥
20. 栗银蛾：美国
21. 细鳞银蛾：特塞拉岛
22. 澳大利亚维灰蝶：南非
23. 卢氏曙凤蝶：印度尼西亚
24. 短角宝凤蝶：墨西哥
25. 不丹尾凤蝶：不丹
26. 褐调甘麦蛾：圣米格尔岛
27. 金黄幻灰蝶：南非
28. 考金闪灰蝶：南非
29. 狄幻灰蝶：南非
30. 赖利幻灰蝶：南非
31. 淡色鞘蛾：美国
32. 黛灰蝶：南非
33. 清玎眼蝶：南非
34. 玎眼蝶：南非
35. 兄弟玎眼蝶：南非
36. 栗外微蛾：美国
37. 弗吉尼亚栗外微蛾：美国
38. 三带小潜蛾：圣赫勒拿岛
39. 埃氏艾丽灰蝶：南非
40. 大西洋幽蕈蛾：特塞拉岛
41. 蓑衣球果尺蛾：法亚尔
42. 白缘紫斑蝶：印度尼西亚
43. 墨菲紫斑蝶：印度尼西亚
44. 塞舌尔紫斑蝶：塞舌尔群岛
45. 三点紫斑蝶：印度尼西亚
46. 魏氏真波翅天蛾：美国
47. 壮阔凤蝶：巴西
48. 利氏戟螟蛾：夏威夷
49. 加利福尼亚甜灰蝶：美国
50. 马代拉钩粉蝶：马德拉群岛
51. 格兰特混夜蛾：圣米格尔岛
52. 莱青凤蝶：科摩罗群岛
53. 阿波青凤蝶：菲律宾
54. 亚速尔盗夜蛾：马德拉群岛
55. 赫勒拿赫苔螟：圣赫勒拿岛
56. 火花赫苔螟：圣赫勒拿岛
57. 娜袖蝶：巴西
58. 迷惑实夜蛾：夏威夷
59. 小实夜蛾：夏威夷
60. 黑斑橙翅弄蝶：美国
61. 克里斯仁眼蝶：希腊
62. 斯博多尼仁眼蝶：意大利
63. 米格尔同斑螟：圣米格尔岛
64. 皮库同斑螟：皮库岛
65. 莱桑长须夜蛾：莱桑岛
66. 纽氏长须夜蛾：夏威夷
67. 窃长须夜蛾：夏威夷
68. 六尾长须夜蛾：夏威夷
69. 海氏旖斑蝶：新几内亚岛
70. 茭蚬蝶：巴西
71. 萨肯弄蝶：南非
72. 北非毛眼蝶：摩洛哥
73. 轻美鳞灰蝶：南非
74. 杰美鳞灰蝶：南非
75. 开普省美鳞灰蝶：南非
76. 洛美鳞灰蝶：南非
77. 普莱鳞灰蝶：南非
78. 矢美鳞灰蝶：南非
79. 椰青红斑蛾：斐济
80. 琦喙蝶：毛里求斯
81. 哈利莽眼蝶：土耳其
82. 双条翼细蛾：法亚尔
83. 不定新玛遮颜蛾：弗洛雷斯岛
84. 字纹新玛遮颜蛾：格拉西奥萨岛
85. 妮蚬蝶：巴西
86. 灿弄蝶：美国
87. 泥丫纹弄蝶：澳大利亚
88. 菜螟属新种：美国
89. 瘦岸灰蝶：南非
90. 米氏岸灰蝶：南非
91. 妮岸灰蝶：南非
92. 皇家岸灰蝶：南非
93. 艳岸灰蝶：南非
94. 亚历山大鸟翼凤蝶：巴布亚新几内亚
95. 耀珠凤蝶：斯里兰卡
96. 芒德凤蝶：科摩罗群岛
97. 吕宋翠凤蝶：菲律宾
98. 墨西哥豹凤蝶：墨西哥
99. 高台美凤蝶：萨摩亚群岛
100. 大鳌豹凤蝶：牙买加
101. 腊美凤蝶：印度尼西亚
102. 巴瑟斯特耙灰蝶：澳大利亚
103. 戴维绢斑蝶：菲律宾
104. 黄绢斑蝶：印度尼西亚
105. 比阿克岛绢斑蝶：印度尼西亚
106. 采拉格罗绢斑蝶：菲律宾
107. 斯科宁绢斑蝶：菲律宾
108. 朋达因绢斑蝶：印度尼西亚
109. 星帕眼蝶：马德拉群岛
110. 布尔番凤蝶：巴西
111. 克鲁格衫夜蛾：弗洛雷斯岛
112. 加那利粉蝶：特内里费岛
113. 马代拉粉蝶：马德拉
114. 沃豆灰蝶：南非
115. 西班牙灿灰蝶：西班牙
116. 斯氏幻灰蝶：南非
117. 博兰眼灰蝶：土耳其
118. 戴眼灰蝶：土耳其
119. 蓝变眼灰蝶：意大利
120. 兽眼灰蝶：土耳其
121. 埃米寿眼蝶：希腊
122. 辛氏寿眼蝶：北马其顿
123. 黄带寿眼蝶：克里米亚半岛
124. 云斑仙眼蝶：南非
125. 保姆塞灰蝶：摩洛哥
126. 曲棍塞灰蝶：埃及
127. 巨钩尖尺蛾：夏威夷
128. 海岛钩尖尺蛾：夏威夷
129. 银基魃眼蝶：南非
130. 蛮秀灰蝶：南非
131. 克拉森秀灰蝶：南非
132. 凯秀灰蝶：南非
133. 斯特拉特秀灰蝶：南非
134. 诗谷蛾：圣米格尔岛
135. 华丽翠天蛾：夏威夷
136. 拓斑蝶：所罗门群岛
137. 迷乱冠潜蛾：美国
138. 曙灰蝶：南非
139. 循尺蛾：夏威夷

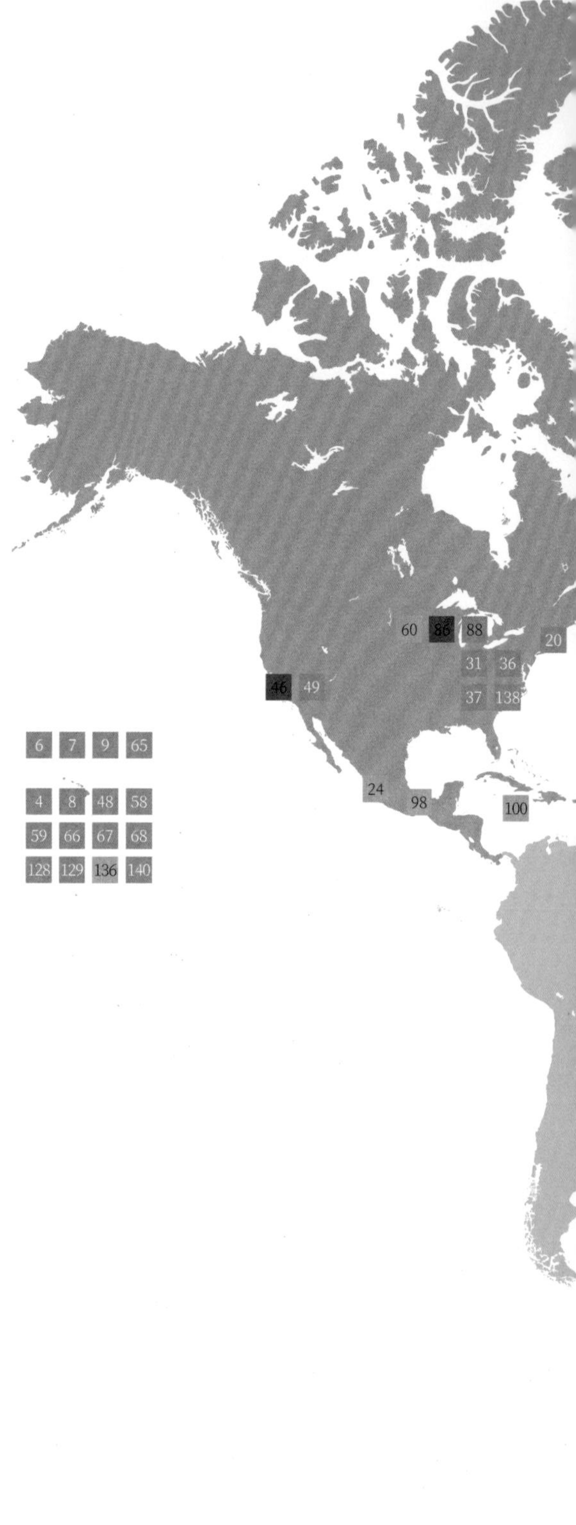

信息摘录自 IUCN 受威胁物种红色名单，2021

- 灭绝
- 极危
- 濒危

Linnæus N° 17
Panthous Mas

VOLUME VII

第 VII 卷

Papiliones

各类蝴蝶

在第 VII 卷中，琼斯并没有参照各类收藏中保存的标本来绘制插图，而是临摹了同时代出版物中的鳞翅目插画，因此各个图版下方给出的信息不再是收藏归属，而是原图出处，并且也不再给出所绘物种的现代双名法学名和地理分布。琼斯临摹的原图出处包括：卡尔·A. 克莱克，《珍稀昆虫图谱》（1759—1764），标注为 C. A. Clerck, *Icones* (1759-1764)；彼得·克拉默，《海外蝴蝶》（1775—1782），标注为 P. Cramer, *De uit. Kap.* (1775-1782)；埃德姆－路易·多邦东（Edme-Louis Daubenton），《博物学版画集》（*Planches enluminées d'histoire naturelle*, 1765—1783），标注为 Edme-Louis Daubenton, *Planches enluminées d'histoire naturelle* (1765-1783)；欧根纽斯·J. C. 埃斯佩尔，《蝴蝶图志》（*Die Schmetterlinge in Abbildungen*，1777），标注为 E. J. C. Esper, *Die Schmett. in Abbil.* (1777)；雅各布·许布纳，《欧洲蝴蝶汇编》（*Sammlung europäischer Schmetterlinge*，1796—1805），标注为 J. Hübner, *Sammlung europäischer Schmetterlinge*, (1796-1805)；卡尔·古斯塔夫·雅布隆斯基（Karl Gustav Jablonsky），《所有已知本国和海外昆虫的自然系统》（*Natursystem aller bekannten in- und ausländischen Insekten*，1783），标注为 K. G. Jablonsky, *Natursystem* (1783)；奥古斯特·克诺赫，《昆虫自然史新发现》（*Beiträge zur Insektengeschichte*，1781—1783），标注为 A. W. Knoch, *Beiträge zur Insekt*；约翰·海因里希·祖尔策（Johann Heinrich Sulzer），《基于林奈系统的昆虫自然史概论》（*Abgekürzte Geschichte der Insecten nach dern Linaeischen System*，1776），标注为 J. H. Sulzer, *Abgekürzte Geschichte der Insecten nach dern Linaeischen System* (1776)；《博物学家》（*Der Naturforscher*，1774—1804）。

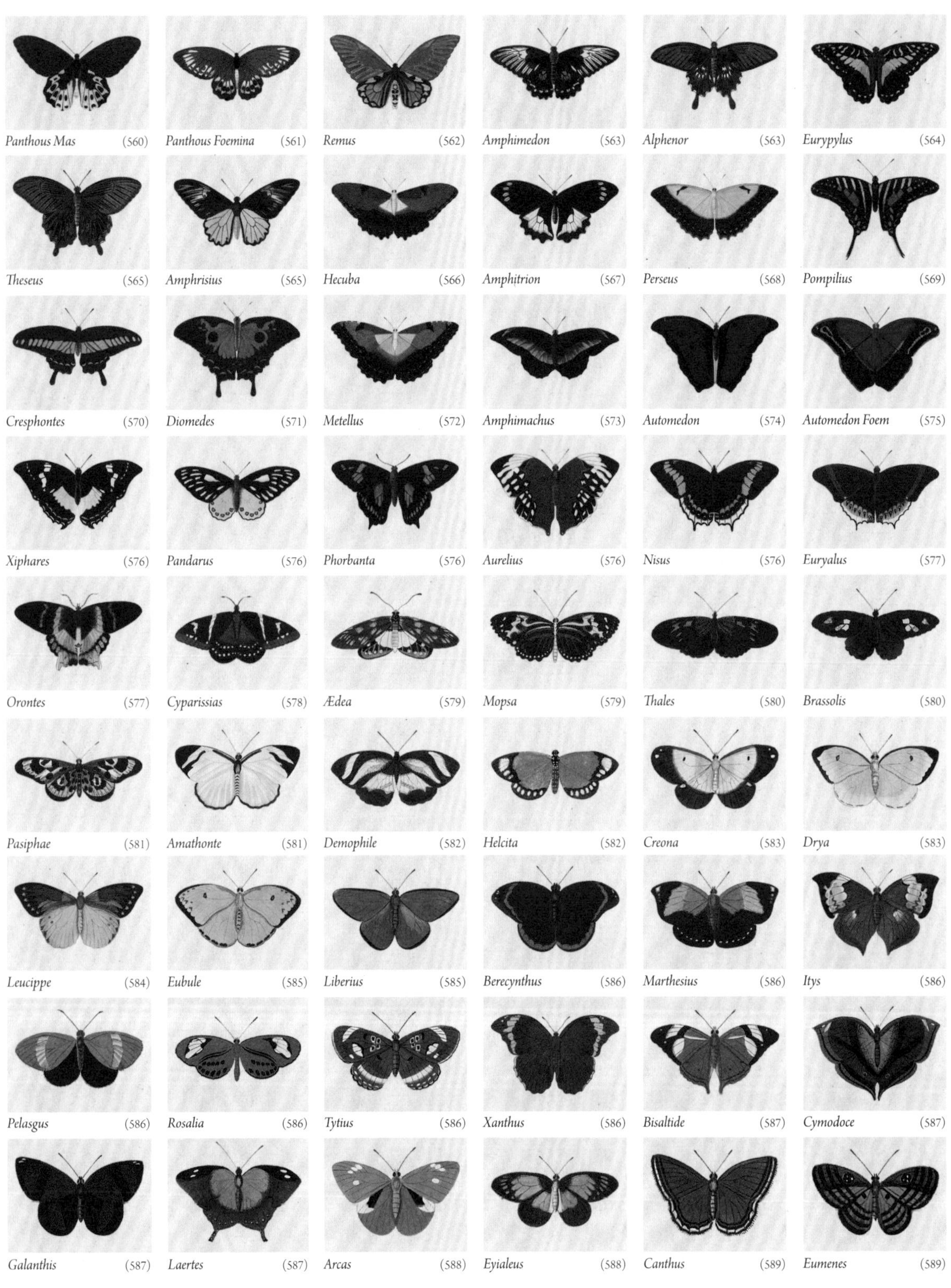
Panthous Mas (560)
Panthous Foemina (561)
Remus (562)
Amphimedon (563)
Alphenor (563)
Eurypylus (564)
Theseus (565)
Amphrisius (565)
Hecuba (566)
Amphitrion (567)
Perseus (568)
Pompilius (569)
Cresphontes (570)
Diomedes (571)
Metellus (572)
Amphimachus (573)
Automedon (574)
Automedon Foem (575)
Xiphares (576)
Pandarus (576)
Phorbanta (576)
Aurelius (576)
Nisus (576)
Euryalus (577)
Orontes (577)
Cyparissias (578)
Ædea (579)
Mopsa (579)
Thales (580)
Brassolis (580)
Pasiphae (581)
Amathonte (581)
Demophile (582)
Helcita (582)
Creona (583)
Drya (583)
Leucippe (584)
Eubule (585)
Liberius (585)
Berecynthus (586)
Marthesius (586)
Itys (586)
Pelasgus (586)
Rosalia (586)
Tytius (586)
Xanthus (586)
Bisaltide (587)
Cymodoce (587)
Galanthis (587)
Laertes (587)
Arcas (588)
Eyialeus (588)
Canthus (589)
Eumenes (589)

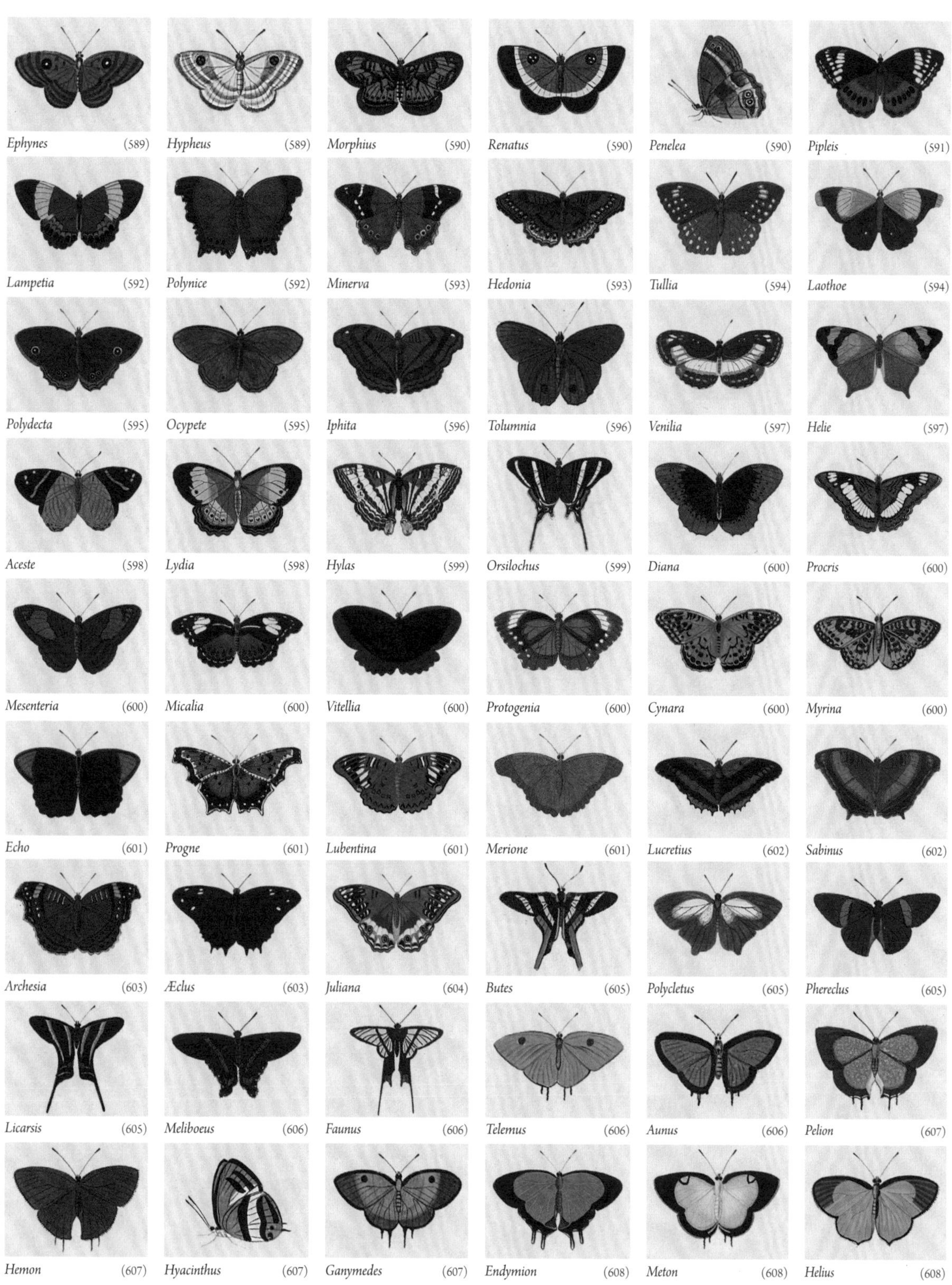

Ephynes (589) Hypheus (589) Morphius (590) Renatus (590) Penelea (590) Pipleis (591)

Lampetia (592) Polynice (592) Minerva (593) Hedonia (593) Tullia (594) Laothoe (594)

Polydecta (595) Ocypete (595) Iphita (596) Tolumnia (596) Venilia (597) Helie (597)

Aceste (598) Lydia (598) Hylas (599) Orsilochus (599) Diana (600) Procris (600)

Mesenteria (600) Micalia (600) Vitellia (600) Protogenia (600) Cynara (600) Myrina (600)

Echo (601) Progne (601) Lubentina (601) Merione (601) Lucretius (602) Sabinus (602)

Archesia (603) Æclus (603) Juliana (604) Butes (605) Polycletus (605) Pherechus (605)

Licarsis (605) Meliboeus (606) Faunus (606) Telemus (606) Aunus (606) Pelion (607)

Hemon (607) Hyacinthus (607) Ganymedes (607) Endymion (608) Meton (608) Helius (608)

Eryx (609) *Sphinx* (609) *Cyanus* (609) *Didymaon* (609) *Ematheon* (610) *Pholeus* (610)

Janias (610) *Getus* (610) *Nais* (611) *Hebrus* (611) *Epulus* (611) *Sagaris* (611)

Ulricus (612) *Timeus* (612) *Symethus* (612) *Euriteus* (612) *Thelephus* (613) *Emylius* (613)

Actoris (613) *Lagus* (613) *Acis* (614) *Acis* (614) *Apidanus* (614) *Amyntor* (614)

Cassius (615) *Gyas* (615) *Icarus* (615) *Talus* (615) *Acanthus* (616) *Pentheus* (616)

Pelops (616) *Ceneus* (616) *Rhetus* (617) *Lycagus* (617) *Anaphus* (617) *Gentius* (617)

Helirius (618) *Palemon* (618) *Helius* (618) *Phineus* (618) *Alpheus* (619) *Epitus* (619)

Eudoxus (619) *Salus* (619) *Acastus* (620) *Amyntas* (620) *Thyrsis* (620) *Arinus* (620)

Eumelus (620) *Mimas* (620) *Hemes* (620) *Liger* (620) *Paniscus* (620) *Erebus* (620)

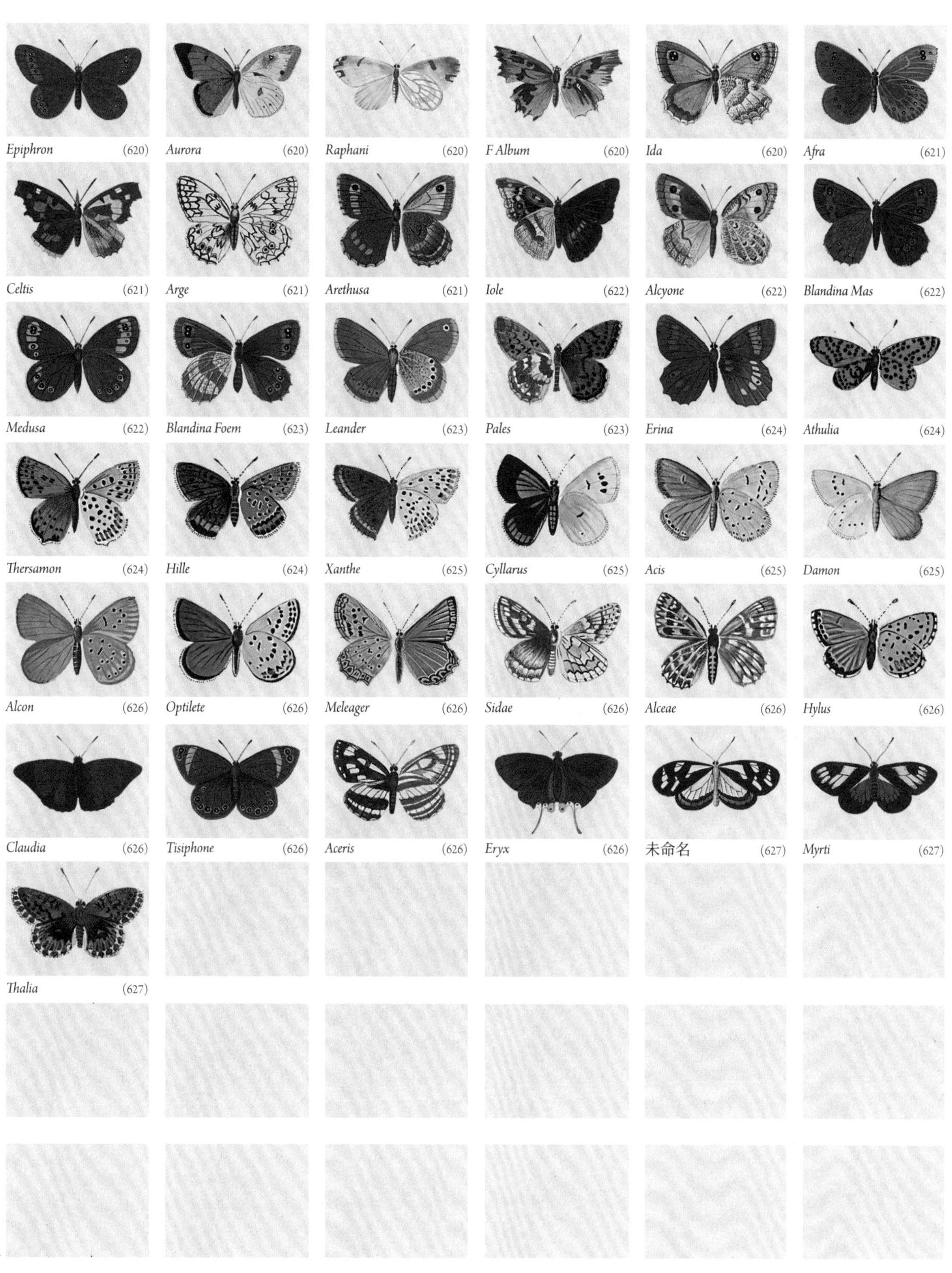

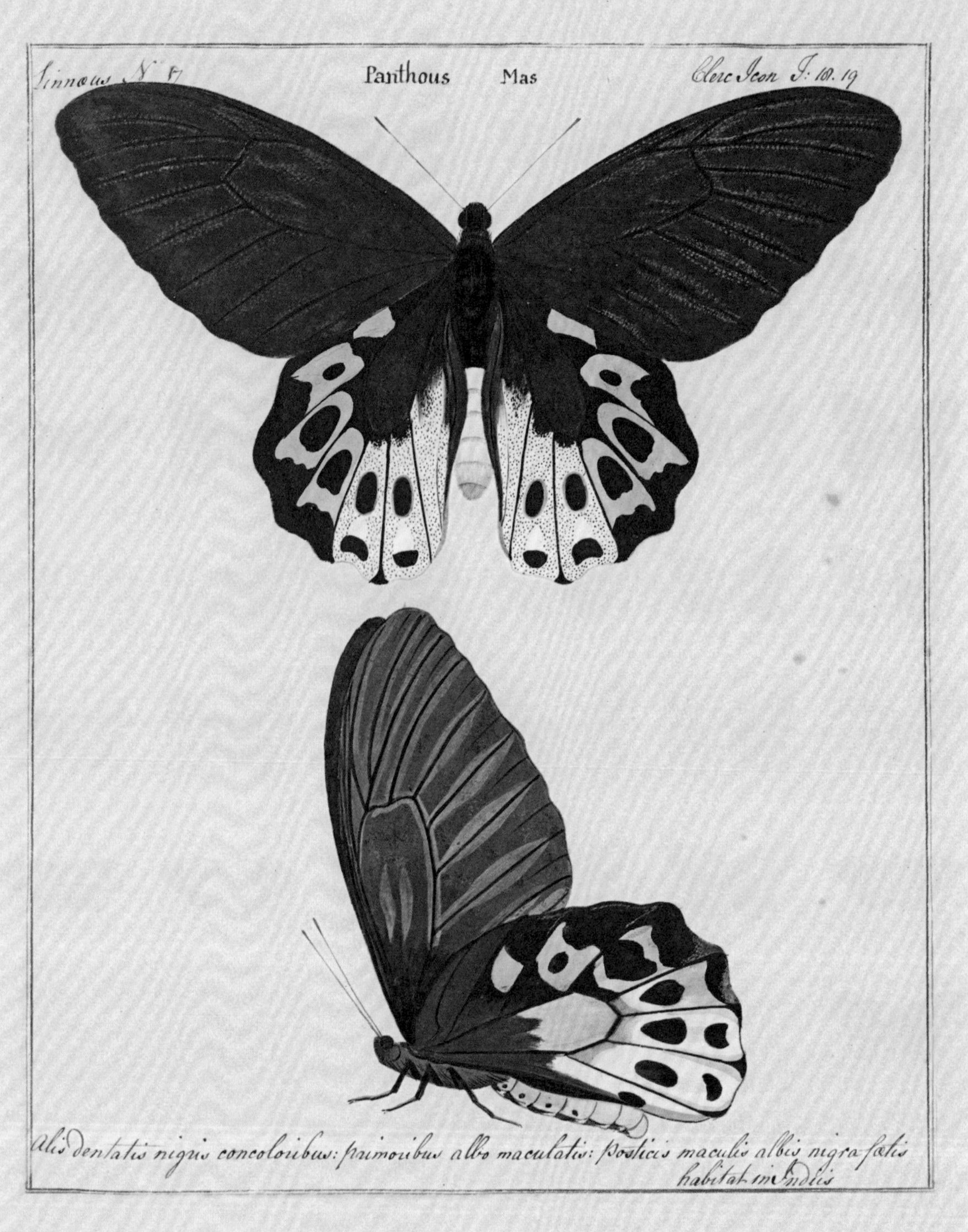

Panthous Mas
Alis dentatis nigris concoloribus: primoribus albo maculatis: posticis maculis albis nigro-fatis
habitat in Indiis

图　　版：I.“*Panthous Mas*”

参考文献：C. Linnaeus, *Syst. nat.* (1767); No. 17

原图出处：C. A. Clerck, *Icones* (1759–1764); Pl. 18, 19

琼斯这幅画临摹自卡尔·A. 克莱克的《珍稀昆虫图谱》（1759—1764），林奈认为它画的是 *Papilio panthous* Linnaeus, 1758 的雄性。然而，这幅画实际上是照着海滨裳凤蝶 *Troides hypolitus* (Cramer, 1775) 的一件雌性标本画的，此标本现在仍然保存在位于瑞典乌普萨拉的路易莎·乌尔莉卡王后的收藏当中。海滨裳凤蝶是仅分布于印度尼西亚苏拉威西岛和马鲁古群岛的一种裳凤蝶。

图　　版：II. “*Panthous Foemina*”

参考文献：C. Linnaeus, *Syst. nat.* (1767); No. 17

原图出处：C. A. Clerck, *Icones* (1759–1764); Pl. 18, 19

琼斯的标题“*Panthous Foemina*”表示这是左页图版所示物种海滨裳凤蝶的雌性，但这幅画实际画的是绿鸟翼凤蝶 *Ornithoptera priamus* (Linnaeus, 1758) 的雌性——一种分布在马鲁古群岛向东至所罗门群岛的鸟翼凤蝶，*Papilio panthous* 是其主观异名。最初人们并不清楚鸟翼凤蝶属 *Ornithoptera* 显著的性二型现象，因此导致了这一误认。其雄性可以在本书第 4 页的第 I 卷图版 I 中看到。

III
Fabricius N° 22
Remus
Cramer Tab. 10
Alis dentatis subconcoloribus nigris, posticis utrinque maculis flavis marginalibus.
habitat in Amboinâ

图　　版：III. "*Remus*"

参考文献：J. C. Fabricius, *Spec. insect.* (1781); No. 22

原图出处：P. Cramer, *De uit. Kap.* (1775–1782); Pl. 10, f. a–b

这幅插画的颜色有些诡异，令其所画的物种难以辨别。琼斯临摹的原画出自彼得·克拉默的《海外蝴蝶》，原图画的是一只前翅黑色、后翅灰色的蝴蝶——海滨裳凤蝶的雄性。因此，我们很难理解为什么在琼斯的临摹作品中前后翅双双呈现绿色，这或许是他所用的颜料随着时间流逝而降解导致的。

IV
Fabricius N°31
Amphimedon
Cramer Tab 194
Alis dentatis concoloribus fuscis. anticis albo radiatis: posticis macula quinquefida rubra lunulisque albis. —
habitat in Amboina
Fabricius N°11
Alphenor
Cramer Tab: 166
Alis caudatis concoloribus fuscis, basi atris, maculis anticarum rufâ, posticarum albis. —
habitat in Chinâ

图　　版：IV. “*Amphimedon*”
参考文献：J. C. Fabricius, *Spec. insect.* (1781); No. 31
原图出处：P. Cramer, *De uit. Kap.* (1775–1782); Pl. 194, f. a

图　　版：IV. “*Alphenor*”
参考文献：J. C. Fabricius, *Spec. insect.* (1781); No. 11
原图出处：P. Cramer, *De uit. Kap.* (1775–1782); Pl. 166, f. a

琼斯临摹了彼得·克拉默的《海外蝴蝶》中所示的 *Papilio amphimedon*（上图），这个名字现在被视作另一种鸟翼类凤蝶——长斑裳凤蝶 *Troides oblongomaculatus* (Goeze, 1779) 的异名。不过，无论琼斯还是克拉默都没有准确捕捉到这个物种的识别特征。*Alphenor*（下图）画的是玉带凤蝶阿尔亚种 *Papilio polytes alphenor* Cramer, 1776。

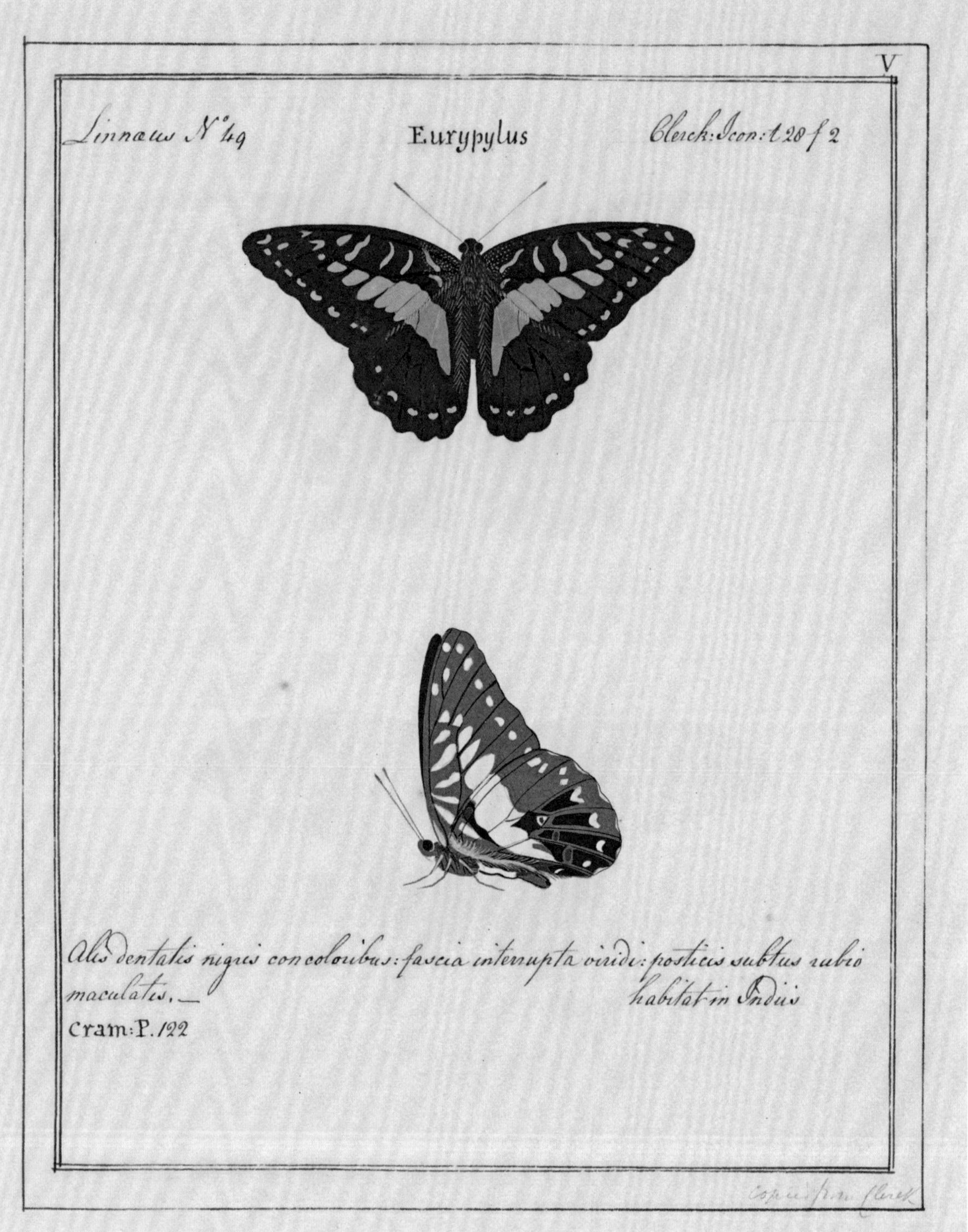

V
Linnaeus N°49
Eurypylus
Clerck: Icon: t 28 f 2
Alis dentatis nigris concoloribus: fascia interrupta viridi: posticis subtus rubro maculatis. —
habitat in Indiis
Cram: P. 122

图　　版：V. "*Eurypylus*"

参考文献：C. Linnaeus, *Syst. nat.* (1767); No. 49

原图出处：C. A. Clerck, *Icones* (1759–1764); Pl. 28, f. 2

这幅图画的是银钩青凤蝶 *Graphium eurypylus* (Linnaeus, 1758)，由琼斯临摹自卡尔·A. 克莱克 1764 年出版的图谱。银钩青凤蝶广泛分布于印度－澳大拉西亚地区，其模式产地是印度尼西亚马鲁古省的安汶岛。

VI
Fabricius N°3
Theseus
Cramer Tab: 180
Alis caudatis concoloribus fuscis posticis lunulis novem rubris albo punctatis
habitat in Insulâ Sumatrâ
Fabricius M N°23
Amphrisius
Cramer Tab: 219
Alis dentatis concoloribus nigris: anticis maculis, posticis disco flavis. —
habitat in Indiâ orientali. —

图　　版：VI. "*Theseus*"
参考文献：J. C. Fabricius, *Spec. insect.* (1781); No. 3
原图出处：P. Cramer, *De uit. Kap.* (1775–1782); Pl. 180, f. b

图　　版：VI. "*Amphrisius*"
参考文献：J. C. Fabricius, *Mant. insect.* (1787); No. 23
原图出处：P. Cramer, *De uit. Kap.* (1775–1782); Pl. 219, f. a

VII
Fabricius N° 104
Hecuba
Cramer Tab: 217
Alis dentatis, anticis, Rubris posticis nigris, subtus utrinque ocellatis
habitat in Caienna

图　版：VII.“*Hecuba*”

参考文献：J. C. Fabricius, *Spec. insect.* (1781); No. 104

原图出处：P. Cramer, *De uit. Kap.* (1775–1782); Pl. 217, f. a–b

此图从彼得·克拉默的《海外蝴蝶》临摹而来，画的是太阳闪蝶 *Morpho hecuba* (Linnaeus, 1771)，其翅展可达 20 厘米，被认为是闪蝶属最大的物种，同样也是南美洲最大的蝴蝶之一。

VIII
Fabricius N° 96
Amphitrion
Cramer Tab: 7
Alis dentatis nigris fascia inaequali flava; posticis subtus Striga e Punctis flavis lunulisque cyaneis
habitat in America

图　　版：VIII. “*Amphitrion*”

参考文献：J. C. Fabricius, *Spec. insect.* (1781); No. 96

原图出处：P. Cramer, *De uit. Kap.* (1775–1782); Pl. 7, f. a–b

沃尔特·罗斯柴尔德在 1895 年讨论这个物种时表示，“与彼得·克拉默的画特征一致的标本是科学上所未知的”，而克拉默这幅画有可能是照着阿尔贝图斯·塞巴收藏的“严重损坏的”标本画的。克拉默给它取的名字 *Papilio amphitrion* Cramer, 1775 可能是联姻美凤蝶 *Papilio gambrisius* Cramer, 1777 的主观首异名，但由于没人使用过 *Papilio amphitrion* Cramer, 1775 这个名字，最好还是将其禁用。

IX
Fabricius N° 99
Perseus
Cramer Tab: 71
Alis dentatis pallide caeruleis apice atris-ferrugineo maculatis, subtus undatis ocellis tribus quatuorque. — habitat Surinami nimis affinis P: Nestori. —

图　　版：IX. “*Perseus*”

参考文献：J. C. Fabricius, *Spec. insect.* (1781); No. 99

原图出处：P. Cramer, *De uit. Kap.* (1775–1782); Pl. 71, f. a–b

这幅画是琼斯临摹自彼得·克拉默1775年描述*Papilio perseus*时所配的插画。画中蝴蝶是黑太阳闪蝶*Morpho telemachus* (Linnaeus, 1758)，*Papilio perseus* Cramer 被认为是它的异名。

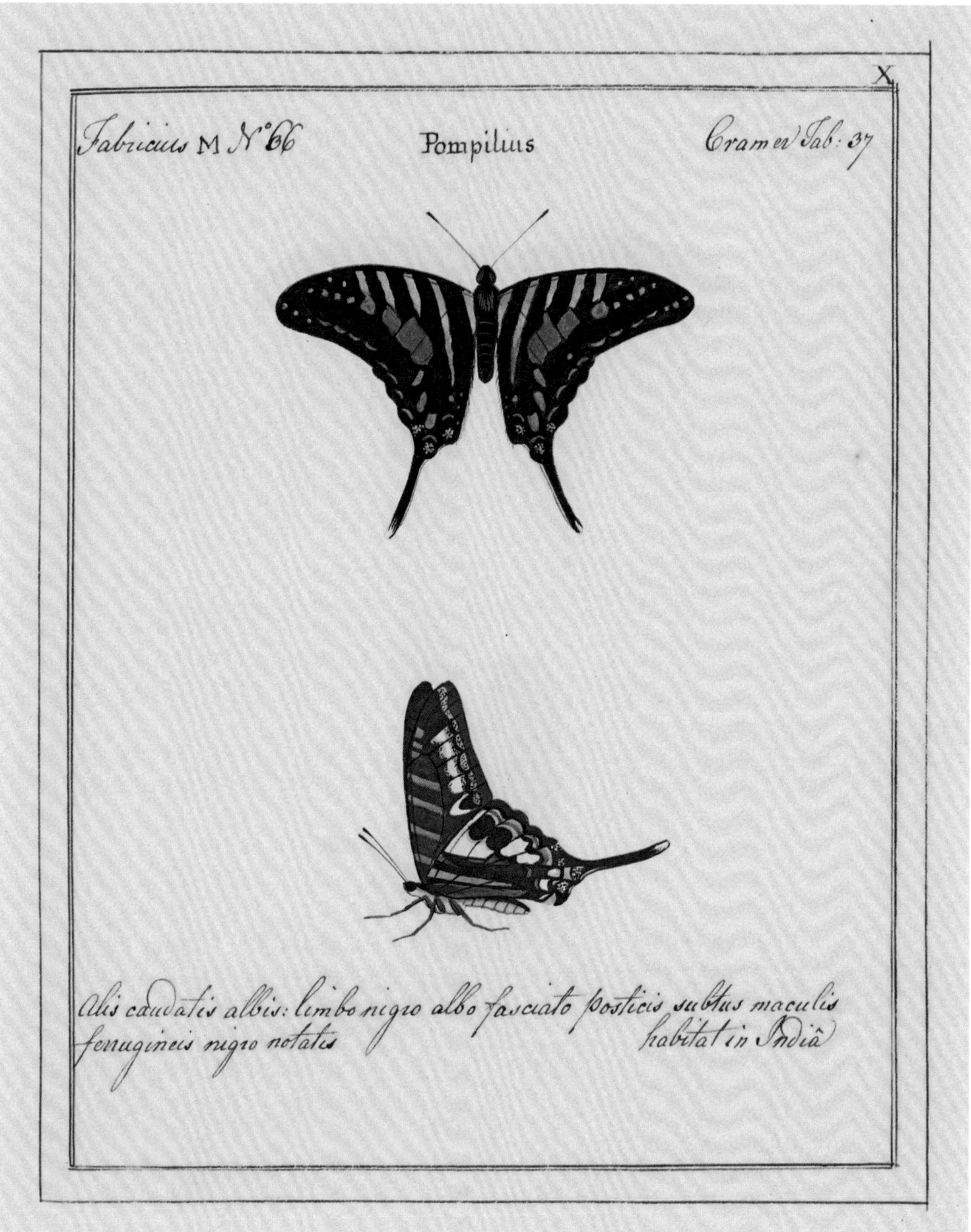
X.
Fabricius M N° 66
Pompilius
Cramer Tab: 37
Alis caudatis albis: limbo nigro albo fasciato posticis subtus maculis
ferrugineis nigro notatis
habitat in Indiâ

图　　版：X. “*Pompilius*”

参考文献：J. C. Fabricius, *Mant. insect.* (1787); No. 66

原图出处：P. Cramer, *De uit. Kap.* (1775–1782); Pl. 37, f. a–b

由于鉴定错误，约翰 · C. 法布里丘斯命名的“*Pompulius*”是基于一系列不同物种的混合标本描述的，其中包括两个不同的物种——绿凤蝶 *Graphium antiphates* 和非洲青凤蝶 *Graphium policenes*，*Pompilius* 这个名字现在被用于绿凤蝶的一个亚种。此处所画的物种是非洲青凤蝶，临摹自 *Papilio policenes* Cramer, 1775 的原始插图。

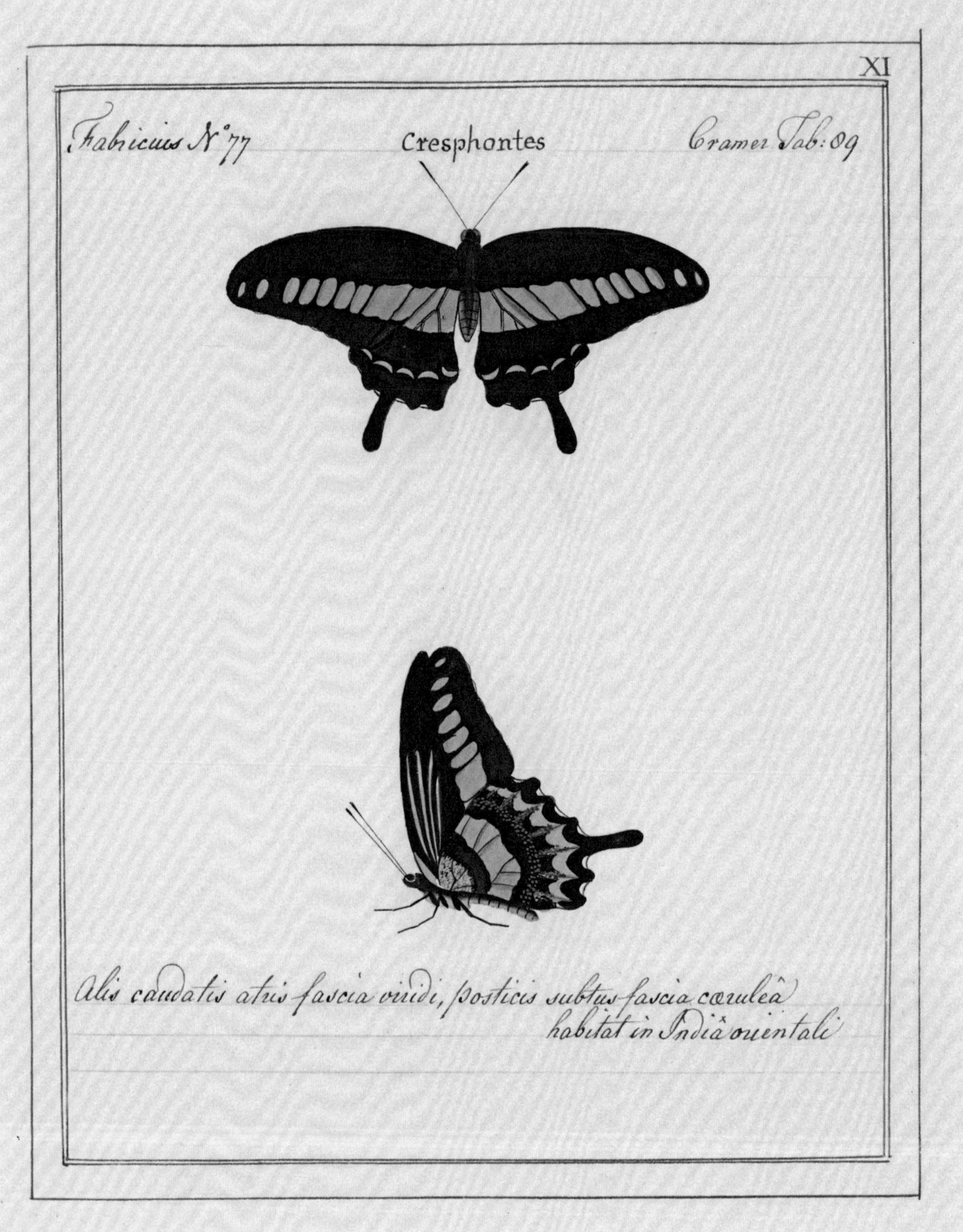

XI
Fabricius N°77
Cresphontes
Cramer Tab: 89
Alis caudatis atris fascia viridi, posticis subtus fascia cœrulea
habitat in India orientali

图　　版：XI. "*Cresphontes*"

参考文献：J. C. Fabricius, *Spec. insect.* (1781); No. 77

原图出处：P. Cramer, *De uit. Kap.* (1775–1782); Pl. 89, f. a–b

约翰·C. 法布里丘斯的 *Papilio cresphontes*（这个名字直到 1938 年才正式发表，不要与美国的美洲大芷凤蝶 *Papilio cresphontes* Cramer, 1777 混淆）是来自东南亚的金带美凤蝶 *Papilio demolion* Cramer, 1776 的异名。然而，琼斯的插画虽然临摹自金带美凤蝶（Cramer 1776, Pl. 89），却并不太像这个物种，因为临摹版放大了原图的错误。

XII
Fabicius N° 54
Diomedes
Cramer Tab: 122
Alis caudatis nigris, supra introrsum viridibus posticis lunulis cyaneis
habitat in Indiis

图　　版：XII. “*Diomedes*”

参考文献：J. C. Fabricius, *Spec. insect.* (1781); No. 54

原图出处：P. Cramer, *De uit. Kap.* (1775–1782); Pl. 122, f. a

1758 年，林奈将英雄翠凤蝶的雄性命名为 *Papilio ulysses*（第 I 卷图版 XLVII，第 46 页），雌性则命名为 *Papilio diomedes*。如今，前者被赋予优先地位，成为英雄翠凤蝶的有效学名。琼斯这幅画临摹自彼得·克拉默，人们认为克拉默所画的那件雌性标本来自印度尼西亚安汶岛。在 18 世纪，来自安汶岛的标本常见于荷兰的标本柜，而在英格兰的收藏中非常罕见。

XIII
Fabricius app
Metellus
Cramer Tab 210
Alis dentatis fulvis, postice atris, subtus anticis ocellis tribus, posticis quinque
Habitat Surinami
Affinis videtur P. Hecubae, cujus forte mera Varietas.

图　　版：XIII. “*Metellus*”

参考文献：J. C. Fabricius, *Spec. insect.* (1782); Appendix

原图出处：P. Cramer, *De uit. Kap.* (1775–1782); Pl. 218, f. a–b

这两幅 *Papilio metellus* Cramer, 1779 的画临摹自彼得·克拉默的插画，原始资料中描述其产自苏里南。这是一个南美洲广布种——黑太阳闪蝶 *Morpho telemachus*，克拉默所取的名字 *Papilio metellus* Cramer, 1779 是其主观异名。

XIV
Fabricius N° 94
Amphimachus
Sulz Tab 14 f. 23
Alis dentatis atris, fascia cærulea nitida, subtus antice albis postice cinereis. —
habitat in Indiis

图　　版：XIV. “*Amphimachus*”

参考文献：J. C. Fabricius, *Spec. insect.* (1781); No. 94

原图出处：J. H. Sulzer, *Abgekürzte Geschichte der Insecten nach dern Linaeischen System* (1776); Pl. 14, f. 2, 3

琼斯从约翰·海因里希·祖尔策1776年的作品中临摹了这种蝴蝶的插画，它在祖尔策的作品中以 *Papilio amphimachus* 的名字出现，而约翰·C. 法布里丘斯在一年前已经将这个名字用于一个与之亲缘关系很近却又不同的物种。这幅图画的是大古靴蛱蝶 *Archaeoprepona demophoon* (Hübner, 1814)，这种蝴蝶分布在加勒比海地区，以及从墨西哥向南至巴拉圭的区域。

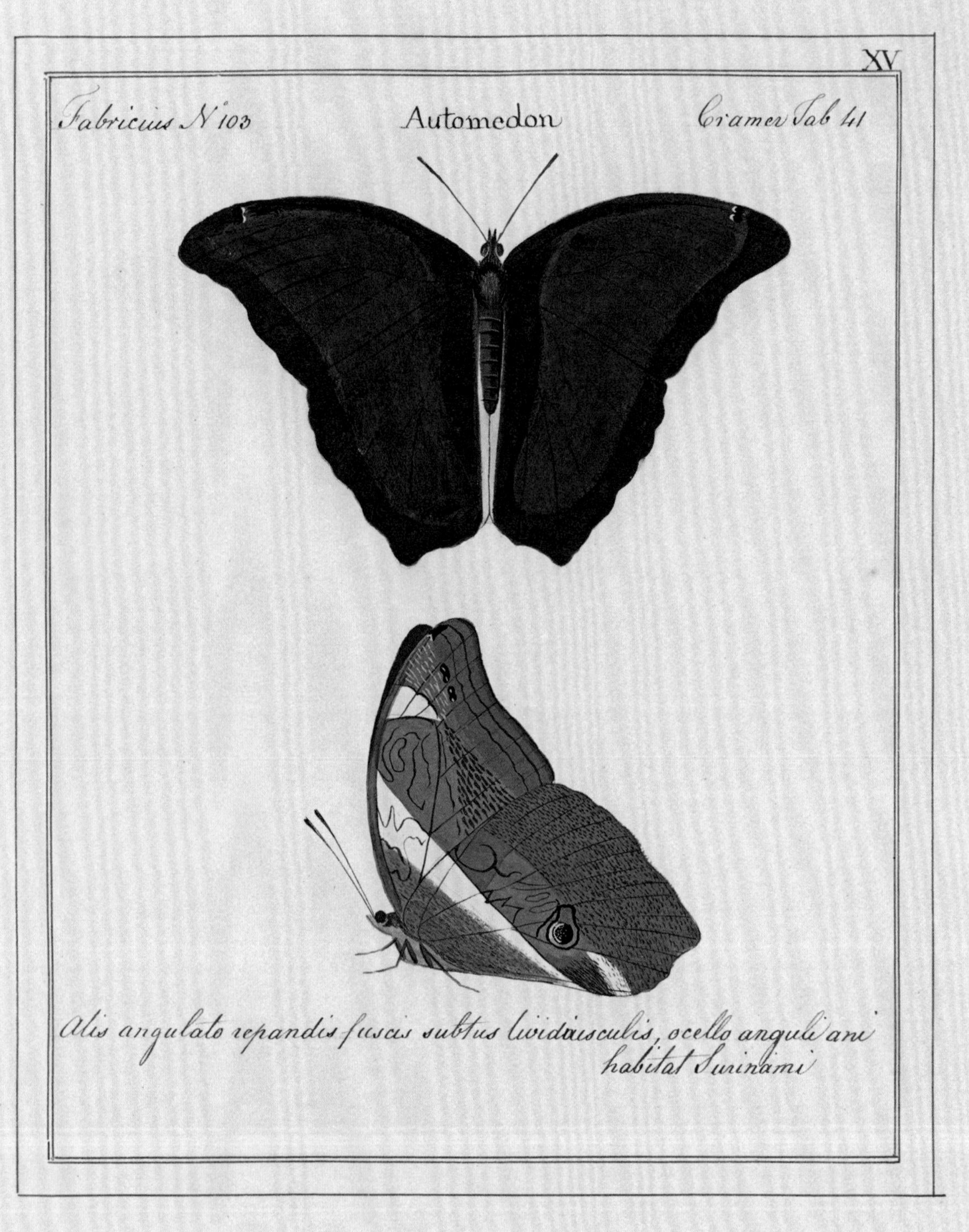

XV
Fabricius N°103
Automedon
Cramer Tab 41
Alis angulato repandis fuscis subtus lividiusculis, ocello anguli ani
habitat Surinami

图　　版：XV. “*Automedon*”

参考文献：J. C. Fabricius, *Spec. insect.* (1781); No. 103

原图出处：P. Cramer, *De uit. Kap.* (1775–1782); Pl. 41, f. a–b

这幅图是琼斯仿照如今的暗边闪翅环蝶 *Eryphanis automedon* (Cramer, 1775)的原始描述所配插图而创作的。这种栖息于南美洲森林的大型蝴蝶与猫头鹰环蝶属关系很近，曾经被称为奥托梅顿巨猫头鹰环蝶（automedon giant owl）。暗边闪翅环蝶是一种晨昏活动的蝴蝶，主要活跃于黄昏时分。

XVI
Fabricius N° 103
Automedon Fœm:
Cramer Tab: 389.
Alis angulato repandis fuscis subtus lividiusculis, ocello anguli ani. —
habitat Surinami

图　　版：	XVI. "*Automedon Foem*"
参考文献：	J. C. Fabricius, *Spec. insect.* (1781); No. 103
原图出处：	P. Cramer, *De uit. Kap.* (1775–1782); Pl. 389, f. a–b

这两幅图临摹自彼得·克拉默的巨著《海外蝴蝶》的图版389，据传画的是暗边闪翅环蝶的雌性。鉴于闪翅环蝶属 *Eryphanis* 的雌性仅靠色彩和花纹很难区分，我们唯一能确认的是，这幅图的确是新热带界蛱蝶闪翅环蝶属的雌性。

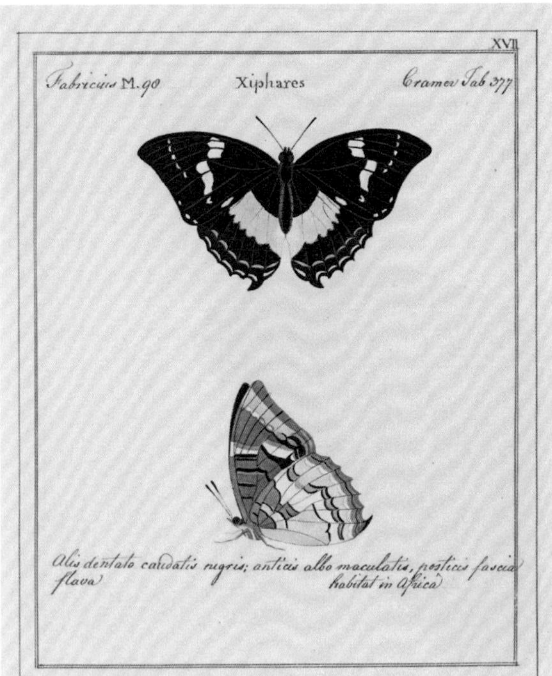

XVII
Xiphares
Alis dentato caudatis nigris; anticis albo maculatis, posticis fascia flava
habitat in Africa

XX
Nisus
Cramer Tab. 150
Alis caudatis nigris, anticis fascia fulva, posticis alba submarginali
habitat in Amboina

第 VII 卷的图版不同于前六卷，因为琼斯并非基于收藏的标本实物来作画，而是临摹了其他博物学家已经完成的插画。这两页的插画临摹自荷兰人彼得·克拉默的《海外蝴蝶》、德国人卡尔·古斯塔夫·雅布隆斯基的《所有已知本国和海外昆虫的自然系统》和瑞典人卡尔·A. 克莱克的《珍稀昆虫图谱》，反映了当时鳞翅学的国际性。图版 X 的 *Nisus* 和图版 XI 的 *Euryalus* 分别画的是优雅螯蛱蝶 *Charaxes eurialus* (Cramer, 1775) 的雌性和雄性，这个物种已知的产地仅有印度尼西亚马鲁古群岛的几个岛屿，包括安汶岛、萨帕鲁阿岛和塞兰岛。

图　　版：XVII.“*Xiphares*”

参考文献：J. C. Fabricius, *Mant. insect.* (1787); No. 98

原图出处：P. Cramer, *De uit. Kap.* (1775–1782); Pl. 377, f. a–b

图　　版：XVIII.“*Pandarus*”

参考文献：C. Linnaeus, *Syst. nat.* (1767); No. 18

原图出处：K. G. Jablonsky, *Natursystem* (1783); Pl. 6, f. 1

图　　版：XVIII.“*Phorbanta*”

参考文献：C. Linnaeus, *Mantissa plantarum* (1771); Page 535

原图出处：K. G. Jablonsky, *Natursystem* (1783); Pl. 12, f. 3

图　　版：XIX.“*Aurelius*”

参考文献：J. C. Fabricius, *Spec. insect.* (1781); No. 86

原图出处：P. Cramer, *De uit. Kap.* (1775–1782); Pl. 168, f. a–b

图　　版：XX.“*Nisus*”

参考文献：J. C. Fabricius, *Spec. insect.* (1781); No. 84

原图出处：P. Cramer, *De uit. Kap.* (1775–1782); Pl. 150, f. a–b

图　　版：XXI.“*Euryalus*”

参考文献：J. C. Fabricius, *Spec. insect.* (1781); No. 83

原图出处：P. Cramer, *De uit. Kap.* (1775–1782); Pl. 74, f. a–b

图　　版：XXII.“*Orontes*”

参考文献：C. Linnaeus, *Syst. nat.* (1767); No. 27

原图出处：C. A. Clerck, *Icones* (1759–1764); Pl. 26

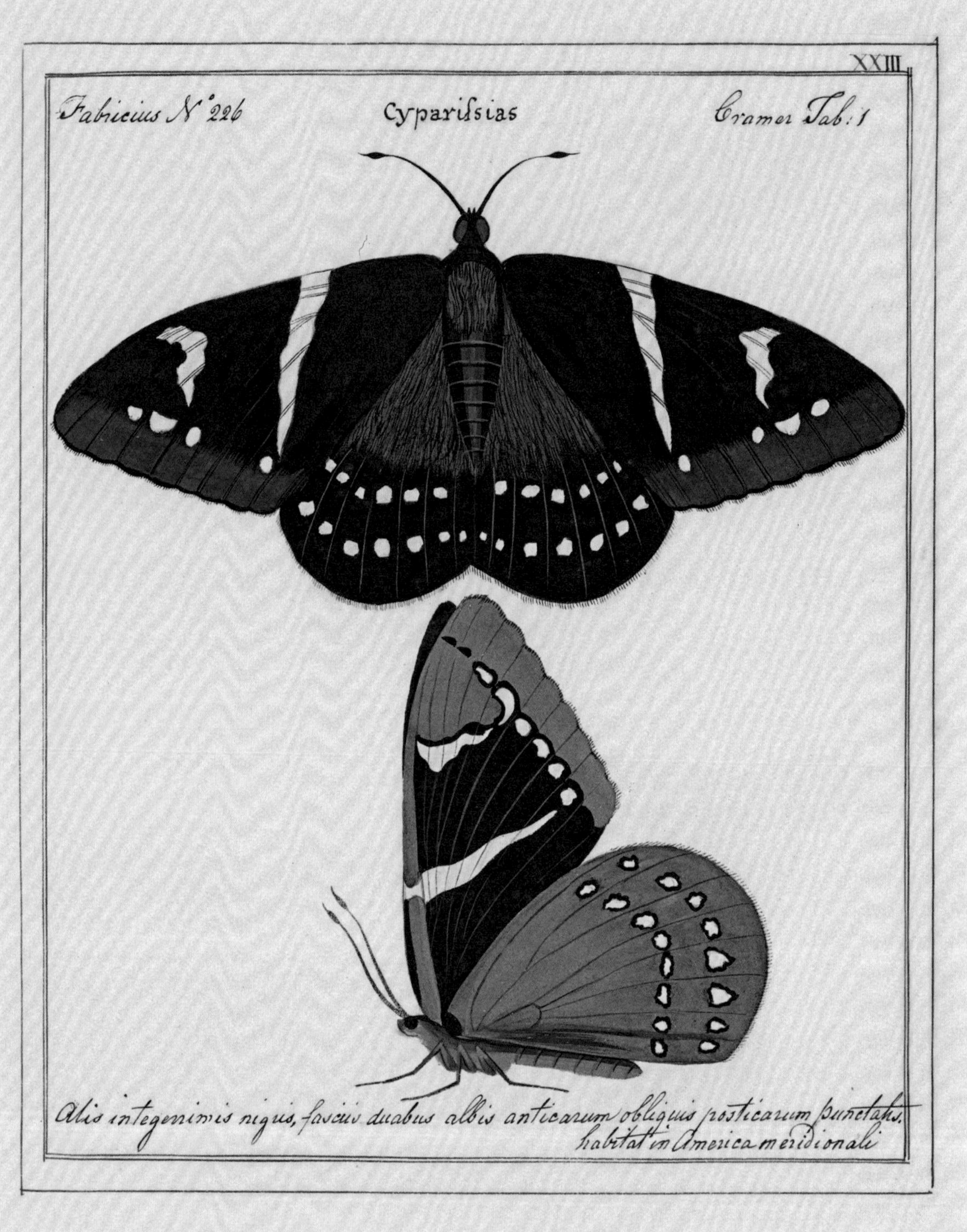
XXIII
Fabicius N°226
Cyparissias
Cramer Tab: 1
Alis integerrimis nigris, fasciis duabus albis anticarum obliquis posticarum punctatis.
habitat in America meridionali

图　　版：XXIII. “*Cyparissias*”

参考文献：J. C. Fabricius, *Spec. insect.* (1781); No. 220

原图出处：P. Cramer, *De uit. Kap.* (1775–1782); Pl. 1, f. a–b

Cyparissias 画的是《琼斯图谱》中少数几种蛾类之一——棕叉纹蝶蛾 *Eupalamides cyparissias* (Fabricius, 1777)，它被约翰 · C. 法布里丘斯当作凤蝶属物种命名，此处的图临摹自彼得 · 克拉默（1775）的插画。棕叉纹蝶蛾是一种非常大型的蝶蛾，分布在巴拿马以南的地区，整个亚马孙流域都有它的身影。虽然克拉默是第一个为这个物种命名的人，但他所取的名字 *Papilio dedalus* 现在被认为是无效的。

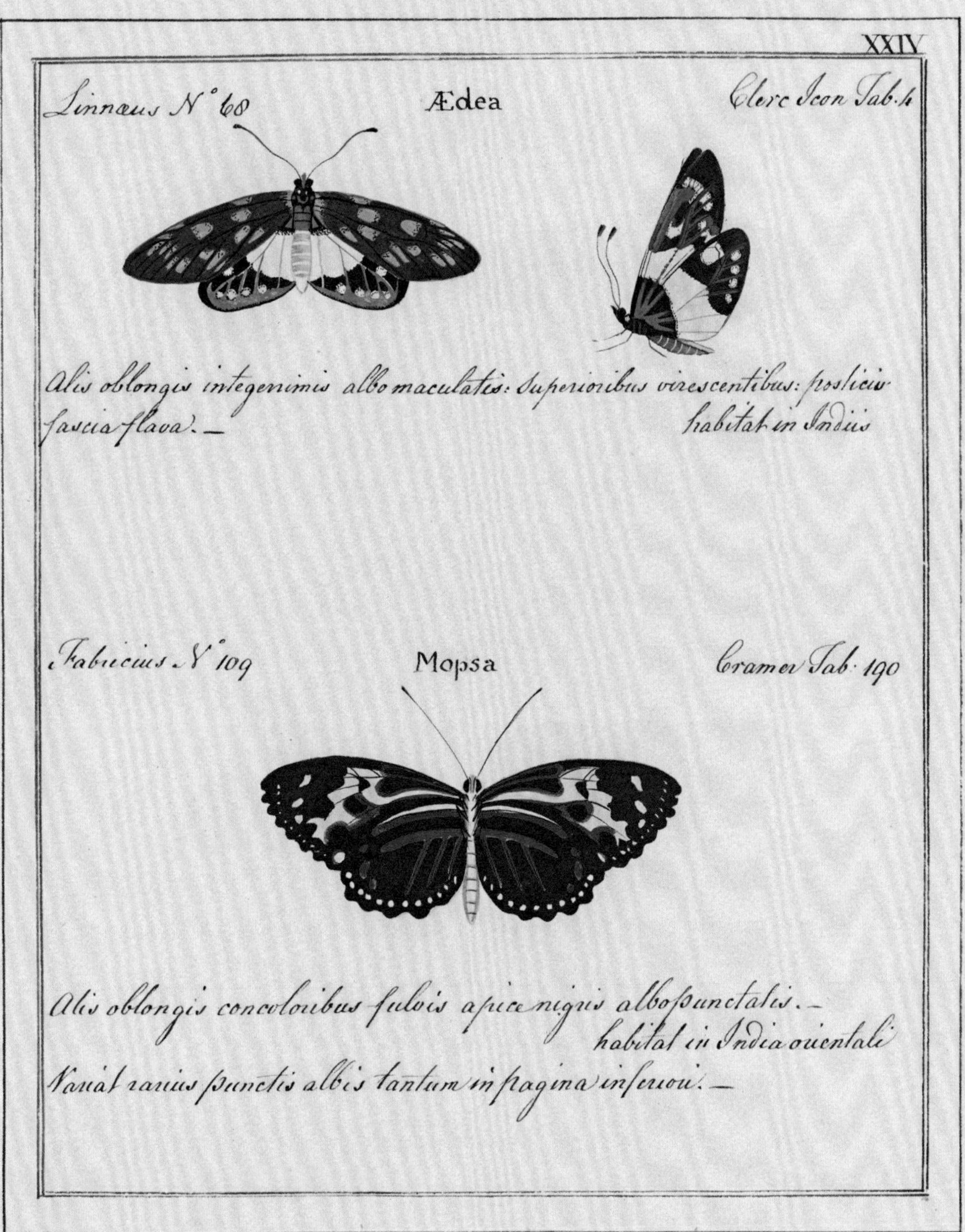

XXIV
Linnaeus N° 68
Ædea
Clerc Icon Tab. 4
Alis oblongis integerrimis albomaculatis: superioribus virescentibus: posticis fascia flava. —
habitat in Indiis
Fabricius N° 109
Mopsa
Cramer Tab. 190
Alis oblongis concoloribus fulvis apice nigris albopunctatis. —
habitat in India orientali
Variat rarius punctis albis tantum in pagina inferiori. —

图　　版：XXIV. “*Ædea*”

参考文献：C. Linnaeus, *Syst. nat.* (1767); No. 68

原图出处：C. A. Clerck, *Icones* (1759–1764); Pl. 4

图　　版：XXIV. “*Mopsa*”

参考文献：J. C. Fabricius, *Spec. insect.* (1781); No. 109

原图出处：P. Cramer, *De uit. Kap.* (1775–1782); Pl. 190, f. d

XXV
Fabricius N°122
Thales
Cramer Tab 38
Alis oblongis subintegris subconcoloribus atris basi rubro radiatis anticis flavo maculatis.—
habitat Surinami
Fabricius N°121
Braſſolis
Cramer Tab: 13
Alis oblongis integris fuscis, anticis flavo maculatis, posticis subtus.—
Sanguineo radiatis
habitat Surinami

图　　版：XXV. "*Thales*"

参考文献：J. C. Fabricius, *Spec. insect.* (1781); No. 122

原图出处：P. Cramer, *De uit. Kap.* (1775–1782); Pl. 38, f. c–d

图　　版：XXV. "*Brassolis*"

参考文献：J. C. Fabricius, *Spec. insect.* (1781); No. 121

原图出处：P. Cramer, *De uit. Kap.* (1775–1782); Pl. 13, f. e–f

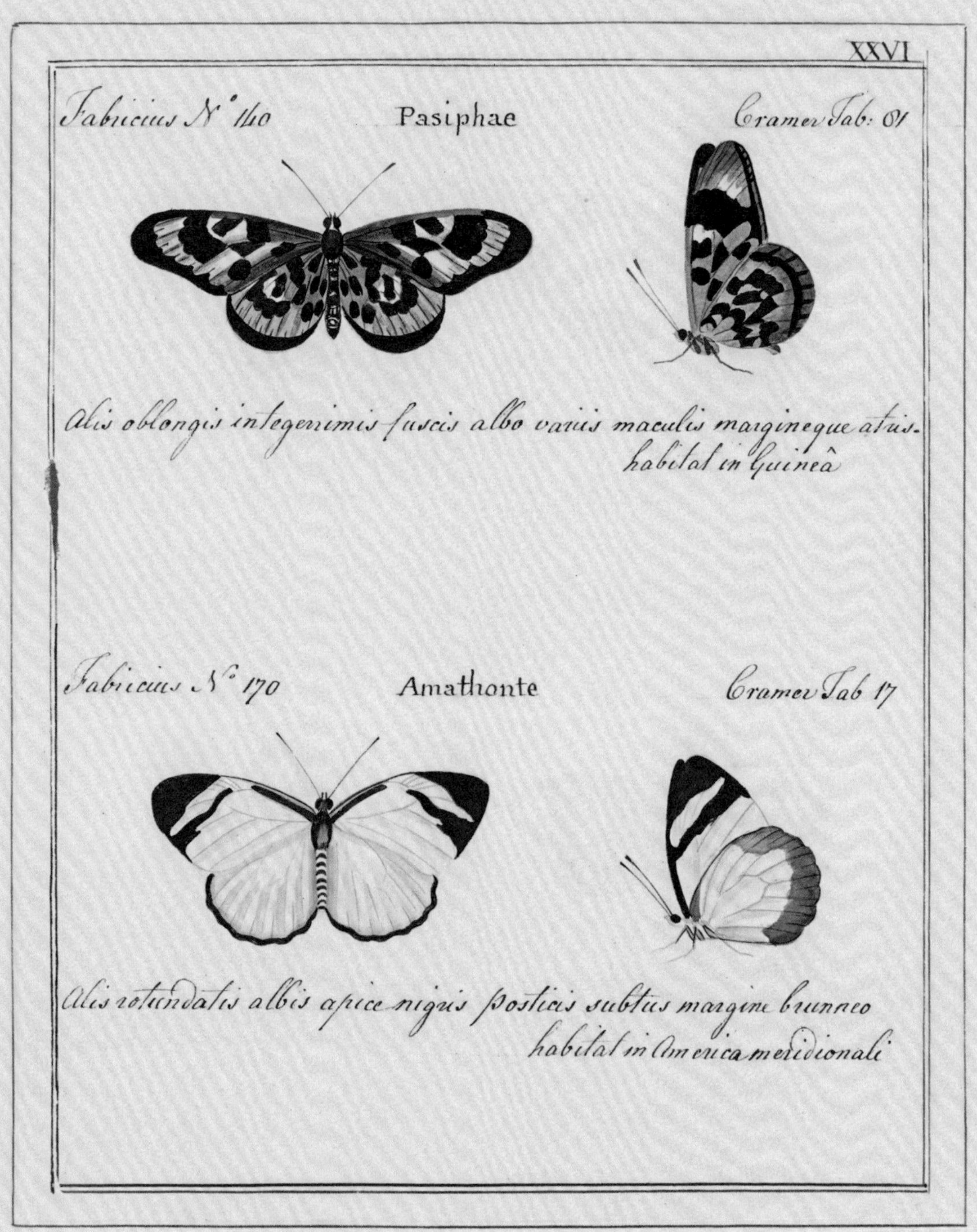

XXVI
Fabricius N° 140
Pasiphae
Cramer Tab: 81
Alis oblongis integerrimis fuscis albo variis maculis margineque atris.
habitat in Guineâ
Fabricius N° 170
Amathonte
Cramer Tab 17
Alis rotundatis albis apice nigris posticis subtus margine brunneo
habitat in America meridionali

图　　版：XXVI. “*Pasiphae*”
参考文献：J. C. Fabricius, *Spec. insect.* (1781); No. 140
原图出处：P. Cramer, *De uit. Kap.* (1775–1782); Pl. 81, f. c–d

图　　版：XXVI. “*Amathonte*”
参考文献：J. C. Fabricius, *Spec. insect.* (1781); No. 170
原图出处：P. Cramer, *De uit. Kap.* (1775–1782); Pl. 116, f. a–b

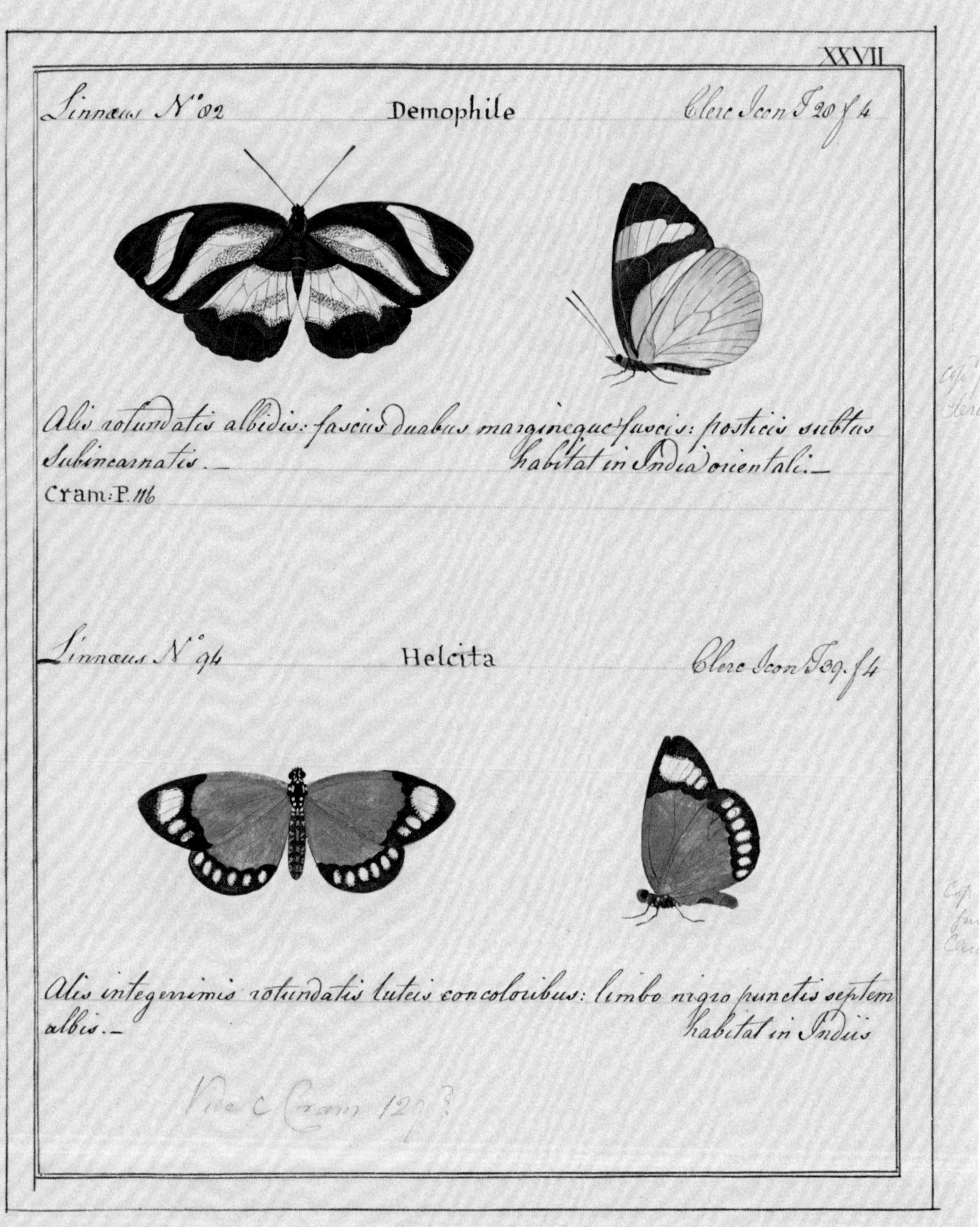

XXVII
Linnaeus N° 82
Demophile
Clerc Icon T 28 f 4
Alis rotundatis albidis: fasciis duabus margineque fuscis: posticis subtus subincarnatis. —
Habitat in India orientali. —
Cram: P. 116
Linnaeus N° 94
Helcita
Clerc Icon T 39. f 4
Alis integerrimis rotundatis luteis concoloribus: limbo nigro punctis septem albis. —
Habitat in Indiis
Vide C Cram 127?

图　　版：XXVII. "*Demophile*"
参考文献：C. Linnaeus, *Syst. nat.* (1767); No. 82
原图出处：C. A. Clerck, *Icones* (1759–1764); Pl. 28, f. 4

图　　版：XXVII. "*Helcita*"
参考文献：C. Linnaeus, *Syst. nat.* (1767); No. 94
原图出处：C. A. Clerck, *Icones* (1759–1764); Pl. 39, f. 4

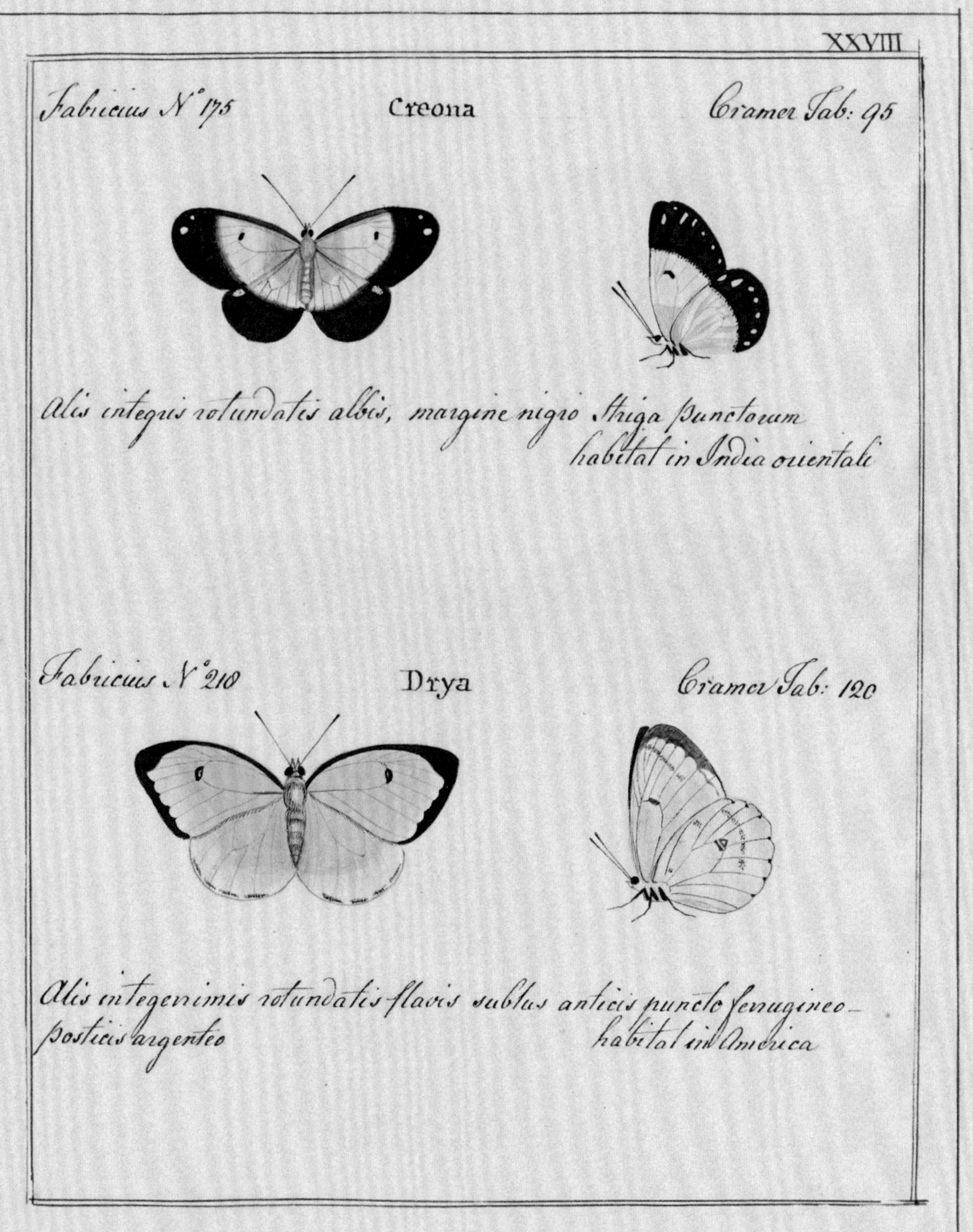

XXVIII
Fabricius N° 175
Creona
Cramer Tab: 95
Alis integris rotundatis albis, margine nigro striga punctorum
habitat in India orientali
Fabricius N° 218
Drya
Cramer Tab: 120
Alis integerrimis rotundatis flavis subtus anticis puncto ferrugineo-
posticis argenteo
habitat in America

图　　版：XXVIII. “*Creona*”

参考文献：J. C. Fabricius, *Spec. insect.* (1781); No. 175

原图出处：P. Cramer, *De uit. Kap.* (1775–1782); Pl. 95, f. e–f

图　　版：XXVIII. “*Drya*”

参考文献：J. C. Fabricius, *Spec. insect.* (1781); No. 218

原图出处：P. Cramer, *De uit. Kap.* (1775–1782); Pl. 120, f. c–d

XXIX
Fabricius N° 109
Leucippe
Cramer Tab: 36
Alis integerrimis fulvis, posticis supra flavis. —
habitat in Amboina

图　　版：XXIX. "*Leucippe*"

参考文献：J. C. Fabricius, *Spec. insect.* (1781); No. 189

原图出处：P. Cramer, *De uit. Kap.* (1775–1782); Pl. 36, f. a–c

Leucippe 画的是印度尼西亚马鲁古群岛和珀伦岛（苏拉威西岛以东）特有的一种蝴蝶——红翅鹤顶粉蝶 *Hebomoia leucippe* (Cramer, 1775)，它是分布更为广泛的亚洲物种鹤顶粉蝶（第 III 卷图版 XIII，第 164 页）的近亲。根据琼斯所临摹的《海外蝴蝶》的原图，图版上方是雄性，中间是雌性，而下方则是雌性的翅下表面。

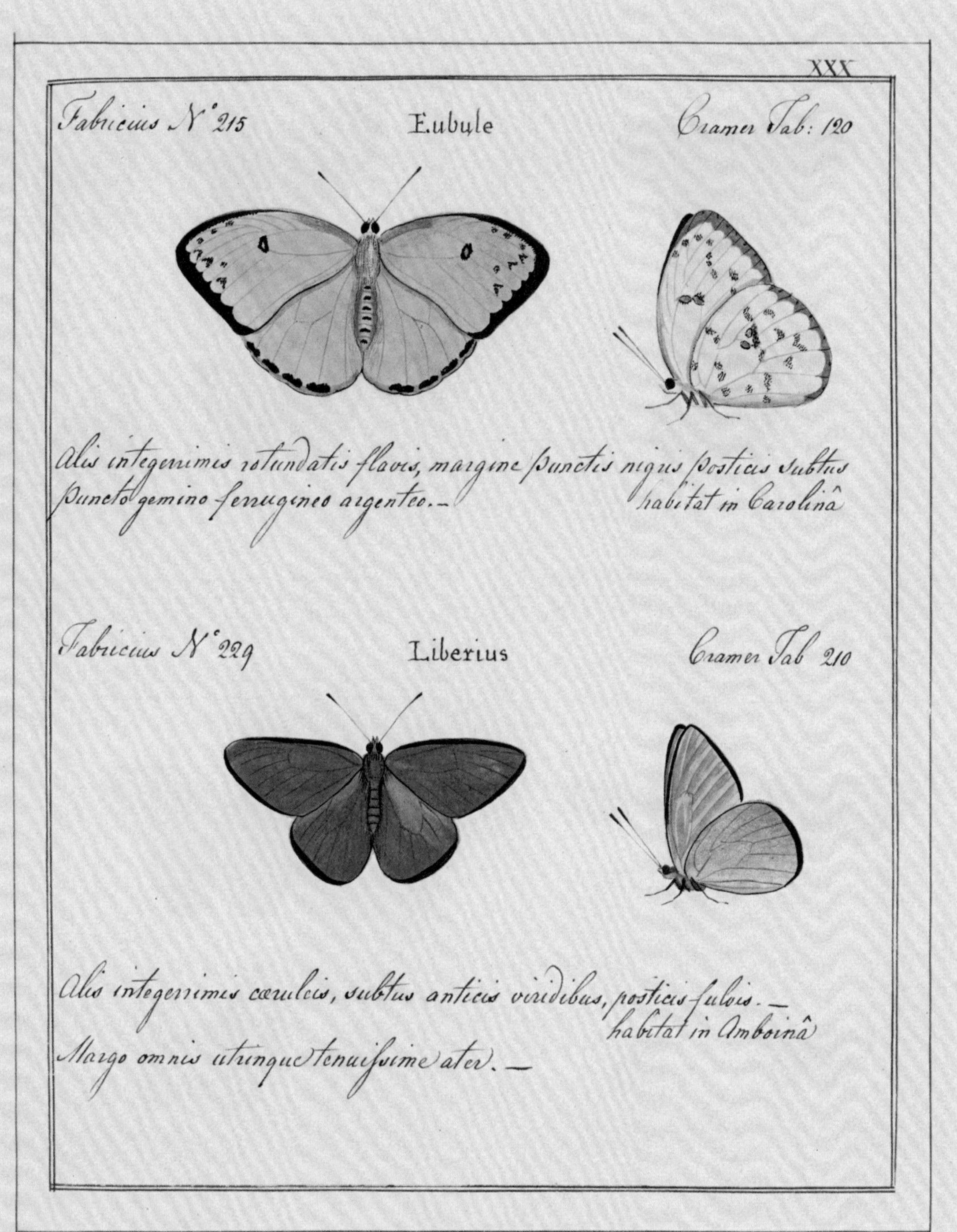

XXX
Fabricius N° 215
Eubule
Cramer Tab: 120
Alis integerrimis rotundatis flavis, margine punctis nigris posticis subtus
puncto gemino ferrugineo argenteo.–
habitat in Carolinâ
Fabricius N° 229
Liberius
Cramer Tab 210
Alis integerrimis cœruleis, subtus anticis viridibus, posticis fulvis.–
habitat in Amboinâ
Margo omnis utrinque tenuissime ater.–

图　　版：XXX. "*Eubule*"
参考文献：J. C. Fabricius, *Spec. insect.* (1781); No. 215
原图出处：P. Cramer, *De uit. Kap.* (1775–1782); Pl. 120, f. e–f

图　　版：XXX. "*Liberius*"
参考文献：J. C. Fabricius, *Spec. insect.* (1781); No. 229
原图出处：P. Cramer, *De uit. Kap.* (1775–1782); Pl. 210, f. g–h

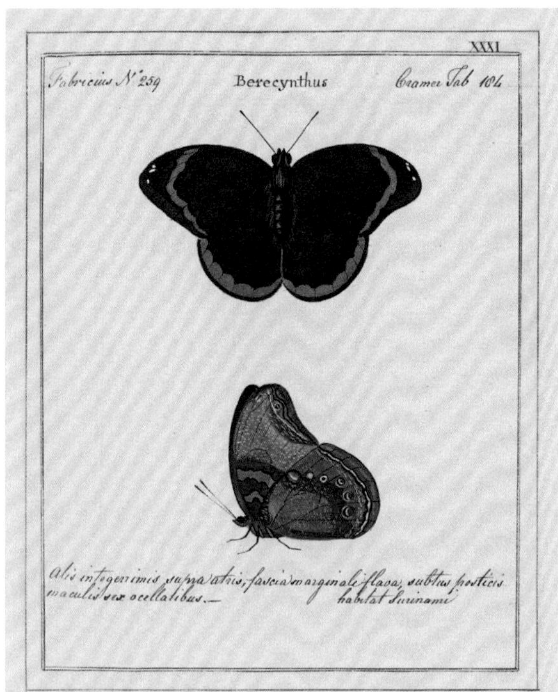
XXXI
Fabricius N° 259
Berecynthus
Cramer Tab 104
Alis integerrimis supra atris, fascia marginali flava, subtus posticis maculis sex ocellatibus. —
habitat Surinami

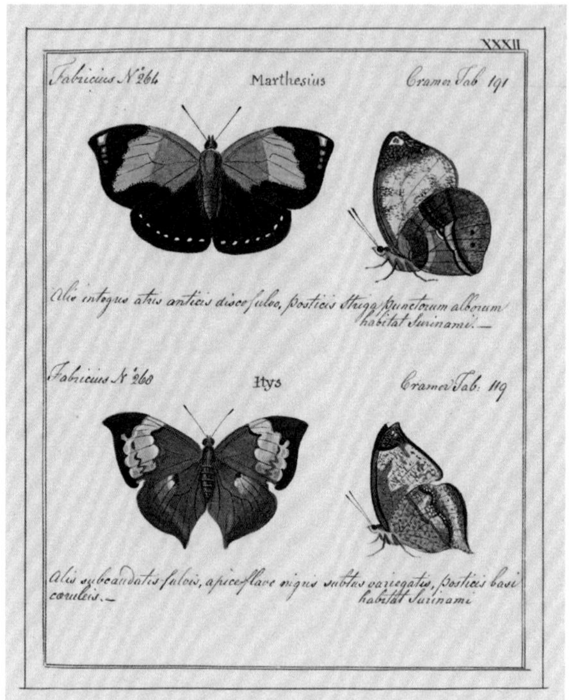
XXXII
Fabricius N° 264
Marthesius
Cramer Tab 191
Alis integris atris anticis disco fulvo, posticis Striga punctorum alborum
habitat Surinami. —
Fabricius N° 268
Itys
Cramer Tab. 119
Alis subcaudatis fulvis, apice flavo nigris subtus variegatis, posticis basi coeruleis. —
habitat Surinami

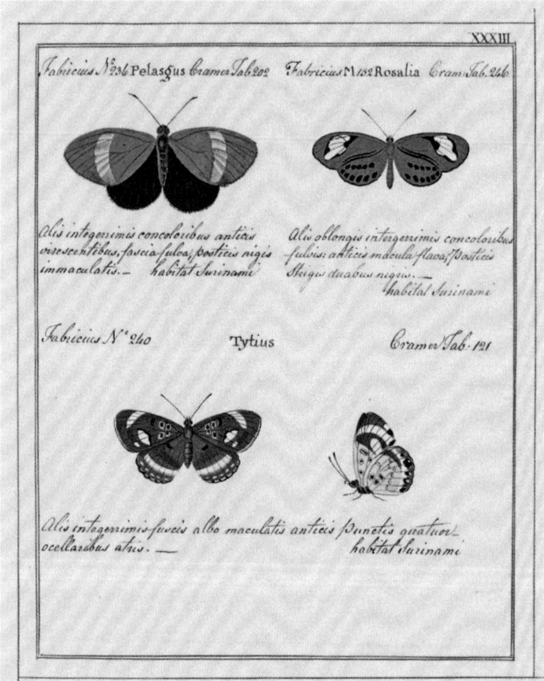
XXXIII
Fabricius N° 236 Pelasgus Cramer Tab 202
Rosalia
Alis integerrimis concoloribus anticis virescentibus, fascia fulva, posticis nigris immaculatis. —
habitat Surinami
Alis oblongis integerrimis concoloribus fulvis: anticis macula flava, posticis Strigis duabus nigris. —
habitat Surinami
Fabricius N° 240
Tytius
Cramer Tab. 121
Alis integerrimis fuscis albo maculatis anticis punctis quatuor ocellaribus atris. —
habitat Surinami

XXXIV
Linnaeus N° 122
Xanthus
Alis integerrimis: supra fuscis fascia ferruginea posticis subtus ocellis duobus: altero lunari.
habitat in Calidis Regionibus
Cram. P. 103

本页和对页的所有鳞翅目昆虫都是琼斯从荷兰商人兼昆虫学家彼得·克拉默的重要作品《海外蝴蝶》临摹而来。和琼斯颇为相似的是，除了基于自己的藏品，克拉默在绘制图版时同样利用了拥有大量博物学标本的当地收藏家同道们的庞大网络。这些标本很多都是从与荷兰有着殖民或贸易关系的地区采集的，包括斯里兰卡、荷属东印度群岛和苏里南。事实上，这两页的物种多数都将栖息地标为苏里南。克拉默安排赫里特·瓦特纳尔·兰贝茨来画鳞翅目标本，其中包括奥朗日亲王威廉五世的收藏。在克拉默于 1776 年去世后，他的副手卡斯帕·斯托尔（Caspar Stoll）经办了这部作品的出版。

图　　版：XXXI. "*Berecynthus*"
参考文献：J. C. Fabricius, *Spec. insect.* (1781); No. 259
原图出处：P. Cramer, *De uit. Kap.* (1775–1782); Pl. 184, f. b–c

图　　版：XXXII. "*Marthesius*"
参考文献：J. C. Fabricius, *Spec. insect.* (1781); No. 264
原图出处：P. Cramer, *De uit. Kap.* (1775–1782); Pl. 191, f. a–b

图　　版：XXXII. "*Irys*"
参考文献：J. C. Fabricius, *Spec. insect.* (1781); No. 268
原图出处：P. Cramer, *De uit. Kap.* (1775–1782); Pl. 119, f. f–g

图　　版：XXXIII. "*Pelasgus*"
参考文献：J. C. Fabricius, *Spec. insect.* (1781); No. 236
原图出处：P. Cramer, *De uit. Kap.* (1775–1782); Pl. 202, f. d

图　　版：XXXIII. "*Rosalia*"
参考文献：J. C. Fabricius, *Mant. insect.* (1787); No. 152
原图出处：P. Cramer, *De uit. Kap.* (1775–1782); Pl. 246, f. b

图　　版：XXXIII. "*Tytius*"
参考文献：J. C. Fabricius, *Spec. insect.* (1781); No. 240
原图出处：P. Cramer, *De uit. Kap.* (1775–1782); Pl. 121, f. c–d

图　　版：XXXIV. "*Xanthus*"
参考文献：C. Linnaeus, *Syst. nat.* (1767); No. 122
原图出处：C. A. Clerck, *Icones* (1759–1764); Pl. 34, f. 1

图　　版：XXXV. "*Bisaltide*"
参考文献：J. C. Fabricius, *Spec. insect.* (1781); No. 273
原图出处：P. Cramer, *De uit. Kap.* (1775–1782); Pl. 102, f. c–d

图　　版：XXXV. "*Cymodoce*"
参考文献：J. C. Fabricius, *Spec. insect.* (1781); No. 272
原图出处：P. Cramer, *De uit. Kap.* (1775–1782); Pl. 99, f. g–h

图　　版：XXXVI. "*Galanthis*"
参考文献：J. C. Fabricius, *Spec. insect.* (1781); No. 238
原图出处：P. Cramer, *De uit. Kap.* (1775–1782); Pl. 25, f. c–d

图　　版：XXXVI. "*Laertes*"
参考文献：J. C. Fabricius, *Spec. insect.* (1781); No. 269
原图出处：P. Cramer, *De uit. Kap.* (1775–1782); Pl. 73, f. c–d

XXXVII
Fabricius N° 282
Arcas
Cramer Tab: 179
Alis integerrimis coeruleis, anticis albo maculatis, posticis macula atra albaque marginali. —
habitat Surinami
Fabricius M N° 267
Eyialeus
Cramer Tab: 189
Alis integris nigris albo maculatis posticis subtus disco flavo fasciaque baseos sanguinea
habitat in Iavâ

图　　版：XXXVII. “*Arcas*”
参考文献：J. C. Fabricius, *Spec. insect.* (1781); No. 282
原图出处：P. Cramer, *De uit. Kap.* (1775–1782); Pl. 179, f. e–f

图　　版：XXXVII. “*Eyialeus*”
参考文献：J. C. Fabricius, *Mant. insect.* (1787); No. 267
原图出处：P. Cramer, *De uit. Kap.* (1775–1782); Pl. 189, f. d–e

XXXVIII.

Fabricius N°288 Canthus Cramer Tab 204

Alis integris, supra fuscis immaculatis,
posticis subtus ocellis sex
habitat in America boreali

Fabricius N°307 Eumenes Cramer Tab 92

Alis integerrimis dimidiato fuscis,
anticis utrinque ocello atro tripupillato
habitat in India Occidentali

Fabricius N°308 Ephynes Cramer Tab 93

Alis integerrimis cœruleis purpureo
fasciatis anticis utrinque ocello inferiori
tripupillato.— habitat Surinami

Fabricius N°305 Hypheus Cram: Tab 92

Alis integerrimis concoloribus albis
fusco fasciatis anticis ocello atro
posticis cæcis.—
habitat in India occidentali

图　　版：XXXVIII. “*Canthus*”
参考文献：J. C. Fabricius, *Spec. insect.* (1781); No. 288
原图出处：P. Cramer, *De uit. Kap.* (1775–1782); Pl. 204, f. c–d

图　　版：XXXVIII. “*Eumenes*”
参考文献：J. C. Fabricius, *Spec. insect.* (1781); No. 307
原图出处：P. Cramer, *De uit. Kap.* (1775–1782); Pl. 92, f. f–g

图　　版：XXXVIII. “*Ephynes*”
参考文献：J. C. Fabricius, *Spec. insect.* (1781); No. 308
原图出处：P. Cramer, *De uit. Kap.* (1775–1782); Pl. 93, f. e–f

图　　版：XXXVIII. “*Hypheus*”
参考文献：J. C. Fabricius, *Spec. insect.* (1781); No. 305
原图出处：P. Cramer, *De uit. Kap.* (1775–1782); Pl. 92, f. c

XXXIX

Fabricius N°278 **Morphius** Cramer Tab: 101

Alis integerrimis fulvis nigro maculatis posticis utrinque striga punctorum nigrorum. — habitat in America boreali

Fabricius M330 **Renatus** Cramer Tab 326 Fabricius N°316 **Penelea** Cramer Tab 101

Alis integerrimis concoloribus nigris: fascia communi alba: anticis ocello tripupillato. habitat Surinami
Ala basi fusca

Alis dentatis supra fuscis subtus omnibus Ocellis duobus. — habitat Surinami

图　版：XXXIX. “*Morphius*”	图　版：XXXIX. “*Renatus*”	图　版：XXXIX. “*Penelea*”
参考文献：J. C. Fabricius, *Spec. insect.* (1781); No. 278	参考文献：J. C. Fabricius, *Mant. insect.* (1787); No. 330	参考文献：J. C. Fabricius, *Spec. insect.* (1781); No. 316
原图出处：P. Cramer, *De uit. Kap.* (1775–1782); Pl. 101, f. a–c	原图出处：P. Cramer, *De uit. Kap.* (1775–1782); Pl. 326, f. a–b	原图出处：P. Cramer, *De uit. Kap.* (1775–1782); Pl. 101, f. g

XL.
Linnaeus N°159
Pipleis
Clerc Icon: Tab: 26
Alis crenatis nigris concoloribus: Posticis disco fulvo: ocellis septem.—
habitat in Indiis
Alae primores fascia alba ex Maculis 7: posticae maculis 7 ovalibus nigris pupilla alba, intra marginem posticum.— In hac Sectione facile maximus.—
Cram: P. 60

图　　版：XL.“*Pipleis*”

参考文献：C. Linnaeus, *Syst. nat.* (1767); No. 159

原图出处：C. A. Clerck, *Icones* (1759–1764); Pl. 26

Papilio pipleis (Linnaeus, 1758) 代表着斑蛱蝶 *Hypolimnas pandarus* (Linnaeus, 1758) 的雌性，后面这个名字是如今被赋予优先地位的有效学名。琼斯基于大英博物馆的一件标本画过斑蛱蝶的雄性，标注的是其异名 *Papilio calisto*（第 IV 卷图版 XLV，第 278 页）。而那幅临摹自雅布隆斯基的斑蛱蝶插画（第 VII 卷图版 XVIII，第 576 页）极不准确。

XLI
Linnaeus N° 160
Lampetia
Clerc Ico: Tab 39
Alis crenatis: Primoribus fuscentibus fascia flava: posticis supra ocellis Sex.—
habitat in Indiis
Ocelli intra marginem posticum concatenati sunt.—
Cram: P. 148
Fabricius N° 310
Polynice
Cramer Tab: 195
Alis angulato dentatis fulvis apice nigris subtus fuscis Strigis coeruleis
ocellisque anticarum Sex, posticarum quinque.—
habitat in Sumatra Insula Indiae orientalis

图　版：XLI.“*Lampetia*”

参考文献：C. Linnaeus, *Syst. nat.* (1767); No. 160

原图出处：C. A. Clerck, *Icones* (1759–1764); Pl. 39

图　版：XLI.“*Polynice*”

参考文献：J. C. Fabricius, *Spec. insect.* (1781); No. 310

原图出处：P. Cramer, *De uit. Kap.* (1775–1782); Pl. 195, f. d–e

XLII
Fabricius N 317
Minerva
Cramer Tab 116
Alis dentatis fulvis apice nigris albo maculatis posticis ocellis supra quinque caecis subtus septem pupillatis. — habitat in America
Fabricius N° 335
Hedonia
Cramer Tab: 69
Alis dentatis concoloribus griseis, singulis ocellis sex ferrugineis. — habitat in Asia

图　　版：XLII. “*Minerva*”

参考文献：J. C. Fabricius, *Spec. insect.* (1781); No. 317

原图出处：P. Cramer, *De uit. Kap.* (1775–1782); Pl. 116, f. e–f

图　　版：XLII. “*Hedonia*”

参考文献：J. C. Fabricius, *Spec. insect.* (1781); No. 335

原图出处：P. Cramer, *De uit. Kap.* (1775–1782); Pl. 69, f. c–d

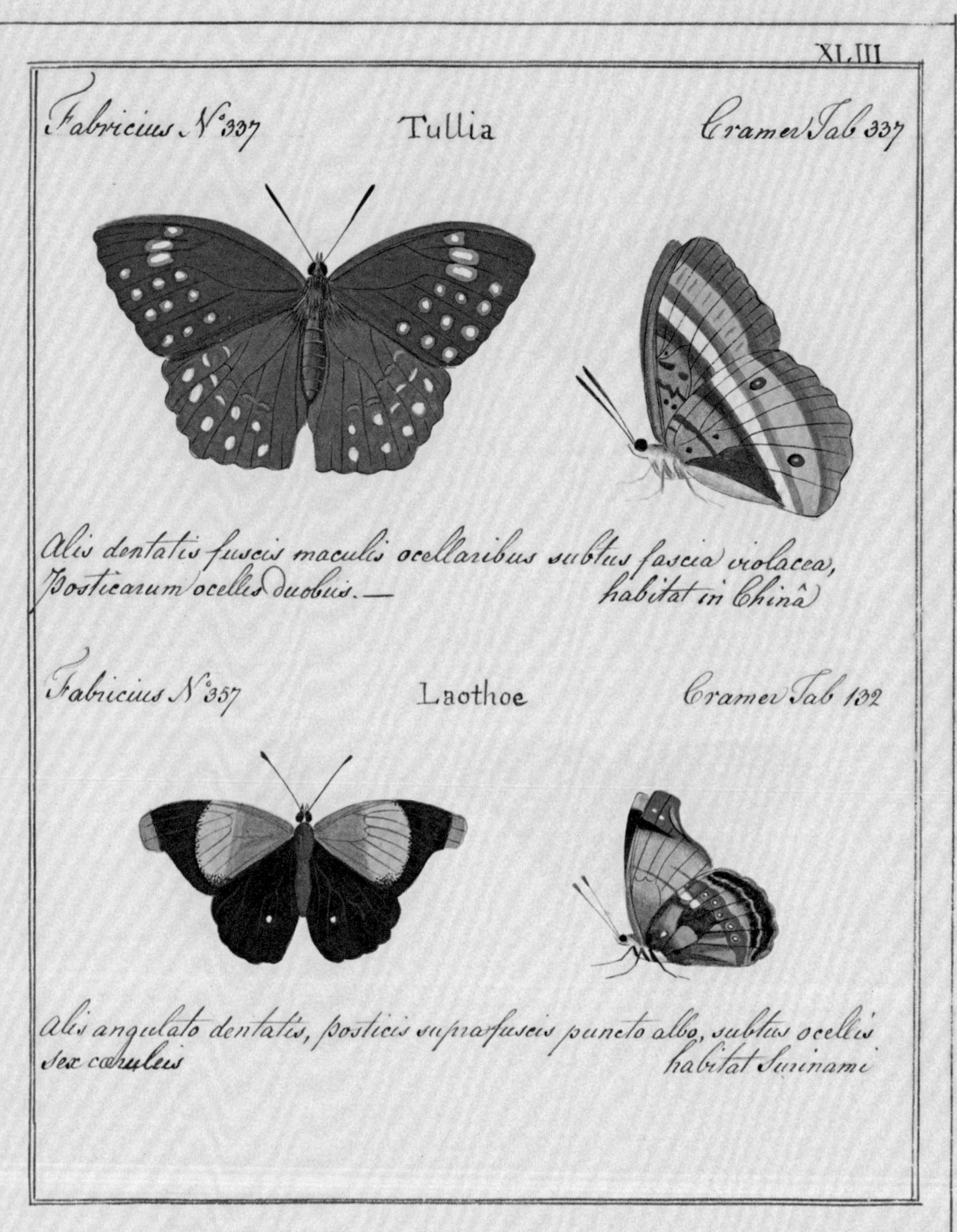

XLIII
Fabricius N°337
Tullia
Cramer Tab 337
Alis dentatis fuscis maculis ocellaribus subtus fascia violacea,
Posticarum ocellis duobus.—
habitat in Chinâ
Fabicius N°357
Laothoe
Cramer Tab 132
alis angulato dentatis, posticis suprafuscis puncto albo, subtus ocellis
sex cœruleis
habitat Surinami

图　　版：XLIII. "*Tullia*"
参考文献：J. C. Fabricius, *Spec. insect.* (1781); No. 337
原图出处：P. Cramer, *De uit. Kap.* (1775–1782); Pl. 81, f. a–b

图　　版：XLIII. "*Laothoe*"
参考文献：J. C. Fabricius, *Spec. insect.* (1781); No. 357
原图出处：P. Cramer, *De uit. Kap.* (1775–1782); Pl. 132, f. a–b

XLIV
Fabricius N°373
Polydecta
Cramer Tab 373
Alis dentatis fuscis, anticis ocello, posticis supra duobus subtus septem
habitat in Malabariâ
Fabricius N°328
Ocypete
Cramer Tab: 194
Alis dentatis supra fuscis immaculatis subtus glaucis strigis tribus
obscuris, Posticis ocellis quinque
habitat Surinami

图　　版：XLIV.“*Polydecta*”

参考文献：J. C. Fabricius, *Spec. insect.* (1781); No. 373

原图出处：P. Cramer, *De uit. Kap.* (1775–1782); Pl. 144, f. e–f

图　　版：XLIV.“*Ocypete*”

参考文献：J. C. Fabricius, *Spec. insect.* (1781); No. 328

原图出处：P. Cramer, *De uit. Kap.* (1775–1782); Pl. 194, f. f–g

XLV
Fabricius N° 379
Iphita
Cramer Tab: 209
Alis angulato dentatis fuscis, obscurius fasciatis, omnibus subtus ocellis quinque
habitat in Chinâ
Fabricius N° 374
Tolumnia
Cramer Tab: 130
Alis dentatis atris, posticis subtus strigis ferrugineis cœruleisque, ocellis quinque, postico majori. —
habitat in Indiâ Orientali

图　　版：XLV. “*Iphita*”

参考文献：J. C. Fabricius, *Spec. insect.* (1781); No. 379

原图出处：P. Cramer, *De uit. Kap.* (1775–1782); Pl. 209, f. c–d

图　　版：XLV. “*Tolumnia*”

参考文献：J. C. Fabricius, *Spec. insect.* (1781); No. 374

原图出处：P. Cramer, *De uit. Kap.* (1775–1782); Pl. 130, f. f–g

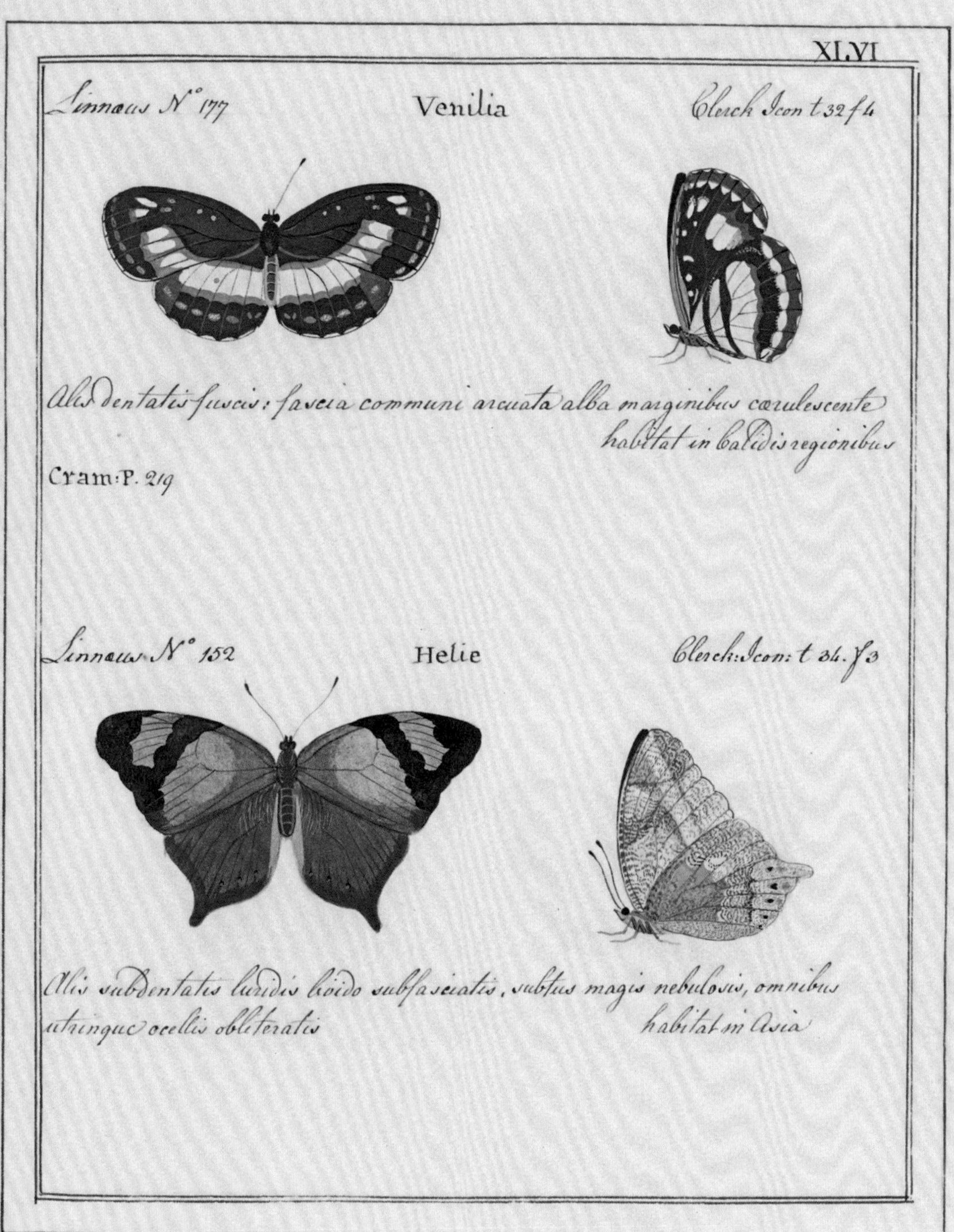

XLVI
Linnaeus N° 177
Venilia
Clerck Icon t 32 f 4
Alis dentatis fuscis: fascia communi arcuata alba marginibus cœrulescente
habitat in calidis regionibus
Cram: P. 219
Linnaeus N° 152
Helie
Clerck: Icon: t 34. f 3
Alis subdentatis luridis livido subfasciatis, subtus magis nebulosis, omnibus
utrinque ocellis obliteratis
habitat in Asia

图　　版：XLVI. “*Venilia*”
参考文献：C. Linnaeus, *Syst. nat.* (1767); No. 177
原图出处：C. A. Clerck, *Icones* (1759–1764); Pl. 32, f. 4

图　　版：XLVI. “*Helie*”
参考文献：C. Linnaeus, *Syst. nat.* (1767); No. 152
原图出处：C. A. Clerck, *Icones* (1759–1764); Pl. 34, f. 3

XLVII
Linnaeus N° 191
Aceste
Clerck. Icon. t43. f3
alis subdentatis: primoribus nigris basi fasciaque flavis: posticis flavis subtus fasciis fuscis.–
habitat in Indiis
Cram. P. 121
Fabricius N° 437
Lydia
Cramer Tab: 148
alis dentatis flavis supra margine nigro subtus striga punctorum nigrorum
habitat Amboinâ

图　　版：XLVII. “*Aceste*”
参考文献：C. Linnaeus, *Syst. nat.* (1767); No. 191
原图出处：C. A. Clerck, *Icones* (1759–1764); Pl. 43, f. 3

图　　版：XLVII. “*Lydia*”
参考文献：J. C. Fabricius, *Spec. insect.* (1781); No. 437
原图出处：P. Cramer, *De uit. Kap.* (1775–1782); Pl. 148, f. d

XLVIII
Linnaeus N° 179 β
Hylas
Clerck: Icon: t 40 f. 4
Alis dentatis, supra fuscis: subtus lutescentibus; fasciis utrinque tribus albis interruptis.–
Clerck: Icon: t 40 f. 4
Fabricius N° 62
Orsilochus
Cramer: Tab. 200
Alis caudatis, anticis fasciis duabus. posticis unica albis, subtus basi albis fascia fulvâ
habitat Surinami

图　　版：XLVIII.“*Hylas*”

参考文献：C. Linnaeus, *Syst. nat.* (1767); No. 179, β

原图出处：C. A. Clerck, *Icones* (1759–1764); Pl. 40, f. 4

图　　版：XLVIII.“*Orsilochus*”

参考文献：J. C. Fabricius, *Spec. insect.* (1781); No. 62

原图出处：P. Cramer, *De uit. Kap.* (1775–1782); Pl. 200, f. f–g

XLIX
Fabricius N° 479
Diana
Cramer Tab 90
Alis dentatis fulvis disco communi nigro posticis subtus maculis novem argenteis.—
habitat in Virginia.—
Fabricius N° 452
Procris
Cramer Tab: 452
Alis dentatis fulvis, nigro maculatis, fascia alba, subtus variegatis
habitat in China

L
Fabricius N° 462
Mesenteria
Cramer Tab: 162
Alis dentatis fuscis, anticis supra fascia fulva subtus maculis centralibus caeruleis.—
habitat Surinami
Fabricius N° 453
Micalia
Cramer Tab: 108
Alis dentatis flavo maculatis, posticis medio fulvo nigro maculato.—
habitat in America boreali

LI
Fabricius M 474
Vitellia
Cramer Tab: 349
Alis dentatis nigris subtus albo maculatis.
habitat in Amboina
Fabricius N° 395
Protogenia
Cramer Tab 395
Alis dentatis fulvis, limbo nigro albo maculata.—
habitat in Insula Java

LII
Fabricius N° 478
Cynara
Cramer Tab: 25
Alis dentatis fuscis atro flavoque variis posticis subtus viridibus, maculis tribus fasciisque duabus argenteis
habitat in oriente
Fabricius N° 476
Myrina
Cramer Tab: 189
Alis dentatis fulvis, nigro maculatis subtus maculis 30 Argenteis.—
habitat in America boreali

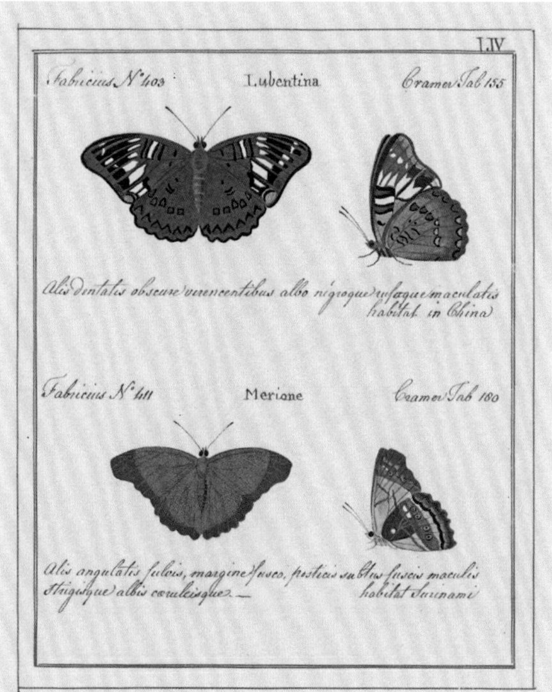

图版	参考文献	原图出处
XLIX. "*Diana*"	J. C. Fabricius, *Spec. insect.* (1781); No. 479	P. Cramer, *De uit. Kap.* (1775–1782); Pl. 98, f. d–e
XLIX. "*Procris*"	J. C. Fabricius, *Spec. insect.* (1781); No. 452	P. Cramer, *De uit. Kap.* (1775–1782); Pl. 106, f. e–f
L. "*Mesenteria*"	J. C. Fabricius, *Spec. insect.* (1781); No. 462	P. Cramer, *De uit. Kap.* (1775–1782); Pl. 162, f. b–c
L. "*Micalia*"	J. C. Fabricius, *Spec. insect.* (1781); No. 453	P. Cramer, *De uit. Kap.* (1775–1782); Pl. 108, f. c–d
LI. "*Vitellia*"	J. C. Fabricius, *Mant. insect.* (1787); No. 474	P. Cramer, *De uit. Kap.* (1775–1782); Pl. 349, f. e–f
LI. "*Protogenia*"	J. C. Fabricius, *Spec. insect.* (1781); No. 395	P. Cramer, *De uit. Kap.* (1775–1782); Pl. 189, f. f–g
LII. "*Cynara*"	J. C. Fabricius, *Spec. insect.* (1781); No. 473	P. Cramer, *De uit. Kap.* (1775–1782); Pl. 25, f. b–c
LII. "*Myrina*"	J. C. Fabricius, *Spec. insect.* (1781); No. 476	P. Cramer, *De uit. Kap.* (1775–1782); Pl. 189, f. b–c
LIII. "*Echo*"	J. C. Fabricius, *Spec. insect.* (1781); No. 399	P. Cramer, *De uit. Kap.* (1775–1782); Pl. 57, f. c–d
LIII. "*Progne*"	J. C. Fabricius, *Spec. insect.* (1781); No. 408	P. Cramer, *De uit. Kap.* (1775–1782); Pl. 5, f. e–f
LIV. "*Lubentina*"	J. C. Fabricius, *Spec. insect.* (1781); No. 403	P. Cramer, *De uit. Kap.* (1775–1782); Pl. 155, f. c–d
LIV. "*Merione*"	J. C. Fabricius, *Spec. insect.* (1781); No. 411	P. Cramer, *De uit. Kap.* (1775–1782); Pl. 180, f. e–f

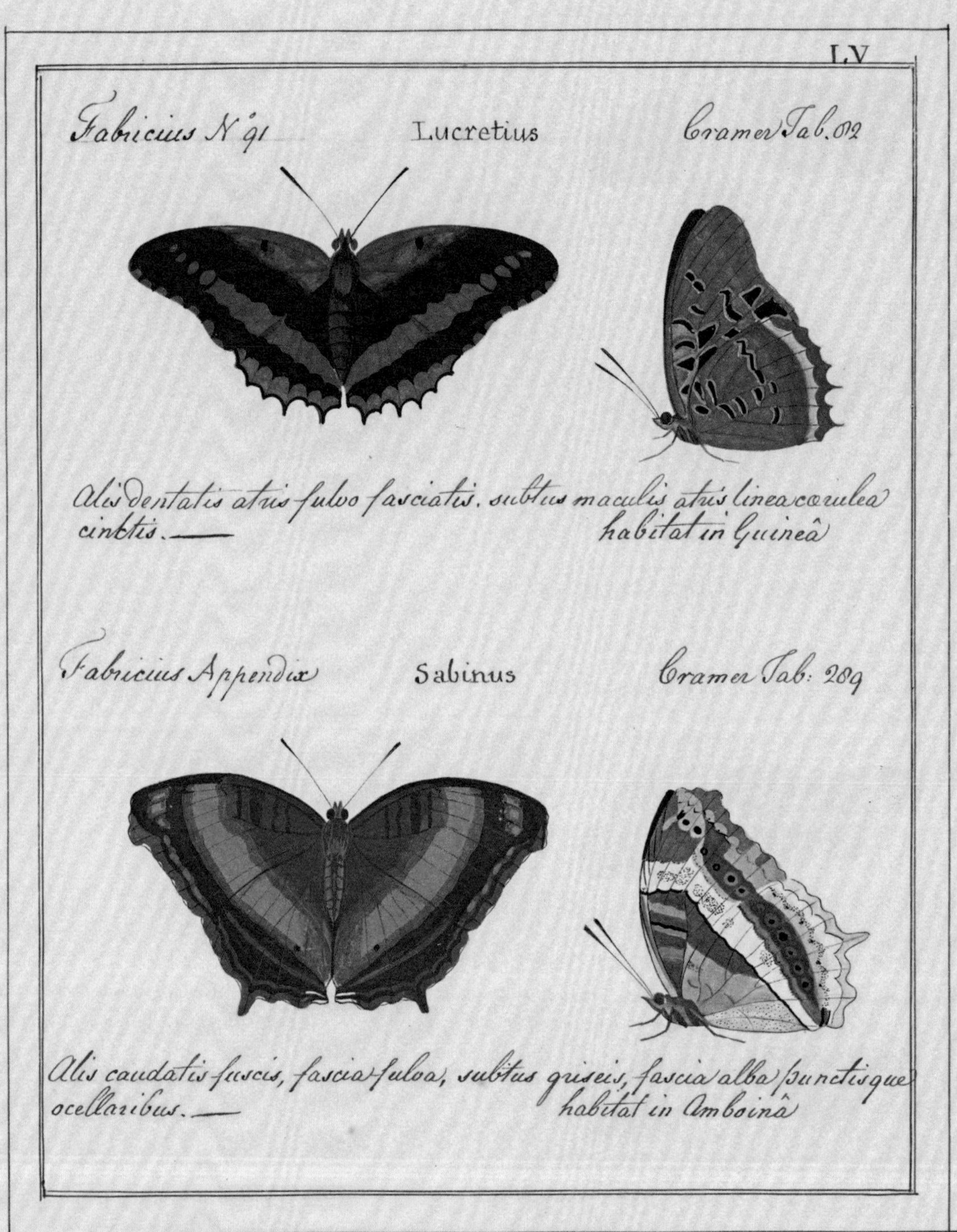

LV
Fabricius N° 91
Lucretius
Cramer Tab. 82
Alis dentatis atris fulvo fasciatis. subtus maculis atris linea caerulea
cinctis.
habitat in Guineâ
Fabricius Appendix
Sabinus
Cramer Tab: 289
Alis caudatis fuscis, fascia fulva, subtus griseis, fascia alba punctisque
ocellaribus.
habitat in Amboinâ

图　　版：LV. “*Lucretius*”
参考文献：J. C. Fabricius, *Spec. insect.* (1781); No. 91
原图出处：P. Cramer, *De uit. Kap.* (1775–1782); Pl. 82, f. e–f

图　　版：LV. “*Sabinus*”
参考文献：J. C. Fabricius, *Spec. insect.* (1782); Appendix
原图出处：P. Cramer, *De uit. Kap.* (1775–1782); Pl. 289, f. a–b

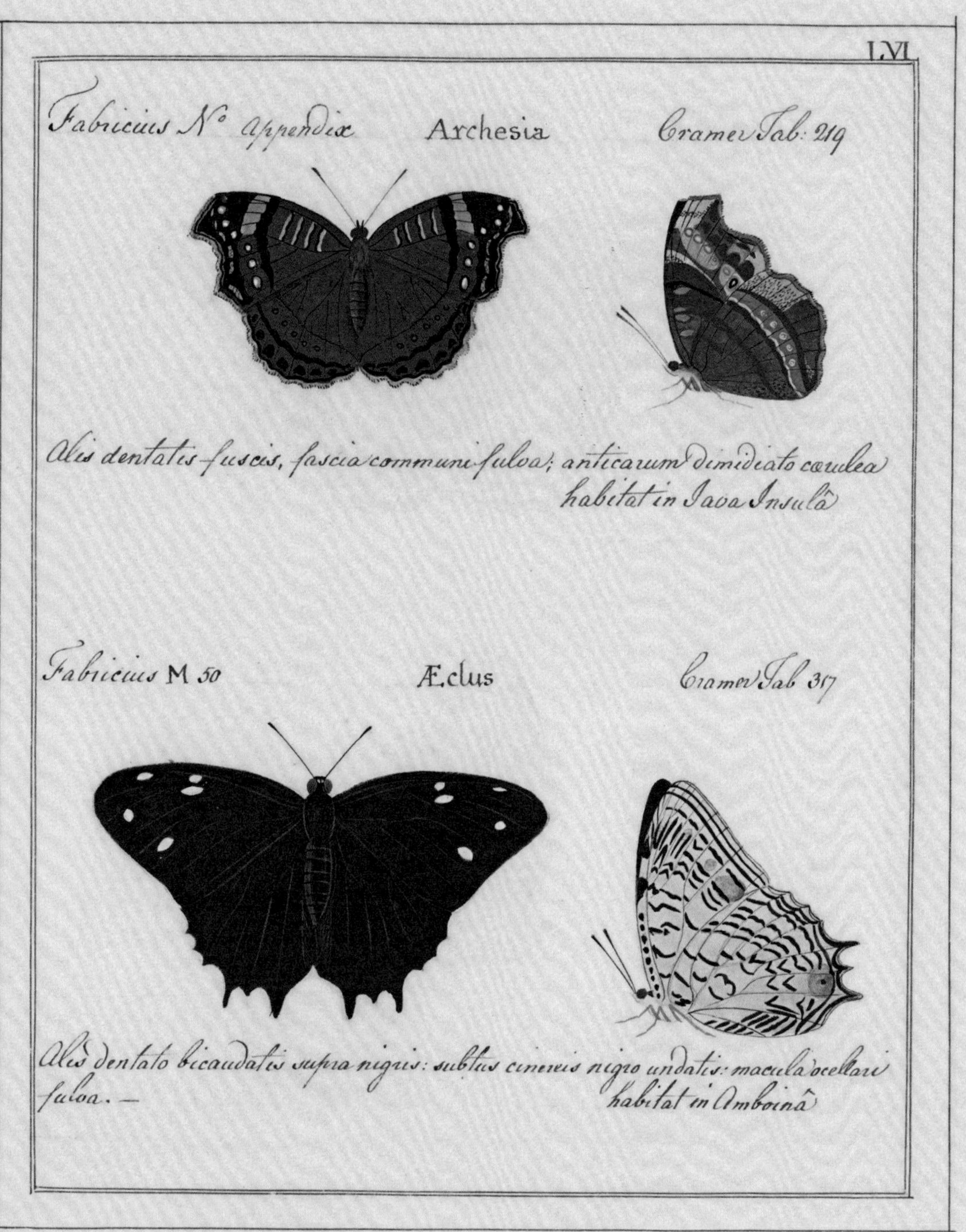

LVI
Fabicius N° appendix
Archesia
Cramer Tab: 219
Alis dentatis fuscis, fascia communi fulva; anticarum dimidiato caerulea
habitat in Iava Insulâ
Fabicius M 50
Æclus
Cramer Tab 317
Alis dentato bicaudatis supra nigris: subtus cinereis nigro undatis: macula ocellari
fulva. —
habitat in Amboinâ

图　　版：LVI. "*Archesia*"
参考文献：J. C. Fabricius, *Spec. insect.* (1782); Appendix
原图出处：P. Cramer, *De uit. Kap.* (1775–1782); Pl. 219, f. d–e

图　　版：LVI. "*Æclus*"
参考文献：J. C. Fabricius, *Mant. insect.* (1787); No. 50
原图出处：P. Cramer, *De uit. Kap.* (1775–1782); Pl. 317, f. a–b

LVII
Fabricius Appendix
Juliana
Cramer Tab 280
Alis dentatis fuscis albo maculatis, posticis utrinque ocellis duobus
habitat in Amboinâ

图　　版：LVII. "*Juliana*"

参考文献：J. C. Fabricius, *Spec. insect.* (1782); Appendix

原图出处：P. Cramer, *De uit. Kap.* (1775–1782); Pl. 280, f. a–b

这张图版临摹自 *Papilio juliana* Cramer, 1780 的原始插画，现在我们知道它画的是指名文蛱蝶 *Vindula arsinoe* (Cramer, 1777) 的雌性。这种蝴蝶的雌性外形多变，但大多翅面底色都是暗黑褐色，可能还有点发绿。图中颇为鲜艳的绿色说明画作完成后颜料变质了。这个物种是彼得 · 克拉默根据产自印度尼西亚安汶岛的标本描述的，它出现在西起马鲁古群岛，东至所罗门群岛的区域内。

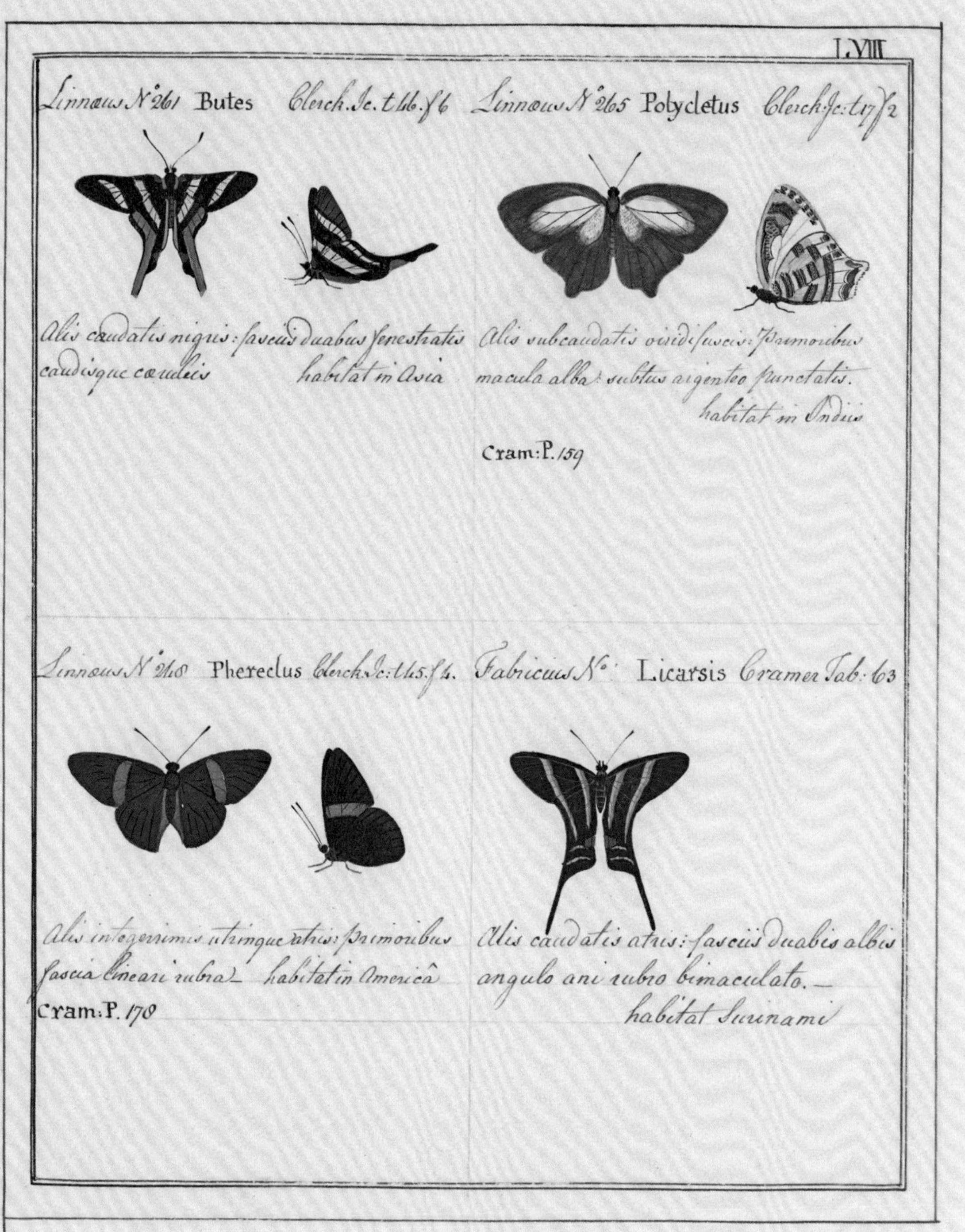
LVIII
Linnaeus N° 261 Butes Clerck Ic. t. 46. f. 6
Alis caudatis nigris: fasciis duabus fenestratis caudisque caeruleis
habitat in Asia
Linnaeus N° 265 Polycletus Clerck Ic. t. 17 f. 2
Alis subcaudatis viridi-fuscis: Primoribus macula alba: subtus argenteo punctatis.
habitat in Indiis
Cram: P. 159
Linnaeus N° 248 Phereclus Clerck Ic. t. 45. f. 4.
Alis integerrimis utrinque atris: primoribus fascia lineari rubra
habitat in America
Cram: P. 178
Fabricius N° Licarsis Cramer Tab: 63
Alis caudatis atris: fasciis duabus albis angulo ani rubro bimaculato.
habitat Surinami

图　　版：LVIII. “*Butes*”
参考文献：C. Linnaeus, *Syst. nat.* (1767); No. 261
原图出处：C. A. Clerck, *Icones* (1759–1764); Pl. 46, f. 6

图　　版：LVIII. “*Polycletus*”
参考文献：C. Linnaeus, *Syst. nat.* (1767); No. 265
原图出处：C. A. Clerck, *Icones* (1759–1764); Pl. 17, f. 2

图　　版：LVIII. “*Phereclus*”
参考文献：C. Linnaeus, *Syst. nat.* (1767); No. 248
原图出处：C. A. Clerck, *Icones* (1759–1764); Pl. 45, f. 4

图　　版：LVIII. “*Licarsis*”
参考文献：J. C. Fabricius, *Spec. insect.* (1781); No. 64
原图出处：P. Cramer, *De uit. Kap.* (1775–1782); Pl. 63, f. c

LIX

Fabricius N° 65 Melibœus Cramer Tab 144

Alis caudatis fuscis, anticis striga; posticis duabus sanguineis, subtus cyaneo nitidissimis
habitat Surinami

Fabricius N° 63 Faunus Cramer Tab 59

Alis caudatis hyalinis, margine strigaq; nigris —
habitat Surinami

Fabricius N° 509 Telemus Cramer Tab: 4

Alis bicaudatis cæruleis nitidis, posticis subtus strigâ marginali angulata atrâ
habitat in America meridionali

Fabricius N° 498 Aunus Cramer Tab 23

Alis subtricaudatis cæruleis, limbo atro subtus nigris albo fasciatis. —
habitat Coracao Americæ

图　　版：LIX.“*Meliboeus*”
参考文献：J. C. Fabricius, *Spec. insect.* (1781); No. 65
原图出处：P. Cramer, *De uit. Kap.* (1775–1782); Pl. 144, f. a–b

图　　版：LIX.“*Faunus*”
参考文献：J. C. Fabricius, *Spec. insect.* (1781); No. 63
原图出处：P. Cramer, *De uit. Kap.* (1775–1782); Pl. 59, f. a

图　　版：LIX.“*Telemus*”
参考文献：J. C. Fabricius, *Spec. insect.* (1781); No. 509
原图出处：P. Cramer, *De uit. Kap.* (1775–1782); Pl. 4, f. d–e

图　　版：LIX.“*Aunus*”
参考文献：J. C. Fabricius, *Spec. insect.* (1781); No. 498
原图出处：P. Cramer, *De uit. Kap.* (1775–1782); Pl. 23, f. e–f

LX

Fabricius N 497 Pelion Cramer Tab 6

Alis subtricaudatis cæruleis auro-—
Punctatis limbo fusco:—
habitat in Americca meridionali

Fabricius N°510 Hemon Cramer Tab.20

Alis bicaudatis supra fuscis immaculatis,
posticis subtus angulo ani fasciis tribus
cæruleis.— habitat Surinami

Fabricius N 516 Hyacinthus Cram: Tab 36

Alis bicaudatis cæruleo nitidis, posticis
subtus medio atro, fascia alba.
habitat in India orientali

Fabricius N°500 Ganymedes Cram: T: 40

Alis bicaudatis cærulescentibus limbo
fusco subtus basi virescentibus punctis
Aureis.— habitat in Indiâ

图　版：LX.“*Pelion*”
参考文献：J. C. Fabricius, *Spec. insect.* (1781); No. 497
原图出处：P. Cramer, *De uit. Kap.* (1775–1782); Pl. 6, f. e–f

图　版：LX.“*Hemon*”
参考文献：J. C. Fabricius, *Spec. insect.* (1781); No. 510
原图出处：P. Cramer, *De uit. Kap.* (1775–1782); Pl. 20, f. d–e

图　版：LX.“*Hyacinthus*”
参考文献：J. C. Fabricius, *Spec. insect.* (1781); No. 516
原图出处：P. Cramer, *De uit. Kap.* (1775–1782); Pl. 36, f. e

图　版：LX.“*Ganymedes*”
参考文献：J. C. Fabricius, *Spec. insect.* (1781); No. 500
原图出处：P. Cramer, *De uit. Kap.* (1775–1782); Pl. 40, f. c–d

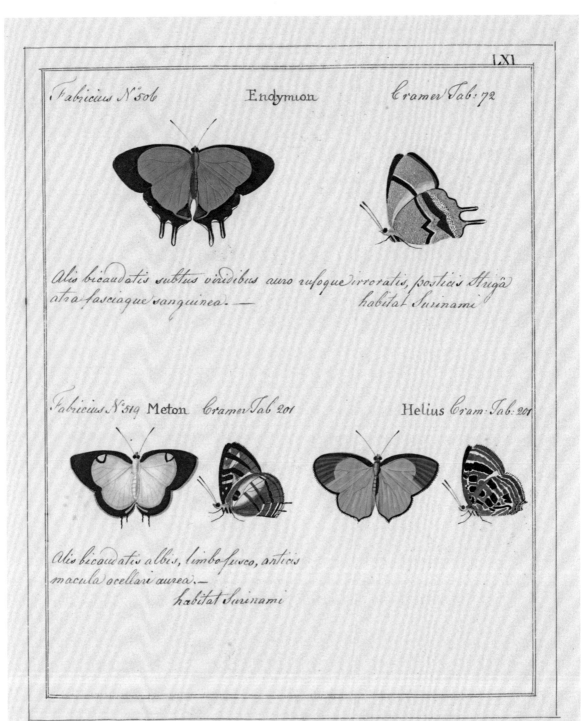

Fabricius N°506 Endymion Cramer Tab: 72

Alis bicaudatis subtus viridibus auro rufoque irroratis, posticis striga atra fasciaque sanguinea. — habitat Surinami

Fabricius N°519 Meton Cramer Tab 201 Helius Cram: Tab: 201

Alis bicaudatis albis, limbo fusco, anticis macula ocellari aurea. — habitat Surinami

图　　版：LXI. “*Endymion*”
参考文献：J. C. Fabricius, *Spec. insect.* (1781); No. 506
原图出处：P. Cramer, *De uit. Kap.* (1775–1782); Pl. 72, f. e–f

图　　版：LXI. “*Meton*”
参考文献：J. C. Fabricius, *Spec. insect.* (1781); No. 519
原图出处：P. Cramer, *De uit. Kap.* (1775–1782); Pl. 201, f. d–e

图　　版：LXI. “*Helius*”
参考文献：—
原图出处：P. Cramer, *De uit. Kap.* (1775–1782); Pl. 201, f. f–g

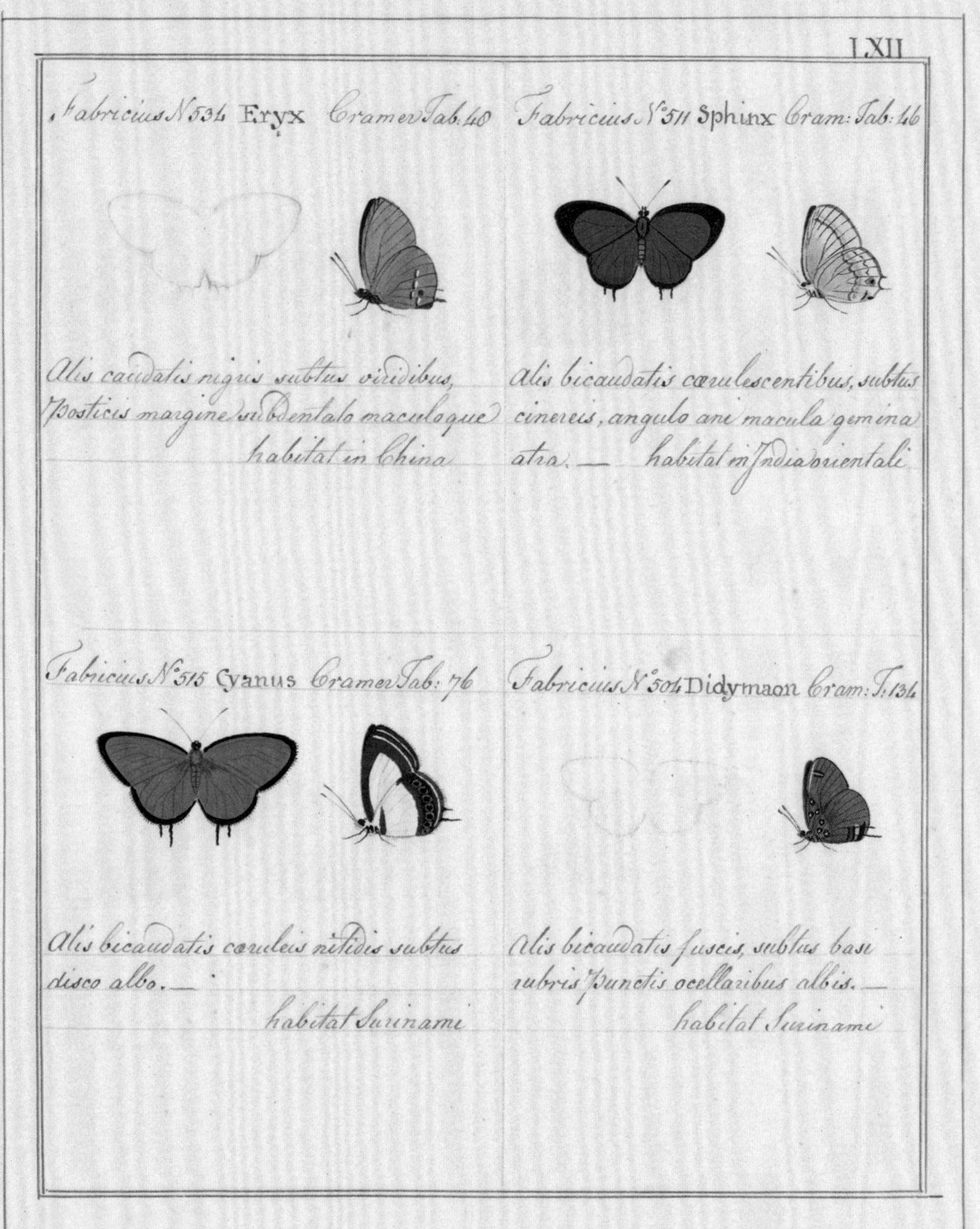
LXII
Fabricius N 534 Eryx Cramer Tab. 48
Fabricius N° 511 Sphinx Cram: Tab: 46
Alis caudatis nigris subtus viridibus,
posticis margine subdentato maculoque
habitat in China
alis bicaudatis cœrulescentibus, subtus
cinereis, angulo ani macula gemina
atra. — habitat in India orientali
Fabricius N° 515 Cyanus Cramer Tab: 76
Fabricius N° 504 Didymaon Cram: T: 134
Alis bicaudatis cœruleis nitidis subtus
disco albo. —
habitat Surinami
Alis bicaudatis fuscis, subtus basi
rubris punctis ocellaribus albis. —
habitat Surinami

图　　版：LXII. “*Eryx*”
参考文献：J. C. Fabricius, *Spec. insect.* (1781); No. 534
原图出处：P. Cramer, *De uit. Kap.* (1775–1782); Pl. 48, f. e

图　　版：LXII. “*Sphinx*”
参考文献：J. C. Fabricius, *Spec. insect.* (1781); No. 511
原图出处：P. Cramer, *De uit. Kap.* (1775–1782); Pl. 46, f. f–g

图　　版：LXII. “*Cyanus*”
参考文献：J. C. Fabricius, *Spec. insect.* (1781); No. 515
原图出处：P. Cramer, *De uit. Kap.* (1775–1782); Pl. 76, f. c–d

图　　版：LXII. “*Didymaon*”
参考文献：J. C. Fabricius, *Spec. insect.* (1781); No. 504
原图出处：P. Cramer, *De uit. Kap.* (1775–1782); Pl. 134, f. a

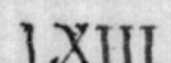

Fabricius N° 503 Ematheon Cramer Tab: 163

Alis bicaudatis cæruleo nitidis, subtus atris cæruleo irroratis. —

habitat Surinami

Fabricius N° 505 Pholeus Cram: Tab: 163

Alis bicaudatis cæruleis, subtus atris, viridi cæruleoque fasciatis

habitat Surinami

Fabricius N° 490 Ianias Cramer Tab: 213

Alis tricaudatis cæruleis limbo atro Subtus viridibus —

habitat Surinami

Fabricius M 621 Getus Cram: Tab. 341

Alis subtricaudatis cæruleis: limbo atro subtus fuscis basi rufis albo punctatis

habitat Surinami

图　　版：LXIII. “*Ematheon*”
参考文献：J. C. Fabricius, *Spec. insect.* (1781); No. 503
原图出处：P. Cramer, *De uit. Kap.* (1775–1782); Pl. 163, f. f–g

图　　版：LXIII. “*Pholeus*”
参考文献：J. C. Fabricius, *Spec. insect.* (1781); No. 505
原图出处：P. Cramer, *De uit. Kap.* (1775–1782); Pl. 163, f. d–e

图　　版：LXIII. “*Janias*”
参考文献：J. C. Fabricius, *Spec. insect.* (1781); No. 490
原图出处：P. Cramer, *De uit. Kap.* (1775–1782); Pl. 213, f. d–e

图　　版：LXIII. “*Getus*”
参考文献：J. C. Fabricius, *Mant. insect.* (1787); No. 621
原图出处：P. Cramer, *De uit. Kap.* (1775–1782); Pl. 341, f. a

LXIV

Fabricius N 547 Nais Cramer Tab 47

Alis dentato Subcaudatis, basi argentatis aureo Striatis. —
habitat ad Cap: b: Spei

Fabicius N°552 Hebrus Cram: Tab 50

Alis integris fuscis coeruleo variis, posticis coeruleis, margine interiori albo — habitat Surinami

Febricius N 548 Epulus Cramer Tab: 50

Alis integerrimis fuscis, fulvo maculatis subtus variegatis. —
habitat Surinami

Fabricius N°585 Sagaris Cram: T: 83

Alis integerrimis atris macula communi transversali fulva. —
habitat Surinami

图　版：LXIV. “*Nais*”
参考文献：J. C. Fabricius, *Spec. insect.* (1781); No. 547
原图出处：P. Cramer, *De uit. Kap.* (1775–1782); Pl. 47, f. d–e

图　版：LXIV. “*Hebrus*”
参考文献：J. C. Fabricius, *Spec. insect.* (1781); No. 552
原图出处：P. Cramer, *De uit. Kap.* (1775–1782); Pl. 50, f. e–f

图　版：LXIV. “*Epulus*”
参考文献：J. C. Fabricius, *Spec. insect.* (1781); No. 548
原图出处：P. Cramer, *De uit. Kap.* (1775–1782); Pl. 50, f. c–d

图　版：LXIV. “*Sagaris*”
参考文献：J. C. Fabricius, *Spec. insect.* (1781); No. 585
原图出处：P. Cramer, *De uit. Kap.* (1775–1782); Pl. 83, f. d

LXV

Fabricius N°572 Ulricus Cram Tab 100 Fabricius N°186. Timeus Cram: Tab. 186

Alis integris cæruleo nitidis, subtus basi brunneis anticis ocello tripupillato.—
habitat Surinami.—

Alis caudatis fulvo fuscoque variis anticis subtus punctis ocellaribus atris
habitat Surinami

Fabricius N°520 Symethus Cram: Tab. 149. Fabricius N°506 Euriteus Cram. Tab: 152

Alis subcaudatis fuscis, macula disci alba anticis apice atris
habitat in America

Alis integris atris, macula cærulea, subtus mediis rufis, fasciis albis.—
habitat Surinami

图　　版：LXV. "*Ulricus*"
参考文献：J. C. Fabricius, *Spec. insect.* (1781); No. 572
原图出处：P. Cramer, *De uit. Kap.* (1775–1782); Pl. 100, f. e–f

图　　版：LXV. "*Timeus*"
参考文献：J. C.Fabricius, *Spec. insect.* (1781); No. 536
原图出处：P. Cramer, *De uit. Kap.* (1775–1782); Pl. 186, f. e–f

图　　版：LXV. "*Symethus*"
参考文献：J. C. Fabricius, *Spec. insect.* (1781); No. 528
原图出处：P. Cramer, *De uit. Kap.* (1775–1782); Pl. 149, f. b–c

图　　版：LXV. "*Euriteus*"
参考文献：J. C. Fabricius, *Spec. insect.* (1781); No. 586
原图出处：P. Cramer, *De uit. Kap.* (1775–1782); Pl. 152, f. d–e

LXVI

Fabricius N°560 Thelephus Cram: Tab. 66

Alis integerrimis nigris anticis albo-punctatis posticis supra basi rubris subtus caeruleis nigro variis — habitat in America

Fabricius N°561 Emylius Cram: Tab. 66

Alis integerrimis nigris, albo punctatis anticis fascia flava; omnibus subtus variegatis. — habitat Surinami

Fabricius N°570 Actoris Cram: Tab: 93

Alis integerrimis concoloribus fuscis albo punctatis. — habitat Surinami

Fabricius N°563 Lagus Cram: Tab. 117

Alis integerrimis caeruleis anticis macula gemina alba, subtus cinereis nigro lineatis. — habitat Surinami

图　　版：LXVI. "*Thelephus*"
参考文献：J. C. Fabricius, *Spec. insect.* (1781); No. 560
原图出处：P. Cramer, *De uit. Kap.* (1775–1782); Pl. 66, f. e–f

图　　版：LXVI. "*Emylius*"
参考文献：J. C. Fabricius, *Spec. insect.* (1781); No. 561
原图出处：P. Cramer, *De uit. Kap.* (1775–1782); Pl. 66, f. g–h

图　　版：LXVI. "*Actoris*"
参考文献：J. C. Fabricius, *Spec. insect.* (1781); No. 578
原图出处：P. Cramer, *De uit. Kap.* (1775–1782); Pl. 93, f. d

图　　版：LXVI. "*Lagus*"
参考文献：J. C. Fabricius, *Spec. insect.* (1781); No. 563
原图出处：P. Cramer, *De uit. Kap.* (1775–1782); Pl. 117, f. f–g

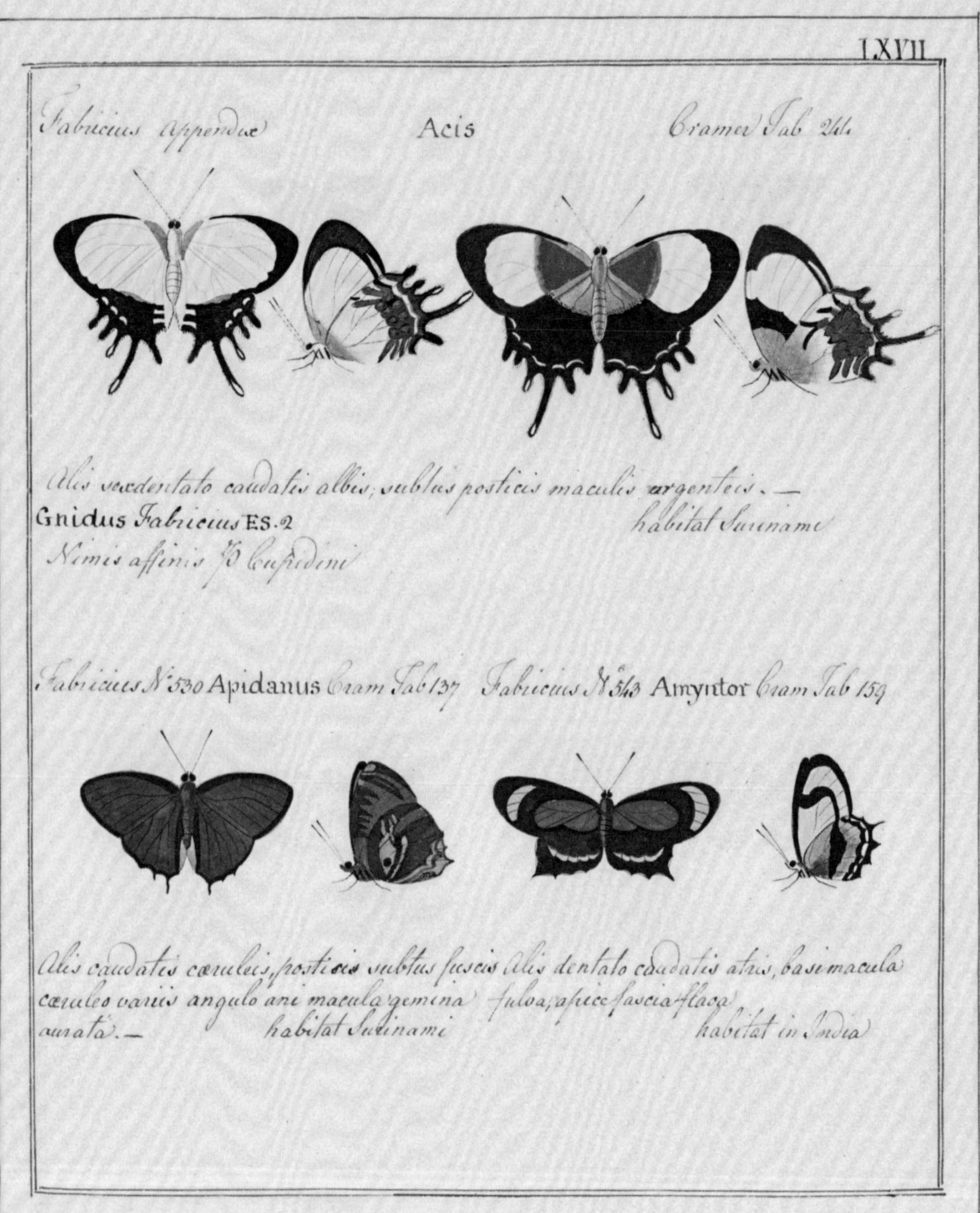
LXVII
Fabricius appendix
Acis
Cramer Tab 244
Alis sexdentato caudatis albis; subtus posticis maculis argenteis. —
Gnidus Fabricius ES.2
habitat Suriname
Nimis affinis P. Cupidini
Fabricius No 530 Apidanus Cram Tab 137
Fabricius No 543 Amyntor Cram Tab 159
Alis caudatis caeruleis, posticis subtus fuscis caeruleo variis angulo ani macula gemina aurata. —
habitat Surinami
Alis dentato caudatis atris, basi macula fulva; apice fascia flava
habitat in India

图　　版：LXVII. "*Acis*"	图　　版：LXVII. "*Apidanus*"	图　　版：LXVII. "*Amyntor*"
参考文献：J. C. Fabricius, *Spec. insect.* (1782); Appendix	参考文献：J. C. Fabricius, *Spec. insect.* (1781); No. 530	参考文献：J. C. Fabricius, *Spec. insect.* (1781); No. 543
原图出处：P. Cramer, *De uit. Kap.* (1775–1782); Pl. 244, f. c–d	原图出处：P. Cramer, *De uit. Kap.* (1775–1782); Pl. 137, f–g	原图出处：P. Cramer, *De uit. Kap.* (1775–1782); Pl. 159, f. d–e

LXVIII

Fabricius N°579 Cassius Cramer Tab 20

Alis integerrimis supra albis anticis limbo fusco, posticis fimbria punctata habitat Surinami

Fabricius N°593 Gyas Cramer Tab 20

Alis integerrimis fuscis subtus fulvis strigis aureis. — habitat Surinami

Fabricius N°556 Icarus Cramer Tab: 22

Alis integris supra albis fasciis fuscis subtus fasciis albis nigrisque alternis habitat Surinami

Fabricius N°580 Talus Cram: Tab: 7

Alis integerrimis, fusco caeruleoque fasciatis, fascia Sanguinea abbreviata habitat Surinami

图　版：LXVIII. "*Cassius*"
参考文献：J. C. Fabricius, *Spec. insect.* (1781); No. 579
原图出处：P. Cramer, *De uit. Kap.* (1775–1782); Pl. 23, f. c–d

图　版：LXVIII. "*Gyas*"
参考文献：J. C. Fabricius, *Spec. insect.* (1781); No. 593
原图出处：P. Cramer, *De uit. Kap.* (1775–1782); Pl. 28, f. f–g

图　版：LXVIII. "*Icarus*"
参考文献：J. C. Fabricius, *Spec. insect.* (1781); No. 556
原图出处：P. Cramer, *De uit. Kap.* (1775–1782); Pl. 22, f. g–h

图　版：LXVIII. "*Talus*"
参考文献：J. C. Fabricius, *Spec. insect.* (1781); No. 580
原图出处：P. Cramer, *De uit. Kap.* (1775–1782); Pl. 7, f. c–d

LXIX

Fabricius M.702 Acanthus Cram Tab 380

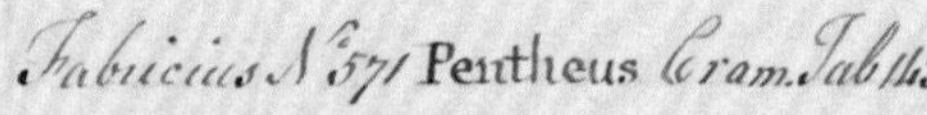

alis integerrimis fuscis immaculatis subtus
brunneis cæruleo fasciatis: limbo flavo
habitat Surinami

Alis integris fulvis, nigro maculatis
posticis apice albis, nigro punctatis
habitat Surinami

Fabricius M.713 Pelops Cramer Tab. 170

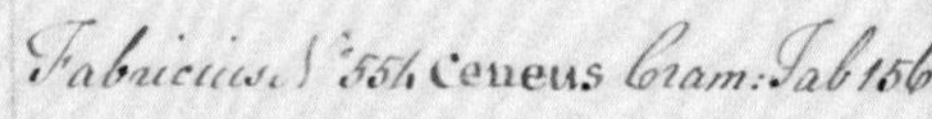

Alis integris albis limbo communi fusco
maculis strigaque postica fulvis
habitat Cajenna

Alis integris atris cæruleo undatis,
margine albo punctato. —
habitat Surinami

图　　版：LXIX.“*Acanthus*”
参考文献：J. C. Fabricius, *Mant. insect.* (1787); No. 702
原图出处：P. Cramer, *De uit. Kap.* (1775–1782); Pl. 380, f. k–l

图　　版：LXIX.“*Pentheus*”
参考文献：J. C. Fabricius, *Spec. insect.* (1781); No. 571
原图出处：P. Cramer, *De uit. Kap.* (1775–1782); Pl. 143, f. e

图　　版：LXIX.“*Pelops*”
参考文献：J. C. Fabricius, *Mant. insect.* (1787); No. 713
原图出处：P. Cramer, *De uit. Kap.* (1775–1782); Pl. 170, f. e

图　　版：LXIX.“*Ceneus*”
参考文献：J. C. Fabricius, *Spec. insect.* (1781); No. 554
原图出处：P. Cramer, *De uit. Kap.* (1775–1782); Pl. 156, f. f

LXX

Fabricius N° 612. Rhetus Cramer Tab. 63 Fabricius N° 633 Lycagus Cram: T: 176

Alis subcaudatis fulvis, posticis margine exteriori caeruleo atris. — habitat Surinami

Alis rotundatis integerrimis viridi caeruleis immaculatis, ano sanguineo. habitat Surinami. —

Fabricius N° 625 Anaphus Cramer Tab: 178 Fabricius N° 637 Gentius Cram: Tab 179

Alis ecaudatis concoloribus fuscis posticis apice flavis. — habitat Surinami

Alis integris concoloribus flavis, limbo atro, anticarum fasciis flavis habitat Surinami

图　　版：LXX. "*Rhetus*"
参考文献：J. C. Fabricius, *Spec. insect.* (1781); No. 612
原图出处：P. Cramer, *De uit. Kap.* (1775–1782); Pl. 63, f. g

图　　版：LXX. "*Lycagus*"
参考文献：J. C. Fabricius, *Spec. insect.* (1781); No. 633
原图出处：P. Cramer, *De uit. Kap.* (1775–1782); Pl. 176, f. g

图　　版：LXX. "*Anaphus*"
参考文献：J. C. Fabricius, *Spec. insect.* (1781); No. 625
原图出处：P. Cramer, *De uit. Kap.* (1775–1782); Pl. 178, f. f

图　　版：LXX. "*Gentius*"
参考文献：J. C. Fabricius, *Spec. insect.* (1781); No. 637
原图出处：P. Cramer, *De uit. Kap.* (1775–1782); Pl. 179 f. c

LXXI

Fabricius N° 600 Helirius Cramer Tab. 60

Alis integerrimis divaricatis fuscis, margine nigro, anticis puncto centrali flavo habitat Surinami

Fabricius N° 615 Palemon Cram Tab 131

Alis subcaudatis caerulescentibus, anticis puncto medio, posticis angulo Ani rufis.— habitat Surinami

Fabricius N° 602 Helius Cramer Tab 198

Alis subdivaricatis fuscis posticis margine interiori-fulvis.— habitat Surinami

Fabricius N° 601 Phineus Cram: Tab 176

Alis subangulatis divaricatis fuscis, fascia flava anticarum interrupta.— habitat Surinami

图　　版：LXXI. “*Helirius*”
参考文献：J. C. Fabricius, *Spec. insect.* (1781); No. 600
原图出处：P. Cramer, *De uit. Kap.* (1775–1782); Pl. 60, f. d

图　　版：LXXI. “*Palemon*”
参考文献：J. C. Fabricius, *Spec. insect.* (1781); No. 615
原图出处：P. Cramer, *De uit. Kap.* (1775–1782); Pl. 131, f. f

图　　版：LXXI. “*Helius*”
参考文献：J. C. Fabricius, *Spec. insect.* (1781); No. 602
原图出处：P. Cramer, *De uit. Kap.* (1775–1782); Pl. 198, f. b

图　　版：LXXI. “*Phineus*”
参考文献：J. C. Fabricius, *Spec. insect.* (1781); No. 601
原图出处：P. Cramer, *De uit. Kap.* (1775–1782); Pl. 176, f. e

LXXII.
Fabricius N° 609 Alpheus Cramer Tab 182
Fabricius M 778 Epitus Cram Tab 343
Alis subcaudatis atris, fascia Sanguinea, Subtus variegatis. —
habitat ad Cap bon: Sp.
Alis subcaudatis fuscis flavo maculatis: Posticis subtus fascia Argentea. —
habitat Surinami
Fabricius M 775 Eudoxus Cramer Tab 366
Fabricius N° 622 Salus Cramer Tab 108
Alis caudatis fuscis: anticis utrinque Posticis subtus fascia alba. —
habitat Surinami
Alis dentatis fulvis nigro maculatis maculatisque aliquot fenestratis
habitat Surinami

图　　版：LXXII. "*Alpheus*"
参考文献：J. C. Fabricius, *Spec. insect.* (1781); No. 609
原图出处：P. Cramer, *De uit. Kap.* (1775–1782); Pl. 182, f. e

图　　版：LXXII. "*Epitus*"
参考文献：J. C. Fabricius, *Mant. insect.* (1787); No. 778
原图出处：P. Cramer, *De uit. Kap.* (1775–1782); Pl. 343, f. e–f

图　　版：LXXII. "*Eudoxus*"
参考文献：J. C. Fabricius, *Mant. insect.* (1787); No. 775
原图出处：P. Cramer, *De uit. Kap.* (1775–1782); Pl. 366, f. g–h

图　　版：LXXII. "*Salus*"
参考文献：J. C. Fabricius, *Spec. insect.* (1781); No. 622
原图出处：P. Cramer, *De uit. Kap.* (1775–1782); Pl. 108, f. a–b

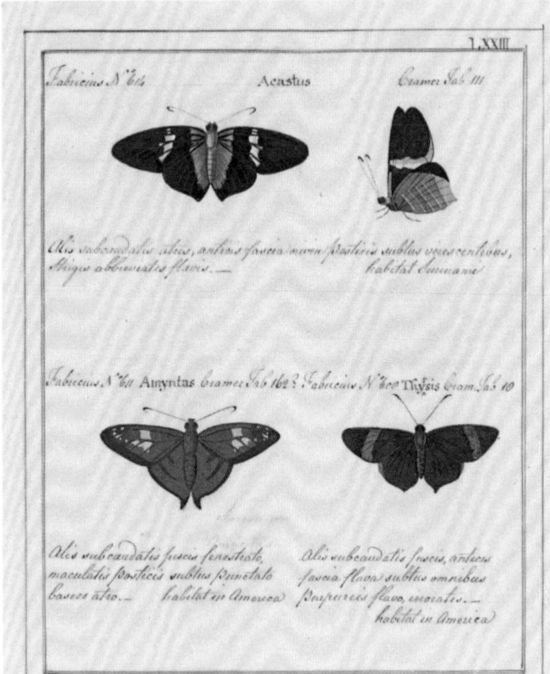

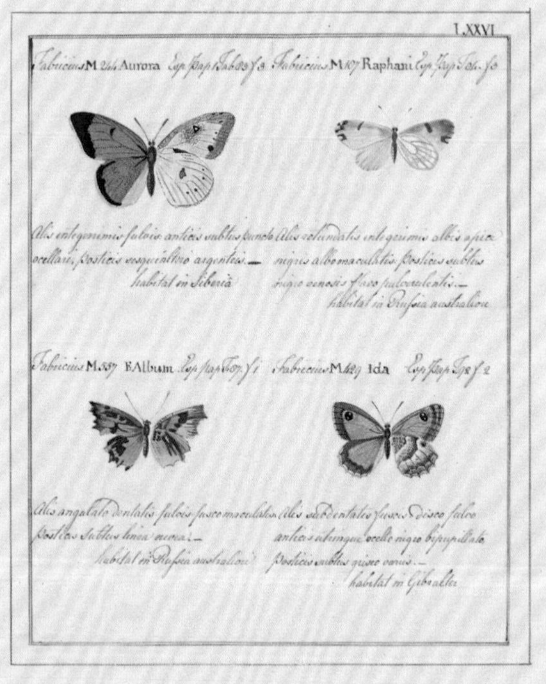

在整套《琼斯图谱》中，琼斯一般是先画每件标本两对翅完全展开的状态，再在旁边画上标本的“侧面”，展示翅的下表面。然而，在第 VII 卷的部分图版中，比如本页和对页的图版 LXXVI、LXXVII 和 LXXVIII，他改换布局方式，将翅的上下两面画在同一只蝴蝶的展翅图上，上表面画在身体左侧，下表面画在右侧。这种风格的转变是受到德国动物学家欧根纽斯·J.C.埃斯佩尔的影响，其作品《蝴蝶图志》中的插图就是这样绘制的，而琼斯正是照着这本书临摹了这些插画。

图　　版：LXXIII. “*Acastus*”
参考文献：J. C. Fabricius, *Spec. insect.* (1781); No. 614
原图出处：P. Cramer, *De uit. Kap.* (1775–1782); Pl. 111, f. d–e

图　　版：LXXIII. “*Amyntas*”
参考文献：J. C. Fabricius, *Spec. insect.* (1781); No. 611
原图出处：P. Cramer, *De uit. Kap.* (1775–1782); Pl. 162, f. f

图　　版：LXXIII. “*Thyrsis*”
参考文献：J. C. Fabricius, *Spec. insect.* (1781); No. 608
原图出处：P. Cramer, *De uit. Kap.* (1775–1782); Pl. 18, f. f

图　　版：LXXIV. “*Arinus*”
参考文献：J. C. Fabricius, *Spec. insect.* (1781); No. 617
原图出处：P. Cramer, *De uit. Kap.* (1775–1782); Pl. 100, f. d

图　　版：LXXIV. “*Eumelus*”
参考文献：J. C. Fabricius, *Spec. insect.* (1781); No. 630
原图出处：P. Cramer, *De uit. Kap.* (1775–1782); Pl. 156, f. e

图　　版：LXXIV. “*Mimas*”
参考文献：J. C. Fabricius, *Spec. insect.* (1781); No. 636
原图出处：P. Cramer, *De uit. Kap.* (1775–1782); Pl. 52, f. e–f

图　　版：LXXIV. “*Hemes*”
参考文献：J. C. Fabricius, *Spec. insect.* (1781); No. 629
原图出处：P. Cramer, *De uit. Kap.* (1775–1782); Pl. 103, f. f

图　　版：LXXV. “*Liger*”
参考文献：J. C. Fabricius, *Spec. insect.* (1782); Appendix
原图出处：P. Cramer, *De uit. Kap.* (1775–1782); Pl. 254, f. e–f

图　　版：LXXV. “*Paniscus*”
参考文献：J. C. Fabricius, *Spec. insect.* (1781); No. 599
原图出处：*Der Naturforscher*, Vol. 12 (1778); Pl. 2

图　　版：LXXV. “*Erebus*”
参考文献：J. C. Fabricius, *Mant. insect.* (1787); No. 682
原图出处：A. W. Knoch, *Beiträge zur Insekt.*, Vol. 2 (1781–1783); Pl. 6, f. 6–7

图　　版：LXXV. “*Epiphron*”
参考文献：J. C. Fabricius, *Mant. insect.* (1787); No. 411
原图出处：A. W. Knoch, *Beiträge zur Insekt.*, Vol. 2 (1781–1783); Pl. 6, f.7

图　　版：LXXVI. “*Aurora*”
参考文献：J. C. Fabricius, *Mant. insect.* (1787); No. 244
原图出处：E. J. C. Esper, *Die Schmett. in Abbil.* (1777); Pl. 83, f. 3

图　　版：LXXVI. “*Raphani*”
参考文献：J. C. Fabricius, *Mant. insect.* (1787); No. 187
原图出处：E. J. C. Esper, *Die Schmett. in Abbil.* (1777); Pl. 84, f. 3

图　　版：LXXVI. “*F Album*”
参考文献：J. C. Fabricius, *Mant. insect.* (1787); No. 557
原图出处：E. J. C. Esper, *Die Schmett. in Abbil.* (1777); Pl. 87, f. 1

图　　版：LXXVI. “*Ida*”
参考文献：J. C. Fabricius, *Mant. insect.* (1787); No. 429
原图出处：E. J. C. Esper, *Die Schmett. in Abbil.* (1777); Pl. 92, f. 2

图　　版：LXXVII. “*Afra*”
参考文献：J. C. Fabricius, *Mant. insect.* (1787); No. 413
原图出处：E. J. C. Esper, *Die Schmett. in Abbil.* (1777); Pl. 83, f. 4–5

图　　版：LXXVII. “*Celtis*”
参考文献：J. C. Fabricius, *Mant. insect.* (1787); No. 556
原图出处：E. J. C. Esper, *Die Schmett. in Abbil.* (1777); Pl. 87, f. 2–3

图　　版：LXXVIII. “*Arge*”
参考文献：J. C. Fabricius, *Mant. insect.* (1787); No. 422
原图出处：E. J. C. Esper, *Die Schmett. in Abbil.* (1777); Pl. 84, f. 1–2

图　　版：LXXVIII. “*Arethusa*”
参考文献：J. C. Fabricius, *Mant. insect.* (1787); No. 401
原图出处：E. J. C. Esper, *Die Schmett. in Abbil.* (1777); Pl. 69, f. 3–4

LXXIX

Fabricius M 462 Iole Esp Pap Tab 46 f 1

Alis dentatis fuscis coeruleo micantibus: posticis ocello unico, subtus brunneis: margine rubente.

Beroe Fab ES 341 habitat in Austria

Fabricius M 399 Alcyone Esp Pap T: 84 f 4

Alis dentatis fuscis flavo fasciatis: anticis utrinque ocellis duobus posticis subtus marmoratis .. —

habitat in Russia Australioris Montosis

Fabricius M 412 Blandina Esp Pap T: 25 f 3
Mas

Alis dentatis fuscis: fascia rufa ocellata, Posticis subtus fuscis: fascia cinerea. —
habitat in Germania

Fabricius M 410 Medusa Esp Pap: 7 f 2

Alis subdentatis concoloribus fuscis omnibus fascia maculari flava; ocellis subquatuor. —
habitat in Austria Junica

图　版：LXXIX. “*Iole*”
参考文献：J. C. Fabricius, *Mant. insect.* (1787); No. 462
原图出处：E. J. C. Esper, *Die Schmett. in Abbil.* (1777); Pl. 46, f. 1

图　版：LXXIX. “*Alcyone*”
参考文献：J. C. Fabricius, *Mant. insect.* (1787); No. 399
原图出处：E. J. C. Esper, *Die Schmett. in Abbil.* (1777); Pl. 84, f. 4

图　版：LXXIX. “*Blandina Mas*”
参考文献：J. C. Fabricius, *Mant. insect.* (1787); No. 412
原图出处：E. J. C. Esper, *Die Schmett. in Abbil.* (1777); Pl. 25, f. 3

图　版：LXXIX. “*Medusa*”
参考文献：J. C. Fabricius, *Mant. insect.* (1787); No. 410
原图出处：E. J. C. Esper, *Die Schmett. in Abbil.* (1777); Pl. 7, f. 2

LXXX
Fabricius M 412 Blandina Esp Pap T 63 f 1
Fœm.
Fabricius M 350 Leander Esp Pap T 89 f 5
Alis dentatis fuscis: fascia rufa ocellata
Posticis subtus fuscis: fascia cinerea
habitat in Germania
Alis integerrimis fuscentibus (fulvis)
Posticis subtus cinereis apice fulvis: ocellis sex.
habitat in Europa Australiori
Fabricius M 598
Pales
Esp Pap Tab 56 f 4.5
Alis subintegris fulvis basi maculisque nigris: Posticis subtus brunneis flavo
argenteoque variis.
habitat in Austria

图　　版：LXXX. "*Blandina Foem*"

参考文献：J. C. Fabricius, *Mant. insect.* (1787); No. 412

原图出处：E. J. C. Esper, *Die Schmett. in Abbil.* (1777); Pl. 63, f. 1

图　　版：LXXX. "*Leander*"

参考文献：J. C. Fabricius, *Mant. insect.* (1787); No. 350

原图出处：E. J. C. Esper, *Die Schmett. in Abbil.* (1777); Pl. 89, f. 5

图　　版：LXXX. "*Pales*"

参考文献：J. C. Fabricius, *Mant. insect.* (1787); No. 598

原图出处：E. J. C. Esper, *Die Schmett. in Abbil.* (1777); Pl. 56, f. 4–5

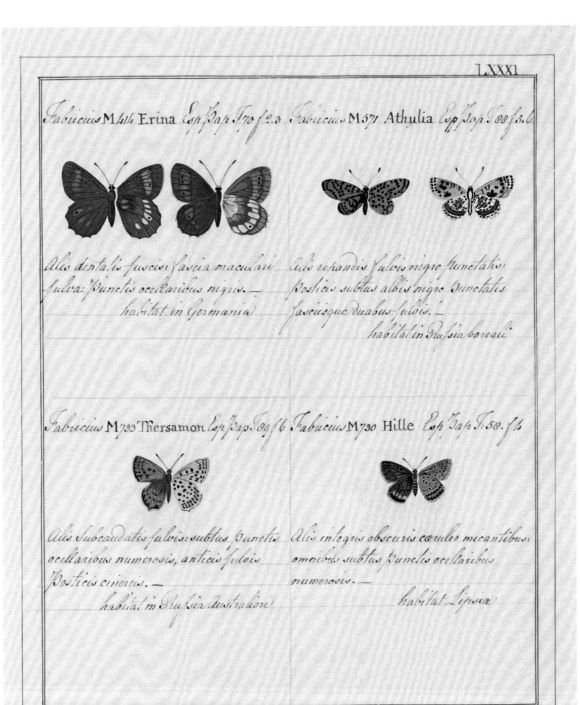

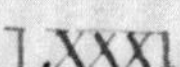

Fabricius M 414 Erina Esp Pap T 70 f 2.3

Alis dentatis fuscis: fascia maculari fulva: Punctis ocellaribus nigris. —

habitat in Germania

Fabricius M 571 Athulia Esp Pap T 88 f 5.6

Alis repandis fulvis nigro punctatis: Posticis subtus albis nigro punctatis fasciisque duabus fulvis. —

habitat in Russia boreali

Fabricius M 733 Thersamon Esp Pap T 89 f 6

Alis Subcaudatis fulvis: subtus punctis ocellaribus numerosis, anticis fulvis Posticis cinereis. —

habitat in Russia Australiori

Fabricius M 730 Hille Esp Pap T: 58. f 4

Alis integris obscuris cœruleo micantibus: omnibus subtus punctis ocellaribus numerosis. —

habitat Lipsiæ

图　　版：LXXXI. "*Erina*"
参考文献：J. C. Fabricius, *Mant. insect.* (1787); No. 414
原图出处：E. J. C. Esper, *Die Schmett. in Abbil.* (1777); Pl. 70, f. 2–3

图　　版：LXXXI. "*Athulia*"
参考文献：J. C. Fabricius, *Mant. insect.* (1787); No. 571
原图出处：E. J. C. Esper, *Die Schmett. in Abbil.* (1777); Pl. 88, f. 5–6

图　　版：LXXXI. "*Thersamon*"
参考文献：J. C. Fabricius, *Mant. insect.* (1787); No. 733
原图出处：E. J. C. Esper, *Die Schmett. in Abbil.* (1777); Pl. 89, f. 6

图　　版：LXXXI. "*Hille*"
参考文献：J. C. Fabricius, *Mant. insect.* (1787); No. 730
原图出处：E. J. C. Esper, *Die Schmett. in Abbil.* (1777); Pl. 58, f. 4

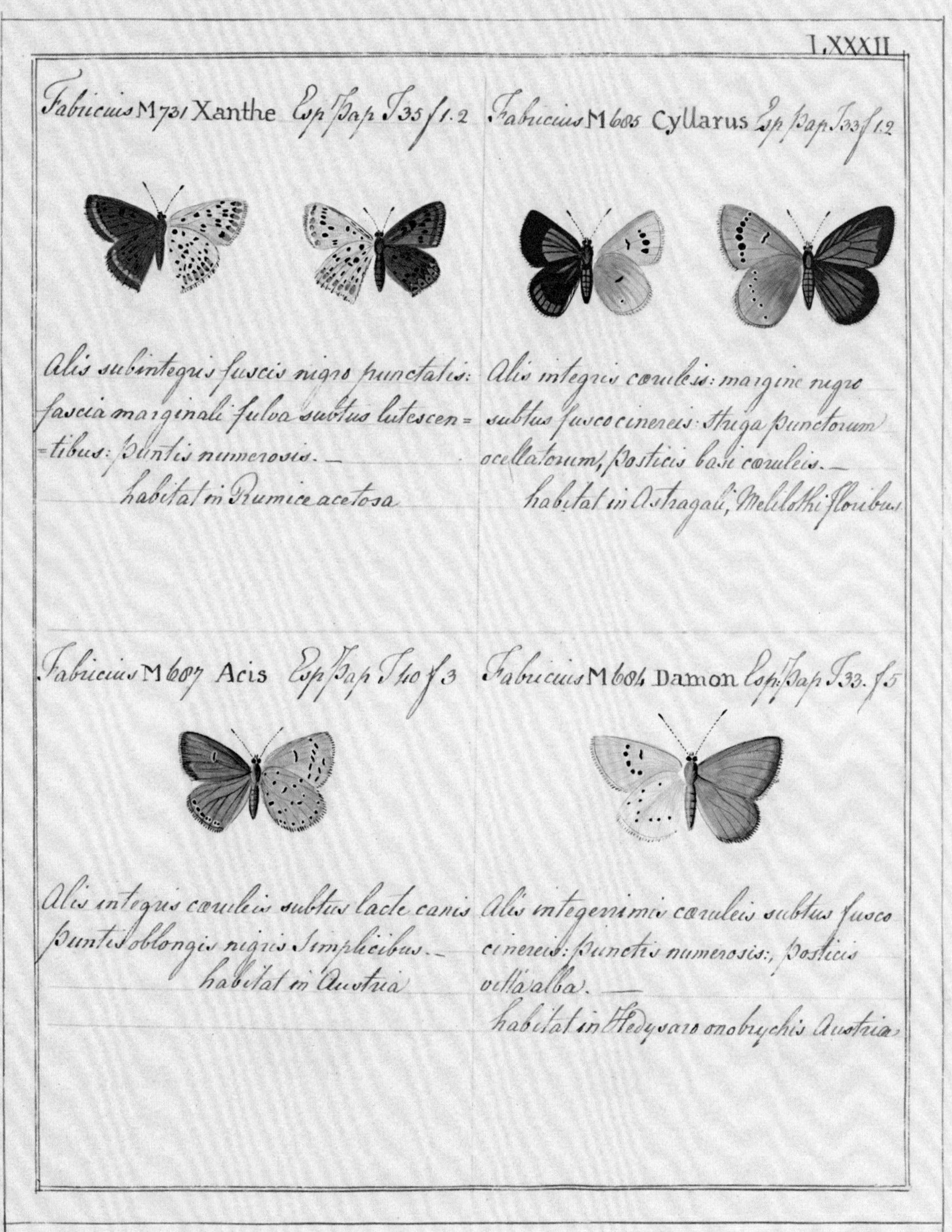
LXXXII
Fabicius M731 Xanthe Esp Pap T35 f 1.2
Fabicius M685 Cyllarus Esp Pap T33 f 1.2
Alis subintegris fuscis nigro punctatis: fascia marginali fulva subtus lutescen=tibus: puntis numerosis.
habitat in Rumice acetosa
Alis integris caeruleis: margine nigro subtus fusco cinereis: striga punctorum ocellatorum, posticis basi caeruleis.
habitat in Astragali, Melilothi floribus
Fabicius M607 Acis Esp Pap T40 f 3
Fabicius M684 Damon Esp Pap T33. f 5
Alis integris caeruleis subtus lacte canis puntis oblongis nigris simplicibus.
habitat in Austria
Alis integerrimis caeruleis subtus fusco cinereis: punctis numerosis:, posticis vitta alba.
habitat in Hedysaro onobrychis Austria

图　　版：LXXXII. *"Xanthe"*
参考文献：J. C. Fabricius, *Mant. insect.* (1787); No. 731
原图出处：E. J. C. Esper, *Die Schmett. in Abbil.* (1777); Pl. 35, f. 1–2

图　　版：LXXXII. *"Cyllarus"*
参考文献：J. C. Fabricius, *Mant. insect.* (1787); No. 685
原图出处：E. J. C. Esper, *Die Schmett. in Abbil.* (1777); Pl. 33, f. 1–2

图　　版：LXXXII. *"Acis"*
参考文献：J. C. Fabricius, *Mant. insect.* (1787); No. 607
原图出处：E. J. C. Esper, *Die Schmett. in Abbil.* (1777); Pl. 40, f. 3

图　　版：LXXXII. *"Damon"*
参考文献：J. C. Fabricius, *Mant. insect.* (1787); No. 684
原图出处：E. J. C. Esper, *Die Schmett. in Abbil.* (1777); Pl. 33, f. 5

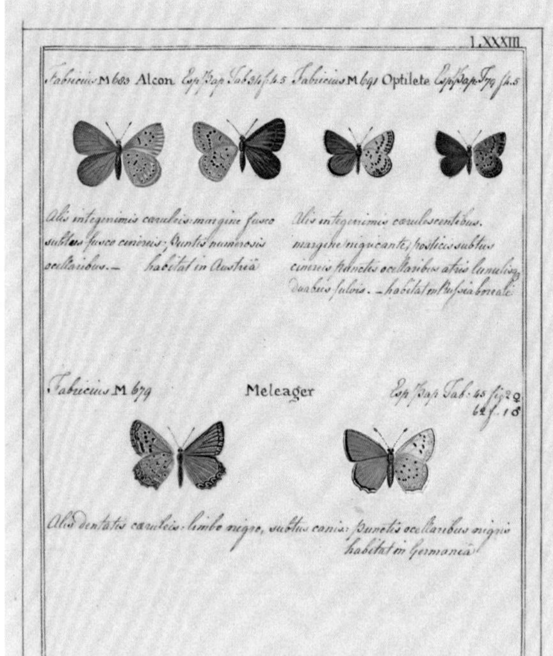

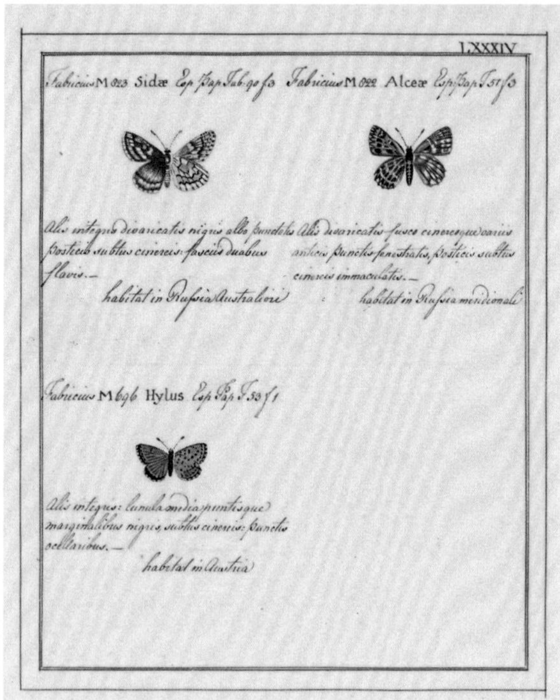

图版 LXXXVI 中的 *Eryx* 画的是绿灰蝶 *Artipe eryx* (Linnaeus, 1771) 雌性。琼斯在下面加了一条注释："虽然法布里丘斯在描述 *Eryx* 时引用了这幅图，但他同样引用了第 62 页一幅大相径庭的图。"这里"第 62 页"指的是《琼斯图谱》第 VII 卷图版 LXII（本书第 609 页），琼斯在那张图中画的是新热带界的穹灰蝶 *Cyanophrys amyntor* (Cramer, 1775)，临摹自彼得·克拉默的《海外蝴蝶》。在那张图中，蝴蝶的下表面多少与绿灰蝶雄性的下表面有些相似，这就解释了法布里丘斯为何会犯错。在第 VII 卷最后一页，琼斯画了 *Thalia*（现在已知是北冷珍蛱蝶非常独特的一个色型），参考的是奥地利著名鳞翅学家雅各布·许布纳发表的一幅图版，这部作品直到 1800 年才在伦敦面世。因此它为我们提供了证据，表明琼斯一定在 1785 年（书稿中出现的最后日期）之后很久仍然在持续创作《琼斯图谱》。

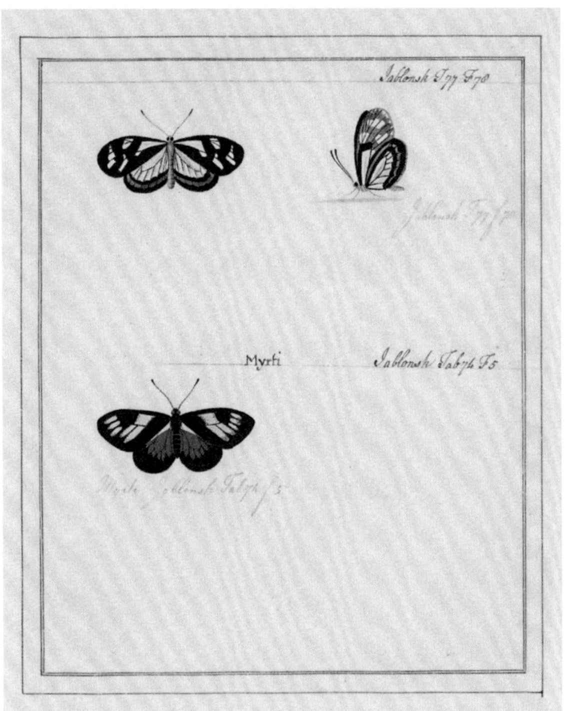

图　　版：LXXXIII. “*Alcon*”
参考文献：J. C. Fabricius, *Mant. insect.* (1787); No. 683
原图出处：E. J. C. Esper, *Die Schmett. in Abbil.* (1777); Pl. 34, f. 4–5

图　　版：LXXXIII. “*Optilete*”
参考文献：J. C. Fabricius, *Mant. insect.* (1787); No. 691
原图出处：E. J. C. Esper, *Die Schmett. in Abbil.* (1777); Pl. 79, f. 4–5

图　　版：LXXXIII. “*Meleager*”
参考文献：J. C. Fabricius, *Mant. insect.* (1787); No. 679
原图出处：E. J. C. Esper, *Die Schmett. in Abbil.* (1777); Pl. 45, f. 2, 雌, Pl. 62, f. 1, 雄

图　　版：LXXXIV. “*Sidae*”
参考文献：J. C. Fabricius, *Mant. insect.* (1787); No. 823
原图出处：E. J. C. Esper, *Die Schmett. in Abbil.* (1777); Pl. 90, f. 3

图　　版：LXXXIV. “*Alceae*”
参考文献：J. C. Fabricius, *Mant. insect.* (1787); No. 822
原图出处：E. J. C. Esper, *Die Schmett. in Abbil.* (1777); Pl. 51, f. 3

图　　版：LXXXIV. “*Hylus*”
参考文献：J. C. Fabricius, *Mant. insect.* (1787); No. 696
原图出处：E. J. C. Esper, *Die Schmett. in Abbil.* (1777); Pl. 53, f. 1

图　　版：LXXXV. “*Claudia*”
参考文献：J. C. Fabricius, *Spec. insect.* (1781); No. 369
原图出处：*Der Naturforscher*, V. 9 (1776); Pl. 2

图　　版：LXXXV. “*Tisiphone*”
参考文献：J. C. Fabricius, *Spec. insect.* (1781); No. 360
原图出处：*Der Naturforscher*, V. 6 (1776); Pl. 1

图　　版：LXXXVI. “*Aceris*”
参考文献：J. C. Fabricius, *Mant. insect.* (1787); No. 514
原图出处：E. J. C. Esper, *Die Schmett. in Abbil.* (1777); Pl. 81, f. 34

图　　版：LXXXVI. “*Eryx*”
参考文献：C. Linnaeus, *Mantissa plantarum* (1771); Page 537
原图出处：Edme-Louis Daubenton, *Planches enluminées d'histoire naturelle* (1765–1783) V. 1, Pl. 71, f. 4–5

图　　版：LXXXVII. 未命名
参考文献：—
原图出处：K. G. Jablonsky, *Natursystem* (1783); Pl. 77, f. 78

图　　版：LXXXVII. “*Myrti*”
参考文献：—
原图出处：K. G. Jablonsky, *Natursystem* (1783); Pl. 74, f. 5

图　　版：LXXXVIII. “*Thalia*”
参考文献：—
原图出处：J. Hübner, *Sammlung europäischer Schmetterlinge*, (1796–1805) V. 1, Pl. 11, f. 57–58

PAPILIONES

EQUITES

TROES et ACHIVI

delineati et picti

GULIELMO IONES

1783

PAPILIONES

HELICONII

delineati et picti

GULIELMO IONES

1784

PAPILIONES

DANII

CANDIDI et FESTIVI

delineati et picti

GULIELMO IONES

1785

PAPILIONES

NYMPHALES

GEMMATI et PHALERATI

delineati et picti

GULIELMO IONES

1785

《琼斯图谱》第 I、II、III、IV 卷的卷首页，时间标注为 1783 年、1784 年和 1785 年。其余三卷没有卷首页，但整部作品可能直到 1800 年才最终完成。琼斯在分卷时所用的蝴蝶归类法沿用了林奈在《自然系统》第 12 版（1767）中建立的分类体系，并基于他本人对翅的脉序等解剖特征的见解而做出了部分改进。

结语　威廉·琼斯的遗产

理查德·I. 文－赖特

我们因此而失去的那些年代的珍宝——那些未发表的笔记和记录，它们的价值令人不忍思量。

——戴维·埃利斯顿·艾伦（David Elliston Allen），1978 年，《大英博物学家》（*The Naturalist in Britain*），第 25 页

幸运的是，威廉·琼斯的遗产中最为重要的那一项——《琼斯图谱》，没有遗失。然而，它先后被弗雷德里克和牛津大学博物馆珍藏，很少公之于世。琼斯学术活动的其他点滴都以笔记和手稿的形式保存下来，但它们尚未得到全面解析。虽然琼斯只发表过一篇论文（《蝴蝶新编》），但他还是通过自己在伦敦的社交圈，包括那些创建并运营林奈学会的人，也通过对画家安·莱瑟姆和伊丽莎白·德尼尔的教导，以及对昆虫学家阿德里安·霍沃思的指点，从方方面面影响着同时代的人。

虽然关于琼斯的生平和工作仍然有很多未知之处，但他留给世人的遗产中有一些是很清楚的：《琼斯图谱》及其对众多蝴蝶学名的重要意义，《琼斯图谱》作为一份独特的昆虫学记录的价值，琼斯对于尤以蝴蝶为重的昆虫高级阶元分类的贡献，以及他的学术工作对于未来的研究持续保有的潜在价值。

动物命名——法布里丘斯与琼斯的模式标本图像

《琼斯图谱》的传世影响中，至今仍被人们看重的主要部分就包含在本书的英文书名里——*Iconotypes*（模式标本图像）。在约翰·C. 法布里丘斯 1793 年赋予当时新发表的鳞翅目物种的学名中，共有 231 个是基于对琼斯专门创作的图画的直接引述。在这些模式标本图像的学名中，有 127 个现在仍被用于学界认可的蝴蝶和蛾类物种或亚种。其他 104 个学名中，现在大多被认为是早于 1793 年出现的一些学名（有些是法布里丘斯本人取的）的主观异名，或是根据正式动物命名法规中的回溯性条款被认定为无效名。本书第 644—647 页列出了琼斯模式标本图像的完整清单。

分类学的几大任务之一便是管理生物的正式命名——应用于各级分类阶元（亚种、种、属、科以及更高阶元）的学名系统，这些学名共同构成了动植物分类学中的通用参考体系。以林奈 1758 年的《自然系统》第 10 版为起点，过去所有有效发表的名字都要纳入考量。因此，就算没有其他原因，涉足琼斯所画的鳞翅目物种的分类学的人也必须研究《琼斯图谱》。对于《琼斯图谱》整体，尤其是那些模式标本图像来说，它们的重要价值和传世影响将永不消失，至少在林奈的分类学体系还通行于世的时候不会。

对18世纪晚期伦敦收藏的海外物种的独特记录

《琼斯图谱》的重要性不仅在于模式标本图像，整部作品还代表了对当时伦敦的顶尖收藏家所搜集的，尤以蝴蝶为最的海外鳞翅目昆虫的独特记录。这些收藏家中首屈一指的便是德鲁·德鲁里——琼斯所画的标本大多来自德鲁里的“珍奇柜”。德鲁里本人是当时伦敦最重要的海外昆虫标本经销商。去世后，他的收藏被分成了很多小份拍卖，1805 年的出售目录上列出了《琼斯图谱》中所画的大量物种的名字。德鲁里存世标本最重要的一处馆藏很可能是悉尼的麦克利博物馆，但要从亚历山大·麦克利庞杂而又缺乏文字记录的藏品中辨认出德鲁里的标本，可谓困难重重。

经德鲁里之手，同样一些物种的很多标本也出现在弗朗西伦、马香、莱瑟姆、亨特和史密斯等“挥舞着支票簿”的收藏家的标本柜中——其中甚至还包括大英博物馆和琼斯本人。《琼斯图谱》中来自这些收藏家的标本所代表的海外物种极有可能不在德鲁里的收藏之列。此外，琼斯少数几次引用的收藏家有“格雷”〔推测是塞缪尔·弗雷德里克·格雷（Samuel Frederick Gray）〕、约翰·贝克威思（John Beckwith，跟史密斯和马香一起，是林奈学会的创会七人之一），以及神秘的“霍尼”和“普拉斯特德”（Plasted）。这个总体规律中最重要的例外是约瑟夫·班克斯的收藏——作为库克船长第一次环球航行的船员，他的收藏中包含很多亲手采集的海外标本，但他同时还拥有从其他重要收藏家那里得来的标本——蝴蝶方面最著名的就是约翰·格哈德·柯尼希（Johann Gerhard König）。班克斯的很多标本在伦敦自然史博物馆保存至今。亨特的收藏则保存于格拉斯哥的亨特博物馆。书中所画的英国本土物种标本，就算不是全部，也有大部分出自琼斯本人的收藏，其中一些现在保存于牛津大学博物馆以及伦敦的林奈学会。

要厘清《琼斯图谱》中描绘的所有这些标本的不同来源，仍然任重道远。这将揭示或证实当时伦敦的很多贸易或殖民路线，并且可以通过“相互佐证”，帮助人们尽可能多地确定书中所画物种最有可能的来源地。这不仅具有巨大的文化价值，还能增进我们对 18 世纪正式命名的很多昆虫物种的模式产地的了解。要做到这一点，关键在于对所有标本图像细致入微的比较和分析，包括琼斯没有取名的那些。此外，还需要考虑的是，如何在准确性有偏差、自然变色，以及图像基于受损标本的前提下，解读这些画作。

蝴蝶的高级阶元分类——琼斯对林奈系统的改进

林奈对所谓“蝴蝶”（*Papilio* 属物种）的划分几乎完全基于体型、颜色和翅形，研究这个类群的人们很快便对此表达了不满。1773 年，托马斯·帕廷森·耶茨针对这一分类体系撰写了一篇评论，在此基础上，琼斯写出了自己唯一发表的文献。琼斯检视过的蝴蝶成虫可能有林奈所知物种的五倍之多，他从这些成虫的解剖结构中新提取出来的识别特征是一项超越时代的创举。1934 年，伟大的鳞翅学家卡尔·约尔丹（Karl Jordan, 1861—1959）指出，毋庸置疑，“琼斯在翅的脉序中发现的形态学显著差异是一项了不起的进步”，它使得蝴蝶的下级分类有了“更精确的定义”。

琼斯笔记本中的页面，内容是对蝴蝶的拉丁文描述，包括它们的栖息地，摘录自许多参考文献，包括林奈的《自然系统》（1767）和法布里丘斯的《昆虫学拾遗》（1787）。很多条目涉及他为创作《琼斯图谱》而检视并描绘的标本。地理来源方面的错误也许可以用当时人们几乎普遍接受神创论来解释，人们认为所有物种都是上帝在一个星期中相互独立地创造出来的。

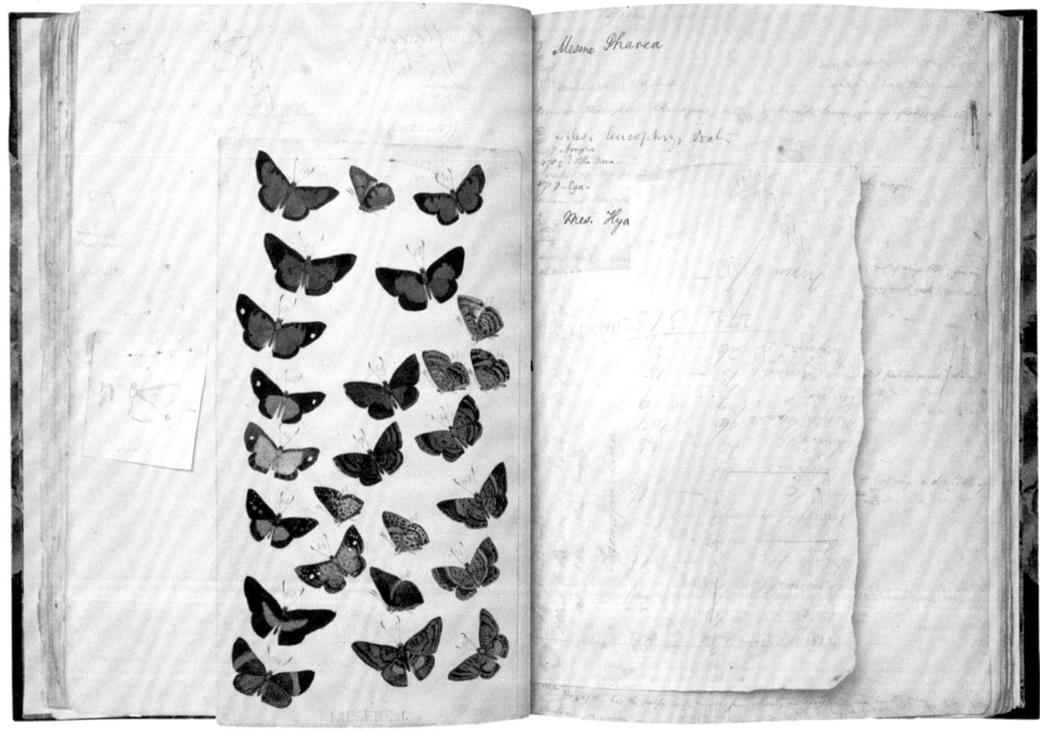

博物学家兼探险家亨利·沃尔特·贝茨笔记本中的页面，有蝴蝶的彩色写生并配有笔记。贝茨于 1848 年前往巴西，开始了一场历时 11 年的考察。在此期间，他研究昆虫，并采集了大量标本。回到伦敦后，基于自己对那些飞舞在亚马孙雨林中的彼此颇为相似的袖蝶、绡蝶和粉蝶的观察，他写下了关于拟态理论的第一份科学记述。

但琼斯呈现和分析自己的新发现的方法可能比新发现本身更为重要。他将自己的观察结果编成了数据矩阵，比较所有类群的各项特征。在此基础上，他试图找到各个类群可靠的独有性状。

约尔丹同样一语带过地提到了这种“简明图表”，但至少还要再过 30 年，直到 20 世纪 60 年代，数据矩阵才会成为系统学研究中必不可少的方法。我们需要历史考证，才能评价琼斯的方法有多大成分出于原创，但目前看来，他好像过于领先时代，结果反倒没有对分类学的方法论造成多少影响。但琼斯肯定为接下来半个世纪的进展铺平了道路，人们在这 50 年中为蝴蝶建立了良好的自然分类系统，这一分类系统是亨利·沃尔特·贝茨于 1862 年提出著名的蝴蝶间拟态理论的充要条件。认为琼斯的方法是 20 世纪六七十年代的表型系统学和支序分类学革命中一些要素的早期雏形，也并非完全是夸夸其谈。

对琼斯遗产的未来探究

《琼斯图谱》，以及如今保存于牛津大学自然史博物馆的图书室和收藏馆中的琼斯画稿、信件、笔记本和手稿，为未来的研究提供了大量素材。琼斯的工作对下列研究领域的价值尤为重大。

英国鳞翅目昆虫的俗名。这是琼斯留给世人的遗产当中，曾在一定程度上被深入研究过的几个方面之一。虽然俗名常常遭人诟病，但近期的一份研究表明，17 世纪晚期，昆虫，尤其是蝴蝶的简短易记的英文俗名的出现，促进了人们对双名法系统的接受。此外，随着人们越来越认识到公众科学的必要性，各地方言中的俗名也变得前所未有的重要——拉丁文学名对非专业人士往往会构成障碍。俗名没有一定之规，但它的稳定性却对有效沟通十分重要。弗朗西斯·亨明（Francis Hemming）和 H. M. 埃德尔斯滕（H. M. Edelsten）在 20 世纪 30 年代曾对琼斯的一份手稿和霍沃思的关键作品《英国鳞翅目志》中所列的 400 多种英国鳞翅目昆虫的俗名进行了罗列和比较。霍沃思书中的俗名大部分与今天所用的近似或相同，而琼斯的贡献则是为俗名固定化这关键的一步奠定了基础。

英国鳞翅目昆虫的生态学。牛津大学的琼斯手稿尚未得到任何正式分析，它们包含德鲁·德鲁里的野外笔记（记录于 18 世纪中叶的伦敦及周边地区）的誊抄本，以及对研究英国昆虫对气候变化的反应具有潜在价值的其他信息。更让人心痒的是，琼斯编写了一系列“生活习性表”，罗列了关于英国鳞翅目昆虫关键生物学特征的准确且可以相互比较的信息，比如越冬的虫态（卵、幼虫、蛹还是成虫）、每年的世代数和幼虫所吃的食物。作为生态学和演化策略研究的新手段，可比较的数据矩阵直到 20 世纪七八十年代才得到正式开发和应用。今天，很多物种受到气候变化和人类持续改造自然景观的威胁，这些方法能够让我们了解这些物种的生存机会。最起码，对于琼斯未发表作品的研究也会增进我们对这项理解生物多样性的关键手段在历史层面的认知。

英国蝴蝶的多样性。詹姆斯·佩蒂弗于 1718 年去世，在此前一年，他发表了对英国蝴蝶的第一份盘点。一个世纪后的 1818 年，琼斯去世时，他本人显然已经对当时已知的英国蝴蝶有了全面了解。梳理关于琼斯的现存资料——《琼斯图谱》、他保存于牛津和林奈学会的标本、他为支持霍沃思而做的未曾发表的工作，以及伊丽莎白·德尼尔在他的指导下创作的保存于不列颠图书馆的那套画作——具有巨大的价值，因为要全面评估自佩蒂弗首开先河后，一个世纪以来人们对英国蝴蝶多样性的认知，这些资料将会成为我们的重要依据。在这方面，仍有许多问题有待解答，例如，作为佩蒂弗并不知道的一个物种，斑貉灰蝶此前是否分布在英国？在《琼斯图谱》（第 VI 卷，图版 LVII，第 502 页）中，琼斯根据自己个人收藏中的一件标本为这个物种画了插图，并且德尼尔也将它纳入了自己的作品集，这表明琼斯应该认为它是本土物种。

《琼斯图谱》的内在价值

当我们欣赏一位伟大画家或雕塑家的作品时，我们很少提及它在金钱或市场之外的价值。词穷的时候，我们就会说达·芬奇的《蒙娜丽莎》或者米开朗琪罗的《大卫》是“无价的”。谁要是敢说一件作品“只是画布上涂抹的颜料”或者“不过是一块石头”，就会被唾弃为世俗庸人。对很多人来说，艺术不需要什么正当理由。只要被创作出来，人们就会认为它自身具有内在价值，高于且远远超过任何物质或实用层面的价值。艺术品的意外损毁会造成人们“不堪设想”的悲痛，恶意的破坏就更近乎亵渎。

两个多世纪的时间里，都只有少数幸运儿能一睹《琼斯图谱》，并对其兴致勃勃、推崇备至。实际上，所有沉迷于琼斯作品的人都不过是牛津那一小群鳞翅学家及其助手。这个小圈子以外的任何人都无法接触到《琼斯图谱》，因此它更加广泛的文化意义迄今仍深藏不露。现在，可以有更多的人从更加广阔的视角来欣赏《琼斯图谱》了。这些画作来自一个鲜少有人质疑艺术、科学和美学彼此融合的时代。也许，《琼斯图谱》最大的价值就在于它作为一件无价遗产的内在价值，反映了人类的好奇、热爱、技艺和创造力。

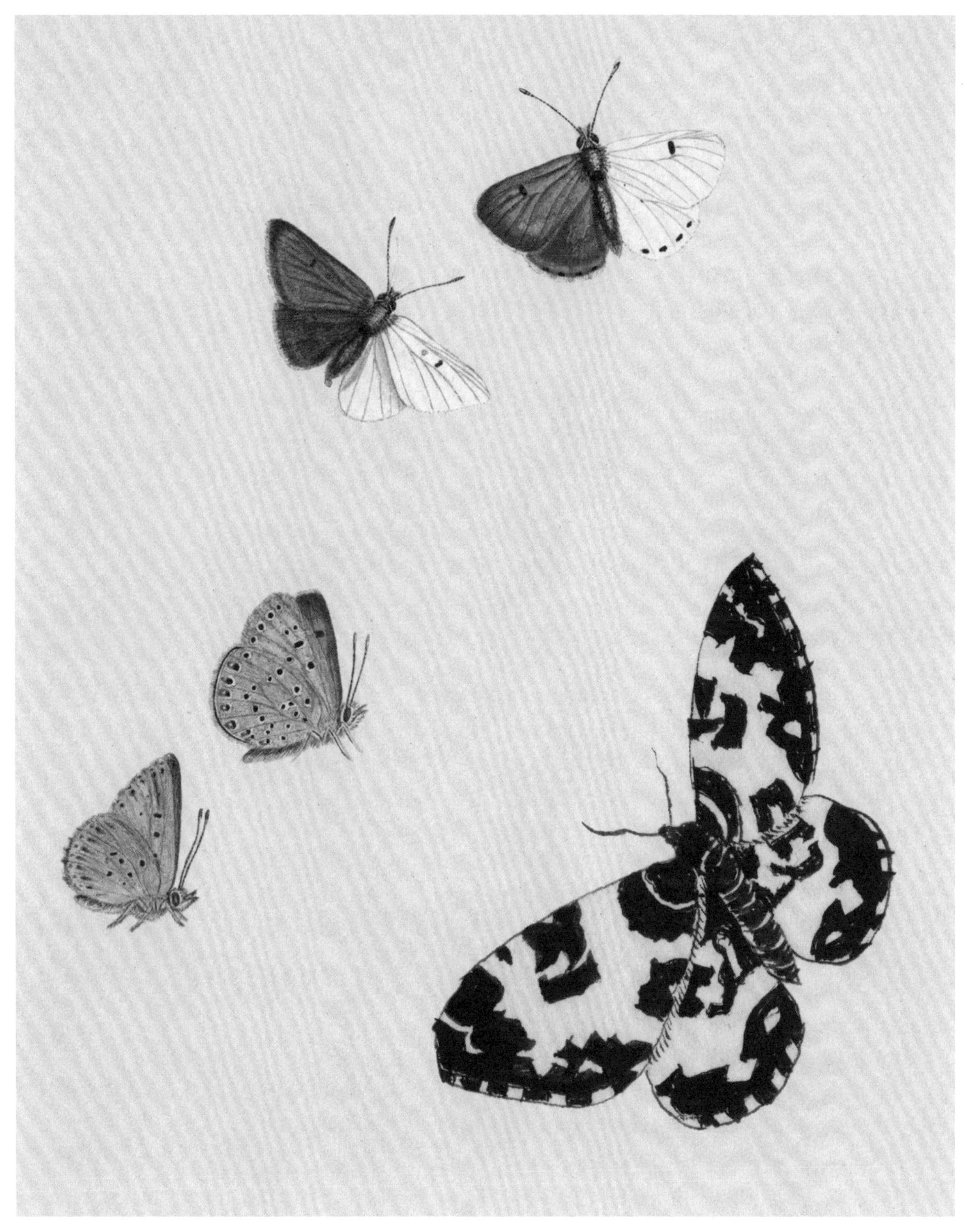

琼斯的几幅习作，约1790年。右下角黑白相间的黑白汝尺蛾 *Rheumaptera hastata* (Linnaeus, 1758) 看上去栩栩如生。另外四只是捷灰蝶，在《琼斯图谱》第VI卷的最后一幅图版中也描绘了这个物种，用的是异名 *Papilio chryseis* (Denis & Schiffermüller, 1775)。这幅习作描绘了捷灰蝶雌雄两性的四个形象，可能是在一幅画中同时表现花纹和脉序，并呈现蝴蝶停栖姿态的一种尝试。

译后记　认识蝴蝶

罗心宇 撰　张炳华 绘

自古以来，蝴蝶与蛾类就在我们的文化中留下了深刻的印记，诗文中常常赞叹蝴蝶的美丽多情与飞蛾扑火的奋不顾身。由于古人的“以貌取虫”，我们往往也在潜意识中留下了这样的印象：那些在白天飞舞、访花寻蜜、翅形宽大、姿态优美的漂亮虫子就是蝴蝶，而颜色暗淡、夜晚出没、翅较小而腹部肥大、姿态笨拙的丑虫子就是蛾类。这些认识当然并不准确，蝴蝶中有许多不起眼的弄蝶、眼蝶，而蛾类中也有很多色彩华丽的斑蛾、天蚕蛾、燕蛾，同时也不乏白天活动（如常常被误认为蜂鸟的长喙天蛾），以及像蝴蝶那样停落时翅向两侧优雅平展（如部分尺蛾、天蚕蛾）或合拢竖立于背（如锚纹蛾）的物种。当然，我们也不必为此惭愧。事实上，直到现代分类学的早期，许多科学家也还在犯同样的错误，本书的作者琼斯就生活在这样一个年代，本书也见证了他试图厘清蝴蝶分类，推动分类依据从连续性状（如大小、胖瘦等）向更加稳定清晰的分离性状（如脉序）发展的过程。

那么，到底什么是蝴蝶呢？为了方便大家更全面地认识蝴蝶，谨在此处补充一些关于蝴蝶辨识的科学知识，希望能对大家有所帮助。全书的翻译如有不足之处，敬请指正。

蝴蝶与蛾的区别

虽然受到的关注和喜爱程度截然不同，但蝴蝶与蛾都属于鳞翅目昆虫，以翅上覆盖着具备多种功能的微小鳞片为主要特征。从系统分类学的角度讲，蝴蝶是从蛾类当中分化出来的一个类群，也就是说，去掉蝴蝶以后，剩下的蛾类并不能构成一个分类学意义上的单系类群，即一个祖先所有后代的集合。这也意味着，蛾和蝴蝶并不是两个泾渭分明的类群，一些趋同特征和例外情况的存在使得两者之间不存在绝对意义上的区分标准。诚然，翅脉的拓扑结构，即“脉序”，在鳞翅目昆虫的类群划分中是非常可靠的形态标准，我们可以将蝴蝶中所有科的脉序背下来，符合这些脉序之一的就是蝶，不符合的就是蛾。但这样的方法很花费时间，并且蝴蝶和蛾的翅被鳞片所覆盖，因此很多时候并不容易看清翅脉。在非专业人士一眼识别蝴蝶与蛾的应用场合，以下两条标准在绝大部分情况下适用。

触角

蝴蝶的触角末端大多稍稍膨大呈小棒状，或者如弄蝶科，在小棒前端还有一个弯曲的小尖，形成钩状；丝角蝶科（也称喜蝶科）是其中的例外，触角为线状。蛾类的触角为线状或羽状，末端不呈小棒状，但少数蛾类的触角从基部到末端逐渐均匀加粗，与蝴蝶的棒状在外观上稍难区分。

普通蝴蝶触角

弄蝶触角

天蛾触角

丝角蝶 & 部分蛾类触角

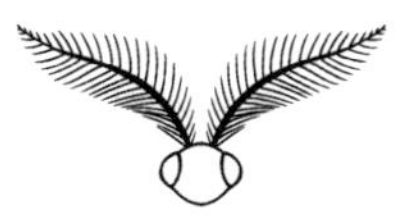
部分蛾类触角

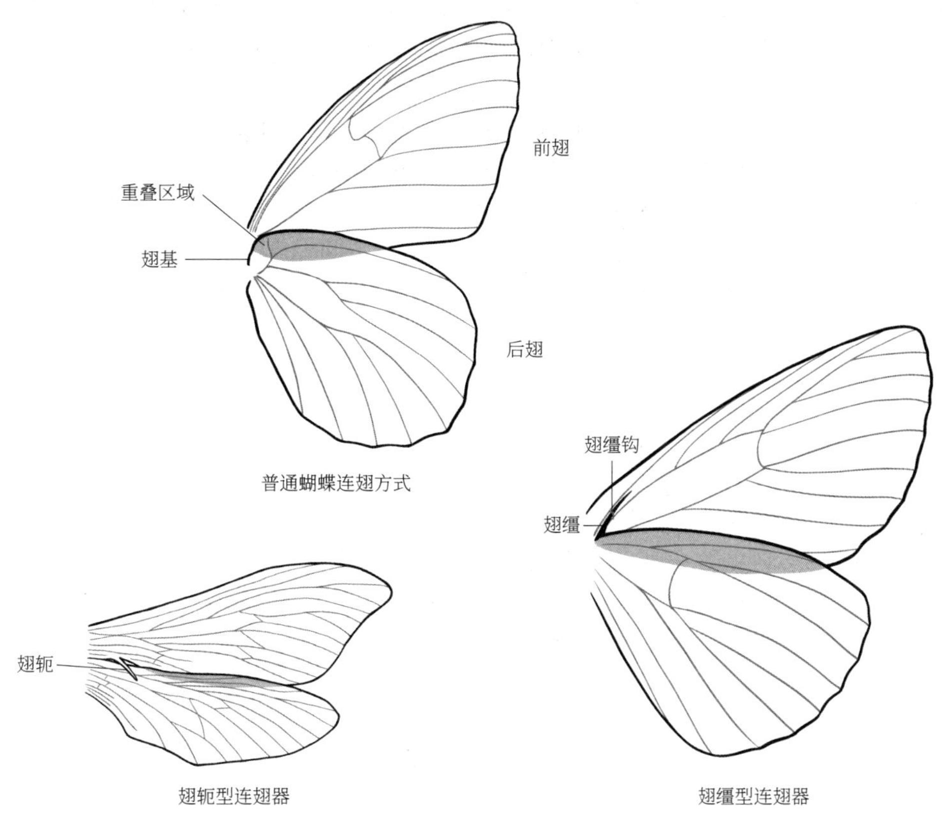

普通蝴蝶连翅方式

翅轭型连翅器

翅缰型连翅器

连翅器

蝴蝶的前后翅之间一般没有硬性的连翅器，仅仅靠两者间的部分重叠，由前翅在向下扇动时将后翅压下去，实现联动，缰蝶和丝角蝶例外。蛾类大多数具有连翅器，第一种类型是前翅后缘向后伸出一个指状突起，卡在后翅下面，固定住后翅，叫作翅轭型；第二种类型是后翅前缘向前伸出一根硬刚毛（翅缰），被前翅下表面的一个钩状结构（翅缰钩）钩住，叫作翅缰型。

蝴蝶的身体结构

和其他昆虫一样，蝴蝶的身体由头、胸、腹三部分构成。

头部有两个复眼，是视觉器官。不同于其他大多数昆虫，蝴蝶的头部缺少单眼。两枚触角具有触觉、嗅觉、感光等多重功能。蝴蝶的口器结构比较简单，主要部分是由两侧下颚的外颚叶合并在一起，构成的一根卷曲、中空的“喙”（proboscis）。这种口器过去曾被称为“虹吸式口器”，但近年的研究发现，它的工作原理不是虹吸，而是毛细管原理，只需放在液体表面就能自动吸取。除喙之外，蝴蝶口器比较醒目的附属结构是一对多毛的下唇须，有些蝴蝶和蛾的下唇须很发达，向前伸去，形成一种“长鼻子”的外观，可以视为相应类群的标志性特征。

胸部具有三对足、两对翅。蛱蝶科的前足部分退化，残余部分紧贴身体，因此看上去只有两对足用于站立。翅上覆盖着多功能的微小鳞片。鳞片构成的各种图案具有恐吓、警告、伪装、求偶等多种多样的作用，鳞片本身还能防水和吸收太阳能。

腹部是生殖器官的所在处，雌雄有所区别。雄蝶的腹部末端有一对很醒目的夹子状的“抱器”，是交配时用来固定双方生殖器的结构，而雌性则不具备这个结构，这是快速区分雌雄蝴蝶的主要特征。

蝴蝶的脉序

昆虫的翅上具有纵横交错的翅脉，其形式、数目及分布特点就叫“脉序”，是昆虫分类的重要依据之一，本书作者琼斯就是应用脉序作为分类依据的先驱。为了便于理解后续介绍的蝴蝶分类系统，这里先介绍一下蝴蝶脉序的基础知识。

昆虫的翅脉分为纵脉（发源于翅基部的翅脉）和横脉（横向连接于纵脉间的短脉）。分析蝴蝶的脉序时，通常只用到纵脉，其命名如下：

C（前缘脉）

位于最前缘，蝴蝶分类上通常用不到，因此很少标注；

Sc（亚前缘脉）

翅面上最靠前的纵脉；

R（径脉）

分为两个主要分支，R_1 和 Rs，Rs 又分为若干分支，在蝴蝶中通常有 4 条，即 R_2—R_5；在一些文献中，R_2—R_5 也被称为 Rs_1—Rs_4；

M（中脉）

在蝴蝶中分为 3 条分支，即 M_1—M_3；

Cu（肘脉）

又分为 CuA（前肘脉）和 CuP（后肘脉）。CuA 在蝴蝶中较为清晰，通常有两个分支，即 Cu_1 和 Cu_2。CuP 又被称为臀褶，为一道折痕，是翅的臀前区与臀区之间的分界，在多数蝴蝶上不可见、不完整或不清晰；

A（臀脉）

从翅基部辐射发出的若干条翅脉，支撑臀区。在蝴蝶前翅和后翅上通常有 1 条或 2 条，第一条为 A_{1+2}，第二条为 A_3；

H（肩脉）

蝴蝶后翅前缘额外具有的一条短脉，在一些类群中不可见。

此外，蝴蝶的翅基部还有一个由各翅脉包围形成的翅室，叫作中室（discal cell）。

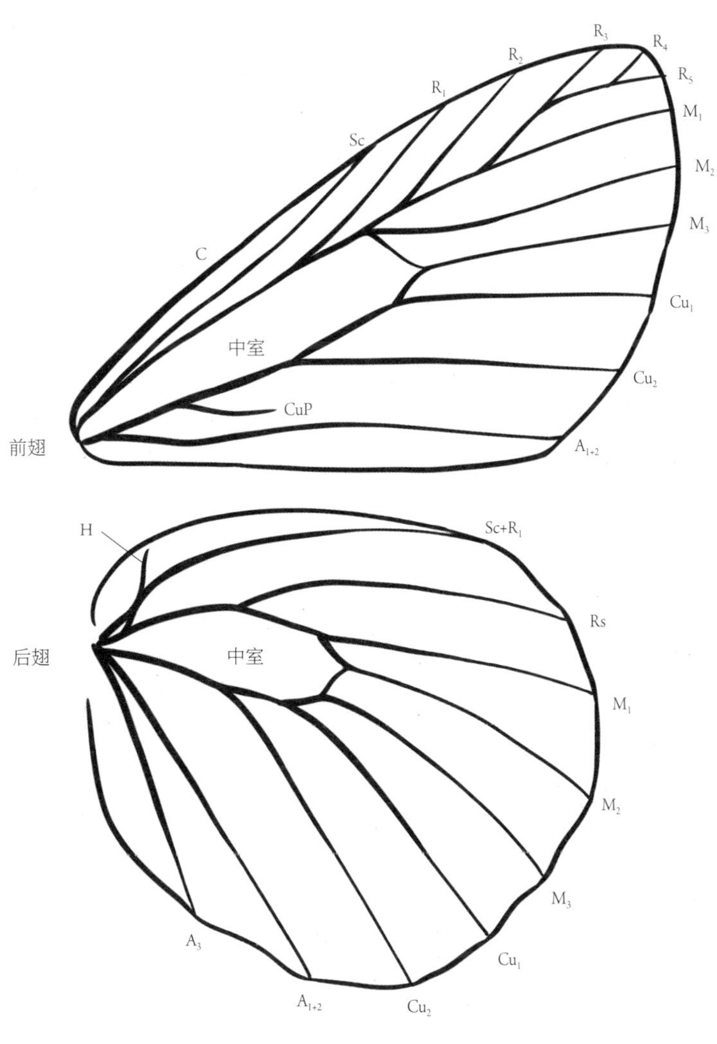

蝴蝶翅脉示意图

蝴蝶的分类系统

蝴蝶的分类系统在历史上曾有多次变革。在这里，我们引用最新文献中的蝴蝶分类系统，精确到亚科一级，概略性地说明世界上都存在哪些蝴蝶类群，以及各个类群对应的俗名概称。值得注意的是，丝角蝶科是一个十分特殊的类群，仅分布于墨西哥中部至南美洲中部，由于具有很多近似蛾类的特征，如丝状触角和连翅器，此前曾长期被视为蛾类，但系统发育分析显示它与蝶类各科聚为一支。虽然最近三十年间，丝角蝶属于蝴蝶的观点已经逐渐被学界所接受，但世界各地的蝴蝶图鉴、网站等，仍然很少涉及丝角蝶科。为了照顾系统的完整性，这里我们将丝角蝶科也加以介绍。

凤蝶科

触角基部之间相距很近，末端膨大。各足末端均具一对简单、发育良好的爪。前足不退化，胫节内侧有中刺。前翅径脉具 5 分支，其中 R_4 和 R_5 常具共柄；臀脉 2 条。后翅具肩脉，臀脉仅 1 条。

丝角蝶科

触角线状，偶有羽状。雄性各足跗节 2 节，前足跗节显著退化；雌性各足跗节 5 节，前足跗节不退化。前足胫节内侧具中刺。前翅狭长，向端部渐宽；R_4 和 R_5 脉具共柄；具模糊的后肘脉。前后翅之间具翅缰型连翅器。

弄蝶科

触角基部之间相距很宽，触角通常在近端部膨大，最末端形成一个尖锐的小弯钩。多数种类前足胫节内侧有中刺。前翅 R_1 脉和 Rs 脉的所有分支（R_2—R_5）都直接发源于中室，不具共柄；臀脉 1 条。后翅常具肩脉，臀脉 2 条。

粉蝶科

前足不退化，胫节内侧无中刺。各足末端均具一对简单、发育良好的爪，并具一枚爪垫。前翅径脉具 3 ～ 5 分支，其中至少 2 分支之间具共柄；臀脉 1 条。后翅通常具 2 条臀脉。

蛱蝶科

触角腹面（下表面）中部具三道纵走隆脊。前足严重退化，紧贴胸部，不用于支撑或行走（喙蝶亚科雌性除外）。前翅径脉部分分支具共柄；臀脉 1 条。后翅常具肩脉，臀脉 2 条。

蚬蝶科

雄蝶前足退化，雌蝶前足正常。后翅前缘脉从基部至肩脉末梢位置加粗。

灰蝶科

触角基部之间相距很近，末端膨大。复眼大，相距近。触角基常常侵入复眼边缘。多数种类雄性前足跗节数不足五节。前翅的径脉常仅有 3 或 4 分支，退化者为 R_3 和 / 或 R_4；臀脉 1 条。后翅不具肩脉，臀脉 2 条。

科	亚科	俗名概称
凤蝶科 Papilionidae	凤蝶亚科 Papilioninae	凤蝶
	绢蝶亚科 Parnasiinae	绢蝶
	宝凤蝶亚科 Baroniinae	凤蝶
丝角蝶科 Hedylidae	—	丝角蝶
弄蝶科 Hesperiidae	竖翅弄蝶亚科 Coeliadinae	弄蝶
	缰蝶亚科 Euschemoninae	缰蝶
	裙弄蝶亚科 Tagiadinae	弄蝶
	红臀弄蝶亚科 Pyrrhopyginae	弄蝶
	花弄蝶亚科 Pyrginae	弄蝶
	卡特弄蝶亚科 Katreinae	弄蝶
	姹弄蝶亚科 Chamundinae	弄蝶
	链弄蝶亚科 Heteropterinae	弄蝶
	舟弄蝶亚科 Barcinae	弄蝶
	妆弄蝶亚科 Malazinae	弄蝶
	梯弄蝶亚科 Trapezitinae	弄蝶
	弄蝶亚科 Hesperinae	弄蝶
粉蝶科 Pieridae	袖粉蝶亚科 Dismorphiinae	粉蝶
	黄粉蝶亚科 Coliadinae	粉蝶
	蓝粉蝶亚科 Pseudopontiinae	粉蝶
	粉蝶亚科 Pierinae	粉蝶
蛱蝶科 Nymphalidae	喙蝶亚科 Libytheinae	喙蝶
	斑蝶亚科 Danainae	斑蝶、绡蝶（绡蝶族 Ithomiini 和澳绡蝶族 Tellervini）
	秀蛱蝶亚科 Pseudergolinae	蛱蝶
	苾蛱蝶亚科 Biblidinae	蛱蝶
	闪蛱蝶亚科 Apaturinae	蛱蝶
	丝蛱蝶亚科 Cyrestinae	蛱蝶
	蛱蝶亚科 Nymphalinae	蛱蝶
	线蛱蝶亚科 Limentidinae	蛱蝶
	袖蝶亚科 Heliconiinae	袖蝶、珍蝶（珍蝶族 Acraeini）
	绢蛱蝶亚科 Calinaginae	蛱蝶
	螯蛱蝶亚科 Charaxinae	蛱蝶
	眼蝶亚科 Satyrinae	眼蝶、闪蝶（闪蝶族 Morphini）、环蝶（环蝶族 Amathusiini）
蚬蝶科 Riodinidae	古蚬蝶亚科 Nemeobiinae	蚬蝶
	蚬蝶亚科 Riodininae	蚬蝶
灰蝶科 Lycaenidae	银灰蝶亚科 Curetinae	灰蝶
	云灰蝶亚科 Miletinae	灰蝶
	圆灰蝶亚科 Poritiinae	灰蝶
	富妮灰蝶亚科 Aphnaeinae	灰蝶
	灰蝶亚科 Lycaeninae	灰蝶
	线灰蝶亚科 Theclinae	灰蝶
	眼灰蝶亚科 Polyommatinae	灰蝶

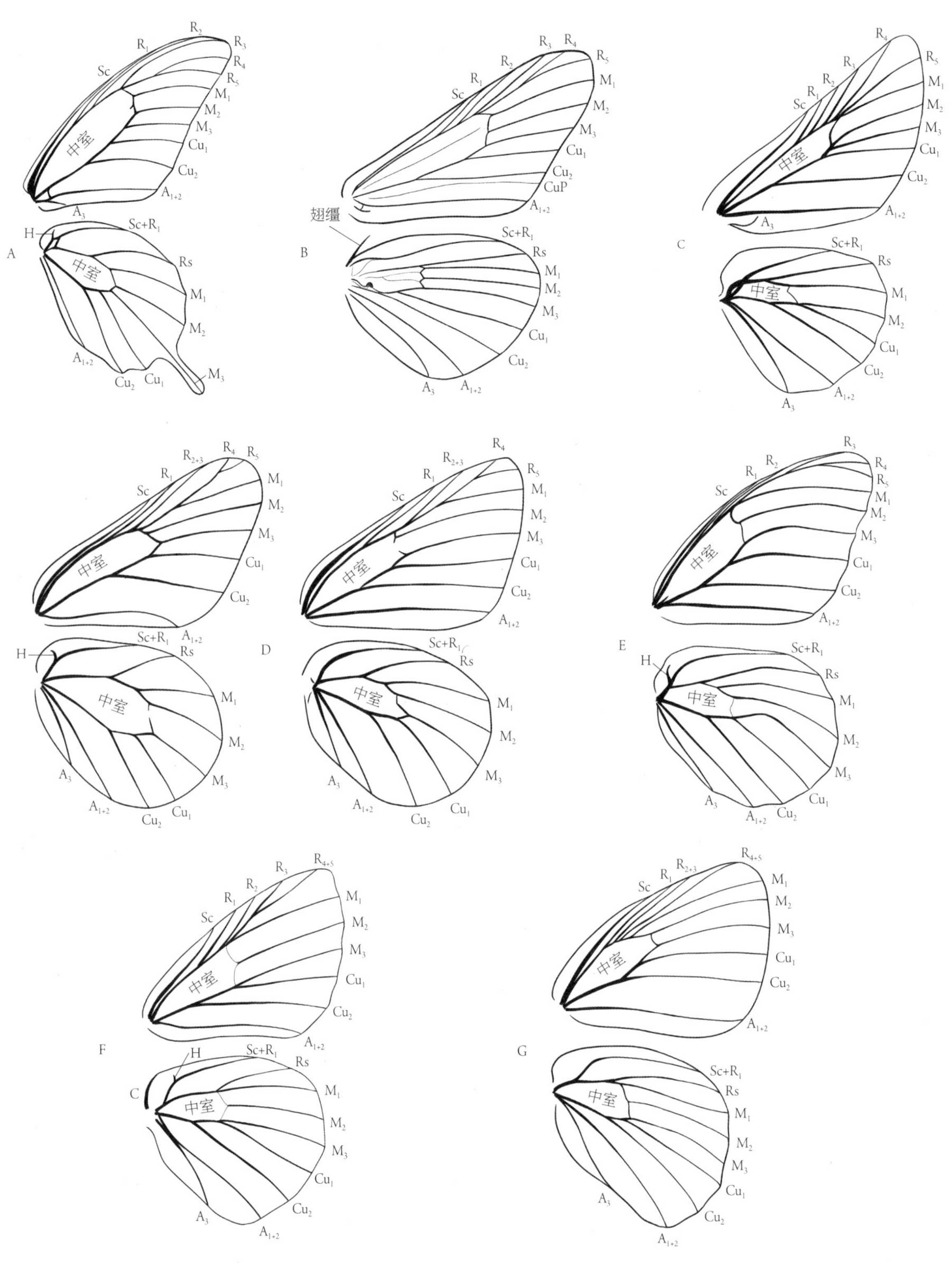

A. 凤蝶科脉序　B. 丝角蝶科脉序　C. 弄蝶科脉序
D. 粉蝶科脉序（左为粉蝶亚科，右为黄粉蝶亚科）
E. 蛱蝶科脉序　F. 蚬蝶科脉序　G. 灰蝶科脉序

关于本书中物种俗名和地名的使用

中国的昆虫俗名系统有自己的特色。所有在中国有记录的昆虫物种和部分分布于其他国家的昆虫物种拥有一个通行于科研文献中的正式中文俗名，也叫作中文正名。这个名字常常被通俗地称为“中文学名”，但需要注意，它本质上仍是俗名，与真正意义上的双名法学名（见本书前言中的“什么是模式标本图像？”部分）不可混为一谈。除了少数在历史上就有长期通行的俗名的物种，大部分昆虫物种的中文正名遵循“修饰语 + 属名”的规则，与该物种的双名法学名一一对应。修饰语对应着双名法学名中的后半部分——种加词，有时它根据种加词的词源含义意译或音译而来，有时则根据其特征、分布另拟。中文属名对应着双名法学名中的前半部分——属名，学名中的每个属有专门的中文属名。例如本书中的红锯蛱蝶 *Cethosia biblis*，“锯蛱蝶”为其所在的属名，“红”为该种专有的修饰语。少数蝴蝶物种与其所在属同名，没有修饰语，这往往是该属的模式种或者最常见物种，例如绢粉蝶 *Aporia crataegi*（绢粉蝶属）。本书所采用的俗名基本沿用自陕西科学技术出版社 2006 年出版的《世界蝴蝶分类名录》，作者寿建新、周尧、李宇飞，该书基本涵盖了当时世界上已知的所有蝴蝶物种，并为每一种都给出了中文正名。

但中文正名不是一成不变的。分类学的意见经常发生变更，学界也在不断发表新种。常见的意见变更包括：将一个物种从一个属转移到另一个属，将两个物种合并，将一个亚种提升至物种的级别，将一个物种认定为另一个物种的亚种，等等。有时，这会导致学名发生变化，但中文正名是否随之变更往往需要考虑多方因素。如果学界严格随着学名的变化而变更中文正名，而科普、传媒等领域很难第一时间响应这种变化，仍然使用旧的中文正名，就会导致同一物种出现多个版本的中文正名，对大众而言，就容易将其误解为不同的物种，从而造成困扰。因此，在指代目标没有发生变更（没有物种合并或亚种提升为种），分类地位没有发生本质变更（不是亲缘关系较远的属乃至高阶分类单元之间的转移，仅仅是亚属提升为属或不同属合并）的情况下，保持中文正名的稳定性比响应学名变化更为重要。本书原著中部分物种的学名，关于属的归属、物种间的异名关系等，就与《世界蝴蝶分类名录》存在分歧，也与全球物种名录（COL）、全球生物多样性信息中心（GBIF）等专业分类学网站存在少许出入。出于尊重原著的考虑，中文版严格沿用了原著所用的学名，但鉴于各专业名录并未对某些分类意见达成共识，原则上仍保持过去通用的中文正名，这就会出现学名属名跟中文正名中包含的属名不一致的情况，为了便于读者理解，均在文末加以注释；仅在亚种和种的认定、异名关系认定出现分歧的情况下，才修改中文正名，并同样在文末加以注释。另有少量未被收录在《世界蝴蝶分类名录》中的物种，尤其是蛾类，没有中文正名，我基于中文正名的一般原则，为它们新拟定了中文正名（如酋长慧蝶蛾 *Amauta cacica*，*Amauta* 源于南美洲印第安人盖丘亚族的语言，指德行高尚的智者，作为蝶蛾科的属，拟名为慧蝶蛾属，*cacica* 源于西班牙语的“酋长”，合起来就是酋长慧蝶蛾）。凡此种种，希望能同时照顾到中文读者的阅读感受和物种身份上的科学严谨性，避免歧义和混淆，帮助读者更好地理解此书。

关于物种的产地信息，作者有时用的并非我们熟悉的地名，而是历史地理学名词和动物地理区划，为了便于读者理解，这里也简单解释一下相关名词。**旧大陆**：亚欧大陆和非洲；**新大陆**：美洲大陆；**古北界**：旧大陆北部地区，包括欧洲、北回归线以北的非洲与阿拉伯半岛，以及喜马拉雅山脉与秦岭以北的亚洲；**新北界**：新大陆北部地区，包括墨西哥热带以北的美洲大陆和格陵兰岛；**全北界**：古北界与新北界的合称；**东洋界**：喜马拉雅山脉和秦岭以南的亚洲，包括中国南方、南亚和东南亚；**热带界**：又称非洲界、旧热带界，包括北回归线以南的阿拉伯半岛、撒哈拉沙漠以南的非洲大陆及周边岛屿；**新热带界**：新大陆热带地区，即中美洲和南美洲，包括墨西哥南部和西印度群岛。

琼斯模式标本图像完整清单

(J)卷号/图版编号	种加词	(F93)页码/物种编号	当前地位	当前学名	中文名	"产地"(F)	当前推测的原产地	收藏归属(J)	科	页码
1/8	**Homerus**	29/85	物种	*Papilio homerus* Fabricius, 1793	大螯豹凤蝶	美洲	牙买加	莱瑟姆	凤蝶科	11
1/10	Laomedon	13/35	异名 & 同名	*Papilio protenor protenor* Cramer, 1775	蓝凤蝶指名亚种	中国	中国	莱瑟姆	凤蝶科	13
1/14	**Antiphus**	10/28	物种	*Pachliopta antiphus antiphus* (Fabricius, 1793)	安提福斯珠凤蝶指名亚种	印度	印度尼西亚爪哇岛	德鲁里	凤蝶科	17
1/20	Astyanax	13/37	异名 & 同名	*Papilio polytes romulus* Cramer, 1775, f. 'romulus' Cr.	玉带凤蝶罗穆卢斯亚种，"romulus"型	印度	印度	德鲁里	凤蝶科	23
1/22	**Zacynthus**	15/46	物种	*Parides zacynthus zacynthus* (Fabricius, 1793)	神山番凤蝶指名亚种	巴西	巴西	德鲁里	凤蝶科	25
1/23	Dimas*	16/47	异名	*Parides zacynthus zacynthus* (Fabricius, 1793)	神山番凤蝶指名亚种	巴西	巴西	德鲁里	凤蝶科	26
1/25	**Idaeus**	16/48	亚种	*Papilio anchisiades idaeus* Fabricius, 1793	拟红纹凤蝶伊代俄斯亚种	马德拉斯（今印度金奈）	巴拿马？	德鲁里	凤蝶科	28
1/26	Dardanus	10/29	异名 & 同名	*Parides tros tros* (Fabricius, 1793)	红黄番凤蝶指名亚种	巴西	巴西	德鲁里	凤蝶科	28
1/28	**Tros**	10/30	物种	*Parides tros tros* (Fabricius, 1793)	红黄番凤蝶指名亚种	巴西	巴西	德鲁里	凤蝶科	28
1/29	**Ilus**	17/51	物种	*Mimoides ilus ilus* (Fabricius, 1793)	埃鲁阔凤蝶指名亚种	美洲	巴拿马？	德鲁里	凤蝶科	29
1/31	**Iphidamas**	17/52	物种	*Parides iphidamas iphidamas* (Fabricius, 1793)	红绿番凤蝶指名亚种	—	巴拿马？	德鲁里	凤蝶科	30
1/36	**Coon**	10/27	物种	*Losaria coon coon* (Fabricius, 1793)	锤尾凤蝶指名亚种	中国	印度尼西亚爪哇岛	德鲁里	凤蝶科	35
1/42	Heliacon	19/60	异名	*Troides helena helena* (Linnaeus, 1758)	裳凤蝶指名亚种	东印度群岛	印度尼西亚爪哇岛	班克斯	凤蝶科	41
1/51	Agapenor	26/76	异名	*Graphium policenes policenes* (Cramer, 1775)	非洲青凤蝶指名亚种	非洲	塞拉利昂？	德鲁里	凤蝶科	50
1/53	**Crino**	5/13	物种	*Papilio crino* Fabricius, 1793	丝绒翠凤蝶	非洲	印度金奈？	德鲁里	凤蝶科	52
1/57	**Tynderaeus**	35/104	物种	*Graphium tynderaeus* (Fabricius, 1793)	寿青凤蝶	—	塞拉利昂？	德鲁里	凤蝶科	56
1/61	Epius	35/102	异名	*Papilio demoleus demoleus* Linnaeus, 1758	达摩凤蝶指名亚种	中国	中国	琼斯	凤蝶科	60
1/62	**Leonidas**	35/103	物种	*Graphium leonidas leonidas* (Fabricius, 1793)	豹纹青凤蝶指名亚种	非洲	塞拉利昂？	德鲁里	凤蝶科	61
1/63	Lacedemon	36/107	异名	*Papilio clytia clytia* Linnaeus, 1758	斑凤蝶指名亚种	马拉巴尔海岸	印度	德鲁里	凤蝶科	62
1/71	Thersander	32/93	雌性色型	*Papilio phorcas* Cramer, 1775, f. 'thersander' F.	福翠凤蝶，"thersander"型，雌	塞拉利昂	塞拉利昂	德鲁里	凤蝶科	66
1/72	Acamas	8/22	异名	*Papilio thersites* Fabricius, 1775	黄宽芷凤蝶	牙买加	牙买加	德鲁里	凤蝶科	67
1/79	Orestes	34/99	同名	*Graphium* sp., probably *Graphium nomius* (Esper, 1799)	青凤蝶属某种，可能为红绶绿凤蝶	非洲	印度或斯里兰卡	弗朗西伦	凤蝶科	74
1/80	Pylades	34/100	同名	*Graphium angolanus baronis* (Ungemach, 1932)	安哥拉青凤蝶男爵亚种	非洲	西非	霍尼	凤蝶科	75
1/87	**Cynorta**	37/109	物种	*Papilio cynorta* Fabricius, 1793	赛诺达凤蝶	—	塞拉利昂？	德鲁里	凤蝶科	82
1/88	Hippocoon	38/112	雌性色型	*Papilio dardanus dardanus* Yeats, 1776, f. 'hippocoon' F.	非洲白凤蝶指名亚种，"hippocoon"型，雌	塞拉利昂	塞拉利昂	德鲁里	凤蝶科	83
1/101	Cyrus	7/19	雌性色型	*Papilio polytes romulus* Cramer, 1775, f. 'cyrus' F.	玉带凤蝶罗穆卢斯亚种，"cyrus"型，雌	—	印度	史密斯	凤蝶科	92
2/1	**Charmione**	205/641	物种	*Terina charmione* (Fabricius, 1793)	自由获尺蛾	昂儒昂岛	非洲大陆	德鲁里	尺蛾科	108
2/2	**Pheobus**[2]	181/561	物种	*Parnassius phoebus phoebus* (Fabricius, 1793)	福布绢蝶指名亚种	西伯利亚	俄罗斯阿尔泰共和国翁古达伊	德鲁里	凤蝶科	109
2/7	**Lycaste**	161/497	物种	*Hypothyris lycaste lycaste* (Fabricius, 1793)	红环闩绡蝶指名亚种	—	巴拿马达连	德鲁里	蛱蝶科	114
2/8	**Lysimnia**	161/498	物种	*Mechanitis lysimnia lysimnia* (Fabricius, 1793)	彩裙绡蝶指名亚种	—	巴西南部	琼斯	蛱蝶科	115
2/9	Clara	161/499	同名	*Heliconius hecale melicerta* Bates, 1866	幽袖蝶梅利亚种	苏里南	巴拿马？	德鲁里	蛱蝶科	116
2/15	**Macaria**	174/540	物种	*Acraea macaria macaria* (Fabricius, 1793)	美线珍蝶指名亚种	—	塞拉利昂	德鲁里	蛱蝶科	118
2/16	Persiphone	174/542	异名	*Acraea egina egina* (Cramer, 1775)	雅贵珍蝶指名亚种	—	塞拉利昂	德鲁里	蛱蝶科	119
2/20	**Eva**	162/501	亚种	*Eueides isabella eva* (Fabricius, 1793)	伊莎佳袖蝶伊娃亚种	苏里南	巴拿马？	德鲁里	蛱蝶科	123
2/21	**Jodutta**	175/544	物种	*Acraea jodutta jodutta* (Fabricius, 1793)	草裙珍蝶指名亚种	—	塞拉利昂？	德鲁里	蛱蝶科	124
2/22	**Olympia**	166/514	亚种	*Eueides lybia olympia* (Fabricius, 1793)	花佳袖蝶奥林匹亚亚种	美洲	巴拿马？	德鲁里	蛱蝶科	125
2/26	**Aranea**	168/519	亚种	*Heliconius antiochus aranea* (Fabricius, 1793)	白眉袖蝶蜘蛛亚种	—	委内瑞拉？	德鲁里	蛱蝶科	129
2/27	**Parrhasia**	175/545	物种	*Acraea parrhasia* (Fabricius, 1793)	培沙珍蝶	印度群岛	塞拉利昂	德鲁里	蛱蝶科	130
2/33	Hyalinus	185/571	同名	*Hypoleria lavinia libera* Godman & Salvin, 1879	老莹绡蝶自由亚种	—	巴拿马？	德鲁里	蛱蝶科	132
2/33	**Obscuratus**	185/572	物种	*Pteronymia obscuratus* (Fabricius, 1793)	缥缈美绡蝶	—	巴拿马？	德鲁里	蛱蝶科	132
2/44	**Sisamnus**	44/132	物种	*Catasticta sisamnus sisamnus* (Fabricius, 1793)	白带彩粉蝶指名亚种	—	南美洲	德鲁里	粉蝶科	139
2/45	**Radamanthus**	42/127	物种	*Euploea radamanthus radamanthus* (Fabricius, 1793)	白璧紫斑蝶指名亚种	亚洲	中国广东	大英博物馆	蛱蝶科	140
2/46	Nasica[3]	169/523	异名	*Chetone catilina* (Cramer, 1775)	虎纹谢灯蛾	—	苏里南？	弗朗西伦	裳蛾科	141
3/3	Dorothea	194/602	异名 & 同名	*Leptosia medusa* (Cramer, 1777)	黑纹纤粉蝶	印度	塞拉利昂	德鲁里	粉蝶科	154
3/8	**Flippantha**	202/631	亚种	*Melete lycimnia flippantha* (Fabricius, 1793)	指名酪粉蝶里约亚种	—	巴西里约热内卢？	德鲁里	粉蝶科	159
3/10	**Aurota**	197/614	物种	*Belenois aurota aurota* (Fabricius, 1793)	金贝粉蝶指名亚种	科罗曼德尔	印度科罗曼德尔	弗朗西伦	粉蝶科	161
3/12	**Argenthona**	200/624	物种	*Delias argenthona argenthona* (Fabricius, 1793)	银白斑粉蝶指名亚种	—	澳大利亚库克敦	德鲁里	粉蝶科	163
3/14	**Psamathe**	207/647	亚种	*Enantia lina psamathe* (Fabricius, 1793)	茵粉蝶海仙亚种	美洲	巴西里约热内卢？	德鲁里	粉蝶科	165
3/25	Elorea	194/603	遗忘名	*Oboronia ornata ornata* (Mabille, 1890))	装饰灰蝶指名亚种	—	塞拉利昂	德鲁里	灰蝶科	172
3/25	Musa	195/607	异名	*Eurema phiale phiale* (Cramer, 1775)	金边白翅黄粉蝶指名亚种	东印度群岛	苏里南	未给出	粉蝶科	172
3/26	Genutia	193/601	同名	*Anthocharis midea midea* (Hübner, 1809)	桔襟粉蝶指名亚种	印度	美国佐治亚州	德鲁里	粉蝶科	173
3/32	Philippa	211/660	异名	*Zerene cesonia cesonia* (Stoll, 1790)	菊黄花粉蝶指名亚种	美洲	美国至哥伦比亚	弗朗西伦	粉蝶科	176
3/37	**Belladonna**	180/557	物种	*Delias belladonna belladonna* (Fabricius, 1793)	艳妇斑粉蝶指名亚种	—	中国	史密斯	粉蝶科	180
3/39	Cipris	212/663	同名	*Phoebis neocypris neocypris* (Hübner, 1823)	尖尾菲粉蝶指名亚种	—	巴西？	德鲁里	粉蝶科	182
3/46	Philomela	57/179	异名 & 同名	*Pareronia hippia* (F., 1887) f. 'lutea' Eliot, 1978	印度青粉蝶，"lutea"型	印度群岛	马来群岛 / 泰国	班克斯	粉蝶科	189
3/49	**Castalia**	188/580	亚种	*Glutophrissa drusilla castalia* (Fabricius, 1793)	黄基白翅尖粉蝶神泉亚种	印度	牙买加	弗朗西伦	粉蝶科	192
3/53	Amaryllis	189/586	同名	*Ganyra josephina paramaryllis* (Comstock, 1943)	大白纯粉蝶牙买加亚种	印度	牙买加	亨特	粉蝶科	193
3/67	**Tulleolus**	41/123	物种	*Euploea tulliolus tulliolus* (Fabricius, 1793)	妒丽紫斑蝶指名亚种	印度	澳大利业库克敦	木给出	蛱蝶科	202
3/67	**Sylverter**	41/124	物种	*Euploea sylvester sylvester* (Fabricius, 1793)	双标紫斑蝶指名亚种	—	澳大利亚库克敦	未给出	蛱蝶科	202
3/72	Chremes	47/144	异名	*Ceretes thais* (Drury, 1782)	泰真蝶蛾	非洲	巴西	德鲁里	蝶蛾科	207
3/75	**Phalaris**	45/138	物种	*Synpalamides phalaris* (Fabricius, 1793)	暴碎裙蝶蛾	—	苏里南？	德鲁里	蝶蛾科	210
3/76	**Jupiter**[1]	336/279	异名	*Pyrrhochalcia iphis* (Drury, 1773)	火冠弄蝶	塞拉利昂	塞拉利昂	弗朗西伦	弄蝶科	211

(J)卷号/图版编号	种加词	(F93)页码/物种编号	当前地位	当前学名	中文名	“产地”(F)	当前推测的原产地	收藏归属(J)	科	页码
3/78	Phorcys	80/248	异名	*Taygetomorpha celia* (Cramer, 1779)	红目棘眼蝶	印度群岛	巴西南部	德鲁里	蛱蝶科	213
3/78	**Chelys**	80/249	物种	*Gnophodes chelys* (Fabricius, 1793)	隐带钩眼蝶	印度	塞拉利昂	德鲁里	蛱蝶科	213
3/81	**Laches**	229/717	物种	*Taygetis laches* (Fabricius, 1793)	愈棘眼蝶	圭亚那	圭亚那	德鲁里	蛱蝶科	216
3/85	Dryasis	39/117	存疑种	*Euploea dryasis* (Fabricius, 1793)?	仙木紫斑蝶?	—	东南亚?	大英博物馆	蛱蝶科	220
3/85	**Nero**	153/471	物种	*Appias nero nero* (Fabricius, 1793)	红翅尖粉蝶指名亚种	亚洲	印度尼西亚爪哇岛	大英博物馆	粉蝶科	220
4/5	**Gerdrudtus**	72/224	物种	*Caerois gerdrudtus* (Fabricius, 1793)	高地经环蝶	—	南美洲	德鲁里	蛱蝶科	250
4/7	Herse	229/718	同名	*Asterocampa idyja* (Geyer, 1828)	真知星纹蛱蝶	—	古巴?	德鲁里	蛱蝶科	252
4/9	**Luna**	109/336	物种	*Pierella luna luna* (Fabricius, 1793)	月亮柔眼蝶指名亚种	苏里南	苏里南	德鲁里	蛱蝶科	252
4/12	**Alope**	229/715	亚种	*Cercyonis pegala alope* (Fabricius, 1793)	双眼蝶美人亚种	印度	美国佐治亚州	弗朗西伦	蛱蝶科	253
4/15	Clerimon	217/678	遗忘名	*Mycalesis* Species inquirenda	眉眼蝶属存疑种	—	印度?	德鲁里	蛱蝶科	256
4/15	Zachæus	217/679	异名	*Mydosama sirius sirius* (Fabricius, 1775)	星眉眼蝶指名亚种	—	澳大利亚	德鲁里	蛱蝶科	256
4/17	Lycaon	228/714	同名	*Asterocampa celtis celtis* (Boisduval & Leconte, 1835))	北美星纹蛱蝶指名亚种	—	美国	德鲁里	蛱蝶科	258
4/18	Crantor	158/489	异名	*Cissia myncea* (Cramer, 1780)	门塞釉眼蝶	印度	苏里南?	德鲁里	蛱蝶科	259
4/20	**Flirtea**	90/281	亚种	*Junonia evarete flirtea* (Fabricius, 1793)	眼蛱蝶弗勒亚种	印度	巴西南部?	德鲁里	蛱蝶科	260
4/23	Liria [Thecla][4]	239/747	同名[4]	*Ectima thecla thecla* (Fabricius, 1796)	鞘拟眼蛱蝶指名亚种	印度群岛	巴西?	德鲁里	蛱蝶科	261
4/33	**Magus**	223/700	物种	*Pseudonympha magus* (Fabricius, 1793)	魔幻仙眼蝶	—	南非好望角	德鲁里	蛱蝶科	270
4/39	**Erota**	76/237	物种	*Vindula erota erota* (Fabricius, 1793)	文蛱蝶指名亚种	非洲	泰国	班克斯	蛱蝶科	274
4/41	Mergus	159/490	异名	*Erebia medusa medusa* (Fabricius, 1787)	森林红眼蝶指名亚种	非洲	欧洲大陆	班克斯	蛱蝶科	275
4/64	Cocyta[1]	127/388	同名	*Tanaecia iapis puseda* (Moore, 1858)	白条玳蛱蝶泰国亚种	东印度群岛	泰国	班克斯	蛱蝶科	289
4/65	**Dirtea**	59/184	物种	*Lexias dirtea dirtea* (Fabricius, 1793)	黑角律蛱蝶指名亚种	孟加拉	印度那加丘陵	大英博物馆	蛱蝶科	290
4/65	**Bernardus**	71/223	物种	*Charaxes bernardus bernardus* (Fabricius, 1793)	白带螯蛱蝶指名亚种	中国	中国	马香	蛱蝶科	290
4/67	**Narva**	249/775	物种	*Chlosyne narva narva* (Fabricius, 1793)	娜巢蛱蝶指名亚种	非洲	中美洲?	德鲁里	蛱蝶科	292
4/70	**Mardania**	249/776	物种	*Bebearia mardania mardania* (Fabricius, 1793)	马丁舟蛱蝶指名亚种	印度群岛	塞拉利昂	德鲁里	蛱蝶科	295
4/70	Cocalia	250/777	异名	*Bebearia mardania mardania* (Fabricius, 1793)	马丁舟蛱蝶指名亚种	印度群岛	塞拉利昂	德鲁里	蛱蝶科	295
4/71	Auge	248/773	遗忘名	*Euriphene auge* Species inquirenda	晨幽蛱蝶存疑种	印度群岛	塞拉利昂	德鲁里	蛱蝶科	296
4/72	**Sophus**	46/141	物种	*Bebearia sophus sophus* (Fabricius, 1793)	慧舟蛱蝶指名亚种	—	塞拉利昂?	德鲁里	蛱蝶科	297
4/73	Hesperus[5]	47/145	禁用	*Euryphura chalcis chalcis* (Felder & Felder, 1860)	金肋蛱蝶指名亚种	—	塞拉利昂?	德鲁里	蛱蝶科	298
4/73	Mirus	48/146	遗忘名	*Euriphene gambiae vera* Hecq, 2002	冈比亚幽蛱蝶信念亚种	—	塞拉利昂?	德鲁里	蛱蝶科	298
4/91	**Sophia**	248/771	物种	*Junonia sophia sophia* (Fabricius, 1793)	沙菲眼蛱蝶指名亚种	印度群岛	塞拉利昂	德鲁里	蛱蝶科	312
4/92	Pandora	257/796	异名 & 同名遗忘名	*Euptoieta hegesia hegesia* (Cramer, 1779)	黄翩蛱蝶指名亚种	—	牙买加	德鲁里	蛱蝶科	313
5/1	Marica	113/346	异名	*Charaxes tiridates tiridates* (Cramer, 1777)	笑螯蛱蝶指名亚种	非洲	塞拉利昂?	班克斯	蛱蝶科	334
5/7	Columbina	148/453	异名 & 同名遗忘名	*Phalanta phalantha phalantha* (Drury, 1773)	珐蛱蝶指名亚种	美洲	印度?	德鲁里	蛱蝶科	340
5/10	Blandina	129/397	异名	*Myscelia orsis* (Drury, 1782)	蓝云鼠蛱蝶	印度群岛	巴西	德鲁里	蛱蝶科	343
5/11	Amalia	129/398	异名(遗忘名)	*Sevenia amulia amulia* (Cramer, 1777)	星蛱蝶指名亚种	塞拉利昂	塞拉利昂	德鲁里	蛱蝶科	344
5/12	**Fatima**	81/252	物种	*Anartia fatima fatima* (Fabricius, 1793)	白纹蛱蝶指名亚种	印度群岛	墨西哥?	德鲁里	蛱蝶科	345
5/13	Polymenus	54/166	异名	*Emesis mandana mandana* (Cramer, 1780)	红螟蚬蝶指名亚种	苏里南	苏里南	德鲁里	蚬蝶科	346
5/15	Liberia	135/418	同名	*Temenis laothoe hondurensis* Fruhstorfer, 1907	黄褐余蛱蝶洪都拉斯亚种	印度群岛	中美洲	德鲁里	蛱蝶科	348
5/15	Amasia	136/419	异名	*Charaxes eupale eupale* (Drury, 1782)	翠无螯蛱蝶指名亚种	苏里南	塞拉利昂	德鲁里	蛱蝶科	348
5/16	Horatius	64/202	异名	*Charaxes anticlea anticlea* (Drury, 1782)	红裙螯蛱蝶指名亚种	—	塞拉利昂	德鲁里	蛱蝶科	349
5/18	**Lethe**	80/250	物种	*Hypanartia lethe* (Fabricius, 1793)	虎蛱蝶	印度群岛	巴西?	德鲁里	蛱蝶科	351
5/21	Phegea	132/407	同名	*Elymnias bammakoo bammakoo* (Westwood, 1851)	横波锯眼蝶指名亚种	印度	塞拉利昂	德鲁里	蛱蝶科	354
5/24	Prosperpina	228/713	异名 & 同名	*Smyrna blomfildia* (Fabricius, 1781)	没药蛱蝶	—	巴西	班克斯	蛱蝶科	357
5/27	**Coenobita [Ianthe]**	247/769	亚种[8]	*Pseudoneptis bugandensis ianthe* Hemming, 1964	布干达伪环蛱蝶紫花亚种	印度群岛	塞拉利昂	德鲁里	蛱蝶科	360
5/30	Sulpitia	245/765	异名	*Pseudacraea lucretia lucretia* (Cramer, 1775)	玉斑伪珍蛱蝶指名亚种	印度群岛	塞拉利昂	德鲁里	蛱蝶科	363
5/32	Lamina	118/361	异名	*Limenitis arthemis arthemis* (Drury, 1773)	拟斑蛱蝶指名亚种	印度	美洲	德鲁里	蛱蝶科	365
5/34	**Cacta**	116/356	物种	*Salamis cacta* (Fabricius, 1793)	仙人掌矩蛱蝶	印度	塞拉利昂	德鲁里	蛱蝶科	367
5/35	Eurocilia	79/247	异名	*Antanartia delius delius* (Drury, 1782)	赭蛱蝶指名亚种	印度群岛	塞拉利昂	德鲁里	蛱蝶科	368
5/36	Æthiopa	136/420	异名	*Cynandra opis opis* (Drury, 1773)	蓝纹簇蛱蝶指名亚种	非洲	塞拉利昂	德鲁里	蛱蝶科	369
5/37	Gnidia	137/422	异名	*Euriphene veronica* (Stoll, 1780)	卫幽蛱蝶	印度群岛	塞拉利昂	德鲁里	蛱蝶科	370
5/38	**Arcadius**	151/463	物种	*Bebearia arcadius* (Fabricius, 1793)	蓝星舟蛱蝶	非洲	塞拉利昂	德鲁里	蛱蝶科	371
5/60	**Lycurgus**	67/209	物种	*Charaxes lycurgus lycurgus* (Fabricius, 1793)	老螯蛱蝶指名亚种	非洲	塞拉利昂?	德鲁里	蛱蝶科	389
5/61	Manetho	83/260	异名	*Discophora celinde celinde* (Stoll, 1790)	森林方环蝶指名亚种	印度	印度尼西亚爪哇岛	史密斯	蛱蝶科	390
5/61	Aristides	86/268	客观异名?	*Discophora celinde celinde* (Stoll, 1790)	森林方环蝶指名亚种	印度群岛	印度尼西亚爪哇岛	史密斯	蛱蝶科	390
5/63	**Solon**	69/216	物种	*Charaxes solon solon* (Fabricius, 1793)	锁龙螯蛱蝶指名亚种	—	印度?	德鲁里	蛱蝶科	392
5/66	**Sempronius**	62/194	物种	*Charaxes sempronius sempronius* (Fabricius, 1793)	皇尾蛱蝶指名亚种	—	澳大利亚	德鲁里	蛱蝶科	395
5/70	**Themistocles**	66/207	物种	*Marpesia themistocles* (Fabricius, 1793)	合法凤蛱蝶	—	巴西?	德鲁里	蛱蝶科	399
5/77	**Posthumus**	149/458	物种	*Epitola posthumus* (Fabricius, 1793)	蛱灰蝶	—	塞拉利昂	德鲁里	灰蝶科	402
5/78	**Paullus**	63/199	物种	*Hypanartia paullus* (Fabricius, 1793)	双尾虎蛱蝶	牙买加	牙买加	琼斯	蛱蝶科	403
5/80	**Astina**	81/251	亚种	*Anaea troglodyta astina* (Fabricius, 1793)	红矩安蛱蝶维京亚种	圣托马斯岛	美属维京群岛圣托马斯岛	德鲁里	蛱蝶科	405
5/80	Miltiades	66/205	同名	*Antirrhea philoctetes lindigii* C. & F. Felder, 1862	暗环蝶林氏亚种	—	巴拿马?	德鲁里	蛱蝶科	405
5/83	**Bella**	79/245	物种	*Hypanartia bella* (Fabricius, 1793)	美丽虎蛱蝶	印度群岛	巴西?	德鲁里	蛱蝶科	408
5/83	Thyelia	142/437	异名	*Euthalia nais* (Forster, 1771)	橙红翠蛱蝶	印度群岛	印度?	德鲁里	蛱蝶科	408
5/101	Octavius	73/228	同名	*Memphis cleomestra* (Hewitson, 1869)	克莱尖蛱蝶	印度	巴拿马?	德鲁里	蛱蝶科	423

(J) 卷号/图版编号	种加词	(F93) 页码/物种编号	当前地位	当前学名	中文名	“产地”(F)	当前推测的原产地	收藏归属(J)	科	页码
5/101	Oisis	124/378	异名	*Myscelia orsis* (Drury, 1782)	蓝云鼠蛱蝶	印度群岛	巴西	德鲁里	蛱蝶科	423
6/2	Chiton	262/16	异名	*Panthiades phaleros* (Linnaeus, 1767)	坤灰蝶	印度	苏里南?	德鲁里	灰蝶科	447
6/2	**Meliboeus**	271/44	物种	*Arawacus meliboeus* (Fabricius, 1793)	蜜崖灰蝶	印度	巴西?	德鲁里	灰蝶科	447
6/2	Pan	276/67	异名	*Deudorix isocrates* (Fabricius, 1793)	黄星玳灰蝶	印度	印度	德鲁里	灰蝶科	447
6/2	**Phorbas**	277/68	物种	*Hypolycaena phorbas phorbas* (Fabricius, 1793)	牧草旖灰蝶指名亚种	印度	澳大利亚库克敦	德鲁里	灰蝶科	447
6/3	Augustus	275/62	异名	*Rekoa meton* (Cramer, 1779)	余灰蝶	美洲	苏里南	德鲁里	灰蝶科	448
6/3	Maecenas	271/45	异名	*Iraota timoleon timoleon* (Stoll, 1790)	铁木莱异灰蝶指名亚种	中国	中国	德鲁里	灰蝶科	448
6/3	**Agrippa**	259/3	物种	*Strephonota agrippa* (Fabricius, 1793)	苦黑顶灰蝶	美洲	南美洲	德鲁里	灰蝶科	448
6/4	**Dindus**	269/40	物种	*Strymon dindus* (Fabricius, 1793)	无为螯灰蝶	印度	巴西?	德鲁里	灰蝶科	449
6/4	Pindarus	262/15	异名	*Aphnaeus orcas* (Drury, 1872)	富妮灰蝶	印度	塞拉利昂	德鲁里	灰蝶科	449
6/5	Anacreon	268/34	遗忘名	*Satyrium liparops* (Le Conte, 1833)	黎洒灰蝶，保护名	印度	美国	德鲁里	灰蝶科	450
6/6	**Theocritus**	289/106	物种	*Theritas theocritus* (Fabricius, 1793)	陶线灰蝶	印度群岛	巴拿马?	德鲁里	灰蝶科	451
6/6	**Thucydides**	323/225	物种	*Euselasia thucydides thucydides* (Fabricius, 1793)	黄板优蚬蝶指名亚种	印度群岛	巴西?	德鲁里	蚬蝶科	451
6/9	Hesiodus	260/8	异名	*Oxylides faunus faunus* (Drury, 1773)	尖尾灰蝶指名亚种	印度群岛	塞拉利昂	德鲁里	灰蝶科	454
6/11	Tyrtaeus	271/46	遗忘名	Lycaenidae, *Nomen dubium*	灰蝶科，疑难名	印度群岛	南美洲?	德鲁里	灰蝶科	456
6/11	**Plinius**	284/92	物种	*Leptotes plinius plinius* (Fabricius, 1793)	细灰蝶	印度群岛	印度?	德鲁里	灰蝶科	456
6/12	**Phocides**	282/85	物种	*Bindahara phocides phocides* (Fabricius, 1793)	金尾灰蝶指名亚种	非洲	泰国普吉岛	班克斯	灰蝶科	457
6/13	**Sophocles**	267/31	物种	*Ostrinotes sophocles* (Fabricius, 1793)	索半蓝灰蝶	印度群岛	巴西?	德鲁里	灰蝶科	458
6/13	Euripides	267/32	遗忘名	*Parrhasius m-album* (Boisduval & Le Conte)	白 M 纹葩灰蝶，保护名	印度群岛	美国	德鲁里	灰蝶科	458
6/14	**Thales**	268/35	物种	*Ocaria thales* (Fabricius, 1793)	塔遨灰蝶	印度群岛	南美洲	德鲁里	灰蝶科	459
6/14	**Plato**	288/103	亚种	*Jamides bochus plato* (Fabricius, 1793)	雅灰蝶柏拉图亚种	印度群岛	印度至中国	德鲁里	灰蝶科	459
6/14	Pythagoras	259/6	新异名	*Anthene juba* (Fabricius, 1787)	竹尖角灰蝶	印度群岛	塞拉利昂	德鲁里	灰蝶科	459
6/15	**Phidias**	286/99	物种	*Leptomyrina phidias* (Fabricius, 1793)	刺尾灰蝶	印度	马达加斯加	德鲁里	灰蝶科	460
6/15	Xenophon	272/47	存疑种	*Rapala xenophon* (Fabricius, 1793)	史家燕灰蝶	印度	印度?	德鲁里	灰蝶科	460
6/16	**Parrhasius**	289/108	物种	*Chilades parrhasius parrhasius* (Fabricius, 1793)	红紫灰蝶指名亚种	印度	印度?	德鲁里	灰蝶科	461
6/17	**Hippocrates**	288/105	物种	*Eicochrysops hippocrates* (Fabricius, 1793)	和烟灰蝶	印度	塞拉利昂?	德鲁里	灰蝶科	462
6/18	**Herodotus**	286/100	物种	*Cyanophrys herodotus* (Fabricius, 1793)	海螺穹灰蝶	印度	新热带界	德鲁里	灰蝶科	463
6/18	Pericles	273/54	异名	*Anthene larydas* (Cramer, 1780)	指名尖角灰蝶	印度群岛	塞拉利昂	德鲁里	灰蝶科	463
6/18	Ericus	281/81	异名	*Cacyreus lingeus* (Stoll, 1782)	指名丁字灰蝶	印度	非洲	德鲁里	灰蝶科	463
6/20	**Philippus**	283/87	物种	*Hypolycaena philippus philippus* (Fabricius, 1793)	菲利普旖灰蝶指名亚种	印度	塞拉利昂	德鲁里	灰蝶科	465
6/21	**Cecrops**	270/41	物种[10]	*Calycopis cecrops* (Fabricius, 1793)	俏灰蝶	印度群岛	美国佐治亚州	德鲁里	灰蝶科	466
6/23	**Busiris**	345/310	物种[11]	*Heraclia busiris* (Fabricius, 1793)	崩王力虎蛾	印度群岛	西非?	德鲁里	夜蛾科	468
6/24	**Cassander**	337/280	物种	*Astraptes cassander* (Fabricius, 1793)	光蓝闪弄蝶	—	古巴?	德鲁里	弄蝶科	469
6/24	**Polybius**	337/281	物种	*Phocides polybius polybius* (Fabricius, 1793)	蓝条弄蝶指名亚种	印度群岛	苏里南?	德鲁里	弄蝶科	469
6/25	**Mithridates**	336/278	物种	*Achlyodes mithridates mithridates* (Fabricius, 1793)	美钩翅弄蝶指名亚种	印度群岛	牙买加	德鲁里	弄蝶科	470
6/25	Zeleucus	346/317	异名	*Pyrrhopyge phidias phidias* (Linnaeus, 1758)	红臀弄蝶指名亚种	印度群岛	苏里南?	德鲁里	弄蝶科	470
6/26	**Pisistratus**	345/311	物种	*Coeliades pisistratus* (Fabricius, 1793)	庇神竖翅弄蝶	美洲	塞拉利昂	德鲁里	弄蝶科	471
6/26	Amiatus	347/320	异名	*Pyrrhopyge amyclas amyclas* (Cramer, 1779)	阿密红臀弄蝶指名亚种	美洲	苏里南?	德鲁里	弄蝶科	471
6/27	**Pelopidas**	350/331	物种	*Mylon pelopidas* (Fabricius, 1793)	派洛霾弄蝶	印度群岛	南美洲	德鲁里	弄蝶科	472
6/28	**Thrasibulus**	346/315	物种	*Cycloglypha thrasibulus* (Fabricius, 1793)	轮弄蝶	印度群岛	南美洲	德鲁里	弄蝶科	473
6/29	**Aesculapius**	347/321	物种	*Amblyscirtes aesculapius aesculapius* (Fabricius, 1793)	网缎弄蝶指名亚种	北美洲	美国东部	德鲁里	弄蝶科	474
6/32	**Artemisia**	101/313	物种	*Dynamine artemisia artemisia* (Fabricius, 1793)	眼镜权蛱蝶指名亚种	美洲	巴西?	德鲁里	蛱蝶科	477
6/32	Miriam	242/754	异名	*Bicyclus dorothea dorothea* (Cramer, 1779)	紫晕蔽眼蝶指名亚种	印度群岛	塞拉利昂	德鲁里	蛱蝶科	477
6/32	Arminius	155/478	异名	*Emesis mandana mandana* (Cramer, 1780)	红螟蚬蝶指名亚种	—	苏里南?	德鲁里	蚬蝶科	477
6/34	Isarchus	316/198	异名	*Azanus isis* (Drury, 1773)	伊斯素灰蝶	美洲	塞拉利昂	德鲁里	灰蝶科	479
6/34	Laches	317/199	异名	*Lachnocnema bibulus* (Fabricius, 1793)	毛足灰蝶	美洲	塞拉利昂	德鲁里	灰蝶科	479
6/35	**Geminus**	322/220	物种	*Semomesia geminus* (Fabricius, 1793)	细纹眼蚬蝶	美洲	巴西?	德鲁里	灰蝶科	480
6/35	Vanessa	192/597	遗忘名[12]	*Liptena septistrigata* Bethune-Baker, 1903	七带鳞灰蝶	美洲	塞拉利昂	德鲁里	灰蝶科	480
6/36	Gemellus	319/208	异名	*Euselasia teleclus* (Stoll, 1787)	泰勒优蚬蝶	法属圭亚那卡宴	法属圭亚那	德鲁里	蚬蝶科	481
6/36	**Ptolomæus**	319/209	物种	*Metacharis ptolomaeus* (Fabricius, 1793)	黑纹蚬蝶	印度群岛	巴西	德鲁里	蚬蝶科	481
6/36	**Archimedes**	320/210	物种	*Theope archimedes* (Fabricius, 1793)	原娆蚬蝶	印度群岛	南美洲	德鲁里	蚬蝶科	481
6/37	Heraclitus	291/112	异名	*Callicore hydaspes* (Drury, 1782)	四瞳图蛱蝶	南美洲	巴西	德鲁里	蛱蝶科	482
6/37	**Virgilius**	323/226	物种	*Theope virgilius* (Fabricius, 1793)	维尔娆蚬蝶	印度群岛	南美洲	德鲁里	蚬蝶科	482
6/37	Petronius	324/237	异名	*Hypophylla argenissa* (Stoll, 1790)	爱叶蚬蝶	印度群岛	南美洲	德鲁里	蚬蝶科	482
6/38	Livius	315/194	异名	*Hypochrysops narcissus narcissus* (Fabricius, 1775)	娜链灰蝶指名亚种	印度群岛	澳大利亚昆士兰州	德鲁里	灰蝶科	483
6/38	Lucanus	322/221	遗忘名存疑名	*Mimeresia sp., cf. M. moyambina* (Bethune-Baker, 1904)	靡灰蝶属某种，参考魔靡灰蝶	印度群岛	塞拉利昂?	德鲁里	灰蝶科	483
6/39	**Lucius**	320/211	物种	*Metacharis lucius* (Fabricius, 1793)	亮黑纹蚬蝶	印度群岛	南美洲	德鲁里	蚬蝶科	484
6/39	**Bibulus**	307/163	物种	*Lachnocnema bibulus* (Fabricius, 1793)	毛足灰蝶	印度群岛	塞拉利昂	德鲁里	灰蝶科	484
6/39	Ovidius	320/212	异名	*Emesis cereus cereus* (Linnaeus, 1767)	螟蚬蝶指名亚种	印度群岛	南美洲	德鲁里	蚬蝶科	484
6/40	**Numitor**	324/228	物种	*Ancyloxypha numitor* (Fabricius, 1793)	橙弄蝶	印度群岛	美国东部	德鲁里	弄蝶科	485
6/40	**Æmulius**	322/219	物种	*Catocyclotis aemulius* (Fabricius, 1793)	卡多蚬蝶	印度群岛	巴西?	德鲁里	蚬蝶科	485
6/41	Romulus	316/195	遗忘名存疑名	cf. *Chalybs hassan* (Stoll, 1790)	参考阿查灰蝶	印度群岛	南美洲	德鲁里	灰蝶科	486
6/44	Plautus	291/113	遗忘名	*Callophrys niphon* (Hübner, 1819)	白雪盈灰蝶	印度群岛	美国东部	德鲁里	灰蝶科	489
6/44	**Titus**	297/130	物种[13]	*Satyrium titus titus* (Fabricius, 1793	哈根灰蝶指名亚种	英格兰	北美洲	德鲁里	灰蝶科	489
6/45	**Tarquinius**	319/207	物种	*Feniseca tarquinius* (Fabricius, 1793)	棉蚜灰蝶	印度群岛	北美洲东部	弗朗西伦	灰蝶科	490
6/46	Tacitus	308/168	异名	*Symmachia menetas* (Drury, 1782)	美纳树蚬蝶	苏里南	苏里南?	德鲁里	蚬蝶科	491
6/46	**Regulus**	318/205	物种	*Synargis regulus* (Fabricius, 1793)	帝王拟螟蚬蝶	印度群岛	巴西	德鲁里	蚬蝶科	491

(J)卷号/图版编号	种加词	(F93)页码/物种编号	当前地位	当前学名	中文名	"产地"(F)	当前推测的原产地	收藏归属(J)	科	页码
6/48	Coriolanus	284/91	异名	*Abisara echerius echerius* (Stoll, 1790)	蛇目褐蚬蝶指名亚种	印度群岛	中国?	德鲁里	蚬蝶科	493
6/49	**Martius**	219/686	物种[14]	*Bicyclus martius* (Fabricius, 1793)	马蒂蔽眼蝶	—	塞拉利昂	德鲁里	蛱蝶科	494
6/49	Cornelius	220/689	遗忘名	*Cyllopsis gemma gemma* (Hübner, 1818)	黑宝石眼蝶指名亚种	—	美国?	德鲁里	蛱蝶科	494
6/50	**Constantius**	152/468	物种	*Aricoris constantius* (Fabricius, 1793)	坤海蚬蝶	—	巴西	德鲁里	蚬蝶科	495
6/50	Florimel	215/673	存疑种	Bicyclus sp. cf. *B. evadne* (Cramer, 1779)	蔽眼蝶属某种，参考埃娃蔽眼蝶	—	西非?	德鲁里	蛱蝶科	495
6/51	**Halyma**	243/758	物种	*Hallelesis halyma* (Fabricius, 1793)	纵带哈雷眼蝶	印度群岛	塞拉利昂	德鲁里	蛱蝶科	496
6/52	**Sosybius**	219/684	物种	*Hermeuptychia sosybius* (Fabricius, 1793)	卡州褐眼蝶	—	美国?	德鲁里	蛱蝶科	497
6/55	**Coenus**	308/169	物种	*Dynamine coenus coenus* (Fabricius, 1793)	丛权蛱蝶指名亚种	印度群岛	巴西南部?	德鲁里	蛱蝶科	500
6/55	**Alphonsus**	308/171	物种	*Monethe alphonsus* (Fabricius, 1793)	莫尼蚬蝶	苏里南	苏里南	德鲁里	蚬蝶科	500
6/58	Suetonius	320/213	异名	*Aloeides pierus* (Cramer, 1779)	乐灰蝶	印度群岛	南非	德鲁里	灰蝶科	503
6/59	**Salustius**	310/175	物种	*Lycaena salustius salustius* (Fabricius, 1793)	沙灰蝶指名亚种	印度群岛	新西兰南岛	德鲁里	灰蝶科	504
6/59	**Florus**	310/176	物种	*Mesene florus* (Fabricius, 1793)	花迷蚬蝶	印度群岛	巴西南部	德鲁里	蚬蝶科	504
6/63	**Artaxerxes**	297/129	物种	*Aricia artaxerxes artaxerxes* (Fabricius, 1793)	白斑爱灰蝶指名亚种	英格兰	苏格兰	琼斯	灰蝶科	508
6/67	**Honorius**	151/464	物种	*Aethiopana honorius* (Fabricius, 1793)	白衬裳灰蝶	—	塞拉利昂	德鲁里	灰蝶科	512
6/70	Curtius	354/344	异名	*Telemiades vespasius* (Fabricius, 1793)	维电弄蝶	苏里南	苏里南?	德鲁里	弄蝶科	515
6/71	**Celsus**	346/316	物种	*Lychnuchoides celsus* (Fabricius, 1793)	塞青项弄蝶	印度	巴西?	德鲁里	弄蝶科	516
6/71	**Galenus**	350/332	物种	*Celaenorrhinus galenus* (Fabricius, 1793)	橙色星弄蝶	印度群岛	塞拉利昂?	德鲁里	弄蝶科	516
6/73	**Propertius**	325/234	物种	*Propertius propertius* (Fabricius, 1793)	占弄蝶	印度群岛	南美洲	德鲁里	弄蝶科	518
6/74	**Tibullus**	326/235	物种	*Pardaleodes tibullus* (Fabricius, 1793)	诗人嵌弄蝶	印度群岛	塞拉利昂?	德鲁里	弄蝶科	519
6/74	**Origenes**	328/245	物种	*Polites origenes origenes* (Fabricius, 1793)	黑褐玻弄蝶指名亚种	印度群岛	北美洲	德鲁里	弄蝶科	519
6/75	**Plutargus**	329/251	物种	*Caria plutargus plutargus* (Fabricius, 1793)	咖蚬蝶指名亚种	印度群岛	巴西?	德鲁里	蚬蝶科	520
6/75	**Epictetus**	329/252	物种	*Anthoptus epictetus* (Fabricius, 1793)	花柔弄蝶	印度群岛	南美洲	德鲁里	弄蝶科	520
6/78	**Juvenalis**	339/291	物种	*Erynnis juvenalis juvenalis* (Fabricius, 1793)	银点珠弄蝶指名亚种	美洲	美国东部?	德鲁里	弄蝶科	523
6/79	Nepos	340/292	物种	*Napaea nepos* (Fabricius, 1793)	白裙纳蚬蝶	印度	南美洲	琼斯	蚬蝶科	524
6/79	Nerva	340/293	物种	*Kedestes nerva nerva* (Fabricius, 1793)	脉肯弄蝶指名亚种	印度群岛	南非	德鲁里	弄蝶科	524
6/79	Caesar	340/294	物种	*Andronymus caesar caesar* (Fabricius, 1793)	昂弄蝶指名亚种	印度群岛	塞拉利昂?	德鲁里	弄蝶科	524
6/80	**Catullus**	348/323	物种	*Pholisora catullus* (Fabricius, 1793)	碎滴弄蝶	印度群岛	北美洲	德鲁里	弄蝶科	525
6/81	**Tertullianus**	341/295	物种	*Sarangesa tertullianus* (Fabricius, 1793)	先知刷胫弄蝶	印度群岛	塞拉利昂?	德鲁里	弄蝶科	526
6/85	**Mercurius**[1]	333/263	物种	*Proteides mercurius mercurius* (Fabricius, 1793)	橙头银光弄蝶指名亚种	法属圭亚那卡宴	法属圭亚那	德鲁里	弄蝶科	530
6/86	**Vespasius**	334/269	物种	*Telemiades vespasius* (Fabricius, 1793)	维电弄蝶	印度群岛	南美洲	德鲁里	弄蝶科	531
6/86	Chemnis	331/257	异名	*Calpodes ethlius* (Stoll, 1782)	巴西弄蝶	印度群岛	美洲	德鲁里	弄蝶科	531
6/87	**Scipio**	338/284	物种	*Neoxeniades scipio scipio* (Fabricius, 1793)	杖新形弄蝶指名亚种	印度群岛	巴西南部?	德鲁里	弄蝶科	532
6/87	Mercatus	332/260	异名	*Astraptes fulgerator fulgerator* (Walch, 1775)	双带蓝闪弄蝶指名亚种	印度群岛	苏里南?	德鲁里	弄蝶科	532
6/88	Muretus	332/259	异名	*Bungalotis erythus* (Cramer, 1775)	红帮弄蝶	印度群岛	苏里南?	德鲁里	弄蝶科	533
6/89	**Ennius**	337/283	物种	*Artitropa ennius* (Fabricius, 1793)	史诗橙晕弄蝶	印度群岛)	塞拉利昂	德鲁里	弄蝶科	534
6/90	Momus[1]	334/268	异名	*Phanus vitreus* (Stoll, 1781)	芳弄蝶	法属圭亚那卡宴	法属圭亚那	德鲁里	弄蝶科	535
6/91	Orcus	341/296	异名	*Quadrus cerialis* (Stoll, 1782)	矩弄蝶	印度群岛	苏里南?	德鲁里	弄蝶科	536
6/93	**Jovianus** (fabricii)	348/324	同名（亚种）[15]	*Pythonides jovianus* (Stoll, 1782) *fabricii* Kirby, 1871	牌弄蝶法布亚种	印度群岛	巴西	德鲁里	弄蝶科	538
6/94	Salvianus	348/325	异名	*Xenophanes tryxus* (Stoll, 1780)	透翅弄蝶	印度群岛	苏里南?	德鲁里	弄蝶科	538

本列表由理查德·I·文-赖特整理

(J) 卷号/图版：该模式标本图像在《琼斯图谱》中出现的卷号和图版编号，"J"代表琼斯。

种加词：约翰·C. 法布里丘斯给出的物种名，琼斯将其标在对应的图版或插画中。加粗表示现今仍被用于物种或亚种的种加词。

(F93) 页码/物种编号：该物种在法布里丘斯的《系统昆虫学》第3卷（1793）中出现的页码和物种编号。琼斯图版中的"ES"号即对应此书的物种编号。"F"代表法布里丘斯，"93"代表1793年出版的《系统昆虫学》第3卷。

当前地位：该名称目前的公认地位，表明该学名代表被认可的物种、亚种或色型，还是被视为异名或同名。

当前学名：琼斯所画的物种目前被接受的学名。请注意，在正式的动物命名法规中，当一个种加词被与最初命名时的属以外的属名组合时，其作者和年份要放在括号里。在法布里丘斯的《系统昆虫学》第3卷（1793）中，前257页提出的所有新名字都被置于凤蝶属 *Papilio*，而第258页及以后提出的所有新名字都被置于弄蝶属 *Hesperia*。关于该物种在《系统昆虫学》第3卷中的页码，见第三列。

"产地"（F）：法布里丘斯在《系统昆虫学》第3卷（1793）中记述的标本产地。请注意，有些情况下这一信息与琼斯记录的产地有所不同。

当前推测的原产地：琼斯所绘的标本可能的采集地，不确定的地点后面标注问号。

收藏归属（J）：琼斯给出的藏品来源。请注意，它与法布里丘斯给出的来源并不总是相同的，可能是失误所致。

科：该物种目前所属的科。

页码：该模式标本图像在本书中出现的页码。

遗忘名（nomen oblitum）：自1899年之后不曾被用于身份确定的分类阶元的名称，因此，根据《国际动物命名法规》，其不应取代当前正在使用的次名称。

存疑种（Species inquirenda）：分类学有效性不确定、受到不同专家争议或无法鉴定的物种。

疑难名（Nomen dubium）：存疑或身份不确定的物种。

保护名（Nomen protectum）：被赋予优先地位的名称，级别高于无人使用、已被降级为遗忘名的首异名（或首同名）。

编者注：

1. 法布里丘斯在《琼斯图谱》中的图像之外还引用了其他的资料。
2. 目前正在接受IUCN评估的名称——将被指定一件新的模式标本。无论这一操作结果如何，这个名字将一直用于某个物种。
3. 法布里丘斯给出的引用有误，看起来像是引自克拉默："Cram. Ins. 2. tab. 46. fig. 2"，此处明显是引用琼斯的画（克拉默的图版46与琼斯的图版46没有任何相似之处）。
4. *Papilio liria Fabricius* 是一个次原同名，因此是无效的——但 *Papilio thecla* Fabricius, 1796 是当前使用的明确的替代名，因此琼斯的画是 *Papilio thecla* 的模式标本图像。
5. *Papilio hesperus* Fabricius 是一个首原同名，但已被禁用，让位给了它的次同名〔ICZN 第2319号意见（第3503号案），2013年6月〕。
6. 目前文献中的 *Papilio columbina* Fabricius 被错误地指向了一种美国蝴蝶。
7. *Papilio fatima* Fabricius 是一个次原同名，但它被保留了下来〔ICZN 第1339号意见（第2351号案），1985年9月〕。
8. *Papilio coenobita* 是一个次原同名。*Pseudoneptis ianthe* Hemming, 1964 是它明确的替代名，因此琼斯的 Coenobita 一图是 *Pseudoneptis ianthe* 的模式标本图像。
9. *Papilio aristides* 与 *Papilio menetho* 基于同一图像，因此前者是后者的客观异名。
10. 2006年，拉马斯和罗宾斯（Lamas & Robbins, 2006）为 *Hesperia cecrops* 指定了一件新模。
11. 2018年，齐利和格里申（Zilli & Grishin, 2018）为 *Hesperia busiris* 指定了一件新模。
12. 文-赖特正在撰写一篇论文，拟将 *Liptena septistrigata* Bethune-Baker, 1903 划为保护名。
13. 2004年加特雷勒（Gatrelle, 2004）可能曾为 *Hesperia titus* 指定了一件选模，该标本似乎是在伦敦自然史博物馆。
14. 2003年拉森（Larsen, 2003）为 *Papilio martius* Fabricius 指定了一件新模。
15. 1871年柯比（Kirby, 1871）曾明确提出将 *Pythoniades fabricii* 作为 *Jovianus Fabricius nec jovianus* Stoll 的替代名；因此，琼斯为 *Hesperia jovianus* Fabricius 所绘的图像是（两个名称共有的）模式标本图像。

物种索引

（按学名字母排序）

D

E

F

G

H

I

J

K

L

M

N

O

P

Q

R

S

T

U

V

X

Y

Z

内容索引

M

P

Q

R

S

T

W

X

Y

Z

作品（按拼音排序）

其他（按拼音排序）

注释

序言

1. 1819—1900，英国作家、艺术评论家，拉斐尔前派的精神领袖，在建筑设计和装饰方面见解独到，深刻影响了后世的博物馆建筑风格。
2. 英国的大学中由王室设立、任命并提供资金的教授席位。
3. 牛津大学由昆虫学家弗雷德里克·威廉·霍普牧师捐赠支持的一个动物学教授席位，韦斯特伍德是霍普牧师指定的首任霍普动物学教授。后来牛津大学整合霍普牧师及其妻子埃伦·霍普，以及另一位昆虫学家乔治·布朗斯德尔·朗斯塔夫博士捐赠的资产成立了霍普基金，并由霍普基金一直支持该教授席位至今。
4. 为展陈昆虫学家弗雷德里克·威廉·霍普牧师捐赠的昆虫标本建立的博物馆。

前言

1. 1773—1877，林奈学会创始人詹姆斯·爱德华·史密斯的妻子。
2. 兄弟同名，只是兄长继承了封地，另一个没有。
3. 也就是说，虽然官方信息表明琼斯生于 1745 年，但根据遗嘱中的信息，琼斯应当生于 1735 年，两者有出入。
4. 英国博物学家，被誉为英国第一位生态学家、现代观鸟之父，代表作《赛尔伯恩博物志》。
5. 原文把 Britain 误拼为 Brittain，作者保留了这一错误拼写并标注"原文如此"，因此中文翻译也引入了错别字。
6. 翅膀最大而华丽的蝴蝶，林奈用希腊神话中参与特洛伊战争的骑兵为这些物种命名，根据这些骑兵属于特洛伊方还是希腊方，又分为 Troës（特洛伊骑兵）和 Achivi（希腊骑兵）两类。由于仅根据翅形分类，其中混入了巨燕蛾等不属于蝴蝶的物种。琼斯修订后的"骑兵类"基本相当于现在的凤蝶科。
7. 翅膀中等大而前翅较长的一类蝴蝶，林奈用希腊神话中赫利孔山上的女神为这些物种命名，今蛱蝶科袖蝶亚科的学名 Heliconiinae 即源于此。林奈命名的 15 个"赫利孔类"蝴蝶包括 3 种袖蝶、2 种绢蝶、2 种绡蝶、1 种眼蝶、1 种珍蝶、1 种环蝶、1 种蚬蝶、1 种蛱蝶，此外还有 2 个无效命名，琼斯修订后的"赫利孔类"包括现在的蛱蝶科袖蝶亚科袖蝶族、珍蝶族，斑蝶亚科绡蝶族，以及粉蝶科物种。
8. 翅膀大小中等且通常有毒的一类蝴蝶，林奈用希腊神话中埃及国王丹尼亚斯及其孪生兄弟埃古普托斯的众子女的名字为这些物种命名，传说丹尼亚斯生有 50 个女儿，被迫嫁给了埃古普托斯的 50 个儿子，其中 49 个听从父亲的嘱咐在新婚之夜杀死了新郎。其中翅面底色为白色或浅色的种类（Candidi）用丹尼亚斯的白色或纯血女儿命名，多为粉蝶科物种；翅面色彩斑斓的种类用埃古普托斯的儿子命名，包括斑蝶、环蝶、蛱蝶、眼蝶。今蛱蝶科斑蝶亚科的学名 Danainae 即源于本词，琼斯列入"丹尼亚斯类"的蝴蝶包括粉蝶、斑蝶、环蝶和眼蝶。
9. 翅膀大小中等且多色彩斑斓、飞行轻捷、姿态优美的蝴蝶，林奈用希腊神话中宁芙仙女的名字给它们命名。宁芙仙女是希腊神话中自然幻化的次要女神，出没于山野林泉之地，通常是能歌善舞的美丽少女形象，正如这类蝴蝶比不上凤蝶大而华丽但多彩多姿的特征。今蛱蝶科的学名 Nymphalidae 即源于此。琼斯列入"仙女类"的蝴蝶包括蛱蝶、眼蝶、环蝶等蛱蝶科物种。
10. 翅膀小而不起眼的蝴蝶，林奈用希腊神话中的平民为其命名，又根据平民来自城镇还是乡下分为"乡下平民类"（Plebeji Rurales）和"城镇平民类"（Plebeji urbicolae）。琼斯列入"平民类"的蝴蝶主要包括灰蝶、弄蝶，以及一些小型蛱蝶、蚬蝶、眼蝶。

第 I 卷

1. 贝氏拟态是拟态的一种类型，指无毒可食的物种在形态、色型和行为上模拟有毒不可食的物种，从而避免被天敌捕食。
2. 这里的著作指罗斯柴尔德在自己主编的杂志《动物学新知》（*Novitates zoologicae*）第二卷上发表的文章——《东半球（非洲除外）蝴蝶修订》（*A revision of the Papilios of the eastern hemisphere, exclusive of Africa. Novit. zool.* 2: 167-463.）
3. 这里被归为仿凤蝶属 *Mimoides*，中国常将其归为阔凤蝶属 *Eurytides*，学名 *Eurytides ilus*。
4. 这里被归为指凤蝶属 *Protographium*，中国常将其归为阔凤蝶属，学名 *Eurytides marcellinus*。
5. 这里被归为指凤蝶属 *Protographium*，中国常将其归为阔凤蝶属，学名 *Eurytides asius*。
6. 目前多将其归为单独的斑凤蝶属 *Chilasa*，学名 *Chilasa clytia*。
7. 凤蝶属 *Papilio* 是个极大的属，下面还分为若干亚属，其中指名亚属的种类被称为真凤蝶类。
8. 这里被归为指凤蝶属 *Protographium*，中国常将其归为阔凤蝶属，学名 *Eurytides marcellus*。
9. 该属是从阔凤蝶属 *Eurytides* 分出来的，中国常将其置于阔凤蝶属，这里的中文属名取自其模式种海神阔凤蝶 *Eurytides (Protesilaus) protesilaus*。
10. 这里被归为海神凤蝶属 *Protesilaus*，中国常将其置于阔凤蝶属，学名 *Eurytides glaucolaus*。
11. 这里被归为指凤蝶属 *Protographium*，中国常将其归为阔凤蝶属，学名 *Eurytides thyastes*。
12. 这里被归为仿凤蝶属 *Mimoides*，中国常将其归为阔凤蝶属，学名 *Eurytides lysithous*。

第 II 卷

1. 这里被归为珍蝶属 *Acraea*，中国常将其归为独立的线珍蝶属 *Bematistes*，学名 *Bematistes macaria*。
2. 这里被归为珍蝶属 *Acraea*，中国常将其归为独立的线珍蝶属 *Bematistes*，学名 *Bematistes umbra*。
3. 这里被归为珍蝶属 *Acraea*，中国常将其归为独立的线珍蝶属 *Bematistes*，学名 *Bematistes epaea*。
4. 这里被归为亮绡蝶属 *Hypoleria*，现在一般将其归为莹绡蝶属 *Pseudoscada*，学名 *Pseudoscada lavinia*。
5. 这里被归为海神袖蝶属 *Laparus*，一般将其归为袖蝶属 *Heliconius*，学名 *Heliconius doris*。
6. 中国曾用名为克罗漆蛱蝶 *Phyciodes clio*。

第 III 卷

1. 目前多将其归为单独的装饰灰蝶属 *Athysanota*，学名 *Athysanota ornata*。
2. 这里被归为羞粉蝶属 *Pyrisitia*，中国常将其置于黄粉蝶属 *Eurema*，学名 *Eurema proterpia*。
3. 这里被归为时粉蝶属 *Glutophrissa*，中国常将其归为尖粉蝶属 *Appias*，学名 *Appias drusilla*。
4. 这里被归为素粉蝶属 *Ganyra*，中国常将其归为纯粉蝶属 *Ascia*，学名 *Ascia josephina*。
5. 现在一般被视为金斑蝶异名。
6. 这里被归为棘形眼蝶属 *Taygetomorpha*，中国常将其归为棘眼蝶属 *Taygetis*，学名 *Taygetis celia*。
7. 中国文献通常提及的美眼蝶 *Magneuptychia antonoe* 是该种的主观异名。
8. 这里被归为副釉眼蝶属 *Pareuptychia*，中国常将其归为釉眼蝶属 *Euptychia*，学名 *Euptychia ocirrhoe*。
9. 这里被归为娃眼蝶属 *Amiga*，目前多将其归为绿眼蝶属 *Chloreuptychia*，学名 *Chloreuptychia arnaca*。
10. 有时被视为幻紫斑蝶 *Euploea core* 的亚种。

第 IV 卷

1. 这里被归为原角蛱蝶属 *Protogoniomorpha*，中国常将其归为矩蛱蝶属 *Salamis*，学名 *Salamis parhassus*。
2. 这里被归为原角蛱蝶属 *Protogoniomorpha*，中国常将其归为矩蛱蝶属 *Salamis*，学名 *Salamis anacardia*。
3. 这里被归为黛眼蝶属 *Lethe*，也有人将其归为串珠眼蝶属 *Enodia*，学名 *Enodia portlandia*。
4. 豹星纹蛱蝶 *Asterocampa argus* 常被认为是该种的亚种，两者的身份有时会被混淆。
5. 这里被归为古釉眼蝶属 *Archeuptychia*，中国常将其归为釉眼蝶属 *Euptychia*，学名 *Euptychia cluena*。
6. 这里被归为细眼蝶属 *Cissia*，目前多将其归为釉眼蝶属 *Euptychia*，学名 *Euptychia myncea*。
7. 现在一般认为 *Junonia evarete* 是 *Junonia lavinia* 的异名，中文俗名眼蛱蝶来自 *Junonia lavinia*。
8. 这里被归为仁眼蝶属 *Hipparchia*，中国常将其归为眼蝶属 *Satyrus*，学名 *Satyrus semele*。
9. 这里被归为觅眼蝶属 *Mydosama*，目前多将其归为眉眼蝶属 *Mycalesis*，学名 *Mycalesis terminus*。
10. 目前多将其视为蠹叶蛱蝶 *Doleschallia bisaltide* 的亚种。
11. 这里被归为幽蛱蝶属 *Euriphene*，目前多将其归为舟蛱蝶属 *Bebearia*，学名 *Bebearia cocalia*。
12. 中国常将其归为从宝蛱蝶属 *Boloria* 分出来的珍蛱蝶属 *Clossiana*，以下名为某珍蛱蝶的均为这种情况。

第 V 卷

1. 这里被归为玳蛱蝶属 *Tanaecia*，中国常将其归为翠蛱蝶属 *Euthalia*，学名 *Euthalia cocytus*。
2. 这里被归为树蛱蝶属 *Sevenia*，中国常将其归为星蛱蝶属 *Asterope*，学名 *Asterope amulia*。
3. 这里被归为蛇目蛱蝶属 *Precis*，目前多将其归为眼蛱蝶属 *Junonia*，学名 *Junonia octavia*。
4. 这里被归为线蛱蝶属 *Limenitis*，中国常将其归为斑蛱蝶属 *Basilarchia*，学名 *Basilarchia arthemis*。
5. 原作者可能认为 *M. laertes* 是 *Prepona laertes* (Hübner, 1811) 的同名，故采纳了法布里丘斯后来取的学名 *M. epistrophus*，但现代分类认为 *M. epistrophus* 是 *M. laertes* 的同物异名。
6. 这里被归为螯蛱蝶属 *Charaxes*，目前多将其归为尾蛱蝶属 *Polyura*，学名 *Polyura arja*。
7. 中国常将其视为 *Charaxes laodice* 的异名，但作者认为 1771 年 Pallas 已经用 *laodice* 命名了老豹蛱蝶 *Papilio laodice* Pallas, 1771（今 *Argyronome laodice*），因此德鲁里命名的 *Papilio laodice* 是无效的同名，应采纳法布里丘斯命名的 *Papilio lycurgus* 为替代名。
8. 这里被归为螯蛱蝶属 *Charaxes*，目前多将其归为尾蛱蝶属 *Polyura*，学名 *Polyura sempronius*。
9. 目前多认为 *Nymphalis (Roddia) l-album* 是 *Nymphalis vau-album* 的异名，中文名白矩朱蛱蝶取自 *Nymphalis vau-album*。
10. 目前多将 *Evena* 视为珂蛱蝶属 *Catuna* 的异名，故该种学名多写作 *Catuna oberthueri*。
11. 这里被归为蛇目蛱蝶属 *Precis*，目前多将其归为眼蛱蝶属 *Junonia*，学名 *Junonia pelarga*。

第 VI 卷

1. 这里被归为潘灰蝶属 *Panthiades*，目前多将其归为坤灰蝶属 *Cycnus*，学名 *Cycnus phaleros*。
2. 这里被归为琼灰蝶属 *Brangas*，目前多将其归为宝绿灰蝶属 *Atlides*，学名 *Atlides getus*。
3. 这里被归为野灰蝶属 *Theritas*，目前多将其归为线灰蝶属 *Thecla*，学名 *Thecla theocritus*。
4. 这里被归为野灰蝶属 *Theritas*，目前多将其归为线灰蝶属 *Thecla*，学名 *Thecla hemon*。
5. 这里被归为野灰蝶属 *Theritas*，目前多将其归为线灰蝶属 *Thecla*，学名 *Thecla strephon*。
6. 有意见认为该种为潘灰蝶 *Panthiades pelion* 的异名。
7. 一般认为 *Dynamine postverta* 是 *Dynamine mylitta* 的异名，中文名磨石权蛱蝶取自 *Dynamine mylitta*。
8. 一般认为 *Dynamine serina* 是 *Dynamine egaea* 的异名，中文名褐权蛱蝶取自 *Dynamine egaea*。
9. 目前多被视为拟蛱蚬蝶 *Juditha lamis* 的亚种。
10. 这里被归为首釉眼蝶属 *Cepheuptychia*，目前多将其归为釉眼蝶属 *Euptychia*，学名 *Euptychia cephus*。
11. 一般认为 *Cephetola subcoerulea* 是维纳里蛱灰蝶 *Epitola vinalli* 的异名。
12. 这里被归为卡灰蝶属 *Callophrys*，目前多将其归为盈灰蝶属 *Incisalia*，学名 *Incisalia niphon*。
13. 这里被归为洒灰蝶属 *Satyrium*，目前多将其归为独立的哈根灰蝶属 *Harkenclenus*，学名 *Harkenclenus titus*。
14. 这里被归为裙蚬蝶属 *Aricoris*，目前多将其归为海蚬蝶属 *Eurybia*，学名 *Eurybia constantius*。
15. 这里被归为非蚬蝶属 *Afriodinia*，目前多将其归为褐蚬蝶属 *Abisara*，学名 *Abisara gerontes*。
16. 这里被归为灰蝶属 *Lycaena*，中国一般将其归为独立的貉灰蝶属 *Heodes*，学名 *Heodes alciphron*。
17. 这里被归为灰蝶属 *Lycaena*，中国一般将其归为独立的胡兰灰蝶属 *Hylloycaena*，学名 *Hylloycaena hyllus*。
18. 这里被归为金闪灰蝶属 *Chrysoritis*，中国一般将其归为幻灰蝶属 *Poecilmitis*，学名 *Poecilmitis pyroeis*。
19. 这里被归为灰蝶属 *Lycaena*，中国一般将其归为独立的貉灰蝶属 *Heodes*，学名 *Heodes alciphron*。
20. 这里被归为白灰蝶属 *Phengaris*，中国一般将其归为独立的霾灰蝶属 *Maculinea*，学名 *Maculinea teleius*。
21. 这里被归为白灰蝶属 *Phengaris*，中国一般将其归为独立的霾灰蝶属 *Maculinea*，学名 *Maculinea arion*。
22. 这里被归为从星弄蝶属 *Celaenorrhinus* 分出来的橙星弄蝶属 *Apallaga*，中国一般将其归为星弄蝶属，学名 *Celaenorrhinus galenus*。
23. 目前多被视为小赭弄蝶 *Ochlodes venata* 的亚种。
24. 一般认为 *Artitropa ennius* 是 *Artitropa comus* 的异名，中文名酒神橙晕弄蝶取自 *Artitropa comus*。
25. 目前多被视为橙灰蝶 *Lycaena dispar* 的亚种。

参考文献

前言和结语

Allen, D. E., 1978. *The Naturalist in Britain: A Social History* (Harmondsworth, UK: Pelican Books).

Anonymous, 1805. *A Catalogue of the Most Capital Assemblage of Insects Probably Ever Offered for Public Sale; Consisting of Upwards of Eleven Thousand Different Specimens, Collected from All the Countries with Which Great Britain Has Any Intercourse, with Very Considerable Attention, and Great Expence, by Mr. Dru Drury, Goldsmith, of the Strand, Lately Deceased* [...] (London: King & Lochee).

Anonymous, 1941. 'News for naturalists', *Transactions of the Suffolk Naturalists' Society* 4, no. 4, 234–240. Mentions Jones's collecting activities in Arnos Grove, North London, and his breeding of *Heliothis delphinii*.

Armitage, A., 1958. 'A naturalist's vacation: The London letters of J. C. Fabricius', *Annals of Science*, 14, no. 2, 116–131.

Bink, F. A., and Siepel, H., 1986. 'Life history tactics and strategies in butterflies', in *Proceedings of the 3rd European Congress of Entomology, Amsterdam, 24–29 August 1986* (Amsterdam: Nederlandse Entomologische Vereniging), 409–412.

Bryan, G., 1869. *Chelsea in the Olden and Present Times* (London: George Bryan).

Butler, A. G., 1869. *Catalogue of Diurnal Lepidoptera Described by Fabricius in the Collection of the British Museum* (London: British Museum).

Calhoun, J. V., 2006. 'A glimpse into a "Flora et entomologia": The Natural History of the Rarer Lepidopterous Insects of Georgia by J. E. Smith and J. Abbot (1797)', *Journal of the Lepidopterists' Society* 60, no. 1, 1–37.

Calhoun, J. V., 2019. 'From oak woods and swamps: The butterflies recorded in Georgia by John Abbot (1751–c. 1840) based on his drawings and specimens', *Journal of the Lepidopterists' Society* 73, no. 4, 211–256.

Chainey, J. E., 2005. 'The species of Papilionidae and Pieridae (Lepidoptera) described by Cramer and Stoll and their putative type material in the Natural History Museum in London', *Zoological Journal of the Linnean Society* 145, 283–337.

Clerck, C. A., 1759–1764. *Icones insectorum rariorum*, 2 vols (Stockholm: Printed by N. von Oelreich for the author).

Coleman, D., 2004. 'Henry Smeathman, the Flycatching Abolitionist', in Carey, B., Ellis, M., and Salih, S. (eds), *Discourses of Slavery and Abolition: Britain and its Colonies, 1760–1838* (Basingstoke, UK: Palgrave Macmillan), 141–157.

Coleman, D., and Blackburn, R., 2017. 'Eighteenth-century West African insects in the Macleay Museum, University of Sydney', *Archives of Natural History* 44, no. 2, 356–362.

Cramer P. 1775–1782. *De uitlandsche Kapellen voorkomende in de drie Waereld-deelen Asia, Africa en America*, 4 vols, (Amsterdam: Baalde; Utrecht: Wild & Van Schoonhoven).[From page 29 and plate 305 inclusive and thereafter, volume 4 was authored by Caspar Stoll and published during the years 1780–1782.]

Denyer, E. D., 1800. 'Insects of the Lepidoptera Class Collected in the Environs of London Painted from Nature', Add MS 6895, British Library, London, https://www.bl.uk/manuscripts/FullDisplay.aspx?ref=Add_MS_6895.

Donovan, E., 1823–1824. *The Naturalists Repository*, Vol. 1 (London: Simpkin & Marshall).

Drewitt, F. D., 1922. *The Romance of the Apothecaries' Garden at Chelsea* (Cambridge: Cambridge University Press).

Drimmer, S., and Vane-Wright, R. I., 2012. 'Elizabeth Denyer's paintings of William Jones's British butterflies: Their discovery and significance', *Antenna* 36, no. 4, 239–246.

Drury, D., 1770–1782. *Illustrations of Natural History*, 3 vols (London: White).

Drury, D., 1784–*c.*1790. 'A Catalogue of the Exotic Insects in the Collection of Dru Drury, 1784', original MS, Hope Entomological Collections, Oxford University Museum of Natural History, Oxford.

Edelsten, H. M., 1934. 'Notes 16A–50 on the scientific equivalents to the names used for British Heterocera by A. H. Haworth in his "Prodromus" and "Lepidoptera Britannica"', *Transactions for the Society of British Entomology* 1, 158–163.

Edelsten, H. M., 1934. 'English names used for British Heterocera by A. H. Haworth and William Jones, with their scientific equivalents', *Transactions for the Society of British Entomology* 1, 168–184.

Espeland, M., et al., 2018. 'A comprehensive and dated phylogenomic analysis of butterflies', *Current Biology* 28, no. 5, 770–778, e5.

Esper, E. J. C., 1776–1786. *Die Schmetterlinge in Abbildungen nach der Natur mit Beschreibungen. Erster Theil. Europäische Gattungen* (Erlangen: Walther).

Esper, E. J. C., 1784–1793. *Die ausländische oder die ausserhalb Europa zur Zeit in den übrigen Welttheilen vorgefundene Schmetterlinge in Abbildungen nach der Natur mit Beschreibungen* (Erlangen: Walther).

Fabricius, J. C., 1775. *Systema entomologiae* (Flensburg and Leipzig: Korte).

Fabricius, J. C., 1776. *Genera insectorum* (Kiel: Bartsch).

Fabricius, J. C., 1781–1782. *Species insectorum*, 2 vols and appendix (Hamburg and Kiel: Bohn).

Fabricius, J. C., 1787. *Mantissa insectorum* (Copenhagen: Proft).

Fabricius, J. C., 1793. *Entomologia systematica*, Vol. 3 (Copenhagen: Proft).

Faulkner, T., 1829. *An Historical and Topographical Description of Chelsea*, 2nd edn (London: Faulkner, Nichols & Son and Simpkin & Marshall).

Fox, R. H., 1919. *Dr. John Fothergill and his Friends: Chapters in Eighteenth Century Life* (London: MacMillan).

Gage, A. T., and Stearn, W. T., 1988. *A Bicentenary History of the Linnean Society of London* (London: Academic Press).

Hancock, E. G., 2015. 'The shaping role of Johann Christian Fabricius: William Hunter's insect collection and entomology in eighteenth-century London', in Hancock, E. G., Pearce, N., and Campbell, M. (eds), *William Hunter's World: The Art and Science of Eighteenth Century Collecting* (Abingdon, UK: Routledge), 151–163.

Hancock, E. G., Broadsmith-Brown, G., Douglas, A. S. and Vane-Wright, R. I., 2008. 'William Hunter's Museum and discovery of the Madagascan pipevine swallowtail butterfly, *Pharmacophagus antenor* (Drury, 1773)', *Antenna* 32, no. 1, 10–17.

Harris, M., 1776. *The Aurelian: or Natural History of English Insects; Namely, Moths and Butterflies Together with the Plants on Which they Fed* (London: Moses Harris).

Haworth, A. H., 1802. *Prodromus lepidopterorum Britannicorum* (London: Hurst).

Haworth, A. H., 1803–1828. *Lepidoptera Britannica* (London: J. Murray).

Heller, J. L., 1945. 'Classical mythology in the Systema Naturae of Linnaeus', *Transactions and Proceedings of the American Philological Association* 76, 333–357.

Hemming, F., 1934. 'English names used for British Rhopalocera by A.H. Haworth and William Jones, with their scientific equivalents', *Transactions for the Society of British Entomology* 1, 164–167.

Hemming, F., 1934. 'Notes 1–16 on the scientific equivalents to the names used for British Rhopalocera by A. H. Haworth in his "Prodromus" and "Lepidoptera Britannica"', *Transactions for the Society of British Entomology* 1, 155–158.

Hemming, F. 1937. *Hübner. A bibliographical and systematic account of the entomological works of Jacob Hübner*, 2 vols (London: Royal Entomological Society of London).

Hobby, B. M., and Poulton, E. B., 1934. 'William Jones as a student of British Lepidoptera', *Transactions for the Society of British Entomology* 1, 149–155.

Honey, M. R., and Scoble, M. J., 2001. 'Linnaeus's butterflies (Lepidoptera: Papilionoidea and Hesperioidea)', *Zoological Journal of the Linnean Society* 132, no. 3, 277–399.

Hope, F. W., 1845. 'The auto-biography of John Christian Fabricius, translated from the Danish, with additional notes and observations', *Transactions of the Entomological Society of London* 4, i–xvi, portrait.

Hübner, J., 1796–1805. *Sammlung Europäischer Schmetterlinge*, pl. 11, figs 57, 58 (Augsburg: Jacob Hübner). Authority for dating: Hemming, F., 1937; *Hübner* Vol. 1, 185, 223 (London: Royal Entomological Society of London)

Hughes, I. D., 2004. 'Pulteney, Richard (1730–1801)', in Matthew, H. C. G., and Harrison, B. (eds), *Oxford Dictionary of National Biography* 45, 548–550.

Jablonsky, K. G., 1783–1788. *Natursystem aller bekannten in- und ausländischen Insekten* [...] *Der Schmetterlinge*, 3 vols, completed and continued by J. F. W. Herbst (Berlin: Pauli).

Jackson, C. E., Datta, A., and Vane-Wright, R. I., 2013. 'Dr John Latham, F.L.S., and his daughter Ann', *Linnean* 29, no. 1, 15–30.

Jones, W., 1794. 'A new arrangement of Papilios, in a letter to the President', *Transactions of the Linnean Society of London* 2, 63–69, 1 pl.

Knoch, A. W., 1781–1783. *Beiträge zur Insektengeschichte* (Leipzig: Im Schwickertschen Verlage).

Lamas, G., 1979. 'The Ithomiinae represented in Jones' unpublished "Icones", and the identity of the Fabrician species *Papilio hyalinus* and *obscuratus* (Lepidoptera, Nymphalidae)', *Brenesia* (San José) 16, 101–106.

Linnaeus, C., 1758. *Systema naturae*, 10th ed., Vol. 1 (Stockholm: Salvius).

Linnaeus, C., 1767. *Systema naturae*, 12th ed., Vol. 1, pt 2 (Stockholm: Salvius).

Lipscomb, D., 1998. *Basics of Cladistic Analysis* (Washington, D.C.: George Washington University), https://www2.gwu.edu/~clade/faculty/lipscomb/Cladistics.pdf.

Melling, T., 1989. '*Aricia artaxerxes* (Fabricius). The Northern Brown Argus', in Emmet, A. M., and Heath, J. (eds), *The Moths and Butterflies of Great Britain and Ireland* 7, no. 1, Hesperiidae–Nymphalidae (Colchester, UK: Harley Books), pp. 154–156.

Mickel, C. E., 1973. 'John Ray: Indefatigable student of nature', *Annual Review of Entomology* 18, 1–17.

Nakahara, S. et al, 2019. 'A revision of the new genus *Amiga* Nakahara, Willmott & Espeland, gen. n., described for *Papilio arnaca* Fabricius, 1776 (Lepidoptera, Nymphalidae, Satyrinae)', *ZooKeys* 821, 85–152.

O'Brian, P., 1987. *Joseph Banks: A Life* (Chicago: University of Chicago Press).

Perceval, M. J., 1995. 'Our lost coppers (Lepidoptera: Lycaenidae)', *Entomologist's Gazette* 46, 105–118.

Poulton, E. B., 1934. 'William Jones of Chelsea', *Transactions for the Society of British Entomology* 1, 139–149, 1 pl.

Poulton, E. [B]., 1938. 'Appendix by Sir Edward Poulton' [to Waterhouse, 1938, concerning the bindings of the *Icones*, and the activities of Donovan, Westwood and Drewitt relating to them], *Proceedings of the Royal Entomological Society of London (A)* 13, 13–17.

Pulteney, R., 1781. *A General View of the Writings of Linnaeus* (London: Payne & White).

Robbins, R. K., and Lamas, G., 2006. 'Stabilizing the nomenclature of Fabrician names of North American hairstreaks (Lycaenidae: Theclinae: Eumaeini)', *Journal of the Lepidopterists' Society* 60, no. 2, 86–91.

Rogers, P., 2004. 'Bentinck, Margaret Cavendish [née Lady Margaret Cavendish Harley], Duchess of Portland (1715–1785)', in Matthew, H. C. G., and Harrison, B. (eds), *Oxford Dictionary of National Biography* 5, 258–259.

Rolleston, J. D., 1942. 'Dr. F. Dawtrey Drewitt', *Nature* 150, no. 3799, 228–229.

Salmon, M. A., 2000. *The Aurelian Legacy: British Butterflies and Their Collectors* (Colchester, UK: Harley Books).

Smith, A. Z., 1986. *A History of the Hope Entomological Collections in the University Museum Oxford with Lists of Archives and Collections* (Oxford: Oxford University Press).

Smith, J. E., and Abbot, J., 1797. *The Natural History of the Rarer Lepidopterous Insects of Georgia*, 2 vols (London: J. Edwards, Cadell & Davies and J. White).

Smith, Lady [P.] (ed.), 1832. *Memoir and Correspondence of the Late Sir James Edward Smith, M.D.* (London: Longman, Rees, Orme, Brown, Green & Longman).

Southwood, T. R. E., 1977. 'Habitat, the templet for ecological strategies?' *Journal of Animal Ecology* 46, no. 2, 337–365.

Stearn, W. T., 1981. 'Henry Walter Bates (1825–1892), discoverer of Batesian mimicry', *Biological Journal of the Linnean Society* 16, no. 1, 5–7.

Vane-Wright, R. I., 2007. 'Linnaeus' butterflies', *The Linnean Collections*, special issue, *Linnean* 7, 59–74.

Vane-Wright, R. I., 2007. 'Johann Christian Fabricius (1745–1808)', in Huxley, R. (ed.), *The Great Naturalists* (London: Thames & Hudson), 182–185.

Vane-Wright, R. I., 2010. 'William Jones of Chelsea (1745–1818), and the need for a digital, online "Icones"', *Antenna* 34, no. 1, 16–21.

Vane-Wright, R. I., 2020. 'James Petiver's 1717 *Papilionum Britanniae*: An analysis of the first comprehensive account of

British butterflies (Lepidoptera: Papilionoidea)', *Notes and Records* 74, no. 2, 275–302.
Vane-Wright, [R. I.], 2021. 'Species, unique names and type specimens', letter, *Antenna* 45, no. 1, 3.
Vane-Wright, R. I., 2021. 'Comment (Case 3767) – Support for the conservation of prevailing usage of the specific name *Papilio phoebus* Fabricius, 1793 (currently *Parnassius phoebus*), and that of *Doritis ariadne* Lederer, 1853 (currently *Parnassius ariadne*), by designation of a neotype', *Bulletin of Zoological Nomenclature* 78, 35–36.
Vane-Wright, R. I., and Gaonkar, H., 2006. 'The *Arhopala* butterflies described by Fabricius: *A. centaurus* is from Java, *A. democritus* from Phuket (Lepidoptera: Lycaenidae)', *Entomological Science* 9, 295–311.
Vane-Wright, R. I., and Hughes, H. W. D., 2004. 'The first images of Homer's Swallowtail (Lepidoptera: Papilionidae)', *Linnean* 20, no. 4, 31–41.
Vane-Wright, R. I., and Hughes, H. W. D., 2005. *The Seymer Legacy: Henry Seymer and Henry Seymer Jnr of Dorset, and Their Entomological Paintings, with a Catalogue of Butterflies and Plants (1755–1783)* (Ceredigion, UK: Forrest Text).
Vane-Wright, R. I., and Whalley, P. E. S., 1985. 'Linnaeus' fabulous butterfly', *Linnean* 1, no. 5, 19–24.
Vane-Wright, R. I., Honey, M. R., and Day, G., 2013. 'William Jones in Winchester', *Antenna* 37, no. 2, 67–74.
Vane-Wright, R. I., Vane-Wright, H. J., and Vane-Wright, N. E., forthcoming. 'Key dates and events in the life of William Jones of Chelsea (1835–1818)' (MS in preparation).
von Hayek, C. M. F., 2004. 'Drury, Dru (1725–1804)', in Matthew, H. C. G., and Harrison, B. (eds), *Oxford Dictionary of National Biography* 16, 1003–1004.
Waterhouse, D. F., 1938. 'Notes on Jones' "Icones" (Lepidoptera)', *Proceedings of the Royal Entomological Society of London (A)* 13, 9–13.
Watkins, H. T. G., 1923. 'Notes on the butterflies of the Banks Collection', *Entomologist* 6, 204–209.
Yeats, T. P., 1773. *Institutions of Entomology: Being a Translation of Linnaeus's Ordines et genera insectorum; or Systematic Arrangement of Insects. Collated with the Different Systems of Geoffroy, Schaeffer and Scopoli, Together with Observations of the Translator* (London: R. Horsfield).

鳞翅目的早期研究

Albertus Magnus, edn 1519. *De animalibus libri vigintisex novissimi impressi* (Venice: O. Scotus Heirs & Co.).
Aldrovandi, U., 1602. *De animalibus insectis libri septem* (Bologna: Bellagamba).
Anonymous, 1491. *Hortus sanitatis* ([Mainz: J. Meydenbach]), http://mdz-nbn-resolving.de/urn:nbn:de:bvb:12-bsb00027846-3.
Anonymous, edn 1592. *Biblia sacra vulgatae editionis* (Rome: Apostolica Vaticana).
Aristoteles, edn 1854. *Aristotelis opera omnia: Graece et Latine, cum indice nominum et rerum absolutissimo*, Vol. 3 (Paris: Didot).
Authors' Team, 1841. *Museo scientifico, letterario ed artistico*, Vol. 3. (Turin: Fontana).
Bartholomaeus Anglicus, edn 1480. *Tractatus de proprietatibus rerum* ([Lyon]: Pistor & Reinhard), https://bibdigital.rjb.csic.es/idurl/1/13791.
Beier, M., 1973. 'The early naturalists and anatomists during the Renaissance and seventeenth century', in Smith, R. F., Mittler, T. E., and Smith, C. L. (eds), *History of Entomology* (Palo Alto: Annual Reviews), 81–94.
Besler, B., [1622]. *Continuatio rariorum et aspectu dignorum varii generis* [...] (Nuremberg: [Published for the author]).
Buonanni, F., 1709. *Musaeum Kircherianum sive Musaeum A P. Athanasio Kirchero in Collegio Romano Societatis Jesu* [...]. (Rome: Plach).
Cerutus, B., and Chiocco, A., 1622. *Musaeum Franc. Calceolari iun. Veronensis*. (Verona: [Tamus]).
Columella, L. I. M., edn 1977. *L'arte dell'agricoltura [De Re Rustica]* (Turin: G. Einaudi).
Coulton, R., 2020. '"What he hath gather'd together shall not be lost": Remembering James Petiver', *Notes and Records* 74, no. 2, 189–211.
Davies, M., and Kathirithamby, J., 1986. *Greek Insects* (London: Duckworth & Co.).
Delbourgo, J., 2017. *Collecting the World: Hans Sloane and the Origins of the British Museum* (Cambridge, MA: Belknap Press).
Drury, D., 1768. 'Account of Boxes with Instruments &c. for Catching Insects Delivered to Different Persons &c. 1768', unpublished MS, Library and Archives, Natural History Museum, London.
Engel, H., 1937. 'The life of Albert Seba', *Svenska Linné-Sällskapets Årsskrift* 20, 75–100.
Essig, E. O., 1936. 'A sketch history of entomology', *Osiris* 2, 80–123.
Figuier, L., 1867. *Les Insectes* (Paris: Hachette & Co.).
Goedart, J., [1662–1669]. *Metamorphosis et historia naturalis insectorum*, vols 1–3 [Title Vol. 2: *Metamorphoseos et historiae naturalis, pars secunda, de insectis*; title Vol. 3: *Metamorphoseos et historiae naturalis insectorum. Pars tertia & ultima*] (Middelburg: J. Fierensius).
Graziosi, P., 1980. *Le pitture preistoriche della grotta di Porto Badisco* (Florence: Istituto Italiano di Preistoria e Protostoria).
Hager, H., 1887. 'K. H. Schaibel, *Geschichte der Deutschen in England*. Strassburg, Trübner, 1885' review, *Englische Studien* 10, 438–453.
Harpaz, I., 1973. 'Early entomology in the Middle East', in Smith, R. F., Mittler, T. E., and Smith, C. L. (eds), *History of Entomology* (Palo Alto: Annual Reviews), 21–36.
Haynes, D., 2013. 'The symbolism and significance of the butterfly in ancient Egypt' (master's thesis, Stellenbosch University), http://hdl.handle.net/10019.1/79920.
Heard, K., 2016. *Maria Merian's Butterflies* (London: Royal Collection Trust).
Hernbrode, J., and Boyle. P., 2016. 'Petroglyphs and Bell Rocks at Cocaraque Butte: Further evidence of the Flower World belief among the Hohokam', *American Indian Rock Art* 42, 91–105.
Herrera, R. J., and Garcia-Bertrand, R., 2018. *Ancestral DNA, Human Origins, and Migrations* (Amsterdam and New York: Academic Press).
Hooper-Greenhill, E., 1992. *Museums and the Shaping of Knowledge* (London: Routledge).
Horn, W., 1926. 'Über die Geschichte der ältesten Entomologie und den Einfluß des Christentums in seinen ersten Jahrhunderten', *Verhandlungen des III. Internationalen Entomologen-Kongresses* 2, 38–52.
Imperato, F., 1599. *Dell'historia naturale libri XXVIII* (Naples: Vitale).
Imperato, F., 1672. *Historia naturale* (Venice: Combi & La Noù).
Impey, O. R., and MacGregor, A. (eds), 1985. *The Origins of Museums: the Cabinet of Curiosities in Sixteenth- and Seventeenth-Century Europe* (Oxford: Clarendon Press).
Isidorus Hispalensis, edn 1911. *Etymologiarum sive originum*, ed. W. M. Lindsay, 2 vols. (Oxford: Oxford University Press).
Jarvis, C. E., 2018. '"Take with you a small Spudd or Trowell": James Petiver's directions for collecting natural curiosities', in MacGregor, A., *Naturalists in the Field: Collecting, Recording and Preserving the Natural World from the Fifteenth to the Twenty-First Century* (Leiden and Boston: E. J. Brill), 212–239.
Jonston, J., 1653. *Historiae naturalis de insectis. Libri. III* [...] (Frankfurt: Merian heirs).
Konishi, M., and Ito, Y., 1973. 'Early entomology in East Asia', in Smith, R. F., Mittler, T. E., and Smith, C. L. (eds), *History of Entomology* (Palo Alto: Annual Reviews), 1–20.
Lesser, F. C., 1735. *De sapientia, omnipotentia, et providentia divina ex partibus insectorum cognoscenda disquisitio* (Nordhausen: Coeler).
Lesser, F. C., 1738–1740. *Insecto-Theologia, oder: Vernunfft- und Schrifftmässiger Versuch, Wie ein Mensch durch aufmercksame Betrachtung derer sonst wenig geachteten Insecten* [...] (Frankfurt and Leipzig: Blochberger).
Lesser, F. C., 1799. *Insecto-theology: or, a Demonstration of the Being and Perfections of God, from a Consideration of the Structure and Economy of Insects* (Edinburgh: Creech, Cadell & Davies).
Lioy, P., 1894. 'Enimmi rustici del Vicentino', *Atti del R. Istituto Veneto di Scienze, Lettere ed Arti* (series 7) 5, part 2, no. 6, 989–1011.
Listri, M., 2020. *Cabinet of Curiosities* (Cologne: Taschen).
Longo, O., 2002. 'Insetti Aristotelici', *Memorie Istituto Veneto di Scienze, Lettere ed Arti*, 39, 65–103.
Lugli, A., 1990. *Naturalia et mirabilia: Il collezionismo enciclopedico nelle Wunderkammern d'Europa*, 2nd edn (Milan: Mazzotta).
Malpighi, M., 1669. *Dissertatio Epistolica de Bombyce* [...] (London: Martyn & Allestry).
Marples, A., 2020. 'James Petiver's "joynt-stock": Middling agency in urban collecting networks', *Notes and Records* 74, no. 2, 239–258.
Masseti, M., 2018. 'New World and other exotic animals in the Italian Renaissance: The menageries of Lorenzo Il Magnifico and his son, Pope Leo X', in MacGregor, A., *Naturalists in the Field: Collecting, Recording and Preserving the Natural World from the Fifteenth to the Twenty-First Century* (Leiden and Boston: Brill), 40–75.
Mauriès, P., 2019. *Cabinets of Curiosities* (London: Thames & Hudson).
Merian, M. S., 1679. *Der Raupen wunderbare Verwandelung und sonderbare Blumen-nahrung* [...] (Nuremberg: M. Merian & daughter).
Merian, M. S., 1683. *Der Raupen wunderbare Verwandelung und sonderbare Blumen-nahrung* [...]. Anderer Theil (Frankfurt: M. Merian & daughter).
Merian, M. S., 1705. *Metamorphosis insectorum Surinamensium* (Amsterdam: Published for the author).
Morge, G., 1973. 'Entomology in the Western World in antiquity and in Medieval times', in Smith, R. F., Mittler, T. E., and Smith, C. L. (eds), *History of Entomology* (Palo Alto: Annual Reviews), 37–80.
Morini, L., ed., 1996. *Bestiari Medievali* (Turin: G. Einaudi).
Mouffet, T., 1634. *Insectorum sive minorum animalium Theatrum* (London: Cotes).
Murphy, K. S., 2013. 'Collecting slave traders: James Petiver, natural history, and the British slave trade', *The William and Mary Quarterly* 70, no. 4, 637–670.
Murphy, K. S., 2020. 'James Petiver's "kind friends" and "curious persons" in the Atlantic world: Commerce, colonialism and collecting', *Notes and Records* 74, no. 2, 259–274.
Nazari, V., and Evans, L., 2015. 'Butterflies of ancient Egypt', *Journal of the Lepidopterists' Society* 69, no. 4, 242–267.
Nazari, V., 2014. 'Chasing butterflies in medieval Europe', *Journal of the Lepidopterists' Society* 68, no. 4, 223–231.
Nazari, V., 2015. 'Butterflies in Rock Art', paper presented at the 64th Annual Meeting of the Lepidopterists' Society, Purdue University, West Lafayette, Indiana.
Paraventi, M., and Cataldo, L., 2007. *Il museo oggi: Linee guida per una museologia contemporanea* (Milan: Hoepli).
Peigler, R. S., 2020. 'Wild silks: Their entomological aspects and their textile applications', in Kozlowski, R. M., and Mackiewicz-Talarczyk, M., *Handbook of Natural Fibres*, 2nd edn, Vol. 1 (Woodhead: Sawston), 715–745.
Petiver, J., 1695–1703. *Musei Petiveriani*, 10 'Centuriae' (London: Smith & Walford).
Petiver, J., 1702–1711. *Gazophylacii Naturae & Artis*, 10 'Decades' (London: [1–5] Smith & Bateman, [6–10] Bateman).
Petiver, J., 1717. *Papilionum Britanniae icones, nomina, &c.* (London: Published by the author).
Plinius Secundus, G. [Pliny the Elder], edn 1985. *Storia naturale [Naturalis Historia]* (Turin: Einaudi).
Porter, G. R., 1831. *A Treatise on the Origin, Progressive Improvement, and Present State of the Silk Manufacture* (London: Longman, Brown & Green).
Rabanus Maurus, edn 1627. *De universo libri XXII*, in *Mangentii H-Rabani Mauri, ex abbate Fuldensi, archiepiscopi Sexti Moguntini, opera, quae reperiri potuerunt, omnia*, Vol. 1, ed. J. Pamelius (Cologne: Hieratus), 51–272.
Raven, C. A, edn 2010. *English Naturalists from Neckam to Ray: A Study of the Making of the Modern World* (Cambridge: Cambridge University Press).
Ray, J., 1710. *Historia insectorum* (London: Royal Society).
Réaumur, [R. A. Ferchault], de, 1734–1742. *Mémoires pour servir à l'histoire des insectes*, 6 vols (Paris: Imprimerie Royale).
Rösel [von Rosenhof], A. J., 1746–1755. *Der monatlich-herausgegebenen Insecten-Belustigung*, vols 1–3 (Nuremberg: Published for the author c/o Fleischmann).
Russell, M., and Colton, H. S., 1931. 'Petroglyphs, the record of a great adventure', *American Anthropologist* (new series) 33, no. 1, 32–37.
Salmon, M. A., 2000. *The Aurelian Legacy: British Butterflies and Their Collectors* (Colchester: Harley Books).
Schimitschek, E., 1977. 'Insekten in der bildenden Kunst im Wandel der Zeiten in psychogenetischer Sicht', *Veröffentlichungen aus dem Naturhistorischen Museum Wien*, new series, 14, 1–119.
Schimitschek, E., 1978. 'Eine Schmetterlingsidol im Valcamonica aus dem Neolithikum', *Anzeiger für Schädlingskunde, Pflanzenschutz, Umweltschutz* 51, no. 8, 113–115.
Seneca, L. A. [Seneca the Younger], edn 1844. *De Beneficiis* (Leipzig: Teubner).
Stearns, R. P., 1952. 'James Petiver – Promoter of natural science, c. 1663–1718', *Proceedings of the American Antiquarian Society* 62, no. 2, 243–365.
Steinbring, J., 2014. 'Archaeological investigations at a Wisconsin petroglyph site', *Arts* 3, no. 1, 27–45.
Swammerdam, J., 1669. *Historia insectorum generalis, ofte algemeene verhandeling vande bloedloose dierkens* (Uthrect: van Dreunen).
Swann, M., 2001. *The Culture of Collecting in Early Modern England: Curiosities and Texts* (Philadelphia: Penn Press).
Thomas Cantipratanus, edn 1973. *Liber de natura rerum*, ed. H. Boese (Berlin and New York: de Gruyter).

Vane-Wright, R. I., 2020. 'James Petiver's 1717 *Papilionum Britanniae*: An analysis of the first comprehensive account of British butterflies (Lepidoptera: Papilionoidea)', *Notes and Records* 74, no. 2, 275–302.
Worm, O., 1655. *Museum Wormianum. Sive Historia Rerum Rariorum* [...]. (Leiden: Elsevirius).

鳞翅目研究活动的盛行

Albin, E., 1720. *A Natural History of English Insects* (London: Printed for the author).
Allen, D. E., 1966. 'Joseph Dandridge and the first Aurelian Society', *The Entomologist's Record and Journal of Variation* 78, no. 4, 89–94.
Anonymous, 1780. 'Catalogue de la Collection des Insectes de Dru Drury de Londres', unpublished MS, Library and Archives, Natural History Museum, London.
Anonymous, 1805. *A Catalogue of the Most Capital Assemblage of Insects Probably Ever Offered to Public Sale; Consisting of Upwards of Eleven Thousand Different Specimens, Collected from All the Countries with Which Great Britain has Any Intercourse, with Very Considerable Attention, and Great Expence, by Mr. Dru Drury, Goldsmith, of the Strand, Lately Deceased* [...] (London: King & Lochee).
Chalmers-Hunt, J. M., 1976. *Natural History Auctions, 1700–1972: A Register of Sales in the British Isles* (London: Sotheby Parke Bernet).
Clerck, C. A., 1764. *Icones insectorum rariorum*, Vol. 2 (Stockholm: Printed by N. von Oelreich for the author).
Coquebert, A. J., 1799–1804. *Illustratio iconographica insectorum quae in Musaeis Parisinis observavit et in lucem edidit Joh. Christ. Fabricius, praemissis ejusdem descriptionibus* [...], 3 vols. (Paris: Didot).
Cramer, P., 1775–1782. *De uitlandsche Kapellen voorkomende in de drie Waereld-deelen Asia, Africa en America*, 4 vols (Amsterdam: Baalde; Utrecht: Wild & Van Schoonhoven). [From page 29 and plate 305 inclusive and thereafter, volume 4 was authored by Caspar Stoll and published during the years 1780–1782.]
Drury, D., 1768. 'Account of Boxes with Instruments &c. for Catching Insects Deliv[ere]d to Different Persons &c. 1768', unpublished MS, Library and Archives, Natural History Museum, London.
Drury, D., 1770–1782. *Illustrations of Natural History*, 3 vols (London: White).
Drury, D., 1778. 'To Genl. Rengers – July 14–1778', letter, Library and Archives, Natural History Museum, London.
Drury, D., 1784–*c.* 1790. 'A Catalogue of the Exotic Insects in the Collection of Dru Drury, 1784', original MS, Hope Entomological Collections, Oxford University Museum of Natural History, Oxford.
Fabricius, J. C., 1775. *Systema entomologiae* (Flensburg and Leipzig: Kort).
Fabricius, J. C., 1776. *Genera insectorum* (Kiel: Bartsch).
Fabricius, J. C., 1778. *Philosophia entomologica sistens scientiae fundamenta adiectis definitionibus, exemplis, observationibus, adumbrationibus* (Hamburg and Kiel: Bohn).
Fabricius, J. C., 1784. *Briefe aus London vermischten inhalts* (Dessau and Leipzig: Buchandlung der Gelehrten).
Fabricius, J. C., 1792. *Entomologia systematica*, Vol. 1 (Copenhagen: Proft).
Fabricius, J. C., 1793–1794. *Entomologia systematica*, Vol. 3, pts 1–2 (Copenhagen: Proft).
Fabricius, J. C., 1938. *Systema glossatorum* (Neubrandenburg, Germany: Feller).
Harris, M., 1766. *The Aurelian: or, Natural History of English Insects; Namely, Moths and Butterflies Together with the Plants on Which they Fed* (London: Printed for the author).
Haworth, A. H., 1803–1828. *Lepidoptera Britannica; sistens digestionem novam insectorum lepidopterorum quae in Magna Britannia reperiuntur* [...], 4 vols (London: Murray).
Heller, J. L., 1945. 'Classical mythology in the Systema Naturae of Linnaeus', *Transactions and Proceedings of the American Philological Association* 76, 333–357.
Hope, F. W., 1845. 'The auto-biography of John Christian Fabricius, translated from the Danish, with additional notes and observations', *Transactions of the Entomological Society of London* 4, i–xvi, 1 pl.
Jones, W., 1794. 'On a new arrangement of Papilios, in a letter to the President', *Transactions of the Linnean Society of London* 2, 63–69, pl. 8.
Kusukawa, S., 2017. 'William Courten's list of "Things Bought" from the late seventeenth century', *Journal of the History of Collections* 29, no. 1, 1–17.
Latham, A., 1793. 'Butterfly drawings', 3 vols, Winchester College Library, Winchester.
Linnaeus, C., 1758. *Systema naturae*, 10th ed., Vol. 1 (Stockholm: Salvius).
Linnaeus, C., 1759a. 'Letter, 15 February 1759, Uppsala, to Carl Alexander Clerck, Stockholm', Linnaean correspondence L2645, Uppsala University library, Uppsala, http://urn.kb.se/esolve?urn=urn:nbn:se:alvin:portal:record-227563.
Linnaeus, C., 1759b. 'Letter, 16 July 1759, Uppsala, to Carl Alexander Clerck, Stockholm', Linnaean correspondence L2556, Uppsala University Library, Uppsala, http://urn.kb.se/resolve?urn=urn:nbn:se:alvin:portal:record-227426.
Linnaeus, C., 1763a. *D.D. Centuria insectorum rariorum* (Uppsala: n.p.).
Linnaeus, C., 1763b. *Amoenitates academicae* (Stockholm: Kiesewetter).
Linnaeus, C., 1764. *Museum S:ae R:ae M:tis Ludovicae Ulricae Reginae Suecorum, Gothorum, Vandalorumque &c. &c. &c.* [...] (Stockholm: Salvius).
Linnaeus, C., 1767. *Systema naturae*, 12th ed., Vol. 1, pt 2 (Stockholm: Salvius).
McGregor Reid, G., 2009. 'Carolus Linnaeus (1707–1778): His life, philosophy and science and its relationship to modern biology and medicine', *Taxon* 58, no. 1, 18–31.
Petiver, J., 1702. *Gazophylacii naturae & artis decas prima* (London: Smith & Bateman).
Petiver, J., 1717. *Papilionum Britanniae icones, nomina, &c.* (London: Published by the author).
Pulteney, R., 1790. *Historical and Biographical Sketches of the Progress of Botany in England, from Its Origin to the Introduction of the Linnaean System*, Vol. 2 (London: Cadell).
Salmon, M. A., 2000. *The Aurelian Legacy: British Butterflies and Their Collectors* (Colchester: Harley Books).
Sloane, H., 1707–1725. *A Voyage to the Islands Madera, Barbadoes, Nieves, St Christophers, and Jamaica* [...], 2 vols (London: Printed for the author).
Smith, C. H., 1842. 'Memoir of Dru Drury', in Smith, C. H., *Introduction to the Mammalia* 13 (Edinburgh: Lizars), 7–71.
Smith, J. E., 1814. 'Petiver', in Rees, A., *The Cyclopaedia; or, Universal Dictionary of Arts, Sciences, and Literature*, Vol. 27 (London: Longman, Hurst, Rees, Orme & Brown).
Stainton, H. T., 1858. 'The entomological society', *The Entomologist's Weekly Intelligencer* 5, 1–2, 9–10, 25–26, 33–34.
Stöver, D. H., 1792. *Leben des Ritters Carl von Linné*, 2 vols (Hamburg: Hoffmann).
Tuxen, S. L., 1967. 'The Entomologist, J. C. Fabricius', *Annual Review of Entomology* 12, 1–15.
Tuxen, S. L., 1973. 'Entomology systematizes and describes: 1700–1815', in Smith, R. F., Mittler, T. E., and Smith, C. L. (eds), *History of Entomology* (Palo Alto: Annual Reviews), 95–118.
Vane-Wright, R. I., 2007. 'Linnaeus' butterflies', *The Linnean Collections*, special issue, *Linnean* 7, 59–74.
Vane-Wright, R. I., 2010. 'William Jones of Chelsea (1745–1818), and the need for a digital, online "Icones"', *Antenna* 34, no. 1, 16–21.
Vane-Wright, R. I., and Whalley, P. E. S., 1985. 'Linnaeus' fabulous butterfly', *Linnean* 1, no. 5, 19–24.
Wartenaar Lambertz, G., n.d. 'Original Drawings for *De uitlandsche Kapellen*', unpublished MS, Library and Archives, Natural History Museum, London.
Yeats, T. P., 1773. *Institutions of Entomology: Being a Translation of Linnaeus's 'Ordines et genera insectorum'* (London: Horsfield).
Zilli, A., and Grishin, N. V., 2018. 'Unveiling one of the rarest "butterflies" ever (Lepidoptera: Hesperiidae, Noctuidae)', *Systematic Entomology* 44, no. 2, 384–395.
Zimsen, E., 1964. *The Type Material of I.C. Fabricius* (Copenhagen: Munksgaard).

18—19 世纪的鳞翅目收藏活动

Albin, E., 1720. *A Natural History of English Insects* (London: Printed for the author).
Clark, J. F. M., 2009. *Bugs and the Victorians* (New Haven and London: Yale University Press).
Cockerell, T. D. A., 1922. 'Dru Drury, an eighteenth-century entomologist', *Scientific Monthly* 14, no. 1 (January): 67–82.
Coleman, D., 2018. *Henry Smeathman, the Flycatcher: Natural History, Slavery, and Empire in the Late Eighteenth Century* (Liverpool: Liverpool University Press).
Davis, N. Z., 1997. *Women on the Margin: Three Seventeenth-Century Lives* (Cambridge: Harvard University Press).
Denyer, E., 1800. 'Insects of the Lepidoptera Class Collected in the Environs of London Painted from Nature', Add MS 6895, British Library, London, https://www.bl.uk/manuscripts/FullDisplay.aspx?ref=Add_MS_6895.
Drimmer, S., and Vane-Wright, R. I., 2012. 'Elizabeth Denyer's paintings of William Jones' British butterflies: Their discovery and significance', *Antenna* 36, no. 4, 239–246.
Drury, D., 1761–1783. Letter-book of Dru Drury, Entomology Special Collections, Library and Archives, Natural History Museum, London, https://nhm.primo.exlibrisgroup.com/permalink/44NHM_INST/1afpmgq/alma9933464902081.
George, S., 2010. 'Animated beings: Enlightenment entomology for girls', *Journal for Eighteenth-Century Studies* 33, no. 4, 487–505.
Jackson, C. E., Datta, A., and Vane-Wright, R. I., 2013. 'Dr. John Latham, F.L.S., and his daughter Ann,' *Linnean* 29, no. 1, 15–30.
Kirby, W., Rev., and Spence, W., 1815. *Introduction to Entomology: Or Elements of the Natural History of Insects with Plates*, 4 vols (London: Longman, Hurst, Rees, Orme and Brown).
Lotzof, K., n.d. 'Joseph Banks: Scientist, explorer and botanist', Natural History Museum, London, accessed 12 December 2020, https://www.nhm.ac.uk/discover/joseph-banks-scientist-explorer-botanist.html.
Merian, M. S., 1705. *Metamorphosis insectorum surinamensium* (Amsterdam: Printed for the author).
Schmidt-Loske, K., 2020. 'Maria Sibylla Merian: A woman's pioneering work in entomology', in Leis, A., and Wills, K. L., *Women and the Art and Science of Collecting in Eighteenth-Century Europe* (New York and London: Routledge).
Shteir, A. B., 1985. 'Priscilla Wakefield's natural history books', *Archives of Natural History* 1985, no. 1 (July): 29–36, https://doi.org/10.3366/anh.1985.004.
Tobin, B. F., 2020. 'Collecting John Abbot's natural history notes and drawings,' in King, R. S. (ed.), *After Print: Eighteenth-Century Manuscript Cultures* (Charlottesville: University of Virginia Press).
Vane-Wright, R. I., and Hughes, H. W. D., 2005. *The Seymer Legacy: Henry Seymer and Henry Seymer Jnr of Dorset, and their Entomological Catalogue of Butterflies and Plants (1755–1783)* (Ceredigion, UK: Forrest Text).
Williams, W., 2020. *The Language of Butterflies: How Thieves, Hoarders, Scientists, and Other Obsessives Unlocked the Secrets of the World's Favorite Insect* (New York: Simon & Schuster).
Winsor, M. P., 1976. 'The development of Linnaean insect classification,' *Taxon* 25, no. 1 (February 1976): 57–67.

描绘蝴蝶的艺术

Brückner, W., 1973. *Die Bilderfabrik, Dokumentation zur Kunst- und Sozialgeschichte der industriellen Wandschmuckherstellung zwischen 1845 und 1973 am Beispiel eines Großunternehmens* (Frankfurt am Main: Henrich).
Carteret, X., and Hamonou-Mahieu, A., 2010. 'Claude Aubriet (ca 1665–1742)', in *Les dessins de Champignons de Claude Aubriet* (Paris: Publications scientifiques du Muséum), https://books.openedition.org/mnhn/4978.
Catesby, M., Hartopp, E. C., and Hunnewell, J. F., 1731–1743. *The Natural History of Carolina, Florida and the Bahama Islands* (London: Printed for the author), https://www.loc.gov/item/agr02000176/.
Cordier, J.-Y., 2015a. 'Les planches de l'Archetypa d'Hoefnagel de la collection De Robien', Blog de Jean-Yves Cordier, 7 October, https://www.lavieb-aile.com/2015/10/les-planches-de-l-archetypa-d-hoefnagel-de-la-collection-de-robien.html.
Cordier, J.-Y., 2015b. 'Claude Aubriet et les papillons: Les Vélins du Roy (Muséum d'Histoire naturelle), 1710–1735.' Blog de Jean-Yves Cordier, 12 November, https://www.lavieb-aile.com/2015/11/claude-aubriet-et-les-papillons-les-velins-du-roy-museum-d-histoire-naturelle-1710-1735.html.
Denis, J. N. C. M., and Schiffermüller, I., 1775. *Ankündung eines systematischen Werkes von den Schmetterlingen der Wienergegend* (Vienna: Bernardi).
Drimmer, S., and Vane-Wright, R. I., 2012. 'Elizabeth Denyer's paintings of William Jones' (British butterflies: Their discovery and significance', *Antenna* 36, no. 4, 239–246.
Gilbert, P., 2000. *Butterfly Collectors and Painters: Four Centuries of Colour Plates from the Library Collections of the Natural History Museum, London* (Singapore: Beaumont Publishing).
Grabowski, C., 2017. *Maria Sibylla Merian zwischen Malerei und Naturforschung* (Berlin: Dietrich Reimer).
Himmel, Trosten K. D., 2009. 'Maria Sibylla Merian (1647–1717) und ihr Einfluss auf das Lebenswerk von Augus Johann Rösel von Rosenhof (1705–1759)', *Sekretär: Beiträge zur Literatur und Geschichte der Herpetologie und Terrarienkunde* 9, no. 2, 33–48.

Hutchinson, G. E., 1974. 'Marginalia: Aposematic insects and the Master of the Brussels Initials: The late medieval tradition of the iconography of nature, exemplified in the work of this 15th-century manuscript painter, contributed to the rise of modern biology', *American Scientist* 62, no. 2 (March–April): 161–171, https://www.jstor.org/stable/27844811.

Jones, W. J., 2013. *German Colour Terms: A Study in Their Historical Evolution from Earliest Times to the Present*, Studies in the History of the Language Sciences 119 (Amsterdam: John Benjamins).

Lödl, M., Jovanovic-Kruspel, S., and Gaal-Haszler, S., forthcoming. *Schmetterlinge für den Kaiser*, exh. cat. (Vienna: Austrian National Library).

Neri, J., 2003. *Fantastic Observations: Images of Insects in Early Modern Europe* (Irvine: University of California).

Smeaton, W. A., 1983. 'Réaumur: Natural historian and pioneer of applied science', *Endeavour* 7, no. 1, 38–40, https://doi.org/10.1016/0160-9327(83)90047-9.

Vane-Wright, R. I., 2010. 'William Jones of Chelsea (1745–1818), and the need for a digital, online "Icones"', *Antenna* 34, no. 1, 16–21.

Zilli, A., and Grishin, N. V., 2019. 'Unveiling one of the rarest "butterflies" ever (Lepidoptera: Hesperiidae, Noctuidae)', *Systematic Entomology* 44, no. 2 (April): 384–95, https://doi.org/10.1111/syen.12330.

全球鳞翅目昆虫的衰退

Aizen, M. A., Garibaldi, L. A., Cunningham, S. A., and Klein, A. M., 2009. 'How much does agriculture depend on pollinators? Lessons from long-term trends in crop production', *Annals of Botany* 103, no. 9 (June): 1579–1588, https://doi.org/10.1093/aob/mcp076.

Azpiazu, C., Bosch, J., Viñuela, E., Medrzycki, P., Teper, D., and Sgolastra, F., 2019. 'Chronic oral exposure to field-realistic pesticide combinations via pollen and nectar: Effects on feeding and thermal performance in a solitary bee', *Scientific Reports* 9, article no. 13770, https://doi.org/10.1038/s41598-019-50255-4.

Bell, J. R., Blumgart, D., and Shortall, C. R., 2020. 'Are insects declining and at what rate? An analysis of standardised, systematic catches of aphid and moth abundances across Great Britain', *Insect Conservation and Diversity* 13, no. 2 (March): 115–126, https://doi.org/10.1111/icad.12412.

Bernhardt, E. S., Rosi, E. J., and Gessner, M. O., 2017. 'Synthetic chemicals as agents of global change', *Frontiers in Ecology and the Environment* 15, no. 2 (March): 84–90, https://doi.org/10.1002/fee.1450.

Braby, M. F., Williams, M. R., Douglas, F., Beardsell, C., and Crosby, D. F., 2021. 'Changes in a peri-urban butterfly assemblage over 80 years near Melbourne, Australia', *Austral Entomology* 60, no. 1 (February): 27–51, https://doi.org/10.1111/aen.12514.

Breed, G. A., Stichter, S., and Crone, E. E., 2013. 'Climate-driven changes in northeastern US butterfly communities', *Nature Climate Change* 3 (February): 142–145, https://doi.org/10.1038/nclimate1663.

Brittain, C. A., Vighi, M., Bommarco, R., Settele, J., and Potts, S. G., 2010. 'Impacts of a pesticide on pollinator species richness at different spatial scales', *Basic and Applied Ecology* 11, no. 2 (March): 106–115, https://doi.org/10.1016/j.baae.2009.11.007.

Brook, B. W., Sodhi, N. S., and Ng, P. K. L., 2003. 'Catastrophic extinctions follow deforestation in Singapore', *Nature* 424, no. 6947 (24 July): 420–423, https://doi.org/10.1038/nature01795.

Chen, I. C., Hill, J. K., Shiu, H. J., Holloway, J. D., Benedick, S., et al., 2011. 'Asymmetric boundary shifts of tropical montane Lepidoptera over four decades of climate warming', *Global Ecology and Biogeography* 20, no. 1 (January): 34–45, https://doi.org/10.1111/j.1466-8238.2010.00594.x.

Conrad, K. F., Warren, M. S., Fox, R., Parsons, M. S., and Woiwod, I. P., 2006. 'Rapid declines of common, widespread British moths provide evidence of an insect biodiversity crisis', *Biological Conservation* 132, no. 3 (October): 279–291, https://doi.org/10.1016/j.biocon.2006.04.020.

Dennis, E. B., Brereton, T. M., Morgan, B. J. T., Fox, R., Shortall, C. R., et al., 2019. 'Trends and indicators for quantifying moth abundance and occupancy in Scotland', *Journal of Insect Conservation* 23, no. 2 (April): 369–380, https://doi.org/10.1007/s10841-019-00135-z.

Douglas, M. R., Sponsler, D. B., Lonsdorf, E. V., and Grozinger, C. M., 2020. 'County-level analysis reveals a rapidly shifting landscape of insecticide hazard to honey bees (*Apis mellifera*) on US farmland', *Scientific Reports* 10, article 797, https://doi.org/10.1038/s41598-019-57225-w.

Forister, M. L., Cousens, B., Harrison, J. G., Anderson, K., Thorne, J. H., et al., 2016. 'Increasing neonicotinoid use and the declining butterfly fauna of lowland California', *Biology Letters* 12, no. 8 (August), https://doi.org/10.1098/rsbl.2016.0475.

Fox, R., 2013. 'The decline of moths in Great Britain: A review of possible causes', *Insect Conservation and Diversity* 6, no. 1 (January): 5–19, https://doi.org/10.1111/j.1752-4598.2012.00186.x.

Fox, R., Brereton, T. M., Asher, J., August, T. A., Botham, M. S., et al., 2015. *The State of the UK's Butterflies* 2015 (Wareham, UK: Butterfly Conservation and Centre for Ecology and Hydrology), https://butterfly-conservation.org/sites/default/files/soukb-2015.pdf.

Fox, R., Oliver, T. H., Harrower, C., Parsons, M. S., Thomas, C. D., and Roy, D. B., 2014. 'Long-term changes to the frequency of occurrence of British moths are consistent with opposing and synergistic effects of climate and land-use changes', *Journal of Applied Ecology* 51, no. 4 (August): 949–957, https://doi.org/10.1111/1365-2664.12256.

Franzén, M., and Johannesson, M., 2007. 'Predicting extinction risk of butterflies and moths (Macrolepidoptera) from distribution patterns and species characteristics', *Journal of Insect Conservation* 11, no. 4 (December): 367–390, https://doi.org/10.1007/s10841-006-9053-6

Gilburn, A. S., Bunnefeld, N., Wilson, J. M., Botham, M. S., Brereton, T. M., et al., 2015. 'Are neonicotinoid insecticides driving declines of widespread butterflies?' *PeerJ* 3, no. e1402, https://doi.org/10.7717/peerj.1402.

Gillespie, M. A. K., Alfredsson, M., Barrio, I. C., Bowden, J. J., Convey, P., et al., 2020. 'Status and trends of terrestrial arthropod abundance and diversity in the North Atlantic region of the Arctic', *Ambio* 49, no. 3 (March): 718–731, https://doi.org/10.1007/s13280-019-01162-5.

Goulson, D., Thompson, J., and Croombs, A., 2018. 'Rapid rise in toxic load for bees revealed by analysis of pesticide use in Great Britain', *PeerJ* 6, no. e5255, https://doi.org/10.7717/peerj.5255.

Green, K., Caley, P., Baker, M., Dreyer, D., Wallace, J., and Warrant, E., 2021. 'Australian Bogong moths *Agrotis infusa* (Lepidoptera: Noctuidae), 1951–2020: Decline and crash', *Austral Entomology* 60, no. 1 (February): 66–81, https://doi.org/10.1111/aen.12517.

Groenendijk, D., and Ellis, W. N., 2011. 'The state of the Dutch larger moth fauna', *Journal of Insect Conservation* 15, nos. 1–2 (April): 95–101, https://doi.org/10.1007/s10841-010-9326-y.

Groenendijk, D., and van der Meulen, J., 2004. 'Conservation of moths in The Netherlands: Population trends, distribution patterns and monitoring techniques of day-flying moths', *Journal of Insect Conservation* 8, nos. 2–3 (June): 109–118, https://doi.org/10.1007/s10841-004-1331-6.

Habel, J. C., Trusch, R., Schmitt, T., Ochse, M., and Ulrich, W., 2019. 'Long-term large-scale decline in relative abundances of butterfly and burnet moth species across south-western Germany', *Scientific Reports* 9, article no. 14921, https://doi.org/10.1038/s41598-019-51424-1.

Hallmann, C. A., Zeegers, T., van Klink, R., Vermeulen, R., van Wielink, P., et al., 2020. 'Declining abundance of beetles, moths and caddisflies in the Netherlands', *Insect Conservation and Diversity* 13, no. 2 (March): 127–139, https://doi.org/10.1111/icad.12377.

Harvey, J. A., Heinen, R., Armbrecht, I., Basset, Y., Baxter-Gilbert, J. H., et al., 2020. 'International scientists formulate a roadmap for insect conservation and recovery', *Nature Ecology and Evolution* 4, no. 2 (February): 174–176, https://doi.org/10.1038/s41559-019-1079-8.

Hunter, M. D., Kozlov, M. V., Itämies, J., Pulliainen, E., Bäck, J., et al., 2014. 'Current temporal trends in moth abundance are counter to predicted effects of climate change in an assemblage of subarctic forest moths', *Global Change Biology* 20, no. 6 (June): 1723–1737, https://doi.org/10.1111/gcb.12529.

Jain, A., Khew Sin, K., Cheong Weei, G., and Webb, E. L., 2018. 'Butterfly extirpations, discoveries and rediscoveries in Singapore over 28 years', *Raffles Bulletin of Zoology* 66, 217–257.

James, D. G., and James, T. A., 2019. 'Migration and overwintering in Australian Monarch Butterflies (*Danaus plexippus* (L.) (Lepidoptera: Nymphalidae): A review with new observations and research needs', *Journal of the Lepidopterists' Society* 73, no. 3 (September): 177–190, https://doi.org/10.18473/lepi.73i3.a7.

Kuussaari, M., Heliölä, J., Pöyry, J., and Saarinen, K., 2007. 'Contrasting trends of butterfly species preferring semi-natural grasslands, field margins and forest edges in northern Europe', *Journal of Insect Conservation* 11, no. 4 (December): 351–366, https://doi.org/10.1007/s10841-006-9052-7.

Macgregor, C. J., Williams, J. H., Bell, J. R., and Thomas, C. D., 2019. 'Moth biomass increases and decreases over 50 years in Britain', *Nature Ecology and Evolution* 3, 1645–1649, https://doi.org/10.1038/s41559-019-1028-6.

Maes, D., and Van Dyck, H., 2001. 'Butterfly diversity loss in Flanders (north Belgium): Europe's worst case scenario?' *Biological Conservation* 99, no. 3 (June): 263–276, https://doi.org/10.1016/S0006-3207(00)00182-8.

Marshall, E., Brown, V., Boatman, N., Lutman, P., Squire, G., and Ward, L., 2003. 'The role of weeds in supporting biological diversity within crop fields', *Weed Research* 43, no. 2 (April): 77–89, https://doi.org/10.1046/j.1365-3180.2003.00326.x.

Mattila, N., Kaitala, V., Komonen, A., Kotiaho Janne, S., and Päivinen, J., 2006. 'Ecological determinants of distribution decline and risk of extinction in moths', *Conservation Biology* 20, no. 4 (August): 1161–1168, https://doi.org/10.1111/j.1523-1739.2006.00404.x.

Melero, Y., Stefanescu, C., and Pino, J., 2016. 'General declines in Mediterranean butterflies over the last two decades are modulated by species traits', *Biological Conservation* 201 (September): 336–342, https://doi.org/10.1016/j.biocon.2016.07.029.

Menéndez, R., Megías, A. G., Hill, J. K., Braschler, B., Willis, S. G., et al., 2006. 'Species richness changes lag behind climate change', *Proceedings of the Royal Society B* 273, no. 1593 (June): 1465–1470, https://doi.org/10.1098/rspb.2006.3484.

Nakamura, Y., 2011. 'Conservation of butterflies in Japan: status, actions and strategy', *Journal of Insect Conservation* 15, nos. 1–2 (April): 5–22, https://doi.org/10.1007/s10841-010-9299-x.

Newland, G., 2006. 'Effects of land disturbance on butterflies (Lepidoptera) on a hilltop at Murwillumbah, New South Wales', *Australian Entomologist* 33, no. 2 (June): 59–70.

Ollerton, J., Winfree, R., and Tarrant, S., 2011. 'How many flowering plants are pollinated by animals?' *Oikos* 120, no. 3 (March): 321–326, https://doi.org/10.1111/j.1600-0706.2010.18644.x.

Owens, A. C. S., Cochard, P., Durrant, J., Farnworth, B., Perkin, E. K., and Seymoure, B., 2020. 'Light pollution is a driver of insect declines', *Biological Conservation* 241 (January), article no. 108259, https://doi.org/10.1016/j.biocon.2019.108259.

Sánchez-Bayo, F., and Wyckhuys, K. A. G., 2021. 'Further evidence for a global decline of the entomofauna', *Austral Entomology* 60, no. 1, 9–26, https://doi.org/10.1111/aen.12509.

Schlicht, D., Swengel, A., and Swengel, S., 2009. 'Meta-analysis of survey data to assess trends of prairie butterflies in Minnesota, USA during 1979–2005', *Journal of Insect Conservation* 13, no. 4 (August): 429–447, https://doi.org/10.1007/s10841-008-9192-z.

Schowalter, T. D., Noriega, J. A., and Tscharntke, T., 2018. 'Insect effects on ecosystem services—Introduction', *Basic and Applied Ecology* 26 (February): 1–7, https://doi.org/10.1016/j.baae.2017.09.011.

Stefanescu, C., Torre, I., Jubany, J., and Páramo, F., 2011. 'Recent trends in butterfly populations from north-east Spain and Andorra in the light of habitat and climate change', *Journal of Insect Conservation* 15, nos. 1–2 (April): 83–93, https://doi.org/10.1007/s10841-010-9325-z.

Stork, N. E., 2018. 'How many species of insects and other terrestrial arthropods are there on Earth?' *Annual Review of Entomology* 63, 31–45, https://doi.org/10.1146/annurev-ento-020117-043348.

Swengel, S. R., Schlicht, D., Olsen, F., and Swengel, A. B., 2011. 'Declines of prairie butterflies in the midwestern USA', *Journal of Insect Conservation* 15, nos. 1–2 (April): 327–339, https://doi.org/10.1007/s10841-010-9323-1.

Swengel, S. R., and Swengel, A. B., 2015. 'Assessing abundance patterns of specialized bog butterflies over 12 years in northern Wisconsin USA', *Journal of Insect Conservation* 19, no. 2 (April): 293–304, https://doi.org/10.1007/s10841-014-9731-8.

Szentkirályi, F., Leskó, K., and Kádár, F., 2007. 'Climatic effects on long-term fluctuations in species richness and abundance level of forest macrolepidopteran assesmblages in a Hungarian mountainous region', *Carpathian Journal of Earth and Environmental Sciences* 2, no. 2, 73–82.

Taylor, G. S., Braby, M. F., Moir, M. L., Harvey, M. S., Sands, D. P. A., et al., 2018. 'Strategic national approach for improving the conservation management of insects and allied invertebrates in Australia', *Austral Entomology* 57, no. 2 (May): 124–149, https://doi.org/10.1111/aen.12343.

Theng, M., Jusoh, W. F. A., Jain, A., Huertas, B., Tan, D. J. X., et al., 2020. 'A comprehensive assessment of diversity loss in a well-documented tropical insect fauna: Almost half of Singapore's butterfly species extirpated in 160 years', *Biological Conservation* 242 (February), article no. 108401, https://doi.org/10.1016/j.biocon.2019.108401.

Thomas, J. A., 2016. 'Butterfly communities under threat', *Science* 353, no. 6296 (July): 216–218, https://doi.org/10.1126/science.aaf8838.

Thomas, J. A., Telfer, M. G., Roy, D. B., Preston, C. D., Greenwood, J. J. D., et al., 2004. 'Comparative losses of British butterflies, birds, and plants and the global extinction crisis', *Science* 303, no. 5665 (March): 1879–1881, https://doi.org/10.1126/science.1095046.

van Dyck, H., van Strien, A. J., Maes, D., and van Swaay, C. A. M., 2009. 'Declines in common, widespread butterflies in a landscape under intense human use', *Conservation Biology* 23, no. 4 (August): 957–965, https://doi.org/10.1111/j.1523-1739.2009.01175.x.

van Langevelde, F., Braamburg-Annegarn, M., Huigens, M. E., Groendijk, R., Poitevin, O., et al., 2018. 'Declines in moth populations stress the need for conserving dark nights', *Global Change Biology* 24, no. 3 (March): 925–932, https://doi.org/10.1111/gcb.14008.

van Strien, A. J., van Swaay, C. A. M., van Strien-van Liempt, W. T. F. H., Poot, M. J. M., and WallisDeVries, M. F., 2019. 'Over a century of data reveal more than 80% decline in butterflies in the Netherlands', *Biological Conservation* 234 (June), 116–122, https://doi.org/10.1016/j.biocon.2019.03.023.

van Swaay, C., Warren, M., and Loïs, G., 2006. 'Biotope use and trends of European butterflies', *Journal of Insect Conservation* 10, no. 2 (June): 189–209, https://doi.org/10.1007/s10841-006-6293-4.

Vanbergen, A. J., and Initiative, I. P., 2013. 'Threats to an ecosystem service: Pressures on pollinators', *Frontiers in Ecology and the Environment* 11, no. 5 (June): 251–259, https://doi.org/10.1890/120126.

Wagner, D. L., 2020. 'Insect declines in the Anthropocene', *Annual Review of Entomology* 65, 457–480, https://doi.org/10.1146/annurev-ento-011019-025151.

Warren, M. S., Hill, J. K., Thomas, J. A., Asher, J., Fox, R., et al., 2001. 'Rapid responses of British butterflies to opposing forces of climate and habitat change', *Nature* 414, no. 6859 (November 1):65–69, https://doi.org/10.1038/35102054.

Warren, M. S., Maes, D., van Swaay, C. A. M., Goffart, P., Van Dyck, H., et al., 2021. 'The decline of butterflies in Europe: Problems, significance, and possible solutions', *PNAS* 118, no. 2, article no. e2002551117, https://doi.org/10.1073/pnas.2002551117.

Watson, J. E. M., Shanahan, D. F., Di Marco, M., Allan, J., Laurance, W. F., et al., 2016. 'Catastrophic declines in wilderness areas undermine global environment targets', *Current Biology* 26, no. 21 (November): 2929–2934, https://doi.org/10.1016/j.cub.2016.08.049.

Wenzel, M., Schmitt, T., Weitzel, M., and Seitz, A., 2006. 'The severe decline of butterflies on western German calcareous grasslands during the last 30 years: A conservation problem', *Biological Conservation* 128, no. 4 (April): 542–552, https://doi.org/10.1016/j.biocon.2005.10.022.

Wepprich, T., Adrion, J. R., Ries, L., Wiedmann, J., and Haddad, N. M., 2019. 'Butterfly abundance declines over 20 years of systematic monitoring in Ohio, USA', *PLoS One* 14, no. 7, article no. e0216270, https://doi.org/10.1371/journal.pone.0216270.

图片版权说明

除非另有说明，所有图片版权归牛津大学自然史博物馆所有。

II Jacob Christian Schäffer, *Elementa entomologica*, 1766
IV Bonhams
XII—XIII Thames & Hudson
XV ©The Trustees of The Natural History Museum, London
XVI The insect specimen collection of the Linnean Society. Permission of the Linnean Society of London
XIX 左上 Maria Sibylla Merian, *Metamorphosis insectorum Surinamensium*, 1719
XIX 右上 Carl A. Clerck, *Icones insectorum rariorum*, Vol. 2, 1764
XIX 左下 August J. Rösel von Rosenhof, *Insecten-Belustigung*, 1749
XIX 右下 August J. Rösel von Rosenhof, *Insecten-Belustigung*, 1749
XX ©The Trustees of The Natural History Museum, London
XXXII ©The Trustees of The Natural History Museum, London
XXXV 右中 The insect specimen collection of the Linnean Society. Permission of the Linnean Society of London
XXV 右 Courtesy R. K. Robbins, Smithsonian Institution
94—95 Thames & Hudson
96 Heritage Image Partnership Ltd/Alamy Stock Photo
99 左上、右上 ©British Library Board. All Rights Reserved/Bridgeman Images
99 左下 The Bodleian Libraries, University of Oxford, shelfmark, MS. Bodl. 264, fol 135r
99 右下 The Bodleian Libraries, University of Oxford, shelfmark, MS. Bodl. 264, fol 67r
100 Levinus Vincent, *Elenchus tabularum, pinacothecarum, atque nonnullorum cimeliorum*, 1719
103 © The Trustees of The Natural History Museum, London
144—145 Thames & Hudson
226—227 Thames & Hudson
228 agefotostock/Alamy Stock Photo
231 Moses Harris, *The Aurelian: or, Natural History of Insects*, 1766
232 Library of Congress, Washington D.C.
236 Dru Drury, *Illustrations of Natural History*, Vol. 1, 1770
239 Asar Studios/Alamy Stock Photo
318—319 Thames & Hudson
320 Courtesy of The Lewis Walpole Library, Yale University
323 © British Library Board. All Rights Reserved/Bridgeman Images
324 *Florilegius*/Alamy Stock Photo
327 The Collections of the State Library of New South Wales, Australia
424—425 Thames & Hudson
426 Private Collection
429 The J. Paul Getty Museum, Los Angeles. Digital image courtesy of the Getty's Open Content Program.
430 Maria Sibylla Merian, *Metamorphosis insectorum Surinamensium*, 1719
433 © Muséum national d'Histoire naturelle, Dist. RMN–Grand Palais/image du MNHN, bibliothèque centrale
434 Pieter Cramer, *De uitlandsche Kapellen*, 1775–1782
437 左上、右上 Library of Congress, Washington D.C.
437 左下、右下 Johann Ignaz Schiffermüller, *Versuch eines Farbensystems*, 1772
540—542 Thames & Hudson
545 James Duncan, *British Butterflies*, 1855
546 Pierre Hippolyte Lucas, *Histoire naturelle des lépidoptères d'Europe*, 1834
549 左上 Pieter Cramer, *De uitlandsche Kapellen*, 1775–1782
549 右上 Pieter Cramer, *De uitlandsche Kapellen*, 1775–1782
549 左下 John O. Westwood, ed., Dru Drury, *Illustrations of Exotic Entomology*, 1837
549 右下 *Florilegius*/Alamy Stock Photo
552—553 Thames & Hudson
632 ©The Trustees of The Natural History Museum, London

致谢

牛津大学自然史博物馆就琼斯档案馆方面的工作，向丹妮尔·切尔卡斯琴（Danielle Czerkaszyn）、埃米莉·陈（Emily Chen）和凯特·迪斯顿（Kate Diston）表示感谢，并就本书文本的校对工作，向詹姆斯·霍根（James Hogan）和达伦·曼恩（Darren Mann）表示感谢。

理查德·I. 文－赖特向哈泽尔·文－赖特（Hazel Vane-Wright）、娜奥米·文－赖特（Naomi Vane-Wright）、亚当·科顿（Adam Cotton）和鲍勃·罗宾斯（Bob Robbins）表示感谢。

阿尔贝托·齐利向马克·斯特林（Mark Sterling）和戴维·C. 利斯（David C. Lees）深表感谢，感谢他们为齐利负责的章节前期草稿提出了切实可行的建议。

阿琳·莱斯感谢简·莱恩（Jane Laing）邀请其为这部承前启后的鳞翅目汇编贡献一个章节，并在整个出版流程中提供指导。同时感谢伊莎贝尔·杰索普（Isabel Jessop）审读该章节的初稿。与泰晤士 & 赫德森出版社的合作十分愉快。

斯蒂芬妮·约万诺维奇－克鲁格斯佩尔感谢牛津大学自然史博物馆馆长保罗·史密斯给她提供机会为这部著作贡献力量，并最终写出一篇关于蝴蝶绘画艺术史的短文。

泰晤士&赫德森出版社的特里斯坦·德兰西(Tristan de Lancey)、简·莱恩、菲比·林斯利(Phoebe Lindsley)、伊莎贝尔·杰索普、苏珊娜·英格拉姆（Susanna Ingram）。

出版社全体同人，就文本、参考文献和图片方面的帮助，向牛津大学自然史博物馆的保罗·史密斯、詹姆斯·霍根、达伦·曼恩和丹妮尔·切尔卡斯琴表示感谢；理查德·I. 文－赖特在整个创作过程中分享了关于琼斯和蝴蝶的专业知识，并准确鉴定了《琼斯图谱》中的模式标本图像，就此表示感谢；就编辑方面的工作，向乔迪·辛普森（Jodi Simpson）、卡罗琳·琼斯（Carolyn Jones）、贾莱·布雷泽尔（Jalel Brazell）、露丝·埃利斯（Ruth Ellis）表示感谢，就印刷方面的工作向德克斯特跨媒体预处理公司（Dexter Premedia）表示感谢。

编创团队简介

牛津大学自然史博物馆：其资料库中保存有《琼斯图谱》现存于世的唯一一份书稿，以及琼斯现存的纸质文档、往来信件、野外笔记本、蝴蝶和蛾类收藏。

理查德·I. 文－赖特：昆虫学家、生物学家和分类学家，就职于伦敦自然史博物馆超过 60 年。作为蝴蝶方面的专家，他在 2004 年以昆虫学部主任的身份从博物馆退休。他发表过 250 篇期刊论文，并出版过《马利筋蝴蝶》（*Milkweed Butterflies*）和《西摩的遗产》（*The Seymer Legacy*）等著作。他还参与过生物多样性保护项目和本土昆虫学项目。

阿尔贝托·齐利：伦敦自然史博物馆鳞翅目部分的馆员，此前曾担任罗马市立动物学博物馆收藏与科学部的主管。他撰写并发表过三百多件作品，包括科研论文、书籍和科普文章，并和戴维·C. 利斯合著有《飞蛾：生物学、多样性和演化》（*Moths: Their Biology, Diversity and Evolution*）。

阿琳·莱斯：艺术史学家，主要研究泛 18 世纪[1]的收藏。关于艺术和收藏的历史，她发表过大量文章，出版过很多图书，并和他人共同主编了《女性与 18 世纪欧洲收藏中的艺术和科学》（*Women and the Art and Science of Collecting in Eighteenth-Century Europe*）一书。阿琳曾在保罗·梅隆英国艺术研究中心和约克大学的人文研究中心从事博士后研究。

斯蒂芬妮·约万诺维奇－克鲁格斯佩尔：维也纳自然史博物馆的艺术史学家。她是科学史分部档案馆的副馆长，同时也是科学与艺术史方面的馆员，以及维也纳自然史博物馆主办的科学期刊《维也纳自然史博物馆年鉴》（*Annalen des Naturhistorischen Museums in Wien*）的主题编辑。她是国际学术组织 Symbiosis（共生）的创始成员之一，该组织的创立初衷是研究并促进艺术和人文在自然史博物馆和收藏中发挥的作用。

弗朗西斯科·桑切斯－巴约：环境科学家、生态学家，悉尼大学的名誉助理教授，现任职于澳大利亚农业、水和环境部。他曾担任日本千叶大学的助理教授，并曾在悉尼大学从事研究工作。他的研究聚焦于农药的生态影响，并在此题材内发表多件作品。

1. 原文 long 18th century，是英国历史学家创造的短语，用来涵盖比日历断代更自然的一段历史时期，通常指 1688 年光荣革命和九年战争开始到 1815 年拿破仑战争结束的这段时间，也有可能选择更具社会或全球意义的事件作为起止点，例如，从 1660 年斯图亚特王朝复辟到 1830 年乔治王时代结束。

图书在版编目（CIP）数据

蝴蝶圣经 / (英) 威廉 · 琼斯绘 ; (英) 理查德 · I. 文–赖特撰文 ; 罗心宇译. -- 北京 : 中信出版社, 2023. 10（2023.10 重印）

书名原文: Iconotypes: A Compendium of Butterflies & Moths

ISBN 978-7-5217-5429-2

I. ①蝴… II. ①威… ②理… ③罗… III. ①蝶–图集 IV. ①Q964–64

中国国家版本馆CIP数据核字(2023)第143142号

Published by arrangement with Thames & Hudson Ltd, London

Designed by Daniel Streat, Visual Fields
This edition first published in China in 2023 by Chinese National Geography Intellectual Property Co., Ltd, Beijing

蝴蝶圣经

绘　　者：[英] 威廉 · 琼斯
撰　　文：[英] 理查德 · I. 文 – 赖特
译　　者：罗心宇
策划推广：北京地理全景知识产权管理有限责任公司
出版发行：中信出版集团股份有限公司
（北京市朝阳区东三环北路27号嘉铭中心　邮编　100020）
承 印 者：北京华联印刷有限公司
制　　版：北京美光设计制版有限公司

开　　本：889mm × 1194mm 1/16　印　　张：43.75　字　　数：550千字
版　　次：2023年10月第1版　印　　次：2023年10月第2次印刷
京权图字：01–2023–3036　审 图 号：GS京（2023）1147
书　　号：ISBN 978-7-5217-5429-2
定　　价：238.00元

出 品 人：陈沂欢
策划编辑：董佳佳　邢晓琳　刘淑娟　李秋璇
责任编辑：王金强　特约编辑：曹紫娟　特约审校：李学燕
营销编辑：王思宇　石雨薇　彭博雅　金慧霖　黄建平
版权编辑：刘雅娟　图片编辑：李晓峰
地图编辑：程　远　彭　聪
特约印制：焦文献　装帧设计：何　睦

服务热线：010–87110909
投稿邮箱：author@citicpub.com

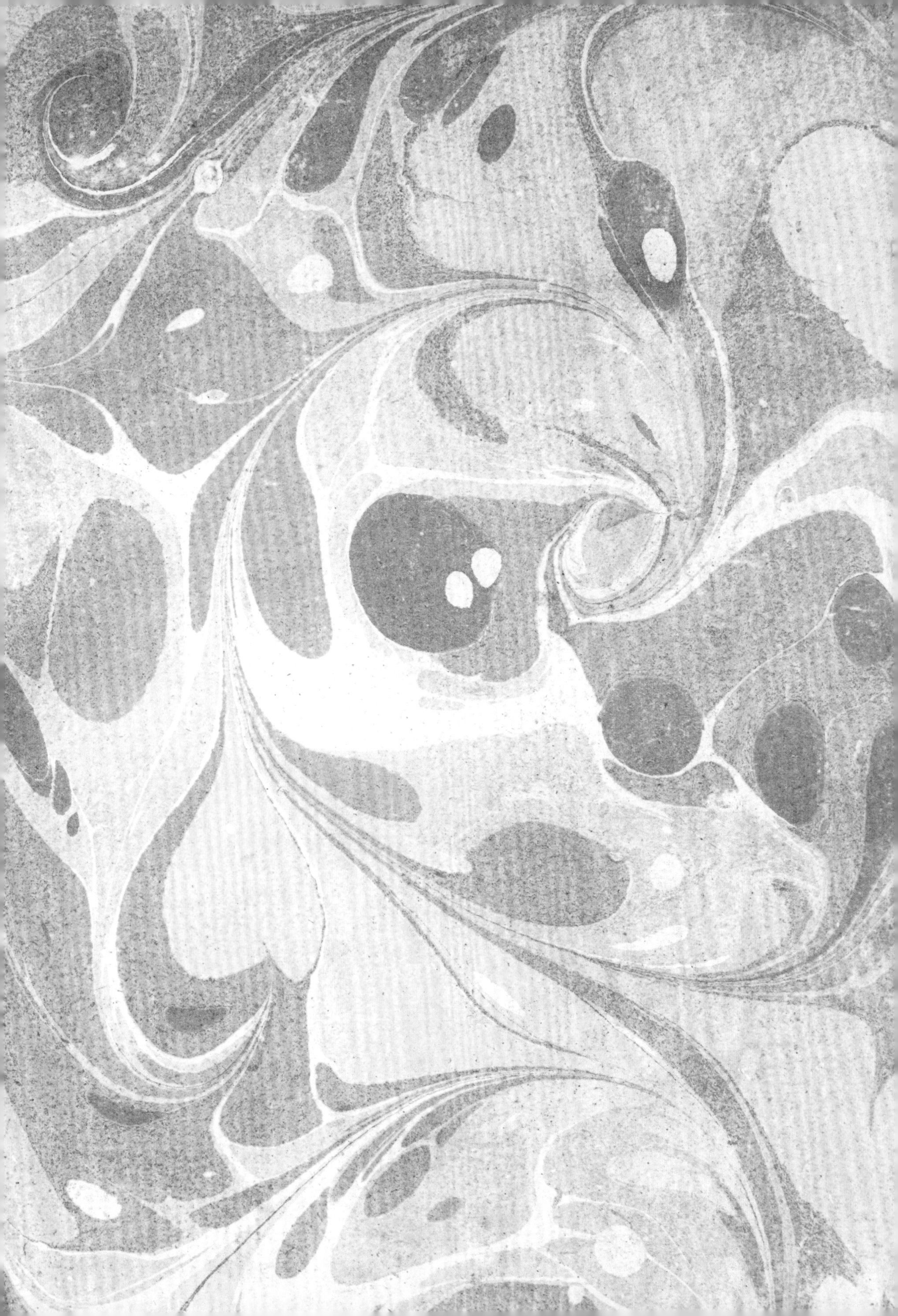